Gesamtverzeichnis des deutschsprachigen Schrifttums (GV) 1700 – 1910

Bearbeitet unter der Leitung von
Hilmar Schmuck und Willi Gorzny
Bibliographische und redaktionelle Beratung:
Hans Popst und Rainer Schöller

80

Koz - Kret

K · G · Saur München · New York · London · Paris 1983

CIP-Kurztitelaufnahme der Deutschen Bibliothek

Gesamtverzeichnis des deutschsprachigen Schrifttums :
(GV). – München, New York, London, Paris : Saur.
Bd. 1 – 6 bearb. unter d. Leitung von Peter Geils
u. Willi Gorzny.
ISBN 3-598-30000-X

1700 – 1910 / bearb. unter d. Leitung von Hilmar
Schmuck u. Willi Gorzny. Bibliograph. u. red.
Beratung: Hans Popst u. Rainer Schöller

NE: Schmuck, Hilmar [Bearb.]

80. Koz - Kret. - 1983.

Techn. Realisierung und Druck: Norbert Gärtner, Mainz-Kastel
Binden: Karl Schaumann, Darmstadt
Printed in the Federal Republic of Germany
ISBN 3-598-30000-X (Gesamtwerk)

KOZACSEK, Josephus: De indifferentismo dogmatico. — (1834) 161 S. 4°
(Handschr.) Diss. 8
Diss.Wien, Univ.

Kozak Eugen: Czernowitzer Sbornik vom Jahre 1359. Würdigung desselben in literarischer, paläographischer, sprachlicher und textvergleichender Hinsicht.
1891 PN 694 Diss.Wien, Univ. 2670

Kozak, Eugen A.

Kozak, Eug. A., die Inschriften aus der Bukovina. Epigraphische Beiträge zur Quellenkunde der Landes- u. Kirchengeschichte. I. Tl.: Steininschriften. (XIV, 215 S. m. 27 Abbildgn.) Lex. 8. Wien 903. (Czernowitz, H. Pardini.) n. 9. —

— s.a. Urkunde, die älteste, des Klosters Putna.

Kozak, E. A., Die älteste Urkunde des Klosters Putna zur 400jährigen Gedenkfeier des Todes Stephans des Großen. Gr.-8°. (7 S. mit 1 Tafel.) † Czernowitz: Pardini 1904. K 1.20

—· Die ältesten Urkunden des Klosters Putna. Zur 400jährigen Gedenkfeier des Todes Stephans des Großen. Czernowitz: Buk. Vereinsdruckerei 1904

Kozák, Josef

— Meteorologische Beobachtungen. Mit 5 Fig.-Taf. (VI, 191 S.) gr. 8. Ebd. 906. 6. 80
Sonderabdr. a.: „Mittlgn. üb. Gegenstände d. Artillerie- u. Geniewesens“.

Kozák, Jos., Geschossbewegung im Vakuum. (XVI, 296 S. m. 101 Fig.) Lex. 8. Wien 909. C. Fromme. 10. —

Kozák, Jos., Grundprobleme der Ausgleichungsrechnung nach der Methode der kleinsten Quadrate. 1. Bd. (XV, 263 S. m. 10 Fig.) Lex. 8. Wien 907. C. Fromme. n. 11. —

— Grundprobleme der Ausgleichungsrechnung nach der Methode der kleinsten Quadrate. II. Bd. 2. Tl. Lex. 8. Ebd. 35. —
1. Theorie des Schiesswesens auf Grundlage der Wahrscheinlichkeitsrechng. u. Fehlertheorie. 1. Tl. (XXI, 400 u. XVI S. m. 36 Fig.) 906. 16. —
2. Dasselbe. 2. Tl. (XXIV S., S. 401—880 u. XVII—XXXII m. 99 Fig. u. 1 Bildnis.) 910. 19. —
I. Bd. Ebd. 907. 11.—.

Theorie des Schießwesens auf Grundlage der Wahrscheinlichkeitsrechnung und Fehlertheorie von Josef **Kozák**, k. u. k. Oberst. T. 1. Wien & Leipzig: C. Fromme 1908. 8°
= **Kozák**: Grundprobleme d. Ausgleichungsrechnung nach d. Methode d. kleinsten Quadrate. Bd 2, T. 1. [08. 13701

— **Gebräuchliche Winkel-, Längen- u. Geschwindigkeitsmasse** im Schiesswesen. Mit 1 Fig.-Taf. u. 23 Fig. im Texte. (XI, 95 S.) gr. 8. Wien 906. L. W. Seidel & Sohn. n. 4. 60

Kozak, Cornel u. Ed. Fischer, Heimatskunde der Bukowina, zum Gebrauche f. Schulen u. zum Selbstunterricht hrsg. Mit 10 Illustr. u. 8 Landkarten. gr. 8 (IV, 112 S.) Czernowitz 900. H. Pardini.
Geb. in Leinw. n. 2. 20

Kozak, Cornel, über den Streit des österr. Herzogs Friedrich II. v. Babenberg m. Kaiser Friedrich II. gr. 8. (XXXV S.) Czernowitz 896. (H. Pardini.) n.n. 1. —

Kozák, Ladislaus, a. Simontornya: Der Einfluß der Düngemittel auf die Stickstoffumsetzung mit besonderer Rücksicht auf die chemische Zusammensetzung des Bodens. Ung.-Altenburg 1905: A. Czéh. (73 S.) 8°
Gießen, Phil. Fak., Ref. Gisevius, Diss. v. 29. Dez. 1905
[Geb. 8. Juli 68 Simontornya; Wohnort: Simontornya; Staatsangeh.: Ungarn; Vorbildung: Handels-Akad. Stuhlweißenburg Okt. 88, Landw. Akad. Ung. Altenburg Juli 93; Studium: Berlin Landw. Hochsch. 1, Bonn 5, Gießen 1 S.; Rig. 27. Febr. 05.]

Zivilgeistlichkeit und Militärangelegenheiten. Zsgest. von Rafael Kozák. Klagenfurt: St. Josef-Verein 1907. 108 S. 8° [07. 13]

Kozák, Rafael, Zivilgeistlichkeit u. Militärangelegenheiten. (108 S.) gr. 8. Klagenfurt 908. (Buch- u. Kunsthandlg. des St. Josefvereins.) 1.20; geb. 2. 20

Kozak, Theophil, Rodbertus-Jagetzow's socialökonomische Ansichten dargestellt. gr. 8. (XVI, 374 S.) Jena 882. Fischer. n. 6. —

Bericht über die Erhebungen betreffend Liegenschaftsverkehr im Kanton Basel-Stadt aus Auftrag d. Vorst. d. Justizdepartem. erstattet von Prof. Dr. Th[eophil] Kozak. *Basel 1899: E. Birkhäuser.* (XII, 180 S.) 4° [00. 13]

Kozak, Th., Bericht üb. die Erhebungen betr. Liegenschaftsverkehr im Kanton Basel-Stadt, aus Auftrag des Vorstehers des Justizdepartements erstattet. gr. 4 (XII, 186 S. m. 2 Karten u. 29 Taf.) Basel 899. (C. F. Lendorff). n. 10. —

Franc. Jul. Kozdera diss. inaug. exhibens brevem pestium regni Bohemiae historiam. Vindob. 1825. 8.

Koeze, G. A., Crania ethnica Philippinica. Ein Beitrag zur Anthropologie der Philippinen, auf Grund von A. Schadenberg's gesammelter Schädel. Mit Einleitg. v. J. Kollmann. (In 5 Lfgn.) 1. u. 2. Lfg. hoch 4. (III, 64 S. m. 11 Taf. u. 1 Tab.) Haarlem (901. 902). H. Kleinmann & Co. à 5. —

Koeze, G. A., Crania ethnica Philippinica. Ein Beitrag zur Anthropologie der Philippinen. Beschreibung der Schädelsammlung v. A. Schadenberg. Mit Einleitg. u. unter Mitwirkg. v. J. Kollmann. 3.—5. (Schluss-)Lfg. (VIII u. S. 65—245 m. 14 Taf.) 4. Haarlem 904. H. Kleinmann & Co. à Lfg. 5. —

— Schädel v. Curaçao u. Aruba, s.: Beiträge zur Anthropologie usw. Niederl. Westindiens.

KOZEL, FRANCISCUS DOMINICUS: Der starke Unterstuesser und Befestiger des Tempel Gottes . in einer Lob- und Ehren-Rede . . im Jahr 1736 . . . vorgetragen von Franciscus Dominicus Kozel. Pressburg 1737 Druck. Royer. (10 f.)

Kozel, Wenzel, praktische Geschäftsaufsätze nebst Anleitung zu freien Aufsätzen. Ein Hülfsbuch f. Schüler der Unter-Realschulen. Aus verschied. Werken gesammelt u. bearb. gr. 8. (IV u. 108 S.) Wien 851, Seidel. n. 1/3 ℔

Joseph, der Menschheit Segen. Eine Cantate von Leop. **Kozeluch.** [Wien ca 1780.] 4 Bl. 8⁰ [Umschlagtit.]
Ohne Noten: „Segen kam auf uns hernieder . . .“

Prossnitz, b. L.-OR.: Zur Geschichte der Schulen in Pr. von ihren Anfängen bis zur Schlacht am weißen Berge v. Fr. Koželuha. 23. 1889. Progr.

Kozenn, B[lasius]

Kozenn, s.a. Atlas, Mähren, Oesterreich und Ungarn.

Kozenn P., Atlas geograficzny obejmujący map 31 i 8 str. textu. Dla szkół gimnazyalnych, realnych i handlowych państwa austr. Wiedeń i Holumuniec 1861. Ebds.
3 fl., geb. in engl. Lwd. 3 fl. 50 kr.

B. Kozenn's geographischer Atlas. Nach der Neubearbeitung des Mittelschul-Atlasses für den Gebrauch an österreichischen Lehrer- und Lehrerinnen-Bildungsanstalten eingerichtet von A. E. Seibert. 52 Karten auf 39 Tafeln. Approbirt mit Erlass des hohen k. k. Ministeriums für Cultus und Unterricht vom 2. März 1901, Z. 8528. Wien. 1901. Hölzel. Lex.-8°. K 5.80

Kozenn, B., Geographischer Atlas für Mittelschulen (Gymnasien, Real- und Handelsschulen) 37. Auflage. Unter Mitwirkung namhafter Fachmänner vollständig neu bearbeitet von V. von Haardt und W. Schmidt. 84 Karten auf 56 Tfln. Wien 1897. Ed. Hölzel. (Min.-Erl. v. 11. März 1897, Z. 5831.) Geh. 3.50, Geb. 3.80

Kozenn, B., Geographischer Atlas für Mittelschulen. Vollständig neu bearbeitet von V. v. Haardt und W. Schmidt. 84 Karten auf 56 Tafeln. 4. 38. Auflage. Chromolithographie 3.50, gebunden 3.80
Wien: Hölzel 1898.

B. Kozenn's geographischer Atlas für Mittelschulen (Gymnasien, Real- und Handelsschulen), vollständig neu bearbeitet von V. v. Haardt, W. Schmidt und F. Heiderich. 84 Karten mit zahlreichen Nebenkärtchen auf 56 Tafeln. 39. Auflage. (Der Neubearbeitung dritte.) Approbirt mit Erlass des hohen k. k. Ministeriums für Cultus und Unterricht vom 9. Januar 1901, Zahl 36761. Wien. 1901. Hölzel. Lex.-8°. 26 S. Geb. K 8.—

B[lasius] Kozenns geographischer Atlas für Mittelschulen (Gymn., Realschulen u. verwandte Lehranst.) vollst. neu bearb. von V[incenz] v. Haardt, W. Schmidt u. F[ranz] Heiderich. 84 Karten mit zahlr. Nebenkarten auf 56 Taf. 39. Aufl. (Der Neubearb. dritte.) *Wien: E. Hölzel 1903.* (20 S., 56 Kartenbl.) 4°

Kozenn, Geographischer Atlas für Mittelschulen. 40. Aufl. Lex.-8°. (78 Karten mit 199 Nebenkarten auf 51 Tafeln) K 7.40, geb. K 8.—
Wien: Hölzel 1906.

Kozenn, Geographischer Atlas für Mittelschulen. 41. Aufl. Fol. (78 Karten mit 199 Nebenkarten) geb. K 8.—
Wien: Hölzel 1907.

Kozenn: Geographischer Atlas für Mittelschulen etc. 42. Aufl. Wien: Hölzel 1910. (79 Karten mit 211 Nebenkarten auf 52 Tafeln) Lex.-8°

Kozenn, B., kleiner geographischer Atlas für die Schulen des Kaiserth. Oesterreich. Ausg. in 12 (lith. u. color.) Karten. Olmütz 868. Hölzel. qu. gr. 4. n. 16 *ngr.*; Ausg. in 18 (lith. u. color.) Karten n. 24 *ngr.*; in engl. Einb. n. 1 *ℳ* 2 *ngr.*

Kozenn's, B., oro-hydrographischer Atlas in 9 Karten. Chromolithogr. qu. Fol. Olmüz 864, Hölzel. *

Kozenn's, B., oro-hydrographischer Atlas in 12 Karten. 3. Aufl. qu. 4. Wien 873. Hölzel. *

Kozenn's, B., oro-hydrographischer Atlas der oesterreichisch-ungarischen Monarchie in 12 (chromolith.) Karten. qu. gr. 4. Wien 874. Hölzel. n. 1. 60

Kozenn, B., Zeměpisný atlas pro školy střední. Českým násvoslovím opatřil Jos. Jireček. 8. vermehrte Auflage. Wien 1882 Eduard Hölzel. 36 Karten. Preis, cartonnirt 2 fl. 80 kr.

Zeměpisný atlas pro školy střední. Českým nazvoslovím opatřil Josef Jireček. Třinácté opravené vydání pořídil Dr. J. Metelka. Wien und Olmütz 1893. Ed. Hölzel. (Min.-Erl. v. 3. Juni 1893, Z. 11381.) Gebunden 2.80

Kozenna B., Zeměpisný atlas pro střední školy. (Gymnasia, reálky, ústavy učitelské, školy průmyslové a obchodní.) Zcela nově zpracovali Haardt a Schmidt, pro české školy upravil Dr. Jindřich Metelka. 15. vydání. Wien 1909. Verlag Ed. Hölzel. Geb K 8.—.

Kozenn, B., Eisenbahnkarte von Mittel-Europa. Zum Gebrauche für Schulen der oesterr.-ungar. Monarchie. Wien. Hölzel. 1873. Fol.

Kozenn, B., Erdbeschreibung für Volksschulen. 1.—7. Aufl. 8. (82 S. mit 10 eingedr. Holzschn.) Wien 869—74, Hölzel. *

—— dass. — 8. durchaus verb. Aufl. von C. F. Baur. gr. 8. (87 S. mit 10 eingedr. Holzschn.) Ebendas. 875. *

Kozenn, B., Erdbeschreibung für Volksschulen. 9.—11. durchaus verb. Aufl. von C. F. Baur. gr. 8. (88 S. mit 10 eingedr. Holzschn.) Wien 876,77, Hölzel. *

Kozenn-Jarz, astronomische Geographie f. die II. u. III. Classe der Mittelschulen. [Aus: „Kozenn-Jarz, Leitfaden der Geographie". 2. Tl., 9. Aufl.] 8. (25 S. m. Fig.) Wien 889. Hölzel. n. — 28

Kozenn-Jarz, mathematische Geographie. Nach dem neuen Lehrplan u. den Instructionen bearb. gr. 8. (III, 32 S. m. eingedr. Fig.) Wien 886. Hölzel. n. — 30

— — politische Geographie von Central-Europa; s.: Geographie.

Kozenn, B., Grundzüge der Geographie. Wien 858. Hartleben. gr. 8. (IV, 87 S. m. Holzschn. im Text.) 9 *ngr.*

— dass. — 2. Aufl. gr. 8. (IV und 91 S. mit 42 eingedr. Holzschn.) Olmüz 861, Hölzel. *

-- Grundzüge der Geographie. 2. Aufl. 861. n. 10 *ngr.*
— 3. Aufl. Mit 41 Holzschn. Ebend. 864. gr. 8. (97 S.) n. 8 *ngr.*

Kozenn's. B., Grundzüge der Geographie. 4. stark verm. Aufl. 8. (224 S.) Olmütz, Hölzel 1867. 80 kr., cart 96 kr.

— Grundzüge der Geographie f. die 1. Classe der Mittel- u. Bürgerschulen. 5. Aufl. Mit 27 (eingedr.) Holzschn. gr. 8. (106 S.) Ebend. 871. n. — 80

Kozenn, B., Hand- und Reisekarte von Böhmen. 1 : 600,000. Fol. Ebendas. 868. Ohne Bezirksgrenzen * gefalzt *ℳ 1,50.; aufgez. * Mit Bezirksgrenzen * gefalzt *ℳ 1,70.; aufgez. *

Kozenn: Das Klima von Görz. 14 S. 8°–Görz. Progr. 1857

Kozenn: Geographische Lehrmittel. 20 S.–Olmütz. Progr. 1861

—— Leitfaden der Geographie. Für den Unterricht in der Erdkunde in den unteren Classen der Mittelschulen und verwandten Lehranstalten. 1. Allgemeiner Theil. Vollständig neu bearb. von Ferd. Krautschneider. 8. (105 S. mit 4 eingedr. Holzschn.) Wien 872, Hölzel. *

—— Leitfaden der Geographie für die Bürger- und Mittelschulen der österreichisch-ungarischen Monarchie. Umgearb. von Hil. Vogel. 3. Aufl. 1874, und 4. verb. Aufl. 2 Thle. gr. 8. Ebendas. 875. *

Inhalt:
Thl. 1. Allgemeine Grundzüge für den ersten geographischen Unterricht. (IV, 120 S. mit 27 eingedr. Holzschn.) *ℳ 1.
„ 2. Spezielle Geographie. (248 S.) *ℳ 2,60.

—— Leitfaden der Geographie für die Bürger- und Mittelschulen der österreichisch-ungarischen Monarchie. Umgearb. von Hil. Vogel. 5. verb. Aufl. 2 Thle. gr. 8. Ebendas. 877. *

Inhalt:

Thl. 1. Allgemeine Grundzüge für den ersten geographischen Unterricht. (S. 1—109 mit eingedr. Holzschn.) *ℳ 1.

" 2. Specielle Geographie. (S. 111—356.) *ℳ 2,60.

—— Leitfaden der Geographie für die Mittel- und Bürgerschulen der österreichisch-ungarischen Monarchie. 3 Thle. 6. vollständig umgearb. Aufl. von Konr. Jarz. Ebendas. 878. *

Inbalt:

Thl. 1. Allgemeine Grundzüge für den ersten geographischen Unterricht. (VI, 112 S. mit 25 eingedr. Holzschn.) *ℳ 1.

" 2. Spezielle Geographie. (262 S. mit 13 Kartenskizzen in eingedr. Holzschn.) *ℳ 2,60.

" 3. Geographie und Statistik der österreichisch-ungarischen Monarchie. Mit einer chronolog. Geschichte. Von Konr. Jarz. (IV, 155 S. mit 18 eingedr. Kartenskizzen.) *ℳ 1,60.

— Leitfaden der Geographie für die Mittel- u. Bürgerschulen der österreichisch-ungarischen Monarchie. 3 Thle. Von Konr. Jarz. gr. 8. Ebend. 881. 82. n. 5. 20

1. Allgemeine Grundzüge für den ersten geographischen Unterricht. Mit 25 (eingedr.) Holzschn. (VI, 112 S.) 6., vollständ. umgearb. Aufl. n. 1. —
2. Spezielle Geographie. Mit 13 Kartenskizzen (in eingedr. Holzschn.). (262 S.) 7., vollständ. umgearb. Aufl. n. 2. 60
3. Geographie u. Statistik der österreichisch-ungar. Monarchie. Mit einer chronolog. Geschichte. Von Konr. Jarz. Mit 18 (eingedr.) Kartenskizzen. Rev. Ausg. der 2. Aufl. (IV, 174 S.) n. 1. 60

Kozenn B., Leitfaden der Geographie für die Mittelschulen der österreichisch-ungarischen Monarchie. I. Theil: **Allgemeine** Grundzüge für den ersten geographischen Unterricht. Mit 30 Holzschnitten. 7. verbesserte Auflage, von Dr. Conrad Jarz. Wien 1881. Eduard Hölzel. Preis 50 kr.

— Leitfaden der Geographie f. die Mittelschulen der österreichisch-ungarischen Monarchie. 4 Thle. gr. 8. Ebend. n. 7. 80

1. Allgemeine Grundzüge f. den ersten geographischen Unterricht. Mit Holzschn. 8. Aufl. (VII, 116 S.) 883. n. 1. —
2. Specielle Geographie. Mit 17 Kartenskizzen. 8. Aufl. (VII, 264 S.) 884. geb. n. 2. 88
3. Specielle Geographie der österreichisch-ungar. Monarchie. Mit 17 Kartenskizzen. 3. Aufl. (IV, 103 S.) 885. geb. n. 1. 41
4. Geschichte, Geographie u. Statistik der österreichisch-ungar. Monarchie. Mit 18 Kartenskizzen. (VI, 243 S.) 886. geb. n.n. 2. 48

—— Leitfaden der Geographie für die Mittelschulen der österreichisch-ungarischen Monarchie. 1., 3. und 4. Thl. gr. 8. Ebendas. geb. **

Inhalt:

Thl. 1. Allgemeine Grundzüge für den ersten geographischen Unterricht. 9. Aufl. (IV, 88 S. mit 17 Holzschn.) 888. geb. ** 90 Pf.

" 3. Specielle Geographie der österreichisch-ungarischen Monarchie. 3. nach dem neuen Lehrplan bearb. Aufl. (IV, 103 S. mit 17 Kartenskizzen.) 885. geb. *ℳ 1.44.

" 4. Geschichte, Geographie und Statistik der österreichisch-ungarischen Monarchie. Nach dem neuen Lehrplane bearb. (VI, 243 S. mit 18 Kartenskizzen.) 886. **ℳ 2.48.

2. Thl. Ebendas. 1884. *ℳ 2.88.

Kozenn-Jarz. Leitfaden der Geographie f. die Mittelschulen d. österreichisch-ungarischen Monarchie. 1.—3. Thl. gr. 8. Wien, Hölzel. ** 4 50

1. Allgemeine Grundzüge f. den ersten geograph. Unterricht. Mit 21 Holzschn. 10. Aufl. (IV, 92 S.) 892. geb. ** — 80.
2. [Für die II. u. III. Classe]: Länder- u. Staatenkunde. Mit 32 Kartenskizzen. Einleitung: Astronomische u. phys. Geographie [Fortsetzg. u. Schluß]. 9. Aufl. (IV, 275 S.) 889. geb. ** 2 50.
3. Specielle Geographie der österreichisch-ungar. Monarchie f. die Unterclassen. 4. im wesentlichen unveränd. Aufl. (IV, 103 S. m. 17 Kartenskizzen.) 890. geb. ** 1 20.

1. Thl. Ebd. 1886. ** 2 48.

Kozenn-Jarz Leitfaden der Geographie f. die Mittelschulen der österreichisch-ungarischen Monarchie. 1. u. 2. Thl. gr. 8. Wien, E. Hölzel. Geb. in Leinw. n.n. 2. 60

1. Allgemeine Grundzüge f. den ersten geograph. Unterricht. 10., verb. Aufl. (IV, 92 S. m. 21 Holzschn.) 892. n. — 80
2. Länder- u. Staatenkunde. Einleitung: Astronomische u. physikal. Geographie. (Fortsetzung u. Schluß.) 10., umgearb. Aufl. (220 S. m. 20 Flg. u. Kartenskizzen.) 893. n.n. 1. 80

Kozenn u. Jarz, Leitfaden d. Geographie f. d. Mittelschulen d. österreichisch-ungar. Monarchie. 3. Thl. gr. 8. Wien 895. E. Hölzel. Geb. in Leinw. n.n. 1. 20

Geographie d. österr.-ungarischen Monarchie f. d. Unterclassen. M. 5 Karten u. 9 Bildern. 5., umgearb. Aufl. (96 S.)

Kozenn-Jarz, Leitfaden der Geographie für die Mittelschulen der österr.-ungarischen Monarchie. I. Theil: Allgemeine Grundzüge für den ersten geographischen Unterricht. Mit 21 Holzschnitten. 11. verbesserte Auflage. Wien 1898. Ed. Hölzel. (Min.-Erl. v. 8. October 1897, Z. 25181.) Brosch. —.35, geb. —.45

Kozenn-Jarz, Leitfaden der Geographie für die Mittelschulen der österreichisch-ungarischen Monarchie. II. Theil: Länder- und Staatenkunde. Mit 20 Figuren und Kartenskizzen. 11., verbesserte Auflage. Wien 1898. E. Hölzel. Geheftet —.96, gebunden 1.10

— Leitfaden der Geographie für die Schulen im Kaiserthum Oesterreich. Mit 27 (eingedr.) Holzschn. Ebend. 868. gr. 8. (192 S.) n. 16 ngr

— das Kaiserthum Oesterreich in historisch-geographischer Darstellung. Ebend. 868. gr. 8. (83 S.) n. 6 ngr

Kozenn, B., s.a. Schulatlas.

Kozenn, B., geographischer Schulatlas. 6. Aufl. Olmütz. Eduard Hölzel. Ausg. I in 32 Ktn. broch. 2 fl. 60 kr.; carton. 2 fl. 80 kr.; II in 41 Ktn. in Lwd geb. 1866. 3 fl. 50 kr.

Atlas. Kozenn, B., Geographischer Schulatlas. Ausgabe in 12 Karten 11. Auflage. kl. Quer-Folio. Wien u. Olmütz, Eduard Hölzel. 56 kr. 1869

— geographischer Schul-Atlas. Ausg. für Landschulen in 6 (chromolith.) Karten. Ebend. 870. qu. Fol. n. 5 ngr
Auch in böhmischer, polnischer u. ungarischer Sprache zum Preise à n. 7⅓ ngr

— geographischer Schul-Atlas f. Bürgerschulen. In 26 (chromolith.) Karten. qu. gr. 4. Mit Text. Lex.-8. (6 S.) Ebend. 876. n. 4. —

— geographischer Schul-Atlas für Bürgerschulen. In 26 (lith. u. color.) Karten. 8. Aufl. qu. gr. 4. Nebst Text. Lex.-8. (6S.) Ebend. 879. In Lex.-8. cart. n. 4. —

– Geographischer Schul-Atlas für die Gymnasien, Real- und Handels-Schulen der österr. Monarchie. 1861.

1. H. 11 Karten. qu. 4°
2. H. 11 Karten. qu. 4°
3. H. 9 Karten. qu. 4°

Complet. 31 Karten. qu. 4°
Complet. 31 Karten. 8°

Kozenn, B., Geographischer Schul-Atlas für die Gymnasien, Real- und Handelsschulen der österr. Monarchie. Zweite umgearbeitete und vermehrte Auflage. Olmütz, Eduard Hölzel. Ausgabe in 32 Karten, geheftet 2 fl. 60 kr., steif gebunden 2 fl. 80 kr., in 2 Abtheilungen, geheftet 1. à 1 fl., 2. à 1 fl. 60 kr.
—— Derselbe. Ausgabe in 40 Karten, in Leinwandband 3 fl. 50 kr.
Acht Terrain-Karten hieraus, geheftet 1862. 50 kr.

—— geographischer Schul-Atlas für die Gymnasien, Real- und Handels-Schulen. 8. Aufl. Ausg. in 32 (lithogr. und ill.) Karten. qu. Fol. (12 S. Text in Lex.-8.) Olmüz 863, Hölzel. cart. *
Ausg. in 40 Karten geb. *

— geographischer Schul-Atlas für Gymnasien, Real- u. Handelsschulen. 10. Aufl. Ausg. in 36 (chromolith.) Karten (in Fol.). Ebend. 870. hoch 4. (10 S. Text.) n. 1 Thlr. 10 ngr; Ausg. in 48 Karten. In engl. Einb. n. 2 Thlr.

Kozenn, B., geographischer Schul-Atlas für Gymnasien, Real- und Handels-Schulen. 16.—20. Aufl. Ausg. I. in 36 Karten. Fol. Wien 873—75, Hölzel. cart. *

—— dass. — Ausg. II. in 48 Karten. Fol. Ebendas. 873. geb. *

—— dass. — für Bürgerschulen in 18 Karten. 6. Aufl. hoch 4. Ebendas. 874. *ℳ 1,20.; geb. *

—— dass. — für Volksschulen in 12 Karten. 6. Aufl. Fol. Ebendas. 874. *

— geographischer Schul-Atlas f. Gymnasien, Real- u. Handels-Schulen. 21. Aufl. Ausg in 36 (chromolith.) Karten. qu. gr. 4. Nebst Text. Lex.-8. (8 S.) Ebend. 876. n. 5. 60; Ausg. in 48 Karten geb. n. 7. —

Kozenn, B., geographischer Schul-Atlas für Gymnasien, Real- u. Handels-Schulen. 24. Aufl., rev. von Frdr. Umlauft. Ausg. in 38 (chromolith.) Karten. qu. gr. 4. (8 S. Text.) Wien 879. Hölzel. In Lex.-8. cart. n. 5. 60; Ausg. in 50 Karten. geb. n. 7. 20

Kozenn, B., Geographischer Schulatlas für Gymnasien, Real- und Handelsschulen. 26. Auflage. Grösstentheils neu bearbeitet von Vincenz von Haardt, revidirt von Prof. Dr. Friedrich Umlauft. Wien 1881. Eduard Hölzel.
Ausgabe in 38 Karten. Preis, kartonirt, 2 fl. 80 kr.
Ausgabe in 50 Karten. Preis, gebunden, 3 fl. 60 kr.
(M.-E. v. 5. September 1881. Z. 13283.)

Geograph. Schul-Atlas für Gymnasien, Real- und Handelsschulen von B. Kozenn. 27. Aufl. Ausgabe in 38 Karten. Tondruck. Quart. Ebdas. Stf. gbd. in gr. 8. 2 fl. 80 kr.; Ausgabe in 50 Karten. Ebdas. Stf. in gepresstem Lwdbd. gr. 8. 3 fl. 60 kr.
Wien: Hölzel 1882.

— dasselbe f. Gymnasien, Real- u. Handelsschulen. 29. Aufl. Vollständig neu bearb. von Vinz. v. Haardt, rev. v. Frdr. Umlauft. Ausg. in 38 Karten. Chromolith. qu. gr. 4. Nebst Text. Lex.-8. (10 S.) Ebend. 885. In Lex.-8. cart. n. 5. 60; Ausg. in 50 Karten. 30. Aufl. In Lex.-8. geb. n. 7. 20

Kozenn, B.: Geographischer Schulatlas für Gymnasien, Real- und Handelsschulen. Vollständig neu bearbeitet von Vincenz von Haardt, revidirt von Prof. Dr. Friedrich Umlauft. Ausgabe I in 43 Karten. 30. Aufl. Wien: Ed. Hölzel 1887. – Ausgabe II in 59 Karten, 31. Aufl.

Kozenn's, B., Geographischer Schul-Atlas für Gymnasien, Real- u. Handelsschulen. Vollständig neu bearbeitet von Vinc. v. Haardt, revidirt von Prof. Dr. Friedrich Umlauft. Ausgabe I in 43 Karten (in Chromolithographie). 32. Aufl. Qu.-4. (V, 20 S.) In Lex.-8. Geb. 2.80
—— Derselbe. Ausg. II in 59 Karten. 33. Aufl. Qu.-4. (V, 20 S.) In Lex.-8. Geb. 3.60
Wien: Hölzel 1889.

Kozenn, B., Geographischer Schulatlas für Gymnasien, Real- und Handelsschulen. Vollständig neu bearbeitet von Vinc. v. Haardt, revidirt von Dr. Friedrich Umlauft. (Min.-Erl. 24. Juni 1890. Z. 12422.)
I. Ausgabe in 43 Karten. 33. Auflage. Wien 1890. Hölzel. Gebunden 2.80
II. Ausgabe in 59 Karten. 34. Auflage. Wien 1890. Hölzel. Gebunden 3.60

Kozenn, B., Geographischer Schulatlas für Gymnasien, Real- und Handelsschulen. Vollständig neu bearbeitet von Vincenz von Haardt, revidirt von Dr. Friedrich Umlauft. Wien 1891. Hölzel. (Min.-Erl. 3. April 1891. Z. 6140.)
I. Ausgabe in 43 Karten. 34. Auflage Gebunden 2.80
II. Ausgabe in 59 Karten. 35. Auflage. Gebunden 3.60

Kozenn, B., Geographischer Schulatlas für Gymnasien, Real- und Handelsschulen. Bearbeitet von Vincenz v. Haardt, revidirt von Dr. Friedrich Umlauft. Wien 1893. Eduard Hölzel. (Min.-Erl v. 3. Juni 1893, Z. 11634.)
I. Ausg. in 43 Karten. 35. Aufl. Geb. 2.80
II. Ausg. in 59 Karten 36 Aufl. Geb. 3.60

Kozenn's, B., geographischer Schul-Atlas für Gymnasien, Real- und Handelsschulen. Vollständig neu bearbeitet von Vincenz Haardt, redigirt von Professor Dr. Friedrich Umlauft. Ausgabe I in 43 Karten. 35. Aufl Gr.-8. (20 S.) Geb. * 2 80
Ausgabe II in 59 Karten. 36. Aufl. Gr.-8. (20 S.) * 3.60
Wien: Hölzel 1893.

Kozenn's, B., geographischer Schul-Atlas, f. den Gebrauch an österreich. Lehrerbildungs-Anstalten eingerichtet v. A. E. Seibert. qu. gr. 4. (35 chromolith. Karton m. 5 S. Text.) Wien 886. Hölzel. In Lex.-8. cart. n. 4. —

— geographischer Schul-Atlas, f. die k. k. Militär-Bildungs-Anstalten bearb. von C. Sonklar v. Innstädten. Ausg. I. f. den 1. Jahrg. der k. k. Militär-Unter-Realschulen. qu. gr. 4. (8 lith. u. chromolith. Karten.) Ebend. 876. n. 1. 20; Ausg. II. f. den 2., 3. u. 4. Jahrg. der k. k. Militär-Unter-Realschulen u. f. den 1. Jahrg. d. k. k. Kadetten-Schulen. qu. gr. 4. (20 chromolith. Karten.) In Lex.8. cart. n. 3. 20; Ausg. III. f. den 1. u. 2. Jahrg. der k. k. Militär-Ober-Realschulen u. f. den 2. u. 3. Jahrg. der k. k. Kadetten-Schulen. qu. gr. 4. (20 chromolith. Karten.) In Lex.-8. cart. n. 4. 80; Ausg. IV. in 57 (chromolith.) Karten. qu. gr. 4. In Lex.-8. geb. n. 8. —

— geographischer Schul-Atlas für die k. k. Militär-Bildungsanstalten. Bearb. v. C. Sonklar v. Instädten. Ausg. IV in 57 (lith. u. chromolith.) Karten. 2. Aufl. qu. gr. 4. Mit Text. Lex.-8. (8 S.) Ebend. 879. In Lex.-8. geb. n. 8. —

—— kleiner geographischer Schul-Atlas. 8 Blatt. Chromolithogr. qu. Fol. Olmüz 863, Hölzel. * 14 Ngr.; geb. *

— kleiner geographischer Schulatlas. 2. Aufl. Ebend. 870. qu. gr. 4. (12 chromolith. Karten.) n. 10 ngr.; Ausg. in 18 (chromolith.) Karten n. 16 ngr.

— Schul-Atlas der österreichischen Monarchie. Ebend. 870. qu. Fol. (11 chromolith. Blatt.) n. 18 ngr.

Kozenn, B., Schul-Atlas der österreichisch-ungarischen Monarchie. 2. Aufl. qu. Fol. (16 chromolithogr. Karten.) Wien 877, Hölzel. *

—— Wandkarte vom Königr. Böhmen. 2. im Terrain verb. Aufl. 1 : 200,000. 6 Bl. Ebendas. 872. *
aufgez. in Mappe *ℳ 20.; mit Stäben *

Kozenn, B., Wandkarte der östlichen und westlichen Halbkugel. 2 Bl. Fol. Olmütz [Wien] 869, Hölzel. *
aufgez. in Mappe (*ℳ 5,60.) *ℳ 6.; mit Stäben *

—— Wandkarte der östlichen und westlichen Halbkugel und Sternenhimmel. 4 Bl. Fol. Ebendas. 869. (*ℳ 3,60.) *
aufgez. in Mappe (*ℳ 7,20.) *ℳ 8.; mit Stäben *

Kozenn, B., Wandkarte von Kärnten. 1:148,000. 2 Bl. Fol. Wien 870, Hölzel. *
aufgez. in Mappe *ℳ 9.60.; mit Stäben *

—— Wandkarte von Nieder-Oesterreich. 8 Bl. Fol. Ebendas. 871. *
aufgez. in Mappe *ℳ 16.; mit Stäben *

—— Wandkarte von Oberösterreich. 1:148,000. 4 Bl. Fol. Ebendas. 875. *
aufgez. in Mappe *ℳ 12.; mit Stäben *

—— Wandkarte von Steiermark. 1:180,000. 9 Bl. Fol. Ebendas. 875. *
aufgez. in Mappe *ℳ 14,80.; mit Stäben *

Kozenn, B., das Königr. Würtemberg und das Grossherzogth. Baden. 1:1,000,000. Fol. Wien 872, Hölzel. *

Kozenn-Jarz, s. Kozenn, Blasius

Kozer, C., Rechenbuch, enth. method. geordn. Uebungen u. Aufgaben f. d. mündl. u. schriftl. Rechnen in höh. Töchterschulen u. in d. unteren u. mittleren Klassen höh. Knabenschulen. 8. (9 B. u. 1 Tab.) Berlin 841, Plahn'sche Buchh. *

Kozerski, Adph., experimentelle Untersuchungen üb. den Einfluss d. kohlensauren Natron auf den menschlichen Stoffwechsel. Inaug.-Diss. gr. 8. (53 S.) Dorpat 890. (Karow.) n. 1. 50

Kozeschnik, Frz. Landwirtschaftliche Gewerbe, s. Taschenbibliothek, deutsche landwirtschaftliche.

Kozeschnik, Frz., Grundriß d. Botanik m. bes. Berücksicht. d. landwirtschaftl. Kulturpflanzen, s.: Taschenbibliothek, deutsche landwirtschaftl.

Kozeschnik, Frz., Grundriß der landwirtschaftlichen Gewerbe, s. a. Taschenbibliothek, deutsche landwirtschaftliche.

Kozeschnik, Frz., Grundriß der landwirtschaftlichen Gewerbe. (Landwirtschaftl.-chem. Technologie.) Ein Leitfaden f. den Unterricht an landwirtschaftl. Lehranstalten u. zum Selbst-Unterricht. 2., verb. Aufl. (VIII, 159 S. m. 70 Holzst.) 8. Leipzig 904. Landwirtschaftl. Schulbuchh. Geb. in Leinw. n. 1.80

— Grundriß der Mineralogie, Gesteins- u. Bodenkunde, s.: Bisching, A.

Kozeschnik, Frz., Grundriß der Zoologie, s. a. Lehrbücher, landwirtsch. Nr. 40.

— Grundriß der Zoologie (f. landwirtschaftliche Lehranstalten), s. a. Taschenbibliothek, deutsche landwirtschaftliche.

— Grundriß der Zoologie. Ein Leitfaden f. den Unterricht an landwirtschaftl. Lehranstalten, sowie zum Gebrauche f. prakt. Landwirte, m. besond. Berücksicht. der Naturgeschichte der landw. Haustiere, der tier. Schädlinge u. deren Bekämpfg., sowie der Kleintierzucht als landw. Nebenbetrieb. 3., verb. Aufl. (X, 302 S. m. 278 Holzst. u. 1 farb. Taf.) gr. 8. Leipzig 904. Landwirtschaftl. Schulbuchh. Geb. in Leinw. n. 2.80

Kozeschnik, Frz., Grundriß der Zoologie. Ein Leitfaden f. den Unterricht an landwirtschaftl. Lehranstalten, sowie zum Gebrauche f. prakt. Landwirte, m. besond. Berücksicht. der Naturgeschichte der landw. Haustiere, der tier. Schädlinge u. deren Bekämpfg., sowie der Kleintierzucht als landwirtschaftl. Nebenbetrieb. Mit 286 in den Text eingedr. Holzst. u. 1 Taf. in Farbendr. 4., verb. Aufl. (XII, 303 S.) 8. Berlin 910. Landw. Schulbuchhandlung. Geb. in Leinw. 2. 80

—— Mineralogie, Gesteins- u. Bodenkunde, s. Bisching, A.

Kozeschnik, Jos., Beitrag z. Charakteristik d. Handschrift u. zur Anleitg. bei Vergleichg. derselben, nebst Streiflicht auf d. Graphologie. 8. (22 S.) Brünn 897. C. Winkler. n. — 60

KOŽEŚNIK, Moritz

Kożeśnik, Mor., die Aesthetik im Walde, die Bedeutung der Waldpflege u. die Folgen der Waldvernichtung. (40 S.) gr. 8. Wien 904. W. Frick. n. 1. 20

Kożeśnik, Mor., die waldbaulichwirthschaftliche Bedeutung der Bestandesbegründung durch Pflanzung u. der Einfluß naturwidriger Ausführung der Pflanzungen auf die Bestandesentwickelung (speciell der Fichte). [Aus: „Centralbl. f. d. ges. Forstwesen".] (Internationaler land- u. forstwirthschaftl. Congreß zu Wien 1890, Hft. 34.) gr. 8. (7 S.) Wien 890. (W. Frick.) n. 1. —

Kożeśnik, Mor., die Bestandespflege mittelst d. Lichtg. nach Stammzahltaf. u. e. Vorschlag z. Benützg. e. Normal-Lichtungstafel. gr. 8. (40 S.) Wien 898. W. Frick. n. 1. 20

— die Holzzucht v. Bernard Borggreve. 2. Aufl. 1891, u. Adf. Cieslar's Kritik. Beleuchtet v. M. K. gr. 8. (16 S.) Teschen 893. K. Prochaska. n. — 70

Kożeśnik, M., e. Mahnruf dem Forstkultivator! gr. 8. (XV S.) Wien 890. Frick. n. — 80

Kożeśnik, Mor., die neue Pflanzungs-Methode im Walde nach der Vorschrift des M. K. 2. Aufl. gr. 8. (16 S. mit Illustr.) Wien 888, (Frick.) *

Kozesnik, Mor., die neue Pflanzungs-Methode im Walde. Diplom der goldenen Medaille der internationalen Ausstellg. der Wissenschaften u. der Industrie, Brüssel 1888. Nach der Vorschrift K.'s. Nach dessen Tode hrsg. v. seinen Söhnen Osk. u. Art. Kozesnik. 3., erweit. Aufl. (19 S. m. Abbildgn.) gr. 8. Wien 908. W. Frick. 1. —

Kozlarowski, Karl, brieflicher Sprach- u. Sprech-Unterricht der polnischen Sprache f. das Selbststudium Erwachsener. 1.—14. Brief. (S. 1—424.) gr. 8. Wien (906). M. Perles. à n. — 67
Brief 2—9 erschienen in Lemberg.

Kozlarowski, Karl, polnische Unterrichtsbriefe f. das Selbststudium. 15.—18. (Schluß-)Brief. (XI u. S. 425—516.) gr. 8. Wien (907. 08). M. Perles. à — 67
(Kplt., in Leinw.-Mappe: 14. —)
Brief 1—17 erschienen u. d. T.: Brieflicher Sprach- u. Sprech-Unterricht.

Kozlocki, Stanislaw, aus Warschau (Polen): Versuch über die Saatweite des Körnermaises. *Halle a. S. 1899: C. A. Kaemmerer & Co.* (47 S.) 8°
Halle, Phil. Diss. v. 1899

Koziczkowski, Const. v., die hohe Bedeutung der Milchzähne für die Entwickelung der bleibenden Zähne beim Menschen. Ein Mahnwort an Eltern und Erzieher. gr. 8. (IV, 39 S. mit Fig.) Frankfurt a. M. 888, Gebr. Knauer. *

Koziebrodzki, Władisław, hrabia Maryan. Komedya w 4 aktach. Krakau 870. (Baumgardten.) gr. 8. (100 S.) n. 20 *ngr.*

Koziel, Jul. Traug., das Blutleben auf mathematisch-physikalische Gesetze zurückgeführt. Erlangen 861. Enke. gr. 8. (115 S.) n. 20 *ngr.*

Kozielski, Wladislaw, approb. Arzt aus Wreschen (Posen): Aus d. patholog. Institute zu Giessen. Über die Lipome des Darmes. *Giessen 1899: v. Münchow.* (34 S.) 8°
Giessen, Med. Diss. v. 1899

Kozina, G.

Kozina: Paul Puzel's Idiographia, sive rerum memorabilium monasterii Sitticensis descriptio. 30 S. 8° – Laibach OR., Progr. 1865

Kozina, G.: Die Landeshauptleute von Krain bis gegen Ende des 15. Jahrh. Von S. 30-44. 4° – Laibach OR., Progr. 1864

Kozina: Reihenfolge der Landesvicedome von Krain im Mittelalter. 23 S. 8° – Laibach OR.. Progr. 1869

Koziol, Heinr.

Koziol, H.: Über die Bedeutung und den Gebrauch des historischen Infinitivs bei Sallust. 12 S. 4°.– Iglau OG., Progr. 1866.

Koziol, Krichenbauer und **Werner**, Drei Festgedichte. Iglau. 4. 1867.
Koziol: Ad Franciscum Josephum I. Austriae Imperatorem. 10 Verse in sapphischer Strophe
Krichenbauer: [illegible] 5 Verse in Trochäen.
Werner: ein deutsches Sonett.
Schul-/Univ.-Schrift

Koziol: Zur Kritik u. Erklärung des Apuleius. 27–68 S.. –Wien L.., Progr. 1869

Koziol, Hein.: Zur Kritik und Erklärung der kleineren Schriften des Apuleius. I. Th. 17 S. 8° II. Th. 45 S. 8° – Wien ROG. Lp., Progr. 1870–1872.

Koziol, Heinr., lateinische Schulgrammatik. gr. 8. (VIII, 272 S.) Prag 884. Tempsky. — Leipzig, Freytag. n. 2. 40; Einbd. n.n. — 40

Koziol, Heinr., der Stil des L. Apulejus. Ein Beitrag zur Kenntniss des sogenannten afrikan. Lateins. gr. 8. (VII, 354 S.) Wien 872, Gerold's Sohn. *

—— lateinisches Übungsbuch. 2 Thle. gr. 8. Ebendas. 884. [1. Thl. (VI, 90 S.) * M 1.; 2. Thl. (VI, 152 S.) * M 1,60.] *

• *Koziol, K.* Die Besteuerung der Assekuranz-Agenten in Österreich. Wien 1885.

Koziol, K., die Entscheidungen des k. k. Obersten Gerichtshofes in Versicherungs-Rechtssachen. Zusammengestellt mit Rücksicht auf die Versicherungspraxis. gr. 8. (79 S.) Wien 885, Sallmayer'sche Buchh. *

Koziol, Stanislaus [pract. Arzt in Beuthen O-S.]: Ueber die Caries der Rippen .... Breslau, H. Proskauer jr., 1887; 65 S. + 1 Bl. 8°.
Breslau, Med. Fak., Inaug.-Diss. v. 16. Apr. 1887.

Koziol, Staniel., über die Caries der Rippen. Inaugural-Dissertation. gr. 8. (65 S.) Breslau 887, (Köhler.) *

Koziol, Wilhelm, a. Liegnitz: Die mittelhochdeutsche Übersetzung des Jesus Sirach in der Heidelberger Handschrift. Greifswald 1908: F. W. Kunike. (91 S.) 8°
Greifswald, Phil. Fak., Ref. Reifferscheid, Diss. v. 10. März 1908
[Geb. 31. Sept. 85 Liegnitz; Wohnort: Liegnitz; Staatsangeh.: Preußen; Vorbildung: Gymn. Liegnitz Reife O. 03; Studium: München 1, Breslau 4, Greifswald 4 S.; Rig. 16. Dez. 07.]

Koziolkiewicz, Lucjan: Aus d. Königl. chirurg. Universitäts-Klinik zu Breslau. Direktor: Prof. Dr. Küttner. Die Resultate der Gastroenterostomie beim Ulcus callosum ventriculi. Breslau 1908: Breslauer Genossenschafts-Buchdruckerei. (38 S.) 8°
Breslau, Med. Fak., Ref. Küttner, Diss. v. 5. Aug. 1908
[Geb. 11. Jan. 81 Hrubieszow (Gouv. Lublin); Wohnort: Lodz (Gouv. Piotrkow); Staatsangeh.: Rußland; Vorbildung: Gymn. Lodz Reife M. 03; Studium: Warschau 4, Breslau 6 S.; Rig. 31. Juli 08.]

Kožíšek, A., der Kaiser Franz Josef-Pavillon im k. k. allgem. Krankenhause zu Prag, s.: Czermak, W.

Kozjubynskyi, Mychajlo, pro bono publico. Novellen. Autoris. Übersetzg. aus dem Ukrain. v. Wilh. Horoschowski. (IV, 297 S.) 8. Wien 909. C. Konegen. 3. —

Közle, Chrn., ein Besuch bei den Juden in Persien, s.: Kreuz u. Halbmond.

Közle, E., das Evangelium in der Bretagne. Ein Kulturbild aus dem relig. Leben des mod. Frankreich. (77 S. m. 5 Abb.) kl. 8. Stuttgart (904). Holland & Josenhans. n. 1. —

Közle, G., s. Közle, Joh. Fr. Gottlob

Közle, Glob., Zeugnisse von Jesu Christo dem Sohne Gottes aus dem Evangelium Johannes, nebst e. kleinen Anh. ächt evangel. neutestamentl. Lieder. Zur Belebg. u. Stärkg. aller wahren Kinder Gottes in der Zeit großen Abfalls zusammengestellt. Basel 868. (Spittler.) 8. (IV, 42 S.) 2 *ngr.*

Koezle, Imman., zu des Königs Herrlichkeit. Gedanken üb. die Absichten Gottes m. seinen Kindern. (12 S.) kl. 8. Nürnberg (907). Mainbernheim, Buchh. d. bayer. Bundes d. christl. Vereine jung. Männer. — 10

— dasselbe. (2. Aufl.) (12 S.) kl. 8. Gelsenkirchen (907). Chemnitz, G. Koezle. nn — 10

Közle, Joh. Fr. Glob., Aufsatz-Buch, s.: Schmid, Christian.

— **Bedingungen** e. gesegneten Bibellesens. Referat am 81. Jahresfest des christl. Kolportage-Vereins in Lichtenthal. 31. X. 1898. 12. (20 S.) Lichtenthal b/Baden-Baden 899. Christl. Kolportage-Verein. n. — 08

— **Bibel** u. biblisches Lesebuch in der evangel. Volksschule Württembergs. gr. 8. (82 S.) Cannstatt 899. (Leipzig, H. G. Wallmann). n. — 20

— **Bibellesen** f. die Erwachsenen u. die Jugend an der Hand des Bibel- u. Jugend-Bibelbundes m. Beziehung zu Beroea u. Jugend-Ölblatt. Referat am 82. Jahresfest des christl. Kolportage-Vereins in Lichtenthal, 23. X. 1899. 12. (16 S.) Lichtenthal bei Baden-Baden 899. Christl. Kolportage-Verein. — 05

— **Ehe** u. Kindererziehung nach der Hl. Schrift. (140 S. m. Bildnis.) kl. 8. Chemnitz (910). G. Koezle. 1.50; Geschenkausg. 2. 50

— die Erziehung des deutschen Volksschülers v. seinem 14.—20. Lebensjahr. Eine brenn. Frage d. Gegenwart. Im Interesse e. besseren Zukunft beantwortet. Mit Vorwort v. L. Frohnmeyer. gr. 8. (VIII, 92 S.) Stuttgart 902. W. Kohlhammer. n. 1. 20

Közle, J. Fr. Glob., Gebetbuch für evangelische Schulen. Für die Hand des Lehrers u. der Schüler unter Mitwirkung mehrerer Lehrer bearb. 8. (VIII, 96 S.) Heilbronn 882. Scheurlen's Verl. cart. n. — 60; geb. — 75

— Kinder-Erziehung nach der hl. Schrift. Ein Vortrag, geh. am 1. I. 1901 bei der allgemeinen Konferenz (deutscher Sittlichkeitsvereine) in Neustadt a. d. H. gr. 8. (24 S.) Berlin (901). (Leipzig, H. G. Wallmann.) n. — 25

— Deutschlands Kolonien u. ihre Bedeutung f. unser deutsches Vaterland, m. besond. Berücksicht. der Mission. Nach zuverläss. Quellen bearb. 8. (72 S.) Cannstatt 899. G. Hopf. n. — 50

Der Mann als Familienvater. Ein Vortrag geh. v. G. Közle, Schullehrer in Cannstatt. *Berlin: Verl. d. deutschen Sittlichkeitsvereine [1899].* (15 S.) 8° [Umschlagt. F.] [illegible]

Der Mann als Familienvater. Ein Vortrag, geh. von [Joh. Fr.] G[ottlob] Közle. 2. Aufl. *Berlin: A. Dartsch 1900.* (15 S.) 8° [Umschlagt. F.] [illegible]

— Nachtlichter. Ein Wort der Vermittlg. an den Verf. d. „Evangeliums" u. der „Schlaglichter". gr. 8. (16 S.) Stuttgart 887. Brettinger. n. — 40

Közle, Joh. Fr. Glob., die pädagogische Pathologie in der Erziehungskunde des 19. Jahrh. Gekrönte Preisschrift der pädagog. Gesellschaft zu Leipzig. gr. 8. (XI, 494 S.) Gütersloh 893. C. Bertelsmann. n. 6. —; geb. n. 7. —

Közle, J. Fr. Glob., s. a. Pfeile d. Heils.

[F.] Pfeile des Heils. Von e. Invaliden (J. F. Gottlob Közle). 2. veränd. Aufl. d. 'Jüngerschaft in unsern Tagen'. *Westend Berlin: Akad. Buchh.* (a. d. Umschl.: *Dtsch. Ev. Buch- u. Tractat Ges.) 1898.* (VII, 74 S., 1 Bl.) 1 Bd 8. [illegible]

— Recht u. Pflicht des Religionsunterrichts in der evangelischen Volksschule Deutschlands. Im Anschluß an die Verhandlgn. des württb. Volksschulvereins den 11. X. 1906. (32 S.) 8. Gelsenkirchen (907). Chemnitz, G. Koezle. — 50

Közle, G., deutsches Rechtschreibbuch, s.: Kiesner, E.

— s.: Schrift, die hl., e. Glaubensschule.

Közle, Joh. Fr. Glob. Die pädagogische Schule Herbarts u. ihre Lehre, faßlich dargestellt u. beurteilt. Gekrönte Preisschrift. 8. (VII, 276 S.) Gütersloh 889, Bertelsmann. * 3 20

— Stimmen üb. Bibel u. biblisches Lesebuch in d. evangelischen Volksschule. gr. 8. (20 S.) Cannstatt 899. (Leipzig, H. G. Wallmann.) n. — 20

Közle, Joh. Fr. Glob., die allgemeine Volksschule od. Einheitsschule. Gekrönte Preisschrift. 8. (XIV, 223 S.) Stuttgart 891. Bonz & Co. n. 2. —

Közle, J. F. G., Die allgem. Volksschule od. Einheitsschule. (223 S.) Stuttgart 1891. Paulus.

— Vorschläge zur Gestaltung der württembergischen Volksschule in konservativ-fortschrittlichem Sinne. (15 S.) 8. Stuttgart 907. J. F. Steinkopf. — 15

— die krummen u. geraden Wege d. Menschen. Etwas Ganzes von Evangelium in Lehre u. Beispiel f. alte u. junge Christen. 2., verm. Aufl. gr. 8. (148 S.) Stuttgart 899. G. Geiger. n. 1. 20; kart. n. 1. 60

Die krummen und geraden Wege des Menschen. Etwas Ganzes vom Evangelium in Lehre u. Beisp. f. alte u. junge Christen. Von J[oh.] Fr. Gottlob Közle, Oberl. in Stuttgart-Berg. 3. verm. Aufl. *Neukirchen, Kr. Mörs: Buchh. d. Erziehungsver. [1900].* (179 S.) 8° [F.] [illegible]

— die krummen u. geraden Wege des Menschen. Etwas Ganzes vom Evangelium in Lehre u. Beispiel f. alte u. junge Christen. 3. verm. Aufl. gr. 8. (179 S.) Neukirchen (901). Buchh. d. Erziehungsvereins. Kart. n. 1.60; geb. in Leinw. n. 2. 50; m. Goldschn. n. 3. —

Die krummen und geraden Wege des Menschen. Etwas Ganzes vom Evangelium in Lehre u. Beispiel f. alte u. junge Christen. Von J[ohann] Fr. Gottlob Közle, Oberl. 3. verm. Aufl. Neukirchen: Erziehungsver. [1908]. 179 S. 8° [illegible]

— Krumme u. gerade Wege des Menschen. Etwas Ganzes vom Evangelium in Lehre u. Beispiel f. junge Christen. 5. Aufl. 7. Tauf. (182 S.) 8. Neukirchen (908). Buchh. des Erziehungsvereins. 1. 80

— neuer Wegzeiger für die deutschen Schutzgebiete in Afrika, d. Südsee u. Ostasien. Nach den neuesten Quellen dargestellt. Mit e. Übersichtskarte der Schutzgebiete. gr. 8. (VIII, 120 S.) Stuttgart 900. M. Kielmann. Kart. n. 2. 50

Közle, Joh. Fr. Gottlob: Das Weib als Gattin u. Gehilfin des Mannes u. ihre Erziehung hierzu. Ein Vortrag. — Berlin: Deutsche Sittlichkeitsvereine 1900. 36 S. 8°

Das Weib als Gattin und Gehilfin des Mannes und ihre Erziehung hierzu. Ein Vortrag, gehalten in der Friedenskirche zu Cannstatt von JOH. FR. GOTTLOB KÖZLE, Cannstatt. Berlin 1900. Verlag der deutschen Sittlichkeitsvereine. A. Dartsch. Für den Buchhandel durch H. G. Wallmann, Leipzig. 8°.

Közle, J. F. Glob., welche Anforderungen sind an e. Schullesebuch zu stellen? Gekrönte Preisschrift. gr. 8. (76 u. III S.) Stuttgart 901. Ch. Belser. n. — 80

— Woher? Wohin? Pflanzschule göttl. Lebens f. denk. Jünglinge, Jungfrauen u. alle, die Gott suchen. (Neue [Titel-]Ausg.) (VIII u. S. 3—259.) 8. Chemnitz (908). G. Közle. 3.—; geb. 3. 50

Kozler, P. — Kratek slovenski zemljopis in pregled politicne in pravosodne razdelitve Ilir-skega Kraljestva in Štajerskega Vojvodstva s pridanim slovenskim in nemškim imenikom mest, tergow. krajev i. t. d. Na svitlo dal — —. 8. (XVI, 58 S. und 1 Taf.) Na Dunaju. Natisnil Leopold Sommer. 1854. (Kurze slovenische Geographie und Uebersicht der politischen und gerichtlichen Eintheilung des Königreichs Illirien und des Herzogthums Steiermark, mit einem Anhang slovenischer und deutscher Namen der Städte, Märkte 2c. Herausgegeben von — —. Wien. 1854. (Illirisch)

Kozlik, Bernard, Technologie der Gewebeappretur. Leitfaden zum Studium der einzelnen Appreturprozesse u. der Wirkungsweise der Maschinen. (VIII, 240 S. m. 161 Fig.) gr. 8. Berlin 908. J. Springer. Geb. in Leinw. 8. —

Kozlik, Ignaz. Technisches Gutachten über das Projekt einer Eisenbahn von Zittau über Böhm.-Leippa bis zur nördlichen Staatsbahn. *Prag* 1857. Druck der k. k. Hofbuchdruckerei von *Gottlieb Haase Söhne.* 16 S. 8°.

Kozlowski, v., Gleim u. die Klassiker Goethe, Schiller, Herder, s.: Festschrift zum 25jährigen Amtsjubiläum des usw. Prof. D. Dr. Wilh. Fries.

Kozłowski, Felix, Amalia. Powieść moralna z życia wypisana dla życia. 2 Tomy. 8. (XI und 554 S.) Leipzig 856(57,) Librairie étrangère.

Kołowski, Fel., Xiądz Józef Bojobojski czyli moc religii chrześciańskiej w zasadach wychowania i nauczania. Tom. II. gr. 12. (XIX und 469 S.) Lissa 848, Günther.
Tom. I. Ebendas. 1 Thlr. 10 Ngr.

[F.] von Kozlowski, Felix: Die Erkenntnislehre Thomas Campanellas ... Bernburg '(Anhalt)', Druck v. C. Burckhardt, *1897;* 91 S. 8.
Leipzig, Phil. Fak., Inaug.-Diss. v. [7. Apr.] 1897

Kozlowski, Felic., Dissertat. de Heliaea maximo Atheniensium judicio. De via ac ratione, qua Graeci ad eum pervenerint statum, quo apud Homerum deprehenduntur. Smaj. (5 B.) Lipsiae 835, (libr. Rein.)

Kozłowski, Felix, Poczatki filozofii chrzescianskiej wlacznie z krytyka filozofii Bronisława Ferd. Trentowskiego. T. I. u. II. Filozofia Ludzka. — Filozofia Boska i Filozofia Zycia. gr. 12. (51 ⅙ B.) Poznan 845, Stefanski. *

— stosunek kosciola Rzymsko-Katolickiego do nowo powstających sekt religijnych rozpoczetych przez Ronge i Czerskiego dwóch leyiych Kapłanów rzymsko-katolickich. gr. 8. Ebend. 845. 1 ⅓

—— Zywot świętego Alojzego Gonzagi dla pożytku młodzi naszej. 8. (66 S.) Lissa 854, (Günther.) **

Kozłowski, Karól, Gry i Zabawy dla Młodzieży. Posen 869. (Leitgeber.) 16. (VIII, 232 S. mit eingedr. Holzschn. u. 8 Steintaff.) n. 20 *ngr.*

Istorija szventa Seno Įstatymo [Historya święta Starego Testamentu, Ausz.]. Iszimta isz knygos vyskupo Kazlauskio [Szymon Marcin Kozłowski]. Tilżėje: v. Mauderode [1904]. 254 S. 8°
[Heil. Geschichte d. Alten Testaments.] [10. 11346 10

Istorija szventa Seno Įstatymo [Historya święta Starego Testamentu, Ausz.]. Iszimta isz knygų vyskupo Kazlausko [Szymon Marcin Kozłowski]. Spaud. 3. Tilżėje: v. Mauderode 1905. 254 S. 8°
[Heil. Geschichte d. Alten Testaments. 3. Aufl.] [10. 14932 10

Kozlowsky, Stanislaw, Esther, s. a. Bibliothek d. Gesamtlitteratur.

Esther [Esterka]. Drama in 6 Bildern von Stanislaw Kozlowski. Autor. Verdeutschung von Albert Weiß. Mit e. Vorbemerkung. *Halle a. d. S.: O. Hendel [1904].* (IV, 82 S.) 8° [F.]
(Bibliothek d. Gesamtlitteratur d. In- u. Auslandes. No 1789.)

— ein Wettkampf, s. a. Bibliothek der Gesamtlitteratur.

Ein Wettkampf [Turniej]. Drama in 5 Aufz. von Stanislaw Kozlowski. Autor. Verdeutschung von Albert Weiß. Mit e. Vorbemerkung. *Halle a. d. S.: O. Hendel [1904].* (68 S.) 8° [F.]
(Bibliothek d. Gesamtlitteratur d. In- u. Auslandes. No 1799.)

Kozma, Andor v., humoristische Geschichten, s. a. Universal-Bibliothek.

Humoristische Geschichten [Humoros historiák] von Andor v. Kozma. Autor. Übers. aus d. Ungar. von C[äcilie] Langsch. Leipzig: Reclam (1910). 111 S. 8°
(Universal-Bibliothek. 5190.) [10. 11571

Kozma, Dionys, Vorlagen f. Kindergärten, Kinderbewahranstalten, sowie f. den Gebrauch in Familien, s.: Dömötör, Géza.

Kozma de Papi, Carol., Liturgica sacra catholica exhibens sacrorum ecclesiae romano-catholicae rituum origines, causas, significationes. Editio II. gr. 8. (XXVIII und 462 S.) Regensburg 863, Manz. *

Kozmian, Andr. Ed., Rekopism historyczny Polski Dworzanina i Wychowanca Zygm. Augusta etc. gr. 8. (12¼ B.) Wrocław 845, Schletter, Verl.

— s. Wyciagi Piotrowickie czyli niektore wyatki z ksiegozbioru.

Koźmian, Kajet., Ziemiaństwo Polskie. Poema w cztérech pieśniach. Wydania Edw. Raczyńskiego. gr. 8. (14¾ B.) Wroclawiu 839, Schletter.

Koźmian, St. v., Graf Bismarck u. sein Werk, der norddeutsche Bund. Eine histor. Studie. Uebertragen von Emil M. P.-Pleß. [Aus der Krakauer „poln. Revue."] Posen 870. (Merzbach.) gr. 8. (103 S.) n. 15 *ngr.*

Koźmian, St. v., das J. 1863. Polen u. d. europ. Diplomatie. Autor. deutsche Bearbeitg. v. S. R. Landau. gr. 8. (XIII, 404 S.) Wien 896. C. Konegen. n. 10. —

Jahres-Bericht des k. k. zweiten Lemberger Ober-Gymnasiums für das Schuljahr 1854. 4. (34 S.) Lemberg. Gedruckt bei Peter Piller und Sohn.
Inhalt: Ueber die Ursachen des Verfalles des Studiums der lateinischen Sprache und über die Mittel zur Hebung desselben, von Dr. Tachau. — O akcentuacyi greckiej i łacińskiej, von Franz Koźmiński. (Ueber die griechische und lateinische Accentuirung.) — Schulnachrichten.

Kozor, K. A., s. Kocor

Kozroh's, Mönches zu Freising, Renner über die ältesten Urkunden des Bisthumes Freising, zum erstenmale herausg., ergänzt u. erläutert von Karl Roth. 1. Heft. 724—810. Nebst einem Anhange, 8 ganze Urkunden enthltd. — 2. Heft. 810—835. Nebst einem Anhange, 4 ganze Urkunden enthltd. München 854. Finsterlin. 8. (2 Bl., 108 S.) Jedes Heft n. 10 *ngr.*

KOZSAR, Josephus: De miraculo. — (1907) 143 S. 4° (Handschr.) Diss. 810
Diss. Wien, Univ.

Kozubowski, Johann Roman [von Mohileff, Russ.-Polen]: Aus dem Patholog. Institut der Universität Zürich. Beitrag zur Lehre von den Hypernephromen der Niere nebst einem Fall von Obliteration der Vena Cava inferior und compensatorischer Hypertrophie der andern Niere. (Mit 2 Tafeln.) Zürich 1904. 40 S. 8°. [11. V. 04.]
Zürich Med Diss. 1903/1904

Kozubowski, Johann Roman. Beitrag zur Lehre von den Hypernephromen der Niere, nebst einem Fall von Obliteration der Vena Cava inferior und compensatorischer Hypertrophie der andern Niere. Diss. Med. Univ. Zürich. [Mit 2 Tafeln.] *Kopftitel:* Aus dem Patholog. Institut der Universität Zürich. 40 S. 8. Zürich, A. Markwalder, 1904.

Kożuchowski, Stanisl. v., statistisch-casuistischer Beitrag zur Kenntniss der Fistula ani. Inaugural-Dissertation. Lex.-8. (77 S.) Dorpat 886, (Karow.) *

Kożuszkiewicz, Franz [pract. Arzt aus Kokoszezyn, Prov. Posen]: Über Pseudoleukaemie .... Greifswald, Druck v. Julius Abel, 1887; 24 S. 8.
Greifswald, Med. Fak., Inaug. Diss. v. 23. Jul. 1887.

Kożuszkiewicz, Franz, über Pseudoleukaemie. Diss. Greifswald 1887, Jul. Bindewald. 8°. 24 S.

Kra, J. J.

— **Be[illegible] zu dem Antwortenhefte zu der Meyer'schen A[illegible]ammlung über Wechselrechnungen, Waarenrechnungen und Conto-Correnten. gr. 8. (15 S.) Ebendas. 858.**

Kra, J. J., Berichtigungen zu der Aufgaben-Sammlung über Wechselrechnungen, Waarenrechnungen u. Conto-Correnten von J. Ch. Meyer. Zusammengestellt nach den im Antwortenhefte vom Verf. beigefügten Noten u. vermehrt. Hannover 858. Hahn. gr. 8. (7 S.) gratis.

Kraack, L., üb. die Entstehung u. die Dichter der Chanson de la croisade contre les Albigeois, s.a Ausgaben u. Abhandlungen aus dem Gebiete der romanischen Philologie.

Kraack, L. Ueber die Entstehung und die Dichter der „Chanson de la Croisade contre les Albigeois." Diss. Marburg 1884. 39 S.

25 Jahre Bürgermeister und Magistratsmitglied. Reden u. andere öffentl. Kundgebungen u. Betrachtungen aus dieser Zeit. Von **Kraatz**, Oberbürgermeister in Naumburg a.S. *Naumburg: A. Schirmer 1901.* (V, 192 S.) 8° [F.] [01. 9746 3

Kraatz, das Entworfen der Möbel, s.: Hittenkofer.

Kraatz, Alfred: Aus dem anatomischen Institut der Universität Marburg. Zur Entstehung der Milz. *Marburg 1897: (R. Friedrich).* (30 S. mit Taf.) 8°
Marburg, Med. Diss. v. 12. Okt. 1897

Kraatz, August

Kraatz, A., Maschinen-Telegraphen, s.a Telegraphen- u. Fernsprech-Technik in Einzeldarstellungen. I.

Maschinen-Telegraphen von A[ugust] **Kraatz**, Telegrapheningen. Mit 158 Abb. Braunschweig: F. Vieweg & Sohn 1906. (X, 130 S.) 8°
= **Telegraphen-** u. Fernsprech**technik** in Einzeldarstellungen. 1. [06. 1844

Kraatz, C.: Bocksprünge, s. Hirschberger, Paul

Kraatz, C., der Tourist im Wesergebirge. Wanderungen durch die nächste und weitere Umgebung von Minden, frei nach der Natur geschildert. gr. 8. (39 S.) Minden 877, (Körber und Freitag.) *

Kraatz, C., der Tourist im Wesergebirge. 2. verm. und verb. Aufl. 12. (VII, 63 S. mit 1 autogr. Handkarte in qu. Fol.) Minden 880, Marowsky. *

—— **dass. — Führer durch das Wesergebirge von Minden bis Hameln, das Fürstenth. Schaumburg-Lippe, die Rehburger Berge, den Teutoburger Wald und die Bäder Eilsen, Nenndorf, Oeynhausen, Pyrmont und Rehburg. 3. erweit. Aufl. 12. (VIII, 112 S. mit 1 lithogr. Spezialkarte.) Ebendas. 882.** *

Kraatz, Curt, s. Kraatz, Kurt

Kraatz, C., die Geschichte der Steuern und die Reform derselben in Reich, Staat und Stadt vom Standpunkt der Praxis. Kurz und verständlich für Jedermann. gr. 8. (IV, 68 S.) Liegnitz 881, Reisner'sche Buchh. *

Derseltsame Fall Jekyll-Hyde. Aus d. Engl. übertr. von E. v. **Kraatz**. Erfurt: F. Bartholomäus [1905]. (110 S.) 8° [F.]
(Collektion 'Kriminal'. Bd 53.) [05. 12744 3

Kraatz, Emil

Kraatz, [.: Bericht üb. d. Haushaltungsschule in Naumburg a/S.

Kraatz, [Emil]: Über Haushaltungsschulen. Vortr., geh. auf Veranlassung d. Vaterl. Vereins „Altstadt" i. Frankfurt a. M. Neudr. — Frankfurt a. M.: Verein f. Haushaltungsschulen 1889. 15 S. 8°

Kraatz, Gustav. Ein Beitrag zur Geschichte der systemat. Entomologie. Dem Gründer der deutschen entomolog. Gesellschaft, des deutschen entomolog. National-Museums u. des entomolog. Vereins in Berlin zum 50jähr. Jubiläum als entomolog. Praesident u. Redakteur u. zur Feier des gold. Doktor-Jubiläums gewidmet von der deutschen entomolog. Gesellschaft. Eine Festgabe f. alle Mitglieder. (164 S. m. 4 Abbildgn. u. 4 Taf.) gr. 8. Berlin 906. (Nicolai's Verl.) n. 6. —

Prof. Dr. Gustav **Kraatz**. Ein Beitrag z. Geschichte d. systemat. Entomologie. Dem Gründer d. Deutschen Entomol. Ges. ... z. 50j. Jubil. als entomol. Praesident ... gewidmet von d. Deutschen Entomol. Ges. Eine Festgabe f. alle Mitglieder. (Vorr.: Walther Horn.) Berlin 1906: A. W. Schade. (164 S.) 8° [06. 5016 9

Kraatz, G., Catalogus coleopterorum, s. Catalogus.

Kraatz, G., die Käfer Europa's, s.a Küster, H. C.

Kraatz, G., die Kaefer Europa's. Nach der Natur beschrieben. Im Anschluss an die Kaefer Europa's von H. C. Küster. 29. Heft. Mit Beiträgen von H. v. Kiesenwetter. 16. (IV, 102 Bl.) Nürnberg 873, Bauer und Raspe. *
Vgl.: Küster, H. C. XII. Bd. 1. Abthl. S. 572.
1.—28. Heft. Ebendas. 1844—54. *M. 84.

Kraatz, G., Naturgeschichte der Insecten Deutschlands, s. Erichson.

Kraatz, G., Revision der Tenebrioniden der alten Welt aus Lacordaire's Gruppen der Erodiides, Tentyriides, Akisides, Piméliides, u. der europ. Zophosis-Arten. Berlin 865. Nicolai's Verlag. gr. 8. (VI, 393 S.) n. 2 ℛ 20 ngr.

— die Staphylinen-Fauna von Ostindien, insbesond. der Insel Ceylon. gr. 8. (196 S. mit 3 Kpfrt.) Berlin 859, Nicolai'sche Verlagsbuchh. *

—— Verzeichniss der Käfer Deutschlands. Hrsg. von dem entomolog. Verein in Berlin. gr. 8. (VI, 86 S. mit 1 Kpfrt.) Berlin 869, (Nicolai's Verlag.) *

Kraatz, G., Verzeichniss der Käfer Deutschlands. Herausg. von dem entomolog. Vereine in Berlin. Berlin 1869. 8.
A. u. d. T.: Berliner Entomol. Zeitschrift. Jhg. 13. Beiheft.
——, —— 2. verm. Aufl. Mit Nachträgen. Berlin 1870—76. 8.

— (Hrsg.), s. Zeitschrift, Berliner entomologische.

— s.: Zeitschrift, deutsche entomolog.

H. Kraatz, Zur ältesten Geschichte der Fischerstechen.
D. F.Z.. 27.
Stettin 1904

Kraatz, J. C., An in ossibus locum inveniat sensibilitas? Regiom. 4°.
1766

Kraatz, J M., der Dom zu Hildesheim, seine Kostbarkeiten, Kunstschätze etc mit Kupfern in Fol. Hildesheim. 1840. 8.

Kraatz, Kurt

Kraatz, Curt, die Logenbrüder, s.: Laufs, Carl.

— u. Frhr. v. **Schlicht,** Liebes-Manöver, s.: Universal-Bibliothek.

Kraatz, Karl, Le Mystère de la conception, nativité, du mariage et de l'annonciation de la benoiste vierge Marie avec la nativité de Jésucrist et son enfance ⟨Paris, Bibl. Nat. réserve Yf 1604⟩. Personen-Verzeichnis, vergleichende Analyse, Metrisches und Textproben. Greifswald 1906: F. W. Kunike. (53 S.) 8°
Greifswald, Phil. Fak., Ref. Stengel, Diss. v. 14. Juli 1906
[Geb. 29. Mai 83 Lietzow, Brandenburg; Wohnort: Greifswald; Staatsangeh.: Preußen; Vorbildung: Friedrichs-Realgymn. Berlin Reife O. 02; Studium: Berlin 4, Greifswald 4 S.; Rig. 12. Mai 06.]

Kraatz, Leopold

Kraatz, L., Deutschland in seiner Neugestaltung nach dem Frieden von Versailles 1871 ... Lith. ... von L. Kraatz. Neueste Aufl. ... 1871. . . . . (Br. Mus.)
——, —— 13—14. Aufl. ... 1871—1875. . . . . (Br. Mus.)

Kraatz, topographisch-statistisches Handbuch des preußischen Staats enthaltend die sämmtlichen Städte, Flecken, Dörfer 2c. in alphabet. Ordnung, mit Angabe des Gerichts erster Instanz, des Schwurgerichts, des Obergerichts-Departements, des landräthlichen Kreises, des Regierungs-Bezirks und der Einwohnerzahl. Unter Benutzung der Akten des königl. Justiz-Ministeriums hrsg. 4. (V und 716 S.) Berlin 856, Decker'sche geheime Ober-Hofbuchdr.

Kraatz, topographisch-statistisches Handbuch des preuß. Staats, enth. die sämmtl. Städte, Flecken, Dörfer und sonst. Ortschaften größeren Umfanges in alphabet. Ordnung, mit Angabe des Gerichts erster Instanz, des Schwurgerichts, des Appellationsgerichts-Departements, des landräthl. Kreises, des Regierungs-Bezirks und der Einwohnerzahl. Unter Benutzung der Akten des königl. Justiz-Ministeriums. 2. Aufl. 4. (887 S.) Berlin 870, v. Decker'sche Geh. Ober-Hofbuchdr. *

Kraatz (L.), topographisch-statistisches Handbuch des Preußischen Staats, enthaltend die sämmtl. Städte, Flecken, Dörfer und sonst. Ortschaften größeren Umfanges in alphabet. Ordnung, mit Angabe des Amtsgerichts, des Landgerichts, des Oberlandesgerichts, des landräthl. Kreises, des Regierungsbezirks und der Einwohnerzahl. Unter Benutzung der Akten des königl. Justiz-Ministeriums hrsg. 3. Aufl. 4. (IV, 827 S.) Berlin 880, v. Decker's Verlag. * M 15.; geb. *

Kraatz, L., Karte der Gegend v. Berlin bis Neustadt-Eberswalde u. Freienwalde. In 3 Abthlgn.: 1. Gegend nordöstlich v. Berlin bis Neustadt u. Freienwalde. 2. Specialkarte der Gegend zwischen Neustadt u. Freienwalde. 3. Umgegend v. Freienwalde. Fol. Lith. Berlin 851, D. Reimer. In gr. 16. Carton 21 ngl (1 u. 2. Abth. einzeln à n. 1/4 ℛ; cart. à n. 1/3 ℛ 3. Abth. n. 6 ngl; cart. n. 8 1/2 ngl)

Kraatz, Leopold, Neue Karte von Deutschland und den angrenzenden Ländern mit besonderer Berücksichtigung der Eisenbahnen und Dampfboot-Course. Nach den neuesten und besten Quellen bearb. 4. Aufl. M. 1 : 3000000. Lith. u. kolor. Berlin, Goldschmidt, 1867. gr. Fol.
——, —— 5. Aufl. Chromolith. Ebda. 1869. . . . . (Br. Mus.)

Kraatz, Leop., Neue Karte von Deutschland und den angrenzenden Ländern mit bes. Berücks. der Eisenbahnen und Dampfboot-Course. Mit Flächen-Colorit unter Berücksichtigung der durch den Frieden 1871 dem deutschen Reiche einverleibten Landestheile Elsass und Lothringen. Nach den neuesten und besten Quellen bearb. M. 1:3000000. 12 Aufl. Berlin. Goldschmidt, 1871. gr. Fol. Chromolith.
Ist: Grieben's Reisebibliothek. Nr. 80.
—— —— Mit Flächen-Kolorit. 13e Aufl. Ebenda 1871. Imp.-Fol. . . . . (Br. Mus.)

(Kraatz, Leopold.) Neue Karte von der Schweiz. *Kopftitel:* Griebens Reiseführer. — 318/437 mm. 1 Bl. quer-fol., *in Umschlag* 8. Berlin, Albert Goldschmidt, 1903-1904. M. —. 50 K
Titel auf dem Blatt: Reisekarte der Schweiz. Bearb. von Leopold Kraatz. Massstab 1 : 750,000. Berlin, Verlag von Albert Goldschmidt, Lith. Anst. v. Leopold Kraatz.
Auch in: Stromer, Th[eodor]. Die Schweiz. 21. Aufl. ... 1903 — 1904, *und in:* [Stromer, Theodor.] Kleiner Führer durch die Schweiz ... 1903—1904.

(Kraatz, Leopold.) Neueste Karte von der Schweiz. *Kopftitel:* Griebens Reisebücher. 319/436 mm. 1 Bl. fol., *in Umschlag* 8. Berlin, Albert Goldschmidt, 1901. M. —. 50
Titel auf dem Blatt: Reisekarte der Schweiz. Bearb. von Leopold Kraatz. Maasstab 1 : 750,000. Berlin, Verlag von Albert Goldschmidt, Lith. Anst. v. Leopold Kraatz.
Auch in: Stromer, Th[eodor]. Die Schweiz. 20. Aufl. ... 1901, *und in:* [Stromer, Theodor.] Kleiner Führer durch die Schweiz... 1901.

Kraatz, Leop., Karte vom Preussischen Staate mit besonderer Berücksichtigung der Communicationen ... Stich u. Druck u. Lith. Anst. von L. Kraatz. . . 1859.
2 versch. Ausg. . . . . (Br. Mus.)
——, —— 4. Aufl. ... 1866. (Br. Mus.)
——. —— 6. Aufl. ... [1870?] . . . . (Br. Mus.)

— u. C. **Jättnig,** topographische Karte der Umgegend v. Berlin, s.: Jättnig, C.

— topographische Karte der Umgegend v. Berlin. gr. Fol. Lith. Ebd. 849. 1/3 ℛ color. 7/12 ℛ fein color. 1 ℛ in 16. Carton 7/12 ℛ col. 2/3 ℛ Mit 2 lith. u. col. Beikarten in gr. 4. 5/6 ℛ

—— Karte der Umgegend von Berlin und Potsdam. 1:90,000. Fol. Berlin 865, Imme. [Bichteler und Comp.] *

Kraatz, Leop., Politische Lage Deutschland's am 14. Juni 1866. ... Lith. Anst. von L. Kraatz. Berlin, D. Reimer. 1866. . . . . (Br. Mus.)

— neuester Plan von Berlin. Maasstab von 1:13150. Chromolithogr. Imp.-Fol. Mit: Alphabetisches Verzeichniss der Strassen, Plätze, Thore, Eisenbahnen, so wie der merkwürdigsten Gebäude u. der öffentl. Denkmäler von Berlin. Berlin 862. Nicolai's Verlag. gr. 16. (58 S. mit 1 lithogr. u. color. Plan in gr. 4.) In Carton. n. 15 ngr

Kraatz, Leop., neuester illustrirter Plan von Berlin mit 100 eingedr. bildlichen Darstellungen der öffentlichen Gebäude und Monumente. Nach den besten amtl. Quellen bearb. 1:8,333 1/3. (4 S. Text in gr. 8.) Fol. Berlin 869, Neumann. *

Kraatz, L., siehe: *Reisekarte.*

Kraatz, Leop., Reisekarte von Deutschland und den angrenzenden Ländern mit besonderer Berücksichtigung der Eisenbahnen und Dampfboot-Course. Nach den neuesten u. besten Quellen bearb. M. 1 : 3000000. Berlin, Goldschmidt, 1866. gr. Fol Chromolith. 1/6 ℛ.

Kraatz, L. Neue Reisekarte d. Schweiz, 1 : 750,000. Chromolith. In-fol. Berlin, Goldschmidt. — 50
1883

Kraatz, L, Neue Reisekarte d. Schweiz. 1 : 750000. Chromolith. In-fol. Berlin, Albert Goldschmidt. — 70
1887

Reisekarte, neue, der Schweiz. Bearbeitet von *L. Kraatz.* 1 : 750,000. Ausg. 1893. 32×43,5 cm. Farbendruck. Berlin, A. Goldschmidt. 1893
In Futteral, Mk. — 50

— Übersichtskarte von Deutschland nach der Abstimmung vom 14. Juni 1866. ... Lith. Anst. v. L. Kraatz. Berlin [1866?] . . . . (Br. Mus.)

— Umgegend v. Erkner. gr. 4. Lith. u. color. Ebd. 849. n. 4 ngl

— Umgegend v. Potsdam. gr. 4. Lith. u. color. Ebd. 849. n. 4 ngl

Kraatz, Wilh., koptische Akten zum ephesinischen Konzil vom J. 431, s.: Texte u. Untersuchungen zur Geschichte der altchristlichen Literatur. N. F. XI. 2.

Kraatz, Wilhelm, cand. theol. aus Berlin: Theologische Thesen ... zur Erwerbung des Grades eines Licentiaten der Theologie ... *Berlin (1900): G. Schade.* (2 Bl.) 4°
Berlin, Theol. Thes. v. 20. Febr. 1900

Kraatz-Koschlau, K. v., die Barytvorkommen d. Odenwaldes, s. a. Abhandlungen d. grossherzogl. hessischen geolog. Landesanst. zu Darmstadt.

Kraatz-Koschlau, K[arl] von: Die Barytvorkommen des Odenwaldes. *Halle 1897.* (22 S. mit Taf.) 4° ¶(Aus: Abhandlungen der geologischen Landesanstalt zu Darmstadt, Bd 3 H. 2.)
Halle, Phil. Hab.-Schr. v. [27. Okt.] 1897

Die Barytvorkommen des Odenwaldes. Von Dr. K. v. **Kraatz-Koschlau.** *Darmstadt: In Comm. bei A. Bergsträsser 1897.* (1 Bl., 55—76 S., 3 Taf.) 4. (8.)
= Abhandlungen d. grossh. hess. geolog. Landesanstalt zu Darmstadt. Bd III. H. 2. [97. 8600]

von **Kraatz-Koschlau,** Karl: Beiträge zur Kenntnis der Rechtsweinsäure und ihrer Salze ... München, kgl. Hof- u. Univ.-Buchdr. v. Dr. C. Wolf & Sohn, 1892; 43 S. 8.
München, Phil. Fak., Inaug.-Diss. v. 1892

— Gyps v. Klein-Schöppenstedt bei Braunschweig, s. a. Mitteilungen aus d. Roemer-Museum, Hildesheim.

Gyps von Klein-Schöppenstedt bei Braunschweig. Von Dr. K. v. Kraatz. *(Hildesheim: A. Lax 1896.)* 14 S. 4 [Kopft.]
= Mittheilungen aus d. Roemer-Museum, Hildesheim. No 1. [96. 770]

Kraatz-Koschlau, M. T. v., Geschichte des 1. Brandenburg. Dragoner-Regiments Nr. 2. gr. 8. (VIII, 355 S. mit 2 Bildnissen in Lichtdr. und 1 chromolithogr. Uniformbild.) Berlin 878, Mittler und Sohn. *

Kraayvanger, Thdr., die Organisation der preuss. Justiz u. Verwaltung im Fürstent. Paderborn, s. a. Beiträge, Münstersche, zur Geschichtsforschung. N. F. 5.

Kraayvanger, Theodor, Cand. phil., a. Emmerich a. Rhein: Die Organisation der preußischen Justiz und Verwaltung im Fürstentum Paderborn, 1802—1806. Paderborn 1904: F. Schöningh. (71 S.) 8°
Münster, Phil. Fak., Ref. Meister, Diss. v. 15. Dez. 1904
[Geb. 28. Mai 81 Emmerich a. Rhein; Wohnort: Münster i. W.; Staatsangeh.: Preußen; Vorbildung: Gymn. Emmerich Reife O. 01; Studium: Münster 7 S.; Rig. 9. Aug. 04.]

Die Organisation der preußischen Justiz und Verwaltung im Fürstentum Paderborn, 1802–1806. Von Dr. Theodor **Kraayvanger.** Paderborn: F. Schöningh 1905. (71 S.) 8°
[Erschien auch als Inaug.-Diss. Münster 1904.]
= **Beiträge,** Münstersche, z. Geschichtsforschung. N. F. 5. [04. 1165]

Kraaz, A., s.: Lesebuch, Nicolai'sches, f. Berliner Gemeindeschulen.

Kraaz, Alb., Bauerngut u. Frohndienste in Anhalt vom 16. b. z. 19. Jahrh., s. a. Sammlung nationalökonom. u. statist. Abhandlgn.

Kraaz, Albert, aus Osmarsleben bei Güsten i. Anh.: Bauerngut und Frohndienste in Anhalt vom 16. bis zum 19. Jahrhundert. Nach archival. Quellen d. Hzgl. anhalt. Haus- u. Staats-Archivs zu Zerbst sowie d. Familien-Archive derer von Trotha zu Hecklingen u. von Krosigk zu Hohenerxleben. *Halle a. S. 1898: (Lippert & Co., Naumburg a/S.).* (68 S.) 8° ¶[Erschien vollst. als Bd 18 d. Sammlung nationalökonom. u. statist. Abhandlungen d. staatswiss. Seminars zu Halle a. d. S.]
Halle, Phil. Diss. v. 1898

Bauerngut und Frohndienste in Anhalt vom 16. bis zum 19. Jh. Nach archival. Quellen d. herzogl. anhalt. Haus- u. Staats-Archivs zu Zerbst sowie der Familien-Archive derer v. Trotha zu Hecklingen u. v. Krosigk zu Hohenerxleben. Von Dr. phil. Albert **Kraaz.** *Jena: G. Fischer 1898.* (XIX, 273 S.) 1 Bd 8.
= Sammlung nationalökon. u. statist. Abhandlungen d. staatswiss. Seminars zu Halle. Bd 18. [98. 10737]

Kraaz, (Ernst Friedr. August) Rich. (geb. Cölbigk in Anh. 26. 7. 1857): Beitrag zur Kenntniss der Glieder der Protocatechusäurereihe, im Besonderen des Eugenols. Berlin 1882. (58 S.) 8°
Berlin, Phil. Diss. v. 2. Dez. 1882

Kraas, Walter: Die päpstliche Politik in Verfassungs- und Vermögensfragen deutscher Klöster im 12. Jahrhundert. *Leipzig 1902: Metzger & Wittig.* (71 S.) 8° [F.]
Leipzig, Phil. Diss. v. [10. Febr.] 1902

Krab, E., Curtius als Schullektüre. 2 Tle. Pr. 1870/71. 30. 24 S. 4°. 3.—

Krabath, Mart., Oelberg-Andachten f. d. Todesangst Christi-Bruderschaften, aber auch z. Gebrauch f. Privat-Andachten an d. Donnerstagen d. ganzen Jahres, bes. z. hl. Fastenzeit. 16. (295 S. m. 1 Stahlst.) Salzburg 896. A. Pustet. — 96

Krabbe, d. Hausthierarzt. E. Buch f. gesunde u. kranke Thiere. 8. (95 S.) Berlin 896. A. Weichert. — 50

Krabbe, C. F., Erinnerung an die selige Anna Catharina Emmerich, Augustinerin des Klosters Agnetenberg in Dülmen. gr. 12. (VI und 80 S. mit 1 Holzschnit.) Münster 860, Regensberg. * — 7½

Krabbe, C. F., pädagogische Erinnerungen. Mit dem (Lichtdr.-) Bilde und der Lebensskizze des Verewigten. 8. (159 S.) Münster 883, Aschendorff'sche Buchh. *

Krabbe, C. F., der geistl. Kinderfreund. Züge aus dem Leben des sel. Vicarius Jos. Wildt zu Borghorst. gr. 8. (79 S.) Münster 848, Theissing. n. 1/6 ß

Krabbe, C. F., Leben Bernard Overberg. 8. (15¼ B. u. O's. Bildn.) Münster 831, Aschendorff.
Ohne das Bildniß 16 Gr.

Krabbe, C. F., Leben Bernard Overberg's. 2., verm. Aufl. 12. (10 B. u. O's. Bildn.) Münster 846, Aschendorff'sche Buchh. -

Krabbe, C. F., Leben Bernard Overberg's. 3., verm. Aufl. 8. (231 S. mit Overberg's lithogr. Bildniß.) Münster 864, Aschendorff'sche Buchh.

Krabbe, C. F., geschichtliche Nachrichten über die höheren Lehranstalten in Münster vom heil. Ludgerus bis auf unsere Zeit. gr. 8. (194 S.) Münster 852, Theissing'sche Buchh. *

— Nekrolog des Pfarrers und Seminar-Direktors Theodor Mühren zu Langenhorst. (Nebst einer kurzen Geschichte des Schullehrer-Seminars.) gr. 8. (23 S.) Münster 855, Theissing'sche Buchh.

Krabbe, C. F., de obligatione parochi instruendi juventutem parochiae suae saltem in rebus fidei et morum et de scholis parochialibus. 8maj. Münster 812, Aschendorff. 1/6 ℳ

—— Statuta synodalia dioecesis Monasteriensis, s. Statuta.

—— Wem steht das Eigenthum der vormaligen Jesuiten-Güter, beziehungsweise das Recht zu, sie zu verwalten und zu den stiftungsmäßigen Zwecken zu verwenden? gr. 8. (III und 80 S.) Münster 835, Theissingsche Buchh. *

Krabbe, Ernst, appr. Arzt: Aus d. pathol. Inst. d. Städt. Krankenh. Charlottenburg-Westend. Spindelförmige Dilatation des Oesophagus auf Grund von Kardiospasmus. Marburg (1909): Merz. 24 S. 8°
Marburg, Med. Diss. v. 13. Sept. 1909, Ref. Beneke
[Geb. 9. Jan. 84 Wildern; Wohnort: Vöhl; Staatsangeh.: Preußen; Vorbildung: Kgl. Gymn. Bonn Reife O. 03; Studium: Marburg 5, Berlin 3, Marburg 2 S.; Coll. 3. Juli 09; Approb. 29. Juli 09.] [U 10. 3323

Krabbe, (Heinr.) Gust. (geb. Ohrbeck bei Osnabrück 24. 10. 1855): Entwicklung, Sprossung und Theilung einiger Flechtenapothecien. (Leipzig) 1882. (33 S.) 4° ¶ Aus: Botan. Zeitung Jg 40 1882.
Berlin, Phil. Diss. v. [11. März 1882]

Krabbe, G., Entwicklungsgeschichte u. Morphologie der polymorphen Flechtengattung Cladonia. Ein Beitrag zur Kenntniss der Ascomyceten. Hrsg. m. Unterstützg. d. k. preuss. Akademie der Wissenschaften zu Berlin. gr. 4. (VIII, 160 S. m. 12 z. Tl. farb. Taf.) Leipzig 891. A. Felix. n. 24. —

Krabbe, G. Untersuchgn. üb. das Diastaseferment unter specieller Berücksicht. seiner Wirkung auf Stärkekörner innerhalb d. Pflanze. gr. 8. (88 S. m. 8 Taf.) Berl. 890, Borntraeger. * 3 60
Aus: Jahrbb. f. wissenschaftl. Botanik, besonders abgedruckt.

— Untersuchungen üb. die Orientirungstorsionen der Blätter u. Blüthen, s.: Schwendener, S.

Krabbe, G., das gleitende Wachsthum bei der Gewebebildung der Gefässpflanzen. gr. 4. (VII, 100 S. mit 7 lithogr. Taf.) Berlin 886, Gebr. Borntraeger. *

Krabbe, G., über das Wachsthum des Verdickungsringes und der jungen Holzzellen in seiner Abhängigkeit von Druckwirkungen. gr. 4. (83 S. mit 2 lithogr. Taf.) Berlin 884, (Dümmler's Verlagsh.) *
Aus: Abhandlungen der k. preuss. Akademie der Wissenschaften zu Berlin, besonders abgedruckt.

Kraabe, H.

— Einige Bemerkungen üb. die mechanischen Verhältnisse d. Kauwerkzeuge u. d. Kaubewegungen. [Leipz. 1893]. (7) S. (Særtr.). P.

— Ueber die Bradsot d. Schafe in Island u. auf den Färöern. [Leipz. 1875]. (6 S.). (Særtr.). P.

Krabbe H.: Die menschlichen Parasiten ... v. R. Leuckart ... anmeldt. (4 Særtr. i 1 Vol.). [Kbh. 1862-76]. (52) S. P.

Krabbe H., Dr.: Über ein Trichosom in der Leber von *Triton cristatus*. S. 25. 520 . . — .04
Separatabdruck

— — Ueber die Verbreitung d. Rotz-Wurmkrankheit m. besond. Rücks. auf die skandinavischen Länder. [Leipz. 1875]. (11) S. (Særtr.). P.

— Ueber das Vorkommen v. Bandwürmern beim Menschen in Dänemark. Abschliessende Mitteilung. Stockh. 1905. 12 S. (Særtr.). P.

Die Lehre der Rechtssouveränität. Beitrag z. Staatslehre von Dr. H[ugo] **Krabbe**, Prof. Groningen: J. B. Wolters 1906. (254 S.) 8° [05. 10:05

[F.] Helene von Bülow. E. Lebensbild d. Begründerin u. ersten Oberin d. Diakonissenhauses Bethlehem in Ludwigslust. Von Dr. Joh. **Krabbe**, Pastor. *Schwerin i. M.: F. Bahn 1896.* (XII, 230 S., 1 Portr.) 1 Bd 8. [96. 718

Krabbe, Joh., Eben-Ezer. Bis hierher hat uns der HErr geholfen. Ein Gedenkblatt an die am 3. Novbr. 1876 begangene Jubelfeier der 25jähr. Wirksamkeit des Diakonissenhauses Stift Bethlehem in Ludwigslust und dessen Oberin Helene v. Bülow. gr. 8. (47 S.) Ludwigslust 876, Hinstorff'sche Hofbuchh. **

— Evangelien-Postille. Predigten f. alle Sonn- u. Festtage d. Kirchenjahres v. Geistlichen d. evang.-luther. Landeskirche in Mecklenburg-Schwerin. Hrsg. v. K. gr. 8. (X, 656 S.) Ebd. 897. n. 4. 50; geb. in Leinw. n. 5. —; m. Goldschn. n. 6. —

Krabbe, Joh., die kirchliche Gemeinepflege, s. Flugschriften für Innere Mission.

Krabbe, Die kirchliche Gemeindepflege. »Flugschriften f. Innere Mission.« (21 S.) Rostock 1885. Stiller.

Krabbe, Joh., die Kinderpflege in den Soolbädern. Nebst einem Excurse über die Kinderheilanstalten in Seebädern und in klimat. Kurörtern. gr. 8. (III, 72 S.) Hamburg 880, Oemler. *

—— das neue Krankenhaus des Stiftes Bethlehem zu Ludwigslust. Ein Beitrag zur Geschichte des Stiftes Bethlehem. gr. 8. (80 S. mit 1 Skizze des neuen Krankenhauses in Lichtdr.) Ludwigslust 888, Hinstorff'sche Hofbuchh. *

Krabbe, Johanna v., Anschauungs-Tafeln zur Erlernung d. Maschenstopfens. 2 Bl. Fol. Farbendr. Leipzig 893. (G. Fock.) In Mappe. n. — 75

Krabbe, Jörgen. Romantische Schilderung aus dem Schonenschen Feldzuge Carl's XI. Von der Verf. von „Emma's Herz." Aus dem Schwed. von C. Eichel. Leipzig 858. Kollmann. 8. (2 Bl., 300 S.) n. 1 ℛ.

Krabbe, Jörgen. Romantische Schilderg. aus dem Schonenschen Feldzuge Carls XI. Von der Verf. v. „Emma's Herz." Aus d. Schwed. v. C. Eichel. 2. Aufl. 8. (300 S.) Leipzig 871. Kollmann. 3. —

Krabbe, (Otto), Abhandlungen u. Kritiken, s. Abhandlungen.

Krabbe, Otto, Antrittspredigt üb. 1 Cor. 4, v. 1. 2. Die Mahnung d. Apostels: Sei ein Diener Christi als treuer Haushalter üb. Gottes Geheimnisse! gr. 8. (1 B.) Rostock 841, Stiller'sche Hofbuchh. Thlr.

Krabbe, Otto, der selige Ausgang der Gnadenwege unseres Gottes. Predigt über Joh. 6, V. 37—40. Gehalten zur Gedächtnißfeier Ihrer Königl. Hoheit der hochsel. Frau Großherzogin Anna Marie Wilhelmine Elisabeth Mathilde, regier. Großherzogin von Mecklenburg-Schwerin ꝛc. im academ. Trauer-Gottesdienst am Sonntag Misericordias domini, den 30. April 1865, in der St. Marienkirche zu Rostock. Rostock 865. Stiller'sche Hofbuchh. gr. 8. (16 S.) 3 ngr.

Krabbe, Otto, das lutherische Bekenntniß und die in Sache des Prof. Dr. Baumgarten abgegebenen Gutachten der theologischen Facultäten zu Göttingen und zu Greifswald. gr. 8. (III und 230 S.) Berlin 859, Schlawitz. * 1 —

—— Bemerkungen üb. die Stellung d. Apologetik z. h. Schrift. Entgegnung auf Wiggers: Kirchlicher od. rein bibl. Supernaturalismus? gr. 8. (7¼ B.) Hamburg 842, Meißner. *

Krabbe, Otto, David Chyträus. 2 Abthlgn. gr. 8. Rostock 870, Stiller'sche Hofbuchh. [1. Abthl. (VIII, S. 1—254.) *M 5.; 2. Abthl. (IV, S. 255—468.) *M 4.] *

—— das Dankopfer, das der Herr von uns erwartet. Predigt über 1. Chron. 30, V. 9—15. Gehalten am Friedens-Dankfeste, 2. Trin.-Sonntage, den 18. Juni 1871, im Universitäts-Gottesdienst in der St. Marien-Kirche zu Rostock. gr. 8. (17 S.) Rostock 871, Stiller'sche Hofbuchh. — 38

— deine Gnade müsse mein Trost sein, wie du deinem Knechte zugesagt hast. Zum Gedächtniß Adolph Willebrands, weil. Superint. der Diöcese Doberan. Worte am Sarge desselben den 29. Jan. 1867. Ebend. 867. gr. 8. (12 S.) n. 2½ ngr.

Krabbe, Otto, dies ist der Tag, den der Herr macht. Predigt, gehalten zur Feier der hohen Vermählung des Großherz. Friedrich Franz mit der Fürstin Auguste Mathilde, Prinzessin von Reuß-Schleiz-Köstritz, bei dem Universitäts-Gottesdienste am 3. Novbr. 1849 zu Rostock. gr. 8. (15 S.) Rostock 849, Stiller'sche Hofbuchh.

— über das in der Sache des Prof. Dr. Baumgarten in Rostock erforderte und abgegebene Erachten des großherzogl. mecklenburg. Consistoriums. gr. 8. (186 S.) Schwerin 858, Stiller'sche Hofbuchh. *

—— Gutachten über den Commissionsentwurf zu einer Verfassung für die evangelisch-lutherische Kirche im Hamburgischen Staate. gr. 8. (76 S.) Hamburg 864, Nolte. *

—— Ecclesiae evangel. Hamburgi instauratae historia. 4maj. (14½ B.) Hamburgi 840, Meissner. *

— Jesus Christus, der einige Grund. Predigt, am Tage der Legung des Grundsteins zu dem neuen Universitäts-Gebäude in Rostock am 12. März 1867 über 1. Cor. C. 3, V. 11 gehalten. Ebend. 867. gr. 8. (14 S.) 2½ ngr.

Krabbe, Otto (Rector), Index scholarum in gymnasio Hamburgensium academico a paschate 1840 usque ad pascha 1841. Hamburg (Johann August Meissner) 1840. 13 S. (3.50) 19224

Krabbe, Otto, Kaiser Karl V. und das Augsburger Interim. Vortrag gehalten in der Aula der Universität am 15. Januar 1872. gr. 8. (38 S.) Ebendas. 872. — 75

—— Meklenburg. Kirchenblatt, s. Kirchenblatt.

— die evangel. Landeskirche Preußens u. ihre öffentl. Rechtsverhältnisse, erörtert in den Maaßnahmen ihres Kirchenregiments. gr. 8. (XXVI u. 549 S.) Berlin 849, Besser's Verl. (Frz. Duncker.) n. 2⅓ ß

—— aus dem kirchlichen und wissenschaftlichen Leben Rostocks. Zur Geschichte Wallensteins und des 30jähr. Krieges. gr. 8. (XII und 464 S.) Berlin 863, Schlawitz. *

—— die Lehre von d. Sünde u. v. Tode in ihrer Beziehung zu einander u. zu d. Auferstehung Christi. Exeget.-dogmat. entwickelt. gr. 8. (25 B.) Hamburg 836, [Fr. u. Andr. Perthes.]

— der Mangel philosophischer Studien die wissenschaftl. Signatur unserer Zeit. Rede, am 28. Febr. 1870 zu Rostock gehalten. Ebend. 870. gr. 8. (19 S.) n. 4 ngr.

—— Heinrich Müller und seine Zeit. gr. 8. (X und 362 S.) Rostock 866, Stiller'sche Hofbuchh. *

Krabbe, Otto, August Neander. Ein Beitrag zu seiner Charakteristik. gr. 8. (174 S.) Hamburg 852, Agentur des Rauhen Hauses.

—— Predigt üb. Luc. 12, v. 42—44. — Das Gedächtniß des gerechten Fürsten bleibet im Segen. Gehalten zur Gedächtnißfeier des höchstsel. Großherzogs Paul Friederich. gr. 8. (1⅛ B.) Rostock 842, Leopold.

— Predigt u. Rede bei der Feier der Einweihung des neuen Universitäts-Gebäudes zu Rostock am 17. Janr. 1870 gehalten. Ebend. 870. gr. 8. (34 S.) n. 5 ngr.

Krabbe, Otto, die Universität Rostock im 15. und 16. Jahrhundert. 2 Thle. gr. 8. (XV und 764 S.) Rostock 854, Stiller'sche Hofbuchh. Thlr. *

—— Savonarola. Ein Lebensbild aus Italien. Vortrag vor einem Kreise von Männern und Frauen gehalten zu Rostock am 25. Febr. 1862. gr. 8. (83 S.) Berlin 862, Schlawitz. *

— der christliche Staat u. seine Aufgaben in der Gegenwart. Rede am Geburtstage Sr. Königl. Hoheit des Allerdurchlauchtigsten Großherzogs u. Herrn Friedrich Franz am 28. Febr. 1866 im Fürsten-Saale zu Rostock gehalten. Ebend. 866. gr. 8. (22 S.) 3¾ ngr.

—— der selige Stand eines Christenherzens. Predigt über Römer 14, V. 7—9. Gehalten zur Gedächtnißfeier Ihrer Hoh. der hochsel. Großherzogin Auguste Mathilde Wilhelmine, bei dem academ. Trauergottesdienst am 13. März 1862. gr. 8. (20 S.) Rostock 862, Stiller'sche Hofbuchh.

—— Vorlesungen üb. d. Leben Jesu f. Theologen u. Nichttheologen. (Mit Rücksicht auf d. Leben Jesu v. Strauß u. die darauf sich bezieh. Literatur.) gr. 8. (35½ B.) Hamburg 839, Meißner. *

—— wider die gegenwärtige Richtung des Staatslebens im Verhältniß zur Kirche. Ein Zeugniß. gr. 8. (IV, 138 S.) Ebendas. 873. 2 50

—— Zeitpredigt über Psalm 20. Das Panier des Herrn. Am 6. Aug. bei der Feier der Einsetzung der deutschen provisor. Centralgewalt gehalten zu Rostock. gr. 8. (16 S.) Rostock 848, Stiller'sche Hofbuchh.

Krabbe, Otto, 2 Zeitpredigten. Pauli Vorbild in seinem Verhalten gegen Onesimus und der Bußeruf des Herrn in der Heimsuchung der Gegenwart. gr. 8. (27 S.) Rostock 848, Stiller'sche Hofbuchh. Thlr. *

Krabbe, Otto C., de Codice canonum, qui Apostolorum nomine circumferuntur. Dissert. histor.-crit. 4. (4 B.) Gottingae 829, Dieterich.

—— über d. Ursprung u. d. Inhalt d. apostol. Constitutionen d. Clemens Romanus. Ein histor.-krit. Versuch. gr. 8. (18 B.) Hamburg 829, Fr. Perthes.

Krabbe, Th., aus deutscher Vergangenheit. Ein Dreigestirn von Liederdichtern: Walther von der Vogelweide, Hans Sachs, Simon Dach. Nach ihrem Leben und Liedern in Vorträgen gekennzeichnet. 8. (205 S.) Gütersloh 878, Bertelsmann. *

Krabbe, Thdr., s.: Aus d. Amte f. d. Amt.

Krabbe, Waldemar: Ueber Pseudarthrosen nach Frakturen nebst den Fällen der letzten 10 Jahre aus der Königlichen chirurg. Klinik zu Greifswald. *Greifswald 1897: J. Abel.* (68 S.) 8°
Greifswald, Med. Diss. v. 20. Aug. 1897

Krabbe, Wilhelm: Johann Rist und das deutsche Lied. Ein Beitrag zur Geschichte der Vokalmusik des 17. Jahrhunderts. (Bonn 1910: Broch & Schwarzinger.) 215 S. 8° ¶ (Notenanhang ersch. besonders.)
Berlin, Phil. Diss. v. 19. Jan. 1910, Ref. Kretzschmar
[Geb. 13. Juni 82 Widdert; Wohnort: Berlin; Staatsangeh.: Preußen; Vorbildung: Kgl. Gymn. Bonn Reife O. 03; Studium: Bonn 2, Berlin 10 S.; Rig. 4. März 09.] [U 10. 198

Regeln für den Vortrag des gregorianischen Chorals. Zsgest. v. Chr. **Krabbel**, Repetent am Erzbischöfl. Coll. Albertinum zu Bonn. *Bonn: A. Henry 1896.* (15 S.) 1 Bd 8. [96. 7759

Krabbel, Chr., Regeln f. den Vortrag d. gregorianischen Chorals. 2. Aufl. 8. (14 S.) Bonn 897. [A. Henry.] Aachen, J. Schweitzer. — 30

Krabbel, Chrn., Prinzipien der Kirchen-Musik. 8. (120 S.) Bonn 893. A. Henry. n. 1. 20; Seminarpreis bei 10 Explrn. n. 1. —

Krabbel, Heinrich ⟨geb. am 10 Juli 1850 in Blatzheim Rgbz. Köln⟩: Ueber eine angeborene Lymphangiectasie '(Hygroma cysticum congenitum)' ... Bonn, Druck v. J. F. Carthaus (1874). 23 S., 1 Bl. 8.
Bonn, Med. Fak., Diss. v. 1 Aug. 1874

Krabbel, Hermann: Aus dem Augusta-Hospital zu Berlin. Ein Fall von Paraplegie nach Gelenkrheumatismus .... Bonn, Univ.-Buchdr. v. Carl Georgi, 1887; 26 + 1 S. + 1 Bl. 8°.
Bonn, Med. Fak., Inaug.-Diss. v. 5. März 1887.

Krabbel, Hetmann, aus dem Augusta-Hospital zu Berlin. Ein Fall von Paraplegie nach Gelenkrheumatismus. Diss. Bonn 1887, Emil Strauss. 8°. 25 S.

Krabben! Seebadgeschichten v. Marie-Madeleine. Titel- u. Textzeichngn. v. Wilh. Jordan. 5.—8. Taus. (91 S.) 8. Berlin (903). Verlag Continent. n. 1. —

Krabbes, Otto, Rechtsbuch f. Nichtjuristen. Eine zum unmittelb. Auffinden der einz. Gegenstände (ohne Benutzg. e. Sachregisters) eingerichtete Zusammenstellung v. zum Theil erläut. Vorschriften u. Angaben aus dem bürgerl. Gesetzbuch, den Gesetzen üb. die Abzahlungsgeschäfte, die Anfechtung v. Rechtshandlgn. e. Schuldners, die Angelegenheiten der freiwill. Gerichtsbarkeit, d. Beschlagnahme des Arbeits- u. Dienstlohns, d. Verbindlichkeit der Eisenbahnen usw. z. Schadenersatz bei Tödtgn. u. Körperverletzgn., den unlaut. Wettbewerb, d. Wucher, die Zwangsversteigerg. u. die Zwangsverwaltg., d. Civilprozeßordng., d. Grundbuchordng., der Konkursordng., d. Wechselordng., d. Einführungsgesetz u. der Denkschrift zum bürgerl. Gesetzbuch, dem Gerichtsverfassungsgesetz, d. Handelsgesetzbuch, der Verordng. üb. die Hauptmängel u. Gewährfristen beim Viehhandel u. aus mehr. and. Reichsgesetzen. 8. (IV, 684 S.) Dresden 900. C. Damm.
Geb. in Leinw. n. 6. —

Krabbes, Th., die Frau im altfranzösischen Karls-Epos, s. a. Ausgaben und Abhandlungen aus dem Gebiete der romanischen Philologie.

KRABBES, Theodor. Die Frau im altfranzösischen Karls-Epos. Marburg 1884. 8°. 81 S.

Krabbo, Carl Hermann, s. Krabbo, Hermann

Krabbo, Herm., die Besetzg. der deutschen Bistümer unter d. Regierg. Kaiser Friedrichs II. [1212—1250], s. a. Studien, historische. 25. Hft.

Krabbo, Carl Hermann, aus Hamburg: Die **Besetzung** der deutschen Bistümer unter der Regierung Kaiser Friedrichs II. ⟨1212—1250⟩. Excurs 2: Die Bedeutung des erzbischhöflichen [!] Titels minister in Deutschland während der ersten Hälfte des XIII. Jahrhunderts. *Berlin (1901): E. Ebering.* (35 S.) 8° ¶ [Erschien vollst. 1901 als: Hist. Studien, H. 25.]
Berlin, Phil. Diss. v. 8. Juni 1901

Die Besetzung der Deutschen Bistümer unter der Regierung Kaiser Friedrichs II. ⟨1212–1250⟩. Von Hermann **Krabbo**, Dr. phil. T. 1. 2. Berlin: E. Ebering 1901–06. 2 Bde 8°
[Von T. 1 erschien e. T. als Inaug.-Diss. Berlin 1901.]
2 [u. d. T.:] Die ostdeutschen Bistümer, besonders ihre Besetzung, unter Kaiser Friedrich II. Von H. Krabbo.
= **Studien**, Historische. H. 25. 53. [06. 10471

Die deutschen Bischöfe auf dem vierten Laterankonzil 1215 von Hermann **Krabbo**. Rom: Loescher & Co. 1907. (30 S.) 8°
Aus: Quellen u. Forschungen aus ital. Archiven u. Biblioth. Bd 10. H. 2. [08. 2088 7

Krabbo, Herm., die ostdeutschen Bistümer, bes. ihre Besetzung, unter Kaiser Friedrich II., s. a. Studien, historische. 53. Hft.

— Regesten der Markgrafen v. Brandenburg aus askanischem Hause, s. a. Veröffentlichungen des Vereins f. Geschichte der Mark Brandenburg.

Regesten der Markgrafen von Brandenburg aus askanischem Hause bearb. von Hermann **Krabbo**. Lfg 1. Leipzig: Duncker & Humblot 1910. 4°
(Veröffentlichungen d. Vereins f. Geschichte d. Mark Brandenburg. [8, 1.]) [10. 1267

— eine nicht ausgegebene Urkunde im Register Honorius III. (6 S.) gr. 8. Rom 904. Loescher & Co. n. n. — 40
Sonderabdruck aus: „Quellen u. Forschgn. aus italien. Archiven u. Bibliotheken".

Die Versuche der Babenberger zur Gründung einer Landeskirche in Österreich. Von Hermann **Krabbo**. Mit 3 Urkunden u. 1 Kartenskizze. *Wien: C. Gerold's Sohn i. Komm. 1903.* (40 S.) 8° [03. 8423 9

Krabbo, Herm., die Versuche der Babenberger zur Gründung e. Landeskirche in Oesterreich. Mit 3 Urkunden u. 1 Kartenskizze. (40 S.) gr. 8. Wien 903. (A. Hölder.) n. 1. —
Sonderabdruck aus: „Archiv f. österr. Gesch."

Kraeber, Uebersichtskarte der Südharzer Kaliwerke. 1 : 100 000. Berlin.

Krabinger, Johann Georg, s. Basilius des Großen Auserles. Homilien.

Krabinger, Jh. Geo., s. **Bernhardi, S.**, Claraevallensis Abbatis de Consideratione libri. — dess. libelli de diligendo Deo et de gratia. — **Cypriani, Caecil.**, opuscula.

Krabinger, Io. Geo., Eclogae illustrium poetar. latinor. recentioris aevi. 8maj. (21¼ B.) Monachii 835, [Augustae Vindel.] Jaquet.

– s. Gregorii Nysseni: S. oratio catechetica.

Krabinger, Jh. Geo., s. Longi, Daphnis u. Cloe.

Krabinger, Joh. Georg, Die klassischen Studien u. ihre Gegner. Eine Rede zur Vorfeier des hohen Geburtstages des Königs Max II., gelesen in der öffentl. Sitzung der Akademie der Wiss. am 26. Nov. 1853. München (Franz), 1853, gr. 4°, 20 S., 70 Pf.

– s. Synesius, Cyren.: Calvit. Encomium.

— 5. Synesius, Rede an d. Arkadios.

— 5 Xenophons Ephes. Anthia.

Krabitz, Friedr. Aug., Façon-Zeichnung f. Damenkleiderverfertiger. 2 lith. Bl., Imp.-Fol. Nebst Erklär. u. Erläutern. kl. 16. (1 B.) Leipzig 840. (Hamburg, Engel.) *

Krabler, Emil,: [Biographie] 1857—1907. Essen-Ruhr, 1907. 21 S. mit 1 Taf. [Md 77

Krabler, P., und H. Ziemssen, klinische Beobachtungen über die Masern, s. Ziemssen, H.

Kracauer, Isidorus (geb. Sagan 16. 10. 1852): De Arato Sicyonio part. 1. Vratislaviae 1874. (38 S.) 8° [Forts. nach Mitteil. d. im Diplom fälschlich Kracauer genannten Verf. bis 1904 nicht erschienen.]
Breslau, Phil. Diss. v. 11. Juni 1874

*Kracauer, I[sidor]: Die Geschichte der Judengasse in Frankfurt am Main. (Mit zahlreichen Illustrationen im Text und Lichtdrucktafeln.) S. 303—464. 8.
In: Festschrift z. Jahrhundertfeier der Realschule der israelit. Gemeinde (Philanthropin) 1804—1904. Teil II.
Frankfurt a. M. 1904.
Progr

Kracauer, I., die Geschichte der Judengasse in Frankfurt am Main. (Mit zahlreichen Illustr. im Text u. [7] Lichtdr.-Taf.) (V u. S. 307—464.) Lex.-8. Frankfurt a/M. 906. J. Kauffmann. n. 3.—
Sonderabdruck aus: „Festschrift z. Jahrhundertfeier d. Realschule d. israelit. Gemeinde zu Frankfurt a/M. 1904".

[J.] Kracauer, Isidor [Dr.]: Die Schicksale der Juden zu Frankfurt a. M. während des Fettmilchschen Aufstandes. Frankfurt a. M., Druck v. Kumpf & Reis, 1892; 3—27 S. 4.
Frankfurt a. M., R. d. isr. Gem. '(Philanthropin)', OP 1892 (400)

Kracauer, J., die Schicksale der Frankfurter Juden während d. Fettmilchschen Aufstandes. [1612—1616.] Progr. gr. 4 (27 S.) Frankfurt a/M. 892. J. Kauffmann. n. 1.—

Kracauer, Siegfried (geb. Sagan 26. 12. 1859): Die Melancholie der Frauen nach dem Climacterium. (Aus der Provinzial-Irrenheilanstalt Leubus.) Breslau 1882. (33 S.) 8° [Im Buchhandel 1882 bei Köhler in Breslau.]
Breslau, Med. Diss. v. 3. Nov. 1882

Kracauer, Siegfr., die Melancholie der Frauen nach dem Climacterium. [Aus der Provinzial-Irrenheilanstalt Leubus.] Inaugural-Dissertation. gr. 8. (33 S.) Breslau 882, (Köhler.) *

Kracek, Robert, Referendar in Königsberg i. Pr.: Inwieweit sind nach dem B.G.B. bedingte Kündigungserklärungen zulässig? Rostock 1906: Adlers Erben. (72 S.) 8°
Rostock, Jur. Fak., Ref. Bernhöft, Diss. v. 20. Aug. 1906
[Geb. 3. Febr. 83 Lyck (Ostpr.); Wohnort: Königsberg i. Pr.; Staatsangeh.: Preußen; Vorbildung: Wilhelms-Gymn. Königsberg Reife O. 01; Studium: Königsberg 2, Freiburg i. B. 1, Königsberg 3 S.; Rig. 4. Apr. 06.]

Krach, ein geistiger, im Parlament. Politische Erörterungen aus Anlaß der Stöcker'schen Rede in der Sitzung des preuß. Landtags am 26. Febr. Ein Mahnruf an Hofprediger Stöcker und das deutsche Volk. Von Sincerus. gr. 8. (30 S.) Heidelberg 883, Weiß'sche Universitäts-Buchh.

Krach, Der, von Wittenberg ... Berlin 1890. V: *Pesch, Tilmann.* (Doubletten-Anzeiger 1903. 6)

—— der zweite Pariser. Von Germanicus. gr. 8. (IV, 75 S.) Leipzig 883, Grunow. *

Krach, Gottfr., Vluyn. Seine Geschichte bis zu Anfang des 19. Jahrh. Nach archival. Nachrichten, Privat-Akten u. Überliefergn. in alteingesessenen Familien entworfen. (75 S.) 8. Crefeld 908. J. Greven. 2.—

Krach, Heinrich, appr. Arzt a. Hersfeld: Beitrag zur Ätiologie und Pathogenese der Appendixentzündungen. München 1904: C. Wolf & Sohn. (20 S.) 8°
München, Med. Fak., Ref. v. Bollinger, Diss. v. 14. Sept. 1904
[Geb. 19. Aug. 79 Hersfeld, Reg.-Bez. Kassel; Wohnort: Hersfeld; Staatsangeh.: Preußen; Vorbildung: Gymn. Hersfeld Reife O. 99; Studium: Marburg 4, Erlangen 1, Berlin 1, München 3 S.; Coll. 26. Juli 04; Approb. 8. Juni 04.]

Krach, Johann Georg

Krachs heilige Schrift d. neuen Testaments n. d. Vulgata und den Grundsprachen. mit Anmerk. 2 Thle. 8. Freiburg, Herder.

Krach, Jh. Geo., d. heil. Schrift d. N. Testam. nach d. Vulgata u. den Grundsprachen, mit Anmerkk. u. Einschaltungen. 2 Thle. 8. Frburg 790. 2e A. 812. Herder. 1 ₰ 2 gl

Krach, heilige Schrift des neuen Testaments u. nach der Vulgata u. den Grundsprachen, mit Anmerk. 2 Thle. 8. Freiburg, Herder. 811.

Krach, M., Applicatio Algebrae ad Geometriam planam viginti quinque exemplis selectis. 4. (5 B. u. 1 lith. Figtaf.) Rotwilae 828, Herder.

Krach, N. Die Privat-Industrie u. die Monturs-Ökonomie. Prag 1868. 18 S.

Kracher, Ferd.: Feldmarschall Laudon od. der Krämer v. Hadersdorf, s. Volkstheater, Wiener.

Feldmarschall Laudon oder der Krämer von Hadersdorf. Hist. Zeitbild mit Gesang u. Tanz in 1 Act von Ferdinand **Kracher**. Wien: Daberkow 1892. 32 S. 8°
(Wiener Volkstheater. Nr 20.) [10. 1229:

Kracher, Ferd.: Maria Theresia u. der Panduren-Obrist Trenck, s. a. Volkstheater, Wiener.

Maria Theresia und der Panduren-Obrist Trenck. Volksschauspiel in 4 Acten von Ferdinand **Kracher**. Wien: Daberkow 1892. 70 S. 8°
(Wiener Volkstheater. Nr 18/19.) [10. 12298

Kracher, J., a.: Schiessregeln, die, der k. u. k. Feld-Artillerie.

Kracht, Hauptm. v., Instruction als Leitfaden für den theoret. Unterricht über das Infanterie-Gewehr M/71 nebst Munition. Ein Auszug aus der Instruction betr. das Infanterie-Gewehr M/71 nebst zugehör. Munition d. d. Berlin 1874. 8. (72 S. mit 1 eingedr. Holzschn.) Hannover 874, Helwing'sche Hofbuchh. * — 40

Kracht, v. Instruktion über das Infanterie-Gewehr M/71 nebst Munition. 11. Aufl. Mit 1 Zeichn. Hannover 1876. 62 S.

Kracht, Fritz, bunte Steine. Satiren u. Epigramme. (127 S.) 8. Leipzig 910. Modernes Verlagsbureau. 2. 50

Bunte Steine. Satiren u. Epigramme von Fritz **Kracht**. Berlin-Leipzig: Wigand 1910. 127 S. 8° [11. 4878

Kracht, H., die Sommerfrischen, Kurorte u. Gasthäuser im Sauerland. Im Auftrage des Zentralvorstandes des sauerländ. Gebirgsvereins hrsg. 2. verm. Aufl. (188 S. m. Abbild.) kl. 8. Essen 909. O. Radke's Nachf. — 80

Kracht, Heinr. [pract. Arzt aus der Rheinprovinz]: Experimentelle und statistische Untersuchungen über die Ursachen der Brustfellentzündung .... Greifswald, Druck v. Julius Abel, 1888; 42 S. 8°
Greifswald, Med. Fak., Inaug.-Diss. v. 10. Jul. 1888

Kracht, Hermann

Kracht, H., Leitfaden f. das Linearzeichnen (Zirkelzeichnen) der Maschinenbauer, Bauschlosser u. Schmiede. Zum Gebrauche an Werkmeister-, Handwerker- u. Fortbildungsschulen. 3., verb. Ausg. gr. 8. (43 S. m. Fig. u. 6 Taf.) Dortmund 894. Köppen. Kart. n. — 70

Kracht, Hermann: Grundlegendes Maschinenzeichnen, s. Kirsch, Bruno

Kracht, H., Vorlagen f. d. Maschinenzeichnen, s.: Kirsch, B.

Kracht, H., Vorschule des Maschinenzeichnens, s.: Brahts, E.

— dasselbe, s.: Kirsch, B.

Wie komme ich zu einer mit guten Eigenschaften ausgestatteten Braut? Eine Anleitung f. Männer, dem schönen Geschlechte zu gefallen. Von Hans v. **Kracht**. Schwiebus: H. Reiche (1906). (16 S.) 8° [F.] [07. 7053

Wie komme ich zu einem mit guten Eigenschaften ausgestatteten Manne? Neue Anleitung f. Mädchen, sich dem männl. Geschlechte begehrenswert zu machen. Von Hans v. **Kracht**. Schwiebus: H. Reiche (1906). (16 S.) 8° [F.] [07. 7052

Kracht, J., s. Geschichte des Allgemeinen Buchhandlungs-Gehilfen-Verbandes.

Kracht, Karl v. Das Brauchbarmachen e. Reitpferdes f. Verwendung im Dienste u. im Gelände. gr. 8. (VII, 337 S.) Lpz. 889, H. Voigt. geb. * 5 —
—— dass. — Den Offizieren der deutschen u. der ihr verbündeten österreich. Armee gewidmet. 2. Aufl. gr. 8. (VII, 343 S.) Ebd. 892. * 4 —; geb. * 5 —

Kracht, K. v., Taschen-Rathgeber beim Ankauf eines geeigneten Pferdes für den Reit- oder Fahrdienst. Zum Allgemeingebrauch für Landleute, Gewerbetreibende, Gutsbesitzer, Equipagenhalter, Offiziere, sowie für solche, die von Pferden wenig oder nichts verstehen. 16. (III, 37 S. mit 1 Illustr.) Stuttgart 883, Metzler'sche Buchh.

— Taschen-Ratgeber beim Ankauf e. geeigneten Pferdes f. den Reit- od. Fahrdienst. Zum Allgemeingebrauch f. Landleute, Gewerbtreibende, Equipagenhalter, Gutsbesitzer, Offiziere. 2., verm. Aufl. 16. (36 S. m 1 Taf.) Stuttgart 893. J. B. Metzler's Verl. n. 1. —

Kracht, v., Taschen-Ratgeber beim Ankauf e. geeigneten Pferdes f. den Reit- od. Fahrdienst. Zum Allgemeingebrauch f. Landleute, Gewerbetreibende, Equipagenhalter, Gutsbesitzer, Offiziere. 4. Aufl. gr. 16. (III, 36 S. m. 1 Taf.) Stuttgart 900. J. B. Metzler. n. 1. —

Kracht, Otto, a. Calbe a. S.: Über Hemiatrophia faciei progressiva. Egeln 1905: F. Heyl. (44 S.) 8°
Jena, Med. Fak., Ref. Matthes, Diss. v. 19. Juni 1905
[Geb. 26. Aug. 77 Calbe a. S.; Wohnort: Blankenhain, Thür.; Staatsangeh.: Preußen; Vorbildung: Gymn. Kloster U. L. Fr. Magdeburg Reife O. 97; Studium: Berlin 3, Jena 1, Halle 2, München 1, Berlin 2 S.; Coll. 6. Mai 05; Approb. 8. Dez. 02.]

Kracht, Otto: Aus der chirurgischen Universitätsklinik zu Bonn. **Hernia epigastrica.** *Bonn 1898: K. Drobnig.* (36 S.) 8°
Bonn, Med. Diss. v. [11. Juni] 1898

Kracht, Otto, Gerichtsassessor: Über die **Tragweite** des § 313 des Bürgerlichen Gesetzbuches. *Bochum 1902: W. Stumpf.* (59 S.) 8°
Rostock, Jur. Diss. v. [30. Juli] 1902

Kracht, (Peter), kurzgefaßte Selbstbelehrung üb. die kaufmännischen Buchhaltungen. gr. 8. (X u. 205 S. m. 1 Tab. in qu. Fol.) Rostock 847. (Leopold.) n. 1⅙ ß

– Dasselbe, s.a. Kracht, W.

Kracht, S., der Talisman. Ein Zeitmährchen für die reifere Jugend. gr. 16. (60 S.) Schwerin 849, [Hildebrand.] *.

Korfu und das Achilleion. Erlebtes u. Erlauschtes von Therese **Kracht**. Mit vielen Ill. u. 1 Karte. 1. bis 5. Taus. Berlin: U. Kracht [1908]. (179 S.) 8° [08. 4614

Norwegische Reisebilder. Erlebtes u. Erlauschtes v. Therese **Kracht**. M. vielen Ill. 1. bis 5. Taus. *Berlin: U. Kracht [1898].* (V, 177 S., 1 Taf.) 1 Bd 8. [98. 2946

Kracht, U., s. Berlin, d. hülfr.

Kracht's, Ulrich, Jugend-Bibliothek. 1—15. Bdchn. 8. (Mit je 1 Titelbild.) Leipzig 886. U. Kracht Nachf. cart. à — 75

1. Hüben u. Drüben, od. von Düppel nach Alsen. Eine Erzählung aus dem Schleswig-Holstein. Kriege im J. 1864 v. E. Alberti. (109 S.)
2. Am Rhein während der Belagerung u. Uebergabe Straßburgs im J. 1870. Eine Erzählg. f. die Jugend v. E. Alberti. (103 S.)
3. Wege u. Umwege zum Berufe. Eine Erzählg. f. die Jugend v. E. Alberti. (95 S)
4. Louis u. Jeannette od. deutsche Marineleute in Frankreich. Eine Erzählg. f. die Jugend aus dem deutsch-französ. Kriege 1870/71 v. E. Alberti. (117 S.)
5. Emil u. Ehlke auf der Insel u. Hallig der Nordsee. Erzählung f. die reifere Jugend v. E. Alberti. (136 S.)
6. Die Probezeit. Freunde für's Leben. 2 Erzählgn. f. die reifere Jugend v. E. Alberti. (123 S.)
7. Die Buschmühle od. Aelternsegen — Gottessegen. Erzählung zur Unterhaltung u. Belehrg. f. Jung u. Alt v. Ottobald Bischoff. (153 S.)
8. Alte Schulden. Eine geschichtliche Erzählg. f. die Jugend aus dem deutsch-französ. Kriege 1870/71 v. Adph. Köhne. (146 S.)
9. Die Rosen v. Gorze. Die Waisenknaben. 2 geschichtl. Erzählgn. aus der Zeit d. deutsch-französ. Krieges 1870/71 v. Adph. Köhne. (121 S.)
10. Die Oel-Farm. Eine Erzählg. f. die reifere Jugend v. Adph. Köhne. (144 S.)
11. Lebensbilder aus der Heimat u. Fremde. Zur Unterhaltg. u. Belehrg. f. Jung u. Alt. Von W. O. v. Horn, Gg. A. Winter u. A. (184 S.)
12. Die Pilgerreise nach dem heiligen Lande, u. Erlebnisse u. Schicksale im Orient. Unterhaltende u. belehr. Erzählg. f. Jung u. Alt. Von Fr. Schwed. (156 S.)
13. Der Tyroler Kampf f. ihr Vaterland unter Andreas Hofer. Eine unterhalt. u. belehr. Erzählg. f. Jung u. Alt v. Eberh. Stein. Neu bearb. u. erweitert v. Gg. A. Winter. (133 S.)
14. Spiegelbilder aus dem Leben f. das Leben in Geschichten f. das Volk u. die erwachsene Jugend. Von Louis Würdig. (147 S.)
15. Stadt- u. Dorfgeschichten aus alter u. neuer Zeit. Für Jung u. Alt erzählt v. Louis Würdig. (179 S.)

Kracht, W., gedenket an eure Lehrer, die euch das Wort Gottes gesagt haben, welcher Ende schauet an u. folget ihrem Glauben nach. Hebr. 13, 7. Eine Predigt zum Gedächtniß Luthers gehalt. gr. 8. (1½ B.) Neubrandenburg 846, Brünslow. *

—— die evangel. Kirche u. ihre symbolischen Bücher. Ein Wort z. Verständigung. Den evangel. Gemeinden (zunächst in Mecklenburg) gewidmet. gr. 8. (2 B.) Neubrandenburg 845, Brünslow.

Kracht, (W.,) kurzgefaßte Selbstbelehrung über die kaufmännischen Buchhaltungen. gr. 8. (X und 205 S. mit 1 Tab. in qu. Fol.) Rostock 847, (Leopold.) *

– Dasselbe, s.a. Kracht, Peter

Kracht, W., selig sind, die Gottes Wort hören u. bewahren. Eine Predigt z. Prüfung d. alleinseligmach. Kirche. gr. 8. (1 B.) Neubrandenburg 839, [Brünslow.]

Kracht, W., Selig sind, die Gottes Wort hören u. bewahren. Eine Predigt zur Prüfung der alleinseligmachenden Kirche. gr. 8. Neustrelitz u. Neubrandenburg 839. Dümmler. 4/12 ß

Kracht, (Direktor ꝛc.,) Versuch einer popular.-prakt. Anleitung zur Aufmachung der Ertragsanschläge über Landgüter und deren Capitalisirung ꝛc. ꝛc. Mit 2 lith. Karten und Berechnungsschematen. gr. 8. Rostock 846. (Leopold.) n. 1⅔ ß

—— Versuch einer popul.-pract. Anleitung zur Aufmachung der Ertrags-Anschläge über Landgüter und deren Capitalisirung, zum Zweck der Verpachtung und Pachtung, des Verkaufs und Kaufs, zur Aufmachung des Annahme-Capital-Calculs ꝛc., wozu als Vorbild ein beschrieb. Landgut gewählt ist, mit Berechnungs-Schematen zur Erleichterung pract. Anwendung. gr. 8. (143 S. und 15 Tab. mit 2 lithogr. Karten in Fol.) Rostock 847, (Leopold.) *

Kracht-Carlshof. Die mecklenburg-schwerinische Jahres-Staats-Handels-Balance unter bestehender Steuer-Verfassung, und die mecklenburg-schwerinische Handels-Balance, calculirt auf Grundlage der Zollvereins-Bestimmungen, herbeigeführt durch Erörterungen über Freihandel, mässige Finanzzölle etc. und Zollvereins-Bestimmungen in Anwendung auf Mecklenburg-Schwerin. Rostock 1851.

Kracht's Jugendbibliothek, s. Kracht, Ulrich: Jugendbibliothek.

Krack, s.a. Krak.

Krack, Bernard: Die Dichtung und das Leben. S. 3–38. Luxemburg, Gymn. de l'Athéneé, Progr. 1899/1900

Krack, Bernard: Worte des Einsiedlers von einem Luxemburger. Der Reinertrag wird zum Besten der Armen verwendet. Luxemburg: V. Bück 1888. 48,2 S. 8°

Krack, Otto, s.: Friedrich der Grosse.

— die Gesetze der Kunst, s.a. Bibliothek, akademische.

Die Gesetze der Kunst. 10 Vorträge über d. Kunst u. d. einzelnen Künste, Dichtkunst, Bildhauerkunst, Malerei, Tonkunst, Baukunst u. d. angewandten Künste von Dr. Otto **Krack**. Berlin: Verl. 20. Jahrh. [1906]. (144 S.) 8° [F.]
— **Bibliothek**, Akademische. Ser. 1. Lfg 2. 4. u. 7. [04. 10630

Krack, Otto, Grabbe, s.a. Dichtung, die. 25. Bd.

Grabbe. Von Otto Krack. *Berlin & Leipzig: Schuster & Loeffler [1904].* (73 S.) 8°
— Dichtung, Die. Bd 25 [04. 16710

— s. Luise, Königin.

— s. Napoleon I.

GILLES de Rais, Marschall von Frankreich. — Krack, O., Das Urbild des Blaubart. Lebensgeschichte des Barons Gilles de Rais, Marschalls von Frankreich. Berlin, o. J. 8°. (Mk. 4—.) (2 Mk. 25 Pfg., Lipsius & Tischer, Kiel, c. 1910.)

— Das Urbild des Blaubart. Lebensgeschichte des Barons Gilles de Rais, Marschalls v. Frankreich. (264 S.) 8. Berlin (909). Zehlendorf, R. Eckstein Nachf. 4.—; geb. n 5.—

Krack, Otto. Die Wiedergeburt. Ein Schauspiel in 5 Aufzugen. gr. 8. (VIII, 82 S.) Berl. 892, [Issleib.] Schuhr. * 2 —

Kracke, Albert, appr. Arzt a. Celle: Blutuntersuchungen bei Cachectischen. Göttingen 1904: Dieterich. (51 S.) 8°
Göttingen, Med. Fak., Ref. Bendix, Diss. v. 15. Dez. 1904
[Geb. 27. März 80 Celle; Wohnort: Celle; Staatsangeh.: Preußen; Vorbildung: Gymn. Celle Reife O. 99; Studium: München 2, Göttingen 2, Freiburg i. B. 1, München 2, Göttingen 2 S.; Coll. 8. Aug. 04; Approb. 24. März 04.]

Kracke, Otto, Erläuterungen z. Klavier-Technik d. Elementar- u. Mittelstufen. gr. 8. (VI, 79 S.) Hamburg 897. J. Kriebel. Kart. n. 1. 50

Kräcker, Jul., Der Kampf gegen den Socialismus. Ein nicht gehaltener Vortrag. 8°. Breslau, H. Zimmer u. Co., s. a.

Krackewitz, A. J. de, de praepostera exorcismi abrogatione. Rost. 1703. 4.

Krackewitz, A. J., de proditoria Christi in horto captivitate. Rost. 1709. 4.

Krackewitz, A. J. de, de Christo passionem suam praedicente. Rost. 1713. 4.

Krackewitz, A. J. de, de ultimo paschali Jesu Chr. convivio. Rost. 1706. 4.

Krackewitz, A.J. de: De excommunicatione ecclesiastica. Rost. 1709.

Krackewitz, A. J., de Juda proditionis mercedem paciscente. Rost. 1704. 4.

— de Juda proditore. Ibid. 1706. 4.

Krackewitz, A. J., de muliere Christum Bethaniae ungente. Rost. 1703. 4.

Krackewitz, A. J. de, de summo confessionario. Rost. 1712. 4.

Krackewitz, A. J., (Rost. 1707. 4.)
de pedilavio Christi.

Krackewitz, A. J., de animarum nostrarum sponsore, in monte oliveti internis animi doloribus excruciato. Rost. 1716. 4.

Krackhar(d)t, Karl

Krackhardt, Carl, neues illustrirtes Conditoreibuch. Ein prakt. Hand- und Nachschlagebuch für Conditoren, Fein- und Pastetenbäcker, Spezereihändler ꝛc. 1. und 2. Aufl. in 13 Lfgn. gr. 8. (208 S., mit 52 Chromolithogr.) Wiesbaden 871—73, Killinger und Comp. à Lfg. * 80 Pf. * 10 40
cart. * 11 20

—— neuestes illustrirtes Conditoreibuch. Wohlfeile Ausg. 13 Lfgn. gr. 8. (XV, 204 S., mit 54 Stnt.) Ebendas. 874,75.
à Lfg. 45 Pf. 5 85

Krackhardt C, neues illustriertes Konditoreibuch. Wiesbaden 1872

Krackhart, Carl, neues illustrirtes Conditoreibuch. Ein prakt. Hand- und Nachschlagebuch für Conditoren, Fein- und Pastetenbäcker, Zubereiter von Gefrorenem, Lebküchner, Chocolade- und Liqueurfabrikanten, Köche, Gasthofbesitzer, sowie für jede Hausfrau. Lithogr. und Farbendr.-Taf. von B. Zeiträg. Neue verb. und verm. Aufl. 14 Lfgn. gr. 8. (XV, 196 S. mit 58 Taf. in Farbendr.) Leipzig 878, Killinger. à Lfg. 75 Pf.; cart. *
Ausg. B. mit schwarzen Taf. à Lfg. 45 Pf.; cart. *

Krackhart, Carl, neues illustrirtes Conditoreibuch. Ein prakt. Hand- und Nachschlagebuch für Conditoren, Fein- und Pastetenbäcker, Spezereihändler, Lebküchner, Chocolade- und Liqueurfabrikanten, Köche, Gasthofbesitzer, sowie auch für jede Hausfrau. 4. gänzlich umgearb. Aufl. Ausg. A. 14 Lfgn. gr. 8. (192 S. mit ca. 70 Taf. in Farbendr.) München 884,85, Killinger. à Lfg. 75 Pf.

Krackhart, Carl. Neues illustriertes Conditoreibuch. 5. verm. u. veränderte Aufl. Ausg. A. Mit 70 Taf. in Buntdr. 16 Lfgn. gr. 8. (XX, 196 S.) Münch. 889,90, Killinger. à Lfg. — 75; 12 —
cart. * 12 60; geb. * 13 —
—— dass. — Ausg. B. Mit 54 Taf. ohne Colorit. 2. gänzlich umgearb. u. verm. Aufl. 13 Lfgn. gr. 8. (XX, 196 S.) Ebd. 889,90.
à Lfg. — 45; 5 85; cart. * 6 60; geb. * 7 —

Krackhart, Carl, neues illustr. Conditorei-Buch. Ein prakt. Hand- u. Nachschlagebuch f. Conditoren, Fein-, Marcipan- u. Pastetenbäcker, Zubereiter v. Gefrorenem, Lebküchner, Chocolade- u. Liqueurfabrikanten, Köche, Gasthofbesitzer, sow. auch f. jede Hausfrau. Ausg. B. 3., verm. Ausg. M. e. Nachtrag v. neu eingef. Recepten. M. 54 Taf. ohne Colorit. gr. 8. (XX, 202 S.) München 898. H. Killinger. Geb. in Halbleinw. n.n 6. 60;
in Leinw. n. 7. —

Krackhart, Carl, neues illustr. Conditoreibuch. Ein praktisch. Lehr- u. Handbuch f. Conditoren, Fein- u. Pastetenbäcker, Lebküchner, Chocolade- u. Liqueurfabrikanten, Köche, Gasthofsbesitzer, sowie auch für jede Hausfrau. Ausg. A. m. 68 Taf. in Buntdr. 7. verm. Aufl. Neubearb. v. Max Bernhard. hoch 4. (XXII, 205 S.) München (902. 903.) H. Killinger. n. 15. —; geb. in Halbleinw. n.n. 16. —; in Leinw. n. 16. 50
Erschien auch in 20 Lfgn. à — 75.

Neues illustriertes Conditoreibuch. Ein prakt. Lehr- u. Handbuch f. Conditoren, Feinbäcker ... sowie f. jede Hausfrau von Carl **Krackhart**, Conditor. Vollst. neubearb. von Max Bernhard, Hofconditor in München. Ausg. A mit 88 Taf. in Farbendr. 8. bedeutend verm. u. verb. Aufl. Nordhausen: H. Killinger 1907. (XXIV, XXII, 231 S.) 4°(8°) 07. 9349

Neues illustriertes Conditoreibuch. Ein prakt. Lehr- u. Handbuch f. Conditoren, Feinbäcker ... sowie f. jede Hausfrau von Carl **Krackhart**, Conditor. Vollst. neubearb. von Max Bernhard, Hofconditor in München. Ausg. B mit 88 Taf. ohne Kolorit. 5. bedeutend verm. u. verb. Aufl. Nordhausen: H. Killinger 1907. (XXIV, XXII, 231 S.) 4°(8°) 07. 9350

Krackhart, Carl, neues illustr. Conditoreibuch. Ein prakt. Lehr- u. Handbuch f. Conditoren, Feinbäcker, Lebküchner, Patissiers, Köche, Hoteliers, Cafétiers, Chokolade- u. Likörfabrikanten, sowie f. jede Hausfrau. Vollständig neubearb. v. Max Bernhard. Ausg. A m. 88 Taf. in Farbendr. 9. Aufl., m. der 8. bedeutend verm. u. verb. Aufl. gleichlautend. (XXV, XXII, 231 S.) Lex. 8. Nordhausen 908. H. Killinger.
Geb. in Leinw. 16. 50

Krackhart, Karl, Tafel-Aufsätze. Ausgewählte, geschmackvolle und leicht ausführbare Vorlagen für Conditoren. Gesammelt und im Verein mit in diesem Genre besonders erfahrenen und tücht. Collegen hrsg. 10 Lfgn. Fol. (à Lfg. 5 Autotypien mit 1 Bl. Text.) München 886,87, Killinger. à Lfg. 75 Pf.

Krackherr, J.C., (†...), s. a. J. J. Schwefer, tägl. Handlexikon ꝛc.

Krackherrs, J. C., tägliches Handlexikon, in welchem alle juristische u. bey der Kaufmannschaft sowohl, als in Zeitungen gebräuchliche fremde Worte erkläret werden. Nebst einem jüdisch-deutschen Wörterbuche. gr. 8. Nürnb. Raspe. 768.

Krackow, Otto, aus Berlin: Die **Nominalcomposita** als Kunstmittel im altenglischen Epos. *Weimar 1903: R. Wagner Sohn.* (IV, 86 S.) 8°
Berlin, Phil. Diss. v. 16. Mai 1903

Die Nominalcomposita als Kunstmittel im altenglischen Epos. Von Otto **Krackow**. *Berlin: Mayer & Müller 1903.* (IV, 86 S.) 8°
[Erschien auch als Inaug.-Diss. Berlin 1903.] 04. 13602 11

Krackowizer, Naturgeschichte d. österreichischen Studenten, s. Universal-Bibliothek Nr. 2699.

Krackowizer, Ferd., das Archiv v. Schlüsselberg im oberösterr. Landes-Archive zu Linz. Geordnet u. beschrieben. Hrsg. vom oberösterr. Landes-Ausschusse. Mit d. Bilde des Freiherrn v. Hoheneck nach dem im oberösterreich. Landes-Archive befindlich. Originale u. e. Abbildg. des Schlosses Schlüsselberg. gr. 8. (97 S.) Linz 899. (F. J. Ebenhöch.) n. 2. —

Krackowizer, Ferd., an der blauen Donau. Humoresken aus Oberösterreich. (119 S.) 8. Linz a/D. 900. O.-ö. Buchdruckerei u. Verlagsgesellschaft. n. 2. —; geb. n. 3. —

Krackowizer, F., Führer durch die Donaustadt Linz. 3. Aufl. 8°. (ill. 116 S. mit Stadtplan und Umgebungskarte)
Linz: Feichtinger 1905. K —.60

[F.] Geschichte der Stadt Gmunden in Ober-Oesterreich v. Dr. Ferdinand **Krackowizer**. Aus Anl. d. fünfzigj. Regiergsjub. ... d. Kaisers Franz Josef I. v. Oesterr. hrsg. v. d. Stadtgemeinde Gmunden. Bd I. *Gmunden: Commr. v. E. Mänhardt; Dr. v. J. Habacher 1898.* 4.(8.) 98. 8013

KRACKOWIZER, Ferdinand
(F) Geschichte der Stadt Gmunden in Ober-Oesterreich von Dr. Ferdinand Krackowizer. Aus Anlass des fünfzigjährigen Regierungsjubiläums Sr. Majestät des Kaisers Franz Josef I. von Österreich herausgegeben von der Stadtgemeinde Gmunden. II. Bd. Gmunden. 1899. In Comm. Mänhardt. Lex.-8°. VI, 567 S. mit 12 Tafeln. Geb. fl. 3.—

KRACKOWIZER, Ferdinand
(F) **Geschichte der Stadt Gmunden** in Ober-Oesterreich von Dr. Ferdinand **Krackowizer**. Aus Anlass des fünfzigjährigen Regierungsjubiläums Sr. Majestät des Kaisers Franz Josef I. von Oesterreich herausgegeben von der Stadtgemeinde Gmunden. III. Bd. Gmunden. 1900. In Comm. Mänhardt. Lex.-8°. VIII, 606 S. mit 12 Tafeln. Geb. K 6.—

Geschichte der Stadt Gmunden in Ober-Oesterreich von Dr. Ferdinand Krackowizer. Aus Anlass d. 50j. Regierungsjub. d. Kaisers Franz Josef I. v. Oesterreich hrsg. von d. Stadtgemeinde Gmunden. Bd 1–3 & Anh. *Gmunden: E. Mänhardt in Comm. 1898–1901.* 4 Bde 4°(8°) [F.]
1. 1898. 2. 1899. 3. 1900.
Anh = Häuser-Chronik d. Stadt Gmunden. 1901. [… 5558]

Häuser-Chronik der Stadt Gmunden in Ober-Oesterreich von Dr. Ferdinand Krackowizer … *Gmunden: E. Mänhardt in Comm. 1901.* (VII, 342 S.) 4°(8°) [F.]
— Krackowizer: Geschichte d. Stadt Gmunden. Anh. [… 5559]

Krackowizer, Ferd., Heimatskunde von Oberösterreich. Mit Benützung der neuesten Quellen bearb. Hrsg. vom oberösterreich. Lehrervereine. gr. 8. (IV, 140 S.) Linz 871, Fink. * 2 —

Krackowizer, Ferd., Herz u. Sport. Hrsg. v. der Sektion Gmunden des Oesterr. Touristenklub. (Vortragsabend der Sektion Gmunden des Oesterr. Touristenklub am 4. I. 1906.) (23 S.) gr. 8. Gmunden 906. (E. Mänhardt.) n.n. 1. —

Inschriften und Aufschriften im Lande ob der Enns. Gesammelt u. mitgeth. von Dr. [Ferdinand] Krackowitzer, Landes-Archivar. *Linz: E. Mareis 1901.* (24 S.) 8° [F.] [… 7091]

Die Donaustadt Linz und Ausflüge in deren Umgebung. Illustrirter Führer für Fremde und Einheimische. Verfasst von Dr. Ferdinand Krackowizer. Herausgegeben von Hans Drouot. Mit Stadtplan und Umgebungskarte. Linz. 1901. Feichtinger. 6°. 104 S. mit 2 Tafeln. K —.60

— die Donaustadt Linz u. Ausflüge in deren Umgebung. Illustrierter Führer f. Fremde u. Einheimische. Hrsg. v. Hans Drouot. Mit Stadtplan, Umgebungskarte u. Fahrplan der ersten k. k. priv. Donau-Dampfschiff-fahrt-Gesellschaft. 3. verb. Aufl. (VII, 90 S. u. 16 S. in 16.) 8. Linz a/D. 905. Jos. Feichtinger's Erben. (Nur direkt.) n. — 60

Krackowizer, Ferd., die Donaustadt Linz u. Ausflüge in deren Umgebung. Reich illustr. Führer f. Fremde u. Einheimische. Hrsg. v. Hans Drouot. 4., verb. Aufl. (VII, 94 S. m. farb. Stadtplan.) 8. Linz 909. J. Feichtingers Erben. (Nur direkt.) — 50

Krackowizer, Ferd., die Landeshauptstadt Linz. Ein Führer für Einheimische und Fremde. 16. (56 S.) Linz 875, Ebenhöch'sche Buchh.

— das Lied vom Protzen Kilian, s. a. Humor, deutscher, aus Österreich. 1. Bd.

KRACKOWITZER, Dr.
(F) Das Lied vom Protzen Kilian. Ein heiterer Sang aus der Ostmark von Dr. Krackowitzer. Linz a. D. [1901.] Mareis. 8°. 87 S. K 1.—

— im Lungau. Reisebriefe. gr. 8. (28 S.) Salzburg 896. H. Kerber. n. — 50

— die Sammelbände aus der Reformationszeit im Landes-Archiv zu Linz. (97 S. m. 6 Taf.) gr. 8. Linz a/D. 904. Museum-Francisco-Carolinum. (Nur direkt.) n. — 85

—— Sammlung von Entscheidungen bezüglich der Volksschulen nebst den wichtigsten Reichs- und Landes-Schulgesetzen. Zum Gebrauche der Schulbehörden, Gemeinde-Vorstehungen und Lehrer. 8. (235 S.) Ebendas. 873. * 3 60

— s.: Sammlung der Landesgesetze u. s. w. f. d. Erzherzogt. Oesterreich ob der Enns.

— Sommertage im Innviertel. Reiseskizzen. gr. 8. (31 S.) Linz 894. (E. Marcis.) n. — 60

Krackrügge. Die preuss. Finanzwirthschaft. gr. 8°. Erfurt 1850.

Krackrügge, Goswin, Adreß-Buch für Rheinland-Westphalen, s. Brüning, R.

Krackrügge's Triumphzug, siehe: Prozeß, der Ehrenberg-Krackrüggesche.

Krackwitz, Abr. Joach. v., Vortrag der evangelischen Glaubenslehren wider die fanatischen Irrthümer des Democriti. 8. Rostock, Kiesewetter. 715. rthlr.

Kracmar, J.: Darstellung der Ereignisse, die zu der Rede des Demosthenes „Ueber die Truggesandschaft" Anlass gaben. 16 S. – Iglau OG., Progr. 1871.

Kraczmar, Jos.: Ueber den Chor in der griechischen Tragödie. 15 S. 8°–B.Leipa, Progr. 1867

Kradepohl, Ludwig: Aus der geburtshülflichen Klinik zu Bonn. Zur Casuistik des Puerperalfiebers an der Bonner Frauenklinik 1893/98. *Bonn 1898: J. Trapp.* (46 S.) 8°
Bonn, Med. Diss. v. [27.] Juli 1898

Kradolfer, E., Geheimnisse aus der Pflanzenwelt. Für die Jugend erzählt. (88 S.) 8. Bremen 907. G. Winter. Kart. 1. 20

— Wie die Pflanze die Erde erobert hat. Für die Jugend erzählt. Mit 20 Zeichngn. v Frida Lutz. (III, 144 S.) 8. Leipzig 908. Dieterich. Geb. in Leinw. 2. —

Kradolfer, Fritz, Anfangsgründe d. deutschen Sprachlehre, s.: Götzinger, M. W.

Kradolfer, J. Alois Em. Biedermann. Ausgewählte Vorträge u. Aufsätze, mit einer biographischen Einleitung u. Kradolfer's Bildniss. In-8°, 457 S. Berlin, Georg Reimer. 1885

Kradolfer, J. Auf d. Lebenshöhe. Ein Gedenkbuch. gr. 8. (X, 332 S.) Brem. 890, Rößler. * 4 —; geb. * 5 —

Kradolfer, J., die Macht der Phrase in Religion und Kirche, s. a. Zeit- und Streit-Fragen, deutsche.

Kradolfer J, die Macht der Phrase in Religion und Kirche. (Zeit- und Streitfragen, Deutsche NF 3) Berlin 1886

Kradolfer, J., unser Trost in Noth und Tod. Vortrag, gehalten im Protestantenverein zu Bremen am 28. Jan. 1880. 12. (39 S.) [Bremen 880, Kühtmann und Comp.] Norden, Fischer Nachf.

Kradolfer, J. J., über Glauben u. Unglauben. Ein Vortrag gehalten im Protestanten-Verein den 11. Febr. 1868. Bremen 868. Halle, Gesenius. 16. (38 S.) n. 5 ngr

—— die altchristl. Moral und der moderne Zeitgeist, s. a. Zeit- und Streitfragen, deutsche.

Kradolfer J, die altchristl. Moral u der moderne Zeitgeist. (Zt.- u Strfr. 29) Berlin 1873

Kradolfer, J. J., Predigten. 8. (III und 225 S.) Bremen 867, Gesenius. *

Kradolfer, Jean: 'Der W a h r h e i t zum Zoll'. – Beleuchtung u. Widerlegung der von d. Methodistenprediger Ed. Hug herausgegebenen Schrift: 'Die christliche Taufe.' Mit besond. Berücks. der Frage: Ist die Kindertaufe biblisch berechtigt? – Ein Nachweis, dass die Kindertaufe keine bibl. Berechtigung hat. Von –. Zürich: Selbstv.: Cassel: Verlagshaus d. Baptisten in Komm. [1899]. 96 S. 8°

Kradolfer, Johann

— der Volksglaube im Spiegel des deutschen Sprichworts, s.a. S c h r i f t e n der nordwestdeutschen Protestantenvereine.

Kradolfer, Joh., Der Volksglaube im Spiegel des deutschen Sprichworts. Bremen 1880. 12.
Ist: Schrr. d. nwdeut. Protest-Ver. III.

Kradolfer, Joh. Jac., Freundesworte an die Gemeinde. Verm. Ausg. gr. 8. (V, 819 S.) Zürich 876. Schmidt. n. 6. —

— religiöse Z e i t f r a g e n. Drei Reden. 8. (78 S.) Bremen 872, Heinsius. * 1 50

K r a d o l f e r. J[ohannes]. Zur Erinnerung an Herrn Johann Friedrich Jahns, geb. 13. März 1811, gest. 15. Juni 1887. Worte, gesprochen an seinem Sarge den 18. Juni 1887. 8. Bremen.

— Z w i n g l i in Marburg. Zur Beurtheilung des Unterschieds von zwingl. und luther. Reformation dargestellt. 8. (VIII, 69 S.) Berlin 870, Henschel. [Leipzig, Barth.] * 1 20

Kraef, Hans, Medizinalpraktikant a. Koblenz: Zur Frage des abgerissenen und im Uterus zurückgebliebenen Kopfes. Freiburg i. B.: E. A. Günther 1906. (59 S.) 8°
Freiburg i. B., Med. Fak., Ref. Krönig, Diss. v. 1907
[Geb. 25. Juni 80 Koblenz; Wohnort: Freiburg i. B.; Staatsangeh.: Preußen; Vorbildung: Gymn. Rinteln Reife Aug. 01; Studium: Heidelberg 1, Berlin 1, Würzburg 1, Berlin 4, Freiburg i. B. 3 S.; Coll. 3. Aug. 06; Approb. 1. März 07.]

Kraffel, Theod. Ludwig (Seyda/Saxo.), De raptu. Diss. jur. Präs. Augustin Leyser. Wittenbg. (Tzschiedrich) 11. VII. 1739. 24 S. (5.50) 19235

K r a f f e r t, Adalb. Herm., Chronik von Liegnitz. 2. Bd. 2. Abthl., 3. und 4. Bd. gr. 8. Liegnitz, Krumbhaar. * 7 50
Inhalt:
Bd. 2. 2. Abthl. Vom Tode Friedrichs II. bis zum Aussterben des Piastenhauses. 1547—1675. (XVI, 329 S.) 871. *M 3.
" 3. Vom Beginn der österreichisch-böhm. Periode bis zum Ende der Freiheitskriege. 1675—1815. (IX, 366 S.) 872. *M 3.
" 4. Beiträge zur Geschichte der Stadt Liegnitz und Generalregister zum ganzen Werke. (VII, 100 S.) *M 1,50.
4 Bde. complet *M 15,50.
Vgl. a. S a m m t e r, A.

— Geschichte des evangelischen Gymnasiums zu Liegnitz. 4. (VIII, 144 S.) Liegnitz 869. (Berlin, Calvary und Comp.) * 6 —

K r a f f e r t, Herm., vom Baum des Lebens. Religiöse Dichtungen. gr. 8. (72 S.) Gotha 871, F. A. Perthes. * 1 50

Kraffert, Herm. Beiträge zur Kritik und Erklärung lateinischer Autoren. 52 S. 8. [Caesar.] Teil II. S. 53 –104. [Caesar u. Forts., Livius, Sallustius, Corn. Nepos, Velleius, Tacitus, Suetonius, Curtius, Justinus, Quintilianus.] Teil III. S. 105—153. [Cicero, Horatius, Vergilius, Ovidius, Catullus, Tibullus, Propertius, Persius, Juvenalis, Lucanus, Martialis, Sulpicia, Calpurnius, Nemesianus, Gratius, Avianus, Dionys. Cato, Claudian. gig., Consolatio ad Liviam, Elegia ad Maecenat.] *Aurich* 1881. 1882. 1883. Progr.

K r a f f e r t, Herm., Beiträge zur Kritik und Erklärung lateinischer Autoren. gr. 8. (153 S.) Aurich 883, (Reents.)

Kraffert, Hermann Neue Beiträge zur Kritik und Erklärung lateinischer Autoren. 4 (S. 3—18).
Progr. Dom-G. *Verden* 1888 (303).
Inhalt: Val. Maxim. Petronius. Apocoloc. Senecae.

K r a f f e r t, H., neue Beiträge zur Kritik und Erklärung lateinischer Autoren. 4. (18 S.) Leipzig 888, (Fock.) *

Lower triassic Cephalopoda from Spiti, Malla, Johar, and Byans. By the late v. **Krafft**, Ph. D., and Carl D i e n e r, Prof., Vienna. (Pl. 1 to 31.) Calcutta. Geol. Survey; Berlin: Friedländer 1909. 186 S., 31 Taf. 4° [Umschlagt.]
(Himalayan fossils. Vol. 6, Memoir Nr 1.)
(Memoirs of the Geological Survey of India. Palaeontologia Indica. Ser. 15. Vol. 6, Memoir Nr 1.)
10, 1219

Krafft's, Adam, Biographie u. Charakteristik, s.: Bergau, R.

Krafft, Tugend und Gebrauch der fürtrefflichen in Ausführung des Griesz und Steins Experimentirten durchdringenden Artzeney ins gemein genant Tinctura solaris oder Stein Tinctur. U. St. o. A. 4. P.

Krafft und Würckung derer in den Fürstenthümern Schleswig-Hollstein von mehr als 100 Jahren her in Gebrauch gewesenen Proclamatum an die Creditores ad profitendum, insonderheit in Ansehung derer Creditorum, welche mit Wissen und Willen entweder ihre Forderung nicht angegeben oder ihre gethane Angabe wieder deliren lassen. (Glückstadt.) o. J. [etwa 1737]. 8° [Kopft.]

Krafft, s.a. K r a f t

K r a f f t, Consistorialrath. Freundliche Anrede und Gebete für Gefangene. *Cöln, J. M. Heberle.* **1824**

Krafft, Dr., Ansprache an die Urwähler des Bezirks Nürnberg und Altdorf zur Erläuterung seiner Abstimmungen. O. O. u. J. 31 S. 8°.

Krafft: Beschreibung des sächsischen Weinbaus. 1711. -- [Zit. nach BJ]
[Vielleicht identisch mit Knohll, Johann Paul: Kurtze Beschreibung und Unterricht Des Wein-Baues / .... 1711. -- s. Nr 1721.]
[Vielleicht identisch mit Philaletha, Irenoph.: Vom Weinbau. 1711. -- s. Nr 1743.]
Bibliotheca oenologica: Kurze Beschreibung des sächsischen Weinbaues. 1711.

Krafft, Entwurf e. Privat-Versicherungsgesetzes, s.: Borght, R. van der.

Krafft, s.: Mitteilungen d. deutschen Haftpflicht-Schutzverbandes.

Krafft, A., Petit Manuel d'Architecture. Notions générales. Historique — Renseignements pratiques. 8°. 240 p. Avec 195 figures dans le texte. Bâle et Genève, Georg & Co. 1898 4 50

K r a f f t, A. Captain William Morgan. Ein geschichtl. Beitrag zur Beleuchtg. d. Logenwesens. Lex.-8. (70 S. m. Abbildgn.) Elmira, Ont. 892, (Dresd., H. J. Naumann.) * 1 —

Krafft, A., Captain William Morgan. Ein geschichtl. Beitrag zur Beleuchtg. d. Logenwesens. Lex.-8. (70 S. m. Abbildgn.) Elmira, Ont. 892. (Zwickau, Schriftenverein.) n. 1. —

Will. Morgan. Ein geschichtlicher Beitrag zur Beleuchtung des Logenwesens. Von A. Krafft. 2. reichlich verm. Aufl. (Zugleich Widerlegung von „Masonic Light on the abduction and murder of Wm. Morgan".) St. Louis, Mo.: Concordia 1894. 140 S. 1 Taf. 8°
1. Aufl. war nicht nachzuweisen. Mit Abb. des Monuments für W. Morgan in Batavia. N. Y.

Krafft, A. M., de notione philosophiae in Platonis Erastis obvia. Lips. 786. 8.

Krafft, Adam

Kraft, Adam, die auf dem Wege nach dem St. Johanniskirchhof zu Nürnberg aufgestellten sieben Stationen, s. Stationen.

Krafft, Adolf: Festrede bei der Säkularfeier des Geburtstages Franz Xaver Gabelsbergers an der K. Studiens-Anstalt zu Nürnberg am 9. Febr. 1889 geh. von Adolf Krafft. Nürnberg: Löhe 1889. 12 S. 8°
([Jahresbericht K. Studien-Anstalt Nürnberg 1888/89]).

Adolphe Krafft. Dr Edgar uf'm Schilkemer Messdi. Strasbourg: F. Staat 1906. (143 S.) 8° (06. 20893

Adolphe Krafft. Les Serments Carolingiens de 842 à Strasbourg en roman et tudesque. Avec nouv. interprétations linguist. et considérations ethnogr. *Paris: E. Leroux 1901 (1902).* (VIII, 150 S.) 8° [01. 12742

Krafft, Alb.: Über Vinylessigsäure ($\beta\gamma$-Crotonsäure). Basel 1899. 36 S. 8°.
Basel. Phil. Diss. 1898/99.

Krafft, Albert, s. Krafft, Albrecht (von)

Krafft, Albrecht (von)

Kraft, Albert. L'école moderne de la Galerie de tableaux Imperiale et Royale par —. Formant un appendice du catalogue de la galerie. 8. (32 S.) Vienne, impr. de la veuve et du fils d'A. Pichler. 1853.

Krafft, Albert —. L'école moderne de la Galerie de Tableaux Impériale et Royale par — —. Formant un Appendice du Catalogue de la galerie. 8. (32 S.) Vienne. Imprimerie de la veuve et du fils d'A. Pichler. 1854.

Krafft, Albert — L'école moderne de la Galerie de Tableaux Imperiale et Royale par — —. Formant un Appendice du catalogue de la galerie. Vienne, 1856. Imprimerie ds la veuvo et du fils d'A. Pichler. (32 S. 8.)

Krafft, Albrecht, Ueber Herrn Professors Dr. Justus Olshausen Entzifferung der Pehlewi Legenden auf Münzen. Besonders abgedruckt aus dem CVI. Bande der Jahrbücher der Literatur. Wien 1844.

KRAFFT, Albrecht von
Geologische Ergebnisse einer Reise durch das Chanat Bokhara von Dr. Albrecht v. Krafft. (Mit 5 Tafeln und 4 Textfiguren.) Besonders abgedruckt aus dem LXX. Bande der Denkschriften der mathematisch-naturwissenschaftlichen Classe der kaiserlichen Akademie der Wissenschaften. Wien. 1900. In Comm. Gerold's Sohn. 4°. 24 S. K 5.80

— die arabischen, persischen u. türkischen Handschriften der k. k. orientalischen Akademie zu Wien, beschrieben. gr. Lex.-8. Wien 842. (Beck's Universitäts-Buchh.) n. 2⅔ ₰

Krafft, Albrecht. Historisch-kritischer Katalog der k. k. Gemälde-Gallerie im Belvedere zu Wien. Wien 1854. H: *Eitelberger von Edelberg, Rudolph.* (EB)

Krafft, Albrecht — Historisch-kritischer Katalog der k. k. Gemälde-Gallerie im Belvedere zu Wien von — —. Nach dessen Tode herausgegeben von R. E. v. E. 1. Abtheilung: Italienische Schule. 1. Band. Venezianische Schule, die heilige Justina und die Gemälde Raphaels. Wien, 1854. Aus der k. k. Hof- und Staatsdruckerei. (3 Bl. 210 S. 8.)

Krafft, Albrecht, Armenische Münzen der rupenischen Dynastie in Cilicien.

Krafft, Albrecht —. Die moderne Schule der k. k. Gemälde-Gallerie von — —. Als Anhang zu dem Verzeichnisse derselben. 8. (32 S.) Wien. Gedruckt bei A. Pichlers Witwe und Sohn. 1854.

Krafft, Albrecht —. Die moderne Schule der k. k. Gemälde-Gallerie, von — —. Als Anhang zu dem Verzeichnisse derselben Wien, 1856. Gedr. bei A. Pichlers Witwe und Sohn. (32 S. 8.)

Krafft, Albrecht — Die moderne Schule der k. k. Gemälde-Gallerie von — —. Als Anhang zu dem Verzeichnisse derselben. Wien, 1857. Gedr. bei A. Pichlers Witwe und Sohn. (32 S. 8.)

Krafft, Albr., Verzeichniss d. k. k. Gemälde-Gallerie im Belvedere zu Wien. gr. 16. (30 B. u. 2 Taf.) Wien 837, Müller'sche Kunsth.

— Verzeichniss der k. k. Gemälde-Gallerie im Belvedere zu Wien. (2. Aufl.) 12. (12½ B., 2 Ans. u. 2 Grundr.) Wien 845, Müller.

Krafft, Albrecht —. Verzeichniß der k. k. Gemälde-Gallerie im Belvedere zu Wien von — —. 5. Auflage. 8. (XII, 288 S.) Wien. Gedruckt bei A. Pichlers Witwe und Sohn. 1855.

Krafft, Albr., und S. Deutsch, die handschriftl. hebr. Werke der Hofbibliothek zu Wien, s. Catalogus.

Krafft, Albrecht, und Deutsch, Simon, Die handschriftlichen hebräischen Werke der k. k. Hofbibliothek zu Wien. Wien 1847. s. Ab 165. 4°.

Krafft, Amalie, sechs Erzählungen, nebst e. Anh. v. Gedichten. (2 Abthl.) Neue Ausg. gr. 16. (21¾ B.) Aschaffenburg 834, Pergay.

— Gedichte u. pros. Erzähln. 2 Bde. gr. 16. (22¼ B.) Aschaffenburg 831, (Pergay.)

Krafft, Amalie, Gulmineh. Histor. Gemälde aus d. Zeit d. Expedition d. Franzosen nach Aegypten unt. Bonapartes Befehl. gr. 12. (11½ B.) Leipzig 837, Fr. Fleischer.

—— Orient u. Occident. Erzähln. u. Mährchen. gr. 12. (15½ B.) Leipzig 838, Fr. Fleischer.

Krafft, Ant., das Färben mit Blauholz. Nebst ein. Anleitung z. Herstellung ein. Blauholzküpe. gr. 8. (2 B.) Quedlinburg 846, Basse.

Krafft, August (geb. am 16 März 1844 in Hattingen a. d. Ruhr): Beiträge zur Lehre von der Epilepsie ... Bonn, Druck v. C. Georgi 1869. 48 S., 1 Taf. 8.
Bonn, Med. Fak., Diss. v. 14 Aug. 1869

Krafft, Aug., Theorie d. Distanzenmessers, aus d. Lehren d. Optic u. Dioptric gefolgert. M. 1 Stnt. (qu. gr. Fol.) 8. (5¼ B.) München 833, Jaquet. Thlr.

Krafft, Bodo, prakt. Arzt aus Stettin: Über lokale und allgemeine Schädigungen infolge von Taxisversuchen incarcerierter Hernien. *Tübingen 1901: H. Laupp jr.* (20 S.) 8° ¶(Aus: Beiträge zur klinischen Chirurgie, Bd 31, H. 2.)
Rostock, Med. Diss. v. [25. Nov.] 1901

Krafft, C., die neuesten Erhebungen über die Zustände der Fischerei, s. Mittheilungen aus dem Gebiete der Statistik.

Krafft, C. W., s.: Archiv des Vereines f. siebenbürgische Landeskunde.

Krafft, C. W., darf Luthers Bibel-Uebersetzung durch Bibel-Gesellschaften revidirt werden? Eine Frage nebst Zusammenstellung d. in den straßburg. Ausgaben des neuen Testaments angebrachten Aenderungen, d. Verwaltungs-Commission der straßburg. Bibelgesellschaft unterworfen ꝛc. gr. 8. (4½ B.) Straßburg 846, Kräuter. *

Krafft, C. W., s. C. F. Ledderhofe, Erinnerungen.

—— neue christl. Mittheilungen, s. Mittheilungen.

Krafft, C. Ch. F.

Krafft, historische und geographische Excurse zu Tac. Ann. I, 55. 57. 58. 60. ff. II, 7. 4. (40 S.) Stuttgart 863. (Tübingen, Fues'sche Sortimentsb.) *-

Krafft, histor. u. geograph. Exkurse zu Tac. Ann. I. 55, 57, 58, 60. ff. II., 7. Maulbronn. 4. 40 p. 1864
Schul-/Univ.-Schrift

Krafft, Carl ..., s. Krafft, Karl ...

Krafft, Charles

Krafft, Ch., üb. die frühzeitige operative Behandlung der durch Perforation d. Wurmfortsatzes hervorgerufenen Perityphlitis stercoralis, s.: Sammlung klinischer Vorträge.

Krafft, Ch[arles]. de Lausanne [Kt. Waadt] Médecin diplomé de la Confédération suisse, ...: Essai sur la nécessité de traiter chirurgicalement la pérityphlite appendiculaire stercorale perforatrice. Genève Ch. Schuchardt Impr. 1888. 21 S., 1 Bl. 8°.
(Zürich), Med. Diss. [v. 29. Oct. 1888].

Krafft, Charles. Die Unabhängige Krankenpflegerin. Vortrag gehalten in der Delegiertenversammlung des schweiz. Roten Kreuzes, zu Neuenburg am 18. Juli 1905. Sonderabdruck aus der Zeitschrift «Das Rote Kreuz» [Jahrg. 14, 1906, Nr. 2—4]. 14 S. kl.-4. Bern, Genossenschaftsbuchdr., [1906].

Krafft, Chr. [approb. Arzt]: Cystoma myxomatodes maxillae superioris.... Würzburg, Stahel'sche Buchdr., 1886; 15 S. 8°.
Würzburg, Med. Fak., Inaug.-Diss. v. 1886.

Krafft, Chr., cystoma myxomatodes maxillae superioris. Diss. Würzburg 1886, Stahelsche Univ.-Buchh. 8°. 15 S.

— Christian Theophil (Herimontanus), De notitiis insitis. Diss. philos. Präs. Gottfried Ploucquet. Tübing. (Jo. Ad. Sigmund) Sept. 1763. 20 S. mit Widm. v. Präs. (5.50) 19237

KRAFFT, DETHLEV NICOLAUS, Amts- und Lebenserfahrungen des Pastors zu Eggebeck und Seniors im ganzen Amte Flensburg Dethlev Nikolaus Krafft. 1. Theil. Schleswig. 1834. (Portr. mglr. i K.B.). (Mere udkom ikke).

Krafft, D. N., Amts- u. Lebenserfahrungen. 1r Thl. 8. Schleswig 834. Koch. 1 ₰ — dass. mit Portrait 1⅓ ₰

Krafft, D. N., die erste deutsche Rede, welche in d. literär. Verein in Flensburg am 6. Oct. 1829, am Geburtstage d. Prinzen Friedrich Carl Christian gehalten worden ist, nebst e. Dedikation an jenen Prinzen, u. mit Anmerkn. 8. (2 B.) Flensburg 829. (Altona, Aue.)

Krafft, E. [Pseudon.] s. Kirstein, Emil.

Die Eheschließung deutscher, österreich-ungarischer und schweizer Staatsangehöriger in England. Ein Führer durch d. einschläg., deutschen etc. u. engl. Gesetze u. Ratgeber f. event. Eheschließungs-Reflektanten von E. **Krafft.** London: Brock & Co.; Leipzig: F. E. Fischer in Komm. (1905). (14 S.) 8° [F.]

Krafft, Die politischen Verhältnisse des thrakischen Chersones in der Zeit von 560—413 v. Chr., s. Festschrift der Gymnasien und evangelisch-theologischen Seminarien Württembergs zur 4. Säcularfeier der Universität Tübingen.

Krafft, E., Die polit. Verhältnisse des Thrakischen Chersones in der Zeit von 560 bis 413 v. Chr. Gel. 1877. 16 S 4°. 1.—

Krafft, Eduard [app. Arzt aus Regensburg]: Ein Fall von Osteochondrosarkom der Rippen.... München, Buchdr. v. M. Ernst, 1890; 28 S. 8°
München, Med. Fak., Inaug.-Diss. v. 1890

Else **Krafft.** Kling, Klang, Gloria ... Skizzen. Berlin-Gr.Lichterfelde: P. Langenscheidt [1906]. (203 S.) 8°
(Dr. P. Langenscheidt's Bibliothek d. Zeit.)

Krafft, Emil (geb. am 9 Jan. 1854 in Bonn): Aus d. pathol. Institut in Bonn. — Ueber die Entstehung der wahren Aneurysmen ... Mit 1 lith. Taf. Bonn, Univ.-Buchdr. v. C. Georgi 1877. 42 S., 1 Bl., 1 Taf. 8.
Bonn, Med. Fak., Diss. v. 13 Okt. 1877

Krafft, Erhard v., aus Kempten: [1.] Ueber einige neue Cumarine aus β-Ketonsäure-Estern und Phenolen. [2.] Ueber Isodicrotonsäure. *Tübingen 1902: G. Schnürlen.* (47 S.) 8°
Tübingen, Naturw. Diss. v. 1902

Krafft, Erhard v., über einige neue Cumarine aus β-Ketonsäure-Estern u. Phenolen. — Ueber Isodiorotonsäure. Diss. gr. 8. (47 S.) Tübingen 902. (F. Pietzcker.) n.n. 1.—

Krafft, Erich, Weltbedeutg. d. 60jähr. Bischofs-Jubiläums Papst Leo XIII, s.: Dasbach's Volksbibliothek.

Krafft, F., Eine Studie zum lateinischen Homer des sogenannten Pindarus Thebanus. Pr. 1874. 28 S. 4°. 1.20

Krafft, Fr., Anfangsgründe der französ. Sprache. 1. Heft. gr. 8. (2⅝ B.) Lübeck 843, v. Rohden'sche Buchh.

Krafft, Fr., Anfangsgründe der französischen Sprache. 8. (109 S.) Lübeck 847, v. Rohden'sche Buchh. *

Krafft, Friedr., über die Entwickelung der theoretischen Chemie. Vortrag, gehalten in der Aula der Universität Basel am 16. Novbr. 1875. gr. 8. (56 S.) Basel 875, Schneider. *

Krafft, F. Kurzes Lehrbuch der Chemie. Anorganische Chemie. Mit zahlreichen Holzschn. u. 1 Spectraltaf. gr. 8. (VIII, 488 S.) Wien 891, Deuticke. * 9 —

— dasselbe. (II.) Organische Chemie. gr. 8. (IX, 725 S. m. Holzschn.) Ebd. 893. n. 15. —

Krafft, Dr. F., Kurzes Lehrbuch der Chemie. Anorganische Chemie. Mit zahlreichen Holzschnitten und einer Spectraltafel. 2. vermehrte und verbesserte Auflage. Gr.-8. (XII, 502 S.) 5.40, geb. 6.60
Wien: Deuticke 1895.

Krafft, F., kurzes Lehrbuch d. Chemie. Organische Chemie. 2., verm. u. verb. Aufl. gr. 8. (XII, 742 S. m. Holzschn.) Wien 897. F. Deuticke. n. 15. —; geb. n. 17. —

Kurzes Lehrbuch der Chemie. Anorganische Chemie v. Dr. F[riedr.] Krafft, Prof. ... zu Heidelberg. M. zahlr. Holzschn. u. 1 Spectraltaf. 3. verm. u. verb. Aufl. *Leipzig & Wien: F. Deuticke 1898.* (XII, 500 S., 1 Taf.) 1 Bd 8. [97. 6390 Pe

KRAFFT, F.
Kurzes Lehrbuch der Chemie. Anorganische Chemie von Dr. F. Krafft. Mit zahlreichen Holzschnitten und 1 Spectraltafel. 4. vermehrte und verbesserte Auflage. Leipzig und Wien. 1900. Deuticke. Gr.-8°. XII, 506 S. K 10.80

KRAFFT, F.
Kurzes Lehrbuch der Chemie. Organische Chemie von Dr. F. Krafft. Mit in den Text°gedruckten Holzschnitten. 3., vermehrte und verbesserte Auflage. Leipzig und Wien. 1901. Deuticke. Gr.-8°. XII, 753 S. K 18.—

Krafft, F., kurzes Lehrbuch der Chemie. Anorganische Chemie. Mit zahlreichen Holzschn. u. 1 Spectraltaf. 5. verm. u. verb. Aufl. (XIV, 525 S.) gr. 8. Wien 904. F. Deuticke. n. 9. —; geb. n. 10. 50

— dasselbe. Organische Chemie. 4. verm. u. verb. Aufl. Mit in den Text gedr. Holzschn. (XII, 757 S.) gr. 8. Ebd. 905. n. 15. —

Krafft, F. Über die Bildung von Diphenylderivaten aus Diazokörpern. In-8°. 28 S. Basel. These.
1896

Krafft, Friedrich (geb. am 21 Febr. 1852 in Bonn): Ueber Thiobenzol und Thioanilin ... Bonn, Druck v. C. Georgi 1874. 40 S., 1 Bl. 8.
Bonn, Phil. Fak., Diss. v. 16 Nov. 1874

— Georg Christoph (Urach), Johann Theophil Grundler (Korbensis) u. Christoph Ludw. Clemens (Mühlhus. ad Nicr.), De luxu. Diss. ethicopolit. Präs. Christoph Friedrich Schott. Tübing. (Jo. A. Sigmund) Okt. 1766. 28 Seiten. (6.—) 19238

Krafft, Georg Wolfgang

Krafft, G. W. De atmosphaera solis. Tubingae 1746. 4.

Krafft, Georg Wolfgang [Praes.], s. Baur, Johann Jakob: De vera experimentorum physicorum constitutione.

— Beschr. u. Abbild. d. in Petersb. 1740 aufger. merkwürd. Hauses v. Eis m. d. Hausgeräthe. m. K. gr. 8. Petersb. 741.

Krafft, Georg Wolfgang [Praes.], s. Canz, Georg Bernhard: De gravitate terrestri.

— brevis descriptio experimentor. physicorum etc. 8. Lips Hartknoch. 738.

— Einleit. z. Erkenntn. d. einfachen Maschinen u. derselb Zusammensetz. m. K. 8. Ebend. 738.

— Einleit z. theoret. Geometrie. 8. Petersb. (Hartknoch in Leipz.) 740.

Krafft, Geo. Wolfg., kurze Einl. z. mathem. u. natür Geographie. m. K. gr. 8. Petersburg. (Hartknoch in Leipz.) 738.

* Dissertatio academica de Infinito Mathematico, ejusque Natura, quam praes. *Georgio Wolffgango Krafftio* Phil. Magistro, Univers. et Colleg. illustr. Phys. et Mathes. Professore Publ. Ord. Imperialis Petropolitanae, et Regiae Berolinensis Academiarum Scientiar. Membro, Contubernii Academici Rectore, publicae opponentium disquisitioni subjicit Respondens *Johannes Roller* Balingensis, Magisterii Philosoph. Candidatus et Serenissimi Stipendiarius. Tubingae, litteris Löfflerianis. 4. 24 S. nebst 1 Kupfert.
1752

Krafft, a. Kraft, Geo. Wolfg., († d. 12. Juni 1754.) institutiones geometriae sublimioris conscriptae in usum acad. 4. Tübing. 753. (Osiander). 1 ₰ 8 gr

* *Ge. Wolfg. Krafft*, Diss. de Iride, Resp. *Christoph Frid. Stockmaier.* Tubingae. 3½ Bog. 1 Kupfert. 1751

Krafft, Georg Wolfgang [Praes.], s. Neuffer, Christoph Friedrich: De corporum naturalium cohaerentia.

Krafft, G. W. Praelectiones in physicam. Pars 1 und 3. Tubingae 1750–54.

— praelectiones acad. publicae in physicam theoreticam. III Prts. 8. Tübing. 753, 54. Verb. Ausg. von Prof. Kies 765. v. Cotta. 1 ₰ 20 gr

Krafft, Georg Wolfgang [Praes.], s. Roller, Johann: De infinito mathematico, eiusque natura.

Krafft, Georg Wolfgang [Praes.], s. Roesler, Johann Wilhelm: De atmosphaera solis, atque hinc explicandis caussis macularum solarium, dissertatio II.

Krafft, Georg Wolfgang [Praes.], s. Schertlin, Jakob Bernhard: De praecipuis experimentorum physicorum scriptoribus.

Krafft, Georg Wolfgang [Praes.], s. Schlegel, David Friedrich: De praecipuis experimentorum physicorum scriptoribus.

— Georg Wolffgang (Präs.), De praecipuis experimentorum physicorum scriptoribus. Diss. acad. Tübing. (Löffler) 10./11. IX. 1753. 34 S. (6.50)
19239
Respond.: Jacob Bernhard Schertlin (Neuburg), David Friedrich Schlegel (Urach), Ludwig Adam Kolb (Bonland).

Krafft, Georg Wolfgang [Praes.], s. Stockmaier, Christoph Friedrich: De iride.

Krafft, Georg Wolfgang [Praes.], s. Weber, Philipp Heinrich: De quadratura circuli, praesertim Merkeliana.

[F.] Ackerbaulehre. Von Dr. Guido **Krafft**, o. ö. Prof. ... in Wien. 7., umgearb. Aufl. M. 285 Abb. im Text u. 1 Taf.: Drainage-Entwurf in Farben. *Berlin: P. Parey 1899.* (X, 309 S., 1 Taf.) 1 Bd 8.
= **Krafft**, G.: Lehrbuch d. Landwirtschaft auf wiss. u. prakt. Grundlage. Bd 1. [99. 1471

Die Ackerbaulehre. Von Dr. Guido **Krafft**, Prof. 8., umgearb. Aufl. Mit 313 Abb. u. 1 Taf. Berlin: P. Parey 1906. (X, 310 S.) 8° [F.]
= **Krafft**: Lehrbuch d. Landwirtschaft. Bd 1. [05. 9518

Die Ackerbaulehre. Von Dr. Guido **Krafft**, weil. Prof. 9. Aufl. vollst. neubearb. von Dr. C[arl] Fruwirth. Mit 332 Abb. u. 1 Taf. Berlin: Parey 1910. IX, 342 S. 8°
(Krafft: Lehrbuch d. Landwirtschaft auf wiss. u. prakt. Grundlage. Bd 1.) [10. 6319

Krafft G.: Allgemeine Ackerbaulehre ... Berl. 1875. 297 S. Fig.
(=: **Lehrbuch d. Landwirthschaft ... Bd. 1**). 337.
— — 4. verm. u. verb. Aufl., m. Tit.: Die A. Sst. 1884. 316 S. Fig.
(= do.). 337.

Krafft G.: Die Betriebslehre ... Berl. 1877. 196 S.
(=: **Lehrbuch d. Landwirthschaft ... Bd. 4**). 337.
— — 4. verm. u. verb. Aufl. Sst. 1885. 246 S.
(= do.). 337.

Krafft G.: Die Betriebslehre. 6. neubearb. Aufl. Berl. 1899. 250 S. Fig. 1 kol. Tvl. 2 Pl.
(=: Lehrbuch d. Landwirtschaft ... 6. neubearb. Aufl. Bd. 4). 337.

Die Betriebslehre. Von Dr. Guido **Krafft**, Prof. in Wien. 7., neubearb. Aufl. Mit 25 Abb. u. 3 Taf. *Berlin: P. Parey 1904.* (VIII, 255 S.) 8° [F.]
= **Krafft**: Lehrbuch d. Landwirtschaft auf wiss. Grundlage. Bd 4. [04. 9031

Die Betriebslehre. Von Dr. Guido **Krafft**, weil. Prof. in Wien. 8., neubearb. Aufl. hrsg. von Dr. Friedrich Falke, Prof. in Leipzig. Mit 28 Abb. u. 3 Taf., mit Boden- u. Wirtschaftskarten u. 1 Portr. Berlin: P. Parey 1908. (XII, 324 S.) 8° [F.]
= **Krafft**: Lehrbuch d. Landwirtschaft. Bd 4. [08. 3343

Krafft, Guido, s.: Bücherei. österreichische landwirthschaftliche.

Krafft, Guido, s.: Fromme's österr.-ungar. Landwirthschafts-Kalender.

Krafft, Guido, internationale Getreide-Mähmaschinen-Concurrenz, s. Hecke, W.

—— ein Grossgrundbesitz der Gegenwart. Monographische Skizze der Besitzungen des Fürstenhauses Schwarzenberg in Böhmen als Beitrag zur Frage der Selbstverwaltung oder Verpachtung von Grossgütern in Oesterreich. gr. 8. (VII, 344 S. mit 4 lithogr. Taf.) Wien 872, Faesy und Frick. * 5 40

Krafft, Guido (Red.), s. Landwirtschafts-Kalender, Frommes österr.-ungar.

— s. a. Landwirtschafts-Lexikon, illustr.

Illustriertes *Landwirthschafts-Lexikon.* Unter Mitwirkung v. [15 Verf.n] herausg. v. G. Krafft. Berl. 1884. 1109 S. Fig. 4°.

Krafft. Guido: Illustrirtes Landwirthschafts-Lexikon. 2. Aufl. Berlin 1888

Krafft, Guido: Illustrirtes Landwirthschafts-Lexikon. 3. Aufl. Hrsg. von Werner. Berlin 1900

Krafft, Guido: Illustriertes Landwirtschafts-Lexikon. 4. Aufl. Hrsg. von H. Werner. Berlin 1910

Krafft G.: Lehrbuch d. Landwirthschaft auf wissenschaftlicher u. praktischer Grundlage. 4 Bd. (1 Vol.). Bd. 2: 2. ... Aufl. Berl. 1875-78, à c. 200-300 S. Fig.
(O. m. Særtit.: 1. Allgem. Ackerbaulehre ... 1875, se 380. — 2. Die Pflanzenbaulehre. 1878, se 400. — 3. Die Thierzuchtlehre. 1876, se 418. — 4. Die Betriebslehre ... 1877, se 533).
— — 4. verm. u. verb. Aufl. 4 Bd. (4 Vol.). Sst. 1884-85, à c. 250-300 S.
(Do. do.).

Krafft, Guido, Lehrbuch der Landwirthschaft auf wissenschaftlicher und praktischer Grundlage. 4 Bde. gr. 8. Berlin, [Wiegandt, Hempel und Parey.] Parey. *
Inhalt:
Bd. 1. Allgemeine Ackerbaulehre. (XII, 297 S. mit 133 in den Text gedr. Holzschn.) 1875; 2. verm. und verb. Aufl. (VIII, 319 S. mit 162 in den Text gedr. Holzschn.) 878. *M 4.
" 2. Besondere Pflanzenbaulehre. (VIII, 252 S. mit 163 in den Text gedr. Holzschn.) 1876; 2. verm. und verb. Aufl. (VIII, 276 S. mit 189 in den Text gedr. Holzschn.) 878. *M 4.
" 3. Die Thierzuchtlehre. (IX, 315 S. mit 209 in den Text gedr. Holzschn.) 1876; 2. verm. und verb. Aufl. (VIII, 350 S. mit 224 in den Text gedr. Holzschn.) 878. *M 5.
" 4. Die Betriebslehre. (VIII, 196 S. mit 8 in den Text gedr. Holzschn.) 1877. *M 3.; 2. verm. und verb. Aufl. (IX, 190 S. mit 8 in den Text gedr. Holzschn.) 879. *M 4.

Krafft, Guido, Lehrbuch der Landwirthschaft auf wissenschaftlicher und praktischer Grundlage. 4 Bde. gr. 8. Berlin, Parey. *M 17.; geb. in 1 Bd.
Inhalt:
Bd. 1. Die Ackerbaulehre. 3. verm. und verb. Aufl. (VIII, 312 S. mit 177 in den Text gedr. Holzschn.) 880; 4. verm. und verb. Aufl. (VIII, 316 S. mit 188 in den Text gedr. Holzschn.) 884. *M 4.
" 2. Die Pflanzenbaulehre. 3. verm. und verb. Aufl. (VIII, 281 S. mit 218 in den Text gedr. Holzschn.) 881; 4. verm. und verb. Aufl. (VIII, 283 S. mit 230 in den Text gedr. Holzschn.) 885. *M 4.
" 3. Die Thierzuchtlehre. 3. verm. und verb. Aufl. (VIII, 335 S. mit 224 in den Text gedr. Holzschn.) 881. *M 5.
" 4. Die Betriebslehre. 3. verm. und verb. Aufl. (VIII, 228 S. mit 9 in den Text gedr. Holzschn.) 883. *M 4.

Krafft, Guido, Lehrbuch der Landwirtschaft auf wissenschaftlicher und praktischer Grundlage. 1., 3. und 4. Bd. gr. 8. Berlin, Parey. geb. à Bd. *M 5.—. * 15 —
Inhalt:
Bd. 1. Die Ackerbaulehre. 5. verm. und verb. Aufl. (VIII, 316 S.) 888.
" 3. Die Tierzuchtlehre. (VIII, 333 S. mit 256 in den Text gedr. Holzschn.) 885.
" 4. Die Betriebslehre. (VIII, 246 S. mit 9 in den Text gedr. Holzschn.) 885.
2. Bd. Ebendas. 1885. *M 4.—.

Krafft, Guido. Lehrbuch der Landwirtschaft auf wissenschaftlicher u. praktischer Grundlage. 5. verm. u. verb. Aufl. 2.—4. Bd. gr. 8. Berl. 890, Parey. geb. à Bd. * 5 —; * 15 —
2. Die Pflanzenbaulehre. (VII, 306 S. m. 287 eingedr. Holzschn.)
3. Die Tierzuchtlehre. (VIII, 337 S. m. 287 eingedr. Holzschn.)
4. Die Betriebslehre. (VII, 266 S. m. 11 Holzschn.) 892.
1. Bd. Ebd. 1888. * 5 —.

[F.] Lehrbuch der Landwirtschaft auf wissensch. u. prakt. Grundlage. Von Dr. Guido **Krafft**, o. ö. Prof. ... in Wien ... 6., umgearb. Aufl. Bd 1—4. *Berlin: P. Parey 1894—99.* 4 Bde 8.
1. [A. T.:] Die Ackerbaulehre ... 1894. (VIII, 328 S.)
2. [A. T.:] Die Pflanzenbaulehre ... 1897. (VIII, 279 S., 4 Taf.)
3. [A. T.:] Die Tierzuchtlehre ... 1895. (VIII, 280 S., 13 Taf.)
4. [A. T.:] Die Betriebslehre ... 1899. (VIII, 250 S., 3 Taf.) [98. 9588

— Lehrbuch der Landwirtschaft auf wissenschaftlicher u. praktischer Grundlage. 1. u. 3. Bd. gr. 8. Berlin, P. Parey. Geb. in Leinw. à n. 5. —
1. Ackerbaulehre. 7., umgearb. Aufl. Mit 285 Abbildgn. im Text u. 1 Taf.: Drainage-Entwurf in Farben. (X, 309 S.) 899.
3. Thierzuchtlehre. 7., umgearb. Aufl. Mit 259 in den Text gedr. Abbildgn. u. 15 Taf. m. 44 farb. Rassebildern. (X, 280 S.) 900.

— Lehrbuch der Landwirtschaft auf wissenschaftl. u. praktischer Grundlage. 4 Bde. gr. 8. Berlin, P. Parey. Geb. in Leinw. à n. 5. —
1. Die Ackerbaulehre. 8., umgearb. Aufl. Mit 313 Abbildgn. im Text u. 1 Taf.: Drainage-Entwurf in Farben. (X, 316 S.) 906.
2. Die Pflanzenbaulehre. 7., neubearb. Aufl. Mit 262 Illustr. im Text u. 8 Taf. m. 148 farb. Abbildgn. (VIII, 279 S.) 906.
3. Tierzuchtlehre. 8., neubearb. Aufl. Mit 306 Abbildgn. im Text u. 16 Taf. m. 47 farb. Rassebildern. (X, 286 S.) 903.
4. Die Betriebslehre. 7., neubearb. Aufl. Mit 25 Abbildgn. im Text u. 3 Taf. m. farb. Boden- u. Wirtschaftskarten. (VIII, 255 S.) 904.

Krafft, Guido: Lehrbuch der Landwirtschaft auf wissenschaftlicher und praktischer Grundlage. 8. Aufl. Berlin
Bd 1. Die Ackerbaulehre. 1906
Bd 2. Die Pflanzenbaulehre. Von C. Fruwirth. 1908
Bd 3 Die Tierzuchtlehre. 1906
Bd 4. Die Betriebslehre. Hrsg. von F. Falke. 1908

Krafft, Guido, Lehrbuch der Landwirtschaft auf wissenschaftlicher u. praktischer Grundlage. 1. 2. u. 4. Bd. 8. Berlin, P. Parey. Geb. in Leinw. à 5. —
1. Die Ackerbaulehre. 9. Aufl., vollständig neubearb. v. C. Fruwirth. Mit 332 Abbildgn. im Text u. 1 Taf.: Dränage-Entwurf in Farben. (X, 342 S.) 910.
2. Die Pflanzenbaulehre. 8. Aufl., neubearb. v. C. Fruwirth. Mit 268 Abbildgn. im Text u. 8 Taf. m. 148 farb. Abbildgn. (X, 284 S.) 908.
4. Die Betriebslehre. 8., neubearb. Aufl., hrsg. v. Frdr. Falke. Mit 28 Abbildgn. im Text u. 3 Taf. m. farb. Boden- u. Wirtschaftskarten u. 1 Portr. (XII, 324 S.) 908.

—— die normale und anormale Metamorphose der Maispflanze. Lex.-8. (III, 71 S. mit 2 lithogr. Taf. in qu. Fol.) Wien 870, Gerold's Sohn. 2 40

Krafft G.: Die Pflanzenbaulehre ... 2. verm. u. verb. Aufl. Berl. 1878. 260 S. Fig.
(=: Lehrbuch d. Landwirthschaft ... Bd. 2). 337.
— — 4. verm. u. verb. Aufl. Sst. 1885. 283 S. Fig.
(= do.). 337.

[F.] Die Pflanzenbaulehre. Von Dr. Guido Krafft, o. ö. Prof. ... in Wien ... 6., neubearb. Aufl. M. 259 Ill. im Text u. 4 Taf. m. 78 farb. Abb. *Berlin: P. Parey 1897.* (VIII, 279 S., 4 Taf.) 1 Bd 8.
= Krafft, G.: Lehrbuch d. Landwirtschaft. Bd 2. [97. 2794

Die Pflanzenbaulehre. Von Dr. Guido Krafft. Prof. in Wien. 7., neubearb. Aufl. Mit 262 Ill. u. 8 Taf. *Berlin: P. Parey 1903.* (VIII, 279 S.) 8° [F.]
= Krafft: Lehrbuch d. Landwirtschaft auf wiss. u. prakt. Grundlage. Bd 2. [04 719

Die Pflanzenbaulehre. Von Dr. Guido Krafft, weil. Prof. in Wien. 8. Aufl. neubearb. von Dr. C[arl] Fruwirth, Prof., Wien. Mit 268 Abb. u. 8 Taf. mit 148 Abb. Berlin: P. Parey 1908. (X, 284 S.) 8° [F.]
= Krafft: Lehrbuch d. Landwirtschaft auf wiss. u. prakt. Grundlage. Bd 2. [08. 14058

Krafft G.: Besondere Pflanzenbaulehre ... Berl. 1876. 252 S. Fig.
— — 4. verm. Aufl. Sst. 1885. 283 S. Fig.
— — 6. neubearb. Aufl. Sst. 1897. 279 S. Fig. 4 kol. Tvl.
(=: Lehrbuch d. Landwirthschaft ... Bd. 2). 337.

Krafft G.: Die Thierzuchtlehre. Berl. 1876. 315 S. Fig.
(=: Lehrbuch d. Landwirthschaft ... Bd. 3). 337.
— — 4. verm. u. verb. Aufl. Sst. 1885. 333 S. Fig.
(= do.). 337.

Krafft, Guido, Die Tierzuchtlehre. [Lehrbuch d. Landwirtsch. auf wissensch. u. prakt. Grundlage. III. Bd.] (VI.) Mit 269 H. Berlin 95. Parey. M. 5.—

Die Tierzuchtlehre. Von Dr. Guido Krafft, Prof. in Wien. 7., neubearb. Aufl. Mit 289 in d. Text gedr. Abb. u. 15 Taf. mit Rassebildern. *Berlin: P. Parey 1900.* (X, 280 S.) 8° [F.]
= Krafft: Lehrbuch d. Landwirtschaft. Bd 3. [00. 5353

Die Tierzuchtlehre. Von Dr. Guido Krafft, Prof. in Wien. 8., neubearb. Aufl. Mit 306 Abb. u. 16 Taf. mit 47 Rassebildern. Berlin: P. Parey 1906. (X, 286 S.) 8° [F.]
= Krafft: Lehrbuch d. Landwirtschaft. Bd 3. [07. 10373

– (Red.), s. Wochenblatt, Österreichisches landwirtschaftliches.

Krafft, Gust., Johannes. Roman. 8. (IV, 192 S.) Frankfurt a. M. 882, Koenitzer.

© Festspiel in 2 Aufzügen v. H. Krafft. Kiel. 1883. 4°

(Krafft, Hans Ulr.) — Ein deutscher Kaufmann des 16. Jahrhunderts. Hans Ulrich Krafft's Denkwürdigkeiten bearb. von Adf. Cohn. Göttingen 862. Vandenhoeck & Ruprecht. gr. 8. (XVIII, 521 S.) n. 2 ₰ 8 ngr.

Krafft's, Hans Ulrich, Reisen und Gefangenschaft, s. Bibliothek des litterarischen Vereins in Stuttgart, Bd. 61.

Der Allerverachtetste. 5 Predigten über Jesaias 53 von H[ermann] Krafft. Pastor, Barmen-Gemarke. *Barmen: 1. Barmer Schriften-Ver. 1896.* (67 S.) 8° [F.] [96. 1775 5

Der Allerverachtetste. 5 Predigten über Jes. 53 von H[ermann] Krafft, Pastor, Barmen. 2. Aufl. *Barmen: Elim (1904).* (79 S.) 8° [F.] [04. 6384

Freue dich, Jüngling, in deiner Jugend! Vortrag geh. von H[erm.] Krafft, Pastor, Barmen-Gemarke. *Neukirchen, Kr. Moers: H. Mandel jr. [1899?].* (14 S.) 8° [F.] [00. 4103 5

[F.] Gedenket Armeniens! Predigt üb. 1. Kor. 13, 13. Bei Gelegenheit d. zweiten Armenischen Conferenz im Wupperthal, Jan. 1897, in d. ersten ref. Kirche zu Elberfeld geh. v. H[erm.] Krafft, Pastor d. ref. Gemeinde Gemarke ... *Elberfeld: Ref. Schriftenver. 1897.* (12 S.) 1 Bd 8. [98. 2686

Aus des Teufels Hausapotheke oder: Volkstümliche, religiöse Redensarten, biblisch beleuchtet. Von Hermann Krafft, Pastor, Barmen-Gemarke. *Barmen: Elim [1900].* (22 S.) 8° [F.] [00. 10078

— Dammann, Herbst u. Haarbeck, unsere Heiligung! Die brennendste Frage aller gläub. Christen. Mit Vorwort v. Jul. Dammann. 3. Aufl. gr. 8. (VII, 54 S.) Hagen 900. O. Rippel. n. — 50

Ⓢ Krafft, Herm., Dammann, Herbst u. Haarbeck, unsere Heiligung. 900. Jetzt: Neukirchen, Buchh. d. Erziehungsver.

— Jesaja, der Evangelist des Alten Bundes, s. q. Weg, der, göttlicher Zeugnisse. II. 1.

Jesaja, der Evangelist des Alten Bundes. Vortrag von H[ermann] Krafft, Pastor in Barmen. *Elberfeld: Ev. Ges. 1901.* (24 S.) 8° [F.]
= Weg göttlicher Zeugnisse. Jg. 2, H. 1. [02. 1913

Kann man seines Heils gewiss werden? Vortrag von H[erm.] Krafft, Pastor in Barmen-Gemarke. *Barmen: 'Philadelphia' 1899.* (19 S.) 8° [F.] [00. 4164 5

— Paul Rabaut, d. Prediger d. Wüste. Vortrag. gr. 8. (15 S.) Elberfeld 896. Verlag d. Reform. Schriftenvereins. n. — 20

[F.] Paul Rabaut, der Prediger der Wüste. Vortr. geh. v. H[erm.] Krafft, Pastor d. reform. Gemeinde Barmen-Gemarke. (2. Aufl.) *Elberfeld: Reform. Schriftenver. 1896.* (15 S.) 1 Bd 8. [96. 1676

Krafft, H[erm.]: Rechtfertigg u. Wiedergeburt als Grundlage d. Heiligg. *Hagen i. W. 1897.*
in: Heiligung, Unsere! [98 3054

— der Sündenfall. 7 Predigten üb. 1. Mose 3. 8. (104 S.) Barmen 893. (Elim, Buchh. d. Blauen Kreuzes.) n. — 50

Der Sündenfall. 7 Predigten über 1. Mose 3, geh. von H[ermann] Krafft. Pastor in Barmen-Gemarke. *Barmen: 1. Barmer Schriftenver. 1893.* (104 S.) 8° [F.] [... 1776 5

[F.] Von Mara nach Elim! Des Herrn Gnadenwerk im Blauen Kreuz. Von Hermann Krafft, Pastor in Barmen (Vorr.: G[ottlieb] Fischer, [Pastor]) ... *Barmen: Elim, Buchh. d. Blauen Kreuzes [1898?].* (24 S.) 1 Bd 8. [98. 8383

Was haben wir an unserem reformirten Bekenntnis? Konferenzvortrag von H[ermann] Krafft, Pastor in Barmen-Gemarke. Elberfeld: Reform. Schriftenverein 1904. (16 S.) 8° [F.] [03. 14698

Die soziale und praktische Weisheit der Sprüche Salomos. Vortrag von H[ermann] Krafft, Pastor in Barmen-Gemarke. *Elberfeld: Ev. Ges. 1900.* (24 S.) 8° [F.]
= [Wog göttlicher Zeugnisse. Jg. 1, H. 4.] [01. 13370

— wer ist wiedergeboren? Ein Wort zur Prüfg. f. jedermann. (19 S.) 8. Barmen (904). Elim, Buchh. d. Blauen Kreuzes. n. — 25

Die Wiederkunft Christi, ihre verschiedenen Abschnitte u. ihre Eingliederung in d. ganzen Ratschluss Gottes. Vortrag von H[ermann] Krafft, Pastor. *Barmen: Elim 1900.* (19 S.) 8° [F.] [00 10279

Krafft, J. Chr., s. Kraft, J. Chr.

Krafft, J. Chr. Gottlob Ludwig

— de servo et libero arbitrio in doctrina christiana de gratia et operationibus gratiae accuratius definiendo dissertatio theologica. 8maj. Nürnb. 818. Schrag. 9 𝒦

Krafft, J. Chr. Gtlo. Ludw., Christus uns. Weisheit, uns. Gerechtigkeit, uns. Heiligung u. uns. Erlösung. 4 Predigten, gehalten an d. 4 Advent-Sonnt. 1828. gr. 8. (4½ B.) Erlangen 829, Heyder.

Krafft, J. Chr. Gtlo. Ludw., Christus unsere Weisheit, unsere Gerechtigkeit, unsere Heiligung u. unsere Erlösung. 4 Predigten, gehalten an den 4 Advent-Sonntagen 1828. 2. Aufl. gr. 8. (5 B.) Erlangen 842, Heyder.

Krafft, J. G(tlo.) L(udw.) Chrn., Chronologie und Harmonie der vier Evangelien für Vorlesungen bearb., aus seinem Nachlaß hrsg. von C. H. Aug. Burger. gr. 8. (X und 173 S.) Erlangen 848. [Frankfurt a. M., Heyder und Zimmer.].

—— die Furcht vor Gott, das Heilmittel d. Furcht vor d. Cholera u. allem Uebel. Pred. gr. 8. (1 B.) Nürnberg 832, Raw.

—— Predigt zur Jubelfeier d. vor 100 Jahren gescheh. Einweihung d. Deutsch-Reformirten Kirche in Erlangen. Gehalten in dies. Kirche am 3. Aug. 1834. gr. 8. (1½ B.) Erlangen, Bläsing.

—— Predigten üb. auserles. alttestamentl. Texte. 1. Hft. — A. u. d. T.: Sieben Predigten üb. d. 53. Kap. d. Propheten Jesaias. gr. 8. (7 B.) Erlangen 832, Heyder.

—— Predigten üb. freie Texte, gehalt. u. nach Ordnung des Kirchenjahres zusammengestellt. gr. 8. (46¼ B.) Erlangen 845, Heyder.

Krafft, J. Chr. Gtlo. Ludw., zwei Predigten z. Jahresgedächtniß u. z. Jubelfeier der am 1. Aug. 1734 gescheh. Einweih. d. deutsch-reform. Kirche in Erlangen. gr. 8. (2½ B.) Erlangen 840, Bläsing.

—— Vortrag gehalten bei der ersten öffentl. Jahresfeier des Missionsvereins d. evang.-reformirten Gemeinden zu Erlangen. Ebds. 845.

—— Vortrag gehalten in der ersten öffentl. Missionsstunde d. Missions-Vereins der evangel.-reformirten Gemeinden zu Erlangen, am 6. Mai 1844. gr. 8. (1 B.) Erlangen, Bläsing.

Krafft, J. G.: Bericht üb. d. freie evang. Armenschule in Köln ..., s. Bruch, C. G.

Krafft, (Pfarrer in Köln), J. G., d. menschl. Herz. Eine Predigt, gehalt. am 19. Sept. 1824 in d. evangel. Kirche zu Köln. 8. Köln 826. Habicht. 2 𝒦

— s. M. Krall, Samml. von Predigten.

— Noah in d. Sündfluth, oder d. Glaubens errettende Kraft in d. göttl. Strafgerichten. Eine Predigt. 8. Bonn 826. Habicht. 2 𝒦

Krafft, J. G., gesammelte Predigten. Nach seinem Tode hrsg. v. Chr. G. Bruch u. W. Jacobi. 2 Bde. gr. 8. (26 B.) Cöln 830, (DuMont-Schauberg.)

— Samml. einiger Predigten. Nach seinem Tode herausg. von Chr. G. Bruch u. W. Jacobi. 2 Bde. gr. 8. Köln 830. (DuMont-Schauberg). 1 ꝑ 16 𝒦

— kurzer Unterricht in d. christl. Lehre für evangel. Gemeinen. 2e Aufl. 12. Essen 827. Bädeker. 5 𝒦

Krafft, J. G., kurzer Unterricht in d. christl. Religion f. evangel. Gemeinden. 3., verb. Aufl. gr. 12. (3⅔ B.) Essen 811, Bädeker.

— d. Zeugniß d. heiligen Geistes. Eine Predigt, gehalten am 2ten Pfingstf. d. 25. Mai 1825. 8. Bonn 828. Habicht. 2 𝒦

Krafft, J. Hermann [aus Strassburg]: Über Teraconsäure und die durch Umlagerung daraus gebildeten isomeren Säuren ... Strassburg, Elsäss. Druckerei u. Verl.-Anst., 1893; 40 S. 8.
Strassburg, Math.-naturw. Fak., Inaug.-Diss. v. 1893

Krafft, Jens, s. Kraft, Jens

Krafft, Johann, CENTIFOLIUM // NASSA-DILLAEBURGICUM. // Oder // Nassau-Dillenburgischer Blumen-Strauß // Welcher in desselbigen // Fürstenthums / Städten / Dörffern / Berg- und // Thälen / Feldern und Wäldern / &c. // fleißig gesammlet und in diese // POETIsche Reimen // gebunden. // Da auch in einem Vorlauff eine // COMPENDIEUse MEDITATIO von der Welt /// Das ist // Himmel und Erden / sonderlich denen vier Theilen des Erdbo- // dens und allen Haupt-Königreichen Europens; // Und dann letztlich ein Tractätlein / betitult, // Derer Zünffte und Handwercker // Ruhm und Alterthum /// Da insonderheit die fürnehmste in diesem Fürstenthum florirende / wie sel- // bige in Geist- und Weltlichen Historien rühmlich angezogen werden / auch was vor // berühmte Leute aus selbigen entstanden &. alles in einer Poetischen Entwerffung // kürtzlich vorgestellet wirds // Von // JOHANNE Krafft /// Erstern Praeceptore der Bürgerl. Schulen in Herborn. // Herborn/ gedruckt bey Johann Nicolaus Andreä / 1712. - 3 Blatt (nicht paginiert) Titelblatt und Widmung. - 88 S. -
B. [illegible]. T. 4°.75.

Krafft, J(ohann) C(hristoph) (Übers.):

s.: Brierre de Boismont, A(lexandre Jacques François): Die Menstruation in ihren physiologischen, pathologischen und therapeutischen Beziehungen. (De la Menstruation considérée dans ses rapports physiologiques et pathologiques. Dt.) Mit Zusätzen von A(dolph) Moser. Berlin: 1842

JB 4.041

WERTH, Der wahre, der Schönheit an einer Geliebten .... (von *Johann Georg Krafft*). Erlangen, Walther, 1767. 4°.
Cat. Monath IV. Nürnb. 1785. 8°. p. 413. Anon.-Lex. IV. p. 392 (nach Fikenscher).

Krafft, Johann Melchior

Kraffts, Joh. Melch., Historie vom Exorcismo, oder von dem Gebrauch bey der Kinder-Taufe dem unreinen Geist zu gebieten auszufahren und ihn zu beschwören. Hamb. 750. 8.

Krafft, Jh. Melch., († d. 22. Juli 1751.) ausführl. Historie von Exorcismo, od. von d. Gebrauche, bei d. Kindertaufe d. unreinen Geist zu beschwören. 8. Hamb. 750. Brand. 1 ℳ 4 K

Krafft, Joh. Melchior, ausführliche Historie vom Exorcismo oder Beschwerung des Teufels bey der Kinder-Taufe. Hamb. 750. 8.

— Historie von Lutheri Psalterdolmetschung. 4 Hamb. 717.

KRAFFT, JOH. MELCHIOR, Zwey-Hundert-Jährige Jubel-Feyer etc. Hamburg. 1730. 4. (Er det samme Tryk som det i B. D. III. 745 anførte Skrift: Ein zweyfaches 200-jähriges Jubel-Gedächnis. Hamburg. 1723).

Ein Zweyfaches Zwey-Hundert-Jähriges Jubel-Gedächtnis, deren das Erste in einer am Fest-Tage Allerheiligen 1722. gehaltenen Predigt vorstellet die Reformation, so durch Gottes Segen 1522. zu allererst in diesen Hertzogthümern, Schlesswig, und Holstein, von Hermanno Tasten, in dieser Stadt Husum angefangen worden; das andere aber eine völlige Historie des von Luthero verdeutschten und 1522. zwey mahl zu Wittenberg gedruckten Neuen Testaments. Dem beygefüget ist I. Eine Zwey-Hundert-Jährige Husumische Kirchen- und Schul-Historie, II. Eine ausführliche Lebens-Beschreibung des General-Superintendenten Jacobi Fabricii, als des andern Reformatoris des von Philippo Caesare angefochtenen Kirchen-Zustandes; alles aus und mit seinen Beweisthümern, Briefen und meist noch nie gedruckten Documenten ans Licht gebracht v. Johanne Melchiore Krafften. Hamburg. 1723. 4°k.

— Holstein. 200jahr. Jubelfeyer, u. d. Husumisch. Kirchen- u. Schulhist. 4. Ebend. 730.

— s. M. Luther, evangel. Stimme d. Predigers.

Krafft, I. Melch., prodromus historiae versionis germ. bibllior. c. contin. 8. Hamb. 716.

Krafft, Ioann. Guilelm. Ludov. (geb. am 8 Sept. 1821 in Köln): Theses controversae ... ad obtinendum gradum licentiati SS. theologiae ... Bonnae, typ. C. Georgii 1846. 6 S. 8.
Bonn, Ev.-theol. Fak., Thes. v. 1 Aug. 1846

— Joseph (Buir b. Köln/Rh.), De meningitidis cerebralis et spinalis cum hydrocephalo chronico complicatae rariori casu. Diss. med.-chir. Bln. (Nietack) 28. II. 1835. 36 S. mit Biogr. (M.: S. Schmitz.) (6.—) 19243
Oppon.: F. Richarz, W. Koenig, J. Olboeter. — Gew.: Carl Theod. Eylertz. — Krankengesch. d. Carl Richter.

Krafft, Jos. Arnold. (geb. Sargans 30. 12. 1837): Testamentum inter liberos, ut apparet ex l. 21. §. 3. C. de testam. (VI. 23) et ex Nov. 107. perfectum est testamentum, et prorsus eandem habet vim atque testamentum solenne per scripturam confectum. Berolini (1862). (50 S.) 8°
Berlin, Jur. Diss. v. 24. Jan. 1862

Krafft, Karl

Krafft, die Aufgaben der Aufnahmeprüfung 1904, 1905 u. 1906 f. die Kriegsakademie. Besprechungen u. Lösgn. Zugleich 1—3. Nachtrag zum Handbuch f. die Vorbereitg. zur Kriegsakademie. gr. 8. Ebd. n. 2. 80
1904. (32 S.) — 90. — 1905. (53 S. m. Fig.) — 90.
1906. Mit 8 Fig. im Text u. 2 Skizzen in Steindr. (52 S.) 1.—

Die Aufgaben der Aufnahmeprüfung für die Kriegsakademie. Besprechungen u. Lösungen. Von [Karl] Krafft, Hauptm. [1.] 1904. Berlin: E. S. Mittler & Sohn 1904. 8° [F.]
— Krafft: Handbuch f. d. Vorbereitung z. Kriegsakademie. Nachtr. 1.
[05. 2247

Die Aufgaben der Aufnahmeprüfung 1906 für die Kriegsakademie. Besprechungen u. Lösungen. Zugleich 3. Nachtrag z. Handbuch f. d. Vorbereitung z. Kriegsakademie. Von [Karl] Krafft, Hauptm. im Inf.-Rgt Nr. 59. Mit 8 Fig. u. 2 Skizzen. Berlin: E. S. Mittler & Sohn 1906. (52 S.) 8° [F.]
[06. 11591

Krafft, die Aufgaben der Aufnahmeprüfung 1908, 1909 u. 1910 f. die Kriegsakademie. Besprechungen u. Lösgn. Zugleich 1.—3. Nachtrag zur 2. Aufl. des Handbuchs f. die Vorbereitg. zur Kriegsakademie. gr. 8. Berlin, E. S. Mittler & Sohn. 4. 50
1908. Mit 4 Fig. im Text. (57 S.) 908. 1. 50
1909. (62 S. m. 9 Abbildgn.) 909. 1. 50
1910. (66 S.) 910. 1. 50

Krafft, Carl, Aufzeichnungen des schweizerischen Reformators Heinrich Bullinger über sein Studium zu Emmerich u. Köln [1516—1522] u. dessen Briefwechsel mit Freunden in Köln, Erzbischof Hermann v. Wied 2c. Ein Beitrag zur niederrheinisch-westfäl. Kirchen-, Schul- u. Gelehrtengeschichte. Elberfeld 870. (Lucas.) gr. 8. (III, 160 S.) n. 20 ngr.

— u. S. K., Bekanntmachungen, Befehle u. Gespräche in poln. Sprache. E. Hilfsmittel f. d. Dolmetscherprüfg. gr. 8. (VI, 68 S.) Leipzig 898. R. Gerhard. n. 1. 80

Beiträge zur Chronik der reformirten Gemeinde Elberfeld von Pastor Dr. Karl Krafft †. Zsgest. u. erg. von W. M. *Elberfeld: Reform. Schriftenver. in Komm. 1900.* (53 S.) 8° [F.]
Aus dem 'Pilger'. [01. 3104 B

Krafft, Carl, und Wilh. Crecelius, Beiträge zur Geschichte des Humanismus am Niederrhein und Westfalen. 1. und 2. Heft. gr. 8. (80; 67 S.) Elberfeld 870,75. (Berlin, Calvary und Comp.) à Heft *ℳ 1,50. * 3 —

Krafft, Karl (II.), und Wilh. Krafft, Briefe und Documente aus der Zeit der Reformation im 16. Jahrh., nebst Mittheilungen über köln. Gelehrte und Studien im 13. und 16. Jahrh. Bei Gelegenheit des 50jähr. Stiftungsfestes des Friedrich-Wilhelms-Gymnasiums zu Köln hrsg. gr. 8. (XVIII, 207 S.) Elberfeld 876, Lucas. *

Krafft, Dienst-Unterricht f. d. Infanteristen, s.: Dossow, von.

Krafft, d. doppelte Einladung. Predigt üb. Spr. Salomonis 9. 8. (14 S.) Hagen i/W. 896. Buchh. „Immanuel". n.n. — 10

[F.] Die doppelte Einladung. Pred. üb. Spr. Salomonis 9 v. Pastor [Carl] Krafft in Barmen. *Hagen i. W.: Buchh. des Jünglings-Ver. [1897].* (14 S.) 1 Bd 8. [97. 2060

Krafft, C., Eintritts-Predigt vor der evangelisch-reformirten Gemeinde in Elberfeld. Gehalten am 2. Novbr. 1856. Nebst der Einführungs-Rede des Hrn. Ball. gr. 8. (19 S.) Elberfeld 856, Friderichs.

Krafft, Carl, Erinnerungen an den Kaufmann Daniel Hermann zu Elberfeld. Ein Beitrag zur inneren Geschichte des Wupperthals. 8. (216 S. mit 1 Titelbilde.) Elberfeld 887, Buchh. des Erziehungs-Vereins. *ℳ 1.50.; geb.

— Über Fremdsprachstudien des deutschen Offiziers. Eine Anleitg. f. die Vorbereitg. zu den Dolmetscherprüfgn. [Aus: „K., Handbuch f. die Vorbereitg. zur Kriegsakademie".] (27 S.) gr. 8. Ebd. 908. — 60

Der Gefechtsdienst. Ein Hilfsbuch f. d. Ausbildung des Infanteristen in allen Zweigen d. Gefechtsdienstes auf Grund d. neuesten Dienstvorschriften von Krafft, Maj. Berlin: Mittler 1910. 133 S. 8°
[10. 6935

Geschichte des Infanterie-Regiments Graf Schwerin (3. Pommerschen) Nr. 14 bis zum Beginne des Jahres 1900. Bearb. von [Karl] Krafft, Hauptm. Mit Abb., Bildn. u. Planskizzen. *Berlin: E. S. Mittler & Sohn 1901.* (XI, 710 S.) 4°(8°) [F.] [01. 7397

— die Geschichte der beiden Märtyrer der evangelischen Kirche Adolf Clarenbach und Peter Fliesteden, hingerichtet zu Köln a. Rh. den 28. Septbr. 1529. Nach gleichzeit. städt. und landesherrl. Urkunden und aus wieder aufgefundenen Druckschriften erzählt. gr. 8. (VII, 123 S.) Elberfeld 886, (Buchh. der Evangel. Gesellschaft.) *

— Handbuch f. die Vorbereitung zur Kriegsakademie, s.a. Handbibliothek des Offiziers. 1. Bd.

Handbuch für die Vorbereitung zur Kriegsakademie. Zugleich e. Ratgeber f. d. wissenschaftl. Beschäftigung jüngerer Offiziere von Krafft, Hauptm., Metz. *Berlin: E. S. Mittler & Sohn 1903.* (VI, 314, 20 S.) 8° [F.]
— Handbibliothek d. Offiziers. Bd 1. [04. 9544

Handbuch für die Vorbereitung zur Kriegsakademie. Zugleich e. Ratgeber f. d. wissenschaftl. Beschäftigung jüngerer Offiziere von [Karl] Krafft, Hauptm. 2., verm. Aufl. Mit 2 Skizzen. Berlin: E. S. Mittler & Sohn 1907. (VIII, 454 S.) 8° [F.]
— Handbibliothek d. Offiziers. Bd 1. [08. 2394

Die Hauptverhandlung des Standgerichts mit den dabei zu beachtenden Bestimmungen der Militär-Strafgerichtsordnung vom 1. Dez. 1898. Zsgest. von Krafft. Major im Feldartillerie-Reg. No 33. *Berlin: E. S. Mittler & Sohn 1903.* (26 S.) 8° [F.] [03. 11867

— Dammann, Herbst u. Haarbeck, unsere Heiligung! D. brennendste Frage aller gläub. Christen. M. Vorwort v. Jul. Dammann. 2. Aufl. gr. 8. (VII, 54 S.) Ebd. 897. n. — 50

Unsere Heiligung! Die brennendste Frage aller gläubigen Christen. (Behandelt von d. Pastoren [Karl] Krafft, Dammann, [Ferd.] Herbst u. [Theod.] Haarbeck.) Mit Vorw. von Pastor Jul. Dammann. 3. Aufl. *Hagen i. W.: Buchh. 'Immanuel' 1900.* (54 S.) 8° [F.] [01. 5976 6

— Nachtübungen der Infanterie. Anleitung zur Ausbildung des einzelnen Mannes u. der Kompagnie. Nach den Neuergn. zum Exerzier-Reglement f. die Infanterie. 4. u. 5. Aufl. (51 S.) kl. 8. Oldenburg (909. 10). G. Stalling's Verl. — 80
1. Aufl. 46 S.) 909. — 80.

— die Operationen vor u. nach der Schlacht b. Ostrolenka 1831, s.a. Beiheft zum Militär-Wochenblatt. 1905. Hft. 4.

Krafft, K. Die Operationen vor und nach der Schlacht von Ostrolenka 1831. Berlin 1905. 20 S.

Krafft, K. Paulus, der Apostel vor dem Richterstuhl d. Prokonsuls Gallion zu Corinth. Nach e. in Elberfeld geh. Predigt. 8. (12 S.) Elberf. 889, Buchh. der Evangel. Gesellschaft. * — 25

— Reiseerinnergn. v. d. russischen Transkaspi-Bahn, s.a. Beiheft z. Militär-Wochenblatt. 1898.

Reiseerinnerungen von der Russischen Transkaspi-Bahn. Vortrag, geh. von Krafft, Hauptm. im Inf.Reg. v. Horn. Mit 1 Skizze. *Berlin: E. S. Mittler & Sohn 1898.* (S. 79–101.) 8° [F.]
= Militär-Wochenblatt. 1898. Beiheft 2. [98. 11430

Schützendienst. Ein Hilfsbuch f. d. Ausbildung d. Infanteristen in allen Zweigen d. Gefechtsdienstes. Auf Grund d. neuesten Dienstvorschriften zsgest. von [Karl] Krafft, Hauptm. Berlin: E. S. Mittler & Sohn 1907. (109 S.) 8° [F.] [07. 18374

Krafft (I.). Skizzen f. den Dienstunterricht der Infanterie. Als Anhalt f. Offiziere u. ältere Unteroffiziere bearb. gr. 16. (VII, 159 S.) Berl. 890, Liebel. * 1 20; geb. * 1 30; u. durchsch. * 1 70

— Die Stiftung der bergischen Provinzialsynode am 21. Juli 1589 zu Neviges bei Elberfeld. Als Denkschrift u. als Beitrag zur niederrhein. evangel. Kirchengeschichte bei Gelegenheit der 300jähr. Gedächtnisfeier der Synodalstiftg. zusammengestellt. 8. (84 S.) Ebd. 889. * 1 20

Krafft, Karl, die dreipercentigen Südbahn-Obligationen in Gefahr! gr. 8. (65 S.) Wien 876. Lehmann & Wentzel. n. 1. 60

[F.] Kleine Turnvorschrift für Unteroffiziere und Mannschaften der Infanterie. Als Auszug aus d. 'Turnvorschrift f. d. Infanterie v. 24. Okt. 1895' zsgest. v. Krafft, Hauptmann ... 2. unveränd. Aufl. ... *Berlin: Liebel 1896.* (24 S.) 1 Bd 8. [96. 3981

[F. Kleine Turnvorschrift für Unteroffiziere und Mannschaften der Infanterie. Als Ausz. aus d. 'Turnvorschr. f. d. Inf. v. 24. Okt. 1895' ... zsgest. v. Krafft, Hauptmann ... im Inf.-Reg. ... Nr. 14. 3. veränd. Aufl. ... *Berlin: Liebel 1897.* (24 S.) 1 Bd 8. [98. 4813

— kleine Turnvorschrift f. Unteroffiziere u. Mannschaften d. Infanterie. Als Auszug aus d. „Turnvorschrift f. d. Infanterie v. 24. X. 1895“ u. d. „Vorschriften f. d. Uebgn. am Sprungkasten“ zusammengest. 4., unveränd. Aufl. 16. (24 S.) Berlin 898. Liebel. n. — 20

Kleine Turnvorschrift für Unteroffiziere und Mannschaften der Infanterie. Als Auszug aus d. 'Turnvorschrift f. d. Infanterie v. 24. Okt. 1895' u. den 'Vorschriften f. d. Uebungen am Sprungkasten' zsgest. v. [Carl] Krafft, Hauptm. ... 4. unveränd. Aufl. ... *Berlin: Liebel 1899.* (24 S.) 8° [F.]

Krafft, Karl, gepr. Nahrungsmittelchemiker a. Stuttgart: Systematisch-anatomische Untersuchung der Blattstruktur bei den Menispermaceen. Stuttgart 1907: Stuttgarter Vereins-Buchdruckerei. (94 S., 1 Taf.) 8°
Erlangen, Phil. Fak., Ref. Solereder-Fleischmann, Diss. v. 29. Juli 1907
[Geb. 31. März 78 Stuttgart; Wohnort: Erlangen; Staatsangeh.: Württemberg; Vorbildung: Eberhard-Ludwigs-Gymn. Stuttgart inkl. Unterprima (Reife f. Oberprima), pharmaz. Approbationsschein v. 16. Juni 04, Nahrungsmittelchemikerprüfung v. 6. Juni 07, Ministerialdispens v. 16. Juli 07; Studium: Erlangen 9 S.; Rig. 25. Juli 07.]

Krafft, Karl, das Volksschulgesetz vom 29. Septbr. 1836 mit den durch die Gesetze vom 6. Novbr. 1858, 25. Mai 1865, 18. April 1872, 22. Jan. 1874 und 30. Dezbr. 1877 herbeigeführten Aenderungen, sowie gedrängter Zusammenstellung der geltenden Ausführungsvorschriften, Konsistorialerlasse rc., nebst einem Anhang. Hrsg. zunächst zum Gebrauche für das evangel. Volksschulwesen im Königreich Württemberg. gr. 8. (XVI, 272 S.) Stuttgart 885, Kohlhammer. * 4 —
geb. * 4 60

Krafft, Carl, der Weltbau. Gemeinverständliche Darlegg. der natürl. Entwicklg. der Körper u. Kräfte. 1. Tl.: Die Fundamente des Weltgebäudes. (VIII, 100 S. m. 8 Taf.) 8. Wien 910. C. Konegen. 2. —

Krafft, Karl Friederich: Sammlung von Singgedichten, Schulreden, und Illuminationen: welche an dem grossen Jubelfest, wegen der seit dreyhundert Jahren in ununterbrochener Erbfolge fortdauernden, Königlichen Regierung des Oldenburgischen Stammes, am 28. 29. und 30. Octobris 1749 in der Stadt Husum, aufgeführet, gehalten, und veranstaltet worden, auf Verlangen zum Druck befördert v. Karl Friederich Krafft. Flensburg. (1749.) Fol.

Krafft, Carl Geo., heilige Geschichte von Erschaffung der Welt bis zu dem ökumenischen Concilium von Trient. 1. und 2. Bd. A. u. d. T.: Der heiligen Geschichte 1. Abthl.: Die biblische Erzählung nach den Quellen pragmatisch und chronologisch bearb. 1. und 2. Bd. gr. 8. Schaffhausen 854, Hurter'sche Buchh. à Bd. 1 Thlr. $7\frac{1}{2}$ Ngr.

Inhalt:
Bd. 1. Von Erschaffung der Welt bis zur Abführung der Juden in die babylon. Gefangenschaft. (XXVIII und 484 S. mit 4 Tab. in qu. gr. 4. und 2 Stmt. in Fol.)
" 2. Von der Rückkehr der Juden aus der babylon. Gefangenschaft bis zur Befestigung Herodes des Großen auf dem jüd. Königsthrone. (XII und 452 S. mit 2 Tab. in gr. 4. und 2 Illustr.)

Krafft, Carl Geo., heilige Geschichte von Erschaffung der Welt bis zu dem ökumenischen Concilium von Trient. 3. Bd. A. u. d. T.: Der heiligen Geschichte 1. Abthl.: Die biblische Erzählung nach den Quellen pragmatisch und chronolog. bearb. 3. Bd.: Von der Befestigung Herodes des Großen auf dem jüdischen Königsthrone bis zu Christi Himmelfahrt. gr. 8. (XXVIII und 724 S. mit mehreren [9] Stnt. über den See Genezareth und den herodian. Tempelplan in 4. und qu. Fol., ferner mit 2 genealog. Tab. in qu. gr. 4. über die herodian. Königsfamilie und einem chronolog. Zeitregister.) Schaffhausen 858, Hurter'sche Buchh. 2 —

1. und 2. Bd. Ebendas. 1854. 2 Thlr. 15 Ngr.

Krafft, Karl Georg, Heilige Geschichte von Erschaffung der Welt bis zu dem ökumenischen Concilium von Trient. 3 Bände, gr. 8°, Schaffhausen, Hurter, jetzt Regensburg, Verl.-Anst.

Krafft, Karl Geo., Maria und Jesus, eine bibl. Untersuchung über den wahren Grund der kathol. Andacht zur allerseligsten Jungfrau. gr. 8. (83 S.) Neuburg 863, (Prechter.) *

Krafft, Carl Geo., zwölf Thesen behufs einer möglichen kirchlichen Wiedervereinigung in Deutschland. gr. 8. (12 S.) Neuburg a. D. 874, (Prechter.) * — 40

—— zwölf weitere Thesen zur Herbeiführung einer wirklichen kirchlichen Wiedervereinigung. gr. 8. (20 S.) Ebendas. 874. * — 60

—— Kurzer möglichst gründlicher Unterricht für Nichtkatholiken, welche aus eigenem Antriebe sich mit der kath. Kirche wiederzuvereinigen wünschen. Neuburg a. D., Kressler, 1874, gr. 8°, XI, 64 S., 1,50 Mk.

Krafft, Karl Georg, Kirchliche Wiedervereinigung. Versuch einer zeitgemäß populären Darstellung des zwischen Katholiken u. Protestanten obwaltenden Glaubensunterschiedes. Mainz, Kupferberg, 1871, gr. 8°, XII, 127 S., 1,35 Mk.

Vgl. dazu A. Schwenck, Katholik 1871, Bd. 2 S. 680—701. Sion 1872, Littbl. S 23.

Krafft, Karl Theod. Gust. Jul., die Bücher d. alten Testamentes, nach d. wissenschaftl. Kommentaren d. neueren Zeit bearb. 1. u. 2. Lfg. gr. 8. Ansbach 836, [Dollfuß'sche Buchh.]

A. u. d. Ttln.:

Lfg. 1. Das Buch Daniel, nach Cäs. v. Lengerke's Verdeutschung u. Auslegung bearb. (10 B.) 12 Gr.

" 2. Die Weissagungen d. Jesaja, nach Ferd. Hitzig's Verdeutsch. u. Ausleg. bearb. — Ursamml. d. jesajan. Weissagungen. gr. 8. (13½ B. u. 1 Tab., Fol.) 16 Gr.

—— Dichterlese. Eine Festgabe f. d. weibl. Geschlecht. — A. u. d. T.: Dichterlese f. höh. Schulen. gr. 8. (12 B.) Ansbach 835, Brügel.

—— Proben neuhebrä. Poesie in deutschen Nachbildungen. 1. Bdchn. — A. u. d. T.: Jüdische Sagen u. Dichtungen nach d. Talmuden u. Midraschen, nebst einigen Makamen aus d. Divan d. Alcharisi. gr. 12. (9⅚ B.) Ansbach 839, Brügel. *

Krafft, Ludwig, aus Goslar: **Person und Numerus des Verbs im Französischen.** *Borna-Leipzig 1904: R. Noske.* (XV, 122 S.) 8°

Göttingen, Phil. Diss. v. [19. Juni] 1904

Krafft, Ludw., Person u. Numerus des Verbs im Französischen. Diss. (XVI, 122 S.) 8. Borna 904. (Göttingen, Vandenhoeck & Ruprecht.) n. 3. —

Krafft, M., Erklärungen deutscher Klassiker. 1. Bdchn.: Schillers Braut von Messina oder die feindlichen Brüder. Für Schule und Haus erklärt. gr. 8. (VII, 156 S.) Kassel 881, Kay. *

Nicht weiter erschienen.

Krafft, M., Präparation zu Cicero's Reden f. Q. Ligarius u. f. Dejotarus bezw. Ovids Elegien, s.: Krafft u. Ranke's Präparationen für d. Schullektüre.

Krafft, s.a. Präparationen f. d. Schullektüre griech. u. latein. Klassiker.

Krafft u. Ranke, Präparationen f. die Schullektüre griechischer u. lateinischer Klassiker. 1—5., 7. u. 9. Hft. gr. 8. Hannover, Norddeutsche Verlagsanstalt. n. 4. 80

1. Präparation zu Homers Odyssee. Buch I. 1—87. V. 28—493. Zur ersten Einführg. in die homer. Wortkunde u. Formenlehre. Von Jul. Alb. Ranke. (37 S.) 884. n. — 60
2. Präparation zu Ovids Metamorphosen. Buch I. 89—162. 262—415. II. 1—328. Zur ersten Einführg. in die latein. Dichterlektüre. Von Fritz u. Jul. Ranke. (32 S.) 885. n. — 50
3. Präparation zu Homers Odyssee. 2. Hft. Buch IX. 1—566. Zur ersten Einführg. in die homer. Wortkunde u. Formenlehre. Von Jul. Alb. Ranke. (39 S.) 885. n. — 50
4. Präparation zu Cäsars Gallischem Kriege. Buch I. Wortkunde. Von Fritz u. Jul. Ranke. (80 S.) 886. n. 1. —
5. 9. Präparation zu Xenophons Anabasis. Buch I—IV. Wortkunde. Von Jul. Alb. Ranke. (52 u. 47 S.) 886. à n. — 6
7. Syntaktische Präparation zu Xenophons Anabasis. Buch I Zur ersten Einführg. in die griech. Syntax. Von Jul. Alb Ranke. (88 S.) 886. n. 1. —

Krafft u. Ranke, Präparationen f. die Schullektüre griech. u. latein. Klassiker. 6., 8. u. 10.—12. Hft. gr. 8. Hannover, Norddeutsche Verlags-Anstalt. n. 2. 90 (1—12.: n. 7. 70)

6. Präparation zu Cäsar's gallischem Kriege. Buch II—IV. Wortkunde. [Fortsetzung v. Hft. 4.] Von Fritz u. Jul. Ranke. (63 S.) 887. n. — 60
8. Präparation zu Ovid's Metamorphosen. Auswahl aus Buch IV—XI. Zur ersten Einführg. in die latein. Dichterlektüre. Von Fritz u. Jul. Ranke. (46 S.) 888. n. — 60
10. Präparation zu Cäsar's gallischem Kriege. Buch V. Wortkunde. Von Fritz u. Jul. Ranke. (52 S.) 888. n. — 60
11. Präparationen zu Homer's Odyssee. Buch VI, 1—331. VII, 1—347. VIII, 1—265. 370—586 (Fortsetzg. v. Hft. 1.). Zur Einführg. in die homerische Wortkunde u. Formenlehre. Von Jul. Alb. Ranke. (39 S.) 890. n. — 50
12. Präparationen zu Cornelius Nepos. Miltiades, Themistokles, Aristides, Pausanias. Von Frdr. Holzweißig. (48 S.) 890. n. — 60

Krafft u. Fritz Ranke, Präparationen f. die Schullektüre griechischer u. lateinischer Klassiker. 1.—6., 8., 12.—18. Hft. gr. 8. Hannover, Norddeutsche Verlagsanstalt. n. 8. 50

1. Präparation zu Homers Odyssee. Buch I, 1—95. V, 1—493. Zur ersten Einführg. in die homer. Wortkunde u. Formenlehre. Von Jul. Alb. Ranke. 2., durchgeseh. Aufl. (36 S.) 892. n. — 50
2. Präparation zu Ovids Metamorphosen. Buch I, 89—162, 262—415. II, 1—328. Zur ersten Einführg. in die latein. Dichterlektüre. Von Fritz u. Jul. Ranke. 2. Aufl. Neu bearb. v. Th. Merklein. (29 S.) 892. n. — 50
3. Präparation zu Homers Odyssee. Buch IX, 1—566. Zur ersten Einführg. in die homer. Wortkunde u. Formenlehre. Von Jul. Alb. Ranke. 2., durchgeseh. Aufl. (32 S.) 892. n. — 50
4. Präparation zu Cäsars gallischem Kriege. 1. Buch. Wortkunde. Von Fritz u. Jul. Ranke. 2. Aufl. (59 S.) 892. n. — 75
5. Präparation zu Xenophons Anabasis. 1. Buch. Wortkunde. Von Jul. Alb. Ranke. 2. Aufl. Neu bearb. v. M. Krafft. (62 S.) 892. n. — 75
6. Präparation zu Cäsars gallischem Kriege. Buch II—IV. Wortkunde. (Fortsetzung v. Hft. 4.) Von Fritz u. Jul. Ranke. 2. Aufl. (43 S.) 892. n. — 60
8. Präparation zu Ovids Metamorphosen. Auswahl aus Buch IV—XI. Zur ersten Einführg. in die latein. Dichterlektüre. Von Fritz u. Jul. Ranke. 2. Aufl. (48 S.) 894. n. — 60
12. Präparation zu Kornelius Nepos. Miltiades, Themistokles, Aristides, Pausanias. Von Frdr. Holzweißig. 2. Aufl. (48 S.) 894. n. — 60
13. Präparation zu Homers Odyssee. Buch X, XI, 1—224; 333—640. XII. (Fortsetzung v. Hft. 3.) Von Jul. Alb. Ranke. (51 S.) 894. n. — 60
14. Präparation zu Cornelius Nepos. Cimon, Alcibiades, Thrasybulus, Agesilaus. Von Frdr. Holzweißig. (48 S.) 890. n. — 60
15. Präparation zu Sophokles' Antigone. Von H. Schmitt. (46 S.) 894. n. — 60
16. Präparation zu Cornelius Nepos. Epaminondas, Pelopidas, Hannibal. Von Frdr. Holzweißig. (36 S.) 894. n. — 60
17. Präparation zu Sophokles, Ajas. Von H. Schmitt. (67 S.) 894. n. — 80
18. Präparation zu Cäsars gallischem Kriege. Buch VI u. VII. Wortkunde. (Fortsetzung v. Hft. 10.) Von Fritz u. Jul. Ranke. (52 S.) 892. n. — 60 (Buch I—VII.: n. 2. 55)

Krafft u. Ranke's Präparationen f. die Schullektüre. 1—6. 8—13. 15. 16. 18—27. 29. 30. 32—38. 40. 42. 43. 46. 47. 60. 61. 65. 66. 76. 79. 81. 83. 85—87. 89. 91. u. 92. Heft. 8. Hannover, Norddeutsche Verlagsanstalt O. Goedel. n. 33. 05

Cäsar's gallischer Krieg. Buch I. Von Fritz Ranke u. Jul. Ranke. Neubearb. v. Fr. Ranke. 9.—11. Aufl. (44 S.) 904. 906. (Hft. 4.) n. — 75

— dasselbe, Buch II—IV. Von Fr. Ranke u. Chr. Wernerus. 8. Aufl. (33 S.) 904. (Hft. 6.) n.n. — 65

— dasselbe, Buch V. Von Fritz Ranke u. Jul. Ranke. Neubearb. v. G. Ludewig. 5. u. 6. Aufl. (38 S.) 906. (Hft. 10.) n. — 60

— dasselbe, Buch VI u. VII. Von Fritz Ranke u. Jul. Ranke. 4. Aufl. (52 S.) 904. (Hft. 18.) n. — 60

Cicero's Laelius de amicitia. Von J. Golling. (21 S.) 906. (Hft. 92.) n.n. — 45

— Rede de imperio Cn. Pompei. Von A. Krause. 3. u. 4. Aufl. (16 S.) 904. (Hft. 30.) n. — 35

— Reden gegen Katilina. I. III. IV. Von A. Krause. 3. u. 4. Aufl., neu durchgesehen von H. Deiter. (17 S.) 905. (Hft. 36.) n. — 35

Cornelius Nepos, Epaminondas, Pelopidas, Hannibal. Von Frdr. Holzweißig. 2. Aufl. (29 S.) 903. (Hft. 16.) n. — 65
— Miltiades, Themistokles, Aristides, Pausanias. Von Frdr. Holzweißig. 3. Aufl. (38 S.) 903. (Hft. 12.) n. — 65
Demosthenes' acht Reden gegen Philipp. Von Jakob Simon. 2. Aufl. (57 S.) 904. (Hft. 47.) n.n. — 90
Euripides' Hippolytos. Von Ludw. Hüter. (52 S.) 905. (Hft. 91.) n. — 90
— Iphigenie in Taurien. Von H. Schmitt. (32 S.) 903. (Hft. 85.) n. — 60
— Medea. Von H. Schmitt. (29 S.) 903. (Hft. 83.) n. — 60
Herodot. Buch VII in Auswahl. Von H. Schmitt. 2. Aufl. (46 S.) 906. (Hft. 65.) n. — 80
— Buch IX in Auswahl. Von H. Schmitt. (22 S.) 903. (Hft. 79.) n. — 65
Homer's Ilias. Gesang I—VI. Von H. Schmitt. 3. Aufl. (54 S.) 903. (Hft. 23.) n. — 90
— dasselbe, Gesang VII—XII. Von H. Schmitt. 3. u. 4. Aufl. (42 S.) 905. (Hft. 29.) n. — 75
— dasselbe, Gesang XIII—XVIII. Von H. Schmitt. 3. u. 4. Aufl. (52 S.) 905. (Hft. 35.) n.n. — 90
— dasselbe, Gesang XIX—XXIV. Von H. Schmitt. 3. u. 4. Aufl. (42 S.) 906. (Hft. 37.) n. — 75
— Odyssee Buch I u. V. Von Jul. Alb. Ranke. Bearb. v. Fr. Ranke u. H. Reiter. 8.—11. Aufl. (31 S.) 902—905. (Hft. 1.) n. — 60
— dasselbe, Buch VI, VII, VIII (Ausw.) Von Jul. Alb. Ranke. 6.—8. Aufl. (22 S.) 904. 906. (Hft 11.) n. — 55
— dasselbe, Buch IX. Zur Einführung in homer. Wortkunde u. Formenlehre. Von Jul. Alb. Ranke. Neubearb. v. Fr. Ranke. 8. u. 9. Aufl. (25 S.) 906. (Hft. 3.) n. — 55
— dasselbe, Buch X, XI (Ausw.); XII. Von Jul. Alb. Ranke. 4. Aufl. (51 S.) 903. (Hft. 13.) n. — 60
— dasselbe, Buch XIII—XVIII in Auswahl. Von H. Reiter. 3., durchgeseh. Aufl. (20 S.) 901. (Hft. 33). n. — 55
— dasselbe, Buch XIX—XXIV in Ausw. Von H. Reiter. 2., erweit. Aufl. (18 S.) 904. (Hft. 43.) n.n. — 45
Horaz' Oden. Buch I u. II. Von A. Chambalu. 3. u. 4. Aufl. (71 S.) 904. (Hft. 38.) n. 1. —
— dasselbe, Buch III u. IV nebst dem Jahrhundertlied. Von A. Chambalu. 2.—4. Aufl. (87 S.) 902. 905. (Hft. 40.) n. 1. 20
— Satiren. Von A. Chambalu. 2. Aufl. (IV, 47 S.) 905. (Hft. 66.) n. — 75
Livius, Titus, ab urbe condita libri. Buch I. Von W. Soltau. 2.—4. Aufl. (24 S.) 904. 906. (Hft. 76.) n. — 55
— dasselbe, Buch II—IV in Auswahl. Von W. Soltau. 2. Aufl. (23 S.) 906. (Hft. 88.) n. — 55
— dasselbe, Buch XXI. Von W. Soltau. 3. u. 4. Aufl. (37 S.) 904. (Hft. 32.) n. — 60
— dasselbe, Buch XXII. Von W. Soltau. 2. Aufl. (25 S.) 902. (Hft. 34.) n. — 55
Ovid's Metamorphosen. Buch I u. II in Ausw. Von Th. Merklein. 6.—8. Aufl. (42 S.) 903. 905. (Hft. 2.) n. — 75
— dasselbe, Buch III—IX in Auswahl. Von Th. Merklein. 2. Aufl. (47 S.) 905. (Hft. 60.) n. — 75
— dasselbe, Buch IV—XI in Ausw. Von Fritz Ranke u. Jul. Ranke. 7. u. 8. neu durchgeseh. Aufl. (36 S.) 904. (Hft. 8.) n. — 60
Platon's Apologie des Sokrates. Von H. Gaumitz. 3. Aufl. (32 S.) 904. (Hft. 25.) n. — 60
— Euthyphron u. Laches. Von H. Gaumitz. (32 S.) 903. (Hft. 87.) n.n. — 65
— Kriton. Von H. Gaumitz. 2. Aufl. (19 S.) 903. (Hft. 27.) n. — 55
Sallust's Katilina. Von K. Braun. 2. Aufl. (26 S.) 906. (Hft. 46.) n. — 55
Sophokles' Antigone. Von H. Schmitt. 5.—7. Aufl. (32 S.) 903. 904. (Hft. 15.) n. — 60
— Elektra. Von H. Schmitt. 2. Aufl. (34 S.) 904. (Hft. 21.) n. — 65
— Oedipus Tyrannos. Von H. Schmitt. 4. u. 5. Aufl. (40 S.) 904. (Hft. 19.) n. — 75
Tacitus' Annalen. Buch I, 1—52, 55—72. Von E. Stange. 2., durchgeseh. Aufl. (18 S.) 904. (Hft. 26.) n. — 40
— dasselbe, Buch II u. III in Auswahl. Von Ernst Stange. 2., durchges. Aufl. (23 S.) 906. (Hft. 42.) n. — 40
— Germania. Von Ernst Stange. 2.—4. Aufl. (23 S.) 903. 906. (Hft. 20.) n. — 55
Vergil's Aeneis. Buch I u. II. Von Ph. Loewe. 3. Aufl. (39 S.) 903. (Hft. 22.) n. — 60
— dasselbe, Buch IV—V, VI, VII in Auswahl. Von Ph. Loewe. 2.—4. Aufl. (24 S.) 902. 906. (Hft. 24.) n. — 55
Xenophon's Anabasis. Buch I. Von Jakob Simon. 5.—7. Aufl. (31 S.) 904. 905. (Hft. 5.) n. — 60
— dasselbe, Buch II—IV. Von Jak. Simon. 4. u. 5. Aufl. (40 S.) 904. (Hft. 9.) n.n. — 65
Xenophon's Hellenika. Buch I u. II. (Ausw.) Von K. Braun. 2. Aufl. (31 S.) 905. (Hft. 61.) n. — 60
— dasselbe, Buch V—VII in Ausw. Von K. Braun. (29 S.) 903. (Hft. 81.) n. — 60
— Memorabilien in Auswahl. Von Jak. Simon. (20 S.) 903. (Hft. 89.) n — 55

Krafft u. Ranke's Präparationen f. die Schullektüre. 1.—6. 8. 9. 11. 13. 15. 18. 19. 21.—23. 25.—30. 32. 33. 35.—39. 41. 43.—46. 48. 51. 53.—57. 60.—62. 65.—67. 71. 73. 74. 76.—78. 82. 87. 94. 96. 98. 104. 106. 108 u. 110. Heft. 8. Hannover, Norddeutsche Verlagsanstalt. O. Goedel. p 40. 90

Cäsar's Bürgerkrieg in Auswahl. Von J. Simon. 2. Aufl. (32 S.) 909. (Heft 82.) — 60
— Gallischer Krieg. Buch I. Von Fritz Ranke u. Jul. Ranke. Neubearb. v. Fr. Ranke. 13. Aufl. (44 S.) 910. (Heft 4.) — 75
— dasselbe. Buch II—IV. Von Fr. Ranke u. Chr. Wernerus. 12. Aufl. (33 S.) 910. (Heft 6.) — 65
— dasselbe. Buch VI u. VII. Von Fritz Ranke u. Jul. Ranke. Neubearb. v. G. Ludewig. 5. u. 6. Aufl. (44 S.) 907. (Heft 18.) — 75
Cicero's Cato maior de senectute. Von Jak. Simon. 2. Aufl. (15 S.) 906. (Heft 78.) — 35
— de officiis. Buch I u. III. Von E. Krause. (30 S.) 909. (Heft 104.) — 60
— Rede de imperio Cn. Pompei. Von A. Krause. 5. u. 6. Aufl., durchgesehen v. H. Deiter. (16 S.) 908. (Heft 30.) — 35
— Rede f. Sextus Roscius. Von A. Krause. 2. Aufl., neu durchgesehen v. P. Hirt. (22 S.) 907. (Heft 54.) — 55
— Rede gegen Verres. Buch IV. Von A. Krause. 2. Aufl., neu durchgesehen v. P. Hirt. (24 S.) 907. (Heft 44.) — 55
— Reden f. Archias u. f. L. Murena. Von A. Krause. 2. Aufl., neu durchgesehen v. P. Hirt. (26 S.) 907. (Heft 62.) — 55
— Reden gegen Katilina. I. III. IV. Von A. Krause. 5. u. 6. Aufl. v. H. Deiter. (17 S.) 908. (Heft 36.) — 35
— Reden f. Q. Ligarius u. f. Dejotarus. Von M. Krafft. (30 S.) 909. (Heft 98.) — 60
— Tuskulanen. Buch I u. V. Von E. Krause. (36 S.) 909. (Heft 108.) — 65
Herodot. Buch I—III in Auswahl. Von H. Reiter. Neubearb. v. H. Schmitt. 2. Aufl. (32 S.) 908. (Heft 53.) — 75
— Buch V u. VI (Ausw.). Von H. Schmitt. 2. Aufl. (27 S.) 907. (Heft 77.) — 65
— Buch VII in Auswahl. Von H. Schmitt. 3. Aufl. (46 S.) 910. (Heft 65.) — 80
— Buch VIII (Ausw.). Von H. Schmitt. 2. Aufl. (32 S.) 907. (Heft 67.) — 65
Homer's Ilias. Gesang I—VI. Von H. Schmitt. 8. Aufl. (54 S.) 910. (Heft 23.) — 90
— dasselbe, Gesang VII—XII. Von H. Schmitt. 5. Aufl. (42 S.) 909. (Heft 29.) — 75
— dasselbe, Gesang XIII—XVIII. Von H. Schmitt. 6. Aufl. (52 S.) 910. (Heft 35.) — 90
— dasselbe, Gesang XIX—XXIV. Von H. Schmitt. 5. Aufl. (42 S.) 910. (Heft 37.) — 75
— Odyssee. Buch I u. V. Von Jul. Alb. Ranke. Neubearb. v. Fr. Ranke u. H. Ziemer. 14. Aufl. (39 S.) 910. (Heft 1.) — 75
— dasselbe, Buch VI, VII; VIII (Ausw.) Von Jul. Alb. Ranke. 9. Aufl. (22 S.) 909. (Heft 11.) — 55
— dasselbe, Buch IX. Zur Einführg. in homer. Wortkunde u. Formenlehre. Von Jul. Alb. Ranke. Neubearb. v. Fr. Ranke. 10. Aufl. (25 S.) 910. (Heft 3.) — 55
— dasselbe, Buch X; XI (Ausw.); XII. Von Jul. Alb. Ranke. Neubearb. v. M. Krafft. 6. u. 7. Aufl. (32 S.) 907. (Heft 13.) — 65
— dasselbe, Buch XIII—XVIII in Ausw. Von H. Reiter. 6. u. 7. Aufl. (20 S.) 910. (Heft 33.) — 60
— dasselbe, Buch XIX—XXIV in Ausw. Von H. Reiter. 4. Aufl. (18 S.) 910. (Heft 43.) — 55
Horaz' Briefe. Von A. Chambalu. 2. Aufl. (64 S.) 907. (Heft 74.) 1. —
— Epoden. Von A. Chambalu. 2. Aufl. (20 S.) 908. (Heft 48.) — 55
— Oden Buch I u. II. Von A. Chambalu. 5. Aufl. (71 S.) 908. (Heft 38.) 1. —
— Satiren. Von A. Chambalu. 3. Aufl. (IV, 47 S.) 908. (Heft 66.) — 75
Livius, Titus. Buch I. Von W. Soltau. 5. Aufl. (24 S.) 910. (Heft 76.) — 55
— Buch XXI. Von W. Soltau. 6. Aufl. (37 S.) 910. (Heft 32.) — 65
Lysias' ausgew. Reden. Von J. Simon. 2. u. 3. Aufl. (15 S.) 906. (Heft 73.) — 40
Ovid's Elegien. I. Auswahl aus den Tristien, Fasten u. Briefen vom Pontus. Von M. Krafft. (56 S.) 908. (Heft 94.) — 90
— Metamorphosen. Buch I u. II in Ausw. Von Th. Merklein. 10. Aufl. (42 S.) 910. (Heft 2.) — 75
— dasselbe, Buch III—IX in Ausw. Von Th. Merklein. 3. Aufl. (47 S.) 909. (Heft 60.) — 75
— dasselbe. Buch IV—XI in Ausw. Von Fritz Ranke u. Jul. Ranke. 10., neu durchgeseh. Aufl. (36 S.) 910. (Heft 8.) — 60
Platon's Apologie des Sokrates. Von H. Gaumitz. 6. Aufl. (32 S.) 910. (Heft. 25.) — 60
— Euthyphron; Laches. Von H. Gaumitz. 2. Aufl. (34 S.) 909. (Heft 87.) — 75
— Kriton. Von H. Gaumitz. 3. Aufl. (19 S.) 907. (Heft 27.) — 55
— Phaidon. Von H. Gaumitz. 2., verb. Aufl. (40 S.) 906. (Heft 39.) — 75
— Protagoras. Von H. Gaumitz. 2., verb. Aufl. (45 S.) 907. (Heft 51.) — 80
Sallust's Jugurtha. Von K. Braun. 3. Aufl. (37 S.) 908. (Heft 56.) — 65
— Katilina. Von K. Braun. 3. Aufl. (28 S.) 909. (Heft 46.) — 55
Sophokles' Antigone. Von H. Schmitt. 10. Aufl. (32 S.) 910. (Heft 15.) — 60
— Elektra. Von H. Schmitt. 3. Aufl. (34 S.) 909. (Heft 21.) — 65
— Oidipus auf Kolonos. Von H. Schmitt. 2. Aufl. (34 S.) 908. (Heft 41.) — 65
— Oidipus Tyrannos. Von H. Schmitt. 6. Aufl. (41 S.) 906. (Heft 19.) — 75
Tacitus' Agricola. Von Siegm. Preuß. (44 S.) 909. (Heft 106.) — 75
— Annalen Buch I, 1—52, 55—72. Von Ernst Stange. 3. u. 4. Aufl. (18 S.) 907. (Heft 26.) — 45

— Dialogus de oratoribus. Von Siegm. Preuß. (39 S.) 910. (Heft 110.) — 75
Terenz' Adelphoe u. Phormio. Von Jos. Köhm. (IV, 43 S.) 909. (Heft 96.) — 75
Thukydides. Buch I u. II (Ausw.). Von H. Schmitt. 3. Aufl. (57 S.) 908. (Heft 45.) — 90
— Buch VI. Von H. Schmitt. 2. Aufl. (33 S.) 908. (Heft 57.) — 65
Vergil's Aneis. Buch I u. II. Von Ph. Loewe. 7. Aufl. (39 S.) 909. (Heft 22.) — 60
— dasselbe. Buch VIII—XII in Ausw. Von Ph. Loewe. 2., durchgeseh. Aufl. (18 S.) 907. (Heft 28.) — 55
Xenophon's Anabasis. Buch I. Von Jak. Simon. 8. Aufl. (31 S.) 906. (Heft 5.) — 60
— dasselbe. Buch II—IV. Von Jak. Simon. 8. Aufl. (40 S.) 910. (Heft 9.) — 65
— dasselbe. Buch V. Von Jak. Simon. 2. Aufl. (21 S.) 910. (Heft 55.) — 60
— Hellenika. Buch I u. II (Ausw.). Von K. Braun. 3. Aufl. (31 S.) 908. (Heft 61.) — 60
— dasselbe. Buch III u. IV (Ausw.) Von K. Braun. 2. Aufl. (35 S.) 910. (Heft 71.) — 75

Krafft-Ebing, Frhr. R. v., über gesunde u. kranke Nerven. 6., unveränd. Aufl. (VIII, 176 S.) 8. Tübingen 909. H. Laupp. 2.—

Krafft, Max, s.a. Kraft, Max

Krafft, Max Die Wortstellung Vergils. 4 (38 S.). Progr. Rg. u. G. *Goslar* 1887 (zu 304).

Krafft, Max, zur Wortstellung Vergils. 4. (38 S.) Goslar 887. (Leipzig, Fock.) * 1 —

Krafft, Maximilianus: De artibus, quas Tibullus et Lygdamus in versibus concinnandis adhibuerunt. Halis 1874: (Rossteutscher in Koburg). 32 S. 8°
Halle-Wittenberg, Phil. Diss. v. 9. Febr. 1874
Geb. Koburg 15. 2. 1851. V.

Krafft, Otto, aus Biebrich am Rhein [Preussen]: Ueber die Teracryl-Säure, eine neue zur Acrylsäure-Reihe gehörende Säure. Daun A. Schneider Dr. 1877. 40 S. 8°.
Zürich, Phil. Diss. [v. 8. März 1878].

Episodio aus Camillo Camilli's Cinque canti zu Torquato Tasso's befreitem Jerusalem. — Von Philipp Ludw. Krafft, Stdl. — 1874. Zweibrücken, Aug. Kranzbühler. — S. 3—25*.
Progr. Zweibrücken, K. Gymn.

Krafft, Peter, a. Lauenburg a. d. Elbe: Über Tautomerie bei Amidinen, Salzbildungen und Fluoreszenzerscheinungen bei Oxyamidinen und verwandten Verbindungen. Weida i. Th. 1906: Thomas & Hubert. (62 S.) 8°
Leipzig, Phil. Fak., Ref. Hantzsch-Beckmann, Diss. v. 18. Okt. 1906
[Geb. 14. Dez. 79 Lauenburg a. E.; Wohnort: Lauenburg; Staatsangeh.: Preußen; Vorbildung: Realgymn. Lübeck Reife O. 98; Studium: Leipzig 13 S.; Rig. 2. Aug. 06.]

Krafft, R., die Braut des Lammes. Ein Versuch, den göttl. Heilsplan e. Brautgemeinde Christi darzustellen als wesentl. u. grundleg. Bestandteil der Offenbarung Gottes in der Hl. Schrift. 8. (80 S.) Lichtenthal bei Baden-Baden 899. Christl. Kolportage-Verein. — 40

— die Heiligung in ihrem inneren Zusammenhang m. dem Kommen des HErrn. Referat, geh. bei den Herbstversammlgn. des christl. Kolportage-Vereins in Baden-Baden am 8. XI. 1900. 8. (24 S.) Ebd. 901. n. — 10

Krafft, R., das Kommen des HErrn. Referat, geh. am 32. Jahresfest des christl. Kolportage-Vereins in Lichtenthal, Mittwoch, den 25. X. 1899. 8. (16 S.) Lichtenthal bei Baden-Baden 900. Christl. Kolportage-Verein. — 04

Krafft, Richard [pr. Arzt]: Ein Fall von Darminvagination von langer Dauer ... Nürnberg, Druck v. A. Gutmann, *1893;* 21 S., 1 Taf. 8.
Erlangen, Med. Fak., Inaug.-Diss. v. Juni 1893

Krafft, Rud., Alter von heute. Schauspiel in 3 Akten u. 1 Zwischenakt. Eine Antwort auf Otto Ernst's „Jugend v. heute". 12. (67 S.) Stuttgart 902. P. Unterborn. n. 1.—

Glänzendes Elend. Eine offene Kritik d. Verhältnisse unseres Offizierkorps von Rudolf **Krafft**. Stuttgart: R. Lutz 1895. (88 S.) 8° [F.] [illegible] 11

Krafft, Rud., glänzendes Elend. E. off. Kritik d. Verhältnisse uns. Offizierkorps. 16. Aufl. (27. Taus.) gr. 8. (88 S.) Stuttgart 896. R. Lutz. n. 1. 20

— führnehmer Geist. Eine Kritik d. Offiziers-Ehrengerichte nebst Beispielen aus d. Praxis. 1.—3. Aufl. gr. 8. (112 S.) Ebd. 897. n. 1. 20

Krafft, Rud., dem Hunger ausgeliefert od. Wie das Reich f. seine pensionirten Offiziere sorgt. gr. 8. (27 S.) München 899. O. Th. Scholl. n. — 60

— wider Junkertum u. Pickelhaube! Bilder aus dem neuen deutschen Reich. gr. 8. (48 S.) Nürnberg 897. Wörlein & Co. — 40

Kasernen-Elend. Offene Kritik d. Verhältnisse unserer Unteroffiziere u. Soldaten von Rudolf **Krafft**, früh. bayr. Prem.-Lt. 4.–6. Taus. Stuttgart: R. Lutz 1895. (112 S.) 8° [F.] [illegible] 2

— Kasernen-Elend. Offene Kritik d. Verhältn. uns. Unteroffiziere u. Soldaten. 1.—6. Aufl. 1.—16. Taus. gr. 8. (112 S.) Ebd. 895. n. 1. 20

Krafft, Rud., die Opfer der Kaserne. Eine Anklageschrift nebst e. Sammlg. militärgerichtl. Urteile. (96 S.) gr. 8. München (904). Buchdruckerei u. Verlagsanstalt G. Birk & Co. n. — 60

— 250 Millionen erspart od. d. neunmonatl. Präsenzzeit. E. Aufklärungsschrift f. d. mittl. u. unt. Stände. gr. 8. (56 S.) München 898. Staegmeyr. n. 1. 20

Krafft, Sebastian Adam, s. Kraft, Sebastian Adam

Krafft, Siegfried: (Aus d. med. Universitätsklinik zu Jena.) Ueber abortive Pneumonien und über abdominale Symptome bei Pneumonien. Jena 1910: Frommann. 41 S. 8°
Jena, Med. Diss. v. 8. Febr. 1910, Ref. Stintzing
[Geb. 24. Sept. 84 Koburg; Wohnort: Koburg; Staatsangeh.: Sachsen-Koburg-Gotha; Vorbildung: Gymn. Koburg Reife O. 04; Studium: Jena 6, München 1, Berlin 1, Jena 2 S.; Coll. 20. Dez. 09; Approb. 11. Juli 10.] [U 10. 2301

Krafft, Simon [aus Schwabach]: Beiträge zur Kenntniss der Sarraceniaceen-Gattung Heliamphora ... München, Druck v. V. Höfling, 1896; 31 S., 1 Bl. 8.
Erlangen, Phil. Fak., Inaug.-Diss. v. 10. Juni 1896

Krafft, Thdr., Einleitung in die Gabelsberger'sche Stenographie. Als Hülfsmittel für den ersten Unterricht bearb. gr. 16. (16 lithogr. S.) Nürnberg 859, (Korn'sche Buchh.) — 5

Krafft, Thdr., Leitfaden zur Stenographie nach Gabelsberger's System. 2., verm. Aufl. Nürnberg 865. J. L. Schmid's Verlag. 8. (VIII, 84 u. 56 lithogr. S.) n. 15 ngr.

Krafft, Thdr., Leitfaden zur Stenographie nach Gabelsberger's System. 3. verb. Aufl. gr. 8. (VII, 160 S., wovon 64 lithogr.) Nürnberg 881. Korn'sche Buchh. *

Krafft, Thdr., Sammlung arithmetischer Beispiele und Aufgaben zum Gebrauch in den untern und mittlern Classen der latein. Schulen. 8. (VIII und 220 S.) Nürnberg 854, Bauer und Raspe. *

— Sammlung arithmetischer Beispiele mit Aufgaben zum Gebrauch in Latein- und Realschulen. 3., verm. u. verb. Aufl. Nürnberg 863. J. L. Schmid. gr. 8. (VIII, 293 S.) n. 28 ngr.

— Sammlung arithmetischer Beispiele u. Aufgaben zum Gebrauch in Latein- u. Realschulen. 3., verm. u. verb. Aufl. Ebend. 865. gr. 8. (VIII, 293 S.) n. 28 ngr.

Krafft, Thdr., Sammlung arithmetischer Beispiele und Aufgaben zum Gebrauch in Lateinschulen. 1. Bdchn. für die 1. und 2. Lateinklasse. 4., nach dem neuen Münz-, Mass- und Gewichtssystem umgearb. Aufl. gr. 8. (V, 122 S.) Nürnberg 875, Korn'sche Buchh. *

—— dass. — 2. Bdchn. für die 3. und 4. Lateinklasse. 4. nach dem neuen Münz-, Mass- und Gewichtssystem umgearb. Aufl. gr. 8. (156 S.) Ebendas. 876. *

— — Sammlung arithmetischer Beispiele und Aufgaben zum Gebrauch in Latein- und Realschulen. 1. Bdchn. für die erste und zweite Klasse. 5. durchges. Aufl. gr. 8. (IV, 122 S.) Ebendas. 880. *

Krafft, Th., Sammlung arithmetischer Beispiele und Aufgaben zum Gebrauch in Latein- und Realschulen. 2 Bdchn. gr. 8. Nürnberg, Korn'sche Buchh. * 4 20

Inhalt:
Bdchn. 1. Für die 1. und 2. Klasse. 6. durchges. Aufl. (122 S.) 887. *ℳ 2.—.
» 2. Für die 3. und 4. Latein- und entsprechende Realschulklassen. 5. durchges. Aufl. (160 S.) 886. *ℳ 2.20.

Eine Studie zum lateinischen Homer des sogenannten Pindarus Thebanus. — Von Theodor Krafft. — 1874. Nürnberg, Fr. Campe u. Sohn. — S. 3—28⁴.
Progr. Nürnberg, K. Gymn.

Krafft, Thdr., griechisches Vocabularium für den Elementarunterricht. gr. 8. (VIII, 40 S.) Nürnberg 872, Korn'sche Buchh. * — 80

(K[rafft], Th[eodor].) Durchs Wallis und das Haslithal. Reiseerinnerungen aus dem Jahre 1891. [SA.] 8. Bern 1893.

Krafft, Wilhelm [aus Bonn]: Ein Fall von Cyanose und superficieller Gangraen bei Hæmoglobinurie. Mit einer Tafel in Farbendruck. Zürich 1902. 33 S. 8°.
Zürich. Med. Diss. 1902/1903.

Krafft, Wilhelm. Ein Fall von Cyanose und superficieller Gangraen bei Haemoglobinurie. Diss. Med. Univ. Zürich. [Mit 1 Tafel.] 33 S. 8. Zürich, A. Markwalder, 1902.

Sacram memoriam Dr. Martini Lvtheri Germaniae reformatoris d. X m. Nov. ante hos 400 annos nati ab ordine theologorvm ev. d. X m. Nov. a. 1883 ... recolendam indicit Gvilelmvs Lvd. Krafft ... Inest eivsdem dissertatio: Ueber die deutsche Bibel vor Luther und dessen Verdienste um die Bibeluebersetzung. Bonnae, form. C. Georgi (1883). 1 Bl, 25 S. 4. ¶ In Komm. bei Cohen & Sohn in Bonn.

Krafft, W., die deutsche Bibel vor Luther, sein Verhältniss zu derselben und seine Verdienste um die deutsche Bibelübersetzung. gr. 4. (25 S.) Bonn 883, (Cohen und Sohn.)

Ad audiendam orationem de unione confessionum evangelicarum earumque communi sacrae coenae usu pro aditu muneris prof. ord. in ordine theol. ev. universitatis Fridericiae Guilelmiae Rhenanae d. X m. Mart. a. 1860 ... habendam ... invitat Guilelmus Ludovicus Krafft ... — Inest commentatio historica de fontibus Ulfilae Arianismi ex fragmentis Bobiensibus erutis. Bonnae, form. C. Georgi 1860. 1 Bl., 20 S. 4. ¶ Erschien zugleich selbständig bei Marcus in Bonn.

Krafft, Wilh. Ludw., de fontibus Ulfilae Arianismi ex fragmentis Bobiensibus erutis. gr. 4. (20 S.) Bonn 860, Marcus. * — 10

Krafft, W., Dr. Fr. R. Hasse, weil. Consist.-Rath u. Prof. der Theol. zu Bonn. Eine Lebensskizze. (Als Mscr. gedr. für Freunde.) Bonn 865. Marcus. gr. 8. (20 S.) n. 4 ngr.

Katalog der von Herrn Consistorialr. Prof. Dr. Wilh. Krafft in Bonn nachgelassenen Bibliothek, die 1897 versteigert wird. *Bonn 1897: (Bendorf a. Rh.: P. Friesenhahn).* (231 S.) 8° [Umschlagt.] [illegible]

Krafft, W., die Kirchengeschichte der germanischen Völker. I. Bd. I. Abthl. A. u. d. T.: Die Anfänge der christlichen Kirche bei den germanischen Völkern. In 2 Bdn. I. Bd. I. Abthl. gr. 8. (X und 428 S.) Berlin 854, Hertz. *

Krafft, W., die Topographie Jerusalem's. (Mit Inschriften, Ansichten, Plänen u. Charte auf 7 lith. Blättern verschied. Formats.) gr. 8. (18 B.) Bonn 846, König. *

Krafft, W., die Topographie Jerusalem's. gr. 8. (XII u. 273 S., 2 Tafeln Inschriften in gr. 4. u. 4 Pläne in gr. 4. u. Fol.) Bonn 847, König. n. 2 ℳ

Krafft Frh. v. Crailsheim, Die neuesten Erfahrungen über das Einmachen von Grünfutter in Silo's und dessen Verwendung zur Winterfütterung. Ansbach 1885

— v. Delmensingen, Johann Christoph (Ulm), De natalibus Suevorum in ill. Ulmensium gymnasio disp. Präs. Johann Peter Miller (Prorector). Ulm (Johann Georg Vogel) 15. II. 1752. 4 Bl. (3.50) 19246

— v. Dellmensingen, Septimus Gotthelff, De privilegio electionis fori Augustae domus Brunsvico-Luneburgicae. Präs. Franz Dominic Haeberlin. Helmstedt (Drimborn) 19. I. 1760. 160 Seiten. (10.—) 19245

Arbeiten aus dem Gesammtgebiet der Psychiatrie und Neuropathologie v. R[ichard] v. Krafft-Ebing. I.—IV. Heft. *Leipzig: J. A. Barth 1897 — 99.* 4 Bd 8.
I. 1897 (VIII, VIII, 165 S.) II. 1897 (3 Bl., 215 S.)
III. 1898 (3 Bl., 215 S.) IV. 1899 (3 Bl., 207 S.) [illegible]

Krafft-Ebing, R. v., Beiträge zur Erkennung und richtigen forensischen Beurtheilung krankhafter Gemüthszustände für Aerzte, Richter und Vertheidiger. gr. 8. (VII und 74 S.) Erlangen 867, Enke's Verlag. *

Krafft-Ebing, v.: Beiträge zur Erkennung und forensischen Beurteilung krankhafter Gemütszustände. Erlangen. 1872.

Krafft-Ebing, R. v., Beobachtungen und Erfahrungen über Typhus abdominalis während des deutsch-französischen Kriegs 1870/71 in den Lazarethen der Festung Rastatt. gr. 8. (VI, 62 S.) Erlangen [Stuttgart] 871, Enke. * 1 20

Krafft-Ebing, R. Frhr. v., der Conträrsexuale vor dem Strafrichter. De Sodomia ratione sexus punienda. De lege lata et de lege forenda. Eine Denkschrift. gr. 8. (39 S.) Wien 894. F. Deuticke. n. 1. 50

— d. Conträrsexuale vor d. Strafrichter. De sodomia ratione sexus punienda. De lege lata et de lege ferenda. Eine Denkschrift. 2., verm. Aufl. gr. 8. (112 S.) Wien 895. F. Deuticke. n. 3.—

Krafft-Ebing, Rich. Frhr. v. Zur Differentialdiagnose der Dementia paralytica u. der Neurasthenia cerebralis. Lex.-8. (12 S.) Heidelb. 892, C. Winter. * — 40
Aus: Festschrift z. 50jähr. Jubiläum d. Anstalt Illenau, besonders abgedr.

— dasselbe, a. d. Illenau. Festschrift etc.

— hypnotische Experimente. gr. 8. (38 S.) Stuttgart 893. F. Enke. n. 1. 20

— dasselbe. 2., verm. Aufl. gr. 8. (47 S.) Ebd. 893. n. 1 20

Krafft-Ebing, R. v., neue Forschungen auf dem Gebiete der Psychopathia sexualis. Eine medicinisch-psycholog. Studie. gr. 8. (VI, 80 S.) Stuttgart 890. Enke. n. 2.40

— neue Forschungen auf dem Gebiet der Psychopathia sexualis. Eine medicinisch-psycholog. Studie. 2., umgearb. u. verm. Aufl. gr. 8. (VII, 131 S.) Ebd. 891. n. 3.60

—— die zweifelhaften Geisteszustände vor dem Civilrichter für Aerzte und Juristen. gr. 8. (IV, 63 S.) Ebendas. 873. (*M 1,50.) * 1 60

v. Krafft-Ebing, die zweifelhaften Geisteszustände vor dem Civilrichter des Deutschen Reiches nach Einführung des B. G. B. 2. Aufl. Stuttgart 899.

— die zweifelhaften Geisteszustände vor dem Civilrichter des Deutschen Reiches nach Einführung des bürgerl. Gesetzbuchs. 2. Aufl. [Aus: „Lehrb. der gerichtl. Psychopathologie".] gr. 8. (85 S.) Stuttgart 900. F. Enke. n. 1.—

KRAFFT-EBING, Freiherr von
Zur Geschichte der Pest in Wien 1849—1898. Vortrag gehalten im Wiener Volksbildungsverein am 17. Januar 1899. Von Dr. Freiherrn v. Krafft-Ebing. Der Reinertrag ist der „Central-Bibliothek" in Wien gewidmet. Wien. 1899. Deuticke. 8°. 50 S. fl. —.40

—— Ueber Gesittung, s. Vorträge, volksthüml. d. allg. n.-ö. Volksbildungsvereins.

—— Grundzüge der Criminalpsychologie auf Grundlage des Strafgesetzbuchs des deutschen Reichs für Aerzte und Juristen. gr. 8. (X, 152 S.) Ebendas. 872. (*M 2,60.) * 2 80

Krafft-Ebing, R. v., Grundzüge der Criminalpsychologie auf Grundlage der deutschen und österreichischen Strafgesetzgebung für Juristen. 2. gänzlich umgearb. Aufl. gr. 8. (XII, 190 S.) Stuttgart 882, Enke. *

— s.: Jahrbücher f. Psychiatrie u. Neurologie.

— über die durch Gehirnerschütterung u. Kopfverletzung hervorgerufenen psychischen Krankheiten. Eine klinisch-forens. Studie. Ebend. 868. gr. 8. (VI, 79 S.) n. 14 ngr.

Krafft-Ebing, R. v., Lehrbuch der Psychiatrie auf klinischer Grundlage für practische Aerzte und Studirende. 3 Bde. gr. 8. Stuttgart, Enke. *

Inhalt:
Bd. 1. Die allgemeine Pathologie und Therapie des Irreseins. (XII, 276 S.) 879. *M 6.
» 2. Die specielle Pathologie und Therapie des Irreseins. (X, 214 S.) 879. *M 5.
» 3. Klinische Casuistik. (XVI, 203 S.) 880. *M 5.

—— Lehrbuch der Psychiatrie auf klinischer Grundlage für praktische Aerzte und Studirende. 2 Bde. 2. theilweise umgearb. Aufl. gr. 8. Ebendas. 883. *

Inhalt:
Bd. 1. Die allgemeine Pathologie und Therapie des Irreseins. (IX, 330 S.) *M 7.
» 2. Die specielle Pathologie und Therapie des Irreseins. (VII, 397 S.) *M 8.

Krafft-Ebing, Frhr. R. v., Lehrbuch der Psychiatrie auf klinischer Grundlage für praktische Aerzte und Studirende. 3. umgearb. Aufl. gr. 8. (XVI, 734 S.) Stuttgart 888, Enke. * 15 —

—— Lehrbuch der Psychiatrie auf klinischer Grundlage f. prakt. Ärzte u. Studirende. 4. theilweise umgearb. Aufl. gr. 8. (XIV, 738 S.) Ebd. 890. * 16 —

— Lehrbuch der Psychiatrie auf klinischer Grundlage f. praktische Ärzte u. Studirende. 5., verm. u. verb. Aufl. gr. 8. (XII, 698 S.) Stuttgart 893. F. Enke. n. 15.—

— Lehrbuch d. Psychiatrie auf klin. Grundlage f. prakt. Ärzte u. Studirende. 6., verm. u. verb. Aufl. gr. 8. (XII, 634 S.) Stuttgart 897. F. Enke. n. 13.—

Lehrbuch der Psychiatrie auf klinischer Grundlage für praktische Ärzte u. Studierende von Dr. R[ichard] v. Krafft-Ebing, weil. Prof., Wien. 7. verm. u. verb. Aufl. (Vorr. Dir. Dr. [Heinrich] Sterz, Feldhof.) *Stuttgart: F. Enke 1903.* (XII, 654 S.) 8°

—— Lehrbuch der gerichtlichen Psychopathologie, mit Berücksicht. der Gesetzgebung von Oesterreich, Deutschland und Frankreich. gr. 8. (XV, 385 S.) Ebendas. 875. *

—— Lehrbuch der gerichtlichen Psychopathologie mit Berücksicht. der Gesetzgebung von Oesterreich, Deutschland und Frankreich. 2. umgearb. Aufl. gr. 8. (XV, 400 S.) Ebendas. 881. *

—— Lehrbuch der gerichtlichen Psychopathologie m. Berücksicht. der Gesetzgebung v. Österreich, Deutschland u. Frankreich. 3. umgearb. Aufl. Lex.-8. (XVI, 488 S.) Ebd. 892. * 12 —

v. Krafft-Ebing, Lehrbuch der gerichtlichen Psychopathologie. Mit Berücksicht. der Gesetzgebung v. Oesterreich, Frankreich und Deutschland. 3. Aufl. 2. Ausg. Stuttgart 899.

Lehrbuch der Gerichtlichen Psychopathologie mit Berücks. der Gesetzgebung v. Oesterreich, Frankreich u. Deutschland von Dr. R[ichard] v. Krafft-Ebing. 3. umgearb. Aufl. 2. Ausg. mit e. Nachtrag: Die zweifelhaften Geisteszustände vor d. Civilrichter d. deutschen Reichs nach Einführung d. bürgerl. Gesetzbuchs. *Stuttgart: F. Enke 1900.* (XVI, 523 S.) 8°

— die Lehre von der Mania transitoria für Aerzte u. Juristen dargestellt. Ebend. 865. gr. 8. (49 S.) n. 8 ngr.

—— die Melancholie. Eine klin. Studie. gr. 8. (69 S.) Ebendas. 874. * 1 20

—— über gesunde und kranke Nerven. 1.—3. Aufl. gr. 8. (VII, 157 S.) Tübingen 885,86, Laupp'sche Buchh. * 2 —
geb. ** 2 60

— üb. gesunde u. kranke Nerven. 4., durchgeseh. u. erweit. Aufl. gr. 8. (VIII, 176 S.) Tübingen 898. H. Laupp. n. 2.—

Ueber gesunde und kranke Nerven, von Frh. R[ichard] v. Krafft-Ebing, Prof., Graz. 5. durchges. Aufl. *Tübingen: H. Laupp 1903.* (VIII, 176 S.) 8°

—— über Nervosität. Populärer Vortrag, gehalten am 25. Jänner 1884. 3. Aufl. 12. (60 S.) Graz 884, Leuschner und Lubensky. *

— Nervosität u. neurasthen. Zustände, s. e. Pathologie u. Therapie, specielle. XII. Bd. 2. Thl.

Krafft-Ebing, Prof. Dr. R. v., Nervosität und neurasthenische Zustände. (Specielle Pathologie und Therapie. Herausgegeben von Prof. Hofrath Nothnagel. XII. Band. 2. Theil.) Gr.-8. (VII, 210 S.) 3.20
Wien: Hölder 1895.

KRAFFT-EBING, R. von
Nervosität und neurasthenische Zustände. Von Professor Dr. R. v. Krafft-Ebing. 2., verbesserte Auflage. Wien. 1900. Hölder. Gr.-8°. VII, 210 S. K 6.40

— die progressive allgemeine Paralyse, s. a. Pathologie u. Therapie, specielle.

Krafft-Ebing, Prof. Dr. R., Die progressive allgemeine Paralyse. (Specielle Pathologie und Therapie. Herausgegeben von Prof. Dr. Hermann Nothnagel. Band IX. II. Theil.) Gr.-8. (108 S.) 1.60
Wien: Hölder 1894.

— Die progressive allgemeine Paralyse. 2. Aufl., s.: Obersteiner, Heinr.

—— Psychopathia sexualis. Eine klinisch-forens. Studie. gr. 8. (VIII, 110 S.) Stuttgart 886, Enke. * 3 —
—— dass. — mit besond. Berücksicht. der conträren Sexualempfindung. Eine klinisch-forens. Studie. 2. verm. und verb. Aufl. gr. 8. (VIII, 148 S.) Ebendas. 887. * 3 60
—— dass. — 3. verm. und verb. Aufl. gr. 8. (VIII, 177 S.) Ebendas. 888. * 4 -

—— Psychopathia sexualis m. besond. Berücksicht. der contraren Sexualempfindung. Eine klinisch-forens. Studie. 4. verm. u. theilweise umgearb. Aufl. gr. 8. (VIII, 226 S.) Ebd. 889. * 4 —
—— dass. — 5. verm. u. theilweise umgearb. Aufl. gr. 8. (VIII, 295 S.) Ebd. 890. * 6 —
—— dass. — 6. verm. u. theilweise umgearb. Aufl. gr. 8. (VIII, 328 S.) Ebd. 891. * 7 —
—— dass. — 7. verm. u. theilweise umgearb. Aufl. gr. 8. (IX, 432 S.) Ebd. 892. * 10 —

— dasselbe. 8., verb. u. theilweise verm. Aufl. gr. 8. (X, 442 S.) Ebd. 893. n. 10. —

— dasselbe. 9., verb. u. theilweise verm. Aufl. gr. 8. (X, 414 S.) Ebd. 894. n. 10. —

Psychopathia sexualis m. bes. Berücks. d. conträren Sexualempfindg. E. klinisch-forensische Studie v. Dr. R[ichard] v. Krafft-Ebing ... 10. verb. u. theilweise verm. Aufl. *Stuttgart: F. Enke 1898.* (VIII, 376 S.) 1 Bd 8.

Psychopathia sexualis, mit bes. Berücks. d. conträren Sexualempfindung. Eine medicin.-gerichtl. Studie f. Ärzte u. Juristen von Dr. R[ichard] v. Krafft-Ebing, Prof., Wien. 11. verb. u. stark verm. Aufl. *Stuttgart: F. Enke 1901.* (VIII, 419 S.) 8°

Psychopathia sexualis mit bes. Berücks. d. conträren Sexualempfindung. Eine med.-gerichtl. Studie f. Ärzte u. Juristen von Dr. R[ichard] v. Krafft-Ebing, Prof. in Graz. 12., verb. u. verm. Aufl. (Hrsg.: Dr. Gugl u. Dr. Stichl.) *Stuttgart: F. Enke 1903.* (IX, 437 S.) 8°

— **Psychopathia sexualis m. besond. Berücksicht. der konträren Sexualempfindung. Eine medizinisch-gerichtl. Studie f. Ärzte u. Juristen. 13., verm. Aufl. Hrsg. v. Alfr. Fuchs. (XI, 452 S.) Lex. 8. Stuttgart 907. F. Enke. 11.—; geb in Leinw. n 12. 40**

—— die gerichtliche Psychopathologie, s. Handbuch der gerichtlichen Medicin.

Psychosis Menstrualis. Eine klin.-forensische Studie von R[ichard] v. Krafft-Ebing in Graz. *Stuttgart: F. Enke 1902.* (112 S.) 8°

Krafft-Ebing, R. v., die Sinnesdelirien. Ein Versuch ihrer physio-psycholog. Begründung mit klin. Darstellung. gr. 8. (VIII und 58 S.) Erlangen 864, Enke's Verlag. *

—— der Stand der Irrenpflege in Steiermark ein Nothstand. gr. 8. (16 S.) Graz 879, Leuschner und Lubensky. *

— die transitorischen Störungen des Selbstbewusstseins. Ein Beitrag zur Lehre vom transitor. Irresein in klinisch-forensischer Hinsicht für Aerzte, Richter, Staatsanwälte u. Vertheidiger. Ebend. 868. gr. 8. (VII, 120 S.) n. 22 ngr.

—— eine experimentelle Studie auf dem Gebiete des Hypnotismus. gr. 8. (80 S.) Ebendas. 888. * 1 60

— dasselbe. 2., verm. Aufl. gr. 8. (92 S.) Ebd. 889. n. 2. —

— **eine experimentelle Studie auf dem Gebiete d. Hypnotismus, nebst Bemerkgn. üb. Suggestion u. Suggestionstherapie. 3., durchgeseh., verb. u. verm. Aufl. gr. 8. (108 S.) Ebd. 893. n. 2. 40**

—— Der klinische Unterricht in der Psychiatrie. Eine Studie. gr. 8. (39 S.) Ebd. 890. * 1 60

Krafft-Holzhausen's Kubiktafeln f. runde Hölzer (von 10—50 cm. Mittenstärke). 4 Blatt. 4. Neutitschein (905). L. V. Enders (durch R. Hosch.) — 60

Krafft von Toggenburg, Innungslieder der Meistersinger. Lex.-8°. (82 S.)
Wien: Musik-Verlagshaus 1902.

Kraefft, Fritz: Über das Plankton in Ost- und Nordsee und den Verbindungsgebieten, mit besonderer Berücksichtigung der Copepoden. Kiel 1908: Schmidt & Klaunig. S. 31—99. 4° ¶(Aus: Wissensch. Meeresuntersuchungen. Abt. Kiel. Bd 11.)
Kiel, Phil. Diss. v. 4. Jan. 1909, Ref. Brandt
[Geb. 5. Mai 84 Berlin; Wohnort: Kiel; Staatsangeh.: Preußen; Vorbildung: Gymn. Kiel Reife O. 03; Studium: Kiel 11 S.; Rig. 25. Juli 08.]

Kraefft, Nik., Brandursachen bei Baumwolle u. in Baumwoll-Spinnereien, sow. Hilfsmittel zu deren Vermeidg. resp. zur Unterdrückg entstand. Brände. gr. 8. (49 S. m. 6 Fig.) Lichtenwörth u. Nadelburg 896. (Wien, Gerold & Co.) n.n. 2. 60

Kraefft, Nik., neuestes Sortir-Buch zur leichten und schnellen Bestimmung der Wickel-, Bänder-, Vorgarn-, Garn- und Zwirnnummern mit Hilfe des neuen Gewichtes und der Wage [ohne Beeinflussung der bestehenden Verhältnisse], nebst Erläuterungen, Regeln, Formeln und Beispielen, zum Gebrauche für die Herren Fabrikanten, Fabriksdirektoren, Beamten und Meister der Textil-Industrie, sowie für die Vertretungen der Textil-Industriellen in Städten. Neu revid. Ausg. gr. 8. (XXXII, 41 S.) Wiener-Neustadt 883, (Braumüller und Sohn.) **

Kraft. Zeitschrift für Fabrikbetrieb 1900. 1902-07. 4° Berlin 1900-07

— **Zeitschrift f. Fabrikbetrieb, früher „Dampf". Organ f. die Interessen der Dampf-Industrie. Chef.-Red.: R. Mittag. 17. Jahrg. gr. 4. (à Nr. ca. 36 S. m. Abbildgn.) Ebd. n. 6.—**

— **dasselbe. 18. u. 19. Jahrg. 1901 u. 1902. à 52 Nrn. Fol. (à ca. 32 S. m. Abbildgn.) Ebd. à Jahrg. n. 8.—**

— **Zeitschrift f. Fabrikbetrieb. Red.: R. Mittag. 20. bis 23. Jahrg. 1903—1906. à 52 Nrn. (à ca. 20 S. m. Abbildgn.) gr. 4. Ebd. à Jhrg. n. 8.—**

Kraft. Zeitschrift f. Fabrikbetrieb. Chef-Red.: E. Prüfer. 24.—27. Jahrg. 1907—1910. à 52 Nrn. (916, 864, 848 u. 836 S. m. Abbildgn.) 35×26 cm. Berlin, R. Tessmer. à Jahrg. 8.—

Kraft. Kalender f. Fabrikbetrieb. Ein Handbuch zum Gebrauch f. Besitzer u. Leiter v. Kraftanlagen jeder Art, f. Ingenieure, Techniker, Werkführer, Monteure, Maschinisten u. Heizer. Bearb. u. hrsg. v. Rich. Mittag. 16. Jahrg. 1903. Mit e. Kalendarium f. 1903 u. e. Eisenbahnkarte. 2 Thle. 12. (XII, 245, 12 S., Schreibkalender u. 336 S. m. Fig.) Berlin, R. Tessmer. Geb. in Ldr. u. geh. n.n. 4.—
Vergl.: Dampf.

Kraft. Kalender f. Fabrikbetrieb. Ein Hand- u. Hülfsbuch f. Kraftanlagen-Besitzer, Fabrikleiter, Ingenieure, Techniker, Werkführer, Werkmeister, Monteure, Maschinisten, Heizer. Bearb. u. hrsg. v. der Red. der Zeitschrift „Kraft". 19. Jahrg. 1907. (VIII, 321 S. u. Schreibkalender m. 1 Fig. u. 1 Karte.) kl. 8. Berlin, R. Tessmer. Geb. n.n. 2. —
Der Werkmeister-Kalender wurde hiermit vereinigt.

Kraft, Die, des Donners Gottes . . . Bresl. 1779. V: *Steinberg, Christian Gottlieb.* (Kat. d. Druckschr. üb. Breslau. Breslau 1903. S. 17.)

Kraft, v. d. eigentl., wodurch Vegetation u. Nahrung geschieht, (v. M. A. Weikard). 8. Frankfurt, 1786. (Andreä.) — 5

Kraft und Energie. Eine krit. Betrachtung über d. Grundbegriffe d. Mechanik. *Wiesbaden: J. F. Bergmann 1901.* (VI, 65 S.) 8° [illegible]

Kraft und Frommann, ein Gespräch. 8. (20 S.) Gernsbach 882, Christl. Colportage-Verein. *

Kraft, Die, des eifrigen Gebethes . . . Salzburg o. J. V: *Wimmer, Marian.* (Hr)

Kraft, Die, der Geister und ihre Naturgesätze. Pest 1788. V: *Rossi, Franz Xaver.* (Pk)

— u. Gewandtheit. Illustr. Zeitschrift f. die moderne Athletik u. das volksthüml. Turnen. Neue Folge der „Illustr. deutschen Athleten-Zeitg.", 10. Jahrg. Hrsg. u. red. v. Jos. Haupt. 1. Jahrg. 1901. 52 Nrn. gr. 4. (à ca. 16 S.) München, A. Stolz & Co. n. 10. —
Fortsetzung s.: Athletik. — Sportzeitung, illustr.

Kraft, die, des Glaubens, u. Gamaliels Urtheil über d. neueste Heilungssache. 8. Gmünd 822. Ritter. (Knobloch in Lpz.) 4 K

Kraft und Herrlichkeit, Die, des lebendigen Glaubens . . . Tübingen 1832. V: *Werner.* (winer) (Ky)

Kraft, die, u. Herrlichkeit d. lebend. Glaubens, od. d. 11. Kap. d. Briefes an d. Ebräer. Für Liebhaber d. göttl. Wortes beleuchtet v. W. (Werner.) 8. (4¼ B.) Tübingen 832. (Stuttgart, Steinkopf.)

Kraft, Die himmlische, der Religion Jesu Christi, des Sohnes Gottes . . . Augsburg 1814. V: *Anwander, Joseph.* (Fr)

Von der immerwährenden Kraft, Herrlichkeit u. Zierde der katholischen Kirche. Eine Abhandlung aus dem Hirtenbriefe des hochw. Bischofs von Tiniez in Galizien, Gregorius Thomas Ziegler, dermal zu Linz. Aus dem Latein. übersetzt von J. P. Silbert. Wien, Wimmer, 1824, 8°.
Eine treffl. Darlegung der vier bekannten Merkmale der k. Kirche. Vgl. Litztg von Kerz 1829, Bd. 3, S. 103—20.

Kraft, e. kleine. (Offenb. 3,8.) Offenbarungen des göttl. Erbarmens (Röm. 12, 1) im Asyl Remismühle. 1885 bis 1905. (177 S. m. 11 Taf.) kl. 8. Remismühle 905. Gotha, Missionsbuchh. P. Ott. Kart. n. 1. 20; geb. n. 2.—

— e. kleine. (Offenb. 3, 8.) Offenbarungen des gottl. Erbarmens (Röm. 12, 1) im Asyl Remismühle. 1885—1908. 2. Aufl. (190 S. m. 14 Taf.) 8. Remismühle 909. Gotha, Missionsbuchh. P. Ott. Kart. 1. 20

— für Kinder auf dem Lande. 8. Frankfurt, Eßlinger. 801.

Kraft und Licht. Hauptorgan f. d. techn. u. merkantilen Interessen d. gesamten Eisen-, Blech-, Metallwaren- u. Maschinenbranche, sowie d. Installations- u. Beleuchtungswesens mit Einschluß d. Elektrotechnik. (5ff.: Monatsbeil.: 'Das Acetylen. Zeitschrift f. d. gesamte Carbid- u. Acetylen-Industrie, Tabellenschatz f. Bur. u. Werkstatt'.) Verantwortl. Red.: Franz Liebetanz (6ff.: Hrsg. von J[ean] Gerlach unter Mitw. von Fr. Liebetanz). Jg. [1]–10, No 1–3. [Mehr nicht erschienen.] Düsseldorf: J. B. Gerlach & Co. 1895–1904. 10 Bde 4° [illegible]

Kraft u. Licht. Hauptorgan f. d. techn. u. merkant. Interessen d. ges. Eisen-, Blech-, Metallwaaren- u. Maschinenbranche, sow. d. Installations- u. Beleuchtungswesens m. Einschluss d. Elektrotechnik. Red.: Frz. Liebetanz. 1.—3. Jahrg. 1895—1897. à 52 Nrn. (à ca. 12 S. m. Abb.) gr. 4. Düsseldorf, J. B. Gerlach & Co. à Jahrg. n. 6. —; einz. Nrn. n. — 20

— — dasselbe. Hauptorgan etc., sow. f. Installation u. Elektrotechnik, m. d. Monatsbeilagen: „Das Acetylen" u. „Tabellenschatz f. Bureau u. Werkstatt". 4. Jahrg. 1898. 52 Nrn. (à ca. 12 S. m. Abb.) gr. 4. Ebd. n. 6. —; einz. Nrn. n. — 20
Kann auch vierteljährlich bezogen werden.

— **u. Licht.** Zeitschrift f. Fabrikbetrieb, Wasserversorgg., Beleuchtungswesen u. Installation, früher „Das Licht". Hrsg. unter Mitwirkg. v. Rich. Lorenz, J. S. Pernet, Hugo Strache u. a., sowie anderer hervorrag. Fachleute. 4. u. 5. Jahrg. 1901 u. 1902. à 24 Nrn. hoch 4. (à ca. 8 S. m. Abbildgn.) Zürich, Meyer & Hendess. à Jahrg. n. 4. —
Vergl.: Licht, das.

— u. Licht. Zeitschrift f. Fabrikbetrieb, Wasserversorgg., Beleuchtungswesen u. Installation, früher „Das Licht". 6.—8. Jahrg. 1903—1905. à 24 Nrn. (à ca. 8 S. m. Abbildgn.) hoch 4. Zürich, G. Meyer. à Jhrg. n. 4. —

— — dasselbe. 9. Jahrg. 1906. 24 Nrn. (à ca. 8 S. m. Abbildgn.) hoch 4. Ebd. n. 2. —
Erscheint nicht mehr.

— — Zeitschrift f. Maschinenbau, Beleuchtungswesen, Elektrotechnik u. Metallindustrie m. den Monatsbeilagen „Das Acetylen" u. „Tabellenschatz f. Bureau u. Werkstatt". Hrsg. v. J. Gerlach unter Mitwirkg. v. Fr. Liebetanz. 5.—8. Jahrg. 1899—1902. à 52 Nrn. gr. 4. (à ca. 12 S. m. Abbildgn.) Düsseldorf, J. B. Gerlach & Co. à Jahrg. n. 6.—

— — Zeitschrift f. Maschinenbau, Beleuchtungswesen, Elektrotechnik u. Metallindustrie m. den Monatsbeilagen „Das Acetylen". Zeitschrift f. die gesamte Carbid- u. Acetylen-Industrie, u. „Tabellenschatz f. Bureau u. Werkstatt". Hrsg. v. J. Gerlach unter Mitwirkg. v. Fr. Liebetanz. 9. u. 10. Jahrg. à 52 Nrn. (à ca. 8 S. m. Abbildgn.) gr. 4. Düsseldorf, J. B. Gerlach & Co. à Jhrg. n. 6. —
Fortsetzg., s.: Installateur- u. Klempner-Zeitung, deutsche.

Kraft und Licht. Jg. 1, No 1. Berlin: (Vaterländ. Verl.- u. Kunstanst.) 1906. 4° [F.] [illegible]

Kraft, die, der Liebe Christi, angepriesen und angewiesen in einer Erweckungs-Rede über die Worte Pauli. 2 Cor. 5, 14. Gehalten den 18. Oktbr. 1751, zu Mühlheim a. d. Ruhr und hrsg. von G. T. St. 8. Aufl. 24. (VI und 70 S.) Harrisburg 857. (Philadelphia, Schäfer und Koradi.) geb. *

Kraft, die magnetische u. electrische, in ihrer Anwendung überhaupt und als Ersatzmittel der Dampfkraft dargestellt. Besond. Abdruck aus Dr. Vogel's Geschichte der Erfindungen. 16. Leipzig 842, Thelle. (Brauns.) ⅙ ß

Kraft, Die, der Natur . . . [Bremen 1738.] V: *Renner, Caspar Frdr.* (MD)

Kraft, der Oberförster, u. seine Kinder. Darstellung der Häuslichkeit u. Liebe. Von der Verfass. der gesammelten Briefe v. Julie. 8. Leipz. 807. (Wienbrack). 1 ℔

Kraft, Der Oberförster, und seine Kinder. Darstellungen der Häuslichkeit . . . Leipzig 1817. V: *Engelhard, Caroline.* (GGr)

Kraft, der Oberförster und seine Kinder. Darstellung der Häuslichkeit u. Liebe, von d. Verfasserin d. gesam. Briefe von Julie. 8. Leipzig, Wienbrack. 817.

— die reinigende, des Blutes Gottes. 8. Prenzlau, Ragoczky. 745.

— die, d. Religion Jesu, in d. letzten Stunden d. Gerechten. 8. Hildburgh. 768. Hanisch Wwe. 16 ℔

Kraft und Schnelle des alten Peleus . . . [Halberstadt] 1797. V: *Gleim, Joh. Wilh. Ludw.* (MGT) (EE) (Ky) (GGr) (BrMm)

— u. Schnelle des alten Peleus, (v. J. W. L. Gleim). 8. Halberst. 797. Vogler. 4 ℔

Kraft und Schönheit, Monatsschr. f. moderne Körperkultur, begr. v. Karl Mann u. Fritz Hofmann, hrsg. v. G. Möckel, Jg. 1 u. folg. Berlin-Steglitz 1900—, 4° u. Gr.-8°. 21 Bde.

Kraft u. Schönheit. Illustr. Zeitschrift des deutschen Vereins f. vernünft. Leibeszucht. Hrsg.: Karl Mann, Fritz Hofmann. Schriftleiter: Karl Mann, v. Nr. 2 an: Gust. Möckel. 2. Jahrg. April 1902—März 1903. 12 Nrn. gr. 4. (à ca. 12 S.) Berlin (Schultze & Velhagen). n. 3.—
Der 1. Jahrg. ist vergriffen.

— u. **Schönheit.** Illustrierte Zeitschrift des deutschen Vereins f. vernünft. Leibeszucht. Hrsg.: Karl Mann, Fritz Hofmann. Sandow-Heft. Auswahl v. Artikeln des Jahrg. 1901/2. (20 S. m. Abbildgn.) gr. 4. Berlin-Steglitz (903). Verlag „Kraft u. Schönheit". n. — 50

— — dasselbe. Monatsschrift des deutschen Vereins f. vernünft. Leibeszucht. Begründer: Karl Mann, Fritz Hofmann. Hrsg.: Gust. Möckel. 3. Jahrg. April—Dezbr. 1903. 9 Nrn. (258 S. m. 90 Abb.) gr. 8. Ebd. n. 3.—

— — dasselbe. 4.—6. Jahrg. 1904—1906. à 12 Nrn. (384, 416 u. 384 S. m. 150, 160 u. 160 Abbildgn.) gr. 8. Ebd. à Jhrg. n. 4.—

— — dasselbe. 1.—5. Sonderheft. gr. 8. Ebd. à n. — 50
1. Sandow-Heft. 4. Aufl. 18.—20. Tauf. (44 S. m. Abb.) (904.)
2. Frauenschönheit. (40 S. m. Abbildgn.) (904.)
3. Rassenheft. (40 S. m. Abbildgn.) (904.)
4. Das Sportluftbad. (48 S. m. Abbildgn.) (905.)
5. Das Kleidungsheft. (48 S. m. Abbildgn.) (905.)

— u. **Schönheit.** Monatsschrift des Vereins f. Körperkultur. Begründer: Karl Mann, Fritz Hofmann. Hrsg.: Gust. Möckel. 7.—9. Jahrg. 1907—1909. à 12 Nrn. (à Jahrg. IV, 384 S. m. Abb.) gr. 8. Berlin-Steglitz, Verlag „Kraft u. Schönheit". à Jahrg. 4. —

Die **Kraft** in sich selbst. Ein Werk über prakt. Verwertung psycholog. Forschungen. (Hrsg.: Sydney Flower.) *Berlin: van Tuyl Daniels [1904].* (48 S.) 8° [F.] 04. 14339

Die zum Dienst des Forstwesens verstärkte Kraft des Hebels. - Erfurt 1751. 16 S., 2 Kupfertaf.

Kraft, d., der Wahrheit; eine wahre Gesch., v. T. Scott. 8. Frkft. Herrmann. 791.

Kraft, die, der Wahrheit, eine wahre Geschichte, von T. Scott, 8. Frankfurt, 791. Varrentrapp. 15 ſgl.

— über d. zurückwirkende, des Gesetzes. 8. Düsseld., Hofbuchh. 6 ℔

Kraft, s.a. K r a f f t

Kraft, Diss. de abusu spirituosorum et morbis ab eo provenientibus. Erf. 4°.

1798

Kraft (Hrsg.), s. B a h n frei!

Kraft, Ueber die Finsternisse der 27 Jahre des Peloponnesischen Krieges von Frühlingsanfang 431 bis 404. Pr. 1846. 6 S. 4°. 1.—

Kraft, Hofgerichtsrath Dr., Die Organe zur Verwirklichung einer deutschen Reichsregierung. Ein Vortrag gehalten im vaterländischen Verein zu Gießen am 29. Januar 1849.[1]) Darmstadt, Jacoby, 1849. II, 11 S. 8°.

Kraft, die Religionen aller Völker in philosoph. Darstellung. gr. 8. (VIII und 262 S.) Stuttgart 848, Franckh'sche Vrlgsh.
Aus: Neue Encyklopädie der Wissenschaften und Künste rc., besonders abgedruckt.

Kraft, A., Auswahl der besten Obstsorten, die in der Schweiz als Tafel- u. Mostobst zu empfehlen sind, u. der in der Schweiz anerkannten besten Trauben f. Tafel- u. Weintrauben, s.: **Boßhard, Ab.**

Kraft, A., die Blutlaus, s.: Mühlberg, F.

Kraft, A., Ferienheime, s.: Schweizer-Zeitfragen. 88. Heft.

Kraft, A., der Haus- und Gemüsegarten. Praktische Anleitung zur Erziehung und Pflege der Küchengewächse, des Zwerg- und Beerenobstes, sowie der Tafeltrauben im freien Lande, mit Angabe der verschiedenen Conservierungs- und Verwendungsmethoden. Den Frauen und Jungfrauen gewidmet. (VII, 118 S. mit 1 Tab. und 2 Stnt. in qu. 4.) 1877; 2. verb. Aufl. 8. (VII, 122 S. mit 1 Tab. und 2 Stnt.) Frauenfeld 878, Huber. *ℳ 1.; cart. *

—— dass. — Praktische Anleitung zur Kultur der Küchengewächse, der Blumen, des Zwergobstes, der Beerenfrüchte und der Tafeltrauben im freien Laube, mit Angabe der verschiedenen Conservirungs- und Verwendungsmethoden. Den Frauen und Jungfrauen gewidmet. 3. durchgeseh. und stark verm. Aufl. 8. (VII, 140 S. mit 1 Tab. und 3 Stnt.) Ebendas. 879. cart. *

Kraft, A., der Haus- und Gemüsegarten. Praktische Anleitung zur Kultur der Küchengewächse, der Blumen, des Zwergobstes, der Beerenfrüchte und der Tafeltrauben im freien Laube, mit Angabe der verschiedenen Konservirungs- und Verwendungsmethoden. 4. durchges. und stark verm. Aufl. 8. (VIII, 147 S. mit 3 lithogr. Taf. und 2 Tab.) Frauenfeld 883, Huber. cart. *

Kraft, A. Der Haus- u. Gemüsegarten. Praktische Anleitg. zur Kultur der Küchengewächse, der Blumen, d. Zwergobstes, der Beerenfrüchte u. der Tafeltrauben im freien Lande, m. Angabe der verschiedenen Konservierungs- u. Verwendungsmethoden. 5. durchgeseh. Aufl. Mit 3 lithogr. Taf. u. 2 Tab. 8. (X, 150 S.) Frauenf. 890, Huber. cart. * 1 60

Kraft, A., der Haus- u. Gemüsegarten. Praktische Anleitg. zur Kultur der Küchengewächse, der Blumen, des Zwergobstes, der Beerenfrüchte u. der Tafeltrauben im freien Lande, m. Angabe der Konservierungs- u. Verwendungsmethoden. 6., durchgeseh. Aufl. 8. (VIII, 152 S. m. 2 Tab. u. 3 Taf.) Frauenfeld 894. J. Huber's Verl. Geb. in Leinw. n. 2. —

Kraft, A. Der Haus- und Gemüsegarten. Praktische Anleitung zur Kultur der Küchengewächse, der Blumen, des Zwergobstes, der Beerenfrüchte u. Tafeltrauben im freien Lande mit Angabe der verschiedenen Konservierungs- u. Verwendungsmethoden. Den Frauen und Jungfrauen gewidmet. 7. durchgesehene Aufl. Mit 3 lithograph. Tafeln u. 2 Tab. In-8°. VIII, 156 S. Frauenfeld, J. Hubers Verlag. 1896 Leinwd. 2 —

Kraft, A., der Haus- u. Gemüsegarten. Prakt. Anleitg. z. Kultur d. Küchengewächse, d. Blumen, d. Zwergobstes, der Beerenfrüchte u. der Tafeltrauben im freien Lande m. Angabe d. verschied. Konservierungs- u. Verwendungsmethoden. 8., durchgeseh. Aufl. 8. (VIII, 160 S. m. 3 Taf. u. 2 Tab.) Frauenfeld 899. J. Huber. Geb. in Leinw. n. 1. 60

Kraft's, A., Haus- u. Gemüsegarten. Praktische Anleitg. zur Kultur der Küchengewächse, der Blumen, des Zwergobstes, der Tafeltrauben am Rebspalier, des Beerenobstes sowie and. Obstarten im freien Lande nebst Angabe der verschied. Konservierungs- u. Verwendungsmethoden. 9., erweit. Aufl., bearb. v. Fr. Heinzelmann. (XI, 220 S. m. 32 Abbildgn. u. 4 Taf.) 8. Frauenfeld 903. Huber & Co. Geb. in Leinw. n. 2. 20

Kraft's, A., Haus- u. Gemüsegarten. Praktische Anleitg. zur Kultur der Gemüse im Garten u. Feld, der Blumen im Garten u. Topfe, des Zwergobstes, der Tafeltrauben am Rebspalier, des Beerenobstes sowie anderer Obstarten im freien Lande, nebst Angabe der verschied. Konservierungs- u. Verwendungsmethoden. 10., erweit. Aufl., bearb. v. Fr. Heinzelmann. (XII, 265 S. m. 121 Abb. u. 4 Taf.) 8. Frauenfeld 910. Huber & Co. Geb. in Leinw. 3. —

— Krankenkassen u. Ärzte, s. Zeitfragen, sozialpolitische, der Schweiz. 8. Heft.

Krankenkassen und Ärzte. Von Dr. A. Kraft, Schularzt. Zürich: Buchh. d. Schweiz. Grütlivereins 1910. 40 S. 8°
(Sozialpolitische Zeitfragen d. Schweiz. H. 8.) (11. 1327

— und H. Boßhard, die Kultur der Zwergobstbäume und des Beerenobstes. Mit besond. Berücksicht. der schweizer. Verhältnisse bearb. gr. 8. (VIII, 100 S. mit zahlreichen Abbild. im Text.) Frauenfeld 888, Huber. cart. * 2 —

— Obst und Wein, s. Bericht über Gruppe 26 der schweizerischen Landesausstellung Zürich 1883.

Kraft, A., die Obstbauschule. Anleitung zur Erziehung und Pflege der Obstbäume sowie zur Bereitung des Mostes und zum Dörren des Obstes. 1. Aufl. (VI, 72 S.) 874. * 80 Pf., und 2. verb. Aufl. 8. (VIII, 96 S. mit 5 lithogr. Taf.) Frauenfeld 874, Huber. 1 —

Kraft, A., die Obstbauschule. Anleitung zur Erziehung und Pflege der Obstbäume, sowie zur Bereitung des Mostes und zum Dörren des Obstes. 3. durchgeseh. und stark verm. Aufl. 8. (VIII, 120 S. mit 5 lithogr. Taf.) Frauenfeld 879, Huber. cart. *

— die Obstbauschule. Anleitung zur Erziehung und Pflege der Obstbäume, sowie zur Bereitung des Mostes und zum Dörren des Obstes. Mit 7 lithogr. Taf. 4. durchges. und stark verm. Aufl. (VIII, 124 S.) 1881. cart. * ℳ 1,40.; 5. durchges. und stark verm. Aufl. 8. (X, 157 S.) Frauenfeld 884, Huber. *

— le Puceron lanigère, s.: Mühlberg, F.

— der Weinstock und seine Kultur, nebst Verzeichniß und Beschreibung der in der Schweiz am meisten angebauten Traubensorten. 8. (III, 144 S. mit 4 lithogr. Taf.) Ebendas. 882. cart. *

Kraft, Ad. Fr., ausführliche Unterweisung allerley schädliche Thiere auszurotten. 2 Thle. m. K. 4. Nürnb. Schneider u. Weigel. 713.

Kraft, Adam, s. Krafft, Adam

Kraft, Adolf, med. prakt. in Arbon [von Brugg, Kt. Aargau]: Ueber Typhöse Darmblutungen '(aus der medicin. Klinik in Zürich)'. Arbon G. Rüdlinger Dr. 1891. 77 S., 1 Bl. 8°.
' Zürich, Med. Diss. [v. 8. Aug. 1891].

Kraft, Adolph, appr. Arzt a. Märkisch-Friedland: Die Dercumsche Krankheit. Berlin (1907): G. Schade. (30 S.) 8°
Berlin, Med. Fak., Ref. Kraus, Diss. v. 6. Juli 1907
[Geb. 29. Sept. 80 Märkisch-Friedland; Wohnort: Märkisch-Friedland; Staatsangeh.: Preußen; Vorbildung: Königstädt. Gymn. Berlin Reife M. 00; Studium: Berlin 7, Freiburg i. B. 1, Berlin 2 S.; Coll. 3. Juli 07; Approb. 6. Nov. 06.]

Kraft, A[dolf]. Patriotismus und Sozialdemokratie. Ein Vortrag, gehalten am Vorabend der Bundesfeier 1906... in Basel, auf Veranlassung des Arbeiterbundes und der Sozialdemokratischen Partei. 22 S. 8. Basel, Verlag des Arbeiterbundes (Genossenschafts-Buchdr., 1906). (fr. —.15)

Kraft, A., die Schulbaraken der Stadt Zürich. (61 S. m. 17 Abbildgn. im Text u. auf 11 Taf.) gr. 8. Zürich 906. Art. Institut Orell Füssli. n. 1. —
Sonderabdruck aus: „Schweiz. Zentralbl. f. Staats- u. Gemeindeverwaltg."

Kraft, A[dolf]. Die Temperaturverhältnisse in zürcherischen Schulbaraken. Bericht erstattet an den Schulvorstand der Stadt Zürich. [Mit 2 graphischen Tafeln.] (Separat-Abdruck aus dem Schweizerischen Zentralblatte für Staats- und Gemeinde-Verwaltung. Jahrg. 6, 1905/06, Nr. 19...) II + 19 S. 8. Zürich, Orell Füssli, 1905.

Kraft, A[dolf]. Waldschulen. Mit 4 Abbildungen [auf 2 Tafeln]. (Separat-Abdruck aus dem Schweizerischen Zentralblatte für Staats- und Gemeinde-Verwaltung. Jahrg. 8, 1907/08, Nr. 21, 22, 23.) 28 S. 8. Zürich, Orell Füssli, 1908. [fr. —.80]

Kraft, Albert, aus Gera, Reuß: Ueber ganze transcendente Funktionen von unendlicher Ordnung. *Göttingen 1903: Dieterich.* (76 S.) 8°
Göttingen, Phil. Diss. v. [5. Sept.] 1903

Kraft, Alb., über ganze transcendente Functionen v. unendlicher Ordnung. Diss. (75 S.) gr. 8. Göttingen 903. (Vandenhoeck & Ruprecht.) n. 2 —

Kraft, Albert, s. Krafft, Albert

Kraft, Albrecht, s. Krafft, Albrecht

Marc Aurels „Selbstbetrachtungen“ im Lichte der freimaurerischen Ethik. Vorgetragen am Disskussionsabend der ☐ v. F. z. M. [in Hamburg] am 4. Okt. 1907 von Aug. **Kraft.** [Hamburg 1907: Rougemont.] 6 Bl. 8° [Umschlagtit.]
Üb. die ethischen Grundsätze Marc Aurels in bezug auf die Frmrei.
Rekt. Kneisner, Hamburg.

Verzeichnis der Bücherei der St. Johannis-Loge „Vom Fels zum Meer“ im Or. Hamburg. Bestand vom September 1910. [Zusammengestellt von Aug. Kraft.] [Hamburg] o. J. 7 Bl. 8°. [Lith.]

Verzeichnis der Bücherei der St. Johannis-Loge „Vom Fels zum Meer“ im Or. Hamburg. [Zsgest. von Aug. **Kraft.**] Bestand vom Sept. 1910. [Hamburg 1910.] 4 Bl. 8° [Umschlagtit.]
Das Titelblatt ist gedruckt, das Verzeichnis selber autographiert.

Kraft, August Magnus (Niedertrebra/Thüring.), De notione philosophiae in Platonis *ΕΡΑΣΤΑΙΣ* obvia. — Viris Carolo Gottlobio Sonntagio et Abrahamo Theophilo Raabio summos in philosophia honores gratul. Lpz. 1786. 28 Seiten. (5.50) 19247
Gratul.: M. F. Bech (Coelleda/Thür.), F. L. Becher (Ehrenfriedersdorf), F. C. Grimm (Reichenbach/Vogtl.), I. A. L. Heimbach (Eisleben), C. D. Ilgen (Burgholzusa/Thüring.)

Kraft, Ch., die Einmachekunst u. die Obstweinbereitung. Ferner: Das Backen u. Einschlachten rc. Enth.: Eine ausführl. Darstellg. der ganzen Einmachekunst, der Bereitg. der Fruchtsäfte, Fruchtgelees, Fruchtliqueure u. des Obstweines. Ferner: Das Brot- u. Kuchenbacken. Das Einschlachten, Wurstmachen. Die Behandlung der Milch, des Seifekochen rc. 1. u. 2. Aufl. 8. (à IV, 139 S. m. Abbildgn.) Braunschweig 899. 900. F. Euler. n. 1.—

Kraft, Ch., die Einmachekunst u. die Obstweinbereitung. Ferner: Das Backen u. Einschlachten etc. Enth.: Eine ausführl. Darstellg. der ganzen Einmachekunst, der Bereitg. der Fruchtsäfte, Fruchtgelees, Fruchtliqueure u. des Ostweines. 8. Aufl. (IV, 148 S. m. Abbildgn.) 8. Berlin 910. F. Euler. 1.—

— illustr. Muster-Kochbuch f. einfache u. feine Küche, f. Anfänger u. Geübte. Enth.: Anleitung zum richt. Kochen u. Braten u. e. vollständ. Sammlung der besten Koch-, Brat-, Back- u. Einmache-Rezepte. Ferner: Tischdecken, Serviettenbrechen, Servieren, Tranchieren. Rechtschreibung der Speisenkarte, das richt. Benehmen bei Tische. Nährwert der Speisen, Winke beim Einkauf. Zusammenstellung v. 100 guten, bill. Mahlzeiten. Das Einmachen, Backen u. Einschlachten. Mit Anh.: Hauswirtschaftliches. Reinigungsarbeiten, Behandlg. d. Wäsche, Fleckenreinigg., allerlei Rezepte u. Anweisgn. 6. Aufl. 8. (VIII, 831 S. m. Abbildgn.) Berlin 899. Aug. Schultze's Verl. Geb. in Leinw. n. 6.—

Kraft, Ch., Muster-Kochbuch f. einfache u. feine Küche. Enth.: Eine vollständ., reichhalt. Sammlg. der besten Koch-, Back- u. Einmache-Rezepte f. einfache u. feine Küche, Anfänger u. Geübte, nebst Mitteilg. üb. alles der Hausfrau Wissenswerte, wie: Nährwert der Speisen, Tischdecken, Servieren, Tranchieren, Regeln beim Einkauf. Mit Anh. Hauswirtschaftliches. 8. (XX, 608 S.) Berlin 893. Aug. Schultze's Verl. Geb. in Leinw. 4. 50

— das Tischdecken, das Serviettenbrechen, Servieren, Tranchieren. Ferner: Das richt. Benehmen bei Tische. Nährwert der Speisen. Winke beim Einkauf. Zusammenstellung der Mahlzeiten. 100 gute, billige Gerichte u. Rechtschreibg. der Speisenkarte. 8. (III, 176 S.) Braunschweig 899. F. Euler. n. 1.—

— Das Tischdecken, das Serviettenbrechen, Servieren. Ferner: Das richt. Benehmen bei Tische. Nährwert der Speisen. Winke beim Einkauf. Zusammenstellung der Mahlzeiten. 100 gute, bill. Gerichte u. die Rechtschreibg. der Speisenkarte. 6. Aufl. (III, 176 S. m. Abbildgn.) 8. Ebd. 910. 1.—

Kraft, Chr. Gli., († d. 30. Aug. 1771.), s. Testament, d. neue.

(Kraft, Christ.,) Generalbaß zu d. literar. Variationen rc., s. Generalbaß.

— **Christian August** (Nieder-Trebra/Thüring.), Meletemata de incremento, seu priore aetatis humanae periodo. Diss. med. Präs. Christian Gotthold Eschenbach. Lpz. (Klaubarth) 6. VII. 1813. 44 S. (5.50) 19248
Gew.: Carl Friedrich Gustav Klug (Leipzig).

Kraft, C. L., immerwähr. Kalender, f. Zinsen- u. jede Art Zeitberechnungen, nach d. Jahreseintheil. zu 365 Tagen, woraus die zwischen zwei gegeb. Terminen liegende Zahl von Tagen augenblickl. ersehen werden kann. gr. 8. (1 B.) Stuttgart 837, Erhard.
Aus nachstehendem Werke besond. abgedruckt.

Kraft, C. L., Tafeln z. einfachsten u. kürzesten Berechn. d. Zinsen zu 3, 3½, 4, 4½, 5, 5½, u. 6%, f. jede Münzwährung, jed. Cap. u. jed. Zeitraum d. merkantil. Jahres v. 360 Tagen. Mit e. Anleit., wie mittelst ders. Tafeln die Zinsen eben so leicht f. d. gewöhnl. bürgerl. Eintheil. d. Jahrs in 365 Tage gefunden werden können. Ohne Druck- u. Rechnungsfehler. gr. 8. (7 B.) Stuttgart 838, Erhard. Thlr.

—— Tafeln z. leichten u. genauen Berechn. d. zusammengesetzten Zinsen (Zinsen aus Zinsen), d. Zeitrenten, Leibrenten, Lebensversicherungen rc. Nach d. Zinsfuße zu 3, 3½, 4, 4½, 5, 5½ u. 6% v. 1—100 Jahren durchgeführt u. durch Beispiele erläutert. gr. 8. (6¾ B.) Stuttgart 839, Erhard.

—— Tafeln z. schnellen u. sichern Berechn. d. Zinsen aus 1—20000 Cap., v. 1 bis zu 365 Tagen, zu 3, 3¼, 3½, 3¾, 4, 4¼, 4½, 4¾, 5. u. 6%, nach ein. sehr einfachen u. erleichternden Einricht. f. jede d. in Deutschland u. d. angränz. Ländern gelt. Münzwährungen gleich brauchbar. Mit e. Tab., vermittelst deren d. Zinsen f. jed. Cap., jed. Zinsfuß u. jede Zeit sich leicht berechnen lassen, u. ein. Zeittafel. gr. 8. (28¾ B.) Stuttgart 837, Erhard.

Kraft, C. L., Tafeln z. schnellen u. sichern Berechnung d. Zinsen aus 1 bis 20000 fl. Capital, von 1 bis 365 Tagen, zu 3, 3½, 3¾, 4, 4¼, 4⅓, 4½, 4¾, 5 u. 5½ %. Mit e. Zeitberechnungstafel, auf welcher die zwischen zwei gegebenen Terminen liegende Zahl von Tagen augenblickl. gefunden werden kann. Neue Ausg. gr. 8. (24½ B.) Stuttgart 844, Erhard. Thlr.

Kraft, C. L., Tafeln zur schnellen und sichern Berechnung der Zinsen aus 1 bis 200,000 Fl. Capital, von 1 bis zu 365 Tagen, zu 3, 3½, 3¾, 4, 4¼, 4½, 4¾, 5 u. 5½ %. Mit einer Zeitberechnungstafel, auf welcher die zwischen zwei gegebenen Terminen liegende Zahl von Tagen augenblicklich gefunden werden kann. 4. (Titel-)Ausg. Stuttgart (839.) 858. Erhard. gr. 8. (VIII S., 192 Bl.) 1 ₰.

Kraft E L, Tafeln zur schnellen und sicheren Berechnung der Zinsen. Stuttgart 1844

Kraft, C. L., Zins-Tafeln, enthltd.: die Berechnung der Zinsen aus 1 bis 20000 Fl. Capital, von 1 bis 365 Tagen, zu 3½, 3¾, 4 u. 5%. Nach Gulden zu 60 Kr. Mit einer Zeitberechnungstaf., einer Tab. über Ratenberechnung von Gehalten, einer Anleitung zur Versetzung der Gulden u. Tage etc. Ausg. mit 6 Zinsfüßen. 6., ster. Aufl. Stuttgart 867. Metzler's Verlag. gr. 8. (VIII, 376 S.) geb. n. 1 ₰ 1 ngr.

— — Mit einer Zeitberechnungstaf., einer Zusammenstellung der Rechnungsmünzen aller europ. Staaten u. ihres Werthes in süddeutschem Gelde etc. Ausg. mit 9 Zinsfüßen. Ebend. 867. gr. 8. (IV, 375 S.) geb. n. 1 ₰ 21 ngr.

Kraft, C. L., Zinstafeln enth. die Berechng. der Zinsen aus 1—20,000 Capital von 1 bis zu 365 Tagen zu ¼ %, 3%, 3½%, 4%, 4½%, u. 5%. Für deutsche Reichsmark, oesterreich. Gulden, Franken, u. jede Währg., welcher e. Theilg. der Einheitsmünze in 100 Theilen zu Grunde liegt. Mit e. Zeitberechnungstafel, e. Zusammenstellg. aller Rechnungsmünzen d. Auslandes, sowie Norddeutschlands, Süddeutschlands, Oesterreichs, Frankreichs u. der Vereinigten Staaten m. der deutschen Reichswährg., nebst e. durch Beispiele unterstützten Anleitg. zum Gebrauch der Tafeln u. ihrer Verwendg. zur leichten Berechng. der Zinsfüße ¼%, bis 10%, von viertel zu viertel %, sowie ⅓% gr. 8. (XIV, 368 S.) Stuttgart 874. Bonz & Co. n 4. 20

Kraft, C. L., Zinstafeln enth. die Berechnung der Zinsen aus 1—20,000 Capital von 1 bis zu 365 Tagen zu ¼ %, 3 %, 3½ %, 4%, 4½% und 5%. Für deutsche Reichsmark, oesterreich. Gulden, Franken, und jede Währung, welcher eine Theilung der Einheitsmünze in 100 Theilen zu Grunde liegt. Mit einer Zeitberechnungstafel, einer Zusammenstellung aller Rechnungsmünzen des Auslandes, sowie Nord-Deutschlands, Süddeutschlands, Oesterreichs, Frankreichs und der Vereinigten Staaten mit der deutschen Reichswährung, nebst einer durch Beispiele unterstützten Anleitung zum Gebrauch der Tafeln und ihrer Verwendung zur leichten Berechnung der Zinsfüße ¼% bis 10%, von viertel zu viertel %, sowie ⅓%. gr. 8. (XIV, 368 S.) Stuttgart 874, Metzler's Verlag. geb. *

Kraft, C. L., Zinstafeln zur schnellen und sichern Berechnung der Zinsen aus 1 bis 20000 fl. Capital, von 1 bis zu 365 Tagen, zu 3, 3½, 3¾ etc. und 5½ %. Mit einer Zeitberechnungstafel, in welcher die zwischen zwei gegebenen Terminen liegende Zahl von Tagen augenblicklich gefunden werden kann. 5. Aufl. Stuttgart 864. Metzler. gr. 8. (VIII, 383 S.) n. 1 ₰ 2 ngr.

Kraft's, C. L., Zinstafeln zur schnellen und fehlerlosen Berechnung der Zinsen aus 1 Mark bis zu 20000 Mark Capital zu ¼ %, 3 %, 3½ %, 4 %, 4½ % und 5 % von 1 bis zu 365 Tagen. Mit Zeitberechnungstafel, sowie einer Anleitung zur leichten Verwendung der Tafeln für die Zinsfüße von ⅓% und ¼% bis 10 % [von Viertel zu Viertel.] 2. Aufl. (XIV, 368 S.) 1877. *M 4.; 3. Aufl. mit Anhang: Zinstafeln für das Jahr zu 360 Tagen, nebst besond. Zeitberechnungstafel. gr. 8. (XIV, 380 S.) Stuttgart 883, Metzler'sche Buchh. geb.

Kraft, C. L. Zinstafeln zur schnellen u. fehlerlosen Berechnung der Zinsen aus 1 Mark bis 20000 Mark Capital zu ¼%, 3%, 3½%, 4%, 4½% u. 5% von 1 bis zu 365 Tagen. Mit Zeitberechnungstafel, sowie e. Anleitg. zur leichten Verwendg. der Tafeln f. die Zinsfüße v. ⅓% u. ¼% bis 10% [von Viertel zu Viertel]. Mit Anh.: Zinstafeln f. das Jahr zu 360 Tagen, sowie Tabelle zu Ratenberechnungen. 4. Aufl. gr. 8. (XVI, 384 S.) Stuttg. 891, Metzler's Verlag. geb. in Leinw. 3 30

Kraft's, C. L., Zinstafeln zur schnellen u. fehlerlosen Berechnung der Zinsen auf 1 Mark bis 20000 Mark Capital zu ¼%, 3%, 3½%, 4%, 4½% u. 5% von 1 bis zu 365 Tagen. Mit Zeitberechnungstafel, sowie e. Anleitung zur leichten Verwendg. der Tafeln f. die Zinsfüße von ⅓% u. ¼% bis 10% (von Viertel zu Viertel). Mit Anh.: Zinstafeln f. das Jahr zu 360 Tagen, sowie Tabelle zu Ratenberechngn. 5. Aufl. gr. 8. (XVI, 384 S.) Stuttgart (899). J. B. Metzler. Geb. in Leinw. 3.30

Kraft's, C. L., Zinstafeln zur schnellen u. fehlerlosen Berechnung der Zinsen aus 1 Mark bis 20000 Mark Kapital zu ¼%, 3%, 3½%, 4%, 4½% u. 5% von 1 bis zu 365 Tagen. Mit Zeitberechnungstafel, sowie e. Anleitg. zur leichten Verwendg. der Tafeln f. die Zinsfüße v. ⅓% u. ¼% bis 10%. (von Viertel zu Viertel). Mit Anh.: Zinstafeln f. das Jahr zu 360 Tagen, sowie Tabelle zu Ratenberechnungen. 6. Aufl. (XVI, 382 S.) 8. Stuttgart (906). J. B. Metzler. Geb. in Leinw. n. 3. 30

Kraft, Em[anuel]. La toux. La pharyngite, la laryngite, la bronchite, la fluxion de poitrine, la coqueluche, la influenza. Leurs causes, leur caractère et leur traitement. Traité populaire ([recommandant] l'Histosan, Préparé par la Fabrique de produits chimiques et diététiques, Schaffhouse...). IV + 47 p. kl.-8. (Schaffhouse, H. Meier & Cie., [1906].)

Kraft, Ernst, aus Hohenmölsen, Apothekenbesitzer zu Bad Kissingen: Beiträge zur Biologie des Bacterium prodigiosum und zum chemischen Verhalten seines Pigmentes. *Würzburg 1902: Memminger.* (100 S.) 8°
Würzburg, Phil. Diss. v. 1902

Kraft, Ernst, Hamburg's regelmässige Dampfschiffs-Verbindungen. Mit einem Register. 16. (32 S.) Hamburg 882, Boysen. *

Kraft, Ernst, analytisches Diagnostikum. Die chem., mikroskop. u. bakteriolog. Untersuchungsmethoden v. Harn, Auswurf, Magensaft, Blut, Kot usw. Ein Handbuch zum Gebrauche f. Ärzte, Apotheker, Chemiker u. Studierende. (XVI, 405 S. m. 146 Abbildgn., 4 farb. Taf. u. 1 Bl. Erklärgn.) gr. 8. Leipzig 909. J. A. Barth. 9.—; geb. in Leinw. 10.—

Kraft, Ernst, Lohn-Tabellen nach dem 100theiligen Münzsystem. Zum Gebrauch für Bauunternehmer, Bauherren, Fabrikanten und für alle Diejenigen, welche Tagelohn auszahlen. 8. (81 S.) Stuttgart 875, Bruchmann.

Kraft, Ernst, Lohn-Tabellen nach dem 100theiligen Münzsystem. Zum Gebrauch für Bauunternehmer, Bauherren, Fabrikanten und für alle Diejenigen, welche Tagelohn auszahlen. 2. Aufl. 8. (81 S.) Rudolstadt 885, Klinghammer. * 1 —

Winke für die Ausführung chemisch-bakteriologischer Arbeiten auf dem Gebiete der Harn-, Sputum-, Faeces- etc. Untersuchungen. Von Dr. Ernst Kraft, Kissingen. Berlin: Deutsch. Apotheker-Ver. 1905. (35 S.) 8°

Kraft, F., Beitrag zur Lehre von dem Consens der Agnaten zur Veräußerung eines Lehns, insbesondere nach sächsischem Recht, erläutert durch Darstellung und Begutachtung eines Rechtsfalles in Sachen der Gebr. Frhrn. v. Gleichen gen. Rußwurm, Kläger und Appellanten, gegen den großherzogl. sachsen-weimar'schen Kammer-Fiscus, Beklagten und Appellaten, Vindication der lehnbaren Rittergüter Tannenroda, Cottendorf und Saufeld betr. gr. 8. (56 S.) Darmstadt 853, Leske. *

—— weiterer Beitrag zur Lehre von dem Consens der Agnaten zur Veräußerung eines Lehns, insbesondere nach sächs. Recht durch nachträgliche Mittheilung der durch die Juristen-Facultät zu Berlin erfolgten Entscheidung des Rechtsfalls in Sachen der Gebr. Frhrn. v. Gleichen gen. Rußwurm, Kläger und Appellanten gegen den großherzogl. sachsen-weimar'schen Kammer-Fiscus, Beklagten und Appellaten, Vindication der lehnbaren Rittergüter Tannenroda, Cottendorf und Saufeld betr. gr. 8. (16 S.) Darmstadt 853, Leske. *

—— einige Bemerkungen u. Zweifel zu d. Schrift „Ein kurzes Wort an die Denkenden in Deutschland über die gegenwärt. religiös. Bewegungen rc. v. Leop. Schmid." gr. 8. (2 B.) Friedberg 845, Bindernagel.

Kraft, F., eine andere Betrachtung d. neuesten kirchl. Ereignisse insbesond. der deutsch-kathol. Kirchen-Verbindung aus d. Standpunkte des Rechts u. der Politik. gr. 8. (4 B.) Friedberg 845, Bindernagel. *

Kraft F., üb. d. Entwicklg. d. theoret. Chemie 1876.
—.00

Kraft, F., Geschichte v. Gießen u. der Umgegend von der ältesten Zeit bis zum J. 1265. Auf Grund der Materialsammlg. des Localvereins f. die Geschichte v. Gießen zusammengestellt. gr. 8. (XV, 336 S. m. 1 farb. Karte.) Darmstadt 876. (A. Bergsträsser.) n. 3. —

F. KRAFT, Geschichte von Giessen und der Umgegend von der ältesten Zeit bis zum Jahr 1265. Auf Grund der Materialsammlung des Localvereins für die Geschichte von Giessen zusammengestellt. (Mit 1 Tafel.) Darmstadt, 1876. Auf Kosten und im Verlage des historischen Vereins für das Grossherzogthum Hessen. (Hofbuchhandlung von A. Klingelhöffer.) 8°.

—— der Staat u. die Ultramontanen. Ein rechtl. Bedenken üb. die kirchl. Fragen unserer Zeit. gr. 8. (9⁵/₈ B.) Friedberg 845, Bindernagel. *

—— die Verpachtung v. Landgütern mit Guts-Inventarien. Gekrönte Preisschrift. gr. 8. (5 B.) Altenburg 845, Schnuphase'sche Buchh.

— die Verpachtung von Landgütern mit Guts-Inventarien. (Eine Abhandlung über die Frage: Welche Maasnahmen sind die geeignetsten, um bei pachtweiser Annahme und Rückgabe von Landgütern den Verlusten und Streitigkeiten vorzubeugen rc.? Gekrönte Preisschrift. 2. (Titel-)Aufl. Altenburg (845.) 853. Schnuphase. gr. 8. (X, 69 S.) n. 10 ngr.

Abriss des geometrischen Kalküls. Nach d. Werken des Prof. Dr. Hermann Günther Grassmann bearb. v. Ferdinand Kraft, Privatdoc. an d. Univ. Zürich. M. in d. Text gedr. Figuren. *Leipzig: B. G. Teubner 1893.* (XII, 255 S.) 1 Bd 8. [96. 1045

Kraft, Ferd., Sammlung von Problemen der analytischen Mechanik. Zum Gebrauche bei Vorlesungen und zur Übung für die Studierenden der theoret. Mechanik an Universitäten und techn. Hochschulen. 11 Lfgn. oder 2 Bde. gr. 8. (VIII, 650; VII, 656 S. mit eingedr. Fig.) Stuttgart 884,85, Metzler'sche Buchh. à Lfg. *M 2. *

Kraft, Fr., für Kinder auf d. Lande, gesammelt u. herausg. 8. Frankf. a. M. 787. (Schäfer). 8 K

Kraft, Frz. v., Talmi. Sittenroman aus dem Offiziersleben. (XV, 223 S.) 8. Leipzig (910). K. G. Kummer. 3.—; geb. 3.75

Kraft, Frieda Erika, Elisabeth v. Brandenburg. Drama in 5 Aufzügen. (116 S.) 8. Schwerin 905. F. Bahn. n. 1.80

Kraft, Frida Erika, Runen. Dichtungen. (IV, 108 S.) kl. 8. Berlin (907). Vaterländ. Verlags- u. Kunstanstalt. 1.—; geb. in Leinw. 2.—

Kraft, Friedrich (Grünberg)
Diss. inaug. De absentia ejusque effectibus; et theses.
Giessae 1828.
Diss. jur. 11.1.1828.

Kraft, Friedrich, aus Brugg ([Kt.] Aargau): Ueber die Bedingungen des Auftretens von Stereoisomerie bei Stickstoffverbindungen. Brugg Buchdr. Effingerhof Dr. 1891. 48 S. 8°.
Zürich, Phil. Diss. [v. 13. Juli 1891].

Kraft, Frdr., zur Erinnerg. an die Goethefeier der Goetheschule in Offenbach a. M. am 28., 29. u. 30. VIII. 1899. Allen Mitarbeitern u. Teilnehmern, wie allen Freunden der Goetheschule gewidmet. gr. 8. (77 S. m. Abbildgn. u. 1 Bildnis.) Offenbach 899. (Frankfurt a/M., A. Detloff.) n.n. 2.—

Zur Erinnerung an die Goethefeier der Goetheschule in Offenbach a. M. am 28., 29. u. 30. August 1899. Allen Mitarb. u. Teilnehmern gewidmet von Friedrich Kraft, Grossh. Hess. Lehramts-Assess. *Offenbach a. M. 1899: Seibold.* (77 S.) 8° [Fr.] [99. 1229

Kraft, Fr[iedrich], Dr.: Rostands Princesse lointaine als Schullektüre. Worms 1907: A. K. Boeninger. (62 S.) 8°
Worms, großh. OR P 1907 (818)

Rostands Princesse lointaine als Schullektüre. Zur Einführung u. Ergänzung d. Schulausg. Von Dr. Fr. Kraft. Marburg a. L.: A. Ebel 1907. (62 S.) 8° [07. 10185 4

Kraft, Friedr., zur Tabaksteuerfrage. Mannheim 867. (Schneider.) 8. (29 S.) 3½ ngr.

Kraft, Friedrich (Grünberg)
Thesen aus der gesammten Rechtswissenschaft, welche zur Erlangung der Würde eines Doctors beider Rechte am 11. Januar 1828 öffentlich vertheidigen wird Friedrich Kraft aus Grünberg.
Giessen: Heyer 1828. 7 S. vorh. 26.
Dr. jur. 11.1.1828.

Kraft, Frdr., Heinrich Steinhöwels Verdeutschung der Historia Hierosolymitana des Robertus Monachus, s. a. Quellen u. Forschungen zur Sprach- u. Culturgeschichte der german. Völker.

Kraft, Friedrich, a. Gießen: Heinrich Steinhöwels Verdeutschung der Historia Hierosolymitana des Robertus Monachus. Eine litterarhistorische Untersuchung. Straßburg: K. J. Trübner 1905. (46—151 S.) 8° ¶(Kap 3 d. eingereichten Arbeit. Erschien vollst. als: Quellen und Forschungen zur Sprach- u. Culturgesch. d. german. Völker H. 96.)
Gießen, Phil. Fak., Ref. Behaghel, Diss. v. 7. Okt. 1905
[Geb. 21. Mai 69 Gießen; Wohnort: Worms; Staatsangeh.: Hessen; Vorbildung: Realgymn. Gießen Reife O. 88; Studium: Gießen 8 S.; Rig. 23. Dez. 04.]

Heinrich Steinhöwels Verdeutschung der Historia Hierosolymitana des Robertus Monachus. Eine literarhist. Untersuchung von Friedrich Kraft. Straßburg: K. J. Trübner 1905. (IX, 199 S.) 8°
= Quellen u. Forschungen z. Sprach- u. Kulturgeschichte d. german. Völker. 96. [05. 13996

Kraft, Friedrich August, s. Kraft, Friedrich Karl

Kraft, Friedrich Karl

— — Ad publicam explorationem progressuum quos discipuli priorum quinque classium Joannei Hamburgensis in humanitatis studiis fecerunt, 1./2. V. 1832 instit. et ad declamat. juv. et pueror. 3. V. invitat. — Insunt: 1. Calmbergii professoris dissertatio: De utilitate quae ex accurata linguae sanscritae cognitione in linguae graecae latinaeque etymologiam redundet. 2. Annales Joannei Hamburgensis inde a Festo Sti. Michaelis usque ad tempus paschale. Hamburg (Johann August Meissner). 78 S. mit Namen. (6.50) 1925'

— — Ad publicam explorationem progressuum quos discipuli priorum quinque classium Joannei Hamburgensis in humanitatis studiis fecerunt, 4./5. IV. 1837. instit. et ad declamationes juv. et pueror. 6. IV. invitat. — Insunt: 1. Liber Esterae interpretatione latina brevique commentario illustratus ab E. Ph. L. Calmberg. 2. Annales Joannei Hamburgensis inde a tempore paschali 1836 usque ad finem anni scholastici. Hamburg (Johann August Meissner). 64 Seiten mit Namen. (6.—) 19261

Kraft, Fr. Karl, Abriß d. gegenwärt. Verfassung d. Hamburger Johanneums. 4. Hamb. 828. Meißner. 1 ß 9 gl

—— Anleitung z. Uebersetzen aus d. Deutschen in's Lateinische. Mit latein. Phraseologie, mit grammat. u. sprachl. Anmerkn. z. Gebr. f. d. mittl. Klassen d. Gelehrten-Schulen versehen. 2 Curs. gr. 8. Leipzig 832, Dyk.
Curs. 1. Die Geschichte d. röm. Staates v. d. Gründung dess. bis z. Schlacht bei Actium. (20½ B.) 18 Gr.
" 2. Die Geschichte d. röm. Staates v. d. Gründ. d. Monarchie durch Octavianus bis z. Untergange d. weströ m. Kaiserthums. (21 B.) 18 Gr.

— — Ad publicam explorationem progressuum quos disciputi priorum quinque classium Joannei Hamburgensis in humanitatis studiis fecerunt, 16./17. IV. 1833 instit. et ad declamat. juv. et pueror. invitat. — Insunt: 1. Annotatio critica ad Cic. Cat. Mai. cap. 1. Praemissa brevi disputatione de critica veterum scriptorum interpretatione. 2. Annales Joannei Hamburgensis inde ab initio m. Oct. superioris usque ad tempus paschale hujus anni. Hamburg (Johann August Meissner) 1833. 60 S. mit Namen. (5.50) 19258

Kraft, F. C., Annotatio critica ad Cic. Cat. maior. cap. I. praemissa brevi disputatione de critica vet. scriptorum interpretatione. Pr. 1888. 32 S. 4°. 1.50

—— Narratio de Ansgario Aquilonarium gentium apostolo. 4maj. (12¾ B.) Hamburgi 840, Meissner.

Kraft, F. C. Bemerkungen über Reform der Gelehrtenschulen. Hamburg, Johanneums-G., 1849. 50 S. 4. Progr.

— — (Joannei Hamburgensis director et prof.), Carmen saeculare ad sollemnem memoriam Joannei Hamburgensis ante hos trecentos annos per Joannem Bugenhagium inaugurati 24. V. 1829 rite celebr. Hamburg (Johann August Meissner). 4 Bl. (4.—) 19252

— Friedrich Carl, Ad audiendas orationes a quinque disciplinae nostrae alumnis, in academiam abituris, in gymnasio Hennebergico. — Praemissae sunt observationes de quibusdam artis latine scribendi neglectae causis. Schleusingen (Joh. Frid. Christ. Haussen) 3. IV. 1816. 23 S. (5.—) 19249
August Breuning (Schleusingen), Carl Mueller (Schleusingen), Georg May (Vachdorf/Meiningen), Friedrich Blau (Schmiedefeld), Christian Schober (Roemhild), Georg Mich. Amthor (Obendorf/Coburg).

—— Chrestomathia Ciceroniana, } s. Chrestomathia.
—— Chrestomathia Ovidiana, }

Chronik des hamburgischen Johanneums, vom Ende des Jahres 1827 bis auf die Gegenwart v. Friedrich Karl Kraft. 1. Hälfte: Bis Anfang Mai 1840. Hamburg. 1860. 4°

– s. Epistolae vir. doct. selectae.

Kraft, F. C., Duorum locorum Horatianorum explicatio. Pr. 1828. 17 S. 4°.

—— Geschichte v. Altgriechenland. Ein Handb. f. Gymnasien. Als Anleit. z. Uebersetzen aus d. Deutschen in d. Lateln. 4., verb. Orig.-Aufl. gr. 8. (23 B.) Leipzig 832, Klein.

Kraft's, F. C., Handbuch der Geschichte von Altgriechenland, auch als Anleitung zum Übersetzen aus dem Deutschen ins Lateinische bearbeitet. Leipzig 815. 8. 1 rthlr. Ebend. 820. 8. 1 rthlr.

— Handbuch d. Geschichte von Altgriechenland, auch als Anleitung zum Uebersetzen aus d. Deutschen ins Latein. gr. 8. Leipz. 815. Klein. 1 ß 3e wohlf. Ausg. 825. 18 gl 4e verb. Aufl. gr. 8. Ebd. 832. 18 gl

Kraft, (F. C.,) Handbuch d. Geschichte v. Altgriechenland; als Anleit. z. Uebersetzen aus d. Deutschen ins Latein. 3te wohlf. Aufl. gr. 8. Leipz. 825, Klein.

— u. A. Forbiger, Deutsch-Latein. u. E. Kärchers Lateinisch-Deutsch. Handwörterbuch, besond. f. Gymnasien u. Lyceen. 2 Bde. gr. Lex.-8. Ebend. 826, 42. Für beide Bde. zusammen genommen 3⅙ ß

— neues deutsch-latein. Handwörterbuch. Nach seinem größern Werke, besond. für Gymnasien u. latein. Schulen, zweckmäßig bearb. von ihm selbst u. A. Forbiger. 2 Abtheil. 8. Leipz. 825. Klein. 2 ß 18 gl Schrbp. 3 ß 16 gl

— — Ad publicam explorationem progressuum, quos disciputi omnium classium gymnasii Nordhusani in optimis literis fecerunt, 28./29. III. 1825 instit., et ad declamationes a novem discipulis classis primae recit. — Praemissa est oratio de Honore Rei Scholasticae debito. Nordhausen (Justus Crusen). 33 S. mit Namen. (4.50) 19251

— d. Landes-Schulpforte rc., s. K. G. G. Schmidt.

— deutsch-latein. Lexikon, aus d. röm. Classikern zusammengetragen u. nach den besten neuern Hülfsquellen bearbeitet. 2 Thle. gr. 8. Leipz. 818–20. Klein. 5 ß 2e verb. Aufl. 824. 6 ß Schrbp. 8 ß 3e verb. Aufl. 829. 6 ß Schrbp. 8 ß

Kraft's, F. C., Deutsch-lateinisches Lexicon. Leipz. 820. 21. 2 Thle. 8. 5 rthlr. 8 gr.

—— Deutsch-latein. Lexikon, aus d. röm. Classikern zusammengetr. u. nach d. besten neuern Hülfsmitteln bearb. 2 Thle., nebst d. geograph. Anh. 3., vielfach verb. u. verm. Aufl. gr. 8. (171 B.) Leipzig 829, 30, Klein.
6 Thlr., Schrbp. 8 Thlr., Vlnp.

Kraft, Fr. Karl, Deutsch-Lateinisches Lexicon aus den Römischen Classikern zusammengetragen u. nach d. besten neueren Hülfsmitteln bearb. 2 Bde. 3. verb. u. verm. Aufl. gr. Lex.-8. Stuttgart 830, Metzler'sche Buchh. Herabges. Pr. n. 5½ ß — Dass. 4. umgearb. u. verm. Aufl. gr. Lex.-8. Ebend. 843, 44. n. 5 ß Ladenpr. 6½ ß Schrbp. 8⅔ ß

—- deutsch-latein. Lexikon aus d. röm. Classikern zusammengetragen. 4., umgearb. u. verm. Aufl. 2 Bde. Lex.-8. (180 B.) Stuttgart 844, Metzler'sche Buchh. 6 Thlr. 15 Ngr. Schreibp.

Kraft, Friedr. Karl, neue Materialien z. Uebersetzen aus d. Deutschen in's Lateinische, f. obere Klassen in Gelehrten-Schulen aus neuern musterhaften latein. Schriftstellern entlehnt, u. mit lexikal., grammat. u. sprachl. Anmerkn. u. Verweisn. auf d. gangbarsten Grammatiken versehen. 1. Abthl. gr. 8. (9 B.) Leipzig 837, Dyk'sche Buchh.

—— Materialien z. Uebersetzen aus d. Deutschen in's Latein. f. mittl. Classen in Gelehrten-Schulen, aus einigen d. musterhaftesten neuern Latein. Schriftsteller entlehnt, mit grammat. u. sprachl. Anmerkn. u. Verweisn. auf d. Grammatiken v. Ramshorn, Zumpt u. Aug. Grotefend verseh. gr. 8. (18 1/8 B.) Leipzig 834, Dyk.

— — Ad publicam explorationem progressuum quos discipuli priorum quinque classium Joannei Hamburgensis in humanitatis studiis fecerunt 12./13. IV. 1831 instit. et ad declamat. juv. et pueror. 14. IV. invitat. — Insunt: 1. de Joannis Bugenhagii Pomerani in res ecclesiasticas meritis disput. histor.-theol. [s. a. Nr. 19255]. 2. Annales Joannei Hamburgensis inde a Festo Sti. Michaelis usque ad tempus fere paschale. Hamburg (Johann August Meissner). 48 S. mit Namen. (5.—) 19256

— — De Joannis Bugenhagii Pomerani in res ecclesiasticas juvandas, ordinandas, constituendas meritis. Comment. histor.-theol. Hamburg (J. A. Meissner) 1831. 36 S. (5.—) 19255
S. a. Nr. 19256.

— — Joannei Hamburgensis saecularia tertia 24. u. 26. V. 1829 rite celebr. — Praemissa est disputatio de Joannis Bugenhagii in res scholasticas emendatas meritis. Hamburg (Johann August Meissner). 87 S., tlws. dtsch. mit Namen. (6.50) 19253

– s. Muretus: Epistolae.

— — (Director d. Gymnasiums), Fortgesetzte Nachricht über das Nordhäuser Gymnasium. — Womit zu d. am 27. März u. 1.—3. April in den Stadtknaben=Schulen u. im Gymnasium anzustellenden öffentl. Prüfung u. e. feierlichen Redeübung einlad. Nordhausen (J. J. Crusen) 1822. 28 S. mit Namen. (4.50) 19250

— Nachricht über e. Veränderungen u. neue Einrichtungen im Gymnasium zu Nordhausen. 8. Nordh. 821. ... Progr. Fortgesetzte Nachrichten 2c. 8. Ebd. 822.

— — Ad publicam explorationem progressuum quos discipuli priorum quinque classium Joannei Hamburgensis in humanitatis studiis fecerunt, 20./21. IV. 1830 instit. et. ad aud. declamat. juv. et pueror. invitat. — Insunt: 1. Oratio saecularis adjuncta annotatione. 2. Annales scholae inde a Festo Sti. Michaëlis usque ad tempus Paschale. Hamburg (Johann August Meissner). 36 S. mit Namen. (5.—) 19254
Hdschr. Widm. d. Verf.

– s. Plutarch, Neuer.

Kraft, Friedr. Carl, Real-Schul-Lexicon, s. Real-Schul-Lexicon.

Kraft, Friedr. Carl, und Corn. Müller, Real-Schul-Lexikon. Ein Hilfsmittel zum Verständniß der alten Classiker, für die studirende Jugend bearb. 2 Bde. gr. 8. (XII und 2018 S.) Hamburg 853, [Nolte und Köhler.] *

Kraft, Friedr. Karl, und Corn. Müller, Real-Schul-Lexikon. Ein Hilfsmittel zum Verständniß der alten Classiker, für die studir. Jugend bearb. Neue, wohlfeile (Titel-)Ausg. 2 Bde. in 4 Lfgn. Lex.-8. (VIII und 936 S., IV und 1082 S.) Hamburg (853)64, Nolte. à Lfg. 11 1/4 Ngr.

—— kleine Schulschriften. gr. 8. (19 1/2 B.) Leipzig 830, Dyk.

—— kleine Schulschriften. Neue Folge. 8. (21 1/2 B.) Stuttgart 843, Metzler'sche Buchh.

— Solemnia novarum aedium Joannei Hamburgensis die V. et VII. m. Maii etc. Praemissa est: Narratio de Ansgario Aquilonarium gentium apostolo. 4maj. Hamburg 840. Meissner. n. 5/6 ß

— — Ad publicam explorationem progressuum quos discipuli priorum quinque classium Joannei Hamburgensis in humanitatis studiis fecerunt, 12./13. IV. 1836 instit. et ad declamationes juv. et pueror. invitat. — Insunt: 1. Spicilegium animadversionum in Q. V. Catulli carmen epicum in nuptias Pelei et Thetidos. Scrips. Cornel. Müller, prof. 2. Annales Joannei Hamburgensis inde a tempore paschali 1835 usque ad finem anni scholastici. Hamburg (Johann August Meissner). 58 S. mit Namen. (6.—) 19260

—— Vita Caroli Davidis Ilgenii. 8maj. (22 1/8 B. u. I's. Portr.) Altenburgi 837, Pierer. *

– s. William, T. S.: The progressive english-reader and iniversal class.

—— Zeittafeln z. griech. Geschichte, nebst e. chronolog. Uebersicht d. griech. Literatur. Für Gymnasien bearb. gr. 8. (5 1/2 B.) Hamburg 835, Herold'sche Buchh.

—— Zeittafeln z. röm. Geschichte, nebst e. chronol. Uebersicht, d. röm. Literatur. Für Gymnasien bearb. gr. 8. (6 B.) Hamburg 835, Herold'sche Buchh.

— — Zu der öffentlichen Prüfung der fünf Klassen der Gelehrten-Schule, 6./7. Oct. ladet erg. ein. Hamburg (Johann August Meissner) 1835. 2 Bl. (—.50) 19259

— — Zu der öffentlichen Prüfung der fünf Klassen der Gelehrten-Schule 9./10. Oct. ladet erg. ein. Hamburg (Johann August Meissner). 1838. 2 Bl. (—.50) 19262

Kraft, Friedrich Wilhelm

Kraft, Fr. Wilh., († d. 19. Nov. 1758.) neue theol. Bibliothek. 14 Bde. 8. Leipz. 746—59. Breitkopf u. H. 6 ß

— Hauptregister darüber, (von A. G. Masch). 2 Thle. 8. Ebd. 758, 59. 10 K

Kraft, F. W., de Christo calicem deprecato. Erlang. 1770. 4.

Kraft, Friedrich Wilhelm [Praes.], s. F i s c h e r, Johann Peter: De Luthero contra indulgentiarum nundinationes haudquaquam per invidiam disputante.

— d. Hauptstücke d. christl. Glaubenslehre aus d. Hauptstellen d. heil. Schrift. 8. Danzig 753. Knoch. 6 Ꝁ

Kraft, F. W., de Luthero contra indulgentiarum nundinationes haudquaquam per invidiam disputante. Gotting. 1749. 4.

KRAFT, D. Friedr. Wilh., D i e P f l i c h t e n d e r l e d i g e n J u g e n d, i n A b s i c h t a u f i h r e n z u k ü n f t i g e n H a u s- u n d E h e s t a n d, in einer Predigt vorgetragen. Göttingen, b. J. W. Schmidt. 4⁰. $3^1/_2$ Bogen,
O. M. V. 1749. F 3b; Cat. Meissner II.

— Predigten wider den Unglauben. 8. Jena 751. Cröker. 8 Ꝁ

— zehn Predigten über ordentl. Texte an Sonn- u. Festtagen. gr. 8. Berl. 758. Rüdiger. 12 Ꝁ

— geistliche R e d e n, bei besondern Gelegenheiten. 8. Ebend. 746.

– S a m m l u n g

— — — üb. auserl. Glaubenslehren heil. Schr. 8. Leipz. Löwe. 736.

— Samml. heil. Reden über auserles. Glaubens- u. Lebenslehren. 8. Berl. 758. Rüdiger. 8 Ꝁ

— heilsame Wahrheiten aus d. Glaubens- u. Sittenlehre, e. Anleit. d. ordentl. Evangelien auf alle Sonn- u. Festtage d. Jahrs. 4. Jena 755 u. 60. Cröker. 1 ₰ 16 Ꝁ

Kraft, Fritz: Zur Kenntnis der n-amidierten heterocyclischen Verbindungen und der tertiären Hydrazine. Heidelberg 1908: K. Rössler. 51 S. 8°
Heidelberg, Naturw.-math. Diss. v. 17. Aug. 1908, Ref. Curtius
[Geb. 28. Mai 82 Heidelberg; Wohnort: Heidelberg; Staatsangeh.: Baden; Vorbildung: Oberrealsch. Heidelberg Reife Juni 01; Studium: Heidelberg 12 S.; Rig. 24. Juni 08.] [U 09. 2051

Kraft, Gust., die Anfangsgründe der Theodolithmessung und der ebenen Polygonometrie. gr. 8. (VIII und 184 S. mit 104 eingedr. Holzschn.) Hannover 865, Helwing'sche Hofbuchh. *

Kraft, Gust., die Anfangsgründe der Theodolithmessung und der ebenen Polygonometrie. 2. (Titel-)Aufl. gr. 8. (VIII, 183 S. mit 104 eingedr. Holzschn.) Hannover (865)78, Helwing'sche Verlagsh. *

Kraft, Gust., d. Anfangsgründe d. Theodolitmessung u. d. ebenen Polygonometrie. M. e. Anh.: Von den Fehlern d. Messgn. 3. Aufl., bearb. v. Schering. gr. 8. (VII, 285 S. m. 91 Fig.) Hannover 895. Helwing. n. 7. 50

Kraft, G., Beiträge zur Durchforstungs- u. Lichtungsfrage. gr. 8. (71 S.) Hannover 889. Klindworth. geb. n. 1. 50

Kraft, Gust., Beiträge zur Lehre von den Durchforstungen, Schlagstellungen und Lichtungshieben. gr. 8. (147 S. mit 1 Titelbilde und 8 Abbild. im Texte.) Hannover 884, Klindworth. *

Kraft, Gust., Beiträge zur forstlichen Statik und Waldwerthrechnung. gr. 8. (70 S.) Hannover 887, Klindworth. geb. ** 2 40

—— Beiträge zur forstlichen Wasserbaukunst. gr. 8. (38 S. mit eingedr. Holzschn.) Hannover 863, Helwing'sche Hofbuchh.

—— Beiträge zur forstlichen Zuwachsrechnung und zur Lehre vom Weiserprocente. gr. 8. (176 S.) Ebendas. 885. geb. 6 —

Kraft [Gust.]. Über die Beziehungen d. Bodenerwartungswerthes u. der Forsteinrichtungen zur Reinertragslehre. gr. 8. (58 S.) Hannov. 890, Klindworth. cart. * 1 25

KRAFT, Gustav: Heinrich Burckhardt, Forst Direktor, Dr. jur. u. Dr. oec. publ. Ein Lebensbild. - Hannover 1883. 39 S.

Kraft, Gustav [Mitarb.]
s. **Geyer**, Moritz: Geschichte des Friedrichsgymnasiums zu Altenburg seit 1789.

— zur Praxis der Waldwerthrechnung u. forstlichen Statik. gr. 8. (139 S.) Hannover 882. Klindworth. cart. n. 3. 80

[F.] **Kraft**, Gustav: Klingers „Zwillinge", Leisewitz' „Julius von Tarent" und Schillers „Braut von Messina". E. vergleich. Betrachtg m. bes. Rücks. auf ihre Verwertg beim Unterr. Altenburg, Druck v. O. Bonde, *1894*; 1 Bl., 1—20 S. 4.
Altenburg, Friedrichs-G, OP 1894 (686)

Kraft, Gust., Klingers „Zwillinge", Leisewitz' „Julius v. Tarent" u. Schillers „Braut v. Messina". Eine vergleich. Betrachtg. m. besond. Rücksicht auf ihre Verwertg. beim Unterricht. Progr. gr. 4. (20 S.) Altenburg 894. (Schnuphase.) n. 1. —

Kraft, H., s.: A r c h i v f. physikalische Medizin u. medizin. Technik.

Kraft, H., erkämpft! Roman aus Ober-Schlesien. 1. u. 2. Tauf. (329 S.) 8. Wien 910. W. Braumüller. 3.—; geb. in Leinw. n 4. 20

— s.: Monatshefte, physikalisch-medizinische.

Kraft, Hans, approb. Arzt aus Holzingen: Ueber die Ergebnisse der Gastroenterostomie an der Münchener chirurgischen Klinik von 1890—1902. *München 1903: C. Wolf & Sohn.* (39 S.) 8°
München, Med. Diss. v. 1903

Freie Vereinigung oberrheinischer Stuhlmeister. Zur F r a g e der Anerkennung der Grande Loge de France. [Unterz.:] Hei[n]r. Kraft. [Dat.:] Strassburg 1906. 2 Bl. 4⁰ [Kopftit.]
Veranl. durch einen Kommissionsbericht der Grloge von Hamburg (unterz.: E. C l e m e n s) zur Kennzeichnung der Gr. L. de France. 138.

Als Ms. gedr. f. Frmr. Die französische Freimaurerei und die Stellung der deutschen zu derselben. Referat, bei der 43. Jahresversammlung des Vereins deutscher Freimaurer in Wilhelmsbad am 24. Sept. 1905 erstattet von Heinr. **Kraft.** [Strassburg i. E. 1905: Du Mont Schauberg.] 16 S. 8⁰ [Kopftit.]
Aus: MitthVdF. 1905—1906 S. 78—94.
Auszug in: H. 19 (1908) No 11.
cf. ML. 34 (1905—1906) S. 42—43 (W. E. Metzener), 44 (O. Henckel).
Veranlasst durch die Frage der Anerkennung der Grande Loge de France durch die deutschen Grlogen.

Kongress zu Brüssel: Der internationale Freimaurer-Kongress zu Brüssel vom 27.—30. Aug. 1904. Von Heinr. **Kraft.** [Frankfurt a. M. 1904: Mahlau.] 16 S. 8⁰ [Kopftit.]
Aus: Bh. 47 (1904) S. 297—302.
Auszug in: H. 15 (1904) Nr 41.
cf. ArSt. 1 (1904) S. 321; L. 27 (1904) S. 176 (R. Fischer).
Bericht.

Kraft, Heinrich [aus Ulm]: Zur Physiologie des Flimmerepithels bei Wirbelthieren ... Strassburg, Buchdr. C. Goeller, 1891; 1 Bl., 41 S. 8.
Strassburg, Med. Fak., Inaug.-Diss. v. 1891

Kraft, Heinr., die Röntgenuntersuchung der Brustorgane. Ein Ergänzungskapitel zur physikal. Diagnostik innerer Erkrankgn. (Habilitationsschrift.) gr. 8. (64 S. m. 2 Taf.) Strassburg 901, Schlesier & Schweikhardt. n. 1. 60

Kraft, Hermann: Über die Oxydation methylierter aromatischer Kohlenwasserstoffe mit Cerdioxyd. 1903. 44 S. 8⁰
München, Dr.-Ing.-Diss. v. 10. 8. 1903

Kraft, J. (I), offene Briefe an Hrn. Pfr. Hermann in Freudenthal (in Würtemberg) auf Veranlassung seiner Schrift über die evangel. Allianz. Lex.-8. (16 S.) Berlin 857, Fr. Schulze. — 1/8

— der Geist des heiligen Apostel Johannes und der Geist des evangelischen Bundes. Ein Vortrag mit Bezug auf die im September d. J. stattfindende Versammlung evangel. Christen. gr. 8. (16 S.) Berlin 857, Fr. Schulze. Thlr.

Kraft, J., Lebensbild Christoph v. Schmid's, s. Schmid's, Ch. v., ausgewählte Schriften für die Jugend.

Kraft, die Liebe zu Israel. Zwei Missions-Predigten zu Sagan gehalten. gr. 8. (16 S.) Schreiberhau 854. (Breslau, Dülfer's Buchh.) *

Kraft, J. (I.), drei Missionspredigten über I. Kor. 15., gehalten in den Ostertagen 1856 in Guben. gr. 8. (24 S.) Guben 856, Berger.

Kraft, J. (I.), Nimm und lies! Eine Ermunterung und Anweisung zu einem heilsamen, wohlgeordneten Bibellesen in Gesprächen und Ansprachen. 16. (VIII und 139 S.) Hamburg 862, Agentur des Rauhen Hauses. cart.

Kraft, J., Predigt am Jahresfeste des Hauptvereins für christliche Erbauungsschriften den 3. Octbr. 1866, gehalten in der Parochial-Kirche zu Berlin. Berlin 866. (E. Beck.) gr. 8. (15 S.) n. 2 ngr.

—— der Sabbathtag ein heiliger Tag. Predigt über II. Moses Cap. XX. V. 8—11. gehalten zu Lüdersdorf am 22. p. Trin. 1852. gr. 8. (14 S.) Berlin 852, Hertz. *

Kraft, J., s. Th. Sydenham's sämmtl. medicin. Schriften.

Kraft, J. (I.), wie urtheilt der Glaube über den Krieg? Predigt, am 5. Sonntag nach Trin. gehalten. 8. (16 S.) Berlin 859, Berendt. **

— Zeitpredigten. Berlin 869. (Prochnow's Selbstverl.) 16. (58 S.) 4 ngr.

Kraft, J. Chr.

Krafft, J. Ch. Anweisung zur theoretisch-praktischen Zimmermanns-Kunst. Von dem Treppenschnitte. In Französischer, Deutscher und Englischer Sprache. Paris 1820. Fol.

Krafft, J. Chr., Plans, coupes et élévations de div. productions de l'art de la charpente. Paris 1805. 2 Voll. Fol.

Kraft, J. C., Pläne, Durchschnitte u. Aufrisse verschied. Werke d. Zimmermannskunst, welche sowohl in Frankr. als in d. Fremde aufgeführt sind. 1r—4r Bd. Fol. Strasb. Levrault. 805. (1r 31 Rthlr. 16 gr.)

Kraft, J. C., Plans coupés et élévations des diverses productions de l'art de la Charpente exécutés tant en France, que dans les pays étrang. le part. avec 50 planches. gr. fol. Strasbourg, König. Rthlr.

— et Dubis, Production de plusieurs artistes franç. et étrangers. XII Livrais. avec planches. 8. Strasb. Trouttel et W. 810.
Velinp.

Krafft, J. Ch., Traité sur l'art de la Charpente, théorique et pratique I. et II. liv. in Fol. Paris. 821 à 10 Rthlr. :
(Der Text ist in deutscher, engl. u. französ. Sprache.)

Kraeft, J. H., Import amerikanischer Hölzer. Wolgast (1886)

Kraft, J. J., Matthias Eberhard, Bischof von Trier. Ein Lebensbild. gr. 8. (VI, 258 S.) Trier 878, Paulinus-Druckerei. *

Kraft, J. J., s. Schulblätter, schweizerische.

Kraft, Jakob

Kraft, J., Wilhelm Arnoldi, Bischof von Trier. Ein Lebensbild. Trier 865. Lintz' Verlag. gr. 8. (VIII, 308 S.) n. 20 ngr.

Kraft, J. (II.), Heiligthümer eines katholischen Tempels. Predigt gehalten am 24. Septbr. 1851 bei der feierlichen Einweihung der Kirche zu Ochtendung. gr. 8. (16 S.) Trier 852, Lintz'sche Buchh. Thlr.
Aus des Verf. „Predigten über die Feste des Herrn", besonders abgedruckt.

— Leben des Bischofs Wilhelm Arnoldi von Trier, s. Leben ausgezeichneter Katholiken.

Kraft, J., Predigten. 3—6. (letzter) Bd. A. u. d. T.: Predigten auf alle Sonn- u. Festtage des Kirchenjahres. 1—4. Bd. Trier 854—58. Lintz. gr. 8.
Inhalt. 3. Bd.: Wintertheil. 854. (4 Bl., 443 S.) 1 Thlr. 15 ngr.
4. Bd.: Frühlingstheil. 856. (4 Bl., 447 S.) 1 Thlr. 10 ngr.
5. Bd.: Sommertheil. 856. (4 Bl., 428 S.) 1 Thlr. 10 ngr.
6. Bd.: Herbsttheil. (3 Bl., 418 S.) 1 Thlr. 10 ngr.

Kraft, J. (II.), Predigten. 6. Bd. (Schluß.) A. u. d. T.: Predigten auf alle Sonn- und Festtage des Kirchenjahres. 4. Bd. (Herbsttheil.) gr. 8. (VI und 418 S.) Trier 858, Lintz' Verlag.
1—5. Bd. Ebendas. 1852—56. 6 Thlr. 25 Ngr.

—— Predigten auf die Festtage des Herrn. 1. und 2. Bd. gr. 8. Trier, Lintz'sche Buchh. [1. (VII und 412 S.) 851., 2. (IV und 424 S.) 852. à Bd. 1 Thlr. 10 Ngr.]

Kraft, Jac., de pronao, sive de nexu, quo conciones, preces communes et promulgationes ecclesiasticae cum missarum solemniis cohaereant. 8maj. (VI und 95 S.) Treviris 848, libr. Lintz.

—— Trauerrede auf den Hochwürd. Herrn Wilh. Arnoldi, Bischof von Trier, Dr. der Theologie, Hausprälat rc. Gehalten am 11. Jan. 1864 nach dem feierl. Seelenamte in der hohen Domkirche zu Trier. (2. Abdr. aus dem Eucharius.) 8. (24 S.) Trier 864, Braun's Verlag. *

— Trauerrede auf den hochwürdigsten hochwohlgeborenen Herrn Leop. Pelldram, Bischof von Trier rc. Gehalten am 7. Mai 1867, nach dem feierl. Seelenamte in der hohen Domkirche zu Trier. Trier 867. Braun'8 Verlag. 8. (14 S.) n. 2 ngr.

—— Würde und Segen des christl. Tempels, dargestellt in einer Predigt bei der feierl. Einweihung der Kirche zu Nickenich den 25. Sept. 1849. 8. (28 S.) Trier 849, Lintz'sche Buchh.

Kraft, Jens

Kraft, J. Lehrbuch der Mechanik. Deutsch von J. Steingrüber. Dresden, 1787.

Kraft, Jens., Mechanik mit Tetens Vermehrung; aus d. Latein. von J. C. A. Steingrüber. 2 Bde, mit 15 Kpft. gr. 8. Dresd. 787. Walther. 2 Thlr 16 gr

Kraft, Jens. Praelectiones mechanicae . . . Bützow u. Wismar 1773. Ü: *Tetens, Johann Nicolaus.* (MGT)

— praelectiones mechanicae c. additam. lat. redd. a J. N. Tetens. C. fig. 4maj. Schwerin 773. Bödner. (Köhler in Leipz.) 3 Thlr

— Sitten d. Wilden, zur Aufklärung d. Ursprungs u. Aufnahme d. Menschheit. 8. Kopenh. 766. Faber. 12 gr

KRAFT, Jens 1720 - 1765
Die Sitten der Wilden, zur Aufklärung des Ursprungs und Aufnahme der Menschheit, von Jens Kraft ...
Mit einem Kupfer.
Wien-Innsbruck: Trattner. 1787. 374 S. 8°.
Universitätsbibliothek München
1. Ausg. 1766.

* *Jens. Krafft's* ..... Vorlesungen über die Mechanik. Aus der lateinischen, mit Zusätzen vermehrten Uebersetzung des Herrn Professor *Tetens*, ins Deutsche übersetzt und hin und wieder verbessert, von *Johann Christ. August Steingruber* ..... Dresden in der Waltherschen Hofbuchhandl. 8. 959 S. nebst 15 Kupfert. 1787

Kraft, Joh. Chr., die evangel. Kirche u. die heil. Schrift in ihrem innigen Bunde. Predigt am Reformations-Feste 1843. gr. 8. (1 B.) Weimar. (Leipzig, Vogel.) *

Kraft, Johann Georg

Kraft, J. G., de nascenti Christi ecclesia, sectae judaicae nomine tuta. I—II. Erl. 1772. 4.

Kraft, auch Krafft, Jh. Geo., († d. 2. Juli 1772.) Feiertagspredigten, s. a. Kop. Jak. Huth, Sonn- u. Festtagspredigten 3r Thl.

Kraft, J. Ge., Feyertagspredigten. 4. Schwabach. Mizler. 771.

— Moses u. Paulus, eine bibl. Vergleichung. 8. Nürnb. 767.

— s. Pholonis, Cempren.

— primitiae muneris theol. 4. Erlang. Breuning. 769.

— primitiae muneris theologici Sylloge prior. 4. Erlang. 769. (Heyder). 10 gr

— s. 1) Schreiben an e. Freund.

Kraft, Jh. Gf., s. Briefe über Starts Hephästion.

Kraft, Johann Melchior, s. Krafft, Johann Melchior

Kraft, Jh. Wilh., († d. 25. Nov. 1767.) Lebenslauf e. guten Streiters Jesu Christi rc. 8. Marb. 761. (Brönner in Frkf.) 4 gr

— observationes sacrae, VIII Vol. Lips. Compt. f. Litt. 759.

— observationum sacrar. quibus varia S. S. loca atque argum. theologi illustr. IX Fasc. 8. Marb. 753—66. (Brönner in Frkf.) 2 Thlr

— Samml. heil. Reden zu Marburg u. Hanau gehalten. 3 Thle. 8. Marb. 760—64. (Brönner in Frankf.) 1 Thlr

— sciagraphia theologiae moralis ex resipiscentia et fide tanquam ex genuino geminoque omnium virtutum christianarum fonte liquido derivatae. 8. Rint. u. Hersf. 760.

Kraft, Johannes

Kraft, Jh., († ...) Abhandl. von den Obstbäumen, worin ihre Gestalt, Erziehung u. Pflege angezeigt u. beschrieben wird. 2 Thle, jeder mit 100 ill. Abbildd. gr. 4. Wien 792, 96. Blumauer. 90 Thlr in Fol. auf Holländ. P. 120 Thlr Die Abbildd. besonders unt. d. T.: Pomona austriaca, oder Abbildd. von 576 Obstsorten, wie sie in des Herausgebers Garten wachsen u. daselbst zu kaufen sind. 1r—6r Heft, (mit 60 ill. Platten). 2r Thl. in 6 Heften. Fol. Ebd. 762 95. Blumauer. 11 Thlr 8 gr

— pomona austrica, od. Abhandl. v. Obstbäumen, ihre Gest. Erzieh. u. Pflege. 2 Thle. zu 10 Heften u. jed. Thl. mit 100 illum. Kpf. Wien, Blumauer. 790—96. Fol. Holl. Pap. (à 6 Rthlr.)

Kraft, J., pomona austriaca od. Abbild. v. 576 Obstgatt. wie sie in seiner Baumschule wachsen. 18 Hfte. m. K. gr. 4. Wien, Gräffer. 791—94. 4

Kraft, Joh., Pomona austriaca. Abhandl. v. d. Obstbäumen, worin ihre Gestalt, Erziehung u. Pflege angezeigt u. beschrieben wird. 2 Thle, jeder mit 100 sehr feinen Abb. in Kpf. gestochen, u. nach d. Natur in Farben dargestellt. gr. 4. Wien, 1792 u. 96. (Blumauer.) 90. — In Fol. auf holländ. P. 120. —

— — Dass. u. d. T.: Abbild. v. 576 Obstsorten, wie sie in d. Herausgebers Garten wachsen u. daselbst z. kaufen sind. 1791—94. Ebend. 43. 10

KRAFT Johannes. Verzeichniß der verschiedenen . . . Gattungen von Obstbäumen, welche in dem . . . Baumschulgarten des – in Weinhaus . . . gezogen werden . . . [Verf. nach dem Vorbericht]. Trattner, Wien 1786. 1 vol. 61 S.

Kraft Josef und Wichterel Franz, Wiener Fibel nach der Normalwörtermethode. Unter Mitwirkung von F. Echsel, J. W. Holczabek und F. Wohlbach bearbeitet. Mit 19 farbigen und vielen schwarzen Originalabbildungen. Wien 1906. F. Tempsky. Geb. K —.75.

Kraft, Josef: Österreichisches Geschichtsbuch für Bürgerschulen, s. Amon, Wilhelm

Kraft, Jos., Lehrbuch der Geschichte, s.: Gindely, Ant.

Kraft, Jos., deutsches Lesebuch zum Gebrauche an Bildungsanstalten f. Kindergärtnerinnen, s.: Fischer, A. E.

Kraft Josef und Wichterel Franz, Mein erstes Schulbuch. Fibel nach der Normalwörtermethode für die allgemeinen Volksschulen Österreichs. Mit 19 farbigen und vielen schwarzen Originalabbildungen. Wien 1906. F. Tempsky. Geb. K —.75.

—— über Schülerbibliotheken an den Volks- und Bürgerschulen in Oesterreich, Deutschland und der Schweiz, s. Erziehung, Unterricht, Schulwesen.

Kraft, Josef. Ueber Schüler-Bibliotheken an den Volks- u. Bürgerschulen in Oestreich, Deutschland u. der *Schweiz*. Vergleichende Studie auf Grundlage unmittelbarer Anschauung. Gr. in-8°. Wien, Carl Graeser. 1879 1 10

– (Hrsg.), s. Zeitschrift für Kindergartenwesen.

Kraft, Josefa, u. Thekla Nelken, die Wiener Köchin. Ein vollständ. österreich. Muster-Kochbuch. Nach langjähr. Erfahrg. verfaßt. 6., vollständig umgearb. u. mit 1624 Küchen-Recepten versehene Aufl. Brünn 870. Karafiat. gr. 8. (IV, 675 S.) geb. n. 1 ℛ 10 ngr.

Kraft, Josefa, und Thekla Nelken, die Wiener Köchin. Ein vollständ. österreich. Musterkochbuch, mit leichtfaßl. Anweisungen, auf die einfachste und wohlfeilste Art alle Fleisch-, Fisch-, Grün- und Mehlspeisen 2c. auf das schmackhafteste zu bereiten, mit einer Anleitung über die zweckmäßigste Einrichtung der Vorrathskammer, über die Küche und erforderl. Geräthe 2c. und einem Anhang über die nährenden und schädlichen Stoffe der Pilze, des Gemüses, des Brotes 2c.; ferner 433 Speisezettel für das ganze Jahr 2c. Nach langjähriger Erfahrung verfaßt. 8. umgearb. und mit 1624 Küchen-Recepten verseh. Aufl. 14 Lfgn. gr. 8. (672 S.) Brünn 877, Karafiat. à Lfg. * 50 Pf.; compl. * ℳ 4.; geb. *

Kraft, Josefa, und Thekla Nelken, die Wiener Köchin. Ein vollständ. österreich. Muster-Kochbuch, enthaltend leichtfaßl. Anweisungen, auf die einfachste und wohlfeilste Art alle Fleisch-, Fisch-, Grün- und Mehlspeisen, Saucen, alle Arten von Braten, Salate und Compote, Back- und Zuckerwerke, Crêmes, Sulzen, Essenzen, kalte und warme Getränke und Gefrornes auf das schmackhafteste zu bereiten, mit einer Anleitung über die zweckmäßigste Einrichtung der Vorrathskammer, über die Küche und erforderl. Geräthe; deren Behandlung; Dressiren des Geflügels und anderer Braten; Speise-Ordnung und deren Wahl; einer vollständ. Tranchirkunst mit vielen Illustr. und einem Anhang über die nützl. und schädl. Stoffe der Pilze, des Gemüses, des Brotes, des Kaffees und Thees und über die Fälschungen der Milch; ferner 433 Speisezettel für das ganze Jahr 2c. Nach langjähr. Erfahrung verfaßt. 9. mit fast 1700 Küchen-Recepten verseh. Aufl. 14 Lfgn. gr. 8. (671 S.) Brünn 881—85, Karafiat's Verlag. à Lfg. * 50 Pf. *

Kraft, Josefa, u. Thekla Nelken, die Wiener Köchin. 10. Aufl. 14 Lfgn. 8. (671 S.) Brünn 885. Karafiat's Verl. à n. — 50

Kraft, Josefa, und Thekla Nelken, die Wiener Köchin. Ein vollständ. österreich. Muster-Kochbuch, enthaltend leichtfaßl. Anweisungen, auf die einfachste und wohlfeilste Art alle Fleisch-, Fisch-, Grün- und Mehlspeisen, Saucen, alle Arten von Braten, Salate und Compote, Back- und Zuckerwerke, Crêmes, Sulzen, Essenzen, kalte und warme Getränke und Gefrornes auf das schmackhafteste zu bereiten, mit einer Anleitung über die zweckmäßigste Einrichtung der Vorrathskammer, über die Küche und erforderl. Geräthe; deren Behandlung; Dressiren des Geflügels und anderer Braten; Speise-Ordnung und deren Wahl; einer vollständ. Tranchirkunst mit vielen Illustr. und einem Anhang über die nützl. und schädl. Stoffe der Pilze, des Gemüses, des Brotes, des Kaffees und Thees und über die Fälschungen der Milch; ferner 433 Speisezettel für das ganze Jahr 2c. Nach langjähr. Erfahrung verfaßt. 10. mit fast 1700 Küchen-Recepten verseh. Aufl. gr. 8. (671 S.) Brünn 886, Karafiat's Verlag. * ℳ 4.—.; geb. * 5 20

Kraft, Josefa u. Thekla Nelken. Die Wiener Köchin. Ein vollständ. österreich. Muster-Kochbuch. 11. Aufl. 8. (671 S. m. Illustr.) Brünn 891, Karafiat u. Sohn. 4 —; geb. * 5 —

Kraft, Josepha, die wirthschaftl. wiener Köchinn, od. neuestes vollständ. Kochbuch. Ein Braut- u. Nahmenstag-Geschenk. Nach 45jähr. eig. Erfahr. verfaßt. 2., verb. u. viel verm. Aufl. gr. 8. (20 B.) Wien 839, Mausberger. (Leipzig, Hunger.)

Kraft, Josefa und Thekla Nelken, Die wirthschaftliche Wiener Köchin. Ein vollständiges österreichisches Muster-Kochbuch, enthaltend die leichtfaßliche Anweisung, auf die wohlfeilste Art alle Fleisch-, Fisch-, Grün- und Mehlspeisen, Salate, Compotte, Back- und Zuckerwerke, Crêmes, Sulzen, kalte und warme Getränke, Essenzen und Gefrornes auf das Schmackhafteste zu bereiten, wie auch die Vorrathskammer zweckmäßig einzurichten; nebst Speisezetteln. Nach langjährigen Erfahrung verfaßt. 6. verbesserte und um 300 Recepte vermehrte Auflage 1.—5. Lfg. kl. 8. (S. 1—240.) Brünn, Karafiat. à 25 kr. (Erscheint in ca. 12 Lfgn.)
1869

—— —— die wirthschaftliche Wiener Köchin. Ein vollständ. oesterreich. Muster-Kochbuch, enth. die leichtfaßl. Anweisung, auf die wohlfeilste Art alle Fleisch-, Fisch-, Grün- und Mehlspeisen, Salate, Compote 2c. auf das Schmackhafteste zu bereiten, wie auch die Vorrathskammer zweckmäßig einzurichten; nebst Speisezetteln. 7. verb. und um 654 Recepte verm. Aufl. 14 Lfgn. gr. 8. (640 S.) Ebendas. 873. à Lfg. 50 Pf. *

Kraft, Isaak Chr., neue Christenlieder. 8. Frankf. 785. Eichenberg. 9 K

— Katechismus d. wahren Christenthums, nach d. Bedürfniß unserer Zeiten. 8. Frankf. 786.

Kraft, Julius, a. Cassel: Ueber primäre maligne Nebenhodentumoren. Würzburg 1904: Verlagsdruckerei. (15 S.) 8°
Würzburg, Med. Fak., Ref. Schoenborn, Diss. v. 21. Sept. 1904
[Geb. 20. Aug. 78 Cassel; Wohnort: Cassel; Staatsangeh.: Preußen; Vorbildung: Gymn. Cassel Reife O. 99; Studium: Marburg 4, Würzburg 6 S.; Coll. 29. Juli 04; Approb. 27. Juli 04.]

Kraft, Just. Eph., Abhandl. üb. verschied. Stellen d. heil. Schrift. 8. Frkf. 765. (Schäfer). 8 K

Kraft, Just. Eph., († d. 22. Jan. 1795.) Ermunterungen z. Lobe Gottes. Eine Predigt am 10. Febr. 1768, gehalten bei Gelegenheit d. ersten gottesdienstl. Feier d. reform. Gemeinde zu Frankfurt a. M. 8. Frankf. a. M. 788. Eichenberg. 2 K

— Predigt über Lukas 13. V. 1—5. in Beziehung auf d. Feuersbrunst in Gera. 8. Frankf. 781. Gebhardt u. K. 2 K

— auserles. Predigten, Freunden ächt bibl. Wahrheit, nach seinem Tode gewidmet von J. J. Wierz. 2 Bde. gr. 8. Nürnb. 795, 97. (Hermann in Frankf.) 2 ₰ 8 ℋ

— einige zu Bockenheim gehalt. Predigten. gr. 8. Frankf. 777. Eichenberg. 16 ℋ

— Samml. einiger Predigten. Mit e. Vorrede über d. Versuchung Christi, (v. R. C. Ungewitter). 8. Marb. 764. (Brönner in Frankf.) 10 ℋ

— Samml. von Schriftstellen, nebst Anzeige d. Hauptlehren des Christenthums, zu deren Beweise sie dienen. 8. Frankf. 770. Eichenberg. 6 ℋ

— Wahrheiten u. Gebote d. christl. Lehre, in Predigten. 2 Bde. gr. 8. Frankf. 783, 84. Brönner. (Gebhardt u. K.) 2 ₰ 8 ℋ

— — hrsg. v. Wierz. 2 Bde. gr. 8. Nürnb. Raw. 796. 97. (à 1 Rthlr.)

Kraft, Karl, Gedichte. 12. (266 S.) Kronstadt 888, (Zeidner.) * 2 —

Kraft, K(arl), appr. Arzt a. Groß-Seelheim: Aus der Marburger Universitäts-Augenklinik. Über die Häufigkeit der Stauungs-Papille bei Tumoren und Abszessen des Gehirns. Marburg 1906: J. Hamel. (74 S.) 8°

Marburg, Med. Fak., Ref. Bach, Diss. v. 7. März 1906

[Geb. 13. Juli 81 Groß-Seelheim, Kr. Kirchhain; Wohnort: Marburg; Staatsangeh.: Preußen; Vorbildung: Gymn. Marburg Reife O. 00; Studium: Marburg 5, Berlin 1, Marburg 3 S.; Coll. 31. Jan. 05; Approb. 15. Okt. 05.]

Kraft, Karl: Untersuchungen über das Cer und das Lanthan. 1903. 34 S. 8°
¶ Vgl. J. Liebig's Annalen d. Chemie. Bd 325. 1902.
München, Dr.-Ing.-Diss. v. 16. 3. 1903

Kraft, Karl Frdr. Wilh., 60 patriot. Volkslieder m. bes. Berücksicht. d. großen Zeit v. 1870 f. patriot. Feiern in Schulen, Vereinen, bei Volksfesten, wie auch z. Belebg. des Geschichtsunterrichts. gr. 8. (41 S.) Berlin 897. Buchh. d. Deutschen Lehrer-Zeitung. n. — 40; erh. Preis n. — 50

(Kraft), Karl Edw., Aufstellung u. Anwendung d. französ. Brandschatzungs-Repetitionsgrundsätze. 8. Tübing. 796.

Kraft, Karl Wih., u. K. A. Böttiger, Biographie A. L. Millin's. Mit Skizzen zu Millin's Schilderung von Karl Aug. Böttiger. (Aus d. Zeitgenossen Heft 15. besond. abgedr.) gr. 8. Leipz. 819. Brockhaus. 18 ℋ

— s. Lutteroth, aus Oberlin's Leben.

Kraft, Leo, aus Fürth ⟨Bayern⟩: Studien in der Pyrazol- und Pyridinreihe. *Heidelberg 1902: K. Rößler.* (60 S.) 8°
Heidelberg, Naturw.-math. Diss. v. 1902

Kraft, Leonh., im Horste d. schwarzen Adlers. Dramat. Scene. [Aus: „Die französ. Colonie".] 8. (32 S.) Berlin 896. (E. S. Mittler & Sohn.) n.n. — 50

Kraft, Lorenz, Briefsammlung, } s. a. Lorenz.
—— od. der Schullehrer ꝛc. }

Kraft, Lorenz, Briefsammlung für d. Jugend. Ein Beitrag zur Bildung d. Geistes u. Herzens, so wie des Geschmacks d. Jugend beiderlei Geschlechts. Vom Herausg. d. Liter.-Zeit. für Deutschlands Volksschullehrer. 8. Gotha 830. (Gläser). 12 ℋ

— oder d. Schullehrer wie er seyn soll. Vom Herausg. d. Liter.-Z. für Deutschlands Volksschullehrer. 8. Ilm. 831. Voigt. 12 ℋ

Kraft, M., s. Sebast. Leclerc, Abhandl.

Kraft, Max, Arbeiterhäuser, Arbeiter-Colonien u. Wohlfahrtseinrichtungen. Für Architekten, Baumeister, Fabriksbesitzer etc. [Aus: „K., Fabrikshygiene".] gr. 8. (63 S. m. 91 Abbildgn.) Wien 891. Spielhagen & Schurich. n. 2. 40

Kraft, M.: Die Arbeiter-Schutzvorrichtungen auf der Jubiläums-Gewerbe-Ausstellung in Wien 1888. Berlin 1889

Kraft, M. Über Arbeitseffecte am Gestein. 1881.

Krafft, Max, Fabrikshygiene. Darstellung der neuesten Vorrichtungen und Einrichtungen für Arbeiterschutz und Wohlfahrt. Nach den neuesten Erfahrungen, den einschlägigen Gesetzen und Verordnungen, der einschlägigen Statistik in Deutschland und Oesterreich. Mit über 850 Abbildungen. In 2 Hälften. Gr.-8. (I. Hälfte 288 S.) Pro complet 6.—
Wien: Spielhagen & Schurich 1891.

— **Fabrikshygiene.** Darstellung der neuesten Vorrichtgn. u. Einrichtgn. f. Arbeiterschutz u. Wohlfahrt. Nach den neuesten Erfahrgn., den einschläg. Gesetzen u. Verordngn., der einschläg. Statistik in Deutschland u. Oesterreich. 1. Bd. gr. 8. (VIII, 627 S. m. 865 Abbildgn.) Ebd. 891. n. 12. —; geb. in Leinw. n. 13. —

Kraft, M. Über das Filzen der Wolle. Brünn 1894.

— allgemeine **Gewerbehygiene** u. Fabrikgesetzgebung, s.: Roth, Em.

Kraft, Max, Grundriß der mechanischen Technologie für Gewerbe- u. Industrieschulen. Nach dem Lehrbuch der vergleichenden mechan. Technologie von Egbert Hoyer unter persönlicher Mitwirkung des Verf. bearb. 1. u. 2. Abtlg. gr. 8. Wiesbaden 882. Kreidel. n. 8. 40
1. Die Verarbeitung der Metalle u. des Holzes. Mit 319 in den Text gedr. Holzschn. (VII, 278 S.) n. 4. 40
2. Die Spinnerei, Weberei u. Papierfabrikation. Mit 146 in den Text gedr. Holzschn. u. 4 lith. Taf. (IX—XIII u. S. 279—491.) n. 4. —

— Grundriß der mechanischen Technologie f. Gewerbe- u. Industrieschulen. Nach der 2. Aufl. des Lehrbuches der vergleich. mechan. Technologie von Egbert v. Hoyer unter persönl. Mitwirkg. des Verf. bearb. 1. u. 2. Abtlg. 2., neubearb. Aufl. gr. 8. Wiesbaden, C. W. Kreidel. n. 9. —
1. Die Verarbeitg. der Metalle u. d. Holzes. (IX, 297 S. m. 344 Holzschn.) 892. n. 4. 60
2. Die Spinnerei, Weberei u. Papierfabrikation. (VII, 242 S. m. 164 Holzschn. u. 4 lith. Taf.) 896. n. 4. 40

Kraft, Max, Grundriß d. mechanischen Technologie f. Gewerbe- u. Industrieschulen. Nach d. 2. Aufl. d. Lehrbuches d. vergleich. mechan. Technologie v. Egbert v. Hoyer unt. persönl. Mitwirkg. d. Verf. bearb. 1. Abtlg.: Die Verarbeitg. d. Metalle u. d. Holzes. 3., neubearb. Aufl. gr. 8. (X, 308 S. m. 351 Holzschn.) Wiesbaden 897. C. W. Kreidel. n. 4. 60

Kraft, Max, Grundriß der mechanischen Technologie f. Gewerbe- u. Industrieschulen. Nach der 3. Aufl. des Lehrbuches der vergleich. mechan. Technologie von Egbert v. Hoyer unter persönl. Mitwirkg. des Verf. bearb. 1. u. 2. Abtlg. gr. 8. Wiesbaden 908. C. W. Kreidel. n. 9. 40

1. Die Verarbeitg. der Metalle u. des Holzes. 4. neubearb. Aufl. (X, 319 S. m. 356 Abbildgn.) n. 4. 80
2. Die Spinnerei, Weberei u. Papierfabrikation. 3. u. 4. neubearb. Aufl. (VII, 254 S. m. 173 Abbildgn. u. 4 lith. Taf.) n. 4. 60

Kraft, Max, Güterherstellung u. Ingenieur in der Volkswirtschaft, in deren Lehre u. Politik. (VII, 216 S.) gr. 8. Wien 910. A. Hartleben. 5.—; geb. 6. —

Kraft, M: Die Schutz- und Sicherheits-Einrichtungen auf der deutschen allgemeinen Ausstellung für Unfallverhütung in Berlin. 1889. Wien 1889 Nebst: Nachtrag. 1890

Kraft, Max, die Spinnerei, die Weberei u. die Papierfabrikation. Nach der 3. Aufl. des Lehrbuches der vergleich. mechan. Technologie von Egbert v. Hoyer unter persönl. Mitwirkg. des Verf. bearb. [Grundriß der mechan. Technologie II.] 4., neubearb. Aufl. (VII, 254 S. m. 173 Holzschn. u. 4 lith. Taf.) gr. 8. Wiesbaden 904. C. W. Kreidel. n. 4. 60

— Studien üb. mechanische Bobbinet- u. Spitzen-Herstellung. Lex.-8. (VI, 122 S. m. 341 Fig. auf 21 Taf.) Berlin 892. J. Springer. Geb. in Leinw. n. 20. —

Kraft, Max, das System d. technisch. Arbeit. 4 Abthlgn. gr. 8. Leipzig 902. A. Felix. n. 22. —

1. Die ethisch. Grundlagen d. techn. Arbeit. (216 S.) n. 5. —
2. Die wirthschaftl. Grundlagen der techn. Arbeit. (S. 211—446.) n. 5. —
3. Die Rechtsgrundlagen d. techn. Arbeit. (S. 447—664.) n. 5. —
4. Die techn. Grundlagen d. techn. Arbeit. (XVI u. S. 665—966.) 902. n. 7. —

Kraft, M. Tuchfabrication. ca. 1885. (Aus Karmarsch u. Heeren, techn. Wörterbuch.)

Kraft, M: Die Wohlfahrts-Einrichtungen auf der deutschen allgemeinen Ausstellung für Unfallverhütung in Berlin 1889. Wien 1891

Kraft, Oscar H. Jahrbuch für die deutschen Vereine von Chicago. I. Jahrgang, 1901-1902. Chicago, 1901.

Kraft, Otto, im Dienste Jesu. (50 S.) 8. Halle 910. R. Mühlmann's Verl. — 75

Kraft, Otto, appr. Arzt a. Straßburg i. E.: Aus der Universitätsklinik für Ohrenkrankheiten zu Straßburg i. E. Ein Fall von Endotheliom der Ohr[illegible]. Straßburg i. E. 1904: Els.-Lothr. Druckerei u. Lithographie-Anst. (19 S.) 8°

Straßburg, Med. Fak., Ref. v. Recklinghausen, Diss. v. 24. Dez. 1904

[Geb. 22. Apr. 79 Straßburg i. E.; Wohnort: Straßburg; Staatsangeh.: Elsaß-Lothringen; Vorbildung: Lyz. Straßburg Reife M. 98; Studium: Straßburg 4, Berlin 1, Kiel 1, Straßburg 3 S.; Coll. 8. Dez. 04; Approb. 1. Juli 03.]

[F.] Die Harmonie der sechs ersten evangelisch socialen Congresse. Von Otto Kraft, Pfarrer in Oechlitz. *Halle a. S.: A. Kegel 1896.* (32 S.) 1 Bd 8. [96. 423]

Kraft, Otto, Leitfaden zum Unterricht in der deutschen Handelskorrespondenz f. kaufmänn. Fortbildungsschulen. gr. 8. (IV, 95 S.) Göppingen 898. J. Dietler. n. 1. 20

— Otto (Leipzig), Nonnulla de conventionibus capita secundum principia juris naturalis scripta. Diss. jur. Lpz. (Staritz) 29. V. 1841. 28 Seiten. (5.—) 19263
Gew.: D. Eduard Friederici (Gaschwitz).

Kraft, Ottokar v., Aether, Atom, Raum. Eine Glosse zu Haeckels Welträtseln. (12 S.) 8. Dresden 905. E. Pierson. n. — 40

Kraft, Ottok. v., die Liebe in Richard Wagners Musikdramen. (58 S.) 8. Leipzig-Gohlis 909. B. Volger. 1. —

— Majo. Ein Trauerspiel in 5 Aufzügen. (VI, 180 S.) 8. Ebd. 905. n. 2. —

— Sultan Osman. Trauerspiel in 5 Aufzügen. (IV, 222 S.) 8. Dresden 908. E. Pierson. 2. —

— die Seeschlange, s.: Unterhaltungsbücher, neue, f. Stenographen. Nr. 14.

— Sich selbst Musik. Gedichte. (108 S.) 8. Leipzig-Gohlis 908. B. Volger. 1. 50

— Sonette. In 12 Runden zu 14 Gedichten. (1900—1904.) (208 S.) 8. Ebd. 906. n. 2. 50; geb. n. 3. 50

— gegen den Strom. Gedichte. (1900—1903.) (VIII, 244 S. m. Bildnis.) 8. Ebd. (904). n. 3. —; geb. n. 4. —

Kraft, P., s.: Coblenz u. Umgebung in Bild u. Wort.

Kraft, Paul. Ausgeführte Grabdenkmäler alter u. neuer Zeit. In Aufnahmen nach der Natur. 6 Lfgn. Fol. (à Lfg. 5 Lichtdr.-Taf.) Frankf. a. M. 889, Keller. à Lfg. * 5 —; compl. in Mappe * 30 —

Kraft, Peter [app. Arzt aus Ludwigshafen a/Rh.]: Über einen Fall von Acuter Phosphorvergiftung ... München, kgl. Hof- u. Univ.-Buchdr. v. Dr. C. Wolf & Sohn, 1893; 29 S. 8.
München, Med. Fak., Inaug.-Diss. v. 1893

Kraft, Philipp *Wilhelm* [ord. Lehrer am Realgymn. d. Joh. in Hamburg]: Konjugationswechsel im Neufranzösichen von 1500 bis 1800 nach Zeugnissen von Grammatiken ... [= Progr. d. Realgymn. d. Johanneums in Hamburg 1892.] Marburg, *Hamburg, Druck v. Lütcke & Wulff, 1892;* 1 Bl., 51 S., 1 Bl. 4.
Marburg, Phil. Fak., Inaug.-Diss. v. [2. Apr.] 1892

Kraft, Philipp *Wilhelm:* Konjugationswechsel im Neufranzösischen von 1500 bis 1800 nach Zeugnissen von Grammatiken. (= Inaug.-Diss. Marburg 1892.) Hamburg, gedr. bei Lütcke & Wulff, 1892; 2 Bl., 51 S. 4.
Hamburg, RG d. Johanneums, OP 1892 (731)

Kraft, Phpp., Konjugationswechsel im Neufranzösischen von 1500 bis 1800 nach Zeugnissen v. Grammatiken. Progr. gr. 4. (51 S.) Hamburg 892. (Herold's Verl.) n.n. 2. 50

Kraft, Philipp *Wilhelm* [Dr.]: Vokalangleichung im französischen Verbalstamm in der Zeit von 1500—1800 '(nach Zeugnissen v. Grammatiken)'. (Forts. zu d. Vfs: Konjugationswechsel im Neufranzösischen v. 1500—1800 ... = P-Beil. Hamburg, RG d. Johanneums 1892.) Hamburg, gedr. bei Lütcke & Wulff, 1897; 1 Bl., 30 S. 4.
Hamburg, R in Eimsbüttel, P 1897 (764)

Kraft, Richardus: De hominum peccatis quid Aeschylus nos doceat? ex ejus tragoediis demonstratur. Halis (1865): Heynemann. 49 S. 8°
Halle-Wittenberg, Phil. Diss. v. 18. Dez. 1865
Geb. Lossa b. Wiehe (Kr. Eckartsberga) 1. 12. 1840. V.

Kraft, Rich., das Meliorationswesen in Sachsen. Vortrag, gehalten in der Oekonom. Gesellschaft im Königr. Sachsen, Dresden, am 4. April 1884. gr. 8. (34 S.) Dresden 884, Schönfeld's Verlagsh. *

Kraft, R., Mittheilungen über die Grundstückenzusammenlegung zu Coblenz bei Göda O./L. gr. 8. (12 S. mit 2 Skizzen, angefertigt von Klengel.) Dresden 887, G. Schönfeld's Verlagsh. * — 40

Kraft, Rich. Augustus (geb. Rosleben 18. 3. 1831): De malo Pottii. Berolini (1853). (25 S.) 8°
Berlin, Med. Diss. v. 19. Aug. 1853

Kraft, Rob., die Augen der Sphinx. Gesammelte Erzählgn. 7 Bde. 8. Niedersedlitz-Dresden, H. G. Münchmeyer. 14.—; auch in 60 Heften à — 20
1. Im Panzerautomobil um die Erde. (663 S. m. Abb.) (909.) 3. —
2. Die Rätsel v. Garden Hall. (212 S. m. Abb.) (909.) 1. —
3. Die Wildschützen vom Kilimandscharo. (420 S. m. Abb.) (909.) 2. —
4. Der Herr der Lüfte. (423 S. m. Abb.) (909.) 2. —
5. Das Hohelied der Liebe. (424 S. m. Abb.) (909.) 2. —
6. Die Nihilit-Expedition. (272 S. m. Abb.) (910.) 1. —
7. Novacasas Abenteuer. (607 S. m. Abb.) (910.) 3. —

— Die neue Erde. Phantastisch-weltgeschichtlicher Roman. 1. Bd. (IV, 282 S.) 8. Leipzig 910. O. Mutze. 4. —

— Detektiv Nobody's Erlebnisse u. Reiseabenteuer. Nach seinen Tagebüchern bearb. (30 Jahre im Dienste e. Weltzeitg.) I. Serie. 60 Lfgn. (1.—6. Bd. III, 592; III, 639; III, 619; III, 619; III, 691 u. III, 698 S. m. Abbildgn.) 8. Dresden-Niedersedlitz 904. 905. G. H. Münchmeyer. à Lfg. — 20

— dasselbe. II. Serie. 1.—26. Lfg. (7. u. 8. Bd. III, 715 u. 644 S. u. 9. Bd. S. 1—304 m. Abbildgn.) 8. Ebd. (906). à Hft. — 20

— Detektiv Nobody's Erlebnisse u. Reiseabenteuer. II. Serie. 27.—50. (Schluß-)Lfg. (9. Bd. S. 305—636 u. 10. u. 11. Bd. III, 644 u. III, 564 S. m. Abb.) 8. Ebd. (906). à — 20

Der Graf von Saint-Germain. Roman v. Robert Kraft. Illustrierte Ausg. Bd. 1. 2. Niedersedlitz-Dresden. o. J. 8°

— Der Graf v. St. Germain. Roman. (In 60 Lfgn.) 1.—57. Lfg. (S. 1—748, 1—252, 1—348, 1—766, 1—152 u. 1—481 m. Abb.) 8. Niedersedlitz-Dresden (909. 10). H. G. Münchmeyer. à Lfg. — 20

— Im „Zeppelin" um die Welt. 1. u. 2. Bd. (à 96 S. m. 1 Vollbild.) 8. Berlin (909). Verlag moderner Lektüre. à — 20

Kraft, Rob., Jochen der Taugenichts od. Matrosenliebe zu Wasser u. zu Lande. schmal 8. (142 S.) Breslau 902. Schles. Buchdruckerei usw. n. 1. —; geb. n. 2. —

Jochen der Taugenichts oder Matrosenliebe zu Wasser und zu Lande. Von Robert Kraft. *Breslau: S. Schottlaender 1902.* (142 S.) 8° [F.] [02. 13810

Kraft, Rob., um die indische Kaiserkrone. Erlebnisse e. Deutschen im Lande der Wunder. Illustrierte Ausg. 1.—42. Lfg. (1.—4. Bd. 676, 724, 688 u. 604 S.) 8. Dresden-Niedersedlitz (905. 906). H. G. Münchmeyer. à Lfg. — 20

Ein moderner Lederstrumpf. Roman von Robert Kraft. Mit 30 Ill. von C. Arriens. *Berlin: 'Strauß' [1903].* (456 S.) 8° [F.] [03. 14987

— ein moderner Lederstrumpf. Roman. Mit Illustr. v. C. Arriens. 2. [Titel-]Aufl. (456 S.) 8. Freiburg i/B. [903] (904). F. E. Fehsenfeld. n. 3. —; geb. n. 4. —

— der Medizinmann. Erzählung. — Cassau, Carl: Osseo, der Wunderstern. Eine Erzählg. aus der Zeit der engl. Kolonien Nordamerikas. 8. (96 S. m. 2 Farbdr.) Dresden (Fürstenstr. 12), Germania-Verlag. Geb. 2. —

Kraft, Robert: Die Mitwirkung des Schulunterrichts bei der Bekämpfung der Tuberkulose. (Oebisfelde 1927: Radwitz.) 27 S. 8°
¶ Vorläuf. Anzeige: U 26. 3964.
Jena, Med. Diss. v. 1926 [1929] [U 29. 3268

— aus dem Reiche der Phantasie. (Erzählungen. Für die Jugend hrsg.) 1.—10. Hft. 8. Dresden (901). Niedersedlitz, H. G. Münchmeyer. à — 10; in 1 Bd. brosch. 1. —
1. Der letzte Höhlenmensch. (40 S.) — 2. Die Totenstadt. (32 S.) — 3. Der rote Messias. (32 S.) — 4. Die Weltallschiffer. (32 S.) — 5. Die verzauberte Insel. (32 S.) — 6. Der König der Zauberer od. Im Lande des lebendigen Todes. (32 S.) — 7. Das Stahlroß. (32 S.) — 8. Die Ansiedelung auf dem Meeresgrunde. (32 S.) — 9. Eine Nordpolfahrt. (32 S.) — 10. Die indischen Eskimos. (32 S.)

— die Roulette. Realistische Novellen aus Monte Carlo. (III, 64, 64 u. 64 S. m. Abbildgn.) 8. Ebd. (904.) 1. —

— Schnelldampfer-Mikrokosmos. Realistische Bordnovellen. Nr. 1—5. (Je 32 S.) gr. 8. Ebd. (904). à — 20
1. Das Matrosenlied. — 2. Die neue Stewardeß. — 3. Der Quatermeister. — 4. Im Zwischendeck. — 5. Ein Lebenslauf.

— Schnelldampfer-Mikrokosmos. Realistische Bordnovellen. (à 32 S.) gr. 8. Ebd. (904). à — 20
Nr. 2 u. 5 sind infolge Rechtsspruchs unbrauchbar gemacht.

— Wir Seezigeuner. Illustr. Ausg. 50 Lfgn. (5 Bde. 600, 670, 640, 664 u. 768 S.) 8. Ebd. (907). à Lfg. — 20

— die Vestalinnen. Eine Reise um die Erde. Abenteuer zu Wasser u. zu Lande. Erzählt nach eigenen Erlebnissen. Illustrierte Ausg. 57 Lfgn. (1.—5. Bd. 790, 788, 872, 899 u. 1042 S.) 8. Dresden-Niedersedlitz (903) 904. H. G. Münchmeyer. à Lfg. — 20

Kraft, Rudolf: Das Reichsgut im Wormsgau. — Darmstadt: Hess. Staatsverl. 1934. 313 S., 3 Kt. 8°
¶ Quell. u. Forsch. z. hess. Gesch. 16.
Heidelberg, Phil. Diss. v. 15. Sept. 1934 [U 34. 4147

Kraft, Samuel (geb. Schlochau in Westpr. 24. 1. 1837): De gravidarum albuminuria. Berolini (1861). (32 S.) 8°
Berlin, Med. Diss. v. 18. Apr. 1861

Kraft, Samuel (geb. Konitz 11. 2. 1831): De fractura patellae transversa, duabus observationibus illustrata. Berolini (1856). (28 S.) 8°
Berlin, Med. Diss. v. 4. Aug. 1856

KRAFT, Seb. Adam: Anmerkk. üb. d. Concursprocess sowohl überh., als in Franken; bes. in den Brandenburg. Landen das. *Erl.*, Palm. 786. 8. (1 Thl. 12 Gr.)

Kraft, Seb. Adam, praktische Anm. üb. d. Concursproceß. gr. 8. Erl. Palm. 786.

— juristisches Wörterbuch, siehe Schotts jurist. Wörterbuch.

Kraft Viktor: Das Problem der Außenwelt.
1903 PN 1656 Diss. Wien, Univ.

Kraft, Werner, Agrippina. Drama in 5 Aufzügen. 8. (152 S.) Berlin 894. Buchh. der Berliner Stadtmission. n. 1. 80

Kraft, Werner. Saul. Biblisches Drama in 5 Aufzügen. gr. 8. (IV, 112 S.) [Brandenb. a. H. 890, Evangel. Buchh.] Halle, Krause. * 1 —

Kraft, W., Saul. Biblisches Drama in 5 Aufzügen. gr. 8. (IV, 112 S.) Brandenburg a/H. 890. Evangel. Buchhandlg. (R. J. Müller). n. 1. —

Auctions-Catalog der Sammlung des Herrn kaiserl. Rathes Wilhelm **Kraft**. Münzen u. Medaillen fast aller Länder, vorzügl. von Oesterr.-Ungarn, Deutschland, Schweiz, Eisenbahn-Medaillen. Röm. Münzen. Doubletten e. Sammlers. Mit 3 Taf. Abb. *Wien: Brüder Egger 1903.* (108 S.) 8° [Ant. u. F.] [03. 5080

Kraft, Wilhelm: Über Hordeïn und Bynin. Beiträge zur Kenntnis der alkohollöslichen Eiweissstoffe der Gerste und des Malzes. Würzburg 1909: Becker. 43 S. 8°
Würzburg, Phil. Diss. v. 26. Juli 1909, Ref. Medicus
[Geb. 31. Dez. 87 Waiblingen; Wohnort: München; Staatsangeh.: Württemberg; Vorbildung: Gymn. Tübingen Reife Juli 04; Studium: Tübingen 2, München Univ. 6, Techn. Hochsch. 4 S.; Rig. 19. Dez. 08.] [U 09. 4108

Kraft, Willibald, Ferdinand Cortez oder die Eroberung von Mexico. Eine histor. Erzählung. 8. (63 S.) [Elberfeld 876.] Köln, Püttmann.

—— Czar und Zimmermann oder die Werfte von Saardam. Eine Erzählung. 8. (63 S.) Ebendas. 876.

—— der Gauklerkönig oder der Erbe von Worshleyhall. Eine Erzählung. 8. (64 S.) Ebendas. 876.

—— Marfitta, das Heldenmädchen der Pyrenäen. Eine Erzählung. 8. (62 S.) Ebendas. 876.

—— Utabah, der Häuptling von Nuhiwa. Eine Erzählung. 8. (64 S.) Ebendas. 876.

Kraft Edler v. Helmhacker, Ottokar, erste Dichtungen. 8. (214 S.) Wien 899. C. Konegen. n. 3. 60

Kraft Edler v. Helmhacker, Zdenko, Adagio consolante. Roman. (VII, 230 S. m. Bildnis.) 8. Konstanz 910. Reuß & Itta. 3.—; geb. in Leinw. 4. —

— Glossen üb. die Universalsprache Esperanto. (13 S.) 8. Leipzig 909. Reform-Verlag. — 50

— Märzgrün u. Herbstlaub. Roman. (216 S. m. Bildnis.) kl. 8. Ebd. (909). 3.—; geb. 4. —

Kraft zu Hohenlohe-Ingelfingen: Aus meinem Leben. Aufzeichnungen. Berlin
Bd 1. Vom Revolutionsjahr 1848 bis zum Ende des Kommandos in Wien 1856. 1897
Bd 2. Flügeladjutant unter Friedrich Wilhelm IV. und König Wilhelm 1856—1863. 1. und 2. Tausend. 1905

Kraft zu Hohenlohe-Ingelfingen: Aus meinem Leben. Aufzeichnungen. 4. Aufl. Berlin
Bd 3. Die Kriege 1864 und 1866. Friedenszeit bis 1870. 1906

Kraft zu Hohenlohe-Ingelfingen: Aus meinem Leben. Aufzeichnungen. 5. Aufl. Berlin
Bd 4. Der Krieg 1870/71. Reise nach Rußland. 1907

Kraftbedarf, der, f. den elektrischen Betrieb der Bahnen in der Schweiz, s.: Mitteilungen der schweizerischen Studienkommissionen f. elektrischen Bahnbetrieb. Nr. I.

Kraftbeschaffung, Die, beziehungsweise die Erstellung eines neuen Wasserwerkes für die Stadt Zürich. [Zürich 1902]. V: *Süss*, *Joh.* (Zuwachsverz. der Bibl. Zürich 1898 ff, 7.)

Kraftbeschaffung. Die Kraftbeschaffung bezw. Erstellung eines neuen Wasserwerkes für die Stadt Zürich. Bericht des Bauvorstandes II an den Stadtrat. 29. Januar 1902. (Der Bauvorstand II: Joh[ann] Süss. — 1902 Januar 29/Februar 22.) 55 S. 8. [Zürich,] Aschmann & Scheller.

[Kraftbetriebe.] Elektrische Kraftbetriebe und Bahnen. Zeitschrift für das gesamte Anwendungsgebiet elektrischer Triebkraft. [Früher u. d. T.: Elektrische Bahnen und Betriebe.] Jg. 1–6 (1903—1908). München, 1903–1908 u. ff.

Kraftbetriebe u. Bahnen, elektrische. Zeitschrift f. das gesamte Anwendungsgebiet elektr. Triebkraft. Hrsg. unter Mitwirkg. v. W. Reichel, G. Wittfeld, K. Wilkens u. a. Schriftleitung: Eug. Eichel. 5.—8. Jahrg. 1907—1910. à 36 Hefte. (VII, 728; VI, 736; XI, 720 u. XI, 732 S. m. Abb. u. 9, 6, 4 u. 9 Taf.) 32×24 cm. München, R. Oldenbourg. à Jahrg. 16. —

Kraftbetriebe und Bahnen, Elektrische. 1908-13. 4° München 1908-13

Jugendzeitschrift d. Verbandes d. weibl. Handels- u. Büroangestellten E. V. Junge **Kräfte**. (Schriftl.: Katharina Müller.) Jg. 1 ff. — Berlin 1909:? Vaterländ. Verl.- u. Kunstanst. 8°

Kräfte, wunderbare, d. Natur, durch d. Sympathie u. Antipathie. 8. Frankf. a. M. 772. Winkler. 4 gr

Kraftel, Rich., Funken u. Tropfen. Ausgew. Dichtgn. 8. (144 S.) Leipzig 896. Literar. Anstalt, A. Schulze. n. 2. —; geb. in Leinw. n. 3. 20

Mit vereinten Kräften. (Flugblatt d. Hess. Diakonissenhauses.) *o. O. (1902)*. (2 Bl.) 8° [Kopft. F.] [02. 8004

Kraftfahrzeug-Besitzer, die deutschen, in der Reihenfolge der polizeilichen Kennzeichen. Deutsches Automobil-Adressbuch. Gefertigt an der Hand des amtl. Materials der listenführ. Behörden der sämtl. dtschn. Bundesstaaten. (VII, 1210 S.) 8. Stuttgart (910). Greiner & Pfeiffer. Geb. in Leinw. 15. —

Kraftgasmotoren - Anlage von 350 PS. der Tonwarenfabrik Embrach ausgeführt von der Schweizerischen Lokomotiv- und Maschinenfabrik in Winterthur... Zürich 1903. V: *Boor*, *Fritz de*. (BBullSchw 3, 1903)

Kraftgasmotoren-Anlage v. 350 P. S. der Tonwarenfabrik Embrach, ausgeführt v. der schweizer. Lokomotiv- u. Maschinenfabrik in Winterthur. (7 S. m. Abbildgn. u. 1 Taf.) gr. 4. Zürich 903. Rascher & Co. n. — 50
Sonderabdruck aus: „Schweiz. Bauzeitg."

Kraftischen, Rud. Über das Verhältnis zwischen Schule und Haus. 12 S. Progr. *Barmen-Wupperfeld* 1877.

Kraftmeier, Otto, a. Danzig: Aus d. chirurg. Klinik zu Kiel. Plastischer Ersatz bei Defekt der Nase und Deformität der Oberlippe. Kiel 1906: H. Fiencke. (15 S., 1 Taf.) 8°
Kiel, Med. Fak., Ref. Helferich, Diss. v. 26. Aug. 1907
[Geb. 4. März 81 Danzig; Wohnort: Danzig; Staatsangeh.: Preußen; Vorbildung: Städt. Gymn. Danzig Reife O. 01; Studium: Tübingen 3, Gießen 1, Leipzig 1, Berlin 2, Kiel 2 S.; Coll. 13. Juli 06; Approb. 15. Aug. 07.]

Kraft's Gewichtstabellen für Schmiedeisen in verschied. Formen. Ravensburg 1860

Kraftsport-Jahrbuch, illustr. 1908. Hrsg. v. A. Stolz. (104 S. m. 45 Abb.) gr. 8. München. A. Stolz & Co. 1. 20

Kraftsprüche, deutsche, gesammelt u. mit Glossen begleitet von Hartmann. 1r Thl. 8. Jena 795. Göpfert. 16 ℊ

KRAFTSPRÜCHE, Deutsche. Gesammelt und mit Glossen begleitet v. J. Hartmann. Th. 1. (einz.?). Mit Abbildgn. Leipzig 1798. 8⁰. (2 Mk. Paul Alicke, Dresden, 1909.)
Titel u. Text sind roth u. schwarz gedruckt!

Kraftübertragung u. **Kraftvertellung,** elektrische. Nach Ausführgn. durch die allgemeine Elektricitäts-Gesellschaft Berlin. 8. (IV, 213 S. m. 101 Fig.) Berlin 894. (J. Springer.) Geb. in Leinw. n.n. 3. —

Kraftübertragung und Kraftvertheilung, Elektrische. Nach Ausführungen durch die Allgemeine Electricitäts-Gesellschaft Berlin. Berlin 1896. V: *Arldt, Konrad.* (Berl)

— u. **Kraftverteilung,** elektrische. Nach Ausführgn. durch die allgem. Electricitäts-Gesellschaft Berlin. 2., vervollständ. Ausg. 8. (326 S. m. 170 Fig.) Berlin 896. (J. Springer.) Geb. n.n. 4. —

Kraftübertragung, Elektrische, und Kraftverteilung. Nach Ausführungen durch die Allgemeine Elektrizitäts-Gesellschaft Berlin. 3. Ausg. Bearb. von C. Arldt. Berlin 1901

Kraftübertragung im Fabrikbetriebe, s. a. Schriften des deutschen Werkmeister-Verbandes. 4. Heft.

Kraftübertragung im Fabrikbetriebe. Düsseldorf: Deutscher Werkmeister-Verband 1907. (46 S.) 8° [Umschlagt. F.]
— **Schriften** d. Deutschen Werkmeister-Verbandes. H. 4. [07. 8,64]

Kraftübertragung, psychische, enth. unter and. e. Beitrag zur Lehre v. d. Unterschied d. Stände. Von Exsul. gr. 8. (23 S.) Stuttgart 896. F. Frommann. n. — 50

Der **Kraftwagen.** Zeitschrift f. d. Interessen d. deutschen Kraftwagenführer. Offiz. Organ d. Mitteleurop. Kraftwagenführer-Verbandes u. d. Klubs d. Internat. Kraftwagenführer. Hrsg.: H[ermann] F. Döring. Jg. 1, No 1. Berlin-Friedenau: Der Kraftwagen. 1906. 4° [F.] [07. 9910]

Kraftwagen, der. Zeitschrift f. die Interessen der Kraftwagenführer. Offizielles Organ des Vereins Berliner Kraftdroschkenbesitzer (E. V.) u. des Klubs internationaler Kraftwagenführer. Red.: i. V. Arnold Radziejewski. 2. bis 5. Jahrg. 1907—1910. à 24 Nrn. (296, 420, 510 u. 604 S. m. Abb.) 31,5×23,5 cm. Berlin, Verlag Dr. Wedekind & Co. à Jahrg. 6. —

Kraftwagenführer (Der). Off. Organ d. dtsch. Kraftwagenführer-kartells. seit 1906. halb-monatl. fol Halberstadt. 1912. jährl. M 2 —

Kraftwerke, die, Brusio u. die Kraftübertragung nach der Lombardei. Nach Mitteilgn. der „Kraftwerke Brusio A.-G.", der „Elektrizitätsgesellschaft Alioth A.-G." u. der „Società Lombarda per distribuzione di energia elettrica". (63 S. m. Abb. u. 1 Taf.) 32,5×25 cm. Zürich (908). (Rascher & Co.) 3. —
Sonderabdruck aus: „Schweiz. Bauztg."

Kraftzentrale u. Unterstation für die elektrische Strassenbahn Alexandrien-Ramleh. Brown, Boveri & Co., Aktiengesellschaft. (18 S. m. Abbildgn.) Lex.-8. Zürich (905). (Berlin, J. Springer.) n. 1. 20

Von Lust und Leid. Erzählungen v. **F.** von **Krag.** Garding. o. J. 8°

Krag, F. v., v. Lust u. Leid. Erzählungen. 8. (III, 179 S.) Garding 892. H. Lühr & Dircks. n. 2. —; geb. in Leinw. n. 3. —

Krag, Thom. P., Jon Graff. Autoris. Uebersetzg. aus dem Norweg. v. Julia Koppel. (156 S. m. farb. Titelbild.) 8. Frankfurt a/M. 906. Literar. Anstalt. n. 2. 50; geb. n. 3. 50

— im Josthof. Autoris. Uebersetzg. aus dem Norweg. v. Julia Koppel. (167 S.) 8. Ebd. 906. n. 2. 50; geb. n. 3. 50

Krag, Thom. P., die eherne Schlange. Roman in 3 Büchern. Einzige autoris. deutsche Ausg. von Eug. v. Enzberg. 8. (VIII, 239 S.) München 898. A. Langen. n. 3. —

Thomas P. **Krag.** Tubal der Friedlose [Tubal den fredløse]. Nachtschatten aus e. Weltstadt. (Deutsch von Dr. C. Cinis.) Neumünster: Hieronymus 1910. 229 S. 8° [11. 8840 8]

Krag, Thom. P., Tubal der Friedlose. Nachtschatten aus e. Weltstadt. (Deutsch v. C. Cinis.) 1.—3. Taus. (229 S. m. Bildnis.) 8. Neumünster 910. Nordische Verlags-Anstalt. 3.50; geb. 4. —

Krag, Thom. P., Ada Wilde. Roman. Autoris. deutsche Ausg. von Eug. v. Enzberg. gr. 8. (270 S.) Dresden 900. C. Reißner. n. 3. 50; geb. n. 4. 50

Krag, Wilh., Major v. Knarren u. seine Freunde. 2. Taus. (Die Übersetzg. besorgte Frida Cohn.) (201 S.) 8. Stuttgart (909). Berlin-Charlottenburg, A. Juncker Verlag. 3.—; geb. n 4. —

Krag, Wilh., der lustige Leutnant. E. lyr. Erzählg. Einzige autoris. deutsche Ausg. von Eug. v. Enzberg. 8. (V, 174 S.) Berlin 897. F. Fontane & Co. n. 2. —; geb. n.n. 3. —

— **Wandersmann.** (Einzige autoris. Übersetzg. aus d. Norweg. v. Frdr. Leskien.) 1. u. 2. Taus. (260 S.) 8. Leipzig 909. G. Merseburger. 3.—; geb. in Leinw. n 4. —

Krage, Paul, aus Poritz (Provinz Sachsen): Aus dem physiolog. und histolog. Institut der Tierärztlichen Hochschule zu Dresden. (Direktor: Geh. Med.-Rat Prof. Dr. Ellenberger.) Vergleichende histologische Untersuchungen über das Präputium der Haussäugetiere. Mit 4 Tafeln. 88 S. 8⁰. [28. VIII. 07.]
Zürich. Vet.-med. Diss. 1906/1907.

Krage, Paul. Vergleichende histologische Untersuchungen über das Präputium der Haussäugetiere. Diss. Vet.-Med. Univ. Zürich. Mit 4 Tafeln. *Kopftitel:* Aus dem physiolog. und histolog. Institut der Tierärztlichen Hochschule zu Dresden. Direktor: ... Prof. Dr. [Wilhelm] Ellenberger. 88 S. 8. Zürich (Buchdr. Arthur Schönfeld, Dresden) 1907.

Krage, Rolf, ein Trauerspiel a. d. Dän. Hamburg 1772. V: *Ewald, Joh.* Ü: *Cramer, Carl Friedrich.* (GGr) V: *Joppert.* (Ky) (MGT)

Krägel, Dionysins: De irritatione, s. Wedel, J. Ad. (Präs.)

Kraegel, Dionysius (Bremen), De venae sectione quatenus motum sanguinis mutat. Diss. mathem.-med. Präs. Georg Erh. Hamberger. 3. XII. 1729. Ed. nov. Jena (Joh. Christoph Croeker) 1747. 52 S. u. 1 Tfl. Abb. (6.80) 19226

***Kragelj**, Jožef. Katebeze. V Celovcu, St. Hermagoras-Druck., 1898. 132 S.

Krägelin, Paul, Heinrich Leo, s.a. Beiträge zur Kultur- u. Universalgeschichte.

Krägelin, Paul, a. Zwenkau: **Aus dem Leben Heinrich Leos 1830—1844.** Leipzig: R. Voigtländer 1907. (IX, 108 S.) 8° ¶ (Soll vollst. erscheinen u. d. T.: Das Leben und Wirken Heinrich Leos.)

Leipzig, Phil. Fak., Ref. Lamprecht-Wundt, Diss. v. 9. März 1907

[Geb. 27. Mai 72 Zwenkau; Wohnort: Leipzig; Staatsangeh.: Sachsen; Vorbildung: Seminar Grimma Wahlfähigkeitszeugnis Nov. 94; Studium: Leipzig 6 S.; Rig. 13. Nov. 07.]

Heinrich Leo. Von Paul **Krägelin**. T. 1. Leipzig: R. Voigtländer 1908. 8°
[Ein T. erschien als Inaug.-Diss. Leipzig 1907.]
— **Beiträge** z. Kultur- u. Universalgeschichte. H. 7. (08. 13733

Krägelius, Gerh., († d. 11. Juni 1829.), s. Gedanken über den Gebrauch.

(**Kraegelius**, G.), üb. d. fortwährenden Gebrauch der mosaischen Segensformel unter den Christen. Brem. 1792. 8.

— s.a. Jesaias

Krägelius, Gh., Jesaias, neu übers. u. krit. bearb. 2 Thle. gr. 8. Bremen, Müller. 790.

Kragenberg, Gotthold, Gotthilf Salzmann u. d. Philanthropismus, Frankfurt a. M. 1884, 44 S., 8°.

• **Krager, D. A.**, üb. d. Beweis des Eigenthums. gr. 8. Wien, Gerold. 810.

Kraeger, Heinr., s.a. An Deutschland.

An Deutschland. (Verf.: Prof. Dr. Heinr. **Kraeger**.) Berlin: M. Warneck [1908]. (207 S.) 8° [F.] (08. 15944

Bremen im Spiegel der Literaturen. Ein Engländer auf Besuch in Bremen im Jahre 1725. Von Dr. Heinrich **Kraeger**. *Bremen: G. Winter 1901.* (44 S.) 8° [F.] (01. 3313

Peter Janssen zum Gedächtnis 1844—1908. Rede geh. in d. Aula d. K. Kunstakad. zu Düsseldorf 1908 von Prof. Dr. H[einrich] **Kraeger**. Düsseldorf: J. Baedeker (1908). (12 S.) 8° (08. 14061

Kraeger, *Alexander August* Heinrich [aus Bremen]: Johann Martin Millers Gedichte ... [Erschien vollst. 1893 u. d. T.: J. M. Miller. E. Beitr. z. Gesch. d. Empfindsamkeit.] Bremen, Druck v. M. Heinsius Nachf., 1892; 3 Bl., 54, V S., 1 Bl. 8.
Berlin, Phil. Fak., Inaug.-Diss. v. 3. Dez. 1892

Kraeger, Heinr., der Byronsche Heldentypus, s.a. Forschungen zur neueren Litteraturgeschichte.

Kraeger, Heinrich [Dr. phil. aus Bremen]: Der Byronsche Heldentypus. München 1898. 139 S. 8°. (Forschungen zur neueren Litteraturgeschichte. Hg. von Franz Muncker. VI.)
Zürich. Philos. Habil.-Schr. I. S. 1897/98.

Der Byronsche Heldentypus. Von Dr. Heinrich **Kraeger**, Privatdoc. ... zu Zürich. *München: C. Haushalter 1898.* (VI S., 1 Bl., 139 S.) 1 Bd 8.
— **Forschungen** z. neueren Litteraturgeschichte. [H.] VI. (98. 3887

— Conrad Ferdinand Meyer, Quellen u. Wandlungen seiner Gedichte, s.a. Palaestra. XVI.

Kraeger, Heinrich. Conrad Ferdinand Meyer. Quellen und Wandlungen seiner Gedichte. XXXII + 308 S. 8. Berlin, Mayer & Müller, 1901. (M. 10. —)
Palaestra. Untersuchungen und Texte aus der deutschen und englischen Philologie. Hrg. von Alois Brandl und Erich Schmidt. [Band] 16... .

Kraeger, Heinr., Johann Martin Miller. Ein Beitrag zur Geschichte der Empfindsamkeit. 8. (X, 165 S.) Bremen 893. M. Heinsius Nachf. n. 2. 80

Kraeger, Jos., chemische Analyse u. chemische Warenprüfungen. Ein Leitfaden f. die prakt. Uebgn. im chem. Laboratorium an kommerziellen Lehranstalten sowie z. Selbstunterricht. (V, 133 S. m. 51 Abbildgn.) gr. 8. Wien 905. A. Pichler's Wwe. & Sohn. n. 2. 40

Kraeger, Jos., die Untersuchung u. Beurteilung des Bieres u. der bei der Bierbrauerei verwendeten Rohstoffe. Methoden zur chemisch-techn. Prüfung des Bieres u. der bei der Brauerei verwendeten Rohstoffe. Zusammengestellt f. den Laboratoriumsgebrauch. (VII, 134 S. m. 30 Abb.) 8. Wien 906. A. Hartleben. 3. —; geb. 3. 80

Kragh, s. Hödt.

Kragos, John, I wish you good voyage! Der treue Begleiter auf der Reise nach Amerika oder Anleitung für Auswanderer in wenigen Wochen sich der engl. Sprache geläufig und korrekt bedienen zu können. Mit besond. Rücksicht auf den Handwerksstand verfaßt. gr. 16. (IV und 80 S.) Augsburg 854, Jaquet's Brlgsh.

Kraguljevac [Schlagwort]

Kraguljevac, s.: Europa. Generalkarte. — Serbien.

Krah, A., Fabrik und Lager von Buchbinderei-Materialien, Werkzeugen und Maschinen: Preisbuch. Berlin (1889)

Krah, [Alfred], Dr.: Deutsche **Aufsätze** in Unter-Secunda. *Pr. Stargard 1903: E. Tönn.* (27 S.) 4°
Pr. Stargard, k. Friedrichs-G, OP 1902 (40)

Krah, Alfredus [Borussus orientalis]: De infinitivo Sophocleo. ... Halis Saxonum, typ. Kaemmerianis, 1888; 91 + 1 S. 8°
Halle, Phil. Fak., Inaug.-Diss. v. [17. Aug.] 1888

Krah, Alfred: Der Lehrplan des Lateinischen am Zoppoter Realgymnasium und Vorschläge zu Übungen. Danzig 1910: Schroth. 47 S. 8°
Zoppot, st. RG P 1910 (54) [S 10. 234

Krah, C. W., politische Biographie des Königl. Preuß. Finanzministers Herrn August v. der Heydt, [mit Portr. (in Holzschn.)] unpartheiisch auf Wahrheit und Thatsachen gestützt, seine Vergangenheit und Gegenwart und die dem Staate daraus entspringenden industriellen und polit. Folgen gründlich beleuchtet. gr. 8. (24 S.) Magdeburg 862, (Baensch.)

Krah, C. W., die Irr- u. Scheinlehren der evangelischen Kirche u. mein römisch-katholisches Glaubensbekenntniß. Düsseldorf 868. Mischel. gr. 8. (90 S.) n. 15 ngr.

Krah, Carl, s. Krah, Karl

Krah, Eduard Beiträge zur Syntax des Curtius. Teil I. 4 (25 S.). Teil II. 4 (24 S.). G. u. Rg. *Insterburg* 1886 (6). 1887 (6). **Progr.**

Krah, E., Curtius als Schullektüre. I. Pr. 1870. 30 S. 4°.
— — II. Pr. 1871. 24 S. 4°.

Krah, Ed., Curtius als Schullektüre. Eine Skizze. 1. und 2. Thl. 4. (30; 24 S.) Insterburg 871. (Berlin, Calvary und Comp.) à Thl. *ℳ 1,20. *

Krah: De fixis, quae dicuntur, deorum et heroum epithetis. 31 S.–Königsberg A., Progr. 1852

Krah, Ed.: De fixis, quae dicuntur, deorum et heroum epithetis. 31 S. – Königsberg A.G., Progr. 1856.

Krah, E., Specimen grammaticae Livianae. Pr. 1859. 17 S. 4°.

Krah, Franz, Prof.: Gliederung der deutschen Kaisergeschichte im Mittelalter. *Düsseldorf 1903: L. Voss & Co.* (22 S.) 8°
Düsseldorf, k. G, P 1903 (501)

Krah, Franz: Der Reformversuch des Tiberius Gracchus im Lichte alter und neuer Geschichtschreibung. Düsseldorf, gedr. bei L. Voss & C., Kgl. Hofbuchdr., 1893; 11 S. 4.
Düsseldorf, k. G, P 1893 (438)

Krah, Friedr. Wilh. (geb. Schwarza in Thür. 8. 4. 1860): Ueber die Vertheilung der parenchymatischen Elemente im Xylem und Phloem der dikotylen Laubbäume. Berlin (1883). (42 S.) 8°
Berlin, Phil. Diss. v. 21. Febr. 1883

Die Hegelunds. Roman von Ina **Krah.** Berlin: R. Taendler 1906. (396 S.) 8° [F.] Jov. 8675

— der Liebe Tod. Skizzen aus dem Frauenleben. 1.—3. Taus. (218 S.) 8. Berlin (904). R. Eckstein Nachf. n. 2.—

Krah, Jh. Glo., († d. 25. Oct. 1810.) neue geistl. Lieder zur Unterhaltung d. Privatandacht. gr. 8. Altenb. 775. (Hennings in Neisse). 8 gr.

Krah, J. Glo., neue geistl. Lieder zur Unterhalt. d. Privatandacht. gr. 8. Jena, Akademische Buchhandlung. 775.

— Prüfung d. Urtheile über d. gewöhnl. Todesarten. 8. Leipz. 789. Schwickert. 7 gr.

Krah, Jos., der klimatische Kurort Lugano. Ein Führer f. Gesunde u. Leidende. 12. (VII, 51 S. m. Ansicht u. Karte.) Neuwied 893. Heuser's Verl. n. 1.—

Krah, Karl, die Amtsgerichte nach der deutschen Civilproceßordnung vom 30. Jan. 1877 u. die Gerichtsschreiber nach der d. Civilproceßordnung u. der d. Konkursordnung vom 30. Jan. 1877 bezw. 10. Februar 1877 unter Bezugnahme auf das deutsche Gerichtsverfassungsgesetz u. das preußische Ausführungsgesetz zu demselben. gr. 8. (IX, 432 S.) Oberlahnstein 878. (Schonebohm.) n. 7.—

Krah, Carl, Erbrecht und Erbschaftsregulirung, sowie internationale Grundsätze und Vertragsbestimmungen in Erbschaftssachen für die Rechtsgebiete der preuß. Monarchie mit Berücksicht. der particularrechtl. Erbfolgeordnungen und der Nachlaßbehandlung in den Einzelstaaten Deutschlands. Mit Formularen für Testamente, Codicille, Erbverträge, Erbschaftskäufe, Erbbescheinigungen, Einkindschaftsverträge, Inventarien und Recesse. gr. 8. (VII, 281 S.) Neuwied 883, Heuser's Verlag.

Krah, C., Erbrecht und Erbschaftsregulirung, sowie internationale Grundsätze und Vertragsbestimmungen in Erbschaftssachen, mit Berücksicht. der meisten particularrechtl. Erbfolgeordnungen und der Nachlaßbehandlung in den Einzelstaaten Deutschlands. Mit Formularen für Testamente, Codicille, Erbverträge, Erbschaftskäufe, Erbbescheinigungen, Einkindschaftsverträge, Inventarien und Recesse. 2. verm. Aufl. gr. 8. (VII, 310 S.) [Neuwied 885, Heuser's Verlag.] Berlin, Siemenroth und Worms. 4 80

—— die Erbschaftsregulirung und das Erbrecht, sowie internationale Grundsätze und Vertragsbestimmungen in Erbschaftssachen, mit Berücksicht. der meisten partikularrechtl. Erbfolgeordnungen und der Nachlaßbehandlung in den Einzelstaaten Deutschlands. Mit Formularen für Testamente, Codicille, Erbverträge, Erbschaftskäufe, Erbbescheinigungen, Einkindschaftsverträge, Inventarien und Recesse. 2. verm. Aufl. 8. (VII, 310 S.) Berlin 888, Siemenroth und Worms. * 3 —

— Gerichtsverfassungsgesetz, Civilprozeßordnung u. Konkursordnung für das deutsche Reich. Zum praktischen Gebrauche bearb. 2. (Titel-)Ausg. gr. 8. (XXXI, 479 S.) Frankfurt a/M. (1877) 883. Jaeger. geb. n. 3. 50

Krah, Carl, Heinrich Heine. Noch ein Denkmal. (86 S. m. 1. Abb.) 8. Riga (909). G. Neuner. — 75

—— preußische Justizgesetze zu den deutschen Reichs-Justizgesetzen. Enth.: 1. Ausführende Gesetze zum deutschen Gerichtsverfassungsgesetze und zur deutschen Konkursordnung. [I—VI.] 2. Ausführende Gesetze zur deutschen Civilprozeßordnung und deutschen Strafprozeßordnung, sowie zum deutschen Gerichtskostengesetze. [VII—XI.] 3. Schiedsmannsordnung und Hinterlegungsordnung. [XII, XIII.] Hrsg. mit Erläuterungen und Sachregister. gr. 8. (166 S.) Frankfurt a. M. 879, Jaeger'sche Buchh. *

—— der Konkurs-Verwalter nach der deutschen Reichs-Konkurs-Ordnung vom 10. Febr. 1877. 2. Aufl. 8. (III, 145 S.) Neuwied 882, Heuser's Verlag. cart.

—— der Konkurs-Verwalter nach der deutschen Reichs-Konkurs-Ordnung vom 10. Febr. 1877. 4. Aufl. 8. (III, 145 S.) [Neuwied 885, Heuser's Verlag.] Berlin, Siemenroth und Worms. cart. 2 10

—— das Personenrecht nach Reichsrecht und Landesrechten und die großen Justizgesetze für das Deutsche Reich nebst den Einführungsgesetzen. Zum prakt. Gebrauche bearb. 3 Bde. gr. 8. Ebendas. 877. geb. *

Inhalt:
Bd. 1. Personenrecht. (VIII, 236 S.) *ℳ 4.
" 2. Gerichtsverfassungsgesetz, Civilprozeßordnung, Konkursordnung. (XXXI, 479 S.) *ℳ 8.
" 3. Strafprozeßordnung und Strafgesetzbuch. (XXXVI, 260 S.) *ℳ 4,50.

Krah, Carl, das Personenrecht für das deutsche Reich nach Reichsrecht und Landesrechten, für den prakt. Gebrauch bearb. 2. (Titel-)Ausg. gr. 8. (VIII, 235 S.) Frankfurt a. M. 883, Jaeger'sche Buchh. geb. *

—— die Schiedsmanns-Ordnung vom 29. März 1879 mit Erläuterungen, Sachregister und Formularen. 1. und 2. unveränderte Aufl. gr. 8. (20 S.) Ebendas. 879. *

—— Strafgesetzbuch für das Deutsche Reich mit Erläuterungen und den Entscheidungen des Reichsgerichts, sowie den Bestimmungen über die Zuständigkeit der Gerichte in Strafsachen. 12. (VII, 400 S.) Ebendas. 888. cart. 2 —

— Strafprozeßordnung u. Strafgesetzbuch für das Deutsche Reich, zum prakt. Gebrauche bearb. 2. (Titel-) Ausg. gr. 8. (XXXVI, 260 S.) Frankfurt a/M. (1877) 883. Jaeger. geb. n. 2. —

Krah, Carl, das Waisen-Amt. Nach der preuß. Vormundschaftsordng. vom 5. Juli 1875 zum Gebrauche f. Gemeinde-Behörden, Waisenräthe, Vormünder ꝛc., unter Anh. der preuß. Vormundschafts-Ordng. vom 5. Jul. 1875. II. Gesetz, betr. die Geschäftsfähigkeit Minderjähriger u. die Aufhebg. der Wiedereinsetzg. in den vor. Stand. Vom 12. Juli 1875. III. Gesetz, betr. das Hinterlegungswesen. Vom 19. Juli 1875. Sodann das Amt d. Vormundes. 2. Aufl. 8. (59 S.) Frankfurt a/M. 876. Jaeger. n. 1. —

— das Waisen-Amt u. das Amt des Vormundes, Gegenvormundes 2c. Nach der preußischen Vormundschaftsordnung vom 5. Juli 1875 unter Anh. der preußischen Vormundschaftsgesetze: I. Vormundschafts-Ordnung vom 5. Juli 1875. II. Gesetz, betreff. die Geschäftsfähigkeit Minderjähriger u. die Aufhebung der Wiedereinsetzung in den vor. Stand. Vom 12. Juli 1875. III. Gesetz, betr. das Hinterlegungswesen. Vom 19. Juli 1875. IV. Gesetz über den Kostenansatz in Vormundschaftssachen. Vom 21. Juli 1875. 3., umgearbeitete u. verb. Aufl. 8. (VII, 76 u. XII S.) Neuwied 877. Heuser's Verl. cart. n. 1. —

Kräh, Das Reich Gottes unter den Menschen in seiner Idee. Dillingen (Augsburg). 1846, 4°, 21 S., Programm.

KRAKHAHN, Henne (ps.), Das kleine Buch voll Witz. Ilmenau, 1839. Druck und Verlag von C. F. Trommsdorff. Saalfeld. In Commission bei Constantin Riese.
Weller, Lex. Ps. p. 300.

KRAHÉ, EDUARD. Ueber synthetische Versuche mittels Aluminiumchlorid. (Erlangen). Köln, 1901.

Krahe, J., u. J. Priel, Lesebuch f. obere Klassen kathol. Stadt- u. Landschulen zur Weckung ein. religiös-sittl. Lebens. 2., verb. u. verm. Aufl. gr. 12. (13 B.) Köln 842, J. G. Schmitz.

Krahe, J., und J. Priel, Lesebüchlein, s. Priel.

KRAHE, J. A.: Die Korbweidenkultur. - Aachen 1879. 83 S. - 2. gänzl. umgearb. Aufl. u. d. T.: Lehrbuch der rationellen Korbweidenkultur. - ebd. 1883. 151 S. - 3. Aufl. ebd. 1884. 196 S. - 4. Aufl. ebd. 1886. 246 S., 9 Taf. - 5. Aufl. ebd. 1897. 244 S., 9 Taf. hrsg. v. H. Vliegen. - 6. Aufl. Limburg 1913. 282 S., 13 Taf. umgearb. v. F. König

Krahe, J. A., die Korbweiden-Kultur. 8. (85 S.) Aachen 879. Barth. 1. 20

Krahe, J. A., Lehrbuch der rationellen Korbweidenkultur. Zugleich 2. gänzlich umgearb. Aufl. der „Korbweiden-Kultur" desselben Verf. (VIII, 151 S.) 1883; 3. gänzlich umgearb. Aufl. gr. 8. (VIII, 196 S.) Aachen 884, Barth. *

Krahe, J. A., Lehrbuch der rationellen Korbweidenkultur. 4. gänzlich umgearb. Aufl. gr. 8. (X, 246 S. mit 9 Taf. und mehreren Textzeichnungen.) Aachen 886, Barth. * 4 —
geb. * 4 80

Lehrbuch der rationellen Korbweidenkultur v. J. A. **Krahe**, weil. Bürgermeister zu Prummern bei Aachen. 5., gänzl. umgearb. Aufl. Auf Wunsch der Fam. d. sel. Vfs bearb. u. hrsg. v. H. Vliegen, Hauptl. zu Brachelen. M. 9 Taf. u. mehreren Zeichngn im Texte. *Aachen: R. Barth 1897.* (VIII, 244 S., 9 Taf.) 1 Bd 8. [97. 45.]

Krahe, Josef, appr. Arzt a. Belmen ⟨Rheinld.⟩: Ein Fall von lokaler Hyperplasie einer Mamma. Würzburg 1905: F. Staudenraus. (36 S.) 8°
Würzburg, Med. Fak., Ref. v. Rindfleisch, Diss. v. 15. Apr. 1905
[Geb. 15. Sept. 72 Belmen; Wohnort: Würzburg; Staatsangeh.: Preußen; Vorbildung: Gymn. Neuß Reife O. 92; Studium: Bonn 6, Würzburg 6 S.; Coll. 8. Febr. 05; Approb. 9. Dez. 04.]

Krahe, Ludwig

Krahe, L. Über das Bewußtsein der Sünde und der Erlösungsbedürftigkeit bei den Griechen und Römern. 10 S. . .
Düsseldorf, Progr. 1844

Krahe, Ludw. Über den Einfluß des Christenthums auf die Familie. 24 S. .
Düsseldorf, Progr. 1850

Krahe: Ueber Ev. Johannis II. 1-12. 13 S.–Düsseldorf, Progr. 1862.

Krahe, Ludw.: Ueber Evangelium Johannis II. 1–12. Forts. v. 1862. 20 S. – Düsseldorf, Progr. 1872.

Krahe: Über die Notwendigkeit der christlichen Moral im Gegensatze zur philosophischen. 21 S. – Düsseldorf, Progr. 1856.

Krahé, Severin [aus Köln]: Aus d. patholog. Institut zu Bonn. Experimentelle und histologische Untersuchungen über die compensatorische Hypertrophie der Speicheldrüsen . . . . Bonn, Univ.-Buchdr. v. Carl Georgi, 1888; 25 + 1 S. + 1 Bl. 8°
Bonn, Med. Fak., Inaug.-Diss. v. 1. Aug. 1888

Krahé, Wilhelm, Referendar aus Köln: Der **Besitzschutz** nach dem Bürgerlichen Gesetzbuch. *Köln 1899: W. Hoster.* (62 S.) 8°
Erlangen, Jur. Diss. v. 18. Jan. 1899

Krahe, Wilhelm, aus Caster: Zur **Kenntnis** der tertiären aromatischen Phosphine und Arsine. *Rostock 1900: C. Hinstorff.* (45 S.) 8°
Rostock, Phil. Diss. v. [14. Mai] 1900

Krähe, Carl Traugott, s. Krähe, Karl Traugott

Krähe, Eduard: • Abhandlung über den indirecten Beweis. 60 S. 4° (2?)
Halle-Wittenberg, Phil. Diss. v. 13. Juli 1871
Geb. [Strenznaundorf (Seekr. Mansfeld) 1. 3. 1842]

Krähe, *Eduard* [Stadtschulr. Dr.]: Ansprache, gehalten zur Einführung des Oberrealschuldirektors Dr. *Heinrich* Schotten in sein Amt d. 17. Dez. 1896. *Halle a. S., Gebauer-Schwetschke-sche Buchdr., 1897;* 29—30 S. 4.
Halle a. S., st. OR, P 1897 (280)

Krähe, Ed., Bibelkunde des Neuen Testamentes. Für die oberen Classen von Gymnasien u. anderen höheren Lehranstalten, sowie zum Selbstunterricht. gr. 8. (XII, 292 S.) Berlin 877. Habel. n. 4. —

Krähe, Ed., jüdische Geschichte. [In 2 Thln.] 1. Thl.: Von ihren Anfängen bis zum Untergange des Reiches Juda. Bis 586 v. Chr. gr. 8. (VIII, 432 S.) Berlin 888, Oehmigke's Verlag. * 4 50

— der Apostel Paulus. Ein Lebensbild. Der evangel. Gemeinde nach den neuesten Ergebnissen der wissenschaftl. Theologie dargeboten. gr. 8. (139 S.) Berlin 878. Wohlgemuth. 2. —

Krähe, Ed., der Apostel Paulus. Ein Lebensbild. Der evangel. Gemeinde nach den neuesten Ergebnissen der wissenschaftl. Theologie dargeboten. 2. Ausg. gr. 8. (139 S.) Berlin 883. Wohlgemuth. n. 1. 50; geb. n. 2. —

—— die deutsche Pestalozzi-Stiftung in Pankow bei Berlin. gr. 8. (82 S.) Berlin 881, Oehmigke's Verlag. *

Kraehe, F(rid.) J(ulius) Alexand. (geb. Münster in Westf. 12. 4. 1821): De vulneribus sclopetariis. Berolini (1844). (28 S.) 8°
Berlin, Med. Diss. v. 21. März 1844

Kraehe, Carl Traugott (Leisnig), Nonnulla de pathologia catameniorum. Diss. med. Präs. Johann Carl Friedrich Leun. Lpz. (Staritz) 22. XI. 1820. 24 S. (5.50) 19227

Krähe, Ludw., Carl Friedrich Cramer bis zu seiner Amtsenthebung, s. a. Palaestra 45.

Krähe, Ludwig, a. Berlin: Carl Friedrich Cramer bis zu seiner Amtsenthebung ⟨1752—1794⟩. (Berlin: Mayer & Müller 1904.) (60 S.) 8° ¶(Ersch. vollst. als: Palaestra, Bd 44.)
Berlin, Phil. Fak., Ref. E. Schmidt, Roethe, Diss. v. 23. Dez. 1904
[Geb. 12. Nov. 79 Berlin; Heimatsort: Berlin; Staatsangeh.: Preußen; Vorbildung: Stadtgymn. Halle a. S. Reife O. 98; Studium: Bonn 1, München 2, Berlin 10 S.; Rig. 23. Juni 04.]

Carl Friedrich Cramer bis zu seiner Amtsenthebung. Von Dr. Ludwig Krähe. Berlin: Mayer & Müller 1907. (IV, 260 S.) 8°
= Palaestra. 44. [07. 1558 4

Krähe, Ludwig (Hrsg.), s. E i c h e n d o r f f, Josef von: Werke.

Kraehe, Ludw., s.a. **Jahresberichte f. neuere deutsche Literaturgeschichte.**

Krähenbühl, Gottlieb [Pseudon.] s. **Behrens,** Eduard.

Krähenmann, Joseph. Ueber traumatische Accessoriusparalyse nach Schädelbasisfracturen. 8.

Ausg. A: Diss. Med. Univ. Zürich. [Mit 7 Figuren.] II + 32 S. Leipzig, J. B. Hirschfeld, 1903. V Zür

Ausg. B: ⟨Mit 7 Abbildungen.⟩ (Sonderabdruck [aus:] Deutsche Zeitschrift für Chirurgie. [Band 68.]) II S. + S. 151—180. [Leipzig, J. B. Hirschfeld, 1903.]

Krähhähnchen, ein ABC- u. Bilderbüchlein für gute u. fleißige Kinder, welche gern wissen wollen, wie es in der Naturgeschichte aussieht. Mit ill. Abbildd. 4. Bresl. 820. Schöne. 20 K N. Aufl. Mit 45 ill. Abbildd. gr. 8. Ebd. 822. 1 ₰

Krähhähnchen, od. erste naturgeschichtl. Unterhaltungen Vater Meinharts u. d. Jägers mit den guten Kindern Robert, Meinhardt u. Emma; ein ganz neues ABC- u. Lesebüchlein 2c. mit 45 illum. Abbild. N. A. gr. 8. Breslau 822, Schöne.

Krahl, E., Untersuchungen üb. 4 Versionen der mittelengl. Margaretenlegende. Inaug.-Diss. gr. 8. (87 S.) Berlin 889. (Mayer & Müller.) n. 2. —

Auf! Gegen die national-poln. Wühlarbeit! Ein Beitrag z. Beurteilung u. leichtverständl. Übersicht d. nationalen Polentums im Deutschen Reiche unter Zuhilfenahme zuverläss. Quellen bearb. von Georg **Krahl.** *Heidelberg: C. Winter 1901.* (107 S.) 8° [F.] [01. 6534

Krahl, Geo., **Bilder-Atlas zur Einführung in die Geschichte der Baukunst. Ein Leitfaden zum Gebrauch an bautechn. Lehranstalten. 7. verb. u. verm. Aufl.** 48 Taf., 367 Abb. (II, 48 S.) 35×28 cm. Leipzig 908. E. A. Seemann. Kart. p 3. —

Kirche und Kirchspiel Friedrichshof in alter und neuer Zeit. Ein Beitrag z. Kulturgesch. Masurens von Gustav Krahl in Friedrichshof, Ostpr. *Ortelsburg 1898: C. Janike.* (46 S.) 8° [F. u. Ant.] [01. 7637 10

Krahl, J.

Krahl: G e s c h i c h t e der k. Stadt Komotau. 163 S. 8° – Komotau, Progr. 1861–1863.

Krahl: Indische Religion und Mythologie. 9 S.–Komotau, Progr. 1857

Krahl, Paul *(geb. Groß-Strehlitz in Schles. 11. 1. 1847)*: „Ueber die Arten der Perforation des chronischen Magengeschwürs". Breslau (1873). (22 S.) 8°

Breslau, Med. Diss. v. 25. [vielmehr 26.] Juli 1873

Krahl, Theodor Über die gemischte Kegelschnittschaar, welche durch zwei Punkte und zwei Tangenten bestimmt ist. (Umschlagtitel: Über gemischte Kegelschnitt-Büschel, welche durch 2 Punkte und 2 Tangenten b. sind.) 4 (S. 3—16).
Progr. Kath. G. *Sagan* 1886 (190).

Krahl, Theodorus *(geb. Petersdorf bei Gleiwitz 1. 4. 1840)*: De orbita cometae tertii 1853. Vratislaviae (1867). (24 S.) 4°
[Buchausg. 1869 bei Leuckart in Gleiwitz.]

Breslau, Phil. Diss. v. 28. Juni 1867

Krahl, Thdr., **de orbita cometae tertii 1853. Dissertatio inauguralis astronomica. Vratislaviae 869. (Gleiwitz, Leuckart.) gr. 4. (IV, 24 S.) n. 15** *ngr.*

Kraehler W, Wie studiert man auf der Handelshochschule? (154 S) Stuttgart 1905

Ph. Krahm, Jacob, aus Curland, Experimentelle Prüfung der bisher empfohlenen Bestimmungsmethoden des Glycerins.
Dorpat, Preisarbeit von 1885

Krahmann, Max, **die Aufgaben der Bergwirtschaft im Rechts- u. Kulturstaat, s.a. Zeitfragen, bergwirtschaftliche. 1. Heft.**

Die Aufgaben der Bergwirtschaft im Rechts- und Kulturstaat. Von Max **Krahmann.** 1. Berlin: M. Krahmann 1908. 4°
= **Zeitfragen,** Bergwirtschaftliche. [Jg. 1], H. 1. [08. 16994

Krahmann, Max, Fortschritte der praktischen Geologie. 1. Bd. 1893 bis 1902. Zugleich General-Register der Zeitschrift für prakt. Geologie. Jahrg. 1 bis X, 1893 bis 1902. Mit 136 Kartenskizzen etc. u. 45 statist. Tab. (XXII, 410 S.) Lex.-8. Berlin 903. J. Springer. n. 18. —; geb. in Halbfrz. n. 20. —

— **Fortschritte der praktischen Geologie u. Bergwirtschaft. 2. Bd. 1903—1909. Zugleich General-Register der Zeitschrift f. prakt. Geologie. Jahrg. XI —XVII, 1903—1909. Mit 184 Kartenskizzen usw. u. zahlr. statist. Tab. (XXXII, 454 S.) Lex. 8. Berlin 910. M. Krahmann. nn 22. —; geb. in Halbldr. 25. —**

— **Üb. Lagerstätten-Schätzungen im Anschluss an e. Beurteilung der Nachhaltigkeit u. Entwickelungsfähigkeit des Eisenerzbergbaues an der Lahn. Habilitationsschrift. (24 S. m. Fig.) Lex. 8. Ebd. 904.**
Sonderabdruck aus: „Ztschr. f. prakt. Geologie". 1. —

Krahmann, M., Bergwirtschaftliche Landesaufnahmen. Sonderabdruck des Inhaltes und der Einleitung der Fortschritte der praktischen Geologie, Bd I, 1893—1902. Berlin, 1903. 20 S.

— s.: **Mittoilungen u. Anzeigen, bergwirtschaftliche.**

Krahmann, M., Stimmen über eine bergwirtschaftliche Aufnahme des Deutschen Reiches nebst zwei Schreiben an den Deutschen Reichskanzler betr. eine bergwirtschaftliche Reichsaufnahme. Berlin, 1904. 16 S.

Krahmann, Max, s.: Zeitschrift f. prakt. Geologie.

Krahmer

— s. a. Cramer, Kramer.

Krahmer. Antheil des 1. Rhein. Inf.-Reg. Nr. 25 an dem Feldzuge der Main-Armee 1866. (52.) 8. Hadersleben (1868).

Krahmer. Geschichte der Reformation (Leitfaden für den Religionsunterricht in Prima). Stralsund.
Schul-(Univ.-Schrift 1865

Krahmer. **Ueber James Thomson's Jahreszeiten. Stralsund, R., 1856.** **Progr.**

Krahmer, A. W., die Urheimath der Russen in Europa und die wirkliche Localität und Bedeutung der Vorfälle in der Thidreksaga. Lex.-8. (144 S.) Moskau 862. (Leipzig, Kittler.) *

Krahmer, Augustus Guilielmus, De Ioelis prophetae aetate. [Diss.] Gottingae 1833.

Krahmer, Aug. Wilh., über d. histor. Beziehung d. Psalm 46, 76 u. 48. Ein Sendschr. an d. Hrn. 2c. Dr. Gesenius zu Halle u. an d. Hrn. Dr. Hitzig zu Zürich. gr. 8. (2 B.) Leipzig 837, Knobloch.

Krahmer, Aug. Wlh., das Buch Jonas, histor.-kritisch untersucht und auf seinen wirklichen Inhalt zurückgeführt. Neue Ausg. gr. 8. Quedlinburg (839), Ernst. 1/3 ₰

—— Paulus u. Johannes mit ihren Geistesverwandten in dem neuen Testamente dargestellt. Neue Ausg. gr. 8. (8 B.) Quedlinburg 846, Ernst'sche Buchh.

Krahmer, Aug. Wilh., Paulus u. Johannes mit ihren Geistesverwandten in dem N. Test., dargestellt. Neue Ausg. gr. 8. (XXIV u. 101 S.) Quedlinburg 847, Ernst. 5/12 ₰

—— die Psalmen, metr. übers. u. erklärt. Mit besond. Berücksichtig. f. Anfänger. 2 Bde. gr. 8. Leipzig 837, Enobloch.
Bd. 1. Die Einleitungen u. Uebersetzungen. (21⅛ B.) 1 Thlr. 12 Gr.
„ 2. Der Commentar. (37⅛ B.) 2 Thlr. 12 Gr.

—— der Schriftforscher. 1. u. 2. Hft. gr. 8. Cassel 839, Fischer. à

A. u. d. Ttln.:
Hft. 1. Das Buch Jonas, histor.-krit. untersucht u. auf sein. wirkl. Inhalt zurückgeführt. (7 B.)
- 2. Paulus u. Johannes mit ihren Geistesverwandten in dem neuen Testamente. (8 B.)

Krahmer, C. L.: „Preussische Zustände. Dargestellt von einem Preussen", Leipzig 1840. — Vorh.: Com. Bibl. Hamburg.

Krahmer, Carl, s. Krahmer, Karl

Krahmer, Chr. Ad., († d. 26. Mai 1811.) das Abendmahl des Herrn. 8. Berl. ... 4e A. 810.

* **KRAHMER**, Chr. Ad., Ueberzeugende Abhandlung und Erklärung derer beiden Haupt-Sünden der nach Adams Fall im Argen liegenden Welt. Dresden 1772. 8⁰. Rar!

— überzeug. Abhandl. u. Erklär. derer beiden Hauptsünden der nach Adams Fall im Aerger liegenden Welt 2c. 8. Leipz. 773.

— Andachtsbuch für gebildete junge Christen. 8. Dresd. 810.

— kurzer Auszug d. christl. Glaubens- u. Sittenlehre. 8. Dresd. u. Leipz. 787.

— Erklärung u. Zergliederung d. Dresdner Katechismi. 2 Thle. 8. Leipz. 766. (W. Nauck). 1 ₰ 8 K

— Glaube, Liebe, Hoffnung. Wer bin ich? was soll ich? was werde ich künftig seyn? 8. Berl. 809.

— Information — Konfirmation — Kommunion — für Katechumenen u. Konfirmanden, ein religiöses Dreiblatt, in einem Bändchen, mit e. Anhange der sogenannten 7 Bußpsalmen 2c. 8. Dresd. u. Leipz. 810.

— Katechismus d. Religion nach Grundsätzen d. Vernunft u. d. Christenthums. gr. 8. Dresd. u. Leipz. 792.

— s. Psalm, d. 103ten.

— drei Sätze u. drei Fragen für Rohe, Unwissende, Schwache, Arme. 8. ... 809.

— von der Sünde wider den heil. Geist. 8. Dresd. 772.

— über den Tod, nach Grundsätzen d. Religion. gr. 8. Dresd. 797. (Autor in Stürze.) 12 K

Krahmer, Chr. Adam, Uebers. paraphrast. Erklär. 2c. der acht Bußpsalmen. 8. Dresden, Gerlach. 788. Rthlr.

— Versuch e. paraphrast. Erklärung 2c. der sieben Bußpsalmen. 8. Dresd. 788. 2e A. 792. Gerlach. 2 K

Krahmer, Gustav

(**Krahmer.**) Bericht über das Heerwesen Rußlands. (Berlin 1875.) 8⁰. (Aus: v. Löbell's Jahresber. für 1874.)

Krahmer, die Beziehungen Russlands zu Japan (m. besond. Berücksicht. Koreas), s.a. Russland in Asien.

Die Beziehungen Rußlands zu Japan (mit bes. Berücks. Koreas). Von [Gustav] **Krahmer**, Generalmajor z. D. Mit 1 Karte. *Leipzig: Zuckschwerdt & Co. 1904.* (VIII, 221 S.) 8⁰
= Rußland in Asien. Bd 7. [04. 8...]

— die Beziehungen Russlands zu Persien, s.a. Russland in Asien.

Die Beziehungen Russlands in Persien. Von [Gustav] **Krahmer**, Generalmajor z. D. *Leipzig: Zuckschwerdt & Co. 1903.* (126 S.) 8⁰
= Russland in Asien. Bd 6. [03. 4077]

Krahmer, G., d. Einrichtg. d. Verpflegg. d. russ. Armee auf d. Donau-Kriegsschauplatze in dem Feldzuge 1877/78, s.a. Beiheft zum Militär-Wochenblatt. 1895.

Krahmer. Die Einrichtung der Verpflegung der russ. Armee auf dem Donau-Kriegsschauplatze 1877/78. (Berlin 1895.) 8⁰. (Aus: Bh. z. M. W. B.)

Krahmer: Der Entwurf einer Instruktion für die Gefechtsthätigkeit der russischen Feldartillerie in Verbindung mit den übrigen Waffengattungen, s.a. Beiheft zum Militär-Wochenblatt.

Krahmer. Der Entwurf einer Instruktion für die Gefechtsthätigkeit der russ. Feldartillerie in Verbindung mit den übrigen Waffengattungen. (Berlin 1881.) 8⁰. (Aus: Bh. z. M. W. B.)

(**Krahmer.**) Die Eroberungen der Russen in Central-Asien. Berlin 1873. 8⁰. (Bh. z. M. W. B.)

— das transkaspische Gebiet, s.a. Russland in Asien.

Das transkaspische Gebiet. Von [Gustav] **Krahmer**, Gen.Maj. z. D. Mit 1 Übersichtskarte u. 2 Skizzen. Berlin: Zuckschwerdt & Co. 1905. (VIII, 232 S.) 8⁰
= Rußland in Asien. Bd 1. [Neue Aufl.] [05. 4749]

— Geschichte d. Entwickelg. d. russischen Heeres v. d. Thronbesteigg. Kaiser Nicolai I. Pawlowitsch bis auf d. neueste Zeit. Als Fortsetzg. d. „Geschichte d. russ. Heeres v. Ursprung desselben bis z. Thronbesteigg. d. Kaisers Nicolai I. Pawlowitsch von F. v. Stein" bearb. 2 Abthlgn. gr. 8. Leipzig, Zuckschwerdt & Co. n. 19. 50
1. Bis zur Einführg. d. allgem. Wehrpflicht 1874. (VI, 134 S.) 896. n. 4. 50
2. Von der Einführg. d. allgem. Wehrpflicht 1874 bis 1897. (VII, 284 S.) 897. n. 15. —

Krahmer, s.: Geschichte des russisch-türk. Krieges.

K(rahmer). Das russische Cavallerie-Exercir-Reglement. Beihft. z. „Milit.-Wochenblatt". — Berlin 1863.

Krahmer, der russische Kriegsschauplatz in seinem Einflusse auf die dort operirenden Armeen im Feldzuge 1812 u. dem polnischen Insurrectionskriege 1830/31, s.: Beiheft zum Militär-Wochenblatt.

Krahmer. Der russische Kriegsschauplatz 1812 und 1830—31 in seinem Einflusse auf die dort operirenden Armeen. Berlin 1885. 8°. (Bh. z. M. W. B.)

— das nordöstliche Küstengebiet. (Der Ochotskische, Gishiginskische, Petropawlowskische u. Anadyr-Bezirk), s.: Russland in Asien. V.

Das Nordöstliche Küstengebiet (Der Ochotskische, Gishiginskische, Petropawlowskische und Anadyr-Bezirk). Von [Gust.] **Krahmer**, Gen.-Major z. D. Mit 2 Karten. *Leipzig: Zuckschwerdt & Co. 1902.* (295 S.) 8°
= Russland in Asien. Bd 5. [02. 1556

Krahmer, die Operationen der russischen u. französischen Armee im Kriege 1812 von der Schlacht bei Krasnoi bis zur Beresina, s.: Beiheft zum Militär-Wochenblatt.

— krit. Rückblicke auf d. russisch-türk. Krieg 1877/78, s.a. Kuropatkin.

Krahmer, Major im königl. preuss. Grossen Generalstabe, später Oberstlieut. im königl. preuss. Generalstabe, mit dem Range eines Abtheilungschefs. Kritische Rückblicke auf den russisch-türkischen Krieg 1877—1878. Nach Aufsätzen von Kuropatkin, damals Chef des Stabes bei General Skobelew, jetzt General im kaiserlich russischen Generalstabe, bearbeitet. I. Bd. Mit 1 Plan und 4 Skizzen (auf 3 Taf.). II. Bd. Die Blockade Plewnas. Mit (6) Plänen und (2) Skizzen (im Texte). III. Bd. (Schluss). Uebergang der Armee-Abtheilung des Generals Skobelew über den Balkan und die Schlacht bei Scheinowo. Mit 10 Plänen und Skizzen. (3 Bde.) 8. Berlin 1885—1890.

Krahmer. Kritische Rückblicke auf den russ.-türk. Krieg. Nach Aufsätzen von Kuropatkin bearb.
Bd 1—3. Berlin 1885—90. 8°.
Dass. 2. Aufl. Bd 1. 1889.

Krahmer: Rußland in Asien. Berlin
Bd 1. Das transkaspische Gebiet. 1905
Bd 2. Rußland in Mittel-Asien. 1898
Bd 3. Sibirien und die große sibirische Eisenbahn. 2. Aufl. 1900
Bd 4. Rußland in Ostasien (mit besonderer Berücksichtigung der Mandschurei). 1899
Bd 5. Das nordöstliche Küstengebiet. 1902
Bd 6. Die Beziehungen Rußlands zu Persien. 1903
Bd 7. Die Beziehungen Rußlands zu Japan (mit besonderer Berücksichtigung Koreas). 1904
Bd 8. Der Ferne Osten. Von C. v. Zepelin. T. 1. Zur Geschichte des Fernen Ostens bis 1900. 1907
Bd 9. Der Ferne Osten. Von C. v. Zepelin. T. 2. Der russische Ferne Osten und seine Besiedelung. 1909
Bd 10. Das Ringen Rußlands und Englands in Mittel-Asien. Von M. Grulew. Deutsch von Rottmann. 1909

— Russland in Mittel-Asien, s.a. Russland in Asien.

Russland in Mittel-Asien. Von [Gust.] **Krahmer**, ... Generalmajor z. D. M. 9 Autotyp. *Leipzig: Zuckschwerdt & C. 1898.* (IV, 181 S., 7 Taf.) 1 Bd 8.
= Russland in Asien. Bd 2. [98. 9589

Russland in Ost-Asien (mit besond. Berücks. d. Mandschurei). Von [Gust.] **Krahmer**, Generalmajor z. D. Mit 1 Skizze. *Leipzig: Zuckschwerdt & Co. 1899.* (VI, 221 S.) 8°
= Russland in Asien. Bd 4. [99. 10861

— Sibirien u. die grosse sibirische Eisenbahn, s.a. Russland in Asien. III.

Sibirien und die grosse sibirische Eisenbahn v. G. **Krahmer**, Generalmajor z. D. M. 1 Skizze. *Leipzig: Zuckschwerdt & C. 1897.* (IV S., 1 Bl., 103 S., 1 Kt.) 1 Bd 8. [97. 6646

Sibirien und die grosse sibirische Eisenbahn. Von [Gustav] **Krahmer**, Generalmajor z. D. Mit 2 Karten. 2., verb. u. vollst. umgearb. Aufl. *Leipzig: Zuckschwerdt & Co. 1900.* (VI, 286 S.) 8°
= Russland in Asien. Bd 3. [00. 8471

— Generaladjutant Graf Totleben, s.a. Beiheft zum Militär-Wochenblatt.

Totleben. — **Krahmer**, Oberstlieut. im Generalstabe mit dem Range eines Abtheilungschefs. General-Adjutant Graf ..... Sein Leben. seine Thätigkeit als Ingenieur und Truppenführer. Beihft. z. „Milit.-Wochenblatt". — Siehe A b. Berlin 1888.

– Das Vordringen der Russen in Turkmenien, s.a. Beiheft zum Militär-Wochenblatt.

Krahmer. Das Vordringen der Russen in Turkmenien. Berlin 1881. 8°. (Bh. z. M. W. B.)

Krahmer, Hermann

Krahmer, H., Geschichtskalender. Für Schulen bearb. 2. (Titel-)Aufl. gr. 16. (XVI und 110 S.) Leipzig [und Magdeburg] 852, [Gebr. Baensch.]

Krahmer, Herm., Turnbüchlein zunächst für die magdeburger Jugend. Nach Jahn, Eiselen, Spieß, Lübeck, Euler bearb. 1. Ausg. (7 B. u. 1 Tab.) 842, 2. u. 3. Ausg. 32. (à 10/6 B.) Magdeburg 844, 45, Heinrichshofen. à

Krahmer, (Horst), Referendar, aus Halle a. S.: **Der Darlehensbegriff des Bürgerlichen Gesetzbuches.** *Halle a. S. 1900: C. A. Kaemmerer & Co.* (103 S.) 8°
Halle, Jur. Diss. v. 17. Mai 1900

Ein Colleg bei Christian Thomasius. Zur 250. Wiederkehr s. Geburtstages. Von Dr. Horst **Krahmer**, Priv.-Doz., Halle. Mit 1 Bildn. d. Chr. Thomasius. Halle a. S.: Waisenhaus 1905. (60 S.) 8° [F. u. Ant.] [05. 9043

Krahmer, Horst, Rudolf Stammler's Sozial-Philosophie, s.a. Encyklopädie der Philosophie. II.

Rudolf Stammlers Sozial-Philosophie. Zur 2. Aufl. von 'Wirtschaft u. Recht'. Von Dr. jur. Horst **Krahmer**, Privatd. in Halle. (Leipzig: H. Rohde 1906.) (40 S.) 8°
Aus: Philos. Wochenschrift u. Literatur-Zeitung. Jg. 1, Bd 1. 2. [06. 9818

Dr. jur. Horst **Krahmer**: Rudolf Stammlers Sozial-Philosophie. Charlottenburg: O. Günther 1907. (39 S.) 8° [Umschlagt.]
= **Encyclopädie** d. Philosophie. Ser. 1. No 2. [08. 11180

— Steins Städteordnung. Festrede zur Jahrhundertfeier im Halleschen Bürgerverein. (32 S.) 8. Halle 908. Buchh. des Waisenhauses. — 40

Gegenseitige Verträge. Studien z. Systematik d. Reichsrechts. Von Horst **Krahmer**, Privatd., Halle a. S. *Halle a. S.: Waisenhaus 1904.* (172 S.) 8° [F.] [04. 1.600 6

Krahmer, Hugo: **Die Prognostik und Heilmittel der Verletzungen nach Heinrich von Mondeville.** *Berlin (1897): G. Schade.* (30 S.) 8°
Berlin, Med. Diss. v. 17. Dez. 1897

Krahmer, Karl

Krahmer, Carl [aus Halle a. S.]: Ueber die Sunde welche Grönland in west-östlicher Richtung durchschneiden sollen .... Halle a. S., Gebauer-Schwetschke'sche Buchdr., 1885; 48 S. 8°.
Halle, Phil. Fak., Inaug.-Diss. v. 9. Okt. 1885.

Krahmer, Carl, über die Sunde welche Grönland in west-östlicher Richtung durchschneiden sollen. Halle 1885, Lippertsche Buchh. 8°. 48 S.

Krahmer, Karl Ludwig. Preußische Zustände. Dargestellt von einem Preußen. Leipzig, Kollmann 1840. 125 S. 8.

Krahmer, Ludwig (Egeln) u. (Respond.) **Carl Litzmann,** De argento nitrico, pharmaco. Analecta historica. Halle (Ploetz) 2. VI. 1838. 34 Seiten. (5.—) 19267
Gew.: Carl Fr. Haenert (Halle).

Krahmer, Ludovicus: Analecta historica de argento nitrico, pharmaco. Halae (1838): Ploetz. 33 S. 8°

Halle-Wittenberg, Med. Hab.-Schr. v. 2. Juni 1838

T. 2 u. 3 über die chemische Natur dieses Heilmittels sind nicht ersch., vielmehr schrieb der Verf.: Das Silber als Arzneimittel betrachtet. Halle: Anton 1845. X, 355 S.

Krahmer, Ludw., die deutsche Auswanderung mit besonderer Rücksicht auf Australien. Aufrichtiger Rathgeber bei der Wahl eines neuen Vaterlandes. 8. (184 S.) Berlin 847. (Hoffmann & Co.) 1/3 ₰

Krahmer, Ludw., die deutsche Auswanderung mit besond. Rücksicht auf Australien. Aufrichtiger Rathgeber bei der Wahl eines neuen Vaterlandes. 8. (184 S.) Berlin 847, Reichardt und Comp.

Krahmer, L[udovicus]: Commentatio qua ratione Halis homines moriantur. Halis 1876: Hendel. S. 4—[75]. 4°

Halle-Wittenberg, Progr. z. akad. Preisverteilung 1876

Die Abhandlung ist in deutscher Sprache verfaßt und führt den deutschen Kopftitel: Zur Theorie des Sterbens. Statistische Beiträge und Widersprüche.

Krahmer, Frider(icus) Ludovicus: De nonnullis exemplis vesicae urinariae fissae. Accedit tabula lithographica. Halae (1833): Baentsch. 24 S. 8°

Halle-Wittenberg, Med. Diss. v. 10. Aug. 1833

Geb. Hunnesbrück bei Einbeck (Hannov.) [13. 9.] 1810. V.

Die Tafel fehlt in den Ex. der UB u. des UArch. Halle.

Verf. führte später nur den Vornamen Ludwig. Er erlebte die Diplomerneuerung 1883 als Geh. Medizinalrat, ordentlicher Professor und Kreisphysikus in Halle, und 1893 das 60jährige Dr.-Jubiläum, vgl. Anh. Nr. 366.

Krahmer, L., Handbuch der gerichtlichen Medizin. Mit Benutzung eigener Untersuchungen nach dem heutigen Standpunkte der Naturwissenschaften für Aerzte und Juristen. gr. 8. (XVI und 279 S.) Halle 851. [Braunschweig.] Schwetschke und Sohn.

Krahmer, L., Handbuch der gerichtlichen Medicin für Aerzte und Juristen. 2., umgearb. Aufl. 2 Abthlgn. gr. 8. (XVIII und 625 S.) Braunschweig 857, Schwetschke und Sohn.

Krahmer, L., Handbuch der gerichtlichen Medicin. Für Aerzte u. Juristen bearb. 2., umgearb. Aufl. Braunschweig 858. Schwetschke. gr. 8. (XVIII, 625 S.) 2 ₰. 7½ ngr.

Krahmer, L., Handbuch der Staats-Arzneikunde für Aerzte, Medicinal-Beamte und Gesetzgeber. 1. und 2. Thl. gr. 8. Halle, Lippert'sche Buchh. *

Inhalt:

Thl. 1. Medicinal-Ordnung. (XII, 254 S.) 874. *M 7.

» 2. Hygieine oder Lehre vom öffentl. Wohlleben und von den medizinischen Mitteln zu seiner Verwirklichung. (XVI, 477 S.) 876. *M 18.

Krahmer, L., Handbuch der Staats-Arzneikunde für Aerzte, Medizinalbeamte und Gesetzgeber. 3. Thl. A. u. d. T.: System der gerichtlichen Medizin, im Anschluss an die bestehende Gesetzgebung und Gerichtsordnung. gr. 8. (XVI, 731 S.) Halle 879, Niemeyer. *

1. und 2. Thl. Ebendas. 1874,76. *M 25.

—— ärztliche Heilmittellehre oder Darstellung der in medizinischen Kuranstalten zur Anwendung gebrachten Heil- und der offizinellen Arzneimittel nach Eigenschaften, Wirkungen und Anwendungsweisen. 1. Abthl. und 2. Abthl. in 2 Lfgn. Lex.-8. Halle, Pfeffer. *

Inhalt:

Abthl. 1. Allgemeine Heilmittellehre. Kuranstalten. (S. 1—320.) 859. * 1 Thlr. 22 Ngr.

» 2. Die pharmazeutischen Arzneimittel. 2 Lfgn. (S. 321—640.) 859,61. * 4 Thlr. 23 Ngr.

Krahmer, L., ärztliche Heilmittellehre oder Darstellung der in medicinischen Kuranstalten zur Anwendung gebrachten Heil- und der officinellen Arzneimittel nach Eigenschaften, Wirkungen und Anwendungsweisen. Neue (Titel-)Ausg. in 6 Lfgn. Lex.-8. (1265 S. mit 3 Tab. in qu. Fol.) Halle (861)64, Pfeffer. à Lfg. 20 Ngr.

Krahmer, L., die Lehre vom geselligen Menschen und seinen landesgesetzlichen Zuständen, als Handbuch der gerichtl. Medicin für Unterricht, Gesetzgebung und Rechtspflege bearb. gr. 8. (XI, 215 S.) Halle 886, Niemeyer. * 6 —

Krahmer, L., die Lehre vom geselligen Menschen u. seinen landesgesetzlichen Zuständen. Entwurf e. gerichtl. Medicin f. Juristen od. f. Unterricht, Gesetzgebg. u. Rechtspflege. 2. Ausg. gr. 8. (64 S.) Halle a/S. 892. M. Niemeyer. n. 1. 20

Krahmer, L., die Mortalitätsverhältnisse der Stadt Halle in der ersten Hälfte des 19. Jahrh., mit Rücksicht auf den Einfluss, welchen Jahreszeiten und epidemische Verhältnisse auf die Mortalitätsgesetze, auf wahrscheinliche und durchschnittliche Lebensdauer ausüben. gr. 4. (44 S.) Halle 855, Schmidt. *

—— die Reform der deutschen Universitäten. Eine Streitschrift. gr. 8. (25 S.) Halle 848, Anton.

Krahmer, L., das Silber als Arzneimittel betrachtet. gr. 8. (23 B.) Halle 845, Anton.

Krahmer, L. Zur Theorie d. Sterbens. Statist. Beitr. Halle 1876. Fol.

Krahmer-Möllenberg, u. v. Eschwege, Geschichte d. Hannoverschen Jäger-Bataillons Nr. 10. Mit 1 Marschkarte u. 2 Skizzen im Text. 8. (IV, 111 S.) Berlin 892. E. S. Mittler & Sohn. n. 1. 25

Krähmer, Adb., u. K. J. Schwab, Agnola. Tragische Oper in 2 Akten. Musik v. S. Textbuch. 16. (32 S.) München (898). Rubinverlag. n. — 50

Krähmer, Ferd. Das Prachtwerk. Ein buchhändler. Gelegenheitsschwank in 1 Aufzuge. 12. (40 S.) Wien 889, (Hölder). ** — 60

Krähmer, Ferd., Wiener Fremdenführer, s.: Förster, Fr.

Krähmer, Gustav [app. Arzt aus Geislingen]: Zur Gesichtsfeldeinengung bei Syringomyelie ... München, Buchdr. v. M. Ernst, 1894; 35 S., 8 Taf. 8.

München, Med. Fak., Inaug.-Diss. v. 1894

Krahmer's Zeitung für Schuhhandel u. Schuhmacherei, Fortsetzg., s.: Schuh- u. Leder-Zeitung.

Krahn, Adb., die löblichen Eigenschaften der Juden. Vortrag, gehalten in der ersten Versammlung des deutschen Reform-Vereins zu Leipzig. gr. 8. (13 S.) Leipzig 884, (Kempe.)

Krahn, Adb., Heil Kaiser Dir! Erinnerungsblätter für das deutsche Volk aus dem Leben Sr. Maj. Wilhelm I. zum 25jähr. Regierungs-Jubiläum am 2. Jan. 1886. 8. (64 S.) Hirschberg 886, Pehold. * — 50

Ausg. mit Bild * 60 Pf.; geb. * 1 —

Prachtausgabe * 3 —

Krahn, Adb., die Waffenerfolge des Prinzen Friedrich Carl. Ein Stück preußisch-deutscher Geschichte. Ein Lorbeerkranz dem „Rothen Prinzen". gr. 8. (90 S. mit 1 Holzschntaf.) Leipzig 885, Milde. * 30 Pf.; feine Ausg. 50 Pf.; cart. * geb. in Leinw. *M 1.—; mit Goldschn. * geb. in Kalbleder mit Goldschn. *

Krahn, Carl, s. Krahn, Karl

Krahn, *Emil* [Arzt]: Ueber Zwillingsgeburten ... Königsberg i. Pr., Druck v. M. Liedtke, 1891; 88 S. 8.

Königsberg, Med. Fak., Inaug.-Diss. v. 14. Okt. 1891

Krahn, E., üb. Zwillingsgeburten. Diss. gr. 8. (85 S.) Königsberg i/Pr. 891. (W. Koch.) n. 1. —

Krahn, Fritz, Bedeutung u. Einrichtung der Eltern- u. Volksunterhaltungsabende, s.a. Abhandlungen, pädagogische. XIII. 7.

Bedeutung und Einrichtung der Eltern- und Volksunterhaltungsabende. Von Fritz **Krahn**. Bielefeld: Helmich [1908]. 15 S. 8° [Umschlagt.]
(Pädagogische Abhandlungen. N. F. Bd 15, H. 7.) [10. 2360

Krahn, Fritz, die Grenzen der Teilnahme unseres Standes an dem öffentl. Leben, s.a. Abhandlungen, pädagogische. X. 4.

Die Grenzen der Teilnahme unseres Standes an dem öffentlichen Leben. Von Fritz **Krahn**, Lehrer. Bielefeld: A. Helmich [1904]. (22 S.) 8° [F.]
= **Abhandlungen**, Pädagogische. N. F. Bd 10, H. 4. [05. 1468]

— Mein Vaterland. (Pommern.) Vaterländische Geschichte, Erd- u. Naturkunde auf heimatl. Grundlage. Ein Realienbuch f. die Landschulen Pommerns, bearb. u. hrsg. (VI, 282 S.) gr. 8. Göttingen 909. Vandenhoeck & Ruprecht. Geb. 1. 10

— dasselbe. Vaterländische Geschichte, Erd- u. Naturkunde auf heimatl. Grundlage. Ein Realienbuch f. die Landschulen Preußens. Ausg. B: Für die Prov. Westpreußen. Bearb. unter Mitwirkg. v. Paul Behrend. (VI, 302 S. m. 11 Abb.) gr. 8. Ebd. 910. Geb. 1. 25

Krahn, Herm., Hühnerzucht bringt hohe Reinerträge! Ratschläge unter besond. Berücksicht. mittlerer u. kleinerer Landwirtschaften. (137 S. m. Abb.) 8. Posen 910. (Berl. des landw. Centralblattes.) (Nur direkt.) Geb. 1. 25

Krahn, J., u. J. Priel, Lesebuch f. obere Klassen kathol. Stadt- u. Landschulen, z. Weckung e. religiös-sittl. Lebens. gr. 12. (11 B.) Cöln 840, J. G. Schmitz. *

Krahn, Johann Wilhelm (Berlin), De pustula maligna. Diss. med. Bln. (Brüschck) 12. I. 1827. 39 S. mit Biogr. (M.: Neeff.) (6.20) 19268
Oppon.: B. Brach, D. Riegling, E. Blasius. — Gew.: A. Günther.

Krahn, Karl

Krahn, Carl, Ref. in Zoppot bei Danzig: Die Verschollenheit und Todeserklärung nach dem Bürgerlichen Gesetzbuch für das Deutsche Reich vom 18. August 1896. Borna-Leipzig 1906: R. Noske. (x, 38 S.) 8° [F.]
Leipzig, Jur. Fak., Diss. v. 23. Febr. 1906
[Geb. 17. Juli 80 Danzig; Wohnort: Zoppot; Staatsangeh.: Preußen; Vorbildung: Kgl. Gymn. Danzig Reife O. 99; Studium: Freiburg i. B. 1, Genf 1, Berlin 1, Straßburg 1, Heidelberg 1, Halle 2 S.; Rig. 17. Jan. 03.]

Krahn, Max *Arthur* [aus Weitenhagen bei Greifswald, Assistenzarzt d. med. Universitätsklinik zu Greifswald]: Untersuchungen über den therapeutischen Wert der Salvia officinalis ... Greifswald, Druck v. J. Abel, 1896; 2 Bl., 62 S. 8.
Greifswald, Med. Fak., Inaug.-Diss. v. 20. Febr. 1896

Untersuchungen über den therapeutischen Werth der Salvia officinalis. Von Dr. med. Max **Krahn**. *Greifswald: J. Abel 1896.* (1 Bl., 60 S.) 1 Bd 8. [96. 2560]

[Kopft.:] Reinhold von Krahn, Schwedischer Major und Kommendant in Wismar. Fec. ... Wilhelm v. **Krahn**, Hauptm. ... im Gren.-Reg. ... No. 1. *Königsberg 1899.* 1 Bl. quer-gr. 2. [00. 4773]

Krahnbalken, Aug., der fertige Takelmeister. Eine Anweisung über das Ausmessen und Kappen der Wanten, die Leckage eines Schiffes zu finden, die Größe der Segel, die Dimensionen der Rundhölzer und das Verhältniß der Anker, Ketten und Taue zu bestimmen rc. Nebst einem lithogr. Takelriß (in qu. Imp.-Fol.) und 18 dazu gehörigen Tab. Nach engl. und dän. Hülfsquellen bearb. gr. Lex.-8. (60 S. mit eingedr. Holzschn.) Hamburg 857. (Leipzig, Gerhard.) geb. *

Krahner

— s. a. **Kraner.**

Krahner, s.a. Gymnasial-Katechismus, evangelischer.

Krahner, evangelischer Gymnasial-Katechismus, ein Spruch-, Lehr- und Übungsbuch zu Dr. Martin Luthers Katechismus. 2. verb. Aufl. von Alb. Heintze. gr. 8. (X, 106 S.) Stettin 885, Saunier. geb. *

Krahner, evang. Gymnasial-Katechismus, e. Spruch-, Lehr- u. Übungsbuch zu D. Mart. Luthers Katechismus. 3., verb. Aufl. v. Alb. Heintze. 8. (VI, 100 S.) Stettin 896. L. Saunier. Geb. n. 1. —

Krahner, A., liturgische Gottesdienste für die Hauptkirche zu Luckau nebst einem Anhang Lieder mit ihren ursprünglichen Melodien. 8. (48 S.) Luckau 855, (Kutzscher.) *

Krahner, Heinr. Erläuterungen über den Gedankengang des perikleischen Epitaphios gegeben durch Erklärung der betreffenden Stellen. 23 S.
Posen, F. W., Progr. 1855

Krahner, Heinr.: Eros und Psyche. 27 S.– Stolp, Progr. 1859.

Krahner, H., Eros und Psyche. (Abdr. aus dem Programm des Gymnasiums zu Stolp.) Stolp 859. (Kölling.) gr. 4. (27 S.) n. 10 ngr.

Krahner, H., Eros und Psyche. gr. 4. (27 S.) Stolp 859, (Schrader.) *
Aus: Programm des Gymnasiums zu Stolp, besonders abgedruckt.

— — 2. Aufl. Wittenberg 861. Kölling. (Leipzig, Reichenbach.) 16. (VI, 63 S.) n. 12 ngr.

Krahner, H., s. Gymnasial-Katechismus, evangelischer.

Krahner, Henricus: * Protagoras et Gorgias, Platonis dialogi, quo necessitudinis vinculo inter se conjuncti sint. 100 S. 4° (2°)
Halle-Wittenberg, Phil. Diss. v. 15. Sept. 1842
Geb. [Luckau (Lausitz) 16. 4. 1820]

— Vocabularium latinum, s. Haupt, O.

Krahner, Leopold Heinrich

Krahner, L., Analyse der Rede des Oedipus in der Tragödie des Sophokles „König Oedip v. 216—275. Gel. 1869. 14 S. 4°.

Krahner, L., Analyse der Rede des Oedipus in der Tragödie des Sophokles „König Oedipus." V. 216—275. Stendal 870. Franzen & Grosse. 4. (14 S.) n. 5 ngr.

Krahner, Leop., römische Antiquitäten, s. Schaaff, Encyklopädie d. klass. Alterthumskunde.

Krahner, Leop.: Antrittsrede gehalten am 14. April 1858. 13 S. – Stendal, Progr. 1859.

— **M. Terentii Varronis Curio de cultu deorum. Pr. 1851. 28 S. 4°.** 1

Krahner, L. Grundlinien zur Geschichte des Verfalls der röm. Staatsreligion bis auf August. Eine litterarhist. Abhandl. (Darin auch v. Syst. des Euhemerus, u. der religiös-litterar. Thätigkeit des Ennius und M. Terent. Varro.) 53 S
Halle, W., Progr. 1837

Krahner: Fragmentarische Mittheilungen aus Winkelmanns Schriften. 14 S.–Stendal, Progr. 1859

— Die Sage von der Tarpeja. Pr. 1858. 86 S. 4°.

Krahner, Leopold Heinrich (Lausitz), Commentationis de M. Terenti Varronis antiquitatum rerum humanarum et divinarum libris XLI. specimen. Halle (Ploetz) 20. XII. 1834. 35 Seiten. (5.50) 19269
Oppon.: F. A. Eckstein, L. Braune, R. Geier.

Krahnerus, Leopoldus Henricus: Commentationis de M. Terenti Varronis antiquitatum rerum humanarum et divinarum libris XLI specimen. Halis 1834: Ploetz. 35 S. 8°

Halle-Wittenberg, Phil. Diss. v. 20. Dez. 1834

Geb. [Luckau (Lausitz) 30. 3. 1810]

Vom Verf. ersch. deutsch (vielleicht aus dem ungedr. Teil der Diss.): Grundlinien zur Geschichte des Verfalls der römischen Staatsreligion bis auf die Zeit des August. Eine litterarhist. Abhandl. [Darin S. 49—55: IV. M. Terent. Varro.] Halle: Waisenhaus 1837. 55 S. 8° (4°) Lat. Hauptschule, Progr. und später: Varronis Curio de cultu deorum. Friedland 1851. Progr.

Krahner, L., De Varrone ex Marciani Capellae satura supplendo. I. Pr. 1846. 24 S. 4°.

Krahner, Oskar (Hrsg.), s. Borgman, Joseph: Die Rohlederfabrikation.

Krahnest, Jo. Georg (Leipzig), De privilegio dotis respectu haeredis et cessionarii. Diss. jur. Präs. D. Jo. Friedrich Olearius. Lpz. (Breitkopf) 13. IX. 1725. 20 S. (6.—) 19270
Gew.: Adrian Steger, Abraham Christoph Plaz (Mockau, Ploesen, Alten), Gottfried Lang.

[**Krähwinkliaden.** Darstellung doppelsinniger Redensarten.] o. O. [um 1827].
12 Bl. in Rad. u. Lith., davon 10 koloriert. 8° u. 4°
Einige Blätter bez.: Wunder inv. et fec., 1 Bl. bez. Nussbiegel sc. 1827. Beigeb.: 1 Bl. Schildburgerstreiche [um 1825].

Krähwinkliaden oder bildliche Darstellung doppelsinniger Redensarten. Zu finden bey Martin Engelbrecht in Augsburg o. J. [um 1815].
8 Bl. in kol. Rad. 8°.

[**Krähwinkliaden** oder bildliche Darstellungen doppelsinniger Redensarten. Sammelband aus verschiedenen Folgen. Augsburg & Graz 1815—1820.]
45 Taf. in kol. Lithogr. 8°.
5 Bl. stimmen mit der vorigen Nummer überein. 5 Bl. bez.: Lith. bey Jos. Fr. Kaiser in Graz.

Krajca, Clementine, appr. Aerztin u. Zahn-Aerztin: Aus d. Klinik f. psychisch- u. Nervenkranke in Bonn. **Progressive Paralyse und Gefäßerkrankungen.** Bonn 1909: Bonning, Karlsruhe i. B. 40 S. 8°

Bonn, Med. Diss. v. 15. Dez. 1909, Ref. Westphal

[Geb. 23. Nov. 83 Limoges; Wohnort: Ulm; Staatsangeh.: Baden; Vorbildung: Mädchengymn. Karlsruhe Reife O. 02; Studium: Heidelberg 10 S.; Coll. 15. Dez. 09; Approb. 26. März 09.] [U 10. 316.

Krajcsik, Joannes — Jus ecclesiasticum practicis rationum momentis illustratum. Potissimum in usum cleri curati elucubravit — —. Tomus I gr. 8. (562. S.) Viennae. Typis Congregationis Mechitaristicae. 1854.

Krajcsik, Canonicus Joannes. Jus Ecclesiasticum practicis momentis illustratum. Potissimum in usum cleri curati elucubravit — — Tomus II. Viennae, 1857. Typis Congregationis Mechitharisticae. (682 S. 8.)

Krajewski, Alfred

Krajewski, A., üb. die Wirkungen der gebräuchlichsten Antiseptica auf einige Contagien, s. a. Vorträge f. Thierärzte.

Krajewski, Alfr., über die Wirkungen der gebräuchlichsten Antiseptica auf einige Contagien. Inaugural-Dissertation. gr. 8. (60 S. m. 1 Steintaf.) Dorpat 880. (Karow.) n. 1. —

Kraiewski, Alfred: Ueber die Wirkungen der gebräuchlichsten Antiseptica auf einige Contagien. Mit 1 lithogr. Taf. Leipzig 1883. 52 S.
Am 2405 u. Aa 2180, VI, 5. 6
(Vorträge für Thierärzte. Ser. 6, H. 5. 6.)
[Erschien auch als Vet.-med. Diss. Dorpat 1880.]

—— **dass. — s. a. Vorträge für Thierärzte.**

Krajewsky, Leo, „Herzenshunger". Novellen u. Erzählungen. (In russ. Sprache.) (136 S.) 8. Berlin 911. H. Caspari. 3. —

Krajewski, Michał Ks., Dzieje panowania Jana Kazimierza od r. 1656 do jego abdykacyi w r. 1668, 2 Bde. 8maj. Warschau, 846. Orgelbrand. 3 1/3 ß

Kraill, W. L. — Der Dienst-Unterricht für die Kanzlei-Manipulationsfächer in seiner praktischen Anwendung bei den k. k. administrativen Landesbehörden. Mit ausführlicher Darstellung der Pflichten und Verrichtungen des Einreichungsprotokolls-, Expedits- und Registraturs-Personals und seines Vorstandes. Nebst Beleuchtung der ämtlichen Geschäfts-Behandlung der Exhibiten mit Rücksicht auf deren Erledigung. Auf Grundlage und mit Benützung der bestehenden Vorschriften, Herausgegeben von — —. 8. (1 Blatt, 86 S.) Prag. Druck der k. k. Hofbuchdruckerei von Gottlieb Haase Söhne. 1854.

Kraillsheimer, Robert: Beiträge zur Bestimmung des Wirkungswertes einiger Stoffe der Digitalingruppe. Leipzig: Vogel 1910. 11 S. 8° ¶ (Aus: Archiv f. experim. Pathol. u. Pharmakol. Bd 62.)

Straßburg, Med. Diss. v. 8. April 1910, Ref. Schmiedeberg

[Geb. 28. Jan. 83 Stuttgart; Wohnort: Straßburg; Staatsangeh.: Württemberg; Vorbildung: Eberhard-Ludwigs-Gymn. Stuttgart Reife Juli 02; Studium: Heidelberg 4, Erlangen 2, Straßburg 4 S.; Coll. 21. Dez. 09; Approb. 18. Dez. 08.] [U 10. 4052

Krain [Sachliches OW]

Krain — Das Herzogthum — mit den vereinigten Grafschaften Görz und Gradisca oder Oesterr. Friaul; dann dem deutschen Littorale oder dem Triester Kreis, und angränzenden Ländern. Nach etc. entworfen und gezeichnet von Joh. N. Diewald. Nürnberg bey Homanns Erben 1807. J. N. Stadlmann sculp. 1: 460,000. 1 Bl.

Krain und Radetzky ... Laibach 1860. V: *Costa, Heinrich.* (Mitth. Custos Stefan in Laibach.)

Krain und Radetzky. Von H. C. 8. (... S.) Laibach 860. (Giontini.)

Krain [Schlagwort]

Krain, s. a. Alpen, Handtke, Meurer, Michel.

— s. a. Alpen. Ravenstein, Ludw. karten. 29.

— s. a: Eisenbahnkarten.

— s.a. Hand- u. Reisekarten. 29.

— s. a.: Oesterreich-Ungarn. Artaria. — Radfahrerkarten. Freytag.

Krain, s.a Reichsratswahlkarte. — Steiermark.

Krain. General-Karte v. Krain. Nach amtl. Materialien m. Markirg. der Bezirks-Hauptmannschaften u. Steuerbezirke. 1 : 300,000. Farbendr. 50,5×60,5 cm. Agram 891. Laibach, I. v. Kleinmayr & F. Bamberg.) 1. 80

Krain. Lechner's Generalkarte v. Krain. 1 : 300,000. 54×63 cm. Farbdr. Wien (901). R. Lechner's Sort. In Leinw.-Decke n. 2. 40; auf Leinw. in Leinw.-Decke n. 3. 50

Krain. Rothaug, J. G., Karte des Herzogt. Krain u. des Küstenlandes. 1 : 1,000,000. 29,5×21 cm. Farbdruck. Wien (910). G. Freytag & Berndt. — 12

Krain [Verfasser]

K r a i n, Julius Fridericus Dansaert

s. Dansaert Krain.

Krain, Willib., Habseligkeiten. Eine Sammlg. (95 S. m. Abb.) 8. Jauer (908). Glogau, Hellmann. 3. —

Krainer, Adolf (Red.), s. Z e i t s c h r i f t, Schweizerische landwirtschaftliche.

KRAJNER, ANTON: Rede des Abtes und Hauptpfarrers Anton Krajner zu Ofen gelegentlich seines Abtretens von der Pfarre am zweiten Sonntage in der Fasten 1864 gehalten. Pest 1864.

KRAJNER, ANTON: Rede am Festtage des heiligen Stephanus, ersten apostol. Königs von Ungarn, vorgetragen am 20. August 1855 . . . in der Festung Ofen, zu Maria Himmelfahrt. Der reine Ertrag ist zur Erbauung des Thurmes der obbenannten Kirche bestimmt. Ofen 1855: Mit M. Bagó'schen Schriften. 8 S. - 8°

Krajner, Emerich v., die ursprüngliche Staatsverfassung Ungarns seit der Gründung des Königthums bis zum Jahre 1382. 1. u. 2. Heft. Pest 867,68. (Osterlamm.) gr. 8. (XI, 162 S.) Jedes Heft. n. 16 ngr.

Krajner, Emerich v., die ursprüngliche Staatsverfassung Ungarns seit der Gründung des Königthums bis zum J. 1382. 2 Abthlgn. gr. 8. (V, 764 S.) Wien 872, Gerold's Sohn. *

Krainer, Paul

Krainer, P., die Entwicklung der Schiffsmaschine, s.a. Meereskunde. III, 8.

Die Entwicklung der Schiffsmaschine. Von P[aul] Krainer, Prof. Berlin: Mittler 1909. 32 S. 8° [Umschlagt.] (Meereskunde. Jg. 3, H. 8.) [09. 13611]

Krains, Hubert. L'Union postale universelle. Sa fondation et son développement. Nouvelle éd. [Avec 1 planche.] 129 p. 8. Berne, Gustave Grunau, 1908. [fr. 2. 50]

Krainski, Alois Ritter v., die Kriegs-Ausbildung unserer Infanterie im Vergleiche zu jener Preussens unter Bezugnahme auf die officiellen Erlässe und Berücksichtigung der neuesten Forderungen der Kriegswissenschaft. gr. 8. (VIII, 132 S. mit 1 lithogr. Fig.-Taf. in qu. 4.) Wien 873, (Seidel und Sohn.) *

Krainski, Alois v., Hauptm. im k. k. 58. Linien-Inft.-Reg. Handfeuerwaffen der k. k. österreichischen Armee, oder die Beschreibung von der Einrichtung, Gebrauchnahme und Wirkungsfähigkeit derselben, nebst Erklärung der zugehörigen Munition. Zusammengestellt mit Rücksicht auf die neueste Veränderung. Mit 1 lithogr. und gedruckten Tabelle. 8. Olmütz 1851.

Kraiński, Vinz., Handbuch des katholisch-kanonischen Rechtes in Fragen und Antworten zum Gebrauche der Repetitionen, Pfarr-Prüfungen und öffentl. Vorlesungen. 1. Bd. 8. (XII, 652 S.) Breslau 870, (Goerlich und Coch.) *

Krainski, X. W.

Kraiński, Anna i Scislaw. 8. (83 S.) Breslau 855. [Berlin, Schletter's Verlag.]

Kraiński, X. W., Historya literatury i oświaty ludów słowiańskich. Breslau 867. Verfasser. 8. (VIII, 168 S.) n. 20 ngr.

— Historyja literatury i oświaty narodu polskiego. Ebend. 867. 8. (VI, 544 S.) n. 1 Thlr 25 ngr.

—— Pocieszyciel i Pocieszycielka, prozą rymowaną. br. 8. (XIII und 137 S.) Breslau 855. [Berlin, Schletter's Verlag.]

—— Polacy i kazania polskie na barykadach Wrocławskich 1848. W prozie rymowanej. 8. (52 S.) Breslau 855. [Berlin, Schletter's Verlag.]

—— Polka. Prozą rymowaną. 8. (113 S.) Breslau 855. [Berlin, Schletter's Verlag.]

— Srodki i przeszkody do poprawy i uszczęśliwionia ludzkości. Breslau 866. (Mälzer.) 8. (XII, 699 S.) n. 2 Thlr 20 ngr.

Krainz Joh.: Flavius Claudius Julianus als Caesar. 26. Mitterburg 75. Progr.

Krainz, J., Eisenerz in der oberen Steiermark, s.a. Wanderbilder, europäische.

Krainz, Johann. Eisenerz in der oberen Steiermark. Mit 12 Illustrationen von J[ohann] Weber [wovon 3 Tafeln] nach den photographischen Aufnahmen von A. Kurka ... und einer Karte. (Europäische Wanderbilder. № 25.) 8. Zürich. (Paris, London) [1882].

Krainz, Joh., Episoden aus d. Kämpfen d. k. k. Nord-Armee 1866, s.: Bouvier, Fr. Arth.

Krainz, Johann, Lieutenant im Bürger Grenadier Corps etc. etc. Kurzgefasste Geschichte des k. k. priv Bürger-Grenadier-Corps in Graz. kl. 8. Graz 1895.

– Denkwürdige M ä n n e r aus Steiermark, s. V o l k s - u. Jugend- B i b l i o t h e k, Österreichische.

Krainz, Joh., Feldmarschall Graf Radetzky. Nach authent. Quellen bearb. von Hans von der *Sann* [d. i. (Johann Krainz). Graz 1907. 8°. (Ill. Geschichtsbibliothek f. Jung u. Alt)

– S a g e n aus Steiermark, s. V o l k s - u. Jugend-B i b l i o t h e k, Österreichische.

Krainz, Joh., s.: Sann, Hans v. der.

– W a n d e r u n g e n durch Steiermark, s. V o l k s - u. Jugend- B i b l i o t h e k, Österreichische.

Krainz, Jos., System des österreichischen allgemeinen Privatrechts [Grundriß und Ausführungen]. Aus dessen Nachlaß hrsg. und redig. von L. Pfaff. 1. Bd.: Der allgemeine Theil. gr. 8. (XVI, 482 S.) Wien 885, Manz'sche Hof-Verlags- und Universitäts-Buchh. *
geb. *

Krainz, Jos. System d. österreichischen allgem. Privatrechts [Grundriß u. Ausführungen]. Aus dessen Nachlaß hrsg. u. redig. v. L. Pfaff. 2. Bd.: Der specielle Theil. 2 Hälften. gr. 8. Wien 889, Manz. * 18 —
1. Hälfte: Grundriß. (XII, 443 S.) * 8 40.
2. Hälfte: Ausführungen. (Mit Register.) (VIII, 524 S.) * 9 60.
1. Bd. Ebd. 1885. * 9 60.

Krainz, Jos., System des österreichischen allgemeinen Privatrechts (Grundriß u. Ausführungen). Aus dessen Nachlaß hrsg. u. red. v. L. Pfaff. 2. Aufl. 2 Bde. gr. 8. (XVIII, 806 u. VIII, 720 S.) Wien 894. Manz. n. 28. —

Krainz, Jos., System des österreich. allgem. Privatrechts. Aus dessen Nachlaß hrsg. u. red. v. L. Pfaff. 3. Aufl., besorgt v. Armin Ehrenzweig. 2 Bde. gr. 8. Wien, Manz. à n. 14. —; geb. in Halbfrz. à n. 16. —
1. Der allgemeine Thl. u. das Sachenrecht. (XX, 870 S.) 899.
2. Das Obligationen-, Familien- u. Erbrecht. (VIII, 779 S.) 900.

Krainz, Jos., System des österreichischen allgemeinen Privatrechts. Aus dem Nachlaß hrsg. u. red. von L. Pfaff. 4. Aufl., besorgt v. Armin Ehrenzweig. I. Bd. u. II. Bd. 1. Hälfte. gr. 8. Wien, Manz. n. 20. 50
I. Der allgemeine Teil u. das Sachenrecht. (XX, 882 S.) 905. n. 14. —; geb. n. 16. —
II. 1. Das Obligationenrecht. (V, 396 S.) 906. n. 6. 50

Krainz, Jos., System des österreichischen allgem. Privatrechts. Aus dem Nachlaß hrsg. u. red. v. L. Pfaff. 4. Aufl., besorgt v. Armin Ehrenzweig. II. Bd.: 2. Hälfte: Das Familien- u. Erbrecht. (VIII u. S. 397—838.) gr. 8. Wien 907. Manz. 7. —;
(II. Bd. kplt. 13. 50; geb. in Halbfrz. 15. 80)
I u. II 1. Ebd. 905.06. 20. 50

Krainz, Leopold Martin, k. k. Oberlieut., Regiments-Auditor im k. k. 2. Banal-Grenz-Inft.-Reg. Die k. k. Militärgrenze und deren Grundgesetz. Eine culturhistorische Skizze. 8. Wien 1866.

Krais, Bertha, s.a. Hoffmann, Bertha

Krais, Bertha, Fräulein Schwalbe u. andere Frühlingsgeschichten. Mit 23 Textbildern nach Zeichngn. v. Emilie Wislicenus. 8. (III, 156 S.) Freiburg i/B. 900. F. E. Fehsenfeld. n. 2. —; geb. n. 3. —

Krais, C., de convulsionibus quaedam, quae ad pathologiam earumque therapiam attinet. 8. Würzb. 820. Stahel. 8 gr.

Krais F, Geschäftsgebrauch im Deutschen Buchdruck-Gewerbe. (35 S) Leipzig 1903

Krais, F. A., s.: Balladen-Buch.

Krais, F. A., u. J. Engelhorn, der Christbaum, s.: Engelhorn, J.

Krais, Fel., Luxus. Komödie in 5 Akten. 8. (175 S.) Stuttgart 859, Krais und Hoffmann.

Krais, G., das bayer. Gesetz üb. die öffentliche Armen- u. Krankenpflege, — das bayer. Gesetz üb. Heimat, Verehelichung u. Aufenthalt, s.: Reger's, A., Handausgabe.

Krais, Jh. Konr. (Konrektor), Tagebuch üb. diejenigen Begebenheiten, welche die Reichsstadt Biberach während des französ. Krieges v. J. 1790 an bis zum J. 1801 erfahren hat. 8. Stift Buchau 801.

Krais, Jul., Gedichte. 8. (21 ½ B.) Heilbronn 839, Drechsler.

Krais, Jul., Gedichte. 2. Ausg. (21 ¼ B.) Heilbronn 842, Drechsler'sche Buchh.

Krais, Jul., christliche Gedichte. 16. (IX und 312 S.) Reutlingen 859, Fleischhauer und Spohn. 1 Thlr.; geb.

Krais, Jul., christliche Gedichte. (Neue [Titel-]Ausg.) gr. 16. (VII, 312 S.) Reutlingen [859.] (900). Stuttgart, Fleischhauer & Spohn. Geb. in Leinw. m. Goldschn. 1. 50

Krais, Jul., Gesänge unter den Palmen. 2. (Titel-)Ausg. Heidelberg 869. C. Winter. 8. (IV, 213 S.) n. 12 ngr.

Krais, Jul., biblische Geschichte in einer Auswahl poetischer Bilder, s.a. Geschichte, biblische.

Krais, Jul., biblische Geschichte in einer Auswahl poetischer Bilder. Mit 1 Stahlstich. Stuttgart (853.) E. Hallberger. gr. 8. (X, 278 S.) 27 ngr.

Krais, Jul., Haltet an am Gebet! Handbuch der häuslichen Andacht für evangel. Christen, aus den besten älteren und neueren Sammlungen ausgewählt und hrsg. 8. (VIII und 520 S. mit 4 Stahlst.) Reutlingen 862, Fleischhauer und Spohn.

Krais, Jul., haltet an am Gebet! Handbuch der häusl. Andacht f. evangel. Christen, aus den besten älteren u. neueren Sammlgn. ausgewählt u. hrsg. (Neue Ausg.) 8. (V, 520 S. m. 1 Stahlst.) Reutlingen 893. Fleischhauer & Spohn. Geb. in Leinw. m. Goldschn. 3. 60

—— altdeutsche Heldendichtungen, bearb. in Prosa für das deutsche Volk und für die reifere Jugend. 1. und 2. Bd. 8. Stuttgart 855, J. F. Steinkopf.
Inhalt:
Bd. 1. Der Nibelungen Noth. Gudrun. (VI und 359 S.) 22 ½ Ngr.
„ 2. Parcival. (277 S.) 18 Ngr.

Krais, Jul., den Kämpfern im Krieg u. Sieg der deutschen Einheit 1870 u. 1871. Vaterländische Gedichte. 8. (VIII, 230 S.) Tübingen 877. Fues. n. 3. —

—— christliches Vergißmeinnicht. Denkblätter auf alle Tage des Jahres. 1. Aufl. 1858. und 2. Aufl. 64. (VI und 256 S.) Reutlingen 861, Fleischhauer und Spohn. geb.

—— christliches Vergißmeinnicht. Denkblätter auf alle Tage des Jahres. 4.—6. Aufl. 32. (VIII, 256 S.) Reutlingen 869—75, Fleischhauer und Spohn. geb. mit Goldschn.
geb. in Leder *

— christliches Vergißmeinnicht. Denkblätter auf alle Tage des Jahres. 7. Aufl. 32. (VIII, 366 S.) Reutlingen 879, Fleischhauer und Spohn. geb. in Leinw. mit Goldschn. *
geb. in Leder *

Krais, Jul., christliches Vergißmeinnicht. Denkblätter auf alle Tage des Jahres. 8. Aufl. 64. (VIII, 366 S.) 1883; 9. Aufl. 32. (VIII, 512 S.) Reutlingen 884, Fleischhauer und Spohn. geb. mit Goldschn.

Krais, Jul., christliches Vergißmeinnicht. Denkblätter auf alle Tage des Jahres. 10. Aufl. 32. (VI, 511 S. mit 1 Chromolithogr.) Reutlingen 888, Fleischhauer und Spohn.
geb. mit Goldschn.

— christliches Vergißmeinnicht. Denkblätter auf alle Tage d. Jahres. 11. Aufl. Neudr. 1892. 32. (VI, 511 S. m. farb. Widmungsbl.) Ebd. 892. Geb. in Leinw. m. Goldschn. 1. 50

— dasselbe. Mit 4 Lichtdr.-Bildern nach Orig.-Zeichngn. v. R. E. Kepler. 12. Aufl. 16. (VI, 509 S.) Ebd. 895 Geb. in Leinw. m. Goldschn. n. 2. —

—— classisches Vergißmeinnicht. Denkblätter aus deutschen Dichtern und Prosaikern auf alle Tage des Jahres. 32. (VIII und 264 S.) Reutlingen 858, Fleischhauer und Spohn. geb.

—— classisches Vergißmeinnicht. Denkblätter aus deutschen Dichtern und Prosaikern auf alle Tage des Jahres. 2. Aufl. 32. (VIII und 279 S.) Reutlingen 862, Fleischhauer und Spohn. geb. mit Goldschn. und in Futteral

—— classisches Vergißmeinnicht. Denkblätter aus deutschen Dichtern und Prosaikern auf alle Tage des Jahres. 3. Aufl. (VIII, 279 S.) 1869. geb. ℳ 1,80., und 4. neuumgearb. Aufl. 32. (294 S. mit Papier durchschossen.) Ebendas. 874. geb. mit Goldschn.

— classisches Vergißmeinnicht. Denkblätter aus deutschen Dichtern und Prosaikern auf alle Tage des Jahres. 5. Aufl. 32. (294 S. mit Papier durchschossen.) Ebendas. 878. geb. in Leinw. mit Goldschn. *

—— classisches Vergißmeinnicht. Denkblätter aus deutschen Dichtern und Prosaikern auf alle Tage des Jahres. 6. neu umgearb. Aufl. 64. (VIII, 366 S.) Ebendas. 882. geb. mit Goldschn. *

—— classisches Vergißmeinnicht. Denkblätter auf alle Tage des Jahres, ausgewählt aus deutschen Dichtern und Prosaikern. 7. neu umgearb. Aufl. 32. (VIII, 575 S. mit 1 Chromolithogr.) Ebendas. 888. geb. mit Goldschn. *

Krais, Jul. Classisches Vergißmeinnicht. Denkblätter auf alle Tage d. Jahres, ausgewäolt aus deutschen Dichtern u. Prosaikern. 8. neu umgearb. Aufl. 32. (VIII, 575 S. m. 1 Farbendr.) Reutl. 890, Fleischhauer u. Spohn. geb. m. G. * 2 —

— classisches Vergißmeinnicht. Denkblätter auf alle Tage d. Jahres, ausgewählt aus deutschen Dichtern u. Prosaikern. 8., neu umgearb. Aufl. Neue Ausg. 32. (VIII, 575 S. m. 1 Farbendr.) Ebd. 892. Geb. in Leinw. m. Goldschn. n. 2. —

— dasselbe. Mit 4 Lichtdr.-Bildern nach Orig.-Zeichngn. v. R. E. Kepler. 9., neu umgearb. Aufl. 16. (VIII, 575 S.) Ebd. 895. Geb. in Leinw. m. Goldschn. n. 2. —

Krais, Jul., klassisches Vergißmeinnicht. Denkblätter auf alle Tage d. Jahres, ausgew. aus deutschen Dichtern u. Prosaikern. M. 4 Lichtdr.-Bild. nach Orig.-Zeichngn. v. R. E. Kepler. 9., neu umgearb. Aufl. 16. (575 S.) Reutlingen 897. Fleischhauer & Spohn. Geb. in Damast m. Goldschn. n. 2. —

Krais, Paul

Krais P, Aufforderung z. Kampf gegen die unechten Farben. (22 S) Leipzig 1907

Krais, Paul, echte Farbe f. Stoffe!, s.: Flugschrift, 25., des Dürer-Bundes zur ästhetischen Kultur.

Krais, Paul [Hrsg.], s. Hölzer, Die.

— Gewerbl. Materialkunde. Im Auftrag des deutschen Werkbunds hrsg. 1. Bd. Die Hölzer. (XVI, 782 S. m. Abbildgn.) gr. 8. Stuttgart 910. F. Krais. 12,50; geb. in Leinw. 14. —

Krais, Paul *Moritz* [aus Stuttgart]: Über die Synthese und Constitution der Brenzterebinsäure ... Stuttgart, Hoffmann-sche Buchdr., *1891*; 24 S., 1 Bl. 8.
Leipzig, Phil. Fak., Inaug.-Diss. v. [15. Sept.] 1891

Krais, Wilh., Gesetz vom 8. August 1878, die Errichtung eines Verwaltungsgerichtshofes und das Verfahren in Verwaltungsrechtssachen betr., erläutert, s. Gesetzgebung, die, des Königreich Bayern seit Maximilian II. mit Erläuterungen.

Krais, Wilh., Gesetz vom 8. Aug. 1878, die Errichtung eines Verwaltungsgerichtshofes u. das Verfahren in Verwaltungsrechtssachen betreffend, erläutert. (S.-A. aus der „Gesetzgebung d. Kgrs. Bayern m. Erläutrgn.") Erlangen 1879. Gr. 8°. Hfrzbd.
2 Bll., 184 S.

Krais, Wilh.: Gesetz vom 8. 8. 1878, die Errichtung eines Verwaltungsgerichtshofes und das Verfahren in Verwaltungsrechtssachen betr. erl. [Nebst] Nachtr. 1. 2. Erlangen 1879—87. 2 Bde

Krais, Wilh., Handbuch der inneren Verwaltung im diesrheinischen Bayern. 1. u. 2. Bd. gr. 8. (IV, 426 u. V, 438 S.) Würzburg 875. 76. Stuber. à n. 6. —

Krais, Wilh., Handbuch der inneren Verwaltung im diesrheinischen Bayern. 2. Aufl. 3 Bde. gr. 8. (XII, 377; IV, 278; IV, 366 S.) Würzburg 881,82, Stuber's Verlagsh. à Bd. * ℳ 4. *

— Handbuch der inneren Verwaltung im diesrheinischen Bayern. 3., umgearb. Aufl. (In 6 Lfgn.) 1. u. 2. Lfg. gr. 8. (1. Bd. XII, 392 S.) Würzburg 891. Stuber's Verl. à n. 2. 50

Krais, Wilh., Handbuch der inneren Verwaltung im diesrheinischen Bayern. 3., gänzlich umgearb. Aufl. 3.—6. Lfg. gr. 8. (2. Bd. VII, 812 S.; 3. Bd. IV, 420 S.) Würzburg 891. 892. A. Stuber's Verl. à n. 2. 50 (kplt.: n. 15. —)

Krais, Wilh. v., Handbuch d. inneren Verwaltg. im diesrhein. Bayern. 4., gänzlich umgearb. Aufl. 3 Bde. gr. 8. München, C. H. Beck. n. 17. —; geb. n. 20. —
1. (VIII, 424 S.) 897. n. 5. —; geb. n. 6. —
2. (V, 356 S.) 897. n. 5. —; geb. n. 6. —
3. (IV, 503 S.) 898. n. 7. —; geb. n. 8. —

— kirchliche Simultanverhältnisse, insbesondere nach bayerischem Rechte. gr. 8. (68 S.) Ebd. 890. n. 2. —

Kraïsselsky, Pierre: De l'influence de la résection du sympathique cervical sur la cicatrisation des plaies de l'oeil. Lausanne 1905. 28 p. 8°. [1905.]
Lausanne. Thèse méd. 1904/1905.

Kraisy, Anton: Über das Gleichgewicht von Acetaldehyd, Wasserstoff und Äthylalkohol. Mit einem Anh.: Propylen und Allylalkohol in wäßriger Quecksilberchloridlösung. (Berlin 1910: G. Schade.) 78 S. 8°
Berlin, Phil. Diss. v. 13. Aug. 1910, Ref. Nernst
[Geb. 29. Juli 84 München; Wohnort: München; Staatsangeh.: Bayern; Vorbildung: Wilhelms-Gymn. München Reife Juli 03; Studium: München Techn. Hochsch. 4, Univ. 6, Berlin 4 S.; Rig. 21. Juli 10.] [U 10. 199

Kraith, Alfred, aus Wien i. Nieder-Oesterr.: Untersuchungen in der Carvonreihe. *Heidelberg 1900: Ph. Wiese.* (54 S.) 8°
Heidelberg, Naturw.-math. Diss. v. 1900

Kraitschek, Gustav: Die anthropologische Beschaffenheit der Landskroner Gymnasialjugend. S. 3—10. 8.
Progr. K. k. Staats-Obergymn. *Landskron i. Bö.* 1901.

Kraitschek, Gustav: Über physikalische Geographie im Gymnasialunterrichte. 8 (S. 3—16).
Progr. K. k. Staats-Oberg. *Landskron in Böhm.* 1900.

Kraitschek Gustav: Der Sturz des Kaisers Maurikios.
1893 PN 800 Diss. Wien, Univ.

Kraitscheck, J., prakt. Unterr. z. kubisch. Berechn. und Schätz. aller Bau- u. Werkholz-Gattungen rc. m. Tab. und K. gr. 8. Wien, Kaulfuß. 804.

Krairttmayr, W. X. A. Frhr. von

— Compendium codicis bavarici civilis, judiciarii, criminalis et annotationum. Oder Grundriss der gemein- u. bayrischen Privat-Rechtsgelehrsamkeit etc. München 1768. 8°. Hfrzbd., gebr.
8 Bll. (incl. Tit. m. Vignette) u. 572 S.

Krak, Jb. Hnr., gründl. Darstell. d. prakt. Landökonomie über bessere Benuzung d. Ackerfelder u. d. Viehzucht rc. 8. Wezlar 794.

Krakalia, Kost, ruthenische Geschichten. Uebers. v. K. (79 S.) 8. Czernowitz 906. (H. Pardini.) n. 1. —

Krakau [Sachliches OW]

Krakau. Statistischer Bericht über die wichtigsten demographischen Verhältnisse. Verfasst vom Bürgermeisteramte von Krakau. Lex.-8. (12 S.) Wien 887, Gerold's Sohn. *
Aus: Städtebuch, österreichisches, besonders abgedruckt.

Krakau. Statistischer Bericht über die wichtigsten demographischen Verhältnisse. Wien 1888. V: *Klesczynski, Josef.* (Kat. d. stat. Bureaus. Dresden 1890.)

Krakau und ein Blick über seine Grenzen. Leipzig 1844. V: *Kämpf, Rudolph.* (BrMm)

—— u. ein Blick über seine Grenzen. 16. (14 B.) Leipzig 844, Otto Wigand.

Krakau, Der Freistaat, bis zum J. 1845 ... Krakau 1846. V: *Klein, Christian Gottlieb.* (EngG)

Krakau, der Freistaat, bis zum J. 1845 und die Salinen zu Wieliczka in Galizien. gr. 16. (III und 122 S.) Krakau 846, Friedlein.

—— u. Paris. Roman aus d. jüngsten Polen-Verschwörung u. d. 10tägigen Republik Krakau's. 2 Bde. 8. (30 B.) Breslau 846, Verlags-Compt.

Krakau, Die Stadt, ihre nächste und entferntere Umgegend ... Krakau 1846. V: *Klein, Chn Glieb.* (EngG)

Krakau, die Stadt, ihre nächste u. entferntere Umgegend. Ein Geleitbuch für Einheimische u. Fremde. 16. (6⅛ B.) Krakau 846, Wildt. *

Krakau — Umgebung von — nach einem Orig. der Generalstabs-Abth. der 12. Tr. Division. 1870. 28,000. 4 Bl.

Krakau, die Umgebungen von 1 Bl. photolithograph. im Massstab von 1"=100°. Wien, k. k. geogr. Instit. Debit bei Artaria & Comp. (in d. Provinzen, s. wie bei Görz.) 1868

Krakau, s.: Woerl's Reisehandbücher.

Krakau [Schlagwort]

Krakau, s.: Europa. Liebenow.

Krakau, s.: Europa. Uebersichtskarte.

Krakau, s.: Galizien.

Krakau, s.: Oesterreich-Ungarn. Artaria.

Krakau [Verfasser]

Krakau, F., Lohn-Tabellen zum praktischen Gebrauch für Bauaufseher, Bauunternehmer, Bahnmeister rc., entworfen und richtig berechnet. 16. (38 S.) Königsberg 882, Hartung'sche Verlagsdruckerei. *

Krakau, H., Frankfurt am Main, s.: Beckmann-Führer.

Krakau, Mich. Fr., († d. 3. März 1819.) aa Sprüche d. heil. Schrift.

Krakau, Sprüche d. H. Schr. f. die Kanzel u. f. die häusl. Andacht erklärt und zur Erbauung angewandt. 3 Stck. 8. Jena, Akadem. Buchh. 786.

Krakauer, Der illustrirte kleine, Kalender für das Jahr nach der Geburt Jesu Christi 1883. 12. geb. 12 kr.
Wien: Fritz 1882.

Krakauer, Der illustr., kl. Kalender f. d. Schaltj. 1884. 16. (48 S.) Wien, Karl Fritz. 12 kr. 1883

Krakauer, Der illustr., kleine. Kalender f. das Jahr 1885. kl. 8. Wien, Carl Fritz. 12 kr. 1884

Krakauer, Der, illustr. kl. Kalender f. d. J. 1886. 12. Wien, Carl Fritz. 12 kr. 1885

Krakauer, Der illustrirte kleine. Kalender für das Jahr nach der Geburt Jesu Christi 1887. 16°. Wien, Carl Fritz. fl. —.12.
1886

Krakauer, der illustrirte kleine. Kalender für das Jahr nach der Geburt Jesu Christi 1888. 12. (40 S.) Wien, Fritz. fl. —.12.
1887

Krakauer, der alte. Illustrirter Kalender f. Stadt u. Land auf d. J. 1890. 8. (80 S.) Wien, Steckler. n. — 85

Krakauer, der illustrirte kleine. Kalender f. d. J. 1893. gr. 16. (48 S.) Wien 892. (Lpz., Literar. Anstalt, Aug. Schulze.) * — 24

Krakauer, der illustr. kleine. Kalender f. d. J. 1895. 12. (62 S.) Wien. (Leipzig, Literar. Anstalt A. Schulze.) n. — 24

Krakauer, der illustr. kleine. Kalender f. d. J. 1898. 12. (49 S.) Wien. (Leipzig, Literar. Anstalt, A. Schulze.) n. — 24

Krakauer, A., die Behandlung der eitrigen Mittelohraffektionen, s. Sonderabdrücke der Deutschen Medizinal-Zeitung.

Krakauer, A., die Untersuchung des Ohres, s. Sonderabdrücke der deutschen Medicinal-Zeitung.

Krakauer, Adolf, approb. Arzt aus Berlin: Zur traumatischen Tuberkulose der Knochen und Gelenke. *Leipzig 1902: B. Georgi.* (30 S.) 8°
Leipzig, Med. Diss. v. (9. Dez.) 1902

Krakauer, Alfred (geb. Frankfurt a. O. 17. 2. 1858): Hydronephrose. Berlin (1881). (39 S.) 8°
Berlin, Med. Diss. v. 5. März 1881

Krakauer Emil: Das Hohelied in Targum und Midrasch.
H. 1902 PN 1469 Diss. Wien, Univ.

Krakauer, Gustav

Krakauer, G. Commodus und Pertinax. XII S. OR. *Breslau* 1883.
Progr.

Krakauer, G., Das Verpflegungswesen der Stadt Rom in der spätere Kaiserzeit. Diss. 1874. 59 S. 2.-

Krakauer, Gust., das Verpflegungswesen der Stadt Rom in der späteren Kaiserzeit. gr. 8. (59 S.) Berlin 874, Mayer und Müller. *

Krakauer, Isidor

Krakauer, J., die harnsaure Diathese, ihre Krankheiten, Symptome u. Behandlg. in gemeinverständl., wissenschaftlich-populärer Behandlg. gr. 8. (84 S.) Berlin 893. Actiengesellsch. Pionier. n. 1. 65

Krakauer, J., über Dyspepsie in ihren proteusartigen Erscheinungen und deren Behandlung, s. Klinik, Wiener.

— die Funktionsstörungen der Cirkulationsorgane u. deren Behandlung, m. vorzügl. Berücksicht. engl. Quellen. gr. 8. (42 S.) Neuwied 893. Heuser's Verl. n. 1. —

Die Gicht in ihren verschiedenen Formen und die mit ihr verwandten Krankheiten oder die harnsaure Diathese, ihre Krankheiten, Symptome u. Behandlg. In gemeinverständl., wissenschaftl.-populärer Darstellg v. Dr. med. I[sidor] Krakauer, pr. Arzt in Wien. 2. verm. u. verb. Aufl. . . . *Berlin: A. Klarbaum 1899.* (94 S., 1 Bl.) 1 Bd 8. [99. 6479

Krakauer, J., die Gicht in ihren verschied. Formen u. die m. ihr verwandten Krankheiten, od. die harnsaure Diathese, ihre Krankheiten, Symptome u. Behandlg. In gemeinverständl., wissenschaftlich-populärer Darstellg. 4., verm. u. verb. Aufl. (96 S.) gr. 8. Berlin (906). G. Klemm. n. 1. 65
3. Aufl. (104 S.) 901. n. 1. 65.

Der Lebertran und seine medizinische Verwendung nach e. Teile d. großen Werkes: Cod-Liver-Oil and Chemistry von Dr. Peckel Möller aus d. Engl. bearb. u. mit Erg. u. Zusätzen versehen von Dr. I[sidor] Krakauer in Wien. *Berlin: G. Klemm 1904.* (48 S.) 8° [04. 10333

— der chronische Morbus Brightii, der atheromatöse Prozess u. das Blut in ihren Wechselbeziehungen. Nach engl. Quellen bearb. gr. 8. (IV, 112 S.) Neuwied 892. Heuser's Verl. n. 3. —

Bausteine und Denksteine. Religiöse Betrachtungen von Dr. M[oritz] Krakauer, Stiftsrabbiner. Breslau 1908: T. Schatzky. (IV, 380 S.) 8° [δ] [08. 15050

Krakauer, Moses *(geb. Nikolsburg in Mähr. 16. 9. 1853)*: Zur Geschichte des Spinozismus in Deutschland während der ersten Hälfte des achtzehnten Jahrhunderts. Breslau (1881). (51 S.) 8° *[Im Buchhandel 1881 bei Köhler in Breslau; die am Schlusse d. Diss. angekündigte Forts. ist nach Mitteil. d. Verf. nicht erschienen.]*
Breslau, Phil. Diss. v. 13. Jan. 1881

Krakauer, Moses, zur Geschichte des Spinozismus in Deutschland während der ersten Hälfte des 18. Jahrhunderts. Inaugural-Dissertation. gr. 8. (51 S.) Breslau 881, (Köhler.) *

—— Zacharias Frankel's principieller Standpunkt in der Reformfrage des Judenthums bis zum Zusammentritt der ersten Rabbiner-Versammlung in Braunschweig im J. 1844. Vortrag, gehalten bei der Gedächtnissfeier Frankel's im jüdisch-theolog. Seminar [15. Febr. 1883]. gr. 8. (15 S.) Breslau 884, (Kelsch.) **

Krakauer, Vikt., Motorwagen u. Lokomotive, s.: Spitzer, Karl.

Krakauer-Almanach auf das Jahr 1863 nach der Geburt Jesu Christi. 1 Blatt in Fol. Wien, Ueberreuter. 1864 12 kr.

Krake, Moritz, Referendar in Leipzig: Das Recht des Handlungslehrlings nach dem neuen Handelsgesetzbuche. Leipzig 1908: W. Reiche. (V, 57 S.) 8°
Leipzig, Jur. Fak., Diss. v. 19. Juni 1908
[Geb. 14. Aug. 83 Leipzig; Wohnort: Leipzig; Staatsangeh.: Sachsen; Vorbildung: König-Albert-Gymn. Leipzig Reife O. 02; Studium: Leipzig 2, Tübingen 1, Leipzig 4 S.; Rig. 18. Juli 06.]

Krakehler, Berliner. [Berlin 1848.] H: *Hoffmann, Carl Otto*, dann: *Beta, Heinrich (= Hnr. Bettziech).* (BrMm)

Berliner Krakehler. (Vom 18. Mai 1848 bis Ende Januar 1849.) Berlin, E. Litfaß. 46 und 2 Nummern. 4.

Krakehler, berliner. 1. Jahrg. 1848. 18. Mai — Decbr. 33 Nrn. (1/2 Bog.) schm. hoch 4. Berlin, Littfas. Vierteljährl. *

—— danziger. Blätter von und für Brascher. Redig. von E. Queisner. 1. Jahrg. 1848. Juni — Decbr. 31 Nrn. (1/2 Bog.) gr. 4. Danzig, Kabus.

Krakehler, neuer berliner gemüthlicher. Redakt.: Carl Guthschmidt. (Haupt-Mitarbeiter: A. Hopf.) 1. Jahrg. Octbr. — Decbr. 1854. 13 Nrn. (Bog. mit eingedr. Holzschn.) Fol. Berlin, Faudel. *

—— dass. — 2. Jahrg. 1855. 52 Nrn. (Bog. mit eingedr. Holzschn.) Fol. Ebds. *

KrakEhler. Auch eine Schweizer Reise und anderes von Krak Ehler. Illustriert von Paul Haase. 120 S. 8. Berlin, «Harmonie», Verlagsgesellschaft für Literatur und Kunst, (1907). [M. 2.—]

Krakenberger, Arnold [(Dr. med.) aus Fürth]: Über Makrodaktylie ... *Würzburg, F. Scheiner's Buchdr., 1894;* 33 S., 4 Taf. 8.
Würzburg, Med. Fak., Inaug.-Diss. v. 1894

Krakenberger, *Samuel* [aus Fürth]: Beitrag zur Mikroskopie einiger Erkrankungen der Mund- und Rachenhöhle ... Würzburg, Etlinger's Buchdr., 1893; 40 S., 1 Bl. 8.
Würzburg, Med. Fak., Inaug.-Diss. v. 1893

Krakenberger, Walt., das Kassen- u. Zahlungswesen des Staates u. der Kommunen im Königr. Bayern, s. Studien, Münchener volkswirtschaftliche. 98.

Krakenberger, Walter: Das Kassen- und Zahlungswesen des Staates und der Kommunen im Königreiche Bayern. Unter bes. Berücks. d. Tätigkeit von Banken im Dienste d. behördl. Kassenverwaltung. Stuttgart 1909: Union. 153 S. 8° ¶(Ersch. auch als: Münchener volkswirtsch. Studien. Stück 96.)
München, Staatswirtsch. Diss. v. 26. Juli 1909, Ref. Lotz
[Geb. 22. Sept. 86 Nürnberg; Wohnort: Nürnberg; Staatsangeh.: Bayern; Vorbildung: Neues Gymn. Nürnberg Reife Juli 04; Studium: Phil. Erlangen 3, Staatsw. München 5 S.; Rig. 26. Juli 09.] [U 10. 3452

Das Kassen- und Zahlungswesen des Staates und der Kommunen im Königreiche Bayern. Unter besond. Berücks. d. Tätigkeit von Banken im Dienste d. behördl. Kassenverwaltung von Walter **Krakenberger,** Dr. Stuttgart & Berlin: Cotta 1909. 153 S. 8°
(Münchener Volkswirtschaftliche Studien. Stück 96.) [09. 3153

Krakenfuß, Abr., Münchhausen in Californien. Ein wahrer und wahrhaftiger, vollständig authent. und nirgend übertriebener Bericht über eine Expedition nach dem Golddistrikte von San Francisco, unternommen unter der Leitung der grand auriferous stultiferous assiniferous Californian bamboozle company in Hamburg. 8. (VI und 73 S.) Bremen 849, Schlodtmann. Thlr.

Krakert, Hermann, Caroliruhensis: **Herodas** in mimiambis quatenus comoediam Graecam respexisse videatur. *Lipsiae 1902: B. G. Teubner.* (48 S.) 8° ¶ [— Progr. Tauberbischofsheim 1902.]
Freiburg i. B., Phil. Diss. v. 1902

Krakert, Hermann, Dr.: **Herodas** (Umschlagt.: **Herondas**) in mimiambis quatenus comoediam Graecam respexisse videatur. *Leipzig 1902: B. G. Teubner.* (48 S.) 8°
Tauberbischofsheim, großh.G, P 1902 (689)

Krakevitz, Albert Joachim von [Praes.], s. Semlow, Axel Gustav: Dissertatio academica ex theologia morali, nummum necessitatis contra Christoph. Seebachium, vindicans, affirmando: Dass es wol erlaubt sey, einen Noth=Pfenning bey zulegen.

Krakewitz, J. A. de

Krakewitz, A. J. de, de Paulo apostolo post sui conversionem adhuc Pharisaeo. Rost. 1763. 4.

de Krakewitz, A. J., de theologia daemonum. Viteb. 715. 718 8.

Krakewitz, A. J. de, de umbra Petri morbosos sanante ad Act. 5, 15. Rost. 1704. 4.

Krakewitz, S., unser kleiner Diener, s.: Dinas Fidelbogen.

Krako, Gf. Gm. Chr., († d. 3. Mai 1816.), s. 1) Beiträge zu häusl. Freuden. 2) Liederbuch, neues, für Volksschulen, u. setze bei beiden hinzu: (v. G. G. C. Krako).

Krakow [Schlagwort]

Krakow, s.: **Deutschland.** Kürschner-Pelp.

Krakow [Verfasser]

Krakow, Beyträge z. häuslichen Freuden. 8. Lüneburg, Herold. 801.

(Krakow, C.,) die Geheimnisse der Liebe, s. Geheimnisse.

Krakow, J. Gf., s. († ..), Merkwürdigkeiten d. Churf. Sächs. Stadt Dahme.

Krakow, Otto, approb. Arzt, Assist. am anat. Inst.: **Aus d. Kgl. anat. Institut zu Königsberg Pr. No 34. Die Talgdrüsen der Wangenschleimhaut.** (Mit 1 Taf.) *Königsberg i. Pr. 1901: O. Kümmel.* (35 S.) 8°
Königsberg, Med. Diss. v. 20. Juli 1901

Krakow, Otto Ludw., Parallel-Grammatik und Lesebuch zum Unterricht in den Elementen der deutschen und latein Sprache. 1. Thl. Die Wortlehre enthaltend. 8. (IV und 284 S.) Königsberg 847, Theile.

—— dass. — 2. Thl. Die Satzlehre enthaltend. 8. (286 S.) Ebds. 847.

—— 21 Passions-Predigten üb. Evang. Luc. 22. u. 23. gr. 8. (16¼ B.) Barmen 838, (Steinhaus.)

Kraków, Paulina, Wspomnienia Wygnanki. 2. Aufl. mit Kpfrn. 8. Warschau 847, Orgelbrand. 1½ ₰

Kraków u. Trojanowska Zorza, dziennik młodemu wiekowi poświecony. 6 Bde. 8. Warschau 841, Orgelbrand. 7 ₰

Krakowitzer Ernst: Die Verhandlungen zwischen Kaiser Ferdinand II. und den Ständen des Erherzogtums Oesterreich ob und unter der Enns, resp. deren Gesandtschaften, wegen Leistung der Erbhuldigung.
1907 PN 2337 Diss.Wien, Univ.

Krakowizer, Dr. Ferdinand, Geschichte der Stadt Gmunden in Oberösterreich. Aus Anlaß des 50-jährigen Regierungs-Jubiläums Sr. Majestät des Kaisers Franz Josef I. von Oesterreich herausgegeben. I. Bd. Lex.-8. (XXXII, 485 S.) In eleg. Prachtbd. 4.—
Gmunden: Mänhardt 1898.

Krakowitzer, Dr. Ferdinand, Im Lungau. Reisebriefe. Gr.-8. (28 S.) --.25
Salzburg: Keller 1896.

Kral: Die Argonautenfahrt. 9 S.–Brünn, Progr. 1852

Kral: Kaiser Rudolf II. und Michael IV. Woywode der Walachei. 3 S.–Brünn, Progr. 1856

Kral, Frz., die Alkoholfrage in Österreich und der Gesetzentwurf zur Hintanhaltung der Trunkenheit. Eine sozialstatist. Studie. gr. 8. (V, 122 S.) Leipzig 888, Duncker und Humblot. *

Král, Frz., die Bauernfrage. Eine agrarpolit. Studie. (120 S.) gr. 8. Prag 905. (Brünn, C. Winkler.) n. 2. 40

— Geldwert u. Preisbewegung im Deutschen Reiche 1871—1884, s.: Studien, staatswissenschaftliche.

Kral, Franz, Geldwert u. Preisbewegung im Deutschen Reiche 1871—1884. Jena 1887. 8.
A. u. d. T.: Staatswiss. Studien. Bd. 1. H. 3. . . . . (LBK.; HC.; D.)

Král Franz: Böhmische Sprache in Schlesien.
II. 1908 PN 2509 Diss.Wien. Univ.

Kral, Frz., s.: Studien, landwirtschaftliche.

— s.: Zeitschrift f. Tierzucht.

Král, Frz., Untersuchungen üb. Favus, s.: Beiträge zur Dermatologie u. Syphilis.

Kral, Geo., Grammatik der wendischen Sprache in der Oberlausitz. gr. 8. (VIII, 256 S.) Bautzen 895. M. Schmaler. Geb. n. 4. —

Kral, Joh., Elemente des Staats-Telegraphendienstes mit vorzugsweiser Berücksichtigung der Einrichtung der k. k. Telegraphen-Nebenstationen. 7. Aufl. Mit 48 in den Text eingedr. Holzschn. gr. 8. (VIII, 157 S.) Marburg a/D. 878. (Wien, Gerold & Co.) n.n. 5. —

Kral, Joh., Elemente des Staatstelegraphendienstes mit vorzugsweiser Berücksicht. der Einrichtg. der k. k. Telegraphen-Nebenstationen. 7. Aufl. Mit 48 Holzschn. gr. 8°. VIII, *156 S.* Marburg 1882. (Wien, Gerold & Co.). fl. 2.40

Kral, Joh., Elemente des Staats-Telegraphendienstes mit vorzugsweiser Berücksicht. der Einrichtung der k. k. Telegraphen-Nebenstationen. 11.—13. Aufl. gr. 8. (VIII, 184 S. mit 58 in den Text eingedr. Holzschn.) Aussig 886,87. (Wien, Gerold und Comp.) **
Vergriffen. — 14. Aufl. u. d. T.:

—— Elemente des Staats-Telegraphendienstes. 14. Aufl. gr. 8. (XI, 217 S. mit 88 in den Text eingedr. Holzschn.) (Ebendas.) 888. **

Kral, J., Elemente des Staats-Telegraphendienstes. 16. Aufl. 8. (XI, 215 S. m. 87 Holzschn.) Wien 890. Gerold & Co. n.n. 4.—

Kral, Joh., Elemente d. Staats-Telegraphendienstes. 18. Aufl. gr. 8. (XII, 249 S. m. 91 Holzschn.) Budweis 893. (Wien, Gerold & Co.) n.n. 4.—

-- dasselbe. 19. Aufl. gr. 8. (XII, 259 S. m. 91 Holzschn.) Ebd. 894. n.n. 4.—

Kral, Elemente des Staats-Telegraphendienstes. 19. Aufl. Wien 895.

Kral, Joh., Elemente des Staats-Telegraphendienstes. 20. Aufl. gr. 8. (XII, 261 S. m. 95 Holzschn.) Budweis 896. (Wien, Gerold & Co.) n.n. 4.—

Kral, Joh., Elemente des Staats-Telegraphen- u. Telephon-Dienstes. Lehrbuch zur Ablegg. der f. Post- u. Telegraphen-Expeditoren, sowie der f. Post- u. Telegraphen-Manipulantinnen vorgeschriebenen Prüfgn.; Unterrichtsbehelf zur Telegraphen-Verkehrs-Prüfg., Hand- u. Hilfsbuch für ärar. u. nicht ärar. Post- u. Telegraphenämter. 22. wesentlich umgearb. u. namhaft verm. Aufl. gr. 8. (III, 312 S. m. 121 Fig.) Marchtrenk 901. (Wien, Gerold & Co.) n.n. 4.50

Kral, Joh., u. Ernest Kral, Elemente des Staats-Telegraphen- u. Telephon-Dienstes. 23. wesentlich umgearb. Aufl. (III, 279 u. Nachtrag 8 S. m. 90 Fig.) gr. 8. Marchtrenk-Wels 905. (Wien, Gerold & Co.) n.n. 4.50

Kral, Joh., u. Ernest Kral, Elemente des Staats-Telegraphen- u. Telephon-Dienstes. 24. Aufl. (XII, 254 S. m. Abb.) gr. 8. Steyregg-Wels 908. (Wien, Gerold & Co.) nn 4.80

— — Handbuch des Post-, Telegraphen- u. Telephon-Dienstes zur Postmeister-Prüfung. 2 Bde. (330 u. 279 S.) gr. 8. Ebd. 903. 904. n.n. 10.—

—— Handbuch d. Telegraphen-Dienstes. 6. Aufl. gr. 8. (1. Lfg. 176 S. m. 147 Holzschn.) (Ebd.) 890. ** 6 40

Král, Jos., Porsons Gesetz. Ein Beitrag zur Lehre vom griech. Trimeter. (80 S.) Lex. 8. Prag 909. (F. Řivnáč.) —40

Sonderabdr. aus: „Sitzungsber. d. böhm. Gesellsch. d. Wiss."

LUDOWA KNIHOWNJA wudawana z nakładom Maćicy Serbskeje. Čisło 1. Zahrodnistwo 1. (Volksbibliothek herausgegeben auf Kosten der Maćica Serbska. Nr. 1. Gärtnerei 1. ib. 1869. —
A. u. d. T.: Sahrodnistwo. Prěni dźěl: Ssadowa sahroda. Roswucženje wo plahowanju ssadowych schtomow a keŕkow. Spissal M. A. KRAL. (Gärtnerei. Theil 1: Der Obstgarten. Belehrung über die Pflege der Obstbäume und Sträucher. Verfasst von M. A. KRAL.) ib. 1869. —

Der Adel von Böhmen, Mähren und Schlesien. Genealog.-herald. Repertorium sämtl. Standeserhebungen, Prädicate, Beförderungen, Incolats-Erteilungen, Wappen u. Wappenverbesserungen d. gesamten Adels d. Böhm. Krone mit Quellen u. Wappen-Nachweisen hrsg. von Adalbert R. Král v. Dobrá Voda. Titel gezeichn. von Ernst Fluß. *Prag: J. Taussig 1904.* (310 S.) 8° [09. 13805

Kralič, Edler von Wojnarowsky. F. W., und J. F. Wajner-Wajnerowský, Ablagerung und Verbreitung der Stein- bezw. Kalisalze sowie ihre Verwendung. Mit einem Anhang über die geschichtliche Entwicklung der Kaliindustrie. 2. Aufl. Wien, 1903. 88 S. mit Abb. und 8 Taf. [Gd 21

Kralič, Edler v. Wojnarowsky, F. W., die Verbreitung des Stein- bezw. Kalisalzlagers in Norddeutschland u. die geschichtliche Entwickelung der Kali-Industrie seit ihrem 30jährigen Bestehen. 8. (III, 35 S. m. 8 Taf. u. 1 Karte.) Magdeburg 894. (Berlin, Polytechn. Buchh.) n. 1.50

Kralič Edler v. Wojnarowsky, F. W., die Verbreitung des Stein-, bezw. Kalisalzlagers in Norddeutschland, 2. Aufl., s.: Wajner, Wajnerowský, J. F., v. Kraličis Ablagerung u. Verbreitung der Stein- bezw. Kalisalze.

Králiček, Taktikaufgaben, s.: Puhallo.

Králiček, Anton

Králiček, A., Die Anartes des C. Julius Caesar und die Anartoi und Anartophraktoi des Cl. Ptolemaeus. Ein Beitrag zur alten Geographie. Pr. 1908. 12 S. 1.20
— — II. Pr. 1909. 18 S. 1.20

Králiček, A., Die sarmatischen Berge, der Berg Peuke und Karpates d. Claudius Ptolemaeus. Ein Beitr. zur Gesch. der Völkerwanderung. I. Pr. 1894. 27 S. 2.—
— — II. Pr. 1895. 34 S. 2.—

— Die Donauvölker Altgermaniens nach Corn. Tacitus und Claudius Ptolemaeus. (Ein Beitrag zur Geschichte der deutschen Völkerbewegung). (38). Brünn LR. 97.
Pregz.

Králiček Anton: Das östliche Großgermanien des Claudius Ptolemaeus. (50). Kremsier R. 01.
Pregz.

Králiček Ant.: Hercynia, Fergunna, Krkonoše. Ein Beitrag zur Geschichte der Völkerwanderung. 23. Kremsier R. 90.
Pregz.

KRALJEVIĆ, Johannes: De tempore atque ritu celebratae a divino Salvatore ultimae coenae paschalis. — (1890) 175 S. 4° (Handschr.) Diss. 551
Diss. Wien, Univ.

Kralievo. s.: Serbien.

Kralik, Anton: Systematisches Hilfsbuch zum Studium der zollamtlichen Warenkunde, s. Sosna, Karl

Kralik, Ant., Lehrbuch d. österreichisch-ungar. Zollgesetze. Für den Unterricht an höh. Handelslehranst. Zugleich Handbuch für Handels- u. Gewerbetreibende, sowie Angestellte aller Transportanstalten. gr. 8. (XXXI, 206 S.) Wien 897. A. Hölder. n. 2.80

Kralik, Ant., Zollgesetzkunde für Kaufleute. Nachschlagebuch f. Handels- u. Gewerbetreibende sowie Angestellte aller Transportanstalten. Zugleich Leitfaden f. den Unterricht an höh. Handelslehranstalten. (Dr. Ludw. Huberti's mod. kaufm. Bibliothek.) gr. 8. (VII, 119 S.) Leipzig (900). Dr. L. Huberti.
Geb. in Leinw. n. 2.75

Kralik, Emil, s.: Almanach f. Buchdrucker.

Kralik, Emil, der Genosse aus Wildwest. Ausgewählte Habakuk-Skizzen. (160 S.) 16. Wien 907. Wiener Volksbuchh. 1.25

— Nutzen u. Bedeutung der Gewerkschaften, s. a. Volksbibliothek, Wiener politische.

Kralik, Emil, Nutzen und Bedeutung der Gewerkschaften. gr. 8°. Wien 1891. (Wiener polit. Volksbibliothek, Heft 1.)

Králik, J. und **Kubin**, J., Neues Taschenwörterbuch der französischen und deutschen Sprache. I. und II. Teil. 8°. (766, 651 S.) geb. K 3.—
Trebitsch: Lorenz 1910.

Králik, Johann: Katalog der Lehrerbibliothek der k. k. Oberrealschule in Teschen. (Umschlagtitel: . . . Lehrerbibliothek.) 8 (S. 7—84). Progr. K. k. Staats-Oberrsch. *Teschen* 1897.

Kralik, Rich. v., die wunderbaren Abenteuer des Ritters Hugo v. Burdigal, Herzogs v. Aquitanien, u. d. schönen Klarmunde, sowie des Elfenkönigs Oberon. Nach dem alten Sang u. dessen Erneuerg. durch Gaston Paris dem deutschen Volke wiedererzählt. hoch 4. (148 S. m. 11 farb. Taf.) München (901). Allgemeine Verlagsgesellschaft. Geb. n. 7. 50

(F) Die wunderbaren Abenteuer des Ritters Hugo von Burdigal, Herzogs von Aquitanien und der schönen Klarmunde sowie des Elfenkönigs Oberon. Nach dem alten Sang und dessen Erneuerung durch Gaston Paris dem deutschen Volke wiedererzählt von Richard von Kralik. Herausgegeben von der Leo-Gesellschaft. Wien. [1901.] Leo - Gesellschaft. 4°. 148 S. mit 11 Tafeln. Geb K 9.—

Kralik, Rich., Adam. Ein Mysterium. 12. (59 S.) Wien 884, Konegen. *

Kralik Ritter v. Meyrswalden, Rich. v., die Aehren der Ruth. Ein geistl. Festspiel mit Chören nach Calderon. Mit e. Noten-Beilage. (66 S.) kl. 8. Münster (903). Alphonsus-Buchh. n. 1. 20

Die Ähren der Ruth. Ein geistl. Festspiel mit Chören nach Calderon von Richard v. **Kralik**. Mit e. Noten-Beilage. Münster i. W.: Alphonsus-Buchh. [1905]. (66 S.) 8° [F.] [06. 10699,

(F) Die Amelungensage. Hugdietrich. Ortnid. Wolfdietrich. Amelung. Erneuert durch Richard von Kralik. Stuttgart und Wien. [1900.] Roth. 8°. 311 S. K 2.40, geb. K 3.60

— die soziale Bedeutung der christlichen Kunst. [Aus: „Die Wahrheit".] gr. 8. (13 S.) München 899. [R. Abt.] G. Schuh & Co. n. —80

Kralik, Rich., Büchlein der Unweisheit. Gedichte. 8. (98 S.) Wien 885, Konegen. *

— der Dichtertrank. Eine Götterkomödie mit Chören. (48 S.) kl. 8. Wien 904. C. Fromme. n. 1. 70

Kralik Ritter v. Meyrswalden, das Donaugold des hl. Severin. Ein Weihefestspiel m. Chören. (80 S.) kl. 8. Steyl 906. Missionsdruckerei. n. — 60

Kralik, Rich., Prinz Eugenius, d. edle Ritter. E. Heldengedicht, alten Volksliedern nachgesungen. 12. (VIII, 327 S.) Wien 896. C. Konegen. n. 4. —

— die Geheimnisse der Messe. Ein geistl. Festspiel nach Calderon. (61 S.) kl. 8. Ravensburg (906). F. Alber. n. 1. —

— Gibt es e. Jenseits?, s.: Glaube u. Wissen.

Kralik, Rich. v., das deutsche Götter- u. Heldenbuch. I u. II. Stuttgart [J. Roth]. München, Allg. Verlags-Gesellschaft. n. 4. 50; geb. n. 6. 60
I. Die Amelungensage. Hugdietrich, Ortnid, Wolfdietrich, Amelung. Gesammelt u. erneuert. 12. (312 S.) 900. n. 2. —; geb. n. 3. —
II. Die Wilzen- u. Welsungensage. Wilze. Oserich. Etzel. Gudrun. Wieland. Orwendel. Amlet. Beowulf. Helge Hertwardsohn. Welsung. Helge Hundingstödter. Siegmund. Siegfrieds Jugend. 8. (IV, 388 S.) 902. n. 2. 50; geb. n. 3. 60

— dasselbe, s. a. Bücherei, allgemeine.

— das deutsche Götter- u. Heldenbuch. Gesammelt u. erneuert. III—VI. (Schluß.) 8. München, Allgemeine Verlags-Gesellschaft. à n. 2. 50; geb. à n. 3. 60
III. Die deutsche Göttersage. (290 S.) (903.)
IV. Dietrich u. seine Gesellen. Walther u. Hildegund. — Dietrich u. Sälde. — Virginal. — Siegenot. — Herbort u. Hilde. — Iron u. Isolde. — Helme. — Wittich. — Ecke u. Fasold. — Biterolf u. Dietleib. — Wildebeer u. Isung. — König Isung. (364 S.) (903.)
V. Rosengarten u. Rabenschlacht. Siegfried in Worms. — Der Nibelungenhort. — Der Rosengarten zu Worms. — Siegfrieds Hochzeit. — Dietleibs Rache. — Laurin. — Walberan. — Sibichs Verrat. — Alpharts Tod. — Dietrichs Flucht. — Dietrich bei Etzel. — Rabenschlacht. (IV, 332 S.) (903.)
VI. Nibelungennot u. Dietrichs Ende. Siegfrieds Tod. — Etzel u. Krimhild. — Der Nibelungen Not. — Etzels Tod. — Schwanhild. — Dietrichs Heimkehr u. Ende. — Aslaug. — Nornegast. (360 S.) (903.)

— Die Gralsage. Gesammelt, erneuert u. erläutert. (XVI. 348 S.) 8. Ebd. 907. Geb. in Leinw. 4. —

— die ästhetischen u. historischen Grundlagen der modernen Kunst. 3 Vorträge, geh. im österreich. Museum f. Kunst u. Industrie. Febr. 1904. (107 S.) gr. 4. Wien 904. A. Schroll & Co. n. 2. 50

— s.: Hausbrot.

— das 19. Jahrh. als Vorbereitung u. Erneuerung e. religiösen u. nationalen Kultur, s. a. Broschüren, Frankfurter zeitgemäße.

Das neunzehnte Jahrhundert als Vorbereitung und Erneuerung einer religiösen und nationalen Kultur. Von Dr. Richard v. **Kralik**. Hamm i. W.: Breer & Thiemann 1905. (35 S.) 8° [F.]
— **Broschüren**, Frankfurter Zeitgemäße. N. F. Bd 24, H. 10. [05. 8843

Ein Jahr katholischer Literaturbewegung. Denkschrift von Richard v. **Kralik**. 2. Aufl. Regensburg: Habbel 1910. VIII, 240 S. 8° [10. 11787

— Katholizismus u. Nationalität. s.: Volksaufklärung.

— unsere deutschen Klassiker u. der Katholizismus, s. a. Broschüren, Frankfurter zeitgemäße. XXII, 7.

Unsere deutschen Klassiker und der Katholizismus. Von Richard v. **Kralik**. *Hamm i. W.: Breer & Thiemann 1903.* (39 S.) 8° [F.]
— **Broschüren**, Frankfurter zeitgemässe. N. F. Bd 22, H. 7. [03. 5083

– Rolands Knappen, s. Bücherei, Allgemeine.

Kralik, Rich., Kraka. Ein Lustspiel. (Schriften der „Iduna".) 12. (72 S.) Leipzig 893. Literar. Anstalt A. Schulze. n. 1. —

Kulturarbeiten ... Von Richard v. **Kralik**. Münster i. W.: Alphonsus-Buchh. 1904. (IV, 428 S.) 8° [F.]
— **Kralik**: Kulturstudien. Samml. 3. [05. 4730

Kulturfragen. Von Richard v. **Kralik**. Münster i. W.: Alphonsus-Buchh. 1907. (VI, 406 S.) 8° [F.]
— **Kralik**: Kulturstudien. Samml. 4. [08. 14847

— Das katholische Kulturprogramm, s. a. Broschüren, Frankfurter zeitgemäße. 28, II.

Das katholische Kulturprogramm. Von Dr. Richard v. **Kralik**. Hamm: Breer & Thiemann 1908. (31 S.) 8° [Umschlagt. F.]
— **Broschüren**, Frankfurter Zeitgemässe. Bd 28, H. 2. [08. 17050

Kulturstudien von Richard v. **Kralik**. *Münster i. W.: Alphonsus-Buchh. 1900.* (IV, 371 S.) 8° [F.] [01. 8475 6

Kulturstudien von Richard v. **Kralik**. 2. Aufl. (Bd 1.) Münster i. W.: Alphonsus-Buchh. 1904. 8° [F.] [06. 4366 6

— neue Kulturstudien. 12. (VIII, 372 S.) Ebd. (902). n. 2. —; geb. in Halbfrz. n. 3. —

Neue Kulturstudien von Richard v. **Kralik**. *Münster i. W.: Alphonsus-Buchh. 1903.* (VIII, 372 S.) 8° [F.] [03. 2334 6

— Kunstbüchlein gerechten gründlichen Gebrauchs aller Freunde der Dichtkunst. 8. (VIII, 146 S.) Wien 891. C. Konegen. n. 2. 40

— Jesu Leben u. Werk. Aus den Quellen dargestellt. (XI, 481 S.) gr. 8. Kempten 904. J. Kösel. n. 5. —; geb. n. 6. —

— goldene Legende der Heiligen von Joachim u. Anna bis auf Constantin den Großen, neu erzählt, geordnet u. gedichtet, m. Zeichngn. u. Buchschmuck v. Geo. Barlösius. gr. 4. (280 S.) München (902). Allgemeine Verlags-Gesellschaft. Geb. n. 12. —

— der hl. Leopold, Markgraf v. Oesterreich, s.: Sammlung illustr. Heiligenleben. III.

— Lieder im heiligen Geist. 2., verm. Aufl. (158 S. m. farb. Titelbild.) kl. 8. Steyl 906. Missionsdruckerei. Geb. in Leinw. 1. 75

— Die katholische Literaturbewegung der Gegenwart. Ein Beitrag zu ihrer Geschichte. 7. abermals verm. Aufl. (XIX, 140 S.) gr. 8. Regensburg 909. J. Habbel. 1. 50
1.—6. Aufl. (IV, 140 S.) 909. 1.50.

– Kaiser Marcus Aurelius in Wien, s. Bücherei, Allgemeine.

—— Maximilian. Ein Schauspiel in 5 Aufzügen und 1 Vorspiele. 8. (VII, 171 S.) Ebendas. 885. *

— Medelika. Ein Festspiel m. Musik zur Feier des 1000jähr. Jubiläums der Stadt Mödling u. des 450jähr. Jubiläums der Pfarrkirche v. Mödling. (20 S.) gr. 8. Wien 904. (Mödling, J. G. Thomas.) n. — 30

— altgriechische Musik. Theorie, Geschichte u. sämmtl. Denkmäler. gr. 8. (52 S.) Stuttgart (900). [J. Roth.] München, Allgem. Verlags-Gesellschaft n. — 80

— das Mysterium v. der Geburt d. Heilands. Ein Weihnachtsspiel nach volksthüml. Ueberliefergn. Hrsg. auf Veranlassg. der Leo-Gesellschaft. 2 Thle. 12. Ebd. 894. n. 3. 60
1. (VIII, 189 S.) n. 2. 80. — 2. Musikalischer Anh. (IV, 44 S.) n. — 80.

— das Mysterium vom Leben u. Leiden d. Heilands. E. Osterfestsp. in 3 Tagewerken nach volksthüml. Ueberliefergn. Hrsg. auf Veranlassg. d. Leo-Gesellschaft. 12. Wien 895. C. Konegen. à n. 3. 60
I. D. frohe Botschaft. M. musikal. Anh. 2 Thle. (219 u. Anh. IV, 48 S.)
II. Die Passion. (VII, 200 u. musikal. Anh. IV, 40 S.)
III. Die Auferstehung. (VII, 141 u. musikal. Anh. IV, 31 S.)

Kralik, Richard, Offenbarung. Epistel. 8. (31 S.) Wien, Carl Konegen. 50 kr. 1883

— Offenbarung. Episteln u. Elegien. 2. Aufl. 12. (31 S.) Ebd. 894. n. 1. —

—— das Ostaralied. Ein Wintermärchen. 8. (20 S.) Ebendas. 886. *

Kralik, Richard, Ein Osterfestspiel in drei Tagewerken. Herausgegeben auf Veranlassung der Leo-Gesellschaft. I. Die frohe Botschaft. Mit musikalischem Anhang. (I. Theil, 219 S.; musikalischer Anhang 48 S.) Geb. 1.80
Wien: Konegen 1895.

Kralik, Richard, Ein Osterfestspiel in drei Tagewerken nach volksthümlichen Ueberlieferungen. Herausgegeben auf Veranlassung der Leo-Gesellschaft. II. Die Passion. Mit musikalischem Anhang. Kl.-8. (200 S. und musikal. Anhang 40 S.) Gebunden 1.80
— — III. Die Auferstehung. Mit musikalischem Anhang. Kl.-8. (141 S. u. musikal. Anh. 31 S.) Ebd.

— Der hl. Parnaß. Ein geistl. Festspiel nach Calderon. Mit e. Musikbeilage. (56 S.) kl. 8. Ravensburg (910). F. Alber. 1. —

— üb. Philosophie als Begriffswissenschaft, s.: Vorträge u. Besprechungen üb. das Wesen der Begriffe.

— Philosophie u. Leben, s.a. Broschüren, Frankfurter zeitgemäße.

Philosophie und Leben. Ein Versuch von Dr. Richard v. **Kralik**. Hamm i. W.: Breer & Thiemann 1906. (28 S.) 8° [F.]
— **Broschüren**, Frankfurter Zeitgemässe. Bd 16, H. 1. [06. 20603

Kralik, Richard, u. Jos. **Winter**, Deutsche Puppenspiele. 8. (321 S.) Wien, Carl Konegen. 2 fl. 1885

— Die Revolution. 7 Historien. (I. Das Königsgericht. II. Die Schreckensherrschaft. III. Der Sohn der Revolution. IV. Drei Kaiser. V. Eine Kaiserhochzeit. VI. Der Befreiungskampf. VII. Der hl. Bund.) (569 S.) 8. Ebd. 908. Geb. in Leinw. 7. —

—— Roman. Gedichte. 8. (108 S.) Ebendas. 884. *

— Roswitha v. Gandersheim, s.a. Jahresbericht d. Vereines f. erweit. Frauenbildg. in Wien.

Kralik, Dr. Rich. v., Roswitha v. Gandersheim. »Jahresbericht d. Vereins f. erweiterte Frauenbildung in Wien.« Vortrag. (54 S. m. 2 Bildn.) Wien 1898. Bermann u. Altmann in Komm.

— der Ruhm Österreichs, s.: Calderon de la Barca, Don Pedro.

— ein Hans Sachs-Abend, s.: Lemmermayer, Fr.

— Zur nordgermanischen Sagengeschichte, s.a. Quellen u. Forschungen zur deutschen Volkskunde. 4. Bd.

Zur nordgermanischen Sagengeschichte. Von Richard v. **Kralik**. Wien: R. Ludwig 1908. (120 S.) 8°
— **Quellen** u. Forschungen z. deutschen Volkskunde. Bd 4. [08. 7796

— Angelus Silesius u. die christliche Mystik, s.a. Broschüren, Frankfurter zeitgemäße. XXI. 11.

Angelus Silesius und die christliche Mystik. Von Dr. Richard v. Kralik. *Hamm i. W.: Breer & Thiemann 1902.* (32 S.) 8° [F.]
= Broschüren, Frankfurter zeitgemässe. N. F. Bd 21, H. 11.

KRALIK, Richard
Sokrates nach den Ueberlieferungen seiner Schule dargestellt von Richard Kralik. Wien. 1899. Konegen. 8°. XXIV, 617 S. fl. 4.50

Kralik, Richard, Sprüche und Gesänge. 8. (112 S.) —.75
Wien: Konegen 1892.

— die Türken vor Wien. Ein Festspiel. 8. (167 S.) Ebendas. 883. *

– Rolands Tod, s. Bücherei, Allgemeine.

— das Veilchenfest zu Wien. Ein Maifestspiel m. Chören, nach alten volkstüml. Ueberliefergn. gedichtet u. vertont. (40 S.) kl. 8. Wien 905. C. Fromme. n. — 50

— Veronika, s.: Bücherei. allgemeine. Nr. 24.

Kralik, Rich., d. Volksschauspiel v. Doctor Faust, erneuert. 12. (VI, 116 S.) Wien 895. C. Konegen. n. 2. —

Weihelieder und Festgedichte. Von Richard v. Kralik. *Münster i. W.: Alphonsus-Buchh. 1901.* (158 S.) 8° [F.]

Weltgerechtigkeit. Versuch e. allgem. Ethik von Richard Kralik. Wien: C. Konegen 1895. (VII, 198 S.) 8°
— Kralik: Weltweisheit. 2.

— die Weltgeschichte nach Menschenaltern. Eine universalhistor. Uebersicht. (37 S.) gr. 8. Wien 903. C. Konegen. n. — 60

— Die neue Weltperiode, s. Broschüren, Frankfurter zeitgemäße. 27. V.

Die neue Weltperiode. Zeitgeschichtl. Betrachtungen von Dr. Richard v. Kralik. Hamm i. W.: Breer & Thiemann 1908. (23 S.) 8° [Umschlagt. F.]
— Broschüren, Frankfurter Zeitgemässe. N. F. Bd 27, H. 5.

Weltschönheit. Versuch e. allgem. Ästhetik von Richard Kralik. Wien: C. Konegen 1894. (VIII, 223 S.) 8°
— Kralik: Weltweisheit. 3.

Weltweisheit. Versuch e. Systems d. Philosophie in 3 Büchern von Richard Kralik. 1—3. Wien: C. Konegen 1894—96. 3 Bde 8°
1 — Weltwissenschaft. 1896. 2 — Weltgerechtigkeit. 1895.
3 — Weltschönheit. 1894.

— Weltweisheit. Versuch e. Systems der Philosophie in 3 Büchern. II. III. 12. Ebd. à n. 4. —
II. Weltgerechtigkeit. Versuch e. allgem. Ethik. (VII, 198 S.) 895.
III. Weltschönheit. Versuch e. allgem. Ästhetik. (VIII, 223 S.) 894.
Tl. I erscheint später.

— Weltweisheit. Versuch e. Systems d. Philosophie in 3 Büchern. I. 12. Ebd. 896. n. 4. — (3 Bde. kplt. in 1 Bd. geh.: n. 10. —; geb. in Halbfrz. n. 12. —
Weltwissenschaft. Ein metaphys. Versuch. (VII, 175 S.)

Richard v. Kraliks Gesammelte Werke. Reihe 1, Bd 1. (Ravensburg: Alber 1910.) 8°

Kralik's, Rich. v., gesammelte Werke. II. Reihe: Epos u. Erzählg. 1. u. 2. Bd. 8. Ravensburg, F. Alber.
Geb. in Leinw. Subskr.-Pr. 8.65; Einzelpr. 11.50
1. Die Gralsage. Gesammelt, erneuert u. erläutert. 2., durchgeseh. u. verm. Aufl. (XV, 356 S.) 909. Geb. 3.40; bzw. 4.50
2. Heimat-Erzählungen aus alten Zeiten. (VIII, 685 S.) 909. Geb. 5.25; bzw. 7. —

— d. Wesen u. d. weltgeschichtl. Bedeutg. d. Germanenthums, s.: Stimmen aus Oesterreich.

Weltwissenschaft. Ein metaphys. Versuch von Richard Kralik. Wien: C. Konegen 1896. (VII, 175 S.) 8°
— Kralik: Weltweisheit. 1.

Kralik von Meyrswalden Dietrich: Studien zu den althochdeutschen Glossen aus Weissenburger Codices des 9. bis 11. Jahrhunderts.
H. 1907 PN 2390 Diss. Wien, Univ.

Kraeling, Emil C. J. Unser Zion. Die Gesch der Zions-Gmde [Bkln, NY] ... eine Jubs-Gabe ... Mt Vernon, NY, 1905.

Kraelitz-Greifenhorst, Frdr. v., Bericht üb. den Zug des Gross-Botschafters Ibrahim Pascha nach Wien im J. 1719. Im Orig.-Texte hrsg., übers. u. erläutert. (66 S.) gr. 8. Wien 908. A. Hölder. 1.55
Sonderabdruck aus: „Sitzungsber. d. k. Akad. d. Wiss."

Kraelitz Edler von Greifenhorst Friedrich: Türkische Elemente im Neupersischen.
1903 PN 1621 Diss. Wien, Univ.

— Korollarien zu F. Miklosichs „Die türkischen Elemente in den südost- und osteuropäischen Sprachen (Griechisch, Albanisch, Rumunisch, Bulgarisch, Serbisch, Kleinrussisch, Großrussisch, Polnisch)". 1884—1890". S. 166 4 . . . . 1.80
Separatabdruck

— Studien zum Armenisch-Türkischen. S. 168 3 . . . . 1.40
Separatabdruck

Kraelitz-Greifenhorst, Frdr. v., Die Verfassungsgesetze des Osmanischen Reiches. Aus dem Osmanisch-türk. übers. u. zusammengestellt. (59 S.) 8. Leipzig 909. R. Haupt. 1.20

Krall, Ichariod, Doct. d. Philosophie u. Medicin, Schädelfechters, Finanziers, und Ritters des Blutigelordens Leben und Thaten. 12. Halle, Renger.

Krall, Albert, a. Heidelberg: Die männliche Beckenflosse von Hexanchus griseus M. u. H. Ein Beitrag zur Kenntnis der Copulationsorgane der Selachier und deren Herkunft. Leipzig: W. Engelmann 1908. (58 S.) 8° ¶(Aus: „Morphol. Jahrbuch" Bd 37 H. 4 S. 529—585.)
Heidelberg, Med. Fak., Ref. Fürbringer, Diss. v. 1908
[Geb. 18. Dez. 80 Heidelberg; Wohnort: Heidelberg; Staatsangeh.: Baden; Vorbildung: Gymn. Heidelberg Reife M. 00; Studium: München 1, Heidelberg 8 S.; Coll. 14. Febr. 07; Approb. 9. Aug. 06.]

Krall, Ant., Tierschutz, s.: Jugendbücherei.

Krall, Carlo, Scritture d'affari, s.: Ruprecht, Ernst.

Krall, Emil, Spielmannskunst. Die Kunst des Übens u. die Ausübg. der Kunst. 12 Briefe an e. jungen Instrumentalisten. (VII, 108 S.) kl. 8. Leipzig 910. C. Merseburger. 1.50; geb. in Leinw. 2. —

Krall, J. B. (Hrsg.), s.a. Bank- und Börse- Kalender.

J. B. Krall's österreichisch-ungarischer Bank- und Börse-Kalender. Jahrbuch für Bank-, Assecuranz-, Eisenbahn- und Industrie-Wesen für 1901. XXIX. Jahrgang. Herausgeber Alfred Weisz. Wien. Perles. 16°. XII, 288 S. Geb. K 3.20

J. B. Krall's österreichisch-ungarischer Bank- und Börse-Kalender. Jahrbuch für Bank-, Assecuranz-, Eisenbahn- und Industrie-Wesen für 1902. XXX. Jahrgang. Herausgeber Alfred Weisz. Wien. Perles. 16°. XII, 306 S. Geb. K 3.20 in Leder K 4.40

Krall's, J. B., österreich.-ungar. Bank- u. Börse-Kalender. Jahrbuch f. Bank-, Assecuranz-, Eisenbahn- u. Industrie-Wesen f. 1903. 31. Jahrg. Hrsg.: Alfr. Weisz. gr. 16. (X, 280 S. u. Tagebuch.) Wien, M. Perles. Geb. in Leinw. n. 3.—; in Ldr. n. 4.40

Kralls österreichisch-ungarischer Bank- und Börsekalender. 1904. 32. Jahrg. 16°. (290 S.) geb. K 3.20
Wien: Perles 1903.

Krall's Österr.-ungar. Bank- und Börsekalender für 1905. 33. Jahrg. 16°. (288 S.) geb K 3.40
Ebd. 1904.

Kralls Österr.-ungar. Bank- und Börsenkalender für 1906. 34. Jahrg. 16°. (XI, 86 S.) geb. K 3.20
Ebd. 1905.

Krall's, J. B., österreichisch-ungar. Bank- u. Börse-Kalender. Jahrbuch f. Bank-, Assekuranz-, Eisenbahn- u. Industrie-Wesen f. 1907. 35. Jahrg. Hrsg.: Alfr. Weisz. (X, 273 S. u. Tagebuch.) 16. Wien, M. Perles. Geb. in Leinw. n. 3.—; in Ldr. n. 4.40

Krall, Jak., humoristische Antologie in stenografischer Schrift, autogr. v. A. Springer. 1. Hft. gr. 16. (64 S.) Triest 874. (Eichstätt, Krüll.) 2.—

Beiträge zur Geschichte der Blemyer und Nubier. Von J[akob] Krall. Mit 3 Lichtdrucktaf. *Wien: C. Gerold's Sohn in Komm. 1898.* (26 S.) 4°
— Denkschriften d. Kais. Akademie d. Wissenschaften in Wien. Philos.-hist. Classe. Bd 46, 4. [04. 49:5 4

Grundriss der altorientalischen Geschichte von Jakob Krall. Th. 1: Bis auf Kyros. [Mehr nicht erschienen.] Wien: A. Hölder 1899. (VI, 190 S.) 8° [07. 4995

—— Zu Herodot II, 4, s. Studien, Wiener, 7. Jahrg.

Krall, Jac., die Composition u. die Schicksale des Manethonischen Geschichtswerkes. [Aus: „Sitzungsber. d. k. Akad. d. Wiss."] Lex.-8. (106 S.) Wien 879. Gerold's Sohn in Comm. n. 1.80

Krall, Jak., demotische und assyrische Contracte. Habilitations-Rede, gehalten an der Wiener Universität am 8. Jan. 1881. gr. 8. (22 S.) Wien 881, Konegen. *

— demotische Lesestücke. 1. Thl. D. demot. Theil d. Inschrift v. Rosette — d. Sethon-Roman — d. Leidener Papyrus I 384. M. 17 autogr. Taf. Fol. (4 S. Text.) Wien 897. A. Hölder. n. 12.—

Krall, Jak., demotische Lesestücke. II. Thl. Das Dekret v. Kanopos nach den Inschriften v. Tanis u. Kom el Hisn — der histor. Roman aus der Zeit des Königs Petubastis (Fortsetzg.) Mit 4 photolith. u. 18 autogr. Taf. gr. Fol. Leipzig 903. E. Avenarius. n. 20.—

—— Manetho und Diodor. Eine Quellenuntersuchung. Lex.-8. (40 S.) Wien 880, (Gerold's Sohn.) *

—— Die etruskischen Mumienbinden d. Agramer National-Museums. Imp.-4. (70 S. m. 10 Lichtdr.-Taf. u. 1 Abbildg.) Wien 892, (Tempsky). * 8 —
Aus: Denkschriften d. k. Akad. d. Wissensch., besonders abgedruckt.

—— Über den ägyptischen Namen Joseph's. (Genesis 41, 45.) gr. 8. (15 S.) Wien 888, Hölder. * — 60
Aus: Verhandlgn. d. VII. internat. orientalist. Congresses Ägypt.-Afrikan. Sect., besonders abgedruckt.

Krall, J., Der Wiener Papyrus No. 26 u. die Ueberreste griech. Tachygraphie in den Papyri von Wien, Paris u. Leiden. S.-A. 1881. 28 S. u. 2 Taf. 1.25

—— Studien zur Geschichte des alten Aegypten. I. und II. Lex.-8. (Ebendas.) [I. (80 S.) 881. * ℳ 1,20.; II. (100 S.) 884. * ℳ 1,60.] *
Vorstehende zwei Schriften sind aus: Sitzungsberichte der k. Akademie der Wissenschaften, besonders abgedruckt.

Krall, Jak., Studien zur Geschichte des alten Ägypten. III. Tyros und Sidon. gr. 8. (82 S.) Wien 888, (Tempsky.) *
Alle drei Tle. sind aus: Sitzungsberichte der k. Akademie der Wissenschaften, besonders abgedruckt.
I. und II. (Ebendas.) 1881,84. * ℳ 2.80.

Krall, Jak. Studien zur Geschichte d. alten Aegypten. IV. Das Land Punt. Lex.-8. (82 S.) Wien 890, (Tempsky). * 1 60
Aus: Sitzungsber. d. k. Akad. d. Wissensch., besonders abgedruckt.
I.—III. (Ebd.) 1881—88. * 4 10.

—— Tacitus und der Orient, s.a. Untersuchungen aus der alten Geschichte.

Krall, J., Tacitus u. der Orient. Sachl. Commentar zu d. oriental. Stellen i. d. Schriften des T. I. Teil: Hist. IV 83—84. Die Herkunft des Sarapis. 1880. 67 S. 1.50

— koptische Texte, s.: Corpus papyrorum Raineri, archiducis Austriae.

Krall Jakob: Untersuchungen über das Manethonische Geschichtswerk.
1879 PN 129 Diss. Wien, Univ.

Krall, Karl, fraudulose Rechtsgeschäfte. gr. 8. (32 S.) Wien 879, Manz'sche Hofbuchh. *
Aus: Allgemeine österreichische Gerichts-Zeitung, besonders abgedruckt.

Krall, Karl, Sammlung von wechselrechtlichen Entscheidungen des österreichischen obersten Gerichtshofes. gr. 8. (192 S.) Wien 873, Manz. *

Krall, Math., († ...) Festtagspredigten. Mit e. Vorworte, einige Züge aus d. Leben u. Wirken des selig Vollendeten enthaltend. gr. 8. Elberfeld ... Hassel. 2/3 ß

Krall, Matth., die Leiden Jesu während seiner Kreuzigung. gr. 8. Elberfeld 835, Hassel.

— 21 Passions-Predigten über Evang. Luc. 22 u. 23. gr. 8. Barmen 838. (Steinhaus.) 3/4 ß

Krall, Matthäus. Predigten über den Heidelberger Katechismus . . . Elberfeld [Köln] 1834. II: *Gräber, Theodor.* (zu) »1833—34« (Ky)

Krall, Matth., Predigten üb. d. Heidelberger Katechismus. Ein Erbauungsbuch. 2 Thle. gr. 8. (52½ B.) Elberfeld 833, 34, Hassel.

—— zwei Predigten üb. 2. Timoth. 2, V. 11—13. Geh. im Nov. 1824. gr. 8. (2 B.) Barmen 830, Steinhaus. *

—— Sammlung v. christl. Predigten. Hrsg. v. J. G. Krafft. 2 Bde. gr. 8. (57¼ B.) Köln 828, (Pappers?)

(F) **Krall,** N., Tierschutz in Gedichten und Aufsätzen. [Jugendbücherei. Nr. 14.] 8°. (50 S.) K —.30, geb. K —.70
Graz: Styria 1908.

Krall, Walther [Gerichtsref. aus Bonn a. Rh.]: Die Anfechtung der Verträge wegen laesio enormis und das Reichsgesetz über den Sachwucher vom 19. Juni 1893 ... Bonn, Univ.-Buchdr. v. C. Georgi, 1896; 3 Bl., 71 S. 8.
Erlangen, Jur. Fak., Inaug.-Diss. v. 1896

Krall, Wilh. [app. Arzt aus Bonn a. Rh.]: Über einen Fall von myxomatösen Hypertrophieen der Decidua '(Myxoma deciduo-cellulare)' ... Strassburg i. E., Buchdr. C. Goeller, 1895; 32 S. 8.
Strassburg, Med. Fak., Inaug.-Diss. v. 1895

Krallinger, Johann Baptist

Krallinger, J. B. Dr. „Pädagogische und praktische Aufgabe der Realschule". pg. 3—9. 8°. Xaver Kraus.
Landsberg, Progr. 1878/79

Krallinger, J. B. Dr. „Neue Beiträge zur Geschichte des Landsberger Gewerbewesens". 2 Seiten und pg. 1—77. 8°. Mit einem Titelblatte vom kgl. Reallehrer Karl Fischer und zwei weiteren Illustrationen. Xaver Kraus'sche Buchdr.
Landsberg, Progr. 1885/86

Krallinger, J. B. Dr. „Wilhelm Benjamin von Giesebrecht und Hermann Guthe in ihrem Verhältnis zur pädagogisch-methodischen Ausbildung bayerischer Mittelschullehrer". Erinnerungen aus der Hochschulzeit. pg. 3—13. 8°. Xaver Kraus'sche Buchd.
Landsberg, Progr. 1889/90

Krallinger, J. B. Dr. „Ueber die Entwicklung der vierkursigen Kgl. Realschule Landsberg während der ersten zehn Jahre ihres Bestehens". pg. 3—33. 8°. Xaver Kraus.
Landsberg, Progr. 1887/88

Krallinger, Johann Bapt. [Dr., Prof.]: Der Ezzoleich. M. Einl. u. erklär. Anmerkgn hrsg. München, J. G. Weiss'sche Buchdr., 1895; 30 S. 8.
München, k. RG, P 1895*

Krallinger, J. B. Dr. „Geschichte des Landsberger Schulwesens in den letzten dreihundert Jahren". Ein Beitrag zur bayerischen Schulgeschichte. pg. 3—202. 8°. Xaver Kraus.
Landsberg, Progr. 1882/83

Krallinger, J. B., Geschichte des Landsberger Schulwesens in den letzten 300 Jahren. Ein Beitrag zur bayer. Schulgeschichte. gr. 8. (202 S.) Landsberg a. L. 883, (Verza.) *

Krallinger, J. B., Hilfsbuch für den elementaren Unterricht in der Erdkunde. Für bayer. Realschulen und ähnlich organisierte Lehranstalten bearb. Mit einem Begleitwort für den Lehrer. 1. und 2. Kurs. 8. (96; 102 S.) München 878, Expedition des kgl. Central-Schulbücher-Verlags. à ** 55 Pf. **

Krallinger, J. B. Dr. „Altehrwürdige deutsche Jugendfeste". Ein Nachtrag zur „Geschichte des Landsberger Schulwesens". pg. 3—20. 8°. Xaver Kraus'sche B.
Landsberg, Progr. 1884/85

Krallinger, J. B. Dr. „Ueber die Konzentration beim Unterrichte mit besonderer Berücksichtigung der geschichtlichen Heimatskunde". pg. 1—22 und 1 Bl. Verbess. 8°. Xaver Kraus'sche Buchdr.
Landsberg, Progr. 1888/89

Krallinger, J. B. Dr. Die Real- oder höheren Bürgerschulen in Bayern nach den Hauptstadien ihrer Entwicklung". pg. 3—30. 8°. Xaver Kraus.
Landsberg, Progr. 1879/80

Krallinger, Joh. Bapt., Quellenbuch f. d. Unterricht in d. bayer. Geschichte. gr. 8. (VIII, 129 S.) München 898. J. Lindauer. n. 1. 60; Einbd. n.n.n. — 30

—— Satzungen hervorragender Handwerkervereinigungen in Landsberg am Lech aus der Zeit vom 15. Jahrhundert bis zur Gegenwart. Zur Illustration des Innungswesens überhaupt gesammelt, erläutert, durch die epochemachenden, innerhalb Baierns und des deutschen Reiches im 19. Jahrh. über den Gegenstand erlassenen gesetzl. Bestimmungen und das Statut der osnabrücker Schuhmacherinnung ergänzt und mit einem Vor- und Nachwort versehen. gr. 8. (VIII, 106 S.) München 880, [Kellerer's Verlag.] de Crignis. *

—— synchronistisch-genealogisch-kulturhistorische Tabelle zur bairischen Geschichte seit Otto von Wittelsbach. gr. Fol. München 878, Kellerer. *

Krallinger, J. B. Dr. „Was kann der Realschüler werden?" pg. 3—6. 8°. Xaver Kraus.
Landsberg, Progr. 1879/80

Krallinger, J. B. Dr. „Wie kann die Realschule in der Verfolgung ihrer Aufgabe durch die Eltern unterstützt werden?" pg. 3—12. 8°. Xaver Kraus.
Landsberg, Progr. 1880/81

Kralodworsky, Rukopis, s. Handschrift, Königinhofer.

Kralowsky, F. W. J., s. Polterabendspiele.

Kram, den ganzen, und das Mädchen dazu, s. F. A. v. Brühl, theatral. Belustigungen.

Kram, Den ganzen, und das Mädchen dazu. Lustspiel in 1 A. Wien 1787. V: *Brühl, Alois Frdr. Graf von.* (GGr)

Kram, den ganzen, und d. Mädchen dazu. Lstsp. 8. Dresden, Walther. 785. Rtblr.

Kram, Jos., unterfränkische Gedichte. 7. Aufl. Mit e. Wörterbüchlein u. der Biographie Krams v. Jean Bernard. 8. (XII, 92 S.) Stuttgart 892. A. Bonz & Co. n. 1. —; geb. in Leinw. n. 1. 80

Kram, Jos., Kraut und Arbes. Unterfränkische Gedichte. 1. und 2. Aufl. gr. 8. (IV, 66 S.) Schweinfurt 874, Stoer. *

—— dass. — 3. verb. Aufl., verm. durch ein Wörterbuch für Nichtkundige des Dialektes. 8. (100 S.) Kaiserslautern 875, Muschi.

Kram, Jos., Kraut und Arbes. Unterfränkische Gedichte, den lieben Unterfranken gewidmet. 4. verb. Aufl., verm. durch ein Wörterbuch für Nichtkundige des Dialekts und durch die Biographie des Dichters. 8. (X, 100 S.) Würzburg 877, Stuber. *
—— dass. — 5. Aufl., mit einem Wörterbüchlein und der Biographie Krams hrsg. von Jean Bernard. 8. (XII, 96 S.) Ebendas. 879. *

Kram, Jos., Kraut und Arbes. Unterfränkische Gedichte. 6. Aufl., mit einem Wörterbüchlein und der Biographie Krams hrsg. von Jean Bernard. gr. 8. (XII, 95 S.) Würzburg 885, Stuber's Verlag. *M 1.—.; geb. *

Kram, Jos. Kraut u. Arbes. Unterfränkische Gedichte. 7. Aufl. Mit e. Wörterbüchlein u. der Biographie Krams v. Jean Bernard. 8. (XII, 92 S.) Stuttg. 892, Bonz u. Comp. * 1 —; geb. * 1 80

Kraut und Arbes. Unterfränk. Gedichte ... von Joseph **Kram.** 8. Aufl. Mit e. Wörterbüchlein u. d. Biogr. Krams von Jean Bernard. Stuttgart: A. Bonz & Co. 1906. (92 S.) 8° [F.] [06. 10606

Kramann, H. L., s.a. Lalala.

LALALA, Tralala. Ein (ziemlich zahmer) Roman mit zween Titeln (von *H. L. Kramann*), worinne der Herausgeber auch mitunter ein Wörtchen redet. 2 Thle. Eisenach, J. G. E. Wittekindt, 1782—84. 8°. (10 Mk., etw. fleckiges Expl. in modern. Ppb., Adolf Weigel, 1906.)
Selten! Der zweite Titel (Thl. I. hat nur obiges Titelblatt) lautet: Minne und Harm eines Volksdichters. — Anon.-Lex. III. p. 3 (nach Kayser).

Kramann, H. L., († 1793.), s.a. Mein Verlust bei Habelschwerd.

MEIN Verlust bei Habelschwerd, ein komischer Roman (von *H. L. Kramann*, geb. zu Gotha 1756, † 1793 als Amtsadjunkt zu Reinhardsbrunn). Erfurt 1789. 8°.
Goedeke IV, 223, 80, 2; Anon.-Lex. III. p. 362 hat „1780" (nach Meusel u. Kayser). — Sehr rar!

Kramář, Reden, s.: Staatsvoranschlag.

Kramář, J. Uldarich

Kramár, J. C. Das Problem der Materie. Olmütz, 1871.

Kramář, J. C. Udalrich, das Problem der Materie. gr. 8. (VIII, 268 S.) Olmütz 872. Kramář & Prochazka. n. 6. —

Die Hypothese der Seele, ihre Begründg u. metaphys. Bedeutg. Von Dr. J. Udalrich **Kramář**. Tl 1. 2. *Leipzig: Duncker & Humblot 1898.* 2 Bde 8.
1. (X, 845 S.) 2 (3 Bl., 524 S.) [98. 1678

Kramář, Karel, Anmerkungen zur böhmischen Politik. Aus dem Böhm. übers. v. Jos. Penížek. (IV, 148 S.) 8. Wien 906. C. Konegen. n. 2. —

Kramář, Karel, das Papiergeld in Oesterreich seit 1848. gr. 8. (VIII, 188 S.; Anhang 122 S.) Leipzig 886, Duncker und Humblot. *

Über die sumerisch-gruzinische Spracheinheit. ⟨Ausz. aus d. Böhm. Abhandlung.⟩ Von Karl **Kramář**. Prag: Selbstverl. 1904. (9 S.) 8°
Aus: Věstník král. české společnosti nauk. 1904. [05. 117 7

Kramár, das böhmische Staatsrecht. Leipzig 896.

Kramář, Karl, d. böhmische Staatsrecht. [Aus: „Die Zeit".] gr. 8. (72 S.) Wien 896. Verlag „Die Zeit". n. 1.50

— die russische Valutareform. gr. 8. (40 S.) Ebd. 896. n. 1. —

Kramář Vincenz: Frankreichs Verhältnis zur Gotik in der Neuzeit. Diss. Wien, Univ.
D: Památky archeologické XXVI, 1914.
1901 PN 1401

Kramarczik, Jos.: Festrede am Geburtstage Sr. Majestät des Königs Friedrich Wilhelm IV. Am 15. October 1857 gehalten. Ueber die Majestät und ihre Attribute. 8 S. – Heiligenstadt, Progr. 1860.

Kramarczik, J., Die Kunsträubereien des Cajus Verres. Beitrag zur Erläuterung des IV. Buchs von Cicero's Anklage des Verres. Pr. 1849. 62 S. 4°. 5.—

Kramarczik: Die Lehre von der consecutio temporum. 28 S. – Heiligenstadt, Progr. 1855.

Kramarczik, J. die Lehre von der consecutio temporum. 4. (IV und 28 S.) Heiligenstadt 855, (Delion.)

Kramarczik, J. J. De C. Caecilio Plinio minore, dialogi de oratoribus auctore. 20 S. . . . .
Heiligenstadt, Progr. 1841

Kramaczik, J.: Rückblick auf die letzten 16 Jahre des Gymnasiums zu Heiligenstadt. 16 S. – Heiligenstadt, Progr. 1872.

Kramarczik, J., Schulreden. gr. 8. (VII, 120 S.) Heiligenstadt 872. Delion in Comm. n.n. 2. —

Kramarič, Frz., deutsch-slovenisches u. slovenisch-deutsches Wörterbuch, s.a. Kunst, die, der Polyglottie.

Deutsch-slovenisches Wörterbuch. Von Franz **Kramarič**. Nemško-slovenski Slovar. Sestavil France Kramarič. Wien & Leipzig: A. Hartleben [1907]. (187 S.) 8° [F. u. Ant.]
— **Kunst**, Die, der Polyglottie. T. 95.
(Bibliothek d. Sprachenkunde.) [07. 17930 7

Slovensko-nemški Slovar. Sestavil France **Kramarič**. Slovenisch-deutsches Wörterbuch. Von Franz Kramarič. Wien & Leipzig: A. Hartleben [1907]. (187 S.) 8° [F. u. Ant.]
— **Kunst**, Die, der Polyglottie. T. 96.
(Bibliothek d. Sprachenkunde.) [07. 17933 7

Kramarkiewicz, Victorinus (geb. Posen 18. 10. 1815): De amenorrhoea. Berolini (1840). (37 S.) 8°
Berlin, Med. Diss. v. 18. Juli 1840

Krambambulist, Der. Ein Lobgedicht über die gebrannten Wasser im Lachss zu Dantzig. Dantzig 1745. V: *Wittekind (Wedekind), Chph Frdr.* (MN)

Krambeer, Karl, das Fragen der Schüler als Forderung e. Pädagogik der Tat, s.a. Magazin, pädagogisches.

Das Fragen der Schüler als Forderung einer Pädagogik der Tat. Von Karl **Krambeer**. Langensalza: Beyer 1909. (40 S.) 8°
(Pädagogisches Magazin. H. 362.) [09. 5117

Kramberg, Paul, Referendar in Dortmund: Der Eigentumsübergang bei der bergrechtlichen Enteignung ⟨preußisches Allgemeines Berggesetz⟩. Dortmund 1908: W. Crüwell. (66 S.) 8°
Leipzig, Jur. Fak., Diss. v. 23. Juli 1908
[Geb. 10. April 85 Dortmund; Wohnort: Dortmund; Staatsangeh.: Preußen; Vorbildung: Städt. Gymn. Dortmund Reife O. 03; Studium: Bonn 3, Berlin 1, Münster 2 S.; Rig. 31. Juli 06.]

Krämchen, Amaliens. Zu einer angenehmen und nützlichen Unterhaltung . . . Breslau, Brieg u. Leipzig 1786. V: *Gürnth, Christiane Dorothea.* (MGT)

Kramer, Phil. Walburg, ein Opfer der Spielhölle. Zeitbild in 4 Aufz. Nach einer Thatsache bearb. Als Manuscript gedruckt. 8. (3¼ B.) Landau 844. (Konstanz 845, Bannhard'sche Bh.)*

Kramer, Wilhelm, und Karoline Berg; ein Roman . . . Nürnberg 181? V: *Riedner, Adam Nicol.* (MGT) (GGr) »1781« (Ky)

Kramer

— s. a. **Cramer, Krahmer.**

Kramer. Kramer's Bazar für Stickerei auf Leder- und Silber-Canevas in Vorlagen von angefangenen Arbeiten. Druck und Verlag von Kramer & Co. in Leipzig [um 1874].
3 Teile m. je 1 Umschlagtit. u. je 8 Taf. m. angefangener Stickerei auf Canevas. 8°.

— medicin.-prakt. Beobachtt. über die Wirkung d. dasigen Mineralwasserbäder, Spritz-, Tropf-, Gieß- u. Dampfbäder. 8. Karlsr. 824. Müller. 6 K

(Kramer u. Rittmann): Denkschrift für den Kaufmann Herrn P. Gompertz in Köln, Appellant, gegen den Kaufmann B. F. v. Rappard in Aachen, Appellat. Köln a. Rh. 1827.

Kramer, Dr. ..., über d. Eigenschaften, Wirkungen u. d. zweckmäß. Gebrauch d. warmen Mineralquelle, so wie d. natürl. Stahlbäder zu Baden im Großherzogthume. Nebst Anhang über die dortige Ziegenmolkenkur. 8. Karlsr. u. Baden 830. Marr. 16 gK Dass. französisch: Propriétés, effets et usage reglé de la Source minérale chaude etc. gr. 12. Ebd. 830. 15 gK

Kramer, H. Ausgewählte Gedichte. 8. Zürich, Altenhofer & Co. br. 4. —

Kramer, franz. u. deutsche Gespräche nach d. Speccio gall. 8. Nürnb. 744.

Kramer. Kramer's Handbuch für weibliche Handarbeiten ... Dritte Auflage. Leipzig, Druck und Verlag von Kramer & Co. [1877].
Tit., 3 Bl., 64 S. m. 117 Holzschn.; 4 farb. Taf. 8°.

Kramer's Handbuch für Lehrerinnen beim Unterricht in weiblichen Handarbeiten, sowie für alle Freundinnen von nützl. Beschäftigung. 1. und 2. Aufl. qu. gr. 4. (64 S. mit eingedr. Mustern und Chromolithogr.) Leipzig 877, [Kramer und Comp.] Roßberg'sche Buchh. geb. *

Kramer's Handbuch f. Lehrerinnen b. Unterricht i. weibl. Handarbeiten, sowie f. alle Freundinnen v. nützl. Beschäftigung. (72 S.) Reichenberg 1883. Fritsche. Geb.

Kramer. Kramer's Handbuch für Lehrerinnen beim Unterricht in weiblichen Handarbeiten ... Dritte vermehrte Auflage. Neu bearbeitet von Franz Semlitschka ... Reichenberg 1887, Verlag von J. Fritsche ...
3 S., 1 Bl., 72 S. m. 117 Abb.; 8 in d. Seitenzählung einbegriffene farb. Taf. 8°.
2. Aufl. 1877.

Kramer's (H.), neues Handbuch. Lehrmittel für weibl. Handarbeiten mit Orig.-Vorlagen. gr. 8. (55 S. mit eingedr. Fig. und 8 farb. Taf.) Leipzig 882, [Most.] B. O. Herrmann. geb. *

—— Propriétés, effets et usage réglé de la Source minérale chaude, et des Bains ferrugineux naturels de Bade, dans le Grand-Duché du même nom. Avec un appendice sur la cure du petit-lait de chèvre. Trad. de l'allemand. gr. in-12. (6 B.) Carlsruhe 830, Marx. Thlr.

Kramers' neues Taschen-Wörterbuch, deutsch-niederlaendisch und niederlaendisch-deutsch; auch enth.: ein Verzeichniss der geograph. Namen, der Manns- und Frauennamen, deren Schreibart von der niederlaend. abweicht, und der unregelmäss. Zeitwoerter entworfen von A. Jaeger. 3. viel verm. und verb. Aufl. 16. (VI, 768 S.) Gouda 873. Leipzig, Harrassowitz. geb. *

Kramer's neues Taschenwörterbuch deutsch-niederländisch u. niederländisch-deutsch. Orthographie der deutschen Wörter nach den neuen amtl. Regeln. 5., umgearb. u. verm. Aufl. 16. (VII, 834 S.) Gouda 892. Leipzig, O. Harrassowitz. Geb. in Leinw. n.n. 3. —

Kramer, A. (von)

—— Mars. Eine Sammlung Anekdoten von Soldaten, besond. heitern u. lustigen Inhalts, nebst unterschied. Curiositäten vom General Kyau. 12. (6 B.) Nordhausen 843, Fürst.

v. Kramer, A., synopt. Tabellen 2c., s. Ed. Laugier.

Kramer, Alexander [aus Darmstadt]: Ueber das Recht in Bezug auf den menschlichen Körper .... Berlin, Druck v. C. Feicht, 1887; 56 S. + 1 Bl. 8°.
Berlin, Jur. Fak., Inaug.-Diss. v. 14. März 1887.

Kramer, Alexander, über das Recht in Bezug auf den menschlichen Körper. Diss. Berlin 1887, Mayer & Müller. 8⁰. 56 S.

Kramer, Alfred, a. Krefeld: Unsere heutigen Anschauungen über Menstruation und Ovulation nebst Statistik über das ‚erste Eintreten der Menstruation. Krefeld 1905: Kramer & Baum. (35 S.) 8°
Bonn, Med. Fak., Ref. Fritsch, Diss. v. 13. Sept. 1905
[Geb. 2. Okt. 80 Krefeld; Wohnort: Krefeld; Staatsangeh.: Preußen; Vorbildung: Gymn. Krefeld Reife O. 00; Studium: Kiel 2, Freiburg i. B. 2, Berlin 2, Leipzig 2, Bonn 1 S.; Coll. 1. März 05; Approb. 5. Sept. 05.]

Kramer, Alfred, a. Wachow in Brandenburg: Die anatomischen Anpassungen der Farnkräuter an Klima und Standort. (Potsdam 1907: E. Stein.) (59 S.) 8°
Berlin, Phil. Fak., Ref. Schwendener, Diss. v. 16. Febr. 1907
[Geb. 13. Mai 83 Wachow (Kr. Westhavelland); Wohnort: Berlin; Staatsangeh.: Preußen; Vorbildung: Städt. Oberrealsch. Charlottenburg Reife O. 03; Studium: Berlin 7 S.; Rig. 17. Dez. 06.]

Kramer, Ant., Leitfaden d. kaufmännischen Rechnens f. kaufmännische Fortbildungsschulen. 2 Thle. 8. Wien 894. A. Pichler's Wwe. & Sohn. Kart. n. 2. —
1. Für die 1. u. 2. Classe. (IV, 134 S.) n. 1. 20
2. Für die 3. Classe. (III, 73 S.) n. — 80

KRAMER, Anton
(F) Leitfaden des kaufmännischen Rechnens für kaufmännische Fortbildungsschulen. Von Anton Kramer. I. Theil. Für die 1. und 2. Classe. 2. Auflage. Unveränderter Abdruck der mit Erlass des hohen k. k. Ministeriums für Cultus und Unterricht vom 3. Juli 1894, Z. 11150, zum Unterrichtsgebrauche an kaufmännischen Fortbildungsschulen allgemein zugelassenen 1. Auflage. Wien. 1899. Pichlers W. & S. 8⁰. 134 S. Cart. fl. --.60

Kramer, Ant., Leitfaden des kaufmännischen Rechnens f. kaufmännische Fortbildungsschulen. 1. Thl. Für die 1. u. 2. Classe. 3. verb. Aufl. gr. 8. (136 S.) Wien 901. A. Pichler's Wwe. & Sohn. Kart. n.n. 1. —

Kramer, Ant., Leitfaden des kaufmänn. Rechnens f. kaufmännische Fortbildungsschulen. II. Tl. Für die 3. Klasse. 2., nach der neuen Rechtschreibg. u. Kursnotierg. bericht. Aufl. (70 S. m. 2 Beilagen.) 8. Wien 904. A. Pichler's Wwe. & Sohn. Kart. n. — 80

Kramer, Ant., Leitfaden des kaufmännischen Rechnens f. kaufmännische Fortbildungsschulen. I. Tl. Für die 1. u. 2. Klasse. 4. Aufl. Nach der neuen Rechtschreibg. bericht., sonst unveränd. Abdr. der 3. Aufl. (136 S.) 8. Wien 907. A. Pichler's Wwe. & Sohn. Kart. 1. —

Kramer, Arno [aus Plauen i. Voigtl.]: Beiträge z. Kenntniss d. Entwickelungsgeschichte u. d. anatom. Baues d. Fruchtblätter der Cupressinen und der Placenten der Abietineen .... Regensburg, Druck v. F. H. Neubauer, 1885; 36 S. u. 1 Taf. 8°.
Leipzig, Phil. Fak., Inaug.-Diss. v. 26. Okt. 1885.

Kramer, Arno, Beiträge zur Kenntniss der Entwicklungsgeschichte und des anatom. Baues der Fruchtblätter der Cupressinen und der Placenten der Abietineen. Diss. Leipzig 1885, Gustav Fock. 8⁰. 36 S. mit einer Taf.

Kramer, August, aus Kemnade ⟨Braunschw.⟩: Fries in seinem Verhältnis zu Jacobi. *Leipzig-Reudnitz 1904: A. Hoffmann.* (50 S.) 8°
Erlangen, Phil. Diss. v. 9. Apr. 1904

Grundriss der Geburtshülfe. Ein Compendium f. Studirende. Von Dr. A[ugust] **Kramer**, Frauenarzt. Mit 30 Holzschn. Stuttgart: Enke 1892. XIV, 209 S. 8° [II. 4147 11

Kramer, A., Compendium d. elementaren Mathematik, enthalt. die Geometrie, Arithmetik u. ebene Trigonometrie. Zum Gebr. beim Unterricht. Mit eingedr. Figuren. gr. 8. (17 B.) Nordhausen 846, Förstemann. *

Kramer, A., Compendium der elementaren Mathematik, enthaltend die Geometrie, Arithmetik, ebene und sphärische Trigonometrie. Zum Gebrauche beim Unterrichte. 2., verm. und verb. Aufl. gr. 8. (VIII und 264 S. mit eingedr. Holzschn.) Nordhausen 859, Förstemann's Verlag. *

Kramer, Aug., allgemeine Theorie der zwei- und dreiteiligen astronomischen Fernrohr-Objective. gr. 8. (XII, 225 S. mit 2 lithogr. Fig.-Taf.) Berlin 885, G. Reimer. cart. *

Kramer, Aug. Über das Fouriersche Theorem und die Summirung der Fourierschen und Gaußischen Reihen. 20 S.
Nordhausen, Progr. 1845

Kramer, August (Dietr. Christoph Eduard) (geb. Martfeld in Hann. 28. 2. 1859): Ueber das Vorkommen von Körnchenzellen im Gehirn Neugeborener. Berlin (1885). (32 S.) 8°
Berlin, Med. Diss. v. 30. Juli 1885

Kramer, Augustus Ephraim (geb. Nordhausen 2. 2. 1817): De quibusdam aequationibus indeterminatis quarti gradus. Berolini (1839). (25 S.) 4°
Berlin, Phil. Diss. v. 23. Dez. 1839

Kramer, Brunhilde, Aerztin aus Leibstadt (Kt. Aargau): (Mitteilung aus dem Kinderspital Zürich.) Über Hämangiome. Berlin .1904. 33 S. 8°. S.-A. a. d. Jahrb. f. Kinderheilk. Bd. 60. [9. VIII. 04.]
Zürich. Med. Diss. 1904/1905.

Kramer, Brunhilde. Über Hämangiome. Diss. Med. [Univ.] Zürich. (Sonder-Abdruck aus Jahrbuch für Kinderheilkunde. Bd. 60.) *Kopftitel:* ⟨Mitteilung aus dem Kinderspital Zürich.⟩ 33 S. 8. Berlin, S. Karger, 1904.

Kramer, Carl Franz, s. Kramer, Karl Franz

Kramer, Carlos [app. Arzt aus Cannstatt]: Ein eigentümlich verlaufender Fall von Phthisis pulmonum . . . Tübingen, Druck v. Heinrich Laupp jr., 1889; 18 S. 8°
Tübingen, Med. Fak., Inaug.-Diss. v. 1889

Kramer, Chr. Hier., († d. 28. Jull 1794.) Predigten über die Sonn- u. Festtagsevangelien. 2 Thle. gr. 8. Altona 796 u. 97. Hammerich. 2 ₰

Kramer, Christoph

Kramer, C., Abhandl. aus dem deutschen Kirchen- u. Staatsrechte. 8. Frankf. a. M. 770. (Schäfer). 5 gr.

Kramer, Cph.: Kurzgefasste Abhandl. aus d. deutschen Staatsrechte. *Ulm*, Stettin. gr. 8. (1 Thl.)

Kramer, Conrad, s. Kramer, Konrad

Kramer, E., Hilfsbuch für den geographischen Unterricht in den Vorschulen höherer Lehranstalten. 1. und 2. Cursus. 2. Aufl. 8. Breslau 878, Aderholz' Buchh. *
Inhalt:
Cursus 1. Geographie von Schlesien. (19 S. mit 1 lithogr. Karte der Provinz in 4.) * 30 Pf.
2. Kurze Uebersicht der fünf Erdtheile. (48 S.) * 40 Pf.

Kramer, E., Hilfsbuch für den ersten geographischen Unterricht. 1. u. 2. Curs. 3., umgearb. Aufl. 8. Breslau 881. Morgenstern. n. — 70
1. Geographie von Schlesien. (33 S. m. 1 lith. Karte.) n. — 30
2. Kurze Uebersicht der 5 Erdteile. (57 S.) n. — 40

Kramer, E., Hilfsbuch f. den ersten geographischen Unterricht. 1. u. 2. Curs. 4. verb. Aufl. 8. Breslau 884. Morgenstern Verl. n. — 70
1. Geographie v. Schlesien. (32 S. m. 1 Karte.) n. — 30
2. Kurze Uebersicht der 5 Erdteile. (54 S.) n. — 40

Kramer, E., Hilfsbuch f. den ersten geographischen Unterricht. 2 Tle. 5., verb. Aufl. 8. Breslau 888. Morgenstern's Verl. n. — 70
1. Geographie v. Schlesien. (32 S. m. 1 farb. Karte.) n. — 30
2. Kurze Übersicht der 5 Erdteile. (IV, 59 S.) n. — 40

Kramer, E., Hilfsbuch f. d. ersten geograph. Unterricht. 2 Tle. 7., durchgeseh. Aufl. 8. Breslau 898. E. Morgenstern, Verl. n. — 70
1. Geographie v. Schlesien. M. 1 Karte v. Schlesien. (32 S.) n. — 30
2. Kurze Übersicht d. 5 Erdteile. (64 S.) n. — 40

Kramer, E., Hilfsbuch f. den ersten geographischen Unterricht. 2 Tle. 8. Breslau, E. Morgenstern, Verl. n. — 70
1. Geographie v. Schlesien. Mit e. (farb.) Karte v. Schlesien. 8. durchgeseh. Aufl. (32 S.) 903. n. — 30
2. Kurze Uebersicht der fünf Erdteile. 8. durchgeseh. Aufl. (Mit Anwendg. der neuen Rechtschreibg.) (64 S.) 904. n. — 40

Hilfsbuch für den ersten geographischen Unterricht von E. **Kramer,** weil. Lehrer zu Breslau. 9. verb. Aufl. T. 1. Breslau: F. Morgenstern 1907. 8° [F.] (08. 3344

Kramer, E. A., das Gebeth d. Kinder dringet durch d. Wolken zum Vater im Himmel. 3., verm. Aufl. 18. Wien, Riedels sel. Wwe. u. Sohn. Thlr.

—— kathol. Gebethbüchlein f. Kinder. 3., verm. u. verb. Aufl. M. Titkpfr. 18. Wien, Riedels sel. Wwe. u. Sohn.

Kramer, Eleonore. Die übrigen Brocken. Eine Erzählg. aus der Sommerfrische. gr. 16. (48 S.) Basel 891, [Spittler.] Jaeger u. Kober. * — 25

—— Im Doktorhaus. Eine Erzählg. f. jung u. alt. 16. (57 S.) Ebd. 889. * — 30

—— Der Friedel v. Ströbeck, s. Schillingsbücher.

Kramer, Ernst

Kramer, E.
Anleitung zur rationellen Apfelweinbereitung nach dem gegenwärtigen Standpunkte der Theorie und Praxis. Berlin, 1893. 8vo. Ill.

Kramer, Ernst, Anleitg. zur rationellen Apfelweinbereitg. Nach dem gegenwärt. Standpunkte der Theorie u. Praxis bearb. 8. (VI, 167 S. m. 46 Abbildgn.) Berlin 894. P. Parey. Geb. in Leinw. n. 2. 50

Kramer, Ernst. Die Bakteriologie in ihren Beziehungen zur Landwirtschaft u. den landw.-technischen Gewerben. 2 Tle. gr. 8. Wien, Gerold's Sohn. à Tl. * 4 —; * 8 —
1. Die in der Landwirtschaft durch Bakterien bewirkten Vorgänge. Mit 36 Abbildgn. (VIII, 171 S.) 890.
2. Die Bakterien in ihrem Verhältnisse zu den landw.-techn. Gewerben. Mit 79 Abbildgn. (VI, 178 S.) 892.

Kramer, Ernst, Beiträge zur Physik des Waldes, s. Mittheilungen aus dem forstlichen Versuchswesen Oesterreichs.

Das Laibacher Moor, das größte und interessanteste Moor Österreichs in naturwissenschaftlicher, kulturtechnischer und landwirtschaftlicher Beziehung. Von Dr. Ernst **Kramer,** Dir. in Laibach. Mit 3 Karten u. 43 Abb. Laibach: J. v. Kleinmayr & F. Bamberg 1905. (205 S.) 8° (05.4936

Kramer Ernst: Studien über die schleimige Gärung. S. 98. IIb. 358 . . . . vgr.
Separatabdruck

Vorsorge für die Hinterlassenen verstorbener BBr. Vortrag, gehalten am 28. Jan. 1899 in der ☐ M[odestia] c[um] l[ibertate] im Or.·. von Zürich von Ernst **Kramer**[-Waser]. [Zürich 1899.] 15 S. 8° [Kopftit.]
Abgedr. in: Z. 30 (1900) S. 17—18, 38—40.
Anregung, ein Asyl für alleinstehende ältere Brr u. alleinstehende ältere weibliche Hinterlassene verstorbener Brr zu gründen.
3.

– (Hrsg.), s. Zentralblatt, Österreichisches landwirtschaftliches.

Kramer, Ern. Maur. (geb. Berlin 21. 4. 1833): De polypis uteri. Berolini (1856). (27 S.) 8°
Berlin. Med. Diss. v. 3. Okt. 1856

Kramer, Erwin, aus Bielitz (Österr.-Schlesien): Beitrag zur Kenntnis der Nitrotolane und Nitrostilbene. Zürich 1909. VIII + 72 S. 8°. [18. III. 09.]
Zürich. Phil. Diss. II. S. 1908/09.

Kramer, Erwin: Die Sachgemässheit der Bremsen elektrischer Strassenbahnen und die Mittel zur sachgemässen Steigerung ihrer Leistungsfähigkeit. 1904. 36 S. 4° ¶ Aus: Elektr. Bahnen. Jg. 2.
Berlin, Dr.-Ing.-Diss. v. 13. 11. 1903

Kramer, Erwin, das Versagen der Strassenbahnbremsen. (41 S. m. Fig.) gr. 8. München 906. R. Oldenbourg. n. 1.50
Sonderabdruck aus: „Elektr. Bahnen u. Betriebe".

Kramer, Erwin Georg, Ref. in Hamburg: Ist es nach Reichsrecht zulässig, im Grundbuche Rechte auf die Firma eines Einzelkaufmanns einzutragen? Borna-Leipzig 1906: R. Noske. (XII, 38 S.) 8°
Leipzig, Jur. Fak., Diss. v. 20. Jan. 1906
[Geb. 24. März 81 Hamburg; Wohnort: Hamburg; Staatsangeh.: Hamburg; Vorbildung: Gelehrtensch. d. Johanneum Hamburg Reife M. 99; Studium: Tübingen 2, Göttingen 2, Leipzig 2, Göttingen 2 S.; Rig. 18. März 04.]

Kramer, F., institutiones literariae theologiae. 8maj. Prruab. 785. Schwaiger. 20 ℋ

Kramer, F., und J. E. Gomez de Mier, Uebungs-Aufgaben zum Uebersetzen aus dem Deutschen in's Spanische, s. Gomez de Mier, J. E.

Kramer, F(elix), pr. Arzt: Ueber das Genu recurvatum. Berlin: Blanke 1910. 39 S. 8°
Heidelberg, Med. Diss. v. 27. Juli 1910, Ref. Narath
[Geb. 26. Jan. 86 Magdeburg; Wohnort: Homburg v. d. H.; Staatsangeh.: Preußen; Vorbildung: König-Wilhelms-Gymn. Magdeburg Reife O. 04; Studium: Berlin 8, Heidelberg 2 S.; Coll. 30. Juni 09; Approb. 4. Juli 10.]
[U 10. 2071

Kramer, Ferd., Briefe über Criminalrecht. Nebst einen Anhang über Staat und Gesellschaft. gr. 8. (64 S.) Dresden 852, (Wachsmuth.) *

Kramer, Fr., Athenäum, für Freunde der Declamation. 3 Bde. 8. Kempten 819. Joachim in Leipz. 3 ℛ Ebner in Ulm. 3 ℛ 16 ℋ

Kramer, Fr., chronologische Uebersicht der deutschen Literaturgeschichte. Ein Anhang zu jeder Literaturgeschichte, namentlich zu den Handbüchern von Lindemann und Brugier. gr. 8. (55 S.) Freiburg i. Br. 869, Herder'sche Verlagsh.

KRAMER, Franz (Landshut): De chlorosi.- Onoldiae: Bruegel 1838. 19 S.
26.8.1834 - Urk: F 61
Diss. Ingolst.-Landsh.-Mchn.

Kramer, Franz [app. Arzt aus Klein-Flottbeck]: Aus d. patholog. Institute zu Kiel. Ueber eine seltene Deformität der Blase ... Kiel, Druck v. P. Peters, 1896; 15 S. 8.
Kiel, Med. Fak., Inaug.-Diss. v. 1896

Kramer, Frz., s.: Lieder fahrender Schüler.

Kramer, Frz., Phanerogamen-Flora von Chemnitz und Umgegend. gr. 4. (IV, 38 S. mit 1 lithogr. und color. Karte in Fol.) Chemnitz 875, (Brunner'sche Buchh.) *

FRANZ KRAMER, Phanerogamen-Flora von Chemnitz und Umgegend. (Mit 1 Karte). Chemnitz 1875. Druck von J. C. F. Pickenhahn & Sohn. 4°*)

Kramer, Franz, Assistenz-Arzt a. d. Kgl. Univ.-Poliklinik f. Nervenkranke: Aus d. Laboratorium d. Kgl. Psychiatr. Klinik zu Breslau. **Rückenmarksveränderungen bei Polyneuritis.** *Breslau 1903: Bresl. Genoss.-Buchdr.* (30 S.) 8°
Breslau, Med. Diss. v. 23. Jan. 1902

Kramer, Frz., elektrische Sensibilitätsuntersuchgn. mittels Kondensatorentladungen, s. Abhandlungen, zwanglose, aus dem Gebiete der medizinischen Elektrologie u. Röntgenkunde. 8. Heft.

Kramer, Franz, Dr., Assistenzarzt d. Königl. Psychiatr. u. Nervenklinik: Elektrische Sensibilitätsuntersuchungen mittels Kondensatorentladungen. (Leipzig 1907: Grimme & Trömel.) (42 S.) 8°
Breslau, Med. Fak., Hab.-Schr. v. 18. Dez. 1907

Elektrische Sensibilitätsuntersuchungen mittels Kondensatorenentladungen. Von Dr. Franz **Kramer,** Privatd. Leipzig: J. A. Barth 1908. 40 S. 8°
Aus: Zeitschrift f. mediz. Elektrologie u. Röntgenkunde. Bd 10.
(Zwanglose Abhandlungen aus d. Gebiete d. medizinischen Elektrologie u. Röntgenkunde. H. 8.)
[11. 9997

Kramer, Franz [cand. med. aus Winterberg (Westfalen)]: Über die Wirkung des Jodol .... Würzburg, Becker's Univ.-Buchdr., 1887; 31 S. 8°
Würzburg, Med. Fak., Inaug.-Diss. v. 1887

Kramer, Friedrich

Kramer, Fr. Beiträge zur Geschichte der Militarisierung des Rodnaer Thales. 42 S. **Progr.** *Bistritz* 1880.

Kramer, Friedr. Idiotismen des bistritzer Dialektes. Beitrag zu einem siebenbürgisch-sächsischen Idiotikon. III, 147 SS. 8.
Progr. *Bistritz* 1876. 1877.

Kramer, Friedr., Statistik des Regierungs-Bezirks Schwaben und Neuburg. 2., umgearb. Aufl. gr. 8. (189 S.) Augsburg 848, Schmid'sche Buchh. **

— Friedrich Joseph (Köln), De oedemate glottidis. Diss. med. Bln. (August Petsch) 23. XI. 1830. 30 Seiten mit Biogr. (M.: Sugg.) (6.20) 19276
Oppon.: Ph. Liepmann, N. Dumont, Coblenz. — Gew.: Balthasar Kramer (Vater).

Kramer, Friedrich Oswald: Die äthiopische Übersetzung des Zacharias. Text zum ersten Male herausgegeben, Prolegomena, Commentar. Eine Vorstudie zur Geschichte und Kritik des Septuagintatextes. Heft 1. *Leipzig 1898: Ackermann & Glaser.* (VIII, 34 S.) 8° ¶ (Enthält nur einen Theil der eingereichten Arbeit.)
Leipzig, Phil. Diss. v. [17. Juni] 1898

Kramer, Frdr. Osw., die äthiop. Übersetzg. d. Zacharias. Text zum ersten Male hrsg., Prolegomena, Commentar. E. Vorstudie zur Geschichte u. Kritik des Septuagintatextes. 1. Hft. gr. 8. (VIII, 30 S.) Leipzig 898. Dörffling & Franke. n. 1.—

Kramer, Geo. (Hrsg.), s. Aufklärung.

Ein Ausblick ins Weltall. Von Dr. Georg **Kramer**. 1. bis 3. Taus. Magdeburg: Selbstverl. [1908]. (11 S.) 8° [Umschlagt. F.]
— **Freidenkerschriften**, Volkstümliche. No 12. [08. 15845

Babel-Bibel. Volkstüml. Darstellung mit Grundsätzen e. Einheitsreligion von Dr. Georg **Kramer**. *Magdeburg: Selbstverl. 1903.* (7 S.) 8° [Umschlagt. F.] [illegible]

Kramer, Geo., Babel-Bibel. Volkstümliche Darstellg. m. Grundsätzen e. Einheitsreligion. (7 S.) gr. 8. Magdeburg 903. Leipzig, O. Siemens. n. — 10

Babel-Bibel. Von Dr. Georg **Kramer**. 6. u. 7. Taus. Magdeburg: Selbstverl. [um 1906]. (16 S.) 8° [Umschlagt. F.]
— **Freidenkerschriften**, Volkstümliche. No 2. [07. 4860

Kramer, Georg [app. Arzt aus Magdeburg]: Beitrag zur operativen Behandlung der Trigeminusneuralgien mit Bezugnahme auf einige Fälle aus der Münchener chirurgischen Klinik.... München, k. Hof- u. Univ.-Buchdr. v. Dr. C. Wolf & Sohn, 1891; 32 S. 8°
München, Med. Fak., Inaug.-Diss. v. 1891

Kramer, Geo., volkstümliche Freidenkerschriften. Nr. 1—19. 8. Magdeburg (Lessingstr. 69), Dr. Geo. Kramer. 2. 50

1. Warum glauben wir nicht? 11. u. 12. Taus. (8 S.) (907.) — 10
2. Babel-Bibel. 6. u. 7. Taus. (16 S.) (906.) — 10
3. Die Geburt des Jesus. Wahrheit od. Dichtg.? 5. u. 6. Taus. (16 S.) (906.) — 10
4. Gibt es e. Gott? 6. bis 8. Taus. (16 S.) (906.) — 10
5. Gibt es e. Seele? 3. u. 4. Taus. (8 S.) (906.) — 10
6. Wozu leben wir? 2. umgearb. Aufl. 3. u. 4. Taus. (8 S.) (907.) — 10
7. Glaube u. Vernunft. Nach e. am 22. VII. 1905 in der Turnhalle in Gablonz a. N. (Böhmen) geh. Vortrage. 2. Aufl. (12 S.) (907.) — 15
8. Häckels Weltanschauung u. das Christentum. 3. u. 4. Taus. (8 S.) (907.) — 10
9. An unsre Jugend. 2. Aufl. (24 S.) (906.) — 30
10. Ist das Gewissen Gottes Stimme? 2. u. 3. Taus. (8 S.) (907.) — 10
11. Die Sünden der Päpste. 1. u. 2.—4. Taus. (31 S.) (907. 08.) — 20
12. Ein Ausblick ins Weltall. 1.—3. Taus. (11 S.) (908.) — 10
13. Die Unwahrheit in der Bibel. 1.—3. Taus. (16 S.) (908.) — 20
14. Die Sünden des Bibelgottes. 1.—3. Taus. (16 S.) 908. — 20
15. Der reiche Staat ohne Armut, ohne Steuern, ohne Schulden. 1.—3. Taus. (12 S.) 908. — 15
16. Ist Jesus gekreuzigt worden? 1.—3. Taus. (8 S.) 9.10 — 10
17. Ist Jesus auferstanden? 1.—3. Taus. (8 S.) 910. — 10

18. 19. Die Greuel der „Hl. Inquisition". 2 Tle. 1.—3. Taus. (8 u. 8 S.) 910. — 20

Die Geburt des Jesus! Wahrheit? oder Dichtung? Von Dr. Georg **Kramer**, Pred. d. Freien Relig.-Gesellsch. zu Magdeburg. *Magdeburg: Selbstverl. 1903.* (8 S.) 8° [Umschlagt. F.] [04. 3033

Die Geburt des Jesus! Wahrheit oder Dichtung? Von Dr. Georg **Kramer**. 5. u. 6. Taus. Magdeburg: Selbstverl. [um 1906]. (16 S.) 8° [Umschlagt. F.]
— **Freidenkerschriften**, Volkstümliche. No 3. [07. 4863

— giebt es e. Gott? 1.—3. Taus. (8 S.) 8. Ebd. 904. — 10

Gibt es einen Gott? Von Dr. Georg **Kramer**. 6. bis 8. Taus. Magdeburg: Selbstverl. [um 1906]. (16 S.) 8° [Umschlagt. F.]
— **Freidenkerschriften**, Volkstümliche. No 4. [07. 4864

Giebt es eine Seele? Dr. Georg **Kramer**. Magdeburg: Selbstverl. [1905]. (15 S.) 8° [F.] [illegible]

Gibt es eine Seele? Von Dr. Georg **Kramer**. 3. u. 4. Taus. Magdeburg: Selbstverl. [um 1906]. (8 S.) 8° [Umschlagt. F.]
— **Freidenkerschriften**, Volkstümliche. No 5. [07. 4865

Glaube und Vernunft. Vortrag geh. 1905 in e. öffentl. Vereinsversammlung in Gablonz a. N. von Herrn Dr. Georg **Kramer** aus Magdeburg. Stenogr. Aufnahme nach System Stolze-Schrey. Gablonz a. N.: Selbstverl. d. Vereines d. Freidenker (1905). (16 S.) 8° [F.]
— [**Freidenkerschriften**, Volkstümliche.] 1. [07. 4861

Glaube und Vernunft. Nach einem 1905 in Gablonz a. N. geh. Vortrage von Dr. Georg **Kramer**. 2. Aufl. Magdeburg: Selbstverl. [1907]. (12 S.) 8° [Umschlagt. F.]
— **Freidenkerschriften**, Volkstümliche. No 7. [07. 12883

Ist das Gewissen Gottes Stimme? Von Dr. Georg **Kramer**. 2. u. 3. Taus. Magdeburg: Selbstverl. (1907). (8 S.) 8° [Umschlagt. F.]
— **Freidenker-Schriften**, Volkstümliche. No 10. [07. 4869

An unsere Jugend. Von Dr. Georg **Kramer**. 2. Aufl. Magdeburg: Selbstverl. [um 1906]. (24 S.) 8° [Umschlagt. F.]
— **Freidenkerschriften**, Volkstümliche. No 9. [07. 4868

Der Junggesell vom Elternhaus bis zur Heirat. Von Dr. Georg **Kramer** u. A(rthur) R. H. Lehmann. Schöneberg-Berlin: Klee (1909). 165 S. 8° [11. 2399

Kramer, Geo., d. belehrende Kunst-, Waid- u. Schönfärberei. 8. Leipz. 798. P. F. Vogel. 10 Kr

— Für deinen Lebensweg. Ein Geleitwort. (42 S.) kl. 8. Ebd. (909). — 50

— 50 Lieder f. große u. kleine Leute. (34 S.) kl. 8. Magdeburg (910). Verlag d. freireligiösen Gemeinde. — 20

— Die Religion der Zukunft. Ein Vortrag, geh. am 24. I. u. am 14. II. 1908 auf Veranlassg. des deutschen Monistenbundes, Ortsgruppe Hamburg E. V. (Deutscher Monistenbund. Propaganda-Flugschrift der Ortsgruppe Hamburg.) (16 S.) gr. 8. Hamburg 908. (Magdeburg, [Lessingstr. 69] Dr. Geo. Kramer.) — 20

Die Religion der Zukunft. Ein Vortrag geh. 1908 von Dr. Georg **Kramer**-Magdeburg. Hamburg: Deutscher Monistenbund, Ortsgruppe Hamburg 1908. 16 S. 8°
(Deutscher Monistenbund. Propaganda-Flugschrift d. Ortsgruppe Hamburg.)
(Flugschriften d. Deutschen Monistenbundes. [11.]) [10. 10437

— dasselbe, s. a. Flugschriften d. deutsch. Monistenbundes. 11. Heft.

Die Sünden der Päpste. Von Dr. Georg **Kramer**. 1. u. 2. Taus. Magdeburg: Selbstverl. [1907]. (31 S.) 8° [Umschlagt. F.]
— **Freidenkerschriften**, Volkstümliche. No 11. [07. 12884

Kramer, Georgius [Silesius]: Theologumena Appiani. . . . Vratislavine, typ. G. Hoyeri & soc. (1889); 78 S. + 2 Bl. 8°
Breslau, Phil. Fak., Inaug.-Diss. v. 15. Jul. 1889

Kramer, Geo. Theologumena Appiani. Diss. gr. 8. (78 S.) Bresl. 889, (Zimmer). * 1 —

Kramer, Georg, approb. Arzt aus Hiddenhausen: **Aus d. chirurg. Klinik zu Bonn. Über maligne Tumoren der Extremitäten.** *Bonn 1901: C. Georgi.* (34 S.) 8°
Bonn, Med. Diss. v. [22. Apr.] 1901

Kramer, Georg, Tierarzt: Aus d. pathol.-anat. Inst. d. Tierärztl. Hochsch. zu Hannover. Leiter: Rievel. Feststellung der Unterscheidungs-Merkmale der Fette der Schlachttiere, des Wildes und Geflügels durch vergleichende physikalische Untersuchungen. Hannover 1909: (Jürgens). 76 S. 4°(8°)
Gießen, Veterinär-Med. Diss. v. 18. Juni 1909, Ref. Bostroem
[Geb. 21. Juli 83 Hannover; Wohnort: Hannover; Staatsangeh.: Preußen; Vorbildung: Lyz. II Hannover Reife O. 04; Studium: Hannover Tierärztl. Hochsch. 7 S.; Rig. 5. März 09.] [U 09. 1156

Die Unwahrheit in der Bibel. Von Dr. Georg **Kramer**. 1. bis 3. Taus. Magdeburg: Selbstverl. [1908]. (16 S.) 8° [Umschlagt. F.]
— **Freidenkerschriften**, Volkstümliche. No 13. [08. 15846

Warum glauben wir nicht? Von Dr. Georg **Kramer**, Pred. zu Magdeburg. *Magdeburg: Selbstverl. 1903.* (8 S.) 8° [Umschlagt. F.] [illegible]

Warum glauben wir nicht? Von Dr. Georg **Kramer**, Pred. zu Magdeburg. 4. u. 5. Taus. *Magdeburg: Selbstverl. 1903.* (8 S.) 8° [Umschlagt. F.] [illegible]

— warum glauben wir nicht? 6. Taus. (8 S.) 8. Ebd. 904. n. — 10

Häckels Weltanschauung und das Christentum. Von Dr. Georg **Kramer**. Magdeburg: Selbstverl. [um 1906]. (10 S.) 8° [Umschlagt. F.]
— **Freidenker-Schriften**, Volkstümliche. No 8. [07. 4867

Wozu leben wir? Von Dr. Georg **Kramer**. 2., umgearb. Aufl. Magdeburg: Selbstverl. [um 1906]. (8 S.) 8° [Umschlagt. F.]
— **Freidenker-Schriften**, Volkstümliche. No 6. [07. 4866

Kramer, Georg Friedrich

— Griechenland unter der Tyrannei der Türken. Mit 1 Charte. 8. Augsb. 821. (Leipz., Rein). 8 gr

– Dasselbe, s.a. K r a m e r , H. J.

Kramer, Geo. Friedr., Handbuch f. d. Oberdonau-Kreis, bearb. nach d. offiz. Hilfsquellen. Mit d. Bildn. Sr. Maj. d. Königs, u. 1 (ill.) Karte d. Kreises (Fol.) gr. 8. (23 B.) Augsburg 831, (Kollmann.)

— d. unterhalt. u. belehrende Reisegefährte durch die Schweiz. Ein Handbüchlein f. Alle, welche dieses Land besuchen oder sonst kennen lernen wollen. Mit 4 radirten Ansichten. 16. Augsb. 826. (Leipz., Rein). 16 gr

Kramer, Georg Friedrich: Repertorium der älteren und neuesten Gesetze über die Medizinal-Verfassung im Königreiche Bayern und der auf die gerichtliche Arznei-Kunde, medizinische Polizei und das Veterinärwesen bezüglichen königlichen allerhöchsten und Provinzial-Verordnungen. 2.Ausg. Bd 1-3, gbd.

Augsburg: Schlosser 1840

JB 5.477

— (Augsburger) Taschenbuch für Kaufleute, Fabrikanten u. Geschäftsmänner. 12. Augsb. 818. Braun. 1 ₰

Kramer, Gottfried

Kramer, G., Leitfaden f. das Etats-, Rechnungs-, Kassen- u. Revisionswesen der deutschen Stadtgemeinden. Vom Vorstand der deutschen Städteausstellg. in Dresden gekrönte Preisschrift. (XV, 183 u. Formulare 77 S.) gr. 8. Leipzig 904. F. Leineweber. n. 6. —; geb. in Leinw. n. 8. —

Kramer, G., Der reiche Staat ohne Armut, ohne Steuern, ohne Schulden. 1–3. Taus. (12 S.) 8. Magdeburg (Lessingstr. 69), Selbstverlag. —. 15.
Volkstümliche Freidenkerschriften Nr. 15. 1908

Die Verwaltung der städtischen Kassen und die Vornahme von Kassen- und anderen Revisionen. Von Gottfried **Kramer**, Oberrevis. in Frankfurt a. M. *Berlin: C. Heymann 1901.* (20 S.) 8° [Umschlagt. F.]
Aus: Preuss. Verwaltungsblatt. [00. 11647

Kramer, Gustav (von)

Kramer: B e i t r ä g e zur Geschichte A. H. Franckes. 56 S. – Halle, P., Progr. 1859.

Kramer, G., Beiträge zur Geschichte August Hermann Francke's, enthaltend den Briefwechsel Francke's und Spener's. gr. 8. (XV und 475 S. mit 1 Bildniß A. H. Francke's in Stahlst. und 2 lithogr. Facs. in qu. gr. 4.) Halle 861, Buchhandlung des Waisenhauses. *

Kramer, G. (Hrsg.), s.a. B e i t r ä g e , Neue, zur Geschichte August Hermann Francke's.

Kramer, G., neue Beiträge zur Geschichte August Hermann Francke's. gr. 8. (VII, 222 S.) Halle 875, Buchh. des Waisenhauses. *

Kramer, G.: 4 B r i e f e von A. H. Francke. Halle.
Schul-/Univ.- Schrift von 1863

Kramer, G., die Brüder vom gemeinsamen Leben. Ein Vortrag, auf Veranstaltung des evangel. Vereins für kirchliche Zwecke gehalten am 18. Febr. 1856. gr. 8. (23 S.) Berlin 856, W. Schultze.

Kramer, G. De codicibus, qui Strabonis Geograph. continent, insptis. 28 S. . . . .
Berlin, C. F., Progr. 1840

Kramer, Gust. (geb. Halberstadt 1806): Elogium Jacobi Perizonii Ant. f. Berolini (1828). (96 S.) 8°
Berlin, Phil. Diss. v. 17. Mai 1828

Kramer, G. Fragmenta libr. VII. Geographicorum Strabonis Primus edidit. 24 S. . . .
Berlin, Franz. G., Progr. 1843

Kramer, Gust., August Hermann Francke. Ein Lebensbild. 2 Thle. gr. 8. Halle, Buchh. des Waisenhauses. [1. Thl. (XII, 304 S. mit 1 Bildniß Francke's in Stahlst.) 880. *M 4,80.; 2. Thl. (VIII, 510 S.) 882. *M 8.] *

Kramer: August Hermann Francke u. die Hallische Geistlichkeit. 40 S. – Halle P., Progr. 1864.

Kramer, G.: A.H. Francke, J.J. Rousseau, H. Pestalozzi. 28 S. – Halle Päd., Progr. 1854.

— A. H. Francke, J. J. Rousseau, H. Pestalozzi. Ein Vortrag, auf Veranstaltung des evangel. Vereins für kirchliche Zwecke zu Berlin am 20. Febr. 1854 gehalten. gr. 8. (52 S.) Berlin 854, W. Schultze. *

— und C. Mönckeberg, Conferenzbericht über die Revision von Dr. Martin Luthers Bibelübersetzung dem 12. evangelischen Kirchentage übergeben. gr. 8. (14 S.) Halle 862, (Buchh. des Waisenhauses.)

Kramer, G.: Frankii n a r r a t i o de orphanotroph. Glauch. Halle.
Schul-/Univ.- Schrift von 1863

Kramer, Gust. v., Postverpackungs-Uebersicht nach den allgemeinen Verordnungen der königl. Verkehrsanstalten bei Benützung der königl. Posten in Bayern. Lith. München 870. (Franz.) gr. Fol. 7½ ngr.

— Rede bei der Gedächtniß-Feier Sr. Maj. des hochsel. Königs Friedrich Wilhelm IV. in den Franckeschen Stiftungen am 2. Febr. 1861 gehalten. gr. 8. (24 S.) Halle 861, Buchhandlung des Waisenhauses. *

— und J. F. Möller, Reden bei der Einführung Kramer's als Director der Francke'schen Stiftungen, s. Möller, J. F.

Kramer, G.: August Hermann Francke's Reise in das südliche Deutschland. 27 S.–Halle Paed., Progr. 1870.

Kramer, G.: Carl Ritter. Lebensskizze. ([S.-A.] Zeitschrift für allgemeine Erdkunde. N. F. Bd. 7. 1859.) [Berlin 1859.] 16 S. 8°.

Kramer, G., Carl Ritter. Ein Lebensbild nach seinem handschriftl. Nachlaß dargestellt. 1. Thl. gr. 8. (X und 482 S. nebst einem Bildniß Ritters in Stahlst.) Halle 864, Buchh. des Waisenhauses.

Kramer, G., Carl Ritter. Ein Lebensbild nach seinem handschriftl. Nachlaß dargestellt. 2. Thl. gr. 8. (X, 454 S.) Halle 870, Buchh. des Waisenhauses. *

— dass. — 2. durchgeseh. und mit einigen Reisebriefen verm. Ausg. 2 Thle. gr. 8. (VI, 458; 320 S., mit 1 Bildniß Ritters in Stahlst.) Ebendas. 875. *M 9.; geb. *

Kramer, G. Der Fuciner See. 32 S. . . . .
Berlin, K., Progr. 1839

Kramer, Gustav, der Fuciner See. Ein Beitrag zur Kunde Italiens. Mit 2 lithogr. Karten. Einladungsschrift. gr. 4. Berlin 839. (Nicolai.) $^2/_3$ ß

Kramer, Gustav [aus Duisburg a. Rhein]: Über Stichomythie und Gleichklang in den Dramen Shakespeares. . . . Duisburg, Druck v. Joh. Ewich, 1889; 69 S. + 1 Bl. 8°
Kiel. Phil. Fak., Inaug.-Diss. v. 9. Nov. 1889

Kramer, G.: Die S t i f t u n g e n Frankes in Halle.
Schul-/Univ.- Schrift von 1863

- -über den Styl und die Herkunft der bemahlten griechischen Thongefäße. Eine kunstgeschichtl. Abhandlung. gr. 8. Berlin 837. Nicolai. 1 ß

Kramer, Gust., s. Strabonis Geographica.

— **Gustav Adolph** (Hamburg), De catalepsia. Diss. med. Halle (Schimmelpfennig) 8. VIII. 1832. 44 S. mit Biogr. (M.: C. L. Behrens.) (6.—) 19230
Gew.: Erich Aug. Fr. Kraemer (Vater).

Kramer, H., einige Bemerkungen üb. die f. Christenthum u. Kirchlichkeit bedenkliche Seite in der theol. Richtung u. den Bestrebungen der protestant. Freunde, m. besond. Berücksichtig. der v. denselben am 20. Aug. 1845 auf der Asse gehaltenen Versammlung. gr. 8. (1 B.) Helmstedt 845, Fleckeisen'sche Bh.* -

Kramer, H., die Heilslehre des Christenthums, ein Handbüchlein zum Unterricht für Confirmanden, zugleich als Mitgabe für's Leben. gr. 8. (51 S.) Braunschweig 853, Leibrock. Thlr. *

Kramer, H., die Heilslehre des Christenthums, ein Handbüchlein zum Unterricht für Confirmanden, zugleich als Mitgabe für's Leben. 2. verb. Aufl. gr. 8. (48 S.) Göttingen 876, Vandenhoeck und Ruprecht's Verlag. *

Kramer, H., u. A. Voß, Kochbüchlein f. Haushaltungsschulen. 2. verm. Aufl. (63 S.) 8. Altona 906. J. Harder, Sort. Geb. n. — 50
1. Aufl. (48 S.) 904. n. — 40.

Kramer, H., Prometheum vinctum esse fabulam correctam expos. Diss. 1878. 40 S. 1.50

Kramer, H., Seifenblasen. 1. Märle-Mira am See (Grille's Nachlaß). 12. (16 S.) Wildgrube-Beutersitz (Bez. Halle a/S.) (900). Selbstverlag. — 10

H. F. Kramers Versuch einer systematischen Darstellung des peinlichen Rechts in besonderer Rücksicht auf die schleswig-holsteinische peinliche Gesetzgebung mit angehängten Tabellen. Schleswig. 1798. 8°

Kramer, H. J., Griechenland unter der Tyranney der Türken. Mit 1 Charte. Augsburg. (Leipzig, Rein.) 821.

– Dasselbe, s.a. K r a m e r , Georg Friedrich

Kramer, Hans, a. Osterburg: Mikroskopisch-pharmacognostische Beiträge zur Kenntnis von Blättern und Blüten. Berlin 1907: Gebr. Unger. (64 S., 21 Taf.) 8°
Würzburg, Phil. Fak., Ref. Kraus, Diss. v. 28. Okt. 1907
[Geb. 18. Juni 77 Osterburg; Wohnort: Würzburg; Staatsangeh.: Preußen; Vorbildung: Gymn. Seehausen Reife O. 95; Studium: Techn. H. hsch. Braunschweig 4, Univ. Würzburg 4 S.; Rig. 31. Okt. 06.]

Kramer, Herm., s.: Adressbuch der deutschen Gummi-, Guttapercha- u. Asbest-Industrie.

— über d. Einfluß u. d. Wichtigkeit d. Schifffahrt auf den Strömen. 8. ... 818.

Kramer (H. v.), Ueber den Gebrauch einer Normal-Linie bei geodätischen Arbeiten. Mit 26 Figuren. Hamm 1821. 8.

— über den Gebrauch einer Normallinie bei geodät. Arbeiten; ein Beitrag zur Geometrie. Mit 26 Figuren. 8. Hamm 822. Schulz. 12 K

v. Kramer, Hrm., vollständiges Lehrbuch der Geographie der Staaten des deutschen Bu:.des. Mit einer Einleit. u. histor.-statist. Erläuterung. 2 Thle. gr. 8. Bremen 818 u. 19. Heyse. 1 ß 20 K

Kleine Schriften zum Gedächtniss der Amts- und Ehe-Jubel welche Hieronimus **Kramer**, Hauptpastor . . . zu Preez, und Frau Margareta Elisabet geb. Reinstorp im Jahr 1766 den 14. August . . . dankbar heiligten. (Preetz. 1766.) 4° k.

Kramer, Hugo: Die Einkommen- und Vermögensbesteuerung der Ausländer und Forensen in Preußen-Sachsen-Oldenburg, Württemberg-Baden-Hessen. Berlin: Springer 1909. X, 118 S. 8° ¶ (Ersch. auch als Buch ebd.)
Tübingen, Staatsw. Diss. v. 7. Juli 1909, Ref. Fuchs
(Nur in beschränkter Anzahl für den Austausch)
[Geb. 23. Aug. 78 Fulda; Wohnort: Fulda; Staatsangeh.: Preußen; Vorbildung: Realgymn. Fulda; Studium: Leipzig Handelshochsch. 4, Tübingen 9 S.; Coll. 19. Febr. 09.] [U 09. 3981

Kramer, Hugo, die Einkommen- u. Vermögensbesteuerung der Ausländer u. Forensen in Preussen-Sachsen-Oldenburg, Württemberg-Baden-Hessen. Nach Quellen bearb. (VIII, 118 S.) 8. Berlin 909. J. Springer. 3. —

Kramer, Hugo, approb. Arzt aus Mannheim: **Zur Neurolyse und Nervennaht.** *Tübingen: H. Laupp 1900.* (131 S.) 8° ¶ (Aus: Beiträge zur klinischen Chirurgie, Bd 28, H. 2.)
Heidelberg, Med. Diss. v. 1900

Kramer, I., s.: Olbers, Wilhelm.

Kramer, J. von (kgl. Prof. der Baukunde) „Uebersichtlicher Vergleich der Kosten der verschiedenen Dacheindeckungen". pg. 3—15. 4°. Albr. Volkhart.
Augsburg, Progr. 1852/53

Kramer, J. B., Jahresstatistik, Schulchronik, Schüler-, Schulversäumnis- und Notenliste. 4. verb. Aufl. Titelbogen. Fol. (4 S.) Weinheim 888, Ackermann. *
Einlagebogen dazu. Fol. (4 S.) *

—— Lehrbericht für wöchentliche Einträge über die Leistungen einer Schule, mit pädagogischen und methodischen Andeutungen zur Erreichung guter Resultate und einem Anhange über Gesundheitspflege in der Schule, sowie einer Schulordnung versehen. 2. verb. und verm. Aufl. Fol. (28 S.) Ebendas. 888.

—— Monatsbuch für monatliche Einträge über die Leistungen einer Schule, mit pädagogischen und methodischen Andeutungen zur Erreichung guter Resultate und einem Anhange über Gesundheitspflege in der Schule, sowie einer Schulordnung versehen. Fol. (28 S.) Ebendas. 888.

—— praktisch erprobte Musteraufsätze und Uebungsstoffe für den Unterricht im mündlichen und schriftlichen Gedankenausdruck nebst Anleitung zur Behandlung derselben. 1. Tl.: Unterstufe. 8. (VIII, 96 S.) Ebendas. 889. *

—— Tabellen über Arbeiten, Versäumnisse, Fleiß und Fortschritte beim Industrieunterricht der Mädchen, nebst einem wohlgeordneten Plane zur stufenmäß. Erteilung dieses Unterrichts. 4. verb. Aufl. Titelbogen. Fol. (4 S.) Ebendas. 888. *
Einlagebogen dazu. Fol. (4 S.) *

Kramer, J. C., s. K r a m e r , Johann Georg Heinrich

Kramer, J. H., Darstell. d. peinl. Rechts, in Rücksicht auf d. Schlesw. Holst. Gesetzb. m, Regist. u. Tab, gr, 8. Schleswig, Christiani. 798.

Schreibp.

— — d. Regist. u. d. Tab. bes.

Kramer, J. H., (nach Meusel, Hnr. Fr.,) Versuch e. systemat. Darstellung d. peinl. Rechts, in Rücksicht auf d. Schlesw.-Holstein. Gesetzb. mit Register u. Tab. gr. 8. Schlesw. 798. (Hammerich in Altona). 2 ₰ 2 ℋ Schrbp. 2 ₰ 12 ℋ Das Register u. die Tabellen besonders. 10 ℋ Die Tabellen auch u. d. Tit.: Elementa juris criminalis Slesv.-Holsat. in tabulas methodo system.

Kramer, Jacob, aus Wien: Das Problem des Wunders im Zusammenhang mit dem der Providenz bei den jüdischen Religionsphilosophen des Mittelalters von Saadia bis Maimûni. *Straßburg i. E.: J. Singer 1903.* (108 S.) 8°
Straßburg, Phil. Diss. v. 1903

Kramer, Joach., Divinitas Domini n. Jesu Christi ex evangelio s. Joannis comprobata. Salmansweiler 1788, 92 S., 4°.

— materies examinis ex institutionibus Justiniani mense Augusto. 8. Salmansweil 783.

Kramer, Johann. Neueste und richtigste Nachrichten von der Landschaft Georgia in dem Engelländischen Amerika. Göttingen: Universitätsbuchdruckerei, 1746. NN

— **Joh. Christoph** (Nordhausen), De furto domestico. Präs. Peter Müller. Jena (Georg Heinrich Müller) 20. X. 1693. 24 Bl. (6.80) 19277
Widm. v.: Präs., Joh. Reinhold Teuerkauf (Claust. Cher.).

— — Dasselbe. Von Hauß=Dieben. Jena (Ehrich) 1715. (6.80) 19278

Kramer, Joh. Friedr. Caesar: De f e b r e rubra ..., s. B a u m e r, Joh. Wilh. (Präs.)

Kramer, Johann Georg Heinrich

— Haus- u. Landapotheke, d. i. einige bewährte Mittel. 8. Augsb. 756. Merz. 3 ℋ

Johann Georg Heinrich Kramer

Johann Georg Heinrich Kramers [Kramer] Medicina castrensis (2: Medicina castrensis chirurgica). Das ist: Bewährte Artzney wider die im Feld und Guarnisons unter Soldaten grassirende Kranckheiten,... P.[1.] 2. Wien & Nürnberg (2: Nürnberg): Monath (1739)- 45. 1 Bd 8°

[P.1:] Diesem ist angehänget 1. Consilium medicum de dysenteria. 2. Consilium medicum, de morbo castrensi epidemico anni 1734 & 1735. Auf das Neue von dem Auctore übersehen, u. m.e. Consilio de climate Ungariae...verm. (1739.)
P.2: 1745.

Johann Georg Heinrich Kramer

Johann Georg Heinrich Kramers [Kramer] Medicina castrensis (2:Medicina castrensis chirurgica).Das ist: Bewährte Artzney wider die im Feld u. Guarnisons unter Soldaten grassirende Kranckheiten. P. [1.] 2. Nürnberg: Endter (2: Monath) 1735 - 40. 8°

[P.1:]Diesem ist angehänget 1. Consilium medicum de dysenteria. 2. Consilium medicum de morbo castrensi epidemico anni 1734 & 1735. 1735.
P. 2: 1740.

Kramer, Johann Georg Heinrich: Medicina castrensis. Pars 1: Neue verm.Aufl. Pars 2: Medicina castrensis chirurgica. Pars 1-2, gbd.

Pars 1: Wien u.Nürnberg: Monath (1739)
Pars 2: Nürnberg: 1740

JB 3.520

Kramer, Jh. Geo. Hnr., medicina et chirurgia castrensis, oder Arznei wider die unter den Soldaten grassir. Krankheiten. 2 Thle. 8. Nürnb. 755 u. 56. Monath u. K. 8 ℋ

Kramer, J. C., Tentamen botanicum, emendatum et auctum. Cum fig. Fol. Wien ... (Blumauer). 1 ₰ 8 ℋ

Kramer, Johann Georg Heinrich: Tentamen botanicum emendatum et auctum sive methodus Rivino-Tournefortiana emendata et aucta cognoscendi omnes plantas facillime... Insges.215 S., gbd., Abb.

Viennae: Kaliwoda 1744

JB 192

Kramer, I. Geo. H., Tentam. b o t a n i c u m c. fig. fol. Viennae. (Wolf in Augsb.) 744.

K r a m e r, Johs. Fantasie- u. moderne Möbel. Practische Vorlagen der Gegenwart f. Möbeltischler, Holzbildhaner, Drechsler etc. Fol. (30 lithogr. Taf.) Berl. 890, Dentsches Litteratur-Comptoir.
In Mappe 15 —

Kramer, Johs., das moderne Heim. Eine Sammlg. maler. Gesammtansichten, Ecken, Erkerabschlüsse, sowie einzelner Möbel f. Salons, Speisezimmer, Herrenzimmer, Schlafzimmer u. Entrées nebst den wichtigsten Details. 80 Taf. qu. gr. Fol. (1. Serie 40 z. Tl. farb. Taf.) Berlin 900. Kanter & Mohr.
In Leinw.-Mappe n. 100. —

K r a m e r, Johs., ausgeführte practische Möbel-Verzierungen der Gegenwart. 1. und 2. Serie. gr. 4. (à Serie 20 color. Stnt.) Berlin 887,88, (Deutsches Literatur-Comtoir.)
In Mappe à Serie ℳ 12.—.

— ausgeführte praktische Möbelverzierungen der Gegenwart. 1. u. 2. Serie. (à 20 Taf.) gr. 4. Ebd. 887. 889. In Mappe. à Serie n. 12. —

Kramer, Johs., Ornamente f. Bildhauer, Bau- u. Möbeltischler. In 24 Taf. m. 88 f. die Praxis leicht ausführbaren Motiven als Aufsätze, Füllgn., Pilaster, Consolen, Stützen, Kapitäle, Säulen, Tischfüsse u. Gallerien, gr. Fol. Berlin (904). Freiburg i. B. H. Schoof.
In Mappe n. 18. —

Kramer, Johs., Ornamente f. Bildhauer, Bau- u. Möbel-Tischler. II. Serie. 30. Taf. Romanisch, Biedermeier-, Empire- u. Louis XVI.-Stil. Als: Aufsätze, Füllgn., Stützen, Kapitäle, Säulen, Pilaster, Lisenen, Umrahmgn. usw. 51×38 cm. Freiburg i/B. (907). H. Schoof.
In Mappe 20. —
I. Serie. Ebd. 904. In Mappe 18. —

Kramer, Jos., vollständ. Abhandlung über alle unregelmäßige, mangelhafte und einige regelmäßige Zeitwörter, mit mehrern auf Beispiele gestützten Bemerkungen. Ein Versuch den Anfängern sowohl als den Geübteren das Erlernen u. die richtige Anwendung dieser Zeitwörter als den schwierigsten Theil d. franz. Sprache auf prakt. Wege zu erleichtern. — Traité complet de tous les Verbes irréguliers etc. gr. 8. Lemberg 835. J. Millikowsky. 1 ₰

Kramer Josef: Kunz von der Rosen.
1905 PN 1918 Diss. Wien, Univ.

Kramer, Joseph, approb. Arzt aus Oelde: Über Wolfsrachen und frühzeitige Uranoplastik. *Kiel 1900: H. Fiencke.* (25 S.) 8°
Kiel, Med. Diss. v. [6. Apr.] 1900

v. Kramer, Joseph Rud. Ornamente zum Gebrauche für Gewerbeschulen. Augsburg 1843. Fol

v. Kramer, Jos. Rud., Ornamente zum Gebrauche für Gewerbs-Schulen. Fol. (12 Taf.) Augsb. 844, Walch. 1½ ℳ

Kramer, Jos. Rud. v., gothische Ornamente zum Gebrauche für Gewerb- und Zeichnen-Schulen entworfen und auf Stein gez. qu. Fol. (12 Bl., wovon 4 in Tondr.) Augsburg 852, Walch.

Kramer, Julius, aus Merseburg: Die genäherte absolute Bewegung des Planeten ⟨108⟩ Hecuba. *Göttingen 1902: Dieterich.* (40 S.) 4°
Berlin, Phil. Diss. v. 19. Febr. 1902

Kramer, Jul., Theorie der kleinen Planeten, s. a. Abhandlungen d. königl. Gesellschaft d. Wissenschftn. z. Göttingen. Mathem.-physik. Kl. N. F. VI, 5. (Brendel, Mart.)

Theorie der kleinen Planeten. Die Planeten vom Hecuba-Typus. Von Julius Kramer. *Berlin: Weidmann 1901.* (152 S.) 4°
= Abhandlungen d. Königl. Gesellschaft d. Wiss. zu Göttingen. Math.-phys. Kl. N. F. Bd 2, No 2. [02. 44,9

— Untersuchungen u. Tafeln z. Theorie der kleinen Planeten v. Hekubatypus, nebst abgekürzten Bewegungstafeln des Plan. (86) Semele f. d. J. 1900 bis 1951, s. a. Abhandlungen der kgl. Gesellsch. d. Wiss. z. Göttingen. Mathem.-physik. Kl. N. F. V. 3.

Untersuchungen und Tafeln zur Theorie der kleinen Planeten vom Hekubatypus nebst abgekürzten Bewegungstafeln des Planeten ⟨86⟩ Semele für die Jahre 1900 bis 1951. Von Julius **Kramer**. Berlin: Weidmann 1907. (154 S.) 4°
= **Abhandlungen** d. Kgl. Gesellschaft d. Wiss. zu Göttingen. Math.-phys. Kl. N. F. Bd 5, No 3. [08. 1035 3

Kramer, K. A.

— das Gebet der Kinder dringet durch die Wolken zum Vater im Himmel. Der lieben Jugend gewidmet. 3e verm. Aufl. 18. Wien ... Riedl's Witwe u. Sohn. 5 kr

Kramer, K. A., christkathol. Gebetbuch, oder Anbetung u. Verehrung Gottes. Mit Kpf. 12. Prag 816. Krammer. 16 kr

— katholisches Gebetbüchlein für Kinder. Mit Kpf. 18. Prag 816. (Gerold in Wien, a. Krüll in Landsh.) 8 kr

Kramer, K. A., katholisches Gebetbüchlein für Kinder. 2e verm. u. verb. Aufl. Mit Titelkpfr. 18. Wien ... Riedl's Witwe u. Sohn. ¼ ℳ

Kramer, (K. A.,) Gebetbuch f. Kinder. 18. Wien 816. (Landshut, Krüll.)

Kramer, K. F., über d. Vereinigung d. evangel. Confessionen u. ihre Begründung, mit besond. Rücksicht auf d. Preuß. Staat. 8. Königsb. 818. Unzer. 12 kr

Kramer, Karl Franz

— **Carl Franz** (Osnabrück), De jure principis circa molas praesertim in terris episcopatus Osnabrugensis. Diss. jur. Präs. Georg Heinrich Ayrer. Götting. (Frid. Andr. Rosenbusch) 11. IV. 1772. 72 S. mit dtsch. Anh. (7.—) 19274

Karl Friedrich Eduard Kramer

Car(olus) Frid(ericus) Eduard Kramer: Quaedam de morbis cerebri organicis et observatio steatomatis in cerebro certa. Berolini (1829:) Starck. 31 S. 8°
Berlin, Med. Diss. v. 26. Sept. 1829

Kramer, Karl Siegmund, s. B e r i c h t d. Committee d. brit. Unterhauses ...

Kramer, Karl Siegm., s. a. Erzählungen, kleine, u. Sittengemälde.

— — und Sittengemälde, Kleine (von *Carl Siegmund Kramer*). Halberstadt, Groß d. Jüngere, 1797. 8°. 2 Bll., 252 S.

Kramer, Karl Siegm., († d. 5. Jan. 1808.) de medicina populari diss. inaug. 8. Halle 783.

– s. R u m f o r d , B. v.: Kl. Schriften.

– s. V e r m ä c h t n i ß e. Vaters an seine Tochter.

Kramer, Konrad

Kramer, *Georg* Conrad [aus Gauernitz i. Sa.]: Beiträge zur zuwartenden Behandlungsmethode der Nachgeburtsperiode. . . . Halle a. S., Hofbuchdr. v. C. A. Kaemmerer & Co., 1890; 35 S., 1 Bl. 8°
Halle, Med. Fak., Inaug.-Diss. v. 25. Okt. 1890

Festschrift der Schützen-Gilde zu Stendal '(St. Sebastian-Brüderschaft)' hrsg. z. Jubelfeier an d. Erinnerg der vor 200 Jahren erfolgten Wiederherstellg durch Kurfürst Friedrich III. u. der damit verbundenen Weihe der am 100. Geburtstage Kaiser Wilhelms d. Grossen ... gestifteten Fahne... Bearb. v. Hauptm. d. Gilde L. C. **Kramer** unt. Mitw. einiger Kameraden. *Stendal: Dr. v. O. Fuhrmann 1898.* (47 S.) 1 Bd 4. [98. 5588

Kramer, Leop. Zur Lehre v. den Puerperalpsychosen, s. Wander-Vorträge, medicinische.

Kramer, Ludwig von

Kramer, Ludw. v., Allerlei in bunter Reih'. gr. 8. (46 S. mit eingedr. Chromolithogr.) München 883, Bassermann'sche Verlagsb. geb. *

Kramer, L. v. Allerlei in bunter Reih! Ein Bilderbuch in Reim u. Bild. gr. 4. (16 Farbdr. m. eingedr. Text.) Reutl. 891, Enßlin u. Laiblin. geb. 2 50

Kramer, L. v., Allerlei in bunter Reih'. Ein Bilderbuch in Reim u. Bild. gr. 4. (8 Bl. m. farb. Bild.) Reutlingen 898. Enßlin & Laiblin. 1.—

Kramer, Ludwig v. Blüthenzauber ... Berlin, Verlag von Franz Lipperheide [1885—1887].
Vortit., Tit., 1 Bl., 24 farb. Taf. 4°.
Zuerst als Beilagen zur Illustrirten Frauenzeitung erschienen.

Kramer, Ludw. v., Blüthenzauber. 24 (chromolithogr.) Bl. hoch 4. Berlin 887, Lipperheide. In Mappe

—— das goldene Kinderbuch in Reim und Bild. 4. (24 Bl. mit eingedr. Chromolithogr.) Reutlingen 888, Enßlin und Laiblin. geb.

—— ein Kinderleben in Bildern. Erzählt von H. Proschberger. Imp.-4. (64 S. mit eingedr. chromozinkogr. Bildern.) München 882, Stroefer. geb. *

—— für kleine Leute. Bilder und Reime. 12. (V, 42 S. mit eingedr. Chromolithogr.) München 883, Bassermann'sche Verlagsb. geb. *

— für kleine Leute. Bilder u. Reime. 12. (V, 42 S. m. eingedr. Chromolith.) Reutlingen 883. Enßlin & Laiblin. geb. n. 3. 50

—— das Lob des tugendsamen Weibes. Sprüche Salomonis 31. Vers 10—31. 30 Compositionen. Ausgeführt in 8 Heliogravuren und 22 Tondr.-Bildern. Mit poet. Einleitung von Karl Gerok. Fol. (57 S.) München 885, Stroefer. geb. mit Goldschn. *

—— dass. — Kathol. Ausg. mit Vorrede von Weber. Fol. (57 S.) Ebendas. 885. geb. mit Goldschn. *

Kramer, M.: G e s c h i c h t e der Deutschen in Nord-Siebenbürgen von Jos. Traugott Klein. S. 25–62. 8⁰ – Bistritz, OG., Progr. 1871.

Kramer, M.: Josef Traugott K l e i n . Eine biographische Skizze. 21. S. 8⁰ – Bistritz, Progr. 1871.

Kramer, Martin [aus Pfreimd, Unterarzt d. Res. im k. Eisenb.-Bat.]: Ein Fall von Struma substernalis. . . . München, E. Stahl'sche Buchdr., 1891; 19 S. 8⁰
München, Med. Fak., Inaug.-Diss. v. 1891

Kramer, Matth., Italienisch-deutscher Banco-Secretarius. 8. Nürnb.... 14e A. 763. Stein. 14 ℊ

Kramer, Matthias. Die Einig und allein Grund-richtig Vollkommene Toscanisch- und Romanisch-Italiänische Grammatica e Sintassa Reale; welche, als Liber Classicus (Schul-Lehr- und Lern-Buch) Für unsere . . . teutsche Nation . . . eingerichtet. Von dem Autore selbst, und in vielen Stücken verbessert. Nürnberg, J. F. Adelbulner für W. M. Endter, 1721. 8°. Titel in Rot und Schwarz, 14 Bl. 757 S. 6 Bl. Fleckiger und am Rücken beschäd. Pgtbd. d. Z.
Über den Linguisten Kramer vgl. Will, Nürnberg. Gelehrtenlex. II, 352. Beginnt mit einem Gedicht des Nürnberger Dichters J. F. RIEDERER auf Kramer und dessen Antwort u. enthält besonders viele Redeformeln, sprichwörtl. u. a. Redensarten usw.

— italien.-deutsche Gespräche. 8. Linz, Haslinger. 756.

— ital. Grammatik n. einer leichten Lehrart eingerichtet. 8. Insbruck, Wagner. 777.

— praktische italienische Grammatik. 8. Nürnb. 808. Stein. 16 ℊ

— nouv. parlament ou Dialogue français-allemand, d. i. französ. u. deutsche Gespräche. 8. Nürnb. 775. Bauer u. R. 3 ℊ 2r Thl., oder Specrius gallicus. 8. Ebd. 763. 3 ℊ

— il nuovo Parlatorio ital.-tedesco, oder italienisch-deutsche Gespräche. Neue verb. Aufl. v. M. Sorelli. 8. Nürnb. 756. N. A. 789. Bauer u. R. 4 ℊ

— parlement nouveau françois. 8. Nürnberg, Raspe. 776.

KRAMER, M., D e r n e u e t e u t s c h e S e c r e t a r i u s , das ist, e i n e S a m m l u n g v o n f ü n f f h u n d e r t a u s e r l e s e n e n S e n d - B r i e f e n über allerley, so wol gemeine freundschaftliche, als auch a n m u h t i g e L i e b e s -, u n d e h r l i c h e A f f e c t i o n s - M a t e r i e n . . . Mit Titelkpfr. Nürnberg, G. Lochner, 1729. 8⁰. 33 Bl., 776 S. (Text deutsch u. französisch.)

Kramer, Matth.: Nieuw woordenboek der Nederlandsche en Hoogduitsche taal, waarin de woorden en speekwijzen der eerste taale . . . verklaard en opgehelderd worden, overgezien en verm. door Adam Abrahamsz van M o e r b e e k. 3 dr. Leipzig 1768. 2 Bde
Bd 2. [u. d. Tit.:] Neues Deutsch-Holländisches Wörterbuch, worinnen alle Wörter u. Redensarten . . . erkläret werden. 3. Aufl.

— 4. dr. 1787.

— neues holländ.-deutsch. u. deutsch-holländ. Wörterbuch. Verb. u. verm. v. J. D. Titius. 2 Thle. gr. 4. Lpz. 759. a. 784. Junius. 6 ℊ

Kramer, Max [aus Berlin]: Sprache und Heimat des sogen. Ludus Coventriae. E. Untersuchg z. mittelengl. Sprachgesch. . . . Halle a/S., *C. Vogt's Buchdr., Berlin,* 1892; 69 S. 8.
Halle, Phil. Fak., Inaug.-Diss. v. [10. Nov.] 1892

KRAMER, MICH., Phosphorus clarorum per-illustres Christian-Albertina, Holsatici, Lycei quod Chilonii est, Siderum medio epigrammatum accensus. Kilonii. U. A. 4. P.

Kramer, M., s. Schreiter, Abhandlung über den trag. Chor bei Sophocles.

O. Cp. Kramer's Tabellen, worinnen der kubische Inhalt eines jeden Stammes nach seiner verschiedenen Länge und Stärke richtig ausgerechnet zu finden. Göttingen, Dieterich. 265 S. 8. 1786

Kramer, Osc., die Schule der Photographie. Leichtfasslicher Unterricht in der Photographie durch viele Holzschnitte versinnlicht zum Schulgebrauch u. zur Selbstbelehrung insbesond. für Dilettanten, Industrielle, Techniker etc. Nach der Bearbeitung eines bewährten Fachmannes hersg. Wien 865. Kramer. gr. 8. (VII, 95 S. mit eingedr. Holzschn.) n. 20 ngr.

Kramer, Oskar, in Osnabrück: Zur Untersuchung der Merkfähigkeit Gesunder. Leipzig: W. Engelmann 1907. (38 S.) 8° ¶ (Aus: Psychologische Arbeiten Bd 5 H. 2, 1907.)
München, Med. Fak., Ref. Kraepelin, Diss. v. 9. Mai 1908
[Geb. 21. Jan. 80 Münster i. W.; Wohnort: Osnabrück; Staatsangeh.: Preußen; Vorbildung: Wilhelms-Gymn. Eberswalde Reife M. 00; Studium: Kiel 4, Leipzig 1, Freiburg i. B. 1, Berlin 1, München 3 S.; Coll. 9. Mai 08; Approb. 30. April 08.]

Kramer, Otto, Einführung in das Bühnenweih-Festspiel Parsifal. Handlung in 3 Aufzügen v. Rich. Wagner. Scenisch u. musikalisch erläutert. (16 S.) 8. Wiesbaden (904). R. Bechtold & Co. n. — 10

— Einführung in die Trilogie Der Ring des Nibelungen. Ein Bühnenweih-Festspiel in 3 Tagen u. e. Vorabend von Richard Wagner. Scenisch u. musikalisch erläutert. 4 Hefte. 8. Ebd. (904). à n. — 10
Vorabend: Das Rheingold. (16 S.) — 1. Tag: Die Walküre. Handlung in 3 Aufzügen. (20 S.) — 2. Tag: Siegfried. Handlung in 3 Aufzügen. (16 S.) — 3. Tag: Götterdämmerung. Handlung in 3 Aufzügen. (24 S.)

Kramer, Otto, Dr., Regierungs-Assessor in Altenkirchen ⟨Westerwald⟩: Erörterung der Begriffe Land- und Forstwirtschaftlicher Betrieb im Sinne des Reichsgesetzes vom 5. Mai 1886, Reichs-Gesetz-Blatt S. 132. *Tübingen 1900: G. Schnürlen.* (VIII, 53 S.) 8°
Tübingen, Staatswiss. Diss. v. 1900

Kramer, Otto [aus Ferbitz]: Erythema exsudativum multiforme mit Uebergang in Morbus maculosus Werlhofii. Letaler Ausgang an Pyaemie . . . Berlin, C. Vogts Buchdr., *1896;* 44 S., 1 Bl. 8.
Berlin, Med. Fak., Inaug.-Diss. v. 24. Nov. 1896

Kramer. Otto [Harburgensis]: De Pelopis fabula. Pars prior . . . . Halis Saxonum, typ. descr. Carolus Colbatzky, 1886; 42 S. + 1 Bl. 8⁰.
Halle, Phil. Fak., Inaug.-Diss. v. [30. Dez.] 1886.

Kramer, Otto, de Pelopis fabula. Pars I. gr. 8. (42 S.) Leipzig 887, Fock. *

Kramer, Otto: L e i t f a d e n des kaufmännischen Rechnens, s. K r a m e r , Anton

Kramer, Otto [Allemand]: Recherches sur un isomère de la phénosafranine. Genève 1900. 46 p. 8°.
Genève. Thèse sc. 1899/1900.

— was wir singen wollen! Ein Lieder-Wegweiser f. Vereine, Gesellschaften, Commerse, Ausflüge etc. Ueber 600 Liedertexte. (168 S.) 12. Berlin (903). A. Weichert. — 10

Kramer, Otto Cph., Forstkatechismus f. Forstmänner. 8. Gött. 798. Dieterich. 4 gr

KRAMER, Otto Christoph: Forstcatechismus für Forstmänner, welche Jünglinge zu unterrichten gedenken. - Göttingen 1798. 67 S.

— Tabellen, worin d. kubische Gehalt e. jeden Stammes nach seiner verschied. Länge u. Stärke richtig ausgerechnet zu finden. 16. Götting. 786. Dieterich. 9 gr

KRAMER, Otto Christoph: Tabellen, worin der kubische Inhalt eines jeden Stammes nach seiner verschiedenen Länge und Stärke richtig ausgerechnet zu finden. - Göttingen 1786. 265 S.

Kramer, Paul

Kramer, P., Acariden, s. a. Ergebnisse d. Hamburger Magalhaensischen Sammelreise.

Acariden bearb. von Prof. Dr. P[aul] Kramer, (Provinzialschulr. in Magdeburg). Mit 1 Taf. *Hamburg: L. Friederichsen & Co. 1898.* (40 S.) 4°(8°)
— Ergebnisse d. Hamburger Magalhaens. Sammelreise. Lfg 3, 3. [illegible]

Kramer, P. Beiträge zur Geschichte des Realgymnasiums der Franckeschen Stiftungen. 52 S. **Progr.** Rg. *Halle* 1885.

Kramer, P., Demodicidae u. Sarcoptidae, s.: Canestrini, G.

Kramer, Paul, Descartes u. das Brechungsgesetz des Lichtes, s.: Abhandlungen zur Geschichte der Mathematik.

Kramer, Paulus: De doctrina Spinozae de mente humana. Halis Saxonum (1865): Orphanotropheum. 38 S. 8°
Halle-Wittenberg, Phil. Diss. v. 12. Aug. 1865
Geb. Berlin 3. 12. 1842. V.

Ueber zwei von Herrn Dr. F. Stuhlmann in Ostafrika gesammelte Gamasiden. Von P[aul] Kramer in Magdeburg. Mit 1 Taf. *Hamburg 1895; (Berlin: D. Reimer 1901).* (15 S.) 4°(8°)
Aus: Beiheft z. Jahrbuch d. Hamburg. Wiss. Anstalten. 12.
— Ergebnisse, Zoolog., einer ... in d. Küstengebiete von Ost-Afrika unternomm. Reise. Bd 2, No 7. [illegible]

— über 2 v. Hrn. Dr. F. Stuhlmann in Ostafrika gesammelte Gamasiden. [Aus: „Beihft. z. Jahrb. d. hamburg. wiss. Anstalten. XII."] Lex.-8. (15 S. m. 1 Taf.) Hamburg 895. (L. Gräfe & Sillem.) n. 1. —

Kramer, Paul [Prof. Dr., Inspektor]: Die darstellende Geometrie im Realgymnasium. Halle a. S., Druck d. Buchdr. d. Waisenhauses, 1890; 82 S., 1 Taf. 4°
Halle a. S., RG d. Franckeschen Stiftungen, P 1890

Kramer, P. [Prof. Dr.]: Mathematische Lesestoffe für die Prima der Realgymnasien. Halle, Druck d. Buchdr. d. Waisenhauses, 1889; S. 11–24; 4°
Halle a. S., RG der Franckeschen Stiftungen, OP 1889 (260)

Kramer, Paul, enthüllte Lotteriegeheimnisse. (Wissenschaftliche Begründg. der probatesten Spielmethoden f. sämtl. reichsdeutschen Klassenlotterien. Hochwichtige Aufschlüsse u. Enthüllgn. üb. das Orig.-Meisterschafts-Spielsystem f. das österr. u. italien. Zahlenlotto.) (63 S.) 8. Dresden 905. Leipzig, M. Wendel. n. 1. 50

— grönländische Milben, s. a. Bibliotheca zoologica.

Grönländische Milben von Prof. Dr. P[aul] Kramer, (Prov.Schulrat in Magdeburg). Mit 3 Holzschn. *Stuttgart: E. Nägele 1897.* (S. 77–82.) 4°
— Ergebnisse, Zoologische, der ... Grönlandexpedition. 6.
— Bibliotheca zoologica. H. 20, Lfg 3, [2.] [illegible]

Kramer, Paul, Theorie und Erfahrung. Beiträge zur Beurtheilung des Darwinismus. gr. 8. (170 S.) Halle 877, Nebert. *

— Trombididen aus Madagaskar. [Aus: „Abhandlgn. d. Senckenberg. naturforsch. Gesellschaft", 21. Bd. (Voeltzkow, wissenschaftl. Ergebnisse d. Reisen in Madagaskar u. Ost-Afrika 1889—1895).] gr. 4. (3 S. m. 1 Abb.) Frankfurt a/M. 897. (M. Diesterweg.) n. — 50

Kramer, P., Wandtafeln d. Schlachttiere, s.: Schreiber.

— Zittau u. Umgebung. Im Auftrage des Vereins zur Hebg. des Fremden-Verkehrs bearb. Mit Stadtplan u. Karte der Umgebg. (III, 71 S m. Abbildgn. u. 11 Taf.) kl. 8. Zittau 901. Verein zur Hebg. des Fremdenverkehrs (Nur direkt.) Unberechnet

Kramer, Phil., Anfangsgründe der ebenen und sphärischen Trigonometrie und deren Anwendung auf die Lösung quadratischer und kubischer Gleichungen. Mit Anwendungen auf einige wichtigere Fälle aus dem Gebiete der Geodäsie, Physik und mathematischen Geographie. gr. 8. (IV und 142 S. mit 2 Stnt.) Augsburg 852, Rieger'sche Buchh.

Kramer, P.: Anmerkungen zur Theorie der räumlichen Tiefenwahrnehmung. – Schleusingen, Progr. 1872.

Die Auflösung der Gleichungen des zweiten und dritten Grades mit Hilfe goniometrischer Functionen ausführlich und leichtfaßlich dargestellt von P. Philipp Kramer, G. P. — 1852. Augsburg. Himmer. — S. III—XLIII.
Progr. Augsburg

Kramer, Phil., Elementar-Mathematik für Gymnasien. 1. Abthl. A. u. d. T.: Elementar-Arithmetik für Gymnasien. Arithmetik und Algebra. gr. 8. (XII und 276 S.) Augsburg 851, Rieger'sche Buchh.

—— dass. — 2. (letzte) Abthl. A. u. d. T.: Elementar-Geometrie für Gymnasien. Planimetrie und Stereometrie. gr. 8. (VIII und 232 S. mit 6 Stnt. in 4.) Ebds. 851.

—— Elementar-Mathematik für Gymnasien. 2. Abthl. 2., durchaus verb. und verm. Aufl. A. u. d. T.: Elementar-Geometrie für Gymnasien. Planimetrie, Stereometrie und Trigonometrie. Mit 213 Fig. 2., verb. und verm. Aufl. gr. 8. (XVI und 260 S. mit 7 Stnt.) Augsburg 855, Rieger'sche Buchh.
1. Abthl. (1. Aufl.) Ebendas. 1851. * 22½ Ngr.

Kramer, Phil., Elementar-Mathematik für Gymnasien. 1. Abthl.: Elementar-Arithmetik. 2., durchgängig verb. und verm. Aufl. gr. 8. (XII und 320 S.) Augsburg (861)62, Rieger'sche Buchh.

—— Elemente der mathematischen Geographie für den Schul- und Selbst-Unterricht. gr. 8. (X und 118 S. mit 26 Holzschn. im Texte.) Augsburg 857, Rieger'sche Buchh.

Kramer, Phil. Walburg, Elfenprinz. Eine Dämoniade. gr. 12. Ulm 838. (Nübling.) n. 3/8 ₰

Kramer, Phpp. Walburg, die Heilkraft des Menschen-Magnetismus. Gemeinfaßliche Darstellung, auf Belege gestützt und mit einer kurzen Anleitung für den Laien versehen. Wie man magnetisirt. 16. (70 S.) Friedrichshafen 872, (Lincke.) **

—— der Heilmagnetismus. Seine Theorie und Praxis. 2. verm. Aufl. 16. (86 S.) Landshut 874, Krüll'sche Buchh. *

Kramer, Phpp. Walburg, der Heilmagnetismus. Seine Theorie und Praxis. 3. verm. Aufl. 8. (IV, 98 S.) Leipzig 881, Besser. *

Kramer, Phpp. Walburg, d. Heilmagnetismus. Seine Theorie u. Praxis. 5., verm. u. verb. Aufl. 8. (111 S. m. 1 Abb.) Leipzig 898. W. Besser. n. — 50

Kramer, Philipp Walburg, der Heilmagnetismus. Seine Theorie u. Praxis. Neu bearb. u. m. e. Abhandlg. üb. unsichtbare (mag.) Strahlen versehen v. Ludw. Tormin. 6. verm. u. verb. Aufl. (127 S.) 8. Leipzig 907. W. Besser. — 50; geb. n 1. 10

Kramer, Ph. W., die Hexe von Gäbistorf, Bibliothek vaterländischer Schauspiele.

Kramer, Phil. Walburg, die Hexe von Gäbistorf. Historisch-romant. Drama in 5 Akten. Mit freier Benutzung e. histor. Romans von Bornhauser. (Bühnengerecht.) 8. (70 S.) St. Gallen 847, Scheitlin & Zollikofer in Comm. n. 1/3 ₰

Kramer, der Magnetismus in Wiesbaden u. sein Kampf m. der Schul-Medizin. Ein Beitrag zur Geschichte der Heilkunde. gr. 8. (32 S.) Wiesbaden 890. (Dietrich.) n. — 50

Kramer, Reinhard, a. Leipzig: Über die Wirkung des phosphorsauren und des kohlensauren Kalkes als Beigabe bei Verabreichung von Rübenblättern an Milchkühe. Borna-Leipzig 1907: R. Noske. (69 S.) 8°

Leipzig, Phil. Fak., Ref. Kirchner-Eber, Diss. v. 21. Juni 1907

[Geb. 8. Okt. 84 Leipzig; Wohnort: Leipzig; Staatsangeh.: Sachsen; Vorbildung: Realgymn. Döbeln Primareife Mai 06; Studium: Leipzig 8 S.; Rig. 29. Mai 07.]

Kramer, Rich., Führer durch Zittau, s.: Korschelt, G.

Kramer, Rich., s.: Katalog, amtl., der Oberlausitzer Gewerbe- u. Industrie-Ausstellung.

Kramer, Rich., die deutsche Nordsee, s.: Projections-Vorträge. 56. Heft.

Kramer, Richard von, Gerichtsrefer.: Über das Unternehmen im Rechtsverkehr. Frankfurt a. M. 1910: Mahlau & Waldschmidt. IV, 59 S. 8°

Leipzig, Jur. Diss. v. 3. Juni 1910

[Geb. 11. Juli 83 Neustadt a. H.; Wohnort: Homburg v. d. H.; Staatsangeh.: Preußen; Vorbildung: Lessing-Gymn. Frankfurt a. M. Reife O. 01; Studium: Lausanne 1, München 4, Berlin 1, Marburg 2 S.; Rig. 19. Juli 05.] [U 10. 2768

Kramer, Robert, appr. Arzt: Bericht über die Tätigkeit der deutschen geburtshilflichen Klinik in Prag vom 1. April 1903 bis 1. Oktober 1907. Giessen 1909: v. Münchow. 54 S. 8°

Gießen, Med. Diss. v. 2. Sept. 1909, Ref. v. Franqué

[Geb. 4. April 80 Mannheim; Wohnort: Gießen; Staatsangeh.: Baden; Vorbildung: Gymn. Mannheim Reife M. 98; Studium: Heidelberg 2, Leipzig 2, Heidelberg 3, Erlangen 2, Heidelberg 4, Gießen 3 S.; Coll. 9. März 09; Approb. 18. Febr. 09.] [U 10. 1147

Kramer, *Ludwig Emil* Robert [app. Arzt aus Frankfurt a. M.]: Ueber die histologischen Veränderungen der Rachen- und Kehlkopfschleimhaut bei Diphtherie. . . . Frankfurt a. M., Druckerei v. A. Osterrieth, 1890; 87 S. 8°

Freiburg i. B., Med. Fak., Inaug.-Diss. v. 1890

Kramer, Rud., zur Entwicklungsgeschichte der Cochins. Eine Studie. gr. 8. (16 S. m. 8 Abbildgn.) Leipzig 894. Exped. der Allg. deutschen Geflügelzeitg. (C. Wahl). n. — 80

Kramer, Rud., Taschenbuch der Rassegeflügelzucht, m. 90 nach der Natur aufgenommenen farb. Abbildgn. d. besten vorhandenen Rassegeflügel-Stämme, textlich bearb. v. K. Mit e. Einleitg. v. H. du Roi. 8. (81 S. u. 90 Taf. m. Text auf d. Rückseite.) Würzburg (899). H. Stürtz. Geb. in Leinw. n. 10. —

Kramer's Taschenbuch der Rassegeflügelzucht, m. 107 nach der Natur aufgenommenen farb. Abbildgn. der besten deutschen Rassegeflügelstämme. 2. Aufl. Bearb. unter Mitwirkg. der meisten Rassezüchtervereiniggn. v. Wilh. Kleffner u. Arth. Wulf. Mit e. Einleitg. v. H. du Roi u. 1 Bildnis Rudolf Kramers. (32 S. u. 107 Taf. m. Text auf der Rückseite.) 8. Würzburg (908). H. Stürtz. Geb. in Leinw. 8. —

Kramer, Rudolf [app. Arzt aus Weener '(Ostfriesl.)']: Aus d. medizin. Poliklinik zu Kiel. Über die Veränderungen der Bauchorgane bei Rachitis im allgemeinen, über die der Milz im besonderen . . . Kiel, Druck v. H. Fiencke, 1896; 37 S. 8.

Kiel, Med. Fak., Inaug.-Diss. v. [15. Jan.] 1896

Kramer, Sigm. Frhr. v., von der Höhe des Lebens. Gedichte. (110 S.) 8. München 906. (A. Ackermann's Nachf.) n. 1. 50; geb. n. 2. 50

— auf der Suche nach Wahrheit. Novellen. (101 S.) 8. Ebd. 904. n. 2. —

Kramer, Sig. Frhr. v., aus jungen u. alten Tagen. 12. (310 u. V S.) Metz 899. G. Scriba. n. 3. —; geb. n. 4. 50

Kramer, T. Ueber die hypothetischen Sätze. Augsburg, St. A., 1863. 47 S. 4. Progr.

Kramer, Th.: Die gelehrte Tischgesellschaft des Athenaeus V.B. Cap. 1–45 ins Deutsche übersetzt und mit Erklärungen versehen. 86 S. 8° – Augsburg St., Progr. 1872.

KRAMER, Th. Val., Otia medica, medicinische Ruhe-Stunden, Lob- und Ehren-Gedichte, Klag- u. Trost-Gerichte, Moral- u. Tugend-Früchte. Salzwedel 1729. 8°. 28 u. 237 S. Sehr rar! (7 Mk. 50 Pfg. G.A. Wolff, Bonn, 1910.)

Kramer, Theodor von

Kramer Th v, neue Aufg. f. d. kunstgewerbl. Samml. d. bayer. Gewerbem. i. Nürnberg. (20 S) Nürnberg 1907

Kramer, Thdr. v., Bild und Lied fürs Kindergemüt. 24 Bilder in Farbendr. nach Aquarellen. gr. 4. (Mit eingedr. Text.) Stuttgart 884, G. Weise. geb.

Kramer, Th. v., und W. Behrens, ornamentale Fragmente für das Kunstgewerbe. 1.—5. Lfg. [1. Serie.] Fol. (à Lfg. 10 Stnt.) Kassel 885—87, Fischer. à Lfg. * ℳ 4.—. * 20 —
1. Serie in Mappe * 22 —
—— —— dass. — 6. Lfg. Fol. (8 Taf.) Ebendas. 888. * 4 —

—— u. W. Behrens. Ornamentale Fragmente f. das Kunstgewerbe. 7.—9. Lfg., 10. Lfg. in 2 Abthlgn. gr. 4. (à Lfg. 10 Taf.) Kassel 889—91, Fischer. à Lfg. * 4 —; * 16 —
Lfg. 6—10 bilden die 2. Serie. — Lfg. 1—6. Ebd. 1885—88. à * 4 —.
Den Vertrieb der beiden ersten Serien hat für die Jahre 1893 u. 1894 die Firma H. Keller in Frankfurt a. M. übernommen.

—— —— dass. — 3. Serie. Entwürfe f. Dekorationsmaler v. W. Behrens. 1. u. 2. Lfg. gr. Fol. (à Lfg. 3 farb. Taf.) Cassel 891,92, Fischer. 1. Lfg. * 5 50; 2. Lfg. * 4 —; * 9 50

Kramer, Th. v., u. W. Behrens, ornamentale Fragmente. Vorlagen f. d. Kunstgewerbe. III. Serie. A. u. d. T.: Entwürfe f. Decorationsmaler. Vorlagen f. d. Bemalg. v. Decken, Wänden, Speisezimmern, Restaurants etc. v. W. Behrens. Neue [Titel-] Ausg. 6 (farb.) Doppeltaf. gr. Fol. Berlin (892) 898. M. Spielmeyer. In Fol.-Mappe n. 10. —

— — dasselbe. 2. Aufl. 1. Serie. Fol. (50 Taf.) Ebd. 898. In Mappe n. 20. —

Kramer, Th. v., u. W. Behrens, ornamentale Fragmente f. das Kunstgewerbe. 3. Aufl. 1. u. 2. Serie. Fol. (50 u. 48 Taf.) Berlin (900). M. Spielmeyer. In Mappe à n. 20. —

Kramer, Th., u. W. **Behrens**, ornamentale Fragmente f. das Kunstgewerbe. 4. Aufl. (98 Taf.) 40,5×32 cm. Berlin (908). M. Spielmeyer In Mappe 40. —

Kramer, Theodor [aus Budapest]: Ueber Nitro- und Amido-Derivate des Chinolin's .... Freiburg i. B., Druck d. Fr. Wagner'schen Buchdr., 1885; 49 S. 8°.
Freiburg i. B., Phil. Fak., Inaug.-Diss. v. 1885.

Kramer, Thdr. v., Schattenbilder. 4. (62 Holzschntaf.) München 879, Braun und Schneider. cart. *

Kramer, Theodor [app. Arzt aus Lahr in Baden]: Ueber maligne Tumoren des Sinus frontalis ... Freiburg i. B., Buchdr. v. Ch. Ströcker, 1893; 29 S. 8.
Freiburg i. B., Med. Fak., Inaug.-Diss. v. 1893

Kramer, Th. v., s.: **Vorlagen, gewerbliche.**

Kramer, Thom., Precationes in usum juventutis literarum studiosae. 32. (312 S. und 1 Stnt.) Landishuti 851, libr. Krüll.

Kramer, Thom., Precationes in usum juventutis literarum studiosae. Altera editio, aucta et emendata. 16. (IV und 350 S. mit 1 Stahlst.) Landishuti 854, libr. Krüll.

Kramer, Ulrich

Kramer, der schweizerische Bienenvater, s. a. **Jeker.**

Kramer, U[lrich], und Theiler, P[eter]. Der schweizerische Bienenvater. Praktische Anleitung zur Bienenzucht, mit 160 Illustrationen und 2 Kunstdruckbeilagen [Tafeln]. 5. Aufl. Im Selbstverlage der Verfasser. XIV + 336 S. 8. Aarau, Druck H. R. Sauerländer & Co., 1901. geb. fr. 3. — ⟨M. 3. — fürs Ausland⟩

Die 4. Aufl. — — prämiert. — s. *Bulletin 1902, S. 325.*

Kramer, U[lrich], [und] Theiler, J[oseph]. Der schweizerische Bienenvater. Praktische Anleitung zur Bienenzucht, mit 186 Illustrationen und 2 Kunstdruckbeilagen. 6. Aufl. XIV + 315 S. 8. Aarau, H. R. Sauerländer & Co., 1905. [geb. fr. 4. —]

— u. J. **Theiler**, der schweizerische Bienenvater. Praktische Anleitg. zur Bienenzucht, m. 201 Illustr. u. 8 Kunstdr.-Beilagen. 7. Aufl. (XIII, 322 S. m. 1 Bildnis.) 8. Aarau 910. H. R. Sauerländer & Co. Geb. in Leinw. 3. 20

Kramer (I.), Bienenzucht, s. Bericht über Gruppe 26 der schweizerischen Landesausstellung Zürich 1883.

Kramer, U., Lehrer. II. Jahresbericht über die vom Verein schweiz. Bienenfreunde errichteten apistischen Beobachtungsstationen von 1885—86. Mit 1 Taf. Gr. in-8°, 32 S. Aarau, H. R. Sauerländer. 1881

— 15. Jahresbericht über die vom Verein schweiz. Bienenfreunde errichteten apistischen Beobachtungsstationen 1898/1899. Gr. 8°. 48 S. mit 1 graph. Tafel. Aarau, H. R. Sauerländer & Co.
1900

Kramer, U., s. a. **Kalender d. Schweizer Imkers.**

Kramer, U. Kalender des Schweizer Imkers. 3. Jahrg. 1900. Kl. 8°. 150 S. mit 1 Karte der Schweiz. Aarau, H. R. Sauerländer & Co.
Taschenformat geb. 1 20

— die Rassenzucht d. Schweizer Imker, organisiert vom Verein schweiz. Bienenfreunde. 2., unveränd. Aufl. gr. 8. (IV, 67 S. m. 1 farb. Taf.) Aarau 898. (H. R. Sauerländer & Co.) n.n. 1. 20

Kramer, U[lrich]. Die Rassenzucht der Schweizer Imker, organisiert vom Verein schweizer. Bienenfreunde, und die amerikanischen Zuchtmethoden. Von U. K'-Zürich.... (3. Aufl.) [Illustriert.] X + 168 S. 8. Im Selbstverlag des Verfassers; Im Buchh. bei Paul Wätzel in Freiburg i. B. für Deutschland...; Druck H. R. Sauerländer & Co., Aarau, 1908. [M. 2. 80]

— Die Rassenzucht der schweizer Imker, organisiert vom Verein schweizer. Bienenfreunde. (VIII, 149 S. m. Abb.) gr. 8. Aarau 909. Freiburg i/B., P. Waetzel. 2.—; geb. in Leinw. 2. 80

Kramer, Vict., der Maschinen-Dienst auf der Brenner-Bahn. Lex.-8. (79 S. mit 7 Tab.) Wien 878, Lehmann und Wentzel. *

Kramer, Vict., der Maschinen-Dienst auf der Brenner-Bahn. Mit 5 Tab. Lex.-8. (79 S.) Wien 878. Spielhagen & Schurich. n. 4. —

Kramer, Waldemar, Referendar: Das fortgesetzte Verbrechen. Göttingen 1907: L. Hofer. (66 S.) 8°
Göttingen, Jur. Fak., Ref. v. Hippel, Diss. v. 19. Sept. 1907
[Geb. 31. Juli 83 Münster (Westfalen); Wohnort: Osnabrück; Staatsangeh.: Preußen; Vorbildung: Ratsgymn. Osnabrück Reife O. 03; Studium: Grenoble 1, München 1, Freiburg i. B. 1, München 1, Göttingen 2 S.; Rig. 3. Mai 07.]

Kramer, Walther, a. Braunschweig: Die Syntax des Possessivpronomens im Französischen. Göttingen 1905: Dieterich. (XVI, 116 S.) 8°
Göttingen, Phil. Fak., Ref. Stimming, Diss. v. 14. Sept. 1905
[Geb. 9. Mai 83 Bevern, Kr. Holzminden; Wohnort: Göttingen; Staatsangeh.: Braunschweig; Vorbildung: Neues Gymn. Braunschweig Reife M. 01; Studium: Göttingen 3, München 1, Göttingen 4 S.; Rig. 21. Juni 05.]

Kramer, Wilhelm: Beiträge zur Ohrenheilkunde. 314 S., gbd., 19 Tab.

Berlin: Nicolai 1845

JB 4.325

Kramer, W(ilhelm): Erfahrungen über die Erkenntniss und Heilung der langwierigen Schwerhörigkeit. 108 S., gbd., Abb.

Berlin: Nicolai 1833

JB 4.321

Kramer, Wilhelm: Die Erkenntnis und Heilung der Ohrenkrankheiten. Zweite sehr verbess. und verm. Aufl. seiner "langwierigen Schwerhörigkeit". 401 S., gbd., 2 Taf.

Berlin: Nicolai 1836

JB 4.322

Kramer, Wilhelm: Die Erkenntnis und Heilung der Ohrenkrankheiten. 2. gänzlich umgearb. und sehr verm. Aufl. 872 S., gbd., 2 Taf.

Berlin: Nicolai 1839

JB 4.323

Kramer, Wilh., die Erkenntniss und Heilung der Ohrenkrankheiten. 2., umgearb. und verm. Aufl. gr. 8. (XVI und 872 S. mit 2 Kpfrt. in qu. gr. 4.) Berlin 849, Nicolaische Buchh.

Kramer, W., Handbuch der Ohrenheilkunde. Berlin 867. A. Hirschwald. gr. 8. (VIII, 347 S. mit 10 in den Text eingedr. Holzschn.) n. 2 Thlr 20 Ngr

Kramer, W(ilhelm): Die Heilbarkeit der Taubheit. Zur Beherzigung für Ohrenkranke und deren Aerzte. 56 S., gbd.

Berlin: Nicolai 1842

JB 4.324

—— die Homöopathie e. Irrlehre. Nach d. eigenen Geständnissen d. homöopath. Aerzte. gr. 8. (5½ B.) Berlin 833, Nicolai.

Kramer, Willi. (geb. Halberstadt 17. 12. 1801): De crisium natura et dignitate. Berolini (1823). (27 S.) 8°
Berlin, Med. Diss. v. 19. Juli 1823

Kramer, W., die „exakten" deutschen Ohrenärzte. gr. 8. (89 S.) Berlin 871, G. Reimer. *

Kramer, W., die Ohrenheilkunde der Gegenwart. (1860.) gr. 8. (IV und 196 S. mit 2 Tab. und 9 in den Text aufgenommenen Holzschn.) Berlin 861, A. Hirschwald. *

—— die Ohrenheilkunde in den J. 1840 und 1850. Ein wissenschaftl. Zeitbild. gr. 8. (118 S.) Berlin 851, Nicolaische Buchh.

Kramer, Wilh., die Ohrenheilkunde in den J. 1851—1855. Ein Nachtrag zu der Erkenntniss und Heilung der Ohrenkrankheiten. gr. 8. (IV und 136 S.) Berlin 856, A. Hirschwald. *

—— die Ohrenheilkunde der letzten 50 Jahre. Zur Erinnerung an seine medizinisch-chirurg. Doktor-Promotion im J. 1823. gr. 8. (77 S.) Berlin 873, Nicolai's Verlag. *

Kramer, W., die Ohrenheilkunde der letzten 50 Jahre. 2. gänzlich umgearb. und verm. Aufl. gr. 8. (104 S. mit 10 in den Text aufgenommenen Holzschn.) Berlin 875, Nicolai's Verlag. * 2 —

—— Ohrenkrankheiten und Ohrenärzte in England und Deutschland. Ein Nachtrag zur Ohrenheilkunde der Gegenwart. gr. 8. (96 S.) Berlin 865, A. Hirschwald. *

Kramer, Wilhelm *(geb. Breslau 28. 10. 1857)*: Resultate der antiseptischen Wundbehandlung bei den complicirten Verletzungen des knöchernen Schädeldachs. Breslau 1880. (40 S.) 8° *[Im Buchhandel 1880 bei Köhler in Breslau.]*
Breslau, Med. Diss. v. 3. Aug. 1880

Kramer, Wilh., Resultate der antiseptischen Wundbehandlung bei den complicirten Verletzungen des knöchernen Schädeldachs. Inaugural-Dissertation. gr. 8. (40 S.) Breslau 880, (Köhler.) *

—— über den Worth ohrenärztlicher Erfahrungen mit besond. Bezugnahme auf Schmalz's „Erfahrungen" und „Beiträge." gr. 8. (51 S.) Berlin 817, Nicolaische Buchh.

Kramer, Wilh. Aug., d. Rechte d. Schriftsteller u. Verleger. Ein Versuch. gr. 8. Heidelb. 827. Winter. 21 K

Kramer, Wlh. Hnr., elenchus vegetabilium et animalium per Austriam inferiorem observatorum. Cum fig. 8maj. Wien 765. Trattner. 18 K

Kramer, Willi, a. Münster i. W., Referendar: Der Schutz des Bürgen bei schuldhafter Behandlung der Hauptforderung durch den Gläubiger. Osnabrück 1907: Meinders & Elstermann. (55 S.) 8° [J.]
Erlangen, Jur. Fak., Ref. Siber, Diss. v. 4. Okt. 1907
[Geb. 1. Mai 85 Münster (Westfalen); Wohnort: Osnabrück; Staatsangeh.: Preußen; Vorbildung: Gymn. Osnabrück Reife O. 04; Studium: Lausanne 1, Berlin 1, München 1, Münster 3 S.; Rig. 31. Juli 07.]

Krämer, A., s.a. Krämer, G. C.

Krämer, A., über Condylome und Warzen. Ein Beitrag zur Naturgeschichte dieser Gebilde. gr. 8. (72 S. und 2 Kpfrt.) Göttingen 848, Vandenhoeck und Ruprecht.
Aus: Göttinger Studien. Jahrg. 1847, besonders abgedruckt.

Krämer, A., s.: Forschungsreise S.M.S. „Planet".

Krämer, A., kleine Heimatkunde der Prov. Westfalen. Ein Merk- u. Wiederholungsbüchlein f. die Hand. d. Schüler. (19 S.) 8. Gütersloh 910. C. Bertelsmann. – 20

— Sagen aus Westfalen, s.: Hausschatz, deutscher.

Kraemer, A., die tierischen Schmarotzer des Auges, s.: Graefe u. Saemisch, Handbuch.

Krämer: Die Schutzretorte, ein neu erfundenes, erprobtes und ganz wohlfeiles Mittel, um das höchst schädliche Verflüchtigen des Trauben- wie auch des Obst-Weines während der Most-Gährung zu verhüten. Ein wichtiger Nachtrag zur Abhandlung vom Trauben-Siebe. Allen Weinökonomen zum Nutzen und zur Beherzigung .... Mit Abb. auf 2 Taf., welche den Schutzapparat nach der Natur darstellen. Heidelberg & Speyer: Oßwald 1823. VIII, 167 S. -- 25.43*
BJ: Krämer, A. -- Bibliotheca oeconomica: Krämer, A. 1824. -- Bibliotheca oenologica: Krämer, A. 1824. -- Heinsius: Krämer, A. 1824. -- Kayser: Krämer, G.C. 1824. -- Thienemann: 1825.

— die Schutzretorte, ein neuerfundenes erprobtes u. ganz wohlfeiles Mittel, um die höchst schädl. Verflüchtung d. Trauben-, wie auch des Mostweins während d. Mostgährung zu verhüten. Mit 2 Tafeln in Steindruck. 8. Heidelberg 824, Oswald.

Krämer: Das Trauben-Sieb, eine neue, höchst einfache, eben so wohlfeile als nützliche Erfindung zur Entbehrlichmachung alles Kufen, und Kelter-Apparats, und zur Gewinnung origineller und vollgeistiger Weine. ... Nebst einer Zugabe von zur Sache gehörigen Liedern. Gute Leutchen! habt euch lieb: Wählt und nützt das Traubensieb! Landau: Verf.; Kaußler 1822. XIV, 191 S. -- 1.17.25. 107*.121. Frei 100. Rüd. *
BJ: Krämer, A. -- Bibliotheca oeconomica: Krämer, A. -- Dochnahl: Krämer, A. -- Heinsius: Krämer, A. -- Kayser: Krämer, G.C. -- Simon: Bibliotheca vinaria: Krämer, A.

Krämer, A., d. Trauben-Sieb, eine neue, höchst einfache, ebenso wohlfeile als nützl. Erfind. z. Entbehrlichmachung alles Kufen- u. Kelterapparates. 8. Landau, 1822. (Frankfurt, Bär.) (1. —) — 16

— d. Trauben-Sieb, eine neue, höchst einfache, eben so wohlf. als nützl. Erfindung zur Entbehrlichmachung alles Kufen- u. Kelter-Aparats u. z. Gewinnung origineller u. vollgeist. Weine. 8. Landau 822. (Heidelb., Oswald.)

Krämer: Der Weinsetzborer mit seinem Gehülfen, der Steinangel, eine alte und doch nagelneue Erfindung zur Erleichterung und Beförderung des Weinbaues. Heidelberg & Speyer: Oßwald 1824. II, 105 S. -- 21*.25
BJ: Krämer, A. -- Bibliotheca oeconomica: Krämer, A. -- Bibliotheca oenologica: Krämer, A. -- Dochnahl: Krämer, A. -- Heinsius: Krämer, A. -- Kayser: Krämer, G.C. -- Simon: Bibliotheca vinaria: Krämer, A.

Krämer, Adf., kurzgefaßte Anleitung zum Gebrauche von Kraftfutter in der Winterfütterung des Milchviehes. Den schweizer. Landwirthen überreicht. 8. (48 S.) Aarau 880, Christen. *

Anleitung zur Zins-, Zinseszins- und Rentenrechnung. Mit bes. Berücks. d. Bedürfnisse d. Landwirtschaft f. d. Gebrauch an Lehranst. u. z. Selbstunterr. bearb. von Dr. Adolf **Kraemer**, Prof. Mit 300 gelösten prakt. Aufgaben. Berlin: Parey 1909. XVII, 359 S. 8° (10. 560)

Anleitung zur Zins-, Zinseszins- und Rentenrechnung. Mit bes. Berücks. d. Bedürfnisse d. Landwirtschaft f d. Gebrauch an Lehranst. u. z. Selbstunterr. bearb. von Dr. Adolf **Kraemer**, Prof. Mit 300 gelösten prakt. Aufgaben. Berlin: Parey 1910. XVII, 359 S. 8° (11. 10696 11

Kraemer, A., die Bedeutung der Spiritus-Industrie für die schweizerische Landwirthschaft. Auf Veranlassung des Vorstandes der Gesellschaft schweizer. Landwirthe hrsg. gr. 8. (32 S.) Zürich 886, Schmidt. *

—— Beiträge zur Wirthschaftlehre des Landbau's. Eine Sammlung von Vorträgen und Abhandlungen aus den J. 1870 —80. In neuer Bearbeitung hrsg. gr. 8. (VI, 425 S.) Ebendas. 881.

Krämer, Adf., Beiträge zur Wirthschaftslehre d. Landbau's. Eine Sammlg. v. Vorträgen u. Abhandlgn. aus den J. 1870—80. In neuer Bearb. hrsg. 2. bill. (Titel-) Ausg. gr. 8. (VI, 425 S.) Aarau 893. [J. J. Christen.] E. Wirz. n. 3.—

Krämer, Adolf (Dr., Prof. der Landwirthschaft am eidg. Polytechnikum). Beiträge z. Wissenschaftslehre des Landbaus. Eine Sammlung von Vorträgen und Abhandlungen aus den Jahren 1870 bis 1880. In neuer Bearbeitung herausgegeben. Gr. in-8°, 426 S. Aarau, J. J. Christen. 6 —

1881

Krämer, Adph., landwirthschaftliche Berechnungen. Anleitung zur Lösung der wichtigsten Aufgaben aus den verschiedenen Zweigen des Landbaues. Zum Gebrauche an Ackerbau- und Fortbildungsschulen, sowie zum Selbstunterrichte bearb. Nebst einem Vorwort von Hartstein. gr. 8. (XVI und 382 S. mit 124 in den Text gedr. Abbild. in Holzschn.) Stuttgart 859. Mäcken.

Krämer, Landw. Berechnungen. Stuttg. 1865.

Krämer, A., Die gegenwärtige Bewegung des Handels in Erzeugnissen des Getreidebaues und der Viehhaltung in ihrem Einfluss auf den Betrieb der Landwirtschaft. Zürich, Polytechnikum 1873. Progr.

Krämer, Adf., gemeinfaßliche Briefe an die Landwirthe des Kreises Wittgenstein. Ein Beitrag zur Förderung der Landwirthschaft in rauhen Gebirgsgegenden. 8. (VIII und 144 S.) Arnsberg 863, Ritter.

—— die Buchhaltung des Landwirths. Ein Leitfaden für prakt. Wirthe und zum Gebrauche an landwirthschaftl. Lehranstalten. 2. gänzlich umgearb. Aufl. gr. 8. (X, 401 S.) Bonn 881, Cohen und Sohn.

Krämer, Adf., die verbesserte Buchhaltung im Dienste des kleineren Landwirthes. Ein Leitfaden für prakt. Wirthe u. zum Gebrauche an landwirthschaftlichen Lehranstalten. Bonn 867. Cohen & Sohn. gr. 8. (VIII, 304 S.) 1 ℳ 7½ ngr.

Krämer, Ad. Vergleichende Darstellung der Massregeln und Einrichtungen zur Förderung der Landwirtschaft in verschiedenen Ländern. Zürich 1882.

Krämer, Adph., über die Einrichtung einer zweckmäßigen Ernährung des Viehstandes unter Hinweisung auf die gegenwärtige Futternoth. Vortrag gehalten in der Versammlung des landwirthschaftl. Vereins des Kreises Grevenbroich am 17. Febr. 1859. gr. 4. (21 S.) Düsseldorf 859, Schaub'sche Buchh. Thlr.

Kraemer, Adolf. Elementar-Geometrie in Anwendung auf die Gewerbe der Bodenkultur. (Landwirtschaft, Gartenbau und Forstwesen.) Anleitung zur Ausführung von Flächen-, Körper- und Höhenmessungen. Für den Gebrauch an Fach-Lehranstalten und zum Selbstunterrichte bearb. von Dr. A' K', Professor ... in Zürich. Mit 478 Textabbildungen und 4 [*d. i.* 5] Plänen. XVI + 592 S. 8. Berlin, Paul Parey, 1905. [geb. M. 14. —]

— die Entwickelung der Landwirthschaft in den letzten 100 Jahren, s.a. Vorträge, öffentliche, gehalten in der Schweiz.

Kraemer A.: Die Entwickelung d. Landwirtschaft in den letzten 100 Jahren. Vortr. Basel 1884. 50 S. P.
(Oeffentliche Vorträge gehalten in der Schweiz. VII. Bd. 12. H.).

Kraemer, A., Erfahrungen über die Milchzeichen der Kuh. (Internationaler land- u. forstwirthschaftl. Congress zu Wien 1890, 93. Hft.) gr. 8. (11 S.) Wien 890. (Frick.) n. —40

Kraemer A. u. Schulze E.: Gutachten üb. die Organisation einer schweizerischen Milchversuchsstation mit Sitz d. Institutes in Zürich o. in Bern. U. St. (1889). 37 S. P.

— Neunter Jahresbericht d. Aargauer Thierschutzvereins vom 30. Juni 1878 bis 30. Juni 1879, den Mitgliedern desselben v. Vorstande erstattet. In-8°, 96 S. Ebenderselbe. 1879 1 —

Krämer, Ad. Über Körpermessungen am Rindvieh. Bunzlau 1886.

[J.] Die Landwirtschaft im schweizerischen Flachlande. Ihre Grundlagen u. ihre Einrichtgn. Von Dr. Adolf Kraemer, Prof. ... in Zürich. M. 1 farb. Taf. *Frauenfeld: J. Huber 1897.* (XI, 320 S., 2 Bl., 1 Taf.) 1 Bd 8. [97. 2962

Kraemer, Adf., die Landwirtschaft im 19. Jahrh. Mit besond. Berücksicht. schweizer. Verhältnisse. Ein Rückblick u. e. Ausblick. gr. 8. (V, 105 S.) Frauenfeld 902. Huber & Co. n 1.60
Sonderabdruck aus: „Schweiz. landwirtschaftl. Centralbl."

— Die Methoden d. Berechnung v. Futterrationen. (23 S. m. 1 graph. Darstellg.) Ebd. 910. 1.—
Sonderabdr. aus: „Landw. Jahrbücher."

Kraemer, Adolf: Aus der chirurgischen Klinik der Universität Bonn. Über die Osteotomie der Tibia bei der Behandlung des Klumpfusses. *Trier 1898: M. Leistenschneider.* (37 S.) 8°
Bonn, Med. Diss. v. [2. März] 1898

— s.: Phylloxera, die.

Kraemer, *Adolfus* [Turicensis]: Quid Cicero senserit de lingua Graeca quaeritur ... Gissae, 1893; 34 S., 1 Bl. 8.
Giessen, Phil. Fak., Inaug.-Diss. v. 1893

— landwirthschaftliches Rechenbuch. Anleitung zur Lösung der wichtigsten Aufgaben aus den verschied. Zweigen des Landbaues. Zum Gebrauche an Ackerbau- u. Fortbildungsschulen, sowie zum Selbstunterrichte bearb. Nebst einem Vorworte von Hartstein. 2., billige (Titel-)Ausg. Stuttgart (859)67. Mäcken. gr. 8. (XVI, 382 S. mit 124 in den Text gedr. Abbild. in Holzschn.) 1 ℳ

—— das schönste Rind. Eine kurzgefaßte und gemeinverständl. Anleitung zur Beurtheilung der Körperbeschaffenheit des Rindviehes. Lex.-8. (IV, 104 S. mit 28 in den Text gedr. Holzschn.) Zürich 883, Schmidt.

— das schönste Rind. Anleitg. zur Beurteilg. der Körperbeschaffenheit d. Rindviehes, nach wissenschaftl. u. prakt. Gesichtspunkten. 2., neubearb. Aufl. gr. 8. (IX, 244 S. m. 82 Abbildgn.) Berlin 894. P. Parey. Geb. in Leinw. n. 5.—

— Professor Dr. C. Pott's Schrift: „Der Formalismus in der landwirtschaftl. Tierzucht". Beleuchtet v. K. Erweit. neue Aufl. des Sonderabdr. aus dem schweiz. landw. Centralblatt 1899. gr. 8. (IV, 81 S.) Ebd. 899. n. 1.20

Kraemer, Adf., die landwirthschaftliche Schule des eidgenössischen Polytechnikums zu Zürich. gr. 4. (18 S.) Zürich 871, (Schmidt.)*
Aus: Landwirthschaftliche Zeitung, besonders abgedruckt.

Kraemer, A., Die landwirtschaftliche Schule des eidgenössischen Polytechnikums in Zürich. Festschrift. 8°. Zürich 1896.

— Stand u. Ziele d. schweizerischen Landwirtschaft ... Vortr. Frauenfeld 1904. 81 S. 1 Tvl.

Kraemer, Adolf, a. Berlin: Versuche zur Darstellung der α-Amino-γ δ-Dioxyvaleriansäure. Oxydation des Glycylglycins. (Berlin 1907: G. Schade.) (31 S.) 8°
Berlin, Phil. Fak., Ref. Fischer, Diss. v. 23. Nov. 1907
[Geb. 5. Mai 83 Berlin; Wohnort: Berlin; Staatsangeh.: Preußen; Vorbildung: Friedrich-Wilhelms-Gymn. Berlin Reife M. 01; Studium: Techn. Hochsch. Karlsruhe 2, Univ. München 1, Berlin 6 S.; Rig. 7. Nov. 07.]

— wie muß der größere Landwirth seine Buchführung einrichten, um dem neuen Steuer-Gesetz entsprechend sein Einkommen ermitteln u. einwandfrei darlegen zu können? s.: Preisschriften u. Sonderabdrücke der Landwirthschaftlichen Thierzucht.

– (Red.), s. Zeitschrift, Schweizerische landwirtschaftliche.

Kræmer, A. Dr. Über Ziele in der Rindviehzucht, mit besonderer Rücksicht auf die neuzeitigen Anforderungen an die Zucht des schweizerischen Fleckviehes. 8°. 36 S. Aarau. Emil Wirz. 1900

— die Zusammenlegung der Grundstücke im Großherzogthum Hessen. Ein Beitrag zur Förderung derselben. [Mit 2 lith. Karten (in gr. Fol.)]. Darmstadt 868. (Jonghaus.) gr. 8. (V, 106 S.) n. 26 ngr.

Krämer, Alfons, mit Fiedel u. Feder. Lose Blätter aus der vergilbten Mappe e. sel. Magisters. (VIII, 101 S.) kl. 8. Augsburg (908). Bayer. Schulmuseum. Kart. 1. —

Krämer, Alfons, die Heinzelmännchen, s.: Dilettantenbühne, katholische. 180. Hft.

— Herzenswellen. Gedichte. 2. Aufl. (X, 136 S.) 8. Dresden 905. E. Pierson. n. 2. —; geb. n. 3. —

— Der Lenz ist da!, s.: Dilettantenbühne, kathol.

— Ein Maskenfest, s.: Dilettantenbühne, kathol.

Krämer, Alfons, nimm mich mit!, s.: Kinder-Bibliothek, kathol.

— Frau Schule, s.: Dilettantenbühne, kathol.

— Vermißt, s.: Dilettantenbühne, kathol.

— Weihnachts-Märchen, s.: Dilettantenbühne, kathol. 179. Hft.

[Gedicht.] Zum neuen Jahre. Vorgelesen am 18ten Jan. 5812, in der ger. und vollk. Loge Carl zu den drey Schlüsseln im Or. zu Regensburg. Vom Br.·. Aug. **Krämer**. Auf Verlangen mehrerer Brüder gedr. [Regensburg 1812.] 2 Bl. 8° [Umschlagtit.]
„In hoher ehrfurchtsvoller Feyer . . .“

— Ideen zur Verbesserung d. bürgerl. Gewerbe. 8. Götting. 800. Dieterich. 6 gr

Kraemer, Augustus [Wilinaburgiensis]: De Manilii qui fertur astronomicis Inest de imperatoribus Romanis in siderum numerum relatis disputatio . . . Marburgi Cattorum, *typ. A. Cramer Wilinaburgi*, 1890; 71 S. + 1 Bl. 8°
Marburg, Phil. Fak., Inaug.-Diss. v. [8. Jul.] 1890

— Jos. Franz Freiherr v. Götz; ein biograph. Fragment. 8. Regensb. 816. Montag u. W.

— die Juden u. ihre gerechten Ansprüche an die christl. Staaten. gr. 8. Regensb. 816. (Montag u. W.) 12 gr

Krämer, Aug. (Fürstl. Thurn und Taxis'scher Rath und Bibliothekar), Carl Theodor, Reichsfreyherr v. Dalberg, vormaliger Grossherzog von Frankfurt, Fürst-Primas u. Erzbischof. Eine dankbare Erinnerung an s. wohlthätiges Leben, u. eine Blume auf s. Grab. Zweyte, um das Dreyfache verm., u. mit 4 Kpfrn. verzierte Aufl. Regensb., gedr. bey Joh. Bapt. Rotermundt, 1817. 4°. Saub. Ppb.; 1 Bl. beschrieb., sonst schönes Expl.
Portr. (Medaillon-Brustbild, Rob. Lefèvre del. Paris., Bichtel sc. Ratisb.), XII—90 S. (incl. Anlagen S. 85 ff.), 3 Kpf. (incl. 1 Facsim.).

— Karl Theod. von Dalberg, vormal. Großherzog von Frankfurt, Fürst-Primas u. Erzbischof. (Biographie.) Mit Kpf. 4. Gotha 817. 2e verm. Aufl. mit 4 Kpf. 818. (Becker). 1 rß 8 gr

— Karl Theodor Reichsfreiherr von Dalberg, letzter Churfürst von Mainz u. Churerzkanzler des deutschen Reichs u. s. w., Grundzüge zu einer Geschichte seines polit. Lebens. (Aus den Zeitgenossen Heft XXIII besond. abgedr.) gr. 8. Leipz. 821. Brockhaus. 1 rß 8 gr

[Lied] Dem Meister vom Stuhle Herrn [Alex.] Grafen von Westerholt am Neujahrsfeste 5809. Von August **Krämer**. Regensburg [1809]: Augustin. 2 Bl. 8°. Umschlagtit.]
Ohne Noten: „Hoch lebe unser Westerholt“ . . .

[Lied] Dem Durchlauchtigsten Hochwürdigsten Grosmeister [!] [Karl Alex. Fürst von Thurn und Taxis] zum Namensfeste. Im November 5812. Vom B. August **Krämer**. [Regensburg 1812:] Augustin. 2 Bl. 8°. [Umschlagtit.]
Ohne Noten: „Füllt noch einmal die Gläser an“ . . .

Kraemer, A., de locis quibusdam, qui in astronomicon, quae Manilii feruntur esse, libro primo exstant, ab Housmano, Britannorum viro doctissimo, nuperrime corruptis. (47 S.) gr. 8. Frankfurt a/M. 906. (Gebr. Knauer.) n. 2. 50

Kraemer, August, Dr.: Ort und Zeit der Abfassung der Astronomica des Manilius. Frankfurt a. M. 1904: Gebr. Knauer. (S. 1—27.) 4°
Frankfurt a. M., Wöhler-RG OP 1904 (473)

[Rede.] Unserm Durchlauchtigsten Hochw. Grosmeister Carl Alexander Fürsten von Thurn und Taxis &c. &c. zur Geburtstagsfeyer. Vorgelesen am 11. April 5812, in der Loge Carl zu den drey Schlüsseln im Or. zu Regensburg vom Br.·. Aug. **Krämer.** Auf Verlangen der Brr. gedr. [Regensburg 1812]: Augustin. 8 S. 4⁰ [Umschlagtit.]
Tt. 2094. Gelegenheitsworte.

Krämer, August. Rückblick auf das Leben Carl Alexanders Fürsten von Thurn und Taxis, Fürsten zu Buchau und Krotoszyn. Eine biographische Denkschrift. Regensburg 1828: Breuk. 9 Bl., 142 S. 8⁰.

Krämer, Bhrd. Aug., (Bibliothekar) Rückblick auf das Leben Carl Alexander's, Fürsten von Thurn u. Taxis, Fürsten zu Buchau u. Krotoszyn. Eine biograph. Denkschrift. Mit 1 Vign. gr. 8. Regensb. 828. (Passau, Pustet). 18 gr

— allgemeine Uebersicht d. Mecklenburg. Geschichte, v. d. ältesten bis auf d. neuesten Zeiten. Mit e. geograph.-statistischen Einleit. u. 1 Portrait. gr. 8. Regensb. 825. (Neubrandenb., Dümmler). 21 gr

Ueber den Bau der Korallenriffe und die Planktonvertheilung an den Samoanischen Küsten nebst vergleich. Bemerkgn v. Dr. Augustin **Krämer**, Marinestabsarzt, u. e. Anh.: Ueber d. Palolowurm v. Dr. Amt.) Collin. *Kiel & Leipzig: Lipsius & Tischer 1897.* (XI, 174 S., 1 Pl.) 1 Bd 8.

Die Wichtigsten Hautkrankheiten der Südsee. (Tinea circinata u. imbricata, Verruga u. Framboesie, Elephantiasis u. Lepra) von Dr. Augustin **Krämer**, Kais. Marinestabsarzt. Mit 1 Textbild u. 13 Lichtdrucktaf. *Stuttgart: E. Schweizerbart 1902.* (26 S.) 4°
= Krämer: Die Samoa-Inseln. Bd 2, Anh.

Hawaii, Ostmikronesien und Samoa. Meine zweite Südseereise (1897–1899) z. Studium d. Atolle u. ihrer Bewohner. Von Prof. Dr. Augustin **Krämer**, Marine-Oberstabsarzt. Mit 20 Taf., 80 Abb. u. 50 Fig. Stuttgart: Strecker & Schröder 1906. (XIII, 585 S.) 8°

Die Samoa-Inseln. Entwurf einer Monographie mit bes. Berücks. Deutsch-Samoas von Dr. Augustin **Krämer**, Marinestabsarzt. Hrsg. mit Unterst. d. Ausw. Amts. Bd 1. 2. *Stuttgart: E. Schweizerbart 19(01–)02.* 2 Bde 4°
1. (In 4 Lfgn.) Verfassung, Stammbäume u. Überlieferungen. Mit 3 Taf., 4 Karten u. 44 Textfig. 19(01–)02.
2. (In 5 Lfgn.) Ethnographie. Mit 2 Taf., 148 Textbild. u. 44 Textfig. Nebst e. bes. Anh.: Die wichtigsten Hautkrankheiten d. Südsee. Mit 1 Textbild u. 13 Lichtdrucktaf. 1903.

Krämer, Augustin [app. Arzt aus Cannstatt]: Ueber den Stickstoff im Harn mit Beschreibung der angewandten Methoden zur Bestimmung des Gesammtstickstoffs, Harnstoffstickstoffs, des Ammoniaks und der Harnsäure. . . . Kiel, Druck v. Schmidt & Klaunig, 1889; 31 S. u. 1 Taf. 8°
Tübingen, Med. Fak., Inaug.-Diss. v. 1889

Krämer, Augustin. Über den Stickstoff im Harn, m. Beschreibg. der angewandten Methoden zur Bestimmg. d. Gesammtstickstoffs, Harnstoffstickstoffe, d. Ammoniaks u. der Harnsäure. Diss. gr. 8. (31 S. m. 4 Taf.) Kiel 889. (Tüb., Fues' Verlag). * 1 50

Krämer, Bernhard August, s. Krämer, August

Kraemer, Bruno, die unterseeischen Telegraphenkabel in Kriegszeiten, s. Studien, Rostocker rechtswissenschaftliche. I. 5.

Kraemer, Bruno, Dr.: Die unterseeischen Telegraphenkabel in Kriegszeiten. *Leipzig: A. Deichert 1903.* (VIII, 64 S.) 8°
(= Rostocker Rechtswiss. Studien Bd 1, H. 5.)
Rostock, Jur. Diss. v. [20. Aug.] 1903

Die unterseeischen Telegraphenkabel in Kriegszeiten. Von Dr. Bruno **Kraemer.** *Leipzig: A. Deichert Nachf. 1903.* (VIII, 64 S.) 8°
— Studien, Rostocker Rechtswissenschaftliche. Bd 1, H. 5.

Kraemer, C., Doctor Goldhärchen, s. Kinder-Theater, Wiener.

Krämer, C. A. F.

—— dem Andenken an Dr. Heinr. Jul. Willerding, weil. Hauptpastor an d. Kirche St. Petri, Scholarchen u. Senior d. hamburg. Ministerii. gr. 8. (5¼ B.) Hamburg 834, Perthes u. Besser.

Krämer, C. A. F., histor. Blicke auf d. Realschulen od. höh. Bürgerschulen Deutschlands. Progr. gr. 4. (5¾ B.) Hamburg 840, Meissner.

Krämer, (Prof.) C. A. F., Geschichte der göttlichen Offenbarungen, für Bibelfreunde u. zur Belebung d. religiösen Sinnes. A. u. d. T.: Geschichte d. Juden u. ihrer Religion bis zur Erscheinung Jesu. Zum Gebrauche für Gymnasien u. Realschulen. gr. 8. Hamb. 829. Herold. 20 gr

Krämer, C. A. F., Geschichte d. göttl. Offenbarungen, f. Bibelfreunde u. z. Belebung d. relig. Sinnes. — A. u. d. T.: Geschichte d. Juden u. ihrer Religion bis z. Erschein. Jesu. Zum Gebr. f. Gymnasien u. Realschulen. gr. 8. (15½ B.) Hamburg 830, Herold.

—— des Christen Heimweh. Eine Pred. üb. 2 Cor. 5. V. 1—10, gehalten am 15. Nov. 1829. gr. 8. (1¼ B.) Hamburg 830, (Herold.)

—— drei Schulreden, in d. letzten Religionsstunden d. alten Jahres 1831 gesprochen. gr. 8. (4 B.) Hamburg 832, Schuberth u. Niemeyer.

— drei Schulreden, in den letzten Religionsstunden des alten Jahres 1831 gesprochen. gr. 8. Hamb. u. Itzehoe 832. Schuberth u. Niemeyer. 8 gr

Krämer, Carl ..., s. Krämer, Karl ...

Kraemer, Carlos. Ein eigentümlich verlaufender Fall v. Phthisis pulmonum. Diss. gr. 8. (18 S.) Tüb. 889, (Laupp). * — 60

Das Princip der Dauerheilung der Tuberkulose von Dr. C[arlos] **Kraemer**, Arzt in Böblingen. (Nach e. Vortrage, geh. auf d. Württ. ärztl. Landesversammlung in Hall, 1903.) *Tübingen: F. Pietzcker 1904.* (24 S.) 8°

Kraemer, Ch: Eine neue Maschine für konstanten Strom und deren verschiedene Anwendungsweisen. Vortrag. Frankfurt a. M. 1909

Krämer, Ch: Neue Methoden zur Regelung von Asynchronmotoren und ihre Anwendung für verschiedene Zwecke. Frankfurt a. Main 1908

Kraemer, Ch: Die Zugsteuerung der Felten & Guilleaume-Lahmeyerwerke. Frankfurt a. Main 1908

Krämer, Chr. Ernst

Krämer, Ch. E., historisches Lesebuch über das deutsche Mittelalter, aus den Quellen zusammengestellt und übersetzt. gr. 8. (VIII, 503 S.) Leipzig 882, Teubner.

Krämer, Chr. Ernst, von Teutoburg bis Sedan. Sammlung von Gedichten über das deutsche Vaterland und aus der deutschen Geschichte für Schule und Haus. 8. (XVI, 351 S.) Wiesbaden 878, Limbarth. * M 1,60.; geb. *

Krämer, Chr. Ernst, von Teutoburg bis Sedan. Sammlung v. Gedichten üb. d. deutsche Vaterland u. aus der deutschen Geschichte. E. patriot. Gedenkbuch f. Schule u. Haus. 2. Aufl. 8. (XVI, 351 S.) Wiesbaden 895. Ch. Limbarth, Verl. Kart. n. 2.—; seine Ausg. geb. in Leinw. n. 3.—; m. Goldschn. n. 4. —

—— Was hat Preußen, was haben Preußens Könige für Deutschland gewirket? Festrede, gehalten am Geburtstage Sr. Maj. des Kaisers und Königs Wilhelm I. in der Aula des Gymnasiums zu Hadamar am 22. März 1876. 8. (24 S.) Weilburg 876, [Mertens.] Appel. *

Kraemer, Christ., der Familien-Bund, sein Programm und provisorisches Statut, nebst Darlegung seines Zweckes und seiner in sozialer Beziehung hochbedeutenden Wirksamkeit für Familie, Staat und Kirche. Eine Antwort auf die soziale Frage. gr. 8. (54 S.) Leipzig 884, R. Lincke.

Kraemer, Christ., der Familien-Bund, sein Programm und provisorisches Statut, nebst Darlegung seines Zweckes und seiner in sozialer Beziehung hochbedeutenden Wirksamkeit für Familie, Staat und Kirche. Eine Antwort auf die soziale Frage. 2. (Titel-)Aufl. gr. 8. (54 S.) Leipzig 885, Peterson. *

Krämer, E. A. F., s. Krämer, C. A. F.

Kraemer, Ed., ein Bubenstück der Börse ersonnen einen deutschen Mann und sein deutsches Unternehmen zu verderben. Streiflichter über das Schicksal des freien Wortes in Varzin, an der Börse und bei der Polizei. 1. Flugschrift als Ersatz für die durch Intriguen unterdrückte „Deutsche freie Zeitung". 8. (48 S.) Berlin 873, (Trenkel.)

—— die Ursachen der Socialdemokratie und ihre Ueberwindung. Ein Wort zur Beherzigung für alle Parteien. 1. und 2. Aufl. gr. 8. (47 S.) Berlin 878, F. Luckhardt. *

Kraemer, Emil, Nord u. Süd od. Naa u. Nee, s.: Theater-Bibliothek, alpine. Nr. 2.

Krämer, Erich, Referendar: Über den Begriff der Gewalt im Reichsstrafgesetzbuche. Borna-Leipzig 1909: Noske. VIII, 38 S. 8°
Münster, Rechts- u. staatsw. Diss. v. 27. Sept. 1909, Ref. Rosenfeld, v. Savigny
[Geb. 5. Mai 83 Altena; Wohnort: Münster i. W.; Staatsangeh.: Preußen; Vorbildung: Realgymn. Quakenbrück Reife O. 03; Studium: Grenoble 1, Berlin 3, Münster 2 S.; Rig. 29. Juli 09.] [U 10. 3746

Krämer, Ernst, die altenglischen Metra des Boetius, s.: Beiträge, Bonner, zur Anglistik. 8.

Krämer, Ernst, aus Bonn: Untersuchungen zu den altenglischen Metren des Boetius. *Halle a. S. 1902: E. Karras.* (23 S.) 8° ¶(Erscheint vollst. in: Bonner Beiträge zur Anglistik, H. 8.)
Bonn, Phil. Diss. v. 8. März 1902

Krämer, Ernst, Dr.: Vaterlandsliebe. Festrede zum 27. Januar 1907. Prüm 1907: M. J. Goergen. (S. 29—36.) 4°
Prüm, G OP 1907 (575)

Kraemer, Ernst, a. Straßburg i. E.: Die Verwendbarkeit der Konjunktivalreaktion zur Diagnose chirurgischer Tuberkulose. Tübingen 1908: H. Laupp jr. (29 S.) 8° ¶(Aus: Beiträge z. klin. Chirurgie Bd 57 S. 581—608.)
Straßburg, Med. Fak., Ref. Madelung, Diss. v. 27. April 1908
[Geb. 21. April 84 Straßburg i. E.; Wohnort: Straßburg; Staatsangeh.: Elsaß-Lothringen; Vorbildung: Lyzeum Straßburg Reife Aug. 02; Studium: Straßburg 10 S.; Coll. 21. Febr. 08; Approb. 16. Dez. 07.]

Kraemer, F., Untersuchungen über die Fähigkeit des Lesens bei Gesunden und Geisteskranken. gr. 8. (16 S.) Würzburg 888, Stahel'sche Universitäts-Buchh. *
Aus: Verhandlungen der Würzburger medicinisch-physikalischen Gesellschaft, besonders abgedruckt.

Kraemer, Felix [aus Berlin]: Zur Aetiologie vom Carcinom insbes. des Uterus ... Berlin, Druck v. E. Ebering, *1897;* 30 S., 1 Bl. 8.
Berlin, Med. Fak., Inaug.-Diss. v. 30. Juli 1897

Kraemer, Felix [aus Mannheim]: Die Nebennieren und der Morbus Addisonii. Seine Behandlg m. Tuberkulin ... Heidelberg, Univ.-Buchdr. v. J. Hörning, 1892; 54 S., 1 Tab. 8.
Heidelberg, Med. Fak., Inaug.-Diss. v. [22. Juli] 1892

Krämer, Franz [pr. Arzt aus Essen a. d. Ruhr]: Aus d. Laboratorium d. pharmakognost. Sammlung in Kiel. Beitrag zur Kenntnis der Wirkung des Pseudakonitin ... Kiel, Druck v. A. F. Jensen, 1893; 19 S. 8.
Kiel, Med. Fak., Inaug.-Diss. v. [18. Juli] 1893

Kraemer, Frz., Lehrbuch d. engl. Sprache, s.: Cliffe, Arth.

Krämer, Franz, aus Jasenitz (Pomm.): Das Verhältnis von David Garrick's 'Every man in his humour' zu dem gleichnamigen Lustspiel Ben Jonson's. *Halle a. S. 1903: C. A. Kaemmerer & Co.* (102 S.) 8°
Halle, Phil. Diss. v. 1903

Krämer, Friedrich Erich August

— — (Director der Realschule), Ueber die Beförderungsmittel des Fleisses. Mit besonderer Rücksicht auf die Realschule des Johanneums u. als Ergänzung des Programms: Das Haus, im Bunde mit der Schule. — Womit zu der öffentl. Prüfung d. Zöglinge dieser Anstalt . . . einladet. Hamburg (Johann Aug. Meissner) 26./27. IX. 1838. 37 S. (5.—) 19229

Krämer, F. E. A., Das Haus, im Bunde mit der Schule. Eine pädagogische Abhandlung. — Womit zu der öffentl. Prüfung d. Zöglinge der Realschule . . . einladet. Hamburg (Johann August Meissner) 24. IX. 1835. 29 S. (5.—) 19228

Krämer, Friedrich Erich August. Gesammelte Schriften. Hamb. 1845. H: *Krämer, Gust. Adolph.* (BrMm)

Krämer, F. E. A., gesammelte Schriften. Lex.-8. (20½ B. u. K's. Portr.) Hamburg 845, Erie. *

Kraemer, Fritz [aus Essen a. d. Ruhr (Rheinprovinz)]: Untersuchungen ueber die Fähigkeit des Lesens bei Gesunden und Geisteskranken .... Würzburg, Druck & Verl. d. Stahel'schen Univers.-Buch- & Kunsth., 1888; 1 Bl. + 16 S. 8°
Würzburg, Med. Fak., Inaug. Diss. v. 1888

Kraemer, G., Der Crackingprozeß bei der Verarbeitung rumänischen Erdöls. Berlin, 1907. 4 S.

v. Krämer, G. Geschichte der unüberwindlichen Flotte Philipps II. (6 B.) 8. Nürnberg 1833. 2,00.

Kraemer, G von [Übers.]
s. Scott, Walter: Karl der Kühne ... 1830.

Kraemer, G von [Übers.]
s. Scott, Walter: Das schöne Mädchen von Perth. 1830.

Kraemer, G., Die Vorwärmung bei der Erdölverarbeitung. Berlin, 1907. 8 S. mit 3 Abb.

Krämer, G. C., s. a. Krämer, A.

Krämer, (Pfarrer) G. C., d. Schutzretorte, ein neuerfundenes erprobtes u. ganz wohlfeiles Mittel, um d. höchst schädliche Verflüchtigung d. Trauben=, wie auch des Mostweins während d. Mostgährung zu verhüten. Mit 2 Tafeln in Steindr. 8. Heidelberg 824. Oßwald. 20 K.

— das Trauben=Sieb, eine neue höchst einfache, eben so wohlfeile als nützl. Erfindung zur Entbehrlichmachung alles Kufen= u. Kelterapparats u. zu Gewinnung origineller u. vollgeistiger Weine. 8. Landau 822. (Heidelb., Oßwald). 1 ₰

— der Weinsetzbohrer mit seinen Gehülfen; der Steinangel, eine alte u. doch nagelneue Erfindung zur Erleichterung u. Beförderung des Weinbaues. In Prosa u. in Versen dargestellt. 8. Heidelb. 824. Oßwald. 12 K

— glänzende Züge aus d. baierischen Geschichte; ein vaterländisches Lesebuch. Mit 1 Stammtaf. d. Kön. Hauses Wittelsbach. gr. 8. Landau 826. (Drechsler in Heilbr.) 22 K (Weber in Münch.) 12 K

Krämer, G. C. (Lieut. im k. b. 6. Linien-Inf.-Reg. Herzog Wilhelm), glänzende Züge aus der bayerischen Geschichte: ein vaterländ. Lesebuch. Mit e. kurzgefassten Geschichte Bayerns etc. Mit e. Stammtaf. d. k. Hauses Wittelsbach. Landau, 1820. Bei dem Verfasser. 8°. Hlbdrb.
264 S. u. 1 Bl. Err.

Krämer, Geo. v., neueste Bibliothek der Unterhaltung, s. Bibliothek ꝛc.

—— Blumenlese ꝛc., s. Blumenlese auf d. Gebiete ꝛc.

Kraemer, Geo. v., Bayerns Ehrenbuch. (1. Thl.) — Enth. eine numismat., artist. u. histor. Erklärung der, d. Förderung vaterländ. Gesch., Belebung d. Nationalgeistes u. Ehrung d. Nationaltugenden geweihten Geschichts-Conventionsthaler u. Denkmünzen, welche seit d. Thronbesteigung König Ludwig I. geprägt worden sind. M. 1 Abbild. u. L's. 1. Bildn. 4. Nürnberg 834, Fr. Campe'sche Buchh.

—— dass. — 2. Thl. A. u. d. T.: Numismat., artist. u. histor. Beschreib. u. Erklär. d. Geschichts-Conventionsthaler u. Denkmünzen, geprägt z. Anerkenn. d. Verdienste Frauenhofers u. Reichenbachs um d. Optik u. Mechanik, d. Landtage d. J. 1831 u. 1834, der National-Denk-Male zu Wittelsbach, Aibling, u. d. König Max Monuments. gr. 4. (26 B. u. 1 Stnt.) München 841, [Augsburg,] Jaquet.

Krämer, Geo. (a. Jh. Geo.), Jacob Ehrenmann, oder d. Schule zu Wiesenfeld, e. Geschichte für's Landvolk. 8. Leipz. u. Augsb. 802. Salzb. 804. Mayr. 20 K 8. Münch. 811. Lentner. 9 K

—— Erzählungen u. Novellen. 1—3. Bd. 8. (42½ B.) Augsburg 831, v. Jenisch u. Stage'sche Buchh.

—— dass. 4—6. Bd. — A. u. d. T.: Neue Erzählungen u. Novellen. 3 Bde. 8. (45¼ B.) Ebds. 832.
Haben mit dess. „neueste Bibliothek d. Unterhalt." gleichen Inhalt.

— Evangelien auf alle Sonn= u. Festtage des Jahres in Versen. 1r Thl. mit Evangelien u. Liedern auf d. Feste des Herrn. 8. Münch. 811. (Lentner). 12 K

— Gedichte u. Lieder. 8. Salzb. 805. Mayr. 16 K Schrbp. 1 ₰ (A. u. d. T.: neues Liederbuch ꝛc.)

—— Geschichte d. unüberwindl. Flotte Philipps II. Ein Beitr. z. Gesch. Spaniens u. Englands. gr. 8. (6 B.) Nürnberg 833, Campe.

—— Leben u. Werke Walter Scotts, s. Leben ꝛc.

— s. geistl. Lieder, nebst e. Gebeten u. Litaneien.

— Predigt auf d. Fest d. heil. Sebastians, nebst 2 Liedern auf d. Heiligen. 8. Manh. 814. Leffler. 3 K

— dieselbe, u. Lied auf d. heil. Charfreitag. 8. Ebd. 814. 3 K

— Predigt zur Verhütung der Blatternpest am Feste Josephs. 8. Salzb. 802. Mayr. 3 K

— 100 neue Schulgesänge, nebst e. Bemerkk. über d. Schulgesang. Mit Melodien v. Ph. Schmelz. 8. Salzb. 800.

— Schul= u. Christenlehrgesänge über alle wichtige Dinge u. Umstände ꝛc. 2 Thle. 8. Münch. ... 3e A. 810. Giel. (Leipz., Barth). 8 K

Krämer, Geo. Frz., der kluge Finanzier u. vollkomm. Kameralist. 8. Frankf. a. M. 789. Vandüren. 8 K

Kraemer, Gust. (geb. Halberstadt 1. 6. 1842): De aethani derivatis dichloratis et dihydroxylatis. Berolini (1870). (30 S.) 8°
Berlin, Phil. Diss. v. 29. Juni 1870

Kraemer, Gust., de aethani derivatis dichloratis et dihydroxylatis. Dissertatio inauguralis chemica. Berlin 870. (Calvary & Co.) 8. (32 S.) n. 10 ngr.

Kraemer, Gustavus Adolphus: De catalepsia. Halae (1832): Schimmelpfennig. 43 S. 8°
Halle-Wittenberg, Med. Diss., nachgeliefert von dem am 8. Aug. 1832 auf Thesen promovierten Verf.
Geb. Hamburg 20. 6. 1810. V.

Kraemer, H., Erinnerung an Sans-Souci, s. Erinnerung.

Krämer, H., s.: Rudolph, L.

[F.] Weihnachtsfeier in der Schule. E. Sammlg v. Ansprachen, dramat. Festspielen, Gedichten, Wechselgesprächen, Geschichten, Wünschen u. Liedern v. H. Krämer. 2. veränd. Aufl. *Köslin: A. Hoffmann 1895.* (VII, 98 S.) 1 Bd 8. (96. 3599

Weihnachtsfeier in der Schule. Eine Samml. von Ansprachen, dramat. Festspielen ... von H. Krämer. 3. veränd. u. verm. Aufl. *Köslin: A. Hoffmann 1900.* (VII, 121 S.) 8° [F.] (01. 9116 9

Kraemer, Hans.: Unser Bismarck. s. Allers, Chn. Wilh.

— deutsche Helden aus d. Zeit Kaiser Wilhelms d. Großen. Ernstes u. Heit. aus d. vaterländ. Geschichte d. XIX. Jahrh. Illustr. v. ersten Künstlern. hoch 4. (X, 348 S. m. 17 Farbdr. u. 8 Fksm.) Berlin 897. Deutsches Verlagshaus Bong & Co. n. 7. 50; geb. in Leinw. n. 10. —
Erschien auch in 15 Lfgn. à n. — 50.

— d. XIX. Jahrhundert in Wort u. Bild. Polit. u. Kulturgeschichte in Verbindg. m. G. Evert, Wilh. Foerster, Geo. Galland u. a. 1—20. Lfg. hoch 4. (1. Bd. 1795—1840. 480 S. m. 37 [21 farb.] Taf., 1 Karte u. 8 Fksms.) Ebd. 898. à — 60 (1. Bd. kplt. VII, 504 S.) 12. —; geb. in imitiert Halbfrz. 15. —; in Halbfrz. 16. —)

Kraemer, Hans, das XIX. Jahrhundert in Wort u. Bild. Politische u. Kulturgeschichte in Verbindg. m. Wilh. Cahn, Geo. Evert, Wilh. Foerster u. a. 21.—80. Lfg. hoch 4. (1. Bd. [1795—1840] VIII u. S. 481—504; 2. Bd. [1848—1871] VIII, 488 S. m. 23 [9 farb.] Taf. u. 1 Fksm.; 3. Bd. [1871—1899] VII, 447 S. m. 55 [23 farb.] Taf., 2 farb. Karten u. 2 Fksm. u. 4. Bd. Suppl. VIII, 480 S.) Berlin (899. 900). Deutsches Verlagshaus Bong & Co. à — 60; (2.—4. Bd. kplt. à 12. —; geb. in Leinw. à 15. —; in Halbfrz. à 16. —)

— die Karikatur der europ. Völker, s.: Fuchs, Ed.

Kraemer, Hans, der Mensch u. die Erde. Die Entstehg., Gewinng. u. Verwertg. der Schätze der Erde als Grundlagen der Kultur. Hrsg. in Verbindg. m. Otto Appel, Emil v. Behring, Exz., du Bois u. a. m. (In 10 Bdn.) 1. u. 2. Bd. 1.–50. Tauf. (XII, 600 u. XIII, 516 S. m. je 44 z. Tl. farb. Beilagen.) Lex.-8. Berlin (906). Deutsches Verlagshaus Bong & Co. à 12.—; geb. in Ldr. à 18.—; auch in 200 Lfgn. à — 60

Kraemer, Hans, der Mensch u. die Erde. Die Entstehg., Gewinng. u. Verwertg. der Schätze der Erde als Grundlagen der Kultur. Hrsg. in Verbindg. m. Otto Appel, Emil v. Behring, Exz., L. Brühl, du Bois u. a. m. 3. bis 6. Bd. 1.—50. Tauf. Lex. 8. Berlin, Deutsches Verlagshaus Bong & Co. à 12.—; geb. Ldr. à 18. —; auch in 200 Lfgn. à — 60

3. (XII, 500 S. m. Abb. u. 41 z. Tl. farb. Beilagen.) (907.)
4. 1.—50. Tauf. (XII, 444 S. m. Abb. u. 37 z. Tl. farb. Beil.)(908.)
5. 1.—50. Tauf. (XII, 420 S. m. Abb. u. 33 z. Tl. farb. Beil.)(908.)
6. 1.—50. Tauf. (XI, 420 S. m. Abb. u. 35 z. Tl. farb. Beil.)(909.)

Kraemer, Hans (Hrsg.), s.o. W e l t a l l und Menschheit.

— **Weltall** u. Menschheit. Geschichte der Erforschg. der Natur u. der Verwertg. der Naturkräfte im Dienste der Völker. Hrsg. in Verbindg. m. Louis Beushausen, Max v. Eyth, Wilh. Foerster u. a. m. 40 Lfgn. gr. Lex.-8. (1. Bd. XII, 492 S. m. Abb. u. 17 [14 farb.] Taf. u. 2. Bd. XII, 518 S. m. Abb. u. 71 z. Tl. farb. Taf.) Berlin 902. Deutsches Verlagshaus Bong & Co. à — 60; (In 2 Bdn. à 12.—; geb. in Halbfr. à 16.—'

— **Weltall** u. Menschheit. Geschichte der Erforschung der Natur u. der Verwertg. der Naturkräfte im Dienste der Völker. Hrsg. in Verbindg. m. Louis Beushausen, Max v. Eyth, Wilh. Foerster u. a. 3.—5. (Schluß-)Bd. 1.—50. Tauf. (X, 468; XI, 458 u. XI, 442 S. m. Abbildgn. u. 40 bezw. 36 u. 37 z. Tl. farb. Taf.) Lex.-8. Ebd. 903. 904. à 12.—; geb. in Halbfrz. à 16.—; auch in je 20 Lfgn. à — 60

Kraemer, Heinrich, approb. Arzt aus Essen a. d. Ruhr: **Beiträge zur Pathogenese und Therapie der Anilin- und Toluidin-intoxication.** ⟨Wirkung d. Alkohols, Resorptionswege, Sauerstofftherapie.⟩ *Würzburg 1903: F. Staudenraus.* (41 S.) 8°
Würzburg, Med. Diss. v. 1903

Krämer, Heinr., ist Wahrsagen u. Zeichendeutung ein Verbrechen gegen Gott u. die Menschen? Und wer gehört zu denselben? — Kaiser Wilhelm II. u. Landrat v. Uslar als Okkultisten, als Wünschel-Rutengänger. (100 S.) 8. Leipzig (907). [E. Fiedler.] M. Spohr. 1.50

Kraemer, Henry [aus Chicago, Ill., U. S. A.]: **Viola tricolor L. in morphologischer, anatomischer und biologischer Beziehung** ... Marburg, Univ.-Buchdr. v. J. A. Koch, 1897; 2 Bl., 67 S., 2 Bl., 5 Taf. 4.
Marburg, Phil. Fak., Inaug.-Diss. v. [7. März] 1897

Kraemer, H[ermann]. Die Abstammung des Bernhardiners. Sonder-Abdruck aus Band 85, Nr. 7 [–8 u. 11–12] des Globus, Illustrierte Zeitschrift für Länder- und Völkerkunde.... Ausgegeben am 18. Februar [– 24. März] 1904. S. 105—108 + 119—122 + 171—174 + 184—188. 4. Braunschweig, Vieweg.

Kraemer, H[ermann]. Festrede am Kommers der Zentennarfeier der Tierärztlichen Lehranstalt [der Universität] Bern. Separat-Abdruck aus dem «Schweizer-Archiv für Tierheilkunde», Heft 1, Jahrg. [49,] 1907. 13 S. 8. [Zürich, Orell Füssli.]

Kraemer, H[ermann]. Ueber Frühreife der Pferde. [Von Prof. Dr.] H. K', Bern. Sonder-Abdruck aus Nr. 2 der «Zeitschrift für Gestütkunde», Jahrg. 1907. 10 S. gr.-8. Hannover, M. & H. Schaper.

Kraemer, H[ermann]. «Die Gründe der Entstehung rassencharakteristischer Massunterschiede an Knochen, besonders am Metacarpus der Pferde.» (Autoreferat [über den Vortrag, gehalten in der]) Bernische[n] Naturforschende[n] Gesellschaft. Sitzung vom 10. Februar 1906. [Sep.-Abdr. aus: Mitteilungen der Naturf' Ges' in Bern aus dem Jahre 1906.] IV S. 8. [Bern, K. J. Wyss, 1907.]

Krämer, Hermann [aus Darmstadt (Hessen)]: Die Haustierfunde von Vindonissa. Mit Ausblicken in die Rassenzucht des klassischen Altertums. Genève 1899. 2 Bl. 130 S. 1 Bl. 1 Taf. 8°. (Extr. de la Revue suisse de zoologie, t. 7, 1899. S. 143—272.)
Zürich. Phil. Diss. II. S. 1899/1900.

Kraemer. (Herm.), s.: **Jahrbuch f. wiss. u. prakt. Tierzucht.**

Die Kontroverse über Rassenkonstanz und Individualpotenz, Reinzucht und Kreuzung. Im Lichte d. biolog. Forschungen hist. u. krit. betrachtet. Von Dr. H[ermann] **Kraemer,** Prof. Bern: Wyss 1905. 144 S. 8° [10. 8714

Kraemer, H[ermann]. Zur Lehre der Entstehung der Formen in der Haustierzucht. Vortrag von Dr. H. K', Professor in Bern, vor der Zentral-Versammlung der landwirtschaftlichen Vereine der Provinz Sachsen, in Halle a. S., am 28. November 1907. (Separat-Abdruck aus der «Landw. Wochenschrift f. d. Provinz Sachsen». Amtsblatt der Landwirtschaftskammer. 1908. Nr. 1, 2, 3, 4.) II + 28 S. 8. Halle a. S., Otto Thiele, 1908.

Kraemer, H[ermann]. Leistungsprüfungen (in der Tierzucht). Vortrag gehalten am 6. November 1903 in der Gesellschaft schweizerischer Landwirte. Sonderabdruck aus dem Schweizerischen Landwirtschaftlichen Centralblatt 1903 [Jahrg. 22, Heft 12, Dezember]. 20 S. 8. (Frauenfeld, Huber & Co.)

Kraemer, H[ermann]. Mutationslehre und Tierzucht. Von Professor H. K', Bern. gr.-8.
In: Jahrbuch für wissenschaftliche und praktische Tierzucht, einschliesslich der Züchtungsbiologie. ... Hrg. von Dr. Robert Müller.... Jahrg. 2.... Hannover, M. & H. Schaper, 1907. [M. 9.—] S. XX—XXXI.

Krämer Hermann: „Die Frau Professorin" von Berthold Auerbach und „Dorf und Stadt" von Charlotte Birch-Pfeiffer.
II. 1906 PN 2057 Diss. Wien, Univ.

— Die Rassengeschichte unserer Haustiere u. ihre Bedeutung f. d. prakt. Tierzucht. s. a. Flugschrift, 3., d. deutsch. Gesellsch. f. Züchtungskde.

Kraemer, H[ermann]. Die Rassengeschichte unserer Haustiere in ihrer Bedeutung für die praktische Tierzucht. Von Dr. H. K', Professor... [in] Bern. Vortrag, gehalten am 14. Februar 1907 [zu Berlin] in der Hauptversammlung der «Deutschen Gesellschaft für Züchtungskunde». Sonderdruck aus der Deutschen Landwirtschaftlichen Tierzucht. Jahrg. 11, 1907. Nr. 18, 19 und 20. 18 S. 8. Hannover, M. & H. Schaper.
3. Flugschrift der Deutschen Gesellschaft für Züchtungskunde.

Kraemer, H[ermann]: Die R a s s e n g e s c h i c h t e unserer Haustiere in ihrer Bedeutung für die praktische Tierzucht. Hannover 1910. 20 S.
(Flugschrift der Deutschen Gesellschaft für Züchtungskunde. No 3.)
Aus: Deutsche landwirtschaftliche Tierzucht. Jg. 11. 1907, No 18–20.

Kraemer, H[ermann]. «Eine bisher unbeachtete lamarckistische Stimme im klassischen Altertum und der Entwicklungsgedanke im Lichte der Haustierzucht». (Autoreferat [über den Vortrag, gehalten in der]) Bernische[n] Naturforschende[n] Gesellschaft. Sitzung vom 4. März 1905. [Sep.-Abdr. aus: Mitteilungen der Naturf' Ges' in Bern aus dem Jahre 1905.] 14 S. 8. [Bern, K. J. Wyss, 1905.]

Kraemer, J., Vorlagen f. Holzbrand u. Holzmalerei, s.: Zeller, A.

Krämer, J. B. Jahresstatistik, Schulchronik, Schüler-, Schulversäumnis- u. Notenliste. 5. verb. Aufl. Titelbog. Fol. (4 S.) Weinheim 892, Ackermann. * — 12; Einlagebog. Fol. (4 S.) * — 10

Krämer, J. B., Jahresstatistik u. Schulchronik, nebst Schüler-, Schulversäumnis- u. Notenliste. Neue Ausg. 1894. Titelbog. Fol. (4 S.) Weinheim 894. F. Ackermann. n. — 12; Einlagebog. (4 S.) n. — 10

Krämer, J. B., Jahresstatistik u. Schulchronik, nebst Schüler-, Schulversäumnis- u. Notenliste. Ausg. 1901. Titelbogen. Fol. (4 S.) Weinheim, F. Ackermann. n.n. — 12; Einlagebogen (4 S.) n.n. — 10

Krämer, J. B., Jahresstatistik u. Schulchronik, nebst Schüler-, Schulversäumnis- u. Notenliste. 14. Aufl. Titelbogen. (4 S.) 4. Weinheim (905). F. Ackermann. n.n. — 12; Einlagebogen (4 S.) n.n. — 10

Krämer, J. B., Lehrbericht für wöchentliche Einträge üb. die Leistungen einer Schule, mit pädagog. u. method. Andeutungen zur Erreichung guter Resultate u. e. Anh. über Gesundheitspflege in der Schule, sowie e. Schulordnung versehen. 2., verb. Aufl. Fol. (28 S.) Weinheim 888. Ackermann. — 70

— Lehrbericht üb. die Leistungen in der .... Klasse der .... Schule zu .... 8., verb. Aufl. Eingerichtet u. mit kurzen Andeutgn. in Bezug auf Unterricht, Erziehg., Gesundheitspflege in der Schule u. dem Entwurf e. Schulordng. versehen. Fol. (27 S.) Ebd. 894. n. — 70

Krämer, J. B., Lehrbericht üb. d. Leistgn. in d. . . Klasse der . . Schule zu . . f. d. Schulj. 18 . ./18 . . 10., verb. Aufl. Eingerichtet u. m. kurzen Andeutgn. in Bezug auf Unterr., Erziehg., Gesundheitspflege in d. Schule u. d. Entwurf e. Schulordng. vers. Fol. (27 S.) Weinheim 897. F. Ackermann. n. — 70

— Lehrbericht üb. die Leistungen in der . . Klasse der . . Schule zu . . f. d. Schulj. 190 ./190 . . 14.—16. verb. Aufl. Eingerichtet u. m. kurz. Andeutgn. in Bezug auf Unterricht, Erziehg., Gesundheitspflege in d. Schule u. d. Entwurf e. Schulordng. versehen. Fol. (27 S.) Ebd. 900. n. — 70

— Lehrbericht üb. die Leistungen in der . . Klasse der . . Schule zu . . f. d. Schulj. 190./190 . . 19. u. 20. verb. Aufl. Eingerichtet u. m. kurzen Andeutgn. in Bezug auf Unterricht, Erziehg., Gesundheitspflege in der Schule u. dem Entwurf e. Schulordng. versehen. (27 S.) 4. Ebd. (905). n. — 70

Krämer, J. B., Lehrbericht üb. d. Leistungen in der . . Klasse der . . Schule zu . . f. d. Schulj. 19 . ./19 . . 24.—26. verb. Aufl. (29.—32. Taus.) Eingerichtet u. m. kurzen Andeutgn. in Bezug auf Unterricht, Erziehg., Gesundheitspflege in der Schule u. dem Entwurf e. Schulordng. versehen. (27 S.) 33,5×22,5 cm. Weinheim (909). F. Ackermann. — 70

— Lehrbericht über die Leistungen einer Schule mit paedagogischen u. methodischen Andeutungen zur Erreichung guter Resultate u. einem Anhange über Gesundheitspflege in der Schule, sowie einer Schulordnung versehen. 3. bis 6. verb. u. verm. Aufl. Fol. (28 S.) Ebd. 889—92. — 70

— s.: Lesebuch f. ländl. Fortbildungsschulen.

Krämer, J. B., Lesebuch f. ländl. Fortbildungsschulen, s.: Polack, Fror.

— Monatsbuch für monatliche Einträge üb. die Leistungen einer Schule, mit pädagog. u. method. Andeutungen zur Erreichung guter Resultate u. e. Anh. über Gesundheitspflege in der Schule, sowie e. Schulordnung versehen. Fol. (28 S.) Ebd. 888. — 70

— Monatsbuch od. monatl. Bericht üb. die Leistgn. in der .... Klasse der .... Schule zu ..... Eingerichtet u. mit kurzen Andeutgn. in Bezug auf Unterricht, Erziehg., Gesundheitspflege in der Schule u. dem Entwurf e. Schulordng. versehen. Fol. (27 S.) Ebd. 889. n. — 70

— praktisch erprobte Musteraufsätze u. Übungsstoffe f. den Unterricht im mündlichen u. schriftlichen Gedankenausdruck, nebst Anleitung zur Behandlung derselben. 1. u. 2. Tl. 8. (VIII, 96 S.) Ebd. n. 3. 20
1. Unterstufe. (VIII, 96 S.) 889. n. 1. 20
2. Mittelstufe. [Bei einfachen Schulverhältnissen noch f. die Oberstufe ausreichend.] (XII, 232 S.) 891. n. 2. —

— prakt. erprobte Musteraufsätze u. Uebungsstoffe f. d. Unterr. im mündl. u. schriftl. Gedankenausdruck, ausgeb. auf d. ersten Anfänge im Anschauungs-, Sprech-, Sprach- u. Aufsatzunterricht, nebst Anleitg. z. Behandlg. derselben. 2., verb., sehr verm. Aufl. 2 Tle. gr. 8. Weinheim, F. Ackermann's Verl. n. 4. —; geb. n. 4. 80
1. Unterstufe. (X, 142 S.) 896. n. 1. 60; geb. n. 2. —
2. Mittel- u. Oberstufe in einf. Volksschulen, u. Unterklassen höh. Schulen. (XVIII, 272 S.) 898. n. 2. 40; geb. n. 2. 80

— Tabellen über Arbeiten, Versäumnisse, Fleiß und Fortschritte beim Industrieunterricht der Mädchen, nebst einem Plane zur stufenmäß. Erteilung dieses Unterrichts. 4., verb. Aufl. Titelbogen. Fol. (4 S.) Weinheim 888. Ackermann. n. — 12; Einlagebogen dazu. Fol. (4 S.) n. — 10

— Tabellen über Arbeiten, Versäumnisse, Fleiß u. Fortschritte beim Industrieunterricht der Mädchen, nebst einem wohlgeordneten Plane zur stufenmäß. Erteilung dieses Unterrichts. 5. verb. Aufl. Titelbog. Fol. (4 S.) Ebd. 892. * — 12; Einlagebog. Fol. (4 S.) * — 10

— Tabellen üb. Arbeiten, Versäumnisse, Fleiß u. Betragen bei dem Industrie-Unterricht. Zugleich vollständ. Lehrgang f. den Industrie-Unterricht in Volksschulen Neue Ausg. 1894. Titelbog. Fol. (4 S.) Weinheim F. Ackermann. n. — 12; Einlagebog. (4 S.) n. — 10

— Tabellen üb. Arbeiten, Versäumnisse, Fleiß u. Betragen bei dem Handarbeits-Unterricht. 6. Aufl. Titelbogen. (4 S.) 4. Weinheim 904. F. Ackermann. n.n. — 12; Einlagebogen (4 S.) n.n. — 10

Kraemer, J. C. A., observationes microscopicae et experimenta de motu spermatozoorum. Dissert. inaug. physiol. 8maj. ($4\frac{1}{2}$ B. u. 1 Stnt.) Gottingae 842, Vandenhoeck et Ruprecht. Thlr.

Krämer, J. H., prakt. Rechenbuch, s.: Löser, A.

— u. A. Konrad, prakt. Rechenbuch f. die oberste Klasse der achtklassig. Volksschule sowie f. Fortbildungs- u. Handelsschulen. Zugleich Heft 6 zu Löser-Krämer, Rechenbuch, Neubearbeitg. Bürgerliches Rechnen. (130 S. m. Fig.) 8. Weinheim 909. F. Ackermann. — 60

Krämer, J. P., ein Wort zur Zeit, od. meine Ansichten üb. Religion, Unterr. u. Staatseinrichtung, als Grundlage zum Frieden u. zur Beglückung d. Staats. gr. 12. ($1\frac{1}{2}$ B.) München 831, (Franz.)

Krämer, J. W. G., geometr. Uebungen. Ein Ausz. aus Thilo's Samml. geometr. Aufgaben u. Lehrsätze. Als Leitfaden f. Schüler bearbeitet. Mit 2 Steintaf. 8. Frankf. a. M. 826. Sauerländer. 12 Kr

Krämer, Jh. Erhrd., (Rentamtmann) Versuch einer kurzen Darstellung d. Geschäfte u. Obliegenheiten bei eintretenden Durchmärschen u. Einquartierungen fremder Kriegstruppen. Mit 4 Tabellen. 4. Nürnb. 799. Schneider u. W. 4 Kr

Kraemer, Johann Friedrich (Frankfurt/Main)
Über die Heilung des künstlichen Afters.
Giessen 1822
Diss. med. chir. 17. Juli 1822. vorh. 26.7.

Krämer, Jh. Geo., Ideen über d. Gebrechen d. Geburtszange in bestimmten Fällen. 8. Leipz. 800. Fr. Fleischer. 8 K

— s. K. F. Clossius, Abhandl.

Krämer, Johann Gottfried (Iptingen in Schwaben)
Ideen über den nützlichen Gebrauch der Geburtszange in bestimmten Fällen.
Marburg: Bayrhofer 1800. VI, 102 S. 8°

Krämer, Johann Jakob

Krämer, J. J.: „Kurze Betrachtungen über die ökonomischen Bemühungen des achtzehnten Jahrhunderts; nebst Anzeige untrüglicher Mittel zum landesherrlichen Vortheile", 1782.

Krämer, Jh. Jak., Beiträge zur Oekonomie. 1s—3s Stück. 8. Bresl. 801. J. F. Korn. 6 K

— landwirthschaftl. Belehrungen für alle Gegenden oder ökonom. Etwas mit Erläuterr. v. ... Riem. gr. 8. Dresd. 786. Walther. 9 K

— Betracht. über d. ökonom. Bemühungen d. 18n Jahrh. 8. (Meysenheim). 782.

— Sendschreiben an Riem über Schubarts Wirthschaft. 8. Dresd. 786. Richter. 2 K

— das Wichtigste d. Landwirthschaft. gr. 8. Bresl. 799. J. F. Korn. 10 K

Kraemer, Johannes, aus M.-Gladbach: Beitrag zur Kenntnis der Leitfähigkeit molybdän- und wolframsaurer organischer Complexe. *Münster i. W. 1904: Westfäl. Vereinsdruckerei.* (40 S.) 8°
Münster, Phil. Diss. v. [31. Mai] 1904

Kraemer, Joan. Petr. (geb. Hammerstein im Rheinl. 25. 8. 1826): De placenta praevia. Berolini (1852). (29 S.) 8°
Berlin, Med. Diss. v. 13. März 1852

Krämer, Jos., Anlage von Sprachrohren, Haus- u. Zimmer-Telegraphen, s.: Handbuch der Architektur.

Krämer, Josef u. Dr. Ernst Lechner, Bericht über die Elektrische-Ausstellung in Wien 1883. Mit 500 Abbild. (Band-Ausgabe der Internat. Zeitschrift über d. Elektrische Ausstellung in Wien 1883.) 4. (400 S.) Wien, A. Hartleben. Eleg. Leinwbd. 6 fl. 1884

Krämer, J. Der Drehstrom, seine Erzeugung und Anwendung in der Praxis Jena, 1896.

— Einleitung zum Studium der Elektrotechnik. Grundbegriffe der Mechanik u. Elektrostatik. In vollkommen elementarer u. populärer Darstellung. verf. gr. 8. (IV, 23 S. m. 11 Fig.) Wien 891. Perles. n. 1. 20

Krämer, Jos., die elektrische Eisenbahn bezüglich ihres Baues und Betriebes. 8. (XIV, 267 S. mit 105 eingedr. Holzschn.-Abbild. und 2 Taf.) Wien 883, Hartleben's Verlag. geb. *
—— dass. — s. Bibliothek, elektro-technische.

—— Putnam's automatisches Eisenbahn-Signal-System. Vortrag, gehalten im Club österreich. Eisenbahn-Beamten am 14. Febr. 1882. I. gr. 8. (28 S. mit 8 Fig. auf 1 Taf.) Wien 882, (Lehmann und Wentzel.) *
Aus: Oesterreichische Eisenbahn-Zeitung, besonders abgedruckt.

Krämer, Jos., s.: Kalender f. Elektrotechnik.

Krämer, J: Construction und Berechnung für zwölf verschiedene Typen von Dynamo-Gleichstrom-Maschinen. Leipzig (1892) Fol.

-- Construction u. Berechnung f. 12 verschiedene Typen von Dynamo-Gleichstrom-Maschinen. Für Maschinen-Ingenieure u. Elektrotechniker bearb. Mit 16 Taf., wovon 8 in Farbendr., als Zeichnungs-Vorlagen bei Constructions-Arbeiten, m. erläut. Text u. 48 Fig. qu. Fol. (VIII, 38 S.) Leipzig 893. O. Leiner. Kart. n. 10. —

— Konstruktion u. Berechnung f. 20 verschiedene Typen der Dynamo-Gleichstrom-Maschinen. Für Maschinen-Ingenieure u. Elektrotechniker. Mit 25 Taf., wovon 9 in Farbendr., als Zeichnungs-Vorlagen bei Konstruktions-Arbeiten, m. erläut. Text u. 49 Textfig. 2. gänzlich neu bearb. Aufl. Lex.-8. (VIII, 101 S.) Leipzig 900. O. Leiner. n. 15. —; kart. 15. 50

— die mechanischen u. elektrischen Konstruktionen f. elektrische Eisenbahnen. Hilfsbuch f. Maschinen-, Elektro- u. Eisenbahn-Ingenieure, Konstrukteure u. Wagenbauer, zugleich ein Vorlagenwerk f. Konstruktions-Bureaux. Bahnmotore u. Generatoren. Mit 33 Taf., wovon 10 Taf. in Farbendr. u. 84 Textfig. qu. Fol. (VIII, 66 S.) Ebd. 900. Kart. n. 20. —

— die Kraftübertragung, s.: Meissner, G.

Krämer, Jos., Leitfaden zur electrischen Telegraphie mit Ruhestrom [System Morse], nebst einem Anh. über electr. Glockensignale, Hôtel- und Büreau-Telegraphen. gr. 8. (X, 85 S. mit 16 lithogr. Taf. in qu. 4.) Leipzig 875, Grunow. *

—— Neuerungen in der Anwendung d. Elektricität beim Eisenbahn-Dienst. Elektrotechnischer u. signaltechn. Bericht üb. die Wiener Jubiläums-Gewerbe-Ausstellg. 1888. gr. 8. (III, 62 S. m. 34 Fig.) Halle 889, Knapp. * 2 —

—— Repetitorium der Mathematik und Elektricitäts-Lehre, s. Bibliothek des Eisenbahnwesens.

Krämer, J., Repetitorium d. Mathematik u. Elektricitätslehre. Für die Bedürfnisse der Eisenbahn-Praxis elementar behandelt. (Bibliothek des Eisenbahnwesens. Bd. IV.) 8. (XIV und 176 S. mit 127 Abbildg.) Wien, A. Hartleben. Eleg. gebd. 1 fl. 65 kr. 1884

— Sprachrohre, Haus- u. Zimmer-Telegraphen, s.: Handbuch d. Architektur.

— die einfachen u. mehrphasigen elektr. Wechselströme, beziehungsweise: Der Drehstrom, s. Erzeugg. u. Anwendg. in d. Praxis. Gemeinfassl. dargest. 5 Lfgn. gr. 8. (X, 392 S. m. 293 Abb. u. 9 Taf.) Jena 896. H. Costenoble. à n. 3. —; (kplt. geb. in Leinw. n.n. 17. —)

— wie wird man Elektrotechniker? 12. (23 S.) Magdeburg 893. Exped. d. „Prakt. Physik". n. 1. —

— Wirkungsgrade u. Kosten elektr. u. mechan. Kraft-Transmissionen. M. vielen Fig., Schemas u. 1 Taf. gr. 8. (VIII, 88 S.) Leipzig 895. O. Leiner. n. 3. —; geb. in Leinw. n. 3. 50

Krämer, Jos., Wirkungsgrade u. Kosten elektrischer u. mechanischer Kraft-Transmissionen. 2. umgearb. u. erweit. Aufl. gr. 8. (VIII, 126 S. m. 82 Fig.) Leipzig 900. O. Leiner. n. 4. 50; geb. in Leinw. n.n 5. 50

Kraemer, K.: M o r a l für Krieger. München 1827. 138 S.

Krämer, Karl

Kraemer, Carl, aus Dortmund: **Beitrag** zur analytischen Untersuchung sphärischer Kurven. *Marburg 1902: J. A. Koch.* (35 S.) 8°
Marburg, Phil. Diss. v. [13. März] 1902

Krämer, Karl, approb. Arzt aus Dachau (Oberbayern): **Ein Fall** von Aneurysma Aortae auf luetischer Basis. *München 1902: C. Wolf & Sohn.* (24 S.) 8°
München, Med. Diss. v. 1902

Kraemer, Carl, Referendar: Die Fusion mit sofortiger Verschmelzung nach dem Handelsgesetzbuch. Borna-Leipzig 1910: Noske. VI, 66 S. 8°
Leipzig, Jur. Diss. v. 30. März 1910
[Geb. 5. Jan. 83 Koblenz; Wohnort: Koblenz; Staatsangeh.: Preußen; Vorbildung: Gymn. Koblenz Reife Aug. 03; Studium: München 2, Berlin 2, Bonn 2 S.; Rig. 18. Dez. 06.] [U 10. 2767

v. Krämer, Karl, d. fromme Kind. Ein Gebetbuch für d. kathol. Jugend. gr. 12. Münch. 827. (Drechsler in Heilbronn). 5 ℋ

Krämer, Karl v., Lieder, der Liebe, Freundschaft u. Geselligkeit geweiht. Mit Guitarre-Begleit. 16. (7 B. u. 3 lith. B.) Dinkelsbühl 836, Walthr'sche Buchh. *

Kramer, Car. Frid. Eduard (geb. Berlin 19. 10. 1806): Quaedam de morbis cerebri organicis et observatio steatomatis in cerebro certa. Berolini (1829). (31 S.) 8°
Berlin, Med. Diss. v. 26. Sept. 1829

Krämer, Karl Philipp

Krämer, C. Ph., die Molken- u. Bad-Anstalt Kreuth im bayer. Hochgebirge bei Tegernsee. M. 1 lith. Ansicht. 8. (15½ B. u. 1 Bign.) München 829, Fleischmann.

Krämer, **Carl Ph., die Molken- u. Bad-Anstalt Kreuth in ihrer medicin. Bedeutung, mit besond. Berücksichtig. d. Wirkungen d. Molken u. d. Alpen-Klima's in d. chron. Brust- u. Halsleiden.** gr. 8. (20⅓ B.) München 841, Franz.

Krämer, L., Mida oder eine Nacht in Heinzelmannshöhlen in der Bäderlai bei Bad-Ems. 8. (32 S.) Ems 876, Pfeffer.

Krämer, *Ludwig* [aus Uffenheim]: Ueber die Oxydation von Chinaldinsäure und Chinolin ... München, Buchdr. J. Fuller, 1896; 19 S. 8.
Würzburg, Phil. Fak., Inaug.-Diss. v. 1896

Krämer, L., siehe: *Schulgesetz-Sammlung.*

Kraemer, Dr. phil. L. Adolph, aus Giessen: Aus der medizinischen Universitätsklinik des Herrn Professor Dr. Herm. Eichhorst. Die Meningitis tuberculosa adultorum klinisch bearbeitet. Zür. J. Schabelitz Dr. [A. Müller Verl.] 1894. 2 Bl., 231 S. 8°.
Zürich, Med. Diss. [v. 27. Juli 1894].

Krämer, Louis

Krämer, L., Aufgaben f. das Kopfrechnen, s.: Hellermann, K.

— Aufgaben f. das Rechnen, s.: Koch, W.

Krämer, L., Aufgaben f. das Rechnen in deutschen Schulen, s.: Hellermann, F

— Lernstoff f. den evangel. Religionsunterricht in den Berliner Gemeindeschulen. Ausg. A. Der Wortlaut des Katechismus stimmt m. dem der Eisenacher Redaktion überein; die Kirchenlieder sind dem evangel. Gesangbuch f. die Prov. Brandenburg entnommen; die Sprüche u. Psalmen wurden aus der rev. Bibel der preuß. Haupt-Bibelgesellschaft m. dem v. der deutschen evangel. Kirchenkonferenz genehmigten Text abgedruckt. Der Anh. enthält die Texte zu den vorgeschrieb. Choralmelodien. 2. Aufl. gr. 8. (40 S.) Berlin 900. L. Oehmigke's Verl. n.n. — 10

— Liederkranz, s.: Erk, Ludw. u. W. Greef.

— Liederschatz f. deutsche Schulen, s.: Erk, Ludw. u. W. Greef.

[Umschlagt.:] Evangelisches Religionsbuch für den Schul- und Konfirmandenunterricht ... Bearb. v. L. **Krämer,** Rektor in Berlin. M. e. Vorw. d. Hrn Past. (C.) Nierhoff in Berlin. *Berlin: L. Oehmigke 1897.* (163 S.) 1 Bd 8. [97. 6125

Evangelisches Religionsbuch z. Gebrauch neben e. Bibl. Gesch. f. d. Unterricht in Volks-, Mittel-, höh. Töchterschulen ... Bearb. von L[ouis] **Krämer,** Rektor in Berlin. Mit e. Vorw. d. Pastors [Karl] Nierhoff in Berlin. 3., verb. u. verm. Aufl. *Berlin: L. Oehmigke 1900.* (176 S.) 8° [Umschlagt. F.] [01. 890

Krämer, Max, Stimmungen u. Sehnsuchtsklänge. 8. (86 S.) Dresden 898. E. Pierson. n. 2. —; geb. n. 3. —

Kraemer, Max., Tagebuch v. Tscherkeszköi. Zusammengeräubert von e. Achttägig-Unfreiwilligen. 8. (48 S.) Berlin 891. H. Lazarus. n. — 80

Kraemer, Maximilianus: Res libraria cadentis antiquitatis Ausonii et Apollinaris Sidonii exemplis illustratur. Marpurgi Cattorum 1909: Koch. 74 S. 8°
Marburg, Phil. Diss. v. 21. Okt. 1909, Ref. Birt
[Geb. 1. Febr. 86 Wiesbaden; Wohnort: Marburg; Staatsangeh.: Preußen; Vorbildung: Gymn. Wiesbaden Reife O. 05; Studium: Heidelberg 1, München 2, Berlin 1, Marburg 5 S.; Rig. 16. Juni 09.] [U 10. 3369

Krämer, Max. Otto

— Anweisung zum Lesenlehren nach vorstehendem Lesebuche, besonders für Lehrer zahlreicher Classen in Stadt- u. Landschulen. gr. 8. Leipzig 836. Schreck. 1/6 ₰

Krämer, Max. Otto, Lesebuch für Anfänger. gr. 8. Leipzig 836. Schreck. 1/12 ₰ — 2r Abschnitt. gr. 8. Ebd. 836. 5 ℊ

Krämer, Max. Otto, Original-Werk über einen ganz neuen Unterrichtsgang. Ein Buch f. jeden Gebildeten. 1. Hft. 8. (5¼ B.) Leipzig 844. (Friese.) *

— dass. 2. u. 3. Hft. 8. 846. [2. (8½ B.) 3. (12¼ B.) à * 10 Ngr.] Ebds. *

Krämer Michel, der z e. schwäbisch Lied (v. Sam. Fr. Sautter). ...

Krämer, P., **Gallerie englischer Dichter. Photographien nach Orig.-Cartons. 2 Serien. 8. (à 12 Bl.) München 877, Bruckmann's Verlag. à Serie in Leinw.-Mappe Einzelne Blätter à**

Kraemer, Paul: **Beitrag zum Problem der Porträtdarstellung.** Eine aesthetische Studie. *Gernrode (Harz) 1900: H. Klöppel.* (46 S.) 8°
Jena, Phil. Diss. v. 1900

Die **Blasen-** und Harnleiden, deren Entstehung, Verhütung, Behandlung u. Heilung gemeinverständl. dargest. von Dr. **Paul Kraemer,** Arzt in Asbach. *Berlin: Deutscher Verl. [1902].* (55 S.) 8° [02. 12791

Haarausfall, Haar- und Bartkrankheiten, sowie vorzeitiges Ergrauen, deren Entstehung, Verhütung u. Behandlung gemeinverständl. dargest. von Dr. med. Paul **Kraemer**, pr. Arzt. *Berlin: Deutscher Verl. [1904].* (68 S.) 8° [F.] [04. [illegible]

Kraemer, Paul [aus Uckerath]: Aus d. med. Klinik zu Bonn. Über die von Rosenbach beschriebene Harnreaktion. . . . Bonn, Buch- u. Steindr. Joseph Bach Wwe., 1890; 32 S. + 2 Bl. 8°
Bonn, Med. Fak., Inaug.-Diss. v. [19. Mai] 1890

— die Krankheiten der Nieren, ihre Entstehung, Verhütung, Behandlung u. Heilung gemeinverständlich dargestellt. 8. (55 S.) Ebd. (902). — 90

Die Krankheiten der Nieren, ihre Entstehung, Verhütung, Behandlung u. Heilung, gemeinverständl. dargest. von Dr. Paul **Kraemer**, prakt. Arzt in Asbach. *Berlin: Deutscher Verl. [1903].* (55 S.) 8° [F.] [04. [illegible]

Die Nervenschwäche und Hysterie, ihre Entstehung, Verhütung u. Behandlung. Gemeinverständl. dargest. von Dr. Paul **Kraemer**, pr. Arzt. *Berlin: Deutscher Verl. [1904].* (140 S.) 8° [F.] [04. [illegible]

Kraemer, Paul, Schärfe der Gallen- und Blutfarbstoff-Reactionen im Harn. Diss. Würzburg 1887, Stahelsche Univ.-Buchh. 8°. 20 S.

Skrofeln und Englische Krankheit, deren Entstehung, Verhütung, Behandlung u. Heilung, gemeinverständl. dargest. von Dr. Paul **Kraemer**, prakt. Arzt. *Berlin: Deutscher Verl. [1903].* (72 S.) 8° [F.] [04. [illegible]

Krämer, Ph.

—— practische Tabelle für die Werth-Berechnung von Grundstücken im Preise von fl. 5 bis fl. 300,000 pro Morgen, nach altem und neuem Flächenmaasse sowie nach süddeutscher und neuer deutscher Reichswährung, für Besitzer, Käufer und Verkäufer von Grundstücken etc. im Grossherzogthum Baden. Autogr. Tabelle. Imp.-Fol. Heidelberg 878, Gebr. v. Schenk. *

Krämer, Ph., practische Tabelle für die Werth-Berechnung von Grundstücken im Preise von Mark 5—10000 pro Hectare, nach neuem Flächen-Maasse und neuer deutscher Reichswährung, für Besitzer, Käufer und Verkäufer von Liegenschaften, zum Gebrauche in Staats-, Gemeinde- und Privat-Kanzleien, mit einer Tabelle zur Umrechnung der alten, in verschiedenen deutschen Ländern gebräuchlich gewesenen Flächen- etc. Maasse in Meter-Maass. Autogr. Tabelle in qu. gr. Fol. Heidelberg 878, Gebr. v. Schenk. *

Kraemer, Richard: Die Bedeutung der Gottesgemeinschaft für das sittliche Leben nach der Lehre des Paulus. Greifswald 1909: Abel. IV, 103 S. 8° ¶ (Ersch. auch als Buch in d. Buchh. d. Erziehungsvereins, Neukirchen.)
Greifswald, Theol. Diss. v. 18. Juni 1909, Ref. Haußleiter
[Geb. 16. Apr. 85 Kirchen; Wohnort: Greifswald; Staatsangeh.: Preußen; Vorbildung: Gymn. Barmen Reife O. 04; Studium: Tübingen 1, Erlangen 3, Greifswald 2 S.; Rig. 30. März 09.] [U 09. 1438

Die Bedeutung der Gottesgemeinschaft für das sittliche Leben nach der Lehre des Paulus. Von Richard **Kraemer**. Neukirchen, Kr. Mörs: Erziehungsverein [1909]. 103 S. 8° [10. 6124 5

Kraemer, Rich., am Ostseestrande. Unsern Bibelkränzchen an höheren Schulen u. deren Freunden gewidmet. (16 S. m. Abbildgn.) kl. 8. Berlin (906). Buchh. des ostdeutschen Jünglingsbundes. n. — 15

Kraemer, Rob. v., zwei Dichtungen. (Nordens Natur. — Südfrüchte.) Aus dem Schwed. von Ida Meves geb. Lappe. 16. (212 S.) Berlin 856, Allgemeine deutsche Verlags-Anstalt. *

Mosquitia und die Kolonie Neu-Dortmund. E. Vorstellg an d. Kolonialfreunde u. Auswanderer v. Robert **Kraemer**, Dortmund. *Dortmund: F. W. Ruhfus 1896.* (21 S.) 1 Bd 8. [96. [illegible]

Kraemer, Rud., s.: Industrie-Adressbuch, deutsches.

Krämer, Rudolf, a. Freiberg i. S.: Kleinasiatische Smirgelvorkommnisse. Mit 1 Karte. Berlin: R. Trenkel 1907. (62 S.) 8°
Leipzig, Phil. Fak., Ref. Zirkel-Credner, Diss. v. 17. Okt. 1907
[Geb. 10. Dez. 83 Freiberg i. S.; Wohnort: Freiberg; Staatsangeh.: Sachsen; Vorbildung: Realgymn. Freiberg Reife M. 03; Studium: Leipzig 6 S.; Rig. 17. Jan. 07.]

— Kleinasiatische Smirgelvorkommnisse. Mit e. Karte. (Diss.) (60 S.) gr. 8. Berlin 907. R. Trenkel. 2. —

Krämer, S[alo], appr. Arzt a. Mönchsroth (Mittelfr.): Ein Fall von akquirierter Atresie des unteren Teils des Uterus und der oberen Partie der Cervix mit Hämatometra. München 1907: C. Wolf & Sohn. (36 S.) 8°
München, Med. Fak., Ref. v. Winckel, Diss. v. 9. März 1908
[Geb. 18. Juli 79 Mönchsroth; Wohnort: Mönchsroth; Staatsangeh.: Bayern; Vorbildung: Luitpold-Gymn. München Reife Juli 00; Studium: München 12 S.; Coll. 9. März 08; Approb. 5. Nov. 07.]

Krämer, Sim., Bilder aus d. jüdischen Volksleben. gr. 8. ($8^{7}/_{8}$ B.) Altenmuhr 845. (Nördlingen, Beck'sche Buchh.) *

Krämer, Sim. (Lehrer), Bilder aus dem jüdischen Volksleben. Altenmuhr (Mittelfranken), 1845. Im Verlage d. Vf. Gedr. bei Jos. Hirschbaum in Pappenheim. 8°. Saub. Hsrsb.
IV S., 2 Bll., 128 S., 3 Bll. 1. Das Erziehungs-Institut zu Steifenau. 2. Götz Silber. 3. Der Schebuoth-Kranz.

Krämer, Sim., jüdische Erzählungen. 8. (IV und 141 S.) Nürnberg 851, v. Ebnersche Buchh. *

— allgem. deutsches Gebetbuch f. d. Hausandacht d. Israeliten, s. Dessauer, J. H.

—— מצערי נבר od.: Hofagent Maier, der Jude des 19. Jahrh. Eine Volksschrift für Israeliten. 16. ($10^{3}/_{4}$ B.) Nördlingen 844, Beck'sche Buchh.

Krämer, Simon, תולדות משפה יחוקהאל האר אכה oder die Schicksale der Familie Hoch. Ein Lesebuch zunächst für das jüdische Volk und seine reifere Jugend. gr. 12. Dinkelsbühl 839. Walther. 1/3 Thlr.

Krämer, Stefan [aus Ebern in Unterfranken]: Ueber Scheidenverengerung als Complikation der Geburt . . . . München, J. Krämer, Buchdr., 1887; 21 S. 8°
Würzburg, Med. Fak., Inaug.-Diss. v. 1887

Krämer, Th., Lehrbuch der Zuschneide- und Bearbeitungskunst für Klempner, s. Schule, die, des Handwerkers.

Kraemer, Theodor, über Nitro- und Amido-Derivate des Chinolin's. Diss. Freiburg i. B. 1885, Fr. Wagnersche Univ.-Buchh. 8°. 49 S.

Kraemer, W., Gesetz betr. die Erhebung von Reichsstempel-Abgaben, nebst den Ausführungsvorschriften und Erhebungsbestimmungen. Mit vielen Anmerkungen, Erläuterungen, Marginalinhalt und einem ausführl., alphabetisch-geordneten Sachregister, sowie vielen Tabellen ꝛc. hrsg. gr. 8. (XIV, 77 S.) Breslau 885, Woywod. cart. * 1 80

Krämer, W.: Hesiodi quae feruntur Theogonia et Opera inter se comparata. 10 S. – Progr. Breslau Kath. G. 1852.

Kraemer, W., s. Skonietzki.

Kraemer, Wilhelm: Der Anteil des persönlich haftenden Gesellschafters am Vermögen einer Kommanditgesellschaft auf Aktien. *Berlin 1897: A. W. Schade.* (74 S.) 8°
Göttingen, Jur. Diss. v. [10. Aug.] 1897

Krämer, Wilh., s. Spruchmagazin.

Krämer, Wilh., Spruch-Magazin, üb. 1500 der schönsten, originellsten u. sinnigsten Wandsprüche, Inschriften, Devisen u. Toaste f. Decorations-, Stuben- u. Porzellan-Maler, Anstreicher, Lackirer, Tüncher, Weissbinder, Architecten, Baumeister, Bildhauer, Hôtel-, Restaurations- u. Hausbesitzer, Vereine, Fahnen-, Porzellan-Fabriken u. Töpfereien. 2. Aufl. 8. (VII, 248 S.) Bonn 889. (Leipzig, Jüstel & Göttel.) n.n. 2.50

Krämer, Wilh., Spruch-Magazin. 2300 der schönsten, originellsten u. sinnigsten Wandsprüche u. Inschriften f. Dekorationsmaler, Architekten, Baumeister u. verwandte Gewerbe, Hotel-, Restaurations- u. Hausbesitzer, Handwerker, Vereine, Fahnen- u. Porzellan-Fabriken u. s. w. 3. bedeutend verm., v. der Verlagsbuchhandlg. besorgte Aufl. 8. (XIV, 316 S.) Leipzig (901). Jüstel & Göttel. n. 3.50

Krämer, Wilh., über die sittliche Werthschätzung menschlicher Größe. Vortrag gehalten am 29. Mai 1869. gr. 16. (29 S.) Gera 870, Strebel. — 75

Kraemer, Wilh., Zivilprozeßordnung u. Gerichtsverfassungsgesetz f. das Deutsche Reich, s.: Stoniezki, Rich. u. M. Gelpcke.

Kraemer, Willy: Die politische Wirksamkeit Karl Theodor Welckers in den Jahren 1813—1819. Frankfurt a. M. 1909: Gätje. 172, IX S. 8°
Freiburg i. B., Phil. Diss. v. 1909, Ref. Meinecke
[Geb. 21. Jan. 85 Frankfurt a. M.; Wohnort: Frankfurt a. M.; Staatsangeh.: Preußen; Vorbildung: Lessing-Gymn. Frankfurt a. M. Reife O. 03; Studium: Marburg 3, Straßburg 3, Marburg 3, Frankfurt Akad. f. Soz.- u. Handelswiss. 2 S.; Rig. 9. Dez. 08.] [U 09. 1021

Krämerdütchen. Eine Wochenschrift . . . Leipzig 1775—76. H: *Piper, Theophilus Coelestinus.* (MGT) (Ky) (GGr)

Krämerdütchen; e. Wochenschrift (v. Th. Cöl. Piper). 4 Packchen. 8. Leipz. 775 u. 76. (Wittekind in Eisenach). 1 ₰ 12 ʛ

* KRÄMERDÜTCHEN. Eine Wochenschrift, hrsg. von Theophilus Coelestinus Piper. Packet 1—3. (Cplt.) Leipzig 1775 bis 76. 8°.
Stellenw. derb und frei. Sehr selten, wie das folgende.

KRÄMERDÜTCHEN, Pommersches. No. 1—35. (5. Januar bis 28. Sept. 1775). Stralsund 1775. 8°. (20 Mk. Bibliogr. Bureau, Berlin, 1894.)
Soviel erschienen. Ueber dieses nahezu unbekannte Curiosum cfr. Mohnike, Gesch. der Buchdruckerei in Stralsund. S. 35.

Krämerzwist, der, in Fehdingen. Posse in 2 Aufz. nach Langbein's Roman: Franz u. Rosalie, frey bearbeitet von C. Lebrün. 8. Mainz, Kupferberg. 816.

Kramerius, J., die leibliche Erziehung der Jugend vom Standpunkt der Hygiene. gr. 8. (43 S.) Czernowitz 887, Pardini. * — 90

Kramerius, J., vier Hilfstafeln zur Selbstbereitg. d. Weine aus Obst- u. Beerenfrüchten. E. Anleitg. f. d. Hausgebrauch m. zahlr. Rechenbeispielen. gr. 8. (IV, 94 S.) Czernowitz 897. H. Pardini. n. 1.25

—— Repertorium aus Geometrie und Mechanik für Eleven und Abiturienten der Bauschulen. 8. (173 S. mit Fig.) Wien 887, Pichler's Wwe. und Sohn. * 2 40
geb. * 2 80

Kramerius, J., Repetitorium aus Geometrie u. Mechanik f. baugewerbliche Schulen u. die Baupraxis. 2. Aufl. 12. (173 S. m. Abbildgn. u. 1 Taf.) Wien 891. A. Pichler's Wwe. & Sohn. n. 1.60; geb. in Leinw. n. 2. —

Kramerius Jaroslav: Die Fortschritte der Nationalökonomie seit Adam Smith v. Maurice Block. Autorisierte Übersetzung '23. Czernowitz St. G. Sch. 98.
Prag.

Kramerius, M., s. Kramerius, W. R.

Kramerius, W. R.

Kramerius W. Das gelbe Mandel oder Riesen-Stelzfuß. Original-Zaubermärchen. 8. (60 S.) Neuhaus, A. J. Landfraß, 1853.

Kramerius, W. R., das gelbe Mandel, oder der Riese Stelzfuß. Original-Zaubermärchen. 4. Aufl. Neuhaus 863. Landfraß & Sohn. 8. (64 S. mit Bildern.) n. 2 ngr.

Kramerius, M., Prinzessin Nimmersatt, oder: Die drei Wundergeschenke. Der Zauberbeutel, Zaubermantel u. Zauberdegen. Original-Feenmärchen. Neuhaus 863. Landfraß & Sohn. 8. (100 S. mit Bildern.) n. 4 ngr.

Kramerius, W. R. — Gräfin Perchta von Rosenberg, oder: Die weiße Frau zu Neuhaus. Sage der Vorzeit mit Beziehung auf ähnliche Erscheinungen zu Plassenburg, Cleve, Berlin und Baden. Von — —. 8. (X, 128 S.) Neuhaus. Druck und Verlag von Alois Jos. Landfraß. 1853.

—— der dankbare Sclave, oder der edle Menschenfreund. Nach einer italien. Geschichte bearb. 8. (50 S.) Neuhaus 865, Landfraß und Sohn. *

Krameyer, C., die Bekämpfung der Schadenfeuer. Taktische Regeln f. die Brandstelle. 8. (VIII, 83 S.) Berlin 891. Springer. cart. n. 1. —

Die Bekämpfung der Schadenfeuer. Takt. Regeln f. d. Brandstelle von C. Krameyer, Feuerlöschinsp. 3. Aufl. *Berlin: J. Springer 1904.* (VI, 87 S.) 8° [F.] [04. 9446

[F.] Die Organisation der Feuerwehren. E. Anleitg z. Errichtg derselben v. C. Krameyer, Feuerlöschinsp. d. Prov. Sachsen ... M. 32 in d. Text gedr. Abb. *Berlin: J. Springer 1897.* (VIII, 263 S.) 1 Bd 8. [97. 3818

Kramfall, Emil, Musterschreibheft mit Vorschriften. Hilfsmittel zur Erlernung d. Faulmann'schen Systems d. Stenogr. 12. (32 S.) Wien. Bermann & Altmann 20 kr. 1885 B. 3584

Kramm, E. H., das Evangelium St. Marci nach der deutschen Uebersetzung Dr. Martin Luthers kurz erklärt und ausgelegt. gr. 8. (74 S.) Langensalza 868, Beltz. — 75

Kramm, E. H., Dr. Martin Luther's kleiner Katechismus zergliedert und erläutert durch kurze einfältige Fragen und Antworten, mit Hinweisung auf die passendsten Bibelsprüche, bibl. Beispiele und die wichtigsten Kirchenlieder nebst einigen Gebeten für Schulmeister, Hausväter und die liebe Jugend in Stadt und Land. 8. (VII und 256 S. mit 1 Lithogr.) Langensalza 855(56,) Schulbuchhandlung des thüringer Lehrer-Vereins.

Kramm, C. H., Dr. Mart. Luthers kleiner Katechismus zergliedert und erläutert durch kurze einfältige Fragen und Antworten, mit Hinweisung auf die passendsten Bibelsprüche, bibl. Beispiele und die wichtigsten Kirchenlieder nebst einigen Gebeten für Schulmeister, Hausväter und die liebe Jugend in Stadt und Land. 2. Aufl. 1857. 15 Ngr. und 3., verb. und verm. Aufl. 8. (VIII und 352 S. mit lithogr. Portr. Luthers.) Langensalza 859, [Schulbuchhandlung von Greßler.]

—— Dr. Mart. Luther's kleiner Katechismus zergliedert und erneuert durch kurze einfältige Fragen und Antworten, mit Hinweisung auf die passendsten Bibelsprüche, bibl. Beispiele und die wichtigsten Kirchenlieder nebst einigen Gebeten für Schulmeister, Hausväter und die liebe Jugend in Stadt und Land. 4., verb. und verm. Aufl. 8. (VIII und 352 S. mit lithogr. Portr. Luther's.) Langensalza 862, Schulbuchh. von Greßler. *

— Dr. Mart. Luthers kleiner Katechismus zergliedert u. erläutert durch kurze einfältige Fragen u. Antworten, mit Hinweisung auf die passendsten Bibelsprüche, biblischen Beispiele u. die wichtigsten Kinderlieder nebst einigen Gebeten für Schulmeister, Hausväter u. die liebe Jugend in Stadt u. Land. 5., verm. u. verb. Aufl. Ebend. 869. 8. (VIII, 356 S. mit 1 Steintaf.) 18 ngr.

Kramm, C. H., Dr. Martin Luthers kleiner Katechismus zergliedert und erläutert durch kurze einfältige Fragen und Antworten, mit Hinweisung auf die passendsten Bibelsprüche, biblischen Beispiele und die wichtigsten Kirchenlieder nebst einigen Gebeten für Schulmeister, Hausväter und die liebe Jugend in Stadt und Land. 6. verm. und verb. Aufl. 8. (VIII, 356 S. mit 1 Stnt.) Langensalza 874, Schulbuchh. von Greßler.

—— Dr. Martin Luthers kleiner Katechismus, zergliedert und erläutert durch kurze einfält. Fragen und Antworten, mit Hinweisung auf die passendsten Bibelsprüche, bibl. Beispiele und die wichtigsten Kirchenlieder, nebst einigen Gebeten für Schulmeister, Hausväter und die liebe Jugend in Stadt und Land. 7. verb. Aufl. 8. (VIII, 356 S. mit lithogr. Portr.) Ebendas. 884.

—— christliche Kinderlehre in Frag und Antwort nach Dr Mart. Luthers kleinem Katechismus für die Volksschule bearb 8. (138 S.) Neu-Ruppin 859, Bergemann. * 5 Ngr.; geb.

Kramm, C. H., christliche Kinderlehre in Frag und Antwort nach Dr. Mart. Luther's kleinem Katechismus für die Volksschule bearb. 2. Aufl. 1863. und 3. Aufl. 8. (136 S.) Langensalza 867, Schulbuchh. von Greßler. *

—— christliche Kinderlehre in Frag und Antwort nach Dr. Mart. Luthers kleinem Katechismus für die Volksschule bearb. 4. Aufl. (136 S.) Ebendas. 871. * — 50

Kramm, C. H., christliche Kinderlehre in Frag und Antwort nach Dr. Martin Luthers kleinem Katechismus für die Volksschule bearb. 6. und 7. Aufl. 8. (144 S.) Langensalza 880,84, Schulbuchh. von Greßler. *

Kramm, C. H. Christliche Kinderlehre in Frage u. Antwort nach Dr. Martin Luthers kleinem Katechismus f. die Volksschule bearb. 8. Aufl. 8. (144 S.) Langensalza 889, Schulbuchh. * — 50; geb. * — 60

—— vollständiges Schul-Gebetbuch, s. Schul-Gebetbuch.

Kramm, *Emil* [Dir. Dr.]: Antrittsworte. Saarlouis, Druck v. F. Stein Nachf., 1896; 16—18 S. 4.
Saarlouis, PG, P 1896 (468)

Kramm, Emil [Dr.]: Meister Eckehart im Lichte der Denifle'schen Funde. Bonn, Univ.-Buchdr. v. C. Georgi, 1889; S. 1—24; 4°
Bonn, k. G, OP 1889 (400)

Kramm, [Emil], Dir. Dr.: Die Feier der Einweihung des neuen Schulhauses. ([Umschlagt.:] . . . Im Zusammenhang hiermit der Umriss der Geschichte der Anstalt.) *Saarlouis 1899: F. Stein Nachf.* (S. 4—22.) 4°
Saarlouis, PG, P 1899 (490)

Kramm, Aemilius: De ideis Platonis a Lotzei iudicio defensis. Halae 1879: (Societas typographica in Fulda). 54 S. 8°
Halle-Wittenberg, Phil. Diss. v. 27. Febr 1879
Geb. Fulda 23. 4. 1853. V.

Kramm, [Emil]: Rede zum 22. März 1897. *Saarlouis 1898: F. Stein Nachf.* (3—8 S.) 4°
Saarlouis, PG, P 1898 (484)

Gedächtnisrede für die Gefallenen S.M.S. Gneisenau, geh. an d. Bahre d. Kapitäns z. See Kretschmann zu Malaga 1900 von Marinepfarrer [Franz] **Kramm.** Wilhelmshaven: Lohse 1901. 4 Bl. 8° [illegible] 10

Kramm, Rede am Königs-Geburtstag den 22. März 1878. Der evangel. Militär-Gemeinde zu Neisse gewidmet. gr. 8. (10 S.) Neisse 878, Graveur. *

—— Rede am Königs-Geburtstag den 22. März 1879. gr. 8. (11 S.) Ebendas. 879. *

Kramm, Frz., über Konrads von Heimesfurt Sprache [Laut- und Formenlehre] und Verskunst. Seine „Himmelfahrt Mariae" im Verhältniss zu ihrer Quelle. gr. 8. (80 S.) Strassburg 883, Trübner. *

Kramm, William [aus Tempelburg]: Ueber die physiologische Wirkung des Hydrohydrastininum hydrochloricum ... Berlin, gedr. bei L. Schumacher, 1893; 38 S., 1 Bl. 8.
Berlin, Med. Fak., Inaug.-Diss. v. 14. Aug. 1893

Krammer, s.a. Krahmer, Kramer

Kramme u. Haas, die Jagdkommandos der Infanterie. Mit 8 Kartenskizzen im Text. (IX, 73 S.) 8. [illegible]
903. E. S. Mittler & Sohn. [illegible]

Krammer, C. A., s. Kramer, K. A.

Krammer, Frz., von der alleinseligmachenden katholischen Kirche und von dem Ursprunge der neumodischen Katholicität. In 6 Thln. Aus dem Latein. übersetzt und mit Zusätzen verm. von Ant. Jos. Binterim und Jak. Deby. 1. Thl.: Einleitung. gr. 8. (VIII und 103 S.) Düsseldorf 851, Engels und Lensch.

—— dass. — 2. Thl. gr. 8. (128 S.) Ebds. 852.

Krammer, Frz., von der alleinseligmachenden katholischen Kirche. Aus dem Latein. übers. und mit Zusätzen verm. von Ant. Jos. Binterim und Jak. Deby. 3. und 4. (letzter) Thl. gr. 8. Düsseldorf, Engels und Lensch. [3. (228 S.) 854. 21½ Ngr., 4. (156 S.) 856(57,) 15 Ngr.]
1. und 2. Thl. Ebendas. 1851—52. 22½ Ngr.

Krammer, Frz., von der alleinseligmachenden katholischen Kirche. Aus dem Latein. übers. u. mit Zusätzen verm. von Ant. Jos. Binterim u. Jac. Deby. 4 Thle. Neue billige (Titel-)Ausg. Düsseldorf (851—57)865. Kampmann. (VIII, 615 S.) 22½ ngr.

Krammer, Frdr., Gesetze f. Bezirksvertretungen rc. f. das Herzogth. Steiermark, — Gesetze üb. die Reichs- u. Landesvertretung, — Gesetze u. Verordnungen f. Volks- u. Mittelschulen, — die steiermärkischen Städte-Statuten, } s.: Sammlung von Landesgesetzen.

Krammer's, Gabr., Architectura v. den fünf Säulen sambt ihren Ornamenten u. Zierden aus dem J. 1600. Facs.-Ausg. m. dem vollständ. Text. Fol. (28 Taf. u. Titelbl. in Lichtdr. m. 10 S. Text.) Frankfurt a/M. 895. H. Keller. n. 30. —

Krammer, M., s. Kramer, Matthias

Krammer, Mario

Krammer, Marius, s.: Determinatio compendiosa de iurisdictione imperii.

Krammer, Mario, zur Entstehung der lex Salica. (71 S.) Lex. 8. Weimar 910. H. Böhlau's Nachf. 2. 40
Sonderabdruck aus: „Festschr., Heinr. Brunner z. 70. Geburtstag dargebr."

— Der Reichsgedanke des staufischen Kaiserhauses, s. a. Untersuchungen zur deutschen Staats- u. Rechtsgeschichte.

Der Reichsgedanke des staufischen Kaiserhauses. Ein Beitrag z. Staats- u. Geistesgeschichte d. Mittelalters von Dr. Mario **Krammer**. Breslau M. & H. Marcus 1908. (84 S.) 8°
— Untersuchungen z. Deutschen Staats- u. Rechtsgeschichte. H. 95.

Krammer, Mario, aus Berlin: **Rechtsgeschichte des Kurfürstenkollegs** bis zum Ausgange Karls IV. Kap. 1: Der Einfluß des Papsttums auf die deutsche Königswahl. *Breslau: M. & H. Marcus 1903.* (46 S.) 8° ¶ (Erscheint vollst. in: Untersuchungen zur Staats- u. Rechtsgeschichte.)
Berlin, Phil. Diss. v. 14. Febr. 1903

Krammer, Mario, Wahl u. Einsetzung des deutschen Königs im Verhältnis zu einander, s. a. Quellen u. Studien zur Verfassungsgeschichte des Deutschen Reiches in Mittelalter u. Neuzeit. I. 2.

Wahl und Einsetzung des Deutschen Königs im Verhältnis zu einander. Von Dr. Mario **Krammer**. Weimar: H. Böhlaus Nachf. 1905. (XIII, 112 S.) 8° [F.]
Ein T. erschien u. d. T.: Rechtsgeschichte d. Kurfürstenkollegs als Inaug.-Diss. Berlin 1903.
— **Quellen** u. Studien z. Verfassungsgeschichte d. Deutschen Reiches in Mittelalter u. Neuzeit. Bd 1, H. 2.

KRAMMER, Martin (Landshut): De blepharitide chatarrhosa. (Titel nach der Urkunde) 5.1.1829 - Urk; F 59
Diss. Ingolst.-Landsh.-Mchn.

Krammer, Mich., Betrachtt. über d. Leidensgesch. Jesu Christi am Oelberge. 1r Thl. gr. 8. Prag 781. Mangold. 22 K

— Samml. einiger Lob- u. Sittenreden. gr. 8. Prag 779. Mangold. 1 ℔

— Samml. heil. Reden über wichtige Wahrheiten d. sonntägl. Evangelien. 1r Bd. 1r, 2r Theil u. 2r Bd. 1r Thl. gr. 8. Prag 774—77. N. A. 780. Mangold. 4 ℔

Krammer, Ph., Beantwortung der freimüthigen Aeußerung d. Herrn W. Kaukel, Hof- u. Präsidialkanzellisten d. k. k. Hofkammer, welche über meine, gegen d. allgemeine Wittwen-Pensions-Anstalt in Wien aufgeworfenen Bedenklichkeiten in d. Wanderer No. 348, 349, 351 u. 353 vom Jahre 1823 eingerückt wurde. 8. Brünn 824. Traßler. 5 K

Krammer, Ph., Ueber die Berechnungen bei Wittwenanstalten. 8⁰. Brünn, Trassler, 1818.

— Erklär. über d. Randglossen d. Hrn. Leop. Kaukel zu d. herausg. Beleuchtung s. Ansichten üb. d. zweckm. Errichtung d. Wittwen- u. Waisen-Pensions-Institute. 8. Brünn 827. Traßler. 3 K

— Noch einiges über die Wittwenanstalten, besonders in der Preuss. Monarchie. 8⁰. Brünn, Trassler, 1825.

Krammer, Ph. — Noch einiges über die Wittwen-Anstalten, besonders in der östreichischen Monarchie; zur Beleuchtung und Würdigung der kurzen Noten, die Herr Leopold Kaukel in den Wanderer Nro. 194. und 196. 1826 einrücken liefs, und der Ansichten desselben Verfassers über die zweckmäfsige Einrichtung der Wittwen-Anstalten.
(Aus den Mittheilungen der k. k. mährisch-schlesischen Gesellschaft p. p. besonders abgedruckt.) *Brünn, Trafsler.*
.10 2.6

— Ueber die Wittwenanstalten in der österreichischen Monarchie, besonders die, welche in Prag im Jahre 1804 und zu Wien 1823 gegründet worden. 8⁰. Brünn, Trassler, 1824.

Kraemmer, Elias, fröhliche Bürger, s.: **Universal-Bibliothek.**
— **Väter der Stadt,**

KRAMMERLADEN (I), Historischer mit allerley Zeugfall. 1728. 12⁰.
So im Wiener Cat. verbotener Bücher, 1774. — Sehr rar!

KRAMMERLAUFF, IGN(ATIUS): Die auf Erden schon englische und zugleich heilsamste Erz-Versammlung unter dem hohen Ehren-Titul der Allerheiligsten Dreyfaltigkeit, das ist: Lob-, Ehr- und Trost-Rede, welche an dem Hoch-feyerlichen Titular-Fest des Ordens der Allerheiligsten Dreyfaltigkeit von Erlösung der gefangenen Christen in dessen Ordens-Kirche zu Klein Marie-Zell bey Alt-Ofen in dem Jahre 1766. den 25. May vor einer zahlreichen Gegenwart der hochlöbl. Englischen Erz-Bruderschaft erwehnten Ordens da Sie ihre Würdens-Wahlen bestättiget und vollbracht. Ofen (1766). Gedruckt bey Leopold Franz Landerer. 8 S. - kl. 4°

Krammetsvogel, der, u. sein Fang. Vom Jäger Unverdrossen. Mit Abbildgn. v. C. Schulze. gr. 8. (117 S.) Neudamm 900. J. Neumann. n. 1. 60; geb. n. 2. 50

Kramolling, Hugo T. D., siehe: Musik, die, als Heilmittel.

Kramp, Christian

Kramp, Chr., Analyse des réfractions astronomiques et terrestres. 4maj. Strassb. u. Leipz. 799. Schwickert. 2 ℔

— fractionum Wallisianarum analysis. 8maj. Erf. 799. (Otto). 3 K

— Anfangsgründe d. Rechenkunst. 8. Cöln, Friederici.

— Arithmetik. 8. Cöln 808. Rommerskirchen. 16 K

— Arithmétique universelle ou l'Algèbre. gr. 8. Cöln 808. Rommerskirchen. 1 ℔ 15 K

— élémens de Géometrie. Avec fig. gr. 8. Cöln 808. Rommerskirchen. 1 ℔ 12 K

— les équations de nombres. 8. ... 822.

— Fieberlehre, nach mechan. Grundsätzen. 8. Heidelb. 794. Braun. 20 K

Kramp, Christian: Fieberlehre nach mechanischen Grundsäzzen. 350 S., gbd.

Heidelberg: Pfähler 1794

JB 2.327

— Geschichte der Aerostatik, s.a. Geschichte.

Chr. Kramp Geschichte der Aërostatik, historisch, physisch und mathematisch ausgeführt. Strasburg 1783. 8. 2 Bde. — Anhang zu der Geschichte der Aërostatik. Strasburg 1786. 8.

Kramp, Christian: Geschichte der Aerostatik, historisch, physisch und mathematisch ausgeführt. ([Verf.:] Christian Kramp.) Th. 2. Strasburg: Akadem. Buchh. 1784. 8°

(Kramp C.): Geschichte d. Aerostatik, histor., phys. u. mathem. ausgeführt. 2 Th. Strasb. 1784. 9 Tvl. 2 Portr.
— — Anhang (o. m. Særtit.). Sst. 1786. 151 S.
— — Beylage (v. Rosenthal). Gotha 1785. 49 S. P.

— Geometrie. Cöln, Rommerskirchen.

— Kritik d. prakt. Arzneikunde. gr. 8. Leipz. 795. Kühn. 2 ℛ

Kramp, Christian: Kritik der praktischen Arzneikunde mit Rüksicht auf die Geschichte derselben und ihre neuern Lehrgebäude. 699 S., gbd.

Leipzig: Schäfer 1795

JB 2.328

— Krystallographie d. Mineralreichs, Bekkerhin.

KRAMP Christian. Kristallographie des Mineralreiches. Wien 1793.

— S. Lehrsatz, der polynomische.

Kramp, Christian (Übers.u.Comm.):

s.: Sacombe, (Jean Francois): Der Arzt als Geburtshelfer. (Le Médecin accoucheur... Dt.) Elberfeld: 1797

JB 3.824

— de vi vitali arteriarum Diatribe. Addita nova de febrium indole generali conjectura. 8maj. Strassb. 780. König. (Hinrichs in Leipz.) 8 ℛ

— die Zahlengleichungen. Aus d. Französ. mit Erläuterungen u. Beispielen v. W. Reckum. gr. 8. Altenb. 825. Liter. Compt. 8 ℛ

Kramp, D., s. Kramp, Christian

Kramp, H., der deutsche Unterricht an kaufmännischen Fortbildungsschulen u. die notwendige Zugrundelegung e. Lesebuchs, s.a. Abhandlungen, pädagogische. XII, 9.

Der deutsche Unterricht an kaufmännischen Fortbildungsschulen und die notwendige Zugrundlegung eines Lesebuchs. Von H. Kramp, (Crefeld). Bielefeld: A. Helmich [1907]. (9 S.) 8° [Umschlagt. F.]
— Abhandlungen, Pädagogische. N. F. Bd 12, H. 9, [1.] 08. 7106

Krampe, Aloys., de dialecto laconica. Dissertatio philologica. Münster 867. Niemann. gr. 8. (71 S.) n. 10 ngr.

Krampe, F., des Mägbleins Liedergarten. Eine Sammlung von Gedichten für Mädchen im Alter bis zu 10 Jahren. Für Schule u. Haus bearb. Berlin 866. J. A. Wohlgemuth. 8. (XVI, 222 S.) 15 ngr.

— — 2. Aufl. Ebend. 870. gr. 16. (XVII, 222 S.) n. 10 ngr.; cart. n. 12½ ngr.

Krampe, Wilhelm, Die Anfänge des Turnens in Breslau, Breslau 1888, 28 S., 1 Bl., 8°.

Krampe, Wilhelm, Bericht über Versammlungen der Breslauer Turnlehrerinnen, Berlin 1883, 6 S., 8°.

Krampe, Wilhelm, u. and., Geschichte des Berliner Turnrats, nach d. Akten zsgest. u. als Festschr. z. 20jähr. Best. hrsg., Berlin 1877, 107 S., 8°.

Krampe, Wilh., die italien. Humanisten u. ihre Wirksamkeit f. d. Wiederbelebg. gymnast. Pädagogik. E. Beitrag z. allgem. Gesch. d. Jugenderziehg. u. d. Leibesübgn. gr. 8. (VIII, 247 S.) Breslau 895. W. G. Korn. n. 3. —

Krampe, Wilhelm: Das Mädchenturnen. Ein Wort z. Anregung u. Aufklärung an Eltern u. Erzieher. — Breslau: Morgenstern 1881. IV, 32 S. 8°

Krampe, W.: Turnbericht. Bericht über das Turnwesen (den Turnunterrichtsbetrieb) der Breslauer Schulen. Breslau. 1886—87, 1889—90, 1896—98, 1899—1900.

Krampe, Wilh., Turnliederbuch für Mädchen. Unter Mitwirkung Breslauer Turn-Lehrerinnen hrsg. 16. (XII, 94 S. mit dem Bilde Jahn's.) Breslau 888, Trewendt. geb. * — 50

(S) Krampe, W., Turnliederbuch. 888. Jetzt: Schweidnitz, L. Heege

Krampen, Hans Joach. v., was ist vornehm? Vom Herzens- u. gesellschaftl. Takt. Mit 8 Kunstblättern v. Walt. Eichberg. (VI, 477 S.) 8. Berlin-Gross-Lichterfelde (910). Berlin, Dr. P. Langenscheidt. 8.—; geb. in Leinw. 10.—; in Prachtbd. 12. —

Krampf, Adam [Dr., Subregens im bischöfl. Klerikalseminar zu Würzburg]: Der Urzustand des Menschen nach der Lehre des hl. Gregor von Nyssa. Eine dogmatisch-patristische Studie. . . . Würzburg, Druck u. Verl. v. F. X. Bucher, 1889; XVIII + 107 S. 8°
Würzburg, Theol. Fak., Inaug.-Diss. v. 1889

Krampfhusten, Der, der Kinder und seine sichern Heilmittel . . . Stuttgart 1846. V: *Müller.* (Ky)

Krampfhusten, d., d. Kinder u. seine sichern Heilmittel. In erläut. der Erfahrung entnommenen Beispielen 2c. Dargestellt v. ein. prakt. Arzte. (Müller.) gr. 8. (6¾ B.) Stuttgart 846, Hallberger'sche Vrlgsh.

Krampfhusten, der, der Kinder und seine sichern Heilmittel. In erläuternden der Erfahrung entnommenen Beispielen nebst einem Anhange über die Zubereitung, Form und Gabe der betreff. Arzneimittel, hauptsächlich für Laien, dargestellt von einem pract. Arzte. 2. (Titel-)Aufl. gr. 8. (IV und 102 S.) Stuttgart 851, Hallbergersche Vrlgsh.

Krampitz, F. W., Blüthen d. Erinnerung u. d. Phantasie aus d. schönsten Tagen d. Jünglings- u. Mannes-Alters. 2., verm. Aufl. 8. ($9^3/_8$ B.) Danzig 833, (Anhuth.)

— die Chariten. In drei Gesängen. 8. Danzig 827. (Ewert). 16 gGr (Anhuth). 1 ß 8 gGr

Krampitz, F. W., die Chariten. In 3 Ges. (Und: Elegische Gedichte.) Den Gebildeten u. Edeln d. schönen Geschlechtes gewidmet. gr. 12. (6 B.) Danzig 827, (Ewert.)

— Dichtungen. 8. Danzig 822. Ewert. 1 ß 12 gGr

— Entstehung der Blumen. Ein idyllisches Gemälde. Hierbei 12 lyr. Gedichte von demselben Verfasser. 8. Danzig 830. Ewert. 8 gGr

— poetische Erzählungen. 8. Danzig 820. Gerhard. 1 ß 4 gGr

Krampitz, F. W., Gedichte. gr. 8. Danz. 815. Krause. 1 ß Hbg. Pr. 18 gGr

— Gedichte, gr. 8, Danzig 815, ist jetzt Verlag von Kummer in Leipzig.

— Gnomen u. Epigramme, nebst andern Gedichten. 8. Danzig 832. Ewert. 16 gGr

— Kriegsgesänge. Den Helden gewidmet, welche für unser Vaterland gekämpft haben. Hierbei ein Sendschreiben über Homers Iliade, u. ein Fragment d. Biographie von demselben Verfasser. 3e verm. Aufl. 8. Danzig 829. Ewert. 1 ß

— Religion, Liebe u. Treue. Eine Samml. poet. Versuche. 8. Danz. 829. Ewert. 12 gGr

Krampitz, F. W., ernste und heitere Stunden, gefeiert in den neuesten Gedichten. 8. Danzig 837. Anhuth. $^3/_4$ ß

Krampl, Anton. Neuestes Lehrbuch der modernen Bekleidungskunst. Vollständige und leichtfassliche Anleitung für Damen etc. III. vermehrte u. verb. Aufl. *Klausenburg* 1858. *Ref. Kolegial-Buchdr.* 12 S. kl. 8°. Mit 12 lithogr. Taf. u. Tab.

Kramps, Joseph (Uedem/Rhld.), Nonnulla de ulcere ventriculi rotundo. Diss. med. Halle (Ploetz) 10. VI. 1864. 28 S. mit Biogr. (M.: A. Omes.) (5.50) 19279
Oppon.: Ferd. Beyer, Edm. Eichelberg. — Gew.: Joh. Heinr. Schoofs, Heinrich Kramps.

Krams, Wilh., System d. deutschen Stenographie v. Dr. Jul. Brauns, Hamburg. Vollst. Lehrgang d. Schul- u. Verkehrs-Kurzschrift. gr. 8. (II, 8 S.) Leipzig 898. J. H. Robolsky. n. — 20

Kramsall, Emil, Gabelsberger und Faulmann. Kritische Darstellung der durch Karl Faulmann in's Leben gerufenen Reformen des Gabelsberger'schen Stenographie-Systems. gr. 8. (24 S. mit 2 autogr. Taf.) Wien 885, Bermann und Altmann. — 80

Kramsall, Emil, Gesetze u. Bestimmungen über die Bezüge, Dienstverhältnisse u. Ruhegenüsse d. österreich. Staatsangestellten. (XIV, 178 S.) gr. 8. Wien 909. Manz. 3.10; kart. n 3.40

Kramsall, Emil. Lehr- u. Lesebuch d. Stenographie nach Faulmann's System, m. e. Anh.: Abbreviaturen. Vorzüglich zum Selbstunterrichte geeignet. Auf Veranlassg. d. österreich. Faulmann-Stenographen-Vereines hrsg. gr. 8. (1. Thl.: VIII, 44 S.) Wien 889, Seidel u. Sohn. * 3 —
Vgl.: Clarmann, Jul. Sammlung von Wortbeispielen. — Lode, Louis. Stenographisches Muster-Schreibheft.

Kramsall, Emil, Lehr- u. Lesebuch der Stenographie nach Faulmann's System m. e. Anh.: Abbreviaturen. Vorzüglich zum Selbstunterrichte geeignet. (In 3 Thln.) I. u. II. Thl. 2., durchgeseh. Aufl. gr. 8. Wien 898. (L. W. Seidel & Sohn.) n. 1.80
I. Vollschrift. (48 S.) n. 1. —
II. Grammatikalisches Kürzungsverfahren. (S. 49—75.) n. — 80

Kramsall, Emil, Lehrbuch der Stenographie nebst Leseübungen (System Gabelsberger) f. die I. u. II. Abtheilung der sechsclassigen Mädchen-Lyceen u. f. verwandte Anstalten. gr. 8. Wien (I, Schwarzenbergstr. 7) 901. Schulbüch.-Verlag. n.n. 2.44; kart. n.n. 2.62
I. (99 S.) n.n. 1.42; kart. n.n. 1.50
II. (IV, 71 S.) n.n. 1.02; kart. n.n. 1.12

Kramsall Emil, Lehrbuch der Stenographie nebst Leseübungen (System Gabelsberger) für die I. Abteilung der sechsklassigen Mädchenlyzeen und für verwandte Anstalten. 2., wesentlich unveränderte, allgemein zulässige Auflage. Wien 1905. K. k. Schulbücherverlag. Geh. K 1.70, geb. K 1.80.

Kramsall Emil, Lehrbuch der Stenographie nebst Leseübungen (System Gabelsberger) für Mädchenlyzeen und verwandte Lehranstalten. I. Teil. 3., im wesentlichen unveränderte, sonach gemäß Min.-Erl. vom 28. Juni 1905, Z. 23918, allgemein zulässige Auflage. Wien 1908. Schulbücherverlag. Geh. K 1.70, geb. K 1.80.

Kramsall Emil, Lehrbuch der Stenographie nebst Leseübungen (System Gabelsberger) für Mädchenlyzeen und verwandte Lehranstalten. II. Teil. 2., verbesserte Auflage. Wien 1908. Schulbücherverlag. Geh. K 1.22, geb. K 1.34.

KRAMSALL, Emil
Lehrbuch der Stenographie (System Gabelsberger) für die österreichischen Mittelschulen bearbeitet von Emil Kramsall. Mit dem Erlasse des k. k. Ministeriums für Cultus und Unterricht vom 25. April 1900, Z. 11086, für Mittelschulen mit deutscher Unterrichtssprache allgemein zulässig erklärt. Wien. 1900. K. k. Schulbücher-Verlag. Gr.-8°. IV, 116 S. K 1.60, geb. K 1.80

Kramsall, Emil, Lehrbuch der Stenographie (System Gabelsberger) für die österreichischen Mittelschulen. 2., im wesentlichen unveränderte Auflage. Wien 1902. K. k. Schulbücherverlag. Preis, geheftet 1 K 60 h, gebunden 1 K 80 h.

Kramsall, Emil, Lehrbuch der Stenographie (System Gabelsberger) für die österreichischen Mittelschulen und kommerziellen Lehranstalten. 3., nach der neuen Rechtschreibung umgearbeitete, sonst im wesentlichen unveränderte Auflage. Wien 1902. K. k. Schulbücher-Verlag. Preis, geheftet 1 K 60 h, gebunden 1 K 80 h.

Kramsall Emil, Lehrbuch der Stenographie (System Gabelsberger) für die österreichischen Mittelschulen und kommerziellen Lehranstalten. 4., inhaltlich im wesentlichen unveränderte Auflage. Wien 1905. K. k. Schulbücherverlag, geh. K 1.60. Geb. K 1.80.

Kramsall Emil, Lehrbuch der Stenographie (System Gabelsberger) für die österreichischen Mittelschulen und kommerziellen Lehranstalten. 5., im wesentlichen unveränderte, sonach gemäß Min.-Erl. vom 8. April 1905, Z. 9459, allgemein zulässige Auflage. Wien 1907. Schulbücherverlag. Geh. K 1.60, geb. K 1.80.

Kramsall Emil, Lehrbuch der Stenographie (System Gabelsberger) für die österreichischen Mittelschulen und kommerziellen Lehranstalten. 6., im wesentlichen unveränderte, sonach gemäß Min.-Erl. vom 16. Juli 1906, Z. 28409, allgemein zulässige Auflage. Wien 1908. Schulbücherverlag. Geh. K 1.60, geb. K 1.80.

Kramsall Emil, Lehrbuch der Stenograbie (System Gabelsberger) für die österreichischen Mittelschulen und kommerziellen Lehranstalten. 7., im wesentlichen unveränderte, sonach gemäß Min.-Erl. vom 11 Oktober 1907, Z. 39796, allgemein zulässige Auflage. Wien 1909. Schulbücherverlag. Geh. K 1.60, geb. K 1.80.

Kramsall Emil, Lehrbuch der Stenographie (System Gabelsberger) für die österreichischen Mittelschulen und kommerziellen Lehranstalten. 8., teilweise umgearbeitete Auflage. Wien 1910. Schulbücherverlag. Geh. K 1.60, geb. K 1.80.

— Lehrgang der Stenographie (System Gabelsberger). Im Sinne des behördlich genehmigten Lehrplanes f. Wiener Bürgerschulen bearb. gr. 8. (VIII, 136 S.) Ebd. 899. Kart. n. 1. 50

— dasselbe. Für die österreich. Mittelschulen. gr. 8. (IV, 116 S.) Ebd. 900. n.n. 1. 84; kart. n.n. 1. 50

Kramsall, Emil, Lehrgang der Stenographie (System Gabelsberger). Nach dem behördlich genehmigten Lehrplane für Wiener Bürgerschulen. 2., nach der neuen Rechtschreibung hergestellte Auflage. Wien 1904. K. k. Schulbücherverlag. Preis 1 K 80 h.

Kramsall Emil, Lehrgang der Stenographie (System Gabelsberger). Für österreichische Bürgerschulen. 3., durchgesehene Auflage. Wien 1906. K. k. Schulbücherverlag. Geb. K 1.80.

— Lesebuch der Gabelsberger'schen Stenographie (Dresdner Schreibweisen) zunächst f. die oberen Classen der Mittelschulen. Eine Auswahl v. Musterstücken aus deutschen Classikern. gr. 8. (IV, 112 S.) Wien 892. Bermann & Altmann. n.n. 2. —

Kramsall, Emil, Lesebuch der Gabelsberger'schen Stenographie (Dresdner Schreibweisen), zunächst für die oberen Classen der Mittelschulen. Eine Auswahl von Musterstücken aus deutschen Classikern. In 2 Theilen: I. Für den theoretischen Curs. II. Für den praktischen Curs. Gr.-8. (112 S.) 1.20

—— die Militär-Stenographie. Kurzgefasstes Lehrbuch nach Faulmann's System. Für das k. k. Militär bearb. gr. 8. (34 S.) Wien 885, (Seidel und Sohn.) * — 80

—— Musterschreibheft mit Vorschriften. Hilfsmittel zur Erlernung des Faulmann'schen Systems der Stenographie. 12. (32 S.) Wien 886, (Bermann und Altmann.) * — 35

— die Stenographie im Dienste d. Parlamente. Histor. Übersicht über die Verwendung der Stenographie in europ. m. e. Anh. üb. dieselbe in aussereurop. Vertretungskörpern, nach Staaten alphabetisch geordnet. gr. 8. (66 S.) Wien 891. Bermann & Altmann. n. 1. —

Kramsall Emil: Historische Übersicht über die Verwertung der Stenographie in europäischen und außereuropäischen Parlamenten. (02). Wien VII. R. 90.
Progr.

Kramsch, J. G., Anweisung zum fruchtbaren Lesen der evangelischen Gnadenordnung, s.: Hollaz, Dav., evangelische Gnadenordnung.

KRANACH der Schreckliche oder die Macht der Kabale. Geschichte unserer Tage. 3 Bde. Mit 1 Kpf. Hamburg u. Altona, b. Gfr. Vollmer, o. J. (c. 1800). 8°. ($1^1/_2$ Rthl.) Tit., 136, 144 u. 120 S. — Zahm.

Kranach d. Schreckliche, od. die Macht der Kabale. 3 Thle. 8. Hamb. ... (Herold jun.) 1 ℛ 12 gℊ

Kranach, letzte Confirmations-Predigt gehalten zu St. Catharinen in Osnabrück am 7. April 1872. 8. (15 S.) Osnabrück 872, Rackhorst'sche Buchh. — 30

Kranach, Lukas, s. Für die Feste und Freunde des Gustav-Adolf-Vereins.

Kranach d. Ä., Lukas, der hl. Christophorus, s.: Meisterbilder.

— Ruhe auf der Flucht, s.: Meisterbilder.

Krancher, L., s.: Bienenfreund, deutscher.

Krancher, Osk., s.: Bienenkalender f. Böhmen.

Krancher, O., die dreierlei Bienenwesen und ihre Vereinigung zum Bienenstaate. Vortrag. gr. 8. (IV, 45 S. mit 21 eingedr. Holzschn.) Leipzig 884, Thomas. *

Krancher, Osk., d. Buch v. d. Biene, s.: Witzgall, J.

— s.: Jahrbuch, entomologisches.

— s.: Kalender d. deutschen Bienenfreundes.

— u. L. Krancher, kleines Lexikon der Bienenzucht u. Bienenkunde, unter teilweiser Berücksicht. v. Geschichte u. Pflanzenkunde der Bienenzüchter. (In ca. 10 Lfgn.) 1.—5. Lfg. 8. (S. 1—240.) Leipzig 902. R. C. Schmidt & Co. à n. — 40

— u. L. Krancher, kleines Lexikon der Bienenzucht u. Bienenkunde, unter teilweiser Berücksicht. v. Geschichte u. Pflanzenkunde der Bienenzüchter. 6.—13. Lfg. (III u. S. 241—507.) 8. Leipzig (903). [R. C. Schmidt & Co.] C. F. W. Fest. à n. — 40 (Kplt. geb. in Leinw. n. 6. —)

— u. L. Krancher, kleines Lexikon der Bienenzucht u. Bienenkunde, unter teilweiser Berücksicht. v. Geschichte u. Pflanzenkunde f. Bienenzüchter. 2. [Titel-] Aufl. (III, 507 S. m. Abb.) 8. Leipzig [903] 908. C. F. W. Fest. Geb. in Leinw. 4. —

Krancke, die Stempelpflichtigkeit und Versteuerung a. von Wechseln, b. von Schuldscheinen. Zum allgemeinen pract. Gebrauch zusammengestellt. 8. (16 S.) Tondern 879, Dröhse.

Krancke, Friedrich

— ausführl. Anleit. zu e. zweckmäß. Unterr. im Rechnen, vorzügl. zum Elementarunterricht. Ein Handbuch für Lehrer, insbesond. beim Gebrauch meines arithmet. Exempelbuchs für Volksschulen. gr. 8. Hannov. 824. Hahn. 16 gℊ

Krancke, Friedr., ausführliche Anleitung zu einem zweckmäßigen Unterricht im Rechnen, vorzüglich zum Elementarunterricht. Ein Hülfsbuch für Lehrer, insbesond. beim Gebrauch meines arithmet. Exempelbuchs für Volksschulen. 2., verb. Aufl. gr. 8. (X und 211 S.) Hannover 860, Hahn'sche Hofbuchh. *

Theoretisch-practische Anleitung zum Kopfrechnen. Von Friedrich Krancke. Hannover: Hahn 1828. XX,367 S. 8°

(= Krancke: Hülfsbuch beim Unterricht im Kopfrechnen. Th.1.)

– arithmet. Exempelbuch

—— dass. f. Schulen solcher Länder, die nach d. preuß. Münz-, Maß- u. Gewicht-System rechnen. 1. u. 2. Hft. gr. 8. Ebds. [1. 2—8. Aufl. (à 10 B.) 836—41., 2. 2—4. Aufl. (à $10^3/_4$ B.) 837—41. à $^1/_4$ Thlr.]

– dass. für Schulen solcher Länder, die nach dem Preuß. Münz-, Maß- u. Gewicht-System rechnen. 1s Heft. 3e verb. Aufl. gr. 8. Ebd. 837. 5e Aufl. 839. 6e Aufl. 840. $^1/_4$ ℛ — 2s Heft. 2e verb. Aufl. gr. 8. Ebd. 837. 3e A. 839. $^1/_4$ ℛ

— daſſ. Antworten dazu. 1s u. 2s Hſt. gr. 8. Ebd. 837. 2e A. 839. 1/3 ℛ

—— deſſ. — Antworthefte hierzu. 2 Hfte. 2. Aufl. gr. 8. Ebdſ. 837, 41. à 1/6 Thlr.

—— daſſ. f. Schulen ſolcher Länder, die nach dem preuß. Münz-, Maß- u. Gewicht-Syſtem rechnen. 1. Hſt. Exempel zu den 4 Grundrechnungen. 9. Aufl. gr. 8. (10 B.) Hannover 843, Hahn'ſche Hofbuchh.

—— daſſ. 2. Hſt. Exempel zu den zuſammengeſetzteren Rechnungsarten. 5. Aufl. gr. 8. (10 1/2 B.) Ebdſ. 843.

Krancke, Friedr., arithmetiſches Exempelbuch für Schulen ſolcher Länder, die nach dem preuß. Münz-, Maß- und Gewicht-Syſtem rechnen. 1. Heft: Exempel zu den vier Grundrechnungen. 14. Aufl. 1847. und 15. Aufl. gr. 8. (VI und 154 S.) Hannover 849, Hahn'ſche Hofbuchh.

—— daſſ. — 2. Heft: Exempel zu den zuſammengeſetzteren Rechnungsarten. 7. Aufl. 1847. und 8. Aufl. gr. 8. (XVI und 152 S.) Ebdſ. 849.

Krancke, Frdr., Antwortenheft zu dem arithmet. Exempelbuch. 1. Hſt., zu dem 1. Hſt. d. Exempelbuchs gehörend. 13. Aufl. gr. 8. (VIII u. 64 S.) Ebd. 850. — 2. Hſt., zu dem 2. Hſt. des Exempelbuchs gehörend. 11. Aufl. gr. 8. (VIII u. 67 S.) Ebd. 850. (à Hſt. 1/6 ℛ) 1/3 ℛ

Krancke, Friedr., arithmetiſches Exempelbuch für Schulen ſolcher Länder, die nach dem Preuß. Münz-, Maß- und Gewichts-Syſtem rechnen. 1. Heft. 19. Aufl. Exempel zu den vier Grundrechnungen. 855. — 20. Aufl. 856. — 21. Aufl. Hannover 858. Hahn. gr. 8. (VI, 154 S.) 7 1/2 *ngr.*

— — 2. Heft: Exempel zu den zuſammengeſetzteren Rechnungsarten. 11. Aufl. 854. — 12. Aufl. 856. — 13., nach den neuen geſetzlichen Beſtimmungen über Münze u. Gewicht veränd. Aufl. Ebend. 858. gr. 8. (XVI, 152 S.) 7 1/2 *ngr.*

— — Antwortenheft dazu. 1. u. 2. Heſt. 4. Aufl. Ebend. 858. gr. 8. (IV, 66; VI, 66 S.) Jedes Heft 5 *ngr.*

— arithmetiſches Exempelbuch für Schulen ſolcher Länder, die nach ruſſiſchem Münz-, Maß- und Gewichtsſyſtem rechnen. Bearb. von F. Zeidler. 1. Heft: Exempel zu den vier Grundrechnungen. gr. 8. (VIII und 158 S.) Hannover 859, Hahn'ſche Hofbuchh.

—— Antwortenheft dazu. 1. Heft. gr. 8. (VIII und 63 S.) Ebendaſ. 859.

Krancke, Friedr., arithmetiſches Exempelbuch für Schulen ſolcher Länder, die nach dem preuß. Münz-, Maß- und Gewichtſyſtem rechnen. 2 Hefte. gr. 8. Hannover 862—66, Hahn'ſche Hofbuchh. à Heft 7 1/2 Ngr.

Inhalt:

Heft 1. Exempel zu den vier Grundrechnungen. 22.—24. Aufl. (VIII und 154 S.)

„ 2. Exempel zu den zuſammengeſetzteren Rechnungsarten. 14.—16. Aufl. (XVI und 152 S.)

Krancke, Friedr., arithmetiſches Exempelbuch für Schulen ſolcher Länder, die nach dem preußiſchen Münz-, Maß- u. Gewichtsſyſtem rechnen. Nach der Maß- u. Gewichtsordnung für den norddeutſchen Bund umgearbeitet. 2 Hefte. Hannover 865—70. Hahn'ſche Hofbuchh. gr. 8. Jedes Heft 6 *ngr.*

1. Heft. Exempel zu den vier Grundrechnungen. 24—85. Aufl. (VIII, 160 S.)
2. Heft. Exempel zu den zuſammengeſetzteren Rechnungsarten. 16—40. Aufl. (XVI, 152 S.)

Krancke, Friedr., arithmetiſches Exempelbuch für Schulen. Nach der Maß- und Gewichtsordnung für den norddeutſchen Bund umgearb. 2 Hefte und Antwortenhefte. gr. 8. Hannover 870, Hahn'ſche Buchh. * 2 20

Inhalt:

Heft 1. Exempel zu den vier Grundrechnungen, einſchließlich der Decimalbrüche. 76.—92. Aufl. (VIII, 160 S.) 60 Pf.; Antwortenheft. 28.—31. Aufl. (VIII, 66 S.) * 50 Pf.

„ 2. Exempel zu den zuſammengeſetzteren Rechnungsarten. 38.—44. Aufl. (XVII, 152 S.) 60 Pf.; Antwortenheft. 24.—26. Aufl. (IV, 60 S.) * 50 Pf.

—— daſſ. — Nach der Münz-, Maß- und Gewichtsordnung des deutſchen Reiches umgearb. von dem Lehrervereine der Reſidenzſtadt Hannover. 2 Hefte. gr. 8. Ebendaſ. 873—75. 1 35

Inhalt:

Heft 1. Exempel zu den vier Grundrechnungen, einſchließlich der Decimalbrüche. 93.—98. Aufl. (XVI, 144 S.) * 60 Pf.

„ 2. Exempel zu den zuſammengeſetzteren Rechnungsarten. 45. Aufl. (XXIV, 160 S.) * 60 Pf., und 46. und 47. Aufl. (XVI, 181 S.) * 75 Pf.

—— daſſ. — Antworten. 2 Hefte. gr. 8. Ebendaſ. 873,74. [1. Heft. 32.—34. Aufl. (IV, 67 S.); 2. Heft. 27. Aufl. (IV, 62 S.)] à Heft * 50 Pf. * 1 —

Krancke, Frdr., arithmetiſches Exempelbuch f. Schulen. Nach der Münz-, Maß- u. Gewichtsordng. d. deutſchen Reiches umgearb. ꝛc. Antworten. 1. Hſt. 34. Aufl. u. 2. Hſt. 27. Aufl. gr. 8. (IV, 67 u. IV, 62 S.) Hannover 874. 76. Hahn. à — 50

Krancke, Friedr., arithmetiſches Exempelbuch für Schulen. 2 Hefte. Nach der Münz-, Maß- und Gewichtsordnung des deutſchen Reichs umgearb. von dem Lehrervereine der Reſidenzſtadt Hannover. gr. 8. Hannover, Hahn'ſche Buchh. [1. Heft. 99.—102. Aufl. (XVI, 156 S.) 876,79. 60 Pf.; 2. Heft. 48. und 49. Aufl. (XXIV, 184 S. mit eingedr. Holzſchn.) 877,78. 75 Pf.]

—— daſſ. — Antworten. 2 Hefte. gr. 8. Ebendaſ. 878,79. [1. Heft. 35. und 36. Aufl. (IV, 68 S.); 2. Heft. 29. Aufl. (VI, 64 S.)] à Heft * 50 Pf. *

Krancke, Friedr., arithmetiſches Exempelbuch für Schulen. 1. und 2. Heft. Nach der Münz-, Maß- und Gewichtsordnung des deutſchen Reichs umgearb. von dem Lehrervereine der Reſidenzſtadt Hannover. gr. 8. Hannover 880—84, Hahn'ſche Buchh. [1. Heft. 103.—107. Aufl. (XVI, 156 S.) 60 Pf.; 2. Heft. 50.—52. Aufl. (XXIV, 191 S.) 75 Pf.]

— daſſelbe. Antwortenheft. 1. u. 2. Hſt. gr. 8. Ebend. 880. 82. à n. — 50

1. 37. Aufl. (IV, 68 S.) — 2. 29. Aufl. (VI, 64 S.)

—— daſſ. — Ausg. B. Hrsg. von dem Lehrervereine der Reſidenzſtadt Hannover. Bearb. von L. H. Jöhrens. (In 4 Heften.) 1. Heft. 8. (IV, 92 S.) Ebendaſ. 883. geb. *

Krancke, Frdr., arithmetiſches Exempelbuch f. Schulen. 1. u. 2. Hſt. Nach der Münz-, Maß- u. Gewichtsordng. d. deutſchen Reichs umgearb. v. dem Lehrervereine der Reſidenzſtadt Hannover. gr. 8. Hannover, Hahn. 1. 35

1. 108. Aufl. (XVI, 156 S.) 884. — 60

2. 52. Aufl. (XXIV, 191 S.) 885. — 75

— daſſelbe. Ausg. B. Hrsg. v. dem Lehrervereine der Reſidenzſtadt Hannover. Bearb. v. L. H. Jöhrens. (In 4 Hftn.) 1. u. 2. Hſt. 8. Ebend. geb. n. 1. 25

1. (IV, 92 S.) 884. n. — 50. — 2. (IV, 158 S.) 886. n. — 75

— daſſelbe. Antwortenheft zum 2. Hſt. 30. Aufl. gr. 8. (VI, 64 S.) Ebend. 885. n. — 50

Krancke, Fr., arithmetisches Exempelbuch für Schulen. Ausg. A. Nach der Münz-, Maß- und Gewichtsordnung des deutschen Reiches umgearb. von dem Lehrer-Verein der Residenzstadt Hannover. In 2 Heften nebst Antworten. gr. 8. Hannover, Hahn'sche Buchh. * 2 35

Inhalt:

Heft 1. Exempel zu den vier Grundrechnungen, einschließlich der Decimalbrüche. 108.—110. Aufl. (XVI, 156 S.) 885—87. * 60 Pf. Antworten dazu. 38. Aufl. (IV, 68 S.) 887. * 50 Pf.

" 2. Exempel zu den zusammengesetzten Rechnungsarten. 53. und 54. Aufl. (XIV, 191 S.) 886,88. * 75 Pf. Antworten dazu. 30. Aufl. (VI, 64 S.) 885. * 50 Pf.

—— dass. — Ausg. B. Hrsg. von dem Lehrer-Verein der Residenzstadt Hannover. Bearb. von L. H. Jöhrens. In 4 Heften. gr. 8. Ebendas. geb. * 2 60

Inhalt:

Heft 1. Rechnen im Zahlenraume von 1—20. Einführung in das Zahlengebiet 1—60. 2. Aufl. (76 S.) 888. geb. * 40 Pf.

" 2. Das Rechnen im Zahlengebiete von 20—100. Einführung in das Zahlengebiet bis 10000 und die vier Grundrechnungen in diesem Gebiete. Einführung der ersten beiden Bruchordnungen und Rechnen mit benannten Zahlen decimaler Währung. (92 S.) 888. geb. * 50 Pf.

" 3. Die vier Grundrechnungen in ganzen und gebrochenen Zahlen. Anwendung der vier Grundrechnungen auf leichte Fälle der Preis-, Zins-, Verhältnißrechnung. Zeitrechnung. 2. Aufl. (II, 96 S.) 888. geb. * 50 Pf.

" 4. Abschluß der Bruchrechnung. Die zusammengesetzten Rechnungsarten. (IV, 220 S.) 888. * ℳ 1.—; geb. * ℳ 1.20.

—— dass. — Antworten zum 2. und 3. Heft. gr. 8. (IV, 49 S.) Ebendas. 888. * 50 Pf.

Krancke's, F., arithmetisches Exempelbuch f. Schulen. Ausg. A. Nach der neuen Münz-, Maß- u. Gewichtsordng. d. Deutschen Reichs umgearb. von dem Lehrervereine der Residenzstadt Hannover. 2 Hfte. u. Antworten. 8. Hannover, Hahn. 2. 35

1. 111. Aufl. (XVII, 156 S.) 889. — 60. — 2. 54 Aufl. (XIV, 191 S.) 888. — 75. — Antworten zum 1. Hft. 38. Aufl. (IV, 68 S.) 887. — 50. — Antworten zum 2. Hft. 30. Aufl. (VI, 64 S.) 885. — 50.

Krancke's, Frdr., arithmetisches Exempelbuch f. Schulen. Ausg. A. Nach der Münz-, Maß- u. Gewichtsordng. d. deutschen Reichs umgearb. v. dem Lehrervereine der Haupt- u. Residenzstadt Hannover. 1. u. 2. Hft. gr. 8. Hannover, Hahn. 1. 85

1. 112. Aufl. (XVI, 156 S.) 892. — 60

2. Exempel zu den zusammengesetzten Rechnungsarten. 55. Aufl. (XXIV, 191 S. m. Fig.) 891. — 75

—— dass. — Ausg. B. Hrsg. von dem Lehrer-Verein der Residenzstadt Hannover. Bearb. von L. H. Jöhrens. In 4 Heften. gr. 8. Ebd. geb. * 2 60

1. Rechnen im Zahlenraume von 1—20. Einführung in das Zahlengebiet 1—60. 3. u. 4. Aufl. (72 S.) 889,92. geb. * — 40.

2. Das Rechnen im Zahlengebiete von 20—100. Einführung in das Zahlengebiet bis 10000 u. die vier Grundrechnungen in diesem Gebiete. Einführung der ersten beiden Bruchordnungen u. Rechnen mit benannten Zahlen decimaler Währung. 3. u. 4. Aufl. (92 S.) 889,92. geb. * — 50.

3. Die vier Grundrechnungen in ganzen u. gebrochenen Zahlen. Anwendung der vier Grundrechnungen auf leichte Fälle der Preis-, Zins-, Verhältnißrechnung. Zeitrechnung. 3. Aufl. (II, 96 S.) 889. geb. * — 50.

4. Abschluß der Bruchrechnung. Die zusammengesetzten Rechnungsarten. (IV, 220 S.) 892. geb. * 1 20.

—— dass. — Lehrerheft. Antworten z. 4. Heft. gr. 8. (VI, 190 S.) Ebd. 889. * 1 60; geb. * 1 80

Antworten z. 2. u. 3. Heft. Ebd. 1888. * — 50.

Krancke's, Frdr., arithmet. Exempelbuch f. Schulen. Ausg. B. Hrsg. v. Lehrervereine Hannover-Linden. Bearb. v. L. H. Jöhrens. 4. Hft. gr. 8. Hannover, Hahn. Geb. n. 1. 20

Abschluß der Bruchrechnung. Die zusammengesetzteren Rechnungsarten. 5. unveränd. Aufl. (IV, 220 u. 16 S.) 902.

Krancke's, Frdr., arithmetisches Exempelbuch f. Schulen. Ausg. A. Nach der Münz-, Maß- u. Gewichtsordng. d. Deutschen Reiches umgearb. vom Lehrerverein der Haupt- u. Residenzstadt Hannover. I. Heft. Exempel zu den 4 Grundrechngn., einschließlich der Dezimalbrüche. 115. Aufl. (XVI, 156 S.) 8. Hannover 907. Hahn. —60; geb. — 80

— dasselbe. Ausg. B. Hrsg. vom Lehrerverein Hannover-Linden, e. V. II. u. III. Heft. 8. Ebd. Kart. 1. —

II. 1. Stufe: Das Zahlengebiet von 1 bis 100. 2. Stufe: Das Zahlengebiet bis 1000. 3. Stufe: Das Zahlengebiet bis 10 000. 15. Aufl. (104 S.) 909. Kart. — 50

III. 1. Abschn.: Das Zahlengebiet bis Millionen. 2. Abschn.: Das unbegrenzte Zahlengebiet u. die Dezimalbruchrechng. 3. Abschn.: Die gemeinen Brüche. 4. Abschn.: Leichte Aufgaben aus den bürgerl. Rechnungsarten. 13. Aufl. (112 S.) 909. Kart. — 50

Krancke, Fr. (G. A. F.), arithmet. Exempelbuch f. Volksschulen. 1s Hft. Exempel zu den 4 Grundrechnungen. gr. 8. Hannov. 822. 3e A. 827. 4e A. 830. Hahn. 6 ℊℊ Antworten dazu. 1s Heft. gr. 8. 822. 3e A. 827. 4 ℊℊ 2s Hft. Exempel zu den zusammenges. Rechnungsarten. 822. 2e A. 826. 3e Aufl. 830. 6 ℊℊ Antworten dazu. 2s Hft. 822. 2e A. 827. 4 ℊℊ 8. Hannov., Hahn. 20 ℊℊ

—— arithmet. Exempelbuch f. Volksschulen. 1. Hft. Exempeln zu d. 4 Grundrechnungen. 5—9. Aufl., u. 2. Hft. Exempeln zu d. zusammengesetzt. Rechnungsarten. 3. u. 4. Aufl. (20¼ B.) gr. 8. Hannover 830—35, Hahn. à H. 6 Gr. Thlr.

Antworten dazu. 2 Hfte. 2. u. 3. Aufl. Ebendas. 1827. à Hft. 4 Gr.

Krancke, Friedr., arithmet. Exempelbuch f. Volksschulen. 1. u. 2. Hft. Exempel zu d. vier Grundrechnungen. gr. 8. Hannover, Hahn'sche Hofbuchh. à ¼ Thlr.

Hft. 1. Exempel zu den vier Grundrechnungen. 10—21. Aufl. (à 10¼ B.) 835—43.

Antwortheft hierzu. 5—8. Aufl. (à 4½ B.) 837—42 à 4 Gr.

" 2. Exempel zu den zusammengesetzten Rechnungsarten. 6—10. Aufl. (à 10¼ B.)

Antwortheft hierzu. 4—7. Aufl. (à 5 B.) 836—41. à 4 Gr.

Krancke, Friedr., Antwortenheft zu dem arithmetischen Exempelbuche für Volksschulen. 2. Hft., zu dem 2. Hefte des Exempelbuches gehörend. 8. Aufl. gr. 8. (5 B.) Hannover 844, Hahn'sche Hofbuchh.

1. Hft. Ebendas. 837. 5 Ngr.

—— arithmetisches Exempelbuch f. Volksschulen. 1. Hft. Exempel zu d. vier Grundrechnungen. 21—24. Aufl. gr. 8. (à 10¼ B.) Hannover 843—45, Hahn'sche Hofbuchh. à

—— dass. 2. Hft. Exempel zu den zusammengesetzteren Rechnungsarten. 10. Aufl. gr. 8. (10½ B.) Ebds. 843.

— arithmetisches Exempelbuch f. Volksschulen. 1. Hft.: Exempel zu den vier Grundrechnungen. 28. Aufl. gr. 8. (160 S.) Ebd. 847. — 30. Aufl. gr. 8. (VIII u. 156 S.) Ebd. 848. — 32. Aufl. gr. 8. (VIII u. 156 S.) Ebd. 850. — 33. Aufl. gr. 8. (VIII u. 156 S.) Ebd. 850. — 2. Hft.: Exempel zu den zusammengesetzten Rechnungsarten. 13. Aufl. gr. 8. (168 S.) Ebd. 847. — 14. Aufl. gr. 8. (XVI u. 152 S.) Ebd. 848. — 15. Aufl. gr. 8. (XVI u. 152 S.) Ebd. 849. — 16. Aufl. gr. 8. (XVI u. 152 S.) Ebd. 851. (à Hft. ¼ ₰) ½ ₰

—— Antwortenheft zu dem Obigen. 1. Heft, zu dem 1. Heft des Exempelbuchs gehörend. 12. Aufl. 1848. und 13. Aufl. gr. 8. (VIII und 64 S.) Hannover 851(52,) Hahn'sche Hofbuchh.

—— dass. — 2. Heft, zu dem 2. Heft des Exempelbuchs gehörend. 10—13. Aufl. 1848—1850. und 14. Aufl. gr. 8. (VIII und 67 S.) Ebds. 850.

— arithmetisches Exempelbuch für Volksschulen. 1. Heft. Exempel zu den 4 Grundrechnungen. 40—47., nach den neuen gesetzlichen Bestimmungen über Münze u. Gewicht veränd. Aufl. Mit einem Vorw. von A. Tellkampf. Ebend. 854—58. gr. 8. (VIII, 156 S.) 7½ ngr.

— — 2. Heft. Exempel zu den zusammengesetzteren Rechnungsarten. 17—22. Aufl. Ebend. 853—58. gr. 8. (XVI, 151 S.) 7½ ngr.

— — Antwortenheft dazu. 1. Heft. 17. u. 18. Aufl. — 2. Heft. 13—15. Aufl. Ebend. 854—58. gr. 8. (VIII, 64; VIII, 67 S.) Jedes Heft 5 ngr.

—— arithmetisches Exempelbuch für Volksschulen. 2 Hefte. Mit einem Vorwort von A. Tellkampf. gr. 8. Hannover 867,68, Hahn'sche Hofbuchh. à Heft 7½ Ngr.

Inhalt:

Heft 1. Exempel zu den vier Grundrechnungen. 73.—75. Aufl. (VIII und 156 S.)

" 2. Exempel zu den zusammengesetzteren Rechnungsarten. 37. Aufl. (XVI und 151 S.)

—— dass. — Antworten dazu. 1. und 2. Heft. gr. 8. (1. Heft. 26. und 27. Aufl. VII und 64 S., 2. Heft. 22. und 23. Aufl. IV und 66 S.) Ebendas. 867,68. à Heft * 5 Ngr. *

—neues arithmet. Exempelbuch für Schulen u. solche Länder, die nach dem Preuß. Münz-, Maaß- u. Gewichtsystem rechnen. 1s Hft. Exempel zu den 4 Grundrechnungen. gr. 8. Hannov. 829. Hahn. 6 𝒢 Antwortenheft dazu. 1s Hft. gr. 8. Ebd. 830. 4 𝒢 Neues arithmet. Exempelbuch rc. 2s Hft. Exempel zu d. zusammenges. Rechnungsarten. gr. 8. Ebd. 832. Ebd. 6 𝒢 Antwortenheft dazu. 2s Hft. 832. gr. 8. Ebd. 4 𝒢

Krancke, Friedr., neues arithmet. Exempelbuch f. Schulen rc. Hft. 2. Exempel zu d. zusammengesetzteren Rechnungsarten. (10½ B.) 832. 6 Gr.
Antworten dazu. (4½ B.) Ebendas. 1833. 4 Gr.

Krancke, Frdr., Exempelbuch f. den Unterricht im Kopfrechnen. 4. Aufl. Nach der Münz-, Maß- u. Gewichtsordng. d. deutschen Reiches umgearb. v. dem Lehrervereine der Residenzstadt Hannover. gr. 8. (XII, 244 S.) Hannover 873. Hahn. 2. 40

Vom Glauben: Vom Glauben an die Menschheit. Vorgetragen zur Feier des Johannis-Festes am 22. Junius 1843 vom Br. F[riedr.] Krancke. o. O. [1843: Pockwitz]. 3 Bl. 4⁰ [Kopftit.]

—— Hülfsbuch beim Unterr. im Kopfrechnen. 1. Thl. — A. u. d. T.: Theoret.-pract. Anleit. z. Kopfrechnen. Zum Selbstunterr. f. Jedermann, insbesond. f. Lehrer. gr. 8. (24¼ B.) Hannover 828, Hahn.

—— dass. mit besond. Rücksicht auf d. Königr. Preußen. gr. 8. (26 B.) Ebds. 838.

Krancke, Friedr., Hülfsbuch beim Unterricht im Kopfrechnen. 2 Thle. gr. 8. Hannover, Hahn'sche Hofbuchh. Thlr.

A. u. d. Ttln.:

Thl. 1. Theoret.-pract. Anleitung z. Kopfrechnen. 2., verb. u. f. alle Länder Deutschlands bearb. Aufl. (27½ B.) 840. 1 Thlr. 6 Gr.

" 2. Exempelbuch f. d. Unterr. im Kopfrechnen, nach d. vorangestellten pract. Methodik bearb. Für alle Länder Deutschlands, jedoch mit besond. Rücksicht auf d. Königr. Hannover. (26 B.) 838. 1 Thlr. 12 Gr.

—— Hülfsbuch beim Unterricht im Kopfrechnen. 2. Thl. A. u. d. T.: Exempelbuch für den Unterricht im Kopfrechnen, nach der vorangestellten pract. Methodik bearb. Für alle Länder Deutschlands, jedoch mit besond. Rücksicht auf das Königreich Hannover. 2. Aufl. gr. 8. (XIV und 402 S.) Hannover 848, Hahn'sche Hofbuchh.
1. Thl., Ebendas. 1840. 1 Thlr. 7½ Ngr.

—— Hülfsbuch beim Unterricht im Kopfrechnen. 3. Thl. 1. und 2. Abthl. A. u. d. T.: Exempelbuch für den Unterricht im Kopfrechnen. Für alle Länder Deutschlands, jedoch mit besond. Rücksicht auf die Königr. Hannover und Preußen bearb. 1. und 2. Heft. 3., nach den neuen gesetzl. Bestimmungen über Münze und Gewicht veränd. Aufl. Mit einem Vorwort von A. Tellkampf. gr. 8. Hannover 859, Hahn'sche Hofbuchh. *

Inhalt:

Heft 1. Exempel zu den vier Grundrechnungen. (XVI und 214 S.) * 20 Ngr.

" 2. Exempel zu den zusammengesetzteren Rechnungsarten. (XII und 119 S.) * 15 Ngr.

—Lehrbuch des gemeinen Rechnens, besonders zum Selbstunterricht, vorzüglich für Lehrer an Volksschulen. 2 Thle. gr. 8. Hannov. 819. Hahn. (à 1 ℛ 12 𝒢) 3 ℛ

Krancke, Fr., theoret.-prakt. Lehrbuch der bürgerl. u. kaufmänn. Arithmetik in ihrem ganzen Umfange. Mit Berücksichtigung der Münz-, Maß-, u. Gewicht-Verhältnisse aller deutschen Staaten. 1r Thl. A. u. d. T.: Lehrbuch der vier Grundrechnungen mit ganzen Zahlen, gemeinen und Decimalbrüchen. 2e gänzl. umgearb. u. sehr verm. Ausg. gr. 8. Hannov. 836. Hahn. 1⅔ ℛ — 2r Thl. A. u. d. T.: Ausführl. Lehrb. d. prakt. Arithmetik für d. bürgerl. Leben. Mit 1 Kpfrtaf. 2e gänzlich umgearb. u. verm. Ausg. gr. 8. Ebd. 836. 2⅙ ℛ — 3r Thl. Kaufmänn. Arithmetik. gr. 8. Ebd. 841. ... ℛ

—— theoretisch-practisches Lehrbuch der bürgerl. und kaufmännischen Arithmetik in ihrem ganzen Umfange. 3 Thle. gr. 8. Hannover, Hahn'sche Hofbuchh.

Auch unter den Titeln:

Thl. 1. Theoretisch-practisches Lehrbuch der vier Grundrechnungen mit ganzen Zahlen, gemeinen und Decimalbrüchen. Mit Berücksicht. der Münz-, Maß- und Gewicht-Verhältnisse aller deutschen Staaten. Zunächst zum Selbstunterricht, besonders für Lehrer. 3., verb. Aufl. (XXX und 512 S.) 851. 2 Thlr.

" 2. Ausführliches Lehrbuch der pract. Arithmetik für das bürgerl. Leben. Mit Berücksicht. der Münz-, Maß- und Gewicht-Verhältnisse aller deutschen Staaten. Zunächst zum Selbstunterricht, besonders für Lehrer. 3., verb. Aufl. (XX und 459 S. mit 1 Kpfrt.) 851. 1 Thlr. 25 Ngr.

" 3. Ausführliches Lehrbuch der kaufmänn. Arithmetik. 1. Bd. Gold- und Silber-, Münz- und Wechselrechnungen. (XVI und 409 S.) 847. 2 Thlr. 10 Ngr.

Krancke, F. Theoretisch-praktisches Lehrbuch der Arithmetik. Bd. I—III. Hannover, 1851.
dgl. 2. Auflage. Bd. II. Ebend., 1852.

—— theoretisch-practisches Lehrbuch der bürgerlichen und kaufmännischen Arithmetik in ihrem ganzen Umfange. Mit Berücksichtigung der Münz-, Maß- und Gewichtverhältnisse aller Handelsplätze. Zunächst zum Selbstunterricht, besonders für Lehrer. 4. Thl. (Schluß.) A. u. d. T.: Ausführliches Lehrbuch der kaufmännischen Arithmetik. 2. Bd.: Waarenberechnung. Kaufmännische Zinsrechnung. gr. 8. (VIII und 248 S.) Hannover 853, Hahn'sche Hofbuchh. Thlr.
1—3. Thl. Ebendas. 1847—51. 6 Thlr. 5 Ngr.

—Materialien zu Lese- u. Deklamationsübungen für gebild. Töchter v. 12 Jahren u. drüber. 8. Hannov. 811. Hahn. 12 𝒢 2e A. 819. 15 𝒢

—— Materialien zu Lese- u. Declamations-Uebungen u. z. Gebr. beim Religionsunterricht, so wie in den Lehrstunden üb. deutsche Sprache u. Literatur. Für die oberste Classe in Töchterschulen gesammelt u. m. erklärenden Anmerkungen rc. hrsg. 3., verb. u. verm. Aufl. gr. 8. (29 B.) Hannover 843, Hahn'sche Hofbuchh.

—— Rechnenbuch für Landschulen. 1. Heft: Exempel zu den vier Grundrechnungen mit ganzen Zahlen, gemeinen und Decimalbrüchen. gr. 8. (VI und 66 S.) Hannover 851, Hahn'sche Hofbuchh.

—— dass. — 2. Heft: Exempel zu den zusammengesetzteren Rechnungsarten. gr. 8. (XII und 75 S.) Ebds. 852.

—— Antworten zu dem Rechnenbuche für Landschulen. 1. Heft, zu dem 1. Heft des Rechnenbuches gehörend. gr. 8. (16 S.) Hannover 851, Hahn'sche Hofbuchh.

— Rechnenbuch für Landschulen. 1. Heft. Exempel zu den vier Grundrechnungen mit ganzen Zahlen, gemeinen und Decimalbrüchen. 2—5., nach den neuen gesetzlichen Bestimmungen über Münze und Gewicht veränd. Aufl. Ebend. 853—58. gr. 8. (VI, 74 S.) 3¾ ngr.

— — Antworten dazu. 1. Heft. 2. u. 3. Aufl. — 2. Hef. 2. Aufl. Hannover 854—58. Hahn. gr. 8. (24; 36 S.) Jedes Heft 1¼ ngr.
Vgl.: Knote.

—— Rechnenbuch für Landschulen. 1. Heft: Exempel zu den vier Grundrechnungen mit ganzen Zahlen, gemeinen und Decimalbrüchen. 5., nach den neuen gesetzl. Bestimmungen über Münze und Gewicht veränd. Aufl. gr. 8. (VI und 74 S.) Hannover 858, Hahn'sche Hofbuchh.

— — 2. Heft. Exempel zu den zusammengesetzteren Rechnungsarten. 2., nach den neuen gesetzlichen Bestimmungen über Münze und Gewicht veränd. Aufl. Ebend. 858. gr. 8. (XII, 75 S.) 3¾ ngr.

—— Rechnenbuch für Landschulen. 2. Heft: Exempel zu den zusammengesetzteren Rechnungsarten. 8. Aufl. gr. 8. (XII und 76 S.) Hannover 867, Hahn'sche Hofbuchh.

— Rechenbuch für Landschulen. 1. Hft. Exempel zu den 4 Grundrechnungen mit ganzen Zahlen, gemeinen u. Decimalbrüchen. 11. Aufl. Nach der Maß- u. Gewichtsordnung des nordd. Bundes umgearb. Ebend. 870. gr. 8. (XIV, 76 S.) 3¾ ngr.

— — Antworten dazu. 7. Aufl. Ebend. 870. gr. 8. (24 S.) 1½ ngr.

— Rechenbuch f. Landschulen. 2. Hft. Exempel zu den zusammengesetzten Rechnungsarten. 4. Aufl. Nach der Maß- u. Gewichts-Ordng. d. norddeutschen Bundes umgearb. gr. 8. (XXII, 78 S.) Ebend. 870. — 37

— dasselbe. Antworten. 2. Hft. 4. Aufl. gr 8. (39 S.) Ebend. 870. — 15

— Rechnenfibel, oder Leitfaden u. Exempelbuch für den Elementarunterricht im Rechnen nach der Erfindungsmethode. Ein Geschenk für fleißige Kinder, die gern schnell u. gründlich rechnen lernen u. sich im Lesen u. Nachdenken üben wollen. Nach seiner Anleitung zum Unterricht im Rechnen. gr. 8. Hannov. 829. Hahn. 6 K

— Rechnenfibel, oder Leitfaden u. Exempelbuch für den Elementar-Unterricht im Rechnen nach der Erfindungsmethode. Ein Geschenk für fleißige Kinder, die gern schnell und gründlich rechnen lernen u. sich im Lesen und Nachdenken üben wollen. Nach seiner Anleitung zum Unterricht im Rechnen bearbeitet. 2e Aufl. gr. 8. Hannover 834. Hahn. ¼ ß — 3e Aufl. gr. 8. Ebd. 839. ¼ ß

— Rechnenfibel, oder Leitfaden u. Exempelbuch für den Elementar-Unterricht im Rechnen nach der Erfindungsmethode. Nach seiner Anleitung zum Unterricht im Rechnen bearb. 4. Aufl. gr. 8. Ebend. 842. ¼ ß

— Rechnenfibel, od. Leitfaden u. Exempelbuch f. den Elementar-Unterricht im Rechnen nach der Erfindungsmethode. 5. Aufl. gr. 8. (112 S.) Ebd. 847. ¼ ß

—— Rechnenfibel, oder Leitfaden und Exempelbuch für den Elementar-Unterricht im Rechnen nach der Erfindungsmethode. Nach seiner Anleitung zum Unterricht im Rechnen bearb. 7. Aufl. gr. 8. (XII und 100 S.) Hannover 856, Hahn'sche Hofbuchh.

—— Rechnenfibel, oder Leitfaden und Exempelbuch für den Elementar-Unterricht im Rechnen nach der Erfindungsmethode. Nach seiner Anleitung zum Unterricht im Rechnen bearb. 8. Aufl. gr. 8. (XII und 100 S.) Hannover 861, Hahn'sche Hofbuchh.

Krancke, Friedr., Rechnenfibel, oder Leitfaden u. Exempel für den Elementar-Unterricht im Rechnen nach der Erfindungsmethode. 9. u. 10. Aufl. Hannover 865, 70. Hahn'sche Hofbuchh. gr. 8. (XII, 100 S.) 7½ ngr.

— Rechenfibel od.: Leitfaden u. Exempelbuch f. den Elementar-Unterricht im Rechnen nach der Erfindungsmethode. Ein Geschenk f. fleiß. Kinder, die gern schnell u. gründlich rechnen lernen u. sich im Nachdenken üben wollen. Nach seiner Anleitg. zum Unterricht im Rechnen bearb. 11. Aufl. umgearb. u. m. vielen Uebungsaufgaben verm. v. dem Lehrervereine der Stadt Hannover. gr. 8. (VIII, 111 S.) Ebend. 873. — 60

—— Rechenfibel, oder Leitfaden und Exempelbuch für den Elementar-Unterricht im Rechnen nach der Erfindungsmethode. Ein Geschenk für fleißige Kinder, die gern schnell und gründlich rechnen lernen und sich im Nachdenken üben wollen. Nach seiner Anleitung zum Unterricht im Rechnen bearb. Umgearb. und mit vielen Uebungsaufgaben verm. von dem Lehrervereine der Residenzstadt Hannover. 12. Aufl. gr. 8. (VIII, 111 S.) Ebendas. 878.

Krancke, Friedr., Vorstufe zum arithmetischen Exempelbuche für Schulen. Kleine Rechenfibel bearb. von dem Lehrervereine der Residenzstadt Hannover. gr. 8. (31 S.) Hannover 873. cart. — 30

Krancke, Karl [app. Arzt aus Basbeck i. Hann.]: Aus d. patholog. Institute zu Kiel. Über tötliche Duodenalblutungen bei Neugeborenen. . . . Kiel, Druck v. L. Handorff, 1891; 15 S. 8°
Kiel, Med. Fak., Inaug.-Diss. v. [22. Jun.] 1891

Krancke, Karl, üb. tötliche Duodenalblutungen bei Neugeborenen. Diss. gr. 8. (15 S.) Kiel 891. (Gnevkow & v. Gellhorn.) n. 1. —

Kraencker, Jakob, aus Douéra (Algerien): Über die **Isobutylitaconsäure** und deren Verhalten gegen Brom. *Straßburg 1902: Ch. Müh & Co.* (33 S.) 8°
Straßburg, Math.-naturw. Diss. v. 1902

Krandauer, M., Brauerei-Journale, s.: Brauer- u. Mälzer-Kalender f. Deutschland u. Oesterreich.

— Katechismus d. Bierbrauerei, s.a. Weber's illustr. Katechismen.

Krandauer M, Katechismus der Bierbrauerei. (320 S) (Weber's illustrierte Katechismen 172) Leipzig 1898

Krane, Alfred Frhr. v.

Krane, A. Frhr. v., Wappen- u. Handbuch des landgesessenen Adels in Schlesien, gez. v. Ad. M. Hildebrandt. (In 5 Lfgn.) 1. Lfg. gr. 4. (III u. S. 1—20 m. 24 farb. Taf.) Görlitz (902). C. A. Starke. n. 15. —; Subskr.-Pr. bis 31. XII. 1902 n. 10. —

Krane, A. Frhr. v., Wappen- u. Handbuch des landgesessenen Adels in Schlesien, gez. v. Ad. M. Hildebrandt. 2. bis 4. Lfg. (S. 21—56 m. 60 farb. Taf.) gr. 4. Görlitz (902). C. A. Starke. Subskr.-Pr. à n. 15. —

Krane, Alfr. Frhr. v., Wappen- u. Handbuch des in Schlesien (einschließlich der Oberlausitz) landgesessenen Adels. Mit Zeichngn. v. Ad. M. Hildebrandt. 5. (Schluß)-Lfg. (III u. S. 57—164, XIX u. 4 S. m. 45 farb. Taf.) 31 ×25 cm. Görlitz 904. C. A. Starke. Subskr.-Pr. 15. —
Lfg. 1—4. Ebd. 902. à n 15.—

Krane, Anna, Freiin v., aus dem Alltagsleben, s.a. Aus Vergangenheit u. Gegenwart.

Krane, Anna, Freiin v.: Aus dem Alltagsleben. Skizzen u. Plaudereien von —.
Kevelaer: Butzon & Bercker [1908]. 94 S. 8°
(Aus Vergangenheit u. Gegenwart. Bdch. 89.)

Krane, Anna v., Schloß Auerbach. Eine Aventiure. Mit e. poet. Vorwort v. Carmen Sylva. 8. (VII, 114 S.) Darmstadt 890. Paul John. n. 2. —; geb. n. 2. 50; m. Goldschn. n. 2. 70

— Der Blutfasching v. Ringstaden, s.a. Aus Vergangenheit u. Gegenw.

Krane, Anna [Freiin] v.: Der Blutfasching von Ringstaden. Ein Blatt aus e. süddeutschen Chronik. Von —.
Kevelaer: Butzon & Bercker [1908]. 96 S. 8°
(Aus Vergangenheit u. Gegenwart. Bdch. 93.)

Krane, Anna v., Fegefeuer der Liebe, s.: Eckstein's Miniaturbibliothek Nr. 82.

— Die Glieder e. Kette u. andere Novellen, s.: Bücherei, allgemeine.

Krane, A[nna] v. Hauskomödien f. die Jugend. Eine Sammlg. v. Theaterstücken, Aufführgn. u. Vorträgen f. alle Gelegenheiten d. Familienlebens, gesell. u. öffentl. (Schul- u. s. w.) Feiern, sowie zur belehr. u. anreg. Lektüre f. das Alter von 6—18 Jahren. 8. (VIII, 382 S.) Stuttg. 892, Levy u. Müller. * 3 50; geb. * 4 50
Auch in 6 Abthlgn. à * — 80

1. Der Jahrmarkt. (64 S.) — 2. 3. Märchenbilder. 2 Reihen. (à 56 S.) — 4. Germania. (56 S.) — 5. Schulfest u. Christfest. (72 S.) — 6. Gelegenheits-Aufführungen. (78 S.)

Krane, Anna v., Hauskomödien f. die Jugend. VI. Gelegenheitsaufführungen. 2. Aufl. 8. (80 S.) Stuttgart (901). Levy & Müller. n. — 80

— Der Kunstbaron. Einige Kapitel aus e. Menschenleben. (269 S.) 8. Dresden 907. C. Reißner. 3.50; geb. 4.50

Krane, Anna, Freiin v., Das Licht u. die Finsternis. Christus-Erzählungen. 1.—3. Taus. (287 S.) 8. Köln (910). J. P. Bachem. 5.—; geb. 6.—

— starke Liebe, s.a. Eckstein's Miniaturbibliothek.

Starke Liebe. Roman von Anna Freiin v. Krane. Nebst e. Novelle Der Fluch Adams. Köln: Bachem [1909]. 362 S. 8° [10. 3561 5

—— Ein neues Märchenbuch. Phantasieen u. Geschichten. Mit e. Vorwort v. C. Mensch. 12. (VII, 191 S.) Darmst. 889, v. Aigner. cart. * 2 —; geb. * 2 50

Vom Menschensohn. Christus-Erzählungen von Anna F[in] v. Krane. Mit Bildschmuck von Phil. Schumacher. 2. Aufl. Köln: J. P. Bachem [1907]. (130 S.) 8° [F.] [08. 12231

— Vom Menschensohn. Christus-Erzählungen. Mit Bildschmuck v. Phil. Schumacher. 3. u. 4. Taus. (180 S.) 8. Ebd. (910). 4.—; geb. 5.—

— v. der Palette. Allerlei Lustiges, Trauriges u. Boshaftes aus dem Malerleben. 12. (V, 242 S. m. Titelbild.) Ebd. 894. n. 2.40; geb. in Leinw. n.n. 3.50

Magna peccatrix. Roman aus d. Zeit Christi von Anna F[in] v. Krane. Köln: J. P. Bachem [1908]. (432 S.) 8° [F.] [08. 11010

Magna peccatrix. Ein Legendenroman aus d. Zeit Christi von Anna Freiin v. Krane. Köln: Bachem [1909]. 352 S. 8° [10. 3507 5

— Phantasien, s.a. Aus Vergangenheit u. Gegenwart.

Phantasien. Von Anna v. Krane. Kevelaer: Butzon & Bercker [1907]. (95 S.) 8° [F.]
= Vergangenheit, Aus, u. Gegenwart. Bdch. 75. [08. 6146 5

— Sibylle. Roman. 8. (278 S.) Köln (900). A. Ahn. n. 3.—

Sibylle. Roman von A[nna] v. Krane. *Berlin, Köln, Leipzig: A. Ahn [1901].* (278 S.) 8° [F.] [01. 20371

— Sieggekrönt. Novellen. (127 S.) 8. Leipzig (906). G. Müller-Mann. n. 1.—

— Traum u. Wahrheit. Gedichte e. einsamen Seele. 12. (VII, 108 S.) Berlin 899. Deutscher Autoren-Verlag. (J. Harrwitz Nachf.) n. 1.—; geb. n. 1.60

Krane, A. v., Universalbuch f. Polterabend u. Hochzeit, s.: Mensch, C.

Krane, Friedr. v., Anleitung zur Ausbildung der Cavallerie-Remonten. gr. 8. (XXXIX, 687 S. mit 12 in den Text gedr. Holzschn., 12 Holzschntaf. und 61 photolithogr. Taf. in Farben-, Ton- und Schwarzdr.) Berlin 870, Mittler und Sohn. * 13 —

Krane, Fr. v., Anleitung zur Ausbildung der Kavallerie-Remonten. 2. Aufl. gr. 8. (XXXIX, 687 S. mit 32 in den Text gedr. Holzschn., 12 Holzschntaf. und 61 photolithogr. Taf. in Farben-, Ton- und Schwarzdr.) Berlin 879, Mittler und Sohn. *

— Anleitung zum Ertheilen eines systematischen Unterrichts in der Soldatenreiterei, auf Grundlage der für die preuß. Armee gegebenen Bestimmungen. 1. Aufl. 1867. 24 ngr. u. 2., durchgeseh. u. verm. Aufl. Mit Nachträgen über das „Nehmen von Hindernissen" u. das „Englisch" Traben. Ebend. 868. gr. 8. (XII, 174 S. mit 1 chromolith. Taf. u. 1 Tab. in qu. Fol.) n. 1 ℳ

— Anleitung zum Ertheilen eines systematischen Unterrichts in der Soldatenreiterei, auf Grundlage der für die preussische Armee gegebenen Bestimmungen. Mit Nachträgen über das „Nehmen von Hindernissen" und „das Englisch-Traben". 3., durchgesehene und verm. Aufl. Mit 1 Tafel in Buntdruck. (1 Beilage.) 8. Berlin 1875.

Krane II., Fr. v., die Beurtheilung des Pferdes beim Ankauf. Vortrag in der Lesegesellschaft des Landwirthschaftlichen Haupt-Vereins zu Münster gehalten. 3. Aufl. Münster 864. Coppenrath in Comm. gr. 8. (32 S. m. Holzschn. im Text u. 1 lith. Taf.) n. 6 ngr.

Krane, Frhr. v., die Beurtheilung des Pferdes beim Ankaufe. 5., durch einen Anhang verm. Aufl., enthaltend: J. S. Rarey's Dressurmethode, die wildesten und bösartigsten Pferde sofort zu bändigen. (Aus dem Engl.) gr. 8. (47 S. mit 10 in den Text gedr. Abbild. in Holzschn.) Münster 859, Brunn'sche Buchdruckerei. *

Krane's, Frhr. v., Beurteilung des Pferdes beim Ankauf. Nach der 5. Aufl. neu bearb. von F. Peters. Als Anhang: J. S. Rarey's Dressurmethode, die wildesten und bösartigsten Pferde sofort zu bändigen. [Aus dem Engl.] gr. 8. (70 S. mit 12 in den Text gedr. Abbild.) Leipzig 882, Lenz. *

Krane, Fr. v., die Dressur des Reitpferdes (Campagne- und Gebrauchs-Pferdes) mit Rücksichtnahme auf die Ausbildung von Soldatenpferden in Abtheilungen. Lex.-8. (XIV und 298 S. mit eingedr. Holzschn.) Münster 856, Coppenrath'sche Buchh.

—— Führe uns nicht in Versuchung. Eine Familiengeschichte. 2 Bde. 8. (V, 201; III, 196 S.) Münster 873, Russell's Verlag. 6 —

—— der Kapitän. Erlebnisse eines westfäl. Edelmannes. 3 Bde. (262; 288; 274 S.) Breslau 874, Trewendt. 15 —

—— Pferd und Wagen. Vollständige Unterweisung über deren Auswahl, Erhaltung und Benutzung, nebst einem histor. Abriß über Pferdezucht, Reitkunst und Fahrwesen und Notizen über Pferdezucht. 1—3. Buch. gr. 8. Münster, Coppenrath'sche Buchh. *

Inhalt:

Buch 1. Unterweisungen in der äußern Pferdekenntniß und in der Beurtheilung des Pferdes beim Ankauf. (VIII und 162 S. mit eingedr. Holzschn.) 860. * 15 Ngr.
" 2. Pferdepflege und Hufbeschlag. (VIII und 195 S.) 860. * 20 Ngr.
" 3. Historischer Abriß über Pferdezucht, Reitkunst und Fuhrwesen. Notizen über Fohlenzucht und Bemerkungen über das Fuhrwesen. (VIII und 281 S.) 861. * 25 Ngr.

—— Reiter und Jäger. Eine Erzählung in drei Büchern. 2 Bde. 8. (244; 264 S.) Ebendas. 872. 9 —

—— aus der Säbeltasche eines alten Kavalleristen. 1. Aufl. 1873, und 2. Aufl. 8. (386 S.) Ebendas. 875. 6 —

Krane, Frdr. Frhr. v., aus d. Säbeltasche e. alten Kavalleristen. Erzählungen. 3. Aufl. 8. (227 S.) Breslau 902. Berlin, E. Trewendt. n. 2.—; geb. in Leinw. n. 3.—

Aus der Säbeltasche eines alten Kavalleristen. Erzählungen von Friedrich Frh. v. **Krane**. 4. Aufl. *Breslau: E. Trewendt 1902.* (227 S.) 8° [F.]

Krane, Karl

Krane, Carl, das Buch Jesu oder das Leben Jesu von Nazareth im Lichte der neuesten wissenschaftl. Forschungen dargestellt f. die Gebildeten des deutschen Volkes. gr 8. (IV u. 211 S.) Kassel 850, Hotop. 1 ß

—— die Religion der Humanität, in ihrer geschichtl. Begründung durch die schöpferischen Persönlichkeiten der Neuzeit, dargestellt für die Gebildeten des deutschen Volkes. 8. (III und 192 S.) Worms 850, Schmidt.

Kranebitter, Frz., Gebetsschatz f. die kathol. Jugend, nach dem Gebetbuche „Das fromme Schulkind" v. Jos. A. Keller bearb. Ausg. I: Für Unterklassen. 16. (64 S. m. Abb.) Dülmen 899. A. Laumann. Kart. — 15

— dasselbe. Ausg. II: Für Mittelclassen. 16. (176 S. m. Abb.) Ebd. 899. Geb. n. — 75

— dasselbe. Ausg. III: Für Oberclassen. 16. (272 S. m. Abb.) Ebd. 899. Geb. in Leinw. n. — 50

Kraneburg, Wilh., Bete und arbeite! Gebetbuch für kathol. Arbeiter. 16. (448 S. mit farb. Titel und 1 Stahlst.) Dülmen 888, Laumann'sche Verlagsh. * 1 —
geb. * 1 50

Kraneburg, Wilh., bete u. arbeite! Gebetbuch f. kathol. Arbeiter. 16. (548 S. m. 1 Farbdr.) Essen 900. Fredebeul & Koenen. Geb. in Leinw. 1. —; m. Goldschn. 1. 50; in eleg. Leinw. 1. 25; m. Goldschn. 1. 75

Kraneburg, Wilh., christliches Familienleben. Ein prakt. Wegweiser f. christl. Brautleute u. Eheleute, Eltern u. Kinder. (397 S. m. 12 Vollbildern.) 8. Essen (909). Fredebeul & Koenen. Geb. in Leinw. 5. —

Kraneburg, Wilh., Socialer Handweiser. Zur Orientirung für Laien auf dem Gebiete der socialen Frage. 8°. Duisburg, J. Hoffmann, 1880.

Kraneck. Heinrich. Die alten Ritterburgen und Bergschlösser in Hohen-Rhätien. In lithographirten Abbildungen [60 Tafeln] mit kurzer historisch-topographischer Beschreibung herausgegeben. 8. Chur 1837.

Kranefeldt, W., das feine Billardspiel. Eine auf wissenschaftl. und prakt. Grundlage zusammengestellte Anleitung. gr. 16. (72 S. mit 14 in den Text gedr. Holzschn.) Berlin 874, Plahn'sche Buchh. * 1 —

Kranefuss, Leopold [aus Halle i/W.]: Ueber einen Fall von retropharyngealem Carcinom und die OPERATIONSMETHODFN [sic!] am Pharynx. . . . Würzburg, k. Universitätsdr. v. H. Stürtz, 1889; 33 S. 8°
Würzburg, Med. Fak., Inaug.-Diss. v. 1889

Kranefvss, Leopoldvs (geb. am 28 Sept. 1843 in Harsewinkel Westf.): Nonnvlla de perspiratione afferventvr meae ipsivs observationis exemplis collvstranda ... Bonnae, typ. F. Krvegeri (1865). 2 Bl., 25 S., 1 Bl. 8.
Bonn, Med. Fak., Diss. v. 1 Aug. 1865

Kranepuhl, Theodor, Assistenzarzt am Landkrankenh. zu Hanau: Aus d. chirurg. Abt. d. Landkrankenhauses zu Hanau. Oberarzt: Prof. Dr. O. v. Büngner. Zur Unterbindung der Arteria Carotis communis. *Marburg 1901: (Lechleder & Stroh, Hanau & Frankfurt a. M.).* (32 S.) 8°
Marburg, Med. Diss. v. [14. Mai] 1901

Kraner, s. a. **Krahner.**

Kraner, Bilder aus d. mecklenburg. Geschichte, s.: Rudloff, A.

Kraner, vier Wegweiser zum Vermeiden v. Kommafehlern. (1 Bl. auf Karton.) 8. Dresden (906). A. Müller-Fröbelhaus. n.n. — 05

Kraner, Christian Friedrich [aus Einsiedel]: Über Schillers Unterscheidung von naiver und sentimentalischer Dichtung ... Leipzig, Druck v. A. Mehnert, 1895; 36 S., 2 Bl. 8.
Leipzig, Phil. Fak., Inaug.-Diss. v. [27. Apr.] 1895

Kraner, F.: Bausteine zu einer Geschichte der Schützengesellschaft zu Geringswalde. Geringswalde, 1898, 29 S.

Kraner, F., Observationes in aliquot Caesaris locos de interpolatione suspectos. Pr. 1852. 26 S. 4°.

Kraner, Friedrich: De Archytae Tarentini fragmentis philosophicis dissertatio,
s. Hartenstein, Gustav.

Kraner, Friedr., Hellenica. Die Geschichte Griechenlands bis z. peloponnes. Kriege nach ihren Hauptmomenten in Auszügen aus griech. Schriftstellern f. mittlere Gymnasialclassen zusammengest. u. m. Anmerkungen erläutert. gr. 8. (18 B.) Meissen 842, Klinkicht u. Sohn.

Kraner, Friedrich (Director), Gymnasium zu Zwickau. — **Jahresbericht über das Schuljahr 1857—1858, womit zu d. am 29. u. 30. Sept. zu haltenden öffentl. Prüfung aller Classen u. d. a. d. 1. Oct. festgesetzten feierlich. Redeactus einladet. — Voran steht e. Abh. d. Religionslehrers H. Opitz über die Schicksale u. die Schriften des Apostel Paulus während seiner Gefangenschaft zu Rom. Zwickau (R. Zückler / Höfer). 39 S. mit Schülerverz. (5.—)** 19280

Kraner, Friedrich: Narratio de humanitatis studiorum ... in Germania origine ...,
s. Baumgarten - Crusius, Detlev Carl Wilhelm

Kraner, Fr., s. **Plutarchi vita Phocionis.**

Kraner, J. Balneologischer Bericht d. Ostseebades Misdroy üb. die Saison 1891. gr 8. (16 S.) Lpz. 892, Verlag d. Reichs-Medicinal-Anzeigers. * — 50
Jahresbericht 1890. Ebd. * — 50. — Beide sind aus: Balneolog. Centralbl., besonders abgedruckt.

Kraner, Jul. H. F., s.: Verhandlungen, resp. Veröffentlichungen des allgemeinen deutschen Bäderverbandes.

Kraner, *Wilhelm:* Die Berücksichtigung der Landesgeschichte im Lehrplan der höheren Schulen Mecklenburgs. Doberan, Druck v. H. Rehse & C., 1897; 1 Bl., 30 S. 4.
Doberan, groszh. G Friderico-Francisceum, OP 1897 (676)

Kranerz, Marie Luise, d. deutsche Kaiserkrone, s.a. Mädchen-Bühne.

Die deutsche Kaiserkrone. Vaterländ. Festspiel von Marie Luise **Kranerz**. *Berlin: E. Bloch (1896).* (39 S.) 8° [F.]
— **Mädchen-Bühne.** II. 38.

Kranewitter, Carl Friedrich, s. Kranewitter, Karl Friedrich

Kranewitter, Christian Friedrich

Kranewitter, Chr. Fr., de Bacchanalibus gentilium dissertatio I et II. Viteb. 710. 4. (32 S.)

Kranewitter, Christian Friedrich [Praes.], s. Kranewitter, Karl Friedrich: De Bacchanalibus Gentilium.

Kranewitter, Christian Friedrich [Praes.], s. Martini, Christian Friedemann: De diebus canicularibus.

— M. Chr. Fr. (Chemnitz), De utilitate et jucunditate studii historici, qua ad specimen notitiae historicae et documentum eloquentiae scholasticae in inferiori auditorio lycei Vitembergensis ... invitat. Wittbg. (Wwe. Gerdes) 1715. 7 Bl. (4.—) 19282

Kranewitter, Frz., lyrische Fresken. Gedichte. 12. (125 S.) Innsbruck 888, Gaßner und Comp. * 1 —

Kranewitter, Frz., Michel Gaißmayr. Tragödie in 5 Aufzügen aus d. Tiroler Bauernkriege v. 1525. 8. (VII, 115 S.) Berlin 899. S. Fischer, Verl. n. 2. —; geb. n. 3. —

— um Haus u. Hof. Volksstück in 4 Aufzügen. 8. (III, 96 S.) Leipzig 899. Berlin, G. H. Meyer. n. 2. —

Kranewitter, Franz: Um Haus und Hof. Volksstück in 4 Aufz. von –. München: Rubinverl. [1899]. 96 S. 8°
(Rubin-Bibliothek.)

(B) Kranewitter, Frz., um Haus u. Hof. 899. (KBB 31.) Jetzt: Berlin, F. Wunder.

KRANEWITTER, Franz
(F) Andre Hofer. Schauspiel in vier Aufzügen von Franz Kranewitter. Linz. Wien. Leipzig. [1901.] Oesterreichische Verlagsanstalt. Gr.-8°. 94 S. K 1.80

Andre Hofer. Schauspiel in 4 Aufz. von Franz Kranewitter. 2. Aufl. Wien & Leipzig: Oesterr. Verlagsanst. [1903]. (94 S.) 8° [F.] [04. 8046

Kranewitter, Frz., Andre Hofer. Schauspiel in 4 Aufzügen. 1. u. 2. Aufl. (94 S.) 8. Wien (904). Innsbruck, Selbstverlag. 2. —; geb. 2. 50

— Andre Hofer. Schauspiel in 4 Aufzügen. 3. Aufl. (93 S.) 8. Innsbruck 909. E. Sibler. 2. —

Kranewitter, Frz. Kulturkampf. Erzählende Dichtg. 8. (120 S.) Lpz. 890, W. Friedrich. * 1 —

(F) Kranewitter, F., Wieland der Schmied. Schauspiel aus der deutschen Sage in 5 Aufzügen. 8°. (141 S.) K 3.—
Wien: Perles 1910.

Kranewitter, Karl Friedrich

Kranewitter, Carl Friedrich (Chemnitz), De Bacchanalibus Gentilium. Diss. histor. I/II. Präs. M. Christian Friedrich Kranewitter (Chemnitz; Bruder) März 1710. 16 Bl. (6.80) 19281

Kranewitter, Karl Fried. [Praes.], s. Hoffmann, Balthasar Gottlob: De servanda inter homines aequalitate ex jurisprudentia naturali.

'Mit Gott!' Briefe eines Vaters u. Arztes an s. Sohn von Dr. Kranich v. Münster. *Halle a. S. & Bremen: C. E. Müller 1901.* (VII, 90 S.) 8° [F.] [01. 8028 3

[F.] Die Ascetik in ihrer dogmatischen Grundlage bei Basilius dem Grossen. Von Dr. A[nton] Kranich, o.ö. Prof. ... zu Braunsberg. *Paderborn: F. Schöningh 1896.* (2 Bl., IV, 97 S.) 1 Bd 8. [96. 8388

Kranich, Ant., der heilige Basilius in seiner Stellung zum „Filioque". gr. 8. (VIII, 124 S.) Braunsberg 882, Huye's Buchh. *

Index lectionum in Lyceo Regio Hosiano Brunsbergensi per hiem. a d. xv. Oct. a. 1894 usque ad d. xv. Mart. a. 1895 instituendarum. — Praecedit Prof. Dr. Antonii Kranich commentatio apologetica: Ecclesia quibus de causis per se ipsa sit motivum credibilitatis et divinae suae legationis testimonium. Brunsbergae, typ. Heyneanis, 1894; 17 S. 4.

Kranich, Antonius: Quibus de causis ecclesia per se ipsa sit motivum credibilitatis et divinae suae legationis testimonium ⟨part. II⟩. ([Enthält ausserdem:] Renuntiatio judiciorum de certamine litterario a commilitonibus inito et quaestionum in annum currentem propositarum promulgatio.) *Brunsbergae 1898: Heyne.* (21 S.) 4° ¶(Th. 1 im Verzeichniss der Vorlesungen für 1894/95.)
Braunsberg, Verz. d. Vorl. f. d. S.S. 1898

Kranich, A., üb. die Empfänglichkeit der menschlichen Natur f. die Güter der übernatürlichen Ordnung nach der Lehre d. hl. Augustin u. d. hl. Thomas v. A. gr. 8. (IV, 100 S.) Paderborn 892. F. Schöningh. n. 1. 80

Kranich, A(ntonius), Prof. Dr.: Qua via ac ratione Clemens Alexandrinus ethnicos ad religionem Christianam adducere studuerit. P. 1. — (Enthält außerdem: Renuntiatio judiciorum de certamine litterario a Commilitonibus Lycei Regii Hosiani anno superiore inito et quaestionum in annum currentem propositarum promulgatio.) *Brunsbergae 1903: Heyne.* (S. 1—14.) 4°
Braunsberg, Ind. lect. SS 1903

Kranich, A(nton): Qua via ac ratione Clemens Alexandrinus ethnicos ad religionem christianam adducere studuerit. (P. 2.) Braunsberg 1908: Heyne. S. 3—20. 4° ¶(P. 1. s. Vorl.-Verz. SS 1903.)
Braunsberg, Vorl.-Verz. WS 1908/09 [U 09. 443

Kirche und Kirchspiel Reichenberg. Ein Gedenkblatt z. 50j. Priesterjubiläum d. Pfarrers A. Hosmann. 1853–1903. Von Prof. Dr. [Anton] Kranich in Braunsberg. *Braunsberg 1903: Ermländ. Zeitungs- & Verlagsdr.* (44 S.) 8° [F.] [04. 15769 10

Kranich, Chr. Fr., Andeutungen des Sichtbaren vom Unsichtbaren, in mehreren Predigten. gr. 8. Glarus 822. (Zürich, Geßner). 16 gr

— Blüthen d. Natur u. Religion, in Gedichten. 12. St. Gallen 824. Huber u. Co. 12 gr

Kranich, Chr. Fr., das Schöne u. Gute unseres Vaterlandes. Eine Predigt gehalten d. 18. Juli 1824. .. Ebenat. 824. Keller. 1½ gr

— wie ich Wädenschweil wieder sah. Etwas zur Belebung des vaterländischen Sinnes. 8. Ebnat 823. Keller. (Leipz., Kaysers B.) 8 gr

Kranich, E.: Die Alliteration bei P. Papinius Statius I. 21. Mähr.-Neustadt, Progr. 1886

Kranich, Julius, Unterveterinär im Feldartillerie-Regiment Nr. 61 zu Darmstadt: Aus dem pharmakol. Institut d. Universität Gießen. Zur Methodik der Bestimmung von Fett und Fettsäuren im Blute. Gießen 1906: v. Münchow. (39 S.) 8°
Gießen, Med. Fak., Ref. Geppert, Diss. v. 2. Juli 1906
[Geb. 9. Mai 78 Jülich; Wohnort: Darmstadt; Staatsangeh.: Preußen; Vorbildung: Gymn. Crefeld Reife O. 98; Studium: Berlin Tierärztl. Hochsch. 8 S.; Rig. 9. März 06.]

Kranich, Margar., und Mechtilde Maier, die wohlberathene Hausfrau in Stadt und Land. Oder: vollständige und zuverlässige Belehrung über Alles, was eine Hausfrau wissen soll und muß, wenn sie ihr und der Ihrigen Wohlseyn und Glück begründen will. Ein nothwendiger Anh. zu jedem Kochbuch, namentlich aber zum Lindauer Kochbuch. Unter Zugrundelegung bewährter Erfahrungen hrsg. gr. 8. (645 S.) Lindau 864, Stettner. 1 Thlr. 3 Ngr.; cart. geb. 1 Thlr. 10 Ngr. und

Kranich, Margaretha, und Mechtilde Maier, die wohlberathene Hausfrau in Stadt und Land. Oder: Vollständige und zuverlässige Belehrung über Alles, was eine Hausfrau, außer Besorgung der Küche, wissen soll und muß, wenn sie ihr und der Ihrigen Wohlseyn und Glück begründen will. Ein nothwend. Anh. zu jedem Kochbuch, namentl. aber zum Lindauer Kochbuch. 2. Aufl. 8 Lfgn. gr. 8. (IV, 646 S.) Lindau 868, Stettner. à Lfg. 55 Pf. 3 30
geb. in Pappbd. ℳ 3,50.; geb. in Lwd. 4 —

Kranich, Margarethe, und Mechtilde Maier, die wohlberathene Hausfrau in Stadt und Land. Oder: Vollständige und zuverlässige Belehrung über Alles, was eine Hausfrau, außer Besorgung der Küche, wissen soll und muß, wenn sie ihr und der Ihrigen Wohlseyn und Glück begründen will. Ein nothwend. Anhang zu jedem Kochbuch, namentl. aber zum Lindauer Kochbuch. 3. Aufl. gr. 8. (645 S.) Lindau 880, Stettner. cart. ℳ 4,20.; geb.

KRANICH, Matthias (Frauensattling): De variis coremorphosis methodis.- Monachii: Giesser 1836. 20 S.
17.5.1833 - Urk (Titel: De coremorphosi.); F 61
Diss. Ingolst.-Landsh.-Mchn.

Kranich, Timotheus, O. S. B., Echo des Herzens. Kleine Lieder f. stille Menschen. (VIII, 100 S.) kl. 8. Münster 910. Alphonsus-Buchh. Geb. in Leinw. 2.50

Kranich, Timotheus, O. S. B., goldne Fernen. Neue Lieder. (72 S.) kl. 8. Münster 906. Alphonsus-Buchh. Geb. in Leinw. m. Goldschn. n. 2.40

— Fink u. Nachtigall. Lieder aus dem Klosterfrieden. (96 S.) kl. 8. Ravensburg 908. F. Alber. 1.40; geb. 1.80

Schlichte Spende. Gedichte von P. Timotheus **Kranich**, O. S. B. Münster i. W.: Alphonsus-Buchh. 1904. (VIII, 90 S.) 8° [F.] [05. 4731

Schlichte Spende. Gedichte von P. Timotheus **Kranich** O. S. B. 2., reichverm. Aufl. Münster i. W.: Alphonsus-Buchh. 1906. (VIII, 176 S.) 8° [F.] [06. 6334 6

Kranichfeld [Schlagwort]

Kranichfeld, s.: Preussen. Messtischblätter.

Kranichfeld [Verfasser]

Kranichfeld, C. Fr. Hermann: Bericht über das sittlich-religiöse und kirchliche Leben der evangelischen Gemeinde des Grossh. Luxemburg, sowie über die Thätigkeit des Presbyteriums im Jahre 1883, statutengemäss vorgelegt der General-Versammlung der Gemeinde am Sonntag Quinquagesimae, 24. Februar 1884, durch den Pfarrer. Luxemburg: Th. Schroell 1884. 20 S. 8°

Kranichfeld, Friedrich Wilhelm Georg

— s. Chronik, statische, d. Alkohol-Vergiftung.

— Conspectus publicus morborum ophthalmicorum, in Instituto policlinico-ophthalmiatrico Universitatis regiae Fridericae Guilelmae ab anno MDCCCXXX usque ad annum MDCCCXLII tractati et sanati, eorumque aegrotorum, qui medela frustrata dimissi sunt, vel recesserunt. 4maj. ibid. 842. n. 5/12 Thlr.

—— anatomische Darstellung d. Systems der Instinct- od. Knotennerven, welche den Lebens- u. Gesundheitssinn, die organ. Grundlage des Glaubens, den urgesetzl. Arzt, d. i. den Arzt in Dir ausmachen, u. Andeutungen der vorzügl. Verbindungen desselben mit dem Systeme der Gehirn-Rückenmarksnerven. gr. 8. (1/2 B. u. 1 Stnt.) Berlin 842, Wohlgemuth, Berl.*

Kranichfeld, Frid. Guil. Georgus [!]: Dissertatio medica de dignitate medicaminibus nonnullis restituenda. Berolini 1827. (62 S.) 4°
Berlin, Med. Fak., Antrittsprogr. v. [15. Dez.] 1827

Kranichfeld, Fr. Guil. G., de dignitate medicaminibus nonnullis restituenda. Dissertat. med. 4maj. (9½ B.) Berolini 828, (Nicolai.)

Kranichfeld, F. W. G., Grundzüge der auf dem Begriffe vom wahren Leben beruhenden Pathologie und Therapie. I. Bd.: Grundzüge der Pathologie. Imp.-4. (XVIII und 526 S. mit 10 Stnt., wovon 8 chromolithogr., in Imp.-4. und Fol.) Berlin 856, Evangelische Buchhandlung. *

—— über die Heilkräfte des Augentrostes (Euphrasia officinalis) und über die pharmaceutischen Zubereitungen derselben; nebst wissenschaftlich-pract. Bemerkungen über Vergiftungen, in welchen eben die Euphrasia officinalis heilsam ist. gr. 8. (35 S.) Berlin 856(57,) Evangelische Buchhandlung.

— das Hygiocomium, oder Beschreibung eines medicinischen Institutes für die Pflege des heilenden Gesunden im Kranken, nebst einer einleit. u. durch Tabellen erläut. Uebersicht der gesammten Medicin ihrem Inhalte, ihrer Bestimmung u. ihrem Werthe, so wie ihrer gegenwärt. Entwickelungsstufe nach. 1r Thl. Mit Titelkpfr. u. 1 Steintaf. gr. 8. Berlin 839. Reimer. 1 5/6 Thlr.

– s. Jahresbericht des Berliner Enthaltsamkeitsvereins.

Kranichfeld, Friedr. Wilh. G., Nachricht üb. das berliner Hygiokomium. gr. 8. (4 B. u. 1 Grundr. des Instituts.) Berlin 842. (Wohlgemuth, Berl.) Thlr. *

— üb. die Nothwendigkeit gründlicher pharmacologischer Kenntnisse zum Ueben einer glücklichen Praxis in der Medicin und zur Förderung derselben als Wissenschaft. Ein Vortrag. gr. 8. Berlin 833. Nicolai. 1/3 Thlr.

—— anthropolog. Uebersicht d. gesammten Ophthalmiatrie, nebst e. anthropolog. Zusammenstell. d. Augenkrankheiten u. Grundzüge d. anthropolog. Methode sie zu heilen. Ein Leitfaden ophthalmiatr. Vorträge. gr. 8. (11¼ B.) Berlin 841. (Dresden, Naumann.) *

Kranichfeld, Friedr. Wilh. G., über den Unterschied des Aetherischen im Weine und im Brandweine. Darstellung eines auf einem wissenschaftlichen Irrthume beruhenden, zunächst die Enthaltsamkeits-Angelegenheit betr. Hindernisses menschlicher Glückseligkeit und Vorschläge zur Beseitigung desselben. 2., verm. Aufl. 8. (IV und 64 S.) Berlin 868, Beck. *

—— über d. Unterschied d. Geistigen im Weine u. im Branntweine. Darstell. ein. auf einem wissenschaftl. Irrthume beruhenden, zunächst d. Mäßigkeits-Angelegenheit betreff. Hindernisses menschl. Glückseligkeit, u. Vorschläge z. Beseitigung desselben. 8. (4¼ B.) Berlin 838, Thome. *

-s.a. Volksfreund, d. ärztliche.

— der ärztliche Volksfreund oder der Arzt in dir. Eine Zeitschrift für die Gesundheitspflege. In Verbindung mit mehrern Aerzten herausg. 1r Jahrg. 1840. Nr. 1—24. Berlin 840. Wohlgemuth. n. 1 ₰

Kranichfeld, Frdr. Wilh. Carl, die Predigt vom Glauben als das Gericht über das Papstthum. Reformationspredigt. 8. (16 S.) Leipzig 883. Roßberg. n. — 40

Kranichfeld, Friedr. Wilh. Carl, Johann Gottlieb Uhle, f. seine Freunde. — Erinnerungen aus d. Leben d. Pastor Uhle, Begründers u. vieljähr. Secretärs d. christl. Vereines im nördl. Deutschland. gr. 8. (7½ B.) Leipzig 839, Köhler.

Kranichfeld, Rudolf s. Kranichfeld, Wilhelm Rudolf

Kranichfeld, Volrad Wilhelm, bacc. iur., Referendar in Markranstädt: Die Aufgabe des Eigentums an Grundstücken und deren Folgen. Leipzig: Roßberg 1908. (90 S.) 8° [F.]
Leipzig, Jur. Fak., Diss. v. 23. Jan. 1908
[Geb. 13. Aug. 83 Leipzig; Wohnort: Markranstädt; Staatsangeh.: Sachsen; Vorbildung: Nikolai-Gymn. Leipzig Reife O. 03; Studium: Freiburg i. B. 1, Leipzig 6 S.; Rig. 15. Juni 06.]

Kranichfeld, Wilhelm

Kranichfeld, Wilh. Die im Königr. Sachsen geltenden Gerichtskosten-Gesetze. Mit Gebührentabellen. Erläutert. 2 Abthlgn. gr. 8. Lpz., Roßberg. * 8 40; geb. * 9 40
1. Reichsrecht. (S. 1—124.) 890. * 2 80.
2. Landesrecht. (VII, S. 125 - 380.) 891. * 5 60.

Kranichfeld, Wilh., Gesetz, betreffend die Anfechtung von Rechtshandlungen eines Schuldners außerhalb des Konkursverfahrens. Vom 21. Juni 1879, erläutert. 8. (62 S.) Leipzig 880, Roßberg'sche Buchh. *

Kranichfeld, sächs. Ges. betr. Ersuchungsschreiben d. Justizbehörden. Leipzig 892.

Kranichfeld, Wilh., s.: Gesetzgebung, die, des Königr. Sachsen.

Kranichfeld, Wilh., Grundbuchordnung f. d. Deutsche Reich v. 24. III. 1897. M. Bemerkgn. u. m. Hinweisen auf d. Gesetzgebg. d. Königr. Sachsen, d. Herzogthums Sachsen-Altenburg u. d. Fürstenthümer Reuß, nebst ausführl. Sachregister. 8. (XII, 116 S.) Leipzig 897. Roßberg. Kart. n. 2. —

Kranichfeld, Verordnung vom 6. Febr. 1891, die im Auslande zu erledigenden Ersuchungsschreiben der Justizbehörden betr. Mit Bemerkgn. versehen. Leipzig 892.

Kranichfeld, W., die neueren Civilproceßgesetze für das Königreich Sachsen. Zusammengestellt unter Berücksicht. der neueren Spruchpraxis. Mit einem Sachregister. 8. (IV, 284 S.) Leipzig 876, Roßberg'sche Buchh. *

Kranichfeld, Wilhelm Rudolf

Kranichfeld, Rud., das Buch Daniel erklaert. gr. 8. (VIII, 418 S.) Berlin 868, Schlawitz. [Leipzig, Hinrichs' Verlag.] * 6 —

— Predigt bei der Feier des 27jähr. Bestehens des Haupt- u. Berlin-Märkischen Central-Vereins gegen die Vergiftung durch Alkohol (Branntwein) am 21. November 1864 in der Hygiocomium-Kapelle gehalten. Berlin 865. (Beck.) gr. 8. (16 S.) n. 2 ngr

Kranichfeld, Guil. Rud. (geb. Berlin 10. 12. 1834): Platonis et Aristotelis de ἡδονῇ sententiae quomodo tum consentiant tum dissentiant perquirendo inter sese comparatae. Berolini (1859). (52 S.) 8°
Berlin, Phil. Diss. v. 6. Aug. 1859

Kranichfeld, Guil. Rud., de iis, quae in testamento vetere commemorantur, prophetarum societatibus. gr. 8. (III und 59 S.) Berlin 861, Schlawitz. *

Kranichfeld, Guil. Rud.: Theses theologicae. Berolini (1859). (2 Bl.) 4°
Berlin, Theol. Thes. v. 15. Jan. 1859

Kranichfeld-Gardner, Miriam v. Minnie Hartford, s. Asher's collection of English authors.

Kranichfeldt, Christian Adam (Erf.), Rudolphum I. Habspurgicum imperatorem tanquam exemplum restauratae reipublicae. Disp. histor.-polit. I. Rector Christoph Ignaz v. Guden. Präs. M. Justus Heinrich Lalemberg. Erfurt (Grosch) 22. XII. 1724. 32 S. (6.50) 19283
Gew.: Paul Christian Birckner, Präs.

Kranichs († 26. Novbr. 1884), Briefe aus dem Jenseits. Mitgetheilt vom Adressaten Mac Clown. 1. und 2. Aufl. 8. (83 S.) Berlin 885,86, Cronbach. 1 25

Kranser, Heinr., Soldaten-Vaterunser. 16. (21 S.) Graz 898. Styria. n. — 20

Kranikus, Wilh., Tells Sänger-Bürgschaft der Jungfrau, od.: Der Fluch der Ibyche v. Orleans, s.: Fastnachts-Bühne.

Kranioskopie u. Physiognomik, s. Miniatur-Bibliothek des Nützlichen u. Angenehmen.

Kranitz, v. Posse mit Gesang in 4 Acten von C. 8. (90 S.) Hamburg 887, (Hoffmann und Campe's Sortiment.) * 1 50

Kranke, Der; eine Wochenschrift. Danzig 1764. H: *Stolterfoth, Gfr.* (MGT)

Kranke, der, od. die Geschichte e. guten Familie. 8. Nürnb. 775. Bauer. 10 gr

Kranke

— der, bis zu seiner Auflösung betende. 8. Wien 783. v. Mößle. 1 ₰ 8 kr

Kranke, der, bis zu seiner Auflösung betende. 8. Würzb. 4e A. 805. Stahel. 8 kr

Kranke, d. verstellte; od. d. rechtschaffene Arzt. Lstsp. gr. 8. Wien, Trattner. 770.

Kranke, Fr., s. Krancke, Friedrich

Kränkel, Franz Heinrich

Kränkel, Frz. H. Die Anschaulichkeit beim Unterricht. Ein Beitrag zur Methodik. 32 S. Progr. *Konstanz* 1879.

—: [Bericht über die Jahrhundertfeier der Anstalt als Mittelschule.] 8. 3—5. 4. Progr. Großh. Gymn. *Lahr* 1905 (734).

F. H. Kränkel. Ist der Ausfall einer schriftlichen Übersetzung aus dem Deutschen ins Griechische bei dem Abiturientenexamen wünschenswert? Referat. 19 S. Donaueschingen, P 1885

Kraenkel, Franz H. [Dir.]: Hermann der Befreier. E. vaterländ. Festspiel f. d. deutsche Jugend. Lahr, Druck v. J. H. Geiger, 1893; 44 S. 4.
Lahr, grossh. G, MP 1893 (606)

Kraenkel, (Franz H.), Dir.: Zur Jahrhundertfeier der Mittelschule in Lahr. Chronik ⟨insbes. seit 1854 bis 1904⟩. Lahr 1904: J. H. Geiger. (18 S.) 4°
Lahr, großh. G P 1904 (713)

Kränkel, Frz. H. Ist der Fortfall einer schriftlichen Übersetzung aus dem Deutschen ins Griechische bei dem Abiturientenexamen wünschenswert? 19 S. **Progr.** *Donaueschingen* 1885.

Kränkel, Frz. H. Das neue Progymnasiumsgebäude in Donaueschingen. I. Geschichte und Beschreibung des Neubaues. II. Bericht über die Eröffnungsfeier am 17. April d. J. 29 S. u. 2 Taf. **Progr.** *Donaueschingen* 1882.

Kraenkel, Franz H[einrich], Dir.: **Realismus beim Lehren und Lernen. Ansprache an d. Abiturienten i. J. 1900.** *Lahr 1901: J. H. Geiger.* (8 S.) 4°
Lahr, grossh. G, MP 1901 (668)

Kraenkel, *Franz H.* [Dir.]: Der Unterricht in der philosophischen Propädeutik. Ein Referat, welches in d. Lehrerkonferenz d. Gymn.... im J. 1890 erstattet wurde. Lahr, Druck v. J. H. Geiger, 1891; 20 S., 1 Bl. 4°
Lahr, grossh. G, MP 1891 (601)

Kränkel, F. H. Der Unterricht in den neueren Sprachen an den Gelehrtenschulen. Constanz, G., 1872. 31 S. Progr.

Kranken, der, Trost. Hrsg.: Berbig. 1. Jahrg. 1898. 52 Nrn. (à ca. 4 S.) gr. 8. Gotha, G. Schloeßmann. n. — 52

— dasselbe. Hrsg.: Berbig, in Verbindg. m. evangel. Geistlichen. 2. Jahrg. 1899. 52 Nrn. (à ca. 4 S.) gr. 8. Ebd. n.n. — 55

Kranken, der, Trost. Hrsg.: Berbig, in Verbindg. m. evang. Geistlichen. 3.—5. Jahrg. 1900—1902. à 52 Nrn. gr. 8. (à 4 S.) Gotha. Hamburg, G. Schloeßmann. à Jahrg. n. — 57

Kranken, der, Trost. Hrsg.: Berbig, in Verbindg. m. evang. Geistlichen. 6.—9. Jahrg. 1903—1906. à 52 Nrn. (à 4 S.) 8. Hamburg, G. Schloeßmann. à Jhrg. n. — 57

Kranken, der, Trost. Hrsg.: Berbig, in Verbindung m. evang. Geistlichen. 10.—13. Jahrg. 1907—1910 à 57 Nrn. (à 4 S.) 8. Hamburg, G. Schloeßmann. à Jahrg. — 57

Kranken-Anstalten und Kranken-Kassen im Kanton Glarus. Zürich [1881.] V: *Freuler, Wilh.* (Cat. d. Stadtbibl. Zürich. Zürich 1864—97.)

Kranken-Aufnahmsprotokoll Gremium Klosterneuburger

Kranken-Aufnahms-Protokoll des Klosterneub(urger) Chi(rurgischen) Gremium, angefangen vom 10. June 1844. Ohne Seitenzählung, gbd.

Klosterneuburg: 1844 - 1867
(Chyrurgisches Gremium Klosterneuburg. Bd 7)

JB 5.850/7

Krankenbesuch, der, in d. Bauernhütte. 16. (Mit 1 Lith. u. Titelvign.) Straßburg 846, Levrault. geb. 4 ngl

Krankenbesuch, der, in der Bauernhütte. [Ster.-Ausg.] 16. (32 S.) Barmen 871, (Wiemann.) — 13

Krankenbesuch, der, in der Bauernhütte. Hrsg. von der Wupperthaler Traktat-Gesellschaft. 8. (32 S.) Barmen 883, (Wiemann.)

Krankenbesuch, der, in seinen Eigenschaften nach d. phys. u. moral. Lage d. Kranken (von J. C. Harscher). 3 Thle. gr. 8. Augsb. 793 u. 94. Rieger. 2 ₰ Zugabe dazu, unt. d. Tit.: d. denkende u. ermunternde Christ an seinem Krankenbette. 795. 21 K

—— der, im Schlosse. 16. (5½ B., 1 Stnt. u. Ttlvign.) Straßburg 846, Levrault'sche Buchh.

Krankenbesuche, Zwey seltene. [Riga 1817.] V: *Hörschelmann, Ferdinand Ludwig.* (R-N)

Krankenbett, ein. Von einem Augenzeugen erzählt. 8. (119 S.) Berlin 878, Hauptverein für christl. Erbauungsschriften. cart.

Krankenbett, das. Praktische Rathschläge f. Familien aus dem Gebiete der Homöopathie, Elektro-Homöopathie u. Wasserheilkunde. Red.: J. Grosshauser. 1. Jahrg. Septbr. 1890—Aug. 1891. 24 Nrn. (½ B.) gr. 8. Bentheim 890. Expedition. n. 3. —

Krankenbett, das, zu Jesu Füßen, oder Sammlung erweckl. und tröstl. Exempel von Leidenskampf und Glaubenssieg aus älterer und neuerer Zeit, zum segensreichen Gebrauch in Familien, Heilanstalten 2c. hrsg. von einem evangel. Geistlichen. gr. 8. (VIII und 204 S.) Tübingen 856, L. F. Fues' Vrlgsb.

Krankenbett, das, zu Jesu Füßen, oder Sammlung erwecklicher und tröstlicher Exempel von Leidenskampf und Glaubenssieg aus älterer und neuerer Zeit, zum segensreichen Gebrauch in Familien, Heilanstalten u. s. w. herausg. von einem evangelischen Geistlichen. 2. Ausg. Tübingen 859. Fues. gr. 8. (VIII, 204 S.) n. 9 ngr

Krankenbett, Das, zu Jesu Füssen, oder Sammlung erwecklicher und tröstlicher Exempel vom Leidenskampf und Glaubenssieg aus älterer und neuerer Zeit, zum segensreichen Gebrauch in Familien, Heilanstalten etc. Herausgegeben von einem evangelischen Geistlichen. (Titel-) Ausgabe. Basel [1856], 1860. H: *Schmidt, Adolph Friedrich.* (zu)

Krankenblätter. 1. u. 2. Sammlung. à 15 Nrn. gr. 8. (à 8 S. m. je 1 Abb.) Berlin 896. Deutsche evang. Buch- u. Tractat-Gesellschaft. In Umschlag à Sammlung n. 1. 50

— dasselbe. Hrsg. v. evang. Trostbund. (Enth. je 2 Explre. v. Nr. 1—10.) gr. 8. (à 4 S.) Berlin 896. Verl. d. christl. Zeitschriftenvereins. In Umschlag — 75

[**Krankenblätter.** Hrsg. v. Evang. Trostbund.] 1–60. (Berlin: Christl. Zeitschriftenver. [1905].) (60 Bl.) 8° [c6. 478]

Kranken-Bote : Jahrgang 1—41, 1881?—1922?
Monthly. Sub-title [1916]: Herausgegeben um das Publikum mit dem alten, zeiterprobten Kräuter-Heilmittel, Fornis Alpenkräuter, bekannt zu machen. Sub-title [1914]: Im Interesse von Forni's Alpenkräuter, dem altbewährten Heilmittel, veröffentlicht und frei verteilt. Patent-medicine advertising, yet this publication has a certain historical interest. Quarto, each issue 8 pages; illustrated, including portraits. Published by Dr. Peter Fahrney & Sons Co. [Dr. Fahrney was well-known head of the patent-medicine firm bearing his name.] For a time, at least, it was issued as a "Beilage" and distributed with Acker- und Gartenbau-Zeitung [1891].
Chicago, IL

Krankenbuch. Hrsg. v. d. christl. Verein im nördl. Deutschland. 12. Halle 838, Buchh. d. Waisenhauses.

Krankenbuch oder Buchführung für practische Aerzte zur bequemen Uebersicht aller behandelten Kranken, der Krankheiten, Besuche und Zahlungen. Imp.-Fol. (95 S.) Leipzig 854, T. O. Weigel.

Krankenbuch. 7. Aufl. gr. 16. (II, 141 S.) Eisleben 870. Christl. Verein im nördl. Deutschland. Geb. n. — 45

Krankenbuch für homöopath. Aerzte. 25 linirte Blätter in gr. Fol. Leipzig 837. Schumann. à Buch 1 Rthlr

Krankenbuch, biblisches, oder Unterhaltung für d. Christen auf d. Krankenbette. 8. Andernach 803. Lassaulx. 8 xr

— geistreiches, wie man sich selbst trösten u. seine Seele heilen kann, aus d. Französ. 8. Augsb. 759. M. Rieger. 10 xr

Krankenbuch, das große. Der Tempel der Gesundheit, den Kranken und Leidenden errichtet. gr. 8. (86 S.) Berlin 877, E. Schlesinger.

— katholisches, für Seelsorger, Kranke zu trösten rc. 8. Münch. 789. J. Lindauer. 12 xr

Kranken- u. Sterbebuch, prakt., für Katholiken, von dem Verfasser d. neubearbeiteten Predigtentwürfe (E. Menne). gr. 8. Augsb. 797. 2e A. 805. Doll. (Landsh., Krüll). 1 Rthlr

— u. Sterbebuch, prakt., vom Verfass. d. neu ausgearb. Predigtentw. gr. 8. Augsb. Doll. 804.

Kranken- und Sterbebuch, Praktisches, für Katholiken. Augsburg 1797. 2. Aufl. 1805. V: *Menne, Edilbert.* (Ky) (Th) (Schmal) (MGT) (Call)

— für Priester und Laien. Nach M. Vogel's Krankenbuch verb. und mit Zusätzen aus kirchl. Ritualien versehen von einem Priester der Diöcese Rottenburg. 8. (IV und 261 S.) Nördlingen 856, Beck'sche Buchh.

— theoreth.-praktisches, oder kurze Anleitung für Seelsorger, den Kranken u. Sterbenden mit Nutzen beizustehen; von einem Regensburger Diöcesan-Weltpriester. 8. Augsb. 799. Rieger. 5 xr

KRANKEN-BÜCHEL zu Trost, Hülf und Heil der Sterbenden absonderlich jenen zu Dienst eingerichtet, welche denen Kranken, und Sterbenden wollen verhülflich seyn . . . Aus unterschiedenen Kranken-Büchern zusammengetragen. Erlau 1790: Bischöfl. Buchdruck. 192 S. - 150 mm

Krankenbüchlein

— oder Zubereitungen zu einem sel. Tode. ... Wien 758. Trattner. 4 xr

Krankenbüchlein, katholisches, oder Unterricht für Kranke u. Sterbende, mit einer Sammlung schöner Gebete f. Kranke u. Sterbende aus bewährten kathol. Andachtsbüchern. Hrsg. v. einem kathol. Geistlichen. Mit 1 Titelbilde (in Stahlst.) 12. (156 S.) Ravensburg 851, Dorn. 9 ngr

Krankenbüchlein, katholisches, zur Beihülfe bürgerl. Haushaltungen in Städten u. auf d. Lande, von e. kathol. Seelsorger d. Bisthums Augsburg. 12. Augsb. 819. Kranzfelder. 2 xr

Krankenbüchlein für Landleute, auch brauchbar für Stadtleute, oder wie sollen die Landleute ihre Kranken pflegen? Mit einem Anhang über die Sorge für die Gesundheit und die Einrichtung der Hausapotheke. Rathschläge, gesammelt von einem Landpfarrer, geprüft von einem Landarzte. 8. (IV, 98 S.) Trier 883, Paulinus-Druckerei. cart. *

— dass. — 2. verm. und verb. Aufl. 8. (VII, 186 S.) Ebendas. 884. cart. *

Krankenbüchlein sowohl zum Gebrauch f. Seelsorger am Krankenbette wie auch f. kranke Laien u. deren Umgebg. Von e. Curatpriester der Erzdiöcese Köln. 16. (83 S.) Essen 873. Fredebeul & Könen. — 50

Krankenbüchlein zum Gebrauch für Seelsorger am Krankenbette, sowie auch für Kranke und Krankenpfleger. Von einem Curatpriester der Erzdiöcese Köln. 2. sehr verm. Aufl. 16. (155 S.) Aachen 877, Jacobi und Comp. *

Kranken- u. Sterbe-Büchlein. Nach dem Osnabrücker Rituale. 8. (46 S.) Lingen 880. van Acken. n. — 15

KRANKEN- / BÜCHLEIN, / worinn / eine heilsame Vorbereitung / zu einem seligen Tod, und unterschiedliche, / zur Zeit der Krankheit sehr anständige Andachts-Uibungen /enthalten sind. / Deren sich so wohl die Kranke, als jene, / so den Kranken beistehen, sehr nützlich / bedienen mögen. Preßburg 1796. Gedr. bey Franz Augustin Patzko. 142, 2 S. - 170 mm

Krankendiarium, oder medizin. Tagebuch rc. Fol. Altenb. (Brockhaus in Leipz.) 1 Rthlr

Krankenexamen, homöopathisches, besonders für Jene, die anfangen, sich mit d. Homöopathie zu beschäftigen u. für Kranke, die v. ihrem Arzte entfernt leben. 8. Leipzig 835. Künzel. 1/4 Rthlr

Krankenexamen, homöopath., besond. f. Jene, die anfangen, sich mit d. Homöopathie zu beschäftigen, u. f. Kranke, die von ihrem Arzte entfernt leben. 8. (3 1/4 B.) Leipzig 835, L. Schumann.

Krankenfreund, s.a. Armen- und Krankenfreund.

Kranken-Freund, der. Correspondenzblatt für die Diakonissensache. Hrsgbr.: Walter. Jahrg. 1880—1884. à Jahrg. 12 Nrn. (à Nr. 1/2 Bog.) gr. 4. Karlsruhe, (Reiff.) à Jahrg. *

Kranken-Freund, der. Korrespondenzblatt für die Diakonissensache. Hrsgbr.: Walter. Jahrg. 1885—1888. à Jahrg. 12 Nrn. (à Nr. 1/2 Bog.) gr. 4. Karlsruhe, (Reiff.) à Jahrg. * 1 —

Kranken-Freund, der. Korrespondenzblatt f. die Diakonissensache. Hrsgbr.: Walter. Jahrg. 1889—1892. à Jahrg. 12 Nrn. (1/2 Bog.) gr. 4. Karlsr., (Reiff). à Jahrg. * 1 —

Kranken-Freund, der. Korrespondenzblatt f. die Diakonissensache. Hrsg.: Walter. Jahrg. 1891—1893. à 12 Nrn. (1/2 Bog.) gr. 4. Karlsruhe. (J. J. Reiff). à Jahrg. n. 1. —

Kranken-Freund, der. Korrespondenzblatt f. d. Diakonissensache. Hrsg.: Walter. Jahrg. 1895—1898. à 12 Nrn. (à ca. 4 S.) gr. 4. Karlsruhe (J. J. Reiff). à Jahrg. n. 1. —

Kranken-Freund, der. Korrespondenzblatt f. die Diakonissensache. Hrsg.: Walter. Jahrg. 1899—1902. à 12 Nrn. gr. 4. (à ca. 4 S.) Karlsruhe. (J. J. Reiff.) à Jahrg. n. 1. —

Kranken-Freund, der. Korrespondenzblatt f. die Diakonissensache. Hrsg.: Katz. Jahrg. 1903—1906. à 12 Nrn. (à Jhrg. 48 S.) 4. Karlsruhe (J. J. Reiff.) à Jhrg. n. 1. —

Kranken-Freund, der. Korrespondenzblatt f. die Diakonissensache. Hrsg.: Katz. Jahrg. 1907—1910. à 12 Nrn. (à Jahrg. 48 S.) Lex. 8. Karlsruhe, (J. J. Reiff). à Jahrg. 1.—

Krankenfreund, der christl., evangel. Geistes- u. Herzensnahrung für Kranke u. Sterbende u. ihre Freunde. A. u. d. T.: Glaube, Liebe, Hoffnung rc. (v. Geo. Gesner). 8. Stuttg. 822. Steinkopf. 18 ℋ 2r Thl. A. u. d. T.: Betracht. u. Gebete für Kranke u. Sterbende. 8. Stuttg. 823. Steinkopf. 1 ℔ 3r Thl. A. u. d. T.: Christl. Trost- u. Ermunterungslieder für Leidende überhaupt u. für Kranke u. Sterbende insbesondere. 8. Stuttg. 825. Steinkopf. 18 ℋ

Krankenfreund, der erfahrene, e. Rathgeber f. Jedermann üb. Erkenntniß, Verlauf u. Heilung folgender Krankheiten: Hypochondrie u. Hysterie, Skropheln, schleich. Fieber, Bleichsucht, Keuchhusten, Steinkrankheit, Wurmkrankheit. 8. (3¾ B.) Breslau 835, Friedländer.

Der Lutherische Kranken- und Waisenfreund: 1886?—1938?
Monthly. Organ of Die Deutsche Evangelisch-Lutherische Synode von Missouri, Ohio u. a. Staaten. Edited by the Rev. A. P. F. Feddersen.
St. Louis, MO

Lutherischer Kranken- und Waisenfreund: 1866? 1938? Carlinville, IL

Krankengabe auf die Passionszeit, s.: Flugschriften, hrsg. vom christkatholischen Preßkomitee. III.

Krankengebet-, Belehrungs- und Exempelbuch, christkatholisches, für die Kranken selbst und ihre Angehörigen, ganz besonders auch für die barmherzigen Schwestern und Alle, welche sich dem frommen Geschäfte der Krankenpflege weihen. Hrsg. von dem Verf. der Schrift: „Kampf, Sieg und Krone heil. Jungfrauen." 2 Thle. 8. (XXIV und 504 S.) Reutlingen 862, Fleischhauer und Spohn.

Krankengeschichte, Ausführliche, eines Fallsüchtigen ... Bremen 1800. V: *Linke, P. Chph.* (BrMm)

Krankengeschichte e. Fallsüchtigen, s.a. Jh. Stoll.

Krankengeschichte, e. Fallsüchtigen, m. d. Rathgebungen dreyer großer Aerzte, des Verfass., Thedens und Stolls, a. d. Latein. 8. Bremen, Müller. 799.

Krankengeschichte, Eine merkwürdige. [Halle 1784.] V: *Streithorst, Johann Werner.* (MGT)

Krankengeschichte, eine merkwürdige. 64. (16 S.) Carlsruhe 875. (Barmen, Klein.) — 90

Krankengeschichten

— merkwürdige. rc. Speier, Hauth. (Gräff, Leipz.) 791.

Krankengeschichten, merkwürdige, 1r Thl. Wassersucht. 8. Speier 791. (Wienbrack in Leipz.) 12 ℋ

Merkwürdige Krankengeschichten und seltene praktische Beobachtungen berühmter Aerzte. Ein Auszug aus den Abhandlungen der kgl. medizinischen Societät zu Coppenhagen. Aus d. Lat. Halle: Renger 1795. 539 S. 8°

— J. Ch. Reinhards, deutsch u. lat. m. K. Fol. Leipzig, W. Vogel. 793.

— Wisbadische, oder Erzähll. merkwürdiger Kuren von Wisbaden rc. 8. Frankf. a. M. 760. Andreä. 4 ℋ

Kranken-Geschichts-Formular. 12. (16 S.) Leipzig 891. Verlag d. „Reichs-Medicinal-Anzeigers", B. Konegen. n. — 25

Kranken-Geschichts-Tabellen. gr. 16. (15 S.) Leipzig 878, Hildebrandt und Comp. *

Kranken-Geschichts-Tabellen. gr. 16. (16 S.) Leipzig 878. Kloz. n. — 25

Krankenhagen, *Friedrich* [Dr.]: Chrono-Isothermen für Stettin. Eine Darstellung d. täglichen u. jährlichen Ganges d. Temperatur durch e. einziges Kurvensystem unter Benutzung 50jähriger Beobachtungen. *Stettin, Druck v. F. Hessenland, 1891;* 11 S., 1 Taf. 4°
Stettin, Schiller-RG, OP 1891 (146)

Krankenhagen, Friedr., über die Integration der partiellen Differentialgleichungen 1. Ordnung. Inaugural-Dissertation. 8. (40 S.) Göttingen 874, (Vandenhoeck und Ruprecht's Verlag.) * — 80

[Ant. u. F.] **Krankenhagen,** *Friedrich* [Prof. Dr.]: Katalog der Lehrer-Bibliothek des Schiller-Realgymnasiums zu Stettin. *Stettin, Druck v. F. Hessenland, 1894;* 33 S. 8.
Stettin, Schiller-RG, OP 1894 (150)

Krankenhagen, Friedrich Über die Transformation zweier Systeme gewöhnlicher Differentialgleichungen. 16 S. Progr. *Malchin* 1880.

Krankenhagen, Fritz Beitrag zum Studium der barometrischen Minima und Maxima. 27 S. Progr. St. Rg. *Stettin* 1885.

Krankenhagen, Walther, Assistenzarzt im Inf.-Reg. v. Boyen (5. Ostpr.) No 41: Ein **Beitrag** zur chirurgischen Behandlung der Nierentuberkulose ohne pathologischen Harnbefund. *Königsberg i. Pr. 1904: O. Kümmel.* (44 S.) 8°
Königsberg, Med. Diss. v. 15. Juli 1904

Das allgemeine Krankenhaus zu Hamburg im Jahre 1830. Nebst e. Grundriß. Hamburg 1830: Pforte. 16 S. 8°

Krankenhaus, das allgemeine Hamburgische. Mit 6 Kpft. ingr. Fol. u. Titelvign. gr. 4. Hamb. 830. Perthes u. B. 3 ℔

Das allgemeine Krankenhaus in Mainz. Frankfurt 1788. 8.

Krankenhaus, das allgemeine, der Haupt- u. Residenzstadt Karlsruhe. Erbaut in den J. 1903—1907 nach dem Entwurf u. unter der Leitg. des Stadtbaurats Wilhelm Strieder. Mit 121 in den Text eingedr. Autotypien u. 29 angehefteten Taf. (XI, 139 S.) 32×24,5 cm. Karlsruhe 909. C. F. Müller. Geb. in Leinw. 15. 80

Krankenhaus, das evangelische, Cöln. Unter dem Protektorate Ihrer Maj. der Kaiserin u. Königin Auguste Victoria. Hrsg. im Auftrage des Aufsichtsrates des Cölner evangel. Krankenhausvereins e. V. von den dirigier. Ärzten der Anstalt E. Martin u. L. Bleibtreu u. dem Erbauer Alfr. Ludwig. Mit 9 Plänen u. 50 Abbildgn. in Autotyp. (V, 72 S.) gr. 4. Bonn 903. C. Georgi. n. 8. —; geb. n. 10. —

Krankenhaus. – Das hamburg. allg. Krankenhaus, s.a. Bülau, Gustav.

Krankenhaus, Das hamburgische Allgemeine. Hamb. 1830. V: *Bülau, Gustav.* (schr) (call) 2. Aufl. 1848. *Gravenhorst, Hnr. Wilh.* (Cat. d. Bibl. d. Techn. Berl. 1900.)

Krankenhaus, das hamburgische allgemeine. 2., verm. Aufl. gr. 4. (XI und 86 S. mit lithogr. Titel und 6 Stnt. in gr. Fol.) Hamburg 849, Perthes-Besser und Mauke. *

D. neue öffentl. Krankenhaus i. München. München 1818.

Krankenhaus, Das, zu Weilheim. Weilheim [ca. 1860]. V: *Böhaimb, Carl Aug.* (Bücher-Samml. d. hist. Ver. v. u. f. Oberbayern. Münch. 1867.)

Das Krankenhaus der Wurmknappschaft zu Bardenberg bei Aachen. Aachen, 1905. 25 S. mit 6 Taf.

Krankenhäuser. Berliner Rettungswesen. Berlin: Loewenthal 1909. VIII, 437 S. 8°
(Berliner Gemeinderecht. Bd 10.) [10. 1550

Krankenhäuser u. Irrenanstalten, die allgem., der freien u. Hansestadt Hamburg, s.a. Jahrbücher d. hamburg. Staatskrankenanstalten. Erg.-Bd.

Die Allgemeinen **Krankenhäuser** und Irrenanstalten der Freien und Hansestadt Hamburg. Mit 94 Abb. u. 2 Taf. Den ärztl. Teilnehmern an d. 73. Versamml. Deutscher Naturforscher u. Ärzte gewidmet von d. Krankenhaus-Collegium. (Vorr.: Prof. [Herm.] Lenhartz.) *Hamburg: L. Voss 1901.* (VI, 188 S.) 8°
— Jahrbücher d. Hamburgischen Staatskrankenanstalten. 1901. Erg.Bd. [01. 10579 B

Krankenhausordnung. Zusammengestellt f. die Arbeit von Diakonissen in Krankenhäusern. Hrsg. v. der Generalkonferenz der zum Kaiserswerther Verbande gehör. Diakonissen-Mutterhäuser. (32 S.) 8. Kaiserswerth 905. Buchh. der Diakonissenanstalt. n.n. — 25

Krankenheil-Tölz [Schlagwort], s. Bad Tölz

Kranken- und Geschäfts-Journal für praktische Aerzte. Fol. (67 lithogr. S.) Berlin 856, A. Hirschwald. **

Kranken- und Geschäfts-Journal für praktische Aerzte. 2., veränd. Aufl. Fol. (92 lithogr. S.) Berlin 859, A. Hirschwald. geb. **

Kranken-Journal m. Honorarkontrolle nebst Verzeichnis der Kur- u. Badeorte etc. etc. VI. Jahrg. 1905. Lex.-8. Berlin (W. 62, Keithstr. 13, I.) Dr. R. Loewenberg. Kart., Ausg. A (240 Konten). n. 2. —; Ausg. B (480 Konten) n. 3. 50; Ausg. C (720 Konten) n. 5. —

Von der akad. **Krankenkasse**, vom Convict und von den Stipendien. Siehe in: Chronik d. Univ. zu Kiel. 1886/87 ff. Kiel. 1887 8°.

Krankenkasse der Spinnerei Arlesheim. Kassa-Rechnung 1900 u. 1901 u. 1902. *je* 1 S. 4. [1901 u. 1902 u. 1903.]

[F.] **Krankenkasse** für die Betriebe der Altonaer Gas- und Wasser-Werke in Altona u. Blankenese. Abgeändertes Statut, genehmigt i. d. Gen.-Vers. v. 10. Dec. 1894 ... *Altona: Dr. v. H. W. Köbner & C. (1895).* (23 S.) 1 Bd 8. [97. 2796

Krankenkassen u. Aerzteorganisation. Hrsg. v. der Geschäftsstelle des Verbandes rheinisch-westfäl. Betriebskrankenkassen zu Essen. (35 S.) 8. Essen 907. (Günther & Schwan.) — 60

Krankenkassen, ungar., s. Mitteilungen, ungar. statist.

— die Wiener, oder neues medicin. Kochbuch. 8. Wien 801. (Wimmer). 8 K

Krankenkassen-Bibliothek. Hrsg. vom Verlag des „Reformblatt f. Arbeiterversicherg.", Frankfurt a. M. 1.—6. Heft. 8. Frankfurt a/M., Dr. E. Schnapper. n. 5. 40

1. Das Krankenversicherungsgesetz. Ein Leitfaden f. Angestellte u. Arbeiter. Von Geo. Sydow. (IV, 61 S.) 905. n. — 80; kart. n. 1. —
2. Führer durch die Invaliden-Versicherung. Von (Wilh.) Lotz. (22.—24. Taus.) (32 S.) 905. n. — 30
3. Die Krankenkontrolle. Ein Leitfaden zum prakt. Gebrauch f. Kassenvorstände u. Krankenkontrolleure im Kampf gegen Simulation u. hygien. Mißstände. 1. Tl. Die Technik der Krankenkontrolle, v. C. Fiebig. 7. Aufl. 2. Tl. Die wichtigsten Krankheiten der Krankenkassenmitglieder, v. W. Hanauer. (63 u. 39 S.) (906). n. 1. —
4. Die Ansprüche der Armenverbände aus den Reichsversicherungsgesetzen u. ihre Geltendmachung. Zum prakt. Gebrauch f. Armenverbände, Krankenkassen, Berufsgenossenschaften u. Versicherungsanstalten. Von Hans Seelmann. (109 S.) 906. n. 1. 50
5. Aerztliche Hilfe, Kranke u. Krankenkassen auf dem Lande. Ein Beitrag zur freien Arztwahl. Von Grüllich. (45 S.) 906. n. — 80
6. Das gesamte Material zur Reform der Arbeiterversicherung in Deutschland. Gesichtet u. besprochen. Von Hans Seelmann. [Aus: „Reformbl. f. Arbeiterversicherg."] (105 S.) 906. n. 1. —

Krankenkassen-Bibliothek. Hrsg. vom Verlag des „Zentralblatt der Reichsversicherg.", Frankfurt a. M. 7. u 8. Heft. kl. 8. Frankfurt a/M., Dr. E. Schnapper. nn 1. 50
Funke, Ernst, das Streitverfahren in den Arbeiterversicherungsgesetzen. Vorschläge zur Vereinfachung. [Aus: „Reformbl. f. Arbeiter-Versicherg."] (30 S.) 908. (Heft 7 [ohne Heftbezeichnung]). nn — 50
Beck, Rud., Anleitung f. Kassenärzte. (IV, 89 S.) 909. (Heft 8.) 1. —

1.—6. Heft. Ebd. 905. 06. 5.40.

Krankenkassenstatistik. [1.] Für d. J. 1904 u. 1905. Kiel 1906: Schmidt & Klaunig. 4°
(Mitteilungen d. Statist. Amts d. Stadt Kiel. Nr 5.) [09. 11203

Krankenköchin, d. Wiener, od. neues medicin. Kochbuch. 8. Wien, Kupfer u. W. 804.

Kranken-Köchin, die Wiener, oder neues Familien-Kochbuch für Kranke u. Genesende. Mit einer besonders zu berücksichtigenden Einleitung herausg. von e. prakt. Arzte Wiens. 2e geordnete u. viel verm. Aufl. 8. Wien 835. Kupffer u. Singer. 1/2 rß

Krankenköchin, die wohlerfahrene, od. neues medicin. Familienkochbuch für Kranke u. Genesende. 8. Osnabrück 811. (Crone). 18 K

— die wohlerfahrene, oder neues Familienkochbuch für Kranke u. Genesende, nebst Mitteln zu Schonheitsessenzen u. Schminken. 8. Wien 811. K. Haas. 8 K

Krankenkommunionen, über, m. besond. Hinsicht auf ihre Mißbräuche und ihrer Schädlichkeit. 8. Leipz. Gräff. 803.

Krankenkommunionen, über, mit besond. Hinsicht auf ihre Mißbräuche u. ihre Schädlichkeit. 8. Leipz. 803. (Wienbrack). 8 K

Krankenküche, die. Ein nothwend. Hülfsbüchlein f. die bürgerl. Hausfrau. Resultat e. Preisaufgabe. Hrsg. v. der Red. des „Schweizer. Haushaltungsblatt". gr. 8. (80 S.) Luzern 893. (C. F. Prell Nachf.) n.n. — 75

Kranken- u. Sterbelager, erbauliches, eines 19jähr. Jünglings; zur Beherzigung ans Licht gezogen. 8. 837. Zürich, Hanke. 1/4 rß

Krankenlager, das gesegnete. 11. Aufl. 8. (16 S.) Stuttgart 888. Buchhandlg. der Evangel. Gesellschaft. n. — 4

Krankenmanual, oder medicinisches Hauptbuch zu angemessener Aufzeichnung der in der medicinischen Praxis vorkommenden bemerkenswerthen Krankheitsfälle rc. Fol. Altenb. 804. N. A. Leipz. 816. Brockhaus. 1 rß 12 K

Krankenpflege, die, s. a. Gesundheits- und Kranken-Pflege.

Krankenpflege, die. Monatsschrift für die gesammten Zweige der Krankenpflege u. Krankenbehandlung in Wissenschaft u. Praxis. Hrsg.: Mart. Mendelsohn. 1. u. 2. Jahrg. Oktbr. 1901—Septbr. 1903. à 12 Hfte. Lex.-8. (à ca. 96 S. m. Abb.) Berlin, G. Reimer. à Jahrg. n. 12.—

Krankenpflege, die, in der Familie. Von einem alten Arzte. gr. 16. (96 S.) Leipzig 878. Bergmann. n. — 25

Krankenpflege, die, in der Familie. Von einem alten Arzte. gr. 16. (96 S.) Leipzig 879, Hildebrandt und Comp. *

Krankenpflege, die, in der Familie. Beachtenswerthe Rathschläge von einem alten Arzte. 2.—4. Aufl. 12. (96 S.) Leipzig 881,82, Hildebrandt und Comp. *

—— dass. — 5.—7. Aufl. 12. (96 S.) Leipzig 881,82, Bergmann.

Krankenpflege, die, in der Familie. Beachtenswerthe Rathschläge v. e. alten Arzte. 8. Aufl. 8. (96 S.) Leipzig 891. E. Herrmann sen. — 50

Krankenpflege, freiwillige. Sonderabdr. des Thls. VI der Kriegs-Sanitäts-Ordng. (Zu D. V. E. Nr. 21.) (III, S. 175—194a u. 586b—n.) gr. 8. Berlin 903. E. S. Mittler & Sohn. n. — 35; kart. n. — 55

Die freiwillige Krankenpflege im Kriege. (Berlin 1889.) 8°. (Bh. z. M. W. B.)

— geistliche. Ein Wegweiser f. kathol. Christen zu wirksamer Erfüllg. ihrer geistl. Liebespflicht gegen kranke u. sterb. Angehörige. Von e. Priester der Erzdiöcese Köln. 16. (88 S.) Paderborn 891. Bonifacius-Druckerei. n. — 30

Krankenpflege, die, der barmherzigen Schwestern, mit besond. Beziehung auf das Großherzogth. Baden. Von e. Hospitalarzte. 8. Stuttgart 845, Metzler'sche Buchh. 1/4 ℛ︀

— die vorbeugende, u. die Invalidenfürsorge der Landes-Versicherungsanstalt der Hansestädte, nebst Beschreibg. u. Plänen der v. ihr f. die Versicherten errichteten Anstalten (Heilstätten, Genesungsheime, Invalidenheim). (54 S. m. Abb. u. 21 Taf.) qu. gr. 4. Lübeck 904. (R. Quitzow.) n.n. 10.—

Krankenpflege-Kalender, deutscher, auf d. J. 1903. Für die in der Krankenpflege thät. Personen. Hrsg. von Geo. Meyer. Mit Geleitwort von E. v. Leyden. 5. Jahrg. 12. (269 S.) Frankfurt a/M., J. Rosenheim. Geb. in Leinw. n. 1. 20; m. Beiheft: Dietrich, die f. das Pflegepersonal wichtigsten Bestimmgn. d. deutsch. Reichs- u. Landesgesetzgebung. (42 S.) n. 1. 70
Vergl.: Kalender, deutscher, für Krankenpflegerinnen u. Krankenpfleger.

Krankenpflege-Kalender, deutscher, 1907. (8. Jahrg.) (Hrsg. vom Verlag der deutsch. Krankenpflege-Zeitg. (195 S.) kl. 8. Berlin, E. Staude. Geb. in Leinw. n. — 80

Krankenpflege-Kalender, deutscher, 1911. (12. Jahrg.) Hrsg. vom Verlag der deutschen Krankenpflege-Zeitg. (247 S.) kl. 8. Berlin, E. Staude. Geb. in Leinw. nn 1. —

Krankenpflegelehrbuch. Im Auftr. d. Kgl. Preuß. Minist. d. geistl. ... Angelegenheiten hrsg. von d. Medizin.-Abt. d. Minist. Mit 5 Taf. u. zahlr. Abb. Berlin: Hirschwald 1909. XX, 357 S. 8° (09. 8229

Krankenpflege-Lehrbuch. Hrsg. v. der Medizinal-Abteilg. des königl. preuss. Ministeriums d. geistl., Unterrichts- u. Medizinalangelegenheiten. 2. neu durchgeseh. u. ergänzte Aufl. (XXIV, 372 S. m. Abb. u. 5 z. Tl. farb. Taf.) 8. Berlin 910. A. Hirschwald. Geb. in Leinw. nn 2. 50

Der Krankenpfleger. Organ d. Gewerkvereins d. Krankenpfleger, -Pflegerinnen u. verwandter Berufe Deutschlands (4 ff.: Eigentum u. Organ d. dt. Verbandes d. Krankenpfleger u. -Pflegerinnen; 8 ff.: Zeitschrift f. d. Interessen d. ges. ärztl. Hilfspersonals; 10 ff.: Zeitschr. f. d. ges. berufl. Kranken- u. Irrenpflege u. die wirtschaftl. Interessen d. ärztl. Hilfspersonals). Schriftl.: Georg Streiter. Jg. 1-16. — Berlin 1903-19: Gierth & Lücke (5, 20 ff.: Hansen). 4°

Krankenpfleger, der kleine, s.: Edelweiß.

Krankenpflege-Zeitung, deutsche. Fach-Zeitg. f. d. Gesamtinteressen d. Krankenpflegeberufes. Hrsg. v. Ed. Dietrich u. Paul Jacobsohn. Red.: Paul Jacobsohn. 1. Jahrg. April—Dezbr. 1898. 18 Nrn. (à ca. 24 S.) gr. 8. Berlin, E. Staude. 4. 50
Kann auch vierteljährlich bezogen werden.

Krankenpflege-Zeitung, deutsche. Fach-Zeitg. f. die Gesamt-Interessen des Krankenpflegeberufes. Unter Mitwirkg. v. Geo. Berbig, E. Dietrich, A. Goldscheider u. a. hrsg. v. Paul Jacobsohn. 2.—5. Jahrg. 1899—1902. à 24 Nrn. gr. 8. (à ca. 16 S.) Berlin, E. Staude. à Jahrg. 6.—

Krankenpflege-Zeitung, deutsche. Fach-Zeitg. f. die Gesamtinteressen des Krankenpflegeberufes. Unter Mitwirkg. v. E. Dietrich, A. Goldscheider, Heubner u. a. hrsg. v. Paul Jacobsohn. 6.—9. Jahrg. 1903—1906. à 24 Nrn. (VIII, 384; VIII, 390; IV, 384 u. IV, 380 S.) Ebd. à Jhrg. 6. —

Krankenpflege-Zeitung, deutsche. Fach-Zeitung f. die Gesamtinteressen des Krankenpflegeberufes. Hrsg. unter Mitwirkg. v. E. Dietrich, A. Goldscheider, Heubner u. a. v. Aug. Hildebrandt. 10.—13. Jahrg. 1906—1910. à 24 Nrn. (à Jahrg. IV, 380 S.) Lex. 8. Berlin, E. Staude. à Jahrg. 6. —

— österreichische. Organ f. die Gesamt-Interessen des Krankenpflegeberufes. Unter Mitwirkg. v. Pilcz u. E. Stransky. Red. von J. Meisels. 1.—4. Jahrg. 1903—1906. à 24 Nrn. (à ca. 8 S.) Lex.-8. Wien, Zitter. à Jhrg. n.n. 7. —; halbjährlich n.n. 4. —

Krankenpflege-Zeitung, österreichische. Organ f. die Gesamt-Interessen des Krankenpflegeberufes. Red. v. J. Meisels. 5.—8. Jahrg. 1907—1910. 24, 24, 24 u. 12 Nrn. (188, 188, 96 u. 96 S.) Lex. 8. Wien, Zitter. à Jahrg. nn 7.—; geb. 10. —
Erscheint nicht mehr.

Krankenstube, die christliche. Lehr- und Beispielbuch für Kranke. Enthaltend gegen 200 Beispiele. Hrsg. von Rhold. Albers. 9 Hefte. 4. (XI, 295 S.) Paderborn 884,85, Bonifacius-Druckerei. à Heft 30 Pf.

Kranken-Tabellen. (Bearb. von Streit.) 4., verb. und verm. Abdr. (25 Bog. in Fol.) Greiz 853, Henning. *

Kranken-Tabellen für den praktischen Arzt, (7 lithogr. Blätt.) Fol. Neu-Ruppin 836. Oehmigke u. Riemschneider. $^1/_2$ ℛ — N. Ausg. Ebd. 838. u. 840. $^1/_2$ ℛ

Kranken-Tabellen, für den prakt. Arzt. Fol. (52 S.) Neu-Ruppin 848, Oehmigke & Riemschneider. $^1/_2$ ℛ

Kranken-Tabellen, für den praktischen Arzt. 3. Aufl. Neu-Ruppin 860. Oehmigke. Fol. (47 S.) 15 ngr

Kranken-Tabellen für den praktischen Arzt. 6.—8. vollständig verb. Aufl. Fol. (49 S.) Leipzig 870—73, Oehmigke's Verlag. geb. 2 —

Krankentabellen zum Gebrauch für Aerzte, auf d. J. 1830. Fol. Greiz 1r u. 2r Abdr. 830. Henning. 12 gr

—— dies. auf d. J. 1834 (etc.). Fol. (13 B.) Berlin, Enslin'sche B.

— Zum prakt. Gebrauch für Aerzte und Chirurgen. 4. ... Büchting in Nordhausen. n. 8 ngl

Kranken-Tabellen (f. prakt. Aerzte). gr. Fol. (7 roth u. blau liniirte B.) Frankfurt a. M. 840, Sauerländer.

Kranken-Tabellen f. prakt. Aerzte. Fol. (12 B.) Berlin 843, G. W. F. Müller's Verl. *

Kranken-Tabellen und Geschäfts-Handbuch für den praktischen Arzt. 11. verb. und erweit. Aufl. Fol. (72 S.) Leipzig 888, Oehmigke's Verlag. geb. * 2 —

Kranken-Tabellen und Geschäfts-Tagebuch für den praktischen Arzt. 9. verb. und erweit. Aufl. Fol. (56 S.) Leipzig 879, Oehmigke's Verlag. geb. *

Kranken-Tabellen und Geschäfts-Tagebuch für den praktischen Arzt. 10. verb. und erweit. Aufl. Fol. (82 S.) Leipzig 883, Oehmigke's Verlag. geb. *

— praktische, zum Gebrauch für Aerzte, Wundärzte u. Geburtshelfer ꝛc. Leipzig, Crayen. à Jahrg. von 13 Bogen $^2/_3$ ℛ Einzelne Bogen $^1/_{12}$ ℛ

—— prakt., z. Gebr. f. Aerzte, Wundärzte u. Geburtshelfer, Kliniken u. Krankenanstalten. Fol. ... Elberfeld 832, Büschler. — 16

— für (jedes) Jahr. 3r verb. Abdruck. Fol. Greiz 838, Henning. n. $^1/_2$ ℛ

—— specielle, zur sofortigen leichten Uebersicht für practische Aerzte. gr. 4. (1 Buch.) Breslau 875, Leuckart. * 1 80
geb. * 2 50
—— dass. — gr. 4. (1$^1/_2$ Buch.) Ebendas. 875. geb. * 3 75
—— dass. — gr. 4. (2 Buch.) Ebendas. 875. geb. * 5 25

Kranken-Tabellen, specielle, zur sofortigen leichten Uebersicht f. praktische Aerzte. 10.—12. Aufl. Fol. (100 S.) Lpz. 890—92, K. F. Köhler. geb. * 3 —; 200 S. * 6 —; 300 S. * 9 — 400 S. * 12 —; 500 S. * 15 —; roh 25 Bog. * 2 —

Kranken-Tabellen, specielle, zur sofortigen leichten Uebersicht f. praktische Aerzte. 13. Aufl. Fol. (25 Bog.) Leipzig 894. K. F. Köhler. n. 2. —; geb. in Leinw. 100 S. n. 3. —; 200 S. n. 6. —; 300 S. n. 9. —; 400 S. n. 12. —; 500 S. n. 15. —

Kranken-Tabellen, specielle, z. sofort. leichten Uebersicht f. prakt. Aerzte. 16. Aufl. 1898. Fol. Leipzig, K. F. Koehler. Geb. in Leinw., 100 S. n. 3. —; 200 S. n. 6. —; 300 S. n. 9. —; 400 S. n. 12. —; 500 S. n. 15. — ; roh 25 Bog. n. 2. —

Kranken-Tabellen, specielle, zur sofortigen leichten Uebersicht f. praktische Aerzte. 21. Aufl. Fol. Leipzig (901). K. F. Koehler. Geb. in Leinw., 100 S., n. 3. 50; 200 S. n. 6. —; 300 S. n. 9. —; 400 S. n. 12. —; 500 S. n. 15. —; roh, 25 Bog. n. 2. —

Kranken-Tabellen, spezielle, zur sofortigen leichten Uebersicht f. praktische Aerzte. 28. Aufl. 36,5×28 cm. Leipzig 910. K. F. Koehler. Geb. in Leinw., 100 S. 3.60; 200 S. 6.—; 300 S. 9.—; 400 S. 12.—; 500 S. 15.—; 25 Bog. roh 2. —

Kranken- u. Geschäfts-Tabellen, vollständige, f. Aerzte u. Wundärzte. Fol. Nördlingen 846, Beck. n. $^1/_2$ ℛ

Krankentisch, der. Eine Zusammenstellung wohlerprobter Speisen u. Getränke, nebst e. Anleitung zum Einsieden von Säften u. Einmachen von Früchten für Kranke u. Genesende. Gesammelt u. hersg. von A. S—r. Graz 868. Ferstl. 8. (173 S.) n. 12 ngr

Krankenträger-Ordnung. gr. 16. (VI, 104 S. mit 36 Abbild. im Text.) Berlin 888, Mittler und Sohn. ** — 65
cart. ** — 80

Krankenträger-Ordnung. Neuer Abdr. m. Einfügg. der bis Febr. 1894 ergangenen Aendergn. 12. (VI, 104 S. m. 36 Abbildgn.) Berlin 894. E. S. Mittler & Sohn. n. — 90; kart. n. 1. 15

— dasselbe. Ergänzungsblätter 12. (7 S. m. 1 Taf.) Ebd. 894. — 10 (Hauptwerk m. Ergänzgn.: n. 1. —; kart. n. 1. 20)

Krankenträger-Ordnung. Beilage 5 zu § 32. 7. 12. Berlin 895. E. S. Mittler & Sohn. n. — 20 (kplt.: n. 1. 20; kart. n. 1. 40)
Anleitg. z. Herstellg. v. Zelten z. vorübergeh. Unterbringung v. Verwundeten auf d. Schlachtfelde verm. d. tragbaren Zelt-Ausrüstg. (S. 105—113 m. 4 Taf.)

Krankenträgerordnung (Kt.O.) vom 15. V. 1907. (D. V. E. Nr. 100.) (X, 206 S. m. Fig. u. 1 Tab.) kl. 8. Berlin 907. E. S. Mittler & Sohn. 1.10; geb. in Dermatoid 1.50

Kranken-Transport, Der, in grossen Städten. Wien 1882. V: *Mundy, Jaromir Freiherr von.* (EB)

Krankentrost. (Von Wimmer.) 30.—50. Tauf. gr. 16. (15 S.) Heidelberg (898). Ev. Verlag. — 05

Krankentrost oder die Religion am Bette des Kranken u. Sterbenden. Kathol. Krankenblätter f. Krankenstube u. Krankenhäuser. Hrsg. v. G. M. Schuler. I.—VIII. Serie. (1—104.) gr. 8. (à 4 S.) Würzburg (899—901). F. X. Bucher. à Serie n. — 40

Krankentrost oder die Religion am Bette des Kranken u. Sterbenden. Kathol. Krankenblätter für Krankenstube u. Krankenhäuser. Hrsg. von G. M. Schuler. IX.—XV. Serie. (105—195.) (4 S.) gr. 8. Würzburg (903. 904.) F. X. Bucher. à n. — 40

Krankentrost od. die Religion am Bette d. Kranken u. Sterbenden. Krankenblätter f. Krankenstube u. Krankenhäuser. Hrsg. v. G. M. Schuler. XVI.—XVIII. Serie. (196—234.) (à 4 S.) 8. Würzburg (907. 09). F. X. Bucher. à Ser. — 40

Evangelisch-Lutherische Krankentrost : 1898–1906. Milwaukee, WI Quarterly.

Krankentrost, geistlicher, oder zwölf trostreiche Gesvräche zwischen dem gekreuzigten Heilande rc. 8. Donauwörth 834, (Augsburg, M. Rieger.) 1/8 ℔

Krankentrost, geistlicher, oder zwölf trostreiche Gespräche zwischen dem gekreuzigten Heilande Jesu Christo und einem kranken Menschen. Von einem Seelsorger. 12. Aufl. Donauwörth 858. Veith. 8. (IV, 74 S.) n. 4 *ngr.*

Krankentrost, geistlicher, oder 12 trostreiche Gespräche zwischen dem gekreuzigten Heilande Jesu Christo und einem kranken Menschen. Von einem Seelsorger. 13. Aufl. 8. (IV, 74 S.) Donauwörth 888, Veith'sche Buchh. — 75

Kranken Unterstützungs-Verein zu Gaudenzdorf, genehmigt von der k. k. n. ö. Landesregierung, Z. 16966 am 13. März 1845. Gedr. bei A. Pichlers Witwe und Sohn. (8 S. 8.)

Krankenversicherung, s.a. Statistik des Deutschen Reichs.

Krankenversicherung. Denkschrift über die Höhe der finanziellen Belastung, welche den nach dem Entwurfe zu einem Bundesgesetze betreffend die Krankenversicherung einzurichtenden Krankenkassen voraussichtlich erwachsen wird . . . Bern 1893. 2. Aufl. 1895. V: *Moser, Christian.* (BSchwLk V 9 f)

Krankenversicherung, die, für Arbeiter. Gesetz vom 15. Juni 1883. 8. (31 S.) Würzburg 883, Stahel'sche Universitäts-Buchh.

Krankenversicherung der Arbeiter. Gesetz vom 30. März 1888 [Reichsgesetzblatt 1888, Nr. 10]. Redactionelle Beilage des kärntner. Gemeindeblattes. gr. 8. (24 S.) Klagenfurt 888, (v. Kleinmayr.) * — 48

Kranken-Versicherung, die, d. Arbeiter i. Deutschen Reiche, s.: Vorträge üb. Gesetzeskunde u. Verwaltung.

Die **Krankenversicherung** der Handlungsgehilfen und -Lehrlinge. *(Berlin [1903]: Denter & Nicolas.)* (2 Bl.) 4° [Kopft.] [03. 19989

Die **Krankenversicherung** im Grossherzogtum Luxemburg während des Geschäftsjahres 1904 ff. Bearb. im Staatsminist. Departement d. Ausw. Angelegenheit. Abt. f. Arbeiterversich. Luxemburg 1905 ff. 2°.
1904—1908, 1903—1900.

Kranken- u. Unfallversicherung, s.a. Publikationen, wirtschaftliche, zur Zürcher Handelskammer. 8. u. 10. Heft.

Kranken- und Unfallversicherung. Kritik des bundesrätlichen Gesetzentwurfes v. 10. Dec. 1906. 8°. Zürich, A. Bopp, 1908. (Wirtschaftl. Publikationen der Zürcher Handelskammer, Heft 8.)

Krankenversicherung, die, Unfallversicherung, u. das Hilfskassengesetz, s.a. Miniatur-Bibliothek.

Krankenversicherung, die, Unfallversicherung u. das Hilfskassengesetz. 32. (39 S.) Leipzig, Verlag f. Kunst u. Wissenschaft. 1900. —. 10.
Miniatur-Bibliothek. No. 245.

Krankenversicherungsgesetz, ins Franz. übers. v. Henri Haller, s.: Gesetzsammlung f. Elsaß-Lothringen.

Krankenversicherungsgesetz. Vom 15. Juni 1883. Hrgg. v. K. von Woedtke. 2. Aufl. Berlin und Leipzig. 1885. 8°

Krankenversicherungsgesetz vom 15. 6. 83. u. Novelle v. 10. 4. 92.

Textausgaben u. Erläuterungen von:

Berg. Leipzig 896. Reclam.	— 80	**Rossberg.** Leipzig. 4. Auflage. 892.
Bruer & Co. Berlin 892.	— 60	**Rumpelt.** 2. Aufl. Leipzig 896.
Brügel & Sohn. Ansbach 899.	1 50	**Schicker.** 2. Aufl. 2 Bde. Stuttgart 894.
Götze. Berlin 892.	1 —	— Ausg. f. d. Reich. Stuttgart 894.
Hahn. Berlin 898.	6 —	**Stenglein.** Berlin 892.
Hallbauer. Leipzig 892.	— 80	**Strassburger** Druckerei 893.
— Kommentar. Leipzig 892.	2 25	**Vorwärts.** Berlin 892.
Heymann. Berlin. 2. Aufl. 892.	2 —	**Woedtke.** 7. Auflage. Berlin. Guttentag.
Hoffmann. Berlin 899.	1 60	— Kommentar. 5. Aufl. Berlin 896.
Kern. Breslau 892.	— 50	
Köhne. Stuttgart 892.	5 —	
Mugdan. Leipzig 900.	4 —	
Petersen. 3. Aufl. Hamburg 897.	6 —	
Reger. 6. Aufl. Ansbach 898.	4 80	

Krankenversicherungsgesetz, Das, in der Fassung des Gesetzes vom 10/4. 92. Textausg. **Decker.** Berlin 892.

Mit Erläuterungen von:

Götze. Berlin 892.	1 —	**Woedtke.** 4. Aufl. I. Berlin 892.
Gresbeck. Ansbach 892.	1 50	— kl. Ausg. 4. Aufl. Berl. 892.
Höinghaus. 4. Aufl. Berl. 892.	— 60	**Zeller.** Nördlingen 892.
Köhne. 2. Aufl. Stuttg. 892.	5 —	

Krankenversicherungsgesetz. Vom 10. Apr. 1892. Text-Ausg. gr. 8. (III, 72 S.) Berlin 892. C. Heymanns Verl. Kart. n. 1. —

—— dass. — Nebst der preuß. Ausführungsanweisg. v. 10. Juli 1892 u. den vom Bundesrathe veröffentlichten Entwürfen v. Statuten. 2. Aufl. gr. 8. (VIII, 215 S.) Ebd. 892. cart. * 2 —

—— dass. — Mit erläut. Anmerkgn., e. Anh., enth.: die Ausdehng. der Unfall- u. Kranken-Versicherg., die Unfall- u. Kranken-Versicherg. der in land- u. forstwirthschaftl. Betrieben beschäftigten Personen u. das Gesetz üb. die eingeschriebenen Hilfskassen, u. alphabet. Sachregister. 16. (IV, 281 S.) Berl. 892, Verlag d. Vorwärts, Berliner Volksblatt. cart. * 1 20

—— Vom 10. April 1892. Mit ausführl. Sachregister. 12. (87 S.) Bresl. 892, Kern. * — 50

Krankenversicherungsgesetz v. 10.4.92. (Gareis Rges. 147-48) Giessen 1892

—— Vom 15. Juni 1883. Neue Redaktion vom 10. Apr. 1892 u. das Gesetz üb. die eingeschriebenen Hülfskassen. Vom 7. Apr. 1876 / 1. Juni 1884. Hrsg. v. der Redact. d. Reichsgesetzbuches f. Industrie, Handel u. Gewerbe. gr. 8. (45 S.) [Hamb. u.] Berl. 892, Bruer u. Comp. cart. * — 60

—— dass. — 4. Aufl. 8. (III, 72 S.) Lpz. 892, Roßberg. * — 60
Die 3. Aufl. erschien u. d. T.: Gesetz üb. d. Krankenversicherung der Arbeiter. Ebd. 1888. * — 40.

Krankenversicherungsgesetz vom 15. Juni 1883 / 10. April 1892 nebst den die Krankenversicherung betr. Bestimmgn d. Gesetzes v. 5. Mai 1886. Hrsg. u. erläut. v. Dr. Paul Köhne, Gerichts-Ass. 2. völl. umgearb. Aufl. *Stuttgart: F. Enke 1892.* (XIV, 260 S.) 1 Bd 8. [97. 6127 Lo

Krankenversicherungsgesetz. Vom 15. Juni 1883, in der Fassung der Novelle vom 10. Apr. 1892. 16. (112 S.) Langensalza 893. Wendt & Klauwell. n. — 30

– dasselbe. Vom 15. Juni 1883 in der Fassung d. Gesetzes vom 10. Apr. 1892. — Loi sur l'assurance contre les maladies du 15 juin 1883 dans la rédaction de la loi du 10 avril 1892. Traduite par Henri Haller. 12. (151 S.) Straßburg i/E. 893. Straßburger Druckerei u. Verlagsanstalt. Kart. n. 2. —

[J.] **Krankenversicherungsgesetz** v. 15. Juni 1883 in d. Fassg d. Novelle v. 10. Apr. 1892 u. die dass. ergänzenden reichsgesetzl. Bestimmgn. Kommentar v. Dr. E[rich] v. Woedtke, Dir. im Reichsamt d. Inn. 5. erweit. Aufl. *Berlin: J. Guttentag 1896.* (XVI, 626 S.) 1 Bd 8. [96. 7760

[F.] Das **Kranken-Versicherungs-Gesetz** v. 15. Juni 1883 in d. Fassg d. Novelle v. 10. Aug. 1892. *Berlin: A. Weichert [1896].* (55 S., 8 Bl.) 1 Bd 8.
— **Reichsgesetze,** Deutsche. Bd 7. [96. 6173

A[nton] Reger's Handausgabe des **Krankenversicherungsgesetzes** vom 15. Juni 1883 / 10. April 1892. Mit dem bayer. Ausführungsgesetze etc. In 5. Aufl. neu bearb. u. nunmehr in 6. verm. Aufl. hrsg. von Julius Henle, Bezirksamtsassessor. *Ansbach: C. Brügel & Sohn 1897.* (VIII, 496 S.) 8° [F.]
— **Reichsgesetzgebung** auf d. Geb. d. Arbeiter-Versicherung. Bdch. 1. [01. 6615

[F.] Das **Krankenversicherungsgesetz** v. 15. Juni 1883 i. d. Fassung des Gesetzes v. 10. April 1892, nebst d. Ges. üb. d. eingeschrieb. Hülfskassen ... u. den ..., die Krankenversicherg betr. Bestimmgn. M. Berücks. d. Materialien, d. Ausführgsbestimmgn u. insbes. auch d. Rechtsprechg bearb. v. Th. Petersen, Ober-Insp. d. Behörde f. Krankenversicherg. 3., neu bearb. u. erhebl. verm. Aufl. *Hamburg: Grefe & Tiedemann 1897.* (XVII, 655 S.) 1 Bd 8. [97. 7804

[F.] **Krankenversicherungsgesetz** vom 15. Juni 1883 in der Fassung der Novelle v. 10. April 1892. Text-Ausg. m. Anm. u. Sachreg. v. Dr. E[rich] v. Woedtke, Dir. im Reichsamt d. Innern. 7. Aufl. *Berlin: J. Guttentag 1898.* (393 S.) 1 Bd 8.
— **Sammlung,** Guttentag'sche, Deutscher Reichsgesetze. No 20. [98. 10484

[F.] Das **Krankenversicherungsgesetz** vom 15. Juni 1883 / 10. April 1892 nebst den die Krankenversicherung betreffenden Bestimmgn d. übrigen Reichsversichergsgesetze u. d. wichtigeren Ausführgsbestimmgn. M. Einl. u. Komm. v. Julius Hahn, Amtsgerichtsr. 2. umgearb. u. reich verm. Aufl. *Berlin: A. Troschel 1898.* (VIII, 360 S.) 1 Bd 8. [98. 11580

Krankenversicherungsgesetz in der Fassung der Novelle vom 10. April 1892. Text-Ausg. mit Anm. u. Sachreg. von Dr. E[rich] v. Woedtke, Dir. im Reichsamt d. Inn. 8. Aufl. *Berlin: J. Guttentag 1901.* (406 S.) 8° [F.]
— **Sammlung,** Guttentag'sche, Deutscher Reichsgesetze. No 20. [01. 6840

Krankenversicherungsgesetz, das, vom 15. VI. 1883/10. IV. 1892 in der Fassung nach Erlaß der Novelle vom 25. V. 1903. Textausg. m. Anmerkgn. u. Sachregister. (VIII, 154 S.) gr. 16. Ansbach 903. C. Brügel & Sohn. Kart. n. — 80

— vom 20. IV. 1892. In der vom 1. I. 1904 an gült. Fassg. Mit ausführl. Sachregister. (92 S.) 12. Breslau 903. J. U. Kern. — 60

— in der Fassung der Novelle vom 25. V. 1903, nebst Hilfskassengesetz vom 7. IV. 1876, den noch gelt. Bestimmgn. des Gesetzes vom 5. V. 1886, betr. die Unfall- u. Krankenversicherg. der in land- u. forstwirtschaftl. Betrieben beschäftigten Personen, u. Invalidenversicherungsgesetz in der Fassg. der Bekanntmachg. vom 19. VII. 1899. Textausg. m. Einleitg. u. alphabt. Register. (XVI, 228 S.) 16. München 903. C. H. Beck. Geb. in Leinw. 1. 50

— in der neuen vom 1. I. 1904 ab gültigen Fassung. Mit Inhaltsverzeichnis. Nebst e. Anh.: Das neue Kinderschutz-Gesetz. Gültig vom 1. I. 1904. (94 S.) 16. Berlin (S. 14. Dresdener Str. 80) (904). L. Schwarz & Co. — 80

Krankenversicherungsgesetz und Gesetz über die eingeschriebenen Hülfskassen nebst Ausführungsbestimmungen. Erl. von Dr. F[ranz] Hoffmann, Reg.R. *Berlin: C. Heymann 1899.* (VII, 313 S.) 8° [F.]
— **Taschen-Gesetzsammlung.** 43. [00. 504

Krankenversicherungsgesetz und Gesetz über die eingeschriebenen Hülfskassen nebst Ausführungsbestimmungen. Erl. von Dr. F[ranz] Hoffmann, Geh. Reg.R. 3. u. 4. neu bearb. Aufl. Berlin: Heymann 1903. XXIV, 363 S. 8°
(Taschen-Gesetzsammlung. Nr 43.) [10. 17880

Krankenversicherungsgesetz und Gesetz über die eingeschriebenen Hilfskassen nebst Ausführungsbestimmungen. Erl. von Dr. F[ranz] Hoffmann, Geh. Ober-Reg.R. 5. Aufl. Berlin: C. Heymann 1905. (XXIV, 403 S.) 8° [F.]
— **Taschen-Gesetzsammlung.** 43. [05. 15216

Das **Krankenversicherungsgesetz** mit dem Hilfskassengesetz u. d. Ausführungsbestimmungen. Erl. von Dr. Franz Hoffmann, Geh. Ober-Reg.R. Berlin: Heymann 1908. XII, 744 S. 8° [09. 1893 5

Krankenversicherungs-Novelle (Die) und die freien Hilfskassen. Mit einem Vorwort von Dr. Max Hirsch. gr. 8°. Berlin, Walther u. Apolant's Nachf., 1891.

Krankenwärterin, die vollkommene, oder Unterricht, wie Kranke gut zu pflegen sind etc. Aus d. Französ. von J. G. Pfähler. 8. Straßb. 783. 2e A. 787. König. 6 gr. Umgearb. unt. d. T.: Unterr. für Personen, welche Kranke warten. 8. Riga 793. Hartknoch in Leipz. 9 gr.

Kranken-Zeitung. Hrsg. u. Schriftleiter: M. Mader. 5. Jahrg. 1910. (à ca. 12 S.) Lex. 8. Niederlindewiese i. Oest.-Schlesien. Dr. Mader. 3. —

Krankenzettel oder wie berichtet man dem Arzte? 8. (16 S.) Trier (885), Paulinus-Druckerei. * — 10
Ergänzungsbogen dazu * — 10

Krankheit und Arzenei. Ein Trostbuch für angefochtene Seelen. gr. 16. (79 S.) Eisleben 875, Christl. Verein. geb.

Krankheit, die Brightsche, u. andere Nierenkrankheiten, s.: Miniatur-Bibliothek.

Krankheit, Von der faulen und pestartigen, des Viehes, als ein Unterricht f. d. Bewohner d. mittäg. Prov. Frankreichs. A. d. Franz. (des v. Montigny) übersetzt v. R. C. F. Opitz. gr. 8. Berlin 776. (Leipzig, Cnobloch.) M. 1.50

— von der faulen pestartigen, des Viehes, als Unterricht für d. Bewohner des mittäg. Frankreichs; aus d. Französ. (des v. Mortigny) v. R. K. F. Opitz. gr. 8. Berl. 776. Nottmann. 18 gr.

Krankheit, die, Kaiser Friedrich des Dritten, dargestellt nach amtl. Quellen und den im königl. Hausministerium niedergelegten Berichten der Aerzte Barbeleben, v. Bergmann, Bramann, Gerhardt, Kußmaul, Landgraf, Mor. Schmidt, Schrötter, Tobold, Waldeyer. gr. 8. (103 S.) Berlin 888, (v. Decker's Verlag.) ** 1 —
Englische Ausg., s. Ilness, the, of the Emperor Frederik the third.

— u. Genesung, e. Buch für denkende u. fühlende Menschen. 8. Leipz. 800. (W. Rauck). 10 gr.

Krankheit, Georgii I., Koenigs von Grossbritannien letzte, und Tod. Helmstadt 1727. V: *Brückmann, Franz Ernst.* (ML) (BrMm)

Krankheit und Heilung. Eine Lebensskizze. Bevorwortet von A. v. Harleß. 1. Aufl. 1863. und 2. Aufl. 8. (VIII und 115 S.) Brandenburg 864, Wiesike. *

Krankheit u. Heilung. (Vortrag.) gr. 8. (8 S.) Dresden (894). (O. Hackebeil.) — 15

— die, d. Hunde, ihre Naturgesch., Kenntn. d. Krankh. etc. 8. Frankf. Jäger. 800.

— u. Tod, üb. Laudons, einer medicin. chirurg. Fehde. 8. Salzb. Mayr. 792.

Krankheit, Die letzte, des Herrn Conferenzraths von Berger, ersten königl. Dänischen Leibmedikus. Haun 1791. V: *Kölpin, Alexander.* (Call) (MGT) (Bruun, Bibl. Danica. III, 992.) »des ersten Leibmedikus Berger. Koppenhagen 1791.« (Adel)

KRANKHEIT und Liebe. (Zahmer Roman) von *W**. X**.* Bremen, bei Friedr. Wilmans. 1800. 8°. Tit. u. 370 S. (12 Sgr. Scheible, vor 1875.)

Krankheit u. Liebe, v. W. X**.** 8. Frankf. 809. Fr. Wilmans. 1 ℛ

Krankheit. Die K' des Kantons Luzern und ihre Heilung. 8. Luzern 1849.

Krankheit als Prüfung und Segen. Aus dem Engl. frei übertragen von A. C. 8. (VII und 233 S.) Leipzig 860, Dörffling und Franke. Thlr. *

Krankheit als Prüfung und Segen. Aus dem Engl. frei übertragen von Annette Preußer. 2. Aufl. gr. 8. (VII, 191 S.) Leipzig 881, Dörffling und Franke. *

Krankheit, die, d. Radfahrer. Von e. Arzt. 12. (28 S.) Köln 897. Rimbach & Licht. — 40

Krankheit, die, unter den Schweinen. Erscheinungen, Ursachen, erprobte Heilmittel und Vorbeugungsmaßregeln gegen dieselbe. Nach mehrjähr. Beobachtungen und Erfahrungen zum Besten der Landwirthe und Oekonomen veröffentlicht. gr. 8. (15 S.) (Nürnberg 851, Riegel und Wießner.) *

—— die sociale, und die Mittel ihrer Heilung, dargestellt mit besond. Rücksicht auf die Verhältnisse Ungarns und Oesterreich-Ungarns. 12. (63 S.) Oedenburg 880. (Wien, Fischt.)

Krankheit und Todeszubereitung Friedrich Wilhelms, des grossen Kurfürsten von Brandenburg. Magdeburg 1788. V: *Küster, Carl Dan.* (MGT) (Call) (Ky) (Adel)

Krankheit u. Todesbereitung Friedrich Wilhelm des Großen, Churfürst zu Brandenburg (v. K. D. Küster). 8. Magdeb. 788. Scheibhauer. 2 γ

Krankheiten, die, der Athmungs- u. Kreislaufsorgane, bearb. v. König, Lenhartz, v. Liebermeister, Romberg, Strübing u. Unverricht, s.a. Handbuch d. prakt. Medicin.

Die Krankheiten d. Athmungs- u. Kreislaufsorgane. Bearb. von Prof. Dr. [Franz] König in Berlin [u. a.] Mit 114 in d. Text gedr. Abb. Stuttgart: F. Enke 1899. XXII, 1157 S. 8°
= Handbuch d. praktischen Medicin. Bd 1.

Krankheiten, Einige, der Athmungs-Werkzeuge für welche der Syrup von Hypophosphites (Fellows) heilsam ist. London 1882. V: *Fellows, James J.* (EB)

Krankheiten, die, des Beckenbindegewebes u. des Beckenbauchfells, unter Mitwirkg. von J. A. Amann jr., O. Busse u. Ph. Jung hrsg. v. A. Martin, s.: Handbuch der Krankheiten der weiblichen Adnexorgane. III.

Krankheiten u. Beschädigungen der Kulturpflanzen in d. J. 1905—1906, s.a. Berichte üb. Landwirtschaft.

Krankheiten und Beschädigungen der Kulturpflanzen ... Auf Grund amtl. Materials zugest. in d. Kais. Biolog. Anst. f. Land- u. Forstwirtschaft. [1.] Im J. 1905. Berlin: P. Parey 1907. 8° [J.]
— Berichte über Landwirtschaft. H. 5.

Krankheiten, Die besonderen, der Frauen und Mädchen. Wien 1877. V: *Breier, Eduard.* (EB)

— die, des Blutes, der blutbereitenden Organe u. der Verdauungsorgane v. Braun, Ebstein, Epstein, Kraus, Krümmell, Laache, Pel, Přibram, Sultan, s.a. Handbuch der prakt. Medicin. II.

Die Krankheiten des Blutes, der blutbereitenden Organe und der Verdauungsorgane. Bearb. von Geh. Med.R. Prof. Dr. [Heinr.] Braun in Göttingen [u. a.]. Mit 130 in d. Text gedr. Abb. (In 6 Lfgn.) *Stuttgart: F. Enke 1900.* (XX, 1264 S.) 4°(8°)
= Handbuch d. praktischen Medicin. Bd 2.

KRANKHEITEN, Die chronischen, des Klerus. München, S. Neuburger jun., 1866. 8°.

— u. Ehe. Darstellung d. Beziehgn. zwischen Gesundheitsstörgn. u. Ehegemeinschaft. In Verbindg. m. G. Abelsdorff, L. Blumreich, R. Eberstadt u. a. bearb. u. hrsg. v. H. Senator u. S. Kaminer. 3 Abtlgn. (858 S.) gr. 8. München 904. J. F. Lehmann's Verl. Subskr.-Pr. à n. 4.—; kplt. in 1 Bd. erhöht. Preis n. 18—; geb. n. 20.—

— u. Ehe. Darstellg. der Beziehgn. zwischen Gesundheitsstörgn. u. Ehegemeinschaft. In Verbindg. m. G. Abelsdorff, L. Blumreich, R. Eberstadt u. a. bearb. u. hrsg. v. H. Senator u. S. Kaminer. Nach dem Orig. gemeinverständl. dargestellt v. Rud. Fischer. Volks-Ausg. (767 S.) Lex. 8. Berlin 908. S. Schottlaenders schles. Verlags-Anstalt. 12.50; geb. 15.—; auch in 25 Lfgn. à — 50

Die Krankheiten der Eierstöcke und Nebeneierstöcke. Unter Mitw. v. M. Heinrichs-Murraysburg hrsg. v. A[ugust] Martin, Greifswald. Leipzig: A. Georgi 1899. XV, 991 S. 8°
= Handbuch d. Krankheiten d. weiblichen Adnexorgane. Bd 2.

Krankheiten, geheime, ihre Entwickelung und Verhütung mit besond. Rücksicht auf eine rationelle Heilmethode ohne Berufstörung des Patienten. Eine populär-medicin. Flugschrift als Rathgeber für beide Geschlechter verfaßt von einem Mediciner. 8. (18 S.) Altona 875, Verlags-Bureau.

Krankheiten, Die, des Gehörs, oder sichere Mittel, das Sausen vor den Ohren ... zu mindern ... Hamb. [1809]. V: *Albrecht, Joh. Frdr. Ernst.* (Call)

Krankheiten, Die, des Gehörs und der Taubheit. Wie beugt man ihnen vor und wie heilt man sie? ... Quedlinb. 1823. V: *Westphal, Carl.* (MGT) (Ky) (EngM)

Krankheiten Gehör Taubheit

Die Krankheiten des Gehörs und die Taubheit. Wie beugt man ihnen vor und wie heilt man sie? Zur Belehrung und zum Trost für alle diejenigen, welche an diesen Krankheiten leiden. Von einem praktischen Arzte. 90 S., gbd.

Quedlinburg u.Leipzig: Basse 1823

JB 4.312

Krankheiten, Die, des weiblichen Geschlechts, wie man sie leicht verhüten ... kann. Quedlinb. 1822. 2. Aufl. 1823. V: *Westphal, Carl.* (MGT) (Ky) (EngM)

— die, des weibl. Geschlechts, wie man sie leicht verhindern u. heilen kann. (Von C. Westphal.) 2e Aufl. 8. Quedlinb. 823. Basse. 15 γ

Krankheiten, die, der Geschlechtsorgane in Folge von Ausschweifung und Selbstschwächung und deren homöopath. Heilung. Für Laien und Aerzte dargestellt von einem prakt. Ärzte. 8. (VI und 76 S.) Sondershausen 856, Eupel's Verlag. *

— die, der Harnorgane u. des männl. Geschlechtsapparates. Venerische Krankheiten, bearb. v. P. Fürbringer, Judassohn, H. Kümmell, E. Leser, S. Rosenstein, s.: Handbuch der prakt. Medicin. III. 1.

— die häufigsten, des Kindesalters, s.: Miniatur-Bibliothek.

Krankheiten, die hauptsächlichsten chronischen, des Clerus. Für Laien, Cleriker u. solche, die es allenfalls werden wollen, zur Warnung u. zum Troste von *.* (Aug. Schilling). 5 Liefgn. München 866--68. (Neuburger u. Kolb.) gr. 16. (251 S.) 1 nβ

— der Haut. Die sogenannten Constitutionskrankheiten. Krankheiten d. Bewegungsorgane, bearb. v. O. Damsch, W. Ebstein. J. Jadassohn, A. Neisser u. J. Rosenbach, s. Handbuch der prakt. Medicin. 3. II.

Krankheiten, Die, der Haut; a. d. Franz. Breslau 1787. Ü: *Pescheck, Christian August.* (Call) (Ky)

Die *Krankheiten* d. Hunde. Ihre Naturgeschichte, richtige Kenntniss ... u. deren zweckmässigste Heilart. Dargest. v. einem prakt. Thierarzt. Frankf. a. M. 1800. 91 S

— 2. m. Zusätzen verm. Aufl., m. Tit.: Die Krankheiten d. Hunde u. Katzen, ihre Naturgeschichte (etc.). Sst. 1803. 98 S.

— die, der Hunde u. deren Heilung. Nach Dietrich aus dem Winkell (Winckell), Donauer, Jester, Rohlwes, Ammon u. A. 8. Bresl. 831. (Aderholz). 6 K

Krankheiten der Hunde u. deren Heilung, nach Dietrich aus d. Winkel, Donauer, Jester, Rohlwes, Ammon u. A. 8. Breslau 834. Richtersche Buchh. in Berlin. 1/6 ß

— die, der Hunde u. Katzen, ihre Naturgeschichte 2c. 8. Frkf. a. M. 802. Jäger. 12 K

— die, des Nervensystems, bearb. von Eulenburg, Jolly, Nicolaier, Obersteiner, Redlich, Schmidt-Rimpler, Steinbrügge, Ziehen, s. a. Handbuch d. prakt. Medicin.

Die Krankheiten des Nervensystems. Bearb. von Geh. Med. R. Prof. Dr. [Albert] Eulenburg [u. a.]. Mit 48 Abb. *Stuttgart: F. Enke 1900.* (XV, 1016 S.) 8°
= Handbuch d. praktischen Medicin. Bd 4.

Krankheiten, die, der Pferde-Beine, welche sich durch Bandagiren verhüten u. heilen lassen m. genauer Anleitung zum richtigen Bandagiren. gr. 8. (27 S. m. 7 Abbildgn. u. 1 Titelbild.) Dresden 894. (Leipzig, O. Gracklauer.) n. n. — 60

Krankheiten, üb. d. phys. u. moral. d. weibl. Geschlechts 2c. s. Laffecteur.

— des Rindviehs u. der Schweine m. homöopath. Mitteln zu heilen. Dazu e. Anh., einige besondere Krankheiten des Geflügels betr. gr. Fol. (2 Bl.) Stuttgart (899). (Holland & Josenhans.) In Futteral n. — 20

— die, der Schafe und ihre Heilung auf homöopathischem Wege. 8. Leipzig 838. Fort; jetzt Melzer. 5/12 ß

Krankheiten, Die, unter den Schweinen. Erscheinungen, Ursachen, erprobte Heilmittel und Vorbeugungsmassregeln gegen dieselben. Nach mehrjährigen Beobachtungen und Erfahrungen zum Besten der Landwirte und Ökonomen veröffentlicht. gr. 8. (15 S.) Nürnberg 51. Riegel & Wiessner. (?) M. —.40

Krankheiten, die syphilit., vollständ. Abhandl. aller Formen dies. Krankheitsfamilie, nebst Rezeptformen d. berühmtesten Aerzte Europa's. Hrsg. v. ein. prakt. Ärzte. gr. 8. (14¾ B.) Stuttgart 836, [Scheible, Rieger u. Sattler.] Thlr.

—— die syphilitischen oder ansteckenden, der Geschlechts-Organe. Ihre Erkennung, Bedeutung, Begegnung und Vorbeugung. In allgemeinverständlicher Darstellung und nach den neuesten Grundsätzen und Erfahrungen der Wissenschaft, zum Nutzen und zur Aufklärung seiner Mitmenschen verfaßt von einem Universitäts-Lehrer. 16. (XIII und 97 S.) Frankfurt a. M. 855, Küchler.

Venerische und Hautkrankheiten. Mit Beiträgen von: Prof. Babes, Prof. v. Düring-Pascha, O. A. Dr. Eichhoff, etc. etc. Redigirt von Doc. Dr. Jul. Weiss. Wien. Teschen. Leipzig. 1900. Prochaska. Gr.-8°. 860 S. K 22.80, geb. K 25.80

Krankheiten, die venerischen, für gebildete Laien beschrieben von einem prakt. Arzt. 16. (V, 56 S.) Nürnberg 872. (München, Grabinger.) *

—— die, welche durch die Selbstbefleckung entstehen und deren radicale Heilung, aus dem latein. Werke des berühmten S. A. D. Tissot, mit Zusätzen und Anmerkungen versehen von einem Arzte der Neuzeit. 8. (VIII und 75 S.) Heilbronn 854, Landherr.

Krankheiten, die, welche durch die Selbstbefleckung entstehen und deren radikale Heilung aus dem latein. Werke des berühmten S. A. D. Tissot, mit Zusätzen und Anmerkungen versehen von einem Arzte der Neuzeit. 2. Aufl. 8. (VIII und 75 S.) Heilbronn 857, Landherr.

Krankheiten, die wichtigsten, des Hausgeflügels. Nebst einem Anhang über Hühnerfütterung, vermehrtes Eierlegen, über das Brüten, Mästen 2c. 12. (24 S.) Reutlingen 887, Bardtenschlager. — 30

Die Krankheits-, Sterbe- und Invalidisierungsfälle bei der Preußisch-Hessischen Eisenbahngemeinschaft und der Generaldirektion der Reichseisenbahnen in Elsaß-Lothringen. [1.] Im Kalenderjahr 1907. Von Dr. [Karl] Schwechten [&] Dr. [Paul] Herzfeld. Berlin: Springer 1909. 8°
(Archiv f. Eisenbahnwesen. 1909, Beil.-H.)

Krankheitsgeschichte und Bericht [von Schneider] über die Öffnung der Leiche des Doctors Ernest von Grossi, a. d. Latein. München 1830. V: *Pruner, Franz.* (EB)

— u. Bericht über die Oeffnung der Leiche des Doctors E. von Grossi. Aus dem Latein. übersetzt. gr. 8. Münch. 830. Lindauer. (Vergl. *Historia* morbi et descript. sect. Er. de Grossi.)

Krankheitsgeschichte, Herrn Advokat Knüppels dreizehnjährige, und dessen ... Genesung durch das Hirschensche Luftsalz. Berl. 1786. V: *Hirschen, Leopold Freih. von.* (MGT) (Call) »Krankengeschichte« (Ky)

Dreizehnjährige Krankheitsgeschichte des Herrn Advocat Knüppel und dessen wiewohl nicht gänzliche dennoch aber unerwartete und beynahe unglaubliche Genesung durch das Hirschische Luft-Salz. Berlin: Maurer in Comm. 1786. 32 S. 8°

Krankheitsgeschichte in Einbeck vom J. 1788[—90]. [Celle u. Hannover 1789—91.] V: *Rüling, Joh. Phil.* (MGT)

— eines Fallsüchtigen, mit d. Rathgebungen dreier berühmten Aerzte. 8. Bremen ... Müller. 18 K

Krankheitsgeschichte des Fürsten zu Lippe, s. a. Gemälde deutscher Fürsten ꝛc.

Krankheits- u. Curatelgeschichte d. Fürsten zu Lippe ꝛc. Mit Urkunden ꝛc. (v. ... Rotberg). 8. Marb. 796. Krieger. 12 K (A. u. d. T.: Gemälde deutscher Fürsten. 1r Thl.)

Krankheitsgeschichte Ph. Gf. Reinhardts, s. *Historia* pathologica.

— d. verew. Pr. Geo. v. Thurn u. Taxis, (v. J. C. G. Schäffer). 8. Regensb. 795. Montag u. W. 5 K

Krankheits- und Curatelgeschichte, Wahrhafte, des regierenden Fürsten zu Lippe . . . Marburg 1795. V: *Rotberg.* (MGT) (Ky) (Call)

Krankheitsgeschichte des Herrn J. S. Werkenthin. Stendal 1777. V: *Uden, Conrad Friedrich.* (Ky)

Krankheitslehrer, der gereimte und ungereimte, ein Vademecum mnemotechnico-pathologicum für Heilkünstler. Aus dem Papierkorbe eines Verstorbenen. (Von Carl Ernst Bock.) 16. (VIII und 38 S.) Leipzig 855, Keil. Thlr. *

Krankheits- und Sterblichkeitsverhältnisse, Die, in Seiner Majestät Kriegsmarine, während des Quinquenniums 1863—1867. Im Auftrage der Marine-Section des Reichs-Kriegs-Ministeriums statistisch zusammengestellt von Dr. Robert Kolaczek, k. k. Linienschiffsarzt. (Mit 5 Tab.) (Die Fortsetzung dieses Werkes siehe: „Sanitätsbericht etc.") gr. 8. Wien 1870.

Krankheits- und Sterblichkeits**verhältnisse** in der Ortskrankenkasse für Leipzig und Umgegend. Untersuchungen über d. Einfluss von Geschlecht, Alter u. Beruf. Bearb. im Kais. Statist. Amte, Abt. f. Arbeiterstatistik, unter Mitw. d. Kais. Gesundheitsamtes. 4 Bde. Bd 1–4. Berlin: Heymann 1910. 4°

1. Besprechung; Erl. u. Erg. z. Tabellenwerke ... Mit 4 Taf. u. 104 Zeichn.
2. Tabellenwerk. Männl. Mitglieder. Teil A. ... Teil B. ...
3. ... Teil C. ... Teil D. ... Teil E. ...
4. ... Weibl. Mitglieder. Teil A–E. (10. 49[8]) 9

Kränkl, Gust., der Sieg des Lichtes. Festspiel m. leb. Bild u. Männerchor. Lied v. Béranger. gr. 8. (12 S.) Berlin (901). A. Hoffmann. —10

Kränkungen, Die sechs grossen, eines glücklichen Königs. Nach dem Französischen der Eugenia Foa. Wien [1863]. V: *Munkay, Johann.* (EB)

Krannhals, A., Bericht üb. d. Abtheilung f. das Unterrichtswesen der Wiener Weltausstellung, s.: **Berichte der Riga'schen Delegation üb. die Wiener Weltausstellung.**

Krannhals, A. F., Ueber den Aias des Sophocles. Pr. 1850. 16 S. 4°.

Krannhals, A. M., Religiös-sittliche Lebensansichten des Herodot. I. Abt. Pr. 1860.

Krannhals, H., üb. die **Cholera.** Verbreitungsweise u. Schutzmassregeln nach dem gegenwärt. Stande unserer Kenntnisse üb. das Wesen der Krankheit. 1.—5. Aufl. (32 S.) Riga 892. Jonck & Poliewsky. n. —50

— die **Influenza-Epidemie** d. Winters 1889—90 in Riga. Mit besond. Berücksicht. der Complicationen u. Nachkrankheiten geschildert. gr. 8. (62 S.) St. Petersburg 891. (C. Ricker.) n. 1. 20

Krannhals, Johannes. Livonus, Klinische Beobachtungen aus der Wittwe Reimer'schen Augenheilanstalt zu Riga. Diss. Dorpat. 8°. 118 pp. mit einer lithographirten Tafel. 1879.

Krannhals, Wold[emar] Alex[ander]: Kunst als Verkehrs- und Ausdruckstätigkeit. Jena 1910: Frommann. 59 S. 8°
Jena, Phil. Diss. v. 12. Febr. 1910, Ref. Eucken
[Geb. 2. Aug. 80 Riga; Wohnort: Görlitz; Staatsangeh.: Preußen; Vorbildung: Gymn. Jena Reife O. 02; Studium: Med. München, Halle, Phil. Heidelberg 5, Jena 5 S.; Rig. 20. Dez. 09.] [U 10. 2350

Krannich, Karl

Krannich, Carl, Assist. an d. agriculturchem. Versuchsstation d. Landwirtschaftskammer: Aus d. chemischen Institut d. Universität Breslau. 1. Ueber partielle **Racemie.** 2. Benzophenon-o-sulfosäure und einige ihrer Homologen. *Breslau 1901: H. Fleischmann.* (80 S.) 8°
Breslau, Phil. Diss. v. 21. Juni 1901

Krannöst

— **Johann Rupert** (Regensburg), Resolutiones practicorum casuum. Diss. jur. Präs. Samuel Stryk. Halle (Chr. Henckel) Juli 1706. 42 S. (6.50) 19285
Widm. v.: Präs., Joh. Georg Neukirch (dtsch.), Jo. Erhard (Wunsiedel/Vogtl.).

— — **De usu exiguo SCti Vellejani in foris Germaniae.** Diss. jur. Präs. Christian Thomasius. Halle (Salfeld) Sept. 1707. 40 S. (6.50) 19286
Widm. v.: Präs., Jacob Friedrich Ludovici (dtsch.), J. S. Cleffel (dtsch.), Johann Georg Neukirch (dtsch.), Christian Nicolaus Hoppe (Salzwedel/Mark; dtsch.).

— — **Dasselbe.** 1714. (6.50) 19287

— — **Dasselbe.** 1724. (6.50) 19288

— — Dasselbe. Halle (Joh. Christ. Grunert) 1748. 32 S. ohne Widm. (5.50) 19289

Kranold, s. a. **Cranold.**

Kranold, letzte Confirmations-Predigt gehalten zu St. Catharinen in Osnabrück am 7. April 1872. Nach einer stenograph. Nachschrift abgedruckt. gr. 8. (15 S.) Osnabrück 872, Rackhorst'sche Buchh.

Zum Gedächtnis weil. Ihrer Majestät der Königin Marie von Hannover, geb. 14. Apr. 1818 gest. 9. Jan. 1907. Predigt, geh. zu Hannover von Pastor A[ugust] **Kranold**. Hannover: H. Feesche 1907. (8 S.) 8° [F.] 08.4300 7

Kranold, Gustav: Pharisäer und Sadducäer. E. Versuch d. Geschichte d. beiden Parteien bis auf Christi Zeit darzustellen. Magdeburg, Druck v. E. Baensch jun., 1897; 1 Bl., 28 S. 4.
Magdeburg, RG, OP 1897 (273)

Kranold, H., Lehrplan f. die evang. Volksschule, enth. die Pläne f. 7—1 klassige Schulsysteme. Unter Mitwirkung westfäl. Volksschullehrer bearb. (V, 275 S.) gr. 8. Bielefeld 910. Velhagen & Klasing. Geb. in Leinw. 4. —

Kranold, Joan. Theophil. Kuno, de anno Hebraeorum jubilaeo. 4maj. (11 B.) Gottingae 838, libr. Dieterich. *

Kranold, Theophil Polycarp (Eilenburg), De corrupta per quaestiones infinitas eloquentia. Tl. II. Präs. Christian Friedrich Francke. Wittbg. (Jo. Tzschidrich) 13. XI. 1788. (S. 33—48.) (3.—) 19290
Tl. I. s. Francke, Ch. Fr.

Kränsel, Paul: Entwicklung und gegenwärtiger Stand des chinesischen Theehandels. *Berlin 1902: Deutsche Buch- u. Kunstdr., Zossen-Berlin.* (57 S.) 8°
Berlin, Phil. Diss. v. 28. Juli 1902

Kranske, O. (Bearb.), s. A c t a Austriae inferioris.

Kransperger, Hans. Abbildung der alterthümlichen Trachten des Schützenauszuges gehalten bei Anwesenheit Ihrer Majestäten des Königs und der Königin am 17. October 1830 zu Regensburg, herausgegeben u. gezeichnet von Hans Kransperger. Copirt v. W. D. 1854. Tit., 1 Bl.; 24 Taf. in Aquarellmalerei mit je 1 oder 2 Figuren. 2°.
Kostumgetreue Wiederholung des Festzuges von 1586 (Opel. warhafte u. aigentliche Contrafectur . . .)
Te 5.

Krantz, s. a. **Crantz.**

– s.a. K r a n z

Krantz, Schlussbericht über den vorzunehmenden Ausbau der Wasserstrassen in Frankreich, verfasst im Namen der französ. Enquête-Commission für Eisenbahnen und Verkehrswege. National-Versammlung Sitzung vom 13. Juni 1874. No. 2474. gr. 8. (V, 42 S. mit 1 Tab. in gr. 4. und 1 chromolithogr. Karte in Imp.-Fol.) Wien 875, Lehmann und Wentzel. *

Krantz, A. Geognostische Beschreibung der Insel Elba. (Aus Karsten's Archiv. Vol. XV.) Berlin. 1841. 8.

Krantz, A. Ueber ein neues, bei Menzenberg aufgefundenes Petrefakten-Lager in den devonischen Schichten. Abdruck. Bonn, 1857.

Krantz, A. Ueber ein neues bei Menzenberg aufgeschlossenes Petrefacten-Lager in den devonischen Schichten. (Aus Leonhard und Bronn's Jahrb.) Stuttgart. 1857. 8.

Krantz, A., Dr., Verzeichniss von verkäuflichen Mineralien, Gebirgsarten, Versteinerungen (Petrefacten) und Gypsmodellen seltener Fossilien im Rheinischen Mineralien-Comptoir. Bonn.

Krantz, Alfred, appr. Arzt: Ein Fall von Delirium tremens. *München 1903: Kastner & Callwey.* (26 S.) 8°
München, Med. Diss. v. 1903

Krantz, Ella, s.: Stephanos, Violet.

Krantz, Ernst, Reichsgerichtsreform. Bemerkungen zu dem Gesetzentwurfe, betr. die Zuständigkeit d. Reichsgerichts (Drucks. des Reichstages, II. Session 1909/10. Nr. 309). (56 S.) gr. 8. Berlin 910. W. Moeser. 1.50

Krantz. Eva. von Tschernigow (Russland): Haematologische Arbeiten unter Leitung von Privatdocent Dr. Naegeli, Zürich. Über B o t h r i o c e p h a l u s - A n a e m i e mit aplastischem Knochenmark. Zürich 1906. 20 S. 8°. [10. XI. 06.]
Zürich. Med. Diss. 1906/1907.

Krantz, Eva. Über Bothriocephalus-Anaemie mit aplastischem Knochenmark. Diss. Med. Univ. Zürich. *Kopftitel:* Haematologische Arbeiten unter Leitung von Privatdocent Dr. [Otto] Naegeli, Zürich. 20 S. 8. Zürich, J. J. Meier, 1906.

Krantz, Fel., Anschauungsbilder zur Instruction der deutschen Artillerie. II. Exerciren am unbespannten Geschütz. Taf. 1. Steindr. gr. Fol. Leipzig 892. H. Hucke. n. — 10

— dasselbe f. die deutsche Infanterie, Schützen, Jäger u. Pioniere. I. Vor- u. Freiübgn. Taf. 1. Steindr. gr. Fol. Ebd. 892. n. — 10

— dasselbe f. die deutsche Cavallerie, Artillerie u. den Train. I. Vor- u. Freiübgn. f. den Fußdienst. Taf. 1. Steindr. gr. Fol. Ebd. 892. n. — 10

— dasselbe. II. Der Reitunterricht. Taf. 1. Steindr. gr. Fol. Ebd. 892. n. — 10

— dasselbe f. die deutschen Pionier-Bataillone. I. Der Brückenbau. Taf. 1. Steindr. gr. Fol. Ebd. 892. n. — 10

— unsere **Artillerie.** Manöver - Skizzen. qu. Fol. (12 Lichtdr.-Taf.) Leipzig 893. F. A. Berger. In Leinw.-Mappe. n. 12. —

Krantz, Felix: E r i n n e r u n g s - B l ä t t e r zum 50 jährigen Militärdienstjubiläum Sr. Majestät des Königs Albert von Sachsen. 1843–1893. Von –. (Geschichtl. Gedenkblätter von Otto Kaemmel.) Leipzig: Berger (1893). 20 Taf., 8 S. gr. 2°

Krantz, F., deutsche Reiter-Lieder, illustrirt. 12 Orig.-Handzeichnungen in Lichtdr. Fol. Leipzig 881. Ruhl. In Leinw.-Mappe. n. 12. —

—— u. Emil S c h m i d t. Technologische Tafeln. 6 Taf. in Tondr. Imp.-Fol. Lpz. 885, Leipz. Schulbilderverlag v. F. E. Wachsmuth. à Taf. * 1 40; * 8 40; auf doppeltem Pap. m. Leinw.-Rand à Taf. * 1 60; * 9 60
1. 2. Bearbeitung d. Flachses. — 3. 4. Bearbeitung d. Eisens. — 5. 6. Locomotive.
Erläuterungen dazu, s. T e w e s , Herm.

Krantz, Friedrich [Dr.]: Anbauversuche mit Braugerste in der Döbelner Pflege. Döbeln, Druck v. J. W. Thallwitz, 1896; 1—XXXVIII S. 4.
Döbeln, k. RG u. Landwirtschafts-S, OP 1896 (502)

Krantz, Frdr, **Anbauwert,** Eigenschaften u. Kultur d. Braugerste. M. bes. Berücksicht. d. in d. Döbelner Pflege in d. J. 1894 u. 1895 ausgef. Anbauversuche. [Aus: „Landwirtsch. Jahrbb."] Lex.-8. (46 S.) Berlin 896. P. Parey. n. 1. 50

— Bedeutg., Eigenschaften u. Kultur d. Braugerste m. bes. Berücksicht. d. in d. J. 1894 u. 1895 in d. Döbelner Pflege ausgeführten Anbauversuche. Vortrag, geh. in d. ökonom. Gesellschaft im Königr. Sachsen, Dresden, am 7. Febr. 1896. gr. 8. (55 S.) Dresden 896. G. Schönfeld. n. — 80

Krantz, Friedrich [aus Wethen (i. Waldeck)]: Ein Beitrag zur Regulirung der physikalischen Bodeneigenschaften. . . . Warburg, Druck v. Max Schilp, 1888; 58 S. + 1 Bl. 8°
Leipzig, Phil. Fak., Inaug.-Diss. v. 25. Nov. 1888

Krantz, Friedrich Gottlieb [Praes.], s. Fischer, Johann Heinrich: De vocatione divina naturali.

Krantz, Fritz [aus Liegnitz]: Krystallographische Untersuchungen von Nitrolaminbasen und verwandten Körpern. . . . (Aus: Zeitschr. f. Krystallogr. u. Mineral. XIV. Bd.) Leipzig, Wilhelm Engelmann, 1888; 25 S. 8°
Erlangen, Phil. Fak., Inaug.-Diss. v. 1888

Krantz, Gustav: Kränzet die Reben, so erndtet ihr doppelt! Trier: Troschel 1867. 15 S. -- 98*.121*.F 1

Krantz, neue sehr vortheilhafte Cultur der Rebe. Trier 867. Troschel. gr. 8. (15 S. mit 15 erläut. Abbildgn. auf 5 Steintaff.) n. 10 ngr.
Auch in französ. Sprache zu gleichem Preise erschienen.

— **Gustav** (Soldin/Neumark), **Nonnulla de gangraena nosocomiali adjectis morbi historiis. Diss. med.-chir. Bln. (Friedlaender) 26. IX. 1835. 31 S. mit Biogr. (M.: C. Kloss.) (6.50) 19296**
Oppon.: J. Buxbaum, R. Sachse, C. W. Breithaupt. — Gew.: C. J. Lohmeyer, C. F. Holzhausen (Soldin)

Krantz, G., die untrügliche Methode, das Gallisiren des Weines sofort zu erkennen. 8. (1 Bl. in 4.) Trier 872. Troschel. Verklebt. 1. —

Krantz, Heinrich, Rechtsprakt.: Zur Frage des Erfinderrechts der Angestellten. Augsburg [1910]: Walch. VIII, 66 S. 8°
Erlangen, Jur. Diss. v. 29. April 1910, Ref. Sehling
[Geb. 2. Juli 82 Neuulm; Wohnort: Memmingen; Staatsangeh.: Bayern; Vorbildung: Stephan-Gymn. Augsburg Reife 01; Studium: München 5, Berlin 1, Erlangen 2 S.; Rig. 22. Okt. 09.] [U 10. 722

Krantz, J. H., praktische Anleitung zur künstlichen Ausbrütung der Eier aller Arten Geflügels und der Aufzucht der künstlich ausgebrüteten jungen Hühner, Enten, Gänse und Truthühner. Nebst einem Anh. über die rationelle Kaninchenzucht. 2. verm. und verb. Aufl. 8. (50 S. mit 4 eingedr. Zeichnungen in Holzschn.) Berlin 874, Gerschel. *

— **Johann Christian** (Dresden), **De fractura ossium, ut vulnus sananda. Diss. med. Lpz. (Langenheim) 10. IX. 1756. 48 S. u. 1 Tfl. Abb. (Süße fec.) (6.50) 19297**
Gew.: Johann Berthold Senger.

Krantz, Julius [aus Budapest]: Eine seltene Infection, von der Mundhöhle ausgehend ... Budapest, Buchdr. F. Buschmann, 1893; 15 S. 8.
Erlangen, Med. Fak., Inaug.-Diss. v. Dez. 1892

Krantz, Karl Christian

Krantz, Carl Christian (Schkeuditz), **De praesentatione literarum cambialium. Von Präsentirung der Wechsel=Briefe. Disp. jur. Präs. Jo. Christian Königk. Lpz. (Brandenburger) 15. XII. 1712. 40 S. (6.20) 19291**
Gew.: Jo. Franz Born, Thomas Wagner.

— — **Dasselbe. 1733. (6.20) 19292**

— — **De remissione juramentorum inprimis jure Saxonico electorali. Disp. jur. Präs. Gottfr. Ludw. Mencken. Wittbg. (Gerdes) 1. VIII. 1718. 28 S. (6.20) 19293**
Gew.: Friedr. Michael Falckner (Leipzig), Joh. Sigismund Birnbaum (Leipzig), Gottfr. Christian Goetz (Leipzig), David Bittorff (Leipzig). — Widm. v. Präs.

— — **Dasselbe. (6.20) 19294**
Gew.: Ernst Rudolph v. Stammer (Wahren, Stameln), Christian Gottfr. Reinhard (Neukirchen). — Widm. v. Präs.

— — **Dasselbe. (6.20) 19295**
Gew.: Carl August v. Wolffersdorf (Scherbitz), Wolff. Rudolph v. Uchteritz (Lütschena, Freyrode . . .), Christian Schulz (Niemeck), Peter Ernst Krantz (Vater). — Widm. v. Präs.

Krantz, Michael

Krantz, M., die Ätiologie der geburtshülfl. Dammverletzung u. der Dammschutz. gr. 8. (VI, 113 S.) Wiesbaden 900. J. F. Bergmann. n. 2. 80

Diagnose und Therapie der nervösen Frauenkrankheiten infolge gestörter Mechanik der Sexual-Organe. Von Dr. M[ichael] **Krantz.** Wiesbaden: Bergmann 1899. VI, 106 S. 8° [11. 6,40] 11

KRANTZ, Michael (Köln): Die Schicksale der osteogenetischen Fragen.- München: Wolf 1874. 29 S. 11.7.1874 - Urk (Titel: De controversiis de natura osteogenesis ortis.); Chr 1874/75,12
Diss. Ingolst.-Landsh.-Mchn.

Krantz, Wilhelm *Georg Albert* [aus Neu-Valm (Out) in Pommern]: Über die verschiedenen Operationsmethoden bei Empyema antri Highmori. . . . Berlin, Buchdr. v. G. Schade, *1891;* 30 S., 1 Bl. 8°
Berlin, Med. Fak., Inaug.-Diss. v. 17. Jan. 1891

Kranz [Sachl.OW]

— **der, eine Schrift für Jedermann. 8. Berl. 797. Schöne. 1 ℛ 4 gl**

Der KRANZ, ein Gedicht auf die Namensfeyer des Hochw. Herrn Georg Keller, Probsten zu Landek in Zipsen . . . demselben von seinen Zöglingen dargereicht, den XXIV. April 1809. Tyrnau 1809. Gedr. mit Jellinek'schen Schriften. 4 f. -

Kranz, der; herausgegeben von Elis. Selbig u. W. Willmar. 4 Thle. (1r Thl. Frühling. Esperance oder die goldne Kette, von Elis. Selbig. 22 Gr. — 2r Thl. Sommer. Miatame rc. von W. Willmar. 1 Thlr. 8 Gr. — 3r Thl. Herbst. Olivia, das Mädchen mit den langen Haaren. 1 Thlr. — 4r Thl. Winter. Unholtskraut in Mährchen rc. 1 Thlr. —) 8. Meißen, Gödsche. 817. 18.

Kranz, der, oder Erholungen für Geist u. Herz; eine Originalschrift für gebild. Leser, geleitet u. herausg. v. Kramerius, v. S. W. Schießler, W. A. Gerle u. Karol. v. Woltmann. 1r Jahrg. 1821. 5 Hefte. 20 gl 2r u. 3r Jahrg. 1822, 23. à 12 Hefte. 4 ℛ u. 4r J. 1824. 6 Hefte. 1 ℛ Mit Kpf. Prag, Haase Söhne. 5 ℛ 20 gl

Kranz, der, od. Erholungen f. Geist u. Herz; eine Originalschrift f. gebild. Leser, geleitet u. herausgeg. v. S. W. Schießler. Jahrg. 1822. 4 Bde. mit Kpfrn. gr. 4. Prag, Enders. (Leipz., Cnobloch.)

— dess. Jahrg. 1823. 12 Hefte u. 24. 6 Hefte. Herausgeg. v. Caroline v. Woltmann u. W. A. Gerle. M. Musikbeil. gr. 4. Prag. (Leipz., Fr. Fleischer.) 1823. 4 Rthlr. 16 gr. 1824. 2 Rthlr.

Kranz, der. Halbmonatsschrift f. die kathol. Mädchenwelt. Red.: O. Müller u. R. Breuer. 3. u. 4. Jahrg. 1909 u. 1910. à 24 Nrn. (à Jahrg. 192 S.) 33×22,5 cm. M.-Gladbach, Volksvereins-Verlag. à Jahrg. 1.60; geb. 2. —

Kranz, ein, um der Mutter Bild gewunden von dankbarer Kindeshand. 16. (XI, 262 S.) Köln 880, DuMont-Schauberg'sche Buchh. geb. mit Goldschn. *

Kranz, ein, auf einem Grabe. 24 kleine Gedichte; deutsch und englisch. — A garland on a grave. 16. (81 S.) Berlin 859, Asher und Comp. *

Kranz, der, f. d. Märzgefallenen. Aktenstücke z. Geschichte d. Selbstverwaltg. in Preußen. gr. 8. (64 S.) Berlin 898. L. Simion. n. — 50

Kranz, Ein, neuer Maurerlieder der zu Fest- und Tafellogen nach bekannten Melodien . . . Plauen 1875. V: *Fischer, Robert.* (TT)

Kranz, neuer, von d. bekanntesten älteren, neuen u. neuesten Gesängen deutscher Dichter, gewunden f. frohe u. heit. Cirkel. 3., verm. Aufl. kl. 16. (10 B.) Schwäb. Hall 838, Haspel'sche Bh.

— ein, von Räthseln, zur Unterhaltung in geselligen Kreisen rc. (v. Fr. v. Kiuh). Nebst e. Quodlibet als Auflösung. 16. Leipz. (818.) Liter. Central-Compt. 4 gl

Kranz der Zeit oder deutsche Gedichte. Stuttgart 1817. V: *Rückert, Friedrich.* (EE)

Kranz [Schlagwort]

Kranz, s.: Deutschland. Kürschner-Pelp.

Kranz [Verfasser]

Kranz, f. auch Cranz.

Kranz s.a. Krantz

Katalog zu der Bibliothek der Loge „z. d. 3 weissen Felsen" in Weissenfels. Geordnet von Kranz. *[Mitth. VdF. 1896—1897 S. 107.]*

Kranz, Anton C.

—— und Karl Weber, das Impfgesetz für das deutsche Reich vom 8. April 1874 nebst der bayerischen Vollzugsverordnung vom 24. Febr. 1875. Mit Einleitung und Erläuterungen. gr. 8. (V, 58 S.) Nördlingen 875, Beck'sche Buchh. *

Kranz, [Ant. C.], Dr. Michael Reiter, k. Hofrath und qu. Central-Impfarzt. Nekrolog. gr. 8. (14 S.) München 877, J. A. Finsterlin. *
Aus: Aerztliches Intelligenzblatt, besonders abgedruckt.

Kranz, Bertram [app. Arzt aus Queenstown (Südafr.)]: Ueber den Einfluss der Geschlechtsfunctionen, insbes. der Schwangerschaft, auf die Tumoren ... Würzburg, Becker's Univ.-Buchdr., 1896; VI, 64 S. 8.
Würzburg, Med. Fak., Inaug.-Diss. v. 1896

Kranz, Bruno, Silesius: De particularum „pro" et „prae" in prisca latinitate vi atque usu. Vratislaviae 1907: Societas typographorum Vratisl. (59 S.) 8°
Breslau, Phil. Fak., Ref. Skutsch, Diss. v. 23. Dez. 1907
[Geb. 23. Juli 82 Breslau; Wohnort: Breslau; Staatsangeh.: Preußen; Vorbildung: Matthias-Gymn. Breslau Reife O. 03; Studium: Breslau 9 S.; Rig. 18. Dez. 07.]

Kranz, C., Chamberlains „Grundlagen des 19. Jahrh." in ihrer Stellung zu Christus u. zum Christentum, s.a. Zeitfragen des christlichen Volkslebens. 235.

Chamberlains 'Grundlagen des 19. Jahrhunderts' in ihrer Stellung zu Christus und zum Christentum. Von C. Kranz, Stadtpfarrer, Homburg. Stuttgart: Ch. Belser 1906. (45 S.) 8° [F.]
— Zeitfragen d. christl. Volkslebens. Bd. 31, H. 3.

Kranz, C. Ant., Uebersicht der Flora von München, enthaltend die in der Umgebung Münchens wildwachsenden und verwilderten Gefässpflanzen. 16. (XV und 100 S.) München 859, Franz.

Kranz, C. A., s. Weber, J. C., die Alpen-Pflanzen Deutschlands und der Schweiz.

Kranz, Ernst, prakt. Arzt, z. Zt. Einjährig-Freiwilliger Arzt im 7. Feldartillerieregiment: Ein bemerkenswerter Fall von organisierter Thrombose sämtlicher Sinus der Dura mater nach einer Halseiterung. Aus der städtischen Krankenanstalt zu Elbing (Westpreußen). München 1904: C. Wolf & Sohn. (26 S.) 8°
München, Med. Fak., Ref. v. Angerer, Diss. v. 18. Aug. 1904
[Geb. 1. Apr. 81 Marienburg i. Westpr.; Wohnort: München; Staatsangeh.: Preußen; Vorbildung: Gymn. Marienburg Reife O. 99; Studium: Königsberg 9 S.; Coll. 10. Juni 04; Approb. 16. Febr. 04.]

Kranz, Ferdinandus *[geb. Breslau 21.12.1814]*: Theses theologicae . . . pro licentiati in theologia honoribus rite capessendis. Vratislaviae (1837). (2 Bl.) 8°
Breslau, Kath.-theol. Liz.-Thesen v. 9. Dez. 1837

Kranz, Fr. M., de fontibus Mattiacis. Wiesbaden and the effect of its mineralwaters on gout etc. 2. ed. Revised and expanded by the author. gr. 8. (16 S.) Leipzig 893. Dr. W. Schwabe. n. — 50

Kranz, Gisbert (geb. am 17 Okt. 1856 in Steele Landkr. Essen): Ueber Leukämie ... Bonn, Druck v. F. Krüger (1880). 2 Bl., 30 S., 3 Bl. 8.
Bonn, Med. Fak., Diss. v. 14 Okt. 1880

Kranz, Gottl., compend. hist. civil. 8. Breslau, Meyer. 721.

— comp. hist. eccles. 4. Laubae, Wirthgen. 738.

— historia ecclesiast. ed. Gemeinhard. 4. Lips. Wirthgen. 756.

— synops. historiae civ. ab. a. 1720–40. contin. a Iohnio. 8. ibid. 742.

Kranz, H., Fibel, f.: Born, P.

Kranz, H[einrich]: Verzeichnis der Döhlingschen Schmetterlingssammlung. Hameln 1905: C. W. Niemeyer. (S. 3—11.) 4° [F.]
Hameln, Victoria Luise-S OP 1905 [114]

Kranz, Hugo W[ilhelm], approb. Arzt aus Grumbach bei Dresden: Einige Beiträge zu den subkutanen Darmverletzungen in der Gegend der Flexura duodenojejunalis. *Leipzig 1904: B. Georgi.* (34 S.) 8°
Leipzig, Med. Diss. v. (22. Juni) 1904

Kranz, J. H., u. J. H. Schwalm, Kreizschwerneng, Spaß muß seng! Gedichte in Schwälmer Mundart. 1. Bd. (VII, 162 S. m. 2 Abbildgn.) 12. Ziegenhain 904. W. Korell. Geb. n.n. 1. 60

Kranz, Joh. Bapt., Schmetterlinge um München. Enthaltend: Tagfalter, Schwärmer, Spinner und Eulen in systemat. Reihenfolge nebst Angabe der Fundortes, der Erscheinungszeit, der Zeit des Sammelns der Raupen, der Nahrungspflanzen und vielen andern prakt. Bemerkungen. 16. (VIII und 115 S.) München 860, Franz.

Kranz, Joseph Anton

KRANZ, Joseph Anton (Flintsbach): De processibus placentae in partu vitalibus.- Monachii: Michaelis 1829. 16 S.
3.9.1827 - Urk; F 39
Diss. Ingolst.-Landsh.-Mchn.

Kranz, J. A, de processibus placentae in partu vitalibus. Dissertat. inaug. med. 4. (2 B.) Monachii 829, [Jaquet.]

Kranz, Jul., die Gemeinden der Pfalz m. Annexen, ihrer Seelenzahl u. politischen Einteilung nach den Ergebnissen der Volkszählung vom 1. XII. 1900. gr. 8. (57 S.) Speyer 902. Jäger. n. 1.—

Kranz, Jul., d. Gemeinden der Pfalz m. Annexen, ihrer Seelenzahl u. politischen Einteilung nach d. Ergebnissen der Volkszählung v. 1. XII. 1905. (61 S.) 8. Speyer 907. Dr. Jäger. 1.—

— s.: Handbuch f. den königl. bayer. Reg.-Bez. der Pfalz.

— die Volksschulen des kgl. Reg.-Bez. der Pfalz. Ein Verzeichnis d. Lehrerbildungsanstalten, Schulinspektionen u. sämtl. Volksschulen m. Angabe der daran wirk. Lehrkräfte. gr. 8. (51 S.) Speyer 902. Jäger. —60

— Die Volksschulen des kgl. Reg.-Bez. der Pfalz. Ein Verzeichnis der Lehrer-Bildungsanstalten, Schulinspektionen u. sämtl. Volksschulen m. Angabe der daran wirk. Lehrkräfte. (52 S.) 8. Speyer 907. Dr. Jäger. —80

Kranz, Karl

Kranz, Carl: Klinische und pathologisch-anatomische Beiträge zur Kenntnis der angeborenen Exkavationen des Sehnerven. *Marburg 1898: J. A. Koch.* (19 S. mit Taf.) 8°
Marburg, Med. Diss. v. 12. [vielm. 14.] Febr. 1898

Kranz, Leop., deutsche Treue. Vaterländisches Schauspiel. gr. 8. (VII und 135 S.) Constanz 859, (Meck.) *

Kranz, Ludwig [aus Graz]: Ueber die Einwirkung von Chlorkohlenoxyd und Kohlensäure auf einige Oxybenzole. . . . Jena, Frommannsche Buchdr., 1891; 86 S., 1 Bl. 8°
Jena, Phil. Fak., Inaug.-Diss. v. 1891

Kranz, M., Natur- u. Kulturleben der Zulus, nach vieljährigen Beobachtungen, statistischen u. klimatischen Berichten geschildert. 8. (XII, 256 S.) Wiesbaden 880. Niedner. n. 3.—

—— on Wiesbaden and the Effect of the Mineral-Waters on Gout etc. gr. 8. (14 S. mit 1 Holzschn.) Wiesbaden 884, (Jurany und Hensel.) *

— Wiesbaden u. seine Thermen. Homöopathische Studie. gr. 8. (17 S.) Ebend. 884. n. —50

Kranz, Max Beiträge zur Quellenkritik des Valerius Maximus. 24 S. **Progr.** Fr. Wi. G. *Posen* 1876.

Kranz, Max [Prof.]: Zur Gestaltung des altsprachlichen Unterrichts nach den neuen Lehrplänen. Posen, Merzbach'sche Buchdr., 1895; 34 S. 4.
Posen, k. Friedrich-Wilhelms-G, OP 1895 (164)

Kranz, *Max: Direktor Professor Dr. Berthold Volz, gestorben am 1. Dezember 1899.* 4 (S. 23 d. Schuln.).
Progr. Kgl. Friedrichs-G. *Breslau* 1900

Kranz, Melchior Fremont [Dr. phil. aus Wiesbaden]: Die Clitoridectomie. Historisch-kritisch dargest. ... Strassburg i. E., Buchdr. C. Goeller, 1891; 111 S. 8.
Strassburg, Med. Fak., Inaug.-Diss. v. 1891

Kranz [Paul]: Beschreibung des neuen Schulgebäudes. Wilhelmshaven 1907 ... s. **Köhler** [Ferdinand].

Kranz, Paul, D. Ernst Faber, e. Wortführer christlichen Glaubens u. seine Werke, s.: Flugschriften-Reihe, 2., des allgem. evang.-protest. Missionsvereins. 1. Hft.

21 Gründe, warum ich dem neutestamentlichen Vorbild der Glaubenstaufe gehorcht habe ... von P. **Kranz**, Missionar. Kassel: J. G. Oncken Nachf. [1907]. (72 S.) 8° [J.] [07. 10814 4

Kranz, P., 21 Gründe, warum ich dem neutestamentlichen Vorbild der Glaubenstaufe gehorcht habe. Allen, welche nach Luthers Wort „mit Ernst Christen sein wollen" zur Erwägg. unterbreitet. 2. Aufl. 6. Taus. (71 S.) 8. Kassel (907). J. G. Oncken Nachf. —50

[Chines. u. Ant.] ... Deutsch-Chinesische Lectionen. Von P[aul] **Kranz**. 4. Aufl. bearb. von R. Wilhelm. H. 1. *Tsingtau: Deutsche Dr. u. Verlagsanst. 1901.* 8° [03. 9335

Kranz, P., Chinesische Lectionen, 5. Aufl., s.: **Wilhelm, R.**, deutsch-chinesische Lectionen.

— die Missionspflicht des evangel. Deutschlands in China, s.a. Flugschrift, 10., des allgem. evangel.-protestant. Missionsvereins.

Die Missionspflicht des evangelischen Deutschlands in China. Von Missionar Pfarrer Paul **Kranz**. *Berlin: A. Haack 1900.* (18 S.) 8° [J.]
= **Flugschrift** d. Allgem. evang.-prot. Missionsvereins. 10. [00. 12323

Kranz, Paul, e. Missionsreise auf dem Yang tze kiang in China im J. 1894, s.a. Flugschrift des allgemeinen evang.-prot. Missionsvereins.

[J.] Eine Missionsreise auf dem Yang tze kiang in China im Jahre 1894. Von Pfarrer u. Missionar Paul **Kranz** in Shangai. M. 1 Abb. u. 1 Kartensk. 2. Aufl. *Berlin: A. Haack 1894.* (19 S., 1 Taf.) 1 Bd 8.
= **Flugschrift** d. Allgemeinen evang.-prot. Missionsvereins. [No] 5. [96. 3601

— d. Welterlösungsreligion ist die Vollendg. d. Konfuzianismus, s.a. Flugschrift d. allgem. evang.-protest. Missionsvereins.

Die Welterlösungsreligion ist die Vollendung des Konfuzianismus. Deutsche Übers. e. chines. Traktats von Missionar Pfarrer Paul **Kranz** in China. Mit e. Vorw. u. Anm. von Pred. Lic. Dr. (Aug.) Kind in Berlin. Mit d. Orig. d. chines. Traktats. *Berlin: A. Haack 1895.* (20 S.) 8° [J.]
= **Flugschrift** d. Allgem. evang.-prot. Missionsvereins. 8. [00. 12321

Kranz, Peter [aus Weiden b. Aachen]: Aus d. gynäkolog. Klinik in Bonn. Zur Morphiumbehandlung der Eklampsie ... Düren, Actienges. f. Zeitungsverl. u. Druckerei, *1893*; 45 S., 1 Tab. 8.
Bonn, Med. Fak., Inaug.-Diss. v. [1. Mai] 1893

Kranz, Rich., Frei! Reime u. Rhythmen. 8. (VII, 86 S.) Dresden 899. E. Pierson. n. 1.50; geb. n. 2.—

Kranz, Rich., Rote Herzen. Neue Gedichte. (70 S.) 8. Wien (902). Verlagsanstalt neuer Literatur. n. 1.—

— Bildhafte Phantasien. Ausgewählte Gedichte. (71 S.) 8. Liebau (905). Förster & Wedel. n. 1.20

— aus deutscher Seele. Skizzen u. Gedichte. (VII, 60 S.) kl. 8. Ebd. 904. n. 1.—

Kranz, Rich., der **Sonne zu**. Lieder. (37 S.) 8. Jauer (907). Glogau, Hellmann. 1.—

— **Stunden des Glücks**. Novellen u. andere Dichtgn. (109 S.) 16. Landshut (910). P. Schultze. 1.50

Kranz, W., geologischer Führer f. Nagold u. weitere Umgebung bis Calw, Herrenberger Stadtwald, Horb u. Altensteig m. 5 Fig. (VI, 56 S.) gr. 8. Nagold 903. G. W. Zaiser. n. 1.—

Kranz, Walter *Hermann* [pr. Arzt]: Aus d. Kgl. chirurg. Klinik zu Königsberg i. Pr. Zur operativen Behandlung des Kropfes ... Königsberg i. Pr., Druck v. M. Liedtke, 1895; 2 Bl., 60 S., 2 Bl. 8.
Königsberg, Med. Fak., Inaug.-Diss. v. 9. Dez. 1895

Kranz, Walt., zur operativen Behandlg. d. **Kropfes**. Diss. gr. 8. (60 S.) Königsberg 895. (W. Koch.) n. 1.—

Kranz, W., Beitrag zum Studium des Nahangriffs auf Port Arthur, s.a. **Militär-Wochenblatt**. 1909. 6. Beiheft.

Beitrag zum Studium des Nahangriffs auf Port Arthur. Die Nordostfront. Von W[alther] **Kranz**, Hauptm. Hierzu 1 Plan, 10 Grundrissskizzen sowie zugehörige Schnitte. Berlin: Mittler 1909. S. 213–249. 8° [Umschlagt.]
(Militär-Wochenblatt. 1909, Beih. 6.) [09. 11347

Kranz, Walth., s.: **Fragmente**, die, der Vorsokratiker.

Kranzberger, Bonif., Lobrede bei d. Seligmachung Lorenz von Brundus. 8. Augsb. 780. Wolf. 1¼ *K*

— Predigt von d. Ehrerbietung gegen die Priester, bei einer Primiz. 8. Augsb. 785. Wolf. 1 *K*

— Predigt von dem Gebet. 8. Augsb. 785. Wolf. 1 *K*

Kranzbücher. 1. u. 2. Bd. 8. Berlin, Kranz-Verlag. Geb. à 1.50
Hakenberg, H., Kosakenblut. Nach Nikol. Gogols „Taras Bulba" erzählt. Mit Bildern [darunter 1 farb. Taf.] v. Adf. Brandt. (116 S.) (910.) (Bd. 1.)
Schaumberger, Heinr., der Dorfkrieg. Mit Bildern [darunter 1 farb. Taf.] v. Rich. Vogts. (123 S.) (910.) (Bd. 2.)

[J.] **Kranzbühler**, Eugen [Gr. Hess. Gerichtsaccessist]: Die Aftermiete ... Worms, Druck v. E. Kranzbühler, 1894; 116 S. 8.
Giessen, Jur. Fak., Inaug.-Diss. v. 1894

Kranzbühler, Eug., verschwundene Wormser Bauten. Beiträge zur Baugeschichte u. Topographie der Stadt. (VIII, 217 S. m. Abbildgn. u. z. Tl. farb. Taf.) Lex.-8. Worms 905. (H. Kräuter.) Geb. in Leinw. n. 15.—

Kränzchen

— das, s.a. **Edelweiß**.

Kränzchen, das, Erzählungen für Kinder, von Lotte Bertholdt. 8. Dresden, Arnold. 818.

Kränzchen, das. Spemann's illustrierte Mädchen-Zeitung. 1.—3. Jahrg. 1889—1891. à 52 Nrn. (2 B.) hoch 4. Stuttgart, [Spemann]. Union. à Jahrg. n. 8.—; in 16 Hftn. à —50 (cplt. geb.: à Jahrg. n. 9.—)

Kränzchen, das. Illustr. Mädchen-Zeitg. Red.: Wilh. **Spemann**. 4.—7. Jahrg. Oktbr. 1891—Septbr. 1895. à 52 Nrn. (2 Bog.) hoch 4. Stuttgart, Union. à Jahrg. n. 8.—; in 16 Hftn. à —50; à Jahrg. kplt. geb.: n. 9.—

— das. Illustr. **Mädchen-Jahrbuch**. 9. u. 10. Folge. (Jahrg.) gr. 4. (à IV, 726 S. m. 10 farb. Beilagen.) Ebd. 897. 98. Geb. in Leinw. à n. 9.—

Kränzchen, das. Illustr. Mädchen-Zeitg. Red.: Wilh. **Spemann**. 8.—10. Jahrg. Oktbr. 1895—Septbr. 1898. à 52 Nrn. (à ca. 2 Bog.) hoch 4. Stuttgart, Union. à Jahrg. n. 8.— (kplt. geb.: à Jahrg. n. 9.—)

— dasselbe. Red. v. Jos. Kaltenboeck u. Karl Rocco. Red.: **J. Kaltenboeck**. 11. Jahrg. Oktbr. 1898—Septbr. 1899. 52 Nrn. (à ca. 2 Bog.) hoch 4. Ebd. n. 8.—

Kränzchen, das. Illustr. Mädchen-Zeitg. Red.: Joh. Kaltenboeck. 12.—15. Jahrg. Oktbr. 1899—Septbr. 1903. à 52 Nrn. hoch 4. (IV, 726; IV, 826; IV 828 u. IV 828 S. m. je 1 Spielbog.) Stuttgart, Union. à Jahrg. n. 8.—; geb. in Leinw. à n. 9.—; auch in 16 Hftn. à —50

(F) Das **Kränzchen**. Illustr. Mädchen-Zeitung. XIII. Jahrgang. Stuttgart. Berlin. Leipzig. Wien. 1900. Union Deutsche Verlags Gesellschaft. In Comm. Mohr. Lex.-8°. erscheint in 52 Nrn. compl. K 9.60

(F) Das **Kränzchen**. Illustr. Mädchen-Zeitung. XIV. Jahrgang. Stuttgart. Berlin. Leipzig. Wien. 1901. Union Deutsche Verlags-Gesellschaft. [In Comm. Mohr.] Lex.-8°. erscheint in 52 Nrn. compl. K 9.60

(F) Das Kränzchen. Illustr. Mädchen-Zeitschrift. 15 Jahrg. Lex.-8°. erscheint in 52 Nrn. † Wien: Mohr 1902. kompl. K 9.60

Das Kränzchen. Illustrierte Mädchenzeitung. 16. Jahrg. erscheint in 52 Heften Wien: Mohr 1903. kompl. K 9.60

Kränzchen, das. Illustrierte Mädchen-Zeitung. Red.: Joh. Kaltenboeck. 16.—19. Jahrg. Septbr. 1903—Aug. 1907. à 52 Nrn. (à Jhrg. IV, 828 S. m. je 1 Spielbog.) Lex.-8. Stuttgart, Union. à Jhrg. n. 8.—; geb. in Leinw. n. 10.—; auch in 16 Heften à —50

Kränzchen, das. Illustrierte Mädchen-Zeitg. Red.: Joh. Kaltenboeck. 20.—23. Jahrg. Septbr. 1907—Aug. 1911. à 52 Nrn. (à Jahrg. IV, 828 S. m. je 1 farb. Spielbog.) Lex. 8. Stuttgart, Union. 8.—; geb. in Leinw. à 10.—; auch in 16 Heften à —50

LITERARISCHES KRÄNZCHEN. Sein Liederbuch enthält des Schönen so viel und genug, dass räthlich, es nicht gleich durchzubringen. Denn wenn es im alten Geleis' bei uns bleibt und nur sich das Jahr etwas anders schreibt, so werden wir weiter draus singen. Königsberg, am Pregel hier, und als Datum schreiben wir: Mittwoch den 21sten schier im Novembermonat sogar, und das 1860ste Jahr. Alles gedruckt bey H. Hartung fürwahr. 8°.

LITERARISCHES KRÄNZCHEN IN KÖNIGSBERG. Bericht über seine Thätigkeit vom Oktober 1860 bis Ende Dezember 1861. ib. 1862. —

LITERARISCHES KRÄNZCHEN ZU KÖNIGSBERG I. PR. Bericht pro Januar 1862 bis März 1864. ib. 1864. —

Kränzchen-Almanach des Oesterreichischen Touristen-Club. 16. (55 Bl. mit eingedr. Illustr., 3 Stnt. und 8 Lichtdr.) Wien 882, (Lechner's Sortiment.) cart. *

[J.] **Kränzchen-Arbeiten**. Nähen u. Sticken, Häkeln u. Stricken. Hrsg. v. d. Redaktion d. „Kränzchens". M. 196 Abb. u. 1 Musterbogen. *Stuttgart, Berlin, Leipzig: Union [1897]*. (4 Bl., 1 Taf., 120 gez. Bl.) 1 Bd 4. [98. 1076

Kränzchen-Bibliothek. 1.—5. Bd. 12. Ebd.
Geb. in Leinw. à 3. —
1. Das Montags-Kränzchen. Von Luise Glaß. 2. Aufl. (VI, 360 S.) (899.)
2. Gustel Wildfang. Von Luise Glaß. 2. Aufl. (VIII, 324 S. m. Abbildgn.) (900.)
3. Lissy. Von Bernhardine Schulze-Smidt. 2. Aufl. (VIII, 325 S. m. Abbildgn.) (900.)
4. Schattenblümchen. Von Bernhardine Schulze-Smidt. (V, 303 S. m. Abbildgn.) (901.)
5. Libelle. Von Bertha Clément. (V, 326 S. m. Abbildgn.) (901.)

Kränzchen-Bibliothek. (1.) *(Stuttgart, Berlin, Leipzig: Union [1899].)* 8°
[00. 5090

Kränze. Marburger Dichterbuch. Karl Frhr. v. Berlepsch, Rolf Brandt, E. v. Bülow, Balduin Lucas. Umschlag u. Buchschmuck zeichnete A. Heinemann. (130 S.) 8. Marburg (909). N. G. Elwert's Verl. 3.—; geb. 4.—

Kränze der Andacht, s. M. Wladik.

Kränze des Auslandes, oder Sammlung ausgezeichneter lyrischer Poesien der neuesten Englischen Dichter. Ein Hülfsbuch zur Bildung des Geschmacks u. zum Sprachstudium. Herausg. u. mit Noten versehen von Caroline Stille. gr. 8. Bremen 832. Schünemann. 1 Rthlr. Velinp. 1 Rthlr. 12 Gr.

Kränze aus dem böhmischen Dichtergarten. Von Jos. Wenzig. 16. (XIX und 315 S.) Leipzig 856, Wiedemann. •

Kränze. Drei K. Festspiel zur goldenen Hochzeit des... Ott-Muraltischen Jubelpaares, den 16. März 1845.... Als Manuscript gedruckt in vierundzwanzig Exemplaren. 8 [Zürich.]

— u. Garben. Eine Sammlung v. Erzählungen, Sagen u. lyrischen Gedichten. Herausg. v. J. W. Zimmermann. 8. Nürnb. 815. (Riegel u. W.) 18 Gr.

— (Lieder) für die Communalgarde zu Helmstedt. Mit ill. Titelvign. 8. Helmstedt 831. (Fleckeisen). 2 Gr.

Kränze d. Liebe u. Freundschaft gewunden, s. Gleim, Emilie.

Kränze der Liebe u. Freundschaft. Eine Samml. vermischter Gedichte bei verschied. Gelegenheiten, v. C... An...s. 8. (8 B.) Bernstadt 837. (Breslau, Kohn.)

— **neue.** Auswahl aus den Dichtungen der neueren u. neuesten Zeit als Ergänzg. zum Lesebuche. 1. u. 2. unveränd. Aufl. (XI, 115 S.) 8. Düsseldorf 908. 10. L. Schwann. Geb. 1.20

Kränze und Sträuße, sinnige, gewunden nach der Blumensprache in orient. Art. 12. Berlin, Enslin. 820.

— u. Sträuße, sinnige, gewunden nach d. Blumensprache in oriental. Art. Mit 1 ill. Kupf. 16. Rathenow 829. 2e A. 825. Flick. (Berl., Enslin). 8 Gr.

KRÄNZEL, Das. Eine Sammlung von wöchentlichen moralischen und literarischen Unterhaltungen. Erstes und zweytes Quartal 1773. (Nicht mehr erschienen.) Mit hübscher allegor. Titel-Vignette (unsign.). Breßlau, in Christ. Friedr. Gutschens Buchhandlung. 8°.
Tit., 1 Bl. Inh. (der 25 Aufsätze), 200 S., dann noch 2 falsch mit 197—200 statt 201—204 paginirte Bll., 1 Bl. Druckf.
Sehr selten!

Kranzfeld, D., Zur Kenntnis des Rotzbacillus. S.-A. Jena 87. Fischer.

Kranzfeld, Emil, aus Cherson ⟨Russl.⟩: Einige Versuche zum Stoffwechsel der Kohlenhydrate. *Würzburg 1881 [vielm. 1901/02]: Becker.* (19 S.) 8°
Würzburg, Med. Diss. v. 1881

Kranzfelder, Frz., kurzgefaßte Geographie, mit besond. Rücksicht auf Deutschland u. Bayern. Für latein.-, Gewerbs- u. höh. Bürgerschulen. 12. (4 B. u. 1 Stnt.) Neuburg a. d. D. 840, Prechter.

—— latein. Lehr- u. Uebungsbuch f. Anfänger, d. regelmäß. u. unregelmäß. Formenlehre enth. I. Curs. 1. Abthl. gr. 8. (13¾ B.) Neuburg a. d. D. 840, Prechter.

Kranzfelder, Fritz (Wilh. Xaver) (geb. Bunzlau 4. 2. 1858): Zur pathologischen Anatomie der Grosshirnrinde bei Delirium tremens und Alcoholismus chronicus. Berlin (1882). (34 S.) 8°
Berlin, Med. Diss. v. 10. Nov. 1882

Die Funkenphotographie, insbes. d. Mehrfach-Funkenphotographie in ihrer Verwendbarkeit z. Darstellung d. Geschoßwirkung im menschl. Körper. Nach von d. Medizinalabt. d. Kgl. Preuß. Kriegsmin. im Verein mit d. Centralstelle f. wissenschaftlich techn. Untersuchungen in Neu-Babelsberg bei dieser vorgenommenen Versuchen bearb. von Dr. [Fritz] **Kranzfelder,** Oberstabsarzt, u. Dr. W. Schwinning, Ober-ing. ⟨Mit e. Atlas von 25 Taf.⟩ *Berlin: (Medizinalabt. d. Kriegsmin.) 1903.* 1 Bd 4°(8°), 1 Bd 2°
[03. 11463

Kranzfelder, Osc. Osw. (geb. Ratibor 19. 8. 1828): De herniis inguinalibus. Berolini (1855). (32 S.) 8°
Berlin, Med. Diss. v. 27. März 1855

Kranzgedichte u. Aufführungen zu Polterabend u. Hochzeit. 16. (48 S.) Styrum 891, A. Spaarmann. —20

Kranz- u. Schleier-Gedichte. Eine Sammlg. inniger Ansprachen bei Überreichung des Brautkranzes u. Brautschleiers. (47 S.) 8. Leipzig (908). S. Schnurpfeil. —30

Kranzhoff, Ferd., der Zeitungs-Beamte. Ein Leitfaden f. die Praxis. (56 S.) 8. Leipzig (909). H. Beyer. 1.40; geb. 1.80

Der Zeitungs-Beamte. Ein Leitfaden f. d. Praxis von Ferdinand **Kranzhoff.** Leipzig: Beyer [1910]. 56 S. 8°
[10. 5536

Kranzhoff, Wilh., Johanna od. die Zerstörg. Speyers, s. a. Heidelmann's, A., Theaterbibliothek.

Johanna oder die Zerstörung Speyers. Hist. Schauspiel in 5 Akten mit lebenden Bildern von Wilhelm **Kranzhoff.** *Bonn: A. Heidelmann [1903].* (62 S.) 8° [F.]
= Theaterbibliothek, A. Heidelmann's. H. 61.
[04. 11751

— Schill u. seine Offiziere. Vaterländ. Tragödie in 4 Aufzügen. (60 S.) kl. 8. Essen-Ruhr (Bachstr.) (908). Atelier „Ariston". 1.50

— Zum güldenen Schwan. Schwank in 1 Aufzug. (23 S.) 8. Aachen (907). Martinus-Verlag. 1.—

— Der große Unbekannte, s. a. Kürschner's Bücherschatz.

Kranzhoff, Wilhelm: Der große Unbekannte. Kriminal-Roman von —. Berlin, Leipzig: Hillger [1909]. 112 S. 8°
(Kürschners Bücherschatz. Nr. 656.)

Kranzhoff, Wilh., Vendetta. Drama in 1 Akt. (21 S.) 8. Aachen (904). Martinus-Verlag. (Nur direkt.) n. 1.—

Kraenzl, Joseph Aloys (Wolfegg), Meditationes circa obligationem ex sponsalibus oriundam. Diss. jur.-polit.-canon. Präs. D. Joseph Maria Schneidt. Würzburg (Franz Ernst Nitribitt) Sept. 1787. 56 S. (6.20) 19231
Gew.: Joseph Aloys Graf v. Wolfegg u. Fridberg (Waldburg, Waldsee . . .)

Kranzle, Jos., Reise nach Jerusalem über Wien, Constantinopel, Aegypten u. zurück über Damaskus, Neapel u. Rom in Pilgerbriefen. (In ca. 6 Liefgn.) 1. u. 2. Liefg. Augsburg 867. Kranzfelder'sche Buchh. 8. (S. 1—128.) Jede Liefg. 6 ngr.

Kränzle, Paul, approb. Arzt aus Altensteig: **Entfernung von Fremdkörpern aus dem Magen durch Gastrotomie.** *Tübingen: H. Laupp 1901.* (23 S.) 8° ¶(Aus: Beiträge zur klinischen Chirurgie, Bd 29, H. 2.)
Tübingen, Med. Diss. v. 1901

Kränzle, Th. E., die Besteurung des Einkommens aus Kapitalien, Renten, Dienst u. Beruf für Staats- u. Körperschaftszwecke. Nach den hierüber ergang. Gesetzen, Instruktionen u. den Normalverfügungen des k. Steuerkollegiums bearb. Ravensburg 866. [Ulmer.] gr. 8. (IV, 186 S. mit 3 Tabb. in 4. u. qu. Fol.) n. 20 ngr.

Kränzlein, A.: Wie trainiere ich Leichtatlethik?
s. W a i t z e r , Josef.

Kränzlein, Emil, a. Erlangen, Rechtsprakt. am kgl. Amtsgericht zu Nürnberg: Das fiduziarische Indossament. Erlangen 1905: Junge & Sohn. (VIII, 76 S.) 8°
Erlangen, Jur. Fak., Ref. Sehling, Diss. v. 25. Juli 1905
[Geb. 4. Juni 81 Erlangen; Wohnort: Erlangen; Staatsangeh.: Bayern; Vorbildung: Gymn. Erlangen Reife Juli 00; Studium: Erlangen 6, Würzburg 2 S.; Rig. 27. Juni 05.]

Kränzlein, Georg, a. Wassertrüdingen: Über die Bildung von Thioderivaten aus aromatischen Aldehyden, Ketonen u. Hydrolen. Würzburg 1907: F. Staudenraus. (91 S.) 8°
Würzburg, Phil. Fak., Ref. Tafel, Diss. v. 6. März 1907
[Geb. 27. Nov. 81 Wassertrüdingen; Wohnort: Würzburg; Staatsangeh.: Bayern; Vorbildung: Realsch. Rothenburg o. T. Reife Juli 99; Studium: Würzburg 8 S.; Rig. 18. Jan. 07.]

Kränzlin, Fritz, Abbildungen der in Deutschland usw. vorkommenden Orchideen-Arten, s.: Müller, Walt.

Kränzlin, Fritz *Wilhelm Ludwig* [aus Magdeburg]: Beiträge zu einer Monographie der Gattung Habenaria. Willd. (Allgemeiner Teil.) . . . (D. spec. Teil ersch. in „Engler's Jahrb.") Berlin, Hofbuchdr. v. Gebr. Radetzki, 1891; 41 S. 8°
Berlin, Phil. Fak., Inaug.-Diss. v. 13. März 1891

Kränzlin, Fritz, Beiträge zu e. Monographie der Gattung Habernaria Willd. [Allgemeiner Tl.] Diss. gr. 8. (41 S.) Berlin 891, (Mayer & Müller.) n. 1. 20

Orchidacearum genera et species exposuit Fritz **Kraenzlin.** Vol. 1. 2, P. 1. [Mehr nicht erschienen.] Berlin: Mayer & Müller (1897)–1904. 2 Bde 8°
1. Apostasieae. Cypripedieae. Ophrydeae. (1897–)1901.
2, 1. Monandrae. Neottiinae. Chloraceae. 1904. [03. 1149

Kraenzlin, Fritz, Orchidacearum genera et species. Vol. I. Fasc. 1—9. gr. 8. (S. 1—576.) Berlin 897—898. Mayer & Müller. à n. 2. 80;
f. Abnehmer d. ganzen Werkes à Bog. n. — 60;
f. Abnehmer einz. Bände à Bog. n. — 70

Kraenzlin, Fritz, Orchidacearum genera et species. Vol. I. Apostasieae. Cypripedieae. Ophrydeae. Fasc. 10—16. gr. 8. (V, VIII u. S. 577—986.) Berlin 899—901. Mayer & Müller. n. 18. —; f. Abnehmer des ganzen Werkes n. 15. 80; (Vol. I kplt. n. 44. —)

— Orchidacearum genera et species. Vol. II. Fasc. 1.—4. (Schluss.) (V, 143 S. m. 16 Taf.) gr. 8. Berlin (903. 904.) Mayer & Müller. n. 15. —
Vol. I. Ebd. 901. n. 44. —. — Erscheint nicht weiter.

Kränzlin, Fr., Orchidaceae-Monandrae-Coelogyninae, s.: Pflanzenreich, das. 32. Heft. (Pfitzer, E.)

Kränzlin, Fritz: O r c h i d a c e a e – Monandrae-Coelogyninae, s. P f i t z e r , Ernst.

Orchidaceae-Monandrae-Dendrobiinae. Von Fr[itz] **Kränzlin.** P. 1. Leipzig: W. Engelmann 1910. 8°
(Das Pflanzenreich. H. 45. (IV. 50. II. B. 21.)) [10. 17140

— üb. Orchideen, s.: Boyle, F.

—— s. Reichenbach fil., Heinr. Gust. Xenia Orchidacea.

— Scrophulariaceae — Antirrhinoideae — Calceolarienae, s.a. Pflanzenreich, das. 28. Heft.

Scrophulariaceae, Antirrhinoideae, Calceolarieae mit 142 Einzelbild. in 21 Fig. von Fr[itz] **Kränzlin.** Leipzig: W. Engelmann 1907. (128 S.) 4°
= **Pflanzenreich,** Das. H. 28. (IV, 257 C.) [07. 7054 3

Kränzlin, Fritz Die Verbreitung der Arten der Gattung Euphorbia. 11 S. **Progr.** Klost. *Berlin* 1876.

— Xenia Orchidacea, s.: Reichenbach fil., Heinr. Gust.

Kränzlin, Gottfried, a. Lichterfelde b. Berlin: Anatomische und farbstoffanalytische Untersuchungen an panaschierten Pflanzen. (Bernburg: O. Dornblüth 1908.) (61 S.) 8°
Berlin, Phil. Fak., Ref. Schwendener, Diss. v. 29. Febr. 1908
[Geb. 6. Sept. 82 Gr. Lichterfelde; Wohnort: Berlin; Staatsangeh.: Preußen; Vorbildung: Gymn. z. Grauen Kloster Berlin Reife M. 03; Studium: Marburg 2, Graz 1, Berlin 5 S.; Rig. 19. Dez. 07.]

Kranzov, Irenäus (= Benjamin Stillingfleet). Mathematische Abhandlung von der Glückseligkeit . . . London [Göttingen] 1745. H: *Stolte, Chn Ludw.* [?] (wr)

Kranzow, Ernst, zur Lösung der Schreib- u. Schulbankfrage. (60 S.) gr. 8. Stettin 903. (Halle, H. Schroedel.) n. 1. —; erm. Pr. n. — 80

Kranzrede, gehalten bei der Richtfeier des Neubaues der Pestalozzi-Stiftung in Barmbeck am 7. Nov. 1865. Hamburg [1865]: Kümpel. 2 Bl. 8° [Umschlagtit.]
In Versen.

Kranzreden u. Gedichte, sow. ernste u. heit. Vorträge für 1 Person zu Polterabenden. 7. Aufl. 8. (208 S.) Berlin 895. S. Mode's Verl. n. 1. —

Kranzreden u. Gedichte, sowie ernste u. heitere Vorträge f. 1 Person zu Polterabenden. 10. Aufl. 8. (208 S.) Berlin (901). S. Mode. n. 1. —

Kraepelin, Karl, zur Erinnerung an ihn, s. Müller, K. F.

Kraepelin, Emil, die Abschaffung des Strafmaßes. Ein Vorschlag zur Reform der heutigen Strafrechtspflege. gr. 8. (VI, 78 S.) Stuttgart 880. Enke. n. 2. —

Kraepelin, Prof. Dr. E., Alkohol und Geistesthätigkeit. Jena 1892. 258 S. Mk. 0.50.

Kraepelin, Emil, Alkohol u. Jugend. Nach e. Vortrage vor den Oberklassen Heidelberger Mittelschulen. 1.—2. Taus. 8. (16 S.) Basel (902). Schriftstelle des Alkoholgegnerbundes. (Nur direkt.) n. — 08

Kraepelin, Emil. Alkohol und Jugend. Nach einem Vortrage vor den Oberklassen der Heidelberger Mittelschulen. 3.—5. Tausend. IV + 16 S. 8. Basel, Schriftstelle des Alkoholgegnerbundes (Fr. Reinhardt, [1902]). fr. —. 10

Alkoholgegnerbund. ⟨Internationaler Verein zur Bekämpfung des Alkoholgenusses.⟩ [Flugschriften.] Nr. 40.

Kraepelin, Emil, Alkohol u. Jugend. Nach e. Vortrage vor d. Oberklassen d. Heidelberger Mittelschulen. Neue, durchgeseh. Aufl. 17.—25. Taus. (16 S.) 8. Basel (908. 10.) Schriftstelle des Alkoholgegnerbundes. p — 10

Der Alkoholismus in München von Prof. Dr. Emil **Kraepelin**, Dir. Dr. Friedrich Vocke u. Dr. Hugo Lichtenberg. München: J. F. Lehmann [1907]. (31 S.) 8° [07. 14043

Kraepelin, Emil, üb. geistige Arbeit. [Aus: „Neue Heidelberger Jahrbb."] gr. 8. (26 S.) Jena 894. G. Fischer n. — 60

Kraepelin, Emil, über geistige Arbeit. 2., durchgeseh. Aufl. gr. 8. (30 S.) Jena 897. G. Fischer. n. — 60

— über geistige Arbeit. 3. durchgeseh. Aufl. gr. 8. (32 S.) Jena 901. G. Fischer. n. — 60

Kraepelin, Emil, über geistige Arbeit. 4., durchgeseh. Aufl. (32 S.) gr. 8. Jena 903. G. Fischer. n. — 60
Sonderabdruck aus: „Neue Heidelberger Jahrb."

— s.: Arbeiten, psychologische.

— die Arbeitscurve. gr. 8. (51 S. m. 5 Fig. u. 1 farb. Taf.) Leipzig 902. W. Engelmann. n. 1. 50
Sonderabdr. aus: „Philosoph. Studien. Festschrift f. Wundt".

— die psychiatrischen Aufgaben des Staates. gr. 8. (III, 52 S.) Jena 900. G. Fischer. n. 1. —

— üb. die Beeinflussung einfacher psychischer Vorgänge durch einige Arzneimittel. Experimentelle Untersuchgn. gr. 8. (VIII, 259 S. m. 1 Curventaf.) Ebd. 892 n. 6. 50

Über die Beeinflussung einfacher psychischer Vorgänge durch einige Arzneimittel. 1 Bd. 258 S. G. Fischer. Jena. 1892.

— Einführung in die psychiatrische Klinik. 30 Vorlesgn. gr. 8. (VIII, 328 S.) Leipzig 901. J. A. Barth. n. 8.40; in Leinw. n. 9.60; u. durchschoss. n. 11. —

— Einführung in die psychiatrische Klinik. 32 Vorlesgn. 2., durchgearb. Aufl. (IX, 378 S.) gr. 8. Leipzig 905. J. A. Barth. n. 9. —; geb. in Leinw. n. 10. —

Kraepelin, E.: Über die Einwirkung einiger medikamentöser Stoffe auf die Dauer einfacher psychischer Vorgänge. Wundts Studien. 1883.

Kraepelin [Emil], Bernhard v. Gudden. Ein Gedenkblatt. gr. 8. (28 S.) München 886, J. A. Finsterlin. * — 60
Aus: Münchener medicinische Wochenschrift, besonders abgedruckt.

Kraepelin, Emil, Zur Hygiene der Arbeit. (Aus: „Neue Heidelberger Jahrb.") gr. 8°. Jena, G. Fischer, 1896.

Die akademische Jugend und die Alkoholfrage. Nach e. Vortrage von Emil **Kraepelin**, Prof. Basel: Schriftstelle d. Alkoholgegnerbundes [1903]. (16 S.) 8° [Umschlagt. J.]
= [**Schriften** d. Alkoholgegnerbundes. No 41.] [07. 8651 4

— Die akademische Jugend u. die Alkoholfrage. Nach e. Vortrage. 13.—20. Taus. (16 S.) 8. Basel (907. 10). Schriftstelle des Alkoholgegnerbundes. p — 10

— s.: Klinik, die königl. psychiatrische, in München.

Kraepelin, Emil, Compendium der Psychiatrie. 8. (XII, 384 S.) Leipzig 883. Abel. n. 6. —; Einbd. n.n. — 75

— Psychiatrie. Ein kurzes Lehrbuch für Studirende und Aerzte. 2. gänzlich umgearb. Aufl. 8. (XII, 540 S.) Leipzig 887, Abel. *M 8.—.; geb. * 9 —

— Psychiatrie. Ein kurzes Lehrbuch f. Studirende u. Aerzte. 3. vielfach umgearb. Aufl. 8. (VIII, 584 S.) Lpz. 889, Abel. * 8 —; geb. ** 8 75

— Psychiatrie. Ein kurzes Lehrbuch f. Studirende u. Aerzte. 4., vollständig umgearb. Aufl. gr. 8. (XV 702 S.) Leipzig 893. J. A. Barth. n. 13. 50 geb. in Leinw. n. 14. 2[illegible]

— Psychiatrie. Ein Lehrbuch f. Studir. u. Ärzte. 5., vollst. umgearb. Aufl. M. 10 Lichtdr.-Taf., 13 Curven u. 13 Schriftproben. gr. 8. (XIV, 825 S.) Leipzig 896. J. A. Barth. n. 18. —; geb. in Leinw. n. 19. —

— Psychiatrie. Ein Lehrbuch f. Studirende u. Aerzte. 6., vollst. umgearb. Aufl. 2 Bde. gr. 8. Ebd. 899. n. 24. —; geb. in Leinw. n. 26. 50
1. Allgem. Psychiatrie. (XIII, 362 S.) n. 9. — geb. n. 10. —
2. Klinische Psychiatrie. Mit 6 Taf. in Autotyp., 3 Taf in Photogr., 16 Curv., 3 Diagr. u. 13 Schriftproben. (X, 607 S.) n. 15. —; geb. n. 16. 50

— Psychiatrie. Ein Lehrbuch für Studierende u. Aerzte. 7., vielfach umgearb. Aufl. 2 Bde. gr. 8. Leipzig, J. A. Barth. n. 35. —; geb. in Leinw. n. 37. 70
1. Allgemeine Psychiatrie. (XV, 478 S.) 903. n. 12. —; geb. n. 13. 20
2. Klinische Psychiatrie. Mit 2 Taf. in Lichtdr., 11 Taf. in Autotyp., 31 Fig. im Text u. 22 Schriftproben. (XIV, 892 S.) 904. n. 23. —; geb. n. 24. 50

— Psychiatrie. Ein Lehrbuch f. Studierende u. Ärzte. 8., vollständig umgearb. Aufl. I. u. II. Bd. gr. 8. Leipzig 909. J. A. Barth. 38.50; geb. in Leinw. 41. 50
I. Allgemeine Psychiatrie. Mit 38 Abb. u. 1 Einschalttaf. (XIV, 676 S.) 909. 18.50; geb. 20. —
II. Klinische Psychiatrie. 1. Tl. Mit 151 Abb. u. 27 Schriftproben. (XV, 666 S.) 910. 20.—; geb. 21. 50

— s.: Rechenheft z. Gebrauch in psychiatr. Kliniken.

— die Richtungen der psychiatrischen Forschung. Vortrag, gehalten bei Uebernahme des Lehramtes an der kaiserl. Universität Dorpat. gr. 8. (22 S.) Leipzig 887, F. C. W. Vogel. * — 80

— über Sprachstörungen im Traume. (105 S.) gr. 8. Leipzig 906. W. Engelmann. n. 3. —
Sonderabdruck aus: „Psychol. Arbeiten".

— z. Überbürdungsfrage. gr. 8. (41 S.) Jena 897. G. Fischer. n. — 75

Kraepelin, Emil, Vergeltungsstrafe, Rechtsstrafe, Schutzstrafe, s.: Liszt, Frz. v.

Kraepelin, Vorschlag z. Abschaffung d. Strafmasses. Stuttgart 880.

— Wandtafeln zur Alkoholfrage, s.: Gruber, Max.

Kraepelin, Karl, die Bedeutung der naturhistorischen, insonderheit der zoologischen Museen, s. Abhandlungen, allgemeinverständliche naturwissenschaftliche.

—— s. Bericht über die wissenschaftlichen Leistungen in der Naturgeschichte der niederen Thiere.

Kraepelin, Karl, die Beziehungen der Tiere zu einander u. zur Pflanzenwelt, s.a. Aus Natur u. Geisteswelt.

Die Beziehungen der Tiere zueinander und zur Pflanzenwelt. Von Prof. Dr. K[arl] Kraepelin. Leipzig: Teubner 1905. VI, 175 S. 8°
(Aus Natur u. Geisteswelt. Bdch. 79.) [05. 16313] 1

—— Die Brutpflege der Thiere, s.a. Sammlung gemeinverständlicher wissenschaftlicher Vorträge.

Kraepelin K, die Brutpflege d. Tiere. (S. wiss. Vortr. N F 140) Hamburg 1892

Kraepelin, K: Einführung in die Biologie. 2. Aufl. d. Leitf. f. d. biolog. Unterricht. Leipzig und Wien 1909

Kraepelin, Karl, Einführung in die Biologie. Zum Gebrauch an höh. Schulen u. zum Selbstunterricht. 2., verb. Aufl. des Leitfadens f. den biolog. Unterricht. Mit 311 Abb. im Text u. auf 1 Taf., sowie 4 Taf. u. 2 Kart. in Buntdr. (VIII, 322 S.) gr. 8. Leipzig 909. B. G. Teubner. Geb. 4. —

Kraepelin, Carl, Excursionsflora für Nord- u. Mitteldeutschland. Ein Taschenbuch zum Bestimmen der im Gebiete einheimischen u. häufiger cultivirten Gefässpflanzen. Für Schüler u. Laien. Mit über 400 in den Text gedr. Holzschn. 8. (IV, 336 S.) Leipzig 877. Teubner. n. 3. —; geb. n. 3. 60

Kraepelin, Karl, Excursionsflora von Nord- und Mitteldeutschland. Ein Taschenbuch zum Bestimmen der im Gebiete einheim. und häufiger kultivierten Gefässpflanzen für Schüler und Laien. 2. verb. Aufl. 8. (XXVIII, 300 S. mit über 400 in den Text gedr. Holzst.) Leipzig 883, Teubner. *

—— Exkursionsflora f. Nord- u. Mitteldeutschland. Ein Taschenbuch zum Bestimmen der im Gebiete einheimischen u. häufiger kultivierten Gefässpflanzen f. Schüler u. Laien. 3. verb. Aufl. 8. (XXVIII, 314 S. m. Holzschn.) Lpz. 889, Teubner. * 3 — geb. * 3 60

Kraepelin, Karl, Exkursionsflora f. Nord- u. Mitteldeutschland. E. Taschenbuch zum Bestimmen d. im Gebiete einheim. u. häuf. kultiv. Gefässpflanzen f. Schüler u. Laien. 4., umgeänd. Aufl. 12. (XXVIII, 338 S. m. üb. 400 Holzschn.) Leipzig 896. B. G. Teubner. Geb. n. 3. 80

Exkursionsflora für Nord- und Mitteldeutschland. Ein Taschenbuch z. Bestimmen der im Gebiete einheim. u. häufiger kultivierten Gefäszpflanzen. Für Schüler u. Laien. Von Prof. Dr. Karl Kraepelin, Dir. in Hamburg. Mit 566 Holzschn. 5. verb. Aufl. *Leipzig & Berlin: B. G. Teubner 1903.* (XXX, 365 S.) 8° [03. 6803

— Exkursionsflora für Nord- u. Mitteldeutschland. Ein Taschenbuch zum Bestimmen der im Gebiete einheim. u häufiger kultivierten Gefässpflanzen für Schüler u. Laien. 6. verb. Aufl. (XXX, 371 S. m. 566 Holzschn.) kl. 8. Leipzig 906. B. G. Teubner. Geb. n. 4. —

Exkursionsflora für Nord- und Mitteldeutschland. Ein Taschenbuch z. Bestimmen d. im Gebiete einheimischen u. häufiger kultivierten Gefässpflanzen f. Schüler u. Laien. Von Prof. Dr. Karl Kraepelin. Mit 610 Holzschn. 7. verb. Aufl. Leipzig & Berlin: Teubner 1910. XXX, 384 S. 8° [10. 7899

—— die Fauna der Hamburger Wasserleitung. gr. 4. (15 S.) Hamburg (885), (Friederichsen und Comp.) * 1 20
Aus: Abhandlungen des naturwissenschaftlichen Vereins in Hamburg, besonders abgedruckt.

—— über die Geruchsorgane der Gliedertiere. Eine historisch-krit. Studie. gr. 4. (48 S. mit 3 lithogr. Taf.) Hamburg 883, (Nolte.) **

— Die sekundären Geschlechtscharaktere der Skorpione, Pedipalpen u. Solifugen. (S. 179—225 m. 61 Abbildgn.) Lex. 8. Hamburg 908. (L. Gräfe & Sillem.) 1. 20
Sonderabdr. a.: „Mitteilgn. a. d. naturhist. Museum".

Kraepelin, Karl, über einige neue Gliederspinnen. gr. 4. (17 S. m. Abbildgn.) Hamburg 900. L. Friederichsen & Co. n. 1. 50
Sonderabdruck aus: „Abhandlgn. a. d. Gebiete der Naturwissenschaften".

— s.: Grundlagen, die allgemeinen, der Kultur d. Gegenwart.

Leitfaden für den biologischen Unterricht in den oberen Klassen der höheren Schulen von Prof. Dr. Karl Kraepelin. Mit 303 Abb. Leipzig & Berlin: B. G. Teubner 1907. (VIII, 315 S.) 8° [07. 8996

Kraepelin, Carl, Leitfaden f. d. botanischen Unterricht an mittleren u. höheren Schulen. gr. 8. (IV, 58 S.) Leipzig 875. Teubner. — 75

— Leitfaden für den botanischen Unterricht an mittleren u. höheren Schulen. 2., umgearb. Aufl. gr. 8. (IV, 70 S.) Ebend. 881. — 75

— Leitfaden f. den botanischen Unterricht an mittleren u. höheren Schulen. 3., umgearb. Aufl. Mit 212 Fig. in Holzschn. gr. 8. (VI, 107 S.) Ebd. 889. cart. n. 1. —

— Leitfaden f. den botanischen Unterricht an mittleren u. höheren Schulen. 4., verb. Aufl. gr. 8. (VI 116 S. m. 212 Holzschn.) Leipzig 893. B. G. Teubner Kart. n. 1. —

— Leitfaden f. d. botanischen Unterricht an mittl. u. höh. Schulen. M. 212 Fig. in Holzschn. 5., verb. Aufl. gr. 8. (V, 123 S.) Ebd. 898. Geb. n. 1. 20

Leitfaden für den botanischen Unterricht an mittleren und höheren Schulen von Prof. Dr. Karl Kraepelin, Dir., Hamburg. Mit 214 Fig. 6. verb. Aufl. *Leipzig & Berlin: B. G. Teubner 1902.* (IV, 129 S.) 8° [02. 6303

Leitfaden für den Botanischen Unterricht an mittleren und höheren Schulen von Prof. Dr. Karl Kraepelin, Dir. zu Hamburg. 7. neu bearb. Aufl. Mit 407 Abb. u. 14 Taf. Leipzig & Berlin: B. G. Teubner 1908. (VII, 318 S.) 8° [08. 8349

— Leitfaden für den zoologischen Unterricht an mittleren u. höheren Schulen. gr. 8. (IV, 211 S.) Ebend. 881. n. 1. 60

— Leitfaden f. den zoologischen Unterricht an mittleren u. höheren Schulen. 2., verb. Aufl. gr. 8. (V 266 S. m. 380 Holzschn.) Ebd. 891. Geb. in Leinw n. 2. 80

Kraepelin, Karl, Leitfaden f. d. zoologischen Unterricht an mittl. u. höh. Schulen. 3., veränd. Aufl. gr. 8. (VI, 258 S. m. 356 Holzschn.) Leipzig 896. B. G. Teubner. Geb. n. 2. 80

Leitfaden für den zoologischen Unterricht in den unteren und mittleren Klassen der höheren Schulen von Prof. Dr. Karl Kraepelin, Hamburg. Mit 410 Abb. 5., völlig umgearb. Aufl. Leipzig & Berlin: B. G. Teubner 1907. (V, 330 S.) 8° [07. 4817

Naturstudien. Ein Buch f. d. Jugend von Karl Kraepelin. Aus d. Verf. 'Naturstudien im Hause', 'im Garten' u. 'in Wald u. Feld' ausgewählt v. Hamburger Jugendschriftenausschuß. Mit Zeichn. von O. Schwindrazheim. Leipzig & Berlin: B. G. Teubner 1905. (109 S.) 8° [J.] [05. 7586

Kraepelin, Karl: Naturstudien. Ein Buch f. d. Jugend von –. Billige Volksausg. (Aus des Verf. 'Naturstudien im Hause', 'im Garten' u. 'in Wald u. Feld' ausgewählt v. Hamburger Jugendschriftenausschuß.) Mit Zeichn. von O. Schwindrazheim. 2. verb. Aufl. Leipzig & Berlin: Teubner 1909. 110 S. 8°

— Naturstudien im Garten. Plaudereien am Sonntag Nachmittag. Ein Buch f. die Jugend. Mit Zeichngn. v. O. Schwindrazheim. gr. 8. (VI, 187 S.) Ebd. 901. Geb. in Leinw. n. 3.60

Naturstudien im Garten. Plaudereien am Sonntag Nachmittag. Ein Buch f. d. Jugend von Dr. Karl Kraepelin. Mit Zeichn. von O. Schwindrazheim. 2. Aufl. Leipzig & Berlin: B. G. Teubner 1905. (VIII, 186 S.) 8° [F.] [05. 7580

— dasselbe im Garten. Plaudereien am Sonntag Nachmittag. Ein Buch f. die Jugend. Mit Zeichngn. v. O. Schwindrazheim. 3. Aufl. (VI, 188 S.) gr. 8. Ebd. 908. Geb. in Leinw. 3.60

— Naturstudien i. Hause. Plaudereien in d. Dämmerstunde. Ein Buch f. d. Jugend. M. Zeichngn. v. O. Schwindrazheim. gr. 8. (IV, 174 S.) Ebd. 896. Geb. in Leinw. n. 3.20

— Naturstudien im Hause. Plaudereien in der Dämmerstunde. Ein Buch f. die Jugend. Mit Zeichngn. v. O. Schwindrazheim. 2. Aufl. gr. 8. (IV, 181 S.) Ebd. 901. Geb. in Leinw. n. 3.20

Kraepelin, Karl, Naturstudien im Hause. Plaudereien in der Dämmerstunde. Ein Buch f. die Jugend. Mit Zeichngn. v. O. Schwindrazheim. 3. Aufl. (VI, 181 S.) gr. 8. Leipzig 905. B. G. Teubner. Geb. in Leinw. n. 3.20

Naturstudien im Hause. Plaudereien in d. Dämmerstunde. Ein Buch f. d. Jugend von Dr. Karl Kraepelin. Mit Zeichn. von O. Schwindrazheim. 4. Aufl. Leipzig & Berlin: Teubner 1910. VIII, 181 S. 8° [10. 17638

— dasselbe in der Sommerfrische. Reise-Plaudereien. Ein Buch f. d. Jugend. Mit Zeichngn. v. O. Schwindrazheim. (VI, 176 S.) gr. 8. Ebd. 906. Geb. in Leinw. n. 3.20

Naturstudien in Wald und Feld. Spaziergangs-Plaudereien. Ein Buch f. d. Jugend von Dr. Karl Kraepelin. Mit Zeichn. von O. Schwindrazheim. *Leipzig & Berlin: B. G. Teubner 1902.* (VIII, 187 S.) 8° [F.] [03. 6804

Naturstudien in Wald und Feld. Spaziergangs-Plaudereien. Ein Buch f. d. Jugend von Dr. Karl Kraepelin. Mit Zeichn. von O. Schwindrazheim. 2. Aufl. Leipzig & Berlin: B. G. Teubner 1905. (VIII, 187 S.) 8° [F.] [05. 7583

Kraepelin, Karl: Naturstudien in Wald und Feld. Spaziergangs-Plaudereien. Ein Buch f. d. Jugend. Von Dr. –. Mit Zeichn. von O. Schwindrazheim. 3. Aufl. Leipzig & Berlin: Teubner 1908. VI, 182 S. 8°

— dasselbe in fernen Zonen. Plaudereien in d. Dämmerstunde. Ein Buch f. die Jugend. Mit Zeichngn. v. O. Schwindrazheim. (VI, 188 S.) gr. 8. Ebd. 911. Geb. in Leinw. 3.60

— Palpigradi u. Solifugae, s.a. Tierreich, das. 12.

Palpigradi und Solifugae bearb. von Prof. Dr. Karl Kraepelin. Dir. in Hamburg. Mit 118 Abb. *Berlin: R. Friedländer & Sohn 1901.* (XI, 159 S.) 4°(8°)
— Tierreich, Das. Lfg 12. [01. 3100

— Phalangiden aus d. Umgebung Hamburgs, s.: Mitteilungen a. d. naturhist. Museum in Hamburg.

— Revision der Scolopendriden. (276 S. m. 160 Abb.) Lex.-8. Hamburg 903. (L. Gräfe & Sillem.) n. 8.—
Sonderabdruck aus: „Mittlgn. a. d. naturhistor. Museum in Hamburg".

— Revision der Skorpione. I. Die Familie der Androctonidae. [Aus: „Jahrb. d. Hamburg. wiss. Anstalten".] Lex.-8. (144 S. m. 2 Taf.) Hamburg 891 (L. Gräfe & Sillem.) n. 5.—

— dasselbe. II. Scorpionidae u. Bothriuridae. [Beiheft zum Jahrbuch der Hamburg. wissenschaftl. Anstalten XI. Jahrg. 1893.] Lex.-8. (248 S. m. 3 Taf.) Ebd. 894 n. 8.—

— Revision d. Scorpione. I. Thl. Nachtrag. [Aus: „Beiheft z. Jahrb. d. hamburg. wiss. Anstalten, XII."] Lex.-8. (24 S.) Hamburg 895. (L. Gräfe & Sillem.) n. —80 (I. m. Nachtrag u. II.: n. 13.80)

— Revision d. Tarantuliden Fabr. (= Phryniden Latr.). [Aus: „Abhandlgn. aus d. Gebiete d. Naturwiss."] gr. 4. (53 S. m. 1 Taf.) Hamburg 895. L. Friederichsen & Co. n. 3.—

— Revision d. Uropygi Thor. (Thelyphonidae auct.) [Aus: „Abhandlgn. aus d. Gebiete d. Naturwissenschaften".] 4. (60 S. m. 2 Taf.) Ebd. 897. n. 4.—

Scorpiones und Pedipalpi bearb. v. Prof. Karl Kraepelin, Dir. d. Naturh. Mus. in Hamburg. M. 94 Abb. im Texte. . Berlin: R. Friedländer & S. 1899. (XVIII, 265 S.) 4.(8.)
= Tierreich, Das, E. Zsstellg . . . d. rezenten Tierformen. Lfg 8.

— Scorpiones. Scolopendridae, s.: Fauna, die, Südwest-Australiens. II, 5–8.

– Neue u. weniger bekannte Scorpione, s.: Mitteilungen a. d. Naturhist. Museum in Hamburg

– D. Skorpione Ost-Afrikas, s.a. Deutsch-Ost-Afrika.

— d. Skorpione Ost-Afrikas. [Aus: „Deutsch-Ost-Afrika". 4. Bd.] Lex.-8. (5 S. m. Abb.) Berlin 895. D. Reimer. n. —40

— Scorpione u. Thelyphoniden. [Aus: „Abhandlgn. d. Senckenberg. naturforsch. Gesellsch."] gr. 4. (1 S.) Frankfurt a M. 897. (M. Diesterweg.) n. —20

—— über die systematische Stellung der Puliciden. gr. 4. (17 S. mit 1 chromolithogr. Taf.) Hamburg 884, (Nolte.) **

—— die deutschen Süsswasser-Bryozoen. Eine Monographie. I. Anatomisch-systemat. Teil. gr. 4. (168 S. mit 7 Taf. und 7 Bl. Erklärungen.) Ebendas. 888. * 18 —
Aus: Abhandlungen aus dem Gebiete der Naturwissenschaften, besonders abgedruckt.

Kraepelin, Karl. Die deutschen Süsswasser-Bryozoen. Eine Monographie. T. 1–2 (Mit Tafeln u. Erklärungen.) Hamburg 1888–92. gr. 4.
Sep.-Abdr. aus: Abhh. a. d. Geb. d. Naturwiss.

— die deutschen Süsswasser-Polypen. Eine Monographie. II. Entwickelungsgeschichtlicher Tl. [Aus: „Abhandlgn. aus dem Gebiete der Naturwissenschaften".] gr. 4. (68 S. m. 5 Taf. u. 4 Bl. Erklärgn.) Hamburg 892. L. Friederichsen & Co. n. 9.— (kplt.: n. 27.—)

— z. Systematik der Solifugen. Lex.-8. (S. 197–258 m. 2 Taf.) Hamburg 899. (L. Gräfe & Sillem). n. 2.—

— über die durch den Schiffsverkehr in Hamburg eingeschleppten Tiere. Lex.-8. (S. 183–209.) Ebd. 901. n. —60
2 Sonderabdrucke aus: „Mitth. aus d. naturhist. Museum".

—· über den Unterricht in den beschreibenden Naturwissenschaften, s. Zeitfragen, pädagogische.

Krapf, A., das Volk der Xosa-Kaffern im östlichen Südafrika, nach seiner Geschichte, Eigenart, Verfassg. u. Religion. Ein Beitrag zur afrikan. Völkerkunde. gr. 8. (VIII, 209 S. m. 1 Tab.) Berlin 889. (Matthies.) n. 2. —

Krapf, Adf., Festspiel zur Feier des 500jährigen Geburtstages Johannes Gutenbergs am Johannistage 1900. 12. (24 S.) Altenburg 900. (Leipzig, S. Schnurpfeil.) n. — 50

Krapf, Ant., das Problem der Bindung in der bildenden Kunst. (X, 127 S. m. 44 Abb. im Text u. auf 20 Taf.) 8. Strassburg 908. J. H. E. Heitz. 3.50; geb. 4. 20

Krapf, Emil: Über eine congenitale Gefässgeschwulst von seltener Grösse und Lage. *Freiburg i. B. 1898: Ch. Lehmann's Nachf.* (36 S.) 8°
Freiburg i. B., Med. Diss. v. 1898

[Umschlagt.:] **Krapf**, Franz: Die rechtliche Stellung der Notare nach bayerischem Staatsrecht ... Lindau i. B., Buchdr. v. J. B. Thoma, 1894; 31 S. 8.
Erlangen, Jur. Fak., Inaug.-Diss. v. 1894

Krapf, Frz. Jos., Beschreib. der warmen Bäder zu Baden. 8. Tübing. 795. v. Cotta. 8 gr.

Krapf, Franz Joseph, Kenzingen, Brisgovius. Dissertatio inauguralis medico-practica de febre continua putrida. Basel, Med. Diss. 1775

Krapf, Franz Phil.

Krapf, F. P.: „Handbuch zur Zoll- und Staats-Monopols-Ordnung", 3 Bände, o. O. 1840, 1841. — Vorh.: Com. Bibl. Hamburg.

Krapf, Frz. Phil., Handbuch zur Zoll- u. Staats-Monopols-Ordnung. 3 Bde. gr. 8. Innsbruck 840, Wagner'sche B. jetzt: 4 1/2 Thlr — 2. verb. u. verm. Aufl. 2 Bde. gr. 8. Ebend. 844. n. 4 1/2 Thlr

Krapf, Frz. Phil., Supplementband zum Handbuche zur Zoll- u. Staats-Monopols-Ordnung. [2. Aufl.] Nebst Beilagen, Verweisungsblättern u. Sachregister. gr. 8. (IV u. 170 S.) Innsbruck 848, Wagner. n. 2/3 Thlr (cplt. 5 1/6 Thlr)

Krapf, G., Materialien f. den genetischen Religionsunterricht. Ein Beitrag zum Ausbau des Religionsunterrichts nach den Anfordergn. der mod. Pädagogik. 2 Bde. gr. 8. Dresden 906. Bleyl & Kaemmerer. à n. 2. 25; geb. n. 2. 75
1. Ursprung der Religion. Quelle d. christl. Religion, Materialistische u. pantheist. Weltanschaug. (VIII, 135 S.) — 2. Die Entwickelg. d. Glaubenslehre d. christl. Kirche. (VIII, 151 S.)

Krapf, H., Handbuch zum praktischen Gebrauch f. die Militärgerichtsstellen der niederen Gerichtsbarkeit. (III, 44 S.) kl. 8. Berlin 908. Risel's deutsche Centrale f. Militärwissenschaft. 1.50

Krapf, Hans. Allerlei Technisches aus Belgien. Erinnerungen meiner Studienreise September 1905. Abgekürzter Auszug aus einem Cyclus von Vorträgen gehalten am Technikum Biel. IV + 16 S. 4. (Biel, W. Gassmann, [1906].)
[Beilage zum 16. Jahresbericht des Westschweizerischen Technikums in Biel April 1905 bis April 1906....]

Freimaurer-Verein Rat und Tat Nürnberg 1906. [Unterz.:] Heinr. **Krapf**. [Nürnberg 1906.] 6 Bl. 8°
[Umschlagtit.]
Werbeschrift.

Krapf, Heinrich, appr. Arzt aus Mkt.-Redwitz (Bayern): Ueber den Knochenabscess. *Strassburg i. E.: J. Singer 1898.* (41 S.) 8°
Strassburg, Med. Diss. v. 1898

Krapf, Hermann, aus Frankfurt a. M.: Ueber stereoisomere Hydrazone der Dithiokohlensaeureester. *Erlangen 1902: E. Th. Jacob.* (45 S.) 8°
Erlangen, Phil. Diss. v. 25. Nov. 1902

Krapf, J. Der Feldzug des Arbetio gegen die Lentienser im Thurthal. Nach Ammianus Marcellinus. XV, 4. 1862.

Krapf, J. L., Africa von Süd nach West, und von West nach Ost endlich einmal durchkreuzt, oder Kurze Uebersicht der Missionsreisen u. Entdeckungen des Dr. Livingston durch Süd-Afrika von der West-Küste nach der Ost-Küste. Nebst 1 (lith.) Karte (in 4.). Aus den engl. Berichten der Londoner Missions-Gesellschaft mitgetheilt. Ludwigsburg 857. Riehm. gr. 8. (40 S.) n. 8 ngr.

Krapf, J. L., Outline of the Elements of the Kisuáheli Language, with special reference to the Kinika Dialect. Tübingen 1850.

Krapf, J. L., Reisen in Ost-Afrika ausgeführt in den J. 1837—55 zur Beförderung der ostafrikanischen Erd- und Missionskunde. 2 Thle. (in 1 Bde.) gr. 8. (XIV und 1028 S. mit 1 lithogr. Karte in Imp.-Fol.) Kornthal 858. (Frankfurt a. M., Völcker. — Tübingen, Fues'sche Sortimentsb.) *
Vgl.: Afrika von Süd nach West.

— Vocabulary of Six East-African Languages. (Kisuáheli, Kinika, Kikámba, Kipokómo, Kihiáu, Kigálla.) Tübingen 1850. 2°.

Krapf, Johs., der wigoldinger Handel vom J. 1664. Urkundlich und im Zusammenhang mit den rechtl. und polit. Zuständen der Landgrafschaft Thurgau im 17. Jahrh. 12. (VI und 95 S.) Weinfelden 855,57. Frauenfeld, [Huber's Buchh.] *.

Krapf, Johs., der Wigoldinger Handel vom Jahr 1664. Urkundlich u. im Zusammenhang mit den rechtlichen u. politischen Zuständen der Landgrafschaft Thurgau im 17. Jahrhundert. Weinfelden 855. (Zürich, Meyer u. Zeller.) 12. (VI, 95 S.) 7 1/2 ngr.

K[rapf, Johannes]. Die Regesten der Frauenklöster Feldbach und Tanikon Cyst. Ordens und der Johanniter Comthurei Tobel, im Canton Thurgau. Bearb. von K. v. R[eding]: 4. Chur 1852.
(Die Regesten der Archive in der schweizerischen Eidgenossenschaft. Band 2. Heft 3.)

v. **Krapf**, Jos. Ant., Beitrr. für bürgerl. Schulen. 1r Thl. 8. Basel 801.

— Briefe zur prakt. Pastoral für junge Geistliche d. 19ten Jahrh. 8. Ravensb. 804.

— bibl. Denksprüche zur Beförderung christl. Tugend, für jede christl. Religionspartei, zum Gebr. in Schulen u. bei häusl. Andacht. Mit e. Anh. v. Unterredd. mit Gott. Herausg. v. J. J. Wick. 8. Basel 801. (Neukirch). 8 gr.

— s. Erinnerungen über Erzieh. d. Kinder.

— der Geist d. Seelensorge. Eine Nachlese z. prakt. Pastoral für junge Geistliche des 19n Jahrhunderts. 8. Augsb. 809. 3e Aufl. neu herausg. v. Simon Buchfelner. 8. Augsb. 823. Doll. 9 gr.

Krapf, J. A., Geist d. Seelsorge, eine Nachlese zur prakt. Pastoral f. junge Geistliche. 8. Augsburg, Doll. 814.

— s. J. J. Hess Gesch. d. drei letzten Lebenstage Jesu.

Krapf, J. A., Lebensgeschichte d. heil. Franz von Salis. 8. Augsb. Doll. 811. Rthlr.

— Lehr- u. Gebetbuch, nebst Kirchengesängen. 8. Bregenz 788. Brentano. 8 gr.

v. Krapf, Jos. Ant., d. Schule der wahren Frömmigkeit u. Berufstreue, besonders für Seelsorger des 19n Jahrh. Oder Lebensgeschichte des heil. Franz v. Sales. Aus dessen Schriften u. reinen Quellen gesammelt. 8. Augsb. 811. Neu herausg., verm. u. verb. v. Simon Buchfelner. 8. Augsb. 823. Doll. (Landshut, Krüll). 16 K

Krapf, Jos. Ant., Das erklärte Neue Testament oder Lehre, Thaten und Schicksale des Herrn u. seiner Jünger. Kempten, Kösel, 1791 – 1794, 8°, 2 Teile, à 3,50 Mk.

Krapf, die reinste Tugendlehre in bibl. Denkspr. 8. Basel, Flick. 801. — 8

Krapf, Karl von: Ausführliche Beschreibung der in Unterösterreich, sonderlich aber um Wien herum wachsenden, und in der Stadt zum Verkauf sowohl erlaubten, als unerlaubten eßbaren Schwämme, sammt den ihnen ähnlichen verdächtigen; ihren Kennzeichen, ihrer gewöhnlichen Zubereitung, und den schädlichen Zufällen, welche die letztern im menschlichen Körper verursachen; nach der Linneischen Haupteintheilung in systematischer Ordnung vorgetragen. Heft 1, 28 S., gbd., 11 Taf.

Wien: von Ghelen 1782

JB 6.374

— Beschreib. der in Oesterreich, sonderlich aber um Wien wachsend. Schwämme, nach Linné. 2 Hefte mit 9 ill. Kpf. gr. 4. Wien 782, 83. Ghelen. 6 fl 16 K

Caroli [von] Krapf Experimenta de nonnullorum ranunculorum venenata qualitate, horum externo et interno usu. Viennae Austr. 1766: Kraus. 107 S. 8°

Karls von Krapf, Anatomische Versuche und Anmerkungen über die eingebildete Erweiterung der Beckenhöhle im natürlichen und angepriesene Durchschneidung des Schaambeinknorpels in widernatürlichen Geburten,... Th. 1. Wien: Ghelensche Buchh. 1780. 8°

Th. 1: 1780.

Krapf, L. [Hrsg.]: Kurze Wörter-Sammlung ...
s. Mayer, Johannes

Krapf, Nikolaus Ambrosius

Krapf, Nic. Ambr., († d. 30. Sept. 1797.) annotation. medico-moral. quoad quaestiones ponderosior. multasq. difficult. matrimon. resolv. 4. Augsb. 765. Rieger. 4 K

— Gespräche zwischen e. Philosophen u. Medicus von d. principio vitali. 8. Augsb. 768. Rieger. 12 K

Krapf, N. A., Naturspiegel d. Menschen. Mit Kpf. Fol. Basel 760. Imhof. (Varrentrapp in Frkf. a. M.) 12 K

Natur-Spiegel, worin der Mensch vom ersten Augenblick seiner Werdung bis zu seinem Ausschlus aus Mutterleib in einer dreyfachen Abb. zu ersehen,... Deme einige anatomischer Erkl. ...vorangefüget werden. ...von Nicol[aus] Amb[rosius] Krapf. Basel 1761: Im-Hof. 16 S. 4°

— systema recent. de essentia hominis quoad animalitatem in genere, quoad spiritual. in specie. 8maj. Augsb. 767. Rieger. 3 K

Krapf, Philipp, Formeln u. Versuche üb. die Tragfähigkeit eingeramml. Pfähle, s.a. Fortschritte d. Ingenieurwissenschaften.

Formeln und Versuche über die Tragfähigkeit eingerammter Pfähle von Philipp Krapf, Oberbaurat. Mit 8 Abb. u. 2 Zeichnungstaf. Leipzig: W. Engelmann 1906. (28 S.) 4°
= Fortschritte d. Ingenieurwissenschaften. Gruppe 2. H. 12. [16. 14790

Krapf v. Liverhoff Ferd. Ritter, Uebersetzung des englischen Bankruptcy Act 1883. gr. 8. (XII, 132 S.) Leipzig 888, B. Tauchnitz. * 4 —

Kraepfaenger, Franc. Gisb., praes. Jo. Gttl. Leidenfrost, Diss. do mali hypochondriaci ad minimum sextuplici specie. Duisb. 4°. *Leidenfrost*, Opusc. Lemg. 1797, I, 206—37. 1771

Krapina [Schlagwort]

Krapina, s.: Geologische Karten. Uebersichtskarte. (Kroatien.)

Krapina-Töplitz, s.: Woerl's Reisehandbücher.

Krapoll, Conrad: Aus d. patholog. Institut zu Bonn. Experimentelle und histologische Untersuchungen über die Regeneration der männlichen Mammilla. . . . Bonn, Univ.-Buchdr. v. Carl Georgi, 1890; 32 S. 8°
Bonn, Med. Fak., Inaug.-Diss. v. 8. Febr. 1890

Krapols, Carolus [Rhenanus]: De adiectivorum graecorum in i-mo-, σ-i-mo-exeuntium vi, forma, origine . . . . Lipsiae, typ. Frankensteini & Wagneri, 1887; VI + 93 + 1 S. 8°.
Leipzig, Phil. Fak., Inaug.-Diss. v. 29. Jan. 1887.

Krapols, Carolus, de adiectivorum graecorum in i-mo-, o-i-mo-exeuntium vi, forma, origine. Diss. Leipzig 1887, Gustav Fock. 8°. VI, 93 S.

Krapotkin, Fürst Pet., s. a.: Kropotkin.

— Gesetz und Autorität. 8°. New York 1887.

— Gegenseitige Hilfe in der Entwickelung. Autoris. deutsche Ausgabe, besorgt von Gust. Landauer. gr. 8°. Leipzig, Th. Thomas, 1904.

— Gegenseitige Hilfe in der Tier- und Menschenwelt. Deutsche Ausgabe, besorgt von Gust. Landauer. Unverkürzte Volksausgabe. 8°. Leipzig, Th. Thomas 1908.

— Landwirtschaft, Industrie und Handwerk, oder: Die Vereinigung von Industrie und Landwirtschaft, geistiger und körperlicher Arbeit. Uebers. von Gust. Landauer. 8°. Berlin, S. Calvary u. Co., 1904.

— Memoiren e. Revolutionärs, s.a. Memoirenbibliothek.

Krapotkin, Fürst Pet., Memoiren e. Revolutionärs. Autoris. Uebersetzg. v. Max Pannwitz. In 2 Bdn. (Memoiren-Bibliothek.) 1. u. 2. Aufl. gr. 8. (à XV, 290 u. 384 S. m. 3 Bildnissen.) Stuttgart 900. 901. R. Lutz. n. 9.—; geb. n. 11.—

Krapotkin, Fürst Pet., Memoiren e. Revolutionärs. Autoris. Uebersetzg. v. Max Pannwitz. In 2 Bdn. (Memoiren-Bibliothek.) 3. Aufl. (XV, 290 u. 384 S. m. 3 Bildnissen. gr. 8. Stuttgart 903. R. Lutz. n. 9.—; geb. n. 11.—

— dasselbe. Mit Vorwort v. Geo. Brandes. Volksausg. 2 Tle. in 1 Bde. 1.—3. Aufl. (Je XIV, 205 u. 259 S.) 8. Ebd. 906. n. 4.—

— An die jungen Leute. Aus dem Franz. übersetzt von Frau J. Schultze. 8⁰. New York, Mor. Bachmann, s. a.

— Représentative Regierungen. 8⁰. London 1888. (Anarchist.-communist. Bibliothek, Nr. 2.)

— Revolutionäre Regierungen. 8⁰. London 1887. (Anarchist.-communist. Bibliothek, Nr. 1.) 8⁰. Berlin 1893. (Anarchist. Biblioth.)

— Die Schreckensherrschaft in Rußland. 1.—3. Aufl. (à 92 S.) gr. 8. Stuttgart (909). R. Lutz. 1. 20

— **Moderne Wissenschaft und Anarchismus. 8⁰. Berlin, J. Räde, 1904.**

— Der Wohlstand für alle. Deutsch von B. K. 8⁰. Zürich 1896.
Les détails, les plus minutieux, vide: Nettlau.

Krapp, Alb., die ästhetischen Tendenzen Harsdoerffers, s.a. Beiträge, Berliner, zur german. u. roman. Philologie. Nr. 12.

Krapp, Albert, aus Ortelsburg in Masuren: Die ästhetischen Tendenzen Harsdoerffers. ⟨T. 1.⟩ *Berlin (1903): E. Ebering.* (30 S.) 8° ¶ (Erscheint vollst. in: Berliner Beiträge zur german. u. roman. Philol.)
Berlin, Phil. Diss. v. 12. Aug. 1903

Krapp, Christian Friedrich (Schmideb. Sax.), De marito fundum dotalem alienante. Diss. jur. Präs. Conr. Wilhelm Strecker. Erfurt (Hering) 3. II. 1738. 24 S. (6.20) 19298

Krapp, Franz: Der substantivierte Infinitiv abhängig von Präpositionen und Präpositionsadverbien in der historischen Gräcität. '(Herodot bis Zosimus.)' ... Heidelberg, C. Winter's Universitätsbuchh., 1892; V, 111 S. 8.
Heidelberg, Phil. Fak., Inaug.-Diss. v. [27. Juli] 1891

Krapp, Heinrich [app. Arzt aus Speyer]: Zur Histologie des solitären Hirntuberkels ... Würzburg, Buchdr. J. Seelmeyr, 1891; 25 S. 8.
Würzburg, Med. Fak., Inaug.-Diss. v. 1891

Krapp, H., hessische Schulstatistik. Ein Auskunftsbuch üb. die Orts- u. Schulverhältnisse sämtl. Gemeinden im Großherzogt. Hessen. Im Auftrage des hess. Landes-Lehrervereins nach den Angaben v. Lehrern zusammengestellt. (IV, 328 S.) gr. 8. Gießen 910. E. Roth. 3.—; geb. in Leinw. 3. 50

Krapp, H., Odenwälder Spinnstube. 300 Volkslieder aus dem Odenwald, gesammelt im Auftrage des Odenwaldklubs. (IV, 219 S.) kl. 8. Darmstadt 904. (A. Bergstraeßer.) n. — 70

— Odenwälder Spinnstube. 300 Volkslieder aus dem Odenwalde, gesammelt im Auftrage des Odenwaldklubs. 2. unveränd. Aufl. (IV, 219 S.) kl. 8. Darmstadt 910. A. Bergstraeßer. — 50

Krapp, J., der rentamtliche Botendienst in Bayern. (Landesteil r. des Rheins u. der Pfalz.) Für den Gebrauch des Botenpersonals u. derjenigen, welche sich dem rentamtlichen Botendienste widmen wollen, nach den amtl. Quellen zusammengestellt. 8. (VI, 95 S.) München 894. C. H. Beck. Kart. n. 1. 20

Krapp, Lorenz, s.a. Walden, Arno v.

Krapp, L., Bilderbibel f. d. Jugend &c., s. Hersbach, R.

Krapp, Lorenz: Die religiöse Erziehung unehelicher Kinder nach bayerischem Staatskirchenrecht. Eine histor.-dogmat. Darstellung u. Untersuchung von Streitfragen. Mainz: Kirchheim 1909. IV, 84 S. 8° ¶ (Ersch. auch als Buch ebd. Aus: Archiv f. kath. Kirchenrecht. Bd 89.)
Würzburg, Jur. Diss. v. 28. Okt. 1909, Ref. Meurer
[Geb. 18. Dez. 82 Bamberg; Wohnort: Bamberg; Staatsangeb.: Bayern; Vorbildung: Gymn. Bamberg Reife Juli 01; Studium: München 8 S.; Rig. 23. Juli 08.] [U 10. 4307

Krapp, Lorenz [Hrsg.]: s. Musen-Almanach der Katholischen Studentenschaft Deutschlands.

— Prinz Emil v. Schoenaich-Carolath, s.a. Hesse's, Max, Volksbücherei.

(Moderne Lyriker. 4.)
Prinz Emil von Schoenaich-Carolath v. Lorenz **Krapp.** Mit des Dichters Bildnis. Leipzig. [1908.] 8⁰

Krapp, O., u. Wilh. Rettig, aus dem Reiche der Kunst, s.: Marmorgruppen. 4. Heft.

— — Turnersinn, s.: Marmorgruppen. 3. Heft.

Krapp, Servatius Hubert. (geb. Steinstrass bei Jülich 27. 2. 1822): De diaphragmatis paralysi ejusque inflammatione. Berolini (1848). (31 S.) 8°
Berlin, Med. Diss. v. 17. Juli 1848

KRAPPE, (..): Preuss. Stempelgesetze in ihrer jetzigen Anwendbark. *Berlin*, Dümmler. 817. 4. (16 Gr.)

Krappe, C., Couponberechnungs-Tabelle nach dem Gesetz vom 20. Juni 1868. Troppau 868. Bucholz u. Diebel. Imp.-4. n. 2 *ngr.*

Krappe, Georg Hubert Leo (Berlin), De gastritide chronica. Diss. med. Bln. (Nietack) 24. II. 1836. 40 S. mit Biogr. (M.: W. Hubert.) (6.—) 19299
Oppon.: J. Baum, L. Moritz, W. Wesch. — Gew.: v. Arnim (Berlin).

Krappe, Leo, die sogenannten nervösen Erkrankungen der Frauenzimmer. Ein Beitrag zur Lehre von den Krankheiten des weibl. Geschlechts. (Als Mscpt. gedr.) gr. 8. (IV und 115 S.) Berlin 850, (A. Hirschwald.) *

— Grundriß einer Diätetik für das weibliche Geschlecht. Ein Lehrbuch für Frauen gebildeter Stände. 8. (XVI u. 142 S.) Berlin 852, A. Hirschwald. n. 2/3 ₰

KRAPPL, Theobald: Die Stellung der Cisterzienser im Kampfe zwischen Sacerdotium und Imperium zur Zeit der Staufer. — (1907) 142 Bl. 8° (Handschr.) Diss. 705
Diss. Wien, Univ.

Grundriss der christlichen Ethik. Von ... F. C. **Krarup,** Autor. Übertr. aus d. Dänischen v. ... Carl Küchler. *Freiburg i. B., Leipzig & Tübingen: J. C. B. Mohr 1897.* (VIII, 226 S.) 1 Bd 8. [97. 8067 Ma

Krarup, Herdis, Physisch-ophthalmologische Grenzprobleme. Ein Beitrag zur Farbenlehre. (VII, 118 S. m. Fig.) Lex. 8. Leipzig 906. G. Thieme. n. 3. —

Krarup, Herdis, die Metaphysiologie Alfr. Lehmanns kritisch erläutert. (32 S.) gr. 8. Berlin 907. Herm. Walther. 1. 35

Krarup, Nicolaus Bygom, De natura et usu imperativi apud Latinos. Comment. philol. Kopenhagen (Andreas Seidelin) 23. VI. 1825. 22 Seiten. (5.—) 19300

Krarup, N. B., Observationes crit. et grammat. in libros Ciceronis de re publica. 8 maj. (2 B.) Hafniae 827. (Reitzel.)

Krarup, Ove Chr., Auswahl pseudo-davidischer Psalmen. Arabisch u. deutsch hrsg. (80 u. 80 S.) gr. 8. Kopenhagen 909. G. E. C. Gad. 1.75; deutsch (30 S.) allein — 85

Krarup-Hansen, C. J. L., Beiträge zu e. Theorie des Fluges der Vögel, der Insekten u. Fledermäuse, gemeinfasslich dargestellt u. durch (eingedr.) Holzschn. erläutert. Copenhagen 869. Leipzig, Fritsch. 8. (48 S.) n. 12 ngr.

Krarup-Hansen, C. J. L., Perspective für die Jugend. gr. 4. (20 S. mit 4 lithogr. Taf.) Kopenhagen 880, (Hagerup.) **

Krasa, B., Altes u. Neues üb. die Advokatur. (82 S.) gr. 8. Wien 908. Manz. — 50

Krašan, Frz., Ansichten u. Gespräche üb. die individuelle u. spezifische Gestaltung in der Natur. (VII, 280 S.) gr. 8. Leipzig 903. W. Engelmann. n. 6. —

Krašan, Frz., Beiträge zur Erforschung der atavistischen Formen an lebenden Pflanzen und ihrer Beziehungen zu den Arten ihrer Gattung, s. Ettingshausen, C. Frhr. v.

— Beiträge zur Geschichte der Erde und ihrer Vegetation. 20 S. 8. Progr. II. Staatsg. *Graz* 1882.

Krašan, Franz Beiträge zur Geschichte der Erde und ihrer Vegetation. (Fortsetzung der im 13. Jahresberichte vom J. 1882 enthaltenen Abhandlung.) (Umschlagtitel: . . . Vegetation.) 8 (S. 3—22). Progr. II. Staats-G. *Graz* 1887.

Krašan Franz: Beiträge zur Kenntnis des Wachstums der Pflanzen. 1. Abhandlung. S. 67. I. 143 . . . . —.70
— — 2. Abhandlung. S. 67. I. 252 . . . . —.40
Separatabdruck

Krašan, Frz., Beiträge zur Kenntniss des Wachsthums der Pflanzen. Lex.-8. (69 S.) Wien 873, (Gerold's Sohn.) *

— Beiträge zur Physiologie der Pflanzen. S. 68. I. 193 . . . . —.40
Separatabdruck

— **Beiträge zur Physiologie der Pflanzen.** [Aus: „Sitzungsber. der k. Akad. der Wiss."] Lex.-8. (22 S.) Ebend. 874. n. — 40

Krašan (F.). Beitraege zur Physiologie der Pflanzen. Wien, 1874. 8°.

Krašan Franz: Aus der Flora von Steiermark. (Schlüssel zum Bestimmen der Arten aus den Gattungen Saxifraga, Gentiana, Potentilla, Primula und Viola). 25. Graz II. St. G. 94.
Progr.

Krasan, Frz., aus d. Flora v. Steiermark. Beitrag z. Kenntnis d. Pflanzenwelt d. Kronlandes. Zugleich ein Behelf zum Bestimmen d. Pflanzen nach d. analyt. Methode f. Schule u. Selbstunterr. 12. (XVI, 157 S.) Graz 896. Leykam. Kart. n. 2. —

Krašan, Frz. Die atavistischen Formen an lebenden Pflanzen. — Ueber Ontogenie. — Ueber Deformationen, s. Ettingshausen, Const. Frhr. v.

— Über regressive Formerscheinungen bei *Quercus sessiliflora*. S. 95. I. 31 . . . . —.24
Separatabdruck

Krasan, Gymn.-Prof. Frz., über regressive Formerscheinungen bei Quercus sessiliflora Sm. [Aus: „Sitzungsbericht d. k. Akademie d. Wissenschaften".] Lex.-8°. (12 S.) Wien, Gerold's Sohn. fl. —.12.
1887.

— üb. regressive Formerscheinungen bei Quercus sessiliflora Sm. [Aus: „Sitzungsber. d. k. Akad. d. Wiss."] Lex.-8. (12 S.) Wien 887. (Tempsky.) n.n. — 25

Krašan F.: Generatio spontanea. (d.) 32. Cilli 76.
Progr.

— Pliozän-Buche der Auvergne (mit 1 Taf.). D 61. 5 . . . . —.80
Separatabdruck

Krašan, Frz., die Pliocän-Buche der Auvergne. [Aus: „Denkschr. d. k. Akad. d. Wiss."] Imp.-4. (4 S. m. 1 Taf.) Wien 894. (F. Tempsky.) n. — 80

— **Untersuchungen üb. Deformationen im Pflanzenreiche,** s.: Ettingshausen, Constant. Frhr. v.

Krašan F.: Mineralogisch-geognostische Untersuchungen über die bei Cilli vorkommenden Eruptivgesteine. 35. Cilli 79. Progr.

— **Untersuchungen üb. Ontogenie u. Phylogenie der Pflanzen auf paläontologischer Grundlage,** s.: Ettingshausen, C. Frhr. v.

— Über die Vegetationsverhältnisse und das Klima der Tertiärzeit in den Gegenden der gegenwärtigen Steiermark. 8 (S. 3—32). Progr. II. Staats-G. *Graz* 1889.

Kraschan: Pflanzenphänologische Beobachtungen für Görz. 37 S. 8°. — Goerz, Progr. 1868.

Krascheninnikow, Steph., Beschreib. d. Landes Kamtschatka. Ins Deutsche übers. von Joh. Tob. Köhler. gr. 4. Lemgo 766. N. A. 789. Meyer. 1 ß 8 K

Kraschutzki, F., d. Versorgg. v. kleineren Städten, Landgemeinden u. einz. Grundstücken m. gesundem Wasser. Unt. bes. Berücksicht. d. Verhältnisse d. östl. Provinzen nach d. neuesten hygien. Gesichtspunkten bearb. f. weit. Kreise, namentl. Verwaltungs- u. Baubeamte, Techniker, Brunnenmacher u. Ärzte. gr. 8. (40 S. m. 4 Fig.) Hamburg 896. L. Voss. n. — 80

Kraschutzki, Franz (Emil Heinr.) (geb. Pr.-Stargard 20. 3. 1856): Ueber die Entzündung der Nabelgefässe bei Neugeborenen. Berlin (1880). (31 [vielmehr 29] S.) 8°
Berlin, Med. Diss. v. 28. Apr. 1880

Kraschutzki, R., der Geschäftsverkehr mit dem Komtoir der Reichshauptbank f. Werthpapiere. Zum allgem. Gebrauche bearb. 8. (76 S.) Berlin 889. Springer. cart. n. 1. —

Kraschutzki, R., der Geschäftsverkehr m. dem Komtor der Reichshauptbank f. Werthpapiere. Zum allgemeinen Gebrauche bearb. 8., umgearb. Aufl. 8. (80 S.) Berlin 891. J. Springer. Kart. n. 1. —

Krasemann, Gottfried

Festgruss zur Feier des Geburtstages Sr. Königlichen Hoheit des Allerdurchlauchtigsten Grossherzogs Friedrich Franz in der ger. u. vollk. St. Joh. Loge zu den drei Sternen im Or. Rostock am 29. Febr. 1868. Gewidmet von Gottfr. Krasemann. [Rostock 1868: Behm's Erben.] 2 Bl. 8⁰ [Umschlagtit.]
Gedicht: „Nimm, o Fürst, zum heut'gen Tage . . ."

Festgruss zur Feier der vor 150 Jahren in London geschehenen Gründung der heutigen vergeistigten Freimaurerei, in der ger. u. vollk. St. Joh.-Loge zu den drei Sternen im Or. Rostock am 24. Juni 1867. Gewidmet vom Br. Gottfr. **Krasemann.** [Rostock 1867]: Behm. 2 Bl. 8⁰ [Umschlagtit.]
Tt. 2500. Gedicht: „Wenn schon dieser heutige festliche Tag . . ."

Krasemann, Rud., Bibliographie der wichtigsten Spezialwerke üb. die Postwertzeichen einzelner Länder. (45 S.) 18,5×10,5 cm. Stockholm (Grefturegatan 24 A) 907. Sveriges Filatelist-Förening. Durchsch. 1. 25

Kruševsky, J. J., Dábel, — Kordecký, } s. Besedy, slovanské.

Krasicki

Krasicki, Ignaz von

ALBERT der Abenteurer. Ein satyr. (ziemlich zahmer) Roman (aus d. Polnischen des *Krasicki* von Joh. Wenzel Leop. Thaddäus Hann-Haan). Wien u. Leipzig, Doll, 1794. 8⁰. 240 SS. (incl. TKpf. u. gestoch. Tit.).
Anon.-Lex. I. p. 35 (nach Goedeke u. Meusel).

Krasicky, Ignacy. Bubenglück, a. d. Poln. [Berlin 1797.] Ü: *Jenisch, Daniel.* (MGT)

Krasicki, Ign., Dziela, s. Biblioteka (Bibliotheca) Polskich, T. I—X.

v. Krasicki, Reichsgraf Ign., e. gefundene Geschichte, auch unt. d. T.: der schon öfters verjüngte Greis. Aus d. Poln. (v. Jh. Bernoulli). Mit Kpf. 8. Berl. 785. (Leipz., Göschen). 18 gr.

Krasicky, I. Eine gefundene Geschichte . . . A. d. Poln. Leipzig 1786. Ü: *Bernoulli, Joh.* (MGT) »Berlin 1785« (Ky)

— s. Mäuseode, die.

MONACHOMACHIA, oder der Mönchen-Krieg, verfaßt von einem um die polnische Litteratur sehr verdienten Bischofe (d. i. *Ignaz* Reichsgraf *v. Krasicki*, Erzbischof von Gnesen, geb. 1735, † 1801). Aus d. Polnischen übers. von *** (e. poln. Edelmann). Hrsg. vom Freyherrn von *** (d. i. Joh. Janus Joseph Carl Frhr. Ecker v. Eckhofen auf Berg). Hamburg, bey H. J. Matthiessen 1782. 8⁰.

Krasicki, Ign. Graf, der Mönche-Krieg [Monachomachia]. Komisches Heldengedicht in Stanzen. Aus d. Poln. von Alex. Winklewski. Berlin 870. Oehmigke's Verl. gr. 16. (L, 54 S.) n. 15 ngr.

Krasicky, I. Das National-Laster der Polen . . . [Berlin 1796.] Ü: *Jenisch, Daniel.* (MGT)

Krasicki, Casimirus (geb. Malczewo bei Gnesen 2. 4. 1834): De societatis Jesu in Polonia primordiis. Berolini (1860). (190 S.) 8⁰
Berlin. Phil. Diss. v. 15. Dez. 1860

Krasicki, Ognjosl., Pan Podstoli ili dóbar domačin. Pripoviest prevedena s poljskoga Adolfom Tkalčevićem. 3 Svaz. 32. (388 S.) Agram 848, Suppan. à Svaz. 6 Ngr.

Krasicky, I., s. Krasicki, Ignaz

Krasiki, Ignaz von, s. Krasicki, Ignaz von

Krasinska, Gräfin Franziska, Tagebuch 1759—1762, s.: Napoleon I.

Krasinska, Gräfin Franziska, Tagebuch 1759—1762, veröffentlicht von Olymp Chodzko, s.: Potocka, Gräfin, Memoiren.

Krasiński, Adam Graf, Dr.: Geschichtliche Darstellung der Bauern-Verhältnisse in Polen und der wirthschaftlich-rechtlichen Reformen im ersten Decennium der Regierung Stanislaus Augustus (1764—1774). T. 1. 2. *Krakau: Verlag d. Verf. 1898.* 2 Bde 8⁰
Heidelberg, Phil. Diss. v. [8. Nov.] *1898*

Krasiński, Sigm. Graf, Irydion, s.a. **Universal-Bibliothek Nr. 1519 und 1520.**

Krasinski, Iridion. Nach dem Polnischen bearb. v. Polono-Germanus. gr. 8. (XIV u. 154 S.) Leipzig 847, Keil & Co. n. 24 ngr

Krasiński, Zygm., iridión. Z polštiny přeložil Jos. V. Frič. S předslovem od Karla Sabiny. Prag 863. Kober. 8. (XXIV, 224 S.) n. 18 ngr.

— poezye, s. Biblioteka pisarzy polskich.

Krasiński, Z., Przedświt. Leipzig 868. Brockhaus. 16. (72 S.) n. 10 ngr.; geb. n. 17½ ngr.

Krasinski, Z., psalmy przyszłości. 16. (97 S.) Leipzig 874. Brockhaus. n. 1. —; geb. n. 1. 80

—— die Sommernacht. Aus dem Poln. von Heinr. Blumenstock. gr. 8. (34 S.) Wien 881, (Toeplitz und Deuticke.) *
Aus: Die Dioskuren, besonders abgedruckt.

Krasinski, Sigism., ein Traumgesicht. Uebersetzung aus dem Poln. Berechtigt von den Erben des Verf. gr. 8. (60 S.) Leipzig 875, (Stauffer.) *

— die Versuchung. Poetische Erzählung, aus dem Polnischen übers. u. mit einer literarhistorischen Einleitung versehen von Vinz. Stroka. gr. 8. (35 S.) Krakau 881. (Leipzig, Friedrich.) n. — 80

Krasiński, Zygm., Wyjątki z listów. (Auszüge aus Briefen.) Tom I. Nowe wydanie. 8. (VIII und 262 S.) Naumburg 861, Maurer. *

Krasinski, Graf Valerian, Geschichte des Ursprungs, Fortschritts u. Verfalls der Reformation in Polen u. ihres Einflusses auf den politischen, sittlichen und literarischen Zustand des Landes. Nach d. engl. Original bearb. von Wilh. Adolf Lindau. gr. 8. Leipzig 841, Hinrichs'sche Buchh. 2 ℳ

Krasinski, Graf Valerian, Slaventhum u. Deutschthum. Aus d. Engl. v. W. A. Lindau. 8. (X u. 292 S.) Leipzig 848, Arnold. 1½ ℳ

Krasinski Jaraczewska, Elzbiete z Hr., Powiesci Narodowe. 4 Tomy. Zofia i Emilia. — Wieczor Adwentowy. — Pierwsza młodosc pierwsze uczucia. 2 Tomy. Z portretem i zyciorysem autorki. 8. Lipsk 845, Libr. étrangère. 5 ℳ

Kraska, J. M. L., Deutsches Lesebuch für die unteren Klassen der Gymnasien und Realschulen der österreichisch-ungarischen Monarchie, mit grammatisch-exegetischen, ästhetischen, historischen und sachlichen Anmerkungen. 1. Theil. 1. u. 2. Klasse. 1. Lfg. gr. 8. (VIII u. S. 1—200.) Korneuburg, Kühkopf. cpl. in 2 Lfg. *1867.* 2 fl.

Kraska, Ign., ein Unglück. Soziales Schausp. aus der Gegenwart in 2 Aufzgn. 8. (55 S.) Düsseldorf 895. Bleifuß & Co. 1. 50

Kraska, Leop., die letzte Nacht des Herrn oder der Ruf zum Abendmahl des Lammes. Beichtvorbereitungsreden. 1. Hft. 8. Angerburg 845. (Königsberg, Gräfe u. Unzer.) n. ½ ℳ

Kraske, Erich, Rechtspraktikant: a. Freiburg i. B.: Das Versäumnisurteil im heutigen deutschen, französischen und österreichischen Zivilprozesse. Eine Studie über die Praxis des Versäumnisverfahrens. Borna-Leipzig 1906: R. Noske. (VI, 56 S.) 8°
Freiburg i. B., Rechts.- u. staatsw. Fak., Ref. Schmidt, Diss. v. 1906
[Geb. 16. Mai 81 Halle a. S.; Wohnort: Freiburg i. B.; Staatsangeh.: Preußen und Baden; Vorbildung: Gymn. Freiburg i. B.; Studium: Freiburg i. B. 2, Halle 1, Freiburg i. B. 1, Berlin 1, Freiburg i. B. 1, Halle 1 S.]

Kraske, Paul: Beiträge zur Lehre von dem Einflusse der Nerven auf die Ernährung der Gewebe. Halle (1874): Hendel. 34 S. 8°
Halle-Wittenberg, Med. Diss. v. 14. Aug. 1874
Geb. Berg bei Muskau (O.-L.) 2. 6. 1851. V.
Verf. erlebte die Diplomerneuerung 1924 als Geheimer Medizinalrat und emer. ordentlicher Professor der Chirurgie in Freiburg i. B., vgl. Anh. Nr. 468.

Kraske, P., Erfahrgn. üb. d. Mastdarmkrebs, s. a. **Sammlung klin. Vorträge.**

Erfahrungen über den Mastdarmkrebs. Von P[aul] **Kraske,** (Freiburg i. B.). *Leipzig: Breitkopf & Härtel 1897.* (81 S.) 8.
— Sammlung Klinischer Vorträge. N. F. No 183/84. [97. 3418

Kraske, Paul, Prorector Dr.: Die **Kriegsleistungen** und die kriegsvorbereitende Thätigkeit des Rothen Kreuzes (in Baden). *Freiburg i. B. 1900: Ch. Lehmanns Nachf.* (84 S.) 4°
Freiburg i. B., Progr. zum Geburtstag d. Grossherzogs 1900

Der Unterricht in der chirurgischen Klinik und die antiseptische Wundbehandlung. Rede gehalten bei der Eröffnung der neuen chirurgischen Klinik . . . von Dr. Paul Kraske o. ö. Prof. d. Chirurgie Dir. d. chirurg. Klinik zu Freiburg i. B. Nebst einer Beschreibung der neu erbauten Anstalt. . . . Akad. Antrittsschrift. Freiburg i. B., akad. Verlagsbuchh. v. J. C. B. Mohr (Paul Siebeck), 1889; 2 Bl. + 21 S. 4°

Kraske, Paul: Experimentelle Untersuchungen ueber die Regeneration der quergestreiften Muskeln. Mit 2 Tafeln. Halle 1878: Karras. 29 S., 2 Taf. 8° (4°)
Halle-Wittenberg, Med. Hab.-Schr. v. 2. Juli 1878
Im Buchhandel Halle: Niemeyer 1878. 30 S., 2 Taf.

Kraskovits Guido: Ein Beitrag zur Kenntnis der Zellteilungsvorgänge bei *Oedogonium* (mit 3 Taf. und 11 Textfiguren). S. 114. I. 27 . . . . „ 1.40
Separatabdruck

Kraskovits, G., Ein Beitrag zur Kenntnis der Zellteilungsvorgänge bei Oedogonium. [Aus: Sitzungsber. d k. Akad. d. Wiss., mathem.-naturw. Klasse.] 8°. (88 S. mit 11 Textfiguren und 3 Tafeln) Wien: Carl Gerold's Sohn 1905. K 1.40

Kraskovits, Guido, Ein Beitrag zur Kenntnis der Zellteilungsvorgänge bei Oedogonium. (38 S. m. 11 Fig. u. 3 Taf.) gr. 8. Wien 905. (A. Hölder.) n. 1. 40
Sonderabdruck aus: „Sitzungsber. d. k. Akad. d. Wiss."

Kraslowitz, Darstellung die Luft zu durchschiffen. 8. Wien, Schrämblisch.

Krasna (Bessarabien), s. Leinz

Krasnicki Emil Ritter von, Löslichkeitsbestimmung der Kalk- und Barytsalze der Ameisensäure, Essigsäure und Propionsäure (mit 1 Taf.). S. 96. II. 73 . . . . . vgr.
Separatabdruck

Krasnopolski, A., offener Brief an den Herrn Justizminister. (In russ. Sprache.) 12. (28 S.) Berlin 901. (F. Gottheiner.) n. — 80

Krasnopolski, A.: Geologische Skizze ... s. Memoires du Comite Geologique

Krasnopolski, Horaz, die Änderung u. Ergänzung einiger Bestimmungen des allgemeinen bürgerlichen Gesetzbuches. Regierungsvorlage. Vortrag, geh. im deutschen Juristenverein zu Prag am 11. I. 1908. (III, 39 S.) gr. 8. Wien 908. Manz. — 85

Krasnopolski, H., das Anfechtungsrecht der Gläubiger nach österreichischem Recht. In seinen Grundzügen u. m. Berücksicht. d. deutschen Reichsrechtes dargestellt. gr. 8. (IX, 161 S.) Wien u. Prag 889. Tempsky. — Leipzig, Freytag. n. 3. 60

Krasnopolski, Horaz, I. Zur Auslegg. d. § 63 d. österr. allg. bürgerl. Gesetzbuches (impedimentum ordinis). II. Ueber § 63 d. österr. allgem. bürgerl. Gesetzbuches. E. Replik. [Aus: „Archiv f. kathol. Kirchenrecht".] gr. 8. (35 S.) Mainz 895. F. Kirchheim. n. — 60

Das Ehehindernis der höheren Weihen nach österreichischem Recht. Zugl. Abwehr gegen Franz Brentano. Von Prof. Dr. Horaz **Krasnopolski.** *Mainz: F. Kirchheim 1898.* (93 S., 1 Bl.) 1 Bd 8. [98. 4438

Krasnopolski, Horaz, der Legalisirungszwang bei Tabularurkunden. gr. 8. (38 S.) Wien 880. Hölder. n. 1. 20

— Lehrbuch des österreichischen Privatrechts. Aus dessen Nachlaß hrsg. u. bearb. v. Bruno Kafka. Mit e. Geleitwort v. Ludw. Mitteis. (In 5 Bdn.) 3. Bd. Österreichisches Obligationenrecht. (XXVIII, 556 S.) gr. 8. Leipzig 910. Duncker & Humblot. — Wien, Manz. 14.—; geb. in Halbfrz. 16. —

Krasnopolski, Horaz: Österreichisches Obligationenrecht. Von –. Aus dessen Nachlass hrsg. u. bearb. von Dr. Bruno Kolka, Privatd. Mit e. Geleitwort von Ludwig Mitteis. Leipzig: Duncker & Humblot 1910. XXVII, 556 S. 8°
(Krasnopolski: Lehrbuch d. Österreichischen Privatrechts. Bd. 3.)

Krasnopolski, Horaz, der Schutz d. redlichen Verkehrs im österr. Civilrechte. Vortrag, geh. am 6. Apr. 1892. gr. 8. (48 S.) Prag 892. H. Dominicus. n. 1. —

Krasnopolski, Horaz, d. Schutz des redlichen Verkehrs im österr. Civilrechte. gr. 8. (48 S.) Prag 892. [Dominicus.] G. Neugebauer. n. 1. —

Das Haager Übereinkommen vom 12. Juni 1902 zur Regelung der Gesetzes- und Gerichtsbarkeitskollisionen in Angelegenheiten der Ehetrennung und der Scheidung von Tisch und Bett. Vortrag ... von Prof. Dr. Horaz **Krasnopolski.** Wien: Manz 1908. 30 S. 8°
Aus: Jurist. Vierteljahresschrift. Bd 40. [11. 18349 8

Krasnopolski, Horaz, der Verlöbnisbruch im österreichischen Recht. (76 S.) gr. 8. Wien 904. Manz. n. 1. —
Sonderabdruck aus: „Allg. österr. Gerichts-Ztg."

Krasnopolsky, Alex., wie der russische Adel seine Aufgaben auffasst. (Einige Dokumente.) (In russ. Sprache.) (16 S.) kl. 8. Berlin 905. F. Gottheiner. n. — 50

Krasnosielski, Theoph. (geb. Danischin in Posen 23. 11. 1841): De duce in Prussia creato. Berolini (1862). (XV, 73 S.) 8°
Berlin, Phil. Diss. v. 6. Aug. 1862

Krasnosielski, T., de duce in Prussia creato. Commentatio historica. gr. 8. (XV und 71 S.) Berolini 862. (Ostrowo, Priebatsch.) *

Russland von Prof. Dr. Andreas v. Kraßnow [Andrej Nikolaevič Krasnov] in Verbindung mit Prof. Dr. Alexander Woeikow [Aleksandr Ivanovič Voejkov]. Mit 18 Kt. u. Profilen u. 21 Textabb. Leipzig: Freytag; Wien: Tempsky 1907. VIII, 336 S. 4°(8°)
(Länderkunde von Europa. T. 3.)
(Unser Wissen von d. Erde. Bd 4.) [11. 1790]

Krasny, Arnold

(F) Krasny, A., Die Aufgaben der Elektrizitätsgesetzgebung. Mit dem Entwurfe eines allgemeinen Elektrizitätsgesetzes. Gr.-8°. (VIII, 148 S.) Wien: Eberle & Co. 1910. K 4.—, geb. K 5.50

Krasny, Arnold, die Aufgaben der Elektrizitätsgesetzgebung. Mit dem Entwurfe e. allgem. Elektrizitätsgesetzes. (VIII, 148 S.) gr. 8. Wien 910. Manz. 3.40; geb. n 4. 75

Krasny, Arnold, das Bau- u. Enteignungsrecht in seiner Anwendung a. d. österreich Wasserstrassen, s. Verbands-Schriften des deutsch-österreich.-ungar. Verbandes f. Binnenschiffahrt.

Das Bau- und Enteignungsrecht in seiner Anwendung auf die österreichischen Wasserstraßen. Von Dr. Arnold Krasny (Wien). *Berlin-Grunewald: A. Troschel 1904.* (13 S.) 8°
= Deutsch-Oesterr.-Ung. Verband f. Binnenschiffahrt. Verbands-Schriften. N. F. No 29. [04. 4696]

Krasny, Arnold, Commentar z. österr. allgem. bürgerl. Gesetzbuche, s.: Stubenrauch, Mor. v.

Krasper, E., und C. Ditfurt, griechische Grammatik des attischen Dialekts für Gymnasien. 1. Thl. A. u. d. T.: Griechische Formenlehre des attischen Dialekts für Gymnasien, nebst einem kurzen Anhang zur Vorbereitung auf die Lectüre des Homer und einer (lithogr.) griech. Schreibevorschrift (in 4.) Von E. Krasper. gr. 8. (XII und 192 S.) Magdeburg 857, Creutz'sche Buchh. *
Der 2. Thl. erschien unter dem Titel: Ditfurt, attische Syntax, und kostet 28 Ngr.

Krasper, E., Probe eines vollständ. Wörterverzeichnisses zu Isokrates. Pr. 1851. 40 S. 4°. 2.—

Krasper: Probe eines vollständigen Wörterverzeichnisses zu Isokrates. 38 S. – Magdeburg Dom-G., Progr. 1872.

Krasper, K. E. L. über den naturgeschichtlichen Unterricht auf Gymnasien, nebst einem kurzen Grundriß der botanischen Terminologie. 27 S.
Magdeburg, D., Progr. 1842

Krasper, K. L. E., kurzer Grundriß der für die Schule nothwendigsten botanischen Ausdrücke. 2. verb. Aufl. gr. 8. Magdeburg 845, Baensch. n. 4 n/

Kraß, Franz Xaver

Krass, F. H., De convulsionibus. 21 pp. Holmst. 4°. 1788

Krass, De convulsionibus. Holmst. 4°. Salzb. med. chir. Zt. 1801, IV, 213.

1798

— Diss. solemn. med. de convulsion. 4. Helmst. 798. Fleckeisen. 3 gl

Kraß, Frz. Xav., einige Kanzelvorträge, gehalten in der Kapuzinerkirche zu Hildesheim. 8. o. O. (Hannov.) 798. Hahn. 8 gl

Krass, M., Geschichte d. Münsterschen Normalschule. gr. 8. (83 S.) Münster 894. Aschendorff. n. 1. —

— u. H. Landois, Gestalt- u. Gewebelehre der Tierwelt. Anh. zum Lehrbuche f. den Unterricht in der Zoologie. Mit 86 eingedr. Abbildgn. (III, 23 S.) 8. Freiburg i/B. 904. Herder. Unentgeltlich

Kraß, M., Lehrbuch d. allgemein. Arithmetik, s.: Focke, M.

Krass, M., Lehrbuch der Geometrie, s. Focke, M.

— Lehrbuch der ebenen Trigonometrie, s.: Focke, M.

—— und H. Landois, Lehrbuch für den Unterricht in der Naturbeschreibung. 1. und 2. Thl. gr. 8. Freiburg i. Br., Herder'sche Verlagsh. *
Inhalt:
Thl. 1. Lehrbuch für den Unterricht in der Zoologie. Für Gymnasien, Realgymnasien und andere höhere Lehranstalten bearb. (XII, 342 S. mit 207 in den Text gedr. Abbild.) 883. * M 3,40.
" 2. Lehrbuch für den Unterricht in der Botanik. Für Gymnasien, Realgymnasien und andere höhere Lehranstalten bearb. (XVI, 301 S. mit 234 in den Text gedr. Abbild.) 884. * M 3.

— u. H. Landois, Lehrbuch f. den Unterricht in der Naturbeschreibung. Für Gymnasien, Realgymnasien u. andere höhere Lehranstalten bearb. 1.—3. Tl. gr. 8. Freiburg i/Br., Herder. n. 8. —; geb. n. 9. 25
1. Zoologie. Mit 219 eingedr. Abbildgn. 2., verb. Aufl. (XIV, 344 S.) 888. n. 3. 40; geb. n. 3. 90
2. Botanik. Mit 268 Abbildgn. 2., verb. Aufl. gr. 8. (XV, 298 S.) 890. n. 3. —; geb. n. 3. 40
3. Mineralogie. Mit 108 eingedr. Abbildgn. u. 3 Taf. Krystallformennetze. (VI, 128 S.) 889. n. 1. 60; geb. n. 1. 95

— u. H. Landois, Lehrbuch f. den Unterricht in der Naturbeschreibung. Für Gymnasien, Realgymnasien u. andere höhere Lehranstalten bearb. 1. u. 2. Tl. gr. 8, Freiburg i/B., Herder. n. 6. 30; geb. n.n. 7. 10
1. Zoologie. 3., verb. Aufl. (XIV, 339 S. m. 218 Abbildgn.) 891. n. 3. 30; geb. n.n. 3. 70
2. Botanik. 3., verb. Aufl. (XV, 293 S. m. 275 Abbildgn.) 893. n. 3. —; geb. n.n. 3. 40

— u. H. Landois. Lehrbuch f. d. Unterr. in d. Naturbeschreibung. Für Gymnasien, Realgymnasien u. and. höh. Lehranst. gr. 8. Freiburg i/B., Herder. n. 6. 30; Einbd. in Halbdr. à n.n.n. — 40
1. Zoologie. 5., nach d. neuen Lehrplänen verb. Aufl. (XIV, 348 S. m. 224 Abb.) 898. n. 3. 30
2. Lehrbuch f. d. Unterricht i. d. Botanik. 4., nach d. neuen Lehrplänen verb. Aufl. (XVI, 310 S. m. 310 Abb.) 897. 3. —

Krass, M., u. H. Landois, Lehrbuch f. den Unterricht in der Naturbeschreibung. Für Gymnasien, Realgymnasien u. andere höhere Lehranstalten. 1.—3. Tl. gr. 8. Freiburg i/B. Herder. n. 8. 20
1. Zoologie. 6., nach den neuen Lehrplänen verb. Aufl. (XIV, 352 S. m. 228 Abbildgn.) 903. n. 3. 40; Einbd. n.n.n. — 40
2. Lehrbuch f. den Unterricht in der Botanik. 5., nach den neuen Lehrplänen verb. Aufl. (XIV, 319 S. m. 313 Abbildgn.) 900. n. 3. 20; Einbd. n.n.n. — 40
3. Mineralogie. Mit 114 eingedr. Abbildgn. u. 3 Taf. Krystallformnetze. 3., verb. Aufl. (XI, 131 S.) 899. n. 1. 60; Einbd. n.n.n. — 35

— — Lehrbuch f. den Unterricht in der Naturbeschreibung. Für Gymnasien, Realgymnasien u. andere höhere Lehranstalten. 1. u. 2. Tl. gr. 8. Ebd. n. 6. 60
1. Zoologie. 7., nach den neuen Lehrplänen verb. Aufl. (XVI, 360 S. m. 261 Abbildgn.) 905. n. 3. 40; geb. n. 4. —
2. Botanik. 6., nach den neuen Lehrplänen verb. Aufl. (XIV, 323 S. m. 340 Abbildgn.) 903. n. 3. 20; Einbd. n.n.n. — 40

— u. Herm. **Landois**, Lehrbuch f. den Unterricht in der Naturbeschreibung. Für Gymnasien, Realgymnasien u. andere höhere Lehranstalten. 2. u. 3. Tl. gr. 8. Freiburg i/B., Herder. 5.80; geb. 6. 90
2. Lehrbuch f. den Unterricht in der Botanik. 7., unter besond. Berücksicht. der Biologie verb. Aufl. (XIV, 328 S. m. 325 Abbildgn. u. 4 farb. Taf.) 907. 3.60; geb. 4. 20
3. Mineralogie. Mit 134 eingedr. Abbildgn., e. geolog. Karte in Farbendr. u. 3 Taf. Krystallformnetze. 3., verb. Aufl. (IX, 156 S.) 908. 2.20; geb. 2. 70

— **Leitfaden zur Einführg. in die Stereo- f.: Focke, M. metrie u. Trigonometrie,**

Kraß, M., u. H. **Landois**, der Mensch u. die drei Reiche der Natur in Wort u. Bild für den Schulunterricht in der Naturgeschichte dargestellt. 1—3. Tl. gr. 8. Freiburg i/Br. 880—82. Herder. n. 5. 50
1. Das Thierreich. Mit 162 in den Text gedr. (Holzschn.-)Abbildungen. 4., verm. u. verb. Aufl. (XII, 240 S.) n. 2. 20; geb. n. 3. —
2. Das Pflanzenreich. Mit 156 in den Text gedr. (Holzschn.-) Abbildungen. (XI, 188 S.) n. 2. —
3. Das Mineralreich, in Wort u. Bild für den Schulunterricht in der Naturgeschichte dargestellt. Mit 69 in den Text gedr. Abbildgn. (XII, 122 S.) n. 1. 30

Kraß, M., und H. **Landois**, der Mensch und die drei Reiche der Natur, in Wort und Bild für den Schulunterricht in der Naturgeschichte dargestellt. 3 Tle. gr. 8. Freiburg i. Br., Herder'sche Verlagsh. 3 Tle. in 1 Bd. *

Inhalt:

Tl. 1. Der Mensch und das Tierreich. 4. verm. und verb. Aufl. (XII, 240 S. mit 170 in den Text gedr. Abbild.) 882; 5. und 6. verb. Aufl. (XII, 243 S. mit 172 in den Text gedr. Abbild.) 883. *M 2,20.

" 2. Das Pflanzenreich. (XI, 188 S. mit 156 in den Text gedr. Holzschn.-Abbild.) 881. *M 2.; 2. verm. und verb. Aufl. (XI, 211 S. mit 177 in den Text gedr. Abbild.) 882. *M 2,20.; 3. verm. Aufl. (XI, 213 S. mit 184 in den Text gedr. Abbild.) 883. *M 2,20.

" 3. Das Mineralreich, in Wort und Bild für den Schulunterricht in der Naturgeschichte dargestellt. (XII, 122 S. mit 69 in den Text gedr. Abbild.) 882. *M 1,30.; 2. verb. Aufl. (XII, 129 S. mit 88 in den Text gedr. Abbild.) 883. *M 1,40.

—— —— der Mensch und die drei Reiche der Natur in Wort und Bild für den Schulunterricht in der Naturgeschichte dargestellt. 3 Tle. gr. 8. Ebendas. 3 Tle. in 1 Bd. *

Inhalt:

Tl. 1. Der Mensch und das Tierreich. 7. verb. Aufl. (XII, 246 S.) 885 und 8. verb. Aufl. (XIV, 248 S. mit ca. 180 in den Text gedr. Abbild.) 887. *M 2.20.

" 2. Das Pflanzenreich. 4. verm. und verb. Aufl. (XI, 217 S. mit 189 in den Text gedr. Abbild.) 885 und 5. verb. Aufl. (VIII, 218 S. mit 211 in den Text gedr. Abbild.) 888. *M 2.20.

" 3. Das Mineralreich. 3. verb. Aufl. (XII, 129 S. mit 87 in den Text gedr. Abbild.) 886. *M 1.40.

— — der Mensch u. die drei Reiche der Natur. 3 Tle. gr. 8. Ebd. n. 5. 70; geb. n. 6. 85
1. Der Mensch u. das Tierreich, in Wort u. Bild f. den Schulunterricht in der Naturgeschichte dargestellt. Mit 184 eingedr. Abbildgn. 9., verb. Aufl. (XIV, 246 S. m. 184 Abbildgn.) 889. n. 2. 10; geb. n. 2. 45
2. Das Pflanzenreich. 5. Aufl. (VIII, 218 S. m. 211 eingedr. Abbildgn.) 888. n. 2. 20; geb. n. 2. 65
3. Das Mineralreich. 4. Aufl. (XII, 131 S. m. 87 eingedr. Abbildgn.) 889. n. 1. 40; geb. n. 1. 75

—— —— der Mensch u. die drei Reiche der Natur, in Wort u. Bild f. den Schulunterricht in der Naturgeschichte dargestellt. 3 Tle. gr. 8. Ebd. * 5 60; geb. in 1 Bd. * 7 30
1. Der Mensch u. das Tierreich. 9. Aufl. (XIV, 246 S. m. 184 Abbildgn.) 889; 10. verb. Aufl. (XII, 244 S. m. 195 Abbildgn.) 892. * 2 10; geb. ** 2 45.
2. Das Pflanzenreich. 6. verb. Aufl. (XII, 218 S. m. 213 Abbildgn.) 891. * 2 10; geb. ** 2 45.
3. Das Mineralreich. 4. verb. Aufl. (XII, 131 S. m. 87 Abbildgn.) 889. * 1 40; geb. ** 1 75.

— — der Mensch u. die drei Reiche der Natur. Für den Schulunterricht in der Naturgeschichte dargestellt. 1.—3. Tl. gr. 8. Ebd. n. 5. 60; geb. n.n. 6. 65
1. Der Mensch u. das Tierreich in Wort u. Bild. 10., verb. Aufl. (XII, 244 S. m. 195 Abbildgn.) 891. n. 2. 10; geb. n.n. 2. 45
2. Das Pflanzenreich in Wort u. Bild. 7., verb. Aufl. (XI, 218 S. m. 216 Abbildgn.) 893. n. 2. 10; geb. n.n. 2. 45
3. Das Mineralreich in Wort u. Bild, f. den Schulunterricht in der Naturgeschichte dargestellt. 5., verb. Aufl. (XII, 135 S. m. 87 Abbildgn.) 894. n. 1. 40; geb. n.n. 1. 75

Krass, M., u. H. **Landois**, d. Mensch u. die drei Reiche d. Natur. 3 Bde. gr. 8. Freiburg i/B., Herder. n. 5. 50; Einbde. in Halbldr. à n.n.n. — 35
1. D. Mensch u. d. Tierreich in Wort u. Bild, f. d. Schulunterr. in d. Naturgesch. dargest. 11., verb. Aufl. (XIV, 252 S. m. 197 Abb.) 895. n. 2. 10
2. D. Pflanzenreich in Wort u. Bild f. d. Schulunterr. in der Naturgeschichte. 9., verb. Aufl. (XI, 218 S. m. 239 Abb.) 898. n. 2. —
3. Das Mineralreich in Wort u. Bild, f. d. Schulunterr. in d. Naturgeschichte dargest. 6., verb. Aufl. (XII, 135 S. m. 93 Abb.) 898. n. 1. 40

— — der Mensch u. die drei Reiche der Natur. 1. u. 2. Tl. gr. 8. Ebd. à n. 2. 10; Einbde. in Halbldr. à n.n.n. — 35
1. Der Mensch u. das Tierreich in Wort u. Bild, f. den Schulunterricht in der Naturgeschichte dargestellt. Mit 197 eingedr. Abbildgn. 12. verb. Aufl. (XIV, 252 S.) 899.
2. Das Pflanzenreich in Wort u. Bild f. den Schulunterricht in d. Naturgeschichte. 10., verb. Aufl. (XII, 217 S. m. 239 Abb.)

— — der Mensch u. die drei Reiche der Natur. 3 Tle. gr. 8. Ebd. n. 5. 80; geb. in Halbldr. n. 7. 30
1. Der Mensch u. das Tierreich in Wort u. Bild, f. den Schulunterricht i. d. Naturgeschichte dargestellt. Mit 207 eingedr. Abbildgn. 13., verb. Aufl. (XIV, 256 S.) 903. n. 2. 20; geb. n. 2. 70
2. Das Pflanzenreich in Wort u. Bild, f. den Schulunterricht in der Naturgeschichte. 11., verb. Aufl. (XII, 219 S. m. 253 Abbildgn.) 904. n. 2. 10; geb. n. 2. 60
3. Das Mineralreich in Wort u. Bild, f. den Schulunterricht i. d. Naturgeschichte dargestellt. 7., verb. Aufl. (XII, 136 S. m. 93 Abbildgn.) 903. n. 1. 50; geb. n. 2. —

— — Der Mensch u. die 3 Reiche der Natur. 2. Tl. Das Pflanzenreich, in Wort u. Bild f. den Schulunterricht in der Naturgeschichte dargestellt. 12., unter besond. Berücksicht. der Biologie verb. Aufl. (XIII, 226 S. m. 238 Abbildgn. u. 4 farb. Taf.) gr. 8. Ebd. 910. 2.50; geb. in Leinw. 3. —

Kraß, M. und H. **Landois**, der Mensch und das Thierreich in Wort und Bild für den Schulunterricht in der Naturgeschichte dargestellt. 1. und 2. Aufl. (XII, 196 S. mit 156 in den Text gedr. Holzschn.-Abbild.) 1878; 3. verm. und verb. Aufl. gr. 8. (XII, 208 S. mit 162 in den Text gedr. Holzschn.-Abbild.) Freiburg i. Br. 878, Herder'sche Verlagsh. * geb. *

Kraß, (Mart.), das dumme Ding. Ein Büchlein f. jedermann. (III, 84 S.) kl. 8. Münster 910. Universitäts-Buchh. F. Coppenrath. — 60; geb. — 75; in Leinw. 1.—

Krassa, Paul: Das elektromotorische Verhalten des Eisens mit besonderer Berücksichtigung der alkalischen Lösungen. 1909. 82 S. 8° ¶ Ausz. in: Zeitschrift f. Elektrochemie. Jg. 15.
Karlsruhe, Dr.-Ing.-Diss. v. 19. 12. 1908

Stand und Resultat der Donau-Regulierungsarbeiten in Ungarn im Jahre 1899. Von Eugen v. **Krassay**. Berlin: Siemenroth & Troschel 1899. (S. 7–10.) 8°
= Deutsch-Oesterr.-Ungar. Verband f. Binnenschiffahrt. Verbands-Schriften. No 46, [2.]
:05. 10665 II

Krassel, Franz Wenzel: Privatrecht und Prostitution. Eine social-jurist. Studie. — Leipzig u. Wien: Breitenstein 1894. 43 S. 8°

Krasselt, Johann August (Lausigk), Eclampsiam gravidarum, parturientium et puerperarum. Diss med. Präs. D. Carl Gottlob Kühn. Lpz. (Staritz) 18. IV. 1823. 32 S. (5.50) 1930
Gew.: Gottfried Tauber.

Krasser, David, Geschichte des sächsischen Dorfes Großpold in Siebenbürgen. Aus urkundl. Quellen verf. gr. 8. (X, 93 S.) Hermannstadt 870, (Michaelis.) *

Krasser, Fridolin, Bemerkgn. z. Systematik d. Buchen. [Aus: „Annalen d. k. k. naturhistor. Hofmuseums."] gr. 8. (15 S.) Wien 896. A. Hölder. n. — 80

Krasser, Fridolin, die Diagnosen der v. Dionysius Stur in der obertriadischen Flora der Lunzerschichten als Marattiaceenarten unterschiedenen Farne. (31 S.) gr. 8. Wien 909. A. Hölder. — 90
Sonderabdruck aus: „Sitzungsber. d. k. Akad. d. Wiss."

Krasser, Fridolin, üb. die fossile Flora der rhätischen Schichten Persiens. [Aus: „Sitzungsber. d. k. Akad. d. Wiss."] Lex.-8. (20 S.) Wien 891. (F. Tempsky.) n. — 40

—— Ueber den Kohlegehalt der Flyschalgen. Lex.-8. (5 S.) Wien 889, Hölder. * — 40
Aus: Annalen d. k. k. naturhistor. Hofmuseums, besonders abgedruckt.

— Melastomataceae, s.: Engler, A., u. K. Prantl, die natürlichen Pflanzenfamilien.

Krasser, Frid., die v. W. A. Obrutschew in China u. Centralasien 1893—1894 gesammelten fossilen Pflanzen. gr. 4. (16 S. m. 4 Taf. u. 4 Bl. Erklärgn.) Wien 900. (C. Gerold's Sohn.) n. 3. 30
Sonderabdruck aus: „Denkschr. d. k. Akad. d. Wiss."

Krasser, F., Fossile Pflanzen aus Transbaikalien, der Mongolei und Mandschurei. [Besonders abgedrukt a. d. LXXVIII. Bd. d. Denkschriften d. mathem.-naturw. Klasse.] 4°. (46 S. mit 4 Tafeln) † Wien: Hölder 1906. K 5.25

— üb. die Structur d. ruhenden Zellkernes. [Aus: „Sitzungsber. d. k. Akad. d. Wiss."] Lex.-8 (24 S.) Wien 892. F. Tempsky. n. — 50

Krasser, Fridolin, Konstantin v. Ettingshausen's Studien üb. die fossile Flora v. Ouriçanga in Brasilien. (9 S.) gr. 8. Wien 903. (A. Hölder.) n. — 30
Sonderabdruck aus: „Sitzungsber. d. k. Akad. d. Wiss."

Krasser, F., Konstantin von Ettingshausens Studien über die fossile Flora von Ouriçanga in Brasilien [Aus Sitzungsber. d k. Akad. d. Wiss.] Gr.-8°. (9 S) † Wien: Gerold 1904. K —.30

— Untersuchgn. üb. d. photochem. Klima v. Wien etc. s.a. Wiesner, J.

Krasser, Fridolin, Untersuchungen über das Vorkommen von Eiweis in der pflanzlichen Zellhaut, nebst Bemerkungen über den mikrochem. Nachweis der Eiweiskörper. [Arbeiten des pflanzenphysiolog. Institutes der k. k. Wiener Universität. XXXIV.] Lex.-8. (38 S.) Wien 887, (Tempsky.) *
Aus: Sitzungsberichte der k. Akademie der Wissenschaften, besonders abgedruckt.

— *Williamsonia* in Sardinien (mit 2 Taf. und 1 Textfigur). S. 121. I. 913 . . . . , 1.70
Separatabdruck

Krasser, Friedr., Anti-Syllabus. Gedicht. 8⁰. Braunschweig, W. Bracke, 1878.

— Das alte und das neue Glaubensbekenntniss. 8⁰. s. l. s. a.

— Marseillaise des Christenthums. 8⁰. Berlin, „Vorwärts", 1891. 8⁰. Budapest, Verlag d. Arbeiter-Wochenchronik, s. a.

Krasser, Friedr., Offnes Visir! Zeitgedichte. gr. 16. (III, 108 S.) Hamburg 869, O. Meißner. *

Krasser, Heinrich, appr. Arzt aus Heiligenstadt: Unfall und Lungentuberkulose. Erlangen 1905: Junge & Sohn. (34 S.) 8° Erlangen, Med. Fak., Ref. Hauser, Diss. v. 25. März 1905
[Geb. 14. Juli 78 Heiligenstadt (Oberfranken); Staatsangeh.: Preußen; Vorbildung: Gymn. Erlangen Reife 98; Studium: Würzburg 4, München 1, Erlangen 4 S.; Approb. Juni 03.]

Krasser, Hermann

— „Ceterum censeo". (Ausdruck der Unversöhnlichkeit mit d. bestehenden Verhältnissen.) — *Am Ende:* Chicago, A. Löschke, o. J. (1871). Hoch-8⁰. Cart.
2 eng bedruckte Bl. in Versen. — Verboten vom kgl. Polizei-Präsidium zu Berlin, d. 23. Octob. 1871.

Kraske, T., (Regiom. 1705. 4.) de ovo paschali.

Kraßmöller, Wilh[elm], aus Wiesbaden: **Darstellung und Kritik der Lehre des Descartes von der Bildung des Universums.** *Rostock 1903: C. Hinstorff.* (78 S.) 8° [F.]
Rostock, Phil. Diss. v. [7. Dez.] 1903

Kraßnig, Johann: Zur Feier des 50. Jahres der Regierung Sr. Maiestät des Kaisers Franz Josef I. 1. Festgedicht. 2. De Austriae imperatore Francisco Josepho I. (Latein. Schulcomposition, gearbeitet am 26. Mai 1898 von den Schülern der VII. Classe.) 8 (S. 3—6).
Progr.

Kraßnig Johann: Zum 2. December 1898. (Festgedicht, zur Feier des 50. J. der Regierung Sr. Maj. des Kaisers Franz Jos. I.) Nikolsburg 98.
Progr.

Krassnig J.: Festgedicht zum 24. April 1879. Villach 79.
Progr.

Krassnig, Joh. Gefunden! S. 5. **Progr.** *Villach* 1880.

—Grufs an die Gäste zum 25jährigen Jubiläum des Staats-Gymnasiums in Nikolsburg. (Umschlagtitel: . . . Gäste zum Gedächtnis des 25jährigen Bestandes des Staats-Gymnasiums.) 8 (S. 7—8). **Progr.** Staats-G. *Nikolsburg* 1898.

Krassnig, Joh., die Principien d. Schönen. gr. 8. (37 S.) Nikolsburg 890. (Nafe.) n. 1. —

Krassnig, Joh.: Die griechische Sprache. 16 S. 8⁰.– Leoben, Progr. 1868.

Kraßnig, Joh., lateinische Stilübungen f. die oberen Gymnasialclassen. gr. 8. (VII, 207 S.) Nikolsburg 900. (J. Nafe.) n. 3. 50

Krassnig, Joh., das Übersetzen aus dem Lateinischen und Griechischen. Ein Beitrag zur Behandlung der class. Lectüre am Gymnasium. gr. 8. (36 S.) Wien 883, Pichler's Wwe. und Sohn. *

Krassnig, Johann Übersetzungsproben aus Horaz. 8 (S. 35—47).
Progr. Staats-G. *Nikolsburg* 1886.
Ep. I. 1. 2. 6. 17 Sat. I. 9. Od. I. 1. 4. 9. 6. 22 teilweise in Prosa.

Krassnig, J.: Versuch einer Lautlehre des oberkärntischen Dialektes. 40 S. 8⁰ – Villach RG., Progr. 1870.

Krassnig, „wozu Latein, wozu Griechisch?" Leoben. 22 p.
Schul-/Univ.-Schrift 1867.

Krassnig, Joh., die Zeit- u. Raumvorstellung, e. psycholog. Studie. gr. 8. (39 S.) Nikolsburg 894. J. Nafe. n. — 60

Krassnig Dr. Julius: Zur Erklärung der in Aristoteles Ἀθηναίων πολιτεία enthaltenen Fragmente Solons. 9. Mähr. Ostrau 98. Progr.

*Kraßnig, Julius: Professor Hayo Oltmanns [gestorben am 7. April 1907]. S. 2—3. 8. Progr. Kaiser Franz Joseph I. Kommunalgymn. *Mährisch-Ostrau* 1907.

Krassnig Julius: Quo tempore Cicero orationem pro Q. Roscio comoedo habuisse videatur.
H. 1892 PN 724 Diss. Wien, Univ. 1504

Krassnig Dr. Julius: Zur Vorgeschichte des Gymnasiums. 8. Mähr. Ostrau 97. Progr.

Krassnig Dr. Nik.: Fletcher's Sea-Voyage and Shakespeare's Tempest. 12. Marburg R. 00. Progr.

Kraßnig Nikolaus: Les sources des Nouvelles récréations et joyeux devis de Bonaventure Despériers.
H. 1895 PN 910 Diss. Wien, Univ. 2228

Krassnigg, J., s. Krassnig, Joh.

Kraßnigg, Phpp., neue Lohnberechnungs-Tabellen f. Bergwerke, Fabriken etc. gr. 8. (V, 116 S.) Klagenfurt 892. F. v. Kleinmayr. Kart. n. 1.40

Krassnigg's, Rud., gesammelte Anekdoten. 1.—10. Heft. (à 16 S.) 8. Wien 910. J. Deubler. à — 40

(F) **Krassnigg**, R., Artilleristenstreiche. Militärische Humoresken. 8°. (238 S.) Wien: Deubler 1909. K 2.—

(F) **Kraßnigg**, R., Ehestandshumoresken. 8°. (203 S.) K 2.— Wien: Deubler 1910.

(F) **Krassnigg**, R., Hauptmann Fingal. Humoresken aus dem Militärleben. Gr.-8°. (230 S.) Wien: Deubler 1908. K 2.—

(F) **Kraßnigg**, R., Heiteres aus Hauptmann Fingals Batterie. Militärische Humoresken. 8°. (203 S.) Wien: Deubler 1910. K 2.—

(F) **Krassnigg**, R., Humoresken für Ehemänner und andere Unglückliche. 8°. (201 S.) Wien: J. Deubler 1907. K 2.—

Krassnigg, Rudolf: Militärische Humoresken. 8. Linz, Wien, Leipzig (1903).

(F) **Krassnigg**, R., Bei den Kaiserlichen. Militärhumoresken. Gr.-8°. (281 S.) Wien: J. Deubler 1907. K 2.—

(F) Krassnigg, R., Behobene Langeweile und andere Humoresken. Gr.-8°. (205 S.) Wien: Deubler 1908. K 2.—

Kraßnigg, Rud. Militär-Erinnerungen e. österr. Artilleristen, s. Universal-Bibliothek Nr. 2889.

Kraßnigg, Rud., Militär-Humoresken. (286 S.) 4. Linz (903). Wien [Oesterreich. Verlagsanstalt] J. Deubler. 3. —; geb. 4. —

(F) Krassnigg, R., Militär-Humoresken. 2. Aufl. 8°. (228 S.) Wien: J. Deubler 1907. K 2.—

Kraßnigg, Rud., „Sie" u. „Er". Humoresken aus dem Ehestande. 8. (282 S.) Linz (902). Wien, Österreich. Verlagsanstalt. n. 3. —

— „Sie" u. „Er". Humoresken aus dem Ehestande. 2., unveränd. Aufl. (282 S.) 8. Ebd. 904. 3. —

(F) **Krassnigg**, R., Sie und Er. Humoresken. 8°. (242 S.) Wien: Deubler 1909. K 2.—

— Tierleben in der Artillerie-Kaserne, s.: Universal-Bibliothek.

Kraßnow, Andr. v., u. Alex. Woeikow, Rußland, s.a. Wissen, unser, v. der Erde. III.

Krassnow A und A Woeikow, Russland. (336 S) (Kirchhoff, unser Wissen von der Erde IV) Wien 1907

Krassow, Graf v., Beiträge zur Kunde Neu-Vor-Pommerns u. Rügens vor 50 Jahren u. jetzt. Greifswald 865. Bamberg. gr. 8. (VIII, 67 S. mit 3 Tabb. in gr. 4. u. qu. Fol.) n. 12½ ngr.

Krassow, Graf v., Hoffnungen, Gefahren u. Aufgaben der Kirche in der Gegenwart, s.: Zöckler.

Krassow, v., Ueber Ursprung und Ziele der socialistischen Arbeiterbewegung. 8°. s. l. s. a. Als Mscr. gedr.

Krassow, Graf v., die Weckung des christlichen Lebens in Neu-Vorpommern u. Rügen im Anschluß an seine Geschichte. Vortrag, gehalten auf der kirchlichen Conferenz zu Greifswald am 11. Juli 1877. gr. 8. (32 S.) Berlin 878. Beck. n. — 40

Krassow-Diwitz, C. R. A. Frhr. von

Krassow, C. R. A. Frhr. v., u. Ed. Leyde, Lehrbuch d. Naturgeschichte f. Gymnasien u. höh. Bürgerschulen. gr. 8. Berlin, [Mittler, Vrlsh.]
A. u. d. Ttln.:
Thl. 1. Lehrbuch d. Zoologie. 1. Aufl. (21 B.) 835., 2. Ausg. (22 B.) 839. à 18 Gr.
» 2. Lehrbuch d. Botanik. (13 B.) 836. 15 Gr.
» 3. Lehrbuch d. Mineralogie. (6¾ B.) 838. 12 Gr.

Krassow-Diwitz, C. R. A. v., u. Ed. Leyde, Lehrbuch der Naturgeschichte f. Gymnasien u. höhere Bürgerschulen. 3 Thle. gr. 8. Berlin, Mittler, Verl.
A. u. d. Ttln.:
Thl. 1. Lehrbuch der Zoologie. 3. Ausg. (22 B.) 842. 22½ Ngr.
» 2. Lehrbuch der Botanik. 2. Ausg. (14 B.) 846. 20 Ngr.
» 3. Lehrbuch der Mineralogie. 2. Ausg. (7½ B.) 847. 15 Ngr.

Krassowsky, Walther

Krassowsky, Gualtharius [Regimontanus]: ... Ovidius quomodo in isdem fabulis enarrandis a se ipso discrepuerit ... Regimonti, ex offic. Leupoldiana, 1897; 2 Bl., 38 S., 1 Bl. 8. Königsberg, Phil. Fak., Inaug.-Diss. v. 27. Febr. 1897

Krassowsky, Walth., Ovidius quomodo in isdem fabulis enarrandis a se ipso discrepuerit. Diss. gr. 8. (38 S.) Königsberg 897. (Gräfe & Unzer's Sort.) n.n. 1. —

Krastel, Fritz, der Winterkönig. Historische Tragödie in 5 Acten, aus der ersten Hälfte des 30jähr. Krieges. 8. (186 S.) Wien 884, Rosner.

Krasting, Karl

Krasting, Carl, aus Basel, Assistenzarzt der chirurgischen Klinik in Basel: (Aus der pathologisch-anatomischen Anstalt der Universität Basel. Vorsteher: Prof. Dr. E. Kaufmann.) Beitrag zur Statistik und Kasuistik metastatischer Tumoren, besonders Carcinommetastasen im Zentralnervensystem (auf Grund von 12730 Sektionen der pathologisch-anatomischen Anstalt Basel). Berlin 1906. II + 66 S. 8°. S.-A. a. d. Zeitschr. f. Krebsforschung. Bd. 4. Heft 2.

Basel, Med. Diss. 1905/1906.

Krasting, Carl. Beitrag zur Statistik und Kasuistik metastatischer Tumoren, besonders der Carcinommetastasen im Zentralnervensystem ⟨auf Grund von 12730 Sektionen der pathologisch-anatomischen Anstalt Basel⟩. Diss. Med. Basel ... von K' K'.... ⟨Sonder-Abdruck aus der Zeitschrift für Krebsforschung. Bd. 4. Heft 2.⟩ *Kopftitel:* ⟨Aus der path'-anat' A' der Universität Basel. Vorsteher: Prof. Dr. E[duard] Kaufmann.⟩ IV + 65 S. 8. Berlin, L. Schumacher, 1906.

[Krasting, Carl.] Die Wichtigkeit der christlichen Presse. Ein Wort der Mahnung an wahre Volksfreunde. 7. Aufl. 16 S. 8. Basel, Kober, 1901. [fr. —. 05, pr. 100 Ex. 3. —]

Krasting, Kurt

Krasting, Curt [cand. med. aus Stettin]: Über senile und diabetische Gangraen der unteren Extremität ... Halle a. S., Druck d. Buchdr. d. Waisenhauses, 1892; 2 Bl., 31 S., 1 Bl. 8.
Halle, Med. Fak., Inaug.-Diss. v. 4. Aug. 1892

Krasuski, Florian

Krasuski, F., über den Ambitus der gregorian. Messgesänge, s.a. Veröffentlichungen der gregorian. Akademie zu Freiburg.

Krasuski, Florian. Über den Ambitus der Gregorianischen Messgesänge. Diss. Phil. Freiburg ⟨Schweiz⟩. [Mit Noten und 3 Tabellen.] IV + 132 S. 8. Freiburg ⟨Schweiz⟩, St.-Paulus-Druckerei, 1903.

Ausg. A. — *Ausg. B:* Veröffentlichungen der Gregorianischen Akademie zu Freiburg ... Heft 1 ..., *s. Bulletin 1903, S. 624.*

Kraszewsky, J. J. v., in seinem Wirken u. seinen Werken, s.: Bohdanowicz, S. v.

Kraszewski, Jósef Ignacy

Kraszewski, J. J., Capreae und Rom. Bilder aus dem ersten Jahrhundert. 2 Bände. Autorisirte Ausgabe. Mit Porträt und Biographie des Verfassers. Octav. (I. XXIV u. 256 S., II. 280 S.) geh. (Ausgewählte Werke von J. J. Kraszewski. Bd. XI. XII.) 3 fl. 60 kr. Wien: A. Hartleben 1881.

— Czasy zygmuntowskie, powieść z r. 1572. 4 Bde. 8. Warschau 846, Orgelbrand. 4 ℛ

—— der Dämon, s. Universal-Bibliothek Nr. 1395 und 1396.

Kraszewski, J. J., Dante. Vorlesungen über die göttliche Comoedie gehalten in Krakau u. Lemberg 1867. Ins Deutsche übertr. von S. Bohdanowicz. Dresden 870. Kraszewski. gr. 8. (203 S.) n. 1 ℛ 10 ngr

Kraszewski, J. J., der Dichter u. die Welt, s.a. Collection Spemann.

Kraszewski, J. J., d. Dichter u. d. Welt. Roman aus d. Poln. v. W. Constant. 2 Thle. 8. Leipzig 840, Gebhardt u. Reisland. $1\frac{1}{2}$ ℛ

—— ohne Herz. Roman in 2 Bdn. Deutsch von Wilh. Goldbaum. 8. (VI, 296; 322 S.) Teschen 884, Prochaska. *

—— Hetmanssünden, s. Universal-Bibliothek Nr. 1711 —1714.

Kraszewski, J. J., am Hofe August des Starken. (Die Gräfin Cosel), s.: Collection Hartleben.

– Jermola, der Töpfer, s. Universal-Bibliothek. Nr. 845–846.

—— auf Irrwegen. [Szalona.] Roman in 2 Büchern. Autoris. Uebersetzung von R. Löwenfeld. 8. (227; 248 S.) Berlin 884, Steinitz und Comp. *

Kraszewski, J. J., der Jude. Nach dem Franz. ins Deutsche übertr. v. H. Goldschmidt. gr. 8. (IV, 292 S.) Berlin 890. Sallis. n. 3. —

Kraszewski, J. J., der Jude. Zeitgemälde, in autoris. Uebertragg. 3 Bde. (189, 260 u. 280 S.) gr. 8. Mainz 902. 903. [J. Wirth'sche Hofbuchdr.] Frankfurt a/M., J. Kauffmann. à 2. —

— kochajmy sie. Obrazki z życia współczesnego. Ebend. 870. 8. (III, 283 S.) 1 ℛ

— Latarnia czarnoksiężka, obrazy naszych czasów. 4 Bde. 8. Oddział pierwszy. Ebend. 843. 4 ℛ

— dass. 4 Bde. Oddział drugi. Ebend. 844. 4 ℛ

— Der dritte Mai. Historisches Drama. — Stahl und Stein. Dramatisches Sprichwort. Autor. Ausg. 8. (154 S.) geh. (Ausgew. Werke von J. J. Kraszewski. Bd. VII.) 1 fl. 10 kr. Wien: A. Hartleben 1881.

— Maleparta, powieść historyczna z XVIII. wieku. 4 Tomy. 16. Lipsk 844, w Księgarni Zagranicznej. (Librairie étrangère.) 3 ℛ

— Milion Posagu, powieść. 2 Bde. 8. Ebd. 847. 2 ℛ $6\frac{2}{3}$ ngr

– Morituri, s. Universal-Bibliothek. Nr. 1086–1090.

— pod Włoskiem Niebem. Fantazya. 16. Lipsk 845, Librairie étrangère. 1 ℛ

Kraszewski, J. J., Ostap und Jaryna, s. Roman-Bibliothek, polnische.

— Poezye, wydanie drugie, przejrzane, poprawione i pomnożone. 2 Bde. 8. Ebend. 843. 2 ℛ $6\frac{2}{3}$ ngr

— Pomniki do historyi obyczajów w Polsce z 16 i 17 wieku, zebrane zrzadkich druków. 8. Ebend. 843. $\frac{5}{6}$ ℛ

— o Pracy. Posen 870. Leitgeber. 16. (III, 78 S.) cart. 5 ngr

– Resurrecturi, s. Universal-Bibliothek. Nr. 1212–1215.

Kraszewski, J. J., Der verlorene Sohn. Eine Erzählung aus d. Ende des XVIII. Jahrhunderts. Zwei Bände. Autoris. Ausgabe. 8. (I. 208 S., II. 220 S.) geh. (Ausgewählte Werke von J. J. Kraszewski. Bd. IX, X.) 3 fl. 30 kr. Wien: A. Hartleben 1881.

Kraszewski, J. J., Sphinx, s.a. Collection Hartleben.

Kraszewski, J. J., Die Sphinx. Roman. 3 Bde. Autor. Ausgabe. 8. (I. 286 S., II. 244 S., III. 256 S.) geh. (Ausgewählte Werke von J. J. Kraszewski. Bd. IV, V, VI.) 5 fl. Wien: A. Hartleben 1881.

— Nowe Studia literackie. 2 Bde. 8. Ebend. 843. 2 ₰

Kraszewski, J. J., Tomko prawdzic. Wierutna bajka. gr. 16. (IV u. 133 S.) Lemberg 850, Wild. 1/2 ₰

— Meister Twardowski [der polnische Faust]. Volkssage, nach dem Poln. frei bearb. v. Hans Max. 2 Bde. Mit besond. Bewilligung des Verf. 8. (IV, 224 u. 160 S.) Wien 879. v. Waldheim. n. 5. 60; in 1 Bd. geb. 7. —

— ein heroisches Weib, s.: Engelhorn's allgemeine Romanbibliothek.

Kraszewski, J. J., ausgewählte Werke. Autoris. Ausg. 12 Bde. 8. Wien, Hartleben's Verlag. geb. in 4 Leinw.-Bde.

Inhalt:

Bd. 1. 2. Die Gräfin Cosel. Historischer Roman. 2 Bde. (311; 380 S.) 880. M 6.
" 3. Ulana. Eine Dorfgeschichte. Aus dem Poln. übertr. von E. W. Szrajber. (150 S.) 880. M 2.
" 4.—6. Sphinx. Roman in 6 Büchern. Aus dem Poln. übertr. von E. W. Szrajber. 3 Bde. (236; 244; 256 S.) 881. M 9.
" 7. Der dritte Mai. Historisches Drama in 5 Aufzügen. Stahl und Stein. Dramatisches Sprichwort. Deutsch von Jul. Meixner. (154 S.) 881. M 2.
" 8. Wie Herr Paul freite. Wie Herr Paul heiratete. Zwei Erzählungen. Deutsch von Malvina Landesberger. (204 S.) 881. M 3.
" 9. 10. Der verlorene Sohn. Eine Erzählung aus dem Ende des 18. Jahrh. Aus dem Poln. übertr. von Valerian Exner. 2 Bde. (208; 220 S.) 881. M 6.
" 11. 12. Capreae und Rom. Bilder aus dem 1. Jahrh. 2 Bde. Mit dem (lithogr.) Portr. und Biographie des Verf. (XXIV, 256; 280 S.) 881. M 6,50.

— Wie Herr Paul freite. — Wie Herr Paul heiratete. Zwei Erzählungen. Autor. Ausg. 8. (204 S.) geh. (Ausgew. Werke von J. J. Kraszewski. Bd. VIII.) 1 fl. 65 kr. Wien: A. Hartleben 1881.

—— alte und neue Zeit, s. Universal-Bibliothek Nr. 1581.

Kraszewski, Władysław, von wessen Hand?, s.: Kriminal-Romane aller Nationen. 84. Bd.

Kraszler, Samuel [aus Budapest]: Untersuchung über Farbstoffe der Rosindulingruppe. Genf 1902. 32 S. 8°.
Lausanne. Thèse sc. 1901/1902.

Kraszny, Fr., zur Insectenfauna der Umgebung v. Weidenau. gr. 8. (21 S.) Weidenau 875. (Wien, Pichler's Wwe. & Sohn.) n. — 50

Kraszny, Prof. Fr., zur Insectenfauna d. Umgebung von Weidenau. gr. 8°. (21 S.) Wien, Pichler's Wwe. & Sohn. fl. —.25. 1886.

— Unsere Schmetterlinge. 26. Trautenau R. 86. Progr.

Kratander, ..., s.a. Anti-Strauß.

Kratander, Anti-Strauß. Ernstes Zeugniß f. d. christl. Wahrheit wider d. alte u. neue Unglaubenslehre. gr. 8. (17 1/2 B.) Stuttgart 841, J. F. Steinkopf.

Krater, H. Versuch einer Entwickelung der Grundbegriffe, die Meteorsteine, und Darstellung der vorzüglichsten Hypothesen ihren Ursprung betreffend. Wien. 1825. 8.

Krates u. Hipparchia; e. Seitenst. z. Menander u. Glycerion, e. Taschenb. f. 1805, v. C. M. Wieland. 12. Tübing. Cotta.
dass. wohlf. Ausg. —

Kratina's, Joh., neuestes Buch der Zuschneidekunst f. Herrengarderobe. Nach eigenem Centimeter-Systeme bearb. u. hrsg. 2 Tle. (VI, 39 S. m. 61 Taf. u. V, 40 S. m. 59 Taf. u. 1 Bildnis.) 31×24,5 cm. Prag (907). (Leipzig, P. Stiehl.) Geb. in Leinw. à 8. 50

Krátká Spráwa o welmi užitečném Duchownjm Cwičenj Cesta Křjže nazwaném, Kterážto Cesta Křjže od roz: ličných slawné Paměti řjmských Papežůw s Odpustkami jstědře gest obdarowaná, a menssjm Bratrům gak Obserwantům, tak y Reformantům horliwě propůgčená, aby Cestu tu mežili a rozssjřowali k Uctěnj ukřjžowaného Gežjsse a wěrným Dussem k spasenj. Ku kterézto Knjžce připogená gest Pjseň této Cesty křjžowe. 12. (96 u. 24 S. mit eingedr. Holzschn.) W Holomauci 850. (Olmütz, Neugebauer.) 1/12 ₰

Kratky, Karl, Ball-Reigen, s.: Reigensammlung. II, 9.

— Blumenreifen-Tanzreigen, s.: Reigen-Sammlung. Serie II, Nr. 8.

— Dreifarben-Reigen od. Schwarz-Rot-Gold, s.: Reigen-Sammlung. Serie II, Nr. 7.

— Ringer-Reigen, s.: Reigen-Sammlung. Serie III, Nr. 4.

Kratky, Rud., des Turnvaters Weihnachts-Traum, s.: Festspiele, turnerische.

Kratky, Theodor

Beamten- und Besoldungsfrage, die, in ihrem Zusammenhange mit der Organisation des Staatsdienstes u. der Universitäten. 1—3. unveränd. Abdr. Wien 857. Wallishausser. gr. 8. (VIII, 79 S.) n. 15 ngr

Beamten- und Besoldungsfrage, die — in ihrem Zusammenhange mit der Organisation des Staatsdienstes und der Universitäten. 3. unv. Aufl. *Wien* 1857. *Wallishausser'sche* Buchhdlg. (*J. Klemm*). Druck v. *Leop. Sommer*. VIII. 79 S. gr. 8°. 45 kr.

Kratky, W. A., der Arzt als Sanitäts-Beamter, oder: Anleitung zum Geschäftsstyl u. zur Geschäftsführung nach dem gegenwärtigen Standpunkte der Physikate in dem österreich. Kaiserstaate, für angehende Kreis- rc. Aerzte. Mit 1 Tabelle. gr. 12. Znaim 837. Fournier. 3/8 ₰

Krátký, V. E., Obět novozákonní. Mše svatá, aneb vysvětlení všech při ní obyčejných modliteb a obřadů. gr. 8. (215 S.) Prag 850, Hess.

Krátký, W. E., Versuch einer vergleichenden Grammatik der latein., italien., span., portugies., franz. u. engl. Sprache, mit einer, nach der deutschen Bedeutung alphabetisch geordnete Sammlung der gebräuchl. Wörter. 10 Lfrgg. gr. 4. Znaim 839, 40. Fournier. (à 3/8 ₰) 3 3/4 ₰

KRATKY, Wenceslaus Ed.: Expositio characteris singulorum historicae ecclesiasticae periodorum. — (1841) 106 S. 8° (Handschr.) Diss. 102
Diss. Wien, Univ.

Carolus Kratochvill: De Radice colchici autumnalis. Francofurti ad Viadrum: Kleybius 1764. 50 S. 8°
Frankfurt a.d. Oder, Med. Diss. v. 1764

Kratochwil E.: Die Labdakidensage im Spiegel Sophokles Dichtung. 30. Teschen 1874. Progr.

Kratochwil, Fr.: Der österr. Didaktiker Peter Suchenwirt, sein Leben u. seine Werke. 45 S. 8° – Krems OG., Progr. 1871.

Kratochwil, Franz und Wallentin, Ignaz Gustav: *Ansprachen, gehalten bei der Feier des 25jährigen Bestandes der Anstalt.* 8 (S. 15–18). **Progr.** K. k. Franz-Joseph-G. *Wien* 1898.

Kratochwil, Karl B., wie können die Übelstände in der häusl. Erziehg. beseitigt werden?, s.: **Holczabek, Joh. W.**

Kratochwil Rudolf: Gründung des städtischen Kaiser Franz Joseph-Jubiläums-Realgymnasiums. 11. Korneuburg 99. **Progr.**

Kratochwil Rudolf: De sacris oleis Atticae. H. 1897 PN 1085 **Diss.** Wien, Univ. 1542

Kratochwill, Ant. Rud., Die Armenpflege der K. K. Haupt- und Residenzstadt Wien, verbunden mit einer besonderen Abhandlung über die Zuständigkeit und das Heimathrecht. Handbuch für polit. Beamte etc. gr. 8°. Wien, Beck, 1846.

Kratochwill, F., neuestes Maß-Notizbuch für Damenkleider u. sonstige derartige Toilettegegenstände, mit besondern Rubriken für alle beim Maßnehmen vorkommenden Bemerkungen. Wien 862. Prandel. 16. (140 S.) geb. n.n. 20 ngr.

Kratochwill, B. D., vollständige Abhandl. über die Methode, den Branntwein mittelst einer Dampfmaschine auf eine sehr vortheilhafte Art zu destilliren. Mit Kpf. gr. 8. Wien 819. Beck. 1 ₰

Kratochwilla, Thomas, kurze Abhandlung über das Baden und dessen Nutzen, besonders aber über die Heilquellen in Töplitz bei Trentschin im Königreiche Ungarn. 8. Preßburg 838. (Wachter.) n. 2/3 ₰

Kratos, Zeitschrift für Gymnasien. 1r Jahrg. in 4 Heften u. 2r Jahrg. 3 Hefte. 4. Prag 819, 20. (G. Haase Söhne). 3 ₰ 12 gl.

Kratos, Zeitschrift für Gymnasien. 1r Jahrg. in 4 Heften. 4. Prag, Krauß. 819.

— — dasselbe 2r Jahrgang. 820. Ebend.

Krats (J.). Primulaceen . . . Tuebingen, 1861. 8°.

Kraetsch, Emil

Kraetsch, (Julius) Aemil (Herm.) (geb. Berlin 10. 2. 1856): De abundanti dicendi genere Lucretiano. Berolini (1881). (87 S.) 8°
Berlin, Phil. Diss. v. 5. Apr. 1881

Kraetsch, E., u. A. Mittag, lateinisches Wörterbuch. (XII, 829 u. 89 S.) 16. Berlin (909). Neufeld & Henius Geb. in Leinw. 3.—

Lateinisches Wörterbuch. (Lateinisch-Deutsch.) Hrsg. von Prof. Dr. E[mil] **Kraetsch**, Oberl., u. Prof. Dr. A[ugust] Mittag, Dir. 2. verb. Aufl. Berlin: Neufeld & Henius (1910). xv, 829, 89 S. 8°
[11. 15. 23

Krätschel, Johs., Karl Friedrich Schinkel in seinem Verhältniss zur gothischen Baukunst. [Aus: „Zeitschr. f. Bauwesen".] gr. 8. (79 S.) Berlin 892. W. Ernst & Sohn. n. 3.—

Krätschell, Johs., die Wiederaufnahme der gotischen Baukunst in Deutschland im 19. Jahrh., s.a. Zeitfragen d. christl. Volkslebens.

Krätschell, Johs, Die Wiederaufnahme der gothischen Baukunst in Deutschland im 19. Jahrh. Stuttgart 1890. 8.
Ist: Zeitfragen d. christl. Volkslebens. II. 109.

Krätschmar, Th., 100 Fragen u. Antworten aus d. Gebiete d. einfach. Buchführg. E. Wiederholungsbüchl. f. d. Hand d. Schülers. Als Ergebnis e. 20jähr. Unterrichtspraxis zusammengest. gr. 8. (III, 23 S.) Dessau 895. Anhalt. Verlagsanstalt. n. — 20

Kratschmer, Bernhard, Militär-Ober-Intendant 2. Cl., Lehrer am Intendanz-Curse.) Vorträge über Militär-Verpflegswesen in technischer und administrativer Beziehung, gehalten am theoretischen Kurse für Einjährig-Freiwillige des Verpflegsdienstes im Jahre 1883. Als Manuscript gedruckt. (Mit 9 Taf.) 8. Wien 1883.

Kratschmer, F., üb. d. hygien. Bedeutg. d. Kochkunst, s.: Volksschriften d. österr. Gesellschaft f. Gesundheitspflege.

Kratschmer, F., s.: Methode, e. leicht ausführbare, zur Untersuchung d. Genußwassers.

Kratschmer, F., über die Phosphorsäure als Reagens auf Alkaloide, s. Nowak, J.

—— über Reflexe von der Nasenschleimhaut auf Athmung und Kreislauf. Lex.-8. (24 S. mit 2 lithogr. Taf. in qu. Fol.) Wien 870, (Gerold's Sohn.) *
Aus: Sitzungsberichte der k. Akademie der Wissenschaften, besonders abgedruckt.

Kratschmer, F., weitere Versuche betreffs der Behandlung des Diabetes mellitus. Lex.-8. (16 S.) Wien 874, (Gerold's Sohn.) *

—— über Zucker- und Harnstoffausscheidung beim Diabetes mellitus unter dem Einflusse von Morphium, kohlensauren und schwefelsauren Natron. Lex.-8. (60 S. mit 1 chromolithogr. Taf. in qu. Fol.) (Ebendas.) 873. *
Vorstehende zwei Schriften sind aus: Sitzungsberichte der k. Akademie der Wissenschaften, besonders abgedruckt.

Kratschmer, Florian, die Bekleidung, s.; Handbuch der Hygiene.

Kratschmer, Fl., über Desinfection, s. Vorträge über Cholera asiatica.

Kratschmer, Fl.
Die wichtigsten Geheimmittel und Specialitäten. Eine Sammlung der neuesten Untersuchungs-Ergebnisse über ihre Zusammensetzung. Leipzig und Wien, 1888.

—— die wichtigsten Geheimmittel und Specialitäten. Eine Sammlung der neuesten Untersuchungs-Ergebnisse über ihre Zusammensetzung. gr. 8. (III, 288 S.) Wien 888, Deuticke. *

Kratschmer Fl. und Wiener E., Dr.: Grundzüge einer neuen Bestimmungsmethode der Kohlensäure in der Luft. Vorläufige Mitteilung. S. 103. IIb. 84 . . . . . vgr.
Separatabdruck

Kratschmer, Florian, Lehrbuch der Somatologie u. Hygiene f. Militärbildungsanstalten. Im Auftrage des k. u. k. Reichs-Kriegs-Ministeriums verf. gr. 4. (IV, 92 S. m. 13 Abbildgn. u. 10 Taf.) Wien 902. (L. W. Seidel & Sohn.) n. 5. 80; geb. in Leinw. n. 6. 40

— u. Em. Senft, mikroskopische u. mikrochemische Untersuchung der Harnsedimente. Mit 18 Taf. in Farbendr. gr. 8. (42 S. m. 18 Bl. Erklärgn.) Wien 901. J. Šafář. Geb. in Leinw. n. 7. 50

Kratschmer v. Forstburg, Fl. Ritter, u. Em. Senft, mikroskopische u. mikrochemische Untersuchung der Harnsedimente. 2., verm. Aufl. Mit 17 Taf. in Farbendr. u. 13 Abbildgn. im Texte. (45 S. m. 17 Bl. Erklärgn.) gr. 8. Wien 909. J. Šafář. 7.—; geb. in Leinw. 8. 40

Kratt, Gottfried

Kratt, Godofredus [Constantiensis]: De Appiani elocutione ..... Baden-Baden, Verl. d. E. Sommermeyerschen Buchh., 1886; VIII + 68 S. 8°.
Heidelberg, Phil. Fak., Inaug.-Diss. v. Apr. 1885.

Kratt, G., De Appiani elocutione. Diss. 1889. 68 S. 2.—

—— Gedichte. 12. (IV, 90 S.) Ebendas. 886. *

Kratt, Gfr., Gedichte. Neue Folge. 8. (VIII, 136 S.) Baden-Baden 895. E. Sommermeyer. n. 2.— (1. u. 2.: n. 3. 50)

Kratt, Gottfr., neue Gedichte. (3. Sammlg.) (160 S.) kl. 8. Baden-Baden 907. E. Sommermeyer. 2.—; geb. 2. 75

Kratt-Harveng, Elise, Jacques Rosenhain, Komponist u. Pianist. Ein Lebensbild. 8. (VIII, 68 S. m. 1 Bildnis.) Baden-Baden 891. E. Sommermeyer. n. 1.—

An Kratter (,) den Verfasser der Schmähbriefe über Galizien. Wien 1786. 8°. 144 S.
Goedeke, l. c. — Rar!

Kratter an den verkappten Eckhardt [d. i. N. Schulze] zur Zurechtweisung seiner authentischen Beilage zum Freymaurerautodafé. Wien: Wucherer 1786. 28 S. 8°
Abgedr. in: Sammlung aller aus Gelegenheit d. k. k. Verordn. v. 16. Dez. 1785 z. Vorschein gekommenen Schriften d. Frmr. betr. 10 (1786) S. 123—146.
Selten.

Kratter, Frz., d. Augarten in Wien, in 3 Gesängen. 8. Wien, Ghelen. 781.

Kratter, Frz., der Augarten in Wien; e. Gedicht in 3 Gesängen. 8. Wien 782. Ghelen. 6 ƙ

— philosoph. u. statist. Beobachtt., vorzüglich die Oesterreichischen Staaten betreffend. gr. 8 Leipz. 787. Barth. 18 ƙ 2r X. gr. 8. Wien 789. 1r u. 2r Bd. gr. 8. Leipz. 791. (Dannheimer, Kempten). 1 ﬁ 14 ƙ

Kratter, Franz, Bescheid an einige Herren Professoren an der Lemberger Universität wegen den (!) seinen Briefen über Galizien gemachten Beschuldigungen. Wien 1786. 8°.
Citirt Carl Wallstein.

— Bescheid an einige Herren Professoren an der Lemberger Universität. 8. Wien 786. (Wohler in Ulm). 3 ƙ

Drey Briefe über die neueste Maurer-Revolution in Wien. An einen Freymaurer zur anerkannten Unschuld in P[rag. Von Franz Kratter. Nebst] Forts. [1]—4. [Wien] 1785—[1786]. 148 S. 8°
Abgedr. in: Sammlung aller aus Gelegenheit d. k. k. Verordn. v. 16. Dez. 1785 z. Vorschein gekommenen Schriften d. Frmr. betr 1 (1786) S. 53—76; 3 (1786) S. 163—192; 4 (1786) S. 243—280; 5 (1786) S. 41—84; 10 (1786) S. 83—122.
cf. FZ. (Wien) 4 (1877) S. 123—125 (G. Brabbée).
Kl. 471. Selten. 27 Briefe.

GALIZIEN (Oesterr.). — Briefe über den ietzigen sittlichen und sozialen Zustand von Galizien. Ein Beitrag zur Staatistik (!) und Menschenkenntniss (von *Franz Kratter*, 1758—1813). 2 Bde. Mit 2 TKpfrn. u. 2 TVign. (die viehische Völlerei der damaligen galizischen Mönche darstellend). Leipzig, 1786. Im Verlag G. Ph. Wucherers, und in Kommission bei G. J. Beer. 8°. (12 Mk. Max Perl, Berlin, c. 1906.)
Pikant und cplt. sehr selten! Das Anon.-Lex. I. p. 267 hat „Wien" 1786. (Expl. im British Museum.) Der ausführl. Titel bei Goedeke VII, 35.

– Dass., s.a. Briefe ...

— Eginhard und Emma. Schspl. in 5 A. 8. Frankf. 799. (Schäfer). 10 ƙ Schreibp. 20 ƙ Velinp. mit Kpf. 1 ﬁ 16 ƙ

Freymaurer Auto da Fé in Wien. [Von Franz Kratter.] Wien: Wucherer 1786. 52 S. 8°
Abgedr. in: Sammlung aller aus Gelegenheit d. k. k. Verordn. v. 16. Dez. 1785 z. Vorschein gekommenen Schriften d. Frmr. betr. 9 (1786) S. 3—42.
cf. Z. 12 (1882) S. 99—106 (M. Neuda).
Kl. 488. Selten. Betr. Kratters Streitsache mit J. Edl. v. Born; greift zugleich Alxingers satirische Dichtung: Die Musen in Wien (Nr 13146) an.

— der Friede am Pruth. Schspl. in 5 A. 8. Frankf. 799. (Schäfer). 10 ƙ Schrbp. mit Kpf. 20 ƙ

— Gespräch von Liebe u. Glückseligkeit. 8. Wien 784.

– Gespräch von Liebe und häuslicher Glückseligkeit (von *Franz Kratter*, geb. 1758 zu Oberndorf am Lech, † 1813.) Wien u. Leipzig (Prag, Widtmann). 1785. 8°. (20 xr.)
S. Gradmann, d. gelehrte Schwaben. (Tüb.) 1802. p. 318; Weller, fing. Druckorte.

— die Kriegskameraden. Lstspl. in 5 A. 8. Wien 791. ...

— das Mädchen von Marienburg. Fürstl. Familiengemälde in 5 A. 8. Frankf. 795. 2e A. 798. (Schäfer). 10 ƙ Mit Kpf. 12 ƙ

Kratter, Frz., das Mädchen von Marienburg. Fürstliches Familiengemälde in 5 Aufz. Neue Aufl. gr. 8, Wien 835. Wallishausser. 1/3 ﬁ

Kratter, Frz., s.a. Maler, der junge.

MALER, Der junge, am Hofe. Eine romantische (stellenweise freie) Geschichte (von *Franz Kratter*, 1758—1838). 3 Thle. Neue veränd. Ausgabe. Mit (3 unsign.) Kpfrn. Wien. Bey J. Geo. Ritter v. Mösle. 1811. 8°.
1: Tit., VIII u. S. 9—216. 2: Tit., 180 S. 3: Tit., 127 S. — In Theil 2 verschiedene üppige Stellen.
Kayser, Roman-Verz. p. 82 mit der unrichtigen Jahrzahl „1812". — Zuerst gedr. Wien u. Leipzig 1785. 8°. Mit 2 Kpfrn. u. 3 Titelvignetten. (In Dresden, Lit. Germ. rec. C. 456; 1 vol.) (3 Mk. Bernh. Stern, Wien, 1901.)
Anon.-Lex. III. p. 108 (nach Kehrein, Engelmann, Meusel, Kayser).

— Menzikof und Natalie. Schspl. gr. 8. Wien 794. (Leipz., Liebeskind). 6 ƙ

Kratter, Frz., Schauspiele. (Enth.: das Mädchen v. Marienburg. — Die Verschwörung wider Peter d. Großen. — Der Friede am Pruth. — Eginhard u. Emma. — Die Sklavin in Surinam.) 8. Frankf. 795—804. (Schäfer).

Kratter, Frz., Schauspiele. 1r. Bd. 8. Frankf. Eßlinger. 799. Rthlr. Schreibp.

— s.a. Schleifermädchen, das, aus Schwaben.

§ **SCHLEIFERMADCHEN**, Das, aus Schwaben. (Pikanter Roman von *Franz Kratter.*) 2 Thle. Mit sehr freiem TKpfr., gestoch. von J. G. Klinger, fein gestoch. TVign. u. gestoch. Titeln. Frankfurth am Mayn, bei Friedr. Esslinger, 1790. 8°. Lat. Lett. 286 u. 310 SS. (In Darmstadt; nur Th. 2 in München.) (18 Mk. A. Bielefeld, 1911.) Sehr selten!

I: Gestoch. Tit., VII—311 SS. II: Gestoch. Tit., VIII—348 SS. Mit freien TKpfrn. u. TVign., gest. v. Penzel. (5 Rthlr. Scheible; Th. 2, Leihbiblexpl., 4 Mk.)

Durch die Ohrenbeichte werden die sinnlichen Gedanken eines unschuldigen Mädchens erregt; von seinem Priester dann verführt, besteht dasselbe verschiedene Liebesabenteuer, die in breiter Weise behandelt werden.

Sendschreiben des heil. Vaters Ignatius von Lojola, Stifters der Gesellschaft Jesu, an seine unmündige [!] Brůder Freymaurer in Wien. [Von Franz Kratter. Wien: Wucherer] 1786. 32 S. 8° [Umschlagtit.]

Abgedr. in: Sammlung aller aus Gelegenheit d. k. k. Verordn. v. 16. Dez. 1785 z. Vorschein gekommenen Schriften d. Frmr. betr. 7 (1786) S. 61—80.

Kl. 485. Selten. Verspottet das geheimnisvolle Wesen der Frmrei.

— die Sklavin in Surinam. Schspl. in 5 A. 8. Frankf. 804. (Schäfer). 10 kr. Schreibp. 20 kr. Velinp. Mit Kpf. 1 fl. 16 kr.

— die Verschwörung wider Peter d. Großen, oder Menzikof und Natalia. Trspl. in 5 A.: (e. Fortsetz. d. St.: das Mädchen von Marienburg). 8. Frankf. 795. (Schäfer). 10 kr. Mit Kpf. Schreibp. 20 kr.

— der Vicekanzler. Schspl. 8. Wien 797. (Leipz., Liebeskind). 6 kr.

Kratter, Hnr., s. v. Torosiewicz, Th., die Mineralquellen zu Szczawnica im Königr. Galizien.

Kratter, H., Versuch e. Entwicklung d. Grundbegriffe, die Meteorsteine u. Darstellung d. vorzügl. Hypothesen, ihren Ursprung betreffend. 8. Wien 825. Wallishauser. 12 kr.

Kratter, Jul., die Aufgaben der gerichtlichen Medicin in Lehre u. Forschung. Vortrag, geh. am 22. Octbr. 1892 aus Anlass der Eröffng. seiner Vorlesgn. in Graz. [Aus: „Wiener klin. Wochenschr."] gr. 8. (16 S.) Wien 892. A. Hölder. n. — 40

Kratter, Jul., Beiträge zur Lehre v. den Vergiftungen [Sonderausg. der Abhandlgn. „Erfahrgn. über einige wicht. Gifte u. deren Nachweis" in: Archiv f. Kriminal-Anthropologie u. Kriminalistik.] (IV, 156 S.) gr. 8. Leipzig 906. F. C. W. Vogel. n. 2. —

Kratter, Jul., die Gefahren des elektrischen Betriebes, s.a. Volksschriften der österr. Gesellschaft f. Gesundheitspflege. Nr. 18.

KRATTER, Julius

Die Gefahren des elektrischen Betriebes. Vortrag gehalten in der österreichischen Gesellschaft für Gesundheitspflege am 19. December 1900 von Sanitätsrath Prof. Dr Julius Kratter. Separatabdruck aus der Monatschrift für Gesundheitspflege. [Volksschriften der österreichischen Gesellschaft für Gesundheitspflege. Nr. 18.] Wien. 1901. Perles. 8°. 84 S. mit 1 Tafel. K —.20

Derselbe. (Graz.) Giftwanderung in Leichen und Möglichkeit des Nachweises bei späterer Untersuchung. Verhandlungen d. Gesellschaft deutscher Naturforscher und Aerzte 1907.

Kratter, Jul., der alpine Cretinismus, insbesondere in Steiermark. Vortrag, gehalten in der österreich. Gesellschaft für Gesundheitspflege in Wien am 30. April 1884. gr. 8. (32 S. mit 2 chromolithogr. Karten.) Graz 884, Leuschner und Lubensky. *

Kratter, J., Die Organisation d. öffentl. Gesundheitspflege u. d. Sterblichkeit in Oesterreich. E. hygien. Studie. (38 S.) Graz 1880. Leuschner u. Lubensky.

—— die Organisation der öffentlichen Gesundheitspflege und die Sterblichkeit in Oesterreich. Eine hygien. Studie. gr. 8. (38 S. mit 1 xylogr. Taf.) Ebendas. 880. *

Aus: Mittheilungen des Vereines der Aerzte in Steiermark, besonders abgedruckt.

Derselbe. (Graz.) Ueber die Schicksale der Leichen im Erdgrabe. Vortrag. Wien. 1899 und 1902.

Kratter, Jul., Studien über Trinkwasser und Typhus mit Zugrundelegung der Trinkwasserverhältnisse von Graz. Hygienische Untersuchungen, ausgeführt im Institute für Staatsarzneikunde der k. k. Carl-Franzens-Universität zu Graz. Lex.-8. (III, 106 S. mit 6 lithogr. und 1 chromolithogr. Taf.) Graz 886, Leuschner und Lubensky. *

Kratter, Jul., der Tod durch Elektricität. E. forensisch-medicin. Studie auf experimenteller Grundlage. gr. 8. (IV, 159 S. m. 7 Abb., 3 Curven u. 3 Taf.) Wien 896. F. Deuticke. n. 7. —

Kratter, Prof. Jul. (Graz). Ueber das Vorkommen von Adipocire auf Kirchhöfen. Mitteil. des Ver. der Aerzte in Steiermark f. d. Jahr 1878. Wien 1879.

Kratter, [Ignaz Edler v.] B[or]n & Socii. Leider anno 1786. [Unterz.:] ein ächter, aber Gottlob dermalen gedeckter Freymaurer. [Wien: Wucherer] 1786. 14 S. 8°

Abgedr. in: Sammlung aller aus Gelegenheit d. k. k. Verordn. v. 16. Dez. 1785 z. Vorschein gekommenen Schriften d. Frmr. betr. 9 (1786) S. 61—72.

cf. Brabbée, G.: Kratter, Born und Socii. Maur. Studie. L. 26 (1868) S. 38—81.

Selten.

Krattner, K., die Erhaltung u. Wiederherstellung v. Kunstwerken, — s.a. Sammlung gemeinnütziger Vorträge. Nr. 386.

(F) **Krattner, K.**, Die Erhaltung und Wiederherstellung von Kunstwerken. [Sammlung gemeinnütziger Vorträge. Nr. 386.] 8°. Prag: Calve 1910. K —.40

Krattner, Karl, Josef v. Führich, s.: Sammlung gemeinnütziger Vorträge. 300. 301.

Kratz, C., s.a. Kratz, Karl

Kratz, C., deutsche Rechtschreibung. Vorschläge zunächst für die Schule. gr. 8. (32 S.) Stuttgart 858, Metzler'sche Buchh. Verlags-Conto.
Aus: Correspondenz-Blatt für die Gelehrten- und Realschulen, 1858, Nr. 3—5, besonders abgedruckt.

Kratz, C., Vergötterung Louisens, d. Königin von Preußen. 8. Glogau 811. N. Güntersche B. 8 gr. Holl. Pap. 12 gr.

Kratz, Ernst Friedr. Leberecht

DROSCHKE, Die, in Hamburg. Ein didaktisch-romantisches Gedicht. A. Wilde an F. von Bardenfels. (Vf.: *Ernst Friedr. Leberecht Kratz,* geb. 1781 [?], † 2. Juli 1849.) Hamburg, Meldau, 1827. 8⁰. 31 S.

— — Dasselbe. Bremen, W. Kaiser, 1827.
Goedeke VII, 421, 50. 12.

Kratz, Eug., das eheliche Güterrecht des bürgerl. Gesetzbuches. Vortrag, geh. im Veteranen-Verein in Heidenheim am 12. III. 1899. gr. 8. (48 S.) Heidenheim 899. C. F. Rees. n. — 50

Kratz, F., die Trichinenepidemie zu Hedersleben. Beitrag zur Pathologie u. Therapie der Trichinenkrankheit. Leipzig 866. Engelmann. gr. 8. (V, 125 S.) 24 ngr.

Kratz, F. M.: De beneficiis a Traiano aliisque imperatoribus in pueros puellasque inopes collatis. 14 S. – Köln, kath. G., Progr. 1871.

Kratz, Fr., Recrutirung u. Invalidisirung. Eine militairärztl. Studie. gr. 8. (X, 187 S.) Stuttgart 872. Enke n. 3. 60

Kratz, Franz

Kratz: De Minervae interventu in Homeri Odyssea. 18 S. –Köln kth., Progr. 1862

Kratz, Franz: Quaestiones Homericae. 1. De pronominum ὅς et ὅστις natura et discrimine et praecipue de relativi ὅστις usu ad Homerum. 2. De versu Iliadis. II, 144 . 23 S.– Köln Kath., Progr. 1854.

— der gegenwärtige Stand der Desinfections-Praxis, s.a. Sammlung medicinischer Schriften.

Kratschmer, Prof. Dr. Florian, Der gegenwärtige Stand der Desinfectionspraxis. (Sammlung medicin. Schriften. XII.—XIII. Band.) Gr.-8. (69 S.) Wien: Hölder 1890. 1.—

Kratz, Friedrich „Das deutsche Element in den Werken H. W. Longfellow's". I. Teil. III—V und pg. 1—15. 8°. Fr. Dempf.
Wasserburg, Progr. 1900/01

Kratz, Friedrich „Das deutsche Element in den Werken H. W. Longfellow's". II. Teil. 2 Bll. und pg. 1—25. 8°. Fr. Dempf.
Wasserburg, Progr. 1901/02

Kratz, Gustav

Kratz, G., Geschichte des Geschlechts von Kleist. 3 Bde. Mit Wappen, Siegeln u. Stammtfl. Berlin 1862—86. 4.

Kratz, Gust., Geschichte des Geschlechts von Kleist. 1. Thl.: Urkundenbuch. gr. 4. (VIII und 749 S. mit 15 lithogr. zum Theil in Farbendr. ausgeführten Wappen- und Siegeltaf.) Berlin 862, Schindler. *

—— und R. Klempin, Matrikeln und Verzeichnisse der pommerschen Ritterschaft, s. Klempin, R.

Kratz, G.: Die pommerschen Schlossgesessenen. Berlin 1865. 59 S.
Schul-/Univ.-Schrift

Kratz, Gust., die pommerschen Schloßgesessenen. Berlin 865. Schindler. gr. 8. (59 S.) n. 10 ngr.

-- die Städte der Provinz Pommern. Abriß ihrer Geschichte, zumeist nach Urkunden. Einleitung u. Vorwort von Rob. Klempin. Berlin 865. (Bath.) gr. 8. (XCI, 564 S.) n. 1 ₰

Kratz, H., über die Echtheit der Verse 904—924 in Sophokles' Antigone. Stuttgart 866. (Tübingen, Fues'sche Sortimentsh.) gr. 4. (23 S.) n. 12 ngr.

Kratz, Heinrich [app. Arzt aus Lich]: Aus d. patholog. Institut zu Giessen. Ueber die Aktinomykose am Unterkiefer, zugleich ein Beitrag zur Pathogenese der Aktinomykose. . . . Giessen, C. v. Münchow, Univ.-Buch- & Steindr., 1888; 31 S. 8°
Giessen, Med. Fak., Inaug.-Diss. v. 1888

—— Spinoza's Ansicht über den Zweckbegriff dargestellt und beurtheilt. gr. 8. (49 S.) Ebendas. 871. *

Kratz, Heinr., Aesthetik. Grundzüge e. Lehre v. den Gefühlen. gr. 8. (68 S.) Gütersloh 891. C. Bertelsmann. n. — 80

— der Ausdruck der Gefühle. Eine ästhet. Studie. Vortrag. 12. (48 S.) Ebd. 893. n. — 60; geb. n. 1. —

— die Berechtigungen der höheren Schulen in Preußen zur Vorbildung f. weitere Studien u. die öffentlichen Dienstzweige. Nach den neuesten Bestimmgn. zusammengestellt. gr. 8. (29 S.) Neuwied 892. Heuser's Verl. — 60

Kratz, H: Die Berechtigungen der höheren Schulen in Preußen. 2. Aufl. Neuwied, Berlin und Leipzig 1903

Kratz, Heinr., die Berechtigungen der höheren Schulen in Preußen. Ein kurzer Ratgeber bei der Berufswahl. Nach den neuesten Bestimmgn. zusammengestellt. 2. Aufl. 8. (26 S.) Neuwied 903. Heuser's Verlag. — 60

— die Bildung des Gemüts. Eine Festgabe f. die reifere Jugend. 12. (XV, 134 S.) Stuttgart 893. Levy & Müller. n. 2. 40; geb. in Leinw. n.n. 3. 50

— das johanneische Christentum, das Christentum der Zukunft. Umblick, Rückblick, Ausblick. gr. 8. (III, 49 S.) Berlin 900. C. A. Schwetschke & Sohn. n. — 80

—— Die Freiheit d. Menschen. Eine philosophisch-theolog. Untersuchg. 8. (42 S.) Hanau 889, Alberti. * — 80

Kratz, Heinr., Katholik oder Protestant? Eine Frage des Gewissens und der Geschichte. Material zur Beantwortung derselben. gr. 8. (III, 41 S.) Hanau 888, Alberti. *
geb. *

Kratz, Heinr., **Kommentar zur bibl. Geschichte. Erklärg.** aller vorkomm. schwierigeren Stellen u. Ausdrücke sow. d. Namen, geograph., geschichtl. u. sonst. sachl. Verhältnisse. Für d. Hand d. Präparanden, Seminaristen u. Lehrern an Volks- u. höh. Schulen im Anschluß an Zahn-Giebe's „Bibl. Historien" (f. evang. Schulen) bearb. gr. 8. (VIII, 273 S.) Neuwied 896. L. Heuser's Verl. n. 2. 50; geb. n. 3. —

Kratz, H., die Lehrpläne und Prüfungsverordnungen für die höheren Schulen in Preußen vom 31. März und 27. Mai 1882. Die amtl. Verordnungen, erläutert und mit den bisher gült. verglichen. 8. (IV, 180 S.) Neuwied 883, Heuser's Verlag. *

—— die Lehrpläne und Prüfungsordnungen für die höheren Schulen in Preußen vom 31. März bezw. 27. Mai 1882, nebst den die Lehrpläne ergänzenden allgemeinen Bestimmungen vom 28. Febr. 1883. Die amtl. Verordnungen erläut. und mit den bis 1882 gültigen verglichen. 2. verm. Aufl. 8. (IV, 190 S.) Neuwied 887, Heuser's Verlag. *

— s.: **Lehrpläne u. Prüfungsordnungen, die, f. die höheren Schulen in Preußen vom J. 1891.**

— die Lehrpläne u. Prüfungsordngn. f. d. höh. Schulen in Preußen v. 6. I. 1892 u. 12. IX. 1898. Mit vergleich. Anmerkgn. u. e. Anh., enth. d. Normaletat von 1892, d. Denkschrift üb. d. Revision der Lehrpläne u. Prüfungsordngn., e. Zusammenstellg. d. seit 6. I. 1892 zu den Lehrplänen u. Prüfungsordngn. ergang. Bestimmgn., d. Prüfungsordng. f. d. Lehrer an höh. Schulen v. 12. IX. 1898 u. die Ordng. d. prakt. Ausbildg. d. Kandidaten f. d. Lehramt an höh. Schulen v. 15. III. 1890. 2., verm. Aufl. 8. (IV, 228 S.) Ebd. 898. Kart. 2. —

— die Lehrpläne u. Prüfungsordnungen f. die höheren Schulen in Preußen v. J. 1901. Mit vergleich. u. erläut. Anmerkgn. u. e. Anh., enth. die Prüfungsordng. f. die Lehrer an höheren Schulen vom 12. IX. 1898, die Ordnung der prakt. Ausbildg. der Kandidaten f. das Lehramt an höheren Schulen vom 15. III. 1890, den Ministerial-Erlaß betr. das Colloquium pro rectoratu vom 21. II. 1867 u. den Normaletat vom 4. V. 1892, nebst den dazu ergangenen Nachträgen. Ausg. 1902. gr. 8. (VIII, 160 S.) Neuwied, Heuser's Verlag. Kart. n. 2. —

Kratz, [Heinr.], Literatur-Spiel. 50 Karten. Mit Text. 32. (8 S.) Neuwied 878, Heuser'sche Verlagsh. In Carton

— **Logik.** Grundzüge e. Lehre vom Denken. gr. 8. (78 S.) Gütersloh 891. C. Bertelsmann. n. — 80

Kratz, Heinr., die Logik und die Schule. Eine Frage der inneren Schulpraxis. gr. 8. (24 S.) Neuwied 874, Heuser's Verlag. *

Kratz, Heinr., die Persönlichkeit Jesu nach den Evangelien. (63 S.) 8. Leipzig 906. M. Heinsius Nachf. n. — 80

—— Pneumatologie. Grundzüge e. Lehre vom Geiste. 8. (24 S.) Hanau 889, Alberti. * — 40

—— die Prüfungen für das Lehramt an höheren und Mittelschulen. Zusammenstellung der in Preußen gült. Bestimmungen über die Prüfung der Lehrer an höheren Schulen [5. Febr. 1887], der Mittelschullehrer, Rektoren, Zeichen- und Turnlehrer, sowie über das Probejahr und das Colloquium pro rectoratu. 4. Aufl., neu bearb. und mit Anmerkungen versehen. gr. 8. (IV, 88 S.) Ebendas. 888.
Frühere Aufl. erschienen u. d. T. „Prüfungs-Reglement".

Kratz, Heinr., Reflexionen über den Sternenhimmel. Ein Vortrag. gr. 8. (34 S. mit 1 Sternkarte.) Neuwied 888, Heuser's Verlag. *

Der Reichtum im Lichte der heiligen Schrift. Ein Beitrag z. Klärung d. sozialen Frage. Von Prof. Dr. Heinrich Kratz.
Neuwied-Leipzig: Heuser 1900. (61 S.) 8° [... 5

—— Repetitionsbüchlein [zugleich Materialiensammlung] für den evangelischen Religionsunterricht an höheren Schulen. gr. 16. (VII, 136 S.) Ebendas. 883. cart. *

—— Repetitionsbüchlein [zugleich Materialiensammlung] f. den evangel. Religionsunterricht an höheren Schulen. 2. verb. Aufl. 8. (IV, 106 S.) Neuwied 890, Heuser's Verlag. cart. * 1 20

—— Schulandachten. Zum Gebrauche in höheren evangel. Lehranstalten. 2 Abtlgn.: 1. Schriftbetrachtgn., 2. Gebete. 8. (VII, 243 S.) Hanau 889, Alberti. * 2 50

—— Theletik. Grundzüge e. Lehre vom Willen. gr. 8. (19 S.) Gütersloh 891, Bertelsmann. * — 40

—— **das Weltproblem** und seine Lösung in der christlichen Weltanschauung. Ein Beitrag zur Beförderung einheitl. Welterkenntnis auf realist. Grundlage. 8. (VIII, 327 S.) [Karlsruhe 887.] Berlin, Reuther's Verlag. * geb. *

— **das Weltproblem u. seine Lösung in der christlichen Weltanschauung. Ein Beitrag zur Beförderg. einheitl. Welterkenntnis auf realist. Grundlage, zugleich e. Handreichg. f. Gebildete im Kampfe zwischen Wissen u. Glauben. 2. Ausg. 8. (VIII, 331 S.) Ebd. 892. n. 3. —; geb. n. 4. —**

Kratz, *Heinrich Martin* Hermann [aus Nieder-Florstadt]: Der strafrechtliche Ehrbegriff und das passive Subjekt der Ehrverletzung. . . . Giessen, C. v. Münchow, Univ.-Dr., 1891; 64 S. 8°
Giessen, Jur. Fak., Inaug.-Diss. v. 1891

—— Repertorium der im Großherzogt. Hessen üb. die Beurkundung d. Personenstandes u. die Eheschließung geltenden gesetzlichen, verordnungsmäßigen u. instruktionellen Vorschriften. 4. (III, 45 S.) Darmst. 891, (Jonghaus). Mit Schreibpap. durchsch. * 3 —

Die Stadtkirche in Friedberg, Oberhessen. Festschrift zu deren Wiederherstellung u. zu ihrer Neueinweihung am 26. Juni 1901, nach d. Ms. d. Architekten Hubert **Kratz**, hrsg. vom Vorst. d. ev. Stadtkirchenbau-Ver. (Bearb.: D. W[ilh.] Weiffenbach.) *Friedberg 1901: C. Damm.* (71 S.) 8° [F.] [... 10574

HUBERT KRATZ, Die Stadtkirche in Friedberg. Oberhessen. Festschrift zu deren Wiederherstellung und zu ihrer Neueinweihung am 26. Juni 1901. (Mit vielen Abbildungen.) Friedberg 1901. Verlag des Geschichts- und Altertumsvereins Friedberg (Hessen). 8°.

Johann Friedrich Kratz
De arcano Duplicato eiusque salubritate et damno in corporis humani sanitatem. Helmstadii (1770:) Schnorr. 41 S. 8°
Helmstedt, Med. Diss. v. 31. Dez. 1770

Kratz, Joh. Jos. Hubert (geb. am 6 Febr. 1855 in Bonn): Ueber Fistula fissurae branchialis primae congenita. (Fistula auris congenita.) ... Bonn, Univ.-Buchdr. v. C. Georgi 1880. 31 S., 1 Taf. 8.
Bonn, Med. Fak., Diss. v. 28 Juni 1880

Kratz, Johann Michael. Kurze historisch-artistische Andeutungen über die St. Michaelis-Kirche und deren Deckengemälde nebst Abbildung. Berlin 1856. 8°.

Kratz, Johann Michael. Der Dom zu Hildesheim, seine Kostbarkeiten, Kunstschätze und sonstige Merkwürdigkeiten. Zweiter und dritter Theil. Mit Abbildungen. Hildesheim 1840. 8° und Fol.

Kratz, Joh. Mich., **wozu dienten die Doppelchöre in den alten Cathedral-, Stifts- u. Klosterkirchen? Lösung der Frage durch e. urkundlich-histor. Darstellung. 8. (12 S.) Hildesheim 876. Lax. — 60**

Kratz, Jos., praktische auf Erfahrung gegründete Methode des Tabaksbaues, angeregt durch Pastor Holzschuher's Schrift: „Neue Tabaksbau-Methode rc." Erfurt 864. Neumann. 8. (31 S.) n. 5 ngr.

Kratz, Jos. (I.), Primulaceen. Beschreibung der in unsern Gärten eingebürgerten Gattungen Primula, Auricula und Cyclamen. Ein Handbuch für Freunde dieser liebl. Zierpflanzen. Lex.-8. (XII und 99 S. mit 4 Stnt. Abbild. in Farbendr. in Lex.-8. und qu. gr. 4.) Tübingen 861, Laupp'sche Buchh. *

Kratz, Jos. (II.), Volksliederkranz von 76 meist dreistimmigen Liedern und Gesängen ernsten und heitern Inhalts für die obern Klassen deutscher Volksschulen. gr. 8. (IV und 68 S.) Erfurt 858, Keyser'sche Buchh. *

Kratz, Karl

Kratz, Carl, a. Coblenz ⟨Rheinland⟩: Über die Beziehungen der Mycelien einiger saprophytischer Pyrenomyceten zu ihrem Substrat. (Dresden. 1906: C. Heinrich.) (28 S.) 8°
Berlin, Phil. Fak., Ref. Engler, Diss. v. 26. Okt. 1906
[Geb. 10. März 56 Coblenz; Wohnort: Berlin; Staatsangeh.: Preußen; Vorbildung: Gymn. Coblenz Reife M. 74; Studium: Heidelberg 1, Leipzig 3, Freiburg i. B. 3, München 4, Würzburg 1, München 3, Berlin 9, Halle 1, Berlin 10 S.; Rig. 23. Juli 06.]

Kratz, Karl, das Buch v. der Ernährung. Geschichtsbilder der Ernährg. Nahrungsstoffe u. Nahrungsmittel. Ernährung u. Ernährungslehren. Ernährungskuren. (VII, 270 S.) 8. Berlin 904. C. Kratz. n. 4.20

Das Buch vom Wasser. Geschichte d. Wasserheilverfahrens. Wasser u. Wassertrinken. Wasserlehren u. Wasseranwendungen. Von Carl Kratz. *Berlin: Selbstverl. 1903.* (VIII, 64 S.) 8° [03. 15342

Kratz, Karl *Christian* [aus Lich]: Ueber Derivate des m-nitro-o-Amidobenzamids und m-nitro-o-Amidobenzhydrazids ... Leipzig, J. A. Barth, 1896; 18 S., 1 Bl. 8.
Giessen, Phil. Fak., Inaug.-Diss. v. 1896

Kratz, Karl, approb. Arzt aus Elze: Über einen Fall von primärem Lungencarcinom mit Metastasen im Gehirn. *München 1902: C. Wolf & Sohn.* (22 S.) 8°
München, Med. Diss. v. 1902

Kratz, C., Glünicke u. s. Heilsystem. Vorgänge vor u. nach dem Tode Glünicke's. Rechtfertigungsschrift. 8. (44 S.) Nebst Beilage: D. Pflanzenheilverfahren nach Glünicke's Tode als Begleitworte. gr. 4. (8 S.) Berlin (N.W., Altonaerstr. 10) 897. Selbstverlag. — 60

— Pflanzenheilverfahren (nach Glünicke'schen Principien). I. u. II. Thl. 8. Berlin, Hans Hildebrandt Verlag. 2. —
I. Kritische Beiträge. (108 S.) 897. — 75
II. Spec. Thl.: Praxis d. Kräuterkuren. Pract. Anleitgn. u. Anreggn. zur Zusammenstellg. u. Bereitg. d. im „Pflanzenheilverfahren" übl. Kräuter, systemat. u. nach ihren Bestandtheilen u. Wirkgn. geordnet, f. solche, die gesund werden u. machen wollen. (162 S.) 898. 1.25

[F.] Pflanzenheilverfahren '(nach Glünicke'schen Principien).' Krit. Beiträge v. (C.) **Kratz,** früherem I. Assistenten d. Herrn Glünicke, Berlin. (Th. II: Pflanzenheilverfahren. Von C. Kratz) ... Th. [I.] II. *Berlin: Selbstv.; ([Dr. v.] Gebr. Grunert) 1897. 98.* 2 Bde 8.
[I.] (Theoret. Th.) 1897. (108 S.)
II. Specieller Th.: Praxis d. Kräuterkuren ... 1898. (162 S.) [98. 3156

Kratz, Carl, Pflanzenheilverfahren. Geschichte der Kräuterkuren. Historische u. bibliograph. Studien üb. den Gebrauch der Heilkräuter u. der Kräuterkuren m. vielen Recepten der früheren Kräuterheilkunde, Kräuterspecialitäten, alten u. neuen Geheimmitteln nebst Litteraturangaben. gr. 8. (VIII, 291 S.) Berlin 898. Schweitzer & Mohr. n. 3. —

— dasselbe. Tabellarisches Gesammtverzeichnis der Bestandtheile, Wirkungen u. Anwendungen der einfachen Kräuter. Chemie der Kräuterkur. 2. durchgeseh. u. erweit. Aufl. (68 S.) 8. Ebd. 903. n. 1.50

— dasselbe. Auf physiolog., chem. u. medicingeschichtl. Grundlage m. Rücksicht auf pract. Anwendg. Methode der Kräuterkur. 2. vollständig umgearb. Aufl. (X, 113 S.) 8. Ebd. 903. n. 2. —

Pflanzenheilverfahren ... Von Carl Kratz. [1.] 2. vollst. umgearb. Aufl. Berlin: Selbstverl. 1903. 8° [04. 8[illegible]

Kratz, Car. Henr. Frid. (geb. Hedersleben in d. Prov. Sachs. 4. 3. 1828)
De dentium carie. Berolini (1853). (57 S.) 8°
Berlin, Med. Diss. v. 14. März 1853

Kratz, Louis, Vorstufe zum Ornament-Zeichnen. Mit besond. Berücksicht. von J. E. Jacobsthal's „Grammatik der Ornamente" zum Gebrauche an Gymnasien, Real-, Gewerbe-, Fortbildungs- und Volksschulen gezeichnet und hrsg. gr. Fol. (32 Stnt. mit 4 Bl. Text.) Stuttgart 881, Nitzschke. In Mappe *

— Nicolaus (Tangermünde/Altmark), De jure funerandi. Disp. jur. Präs. Samuel Stryk. Halle (Chr. Henckel) Nov. 1700. 60 S. (6.50) 19306
Widm. v.: Jo. Samuel Stryk, Jacob Brunnemann, Carl Friedrich Goldbeck (Stendal/Mark), Panthaleon Rudolph Berndis (Osterburg / Altmark; dtsch.), G. Schwechten (Arnebusgensis [= Arneburg]/Mark), C. A. Vossius.

Kratz, P., Der Arbeitsnachweis und seine Bedeutung für die Industrie. Vortrag. Düsseldorf, 1910. 8 S.

Kratz, Therese, u. Catherine Nicolai, das goldene Buch der Frau. Ein prakt. Ratgeber f. alle Angelegenheiten der Frau in Küche u. Haus, Hof u. Garten, daheim u. in Gesellschaft, bei Pflege ihrer Kinder in gesunden u. kranken Tagen, m. über 1000 Abbildgn. im Text u. mehreren farb. Taf., unter Mitwirkg. bewährter Fachgelehrter hrsg. Mit e. Beilage: Sammlung neuer interessanter Romane. 1—4. Lfg. (I. Abtlg. S. 1—80; II. Abtlg. S. 1—32; III. Abtlg. S. 1—16 u. Romanbeilage S. 1—64 m. 2 [1 farb.] Taf.) kl. 8. Wien (905). Kratz, Helf & Co. à — 20

Kratz, Walter [aus Hannover]: Aus d. Univ.-Frauenklinik zu Bonn. Sechs Fälle von Extrauterinschwangerschaft ... Bonn, Druck v. K. Drobnig, 1897; 36 S., 1 Bl. 8.
Bonn, Med. Fak., Inaug.-Diss. v. [27. Febr.] 1897

Kratz, Walth. Materialien zu e. Geschichte der „Influenza", im Anschluss an e. genaue Bibliographie dieser epidem. Krankheit. 8. (16 S.) Lpz. 890, Levien. — 50

Kratz, Werner, Referendar: Irrtum bei Zahlung einer Nichtschuld nach gemeinem Recht und dem Bürgerlichen Gesetzbuch. Greifswald 1906: J. Abel. (52 S.) 8° [F.]
Greifswald, Jur. Fak., Ref. Stampe, Diss. v. 3. März 1906
[Geb. 22. Juni 82 See-Buckow, Kr. Schlawe; Wohnort: Erfurt; Staatsangeh.: Preußen; Vorbildung: Gymn. Köslin; Studium: München 3, Berlin 1, Greifswald 3 S.; Rig. 15. März 05.]

Kratz, Wilhelm (Florstadt)
Beitrag zur Therapie der Placenta praevia.
Giessen: Keller 1859. 62 S. u. 2 Bl. Thesen.
Diss. med. 26.3.1859. vorh. 7. Δ.

KRÄTZ, Franz Heinrich (München): De causis sterilitatis. (Titel nach der Urkunde)
7.8.1869 - Urk; F 72; Chr 1869/70,12
Diss. Ingolst.-Landsh.-Mchn.

Krätz, D., demokratischer Garde-Landwehr-Bombardier. Verhaltungs-Maaßregeln der Berliner Bevölkerung in Bezug auf den von dem General Wrangel proklamirten Belagerungszustand. 1 Bl. Fol.
Flugblatt. Berlin, 14. Nov. 1848.

Kratzau [Schlagwort]

Kratzau, s.: Oberlausitz.

Die Kratzbürste:
"Witzblatt." Edited & published by C. A. Honthumb. See *Green*, as current in 1870.
Cincinnati, OH

Kratze, a.: Porzellan-Marken, Meissner.

Krätze, die, heilbar in wenigen Tagen und ohne besondere Kosten der daran leidenden Menschheit vorzüglich als Vorsichtsmittel für Reisende gewidmet von W. 8. (15 S.) Dresden 856, Breyer.

Kratzenberg, Alb., die Ursachen uns. Krankheiten. Eine zeitgem. Betrachtg. 16. (8 S.) Leipzig 897. K. Lentze. — 05

Kratzenstein, Blicke in die Zukunft des Menschengeschlechts, s. Fischer (III.).

Kratzenstein, Nonnulla de Theophrasti historia plantarum bene merendi subsidia. 772. 4.

Kratzenstein, C. Fr. W.

— s. Beilber, Handwörterbuch.

Kratzenstein, C. Fr. W., Verlauf u. Heilung der asiat. Cholera, für Aerzte u. Wundärzte, nach eigenen Beobacht. bearbeitet. gr. 8. Helmst. 831. Fleckeisen. 4 ℳ

Kratzenstein, Chr. A. Gottlieb, s. Kratzenstein, Christian Gottlieb

Kratzenstein, Christian Gottlieb, Abhandlung von dem Aufsteigen der Dünste und Dämpfe. Halle 1744.

Kratzenstein C. G.: Abhandlung v. dem Aufsteigen d. Dünste u. Dämpfe. (Preisschr.). 2. u. verb. Aufl. Halle 1746 (22) 75 S.

Kratzenstein, Chr. Gll., Abhandl. v. Aufsteigen d. Dünste u. Dämpfe. Preisschrift. m. K. 8. Halle, Hemmerde u. Schw. 746.

Christian Gottlieb Kratzensteins [Kratzenstein] Abhandlung von dem Einfluß des Mondes in die Witterungen und in den menschlichen Cörper... Halle: Hemmerde 1747. 56 S. 8°

Beigeb.: Kratzenstein: Abhandlung von dem Aufsteigen der Dünste und Dämpfe. Halle 1746.

Kratzenstein, Chr. Gli., († im Juli 1795.) Abhandl. vom Einfluß des Mondes in Witterung u. d. menschl. Körper. 2e A. 8. Halle 771. Schwetschke u. Sohn. 2 ℳ

Kratzenstein C. G.: Abhandlung v. der Erzeugung d. Würmer im menschlichen Cörper. Halle 1748. 52 S. 1 Tvl. P.

— L'art de naviguer dans l'air. Copenh. et Leipz. 1784. 99 S. 1 Tvl.

— l'art de naviguer dans l'air, av. fig. gr. 8. Copenh. Schubothe. 784.

— physikal. Briefe von d. Nutzen d. Elektricität in d. Arzneiwissenschaft rc. Mit Kpf. 8. Halle ... 2e A. 745. 3e A. 746. 4e A. 772. Schwetschke u. Sohn. 3 ℳ

Kratzenstein C. G.: Herausgegebene physicalische Briefe. 3. u. verm. Aufl. Halle 1746. 80 S. 1 Tvl.

— historia restitutae loquelae per electrificationem. 4. Halle 753.

— s. Sammll. zum Nutzen u. Vergnügen für alle Stände, u. setze hinzu: (v. Chr. G. Kratzenstein).

— Schreiben an Fr. Nicolai in Berlin, über die Lehre v. Feuer. 8. ... (791.)

— sermo de novis in re nautica inventis etc. 4. St. Petersb. 751. Acad. 12 ℳ

Kratzenstein, Chr. Gli., Systema physicae experimentalis. 8. Halle 764.

Kratzenstein, Christian Theophil (Kopenhagen), **Tentamen resolvendi problema ab academia scientiarum imperiali Petropolitana ad annum 1780 publice propositum. 1) Qualis sit natura et character sonorum litterarum vocalium a, e, i, o, u tam insigniter inter se diversorum. 2) Annon construi queant instrumenta ordini tuborum organicorum, sub termino vocis humanae noto, similia, quae litterarum vocalium a, e, i, o, u, sonos exprimant. St. Petersburg (typis acad. scient.) 19. IX. 1781. 47 S. u. 2 Tfln. Abb. (6.—) 19307**

Kratzenstein, Chr. A. Gli., tentamen resolvendi problema: Qualis sit natura et character sonorum litterarum vocalium etc. Cum 2 tabb. aen. 4maj. Petropoli 781. (Leipzig, Voss.) ist d. Pr. nur n. $^{5}/_{12}$ ℳ

— tentamen resolvendi problema ab Academia Scient. Imp. Petrop. publice etc. 4. Lipsiae, Hartknoch. 781.

— tentamen resolvendi problema geographico-magneticum, c. tab. aen. 4. ibid.

— Tentamen resolvendi problema geographico-magneticum ab Academia Petropol. propositum. Cum 2 tabb. aen. 4maj. Ibid. 798. (Ibid.) n. $^{5}/_{12}$ ℳ

— theoria electricitatis more geometr. explic. 4. ibid. 746.

— theoria fluxus diabetici ejusq. sanandi method. more geometr. expl. 4. Halae, Hemmerde et Schw. 746.

— Diss. Theoria inflammationis. 8. Kopenh. 781.

— Vertheidigung d. Hrn. Hambergers, gegen Kessel in puncto plaxii. 4. Halle 752. Schwetschke u. Sohn. 1 ℳ

— Amolitia vis inertiae et vis repulsivae, vulgo inter principia motus et quietis corporum, sed falso relat. 8. Halle 770.

— Vorlesungen über die Experimentalphysik in e. Auszuge. gr. 8. Kopenh. 758. 2e A. 770. 3e A. 778. 4e A. 781. 5e A. 783. 6e A. 787. Schubothe. 1½ ℳ

Kratzenstein, Christian Theophil, s. Kratzenstein, Christian Gottlieb

Kratzenstein, Chph. H., Kinder- u. Bilderbibel. 2 Thle. 4. Erfurt. 756.

Kratzenstein, Ed., Christisches und Antichristisches. Eine Probe eschatolog. Psalmen-Prophetie. Festschrift zum 50jähr. Jubilaeum der Berliner Missions-Gesellschaft. gr. 8. (X, 145 S.) Berlin 874, Beck. *

Kratzenstein, Ed., Christisches u. Antichristisches. Eine Probe davon, daß auch die Psalmen genaue Weissagn. üb. d. letzten Dinge enthalten. (Psalm 42—51.) 2. Aufl. gr. 8. (III, 140 S.) Basel 895. Kober. n. — 80

Kratzenstein, Ed., kurze Geschichte der Berliner Mission in Süd-Afrika seit ihrer Gründung bis zum J. 1868. Berlin 869. (E. Beck.) gr. 8. (79 S. mit eingedr. Holzschn.) n. 7½ ngr

Kratzenstein, Ed., kurze Geschichte der Berliner Mission in Süd-Afrika. 2. Aufl., verm. u. fortgeführt bis zu Ende 1877. 8. (231 S. m. eingedr. Holzschn. u. 1 lith. Karte.) Berlin 878. (Wohlgemuth.) cart. n.n. 2. —

Kratzenstein, Ed., kurze Geschichte der Berliner Mission in Südafrika. 3. Aufl., fortgeführt bis zu Ende 1886. gr. 8. (320 S. mit Holzschn.) Berlin 887, (Wohlgemuth.) *

Kratzenstein, Ed., kurze Geschichte der Berliner Mission in Süd- u. Ostafrika. 4., verm. Aufl., fortgeführt bis Ende 1892. gr. 8. (VIII, 451 S. m. Abbildgn.) Berlin 893. Buchh. der Berliner evang. Missionsgesellschaft. Geb. in Leinw. n. 3. 60

Kratzenstein, E., kurze Geschichte der Berliner Mission in Süd- u. Ostafrika, Fortsetzg., s.: Gensichen, M., Bilder v. uns. Missionsfelde in Süd- u. Deutsch-Ost-Afrika.

— die Offenbarung St. Johannis für das Verständnis der Gemeinde ausgelegt. gr. 8. (VIII, 340 S.) Halle 878. Fricke's Verl. n. 3. —

— die Offenbarung St. Johannis, f. das Verständnis der Gemeinde ausgelegt. 2., verb. u. verm. Aufl. 2. (Titel-) Ausg. gr. 8. (X, 377 S.) Berlin 891. Buchh. d. Berliner evang. Missionsgesellschaft. n. 3. —; geb. in Leinw. n. 4. —

— die Offenbarung St. Johannis, f. das Verständnis der Gemeinde ausgelegt. 2., verb. u. verm. Aufl. gr. 8. (X, 377 S.) Halle a/S. 891. Fricke's Verl. n. 3. —; geb. n. 4. —

Kratzenstein, Friedrich Wilhelm

Kratzenstein, Fr. Wlh.. († ...) prakt. Abhandl. v. Verfertigung schöner u. accurater Risse. 8. Nürnb. 766. N. A. 779. Auch unt. d. T.: Anweis., alle in der ausübend. Geometrie, Kriegs- u. bürgerl. Baukunst vorkomm. Risse zu entwerfen; umgearb. von F. K. Schleicher. 8. Nürnb. 799. Bauer u. Raspe. 12 K

— Abhandl. wie man Zeichnungen u. Risse aufreißen u. illuminiren solle. 8. Ebend. 779.

Kratzenstein, Friedr. Wilhelm. Praktische Anweisung, alle in der ausübenden Geometrie, Artillerie, Kriegs- und bürgerlichen Baukunst vorkommende Risse richtig und schön zu entwerfen, nebst Beschreibung der erforderlichen Instrumente, Farben u. d. gl. Ganz umgearbeitet, mit Zusätzen und Anmerkungen versehen von Franz Carl Schleicher. Nürnberg 1799. 8°.

Kratzenstein, F. W., Anweis. alle in d. ausüb. Geometrie u. Baukunst vorkommenden Risse zu entwerfen, umgearb. v. Schleicher. 8. Nürnb. Raspe. 799.

Kratzenstein, Georg

Kratzenstein, G., die topograph. Anatomie der oberen Extremitäten, s.: Jedlička, R.

Die topographische Anatomie des Hand- und Schultergelenkes von Dr. G[eorg] Kratzenstein u. Dr. W. Scheffer, London. Mit 6 Taf. Hamburg: L. Gräfe & Sillem 1900. (7 S.) 4°
= Atlas d. normalen u. pathol. Anat. in typischen Röntgenbildern. [4.]
= Fortschritte auf d. Geb. d. Röntgenstrahlen. Erg.H. 4, [2]. [oo. 8686

— Johann Heinrich (Wernigerode), De juribus singularibus viduarum. Diss. jur. Präs. D. Jo. Friedrich Eisenhart. Helmstedt (Schnorr) 29. XII. 1760. 34 S. (6.—) 19308
Widm. v.: Präs., D. Gottfr. Ludw. Mencken.

Kratzenstein, Jh. Hnr., s. J. K. Topp, Unterricht.

– s. Zweysporns Beschreibung.

Kratzenstein, Karl, diätetische Vorschriften bei homöopathischen Kuren. 8. Helmstadt ... Fleckeisen. ⅓ K

Kratzenstein, Siegmund, aus Höringhausen (Hess.-Nass.): Uebersicht der Theorieen über die Pathogenese der sympathischen Entzündung. *Strassburg i. E.: J. Singer 1901.* (45 S.) 8°
Strassburg, Med. Diss. v. 1901

Kratzenstein, Wilhelm: Das Alte Testament in der Untersekunda. Magdeburg 1905: E. Baensch. (S. 3—36.) 4°
Magdeburg, Pd zum Kloster Unser Lieben Frauen P 1905 (285)

Kratzer, s.a. Krazer

Kratzer, Adolf, über Ursprung und Eigenthum der Domainen in Deutschland, und insbesond. in Bayern, mit vorzügl. Rücksicht auf die Frage: Hat das königl. Haus in Bayern sein Familiengut an den Staat abgetreten? Inaugural-Abhandlung. gr. 8. München 840, (Finsterlin.) ⅔ ß

KRATZER, Alois (Günzburg): Der Vorfall der Iris, seine Ursachen, Folgen und Wirkungen, so wie die dabei zu erfüllenden Indicationen.- Günzburg: Bayer 1841. 20 S.
8.5.1841 – Urk (Titel: De prolapsu iridis.); F 65
Diss. Ingolst.-Landsh.-Mchn.

Kratzer, Charles [d'Aeschi (Berne)]: Les tribunaux d'échevins modernes. Vevey 1899. 139 p. 8°.
Lausanne. Thèse dr. 1899/1900.

Kratzer, Dr. Thom., Rechenbüchlein f. d. deutschen Schulen d. Reichsst. Schwäb.-Gmünd. 8. Gmünd 786.

Krazer, C. N., System des Criminalrechts, nach neuern Ansichten u. Grundsätzen. 1r Bd. 8. Bamberg, Göbhardt. 812.

KRATZER, Ed. Nic.: System des Criminalrechts, nach neuen Grundsätzen u. Ansichten, mit Rücks. auf den königl. franz. Criminal-Codex. 1. Thl. *Bamberg.* (Weschè in *Frankfurt.*) 812. 8. (1 Thl.)

Krazer, Ed. Nik., System des Criminalrechts, nach neuern Ansichten u. Grundsätzen mit Rücksicht auf d. k. französ. Criminal-Codex rc. 1r Bd. 8. Bamb. 832. (Wesché in Frkf.) 1 ß

Kratzer, H. J., Sonnenstäubchen. Novellen. (V, 469 S.) 8. Dresden 909. E. Pierson. 5.—; geb. n 6. —

Kratzer, H. L., Recueil de morceaux faciles pour servir à l'enseignement de la langue française dans les classes inférieures. 1. Cours. gr. in-8. St. Gall 838. (Scheitlin et Zollikofer.) n. 2/3 ₰

Kratzer, H. L., Recueil de poésies faciles pour servir à l'enseignement de la langue franç. dans les classes inférieures. 12. (VIII und 120 S.) Coire 848, Grubenmann.

— Französisches Uebungsbuch zum Gebrauch der unteren Klassen in Gymnasien u. Realschulen. A. u. d. T.: Exercices gradués pour servir à l'enseignement de la langue Française dans les classes inférieures. gr. 8. (VI u. 202 S.) Coire 848, Hitz. 1/2 ₰

Kratzer, H. L., französisches Uebungsbuch zum Gebrauche der untern u. mittlern Klassen in Gymnasien u. Realschulen. 2., verb., mit e. Sammlung von Gedichten u. e. Wörterverzeichnisse verm. Aufl. A. u. d. T.: Exercices gradués pour servir à l'enseignement de la langue française dans les classes inférieures. Chur 857. Hitz. gr. 8. (4 Bl., 176, 64, 51 S.)
18 ngr.

Kratzer, H. L., Uebungsstücke zum Uebersetzen ins Französische. Für die mittleren Klassen der Gymnasien und Realschulen. gr. 8. (IV und 164 S.) Chur 854, Hitz.

Kratzer, Joh. Aug.

— kurze u. gründl. Anleit. z. Zeichnung u. Verfertigung der Sonnenuhren. Mit 6 Taf. 8. Grätz 792. Ferstl. 6 K

— Anleit. z. Zeichn. u. Verfert. der Sonnenuhren f. Baumeister u. Lehrbegierige, m. Taf. 8. Grätz, Ferstl, 805.

* Praktische Ausmessung und Berechnung der Felder, auf eine sehr einfache und faßliche Art entworfen, von *Joh. Ant. Kratzer*. Grätz, Weingand u. Ferstl. 41 S. m. 1 Kpft. 8.
1785.

Kratzer, J. A., phys. prakt. Discurse üb. die sämmtl. Bienenzucht. 8. Wien, Camesina. 774.

Kratzer, Jh. Aug., phys. prakt. Discurse über die sämmtl. Bienenzucht. 8. Wien 774. (Heubner). 9 K

Kratzer, Joh. Christian Adam: Observationes anatomicae cum epicrisi, s.a. Cappel, Wilh. Friedr. [Präs.]

Kratzer, J. C. A., Diss. observat. anat. sistens cum epicrisi. 4. Helmst. 793. Fleckeisen. 3 ₰

Kratzer, Walter, aus Danzig: Zur Kenntnis der Benzolsulfon-γ-amidobuttersäuren. *Danzig 1903: F. Raczkiewicz.* (45 S.) 8°
Königsberg, Phil. Diss. v. [14.] Jan. 1903

Kraetzer, A., Grundriss d. Elektrotechnik. (Das Studium der Elektrotechnik in Theorie u. Praxis. Zum Gebrauch an techn. Fachschulen u. zum Selbstunterricht. Hrsg. v. A. Kraetzer.) 1. u. 2. Tl. (VIII, 91 S. m. 96 Abbildgn. u. V, 76 S. m. 56 Abbildgn.) gr. 8. Steglitz [Buchh. der litterar. Monatsberichte]. Berlin, C. Malcomes.
Geb. in Leinw. à n. 2.—

Grundriß der Elektrotechnik. Von Dr. A. Kraetzer, Ing. T. 1. *Berlin-Steglitz: Litterar. Monatsberichte 1903.* 8°
— Studium, Das, d. Elektrotechnik. [2.] T. 1. [04. 7493 I]

Das Studium der Elektrotechnik in Theorie und Praxis. Zum Gebr. an techn. Fachschulen u. zum Selbstunterr. Hrsg. von Dr. A. Kraetzer, Ing. [1.] T. 1. *Berlin-Steglitz: Litterar. Monatsberichte 1902.* 8° [04. 7493 II]

Kraetzer, Adolf, Gerichtsass.: Der Ausführungszwang im Patentrecht. (Kap. 1 u. 2.) Berlin: Heymann 1910. IV, 41 S. 8°
¶ (Ersch. vollst. als Buch ebd.)
Marburg, Jur. Diss. v. 4. März 1910, Ref. Heymann
[Geb. 31. Okt. 79 Darmstadt; Wohnort: Berlin; Staatsangeh.: Preußen; Vorbildung: Lessing-Gymn. Frankfurt a. M. Reife O. 00; Studium: Bonn 3, Berlin 4 S.; Rig. 28. Febr. 10.] [U 10. 3304

Kraetzer, Adf., der Ausführungszwang im Patentrecht. Kritische Untersuchgn. m. besond. Berücksicht. der Praxis in allen Kulturstaaten. (VIII, 74 S.) gr. 8. Berlin 910. C. Heymann. 2. —

Krätzer, A., siehe: Ist Preußens König zum Oberhaupte des deutschen Reichs berufen.

Krätzer, Adv., über Ursprung u. Eigenthum d. Domainen in Deutschland, u. insbesond. in Bayern, mit vorzügl. Rücksicht auf d. Frage: Hat das königl. Haus in Bayern sein Familiengut an d. Staat abgetreten? Inaug.-Abhandl. gr. 8. (10¾ B.) München 840, (Finsterlin.) *

Kraetzer, August, aus Biebrich a. Rh.: Über das Längenwachstum der Blumenblätter und Früchte. *Würzburg 1900: H. Stürtz.* (50 S.) 8°
Würzburg, Phil. Diss. v. 1900

Krätzer, Erich, die beiden Leonoren, s.: Teich's Vereinstheater.

Krätzer, G., das Rheinland von Basel bis Rotterdam. Nebst e. Anhang: Nothwendige Notizen üb. alle Städte u. Hauptpunkte. 8. (Mit 1 col. Karte.) Mainz 844, Halenza. In Etui. n. 1/2 ₰

Kraetzer, Gustavus Adolphus (Moguntinus)
Nonnullae de controversia: Ex quo tempore jus, quod venditori ex pacto de retrovendendo competit, ab illo exerceri nequeat? Observationes.
Moguntiae: Wirth 1829. 32 S.
Diss. jur. Giessen 1828. vorh. 26.

Theses, quas . . . summos in utroque iure honores die 22.8.1828 ... publice defendet Gustav. Adolph. Kraetzer, Moguntinus.
Gissae: Schroeder 1828. 6 S. vorh. 26.

Krätzer, Herm., die Fabrikation der deutschen, französischen und englischen Wagen-Fette. Leicht faßlich geschildert für Wagenfett-Fabrikanten, Seifen-Fabrikanten, für Interessenten der Fett- und Oelbranche 2c. 8. (VIII, 180 S. mit 24 Abbild.) Wien 888, Hartleben. *M 3.—; geb. *

Krätzer, Herm., die Fabrikation der deutschen, französischen u. englischen Wagen-Fette. Leicht faßlich geschildert für Wagenfett-Fabrikanten, Seifen-Fabrikanten, f. Interessenten der Fett- u. Oelbranche etc. 2., neu bearb. Aufl. (XIII, 208 S. m. 31 Abbildgn.) 8. Wien 906. A. Hartleben. n. 3. —; geb. n. 3. 80

Krätzer, Herm., chemische Unterrichts-Briefe. Für das Selbst-Studium Erwachsener. Mit besond. Berücksicht. der neuesten Fortschritte der Chemie und unter Mitwirkung hervorragender Fachmänner und Gelehrten hrsg. 1. Curs: Die anorganische Chemie. 30 Briefe. gr. 8. (696 S. mit eingedr. Holzschn.) Leipzig 883,84, Leopold und Bär. à Brief *M 1. *
—— dass. — 2. Curs: Die organische Chemie. 1.—8. Brief. gr. 8. (S. 1—144 mit eingedr. Holzschn.) Ebendas. 884,85.
à Brief *M 1. *

—— chemische Unterrichts-Briefe. Für das Selbst-Studium Erwachsener. Mit besond. Berücksicht. der neuesten Fortschritte der Chemie und unter Mitwirkung hervorragender Fachmänner und Gelehrten hrsg. II. Kurs.: Die organische Chemie, oder die Chemie der Kohlenstoffverbindungen enthaltend. Mit besond. Berücksicht. der chem. Technologie. Unter Mitwirkung der Herren Landerer, Herrburger, W. A. Herrmann, Alwin Engelhardt, F. Eichbaum 2c. bearb. 9.—27. (Schluß-)Brief. gr. 8. (S. 145—448 mit eingedr. Holzschn.) Leipzig 886,87, Leopold und Bär. à Brief *M 1.—. *
1.—8. Brief. Ebendas. 1884,85. à *M 1.—; 1. Kurs.: Die anorganische Chemie. Ebendas. 1883,84. *M 30.—.

— Wasserglas und Infusorienerde, deren Natur und Bedeutung für Industrie, Technik und die Gewerbe. 8. (180 S. mit 32 Abbild.) Wien 887, Hartleben. *

Krätzer, Herm., Wasserglas u. Infusorienerde, deren Natur u. Bedeutung f. Industrie, Technik u. die Gewerbe. Nach dem Tode des Verf. neu bearb. v. Louis Edgar Andés. 2., vollständig umgearb. u. verb. Aufl. (XIII, 202 S. m. 56 Abb.) 8. Wien 907. A. Hartleben. 3.—; geb. 3. 80

Krätzer, Herm., wie schützen wir unsere Nahrungsmittel vor dem Verderben?, s.: Schatzkästlein der Hausfrau.

Krätzer, J., der Kalender, seine Geschichte u. Einrichtung oder vollständige Anleitung zu dessen Anfertigung f. die christliche Zeitrechnung, nebst Berechnung der Mondphasen, einer Tabelle der Sonnen- u. Mond-Finsternisse bis zum J. 2000, u. einer Tabelle aller beweglichen Kirchenfeste (in qu. gr. Fol.) br. gr. 8. (VIII u. 72 S.) Mainz 852, Wirth Sohn. 12 ngl

Kratzert, Felix, Referendar: Wie muß die Fristsetzungserklärung des § 326 des Bürgerlichen Gesetzbuches beschaffen sein, und wann bedarf es zur Herbeiführung der Folgen aus § 326 einer Fristsetzung nicht? Breslau 1910: Schles. Volkszeitung. 42 S. 8°
Heidelberg, Jur. Diss. v. 14. Dez. 1910, Ref. Heinsheimer
[Geb. 18. Mai 81 Pleß O.-S.; Wohnort: Löwenberg i. S.; Staatsangeh.: Preußen; Vorbildung: Fürstensch. Pleß Reife M. 01; Studium: Breslau 1, Heidelberg 1, Breslau 10 S.; Rig. 25. Nov. 08.] [U 11. 2042

Kratzert, Heinr., Grundriss der Elektrotechnik. Für den prakt. Gebrauch, f. Studierende der Elektrotechnik u. zum Selbststudium. 2 Thle. gr. 8. Wien, F. Deuticke. n. 14. —; geb. n. 16. —
1. Masse, Messungen, elektrische Maschinen u. Motoren, sammt e. Einleitg. üb. allgemeine Elektricitätslehre. (X, 298 S. m. 278 Abbildgn.) 894. n. 6. —; geb. n. 7. —
2. Transformatoren, Akkumulatoren, elektrische Beleuchtung u. Kraftübertragung m. besond. Berücksicht. der elektrischen Eisenbahnen. (VIII, 344 S. m. 281 Abbildgn.) 895. n. 8. —; geb. n. 9. —

Kratzert, Heinr., Grundriss d. Elektrotechnik f. d. prakt. Gebrauch f. Studierende d. Elektrotechnik u. zum Selbststudium. 1. Thl. 1. u. 2. Buch. 2. Aufl. gr. 8. Wien 899. F. Deuticke. n. 10. 50
I. 1. Elektricitätslehre m. bes. Berücksicht. d. prakt. Nutzanwendgn., Wechselströme u. Masse. (VIII, 148 S. m. 117 Abb.) n. 3. 50
I. 2. Messgn. Elektr. Maschinen u. Motoren f. Gleichstrom, Wechselstrom sow. Mehrphasenstrom. (XIV, 331 S. m. 319 Abb.) n. 7. —

KRATZERT, Heinrich
Grundriss der Elektrotechnik. Für den praktischen Gebrauch, für Studierende der Elektrotechnik und zum Selbststudium, Verfasst von Heinrich Kratzert. II. Theil. 3. Buch. 2. Auflage. Mit 149 Abbildungen. Leipzig und Wien. 1901. Deuticke. Gr.-8°. IV, 275 S. K 7.—

Kratzert, Heinr., Grundriss der Elektrotechnik. Für den prakt. Gebrauch f. Studierende d. Elektrotechnik u. zum Selbststudium. II. Thl. 2.—5. Buch. gr. 8. Wien, F. Deuticke. n. 23. 50
II. 2. Elektrische Beleuchtg. 2. Aufl. (XI, 436 S. m. 439 Abb.) 902. n. 10. —
3. Kraftübertragung, Bahnen u. Automobile, Kosten elektrischer Anlagen u. Sicherheitsvorschriften. (VII, 275 S. m. 149 Abbildgn.) n. 6. —
4. Elektrochemie. Mit 94 Abbildgn. (X, 207 S.) 902. n. 5. —
5. Elektrotechnik im Bergbau, in der Landwirtschaft u. Schiffahrt. Mit 44 Abbildgn. (VI, 75 S.) 902. n. 2. 50
Buch 1 des II. Thls ist noch nicht erschienen.

Kratzert, Heinr., Grundriss der Elektrotechnik. Für den prakt. Gebrauch f. Studierende der Elektrotechnik u. zum Selbststudium. II. Thl., 1. Buch. Wechselströme, Wechselstrommaschinen, -Motoren u. -Transformatoren. (2. Aufl.) (XI, 464 S. m. 293 Fig.) gr. 8. Wien 903. F. Deuticke. n. 10. — (Kplt. n. 44. —)

Krätzger, Kölsche! Us d. Leben d. Herrn Antun Meis for seine ächte un nachgemachte Freunde un for 60 Fennig. (1. u. 2. Bdchn.) 12. (à 80 S. m. Abb.) Köln 897. J. G. Schmitz. à n. — 50

Kratzi, Johannes: Gruppen mit einer dreigliedrigen Untergruppe, die in keiner größeren Untergruppe steckt. Leipzig 1904: B. G. Teubner. (52 S.) 8°
Greifswald, Phil. Fak., Ref. Engel, Diss. v. 14. Okt. 1904
[Geb. 25. Sept. 77 Leipzig; Wohnort: Bremen; Staatsangeh.: Sachsen; Vorbildung: Thomasgymn. Leipzig Reife O. 97; Studium: Leipzig 8 S.; Rig. 28. Juli 04.]

Kraetzig, Geschichte des 1. rheinischen Feld-Artillerie-Regiments Nr. 8. Im Auftrage des Regiments verfaßt. Mit 6 (lith.) Karten. gr. 8. (VI, 131 S.) Berlin 877. Mittler & Sohn. n. 4. 50

Krätzig, Vorwärts für den Bonifacius-Verein! An die Katholiken Deutschlands. Denkschrift zur ersten General-Versammlung des schlesischen Bonifacius-Vereins am 22. October 1861. 2., mit Anmerkungen und den Statuten verm. Aufl. Jauer 862. Hiersemenzel. 8. (20 S.) 2 ngr

Kraetzig, A., Erinnerungen aus dem Leben e. ehemaligen Freiwilligen von 1813—15, m. besond. Rücksicht auf die Entstehg., den Zweck u. die Wirksamkeit der Freiwilligen- u. Kriegervereine u. ihre Verjüngg. in der Gegenwart. gr. 8. (VII, 66 S.) Brieg 871. Bräuer in Comm. n. 1. —

Kraetzig, Albert. Aug. Franz. *[geb. Blumenau in Schles. 24. 12. 1818]*: De origine et historia fideicommissi familiae perpetuo relinquendi Romanorum. Vratislaviae (1843). (26 S.) 8° *[In d. Promotionsakten eigenhändig: Kretzig.]*
Breslau, Jur. Diss. v. 8. Mai 1843

Kratzik, Mena, des Lebens Untertöne. Roman. (174 S.) 8. Wien (910). E. Schmid. 2.50; geb. in Leinw. n 3. —

Krätzinger, G., der Benediktinerorden u. die Kultur. Protestantische Studie inmitten d. Kulturkampfes. gr. 8. (III, 44 S.) Heidelberg 876. C. Winter. n. 1. 20

— die Kirchenvereinigung zwischen Reformirten und Lutheranern in Rheinhessen. Ein kirchen- u. kulturgeschichtlicher Versuch bei Gelegenheit d. rheinhess. Unionsjubiläums. gr. 8. (65 S.) Mainz 872. v. Zabern. n. 1. —

Krätzinger, Geo., „Verstehest du auch, was du singest?" Geschichte und Erklärung der Lieder des neuen hess. Gesangbuches zum Gebrauche für Geistliche und Lehrer, Organisten und Kantoren, für die Seminarien und Kirchengesangvereine. gr. 8. (III, 196 S.) Darmstadt 885, [Würtz'sche Buchh.] Waitz. *

Krätzinger, Joh. Geo., Predigten bei dem Militärgottesdienste gehalten. Darmstadt 866. Würtz'sche Buchh. gr. 8. (VI, 229 S.) n. 1 ꝝ

— der politische Vorkämpfer des deutschen Protestantismus. 2 Vorträge zur Erinnerung an den 300jähr. Todestag Philipps des Großmüthigen, Landgrafen von Hessen. [Aus: „Allgemeine Kirchenzeitung."] Darmstadt 867. Zernin. gr. 8 (64 S.) n. 10 ngr

Kratzke

Bücher-Verzeichnis der unter Constitution der Höchstleuchtenden Hochwürdigsten Grossen Landes-Loge der Freimaurer von Deutschland zu Berlin arbeitenden, gesetzmässigen, verbesserten und vollkommenen Johannis-Loge, genannt „Tempel des Friedens" zu Stettin. Aufgenommen Johannis 1903. [Von Kratzke.] Stettin 1903: Rosenkranz & S. 54 S. 8⁰

KRAETZL, Franz: Die mährisch-schlesische Forstlehranstalt Aussee-Eulenberg während ihres ersten Vierteljahrhunderts. - Olmütz 1877. VIII, 116 S., 2 Abb. Denkschr.

Kraetzl, Frz., die süsse Eberesche, Sorbus aucuparia L. var. dulcis. Monographie. Lex.-8. (23 S. m. 1 farb. Taf.) Wien 890. Hölzel. n. 1. 80

Kraetzl, Frz., das Fürstent. Liechtenstein u. der gesamte Fürst Johann v. u. zu Liechtenstein'sche Güterbesitz. Statistisch-geschichtlich dargestellt. 7. Aufl. Mit 1 Wappen- u. 1 Münztaf., 1 Karte, 1 Tonbild u. 11 Textbildern. (XII, 285 S.) 8. Brünn 903. Ung.-Ostra, Forstmeister Kraetzl. n. 4. —; geb. in Leinw. n. 4. 80

KRAETZL, Franz: Schematismus des gesammten hochfürstlich Johann Liechtenstein'schen Forstbesitzes. - Olmütz 1873. 73 S. - 2. Aufl. ebd. 1877. 85 S. - 3. Aufl. ebd. 1881. - 5. Aufl. u. d. T.: Statistische Übersicht des gesammten hochfürstlich Liechtenstein'schen Güterbesitzes. Brünn 1891. 176 S. - 7. Aufl. u. d. T.: Das Fürstentum Liechtenstein und der gesamte Fürst Johann von und zu Liechtenstein'sche Güterbesitz. ebd. 1903. XII, 285 S., m. Kt. u. Abb. - 8. Aufl. ebd. 1914. VIII, 383 S.

Kratzmann, Ed., der Badegast zu Teplitz; sein Verhalten vor, während und nach der Kur. 8. (IV und 215 S.) Prag 847, (Ehrlich.) *

Kratzmann, Emil, Anleitung zum zweckmässigen Gebrauche des Marienbader Kreuzbrunnens u. Ferdinandsbrunnens. Prag 866. Ehrlich's Buchh. 8. (39 S.) n. 4 ngr.

— des principales eaux minérales naturelles de Marienbad en Bohême, et de leur usage intérieur efficace, soit à la source, soit à domicile. Avec une vue de Marienbad, gravée sur acier. Ebend. 865. 8. (X, 83 S.) n. 12 ngr.

Kratzmann, Em., der Ferdinandsbrunnen zu Marienbad, geschichtlich u. physikalisch-chemisch dargestellt. Prag 858. Ehrlich. 8. (XIII, 119 S. u. 1 Tab. in 4.) n. 20 ngr.

Kratzmann, Emil, der Führer in Marienbad und in dessen Umgebungen. Für Kurgäste. 16. (III und 140 S. mit 12 lithogr. Ansichten in Tondr., dem lithogr. Situationsplane des Kurortes in qu. gr. 4. und 1 lithogr. Postkarte von Deutschland in Fol.) Carlsbad 850, Gebr. Franieck.

Kratzmann, Dr. Emil. Der Führer in Marienbad und in dessen Umgebungen. Für Kurgäste. Zweite Auflage. Mit lithograph. Ansichten, einer geognostischen Karte oder dem Situationsplane des Kurortes. 8. (1 Bl. 120 S.) Karlsbad, Gebr. Franieck, 1853.

Kratzmann, Emil, der Führer in Marienbad und in dessen Umgebungen. Für Curgäste. 2. Aufl. Karlsbad 1853. 1 Thlr. 6 Ngr. und 3., umgearb. Aufl. gr. 16. (VIII und 254 S. mit 10 lithogr. Ansichten und dem lithogr. Situationsplane des Curorts in gr. 4.) Leipzig 855, (Brockhaus.) *

Kratzmann, Emil, *Dr., prakt. Arzt in Marienbad etc.* Die Gesundbrunnen zu Marienbad. *Prag* 1858. *Frd. Ehrlich.* XVI, 178 S., 1 Bl. Mit 4 Tab.
Enthält nebst dem medicin. Theile eine geschichtl.-topogr. Skizze des Curortes.

— Guide pratique du médecin et du malade aux eaux minérales, aux bains et aux environs de Marienbad en Bohême. Avec 12 gravures sur acier. Ebend. 865. 8. (XI, 277 S.) n. 1 ß 10 ngr.

— Instructions pour l'usage intérieur efficace de l'eau naturelle du Kreuzbrunnen et du Ferdinandsbrunnen de Marienbad, soit à la source, soit à domicile. Ebend. 865. 8. (23 S.) n. 4 ngr.

— der Marienbader Kreuzbrunnen u. Ferdinandsbrunnen, deren Eigenschaften, Wirkungen u. Gebrauchsweise. Ebend. 866. 8. (VIII, 120 S. mit der Ansicht von Marienbad in Stahlst.) n. 16 ngr.

Kratzmann, Emil, die Lehre vom Samen der Pflanzen, dargestellt. Mit 4 Steintaf. gr. 8. Prag 839. (Borrosch u. André.) n. 3/4 ß

—— Marienbad, s. a. Marienbad.

—— Marienbad. Handbuch für Kurgäste. 8. (VIII und 278 S. mit 12 Stahlst.) Prag 864, Ehrlich's Buchh. *

— der Kurort Marienbad und seine Umgebungen, medicinisch, historisch und topographisch dargestellt. Ein Handbuch für Kurgäste. 4. verm. Aufl. Mit 10 lith. Ansichten (in 8. u. 4.) u. dem (lith.) Situationsplane des Kurortes. Prag 857. Ehrlich. 16. (3 Bl., 286 S.) 1 ß. 10 ngr.

—— der Curort Marienbad und seine Umgebungen. 5., gänzlich umgearb. Aufl. 8. (XII und 430 S.) Prag 862, Ehrlich's Buchh. *

Kratzmann, Emil: Die neuere Medicin in Frankreich, nach Theorie und Praxis. Mit vergleichenden Blicken auf Deutschland. Abth.1, 265 S., gbd.

Leipzig: Brockhaus 1846

JB 5.731

Kratzmann Ernst: Der mikrochemische Nachweis und die Verbreitung des Aluminiums im Pflanzenreich (mit 6 Textfiguren). S. 122. I. 311 . . . . K —.90
Separatabdruck

— Zur physiologischen Wirkung der Aluminiumsalze auf die Pflanze (mit 3 Textfiguren). S. 123. I. 221 . . . . , —.80
Separatabdruck

Kratzmann, Richard Die obere, insbesondere die sächsische Elbe und ihre Schiffahrt. 4 (19 S.). **Progr.** Rsch. *Leipzig* 1888 (zu 536).

Kratzmann, *Richard:* J. G. Seume als Patriot und patriotischer Dichter. Leipzig, Druck v. C. G. Naumann, 1897; 1 Bl., 16 S. 4.
Leipzig, III. st. R, OP 1897 (592)

Kratzsch, Gustav, aus Chemnitz, Referendar am Kgl. Sächs. Amtsgerichte zu Oschatz: Der Selbsteintritt des Kommissionärs nach dem Handelsgesetzbuche für das Deutsche Reich nebst einer Betrachtung über die unter der Herrschaft des Allgemeinen Deutschen Handelsgesetzbuches hervorgetretenen Missstände. *Dresden 1899: L. Klemich.* (65 S.) 8°
Erlangen, Jur. Diss. v. 16. Okt. 1898

Kratzsch, Joh. Friedr., Darstellung d. Gerichts-Verfass. in d. Preuß. Staate. 1. Thl., enthalt. d. Addreßbuch d. sämmtl. Gerichts-Behörden in d. Preuß. Staate. gr. 8. (19³/₄ B.) Zeitz 833. (Leipzig, Franke.)

—— Darstellung d. Veränderungen in d. Gesetzgeb. u. Gerichts-Verfassung d. verschied. zum Departement d. Oberlandsgerichts zu Naumburg gehör. Landestheile, ingl. d. Preuß. Markgrafthümer Ober- u. Niederlausitz seit d. J. 1806. gr. 8. (39 B.) Zeitz 832. (Leipzig, Franke.)

Kratzsch, Joh. Friedr., neuestes u. gründl. alphabetisches Lexicon der sämmtl. Ortschaften der deutschen Bundesstaaten. A. u. d. T.: Vollständiges topograph.-justitiarisches Handbuch d. sämmtl. deutschen Bundesstaaten. 1. Abthl. u. 2. Abthl. 1. u. 2. Bd. gr. 8. Naumburg 843, 45, Zimmermann. [I. Abthl. (53 B.) II. B. 1. (52 B.) 2. (53³/₄ B.)] *

Kratzsch, Joh. Friedr., tabellar. Uebersicht d. Justiz-Organismus d. sämmtl. deutschen Bundesstaaten. Mit erläut. Anmerkn. Zum Gebr. f. Ober- u. Untergerichte, Secretarien, Actuarien, u. Sachwalter bei denselben. gr. Fol. (71 B.) Leipzig 836, [Lorck.] *

KRATZSCH, Joh. Fr.: Tabell. Uebers. d. Justiz-Organismus d. sämmtl. Deutsch. Bundesstaaten. Mit erläuternd. Anmerk. z. Gebr. f. Ober- u. Untergerichte, Secretarien, Actuarien und Sachwalter bei denselben. *Leipzig*, Weber. 836. gr. Fol. (5 Thl.)

— alphabet. Verzeichniß sämmtl. in dem Departement des K. Preuß. Oberlandesgerichts v. Sachsen-Naumburg belegenen Städte, Flecken, Dörfer rc. 1r u. 2r Thl. Mit Tabb. gr. 8. Zeitz 827. Webel. 3 ₰

Kratzsch, Iwan: ⟨Aus der medizinischen Poliklinik in Jena.⟩ Ueber die Komplikation von Masern mit Diphtherie. *Jena 1898: G. Neuenhahn.* (24 S.) 8°
Jena, Med. Diss. v. [13. Apr.] 1898

Kratzsch, Kurt, Kammergerichtsreferendar, Dragomanats-Aspirant bei der Kaiserlich deutschen Gesandtschaft in Peking: Zulässigkeit und Wirkungen des selbständigen Betriebes eines Handelsgeschäftes durch eine Ehefrau, die im gesetzlichen Güterstande lebt. Berlin 1904: Deutscher Verlag. (76 S.) 8° [F.]
Rostock, Jur. Fak., Ref. Lehmann, Diss. v. 28. Febr. 1905
[Geb. 28. Febr. 77 Leipzig; Wohnort: Peking; Staatsangeh.: Preußen; Vorbildung: Thomasgymn. Leipzig Reife O. 97; Studium: Leipzig, Berlin; Rig. 13. Nov. 03.]

Kratzsch, M., die Bundesratsverordng. üb. die Beschäftigg. von Gehilfen u. Lehrlingen im Gastwirtsgewerbe. Gemeinverständlich dargestellt u. erläutert. Unentbehrliches Handbüchlein zum tägl. Gebrauch f. Wirte, Cafétiers, Hoteliers rc., sowie f. Kellner, Kellnerinnen u. alle Angestellten im Gastwirtsgewerbe. 3. bedeut. verm. u. verb. Aufl. 12. (16 S.) München (902). M. Ernst. — 25

Kratzsch, M., Predigt zum 2. Säcularfeste der Zeugmacher-Innung zu Meuselwitz am 4. Mai 1855. gr. 8. (12 S.) Altenburg 855, (Jacob'sche Buchh.) **

Kratzsch, Max, der Kampf des Münchener Tonkünstler-Orchesters u. seine Bedeutg. f. die deutschen Musiker. (68 S.) 8. München (909). G. Birk & Co. — 60

Kratzsch, Paul, für den Fortbildungsunterricht. 60 Aufgaben zum Übertragen, auch als Diktate verwendbar. Zusammengestellt u. hrsg. I. Heft. Belehrender Inhalt. (32 S.) kl. 8. Wolfenbüttel 905. Heckner. nn — 25

Kratzsch, Rich., sofort bilanzfähig! Ein Schlüssel z. leichten Verständnis der „Dopp. Buchführg." (aller Systeme) u. ihrer Bedeutg. f. die Sicherg. grosser geschäftl. Erfolge, nebst schemat. Ueberblick über das System u. die Buchungsgrundsätze der „Doppelten Buchführg." Lehr- u. Handbuch kaufmänn. Rechnungsführg. f. den Unterricht u. tägl. Kontorgebrauch. (I, 48 S. m. 1 Tab) gr. 8. Hainichen i/S. (Langestr. 23) 903. R. Kratzsch. n. 1. 80; geb. in Leinw. n. 2. 40

Krätzschmar, Hellmuth: Über den Polymorphismus von Anuraea aculeata Ehrbg. Variationsstatistische u. experimentelle Untersuchung. ⟨Aus d. zool. Inst. zu Leipzig u. d. biol. Station in Lunz.⟩ Mit 1 Taf. 20 Fig. im Text u. 1 Kurventab. Leipzig (1908): Klinkhardt. 53 S. 8°
¶ (Aus: Internat. Revue d. gesamten Hydrobiol. u. Hydrogr. Bd 1, H. 4/5.)
Leipzig, Phil. Diss. v. 28. Nov. 1908, Ref. Chun, Pfeffer
[Geb. 30. Juni 82 Göppersdorf; Wohnort: Leipzig; Staatsangeh.: Sachsen; Vorbildung: Lehrerseminar Rochlitz, Wahlfähigkeitszeugnis Nov. 04; Studium: Leipzig 6 S.; Rig. 22. Juli 08.] [U 09. 3004

Krätzschmar, Hugo, der Spargel und seine rationelle Cultur mit Berücksicht. dessen Treiberei. 8. (28 S.) Langensalza 873, Schulbuchh. von Greßler. *

Kraetzschmar, Ludw., über die Verbreitung des Lecithin im Pflanzenreich. Inaugural-Dissertation. gr. 8. (30 S.) Göttingen 882, (Vandenhoeck und Ruprecht's Verlag.) *

— über das Vorkommen und die Verbreitung flüchtiger reducirender Substanzen im Pflanzenreiche, s. Reinke, J.

Kraetzschmar, Rich., d. Bundesvorstellung im Alten Testament in ihrer geschichtl. Entwickelung, untersucht u. dargest. gr. 8. (VII, 254 S.) Marburg 896. N. G. Elwert's Verl. n. 6. 40

Kraetzschmar, Rich., das Buch Ezechiel übers. u. erklärt, s.: Handkommentar zum Alten Testament. III. 3. I.

Kraetzschmar, Rich., s.: Jesaia.

— Prophet u. Seher im alten Israel, s.a. Sammlung gemeinverständl. Vorträge u. Schriften a. d. Gebiet der Theologie. 23.

Prophet und Seher im alten Israel. Von Richard **Kraetzschmar**, Privatd., Marburg. Tübingen & Leipzig: J. C. B. Mohr 1901. (32 S.) 8°
= **Sammlung** gemeinverständl. Vorträge u. Schriften aus d. Geb. d. Theol. u. Religionsgeschichte. 23. [... 9391

Kraetzschmar, Richard: Relativpronomen und Relativsatz im Assyrischen. . . . (Aus: Beitr. z. Assyriologie, hrsg. v. Delitzsch u. Haupt. Bd. I. H. 2.) Leipzig, Druck v. August Pries, 1890; 1 Bl. + 31 + 1 S. 8°
Leipzig, Phil. Fak., Inaug.-Diss. v. 25. März 1890

— hebräisches Vokabular. gr. 8. (VII, 40 S.) Tübingen 902. J. C. B. Mohr. Kart. n. — 80

Krätzschmer, Friedr., musikalisches Fremdwörterbuch, oder Erklärung der in der Musik gebräuchlichsten Ausdrücke und Benennungen. Zum Gebrauche für Musiker und Dilettanten. Mit einem Anhange. 32. (120 S.) Leipzig 851(52,) Wengler. *

Krätzschmer, Fr., musikalisches Fremdwörterbuch für ausübende Künstler und Dilettanten. 2., verb. und verm. Aufl. 16. (256 S.) Leipzig 861, Wengler.

Krätzschmer, Fr., große Sammlung von Buchstabenverzierungen, (großentheils ganz neu erfunden,) für Graveure, Kalligraphen, Kupferstecher, Lithographen, Holz-, Stein- u. Stempelschneider rc. 1s Heft. qu. 1/2 Fol. Leipzig 839. (Dörffling.) n. 1 1/6 ℛ

Krätzschmer, Friedr., grosse Samml. v. Buchstabenverzierungen, (grossenth. ganz neu erfunden,) f. Graveure, Kalligraphen, Kupferstecher, Lithographen, Holz-, Stein- u. Stempelschneider etc. 1. Hft. qu. 1/2 Fol. (9 lith. Bl.) Leipzig 839, Krätzschmer. Thlr. *
Vgl. Kretzschmer.

Krauch, Carl. Beiträge zur Kenntniss der ungeformten Fermente in den Pflanzen. (Erlangen) Berlin, 1878.

Krauch, C., die Prüfung der chemischen Reagentien auf Reinheit, m. e. Vorwort v. J. König. gr. 8. (60 S.) Darmstadt 888. Brill. n. 1. —

Krauch, C., die Prüfung der chemischen Reagentien auf Reinheit. 2., gänzlich umgearb. u. verm. Aufl. gr. 8. (VIII, 254 S.) Berlin 891. J. Springer. Geb. in Leinw. n. 6. —

Krauch, C., d. Prüfg. d. chemischen Reagentien auf Reinheit. 3., umgearb. u. sehr verm. Aufl. gr. 8. (V, 413 S.) Berlin 896. J. Springer. Geb. in Leinw. n. 9. —

Krauchenberg, Val., Abhandl. von d. Nothwendigkeit der Erstatt. des verurs. Schadens. 8. Hamb. Braud. 739.

Kraudy v. Saaros, Samuel (Ungarischer Adel), De lege. Disp. philos. Präs. Jo. Ernst Schubert. Wittbg. (Jo. Christoph Tzschiedrich) 22. V. 1739. 40 S. (6.20) 19309
Gew.: Heinrich v. Heucher, Thomas Szirmay v. Szirma Bessenye (Gölnitz, Giralth-falva . .), Thomas Dessoffi v. Cserneck (Homonna . .), Johann Hambacher, Nicolaus v. Szemere (Loschontz, Noszva).

Krauel, Christian Heinrich (Rostock), De revocatione erroris ab advocato commissi. Diss. jur. Präs. Siegfried Caeso v. Aeminga. Greifswald (A. F. Röse) 15. V. 1766. 34 S. (6.—) 19310

Krauel, Hans: Der Haken- und Langzeilenstil im Beowulf. Halle a. S. 1908: Karras. 43 S. 8° ¶(Ersch. vollst. als: Studien z. engl. Philol. Bd 32.)
Göttingen, Phil. Diss. v. 12. Dez. 1908, Ref. Morsbach
[Geb. 12. März 81 Sidney, Austr.; Wohnort: Lübeck; Staatsangeh.: Lübeck; Vorbildung: Gymn. Freiburg i. B. Reife Juli 01; Studium: München 3, Göttingen 8 S.; Rig. 17. Juni 08.] [U 09. 1372

Krauel, Max, bacc. iur., Referendar in Hamburg: Die Anwendung der Vorschriften des Bürgerlichen Gesetzbuches über den Eigentumserwerb vom Nichtberechtigten beim Miteigentum. Borna-Leipzig 1907: R. Noske. (VIII, 74 S.) 8° [F.]
Leipzig, Jur. Fak., Diss. v. 2. April 1907
[Geb. 28. Mai 83 Hamburg; Wohnort: Hamburg; Staatsangeh.: Hamburg; Vorbildung: Matthias-Claudius-Gymn. Wandsbek Reife O. 01; Studium: Lausanne 1, Freiburg i. B. 3, Berlin 3 S.; Rig. 20. Juli 05.]

Die Bekenntnisse des jungen Bismarck. Rede geh. zu Freiburg i. B. 1901 von R. **Krauel**, Kais. Gesandten z. D. *Tübingen & Leipzig: J. C. B. Mohr 1901.* (31 S.) 8° [F.]

Krauel, R., s.: Briefwechsel zwischen Prinz Heinrich v. Preußen u. Katharina II. v. Rußland.

Prinz Heinrich von Preussen in Paris während der Jahre 1784 und 1788 bis 1789. Nach ungedr. archival. Quellen von R. **Krauel**, Kais. Gesandten z. D. Mit 1 Bildn. *Berlin: E. S. Mittler & Sohn 1901.* (72 S.) 8° [F.]

Krauel, R . Prinz Heinrich von Preussen als Politiker. X + 299 S. 8. Berlin, Alexander Duncker, 1902. [br. M. 10.—, geb. M. 12.—]
Quellen und Untersuchungen zur Geschichte des Hauses Hohenzollern. Hrg. ... von Ernst Berner. Band 4. Dritte Reihe: Einzelschriften. II... .

— Graf Hertzberg als Minister Friedrich Wilhelms II. gr. 8. (IV, 103 S.) Berlin 899. E. S. Mittler & Sohn. n. 2. 75; geb. n. 4. —

Krauel, Richard

— deutsche Interessen in Brasilien. Vortrag, geh. am 9. I. 1900 in der Abth. Hamburg der deutschen Kolonial-Gesellschaft. gr. 8. (30 S.) Hamburg 900. L. Friederichsen & Co. n. 1. —

Krauel, Rich., Preussen u. die Freiheit neutraler Güter auf feindlichen Schiffen, s.: Festgabe der Berliner juristischen Fakultät f. Otto Gierke.

Die Heidenhofer. Roman von Wilhelm **Krauel**. Berlin: O. Janke [1907]. (276 S.) 8° [F.]

Unruh' in Herzen. Roman von Wilhelm **Krauel**. Berlin: Janke [1909]. 270 S. 8°

Krauer. J(ohann) G(eorg) K', der Dichter des Rütli-Liedes... s. ([Hunkeler,] Hans) —

Krauer, J. G., d. Dichter d. Rütli-Liedes, u. s. Zeit. 2., verm. Aufl. gr. 8. (VIII, 358 S. m. Bildn.) Aarau 896. H. R. Sauerländer & Co. n. 3. 60; geb. n. 4. 80

Krauer, Heinrich. Bericht der Minorität der neuen Revisionskommission erstattet dem helvetischen Senat von dem Bürger H' K' den 15. Jenner 1800. nebst dem Entwurf einer umgeänderten Konstitution (dem Senat vorgelegt von den Bürgern K' und [Johann Melchior] Kubli). 8. Bern, gedruckt in der Nationalbuchdruckerey.

Krauer, J. G., († im Oct. 1826.) Prodromus florae Lucernensis, seu stirpium phanerogamarum in agro Lucernensi et proximis ejus confiniis sponte nascentium catalogus. 12. Lucern 824. Meyer. (Schmidt in Leipz.) 10 gr.

Krauer, Johann Georg s. Schobinger-Pfister, J[oseph]. Taschenbuch für reisende Botaniker.... (Luzern) 1866.

Krauer, Johann Georg: Skizze eines Nekrologes des in Olten verstorbenen Schultheissen Eduard Pfyffer. Liestal 1835. 8°

(Krauer. J[ohann] G[eorg].) Ein Vergissmeinnicht auf das Grab des am 11. Dezember [1834] in Olten verblichenen Schultheissen Eduard Pfyffer. 8. Sursee 1835.

Krauer, Jos., Epigramme. gr. 16. (111 S.) Luzern 858, [Gebhardt.] *

Krauer, Jos., Epigramme. Luzern 858. Kaiser. 16. (111 S.) n. 16 ngr.

Krauer, Jos., einige Zeilen zur Revision des Strafgesetzbuches für den Kanton Luzern, um bessere Behandlung der Verbrecher und gesetzlichen Thierschutz. Luzern 860. Straube. gr. 8. (47 S.) 5 ngr.

Krauer-Widmer, A., u. A. Higi. Das Veredeln d. Reben und dessen Bedeutung für die europäische Rebkultur. Mit zahlr. Abbild. In-8°. 42 S. Frauenfeld, J. Huber's Verlag. 1896. 1 —

Kraukling, Karl Konst., s. 1) Morgenzeitung, Dresdner. 2) Theater-Zeitung, Dresdner.

Kraume, Friedrich

Kraume, F., Diktate in Aufsatzform, s.: Kamp, K.

Kraume, Frdr., Lehrgang der Stenographie Gabelsbergers, s.a. Reuter's Bibliothek für Gabelsberger-Stenographen.

Kraume F, Lehrgang der Stenographie Gabelsbergers. (48 S) Dresden 1903

Kraume, F., der Laufbursche, s.: Jugend-Bibliothek, Laumannsche.

Kraupa, Ant., und Wilh. Mallner, die wahren Werte aller österreichischen Lose und ihrer Promessen, berechnet für alle noch folgenden Ziehungen, nebst sämmtl. Verlosungsplänen und den Tabellen für die Auszalungen der Gewinne. gr. 8. (IV, 83 S.) Wien 877, (Gerold's Sohn.) *

Kraupa, Ant., und Wilh. Mallner, die wahren Werte aller österreichischen Lose und ihrer Promessen, berechnet für alle noch folgenden Ziehungen, nebst sämmtl. Verlosungsplänen und den Tabellen für die Auszalungen der Gewinne. 2. mit „Laibacher Losen" verm. Ausg. gr. 8. (IV, 88 S.) Graz 880, Wiessner.

Kraupa, Mathilde, Winthrop Mackworth Praed, s.a. Beiträge, Wiener, zur englischen Philologie. 32. Bd.

Winthrop Mackworth Praed. Sein Leben u. s. Werke. Von Mathilde Kraupa. Wien & Leipzig: Braumüller 1910. VII, 125 S. 8°
(Wiener Beiträge z. engl. Philologie. Bd 32.) [10. 10379

Kraupner, F., Tschech. Ein mythisch-nationales Gedicht in 39 Gesängen. 8. (III, 212 S.) Berlin 884, Issleib. *

Kraupner, Frz., Direction, Verwaltung und Organisation der Grossgüter. Erfahrungen eines alten Landwirthes. 1.—17. Lfg. gr. 8. (1. Bd. 455 S.; 2. Bd. S. 1—640.) Raudnic 881—84. (Prag, Calve'sche Universitäts-Buchh.) à Lfg. *M 1,20. *

Kraupner, Frz., Direction, Verwaltung und Organisation der Grossgüter. Erfahrungen eines alten Landwirthes. 18. und 19. Lfg. gr. 8. (2. Bd. S. 641—768.) Raudnic 886. (Prag, Calve'sche Hof- und Universitäts-Buchh.) à Lfg. *M 1.20. *
1.—17. Lfg. Ebendas. 1881—84. à *M 1.20.

Kraupner, Frz., Hilfstafeln zur Berechnung der Bodenkrafterschöpfung u. des Bodenkraftersatzes auf Grund durchschnittl. chem. Analysen der landwirthschaftl. Produkte u. der gebräuchl. Düngmittel. Prag 866. (Reichenecker.) gr. 12. (VI, 199 S. mit 1 Tab. in qu. Fol.) n. 1 ₰

Kraus, F. X., u. der Ultramontanismus. Von Rhenanus. gr. 8. (29 S.) Berlin 902. W. Baensch. n. 1.—
Sonderabdruck aus: „Deutsche Stimmen".

Kraus

— s. a. **Craus, Kraus e, Krauss.**

— Medicinal-Inspectorat, (Dr. Kraus), Bericht über die medicinische Statistik des Hamburgischen Staates für das Jahr 1872 ... 78, 85 ... 88. [Hamburg o. J.]

Kraus, Grafs u. G. X. Degmair, Busspredigten. gr. 8. Augsb. 770, 71. v. Jenisch u. Stage. 4 K

Kraus, Grafs u. Degmairs Busspredigten. gr. 8. Augsburg, Stage. 774.

Kraus: Betrifft die Frage der Teilung der Kieler Kirchengemeinde in Einzelgemeinden, s. Wilde.

Kraus. Charte des Regierungs-Bezirks Aachen. Aachen 1827. 1 Bl. c. I..

Kraus, fernere Mittheilungen üb. die Arbeiten d. Herrn Dr. Briosi. [Aus: „Sitzungsber. d. naturf. Gesellsch. z. Halle".] gr. 4. (1 S.) Halle 873. Schmidt. n. — 25

Kraus. Special-Karte des Regierungs-Bezirks Aachen. 1 : 160 000. 1833. 1 Bl. c. I..

Kraus, A.

— u. P. **Schwenzer,** Hilfstabellen f. Nahrungsmittel-Chemiker. (100 S.) 8. Ebd. 910. Geb. in Leinw. 2. —

Kraus, A., Nahrungsmittelchemie u. Nahrungsmittelkontrolle in ihrer Bedeutg. f. Handel, Gewerbe u. Industrie. Mit den einschläg. Gesetzen u. Verordngn. (X, 196 S.) 8. Leipzig 911. Veit & Co. Geb. in Leinw. 3. 50

Kraus, A., und G. **Weiss,** das Stadtthor in Bild und Wort. Glogau 861. Flemming. Lex.-8. (16 S. u. 7 Holzschntaf.) 18 ngr.

Kraus, Adf., über die Ausbildung zum höheren politischen Verwaltungsdienste. (28 S.) gr. 8. Wien 909. M. Perles.
Sonderabdruck aus: „Öst. Ztschr. f. Verwaltg." — 80

Kraus, Alex., die Garantie der französ. Einrichtungen in der Provinz Rheinhessen im Verhältniss zu der allgem. Gesetzgebung des Grossherzogthums vom standrechtl. und polit. Standpunkt. Eine Gelegenheitsschrift. 12. (59 S.) Darmstadt 817, Jonghaus'sche Hofbuchh.

Kraus, Alfred

— Über die Einwirkung der salpetrigen Säure auf Resorcindiäthyläther und Triäthylresorcin. S. 100. IIb. 319 . . . . vgr.
Separatabdruck

Kraus Alfred: Ist der warenkundliche Unterricht an zweiclassigen Handelsschulen reformbedürftig? 29. Czernowitz Gew. Sch. 02.
Progr.

Kraus Alfred: Methylierung des symmetrischen Orcins. S. 100. IIb. 217 . . . . . . vgr.
Separatabdruck

Kraus, Alfred [Assist. d. Augenklinik zu Göttingen]: Physiologische Mitbewegungen des paretischen obern Lides. . . . Göttingen, Druck d. Dieterichschen Univ.-Buchdr., 1891; 15 S. 8°
Göttingen, Med. Fak., Inaug.-Diss. v. [2. Jun.] 1891

Kraus, A. Physiolog. Mitbewegungen d. paretischen obern Lides. Diss. gr. 8. (15 S.) Gött. 891, (Vandenhoeck u. Ruprecht). ** — 50

Kraus, Alfr., was können wir zur Hebung unserer Obstmarktverhältnisse beitragen? 12. (60 S.) Lobositz 893. (F. Lauterbach.) n. — 40

[S.] Die Aufgabe und Methode der Wirtschaftsgeographie. Von Prof. Alois **Kraus**. SA. aus . . . 'Aus allen Weltteilen'. *Berlin: H. Paetel 1897.* (30 S.) 1 Bd 8.
= Sammlung geographischer u. kolonialpolit. Schriften. No 3. [97. 5819

Kraus, Alois: Die handelspolitische Lage Deutschlands. ([S.-A.] Programm der Prager Handels-Akademie. Juli 1900.) Prag 1900. 33 S. 8°.

Kraus, Alois: Kaiser M a x i m i l i a n I. und die ungarische Krone von 1492/3–1515.
Phil. Diss., Prag 1889/90

Versuch einer Geschichte der Handels- und Wirtschaftsgeographie. Habilitationsschrift z. Erlangung d. Venia legendi an d. Akad. f. Sozial- u. Handelswiss. vorgelegt von Dr. Alois **Kraus**, Oberl. Frankfurt a. M.: J. D. Sauerländer 1905. (VIII, 103 S.) 8° [05. 10

Kraus, Andreas [pr. Arzt aus Thanstein]: Beiträge zur Kenntniss der Oxydationsvorgänge im Erdboden. . . . Erlangen, Druck d. Univ.-Buchdr. v. E. Th. Jacob, 1888; 22 S. u. 1 Taf. 8°
Erlangen, Med. Fak., Inaug.-Diss. v. 31. März 1888

Kraus, Anna. Über die diagnostische Bedeutung der Koch'schen Tuberculininjection nach Beobachtungen auf der Züricher Universitätsklinik. Diss. Med. Univ. Zürich. *Kopftitel:* Aus der Züricher medizinischen Universitätsklinik. Direktor Prof. Dr. [Hermann] Eichhorst. 47 S. 8. Karlsruhe, Aktienges. «Badenia», 1903.

Kraus, Anne (wirkl. Name), s. B a r i n k a y, Sandor (Pseud.)

Goethe a Čechy. Napsal Arnošt V. **Kraus**. Vyd. přispěním slavné České akad. . . . *V Praze: Nákl. vlastním; V kom. u Bursíka a Kohouta 1896.* [Goethe u. Böhmen. Von . . . Kraus. Hrsg. m. Unterst. d. Akad. . . . *Prag: Selbstv. . . .*] (2 Bl., 214 S.) 1 Bd 8. [96. 8789

Kraus, August, aus Neuss a. Rh.: **Beiträge zur Kenntnis der Keimung und ersten Entwicklung von Landpflanzen unter Wasser.** *Kiel 1901: P. Peters.* (47 S.) 8°
Kiel, Phil. Diss. v. [13. Mai] 1901

Kraus, Bernhard

— Diagnose und Therapie der Krankheiten des Menschen mit Zugrundelegung der Lehren und Recepturen der ersten medicinisch-chirurgischen Autoritäten und Anführung von 1500 Receptformeln im metrischen Gewichte. Nebst einem Anhang über Balneologie. 2 Bde. gr. 8. (IV, 980 S.) Ebendas. 877. *
geb. in 1 Bd. * ℳ 16,60.; geb. in 2 Bde. *
— dass. — 2 Bde. 2. (Titel-)Aufl. gr. 8. (IV, 980 S.) Ebendas. 878. *
geb. in 1 Bd. * ℳ 16.; geb. in 2 Bde. *

Kraus, Bernh., Compendium der neueren medicinischen Wissenschaften. Für Aerzte, Lehrende und Lernende nach dem gegenwärt. Stande der Wissenschaft fasslich, die Materien erschöpfend dargestellt. Unter Mitwirkung hervorragender Fachgelehrten. gr. 8. (X, 851 S. mit 71 in den Text gedr. bildl. Taf.) Wien 874, Perles. * ℳ 14,40.; geb. *

Kraus, Bernard, Compendium der neueren medicinischen Wissenschaften. Für Aerzte, Lehrende und Lernende nach dem gegenwärtigen Stande der Wissenschaft fasslich, die Materien erschöpfend dargestellt. Unter Mitwirkung hervorragender Fachgelehrten. 2. (Titel-)Aufl. gr. 8. (X, 851 S. mit 71 in den Text gedr. bildl. Taf. in eingedr. Holzschn.) Wien (874)78, Perles. * ℳ 14,60.; geb. *

KRAUS, B., Die Regelung der Prostitution, Wien 1875. 8°. (Ebd.)

Kraus, Bernh., u. Fritz **Esser**, S. J., Rosa mystica. D. Geheimnisse d. hochhl. Rosenkranzes in 16 Kunstblättern nach Orig.-Federzeichngn. v. K. u. 16 Sonetten v. E. hoch 4. (19 S.) M. Gladbach 898. B. Kühlen.
In Mappe 6. —

Kraus, Bernhard (Hrsg.), s. Z e i t s c h r i f t, Österreichische, f. Kinderheilkunde.

Kraus, Bern., s.: Zeitung, allgem. Wiener medizin.

Kraus, C., ausführliche Anleitung zur Fabrikation sämmtlicher Branntweine und Liqueure, sowie sämmtlicher gangbarer Punsch-Essenzen und Ratafias auf kaltem Wege, und doch sofort handelsreif. 2. verm. und verb. Aufl. gr. 16. (II, 52 S.) Mainz 875, (Le Roux'sche Buchh.)

Kraus, C., praktische Anleitung zur Veredlung sämmtlicher Weine u. Sammlung von Recepten zur künstlichen Darstellung aller ausländischen u. Liqueur-Weine. Nach Erfahrg. eines Praktikers. 6., verm. u. verb. Aufl. Mainz 868. (Le Roux.) gr. 8. (52 S.) n. 20 ngr.

Kraus, C., s. A e s c h y l u s: Tragödien.

Kraus, (C.,) Gedichte. 12. 822. (Leipz., Hartmann.)

Kraus, C., Gedichte. 12. 824. (Macken in Reutl.) 12 ℋ

Kraus, C., s.: Handbuch f. das k. k. Militär-Sanitätswesen.

Kraus, C. L., Plan von Cassel Haupt- u. Residenzstadt vom Kurfürstenthum Hessen nach den bei Kurfürstl. Obersteuer-Collegium befindl. Original-Kataster-Charten revidirt u. hrsg. Revidirt in 1849. Fol. Kpfrst. Cassel 849, Appel. ½ ℳ

Kraus, C. L. Situations-Charte über die Umgegend der Residenzstadt Cassel. 1:25 000. Cassel 1832. 1 Bl. L. Ff.

Kraus, Carl, s. K r a u s, Karl.

Kraus, Christian, a. Eschweiler über Feld: Entwicklung des Weseler Stadthaushaltes von 1342—1390. Wesel 1907: C. Kühler. (33 S.) 8° ¶(Erscheint vollst. in: 'Studien und Quellen zur Geschichte von Wesel'.)
Bonn, Phil. Fak., Ref. Schulte, Diss. v. 6. Aug. 1907
[Geb. 2. Dez. 80 Eschweiler über Feld; Wohnort: Eschweiler; Staatsangeh.: Preußen; Vorbildung: Gymn. Düren Reife O. 03; Studium: Bonn 7 S.; Rig. 6. Febr. 07.]

Entwicklung des Weseler Stadthaushaltes von 1342–1390 dargest. auf Grund d. Stadtrechnungen von Christian **Kraus**. Wesel: C. Kühler 1907. (86 S.) 8°
= Studien u. Quellen z. Geschichte von Wesel. 2. [08. 11307

Kraus, Christian, Geschwister. 3 kleine Theaterspiele. (101 S.) 8. Berlin 909. F. Bard. 2.50

Christian **Kraus**. Georg Reimers der Schüler. Berlin: Borngräber [1910]. 375 S. 8° [10. 10467

Kraus, Christian Jakob, s. A b e n t h e u r e r, D. geistl.

Der geistliche Abentheurer oder Der als Ueberwinder im Glauben und als Virtuose im Predigen herumfahrende Ritter des H. Stephan-Ordens Frh. v. Mortczinni [!]. Eine Geschichte unserer Tage in einem Sendschreiben an [Joh. Erich] Biester. [Von Christian Jak. Kraus.] Königsberg: Dengel 1784. 164, XLIV S. 8°
cf. Fischer, R.: Gesch. d. Joh.loge z. d. drei Kronen, Königsberg i. Pr. [1910] S. 204.
Kl. 3384. Erwähnt auf S. 80 u. 97 Mortczinis Zugehörigkeit zum Frmrbunde.

Kraus, Chr. Jac.: Aufsätze über staatswirthschaftliche Gegenstände. Nach dessen Tode hrsg. von Hans v. Auerswald. Th. 1. 2. Königsberg 1808.

[Inhalt:]

1. Ueber den Frachthandel der Städte Königsberg und Elbing.
2. Ueber das Seesalz-Monopol.
3. Ueber den Aufkauf.
4. Ueber die Auflage auf die Weizenausfuhr.
5. Ueber die Aufhebung der Privatunterthänigkeit.
6. Ueber den Leinwandshandel in Preußen.
7. Ueber den inländischen Getreide-Verkehr.
8. Ueber die Berechnung von Durchschnitts-Kornpreisen zur Ausmittelung des Silberwerths.
9. Ueber das Verbot der Getreideausfuhr vom linken Rheinufer.
10. Bemerkungen betr. die Klagen über Geldmangel in Berlin, Königsberg und andern Plätzen unseres Staats, im Jahre 1805.
11. Ueber die Mittel, das zur Bezahlung der franz. Kriegsschuld erforderliche Geld aufzubringen.
12. Staatswirthschaftliche Bemerkungen.
13. Briefe staatswirthschaftlichen Inhalts. Geschrieben an den Hrsg.

Ch. Jac. **Kraus**: nachgelassene philos. Schriften, m. e. Vorr. u. Abhandl. v. J. F. **Herbart**. *Königsb.*, Univ.-B. 812. 2 Bde. 8° 2ß [Sind 5-6r Bd. v. *Eb.* verm. Schrr., h. v. Hs. v. **Auerswald**. *Königsb.*, Nicolovius, (nachher Univ.-B.) 808-19. 8 Bde., d. 8e unt. d. Tit.: d. Leben d. Prof. Chr. Jac. Kraus, a. d. Mittheill. sr. Freunde u. sn. Briefen dargest. v. J. Voigt. *Eb.* 819. 8° 2ß 8gr]

Kraus, Christian Jakob: Vermischte Schriften über staatswirthschaftliche, philosophische u. a. wissenschaftliche Gegenstände; nach dessen Tod hrsg. von Hans v. Auerswald. 7 in 6 Bdn. (mit Ks. Bildn.) Königsberg: Nicolovius 1808—13.

Kraus, Christian Jakob: „Vermischte Schriften über staatswirthschaftliche, politische und andere wissenschaftliche Gegenstände". Nach seinem Tode herausgegeben von H. J. von Auerswald, Herbart, Süvens und Hüllmann, 8 Bände, Königsberg 1808 bis 1819 (bei Friedrich Nicolovius). Inhalt: Bd. I/II: „Aufsätze über staatswirthschaftliche Gegenstände", 1808/1809; — Bd. III/IV: „Enzyklopädische Ansichten der Gelehrsamkeit", 1809; — Bd. V/VI: „Nachgelassene philosophische Schriften mit Vorrede und Abhandlung von J. Fr. Herbart, 1812; — Bd. VII: „David Hume: Politische Versuche aus dem Englischen übersetzt", 1814; — Bd. VIII: „Das Leben des Professors Kraus, dargestellt von J. Voigt", 1819. — Vorh.: UB Bonn (Signatur Ka 477).

Kraus, Chr. Jak., († d. 25. Aug. 1807.) vermischte Schriften über staatswirthschaftl. u. a. wissenschaftl. Gegenstände. 1r—4r Bd. nach seinem Tode herausg. v. Hans v. Auerswald. — 1r u. 2r Bd. A. u. d. T.: Aufsätze über staatswirthschaftl. Gegenstände. 808, 9. 3 ß 8 gr — 3r, 4r Bd. A. u. d. T.: encyklop. Ansichten d. Gelehrsamkeit. 809. 3 ß 4 gr — 5r u. 6r Bd. A. u. d. T.: nachgelass. philosoph. Schriften, mit e. Vorrede u. Abhandl. v. J. Fr. Herbart. 2 Bde. 812. 2 ß 16 gr — 7r Bd. A. u. d. T.: Dav. Hume, polit. Versuche, von Neuem aus dem Engl. übers. ꝛc. 814. 1 ß 16 gr — 8r Bd. A. u. d. T.: Das Leben des Prof. Chr. J. Kraus, aus dessen Mittheill. dargestellt v. Jh. Voigt. 819. 2 ß 8 gr — 8. Königsb. 803—19. 13 ß 4 gr (Michelsen in Leipz.) Drckp. 9 ß Schrbp. 13 ß 4 gr

Kraus, Christian Jakob: „Staatswirthschaft", nach dessen Tode herausgegeben von Hans Jakob von Auerswald, Königsberg 1808—1811, 5 Teile (5. Teil auch u. d. T.: „Angewandte Staatswirthschaft"). — Vorh.: Bücherei der Industrie- und Handelskammer Leipzig und Preuß. Staatsbibl. Berlin. —

Kraus, Chr. Jak. Staatswirthschaft, nach dessen Tode herausgegeben von Hans v. Auerswald. 1.—5. Thl. 8°. Königsberg, Nicolovius, 1808—11. Neue unveränd. Ausg. 8°. Breslau, Schletter, 1837.

Kraus, Christ. Jak., Staatswirthschaft. Nach dessen Tode herausg. v. Hans v. Auerswald. 5 Thle. Neue unveränd. wohlf. Ausg. 8. Breslau 837. Schletter. 3 ß

— s. Young, A.: Polit. Arithmetik.

Kraus, Conrad, s. Kraus, Konrad.

Kraus, D., die Thermen von Teplitz-Schönau in ihrem Verhalten zu mehreren Krankheiten des Urogenital-Systems beim Manne. gr. 8. (III, 83 S.) Dresden 872, L. Wolf's Buchh. *

Kraus, Daniel. Emanuel Froben in der Schlacht bey Fehrbellin den 18. Junii 1675. Eine Rede, gehalten in der Magister-Promotion [zu Basel] den 6. Junii 1805. 8. Basel (1805).

Kraus, Daniel. Christliche Gesinnung bey der Noth verfolgter Glaubensbrüder. Eine Predigt, gehalten den 28sten May 1826... [zu Basel]. Zum Besten der Griechen herausgegeben. 8. Basel 1826.

Kraus, Daniel. Leichenrede bei der Beerdigung Frauen Sara Dorothea Hagenbach geb. Freyburger, den 8ten Juli 1837... zu Basel gehalten. 8. Basel.

Kraus, Daniel. Predigt bei der am 10. August 1833, zum Angedenken an die am 3. August gefallene Baseler Mannschaft, gehaltenen Todtenfeier... zu Basel gehalten. ([Mit] Verzeichniss der... getödteten Mannschaft.) 8. Basel.

Kraus, Daniel s. Todtenfeier der beim Ausfall in die Landschaft ... gefallenen Basler.... Stäfa ... 1833.

Kraus, E., üb. die Anwendung der diätetischen Mosquera-Präparate bei Kindern. Hrsg. bei Gelegenheit der internationalen Ausstellg. f. das Rothe Kreuz v. der Mosquera Julia Food Co. [Aus: „Allg. Wiener medizin. Zeitg."] gr. 8. (6 S.) Wien 892. (Leipzig, Verl. d. „Reichs-Medicinal-Anzeigers" B. Konegen.) n. — 25

Kraus, Eberh., Auslese. Schauspiel in 4 Aufzügen. 8. (137 S.) Dresden 894. E. Pierson. n. 2. —

Kraus, E., lose Blätter aus dem Dorpater Burschenleben. Federzeichnungen. kl. 4. (13 Lichtdr.-Taf.) Libau 887, (Puhze.) In Leinw.-Mappe *

— Germanenblut im Osten. Erzählungen u. Skizzen. 8. (III, 172 S.) Ebd. 895. n. 2. —; geb. in Leinw. n. 3. —

Kraus, Eberh., Krieg u. Kultur in der Lebensgeschichte der Rasse, s.: Beiträge zur Rassenkunde. 8.

— zwischen Narowa u. Niemen. Baltische Erzählgn. u. Skizzen. 1. Bdchn. Mit 2 Umschlag-Zeichngn. v. der Hand d. Verf. 8. (189 S.) Libau 891. R. Puhze. n. 3. —

— Romantik u. Naturalismus. Litterarische Kreuz- u. Quersprünge. gr. 8. (51 S.) Mitau 891. E. Behre's Verl. n. 1. —

Kraus, Eberh., Romantik u. Naturalismus. Litterar. Kreuz- u. Quersprünge. gr. 8. (51 S.) Mitau 891. Riga, E. R. Sichmann. 1. —; erm. Pr. n. — 60

Kraus, Eberh., im Zuge d. Pest. Roman aus Kurlands Vorzeit. 8. (331 S.) Reval 895. F. Kluge. n. 5. —; geb. in Leinw. n. 6. —

Kraus, Eduard (Hrsg.), s. Zeitung, Allgemeine Wiener medizinische.

Kraus, Edward H., aus Syracuse, N.Y., U.S.A.: Ueber einige Salze der seltenen Erden. *Leipzig: W. Engelmann 1901.* (39 S.) 8° ¶ (Aus: Zeitschrift f. Krystallogr. u. Mineralogie, Bd 34, H. 4.)
München, Phil. Diss. v. 1901

Kraus, Emil, Abenteuer des Grafen Georg Albrecht zu Erbach. Eine wahre Erzählung. 8. (268 S.) Leipzig 887, Böhme Nachf. *M 2.70.; geb. *

Kraus, Emil, Friedrich Meyer, Pfarrer u. Rektor der Diakonissen in Neuendettelsau. Ein Lebensbild. gr. 8. (IV, 360 S. m. Bildnis.) Gütersloh 895. C. Bertelsmann. n. 4. —; geb. n. 4. 80

Kraus, Emil: Über Pankreascysten. Bonn 1910: Bach. 55 S. 8°
Bonn, Med. Diss. v. 27. Mai 1910, Ref. Garrè
[Geb. 8. Jan. 86 Düsseldorf; Wohnort: Mülheim a. Rh.; Staatsangeh.: Preußen; Vorbildung: Städt. Gymn. Bonn Reife O. 04; Studium: Bonn 5, Berlin 2, Straßburg 1, Bonn 2 S.; Coll. 7. Mai 09; Approb. 5. Mai 10.] [U 10. 317

Kraus, Emil, aus Bielitz (Oesterr. Schlesien): Über Thiodiazoverbindungen. Zür. J. Schabelitz Dr. 1896. 60 S. 8°.
Zürich. Phil. Diss. [v. 8. Juli 1896].

Kraus, Ernst, Behelf f. d. Feldschadenerhebung u. z. Beurtheilg. d. Bodenertrages. qu. Lex.-8. (III, 31 S.) Wien 895. (Hof- u. Staatsdruckerei.) n. 1. 20

Kraus, Ernst: Einfluß der Kurvenform auf reine Hysteresisverluste. – 1905. 26 S., 2 Taf.
Diss. Wien, TH

Kraus, Ernst, s.: Opiz', Joh. Ferd., Autobiographie.

Kraus, Ernst, das böhmische Puppenspiel vom Doctor Faust. Abhandlung u. Uebersetzg. 8. (VI, 169 S) Breslau 891. W. Koebner. n. 3. —

Kraus, Ernst, die Quecksilberdampflampen. Die singende oder sprechende Bogenlampe (Die drahtlose Telephonie), s.: Vorträge des Vereines zur Verbreitung naturwissensch. Kenntnisse in Wien. 47. Jahrg. 4. Heft.

— s.: Revue, čechische.

Kraus, Ernst Christian Friedrich (vgl. Krauß, Ernst Christn. Friedr.)

Kraus, (E. Chr. Fr.,) vermischte Gedichte. 8. Tübing. 825, Osiander. 6 gr. Schreibp.

Kraus, Ernst Chrstn. Friedr., Gedichte. (Religiösen u. vermischten Inhalts.) 2., veränd. u. verm. Ausg. 8. (12½ B.) Stuttgart 840, Sonnewald'sche Buchh.

— Stimmen d. Andacht, d. Sehnsucht u. d. Liebe, in lyr. Dichtungen. 18. Stuttg. 827, Sonnewald.

KRAUS, Ernst W.O.: Handbuch der praktischen Forst- und Waldmannskünste. Zur Nutzanwendung für alle Kronländer des österreichischen Kaiserstaates, insbesondere des Herzogthums Steiermark. - Graz 1857

Kraus, Eugen (Hrsg.), s. Zeitung, Allgemeine Wiener medizinische.

Kraus F.: Die Elemente der Lehre vom Galvanismus auf der Unterstufe des physikalischen Unterrichtes. 6. Karolinenthal R. 84. **Progr.**

Kraus jun., F: Ueber Zuckerbildung in der Leber bei Durchblutungsversuchen. Bonn 1902

Kraus Felix: Biographie des k. k. Vice Hof-Kapellmeisters Anthonio Caldara.
1884 PN 876 **Diss.** Wien. Univ.

Kraus, F(elix) A. Ritter von: Anleitung zum praktischen Militär-Sanitätsdienste der Form und Bedeutung nach für sämmtliche subalternen Feldärzte der k.k. österr. Armee. Th. 1 - 2, gbd., Abb., Tab.

Prag: typ. Haase 1844

Kraus, F. A., Anleitung zum prakt. Militär-Sanitätsdienste der Form u. Bedeutung nach für sämmtl. subalternen Feldärzte der k. k. österr. Armee. 2 Thle. Mit sämmtl. ärztlichen Dienstesformularien. gr. 8. (Mit 2 lith. Taf. u. 4 Tab.) Prag 844. (Calve'sche Buchh.) n. 2 ℳ

Kraus, Fel., systematische Darstellung des Militär-Sanitätsdienstes in der k. k. Armee im Frieden und im Felde. 2 Bde. gr. 8. (XXVIII und 695 S.) Wien 858, (Braumüller's Sortiment.) *

Kraus, Felix, *Doct. d. gesammten Heilkunde etc.* Systematische Darstellung des Militär-Sanitätsdienstes in der k. k. Armee im Frieden und im Felde. In zwei Bänden. *Wien* 1858. *L. Sommer.* I. Bd. XII u. 240 S. 8°. Für beide Bände 8 fl.
Der erste Band enthält die Militär Sanitätsverwaltung.

Kraus, Felix, *Doct. d. ges. Heilkunde etc.* Systematische Darstellung des Militär-Sanitätsdienstes in der k. k. Armee im Frieden und im Felde. In zwei Bänden. *Wien* 1858. *L. Sommer.* II. Bd. XVI u. 455 S., 8°.
Der II. Bd. enthält: Der praktisch-ärztliche Dienst bei den Truppen und Armee-Anstalten.

Kraus, Fel., das Kranken-Zerstreuungs-System als Schutzmittel bei Epidemien im Frieden und gegen die verheerenden Contagien im Kriege nach den Erfolgen im Feldzuge vom Jahre 1859. Wien 861. Sommer. (F. Klemm.) gr. 8. (XIX, 244 S.) n. 2 *ℳ*

Kraus, Ferdinand *s.* Krauss, Ferdinand.

Kraus, Fr.: Einige geometrische Aufgaben für Schüler. 8 S. 8° – Oberhollabrunn, ROG., Progr. 1871.

Kraus, Fr.: Beiträge zur Endosmose des Alkohols. 3 S. 8° – Oberhollabrunn, ROG., Progr. 1871.

Kraus, Fr.: Das allgemeine Glied. 9 S. 8° – Oberhollabrun ROG., Progr. 1871.

Kraus, Fr. [app. Arzt aus Kiel]: Die traumatischen Stricturen der Harnröhre mit bes. Berücksichtigung ihrer Behandlung.... München. Druck v. M. Ernst, 1888; 26 S. 8°
Würzburg, Med. Fak., Inaug.-Diss. v. 1888

Kraus, Fr.: Übersicht der im Jahre 1873 angestellten meteorologischen Beobachtungen. 4 S. Oberhollabrunn, P 1874

Kraus, Franz. Ueber Gletscherbewegung. [A.] 8. ([München] 1879.)

Kraus, Frz., Höhlenkunde. Wege u. Zweck der Erforschg. unterird. Räume. Mit Berücksicht. der geograph., geolog., physikal., anthropolog. u. techn. Verhältnisse. gr. 8. (VII, 308 S. m. 155 Abbildgn., 8 Karten u. 3 Plänen.) Wien 894. C. Gerold's Sohn. 10. —

Kraus, Franz (Hrsg.), s. Putz, Mathias: Chronik von Goisern.

Kraus, Franz: Über Brande's elektrochem. Untersuchungen, s. Reitlinger, Edmund.

Kraus Franz: Das Verhältnis der Novellen von Tieck und E. T. A. Hoffmann.
H. 1909 PN 2719 Diss. Wien, Univ.

Kraus, Frz., der Webmeister f. mechanische Weberei. 1. u. 2. Tl. Lex.-8. Wien, F. Deuticke. Kart. à n. 1.50
1. Einfacher schmaler Webstuhl. (VI, 56 S. m. 40 Fig.) 905.
2. Die schmalen Wechselstühle. Mit 25 Fig. im Text. (IV, 63 S.) 906.

Kraus, Frz., der Webmeister f. mechanische Weberei. III. Tl. Die Schaft- u. Jacquardmaschinen. Mit 100 Fig. im Text. (IV, 94 S.) gr. 8. Wien 907. F. Deuticke. Kart. 1.80
I. u. II. Tl. Ebd. 905. 06. à 1.50

Kraus, Franz Xaver

Kraus, Frz. Xav., über Begriff, Umfang, Geschichte der christlichen Archäologie und die Bedeutung der monumentalen Studien für die historische Theologie. Akademische Antrittsrede, gehalten bei Uebernahme des ordentlichen öffentlichen Lehrstuhls für Kirchengeschichte an der Universität Freiburg. gr. 8. (55 S. mit 3 eingedr. Holzschn.) Freiburg i. Br. 879, Herder'sche Verlagsh. *

Kraus, Frz. Xav., Beiträge zur Trierschen Archaeologie u. Geschichte. 1. Bd. Der heilige Nagel in der Domkirche zu Trier, zugleich e. Beitrag zur Archaeologie der Kreuzigung Christi. Mit e. Anh. betr. den heil. Rock. Trier 868. Lintz' Verl. gr. 8. (VII, 180 S. m. 1 Steintaf.) n. 20 *ngr.*

Kraus, Frz. Xav., die Blutampullen der röm. Katakomben. [Aus d. Annalen d. Vereins f. nassauische Alterthumskunde u. Geschichte.] Frankfurt a. M. 868. Hamacher in Comm. hoch-4. (83 S. m. eingedr. Holzschn.) n. 20 *ngr.*

Kraus, F. X., s.: Briefe Benedict XIV. an den Canonicus Francesco Peggi.

Kraus, Frz. Xav., Cavour. Die Erhebung Italiens im 19. Jahrh. Mit 1 Lichtdr.-Bild u. 65 Abbildgn. (Weltgeschichte in Karakterbildern. Hrsg. v. Frz. Kampers, Seb. Merkle u. Mart. Spahn. V. Abth. Die neueste Zeit.) Lex.-8. (IV, 104 S.) Mainz 902. München, Kirchheim. In Leinw. kart. n. 4. —

Kraus, Frz. Xav., Cavour. Die Erhebung Italiens im 19. Jahrh. Mit 66 Abbildgn. 6. u. 7. Taus. (Weltgeschichte in Karakterbildern, hrsg. v. Frz. Kampers, Seb. Merkle u. Mart. Spahn. V. Abtlg. Die neueste Zeit.) (IV, 103 S.) Lex.-8. München 903. Mainz, Kirchheim & Co. In Leinw. kart. n. 4. —

— Charakterbilder aus der christlichen Kirchengeschichte. Eine Auswahl classischer Darstellungen aus der kirchengeschichtl. Litteratur älterer und neuerer Zeit. [A. u. d. T.: Lehrbuch der Kirchengeschichte für Studierende. 5. Thl.] 5 Lfgn. gr. 8. (IX, 1056 S.) Trier 877—79, Lintz'sche Buchh.
1. und 2. Lfg. à *ℳ* 1,80.; 3. Lfg. *ℳ* 2,10.; 4. und 5. Lfg. *ℳ* 3,30.; compl.

Kraus, Frz. Xav., Dante. Sein Leben u. s. Werk, s. Verhältniss zur Kunst u. zur Politik. Lex.-8. (XII, 792 S. m. 81 Illustr.) Berlin 897. G. Grote. n. 28. —; geb. in Halbfrz. n. 32. —

— Essays. 1. Sammlg. gr. 8. (VIII, 547 S.) Berlin 896. Gebr. Paetel. n. 10. —; geb. in Leinw. n. 12. —

— Essays. 2. Sammlg. gr. 8. (VII, 427 S.) Berlin 901. Gebr. Paetel. n. 10. —; geb. in Halbfrz. n. 12. —

Kraus, Franz Xav(er), z. Z. Einj.-Freiw. Arzt im k. b. 1. Feldart.-Reg. P. R. L.: Ein Fall von Sarkom des Ligamentum pectinatum iridis. ⟨Aus d. histol. Laboratorium d. Kgl. Universitäts-Augenklinik München.⟩ *München 1903: Kastner & Callwey.* (36 S.) 8°
München, Med. Diss. v. 1903

— Frauenarbeit in d. Archäologie. S.-A. 1889. 16 S.

— Gedächtnissrede auf Johannes Alzog, Dr. der Theol., Geistl. Rath und Prof. der Theol. etc., gehalten bei dessen akadem. Todtenfeier am 4. Febr. 1879. 1. und 2. Aufl. gr. 8. (23 S.) Freiburg i. Br. 879, Herder'sche Verlagsh. *

Kraus, Frz. Xav., zur Geschichte des Bücherwesens im 15. Jahrh., s. Publikationen des Börsen-Vereins der deutschen Buchhändler.

— Geschichte d. christlichen Kunst. (In 2 Bdn.) 1. Bd. 2 Abthlgn. u. 2. Bd. 1. Abth. Lex.-8. Freiburg i/B., Herder. n. 30. —; geb. n. 40. —
I. 1. Die hellenistisch-röm. Kunst d. alten Christen. Die byzantin. Kunst. Anfänge d. Kunst bei d. Völkern des Nordens. 1. Abth. M. Titelbild in Farbendr. u. 253 Abb. im Texte. (VIII, 320 S.) 895. n. 8. —
I. 2. Dasselbe. 2. Abth. M. 231 Abb. (XIX u. S. 321—621.) 896. n. 8. – (1. Bd. kplt. n. 16. —; geb. in Halbfrz. n. 21. —)
II. 1. D. Kunst d. Mittelalters, d. Renaissance u. d. Neuzeit. 1. Abth.: Mittelalter. Mit Titelbild in Heliograv. u. 306 Abb. im Texte. (XI, 512 S.) 897. n. 14. —; geb. in Halbsaffian n. 19. —

— Geschichte der christlichen Kunst. II. Bd. Die Kunst des Mittelalters, der Renaissance u. der Neuzeit. I. Hälfte. Mit 132 Abbildgn. Lex.-8. (282 S.) Freiburg i/B. 900. Herder. n. 8. —

Kraus, Frz. Xav., Geschichte der christlichen Kunst. II. Bd. Die Kunst des Mittelalters u. d. italien. Renaissance. 2. (Schluss-)Abth. Italienische Renaissance. 2. Hälfte. Fortgesetzt u. hrsg. v. Jos. Sauer. Mit Titelbild in Farbendr., vielen Abb. im Text u. e. Register

— Luca Signorelli's Illustrationen zu Dante's divina commedia, zum ersteumal hrsg. gr. 4. (VII, 38 S. m. 11 Lichtdr.-Taf.) Ebd. 892. n. 12. —
zum ganzen Werke. (XXII u. S. 283—856.) Lex. 8. Freiburg i/B. 908. Herder. 19.—; (II. Bd. 2. Abtlg., geb. in Halbsaff.: 32. —)

—— Die christlichen Inschriften der Rheinlande. (In 2 Thln.) Mit eingedr. Abbildgn. 1. Thl. u. 2. Thl. 1. Abthl. gr. 4. Freib. i. Br., J. C. B. Mohr. cart. ** 50 —
1. Thl. Von d. Anfängen d. Christenthums am Rheine bis zur Mitte d. 8. Jahrh. (IX, 171; 8 S. u. 2 Lichtdr.-Taf.) 890. ** 30 —.
2. Thl. Von der Mitte d. 8. bis zur Mitte d. 13. Jahrh. 1. Abth.: Die Inschriften der Bisthümer Chur, Basel, Konstanz, Strassburg, Speyer, Worms, Mainz u. Metz. (160 S.) 892. ** 20 —.

Kraus, Frz Xav., Die christlichen Inschriften der Rheinlande, herausg. Th. 1. 2. Freiburg i. Br. u. Leipzig 1890—94. 4. . . . . (D.)
Th. 1. a. u. d. T.: Die altchristlichen Inschriften der Rheinlande von den Anfängen des Christenthums am Rheine bis zur Mitte des 8. Jahrhunderts herausg. Mit 22 Lichtdrucktaf. u. zahlr. Abb. Freiburg i. Br. 1890.
Th. 2. a. u. u. T.: Die christlichen Inschriften der Rheinlande von der Mitte des 8. bis zur Mitte des 13. Jahrh. herausg. Mit 9 Lichtdrucktaf. u. zahlr. Abb. Freiburg i. Br., Leipzig 1894. 4.

Kraus, Frz. Xav., Kunst und Alterthum in Elsass-Lothringen. Beschreibende Statistik, im Auftrage des kaiserl. Oberpräsidiums von Elsass-Lothringen hrsg. 1. Bd. 2 Abthlgn. gr. 8. Strassburg, Schmidt's Universitäts-Buchh. [1. Abthl. (I—XVI, S. 1—208 mit 109 eingedr. Holzschn. und 1 photogr. Taf.) 876. *ℳ 5.; 2. Abthl. (XVII—XXIV, S. 209—704 mit 68 eingedr. Holzschn., 2 photogr. Taf. und 3 lithogr. und chromolithogr. Plänen.) 877. *ℳ 10.] *

—— Kunst und Alterthum in Elsass-Lothringen. Beschreibende Statistik, im Auftrage des kaiserl. Ministeriums für Elsass-Lothringen hrsg. 2. Bd. 3 Abthlgn. gr. 8. Strassburg 881, Schmidt's Universitäts-Buchh. [1. Abthl. (S. 1—224 mit 47 eingedr. Holzschn., 1 Taf. in Lichtdr. und 2 chromolithogr. Karten.) 881; 2. Abthl. (S. 225—416 mit 24 eingedr. Holzschn. und 12 Taf. in Lichtdr.) 883; 3. Abthl. (IX, S. 417—719 mit 51 eingedr. Holzschn. und 3 Taf. in Lichtdr.) 884. à *ℳ 5.] *
1. Bd. Ebendas. 1876,77. *ℳ 15.

Kraus, Frz. Xav., Kunst und Alterthum in Elsass-Lothringen. Beschreibende Statistik, im Auftrage des kaiserl. Ministeriums für Elsass-Lothringen hrsg. 3. Bd. 1. und 2. Abthl. gr. 8. Strassburg, Schmidt's Universitäts-Buchh. [1. Abthl. (S. 1—304.) 886. *ℳ 5.—.; 2. Abthl. (S. 305—672 mit 59 eingedr. Illustr. und 16 Taf.) 888. *ℳ 8.—.] * 13 —
1. und 2. Bd. Ebendas. 1876—84. à *ℳ 15.—.

—— Kunst u. Alterthum in Elsass-Lothringen. Beschreibende Statistik, im Auftrage d. kaiserl. Ministeriums f. Elsass-Lothringen hrsg. 3. Bd. 3. Abthl., u. 4. Bd. gr. 8. Strassb., [Schmidt.] Bull. * 12 —
3. Bd. Lothringen. 3. Abthl. (XX, S. 673—1049 m. 186 eingedr. Illustr.) 889. * 7 —.
4. Bd. Nachträge. — Archäologisches u. kunstgeschichtl. Register. — Alphabetisches Ortsverzeichniss. (III, 181 S.) 892. * 5 —
1. u. 2. Bd., u. 3. Bd. 1. u. 2. Abthl. Ebd. 1876—88. * 43 —; 3. Bd.: Lothringen, apart * 20 —.

— die Kunst bei den alten Christen, s. a. Broschüren, zeitgemäße.

Kraus, F. X., Die Kunst bei den alten Christen. Frankfurt a. M., Verlag f. Kunst u. Wissensch., 1868, gr. 8°, 30 Pf. (Frankf. Zeitgem. Brosch. Jahrg. 4, Nr. 9.)

Kraus, Frz. Xav., die christliche Kunst in ihren frühesten Anfängen. Mit besond. Berücksicht. der neuesten Resultate der Katakomben-Forschung populär dargestellt. gr. 8. (VIII, 218 S. mit 45 eingedr. Holzschn. und 8 Holzschntaf. in gr. 8. und 4.) Leipzig 872, Seemann. * 5 —

— die Kunstdenkmäler d. Grossherzogth. Baden. Beschreibende Statistik, im Auftrage d. grossherzogl. Ministeriums der Justiz, d. Kultus u. Unterrichts u. in Verbindung m. J. Durm u. E. Wagner hrsg. 1. u. 2. Bd. Lex.-8. Freiburg i/Br. J. C. B. Mohr. cart. n. 21. —
1. Die Kunstdenkmäler d. Kreises Konstanz. Mit zahlr. Illustr. (XII, 693 S.) 887. cart. n. 16. —; geb. n.n. 20. —
2. Die Kunstdenkmäler d. Kreises Villingen. Mit zahlr. Illustr. (II, 165 S. m. 1 Karte.) 890. cart. n.n. 5. —

— die Kunstdenkmäler d. Grossherzogth. Baden. Beschreibende Statistik, im Auftrage d. grossherzogl. Ministeriums der Justiz, d. Kultus u. Unterrichts u. in Verbindg. m. Jos. Durm u. E. Wagner hrsg. 3. Bd. Die Kunstdenkmäler des Kreises Waldshut. Mit zahlreichen Illustr. Lex.-8. (181 S. m. 1 Karte.) Nebst Beigabe: Der Kunstschatz v. St. Blasien, jetzt zu St. Paul in Kärnten. qu. Fol. (12 Taf. in Photochemityp.) Freiburg i/B. 892. J. C. B. Mohr. Kart. n.n. 8. —; Beigabe apart: n.n. 3. — (1—3.: n.n. 29. —; Halbfrz.-Einbde. à n.n. 4. —)

— s. a. Kunstdenkmäler, die, d. Grossherzogth. Baden.

Die Kunstdenkmäler der Amtsbezirke Breisach, Emmendingen, Ettenheim, Freiburg ⟨Land⟩, Neustadt, Staufen und Waldkirch ⟨Kreis Freiburg Land⟩. In Verbind. mit E[rnst] Wagner, (Geh. Rat, [Karlsruhe]), bearb. von Franz Xaver **Kraus** †. Aus dessen Nachlaß hrsg. von Max Wingenroth. Mit 231 Textbild., 39 Lichtdrucktaf. u. 1 Karte. *Tübingen & Leipzig: J. C. B. Mohr 1904.* (VI, 556 S.) 4°(8°)
— **Kunstdenkmäler**, Die, d. Großh. Baden. Bd 6, Abt. 1.

Die Kunstdenkmäler des Kreises Lörrach. Beschreibende Statistik im Auftr. d. Grossh. Minist. d. Justiz ... u. in Verbindung mit Dr. Jos. Durm, Prof. zu Karlsruhe, u. Geh. R. Dr. E[rnst] Wagner, Oberschulr., bearb. von Franz Xaver **Kraus**. Mit 116 Textbild., 25 Lichtdrucktaf., 2 Farbtaf. u. 1 Karte. *Tübingen & Leipzig: J. C. B. Mohr 1901.* (II, 207 S.) 4°(8°)
— **Kunstdenkmäler** d. Grossh. Baden. Bd 5. [01. 8474

— Weissenburgs Kunstdenkmäler. [Aus: „Kunst u. Alterthum in Elsass-Lothringen".] gr. 8. (32 S.) Strassburg 877. Schmidt. n. — 80

—— Lehrbuch der Kirchengeschichte für Studirende. 3 Thle. gr. 8. Trier, Lintz'sche Buchh. * 9 —
Inhalt:
Thl. 1. Altchristliche Kirchengeschichte. (XI, S. 1—198.) 872. *ℳ 2.
„ 2. Lehrbuch der Kirchengeschichte des Mittelalters. (S. 199—424.) 873. *ℳ 3.
„ 3. Lehrbuch der Kirchengeschichte der Neuzeit. (XV, S. 425—703.) 873. *ℳ 4.

— Lehrbuch der Kirchengeschichte f. Studierende. 4. Thl. gr. 8. Trier 872—75. Lintz. n. 12. —
1. Altchristliche Kirchengeschichte. (XI, 198 S.) n. 2. —
2. Lehrbuch der Kirchengeschichte d. Mittelalters. (S. 199—424.) n. 3. —
3. Lehrbuch der Kirchengeschichte der Neuzeit. (XV u. S. 425—703.) n. 4. —
4. Synchronistische Tabellen zur Kirchengeschichte. (VI, 191 S.) n. 3. —

—— Lehrbuch der Kirchengeschichte für Studierende. 4. Thl.: A. u. d. T.: Synchronistische Tabellen zur Kirchengeschichte. Ein Hülfsbuch für Studierende. gr. 8. (VI, 191 S.) Trier 876, Lintz'sche Buchh. *
1.—3. Thl. Ebendas. 1872—75. *ℳ 9.
Den 5. Thl. bildet: Charakterbilder aus der christl. Kirchengeschichte.

—— Lehrbuch der Kirchengeschichte für Studierende. 2. Aufl. gr. 8. (XVI, 892 S.) Trier 882, Lintz'sche Buchh. *

**—— Lehrbuch der Kirchengeschichte für Studierende. 3. verb. Aufl. gr. 8. (XIII, 837 S.) Trier 887, Lintz'sche Buchh. * 11 —
geb. * 12 60**

[K.] Lehrbuch der Kirchengeschichte für Studierende. Von Franz Xaver **Kraus**, ... o. ö. Prof. ... an d. Univ. Freiburg i. Br. ... 4. verb. Aufl. *Trier: F. Lintz 1896.* (XIV, 856 S.) 1 Bd 8. [96. 3610

Kraus, Franz Xaver. Die Miniaturen des Codex Egberti in der Stadtbibliothek zu Trier . . . herausgegeben von Franz Xaver Kraus. Freiburg im Breisgau. Herder'sche Verlagshandlung 1884 . . .
27 S., 60 Taf. 4°.
[Lat. Titel.] Picturae Codicis Egberti.

—— die Miniaturen der Manesse'schen Liederhandschrift. Im Auftrage des großherzogl. Badischen Ministeriums der Justiz, des Kultus und Unterrichts nach dem Orig. der Pariser National-bibliothek in unveränderl. Lichtdr. hrsg. Fol. (16 S. mi. 144 Taf.) Straßburg 887, Trübner. In Mappe 60 —
Fein geb. * 67 —

—— Straßburger Münsterbüchlein. Eine populäre Darstellung auf Grund der neuesten Forschungen. Mit 2 Holzschn. (-Taf.) und 1 (lithogr. und color.) Rundansicht der Umgegend von Straßburg (in qu. gr. 8.). gr. 16. (60 S.) Straßburg 877, Schultz und Comp.

—— Straßburger Münsterbüchlein. Eine populäre Darstellung. Nebst einem Führer durch Straßburg. 2. Aufl. Mit 2 (Holzschn.-)Abbild., 1 (lithogr. und color.) Rundansicht der Umgebung und 1 Plan der Stadt. 12. (VIII, 60 S.) Straßburg 881, Schultz und Comp.

Kraus, Frz. Xav., Notiz über den Reiseverkehr im 17. Jahrh., s. Publikationen des Börsen-Vereins der deutschen Buchhändler.

Kraus, Franc. Xav., Observationes criticae in Synesii Cyrenaei epistolas. gr. 8. (68 S.) Regensburg 863, Pustet.

—— s. Real-Encyklopädie der christlichen Alterthümer.

—— Rede, zur Feier des 50jähr. Priesterjubiläums Sr. Heiligkeit Papst Leo XIII. gehalten zu Karlsruhe am 26. Dezbr. 1887. gr. 4. (16 S.) Freiburg i. Br. 888, Herder'sche Verlagsh. * — 60

Kraus, Frz. Xav. Die Restauration d. Freiburger Münsters. Rede, geh. im Kornhaussaale zu Freiburg i. Br. am 13. Mai 1890. gr. 8. (IV, 15 S.) Freib. i. Br. 890, Herder. * — 40

—— Roma sotterranea. Die römischen Katakomben. Eine Darstellung der neuesten Forschungen, mit Zugrundelegung des Werkes von J. Spencer Northcote und W. R. Brownlow. 3 Lfgn. gr. 8. Freiburg i. Br. 872,73, Herder'sche Verlagsh. [1. Lfg. (III, S. 1—96.) *M 1,50.; 2. Lfg. (S. 97—320 mit vielen eingedr. Holzschn.) *M 3.; 3. Lfg. (XXVIII, S. 321—578 mit vielen eingedr. Holzschn., 12 chromolithogr. Taf. in gr. 8. und 2 chromolithogr. Plänen in Fol.) *M 7,50.] * 12 —

—— Roma sotterranea. Die römischen Katakomben. Eine Darstellung der älteren und neueren Forschungen, besonders derjenigen de Rossi's, mit Zugrundelegung des Werkes von J. Spencer Northcote und W. R. Brownlow bearb. 2. neu durchges. und verm. Aufl. gr. 8. (XXX, 636 S. mit vielen eingedr. Holzschn., 1 Holzschntaf. und chromolithogr. Taf.) Freiburg i. Br. 879, Herder'sche Verlagsh. *
geb. in Leinw. *

Kraus, Franz Xaver: Ludwig Spach. Ein Nachruf. 2. erw. Abdr. — Straßburg: E. Schultz & Co. 1880. 91 S. [1. Aufl. 1879.]

—— Ludwig Spach. Ein Nachruf. 2. erweit. und mit einem bibliograph. Anhang verseh. Abdr. 8. (91 S.) Strassburg 880, Schultz und Comp. *
Erschien zuerst als Artikel in einer Zeitschrift.

—— das Spottcrucifix vom Palatin und ein neuentdecktes Graffito. gr. 8. (VIII, 31 S. mit 1 Stnt.) Ebendas. 872. * — 80

—— über den gegenwärtigen Stand der Frage nach dem Inhalte und der Bedeutung der römischen Blutampullen. gr. 8. (29 S.) Ebendas. 872. * — 60

—— über das Studium der Kunstwissenschaft an den deutschen Hochschulen. gr. 8. (24 S.) Strassburg 874, Trübner. * — 80

Kraus, Franz. Xav., Über das Studium der Theologie sonst und jetzt. Rede, gehalten am 17. Mai 1890 bei der öffentl. Feier der Übergabe des Prorektorats der Universität Freiburg. Freiburg, Herder, 1890, Lex.-8°, VIII u. 53 S., 2. verm. Aufl., 1,60 Mk.

— synchronistische Tabellen zur Kirchengeschichte. Ein Hülfsbuch f. Studierende. 2. Aufl. gr. 8. (III, 195 S.) Trier 894. F. Lintz Verl. n. 3. —

—— synchronistische Tabellen zur christlichen Kunstgeschichte. Ein Hülfsbuch für Studierende. gr. 8. (III, 280 S.) Freiburg i. Br. 880, Herder'sche Verlagsh. *

Programm wodurch zur Feier des Geburtsfestes Seiner K. Hoheit unseres durchlauchtigsten Grossherzogs Friedrich . . . einladet der gegenw. Prorector Dr. Franz Xaver Kraus. — Inhalt: Die Universitätskapelle im Freiburger Münster. . . . Freiburg i. B., Univ.-Buchdr. v. Chr. Lehmann, 1890; 6 Bl., 71 S., 4 Taf. 4°

— s.: Wandgemälde, die mittelalterlichen, im Grossherzogth. Baden.

— die Wandgemälde v. S. Angelo in Formis. [Aus: „Jahrb. d. k. preuss. Kunstsammlgn."] Fol. (40 S. m. Abbildgn. u. 3 Taf.) Berlin 893. G. Grote. n. 9. —

—— die Wandgemälde der S. Georgskirche zu Oberzell auf der Reichenau. Aufgenommen von Frz. Baer. Mit Unterstützung der grossherzogl. bad. Regierung hrsg. gr. Fol. (VII, 23 S. mit 16 lithogr. und chromolithogr. Taf.) Ebendas. 884. *

Kraus, Frz. Xav., die Wandgemälde der St. Sylvesterkapelle zu Goldbach am Bodensee. Im Auftrage des grossherzogl. bad. Ministeriums der Justiz, des Kultus u. Unterrichts. hrsg. gr. Fol. (24 S. m. 10 Abbildgn. u. 12 [2 farb.] Taf.) München 902. Verlagsanstalt F. Bruckmann. Geb. n. 32. —

(B) Kraus, Frz. Xav., Die Wandgemälde d. St. Sylvesterkapelle zu Goldbach. 902. Jetzt: Frankfurt a. M., J. Baer & Co. Erm. Pr. 20. —

—— die Werke der leiblichen und geistlichen Barmherzigkeit. Predigt auf das Fest des heil. Martinus, gehalten in der St. Martinskirche zu Freiburg i. Br. am 13. Novbr. 1887. gr. 8. (16 S.) Ebendas. 887. * — 30

. . . Jahresbericht der Höheren Mädchenschule von Frl. Franziska Kraus (1911 ff.: des Privat-Lyzeums nebst Ober-Lyzeum in Kiel, Waitzstraße 2) für das Schuljahr . . . (v. Franziska Kraus). Kiel. 4°
(1)—6, 1909/10—1914/15.

Das Elektrokardiogramm des gesunden und kranken Menschen. Von Prof. Dr. Friedrich Kraus u. Prof. Dr. Georg Nicolai. Mit zahlr. Fig. Leipzig: Veit 1910. XXII, 322 S. 8° [10. 5535

Kraus, (Friedr.), s.: Ergebnisse der inneren Medizin u. Kinderheilkunde.

Die Erkrankungen der Mundhöhle und der Speiseröhre. Von Prof. Dr. F[riedrich] Kraus in Graz. Hälfte 1. 2. *Wien: A. Hölder 1897–1902.* 8°
1. Die Erkrankungen d. Mundhöhle. Mit e. Beitr.: Syphilisansteckung in d. Mundhöhle von Prof. Dr. [Franz] Mraček in Wien. 1897.
2. Die Erkrankungen d. Speiseröhre. Mit 47 Abb. 1902.
— Pathologie, Specielle, u. Therapie. Bd 16, Th. 1. [08. 2031

Die Ermüdung als ein Mass der Constitution v. Dr. Fr[iedrich] **Kraus**, Prof. in Graz. M. 9 gr. 4° Taf. u. 18 Tab. *Cassel: Th. G. Fisher & C. 1897.* (3 Bl., 46 S., 8 Bl. Tab., 9 Bl. Taf.) 1 Bd 4.
= Bibliotheca medica. Abth. D¹. Heft 3. [97. 458

Kraus, Friedrich: Euripides, ein bekehrter Rationalist? *Passau 1898: Akt.-Ges. Passavia.* (49 S.) 8° [F.]
Passau, k. G, P 1898*

Kraus, Frdr., Euripides, ein bekehrter Rationalist? Progr. gr. 8. (49 S.) Passau 898. (M. Waldbauer.) n. 1. —

Kraus, Friedrich [wiss. Lehrer in Hannover]: Über Girbert de Montreuil und seine Werke ... Erlangen, k. b. Hof- u. Univ.-Buchdr. v. F. Junge, 1897; 83 S. 8.
Würzburg, Phil. Fak., Inaug.-Diss. v. 1897

— s.: Jahrbuch, klinisches.

— s.: Krankheiten, die, des Blutes.

Kraus, Friedrich, approb. Arzt aus Hersfeld: Primär-Glaukom in der Göttinger Augenklinik, ⟨eine statistische Zusammenstellung⟩. *Göttingen 1899: Dieterich.* (28 S.) 8°
Göttingen, Med. Diss. v. [2. Nov.] 1899

Kraus, Frdr., Primär-Glaukom in der Göttinger Augenklinik (e. statist. Zusammenstellg.). Diss. gr. 8. (28 S.) Göttingen 899. (Vandenhoeck u. Ruprecht.) n. — 70

Kraus, Fredericus [Straubingensis]: Utrum Sophoclis an Euripidis Electra aetate prior sit quaeritur. ... (= Progr. d. Gymn. in Passau v. 1890.) Passaviae, typ. expr. Passaviae consortium, 1890; 86 S. 8°
Erlangen, Phil. Fak., Inaug.-Diss. v. 1890

Kraus, Fredericus: Utrum Sophoclis an Euripidis Electra aetate prior sit quaeritur. Passaviae, typ. expr. Passaviae consortium, 1890; 86 S. 8°
Passau, G, P 1890

Ueber die Vertheilung der Kohlensäure im Blute. Von Dr. Friedrich **Kraus**, k. k. Univ.-Prof. Festschr. d. Univ. Graz aus Anlass d. Jahresfeier am 15. Nov. 1897. *Graz: Leuschner & Lubensky 1898.* (1 Bl., 40 S.) 1 Bd 4.(8.) [98. 5308

— s.: Zeitschrift f. experimentelle Pathologie u. Therapie.

— s.: Zeitschrift f. Tuberkulose.

Kraus, G. Einige Bemerkungen über die verkieselten Stämme des fränkischen Keupers. 1860?

Kraus, G.: Zur Kenntniss der Araucarien des Rothliegenden u. d. Steinformation. 1860?

Kraus, G., oesterr. Medicinal-Schematismus, s. Czuberka, K.

Kraus, Gelasius, P.: Die Quellen des Columella in dem liber de arboribus. Heiligenstadt ⟨Eichsfeld⟩ 1907: F. W. Cordier. (50 S.) 8°
Münnerstadt, k. G P 1907*

Kraus, Georg

Kraus, G., siebenbürgische Chronik, s. Fontes rerum austriacarum.

Kraus, Georg Friedrich

Kraus, Georg Friedrich [Praes.], s. Adler, Adolf: De auditoriis legalibus.

— — Instit. Joannis Christiani Bormanni (Belgern) oratoris publice prodituri legi liberalitatis Thielemannianae ut satisfaciat, civibus commendat. — Praemititur antiquitatum Germaniae specim. XXI. Saxonicarum originum XIV. Wittbg. (Carl Christian Dürr) Okt. 1765. 4 Bl. (1.—) 19318

— — Civibus academicis s. p. d. Wittbg. (Ephraim Gottlob Eichsfeld) 1765. 16 S. (1.50) 19317

— — Lectori benevolo s. d. p. Wittbg. (Ephraim Gottlob Eichsfeld) 1763. 12 S. mit Biogr. v. Johann Adam Schott (Steinoviae Hanovianus; M.: J. S. L. Soldan.) (6.—) 19316
De clerico mercatore.

— — Conjecturam de sensu legis VIII. princ. D. de servitutibus exhibet. Wittbg. (Ephraim Gottlob Eichsfeld) 1750. 20 S. (4.50) 19314

— — Civibus academicis s. p. d. — Cultus Spiritus Sancti religiosus. Wittenbg. (Ephraim Gottlob Eichsfeld) 1765. 4 Bl. (1.50) 19317a

Kraus, Georg Friedrich [Praes.], s. Daume, Moritz Friedrich: Theses juris controversi ex doctrina pandectarum de servitutibus praediorum urbanorum lib. VIII. tit. II.

Kraus, Georg Friedrich [Praes.], s. Drewer, Christian Heinrich: De postliminio rerum praesertim mobilium.

Kraus, Georg Friedrich [Praes.], s. Ernst, Christoph Sigismund: De potestate appellandi judicem a sententia arbitri.

Kraus, Georg Friedrich [Praes.], s. Fichtel, Johann Friedrich: De extensiva poenarum interpretatione.

Kraus, Georg Friedrich [Praes.], s. Franz, Johann Gottlob: Observationes de legatorum varii generis indole atque effectu.

Kraus, Georg Friedrich [Praes.], s. Hennig, Johann Gottlob: De prudentia legislatoria in permittendis divortiis.

Kraus, Georg Friedrich [Praes.], s. Herold, Friedrich Andreas: De emphyteuseos renunciatione invito domino invalida.

Kraus, Georg Friedrich [Praes.], s. Heßling, Friedrich Gottlieb: De testamento parentum inter liberos minus solemniter nuncupato.

— — De jure faciei in foro civili. Diss. jur. Präs. Andreas Florens Rivinus. Wittenbg. (Ephraim Gottlob Eichsfeld) 11. II. 1745. 56 S. (6.50) 19313

Kraus, Georg Friedrich [Praes.], s. Just, Karl Gottlob: Locationem servitutis realis praecipue juris pascendi.

Kraus, Georg Friedrich [Praes.], s. Kesler, Paul Friedrich: De fundamento beneficii competentiae fratrum ad Leg. LXIII. princ. D. pro Socio.

Kraus, Georg Friedrich [Praes.], s. Kessel, Johann Karl: De donatione mortis causa ex principiis antiqui juris Germanici non revocabili.

Kraus, Georg Friedrich [Praes.], s. Koch, Johann Gottfried: De servitute riviviscente.

Kraus, Georg Friedrich [Praes.], s. Koenigsdoerffer, August Friedrich: De actione de recepto casum fortuitum non persequente ad explicat. L. III. § I. D.naut.caup. stab.

Kraus, Georg Friedrich [Präs.], s. Kraus, Gotthelf Friedr.: De pecunia a pupillo sine tutoris auctoritate soluta damno creditoris pereunte.

Kraus, Georg Friedrich [Praes.], s. Kretschmann, Karl Friedrich: Observationes de eo quod extremum est in jurisdictione criminali respectu condemnati ad mortem.

Kraus, Georg Friedrich [Praes.], s. Kunert, J. S. Jakob: Usumfructum male utendo non amitti.

— — Lectori benevolo s. Wittbg. (Carl Christian Dürr) 1773. 15 S. mit Biogr. v. Friedrich Gottlob Pfretschner (Dresden; M.: C. H. Bestel). (5.50) 19320

— — Orationem in memoriam beneficii Marpergeriani. — C. Plinius Secundus exemplum sapientis liberalitatis. Wittbg. (Carl Christian Dürr) 4. VI. 1779. 16 S. (1.50) 19322

Kraus, Georg Friedrich (Wittenberg), De poena rapinae ejus maxime quae permutando fit in Saxonia. Präs. Augustin v. Leyser (Nudersdorf). Wittenbg. (Schlomach) 30. V. 1743. 30 S. (6.50) 19312
Gew.: Paul Christian Schroeter (Walda, Bauda, Wildenhayn).

— — De qualitate feudali terrarum limitanearum apud Romanos. Wittbg. (Ephraim Gottlob Eichsfeld) 3. IX. 1753. 24 S. (4.—) 19315

— — Orationem a Christiano Friderico Hofmanno (Schneeberg). Wittbg. (Carl Christian Dürr) 1779. 4 Bl. (—.50) 19321
Racematio in Tacito V.

Kraus, Georg Friedrich [Praes.], s. Rachliz, Andreas Gotthelf: Observationes de indole actionis publicianae.

— — De simulacro columbae in locis sacris antiquitus recepto. Wittbg. (Carl Christ. Dürr) 1773 22 S. (3.50) 19319

Kraus, Georg Friedrich [Praes.], s. Strauch, Johann Sigismund: De poena decreti divi Marci eiusque ambiguo in Saxonia usu.

Kraus, Georg Friedrich [Praes.], s. Strauch, Karl Gustav: De usufructu patris in feudo filii.

Kraus, Georg Friedrich [Praes.], s. Sultzberger, Adolph Rupert: De precario ad certum tempus dato ad l. XII. princ. D. de precario.

Kraus, Georg Friedrich [Praes.], s. Tischer, Christian Gottlieb: Theses iuris controversi ex doctrina Pandectarum de rei vindicatione tam civili quam praetoria ad lib. VI. tit. I. et II.

Kraus, Georg Friedrich [Praes.], s. Wetzke, Christian Friedrich: Quando accusatio contumaciae sit superflua aut frustranea praesertim in foris Saxoniae.

— Georg Gottlieb (Freiberg), De vi et efficacia juramentorum in confirmandis causis matrimonialibus. Diss. jur. Präs. Jo. Balthasar Wernher. Wittbg. (Samuel Creusig) 26. XI. 1716. 40 S. (6.50) 19323

Kraus, Geo. Melch., († d. 5. Nov. 1808.) ABC des Zeichners. Mit 10 Kpft. gr. 8. Leipz. 783. 2e A. gr. 8. Weimar 795. 3e A. ... 5e A. 810. Ind. Compt. 8 gl

Kraus, Geo. Melch., u. K. C. L. Kämmerer, Ansichten aus d. Fürstenthum Schwarzburg, in ausgemalten Kupfern, mit Beschreibb. 16 Hft. gr. 4. Weimar 798.

Kraus, G[eorg] M[elchior]. Figuren aus der Operette: Das Milchmädchen. Aufgeführt auf dem Liebhaber Theater zu Weimar den 24 sten Jänner 1776. ... hrsg. von G. M. Kraus. [Umschlagtit.] Weimar 1776. In Commission zu haben bey Conrad Jacob Leonhard Glüsing.
3 Taf. in kol. Kupferst. 8°

— s. Journal des Luxus u. d. Moden.

Kraus, G. M. National-Trachten verschiedener Völker. Gesammelt und hrsg. von G. M. Kraus. 1.ter Heft. [!] Nr. 1—4. Weimar, bey dem Verfasser, und in Commission bey dem Industrie-Comptoir 1797.
13 Taf. in kol. Kupferst. 4°.
Unvollständig. 3 Taf. fehlen.

— Nationaltrachten verschied. Völker. 1r—6r Heft. 4. Ebend. 805.

Kraus, G. M.: Pandora, s. Bertuch, F. J.

— Uebungen für Zeichenschüler, als Fortsetzung des ABC rc. 4 Hefte. qu. Fol. Weim. 810. Ind. Compt. 2 rh

Kraus(e), Georg Michael (Eisfeld/Frk.), Ad illustranda D. Paulli verba tit. I. 1—6. Diss. philol.-exeget. Präs. M. Johann Friedrich Gruner. Jena (Schill) 26. V. 1745. 28 S. (6.—) 19348
Gew. (v. Präs.): Johann Friedrich Gruner (Vater).

Kraus, Georg Philipp

Kraus, Geo. Ph., († d. 25. Dec. 1792.) die richtige Chronologie d. Bücher d. Könige u. Chroniken. 8. Frankf. a. M. 765. Eßlinger. 5 gl

Krause, G. P., Chronologie der 4 Evangel. 8. Berlin, Wever. 765.

— investigatio viarum diversar. ex Galilaea in Hierosolymam. Cum tabb. 4. Berl. 766. Wever. 4 gl

— lapis literis Romanis inscriptus in lucem aspectumque productus. 8. Wiesb. 778.

Kraus, Georg Philipp. Theoria pyramidum, welche der berühmten Spitz-Säulen eigentlichen Endzweck und Absicht vorleget, etc. Frankfurt und Leipzig 1757. 8⁰. Raspe.

— **Gottfried Ludwig,** De feudo alienabili occas. II. f. 26. §. penult. junct. II. f. 48. prima critica praeliminaris sectio. Diss. jur. Erlang. (Wolfgang Walther) Mai 1770. 60 S. (6.50) 19325

— **Gotthelf Friedrich** (Freiberg), De pecunia a pupillo sine tutoris auctoritate soluta damno creditoris pereunte. Exercit. jur. Präs. Georg Friedrich Kraus. Wittbg. (Ephraim Gottlob Eichsfeld) 22. III. 1748. 35 S. (6.—) 19326

— — Dasselbe. 28 S. (6.—) 19327

— **Gotth. Friedrich** (Freiberg), De vitiis libelli. Disp jur. Präs. Gebhard Christian Bastineller. Wittbg. (Fincel) 26. III. 1720. 32 S. mit Widm. v. Präs. (6.50) 19349

Kraus, Greg., Anemometrisches vom Krainberg bei Gambach u. Schlussworte zu Fehrs „Tempe", s.a. Aus der Pflanzenwelt Unterfrankens. IV.

Anemometrisches vom Krainberg bei Gambach. Mit 4 Taf., u. Schlußworte zu Fehrs 'Tempe' von Gregor **Kraus**. Würzburg: A. Stuber 1905. (46 S.) 8°
— Pflanzenwelt. Aus der, Unterfrankens. 4.
— **Verhandlungen** d. physikal.-medic. Gesellschaft zu Würzburg. N. F. Bd 37, No 4. [05. 543

Kraus, Greg., Beiträge zur Kenntniss fossiler Hölzer. [I. Hölzer aus den Schwefelgruben Siciliens. Mit 1 (lith.) Taf. — II. Zur Diagnostik d. Coniferenholzes.] gr. 4. (33 S.) Halle 882. Niemeyer. n. 2. —

Kraus, Greg., Beiträge zur Kenntniss fossiler Hölzer. III. und IV. gr. 4. (S. 35—46.) Halle 887, Niemeyer. * 2 —

Inhalt:

III. Die Göppert'sche Protopitys Bucheana. Mit 2 Taf. — IV. Kritik fossiler Taxaceenhölzer. Mit 1 Taf.

Aus: Abhandlungen der naturforschenden Gesellschaft zu Halle, besonders abgedruckt.

I. und II. Ebendas. 1882. *ℳ 2.—.

Kraus, Greg., über die Blüthenwärme bei Arum italicum. Mit 2 (lith. Curven-)Taf. [Aus: „Abhandl. der naturforsch. Gesellsch. zu Halle".] gr. 4. (42 S.) Halle 882. Niemeyer. n. 2. 80

— über die Blüthenwärme bei Arum italicum. 2. Abhandlg. Mit 3 (lith.) Taf. gr. 4. (103 S.) Ebend. 884. n. 6. — (1. u. 2.: n. 8. 80)

Kraus, Greg., Erfahrungen üb. Boden u. Klima auf dem Wellenkalk. s. Aus der Pflanzenwelt Unterfrankens. X.

Kraus, Gregor: Erfahrungen über Boden und Klima auf dem Wellenkalk. Auszügl. Mitteilung. Würzburg: Kabitzsch 1908. 16 S. 8⁰
(Aus d. Pflanzenwelt Unterfrankens. 10.)
(Verhandlungen d. Physikal.- Med. Gesellschaft zu Würzburg. N. F. Bd. 40, Nr. 2.)

Johann Michael Fehr und die Grettstadter Wiesen. Mit d. Bildn. J. M. Fehrs. Von Gregor **Kraus**. *Würzburg: A. Stuber 1902.* (S. 304–342.) 8°
— Pflanzenwelt, Aus der, Unterfrankens 1.
— **Verhandlungen** d. physikal.-medic. Gesellschaft zu Würzburg. N. F. Bd 34, No 10. [04. 4698

Kraus, Greg., aus der Pflanzenwelt Unterfrankens. I. Johann Michael Fehr u. die Grettstadter Wiesen. Mit dem Bildnis Johann Michael Fehrs. gr. 8. (40 S.) Würzburg 902. A. Stuber's Verlag. n. 1. 50
Sonderabdruck aus: „Verhandlgn. d. phys.-med. Gesellsch. zu Würzburg".

— 1. Die Fels- u. Geröll-Lehne. 2. Wellenkalkwälder. 3. Lactuca quercina L. 4. Ambrosius Rau u. sein Rosenherbar, s.: Aus der Pflanzenwelt Unterfrankens. XI.

—— der botanische Garten der Universität Halle. 1. Heft. gr. 8. (VII, 79 S. mit 5 Photolithogr. und 2 Holzschn.) Leipzig 888, Engelmann. * 5 —

Kraus, Greg., der botanische Garten der Universität Halle. 2. Hft.: Kurt Sprengel. gr. 8. (VIII, 155 S. m. 2 Bildnissen u. 1 Plan.) Leipzig 893. W. Engelmann. n. 8. — (1 u. 2.: n. 13. —)

— Geschichte der Pflanzeneinführungen in die europäischen botanischen Gärten. gr. 8. (73 S.) Ebd. 894. n. 3. —

—— Grundlinien zu einer Physiologie des Gerbstoffes. gr. 8. (VI, 131 S.) Ebendas. 888. * 3 —

KRAUS, Gregor: Grundlinien zu einer Physiologie des Gerbstoffes. - Leipzig 1889. 131 S.

— Gynaeceum od. Gynoeceum? u. anderes Sprachliche. (S. 9—14.) gr. 8. Würzburg 907. C. Kabitzsch. — 60
Sonderabdruck aus: „Verhandlgn. d. phys.-med. Gesellsch. zu Würzburg".

Gynaeceum oder Gynoeceum? und anderes Sprachliche. Von Gregor **Kraus**. Würzburg: A. Stuber 1907. (S. 9–14.) 8° [Umschlagt.]
— **Verhandlungen** d. physikal.-med. Gesellschaft zu Würzburg. N. F. Bd 39, H. 1. [2.] [07. 6010

Kraus, Gregor, zur Kenntniss der Chlorophyllfarbstoffe und ihrer Verwandten. Spectralanalytische Untersuchungen. gr. 8. (VIII, 132 S. mit 5 eingedr. Holzschn. und 3 lithogr. Taf.) Stuttgart 872, Schweizerbart'sche Verlagsh. * 4 —

Kraus, Gregor, über die Micellar-Theorie. gr. 4. (6 S.) Halle 879, Schmidt's Verlag. *

—— botanische Mittheilungen. I.—IV. gr. 4. (31 S.) Halle 885, Niemeyer. * 1 60

Inhalt:

I. Mehrjähriges Wachsen der Kiefernadeln. — II. Die sogenannte lösliche Stärke in der Epidermis. — III. Zur Chemie des Siebröhrensaftes und alcalischer Pflanzensäfte überhaupt. — IV. Zucker und Säure in den Gelenken der Bohnenblätter.

— über den Nanismus unserer Wellenkalkpflanzen, s.a. Aus der Pflanzenwelt Unterfrankens. VI.

Über den Nanismus unserer Wellenkalkpflanzen von Gregor **Kraus**. Würzburg: A. Stuber 1906. (S. 103–134.) 8°
— Pflanzenwelt, Aus d., Unterfrankens. 6.
— **Verhandlungen** d. physikal.-med. Gesellschaft zu Würzburg. N. F. Bd 38, No 4. [06. 4519

Die Pflanzen des Orbtals und seiner Umgebung. Von Dr. Gregor **Kraus**. (Hanau) 1910: (Waisenhaus). 52 S. 8° [11. 1736 4

Rede zur Feier des 50jährigen Bestehens der Physikalisch-medicinischen Gesellschaft in Würzburg geh. am 8. Dez. 1899 von Dr. Gregor **Kraus**, Prof. d. Botanik. *Würzburg: Stahel 1900.* (16 S.) 8°
— **Verhandlungen** d. physikal.-medic. Gesellschaft zu Würzburg. N. F. Bd 33, No 3. [00. 1778

— **Rede zur Feier des 50jährigen Bestehens der physikalisch-medicinischen Gesellschaft in Würzburg, geh. am 8. XII. 1899. gr. 8. (16 S.) Würzburg 900. Stahel's Verlag.** n.n. — 35
Sonderabdruck aus: „Würzburger Verhandlungen".

— die Sesleria-Halde, s.a. Aus der Pflanzenwelt Unterfrankens. VIII.

Die Sesleria-Halde von Gregor **Kraus.** Mit 2 Taf. Würzburg: A. Stuber 1906. (21 S.) 8° [Umschlagt.]
— Pflanzenwelt, Aus d., Unterfrankens. 8.
— **Verhandlungen** d. physikal.-med. Gesellschaft zu Würzburg. N. F. Bd 38, No 10. [06. 9133

—— über **Stoffwechsel** bei den Crassulaceen. gr. 4. (87 S.) Ebendas. 886. * 3 60
aus: Abhandlungen der naturforschenden Gesellschaft zu Halle, besonders abgedruckt.

— über die **Treibhölzer** der Hall'schen Nordpolarexpedition. [Aus: „Sitzungsber. d. naturforsch. Ges. zu Halle a/S."] gr. 4. (2 S.) Ebend. 876. n. — 30

—— **Untersuchungen** von Treibhölzern aus Nowaja-Semlja. 4. (2 S.) Ebendas. 874. *

—— **Untersuchungen** über Wasservertheilung in den Pflanzen. gr. 8. (2 S.) Halle 879, Schmidt's Verlagsh. *

KRAUS (G.). Ursachen der Formaenderung etiolirenden Pflanzen. Jena, 1869. 8°.

—— über die täglichen **Veränderungen** der Dickendimensionen unserer Baumstämme. gr. 8. (2 S.) Ebendas. 879. *

— **Versuche** m. Pflanzen im farbigen Licht u. üb. das Verhalten d. Zuckersaftes der Zellen gegen Alcohol u. Glycerin u. d. Verbreitg. d. Zuckers. [Aus: „Sitzungsber. d. naturf. Ges. zu Halle".] gr. 4. (11 S.) Ebend. 877. n. — 80

KRAUS. Versuche mit Pflanzen im farbigen Licht . . . Halle, 1879. 4°.

— **Vicia Orobus DC. u. ihre Heterotrichie,** s.A. Aus der Pflanzenwelt Unterfrankens. VII.

Vicia Orobus DC. und ihre Heterotrichie. Von Gregor **Kraus.** Mit 2 Taf. Würzburg: A. Stuber 1906. (S. 241–254.) 8° [Umschlagt.]
— Pflanzenwelt, Aus d., Unterfrankens. 7.
— **Verhandlungen** d. physikal.-med. Gesellschaft zu Würzburg. N. F. Bd 38, No 7. [06. 8316

—— über das **Vorkommen** von Stärkemehl in den Siebröhren der Pflanzen. gr. 4. (1 S.) Ebendas. 873. *
aus: Sitzungsberichte der naturforschenden Gesellschaft zu Halle, besonders abgedruckt.

—— über die **Wasservertheilung** in der Pflanze. I. gr. 4. (71 S.) Halle 879, Niemeyer. *
Aus: Festschrift der naturforschenden Gesellschaft zu Halle, besonders abgedruckt.

—— über die **Wasservertheilung** in der Pflanze. II—IV. gr. 4. Ebendas. *
Inhalt:
II. Der Zellsaft und seine Inhalte. (72 S. mit 1 eingedr. Holzschn.) 880. *M 4.
III. Die tägliche Schwellungsperiode der Pflanzen. (91 S.) 881. *M 3.
IV. Die Acidität des Zellsaftes. (66 S.) 884. *M 3.
I. Ebendas. 1879. *M 3.
Vorstehende vier Schriften sind aus: Abhandlungen der naturforschenden Gesellschaft zu Halle, besonders abgedruckt.

— **Christian Wolff als Botaniker.** Rede, geh. zur Übernahme d. Rectorats der Universität Halle am 12. Juli 1891. gr. 8. (17 S.) Halle a/S. 892. M. Niemeyer. n. — 50

Kraus, Gust., u. Jul. **Riedt,** Papas Nase, s.: **Universal-Bibliothek.**

Kraus, Gust., 10 (farb.) Prospekte der kgl. Haupt- u. Residenzstadt München. Nach der Natur u. auf Stein gezeichnet. Neu hrsg. v. Otto Aufleger. 39,5×49,5 cm. München (910). E. Hirsch. 60. —

Kraus, Hans

Kraus, Johann: Arbeitslosigkeit und Arbeitslosenfürsorge in München 1900—1909. München 1910: Kuhn. 55 S. 8°
München, Staatswirtsch. Diss. v. 28. Febr. 1910, Ref. G. v. Mayr
[Geb. 27. März 77 Rathsmannsdorf; Wohnort: Bayerbach a. Rott; Staatsangeh.: Bayern; Vorbildung: Gymn. Passau Reife Juli 96; Studium: Phil. München 1, Passau Lyz. 1, Staatsw. München 10 S.; Rig. 28. Febr. 10.] [U 11. 3567

Kraus, Hans, Arbeitslosigkeit u. Arbeitslosenfürsorge in München 1900—1909. (56 S.) Lex. 8. München 910. (J. Schweitzer Sort.) 2. —

Kraus, Hans [pract. Arzt aus Beidl]: Papillomatöse Excrescenzen an den äusseren Genitalien bearbeitet nach einem von Herrn Geheimrath Prof. Scanzoni v. Lichtenfels in der Frauenklinik vorgestellten Falle . . . . Würzburg, Druck d. A. Memminger'schen Buchdr., 1887; 27 S. 8°.
Würzburg, Med. Fak., Inaug.-Diss. v. 1887.

Kraus, Hans, papillomatöse Excrescenzen an den äusseren Genitalien bearbeitet nach einem von Herrn Geheimrath Prof. Scanzoni von Lichtenfels in der Frauenklinik vorgestellten Fall. Diss. Würzburg 1887, Stahelsche Univ.-Buchh. 8°. 27 S.

Kraus, Hans, **Rumänien** u. Bukarest. 8. (XII, 170 S.) Bukarest 896. E. Storck. n. 2. 50

Kraus, Hans, Waldes Stillleben. Ein Mährchen für Deutschland's Töchter. 8. (VI und 59 S.) Prag 864, (Tempsky.) *

Kraus, Hans, Tagebuch-Blätter. Gedichte. 8. (VIII, 148 S.) Innsbruck, Wagner. 1869. n. 28 ngr.

Kraus, Hanns, Der **Bukarester** Turnverein von seinem Entstehen bis auf die Gegenwart, 1867—1892, Bukarest 1892, 75 S., 8°.

Kraus, Heinrich: Ueber Caries der Wirbelsäule. Mit 1 Steindrucktafel. Halle (1867): Plötz. 31 S., 1 Taf. 8°
Halle-Wittenberg, Med. Diss. v. 20. Dez. 1867
Geb. Höxter 2. 5. 1842. V.

Kraus ⟨Krause⟩, **Herbert,** Referendar: Zum Wesen der sogenannten falschen Anschuldigung. ⟨§ 164 f. R.St.G.B'a.⟩ Breslau: Schletter 1909. 53 S. 8° ¶(Ersch. auch als: Strafrechtl. Abhandlungen. H. 100.)
Leipzig, Jur. Diss. v. 29. März 1909
[Geb. 2. Jan. 84 Rostock; Wohnort: Dresden; Staatsangeh.: Sachsen; Vorbildung: Kreuz-Gymn. Dresden Reife O. 03; Studium: Heidelberg 1, Leipzig 2, Berlin 1, Leipzig 4 S.; Rig. 12. Jan. 07.] [U 09. 2574

Kraus, Hugo, neuester Führer v. Nürnberg. Mit 84 Abbildgn., e. Stadtplane u. neuestem Strassenverzeichnis. (87 S.) 8. Nürnberg (906). C. Koch. n. — 50

Kraus, Hugo, neuester Führer v. Nürnberg. Mit 46 Abb., 1 Stadtplane u. neuestem Strassenverzeichnis. 2. Aufl. (75 S.) 8. Nürnberg (909). C. Koch. — 50

Kraus, J., leichtfaßliche und gründliche Anweisung zum Selbstunterricht im Schönschreiben nebst Vorlegeblättern. Marburg 861. Ehrhardt. qu. 4. (6 S. u. 16 lith. Bl.) n. 12 ngr.

Kraus, J. (II.), Aufgabensammlung für den Rechenunterricht in Volks- und Mittelschulen. Methodisch geordnet und mit Andeutungen zu den Lösungen. 5 Hefte. 8. Heidelberg 878, Weiß. [1. und 2. Heft. (40; 44 S.) à * 25 Pf.; 3. Heft. (48 S.) * 30 Pf.; 4. und 5. Heft. (à 40 S.) à * 25 Pf.] *

Kraus-Karlsbad, J., Beiträge zur Pathologie u. Therapie der Gallensteinkrankheit. gr. 8. (III, 79 S.) Berlin 891. A. Hirschwald. n. 2. —

Kraus sen., J., Beiträge z. Pathologie u. Therapie d. Gallensteinkrankheit. 2. Aufl. gr. 8. (III, 83 S.) Berlin 895. A. Hirschwald. n. 2.—

Kraus, J., Conseil aux malades qui font la cure de Carlsbad. 8. (24 S.) Carlsbad 872, Dominicus. [Feller.] 1 —

Kraus, J. (I.), Medical Guide concerning the use of the mineral Waters at Carlsbad. 8. (38 S.) Carlsbad 876, Feller. *

—— ausführliche Lehre vom größten gemeinschaftlichen Maße in der Arithmetik. Nebst Anwendungen. gr. 8. (19 S.) Tauberbischofsheim 877, Lang. *

—— aerztlicher Rathgeber für den Kurgebrauch in Karlsbad. 1.—4. Aufl. (30 S.) 1872,73. * 60 Pf., und 5. Aufl. gr. 16. (32 S.) Ebendas. 874. * — 80

—— ärztlicher Rathgeber für den Kurgebrauch in Karlsbad. 6. Aufl. (XII, 35 S.) 1876; 7. Aufl. (36 S.) 1877. * ℳ 1.; 8. verb. und verm. Aufl. gr. 16. (65 S.) Ebendas. 879. geb. *

Kraus, J. (I.), ärztlicher Rathgeber für den Kurgebrauch in Karlsbad. 9. revid. Aufl. 12. (65 S.) Karlsbad 882, Feller. * ℳ 1,20.; geb. *

Kraus, J. (II.), Rechenaufgaben in Volks- und Mittelschulen. Resultate und Andeutungen zu den Lösungen. 8. (84 S.) Heidelberg 881, Weiß' Verlag. *

Kraus, J. B., die im Herrn Entschlafenen wissen von uns in fortdauernder Liebe: Ein Buch des Trostes für Trauernde ihrer Verstorbenen wegen. Coblenz 866. (Frankfurt a. M., Hamacher.) 12. (XI, 119 S.) n. 12 ngr.

— die Klage im Leiden. Ein Buch der Belehrung u. des Trostes für Leidende. Ebend. 866. 12. (VIII, 280 S.) n. 20 ngr.

—— der heilige Kreuzweg Jesu Christi in 12 verschiedenen Kreuzweg-Andachten, jede in 14 Stationen. 12. (274 S.) Coblenz 866. (Frankfurt a. M., Hamacher.) *

—— die armen Seelen im Fegefeuer und die um sie Trauernden auf dem Kreuzwege. Eine Kreuzweg-Andacht in 14 Stationen. 12. (22 S.) Coblenz 866. (Frankfurt a. M., Hamacher.) *

—— der Trost im Leiden. Ein Erbauungsbuch für Leidende. 12. (VI und 183 S.) Coblenz 866. (Frankfurt a. M., Hamacher.) *

Kraus, J. E., Elementarbuch des deutsch-lateinischen Unterrichtes, s. Brunner, A.

Kraus, J. Ernst Franz, s. Krause, J. Ernst Franz.

Kraus, J. J., Unterweisung in Behandl. u. Beurtheilung der sogenannten Meerschaum-Pfeifenköpfe. 8. (Ludwigsb. 824. Naſt). 6 gr

Kraus, Jacob [aus Hohen-Sülzen]: Die geometrische Deutung von Invarianten, welche bei ebenen Collineationen auftreten. Giessen, Druck v. W. Keller, 1886; 22 + 1 S. 4°.
Giessen, Phil. Fak., Inaug.-Diss. v. 5. März 1886.

Kraus, Jacob, die geometrische Deutung von Invarianten, welche bei ebenen Collineationen auftreten. Diss. Giessen 1886, J. Rickersche Buchh. 4°. 22 S.

Kraus, Ign. M. (vgl. Krauß, Anton von)

Kraus, Dr. J. M.: Lehre v. d. Ehrenkränkungen u. d. Verfahren bei dens. nach österr. Gesetzen. 837. gr. 8. (22 Gr.)

Kraus, Jgn. M., Lehre v. den Ehrenkränkungen u. dem Verfahren bei denselb. nach österr. Gesetzen. gr. 8. (15 B.) Wien 838, Braumüller u. Seidel.

Kraus, Io., Exempla conversionum ad fidem catholicam. Dillingen (Augsburg, Wolff) 1709. 8°.

— flores gratiarum. 12. ibid. 708.

— **Jo. Matthias (Baruthinus), Res Germanicas antiquiores. Präs. Jo. Adam Flessa. In illustri collegio Christian-Ernestino. Druck: Schirmer 29. IV. 1734. 12 S. (5.—) 19346**

Kraus, Jobst, aus Nürnberg: Über die Gruber-Widal'sche Serodiagnostik zur Erkennung des Typhus abdominalis. *Würzburg 1898: P. Scheiner.* (47 S.) 8°
Würzburg, Med. Diss. v. 1898

Kraus, Johann: Ueber den α-Aminopropylaldehyd und seine Derivate ... Berlin, Druck v. H. S. Hermann, 1895; 34 S., 1 Bl. 8.
Berlin, Phil. Fak., Inaug.-Diss. v. 15. Aug. 1895

Kraus, Johann: Festzeitung zum 22. Verbandsschießen des badischen Landesschützenvereins, des mittelrheinischen und des pfälzischen Schützenbundes in Frankenthal. Frankenthal, 1907.

Kraus, Joh., Der alleinseligmachende christlich-kathol. Glaube wider die Heiden, Türken, Juden, Calvinisten, Lutheraner u. Synkretisten. Prag 1719, 8°.

—— Der auswendig u. inwendige Luther über die zehen Gebote Gottes. Das. 1722, 8°.

Kraus, Joh., Der von Valentin Löscher sehr schlecht verteidigte Luther. Prag 1719, 8°.

Die Marken oder Fabrikzeichen der Porzellanmanufaktur in Frankenthal ⟨1756—1800⟩. Nebst archival. u. anderen Beiträgen z. Gesch. d. Fabrik u. der darin beschäftigten Künstler von Joh. **Kraus**. Mit Abb. *Frankenthal: Selbstverl. 1899.* (45, XIII S.) 8°(4°) [oo. 7467 9

KRAUS, Johann (Frauenreuth): De ophthalmia gonorrhoica.- Monachii: Giesser 1836. 15 S.
19.8.1835 - Urk; F 62
Diss. Ingolst.-Landsh.-Mchn.

Kraus, Joh., Pater Poirets unheiliamer Rat, welchen dieier Calvinist durch ieine Schriiten, gleichiam durch ianfte, doch iehr ichädliche Haupt-Kuſſen den im Glauben wankenden Gemüter um eine sichere Gewissensruh zu verichaiſen, ieelenbetrügeriich untergelegt. Prag 1718, 8°.

Kraus, Johann: Das Schützenwesen in Frankenthal seit seinem Bestehen. Monatsschr. d. Frankenth. Altertumsverein 1899, 1900, 1901, 1902.

Kraus, Johann: Versuche von Schäfergedichten, s. Krauss, Joh.

Stadtgemeinde Frankenthal. Verzeichnis der im städtischen Archiv befindlichen Akten und Urkunden. (Von Johannes **Kraus**, 1. Adjunkt d. Stadt.) *Frankenthal 1901: F. Albeck.* (XIII S., 38 Bl.) 8° [F.] [oo. 4612 9

Kraus, Joh. Adph., die Benediktiner-Abtei Neustadt am Main. Historische Monographie. Würzburg 856. Etlinger. 8. (VI, 249 S.) n. 20 ngr.

KRAUS, Johann Baptist (Regensburg): Die Apokatastasis der unfreien Creatur auf katholischem Standpunkte. Eine dogmatisch-exegetisch-historische Abhandlung.- Regensburg: Pustet 1850. 3 Bl., 100 S.
22.3.1849 - Urk; F 44
Diss. Ingolst.-Landsh.-Mchn.

Kraus, Joh. Bapt., Die bis zum Ende beständig sichtbar u. unfehlbar lehrende Auktorität der röm.-kath. Kirche. Regensburg 1751 (?), 4°.

Kraus, Joh. Bapt., Der Satz: „Außer der Kirche ist kein Heil" beleuchtet. [Aus: „Zeitgem. Broschüren" Bd. 7, Heft 6 (1871)]. Münster, Russell, 1872, gr. 8°, 28 S., 30 Pf.

(Kraus, Joh. Bapt.,) Rechter Gebrauch der Vernunft zur Erkenntnis von der Wahrheit der christlichen Religion. Regensburg 1752 (?).

(Kraus, Joh.): Grundriss des s. g. juris reformandi. (*Regensb.*) 757. fol.

Die Lehre des Origines über die Auferstehung der Todten. Von Dr. J. B. Kraus, L. R. u. P. — 1859. Ebend. — S. 3—17.
Progr. Regensburg.

Kraus, Joh. Bapt., Nicht in mehrern, sondern in der einzig röm.-kathol. Religion kann man selig werden. Regensburg 1751, 12°.

—— Predigt zur Primizfeier des hochw. neugeweihten Priesters K. A. Scherbauer, gehalten zu München am IV. Sonnt. nach Pfingsten. gr. 8. (16 S.) Augsburg 851, Kollmann'sche Buchh. *

Kraus, Johann Baptist Karl

—— Handbuch für Landeskultur und Bergwesen in Oesterreich, s. Handbuch.

Kraus Joh. Bapt. Handbuch für Landeskultur und Bergwesen im Kaiserthum Oesterreich f. 1853. (15. Jahrg.) 8. 312 S.) Wien, F. Ullrich 1852.

KRAUS, Johann Baptist Karl (Hrsg.): Handbuch für das Berg-, Münz- und Forstwesen im Kaiserthum Oesterreich. - Wien 1854-1856. Jg. 15 in 2 Tl.: 238 S. u. 320 S. - Jg. 16.: 314 S. - Jg. 17: 536 S. - (Jg. 1-14 u. d. T.: Handbuch für Landeskultur und Bergwesen im Kaiserthum Österreich)

Kraus Joh. Bapt. Karl — Handbuch für das Berg-, Münz- und Forstwesen im Kaiserthume Oesterreich für 1855. Herausgegeben von — —. 16. Jahrg. Wien. Gedruckt bei Ferdinand Ulrich. (314 S. 8. geb.)

Kraus, Johann Baptist Karl — Handbuch für das Berg- Münz- und Forstwesen im Kaiserthume Oesterreich für 1856. Herausgegeben von — —. 17. Jahrg. Wien. Druck und Papier von Leop. Sommer. In Kommission bei Sallmayer & Kompag. (252 S. Zweiter Theil. Privatwerke und Vereine 284 S. 8.)

Kraus, J. B. C., Handbuch für das Berg-, Münz- und Forstwesen im Kaiserthum Oesterreich, s. Handbuch.

Kraus, J. B., Handbuch über den Staatsbeamten-, Gewerken- und gewerkschaftl. Beamten-Stand im Kaiserthum Oesterreich, s. Handbuch.

Kraus J. B. Jahrbuch für den Berg- und Hüttenmann des österr. Kaiserstaates. Jahrg. 1848—1863. Wien. 8.

Kraus, Johann Baptist Karl —. Jahrbuch für den Berg- und Hüttenmann des österreichischen Kaiserstaates für das Jahr 1854. Herausgegeben von — —. 4. Jahrgang. Mit einem Porträt. 8. (VIII, 8 Blätter, 304 S.) Wien. Gedruckt bei L. Sommer. Im Verlage von Sallmayer und Komp. 1854.

Kraus, J. B., Montan-Handbuch des österreichischen Kaiserthums, s. Montan-Handbuch.

Kraus, Jh. Bapt. K. f. Schematismus, allgem. montanistischer.

Kraus, Johann Ev.

Zur Charakteristik des Kaisers Domitianus. Von J. Ev. Kraus, Stdl. — 1876. Landshut, ibid. — S. 3—28°.
Progr. Landshut, K. Gymn.

Kraus, Johann Gottfried (vgl. Krause, Joh. Gottfr.)

— — Ad orationem inaug. qua professionem juris Saxonici ordinariam in acad. Vitemberg. ab Augustimo Rege clement. nov. sibi demandatam ipso die Augusto nostro sacro in auditorio majori auspicabitur rectorem acad. magn. . . . invitat. Wittbg. (Wwe. Gerdes) 1722. 14 Bl. (5.—) 19330

Kraus, Johann Gottfried [Praes.], s. Authenrieth, Johann Friedrich: De eo quod justum est circa salaria ac honoraria advocatorum.

Kraus, Johann Gottfried [Praes.], s. Beyer, Joh. Sam.: De eo, quod justum est circa pecuniam lustricam vulgo Pathen- oder Gevatter-Geld.

Kraus, Johann Gottfried [Praes.], s. Carpzov, Friedrich Benedikt: De eo, quod justum est, circa nuptias personarum diversae religionis.

— — Civibus academicis s. p. d. Wittbg. (Schefler) 1739. 2 Bl. (—.50) 19344

— — Civibus academicis salutem plurimam dicit, eosdemque ad sacra pentecostalia, sancte peragenda, excitat et invitat. Wittbg. (Gerdes) 1733. 4 Bl. (1.—) 19335

— **Jo. Gottfried** (Freyb. Misn.), Dispositio legis I. C. quando libellus principi datus litis contestationem faciat. Diss. jur. Präs. Jo. Balthas. Wernher. Wittbg. (Gerdes) Aug. 1706. 16 Bl. (6.30) 19328

Kraus, Johann Gottfried [Praes.], s. Doering, Johann Tobias: De eo, quod justum est circa testes in possessorio summarissimo.

Kraus, Johann Gottfried [Praes.], s. Engelschall, Karl Gottfried: De renunciatione juris ex simultanea investitura quaesiti.

Kraus, Johann Gottfried [Praes.], s. Euander, Johann Gottfried: De fratre unilaterali defuncti materteram in terris juris Saxonici communis a successione excludente.

Kraus, Johann Gottfried [Praes.], s. Fleischer, Johann Gotthelff: De jurisdictione in legatos statuum eorumque comites Sac. Rom. Imperii archi-Mareschallo et hinc vicemareschallo in comitiis competente.

Kraus, Johann Gottfried [Praes.], s. Freyberg, Karl Samuel: De eo quod justum est circa fatalia processus.

Kraus, Johann Gottfried [Praes.], s. Friderici, Johann Christian: De eo quod justum est circa poenam furti inprimis jure Saxonico occasione mandati regii.

Kraus, Johann Gottfried [Praes.], s. Geudtner, Christoph Sigismund: De juribus atque effectibus simultaneae investiturae in feudis mere hereditariis.

Kraus, Johann Gottfried [Praes.], s. Hammer, Georg Philipp: De eo quod justum est circa probationem per testes domesticos.

Kraus, Johann Gottfried [Praes.], s. Hartitzsch, Julius Alexander von: De concione docimastica.

Kraus, Johann Gottfried [Praes.], s. Hedler, Johann Christian: De eo quod justum est circa praedia deserta in Saxonia.

Kraus, Johann Gottfried [Praes.], s. Hedler, Johann Christian: De liberis ex matrimonio inter spurium stupratamque ab alio, inito, natis.

Kraus, Johann Gottfried [Praes.], s. Hoffmann, Christian Gottfried: De causis contumaciam excusantibus.

Kraus, Johann Gottfried [Praes.], s. Koehlau, Karl Friedrich: De pacto hereditatis renunciativo, quatenus jure Saxonico in fraudem creditorum fieri possit?

Kraus, Johann Gottfried [Praes.], s. Kopp, Christian Gotthelff: De praesumtionis ex vitae et moribus effectu.

Kraus, Johann Gottfried [Praes.], s. Landsberger, Johann Friedrich: De testamentis controversis potissim. publ.

— — LL. studiosae juventuti s. d. eamve ad lectiones suas publicas perofficiose invitat. Wittbg. April 1717. 16 S. (3.—) 19329

— — Lectori s. p. d. Wittbg. (Wwe. Gerdes) 1733. 4 Bl. mit Biogr. v. Georg Friedrich Schroeer (Wittbg.; M.: R. E. Behrisch). (4.50) 19336

— — Lectori s. p. d. Wittbg. (Schlomach) 1733. 6 Bl. mit Biogr. v. Carl David Lossius (Jüterbog; M.: A. E. Klos). (5.—) 19337

— — Lectori benevolo s. p. d. Wittbg. (Jo. David Scheffler) 1736. 4 Bl. mit Biogr. v. Christian Gottfried Francke (Marienau/Vogtl.; M.: J. D. Zeumer). (4.50) 19338

— — Lectori benevolo s. p. d. Wittbg. (Eichsfeld) 1736. 8 Bl. mit Biogr. v. Carl Ferdinand Zschoch (Staucha/Oschatz; M.: J. E. Segmehl). (5.—) 19339

— — Lectori benevolo s. p. d. Wittbg. (Eichsfeld) 1736. 8 Bl. mit Biogr. v. Christian Specht (Tharand; M.: S. Bormann). (5.50) 19340

— — Lectori benevolo s. p. d. Wittbg. (Jo. David Scheffler) 1737. 4 Bl. mit Biogr. v. Johann Wilhelm Struve (Frankenhausen; M.: J. S. Lindemann). (4.50) 19341

— — Lectori benevolo s. p. d. Wittbg. (Jo. David Scheffler) 1737. 6 Bl. mit Biogr. v. Ludwig Magen (Leipzig; M.: B. E. Richter). (4.50) 19342

— — Lectori benevolo s. p. d. Wittbg. (Hak) 1737. 6 Bl. mit Biogr. v. Johann Gottlob Clajus (Annaberg; M.: A. S. Rubner). (5.50) 19343

— — Lectoribus omnium ordinum honoratissimis s. p. d. Wittbg. 1730. 16 S. mit genealog. Biogr. v. Heinrich Brokes (Lübeck; M.: A. S. Gutzmer). (7.—) 19332

— — Lectoribus omnium ordinum honoratissimis s. p. d. Wittbg. 1730. 4 Bl. mit Biogr. v. Christian Gottlieb Spengler (Bautzen; M.: M. M. Laub.) (5.—) 19333

— — Lectoribus omnium ordinum honoratissimis s. p. d. Wittbg. 1730. 4 Bl. mit Biogr. v. Johann Friedrich Landsberger (Dresden; M.: D. E. Fritsch). (4.50) 19334

Kraus, Johann Gottfried [Praes.], s. Naevius, August: De arbitrio judicis restricto.

Kraus, Johann Gottfried [Praes.], s. Nestler, Johann Kaspar: De reo contumace, ad ligitima usque impedimenta condemnando.

— — Programma auspicat. quo dotes atque virtutes boni doctoris ac professoris occasione L. VII. C. de professoribus et medicis sistit simulque ad lectiones publ. in instit. imperial. Justinian . . . invitat. Wittbg. (Wwe. Gerdes) 24. X. 1726. 12 S. (2.50) 19331

Kraus, Johann Gottfried [Praes.], s. Schmid, Heinrich Gottlob: De eo quod justum est circa persuasiones intuitu sponsaliorum.

Kraus, Johann Gottfried [Praes.], s. Schroeer, Georg Friedrich: Pater ex facto filii obligatus.

Kraus, Johann Gottfried [Praes.], s. Seebach, Christian Gottlieb: De legato in debitum haud compensando Dass ein Vermächtniss in keine Schuld einzuwerffen.

Kraus, Johann Gottfried [Praes.], s. Stahlkopff, Johann Christian: De jure degradationis canonicae eiusque usu in terris protestantium occasione cap. II. de poenis in VI.

Kraus, Joh.Heinrich: De officiis hominis erga seipsum, s. Thurneysen, Joh.Rudolf (Praes.)

— Joh. Heinr., De potestate eligendi imperatorem ad solos electores restricta. Von dem Recht einen Kayser zu erwehlen, so allein denen Churfürsten zukommt. Diss. histor. Lpz. 28. II. 1703. (1736.) 24 S. (5.50) 19350

— Johann Heinrich (Loesnitz/Schoenburg), De torturae subjectis. Diss. med.-legalis. Präs. D. Michael Alberti. Halle (Joh. Christian Hendel) Nov. 1729. 90 S. (7.50) 19345

Kraus, Joh.Heinrich: T h e s e s miscellaneae (ex jure naturae . .), s. L i n d e r , Andreas (Praes.)

Kraus, Johann Ulrich, s. K r a u ß , Johann Ulrich.

Kraus (Krause), Johann Werner

Kraus, Jh. Werner, († 1772.) Antiquitates et memorabilia historiae Franconicae, darinnen insonderheit d. Ursprung, Einrichtung u. Merkwürdigkeiten d. fürstl. Residenzstadt Hildburghausen von denen ältesten bis auf die jetzigen Zeiten aus bewährten Urkunden abgehandelt werden. 3 Thle. 4. Hildburgh. 753. Hanisch. 2 Rthlr. 12 gr.

— Beschreib. v. Königsberg, Sonnenfeld, Behringen u. Schalkau. 4. Hildburgh. 755.

— Geschichte u. Beschreib. der Stadt Eisfeld. 4. Hildburgh. 753.

Kraus, Johannes, s. K r a u s , Johann.

Kraus, Josef

— kurze Anmerkk. für Geistliche u. Schullehrer über den kurzen Katechismus zum Gebrauche in Kirchen u. Schulen. 8. Landsh. 818. Thomann. 9 gr.

Kraus, Joseph: Beiträge zur Kenntnis der Mundart der nordöstlichen Champagne im 13. und 14. Jahrhundert. *Giessen 1901: v. Münchow.* (70 S.) 8°
Giessen, Phil. Diss. v. 1901

Kraus, Jos., Beitrr. zur Verbesserung d. Stadt- u. Landschulen in Baiern, s. Beitrr.,

Kraus, (J.,) ausführl. Erklärung v. d. heil. Sacrament d. Firmung z. Gebrauch f. Eltern u. Lehrer. 8. Landshut 823, Thomann. Rthlr.

— ausführl. Erklärung v. d. heil. Sacrament d. Firmung, z. Gebrauch für Eltern u. Lehrer. 8. Landsh. 823. 2e A. 826. 3e A. unt. d. T.: ausführl. Unterricht etc. 831. 4e A. 832. Thomann. 1 gr. Postp. 1½ gr.

Kraus, Josef, s. F a b e l n für unsere Zeiten u. Sitten.

Kraus, *Carl Wilhelm* Joseph [aus Bonn]: Aus d. med. Univ.-Klinik zu Bonn. Ein Fall von ausgedehntem linksseitigem Pleuratumor. '(Malignes Sarcom u. Dermoidcyste.)' . . . Bonn, Druck v. E. Heydorn, *1893;* 24 S. 8.
Bonn, Med. Fak., Inaug.-Diss. v. [15. März] 1893

– s. F r a g e n u. Antworten über d. Unterr. in d. Religion.

Kraus, (J.,) Gebetbüchlein f. d. kathol. Schuljugend. 4e verm. Aufl. 12. Landshut 826, Thomann. 3 gr. Postp.

—— Gebetbüchlein f. d. kathol. Schuljugend. 4., verm. Aufl. M. 3 Stndr. 12. (4 B.) Landshut 833, Thomann.

Kraus, Jos., Gebetbüchlein f. die kathol. Schuljugend. 5., verm. Aufl. 18. (2⅔ B. u. 1 Stnt.) Landshut 844, Thomann'sche Buchh.

Kraus, Jos., Gebetbüchlein für die katholische Jugend. 6., verm. Aufl. 32. (160 S. mit 1 Stnt.) Landshut 854, Thomann-sche Buchh.

Kraus, Josef, s. G e b e t e bei der heil. Messe für die Schuljugend.

— Gebete bei d. heil. Messe, für d. Schuljugend. 2e A. 12. Landsh. 813. Thomann. 1 gr.

(Kraus, Jos.,) Gebete bei d. heil. Messe f. d. Schuljugend. 3., verm. Aufl. 32. (48 S.) Landshut 833, Thomann.

Die Geographische Gesellschaft in Lübeck in den ersten 25 Jahren ihres Bestehens 1882–1907 von Joseph **Kraus,** Lehrer an d. Navigationsschule. Berlin: R. Friedländer & Sohn in Komm. 1907. (44 S.) 4° [07. 7666

– s. G e w i t t e r k a t e c h i s m u s .

Kraus, J., Gewitterkatechismus, od. Unterricht üb. Blitz u. Donner. 8. Augsb. Doll. 814.

Kraus, Jos., d. wissenschaftl. Grundlagen d. Socialismus. Kritik d. Marx'schen Werthlehre. Vortrag, geh. am 7. März 1896 in d. deutsch-akadem. Lese- u. Redehalle in Wien. gr. 8. (18 S.) Wien 896. Manz. n. — 40

KRAUS, JOS(EPH): Abgewogene Gürtl der hochlöblichen Ertz-Bruderschafft Mariae von Trost: da selbe am 3-ten Sonntag nach Ostern im Jahr 1745 in der . . . Königlichen Haupt-Stadt Ofen bey denen Wohlehrwürdigen P. P. Augustinern auf der Landstrassen dero gewöhnliche Fest-Begängnuß Hoch-feyerlich widerholt vorgestellet. Ofen 1745, gedr. b. Veron. Nottensteinin. 8 S. - kl. 4°

Kraus, Jos., kleiner Katechismus d. Obst-Baumzucht f. Volksschulen. gr. 8. (1 B.) Landshut 832, Thomann. Thlr.

— kurzer christkathol. Katechismus, zum Gebrauche in Kirchen u. Schulen. 8. Landsh. 818. 2e A. 820. Thomann. 1 gr.

Kraus, Jos., Kolonisation des Togogebietes. Ein Beitrag zur Lösg. der sozialen Frage. gr. 8. (31 S.) München 894. Münchner Handelsdruckerei u. Verlagsanstalt, M. Poeßl. n. 1. —

– s. L a n d g e i s t l i c h e , Der Baierische.

— der baierische Landgeistliche in der Werk- u. Feiertagsschule. 2 Thle. 2e Aufl. 8. Landsh. 818. Thomann. 1 Rthlr.

— Lehr- u. Handbuch z. Gebrauche in d. weibl. Feiertags-Schulen; ein Beitrag z. Bildung guter u. verständ. Hausmütter u. Dienstmägde. gr. 8. Landsh. 822, Thomann.

—— Lehr- u. Handbuch z. Gebr. in d. weibl. Feyertags-Schulen. Ein Beytr. z. Bildung guter u. verständ. Hausmütter u. Dienstmägde. 2. u. 3., unveränd. Aufl. (à 7½ B.) 827, 31. gr. 12., 4. A. Verb. u. verm. v. B. Mersy. 8. (10 gedr. u. 1 lith. B.) Landshut 835, Thomann. à

—— Lehr- u. Handbuch z. Gebr. in den weibl. Feiertags-Schulen. Ein Beitrag z. Bildung guter u. verständiger Hausmütter u. Dienstmägde. 5. Aufl. Verbess. u. verm. v. B. Mersy. gr. 12. (7⅚ B.) Landshut 842, Thomann'sche Buchh.

— Lehr- u. Handbuch zum Gebrauch f. Lehrer u. Lehrlinge d. männlichen Feiertagsschule. 8. Landshut, Thomann. 814.

— Lehr- u. Handbuch zum Gebrauch für Lehrer u. Lehrlinge d. männlichen Feiertagsschule. 8. Landsh. 814. 2e A. 821. 3e A. 825. 4e A. Mit e. Anh. Erdbeschreib. von Deutschland. gr. 12. 831. Thomann. 6 gr. Der Anh. apart 1½ gr.

— Lehr- u. Handbuch z. Gebrauche f. Lehrer u. Lehrlinge d. männl. Feiertagsschule, wie auch z. Selbstbelehr. d. jungen Bürgers u. Landmannes. 3e Aufl. 8. Landsh. 825, Thomann.

— Lehr- u. Handbuch zum Gebrauch für Lehrer u. Lehrlinge der männl. Feiertags- u. Gewerbschulen, wie auch zur Selbstbelehrung des jungen Bürgers u. Landmannes. 5e Aufl. Verb. u. verm. von B. Mersy. 8. Landshut 834. Thomann. (Attenkofer.) 1/4 ₰

— Lehr- und Handbuch zum Gebrauche für Lehrer u. Lehrlinge der männlichen Feiertags- u. Gewerbsschulen, wie auch zur Selbstbelehrung des jungen Bürgers und Landmannes. 6. Aufl. Verb. u. verm. von B. Mersy. gr. 12. (Mit 1/2 lith. B.) Landshut 842, Attenkofer. (Thomann.) 1/4 ₰

– s. M a t e r i a l i e n z. Unterricht im Katechisiren.

KRAUS, JOSEPH S. J.: Predig am Feste der Erzbruderschaft der heil. Monika. Ofen 1746. - 2°

— Samml. religiös-sittl. Liederverse für Volksschulen. 8. Landsh. 817. Thomann. 3 gl

– s. S k i z z e e. n. Schulplans.

—— ausführl. U n t e r r i c h t von d. heil. Sakrament d. Firmung. Zum Gebr. f. Lehrer u. Aeltern, welche d. Kinder in d. Schule u. zu Hause hievon unterr. wollen. 3. u. 4. Ausg. (à 1 B.) 8. Landshut 832, Thomann. à

— ausführl. U n t e r r i c h t von dem heil. Sakramente der Firmung. 8. Aufl. 16. Landshut 844, Thomann. 1 1/4 ngl

Kraus, Jos. Adam, Jugendklänge. Lieder für Kinder, vorzügl. zum Gebrauche in Volksschulen, gesammelt. 1. Bdchn. 1. Thl. 2. Aufl. und 2. Bdchn. 1. Thl.: die Texte. 16. (à 32 S.) Aschaffenburg 847, (Pergay.) à Thl. * 2 1/2 Ngr. *

—— dass. — 1. Bdchn. 2. Thl.: die Melodien. qu. 16. (36 S.) Ebds. 847. *

Kraus, (Jul.), s.: J a h r b u c h f. Maschinisten, Heizer u. verwandte technische Berufe.

— Prag. Ein Roman v. Völkerzwist u. Menschenhader. Mit Umschlagszeichng. v. Max Weißenstein. (III, 238 S.) 8. Wien 908. Brüder Suschitzky. 3.—; geb. 4.—

Die K. Techn. Hochschule in München, Darstellung aus der Geschichte der Technik, der Industrie und Landwirtschaft in Bayern.
Enthält:
K r a u s, C a r l: Der Zustand der bayrischen Landwirtschaft vor 100 Jahren.
K r a u s, C a r l: Acker- und Pflanzenbau in Bayern vor 100 Jahren.
P o t t, E m i l: Landwirtschaftliche Tierproduktion.
München 1906

Kraus, Karl: Hardens A n t w o r t . Wien: Die Fackel 1908. 36 S. 8°

Kraus, Carl: Z. Aetiologie u. Therapie gewisser Formen d. Arteriosklerose. *Wien & Leipzig 1897.*
in: **Fortschritte d. H y d r o t h e r a p i e.** Festschr. z. vierzigjähr. Doctorjub. d. Prof. Dr. W. Winternitz. (97. 1435

Kraus, C., Beobachtungen üb. die Cultur d. Hopfens im J. 1887. 10. Bericht des Deutschen Hopfenbauvereins. Lex.-8. (29 S.) München 888. Th. Ackermann's Verl. n. 2.—

K r a u s, C., s. **B e o b a c h t u n g e n** über die Cultur des Hopfens.

Kraus, Karl u. L. Kießling: B e r i c h t e der k. b. Saatzuchtanstalt in W. München 1903.
1903–1909 von Kraus und Kießling, 1910–1927 von Kießling.
Teilweise erschienen im L. J. f. B.

Kraus, Karl, der Beweis im Gefällsstrafprozesse nach österreichischem Rechte. Systematische u. erläut. Darstellung der sich auf die Beweisführung im Gefällsstrafprozesse bezieh. Bestimmungen des Gesetzes vom 11. VII. 1835 (Pol. Ges. Slg. Bd. 63); versehen m. zahlr. Beispielen aus dem Gebührenrechte u. bestimmt zum prakt. Gebrauche f. Finanzbeamte, Rechtsanwälte u. Notare. (VII, 80 S.) 8. Wien 904. Manz. Kart. n. 1. 80

Kraus, Carl v., s.: **B i b l i o t h e k**, germanische.

Kraus, C., das sogen. II. Büchlein u. Hartmanns Werke, s.: **A b h a n d l u n g e n** zur german. Philologie.

Kraus, Karl, s.: **F a c k e l**, die.

Kraus, Carl, deutsche G e d i c h t e des 12. Jahrh. Hrsg. v. C. K. gr. 8. (X, 284 S.) Halle 894. M. Niemeyer. n. 7.—

Die Gliederung des Gersten- und Haferhalmes und deren Beziehungen zu den Fruchtständen. Ein Beitrag zu d. wissenschaftl. Grundlagen d. Pflanzenzüchtung. Von Prof. Dr. C[arl] **Kraus** in München. Mit 18 Abb. Stuttgart: E. Ulmer 1905. (153 S.) 8° [F.]
— **Zeitschrift**, Naturwissenschaftl., f. Land- u. Forstwirtschaft. Beih. 1. (05. 6633

Maximilian **Harden**. Eine Erledigung. Von Karl **Kraus**. Wien & Leipzig: Die Fackel (1907). 36 S. 8° [Umschlagt.] (10. 5573 7

— Maximilian H a r d e n. Ein Nachruf. (51 S.) 8. Wien 908. L. Rosner. — 50

Kraus, Karl: H a u p t r e g e l n des Braugerstenbaues. Sonderveröff. des L. Vereins in B. München 1903.

— H e i n e u. die Folgen. (45 S.) 8. München (910). A. Langen. — 80

— der Fall H e r v a y. (38 S.) 8. Wien 904. Verlag „Die Fackel". — 40

K r a u s, Carl, die Irrenbehandlung und Irrenpflege vor 50 Jahren in Bayern und deren Fortschritte bis in die Gegenwart. Eine histor. Studie. gr. 8. (VII, 63 S.) München 888, J. A. Finsterlin. *

Kraus, Karl, eine K r o n e f. Zion. 8. (31 S.) Wien (I, Bauernmarkt 3) 898. M. Frisch. — 70

Kraus, (Carl), die Lagerung der Getreide. Entstehung u. Verhütg. m. besond. Berücksicht. der Züchtg. auf Standfestigkeit. (XII, 426 S.) gr. 8. Stuttgart 908. E. Ulmer. 12.—

— Das gemeine Leinkraut (Linaria vulgaris Mill.), s. a. **A r b e i t e n** der deutschen Landwirtschafts-Gesellschaft.

Das gemeine Leinkraut (Linaria vulgaris Mill.). Bearb. von Prof. Dr. C[arl] **Kraus**-München. Mit 7 Bildtaf. Berlin: Deutsche Landwirtschafts-Ges. 1909. 23 S. 8°
(Die Bekämpfung d. Unkrautes. St. 4.)
(Arbeiten d. Deutschen Landwirtschafts-Gesellschaft. H. 166.) 110. 2917

— die demolierte Literatur. M. 1 Titelbild v. Hans Schliessmann. 8. (36 S.) Wien 897. A. Bauer. — 75

Die demolirte Literatur von Karl Kraus. Mit einem Titelbild von Hans Schliessmann. 8. Auflage. Wien. 1899. A. Bauer. 8°. 36 S. fl. —.40

Kraus, Karl: Maßnahmen zur Hebung des bayerischen Gerstenbaues. München 1903.

— Die chines. Mauer. Ausgewählte Schriften. 3. Bd. (460 S.) 8. Ebd. (910). 6.—; geb. 7.50; in Halbfrz. 10.—

[F.] **Kraus**, Karl [k. Hauptmann a. D.]: Das deutsche Militärstrafverfahren. Seine Stellg im Staatswesen u. im Rechtsgebiet ... München, *Druck v. Seitz & Schauer*, 1896; VII, 128 S. 8.
Erlangen, Jur. Fak., Inaug.-Diss. v. 1896

Kraus, Karl, das deutsche Militärstrafverfahren m. bes. Berücksicht. d. gelt. preuß., bayer. u. württemberg. Rechtes. gr. 8. (VII, 128 S.) München 896. J. Schweitzer Verl. n. 1. 80

— Irrenhaus Oesterreich. (Die Affaire Coburg.) (23 S.) 8. Ebd. 904. — 40
Sonderabdruck aus: „Die Fackel".

Kraus, Carl, Die Pflege der Landwirtschaftswissenschaft in Bayern. München 1905

Kraus Carl: Vom Rechte und die Hochzeit, zwei geistliche Gedichte des 12. Jahrhunderts. Diss. Wien, Univ.
D: Wien, 1891.
1889 PN 586

— „vom Rechte" u. „die Hochzeit". Eine litterarhistor. Untersuchg. [Aus: „Sitzungsber. d. k. Akad. d. Wiss."] Lex.-8. (126 S.) Wien 891. (F. Tempsky.) n. 2. 50

— s.: Reinbot v. Durne, der hl. Georg.

Kraus, C., Über die Saatgutzüchtung in Bayern. München 1905

KRAUS, Karl (Hrsg. d. „Fackel", Wien, geb. 28. April 1874), Ausgewählte Schriften. Bd. I. Sittlichkeit und Kriminalität. 2. Aufl. 1908. 8°. (Kr. 7,20; gebd. 8,70.)
Kürschner, 1909, Sp. 890.

— s.: Silvester, d. Trierer.

— Sittlichkeit u. Criminalität. (Nach e. Ehebruchsprocess.) 8. (24 S.) Wien 902. Verlag „Die Fackel". n. — 40
Sonderabdruck aus: „Die Fackel".

— Sittlichkeit u. Kriminalität. Ausgew. Schriften. I. Bd. 2. Aufl. (387 S.) 8. Wien 908. L. Rosner. 6.—

Kraus, Karl: Sortenwahl und Saatgutzüchtung bei niederbayerischen Getreiden. Landshut 1903.
Vortrag in der Kreisvers. des landw. Vereins von Niederbayern.

— Sprüche u. Widersprüche. (262 S.) 8. München 909. A. Langen. 3.50; geb. in Leinw. 4.50; in Halbfrz. 7. 50

— s.: Studien, Prager deutsche.

Kraus, Carl, Uebungs-Büchlein in der deutschen Sprach- und Rechtschreib-Lehre für die mittleren und oberen Klassen der deutschen Schule, nach den neueren Sprachwerken zusammengestellt. Wort- und Satzlehre. 8. (IV und 112 S.) Kitzingen 851. (Würzburg, Kellner.) *

Kraus, Carl, Uebungs-Büchlein in der deutschen Sprach- und Rechtschreib-Lehre für die mittleren und oberen Klassen der deutschen Schule, nach den neueren Sprachwerken zusammengestellt. 1. und 2. Abthl. (Wort-Lehre und der einfache Satz. — Der zusammengezogene und zusammengesetzte Satz nebst Anhang.) 2., verb. und verm. Aufl. 8. (116 S.) Würzburg 855, (Kellner.) à Abthl. 3 Ngr.

—— Uebungs-Büchlein in der deutschen Sprach- und Rechtschreib-Lehre für die unteren Klassen der deutschen Schule ꝛc. Laut- und Sylben-Lehre. 2., verb. und verm. Aufl. 12. (48 S.) Kitzingen 852. (Würzburg, Kellner.) *

Kraus, Carl, erstes Uebungs-Büchlein in der deutschen Sprach- und Rechtschreib-Lehre für die unteren Klassen der deutschen Schule, nach den neueren Sprachwerken zusammengestellt. Laut- und Silben-Lehre. 8., verb. und verm. Aufl. 8. (VIII und 56 S.) Würzburg 858, Kellner.

Metrische Untersuchungen über Reinbots Georg. Mit 2 Exkursen. Von Carl Kraus. *Berlin: Weidmann 1902.* (225 S.) 4°
= Abhandlungen d. Königl. Gesellschaft d. Wiss. zu Göttingen. Phil.-hist. Kl. N. F. Bd 6, No 1. (04. 14878

— Heinrich v. Veldeke u. die mittelhochdeutsche Dichtersprache. Mit e. Excurs v. Edward Schröder. gr. 8. (XV, 192 S.) Halle 899. M. Niemeyer. n. 5.—

Kraus, Karl: Die Vereinbarung über die Zuständigkeit der Gerichte, historisch-dogmatisch dargestellt. . . . München, Druck d. Literar. Inst. v. Dr. Max Huttler (Konrad Fischer), 1888; 3 Bl. + 71 S. 8°
München, Jur. Fak., Inaug.-Diss. v. 1888

Kraus, Karl, die Vereinbarung über die Zuständigkeit der Gerichte, historisch-dogmat. dargestellt. Inaugural-Abhandlung. Lex.-8. (V, 71 S.) München 888, (Schweitzer.) * 3 —

Die K. Techn. Hochschule in München, Darstellung aus der Geschichte der Technik, der Industrie und Landwirtschaft in Bayern.
Enthält:

Kraus, Carl;	Der Zustand der bayrischer Landwirtschaft vor 100 Jahren.
Kraus, Carl:	Acker- und Pflanzenbau in Bayern vor 100 Jahren.
Pott, Emil:	Landwirtschaftliche Tierproduktion.

München 1906

—— der Zweisatz oder die Schlußrechnung, methodisch bearb. für die Hand der Schüler. 8. (32 S.) Kitzingen 852. (Würzburg, Kellner.) *

Kraus, Carl Friedrich, appr. Arzt aus Frankfurt a. M.: Aus d. Universitäts-Augenklinik zu Gießen. Zur Kasuistik der Sehnervenleiden bei Schädelmißbildungen. Hierzu 2 Abb. *Gießen 1902: v. Münchow.* (33 S.) 8°
Gießen, Med. Diss. v. 1902

Kraus, Karl Phil., Anleitung z. Berechnung seines Schicksals in der Lotterie vor dem Einsetzen. Für d. gemeinen Mann in 5 Gesprächen abgefaßt. Herausgeg. durch dessen Sohn Karl Kraus. 8. Würzburg 843. (Schweinfurt, Wetzstein.) n. 1/12 ℔

Kraus, Konr., die Brüder, s.: Erzählungen aus den Rheinlanden.

Kraus, Conr., Clarissa. Eine Erzählung aus der Rococco-Zeit. 8. (388 S.) Mainz 880, Kirchheim.

—— der Herr Direktor. Schwank in 1 Akt. gr. 8. (24 S.) Mainz 883, [Wilckens.] Frey Verlag. *

Kraus, Conr., das Eckhaus an der Albanskirche. Eine historische Erzählung aus den letzten Tagen von Kur-Mainz. Mit 30 (eingedr.) Orig.-Illustr. von Wilh. Ohaus. In Holz geschn. von Emil Singer in Leipzig. 8. (244 S.) Mainz 877, Kirchheim. *

Kraus, Conr., das Eckhaus an der Albanskirche. Eine histor. Erzählung aus den letzten Tagen von Kur-Mainz. Mit 30 (eingedr.) Orig.-Illustr. v. Wilh. Ohaus. In Holz geschn. von Emil Singer in Leipzig. 8. (244 S.) Mainz 879. Kirchheim. n. 4.—

Kraus, Conr., das Eckhaus an der Albanskirche. Eine histor. Erzählg. aus den letzten Tagen v. Kur-Mainz. 2. Aufl. M. d. Portr. u. e. Lebensskizze d. Verf. 8. (VIII, 258 S.) Mainz 897. L. Wilckens. n. 1. 40; geb. 2. 25

Kraus, Konr., Experimentierkunde. s. a. Netoliczka, Eug.

Kraus, Konr., Experimentierkunde. Anleitg. zu physikalischen u. chemischen Versuchen in Volks- u. Bürgerschulen u. Fortbildungsschulen. (V, 358 S. m. 503 Abbildgn.) gr. 8. Wien 906. A. Pichler's Wwe. & Sohn. n. 4. 20; geb. n. 4. 50

Kraus, Konr., Experimentierkunde. Anleitung zu physikal. u. chem. Versuchen in Volks- u. Bürgerschulen u. Fortbildungsschulen. 2., verm. Aufl. (V, 400 S. m. 589 Abb.) gr. 8. Wien 910. A. Pichler's Wwe. & Sohn. 4. 65

—— alte Geschichten vom Rheine. Novellen. 1. und 2. Bd. 8. Mainz 884, Kirchheim. à Bd. ℳ 3.

Inhalt:

Bd. 1. Castilia. Eine Novelle aus den Zeiten des Kurfürsten Johann Philipp von Schönborn. (VIII, 300 S.)

2. Ultra Montes. Der Hostienbäcker von Kur-Mainz. Zwei histor. Novellen aus den Zeiten der Kurfürsten Clemens August und Schweikard von Kronenberg. (264 S.)

Kraus, Conr., alte Geschichten vom Rheine. Novellen. 3. Bd.: Friedrich Carl, Fürstbischof von Würzburg. — Der Tag von Seckenheim. Zwei histor. Novellen aus dem 17. und 15. Jahrh. 8. (366 S.) Mainz 886, Kirchheim.

1. und 2. Bd. Ebendas. 1884. à ℳ 3.—.

— Grundriß der Arithmetik f. Lehrer- u. Lehrerinnen-Bildungsanstalten. 2. Aufl. Nach der neuen Rechtschreibg. bericht., sonst unveränd. Abdr. der 1. Aufl. (IV, 316 S. m. 19 Holzschn. u. 2 Tab.) gr. 8. Ebd. 904. Geb. in Leinw. n. 3. 50

Kraus Konrad, Grundriß der Arithmetik für Lehrer- und Lehrerinnenbildungsanstalten. Mit 19 Holzschnitten. 3., inhaltlich unveränderte, daher gemäß Min.-Erl. vom 17. Mai 1904, Z. 16819, allgemein zulässige Auflage. Wien 1906. A. Pichler's Witwe und Sohn. Geb. K 3 50.

Kraus Konrad, Grundriß der Arithmetik für Lehrer- und Lehrerinnenbildungsanstalten. Mit 19 Holzschnitten. 4., unveränderte, daher gemäß Min.-Erl. vom 21. August 1906, Z. 32721, allgemein zulässige Auflage. Wien 1908. A. Pichlers Witwe und Sohn. Geb. K 3.50.

— Grundriß der Arithmetik f. Lehrer- u. Lehrerinnen-Bildungsanstalten. 5., durchgeseh. Aufl. Unveränd. Abdr. der 3. Aufl. (IV, 316 S. m. 19 Holzschn. u. 2 Tab.) gr. 8. Ebd. 910. Geb. in Leinw. 3. 50

(F) Grundriss der Chemie für Lehrer- und Lehrerinnen-Seminarien und verwandte Lehranstalten. Von Prof. Konrad Kraus, Prof. Dr. H. Böttger. Mit 62 Holzschnitten. Leipzig. 1901. Pichler's W. & S. Gr.-8°. 196 S. Geb. K 1.70

— u. H. Böttger, Grundriß der Chemie f. Lehrer- u. Lehrerinnen-Seminarien u. verwandte Lehranstalten. 3. Aufl. (196 S. m. 62 Holzschn.) gr. 8. Leipzig 906. A. Pichler's Wwe. & Sohn. Geb. n. 1. 70

— u. H. Böttger, Grundriß der Chemie f. Lehrer- u. Lehrerinnen-Seminarien u. verwandte Lehranstalten. 4. Aufl. (196 S. m. 62 Holzschn.) gr. 8. Wien 908. A. Pichler's Wwe. & Sohn. Geb. 1. 70

— Grundriß der geometrischen Formenlehre f. Lehrerinnen-Bildungsanstalten. (208 S. m. 234 Holzschn.) gr. 8. Ebd. 903. Geb. in Leinw. n. 2. 40

— Grundriß der geometrischen Formenlehre f. Lehrerinnen-Bildungsanstalten. 2. Aufl. Unveränd. Abdr. der 1. Aufl. (III, 208 S. m. 236 Holzschn.) gr. 8. Ebd. 907. Geb. 2. 40

Kraus, Konrad, Grundriß der Geometrie und des geometrischen Zeichnens für Lehrer-Bildungsanstalten. Wien 1902. A. Pichler's Witwe & Sohn. Preis, gebunden 2 K 70 h.

— Grundriß der Geometrie u. des geometrischen Zeichnens f. Lehrerbildungsanstalten. Mit 305 Holzschn. u. e. (farb.) Situationsplan. 2. Aufl. Unveränd. Abdr. der 1. Aufl. (II, 238 S.) gr. 8. Ebd. 905. Geb. n. 2. 70

— Grundriß der Geometrie u. des geometrischen Zeichnens f. Lehrerbildungsanstalten. Mit 307 Holzschn. u. 1 (farb.) Situationsplan. 3. Aufl. Im wesentlichen unveränd. Abdr. der 1. Aufl. (II, 239 S.) gr. 8. Ebd. 909. Geb. 2. 70

Kraus, Konr., Grundriss d. Naturlehre f. Lehrer- u. Lehrerinnen-Bildungsanstalten. gr. 8. Wien, A. Pichler's Wwe. & Sohn. Geb. in Leinw. n. 5. 60

I. Wirkgn. d. Molecularkräfte. Wärmeerscheingn. Magnet. u. elektr. Erscheingn. (150 S. m. 139 Holzschn.) 896. Geb. n. 1. 80

II. Chemie. M. 64 Holzschn. (174 S.) 897. Geb. n. 1. 80

III. Mechanik. — Akustik. — Optik. M. 200 Holzschn. u. e. Spectraltaf. (180 S.) 898. Geb. n. 2. —

(F) Grundriss der Naturlehre für Lehrer und Lehrerinnen-Bildungsanstalten. Von Konrad Kraus. I. Theil. Wirkungen der Molecularkräfte. Wärmeerscheinungen. Magnetische und elektrische Erscheinungen. Mit 139 Holzschnitten. 2., im wesentlichen unveränderte Auflage. Mit Erlass des hohen k. k. Ministeriums für Cultus und Unterricht vom 21. März 1900, Z. 6603, zum Unterrichtsgebrauche an Lehrer- und Lehrerinnen-Bildungsanstalten zulässig erklärt. Wien. 1900. Pichler's W. & S. Gr.-8°. Geb. K 1 80

Grundriss der Naturlehre für Lehrer- und Lehrerinnen-Bildungsanstalten. Von Konrad Kraus. II. Theil. Chemie. Mit 64 Holzschnitten. 2., durchgesehene Auflage. Im Wesentlichen unveränderter Abdruck der mit Erlass des hohen k. k. Ministeriums für Cultus und Unterricht vom 16. Juni 1897, Z. 13502, zum Unterrichtsgebrauche an Lehrer- und Lehrerinnen-Bildungsanstalten für zulässig erklärten 1. Auflage. Wien. 1900. Pichler's W. & S. Gr.-8°. 174 S. Geb. K 1.80

(F) Grundriss der Naturlehre für Lehrer- und Lehrerinnen-Bildungsanstalten. Von Konrad Kraus. III. Theil. Mechanik. Akustik. Optik. Mit 200 Holzschnitten und 1 Spectraltafel. 2., durchgesehene Auflage. Im wesentlichen unveränderter Abdruck der mit Erlass des hohen k. k. Ministeriums für Cultus und Unterricht vom 2. Juni 1898, Z. 13948, zum Gebrauche beim Unterrichte an Lehrer- und Lehrerinnen-Bildungsanstalten für zulässig erklärten 1. Auflage. Wien. 1902. Pichler's W. & S. Gr.-8°. 160 S. Geb. K 2.—

Kraus, Konrad, Grundriß der Naturlehre für Lehrer- und Lehrerinnen-Bildungsanstalten. I. Teil. Wirkungen der Molekularkräfte. Wärmeerscheinungen. Magnetische und elektrische Erscheinungen. Mit 139 Holzschnitten. 3. Auflage. Nach der neuen Rechtschreibung berichtigter, sonst unveränderter Abdruck der mit Erlaß des Ministeriums für Kultus und Unterricht vom 10. August 1900, Z. 19939, zum Unterrichtsgebrauche an Lehrer- und Lehrerinnen-Bildungsanstalten für zulässig erklärten zweiten Auflage. Wien 1903. A. Pichler's Witwe & Sohn. Preis, in Leinwand gebunden 1 K 80 h.

Kraus, Konr., Grundriß der Naturlehre f. Lehrer- u. Lehrerinnen-Bildungsanstalten. 3 Tle. gr. 8. Wien, A. Pichler's Wwe. & Sohn. Geb. in Leinw. n. 5.60
1. Wirkungen der Molekularkräfte. Wärmeerscheingn. Magnetische u. elektr. Erscheingn. Mit 139 Holzschn. 4. Aufl. Unveränd. Abdr. der 3. Aufl. (150 S.) 905. Geb. n. 1.80
2. Chemie. 4. Aufl. Unveränd. Abdr. der 3. Aufl. (174 S. m. 64 Holzschn.) 905. Geb. n. 1.80
3. Mechanik. — Akustik. — Optik. Mit 200 Holzschn. u. 1 Spektraltaf. 3. Aufl. Nach der neuen Rechtschreibung bericht., sonst im wesentl. unveränd. Abdr. der 1. Aufl. (180 S.) 905. Geb. n. 2.—

Kraus Konrad, Grundriß der Naturlehre für Lehrer- und Lehrerinnenbildungsanstalten. I. Teil: Wirkungen der Molekularkräfte, Wärmeerscheinungen, magnetische und elektrische Erscheinungen. Mit 139 Holzschnitten. 5., unveränderte, daher gemäß Min.-Erl. vom 22. November 1904, Z. 39942, allgemein zulässige Auflage. Wien 1906. A. Pichlers Witwe & Sohn. In Leinwand geb. K 1.80.

Kraus Konrad, Grundriß der Naturlehre für Lehrer- und Lehrerinnenbildungsanstalten. III. Teil: Mechanik, Akustik, Optik. Mit 200 Holzschnitten und einer Spektraltafel. 4., unveränderte, daher gemäß Min.-Erl. vom 20. Dezember 1904, Z. 43080, allgemein zulässige Auflage. Wien 1906. A. Pichler's Witwe und Sohn. In Leinw. geb. K 2.—.

(F) Kraus, K., Grundriß der Naturlehre für Lehrer- und Lehrerinnenbildungsanstalten. I. Teil. Wirkungen der Molekularkräfte. Wärmeerscheinungen. Magnetische und elektrische Erscheinungen. 6. Aufl. Gr.-8°. (ill. 139 S.) geb. K 1.80
Wien: Pichler 1907.

Kraus Konrad, Grundriß der Naturlehre für Lehrer- und Lehrerinnenbildungsanstalten. II. Teil: Chemie. Mit 64 Holzschnitten. 5., unveränderte, daher gemäß Min.-Erl. vom 12. September 1905, Z. 33324, zulässige Auflage. Wien 1907. A. Pichlers Witwe & Sohn. In Leinwand geb. K 1.80.

Kraus Konrad, Grundriß der Naturlehre für Lehrer- und Lehrerinnenbildungsanstalten. II. Teil: Chemie. Mit 76 Holzschnitten. 6., umgearbeitete Auflage. Wien 1907. A. Pichlers Witwe & Sohn. In Leinwand geb. K 1.80.

Kraus Konrad, Grundriß der Naturlehre für Lehrer- und Lehrerinnenbildungsanstalten. III. Teil: Mechanik, Akustik, Optik. Mit 200 Holzschnitten und einer Spektraltafel. 5., unveränderte, daher gemäß Min.-Erl. vom 24. Oktober 1906, Z. 39960, allgemein zulässige Auflage. Wien 1908. A. Pichlers Witwe und Sohn. In Leinwand geb. K 2.—.

— Grundriß der Naturlehre f. Lehrer- u. Lehrerinnen-Bildungsanstalten. 3 Tle. gr. 8. Ebd. Geb. 5.60
I. Wirkungen der Molekularkräfte. Wärmeerscheinungen. Magnetische v. elektr. Erscheingn. Mit 156 Holzschn. 7. Aufl. Unveränd. Abdr. der 6. Aufl. (139 S.) 909. Geb. 1.80
II. Chemie. 7. Aufl. Unveränd. Abdr. der 6. Aufl. (176 S.) 910. Geb. 1.80
III. Mechanik. Akustik. Optik. Mit 222 Holzschn. u. 1 (farb.) Spektraltaf. 6., umgearb. Aufl. (174 S.) 909. Geb. 2.—

Kraus, Konrad u. Josef Deisinger

— — Grundriß der Physik f. Lehrer- u. Lehrerinnen-Seminare u. verwandte Lehranstalten. Mit 338 Holzschn. u. 1 Spektraltaf. gr. 8. (III, 344 S.) Ebd. 901. Geb. in Leinw. n. 3.50

— s.: Handbuch d. spec. Methodik.

— Methodik d. Naturlehre, s. a. Netolitzka, Eug.

Kraus, Konr., Methodik der Naturlehre. Anleitung zur Erteilg. des Unterrichts in Volks- u. Bürgerschulen u. Fortbildungsschulen. (V, 184 S. m. 38 Abb.) gr. 8. Wien 910. A. Pichler's Wwe. & Sohn. 3.—

— Methodik d. Unterrichtes in d. Geometrie u. im geometr. Zeichnen, s. a. Handbuch d. spec. Methodik.

(F) Kraus, K., Methodik des Unterrichtes in der Geometrie und des geometrischen Zeichnens. 2. Aufl. (Handbuch der speziellen Methodik. VIII. Teil.) 8°. (221 S.) K 2.80
Wien: Pichler 1906.

— Jos. Deisinger, Naturlehre f. Bürgerschulen. (286 S. m. 324 Abbildgn.) 8. Wien 905. A. Pichler's Wwe. & Sohn. Geb. n. 2.80

— — dasselbe. I. Stufe f. die 1. Klasse. (IV, 92 S. m. 127 Abbildgn.) 8. Ebd. 906. Geb. n. 2.80

Kraus Konrad und Deisinger Josef, Naturlehre für Bürgerschulen. II. Stufe. Für die II. Klasse. Mit 153 Abbildungen. Wien 1906. A. Pichlers Witwe & Sohn. Geb. K 1.50.

Kraus Konrad und Deisinger Josef, Naturlehre für Bürgerschulen. III. Stufe. Für die 3. Klasse. Mit 120 Abbildungen. Wien 1906. A. Pichlers Witwe und Sohn. Geb. K 1.50

Kraus Konrad und Deisinger Josef, Naturlehre für Bürgerschulen. I. Stufe. Für die I. Klasse. Mit 118 Abbildungen. 2., nach dem neuen Lehrplane umgearbeitete Auflage. Wien 1908. A. Pichlers Witwe und Sohn. Geb. K 1.20.

— u. Jos. Deisinger, Naturlehre f. Bürgerschulen. I.—III. Stufe. 8. Ebd. Geb. 4.20
I. Stufe f. die 1. Klasse. Nach dem Lehrplane vom 15. VII. 1907 bearb. 3. Aufl. Unveränd. Abdr. der 2. Aufl. (V, 86 S. m. 118 Abbildgn.) 910. Geb. 1.20
II. Stufe f. die 2. Klasse. 3. Aufl. Nach dem neuen Lehrplane bearb. Im wesentlichen unveränd. Abdr. der 2. Aufl. (135 S. m. 146 z. Tl. farb. Abbildgn.) 910. Geb. 1.50
III. Stufe f. die 3. Klasse. 2., nach dem neuen Lehrplane umgearb. Aufl. u. 3. Aufl., unveränd. Abdr. (VI, 115 S. m. 111 Abbildgn.) 910. Geb. 1.50

— — dasselbe. (Ausg. in 1 Bde.) 4., nach dem neuen Lehrplane umgearb. Aufl. (III, 258 S. m. 337 Abbildgn.) gr. 8. Ebd. 910. Geb. 2.80

(F) **Kraus, K. und Habernal, M.**, Erstes Rechenbuch für österreichische allgemeine Volksschulen. Ausgabe *B.* (Das Rechnen in Verbindung mit zeichnerischer Darstellung.) 8°. (63 S.) K —.40
Wien: Schulbüchervlg. 1909.

Kraus, Konrad: 5. Rechenbuch f. österreich. allgem. Volksschulen ..., s. Močnik, Franz Ritter von.

— Der mathematische Unterricht an den Volks- u. Bürgerschulen, s.: Berichte üb. den mathematischen Unterricht in Österreich. 1. Heft.

— - Wer war's? Lustspiel in 5 Aufzügen. gr. 8. (93 S.) [Mainz 882.] Hof, Thelemann. *

Kraus, L., s.: Dilettantenbühne, kathol.

Kraus, L., die Sonderarbeiten des Tiefbaues, s.: Unterrichtswerk f. Selbstunterr., Bureau u. Schule, Lehrfach.

Kraus, L. K. O., s. Kraus, Otto.

Kraus, Leopold Gottlieb

Kraus, L. Glieb., die Hygiene. Nach den neuesten Forschungen und Ergebnissen der Wissenschaft gemeinfasslich dargestellt. 8. (IV, 994 S.) Leipzig 878, O. Wigand. *

Kraus, L. Glieb, Compendium der Hygiene, Sanitätspolizei und gerichtlichen Medicin, s. Pichler, W.

Kraus, Leop. Glieb., Compendium der speciellen Pathologie und Therapie. Mit Zugrundelegung der klin. Vortraege der Proff. Skoda, Oppolzer, Duchek. 16. (XVIII, 1019 S.) Leipzig 873, Reichenbach'sche Buchh. geb. * 11 —
—— dass. — 2. verm. Aufl. gr. 16. (XVIII, 1028 S.) Wien 875, Fromme. geb. * 6 —

Kraus, Leop. Glieb., Compendium der speciellen Pathologie u. Therapie unserer Haussäugethiere für Aerzte, Thierärzte u. Landwirthe. Erlangen 867. Enke's Verlag. gr. 8. (IV, 611 S.) n. 3 ℛ

Kraus, Leop. Glieb., vollständiges therapeutisches Taschenbuch für praktische Aerzte und Wundarzte. Klinische Darstellung der Behandlungsweise aller innern und äussern Krankheiten mit specieller Berucksichtigung der Augen-, Haut-, Frauen-, Kinderkrankheiten und der Syphilis nebst Benützung der an den beruhmtesten Kliniken gebrauchlichen Heilformen. 1. u. 2. unverand. Aufl. 861. (IV, 528 S.) — 3. durchgeseh. u. vielfach verm. Aufl. Wien 863. Sallmayer & Co. 8. (XV, 568 S.) n. 2 ℛ 20 ngr.

Kraus, Leopold Gottlieb, Vollständiges therapeutisches Taschenbuch für praktische Aerzte und Wundärzte. Klinische Darstellung der Behandlungsweise aller innern und äussern Krankheiten mit specieller Berücksichtigung der Augen-, Haut-, Frauen-, Kinderkrankheiten und der Syphilis, nebst Benützung der an den berühmtesten Kliniken gebräuchlichen Heilformeln. 4. durchges. u. vielfach verm. Aufl. 1866. 8. (XV u. 578 S.) Wien, Sallmayer & Comp. 4 fl.

— **vollständiges therapeutisches Taschenbuch f. praktische Aerzte u. Wundärzte. Klinische Darstellg. der Behandlungsweise aller innern u. äussern Krankheiten m. Zugrundelegg. d. metr. Systems. 5. durchgeseh. u. vielfach verm. Aufl. gr. 8. (XV, 698 S.) Wien 871. Graeser. n. 9. —**

—— vollständiges therapeutisches Taschenbuch für praktische Aerzte und Wundärzte. Klinische Darstellung der Behandlungsweise aller innern und äussern Krankheiten mit Zugrundelegung des metr. Systems. 5. durchgeseh. und vielfach verm. Aufl. gr. 8. (XV, 698 S.) Wien 871, Sallmayer und Comp. 9 —

—— vollständiges therapeutisches Taschenbuch für praktische Aerzte und Wundärzte. Klinische Darstellung der Behandlungsweise aller innern und äussern Krankheiten mit Zugrundelegung des metr. Systems. 6. (Titel-)Aufl. 8. (XV, 698 S.) Wien (871)76, [Sallmayer und Comp.] Graeser. *

Kraus, Leop. Glieb., vollständiges therapeutisches Taschenbuch f. praktische Aerzte u. Wundärzte. Klinische Darstellg. d. Behandlungsweise aller innern u. äussern Krankheiten m. Zugrundelegg. d. metr. Systems. 6. Aufl. 8. (XV, 698 S.) Wien 876. M. Storn. 6.—

—— und W. Pichler, encyclopädisches Wörterbuch der Staatsarzneikunde. Nach dem heut. Standpunkte der Wissenschaft bearb. 1. und 2. Bd. und 3. Bd. 1. Hälfte. gr. 8. Erlangen [Stuttgart], Enke. [1. Bd. (IV, 624 S.) 872. * ℳ 11,60.; 2. Bd. (612 S.) 873. * ℳ 12.; 3. Bd. 1. Hälfte. (S. 1—304.) 875. * ℳ 6.] * 29 60

—— und W. Pichler, encyclopädisches Wörterbuch der Staatsarzneikunde. Nach dem heutigen Standpunkte der Wissenschaft bearb. 3. Bd. 2. Hälfte und 4. (Schluss-)Bd. 2 Hälften. gr. 8. Stuttgart, Enke. [3. Bd. 2. Hälfte. (S. 305—898.) 877. * ℳ 12.; 4. Bd. 1. Hälfte. (S. 1—400.) 877. * ℳ 8., 2. Hälfte. (S. 401—690.) 878. * ℳ 6.] *
1. und 2. Bd. und 3. Bd. 1. Hälfte. Ebendas. 1872—75. * ℳ 29,60.

— **Lorenz Jacob**, Stemmatographia Augusta Saxonica, ex idoneis monumentis collecta. Präs. Johann David Koeler. Altdorf (Magnus Daniel Meyer) Mai 1731. 63 S., 3 genealog. Tfln. u. Widm. v. Präs. (7.—) 19351
Tit.-Vign.: Brustbild „Rex Henric A. 920. Ex archivo Fuldensi".

— — Dasselbe. 52 S. (7.—) 19352

— — Dasselbe. Altdorf (Jod. Wilh. Kohles). 52 S. (6.—) 19353

Kraus, Laur. Jak., Tabula geographica. [Enth. den grösseren Theil der deutschen Staaten.] [Nürnberg 1730?] . . . . (Br. Mus.)

Kraus, Laur. Jak., Belli ab obitu Caroli VI. Imperatoris usque ad pacem Dresdae d. 25. Dec. 1745 factam tam in Germania quam Belgio ob successionem Austriacam gesti theatrum geographico delineatum. Nürnberg, Homanniani haer., 1748. Fol. Kupf. u. kol. . . . . (Br. Mus.; B.)

Kraus, Ludw., über Functionaldeterminanten. Lex.-8. (14 S.) Wien 885, (Tempsky.) ** — 30
Aus: Sitzungsberichte der k. Akademie der Wissenschaften, besonders abgedruckt.

Kraus, Ludw., über Functionaldeterminanten. Lex.-8. (14 S.) Wien 885. (Gerold's Sohn.) n.n. — 30

Kraus, Ludw., Hydromechanik, s.: Fölzer, E.

— **Kanalisation u. Wasserversorgung d. Städte, s.: Unterrichtswerke (Methode Hittenkofer) Lehrfach Nr. 130.**

Kraus, Ludwig August

Tabellarische Anweisung zu gerichtlichen Leichenuntersuchungen für gerichtl. Ärzte... Von Ludewig August Kraus. Braunschweig: Fleckeisen 1804. 26 S.
30

Kraus, L. A., Anweisung z. gerichtl. Leichenuntersuchung, für Aerzte, Wundärzte u. Rechtsgelehrte. 2te vermehrte Aufl. gr. 8. Helmst. Fleckeisen. (in Comm.) 812.

— — 2. erweit. Aufl., mit e. Schlusswort üb. Leichenhäuser u. verw. Gegenst. *ebend.* 836. (12 Gr.)

— prakt. Anweisung zu gerichtl. Leichenuntersuchungen, besond. zur Vorbereitung auf gerichtliche Sectionen und zum unmittelbaren Gebrauch bei denselben, für gerichtl. Aerzte und Wundärzte und für Rechtsgelehrte, entworfen. 2e erweiterte Aufl. Mit einem Schlußworte üb. Leichenhäuser u. verwandte Gegenstände. gr. 8. Helmstedt 837. Fleckeisen. n. ½ ℛ

Kraus, Ludwig August (Hrsg.):

s.: Arnemann, Justus: Chirurgische Arzneimittellehre. 6.verm.und verbess.Aufl. Göttingen: 1818

Kraus, (Ludwig August) (Hrsg.):

s.: Arnemann, Justus: Praktische Arzneimittellehre. Als vollständige Erläuterung der neuesten Oesterreichischen Pharmakopöe vom Jahre 1820 von Karl Joseph Meyer bearb.nach der letzten verm.und verbess. Aufl. Bd 1 - 3. Wien: 1823 - 1824

Kraus, Ludwig August, s. B a d h a m ' s K.: Versuch.

– s. D u m a s , K. L.: Anfangsgr. d. Physiologie.

—— Freihefte f. wissenschaftl. Kritik u. Antikritik in d. Natur- u. Heilkunde. Jahrg. 1837. Hft. 1. gr. 8. (15$^{1}/_{2}$ B.) Göttingen, Dieterichsche Buchh. *

Kraus, Ldw. Aug., Grundriß d. allgemeinen Biodynamik. gr. 8. Götting. 820.

– s. H a g e n , Ph. v.: Über eine neue Krätze.

— allgemein umfassendes medicin. H a n d l e x i c o n für Aerzte, Wundärzte, Apotheker u. Gebildete jedes Standes. 16 Heft. B. 1—10. A—Anagallis. 4. Göttingen 834. Dieterich. $^{1}/_{3}$ Thlr.

Kraus, Ludw. Aug., das kunstgemäße Heilmittelverordnen, mit vielen Beispielen u. beiläuf. Receptkritik. M. 4 lith. Taf., vergleich. Uebersichten d. Europ. u. American. Medicinal-Gewichte u. der f. d. Praxis wichtigeren Wärmegrade darstellend. gr. 8. (35 B.) Göttingen 834, Kübler.

Kraus, C. A., Kritisch-etymologisches medicin. Lexicon für die in der Sprache der Ärzte vorkommenden Wörter griech. Ursprungs. Götting. 820. 8. 1 rthl. 12 gr.

— kritisch-etymolog.-medicinisches Lexikon, oder Erklärung des Ursprungs der, besond. aus der griech. Sprache in der Medicin u. d. damit zunächst verwandten Wissenschaften aufgenommenen Kunstwörter. gr. 8. Gött. 821. 2e A. 826. Deuerlich. 2 Thlr. 18 Gr. weiß Pap. 3 Thlr. 6 Gr. 2r Thl. A. u. d. T.: Nachtrag ꝛc. gr. 8. Ebd. 832. 1 Thlr. 12 Gr.

Kritisch-etymologisch medicinisches Lexikon, oder Erklarung des Ursprungs der bes. aus d. Griechischen in die Medizin... aufgenommenen Kunstausdrücke... von Ludwig August Kraus. (Th. [1.] 2.) Göttingen: Deuerlich; Wien: Gerold 1826-32. 8°

[Th. 1:] 1826.
(Th. 2:) Nachtr. 1832.

Kraus, Ludwig August: Kritisch-etymologisches Wörterbuch oder Erklärung des Ursprungs der aus dem Griechischen, dem Lateinischen und aus den Oriental.-Sprachen in die Medicin und in die zunächst damit verwandten Wissenschaften aufgenommenen Kunstausdrücke, zugleich als Beispielsammlung für jede Physiologie der Sprache. 3. stark verm. u. verb. Aufl. [nebst] Nachtrag 1—(4). Göttingen 1826—44.

Nachtrag 1. 2. verm. Aufl. 1826.
Nachtrag 2. 1832. Nachtrag (3. 4). o. J.

Kraus, Ludwig August: Kritisch-etymologisches medicinisches Lexikon... Th. 1 - 2, gbd.

Th. 1: Wien: v. Haykul & Lechner 1831
Th. 2: {Göttingen: Deuerlich / Wien: Gerold} 1832

— kritisch-etymolog.-medicin. Lexikon, Fernere N a c h t r ä g e. Heft 1. Abdomen — Cytisus. gr. 8. Göttingen 838. Deuerlich. n. $^{1}/_{2}$ Thlr. — 2s Heft. Abdomen — Kormozoa. (Aus d. Verf. Freiheften für Natur- u. Heilkunde, Heft 2. besond. abgedr.) gr. 8. Ebd. 838. n. $^{1}/_{2}$ Thlr.

Kraus, Ludwig August: Kritisch-etymologisches medicinisches Lexikon, oder Erklärung des Ursprungs der aus dem Griechischen, dem Lateinischen und aus den Oriental. Sprachen in die Medicin...aufgenommenen Kunstausdrücke, zugleich als Beispielsammlung für jede Physiologie der Sprache. 3...verm. u. verbess. Aufl.

Göttingen: Deuerlich & Dieterich 1844

—— über N e u r o p h e n g o s , Spintherismus, Iridocinesis u. ähnl. Erscheinungen im Auge. gr. 8. (3 B.) Göttingen 837, Dieterichsche Buchh.
Aus dess., Freihefte f. wissenschaftl. Kritik etc., besond. abgedruckt.

—— allgem. N o s o l o g i e u. Therapie. Wissenschaftlich dargestellt. 2 Thle. gr. 8. (31 B. u. 1 Kpfrt.) Göttingen 839, Dieterichsche Buchh.

– s. P h a r m a c o p o e a Borossica, Deutsch.

– s. P i o r r y , Über die Natur u. Behandlung d. Neuralgien.

— Rettungstafeln bei Scheintodten u. plötzlich Verunglückten. 2e Braunschw. u. Helmst. ... 2e A. Ebd. 802. N. A. 83?. Fleckeisen. 1 Gr.

Rettungstafeln bei Scheintodten und plötzlich Verunglückten. ([Verf.:] L[udwig] A[ugust] Kraus.) Braunschweig: Fleckeisen (1803). 9 Bl. 5°

—— das S t e r b e n im Grabe, u. d. sichersten Mittel dagegen. In allgemein menschl., medicin. u. polizeil. Hinsicht erwogen. gr. 8. (2 B.) Helmstedt 837, Fleckeisen'sche Buchh. *
Aus dess., prakt. Anweisung zu gerichtl. Leichenuntersuchungen ꝛc., besond. abgedruckt.

—— wissenschaftl. Uebersicht d. gesammten Heilmittellehre, zugleich als Ergänzung d. neuesten, v. Verf. besorgten Ausg. v. J. Arnemann's „prakt. u. chirurg. Arzneimittellehre." gr. 8. (42$^{1}/_{2}$ B. u. 2 B. Tab. gr. Fol.) Göttingen 831, Vandenhoeck u. Ruprecht.
„J. Arnemann's prakt. Arzneimittellehre." 6. Ausg. Ebendas. 1819. 2 Thlr. 16 Gr. — Dess. „chirurg. Arzneimittellehre." 6. Ausg. Ebendas. 1818. 1 Thlr. 12 Gr.

—— über d. V e r s a m m l u n g e n d. teutsch. Naturforscher u. Aerzte. gr. 8. (1$^{1}/_{8}$ B.) Göttingen 836, Dieterichsche Buchh.
Aus dess., Freihefte f. wissenschaftl. Kritik etc., besond. abgedruckt.

— über die V e r s a m m l u n g e n der Teutschen Naturforscher u. Aerzte. (Aus dessen Freiheften für wissenschaftl. Natur- u. Heilkunde abgedr.) gr. 8. Göttingen 838. Dieterich. ... Thlr.

— über das Wesen des T o r p o r s, s. Ph. v. Hagen.

Kraus, Ldw. Aug., über die Wirkung u. d. Gebrauch d. narkotischen u. scharfen Mittel. 8. Gött. 811. Deuerlich.

Kraus, M., die Cholera. Abwehr und Schutz gegen dieselbe. Erste Hilfe ꝛc. gr. 8. (16 S.) Wien 884, Stern.

Krausin, Marg., Nähbuch zu Marseille, Schnür- u. Chenille-Arbeit. 2 Thle. Mit 66 Kpf. Fol. Nürnb. ... Schneider u. W. 1 Thlr. 8 Gr.

[Kraus, Margaretha.] Deutliche Vorstellung Verschiedener Risse zur Löblichen Frauen-Zimmer Arbeit ... Nürnberg, Zufinden bey Johann Christoph Weigels Seel Wittib 1727.
Tit., 2 S., 24 Bl. Kupferst., 3 Bl. Stiche des 2. Teiles 8°
1. Ausg. vor 1725

Kraus, Mark. Fr., († d. 7. Jan. 1772.), s. Samml. Augsburg. Jubelschriften ꝛc.

KRAUS, MATH. CHR., Diss. inaug. med. de damno ex venae sectionis abusu. Kilonii. 1756. 4. P.

Kraus, Mathias: Beitrag zum Kapitel über Insekten-Schäden in unserm Lande. Luxemburg: St. Paul.-Ges. 1889. 52 S. 8°

Kraus, Mathias: Die kleinen Feinde des Weinstockes.
Separatabdruck aus „Fauna" 2 (1892), S. 11–13, 29–32, 44–47, 76–78 u. 3 (1893), S. 8–10, 30–31, 41–44, 56–60, 67–73, 86–94.

Kraus, M., die einheimischen Giftpflanzen. 8. (111 S. mit naturgetreuen Abbild. auf 21 color. Taf. aus der lithogr. Anstalt von J. F. Schreiber in Eßlingen.) Luxemburg 887, Erpelding. cart. * 2 —

Kraus, Mathias: Der falsche Mehlthau (Peronospera viticola de B.)
und die Wurzelfäule der Reben.
Luxemburg: Jos. Beffort 1887. 38 S. 8°

Kraus, M.: Der falsche Mehltau (Peronospora viticola de Bary) und die Wurzelfäule der Reben. Mit 7 Abb. Luxemburg: Erpelding 1887. 38 S. -- 121*

Kraus, Mathias: Die Pockenkrankheit oder Milbensucht der Birnbäume. Luxemburg: St. Paul.-Druck [1889]. 4 S. 8°
(Separat-Abdruck aus „Lux. Wort", Nr. 159 u. f. 1889.)

Kraus, Mor., über den feineren Bau der Meissner'schen Tastkörperchen. [Aus dem physiolog. Institute der Wiener Universität.] Lex.-8. (9 S. mit 1 lithogr. Taf.) Wien 878, (Gerold's Sohn.) *
Aus: Sitzungsberichte der k. Akademie der Wissenschaften, besonders abgedruckt.

Kraus, Osc., das Bedürfnis. Ein Beitrag zur beschreib. Psychologie. 8. (VI, 72 S.) Leipzig 894. W. Friedrich. n. 1. 50

Kraus, Osc., über den Einfluss des Korsetts auf die somatischen Verhältnisse. Vortrag, geh. in der Sitzg. der Gesellschaft für innere Medizin u. Pädiatrie am 28. I. 1904. (24 S. m. 1 Taf.) gr. 8. Wien 904. M. Perles. n. 1. —

Kraus, Osk., d. Culturaufgabe d. Gegenwart, s.: Sammlung gemeinnütz. Vorträge.

Kraus, Osk., die Lehre v. Lob, Lohn, Tadel u. Strafe bei Aristoteles. (X, 79 S.) gr. 8. Halle 905. M. Niemeyer. n. 2. 40

Kraus, Osk. Μειριας. Die Meyeriade, s. Universal-Bibliothek Nr. 2980.

— über e. altüberlieferte Missdeutung der epideiktischen Redegattung bei Aristoteles. (30 S.) gr. 8. Ebd. 905. n. 1. —

Neue Studien zur Aristotelischen Rhetorik, insbesond. über d. γένος ἐπιδεικτικόν. Von Dr. Oscar **Kraus**, Privatd., Prag. Halle a.S.: M. Niemeyer 1907. (IV, 117 S.) 8° 07. 9897 3

Kraus, Osk., zur Theorie des Wortes. Eine Bentham-Studie. gr. 8. (VI, 148 S.) Halle 901. M. Niemeyer. n. 3. 60

Kraus, Oscar (Hrsg.), s. Zeitung, Allgemeine Wiener medizinische.

Kraus, Otto, der deutsche Büchermarkt 1893, s.: Zeitfragen des christlichen Volkslebens.

Kraus, Otto, s.: Bücherschatz, christlicher.

— s.: Bücherschatz, evangel.

— Paul Heyse, s.: Litteratur, moderne realistische, im Lichte der Ethik u. Aesthetik.

Kraus, (L. K.) O., geistliche Lieder im 19. Jahrhundert. Mit einem Vorwort von Phil. Wackernagel. 8. (VIII und 458 S.) Darmstadt 863, Will. *

Kraus, Otto, geistliche Lieder im 19. Jahrhundert. 2. stark verm. Aufl. 8. (VIII, 624 S.) Gütersloh 879, Bertelsmann. *

Kraus, Otto, Paul Heyses Novellen und Romane. 8. (170 S.) Frankfurt a. M. 888, Alt. * 2 50

Kraus, Otto, der Professorenroman, s. Zeitfragen des christlichen Volkslebens.

— Gust. Schlosser, s. Zeitfragen d. christl. Volkslebens Nr. 122. 123.

Kraus, Otto [pr. Arzt, aus Karlsruhe]: Zur Therapie des Nabelschnurvorfalls bei Kopflage ... Berlin, C. Vogts Buchdr., *1896*; 28 S., 2 Bl. 8.
Berlin, Med. Fak., Inaug.-Diss. v. 4. Aug. 1896

Kraus, Paul, aus Straßburg i. E.: Ueber die **Dimethyldioxyglutarsäure** und einige Derivate derselben. *Straßburg i. E. 1903: C. & J. Goeller.* (36 S.) 8°
Straßburg, Math.-naturw. Diss. v. 1903

Die Wendenwacht (Text von H. Blechner). Ballade f. 1 Singstimme mit Begleit. d. Pianof. von Paul **Kraus**. Op. 157. [Text.] Kattowitz: G. Siwinna [1904]. (5 S.) 4° 05. 1946 2

Kraus, Peter, vgl. Krauß, Peter.

Kraus, Pet., Dichtungen. gr. 8. (476 S.) Mannheim 856, Bensheimer. *

Kraus, Philipp: Die Gründung des Klosters Hornbach (Gamundias). Ein Beitrag zur Kritik der Überlieferung und der ältesten Urkunden dem Kgl. Humanistischen Gymnasium Zweibrücken aus Anlaß der Feier seiner vor $3^1/_2$ Jahrhunderten erfolgten Stiftung gewidmet. 26 S. 8. **Progr.** Progymn. *Pirmasens* 1909.

Pirminius und Pirmasens. Eine geschichtlich-sprachliche Untersuchung. — Von Philipp Kraus, R. — 1904, Pirmasens, W. Neumann. — P. 3—19.
Progr. Pirmasens, Progymn.

Kraus, Richard (Georg), a. München: Untersuchungen über die Verbindungen von Chrom und Uran mit mehrwertigen Elementen. Würzburg 1906: H. Stürtz. (44 S.) 8°
Würzburg, Phil. Fak., Ref. Tafel, Diss. v. 30. Aug. 1906
[Geb. 26. Aug. 82 München; Wohnort: Würzburg; Staatsangeh.: Bayern; Vorbildung: Gymn. Würzburg Reife Juli 01; Studium: Kiel 1, Würzburg 9 S.; Rig. 27. Juli 06.]

Kraus, Robert

Kraus, R., zur Aetiologie d. acuten Gelenkrheumatismus, s.: Chvostek, F.

— u. O. Kren, über experimentelle Erzeugung v. Hauttuberkulose bei Affen. (I. Mitteilg.) (72 S. m. 1 Taf.) gr. 8. Ebd. 905. n. — 90
Sonderabdr. aus: „Sitzungsber. d. k. Akad. d. Wiss."

— s.: Handbuch der Technik u. Methodik der Immunitätsforschung.

Kraus, Rob., die Porphyroide des Schwarzathals. Inaugural-Dissertation. gr. 8. (44 S.) Jena 885, (Neuenhahn.) 1 20

Kraus, Rob., Radikalkur chronischer Leiden durch Diät. (16 S.) 8. Wien 906. Szelinski & Co. n. —50

— E. Kanzl u. H. Ehrlich, biologische Studien bei malignen Tumoren der Menschen u. Tiere. (14 S. m. 1 Fig.) gr. 8. Wien 910. A. Hölder. — 55
Sonderabdruck aus: „Sitzungsber. d. k. Akad. d. Wiss."

— — Studien üb. Immunität gegen Variolavaccine. Experimentelle Begründg. e. subkutanen Schutzimpfg. mittels verdünnter Vaccine. (14 S.) gr. 8. Ebd. 907. — 50
Sonderabdruck aus: „Sitzungsber. d. k. Akad. d. Wiss."

Kraus, R., Studien üb. Immunität u. ätiologische Therapie der Syphilis. (I. Mitteilg.) Mit Unterstützg. der kaiserl. Akademie der Wissenschaften in Wien. (21 S.) gr. 8. Wien 905. (A. Hölder.) n. — 50

Kraus R., Dr. Studien über Immunität und ätiologische Therapie der Syphilis. 1. Mitteilung. S. 114. III. 347 . . . . „ —.50
Separatabdruck

— u. R. Volk, über generalisierte Syphilis bei niederen Affen. (12 S. m. 1 farb. Taf.) gr. 8. Ebd. 909. -- 70

— — Über generalisierte Syphilis bei niederen Affen (mit 1 Taf.) S. 118. III. 3 . „ —.70
Separatabdruck

— Vorlesungen üb. ätiologische Therapie u. Diagnose der Infektionskrankheiten. Fortbildungskurs f. Ärzte, veranstaltet v. der Wiener Ärztekammer 1910. (22 S.) gr. 8. Wien 910. M. Perles — 80
Sonderabdruck aus: „Wiener med. Wochenschr."

— s.: Zeitschrift f. Immunitätsforschung.

Kraus, (Rud.), zur Frage der ätiologischen Prophylaxe u. Therapie der Cholera asiatica, s.: Vorträge üb. Cholera asiatica.

Kraus, Rudolph Wilhelm, s. Krause

Kraus, Salomon Guilelmus: • Darstellung der Platonischen und Aristotelischen Psychologie, Vergleichung und Beurtheilung derselben. 351 S. 2°
Halle-Wittenberg, Phil. Diss. v. 2. Okt. 1862
Geb. [Papa (Ungarn) 24. 11. 1837]

Kraus, Siegfried, a. Wien: Ein Beitrag zur Erkenntnis der sozialwissenschaftlichen Bedeutung des Bedürfnisses. Leipzig 1906: (M. Schmersow, Kirchhain N.-L.) (48 S.) 8° ¶ Aus: Vierteljahrsschrift für wissenschaftliche Philosophie und Soziologie. Jg. 1906.
Leipzig, Phil. Fak., Ref. Bücher, Wundt, Diss. v. 24. April 1906
[Geb. 10. Juli 80 Wien; Wohnort: Wien; Staatsangeh.: Österreich; Vorbildung: Kantonsch. Zürich Reife O. 01; Studium: Zürich 1, Wien 2, Leipzig 2, Wien 1, Leipzig 2 S.; Rig. 27. Juli 05.]

Kinderarbeit und gesetzlicher Kinderschutz in Österreich. Von Siegmund Kraus, Lehrer in Wien. *Wien & Leipzig: F. Deuticke 1904.* (VI, 203 S.) 8°
= Studien, Wiener Staatswissenschaftliche. Bd 5, H. 3. [04. 4300]

— die christlich-soziale Schulverwaltung Niederösterreichs 1897—1902, s.: Flugschriften des politischen Aufklärungsvereines. Nr. 3.

Kraus, Thdr., die Raiffeisen'schen Darlehnskassenvereine in der Rheinprovinz. Mit einem Vorwort von A. Held. 2 Hefte. gr. 8. Bonn, Strauss. *
Inhalt:
Heft 1. Statistik und Beschreibung. (X, 67 S.) 876. * M 2,40.
» 2. Kritische Bemerkungen. (IX, 88 S. mit 1 Tab.) 877. * M 2.

Kraus, Thdr., die Raiffeisen'schen Darlehnskassenvereine in der Rheinprovinz. Mit einem Vorwort von A. Held. 2. Hft. Kritische Bemerkungen. gr. 8. (IX, 88 S. m. 1 Tab.) Bonn 881. Strauss. n. 2. —
(1. u. 2.: n. 4. 40)

Kraus, Theodor: Im Dienste der Wahrheit. Entgegnung auf die unter gleichem Titel erschienene Broschure der Vorstandsmitglieder des Provinzialverbandes der Spar- und Darlehnskassenvereine Schlesiens u. der Provinzialgenossenschaftskasse fur Schlesien, e.G.m.b.H. Neuwied: Raiffeisen u. Cons. 1896. DGK

Kraus, Theodor: Geschichte, Statistik und Beschreibung der ländlichen Genossenschaften Raiffeisenscher Organisation. Neuwied 1899.

[F.] Gründung und Organisation der ländlichen Darlehnskassen-Vereine '(System Raiffeisen)'. Im Auftr. d. General-Anwaltschaft ländl. Genossenschaften f. Deutschland zu Neuwied vf. v. Dr. Theodor Kraus. *Neuwied am Rh.: Raiffeisen & Cons. 1897.* (20 S.) 1 Bd 8.
(Raiffeisen-Bibliothek.) [98. 880]

Kraus, Theodor (Red.), s. Presse, Deutsche landwirtschaftliche.

—, Die Solidarhaft bei den Erwerbs- und Wirthschaftsgenossenschaften. 8°. Bonn 1878. Strauss 90 S.

Kraus, Thdr., die Wurmkrankheit (Helminthiasis), s.: Volks- u. Gesundheitsbibliothek f. jedes Haus. 4. Bd.

Kraus, Ulrich, s. Kraus, Wilhelm u.: Krauss, Wilhelm.

Kraus Vict. v.: Maximilians I. Beziehungen zu Sigmund von Tirol. 1490—6 54. Wien C. ROG. II. 79. Progr.

—— Maximilian's I. Beziehungen zu Sigmund von Tirol in den Jahren 1490—1496. Studie zur Charakteristik beider Fürsten. gr. 8. (58 S.) Wien 879, Hölder. *

Kraus, V.v.: Englische Diplomatie im J. 1527. Ein Beitrag zur Geschichte Ferdinand I. mit einem Anhange bisher noch ungedruckter Briefe aus diesem Jahre. 41 S. 8°
– Wien, ROG Lp., Progr. 1871.

Kraus, Vict. v., englische Diplomatie im J. 1527. Ein Beitrag zur Geschichte Ferdinands I. Mit einem Anh. bisher noch ungedruckter Briefe aus diesem Jahre. gr. 8. (40 S.) Wien 871, Hölder. * — 80

Kraus, Vict. v., deutsche Geschichte im Ausgange d. Mittelalters (1438—1519), s. Bibliothek deutscher Geschichte.

Kraus, Victor von. Deutsche Geschichte im Ausgange des Mittelalters ⟨1438—1519⟩. Band 1: Deutsche Geschichte zur Zeit Albrechts II. und Friedrichs III. 1438—1486. Von Viktor von K'. VIII + 656 S. gr.-8. Stuttgart und Berlin, J. C. Cotta Nachfolger, 1905. (M. 8. —, geb. 10. —)
Bibliothek Deutscher Geschichte, unter Mitwirkung von O(skar) Gutsche, ... [und] K[arl] Th[eodor] Heigel hrg. von H[ans] v(on) Zwiedineck-Südenhorst.

Kraus, V.v.: Zur Geschichte Oesterreichs unter Ferdinand I. 1519-22. 114 S. u. Anhang XXXIV.
– Wien, R. u. OG. Leop., Progr. 1873.

—— zur Geschichte Oesterreichs unter Ferdinand I. 1519—1522. Ein Bild ständ. Parteikämpfe nach den Quellen bearb. Im Anh.: Briefe und Aktenstücke dieser Periode. gr. 8. (V, 144 S. und Anh. XXXIII S.) Ebendas. 873. * 2 40

Kraus, Vict.(Fel.) v., Itinerarium Maximiliani I. 1508—1518. Mit einleit. Bemerkgn. üb. das Kanzleiwesen Maximilians I. hrsg. gr. 8. (90 S.) Wien 899. (C. Gerold's Sohn.) n. 1. 90
Sonderabdruck aus: „Archiv f. österr. Geschichte".

Kraus, Viktor von (Hrsg.), s. Itinerarium Maximiliani I.

Kraus, Vict. v., Kaiser Maximilian I., s. Bibliothek, historische, für die Jugend.

—— s. Maximilian's I. vertraul. Briefwechsel.

Kraus, Vict. v., das Nürnberger Reichsregiment. Gründung und Verfall 1500—1502. Ein Stück deutscher Verfassungs-Geschichte aus dem Zeitalter Maximilians I., nach archival. Quellen dargestellt. Gedruckt mit Unterstützung der k. Academie der Wissenschaften. gr. 8. (X, 246 S.) Innsbruck 883, Wagner'sche Universitäts-Buchh. *

v. Kraus, Victor: Professor Adolf Julius Seidl †. (Umschlagtitel: ... Nachruf.) 8 (S. 47—49).
Progr. K. k. zweites Staatsg. im II. Gemeindebezirke *Wien* 1900.

— wie kann durch die Schule dem zur Unsitte gewordenen Missbrauche geistiger Getränke entgegengewirkt werden? Preisgekrönte Studie. Hrsg. vom österreich. Vereine gegen Trunksucht. gr. 8. (43 S.) Wien 895. C. Graeser. n. — 60

Kraus, Viktor Felix von: Die Wirtschafts- und Verwaltungs politik des aufgeklärten Absolutismus im Gmundner Salzkammergut. Auf Grund archival. Quellen dargest. Mit e. Anh. enth. Tabellen u. 2 lith. Taf. Freiburg i. B.: J. C. B. Mohr 1899. VII, 167 S. 8°
= Studien, Wiener Staatswissenschaftliche. Bd. 1, H. 4.

KRAUS, Vincentius: Fides christiana ex mente sancti Augustini. — (1856) 60 S. 8° (Handschr.) Diss. 108
Diss. Wien, Univ.

Kraus, Vlastimil [Bohemus]: Gregorii Barhebraei scholia in libros Josuae & Judicum ... Kirchhaini N.-L., G. Zahn & H. Baendel, 1894; 39 S. 8.
Breslau, Phil. Fak., Inaug.-Diss. v. 14. Juni 1894

Kraus, W.: „Ueber den Ackerbau, die Hauptquelle des Wohlstandes und der Glückseligkeit der Nation", Wien 1797.

Kraus, W., über den Ackerbau. gr. 8. Wien 797. Schaumburg u. C. 16 K

Kraus, W., s. Folgen d. Schwärmerei.

Kraus, W., die Macht d. Leidenschaften. Schspl. 8. Wien 797. Schaumburg. 10 K

— d. Misantrop. Sittengemälde. 8. Wien 797. Schaumburg. 10 K

Kraus, W., geographisch-statistische Uebersichts-Tabelle des Kaiserthums Oesterreich. Fol. (... S.) Prag 860, Bellmann's Verlag.

Kraus, Wencesl., Cura polemica seu rerum in fide controversarum doctrina. Olmütz 1752.

Kraus, Wenceslaus, Verbum Dei scriptum verbis et doctrinis patrum, interpretationibus doctorum ab apparentibus contradictionibus defensum. Olmütz, 1750, 8°, 2 Teile.

FRAUENSTEIN, Eleonore von, eine Geschichte aus den Zeiten der Ritter (von *Wilhelm Kraus*). 2 Bdchn. Regensburg. Montag u. Weiss, 1795. 8°.
184 S. (Bdchn. 2 beginnt mit S. 81). Neue Allg. dtsch. Bibl. 19, 327; Goedeke V, 529, 57, 1. Das Anon.-Lex. II. p. 18 hat als Vf.: „Ulrich Kraus" (nach Kayser u. Meusel).
— — Dasselbe, ins Französ. übers. von R. de St. Ch. Braunschweig 1798. (Goedeke, l. c.)

Kraus, Ulr., s. 1) Eleonore v. Frauenstein. 2) Klostergeschichten, u. neue Klostergeschichten.
Vgl. Krauss, Wilhelm.

Kraus, Wilhelm [aus Stahle in Westf.]: Zur Lehre von den Bulbärlähmungen ... Berlin, Buchdr. v. G. Schade, *1893*; 29 S., 1 Bl. 8.
Berlin, Med. Fak., Inaug.-Diss. v. 7. März 1893

Kraus, Wilhelm: Der patentrechtliche Lizenzvertrag. München 1910: Wild. 54 S. 8°
Erlangen, Jur. Diss. v. 22. Okt. 1910, Ref. Allfeld
[Geb. 26. Mai 86 Landau a. I.; Wohnort: München; Staatsangeh.: Bayern; Vorbildung: Wilhelms-Gymn. München Reife 05; Studium: München 8, Erlangen 2 S.; Rig. 22. Juli 10.] [U 11. 831

Kraus-Wranitzky, ..., Anleitung zur praktischen Seidenkultur mit besond. Rücksicht auf Deutschland. Gesammelt in Italien im Jahre 1838. 8. Frankf. a. M. 840. Sauerländer. n. 1/3 ß

Krausbauer, Thdr., (Odo Twiehausen), s. a.: Twiehausen, Odo.

— Aufsatzschule f. Fortbildungsanstalten. Stoffe, Entwürfe u. Aufgaben f. die schriftl. Darstellg. Ausg. A. Für ländl. Fortbildungsschulen, f. die Winter- u. Ackerbauschule. 1. Bd. Stoffe aus den Nebenfächern. (Deutsch, Geschichte, Heimatkunde.) gr. 8. (III, 163 S.) Gera 900. Leipzig, Th. Hofmann. n. 1. 70

— Deutsches Bauerntum. 1. Bd. Aus dem Urborn unserer Volkskraft. Bilder u. Buchschmuck v. Rich. Pfeiffer u. Frau Gertr. Pfeiffer-Kohrt. (V, 358 S.) 8. Breschen 910. W. Schenke. Geb. in Leinw. 4. —

— Bilder aus meinem Leben. 1. Bd. Daheim bei Vater u. Mutter. Mit Buchschmuck v. Fr. Mürdter. (VIII, 388 S.) 8. Stuttgart 907. Th. Benzinger. n. 3. 60; geb. n. 4. 50

Ⓑ — Bilder aus meinem Leben. 907. Jetzt: Minden, A. Hufelands Verl.

Lose Blätter aus der Mappe eines Volksschullehrers. Ansprachen u. Reden bei verschiedenen Anlässen von Dr. Th(eodor) Krausbauer ⟨Odo Twiehausen⟩. Lissa i. P.: F. Ebbecke 1905. (75 S.) 8° [F.] 07. 9430

Krausbauer, Thdr. (Ps Odo Twiehausen). Brosamen. Allerlei aus der Schulpraxis. 1. Bdchn. gr. 8. (VII, 146 S.) Halle a. S. 892, H. Schroedel. * 1 60; geb. * 2 —

— Des Landwirts einfache u. praktische Buchführung, s.: Helmkampf, A.

Krausbauer, Theodor, in Weilburg: Die Collembola der Lahngegend. Mit 79 Fig. im Text u. 2 Taf. *Marburg 1902.* (76 S.) 8°
Marburg, Phil. Diss. v. [11. März] 1902

— durch Flur u. Hain, s.: Sammlung guter Jugendschriften. 3.

— Durch Flur u. Hain. Erzählungen, Sagen u. Märchen aus der Pflanzenwelt. 8. umgearb. Aufl. (144 S.) 8. Breslau (910). Priebatsch. Geb. in Leinw. 1. 50

Krausbauer, Theodor: Des Landwirts Hausfreund, s. Gehrig, Herm.

— Heimatbilder. Geschichten aus dem Posener Lande. 1. Reihe. Aus Hauland u. Ansiedlg. (74 S.) 8. Breslau (910). Priebatsch. —75; geb. in Halbleinw. — 90

— s.: Jugendkalender, Posener.

Krausbauer, Thdr. (Odo Twiehausen), naturkundliche Leitfäden. Botanik. Ausg. B. (In 3 Tln.) 1. u. 2. Tl. gr. 8. Halle a/S. 893. H. Schroedel. n. — 75
1. 1. Stufe. (40 S. m. Abbildgn.) n. — 25
2. 2. Stufe. (IV, 76 S. m. Abbildgn.) n. — 50

— Lesebuch f. ländl. Fortbildungsschulen, s.: Gehrig, Herm.

— Lese- u. Lehrbuch f. ländlich-gewerbliche Fortbildungsschulen, s.: Gehrig, Herm.

— Lesebuch f. gewerbliche Unterrichtsanstalten. Nach den ministeriellen Bestimmgn. bearb. Ausg. A. 2 Tle. gr. 8. Leipzig [Th. Hofmann]. B. G. Teubner. Geb. in Leinw. n.n. 4. 30
1. (XIV, 853 u. 4 S. m. Abbildgn.) 902. n.n. 2. 50
2. (VII, 236 S. m. Abbildgn.) 902. n.n. 1. 80

— dasselbe. Ausg. B. in 1 Bde. (XI, 320 S. m. Abbildgn.) gr. 8. Ebd. 903. Geb. in Leinw. n.n. 1. 80

— dasselbe. Ausg. C. unter besond. Mitwirkg. der Leitg. der gewerbl. Fortbildungsschule zu Crefeld. (X, 632 S. m. Abbildgn.) gr. 8. Ebd. 904. Geb. in Leinw. n.n. 2. 80

— deutscher Liederborn, s.: Banger, Gust.

— Das deutsche Märchen u. seine Bedeutung f. den Unterricht, s.: Lehrer-Prüfungs- u. Informations-Arbeiten. 9. Heft.

Das deutsche Märchen und seine Bedeutung für den Unterricht. Nach d. Grundsätzen d. Herbartschen Schule dargest. von Odo Twiehausen [d. i.] Dr. Theodor Krausbauer. 3. durchges. Aufl. Minden: Hufeland 1910. 32 S. 8°
(Lehrer-Prüfungs- u. Informations-Arbeiten. H. 9.) [11. 3013]

Krausbauer, Thdr., aus meiner Mutter Märchenschatz, m. Bildern von Frz. Hein. (Neue Geschenkausg.) (VIII, 36 S.) gr. 8. Stuttgart (905). Th. Benzinger. Geb. in Leinw. n. 4. 50

Ⓢ — Aus meiner Mutter Märchenschatz. 905. Jetzt: Charlottenburg. Schiller-Buchh.

— dasselbe, s.: Sammlung guter Jugendschriften.

— Naturlehre f. Volksschulen in ausgeführten Lektionen. Eine Handreichg. f. Lehrer u. Seminaristen. 2., umgearb. Aufl. gr. 8. (301 S.) Leipzig 901. Dürr'sche Buchh. n. 3. 30

— Naturlehre f. Volksschulen in ausgeführten Lektionen. Eine Handreichg. f. Lehrer u. Seminaristen. 3., umgearb. Aufl. (272 S.) gr. 8. Leipzig 909. Dürr'sche Buchh. 3. 30; geb. 3. 80

Rousseaus Pädagogik und die Nachwirkungen derselben bis auf die Neuzeit. Dargest. von Odo Twiehausen. (Dr. Theodor Krausbauer, Oberl. zu Weilburg.) 2. Aufl. Minden: A. Hufeland 1902. (63 S.) 8° [F.]
— Lehrer-Prüfungs- u. Informations-Arbeiten. H. 10. [03. 5493]

Rousseaus Pädagogik und ihre Nachwirkungen bis auf die Neuzeit. Dargest. von Odo Twiehausen (Dr. Theodor Krausbauer.) 3. durchges. Aufl. Minden i. W.: Hufeland 1908. 71 S. 8°
(Lehrer-Prüfungs- u. Informations-Arbeiten. H. 10.) [09. 1731]

— u. R. Waeber, Pflanzenkunde, s.: Hirt's, Ferd., neues Realienbuch.

Krausbauer, Thdr. (Odo Twiehausen), s.: Praxis d. Volksschule.

— zeichnende Raumlehre f. Volksschulen. Hrsg. unter Mitwirkg. v. Fedike u. Schwarzer. Leitfaden. (60 S. m. 89 Fig.) 8. Lissa 905. F. Ebbecke. n. 1. —

— dasselbe. Schülerheft. Ausg. A in 2 Heften. (Je 32 S. m. Fig.) qu. kl. 8. Ebd. (905). à n. — 20

— dasselbe. Ausg. B in 1 Hefte. (46 S. m. Fig.) qu. kl. 8. Ebd. (905). n. — 30

— Rechenbuch f. ländlich-gewerbliche Fortbildungsschulen, s.: Helmkampf, A.

— im Reich der Tiere, s.: Sammlung guter Jugendschriften. 11.

— aus dem Rucksack des Christkindchens. Neue Volksmärchen, gesammelt u. erzählt. Mit Abbildgn. v. E. Büsgen, F. Nitzsche, O. Schwindrazheim u. C. Sutter. 4. (39 S.) Weilburg (902). H. Zipper. Geb. 2. 50

— u. Fritz Maier, des Landwirts Schriftenverkehr. E. Handreichg. f. d. deutschen Unterricht in Winter- u. ländl. Fortbildungsschulen. Leitfaden (f. d. Schüler). 1. u. 2. Tl. gr. 8. Leipzig, H. Dege. Geb. in Leinw. n. 4. 50
1. (240 S.) 896. n. 2. —. — 2. (251 S.) 897. n. 2. 50.

— dasselbe. Handbuch. (Ausgef. Lektionen u. Skizzen.) 1. Tl. gr. 8. (VIII, 292 S.) Ebd. 896. Geb. in Leinw. n. 4. —; Arbeitsmappe m. Formularen dazu n. 1. 50

— u. Fritz Maier-Bode, des Landwirts Schriftverkehr. Eine Handreichg. f. den deutschen Unterricht in Winter- u. ländl. Fortbildungsschulen. Arbeitshefte. 2 Hefte. (75 u. 76 S.) Lex.-8. Leipzig 902. [Th. Hofmann.] B. G. Teubner. à n.n. — 50

— u. Fr. Maier-Bode, des Landwirts Schriftverkehr. Eine Handreichg. f. den deutschen Unterricht in Winter- u. ländl. Fortbildungsschulen. Leitfaden. I. u. II. Tl. 8. Leipzig, B. G. Teubner. Kart. 4. 40
I. 3. Aufl. (IV, 232 S.) 907. Kart. 2. 40
II. 2. Aufl. (IV, 118 S.) 909 Kart. 2. —

Krausbauer, Thdr., des Handwerkers Schriftwerk. Eine Handreichg. f. den deutschen Unterricht in gewerbl. Fortbildungsschulen. Leitfaden. 3 Hfte. gr. 8. Leipzig 902. Th. Hofmann. n.n. 1. 60
1. Lehr- u. Wanderjahre. (48 S.) n.n. — 60
2. Der Handwerksmeister in seinem Geschäftsverkehr. 1. Abtlg. (64 S.) n.n. — 50
3. Dasselbe. 2. Abtlg. (64 S.) n.n. — 50

— dasselbe. Arbeitshefte. 3 Hfte. gr. 4. Ebd. 902. à n.n. — 50
1. (76 S.) — 2. (64 S.) — 3. (64 S.)

— dasselbe. Aufgabenhefte. 3 Hfte. gr. 8. Ebd. 902. n.n. 1. —
1. (32 S.) n.n. — 30. — 2. (30 S.) n.n. — 35. — 3. (32 S.) n.n. — 35.

— naturkundliche Schülerhefte. Botanik. Ausg. A. In 2 Hftn. 4. (à 42 S.) Leipzig 900. Dürr'sche Buchh. Kart. u. durchsch. à n. — 75

— dasselbe. Ausg. B. In 1 Hfte. 4. (58 S.) Ebd. 900. Kart. u. durchsch. n. — 75

Was die Großmutter erzählt. Schlichte Geschichten, Märchen u. Sagen aus d. Posener Land von Theodor Krausbauer (Odo Twiehausen). Bilderschmuck von G. Suhr. Lissa i. P.: F. Ebbecke [1905]. (181 S.) 8° [F.]
— Jugendschriften, Ebbecke's, in schlichter Darstellung. Bd 3. [05. 10430]

— was die Großmutter erzählt, s.: Ebbecke's Jugendschriften. 3. Bd.

[Ant. u. F.] Gedichte und humoristische Erzählungen in erzgebirgischer Mundart v. Franz Theodor Krausch, weil. Lehrer in Chemnitz. M. d. Bilde d. Vfs. Chemnitz: A. Seyffert (1897). (VIII, 96 S., 1 Portr.) 1 Bd 8. [97. 6066]

Krausch, Wilh., technische Beleuchtung der in Ausführung genommenen Chemnitz-Riesaer Eisenbahn zwischen Chemnitz u. Döbeln, im Vergleich zu dem Projecte, welches in einem Hauptberichte von dem provisor. Comité der Erzgebirg. Eisenbahn im März 1837 dem Publikum zur Ausführbarkeit anempfohlen wurde. gr. 8. (7 S. m. e. Tab. in qu. gr. Fol.) Dresden 848, Adler & Dietze in Comm. n. 4 ngr

— Projection einer directen Eisenbahn-Verbindung zwischen Dresden, Freiberg u. Chemnitz nebst Zweigbahnen zu den Kohlenwerken links u. rechts des Weißeritzthales, u. nach der Elbe bei Prießnitz. gr. 4. (32 S. m. 4 lith. Taf. in qu. Fol.) Leipzig 849. (Dresden, Grimm & Co.) n. n. 1 rf

Krausche, G., s. Jubelfeier, die 400jährige, der Erfindung der Buchdruckerkunst.

Krauschner, Irma, Gedichte. 12. (VIII, 99 S. m. Bildnis.) Dresden 900. E. Pierson. n. 1. 50; geb. n. 2. 50

Krauschner, Irma, Kinderlieder. Gedichte. (IV, 66 S.) 8. Magdeburg (910). R. Zacharias. 1. 20

Krause, s. Zur Geschichte vom Uhrmacher Krause.

Krause

— s. a. Craus, Kraus, Krauß.

Krause, kurze Anleitung zum Verständnis des öffentlichen Wetternachrichtendienstes u. der Wetterkarten. (11 S. m. 3 Karten.) 8. Pleß 907. A. Krummer. — 25

Krause: Zur Auflösung der numerischen Gleichungen. 14 S. -Deutsch-Crone, Progr. 1858

Krause: Goniometrische Auflösung der numerischen Gleichungen vom 2., 3. u. 4. Grade. 50 S. – Marburg i/H., Progr. 1872.

Krause, Galvanotechnik (Galvanostegie u. Galvanoplastik), s. a. Bibliothek der gesamten Technik.

Krause: Galvanotechnik (Galvanostegie u. Galvanoplastik). Mit 24 Abb. Hannover: Jänecke 1908. XI, 195 S. 8⁰ (Bibliothek d. gesamten Technik. Bd. 92.)

Krause, Hand-Fibel, s.: Müller.

Krause: Das Hexagramma mysticum. 12 S. Kupfert. Deutsch-Crone, Progr. 1849

Krause, Hexenprozesse im Gerichte St. Jürgen, Niederende 1550 u. 1551. (S.-A.) 1867. 8⁰. 16 S. (70 Pfg. E. Geibel, Hannover, 1908.)

Krause, s.: Jahrbuch des Strafrechts u. Strafprozesses.

Cantate zum Stiftungs-Feste der Loge Friedrich Wilhelm zur Morgenröthe den 5. Nov. [Komp. von **Krause.** Gedichtet von Albert Emil Brachvogel. Berlin o. J.: Lindow.] 2 Bl. 8⁰ [Umschlagtit.] Ohne Noten: „O Mutter Nacht . . .“ 25a.

Krause, Lehrbuch der Arithmetik und der niederen Algebra für Gymnasien. 8. (84 S.) Deutsch-Crone 856. (Landsberg, Volger und Klein.) **

—— Lehrbuch der Geometrie für Gymnasien. 8. (99 S. mit 5 Stnt. in qu. gr. 4.) Deutsch-Crone 856. (Landsberg, Volger und Klein.) **

Krause: Botanisches Lexicon enthaltend alle wildwachsenden phanerogamen Pflanzen, welche bis jetzt beiläufig in der Gegend von Deutsch-Crone bemerkt worden, wie auch diejenigen, welche der geographischen Lage nach gefunden werden könnten, für seine Schüler bearbeitet. 36 S. 8⁰. – Progr. Deutsch-Crone 1853.

—— botanisches Lexicon, (mit besonderer Berücksichtigung der Provinz Preußen) bearb. 8. (112 S.) Deutsch-Crone 854. (Landsberg, Volger und Klein.) **

Krause: Ueber das Pascal'sche Sechseck. 14 S. u. Fgtf. – Deutsch-Crone, Progr. 1863.

Krause, v.: Skizzen und Bemerkungen über das Mangelhafte der Verfahrungsart bei Kriminaluntersuchungen und der Kriminalverfassung überhaupt nebst Beispielen und Erfahrungen. Osnabrück 1804.

v. Krause, ..., Skizzen u. Bemerkk. üb. das Mangelhafte d. Verfahrungsart bei Criminal-Untersuchungen. 8. Osnabr. 810. (Hinrichs in Leipz. a. Andrä). 1 rf

Krause, ein Vorschlag, Witterungsnachrichten in Deutschland rasch zu verbreiten. [Aus: „6. Jahresber. d. Annaberg-Buchholzer Vereins f. Naturkunde“.] gr. 8. (16 S.) Annaberg 880. Graser. n. — 25

Krause, München. Wir bleiben doch evangelisch! Leipzig 867. M. Schäfer. gr. 8. (48 S.) 7½ ngr.

Krause Zeigt sich die Menschheit in ihrer Geschichte als ein organisches Ganze? 24 S. . . . . Neu-Ruppin, Progr. 1845

Krause, A., deutsch-russisches Forstwörterbuch. gr. 8. (XI, 418 S.) Riga 889. Kymmels Verl. n. 7. 50

Krause, A., Lehrplan für den Schreibunterricht. 4. (14 S. mit 3 lithogr. Schrifttaf.) Löbau 878, Oliva's Buchh. *

Krause, A., De vestigiis ingenii vitaeque Graecorum in Isthmo Caucasio exstantibus. Gel. 1883. 87 S. 1.20

Krause, Dr. A. F., der vollständige Rathgeber vor, bei u. nach dem Beischlafe. Ein belehr. Taschenbuch für Alle, welche sich über die Geheimnisse der Zeugung zu unterrichten wünschen, und wie man unbeschadet seiner Gesundheit den Geschlechtstrieb auszuüben habe, um gesunde u. schöne Kinder zu zeugen. Nebst den neuesten u. wichtigsten Andeutungen für Mannspersonen. 8. Leipz. 832. Berger. 18 gr

Krause, (Dr.) A. F., der vollständige Rathgeber vor, bei u. nach dem Beischlafe etc. 2e durchaus verb. u. verm. Aufl. 8. Leipzig 836. Berger. ¾ rf — 3e Ausg. 8. Ebd. 840. ¾ rf

Krause, A. F., der vollständ. Rathgeber vor, bei u. nach d. Beischlafe. 2—4., verb. u. verm. Aufl. 8. (à 12½ B.) Leipzig 836—40, [Bergers Buchh.] a

Krause, A. F., der vollständige Rathgeber vor, bei u. nach dem Beischlafe. (Geschenk für Neuverehlichte.) 4. Ausg. 8. Leipzig 842, Bergers Verlagsbuchh. ¾ rf

Krause, A. F., der vollständige Rathgeber vor, bei und nach dem Beischlafe. Ein belehrendes Taschenbuch für Alle, welche sich über die Geheimnisse der Zeugung, um gesunde und kräftige Kinder zu bekommen, zu unterrichten wünschen, für beide Geschlechter. (Geschenk für Neuverehelichte.) 9., verb. Aufl. gr. 16. (VIII und 208 S.) Leipzig 855. [Eisenach), Berger's Vrlgsh.]

Krause, A. F., der Rathgeber vor, bei und nach dem Beischlafe. 14. Aufl. gr. 16. (IV, 156 S.) Leipzig 872, F. Voigt. 1 50

Krause, A. F., vollständiger Rathgeber in Ehegeheimnissen f. junge Eheleute u. Verlobte vor, bei u. nach dem Beischlafe. 17. Aufl. 12. (IV, 154 S.) Leipzig 890. W. Radestock. 2.—

Krause, A. F., vollst. Rathgeber in Ehegeheimnissen f. junge Eheleute u. Verlobte vor, bei u. nach d. Beischlafe. 19. Aufl. 8. (IV, 154 S.) Leipzig 898. W. Radestock. 2.—

Krause, (Pastor) A. F., der hohe, unschätzbare Werth frommer Eintracht u. Liebe in unserm Familienleben. Eine Circularpredigt, im Sommer 1833 in Plauen gehalten. gr. 8. Plauen 834. (Schmidt.) 1/12 ₰

Krause, A. M., moderne schmiedeeiserne Grabgitter. Ausg. 1903. (21 Taf.) gr. Fol. Berlin. (Dresden, Holze & Pahl. In Mappe n. 5.—

Krause, A. M., Kunstschmiede. (Musterbuch.) gr. Fol. (78 Taf. m. II S. Text.) Berlin (899). (Leipzig, Gilbers.) 15.—

Krause, A. S., Anweis. zur Auferzieh. u. Unterricht. d. Jugend. 8. Bautzen, Richter. 719.

Krause, Adolf

Krause, Ad., die Entwickelung des brandenburgisch-preußischen Heeres. Als Beitrag zur Vaterlandsgeschichte für Unterrichts-Anstalten und alle gebildeten Stände in populärer Form dargestellt. gr. 8. (III, 58 S.) Hildburghausen 883, Gadow und Sohn. *

—— kurzgefaßte Gesanglehre für dreiklassige Volksschulen, mit techn. Vorübungen in Ziffern und Noten, sowie method. geordneter Angabe der Choral- und Liederstoffe. 8. (III, 47 S.) Tondern 882, Dröhse. *

Krause, Adf., geistlicher Männer-Chor. Vierstimmige Choräle, geistl. Lieder, Motetten und liturg. Responsorien zum Gebrauch für Seminarien, Gymnasien und Kirchen-Männergesangvereine bez. harmonisirt, componirt und gesammelt. hoch 4. (IV, 52 S.) Flensburg 875, Westphalen. *

Krause, Adolf Gottlob Ferdinand

— — De claudicatione. Diss. med.-chir. Lpz. (Dürr) 29. VII. 1808. 36 S. (5.50) 19355
Gew.: D. Johann Gottfried Leonhardi.

Krause, Adolph Gottlob Ferdinand (Rathendorf / Misnicus) u. **Johann Friedrich Reinhold Grohmann** (Querfurt), De damnis quae ad corpus humanum ex imaginatione redundant. Comment. philos.-med. Lpz. (Solbrig) 30. III. 1805. 33 S. (5.50) 19354
Gew.: Immanuel Christoph Geyer.

— über d. Dauer d. Stillungsperiode; e. physiolog. Abhandlung. gr. 8. Leipz. 808. Dürr. 9 gr.

Krause, Ad. Gl. Fd., († d. 18. Febr. 1810.) physische Erziehungskunde für Lehrer u. Erzieher ꝛc. gr. 8. Leipz. 808. Dürr. 18 gr.

Krause, Albert, das Empyem u. seine Heilung auf medizin. u. operat. Wege nach eigener Beobachtung dargestellt. Lex.-8. (Mit 1 Lithogr.) Danzig 843, Kabus. 1¼ ₰

Krause, Albert, die künstliche Frühgeburt, monographisch dargestellt. gr. 8. (IV und 368 S. mit 2 Stnt. in Tondr.) Breslau 855, [Trewendt.] Thlr. *

Krause, Alb., Heimatskunde d. Kreises Fraustadt. Unt. Benutzg. amtl. Quellen bearb. gr. 8. (16 S.) Lissa 897. F. Ebbecke. n. — 20;
m. Karte d. Kreises Fraustadt n. — 60

Krause, Alb., Heimatkunde des Kreises Fraustadt. Unter Benutzg. amtl. Quellen bearb. 2. Aufl. (20 S.) 8. Lissa 908. O. Eulitz. — 20; m. Karte — 60

— die Theorie und Praxis der Geburtshülfe. Mit Abbildgn. in Stahl u. Holz. 2 Thle. Berlin 853. G. Reimer. gr. 8. (XIV, 431 S. m. Holzschn. im Text u. 72 Stahlst.; XV, 614 S. m. Holzschn. im Text u. 35 Stahlst.) n. 6 ₰. 20 ngr.

Krause, Alb., über die „Transmissio ex capite in integrum restitutionis". Inaugural-Dissertation. gr. 8. (75 S.) Berlin 881. (Göttingen, Vandenhoeck & Ruprecht.) n. 2.—

— **Albert Eugen Herm.** (Schlesien), De thoracis abdominisque spondylarthrocace ac de methodo reponendae curvaturae quae eam sequitur. Diss. med.-chir. Bln. (Nietack) 6. IV. 1836. 36 S. mit Biogr. (M.: A. Oppermann.) (6.—) 19356
Oppon.: Adolph Anderssen, Max. Zettwach, Carl Friderich.

Krause, Albert H. [aus Cleveland, Amerika]: I. Einige Versuche über Dampfdichtebestimmungen. II. Notiz über den Diamant. III. Über die isomeren Formen des Hydrazons der Orthonitrophenylglyoxylsäure. . . . Heidelberg, Univ.-Buchdr. v. J. Hörning, 1891; 32 S., 1 Bl. 8°
Heidelberg, Naturw.-math. Fak., Inaug.-Diss. v. [1. Aug.] 1891

Krause, Albrecht

Krause, Albr., Antrittspredigt üb. Ev. Matthaei 9, 35—38, bei s. Einführg. in d. Amt d. Hauptpastors zu St. Catharinen in Hamburg am 5. März 1895 geh. gr. 8. (23 S.) Hamburg 895. H. Seippel. n. — 50

Krause, Albr., populäre Darstellung von Immanuel Kant's Kritik der reinen Vernunft. Zu ihrem 100jähr. Jubiläum verfasst. (VIII, 211 S.) 1881; 2. Aufl. gr. 8. (XVI, 211 S.) Lahr 882, Schauenburg. *

Krause, Albr., Erlösung u. Versöhnung. 12 Predigten. (2. Folge.) Hamburg 865. (Niemeyer.) gr. 8. (VIII, 168 S.) n. 24 ngr.

— Frömmigkeit u. Sittlichkeit. 12 Predigten. Ebend. 864. gr. 8. (VIII, 170 S.) n. 24 ngr.

Krause, Albr., die letzten Gedanken Immanuel Kant's. Der Transscendental-Philosophie höchster Standpunkt: Von Gott, der Welt u. dem Menschen, welcher beide verbindet. Aus Kant's hinterlassenem Mscr. gr. 8. (IV, 132 S.) Hamburg 902. C. Boysen. n. 5.—

Krause, Albr., die Gesetze des menschlichen Herzens wissenschaftlich dargestellt als die formale Logik des reinen Gefühles. Lex.-8. (XVI, 407 S. mit 1 Tab. in qu. gr. 4.) Lahr 876, Schauenburg. *

—— Kant und Helmholtz über den Ursprung und die Bedeutung der Raumanschauung und der geometrischen Axiome. gr. 8. (VI, 94 S.) Ebendas. 878. *

—— Immanuel Kant wider Kuno Fischer zum ersten Male mit Hülfe des verloren gewesenen Kantischen Hauptwerkes: Vom Übergang von der Metaphysik zur Physik vertheidigt. Eine Ergänzung der populären Darstellung der Kritik der reinen Vernunft in der Lehre vom Gegenstand und Ding an sich. Lex.-8. (IX, 128 S.) Ebendas. 884. *

—— Kirchenthum und Christenthum. 12 Predigten. (3. Folge.) gr. 8. (XII und 168 S.) Hamburg 866, (Niemeyer.) *

— Predigt über Sprüche Salomonis 14, 34, gehalten nach seiner Rückkehr aus dem heil. Lande am 22. Sonntage nach Trinitatis am 17. Novbr. 1867. 1—4. Aufl. Hamburg 867. Grüning. gr. 8. (15 S.) n. 3 ngr.

Krause, Albr., das nachgelassene Werk I. Kant's: Vom Uebergange von den metaphysischen Anfangsgründen der Naturwissenschaft zur Physik, mit Belegen populär-wissenschaftlich dargestellt. Lex.-8. (XVII, 426 S.) Lahr 888, Schauenburg. * 10 —

—— zur Widerlegung des Satzes: Ueber den Geschmack lässt sich nicht streiten. gr. 8. (IV, 52 S.) Ebendas. 882. *

Krause, Alph., Touren-Buch v. Estland, s.: Dethloff, C. I.

Krause, Alfred: De urina albuminosa quaedam. Halis (1840): Gebauer. 30 S. 8°
Halle-Wittenberg, Med. Diss. v. 22. Aug. 1840
Geb. Memel 20. 2. 1816. V.

Krause, Alfr., Viehkauf u. Viehmangel nach dem bürgerl. Gesetzbuch, s. u. Keil's Rechts-Bibliothek.

Viehkauf und Viehmangel nach dem Bürgerlichen Gesetzbuch von Alfred Krause, Sekr. d. Trier. Bauernver. Trier: Paulinus-Dr. 1907. (20 S.) 8° [F.]
— Rechts-Bibliothek, Keil's. H. 12. [ob. 1714]

Krause, Alfred Carl, aus Allenstein, Ostpr.: Ist das preußische Staatsministerium eine collegial eingerichtete oberste Staatsbehörde? *Königsberg i. Pr. 1902: E. Rautenberg.* (54 S.) 8° [F.]
Würzburg, Jur. Diss. v. 1902

Ist das preußische Staatsministerium eine collegial eingerichtete oberste Staatsbehörde? Von Dr. Alfred Carl Krause. *Königsberg i. Pr.: B. Teichert in Comm. 1902.* (54 S.) 8° [F.] [ob. 6303] 10

Krause, Alwinus (*geb. Nimptsch 30. 12. 1836*): Quaestiones de origine et natura motuum peristalticorum intestinorum variis nutritionis conditionibus. Vratislaviae (1862). (27 S.) 8°
[*Deutsche Bearb in: Studien d. physiol. Institute zu Breslau. H. 2. 1863.*]
Breslau, Med. Diss. v. 5. Aug. 1862

Krause, Amélie, Ratgeber f. junge Mädchen aller Stände. 8. (82 S.) Chemnitz (902). (C. Strauss.) Kart. 1. —

Krause, Anna (Pseud. Waldemar Frey)

Frey, W. Waldesrauschen. Erlebtes u. Erlauschtes. In-8°. 198 S. Basel, F. E. Porthes aus Gotha. 1898. 3 —

Krause, Anton [Dr.]: Über Anlage und Einrichtung botanischer Schulgärten. Gleiwitz, Neumanns Stadtbuchdr., *1893;* 28 S. 4.
Gleiwitz, k. kath. G, OP 1893 (185)

Krause, Anton [Prof. Dr.]: Entstehung der Deklination in den flektierenden Sprachen. 1. Tl. Nominativ u. Accusativ. Gleiwitz, Neumann's Stadtbuchdr., *1896;* 23 S. 4.
Gleiwitz, k. kath. G, OP 1896 (187)

Krause, Anton: Entstehung der Deklination in den flektierenden Sprachen. II. T. Genetiv, Dativ, Ablativ. *Gleiwitz (1898): Neumann.* (22 S.) 4° ¶ (Fortsetzung d. P-Beilage 1896.)
Gleiwitz, k. kath. G. OP 1898 (193)

Krause, Anton, Prof. Dr.: Entstehung der Conjugation in den flektierenden Sprachen. T. 1. *Gleiwitz (1900): Neumann.* (24 S.) 4°
Gleiwitz, k. kath. G, OP 1900 (196)

Krause, Anton, Prof. Dr.: Entstehung der Conjugation in den flektierenden Sprachen. T. 2. Die Tempora. *Gleiwitz (1902): Neumann.* (21 S.) 4° ¶ [Forts. d. P-Beil. 1900.]
Gleiwitz, k. kath. G, OP 1902 (205)

Krause, Ant., Prinzessin Ilse, s. Breitkopf und Härtel's Text-Bibliothek Nr. 141.

Kirchenlieder für die katholische Pfarrgemeinde Ratibor. Zsgest. im Auftr. d. Pfarr-Cäcilienvereins von Anton Krause, Lehrer zu Ratibor. (3. Aufl.)
Breslau: F. Goerlich [1908]. (77 S.) 8° [F. u. Aut.] [ob. 7380 8]

Krause, Ant., Kirchenlieder f. die katholische Pfarrgemeinde Ratibor. Zusammengestellt im Auftrage des Pfarr-Cäcilienvereins. (4. Aufl.) (80 S.) kl. 8. Breslau (910). F. Goerlich. nn — 10

Krause, Anton, Der Name des Gottes Baal in historischer und sprachgeschichtlicher Beziehung. Gleiwitz, 1873, 4°, 39 S. mit 1 Tafel, Progr. des Gymn.

Krause, Antonius (*geb. Patschkau in Schles. 7. 10. 1833*): De philosophia Hebraeorum. Vratislaviae (1860). (30 S.) 8°
Breslau, Phil. Diss. v. 12. Mai 1860

Krause, A. Die Ursprache in ihrer ersten Entwickelung. I—IV. Gleiwitz, G., 1876, 1878, 1881 u. 1883. 34, 25, 26, 24 S. 4. Progr.

Krause, Arno, appr. Arzt a. Steglitz: Aus dem St. Marienkrankenhause zu Berlin. Über die Operation eines Falles von Echinokokkus der Leber mit Durchbruch in die Gallenwege. Kirchhain N.-L. 1905: M. Schmersow. (22 S.) 8°
Kiel, Med. Fak., Ref. Heller, Diss. v. 22. Sept. 1905
[Geb. 12. Nov. 78 Schöneberg b. Berlin; Wohnort: Steglitz; Staatsangeh.: Preußen; Vorbildung: Gymn. Steglitz Reife M. 99; Studium: Berlin 10 S.; Coll. 19. Aug. 05; Approb. 29. April 05.]

Krause, Arnold, Prof. Dr.: Zum Barlaam und Josaphat des Gui von Cambrai. T. 1: Zum Text der Dichtung. *Berlin: R. Gaertner 1899.* (30 S.) 4°
Berlin, Friedrichs-Werdersches G, OP 1899 (54)

Krause, Arnold, (Prof. Dr.): Zum Barlaam und Josaphat de (Umschlagt.: des) Gui von Cambrai. T. 2: Zur Mundart d. Dichtung. *Berlin: R. Gaertner 1900.* (27 S.) 4° ¶ [Forts. d. P-Beil. 1899.]
Berlin, Friedrichs-Werdersches G, OP 1900 (54)

Krause, Arnold, zum Barlaam u. Josaphat des Gui v. Cambrai. 1. u. 2. Tl. 4. Berlin [R. Gaertner.] Weidmann. à n. 1. —
1. Zum Text der Dichtg. Progr. (30 S.) 899.
2. Zur Mundart der Dichtg. Progr. (27 S.) 900.

Krause, Arnold [Dr.]: Bemerkungen zu den Gedichten des Baudouin und des Jean de Condé. Berlin, R. Gaertners Verlagsbuchh., 1890; 32 S. 4°
Berlin, Friedrichs-Werdersches G, OP 1890

Krause, Arnold: De quom coniunctionis usu ac forma c a p i t a III. Berolini: Mayer et Mueller (1876). 41 S. 8° Fortsetzung bis 1899 nicht erschienen.
Berlin, Phil. Diss. v. 23. März 1876

Épisodes historiques. Récits authentiques de quelques évasions célèbres dans l'hist. de France au XIXᵉ siècle. Publ. et ann. par Arnold **Krause**, Prof. à Berlin. Avec 5 portr. [Nebst] Wörterbuch. *Berlin: R. Gaertner 1902.* 2 Bde 8°
— **Schulbibliothek** franz. u. engl. Prosaschriften aus d. neueren Zeit. Abt. 1, Bdch. 45.

— s. a. **Épisodes historiques.**

Guerre de 1870/71. Récits mixtes. Par Chuquet, Hérisson, Bézier, Halévy, Mᵐᵉ Boissonnas, Doussaint. In Ausz. m. Anm. z. Schulgebr. hrsg. v. Prof. Dr. Arnold **Krause**, Oberl. ... zu Berlin. M. 1 Übersichtsktch. (Text.) Wörterb. [&] Anm. *Bielefeld & Leipzig: Velhagen & Klasing 1898.* 3 Bde 8.
(Text.) (IV S., 1 Bl., 118 S., 1 Kt.) Wörterb. (41 S.) Anm. (46 S.)
— **Sammlung**, Velhagens & Klasings, französ. u. engl. Schulausgaben. Prosateurs franç. Lfg 114. Ausg. B. [98. 2687

A travers Paris. Aus Originaltexten zsgest. u. m. Anm. z. Schulgebr. hrsg. v. Prof. Dr. Arnold **Krause**, Oberl. ... zu Berlin. M. 18 Abb. im Text, 1 Pl. v. Paris u. 1 Übersichtsktch. d. Umgebg v. Paris. [Nebst] Anh. [u.] Wörterbuch. *Bielefeld & Leipzig: Velhagen & Klasing 1897.* 3 Bde 8.
[Text.] (VI, 193 S., 1 Kt.) Anh. ... Anmerkgn. ... (77 S.) Wörterbuch. (62 S.)
— **Sammlung**, Velhagen & Klasings, französ. u. engl. Schulausgaben. Prosateurs franç. Lfg 111 B. [97. 8269

— **a travers Paris**, s. a. **Prosateurs français.**

Krause, Arnold, s.: Paris sous la commune.

Krause, A., Präparation zu Ciceros Rede de imperio Cn. Pompei, s.: Krafft u. Ranke's Präparationen.

Krause, A., Präparation zu Ciceros Rede De imperio Cn. Pompei, s.: Präparationen f. d. Schullektüre griech. u. latein. Klassiker.

Präparation zu Ciceros Rede für Sextus Roscius. Von weil. Prof. Dr. A[rnold] **Krause**. 2. Aufl., neu durchges. von Dr. P[aul] Hirt, Prof. zu Berlin. Hannover: Norddeutsche Verlagsanst. 1907. (22 S.) 8° [Umschlagt. F.]
— **Präparationen**, Krafft u. Rankes, f. d. Schullektüre. H. 54. [07. 17333 7

— **u. P. Hirt, Präparation zu Cicero's Reden f. Archias u. L. Murena; f. Sextus Roscius u. gegen Verres, s. a. Krafft u. Ranke's Präparationen f. die Schullektüre.**

Präparation zu Ciceros Reden für Archias und für L. Murena. Von weil. Prof. Dr. A[rnold] **Krause**. 2. Aufl., neu durchges. von Dr. P[aul] Hirt, Prof. zu Berlin. Hannover: Norddeutsche Verlagsanst. 1907. (26 S.) 8° [Umschlagt. F.]
— **Präparationen**, Krafft u. Rankes, f. d. Schullektüre. H. 62. [07. 17334 7

Krause, A., Präparation zu Cicero's Reden gegen Katilina, neue Aufl. v. H. Deiter, s.: Krafft u. Ranke's Präparationen f. die Schullektüre.

Krause, A., s.: Präparationen f. die Schullektüre griech. u. latein. Klassiker.

— prakt. Vorschule d. französ. Sprache, s.: Probst, Herm.

Krause, Arthur: Beitrag zur marinen Fauna des nördlichen Norwegen. Mit einer Abbildung. (Wissenschaftliche Beilage zum Programm der Luisenstädtischen Oberrealschule. Ostern 1887.) Berlin 1887. 24 S. 8°.

Krause, Arth., Beitrag zur marinen Fauna des nördlichen Norwegen. gr. 4. (24 S. mit 1 Abbild.) Berlin 887, Gaertner's Verlag. * 1 —

Krause, Arthur: Zur Geschichte des Paraphenylendiamin. Halle a. S. 1879: (Schade in Berlin). 40 S. 8°
Halle-Wittenberg, Phil. Diss. v. [15. Jan.] 1879
Geb. Polnisch-Konopath (Westpr.) 23. 1. 1851. V.
Vom Verf. ersch. unter gleichem Tit. Beitrag in: Berichte der deutschen chemischen Gesellschaft. Bd 12. Berlin 1879. S. 47—56.

Krause, Arth., Grundriss der Mineralogie u. Geologie, s.: Eßdorff, Fr.

KATALOG ETHNOLOGISCHER GEGENSTÄNDE aus dem Tschuktschenlande und dem südöstlichen Alaska. Gesammelt von den Gebrüdern ARTHUR und AUREL KRAUSE in den Jahren 1881/82. Anlage zu Heft 4, Band V. der Deutschen geographischen Blätter. Bremen 1882. Carl Schünemann's Buchdruckerei. 8°.

Krause, Arthur: Die Pariavölker der Gegenwart. Leipzig 1903: C. G. Naumann. VIII, 83 S. 8°
Leipzig, Phil. Diss. v. 1903

Krause, Arthur: [Rede bei der Gedächtnisfeier für den verstorbenen Prof. Edmund Gerlach.] S. 36—40. 4.
Progr. Luisenstädtische Oberrealschule *Berlin* 1905 (129).

Krause, Arthur, appr. Arzt a. Mainz, Assistenzarzt im Inf.-Reg. Graf Barfuß (4. Westf.) Nr. 17: Die chronische Steifigkeit der Wirbelsäule. Berlin (1905): G. Schade. (41 S.) 8°
Berlin, Med. Fak., Ref. Kraus, Diss. v. 19. Juni 1905
[Geb. 13. Sept. 80 Mainz; Heimatsort: Mainz; Staatsangeh.: Preußen; Vorbildung: Königl. Wilhelmsgymn. Cassel Reife M. 98; Studium: Berlin, K. Wilh.-Akad. 9 S.; Coll. 19. Juni 05; Approb. 10. Juni 04.]

Krause, Arthur, a. Leipzig: Studien über das Verhalten von Taschenuhren. Leipzig 1906: B. G. Teubner. (S. 247—291.) 8° ¶ (Aus: Berichte über die Verhandlungen d. Kgl. Sächs. Ges. d. Wissensch. zu Leipzig. Math.-phys. Kl. Bd 58. 1906.)
Leipzig, Phil. Fak., Ref. Bruns-Wiener, Diss. v. 27. Sept. 1906
[Geb. 29. Jan. 82 Leipzig; Wohnort: Leipzig; Staatsangeh.: Sachsen; Vorbildung: Realgymn. Leipzig Reife O. 01; Studium: Leipzig 9 S.; Rig. 24. Juli 05.]

Krause, August

— s. Cicero quae fertur Philippica quarta.

Krause, A., M. Tullii Ciceronis quae fertur Philippica quarta, explicata et Ciceroni derogata. 1889. 40 S. 1.—

Krause, August *Friedrich* [aus Segeletz Kr. Ruppin]: Ueber Fuchs'sche Differentialgleichungen vierten Grades ... Göttingen, Druck d. Dieterich'schen Univ.-Buchdr., 1897; 2 Bl., 58 S., 1 Bl. 8.
Berlin, Phil. Fak., Inaug.-Diss. v. 6. März 1897

Krause, Aug., üb. Fuchs'sche Differentialgleichungen vierten Grades. gr. 8. (58 S.) Berlin 897. Mayer & Müller. n. 2. —

—— Emendationes in Cicer. libros de legibus. (Lib. I. et II.) 16 S. . . . .
Neu-Stettin, Progr. 1841

Krause, A. (W. F.) Emendationes in Ciceronis libros de legibus. **18 S.** [libr. I. et II.]

Neu-Stettin, Progr. 1842

Krause, A.: De fontibus et auctoritate scriptorum historiae Augustae. P.I. 24 S. – Progr. Neu-Stettin 1857.

***Krause*, Aug., de C. Suetonii Tranquilli fontibus et auctoritate. 8maj. Berl. 831. Mylius. 12 gr**

Krause, A., De C. Suetonii Tranquilli fontibus et auctoritate. Gel. 1831. 86 S.

Krause, Aug., Geschichte der Römischen Literatur. 1r Abschnitt, enthaltend den Anfang der epischen Poesie. 8. Berlin 835. Dümmler. 1/2 Rthlr

Krause, Aug. Über Ciceros vierte Philippische Rede. 18 S.
Neu-Stettin, Progr. 1847

Krause, A. (W. F.), Uebungsbuch zum Uebersetzen aus dem Deutschen ins Lateinische für die Quarta eines Gymnasiums. 8. (IV und 210 S.) Berlin 853, Th. Enslin. *

—— Vitae et Fragmenta veterum historicor. Romanor. 8 maj. (21¼ B.) Berolini 833, Dümmler.

Krause, August Friedrich: Schlesisches Dichterbuch. Hrsg. von August Friedrich Krause u. Philo vom Walde [d. i. Johannes Reinelt]. Mit Port.
Breslau: R. Dülfer 1902. XIV, 227 S. 8°

Krause, Aug. Frdr., s.: Illing, Wilma.

— unter dem starken Leben. Erzählungen u. Skizzen aus Schlesien. (VII, 327 S.) 8. Berlin 904. E. Fleischel & Co. n. 3. 50; geb. n. 5. —

Krause, Aug. Frdr., das stille Leuchten. Roman. (307 S.) 8. Berlin 910. E. Fleischel & Co. 4.—; geb. 5. 50

Sonnensucher. Roman von August Friedrich Krause. Berlin: E. Fleischel & Co. 1907. (499 S.) 8° [F.] [07. 1907]

— August Heinrich (Königsberg/Neumark), De herniis inguinalibus et cruralibus incarceratis. Diss. med.-chir. Bln. (Brueschck) 10. II. 1823. 80 S. mit Biogr. (6.80) 19357
Oppon.: C. Thümmel, C. Moldenhawer, A. Klaatsch. — Gew.: Ernst Lud. Heim, Frid. Wilh. Krause (Fiddichow; Vater).

Krause, Aug. Mt., († d. .. Sept. 1796.) Friedenspredigt wegen d. zwischen Preußen u. d. Republik Frankreich zu Basel geschloss. Friedens. 8. Cöthen 795. Aue. 2 K

— s. Grab d. Heterodoxen.

Krause, Aug. Siegm., († 1793.) Betrachtt. u. Gebete über die Psalmen. 8. Halle 777.

— M. August Siegismund, De damnis ex nimia aedificiorum altitudine metuendis commentatio I. Präs. Johann Daniel Titius. Wittbg. (Carl Christian Dürr) 30. VIII. 1771. 16 S. (4.—) 19358

— — (Präs.) u. (Respond.) M. Gotthelf Christian Gretsel (Forchheim Hermundurus), Dasselbe II. Wittbg. (Carl Christian Dürr) 30. VIII. 1771. 14 Seiten. (4.50) 19359

— der Weg zu einem ruhigen Leben, für d. heranwachs. Jugend. 8. Halle 780.

Krause, Aurel: Die Fauna der sogenannten Beyrichien- oder Chonetenkalke des norddeutschen Diluviums.
Berlin (1877). 48 S. 8°
Aus: Zeitschr. der Deutschen Geolog. Gesellsch. Bd. 29. 1877.
Berlin, Phil. Diss. v. 11. Apr. 1877

KATALOG ETHNOLOGISCHER GEGENSTÄNDE aus dem Tschuktschenlande und dem südöstlichen Alaska. Gesammelt von den Gebrüdern ARTHUR und AUREL KRAUSE in den Jahren 1881/82. Anlage zu Heft 4, Band V. der Deutschen geographischen Blätter. Bremen 1882. Carl Schünemann's Buchdruckerei. 8°.

Krause, Aurel [Dr., Oberl.]: Die Ostrakoden der silurischen Diluvialgeschiebe. Berlin, R. Gaertner, 1891: 24 S. 4°
Berlin, Luisenst. OR. OP 1891 (101)

Krause, Aurel, die Tlinkit-Indianer. Ergebnisse einer Reise nach der Nordwestküste von Amerika und der Beringstraße, ausgeführt im Auftrage der Bremer geograph. Gesellschaft in den J. 1880—1881 durch Arthur und Aurel K. gr. 8. (XVI, 420 S. mit 1 Karte, 4 Taf. und 32 Illustr.) Jena 885, Costenoble. * 11 —

[F.] Krause, Bernhard: Über die Bewegung eines veränderlichen, ebenen Vierecks um einen seiner Eckpunkte. Magdeburg, Druck v. E. Baensch jun., 1892; 1 Bl., 14 S. 4.
Magdeburg, RG, OP 1892 (203)

Krause, Bertha, kleine Erzählungen zur Unterhaltung für Kinder. 8. (III und 106 S.) Langensalza 859, [Schulbuchhandlung von Greßler.]

Krause, Bertha, kleine Erzählungen zur Unterhaltung für Kinder. 859. (2 Bl., 106 S.) 9 ngr — 2. Aufl. Langensalza 862. Greßler. 8. (2 Bl., 102 S. u. 4 color. Lithogr.) 15 ngr

Krause, Bruno, kurzgefaßter Abriß der Geschichte d. großherzogl. Hauses v. Toscana u. der Verwandtschaftsverhältnisse zwischen den beiden Fürstenhäusern v. Wettin u. v. Toscana. Geschichtliche Studie m. 5 Lichtdr.-Taf., 1 Kartenskizze u. 1 Stammtaf. gr. 8. (19 S.) Dresden 893. (A. Huhle.) n. — 50

— die geschichtliche Entwickelung der königl. Haupt- u. Residenzstadt Dresden vom sorbischen (wendischen) Dorfe an bis zur jetzigen Großstadt. 2 Hfte. Mit 10 Planskizzen u. 140 Illustr. der geschichtlich merkwürdig. Fürsten, Bauten u. Begebenheiten. gr. 8. (XI, 168 u. 116 S.) Ebd. 893. Kart. n.n. 4. —

— Skizze e. Leitfadens f. den Unterricht in der Heimatskunde v. Dresden. Speziell bearb. f. die durch die neuen Lehrpläne f. die Bürger- u. Bezirksschulen der Stadt Dresden vorgeschriebenen konzentr. Kreise in den 6 aufsteig. Stufen von der 6. bis zur 1. Klasse. gr. 8. (24 S.) Ebd. 893. Kart. n.n. — 50

Krause, B., Tabelle der Tages-Servis-Sätze für sämmtliche Ortschaften im deutschen Reiche [von 1—30 Tagen]. gr. 8. (25 S.) Liegnitz 882. (Zippel.) n. 1. 20

Krause, B., Tabelle d. Tages-Servis-Sätze f. sämmtl. Ortschaften im Deutschen Reiche (v. 1—30 Tagen) auf Grund d. Reichsgesetzes v. 26. VII. 1897. gr. 8. (37 S.) Liegnitz 897. (E. Zippel.) n. 1. 50

[F.] Tabelle der Tages-Servis-Sätze für sämmtliche Ortschaften im deutschen Reiche (v. 1 — 30 Tagen) auf Grund des Reichsges. v. 26. Juli 1897. Berechnet v. B[runo] Krause, Stadt-Sekr. ... in Liegnitz ... *Liegnitz: Selbstv.; C. Seyffarth's Buchdr. [1898].* (37 S.) 1 Bd 8. [98. 3457]

Krause, C., die Aussichten des Kolonialdienstes. Grundsätze f. die Verwendg. v. Beamten u. Unterbeamten in den deutschen Schutzgebieten u. die dort gewährten Zuschüsse, sowie die den Beamten dadurch erwachs. späteren Vorteile, m. besond. Berücksicht. der Post- u. Telegraphenverwaltg. (IV, 49 S.) 8. Frankfurt a/M. 908. [Wollstein & Teilhaber.] H. Ehrentraut. 1.—; erm. Pr. — 50

Krause, C., Euricius Cordus. Eine biograph. Skizze aus der Reformationszeit. gr. 8. (IV und 124 S.) Hanau 863, König's Verlag. *

Krause, C., Lehrbuch der Projectionslehre zum Schul- u. Selbstunterricht. 3. Aufl. (III, 55 S. m. 24 Taf.) gr. 8. Berlin (W. 66, Wilhelmstr. 48) (907). H. Wendler. (Nur direkt.) 2. —

Krause, C., Leitfaden für Vorturner an höheren Schulen, Zerbst 1871, 42 S., 16°.

Krause, C., Leitfaden für Vorturner an höhern Schulen zunächst bestimmt für den Turnbetrieb am Gymnasium zu Zerbst. 16. (42 S.) Zerbst 873, Luppe. * — 30

Krause, C. E., Kritik des französischen Sprachunterrichts, wie er ist. 1. Liefg. gr. 8. Bern 842, Jenni, Sohn. 1/2 Rthlr.

Krause, C. F., Catechismuspredigerschatz. 4. Dresd. Walther. 717.

— Passionspredigerschatz. 4. Ebend. 728.

— evang. Schule, od. Predigten üb. die Sonn- u. Festt.-Evangel. 4. Ebend. 731.

— thesaurus concionat.-evang., od. evangelisch. Predigerschatz. 3 Thle. 4. Ebend. 719–21.

— — epist. homilet., od. epistol. Prdigerschatz. 4. Ebendas. 724.

Krause, C. G. R.: „Anleitung zur Behandlung des Mittelwaldes", Erfurt 1829 (Keyser).

Krause, C. G. R., Anleitung z. Behandl. d. Mittelwaldes. 8. (6½ B. u. 8 B. Tab. qu. Fol.) Erfurt 829, [Winkler.]

Krause, C. G., die Holz-Taxation. Oder Anweisung, den Werth, Nutzen und Gebrauch aller Arten Bäume, als Nutz- oder Brennholz, im stehenden und gefällten Zustande, nach ihrer Beschaffenheit und Quantität, möglichst genau zu bestimmen; sowie Anleitungen, Klötzer aller Art, im richtigen Verhältniß zum Durchmesser, durch eine angemessene Anzahl Pfosten und Breter von verhältnißmäßiger Stärke vortheilhaft zu nützen, mit Tafeln zur Bestimmung des Kubikinhalts runder Hölzer und Berechnungen der Transportkosten &c. Zur Belehrung für Jedermann &c. 2., verb. Aufl. gr. 8. (46 S.) Löbau 850, Breyer. *

Krause, C. Theod., leichte u. nützl. Lehrart, d. Grammatik zu lernen. 5 Thle. 8. Leipz. Voß. 733.

Krause, C. W., der Volksschulgarten. Vortrag, geh. in der pomolog. Gesellschaft zu Altenburg. 12. (24 S.) Altenburg 881. (Schnuphase.) n. — 50

Krause, C. W. A.

— Abrechnung mit Hrn. Dr. Baltzer. Zweites Sendschreiben an meine Glaubensgenossen als mein letztes Wort in dem Breslauer Streite über d. römisch-kathol. Seligkeitsdogma. gr. 8. Leipzig 845, O. Wigand. 6 ngr

Krause, C. W. A., Abschieds-Predigt über Apostelgesch. 20, 32 bei Niederlegung des bisher geführten Amtes &c. am 18. Mai 1856, (Trinitatis-Fest) in Breslau gehalten. 1—3. Aufl. Breslau 856. Leuckart. gr. 8. (16 S.) nn. 2½ ngr

Krause, C. W. A., Antrittspredigt über Ev. Matth. 10, 34 bei seiner Ordination und Einführung in das Amt des 3. Diaconus zu St. Catharinen in Hamburg am 23. October 1862. 1—4. Aufl. Hamburg, Niemeyer in Comm. gr. 8. (16 S.) 1862. 3¾ ngr

Krause, C. W. A., die Arglist. 4 Zeitpredigten, s. Dietrich, H. R., Wo ist Christus nicht?

—— Festpredigt, s. Schmeidler, J. C. H.

Krause, C. W. A. Die protestantischen Freunde und ihre Hauptversammlung in Breslau vertheidigt gegen Diaconus Baron in Löwen. Breslau 1845. 23 S. 8.

— die protestantischen Freunde u. ihre erste Hauptversammlung in Breslau vertheidigt gegen den Herrn Diac. Baron in Löwen. gr. 8. Breslau 845, Leuckart. 3 ngr

Krause, C. W. A., Jesus Christus gestern u. heute, u. derselbe auch in Ewigkeit. Einführungsrede u. Antritts-Predigt bei Uebernahme des Amtes des Pastors zu St. Bernhardin u. Propstes zum heil. Geiste gehalten. 8. (18 S.) Breslau 850, Gosohorsky. n. 3 ngr

Krause, C. W. A., der Meinungsstreit über die Person Jesu. Predigt am 18. Sonnt. nach Trin. den 21. Sept. 1845 gehalten. 3.—8. Aufl. 8. Breslau 845, Leuckart. n. 1/12 Rthlr.

— die Nothwendigkeit der sofortigen Berufung einer evangel. Landessynode in Preußen u. die Unzweckmäßigkeit aller Vorsynoden. Gutachten u. Vorschlag zu einem Wahlgesetze für die Landessynode. Allen evang. Christen, denen die Zukunft ihrer Kirchengemeinschaft am Herzen liegt, gewidmet. gr. 8. (27 S.) Breslau 849, Graß, Barth & Co. Sortim. in Comm. n. 6 ngr

—— evangelisch-protestantische Predigten. gr. 8. (X und 373 S.) Eisleben 848, Reichardt. *

— Predigten für die St. Nicolai Gemeinde in Hamburg. 1. Bd.: Von der Amtseinführung, den 26. Juni, bis zum Schlusse des Kirchenjahres 1856 über die für Hamburg neuverordneten Episteln. Hamburg 856. G. W. Niemeyer. gr. 8. (VI, 291 S.) n. 1 Rthlr.

Krause, C. W. A., Predigten für die St. Nicolai Gemeinde in Hamburg. 2. und 3. Bd. Das Kirchenjahr 1857. gr. 8. (VIII und 710 S.) Hamburg 857, Niemeyer. à Bd. * 1 Thlr. *
1. Bd. Ebendas. 1856. * 1 Thlr.

—— Predigten aus dem Kirchenjahre 1858 für die St. Nicolai Gemeinde in Hamburg gehalten. gr. 8. (IV und 361 S.) (Ebendas.) 858. *

Krause, C. W. A., Predigten aus den Kirchenjahren 1859—61 für die St. Nicolai-Gemeinde in Hamburg gehalten. gr. 8. (IV und 372 S., IV und 362 S., IV und 361 S.) Hamburg 859—61, (G. W. Niemeyer.) à Jahrg. * 1 Thlr. *

Krause, C. W. A., 66 Predigten zur Erbauung u. Belehrg. für jedermann. Mit einer Biographie des Verf. gr. 8. (IV, 766 S.) Garding 882. Lühr & Dircks in Comm. n. 5. —; geb. n. 6. 50

— zwölf Predigten, in der evangel. Haupt- u. Pfarrkirche zu St. Bernhardin in Breslau gehalten und auf Verlangen herausgeg. (1. Bd.) 3 Liefg. gr. 8. Breslau 842, 43, W. G. Korn. (1. 3/4 Rthlr. 2., 3. à 2/3 Rthlr.) 2 1/12 Rthlr. — A. u. d. T.:
—— Predigten üb. die Evangelien aller Sonn- u. Festtage des christl.-evangel. Kirchenjahres in der Haupt- u. Pfarrkirche zu St. Bernhardin in Breslau gehalten. 2 Bde. (à 3 Lfgn.) gr. 8. Breslau, W. G. Korn. [1. (29⅞ B.) 842, 43. 2 Thlr. 2½ N..., 2. (28⅝ B.) 844—46. 2 Thlr.]

—— am Reformationsfeste. Aus der Predigt-Sammlung. gr. 8. (15 S.) Oldenswort 880. (Garding, Lühr und Dircks.) *

— das Schicksal der evangelischen Kirche in unserer Zeit verglichen mit dem Schicksal des Heilandes in dem Evangelium des Sonnt. Judica Joh. 8, 46—59. Eine Predigt. [Abdr. aus dem „Protestanten".] 12. (20 S.) Potsdam 852, Riegel'sche Buchh. in Comm. n. 2 ngr

— zur Schulfrage in Hamburg. Ein Sendschreiben an Herrn Dr. Jürgen Bona Meyer. Hamburg 861. Herold. gr. 8. (24 S.) n. 3 ngr

—— das römisch-kathol. Seligkeitsdogma u. der Herr Prof. Dr. Baltzer. Ein Sendschreiben an meine evangel. Glaubensgenossen. gr. 8. (4¼ B.) Leipzig 844, Otto Wigand.

Krause, C. W. A., Sendschreiben an den Probst Franke zu Schwerin a. W. Eine Entgegnung auf dessen Sendschreiben an den Pastor Jäkel zu Dobrzyca. gr. 8. Glogau 837. Flemming. 5/12 ℛ

— die höhere Stufe, auf welche Jesus die Menschen erhoben hat. Eine Gastpredigt am 6. Sonnt. nach Trin. [d. 30. Juli 1848] zu Weimar gehalten. gr. 8. (16 S.) Weimar 848, Voigt. 1/12 ℛ

— trachtet am ersten nach dem Reiche Gottes. Predigt am 15. Sonnt. nach Trinit., d. 20. Septbr. 1846 nach seiner Rückkehr von d. 5. Hauptversammlung d. G.-A.-Vereins u. mit Bezug auf dieselbe gehalten. gr. 8. Breslau 846, Leuckart. n. 1/12 ℛ

—— welche Berechtigung die evangel. Kirchengemeinschaft der weltl. Macht niemals zugestehen kann, s. Welche.

— s. Zeitblätter, evangelische.

Krause, Carl, s. Krause, Karl.

Krause, Cäsar, s.: Kroneck, Edgar.

Krause, Cäsar, ein verfehltes Leben, s.: Bibliothek, interessante.

— das deutsche Zuchthaus. Ein Beitrag z. Geschichte s. Entstehg., Einrichtg. u. d. darin gelt. Disciplinar-Strafen, nebst e. Anh.: „Hausordng. d. Zuchthauses zu Waldheim". gr. 8. (80 S. m. 1 Abb.) Dresden 898. H. R. Dohrn. n. 2. —

Krause, Cäsar, Das Deutsche Zuchthaus. Ein Beitrag zur Geschichte seiner Entstehung, Einrichtung und der darin geltenden Disciplinar-Strafen. Nebst einem *Anhang:* „Hausordnung des Zuchthauses zu Waldheim". Mit 1 Abbildung (Der Willkomm). Dresden, H. R. Dohrn. 1899. 8°. (Mk. 2—.)

Krause, Ch. A., († d. 9. Juli 1809.) nähere Untersuchung u. Erörterung d. Schädlichkeit d. Streulinghackens, e. honorirte Preisschrift. gr. 8. Dresd. 801.

Krause, Charl. Luise, s. Lotte L. Krause.

Krause, Chr., Barbara Ubryk oder der Fluch der Karmeliterin. Berlin, o. J. (3 Mk. Ed. Fischhaber. Reutl., 1886, ohne Formatsangabe.)

Krause. Chr. Ludw., fünfzigjähr. erfahrungsmäss. Unterricht v. d. Gärtnerei. 8. Berlin u. Leipzig, 1773. (Rottmann). (Leipzig, Cnobloch.) (2. —) — 22½

— **Christian Friedrich,** De mundo optimo. Disquis. doctrinae. Präs. M. Christian Ziegra (Hamburg). Lpz. (Bernhard Christoph Breitkopf) 24. X. 1744. 116 S. (8.—) 19368
Gew. (v. Präs.): Friedrich Wagner (Hamburg), Erdmann Neumeister (Hamburg), M. Christian Ziegra (Vater).

[Krause, Christian Gottfried.] Von der Musikalischen Poesie. Berlin 1752.

Krause, Christian Siegmund

Krause, Chr. Siegm., († d. 25. Febr. 1829.) der Anspach-Bayreuthische Armenfreund. 1r Bd. Bayr. 804. Lübecks Erben.

Bemerkungen über Merseburg (von *Christian Siegmund Krause*). O. O. u. J. (1785). 8°. Rar!
Anon.-Lex. I. p. 179 (nach Meusel).

— Briefe über Ansbach u. d. Schicksal, s. Briefe

— über Büchernachdruck. gr. 8. Stuttg. 817.

Krause, Christian Siegmund, s. Großen, An die.

Krause, Chr. S. Vide: Harl, Er und über Ihn.

– s, Lichtenberg, G. E.: Auserles. Schriften.

– s. Macht, Die kirchl.

– s. Mittel u. Meinungen v. d. Höllenstrafen.

– s. Religionseid, Über den.

Krause, Ch. Sgm.: Samml. sämmtl. Verordn. f. d. (ehem.) königl. preuss. Provinzen in Franken, seit ihrer Vereinig. m. d. Preuss. Staate. *Baireuth* 802. gr. 8. (2 Thl. 16 Gr.)

— Samml. sämmtl. Verordnungen f. die kön. preuß. Provinzen in Franken. 2 Bde. gr. 8. Bayr. Lübeck. 802–5. (1r 2 Rthlr. 16 gr. 2r 2 Rthlr. 8 gr. .

Krause, Christian Wilhelm

Krause, Chr. Wlh., Versuch e. Agende für Prediger von allen Kirchenpartheien. gr. 8. Berl. 788. Maurers B. 12 ℊ

Krause, Christian Wilh., Wodurch können Landesherren sich einen grossen Namen machen? Zum Andenken an Friedrich den Einzigen in einer Predigt über 1. Chron. 18. 8. beantwortet. Berlin 1786. 8.

Krause, Chrys., die Helden der Zündnadel oder der stumme Spion. Histor. Erzählung aus dem letzten preußisch-österreich. Kriege. 1. u. 2. Liefg. Berlin 867. L. J. Heymann. gr. 8. (96 S.) Jede Liefg. 3 ngr.

Krause, Chrys., der deutsche Siegeszug durch Frankreich 1870 und 1871 oder die schöne Krankenpflegerin. Historische Erzählung. 1. Abthl. in 32 Heften und 2. Abthl. in 25 Heften mit je 1 Chromolithogr. gr. 8. Berlin 871,72, L. J. Heymann. à Heft 30 Pf. 17 10

—— dass. — A. u. d. T.: Deutschlands Volkskrieg gegen Frankreich oder die bleiche Frau von Mainz. (Ohne die Chromolithogr.) gr. 8. Ebendas. 871,72. à Heft 30 Pf. 17 10

Krause, Chrys., die Töchter der Wildniß oder der Siebentödter. Histor. Erzählung. gr. 8. (1005 S.) Berlin 867, L. J. Heymann.

—— gesammelte Volkserzählungen. 54 Bdchn. (à 9 Bog.) 8. Ebendas. 874,75. à Bdchn. — 60

Krause, Chrys.
Deutschland's Volkskrieg gegen Frankreich oder Die bleiche Frau von Mainz. Historische Erzählung des deutsch-französischen Feldzuges im Jahre 1870.
Bd. 1 - 4.
Berlin: Heymann [1871]. 8°

— **David** (Zwickau), Cautelam hanc practicam: si fecisti, affirma! Diss. jur. Präs. Johann Philipp Treiber. Erfurt (Georg Rudolph Engelhardt) 26. V. 1717. 28 S. (6.—) 19369

Krause E.: Über Valyl-Leucinanhydrid. S. 117. IIb. 749 . . . . vgr.
Separatabdruck

Krause, E. F., Catalogus Argonautarum Apollon. Rhod. comment. perpet. illustr. 8. Halle 798 (Reinicke). 8 gr.

Krause, E. F., England. Charakteristisches über Land und Leute. Reiseerinnerungen aus den J. 1884 und 1887. 2. Aufl. 8. (IX, 348 S.) Dresden 888, Pierson's Verlag. * 5 —
geb. * 6 —

Krause, Ed., Danziger Buchhändler als Kalenderverleger im 16. Jahrh., — zur Geschichte der Censur in Preußen im Anfange des 18. Jahrh., } s. Publikationen des Börsen-Vereins der deutschen Buchhändler.

Vorgeschichtliche Fischereigeräte und neuere Vergleichsstücke. Eine vergl. Studie als Beitrag z. Geschichte d. Fischereiwesens von Eduard Krause, Konservator, Berlin. Mit 648 Abb. auf 16 Taf. u. im Text. *Berlin: Gebr. Bornträger 1904.* (XII, 168 S.) 8°
Aus: Zeitschr. f. Fischerei. Bd 11.

Krause, Eduard. An die sämmtlichen Gehülfen der Buchdruckerschaft zu Berlin. 1 Bl. 4.
Flugblatt. Berlin, 30. Juli 1848.

Krause, Eduard [aus Ziethen b. Anklam i. Pomm.]: Der Weißenburger Handel (1480 1505). . . . Greifswald, Druck v. Julius Abel, 1889: 2 Bl. + 74 S. 8°
Greifswald, Phil. Fak., Inaug.-Diss. v. 6. März 1889

Krause, Eduard: Dr. Otto Tischler †. Ein Blatt der Erinnerung, dem allzufrüh verstorbenen Freunde gewidmet. ([S.-A.] Ausland. 1891. No. 31.) Stuttgart 1891. 7 S. 4°.

Elias Krause's Pandectae et Digesta Arithmetices, oder ordentlicher Begriff der gesammten Rechenkunst. Frft. 8. 1ter Theil. 6 Alph. 5 B. 1722.

Krause, Elias, pandectae et digesta arithmeticae, od. Begr. d. gesammt. Rechenkunst. 2 Thle. 8. Hamb. König. 734.

Krause, Ella v., aus Welt u. Seele. Gedichte. (171 S.) 8. Leipzig-Gohlis 909. B. Volger. 3.—; geb. 4. —

KRAUSE, Emanuel (Knispel/Schlesien): Beitrag zur Pathologie und Therapie der Spontanfracturen durch Necrose nach Osteomyelitis.- München: Grassl 1881. 31 S.
10.12.1881 - Urk (Titel: De pathologia et therapia fracturarum sponteneorum osteomyelitide et necrosi ortarum.); Chr 1881/82,7
Diss.Ingolst.-Landsh.-Mchn.

Krause, Emil. Abriss der Entwickelungsgeschichte der Oper. Hamburg 1890.

Krause, Emil, Abriss der Entwickelungsgeschichte der Oper m. litterarischen Hinweisen. 8. (VIII, 130 S.) Hamburg 891. Verlagsanstalt u. Druckerei, A.-G. n. 2.—

Anleitung zum Studium der Musikgeschichte beim Unterricht von Prof. Emil Krause. 2. verm. Aufl. Hamburg: Selbstverl.; Boysen in Komm. 1910. 31 S. 8° [10. 11167

Krause, Emil, 50 Aufgaben zum Studium der accordlichen Analyse. Nebst einem Anhang als 2. Heft zu den 150 Aufgaben. Lex.-8. (28 S.) Hamburg 876, Boysen. *

—— 150 Aufgaben zum Studium der Harmonielehre. 2. verm. Aufl. 2. Abdr. Lex.-8. (22 S.) Ebendas. 876. *

—— 240 Aufgaben zum Studium der Harmonielehre. Op. 43. 3. verm. Aufl. gr. 8. (57 S.) Ebendas. 882. *

Krause, Emil, Aufgaben zum Studium der Harmonielehre. Op. 43. 4. verm. Aufl. hoch 4. (69 S.) Hamburg 888, Boysen. geb. 2 25

Krause, Emil, 414 Aufgaben zum Studium der Harmonielehre u. akkordlichen Analyse. Op. 43. 6. verb. Aufl. (104 S.) Lex.-8. Hamburg (905). C. Boysen. n. 3.—

KRAUSE, EMIL.
Beiträge zur Geschichte der Gährungstheorie. Lübben, 1873, 4to. Schulprogramm.

Krause, (K.) E. Beiträge zur Würdigung Fénelons als praktischer Theolog. Freiberg i/S., Rg., 1883. 25 S. 4.
Progr.

Krause, Emil [Prof., Dir.]: *Bericht über seine Einführung als Direktor der Anstalt.* Oldenburg i. Gr., Druck v. A. Littmann, 1897; S. 1. 4.
Oldenburg, st. OR u. VS, P 1897 (699)

— Johannes Brahms in seinen Werken. Eine Studie. Mit Verzeichnissen sämtl. Instrumental- u. Vokal-Kompositionen d. Meisters. gr. 8. (III, 107 S.) Hamburg 892. L. Gräfe & Sillem. n. 1. 80

Kurzgefaßte Darstellung der Passion, des Oratoriums und modernen Konzertwerkes für Chor, Soli und Orchester. Von Prof. Emil Krause. *Langensalza: H. Beyer & Söhne 1902.* (78 S.) 8°
— Magazin, Musikalisches. H. 5. [03. 20618

Krause, Emil, der musikalische Dilettantismus. Vortrag. Hamburg 869. Boysen. 8. (16 S.) n. 3 *ngr.*

Die Entwickelung der Kammermusik. Von Emil Krause, ([Prof.], Hamburg). *Hamburg: C. Boysen 1904.* (53 S.) 8° [04. 19556

— die Entwickelung des einstimmigen Liedes am Clavier u. dessen Abarten. Mit literar. Hinweisen in kurz gefaßter Darstellg. gr. 8. (V, 43 S.) Hamburg 891. C. Boysen. n. 1. —

Krause, *Franz Otto* Emil: *Ergänzungen zur Prüfungsordnung für die Abschlußprüfung an der Oberrealschule.* 4 (S. 18—19 der Schuln.). Städt. Oberrsch. u. Vsch. *Oldenburg* 1898 (710).
Progr.

Krause, Emil [stellvertret. Dirigent]: Zur Erinnerung an Karl Strackerjan. Oldenburg, Druck v. G. Stalling, 1890; S. 25—30; 4°
Oldenburg, st. OR u. VS, P 1890

Krause, Emil [Prof., Dir.]: *Professor Christian Harms, gest. im Nov. 1896.* Oldenburg i. Gr., Druck v. A. Littmann, 1897; 3—6 S. 4.
Oldenburg, st. OR u. VS, P 1897 (699)

Krause, Emil, das Conservatorium d. Musik in Hamburg. E. Studie, verf. zur Feier d. 25jähr. Jubiläums d. am 1. X. 1873 ins Leben getr. Institutes. gr. 8. (63 S. m. 1 Bildn.) Hamburg 898. C. Boysen. n. 1. 50

Krause, (Emil): Der Materialismus und seine verderblichen Folgen für die geistige und sittliche Entwickelung des Menschen aus der Gegenwart heraus beurteilt. *Freiberg 1898: Gerlach.* (23 S.) 4° [F.]
Freiberg, st. RG, OP 1898 (579)

Krause, [Karl Emil]: [Nachruf auf den aus dem Amte scheidenden Oberstudienrat Prof. Pachaly.] S. 21—24. 4.
Progr. Städt. Realgymn. *Freiberg* 1908 (728).

Krause, E(rnestus Aemilius): De gerundii et gerundivi apud antiquissimos Romanorum scriptores usu. Halis Saxonum (1875): Ploetz. 50 S. 8°
Halle-Wittenberg, Phil. Diss. v. 19. Juli 1875
Geb. Biere (Kr. Kalbe) 14. 7. 1851. V.
Unter der Widmung: Aemilius Krause.

Krause, Emil, Vokalmusik — Kunstgesang. Historisches u. Pädagogisches. Vollst. umgearb. u. erweit. Aufl. des „Einstimmigen Liedes am Klavier“. gr. 8. (VII, 95 S.) Hamburg 902. C. Boysen. n. 1. 50

Felix Weingartner als schaffender Künstler. ⟨Mit Portr.⟩ Eine Studie von Emil **Krause**. Berlin: Gose & Tetzlaff 1904. (70 S.) 8° [F.]
— **Essays**, Moderne. H. 47. 48. [cd. 4609

— **Ephraim** (Danzig), De proverbiorum fontibus. Präs. Johann Heinrich Bartels. Wittbg. (Wwe. Gerdes) 1725. 16 S. (5.50) 19370

Krause, Erich, cand. med., aus Frankenberg i. S.: **Beitrag** zur cystischen Degeneration der Niere bei Erwachsenen. *(Grossschönau 1899: H. Engelhardt.)* (28 S.) 8°
Würzburg, Med. Diss. v. 1899

Krause, Erich, die Pachtbedingungen der königl. preuß. Domänen in Verbindg. m. gesetzlichen u. Verwaltungsvorschriften. Zum prakt. Gebrauche f. Verwaltungsbeamte u. Domänenpächter. (VIII, 158 S.) gr. 8. Berlin 908. P. Parey. Geb. in Leinw. 5. —

Krause, Ernst (Carus Sterne), s. a.: **Sterne,** Carus.

Krause, Ernst, statistischer Beitrag zur Erblichkeitsfrage bei Geisteskrankheiten. Inaugural-Dissertation. gr. 8. (37 S.) Jena 885, (Neuenhahn.) — 90

Krause, E., Charles Darwin und sein Verhältnis zu Deutschland, s. Darwin, Ch., gesammelte kleinere Schriften.

—— Charles Darwin u. sein Verhältnis zu Deutschland, s. Schriften, Darwinistische. II. Folge. 6. Bd.

—— Erasmus Darwin und seine Stellung zur Descendenz-Theorie, s. Schriften, Darwinistische, 1. Folge.

Krause, Ernst, Erasmus Darwin u. seine Stellung in der Geschichte der Descendenz-Theorie. Mit seinem Lebens- u. Charakterbilde von Charles Darwin. Nebst Lichtdr.-Portr. u. Holzschn. gr. 8. (VI, 236 S.) Leipzig 880. E. Günther. n. 3. —

Krause, Ernst, Didaktisches f. junge Musiker u. Musikfreunde. Vermischte Aufsätze. Lex.-8. (VII, 159 S.) Hamburg 893. C. Boysen. n. 3. —

Krause, Ernst: Diogenes von Apollonia. T. 1. Posen (1908): Merzbach. 16 S. 4°
Gnesen, k. G OP 1908 (212) [S 08. 251

Krause, Ernst: Diogenes von Apollonia. T. 2. Mit 1 Zeichnung d. Verf. Posen (1909): Merzbach. 16 S. 4° ¶[Forts. d. P-Beil. 1908.]
Gnesen, k. G OP 1909 (224) [S 09. 264

Krause, Ernst [aus Potsdam]: Einiges über Verstopfung Berlin, Buchdr. v. G. Schade, *1892;* 30 S., 1 Bl. 8.
Berlin, Med. Fak., Inaug.-Diss. v. 21. Mai 1892

— die nordische Herkunft der Trojasage, bezeugt durch den Krug v. Tragliatella, e. dritthalbtausendjährige Urkunde. Nachtrag zu den Trojaburgen Nordeuropas. gr. 8. (48 S. m. 12 Abbildgn.) Ebd. 893. n. 1. —

Krause, Ernst, prakt. Arzt aus Seginten in Ostpr.: Ueber **Hornhauterosionen** und ihre Folgen. *Rostock 1903: C. Hinstorff.* (59 S.) 8°
Rostock, Med. Diss. v. [17. Sept.] 1903

Krause, Ernst, die visionären Kräfte u. die Phantasie des Menschen, s.: Ostrīs-Bücher. 5. Bd.

Krause, Ernst, die botanische Systematik in ihrem Verhältniss zur Morphologie. Kritische Vergleichung der wichtigsten älteren Pflanzensysteme, nebst Vorschlägen zu einem natürl. Pflanzensysteme nach morpholog. Grundsätzen, den Fachgelehrten zur Beurtheilung vorgelegt. Weimar 866. B. F. Voigt. gr. 8. (X, 234 S.) 1 ₰

Krause, Ernst, italienisch-deutsches Taschenwörterbuch f. Post- u. kaufmänn. Verkehr. 12. (VIII, 111 S.) Leipzig 899. Luckhardt's Buchh. f. Verkehrswesen. Geb. in Leinw. n. 1.50

Krause, Ernst [aus Trotha bei Halle a/S.]: **Ueber Thymolsulfonsäuren.** . . . Freiburg i. B., Univ.-Buchdr. v. Chr. Lehmann, 1889; 48 S. + 1 Bl. 8°
Freiburg i. B., Phil. Fak., Inaug.-Diss. v. 1889

— die Trojaburgen Nordeuropas, ihr Zusammenhang m. der indogerman. Trojasage v. der entführten u. gefangenen Sonnenfrau (Syrith, Brunhild, Ariadne, Helena), den Trojaspielen, Schwert- u. Labyrinthtänzen zur Feier ihrer Lenzbefreig. Nebst e. Vorwort üb. den deutschen Gelehrtendünkel. gr. 8. (XXXII, 300 S. m. 26 Abbildgn.) Glogau 893. C. Flemming. n. 8. —; geb. in Halbfrz. n. 10. —

Die Trojaburgen Nordeuropas, ihr Zusammenhang mit der indogerm. Trojasage ... Nebst einem Vorw. über den deutschen Gelehrtendünkel. Von Ernst **Krause** (Carus Sterne). Mit 26 Abb. i. Text. [Nebst] Nachtr. — Glogau: Flemming 1893. 8°
Nachtr. [u. d. T.:] Krause: Die nordische Herkunft der Trojasage bezeugt durch den Krug von Tragliatella.

Krause, Ernst [Ps Carus Sterne]. Tuisko-Land der arischen Stämme u. Götter Urheimat. Erläutergn. zum Sagenschatze der Veden, Edda, Ilias u. Odyssee. gr. 8. (XII, 624 S. m. 76 Abbildgn. u. 1 Karte.) Glogau 891. Flemming. · 10 —; geb. · 12 —

Krause, Ernst: Versuche zur Oxydation von hydratischem Mangandioxyd in alkalischer Suspension. Leipzig: Fock 1907. 47 S. 8°
Darmstadt, Dr.-Ing.-Diss. v. 25. 2. 1907

Werden und Vergehen. Eine Entwicklungsgesch. d. Naturganzen in gemeinverständl. Fassung von Carus Sterne [d. i.: Ernst **Krause**]. Mit vielen Abb. u. Taf. 4. verb. u. verm. Aufl. Bd 1. 2. (In 20 Lfgen.) *Berlin: Gebr. Borntraeger (1899)–1901.* 2 Bde 8°
1. Entwicklung d. Erde u. d. Kosmos, d. Pflanzen u. wirbellosen Thiere. (1899–) 1900.
2. Die Wirbelthiere. Der Mensch u. s. Entwicklung. 1901.

Werden und Vergehen. Eine Entwicklungsgesch. des Naturganzen in gemeinverständl. Fassung von Carus Sterne [d. i. Ernst **Krause**]. 6. neubearb. Aufl. hrsg. von Wilhelm Bölsche. Bd 1. Berlin: Gebr. Borntraeger 1905. 4° (8°) [F.]

Krause, Ernst Emil, s. Krause, Emil.

Krause, Ernst Erwin Viktor, s. Krause, Viktor.

Krause, Ernestus F(ridericus), Bidgostiensis: **De Apollodoris** comicis. (Cap. 1.) *Berolini 1903: E. Ebering.* (35 S.) 8°
¶[Erschien vollst. 1903 ebenda.]
Berlin, Phil. Diss. v. 23. März 1903

De Apollodoris comicis. Scripsit Ernestus F[ridericus] **Krause,** Dr. phil. *Berolini 1903: E. Ebering.* (57 S.) 8°
[Ein Teil erschien als Inaug.-Diss. Berlin 1903.] [04. 1068 II

Krause, Ernst H. C., Reiseerinnerungen, s. Abhandlungen, hrsg. vom naturwissenschaftl. Vereine zu Bremen.

Krause, Ernst Hans Ludwig
Ernst **H. L. Krause:** Historisch-geographische Bedeutung der Begleitpflanzen der Kiefer in Norddeutschland. Sonderabdruck aus den Berichten d. Deutschen Botan. Gesellschaft. Jg. 1893. Bd. 11. Heft 5. Berlin. 1893. 8°.

Krause, Ernst Hans Ludwig: Ein archäologischer B e i t r a g zur norddeutschen Flora.
Separatabdruck aus: Botan. Centralblatt, Jg. 17. Bd. 65. Nr. 6/7. Cassel. 1896. 8°

Krause, Ernst Hans Ludwig: B e i t r a g zur Geschichte der Wiesenflora in Norddeutschland.
Separat-Abdruck aus Engler's botan. Jahrbüchern. Bd. 15. Heft 3. Leipzig. 1892. 8°

Beiträge zur Kenntnis der Verbreitung der Kiefer in Norddeutschland v. Ernst **H. L. Krause.** Separat-Abdruck aus Engler's botan. Jahrbüchern, Bd. 11, Heft 2. Leipzig. 1889. 8°.

Beiträge zum natürlichen System der Gräser v. Ernst **H. L. Krause.** [Bonn. (1902.)] 8° Sonderabdruck aus: Verhandlungen des Naturhistorischen Vereins der preuss. Rheinlande . . . Jg. 59.

Pflanzengeographische Bemerkungen über Ilex Aquifolium v. Ernst **H. L. Krause.** Separat-Abdruck aus: Botan. Centralblatt. Jg. 15. Bd. 60. Nr. 10. Cassel. 1894. 8°.

Krause, Ernst Hans Ludwig: B e s c h r e i b u n g der im mittleren Norddeutschland vorkommenden Waldveilchen.
Separatabdruck aus den Berichten der Deutschen Botanischen Gesellschaft. Jg. 1887. Bd. 5, Heft 1. Berlin. 1887. 8°

Ernst **H. L. Krause:** Die Eintheilung der Pflanzen nach ihrer Dauer. Separatabdruck aus den Berichten d. Deutschen Botan. Gesellschaft. Jg. 1891. Bd. 9. Heft 7. Berlin. 1891. 8°.

Die Entstehung von Eichengestrüpp aus Kiefernwald v. Ernst **H. L. Krause.** Sonderabdruck aus dem „Globus". Bd. 74. Nr. 7. [Braunschweig. 1898.] 8°.

Krause, Ernst Hans Ludwig: Die E x i s t e n z b e - d i n g u n g e n der nordwestdeutschen Heidefelder.
Sonder-Abdruck aus Bd. 70. Nr. 4 u. 5 des Globus. Braunschweig. 1896. 4°

Krause, Ernst H. L., Flora v. Deutschland, s.: Sturm, J.

Krause, Ernst H. L., mecklenburgische Flora. 12. (VIII, 60 u. 248 S.) Rostock 893. W. Werther. Geb. in Leinw. n. 3. 80

Krause, Ernst H. L., Flora von Rostock und Umgegend, s. Fisch, Carl.

Krause, Ernst Hans Ludwig: F l o r e n k a r t e von Norddeutschland für das 12. bis 15. Jahrhundert.
Abdruck aus Petermanns Mitteilungen. 1892. Heft 10. Gotha. 4°

Krause, Ernst Hans Ludwig: Die salzigen G e f i l d e . Ein Versuch, die zoologischen Ergebnisse der europäischen Quartärforschung mit den botanischen Einklang zu bringen.
Separat-Abdruck aus Engler's botan. Jahrbüchern. Bd. 17. Heft 1/2. Leipzig. 1893. 8°

Krause, Ernst Hans Ludwig: Die H e i d e . Beitrag zur Geschichte des Pflanzenwuchses in Nordwesteuropa.
Separat-Abdruck aus Engler's botan. Jahrbüchern, Bd. 14, Heft 5. Leipzig. 1892. 8°

Ernst **H. L. Krause:** Ueber das angebliche Indigenat von Pinus Mughus in den Vogesen. Sonderabdruck aus den Berichten d. Deutschen Botan. Gesellschaft, Jg. 1894, Bd. 12; Heft 8. Berlin. 1894. 8°.

Krause, Ernst Hans Ludwig: C u l t u r v e r s u c h mit Viola holsatica.
Sonderabdruck aus den Berichten der Deutschen Botanischen Gesellschaft. Jg. 1891. Bd. 9, Heft 5. Berlin. 1891. 8°

Lapathon und Patience. Untersuchungen über die Geschichte von Rumex Patientia v. Ernst **H. L. Krause.** Sonderabdruck aus: „Beihefte zum Botan. Centralblatt" Bd. 24 ⟨1908⟩ Abt. 2. Dresden. (1908.) 8°

Floristische Notizen v. Ernst **H. L. Krause.** (1.)—12. Separat-Abdrücke aus: „Botanisches Centralblatt". Bd. 72—82. Cassel. 1897 bis 1900. und Beiheft Bd. 9. H. 7. ebd. 1900. 8°.

Krause, Ernst Hans Ludwig: Die natürliche P f l a n z e n - d e c k e Norddeutschlands.
Sonder-Abdruck aus dem „Globus". Bd. 61, Nr. 6 u. 7. Braunschweig [1892.] 4°

Krause, Ernst Hans Ludwig: Zwei für die deutsche Flora neue P h a n e r o g a m e n .
Separatabdruck aus den Berichten der Deutschen Botanischen Gesellschaft. Jg. 1888. Bd. 6. Heft. 2. Berlin. 1888. 8°

Krause, Ernst Hans Ludwig: P r i m u l a fragrans KEHK, und P. fragrans X acaulis bei Kiel.
Separatabdruck aus den Berichten der Deutschen Botanischen Gesellschaft. Jg. 1884. Bd. 2, Heft 4. Berlin. 1884. 8°

Krause, Ernst H(ans) L(udw.) (geb. Stade 27. 7. 1859): Die Regio olfactoria des Schafes. Rostock 1881. (33 S.) 8°
Berlin, Med. Diss. v. 5. März 1881

Krause, Ernst Hans Ludwig: Ueber die R u b i corylifolii.
Separatabdruck aus den Berichten der Deutschen Botanischen Gesellschaft. Jg. 1888. Bd. 6, Heft 3. Berlin. 1888. 8°

Spuren einer ehemaligen grösseren Verbreitung der Edeltanne auf den deutschen Gebirgen v. Ernst **H. L. Krause.** Separat-Abdruck aus: Botan. Centralblatt. Jg. 16. Bd. 63. Nr. 2/3. Cassel. 1895. 8°.

Krause, Ernst Hans Ludwig: Die S t e p p e n f r a g e . Mit 1 Karte.
Sonderabdruck aus: Globus, Bd. 65, Nr. 1. Braunschweig. [1894.] 4°

— Nova synopsis Ruborum Germaniae et Virginiae. Pars 1. — Monographische Beiträge z. Kenntniss der Gattg. Rubus, insbesondere der Brombeeren Deutschlands u. Virginiens. 1. Tl. m. 12 Taf. gr. 4. (105 S.) Saarlouis 899. Selbstverlag. n. 13. 60

Geographische Übersicht der Flora von Schleswig-Holstein. Von Ernst **H. L. Krause.** Mit Karte. Abdruck aus Petermanns Mitteilungen. 1889. Heft 5. Gotha. 1889. 4°.

Krause, Ernst H. L., pflanzengeographische Uebersicht der Flora v. Mecklenburg. gr. 8. (V, 146 S.) Güstrow 884. (Opitz & Co.) n. 3. —

Krause, Ernst Hans Ludwig: V e g e t a t i o n s s k i z z e Mittelrusslands.
Sonder-Abdruck aus Globus, Bd. 72, Nr. 13. Braunschweig. 1897. 4°

Krause, Ernst Hans Ludwig: V e g e t a t i o n s s k i z z e des russischen Gouvernements Poltawa.
Separat-Abdruck aus Globus, Bd. 72, Nr. 20. Braunschweig. 1897. 4°

Die Waldgrenzen in Südrussland v. Ernst **H. L. Krause.** Sonder-Abdruck aus: Globus, Bd. 66, Nr. 20. Braunschweig. [1894.] 4°.

Die Westgrenze der Kiefer auf dem linken Elbufer v. Ernst **H. L. Krause.** Separat-Abdruck aus Engler's botan. Jahrbüchern. Bd. 13. Heft 3/4. Beiblatt Nr. 29. Leipzig. 1891. 8°.

Horaz und die griechischen Lyriker. Bearb. von Dr. E[wald] **Krause.** Prof. zu Potsdam. Hannover: Norddeutsche Verlagsanst. 1907. (32 S.) 8° [Umschlagt. F.]
— Sammlung von deutschen Übungsstücken z. Übersetzen ins Latein. H. 6. [07, 17889 7

— Präparation zu Cicero, de officiis, bezw. Tuskulanen, s.: Krafft u. Ranke's Präparationen f. die Schullektüre.

Krause, Ewaldus (geb. Potsdam 11. 11. 1861): Quibus temporibus quoque ordine Vergilius eclogas scripserit. Berolini 1884. (65 S.) 8°
Berlin, Phil. Diss. v. 31. Juli 1884

Krause, E., Uebungen zum Uebersetzen im Anschluß an Tacitus' Germania, s.: Sammlung von deutschen Uebungsstücken zum Uebersetzen ins Lateinische. 5. Hft.

— lateinisches Uebungsbuch f. Oberklassen. 2 Tle. gr. 8. Wolfenbüttel, J. Zwißler. n. 2.50; in 1 Leinw.-Bd. n. 2.50
1. Aufgaben zur Wiederholung d. Syntax. (V, 188 S.) 905. 1.50
2. Freie Aufgaben. (III, 105 S.) 905. 1.—

Übungsstücke zum Übersetzen aus dem Deutschen ins Lateinische im Anschluss an Ciceros Briefe und Tacitus f. d. oberen Klassen d. Gymnasien bearb. von Dr. E[wald] **Krause**, Oberl. zu Potsdam. *Glogau: C. Flemming 1901.* (83 S.) 8° [03. 1394

Übungsstücke zum Übersetzen aus dem Deutschen ins Lateinische im Anschluss an d. Klassenlektüre d. Unter-Sekunda von Dr. E[wald] **Krause**, Oberl. zu Potsdam. *Glogau: C. Flemming 1902.* (IV, 80 S.) 8° [03. 4738

Krause, F.

Krause: Bemerkungen zum lateinischen Stil. 22 S.– Hohenstein, Progr. 1857.

Krause, : Stilistische Bemerkungen aus Cicero's Briefen. 32 S. – Hohenstein, Progr. 1869.

Krause: De causis Romanorum publicis. 36 S.–Hohenstein, Progr. 1863

Krause, F. De literarum artiumque liberalium sive ingenuarum apud Romanos conditione. 23 S.
Hohenstein, Progr. 1849

Krause, [F.]: Geschichte der Provinzial-Gesetzgebung des Preußischen Staats. Auszug a. d. histor. Theile des an das Königl. Ministerium der Gesetzgebung erstatteten Berichts. Berlin 1821.
[S.-A. a.: Jahrbücher für die Preuß. Gesetzgebung. H. 35.]

Krause, F., King of Tars, s.: Studien, englische. 11. Bd.

Krause, F. Kleine Publikationen aus der Auchinleck-Hs., s. Studien, englische, 11. Bd. 1. Heft.

Krause, F. W., national-ökonomische u. legislative Bedenken gegen die Circularverfügung des hohen Ministerii der geistlichen Unterrichts- u. Medicinalangelegenheiten v. 13. Aug. 1842. gr. 8. Landsberg 845, Schäffer u. Comp. n. 1/3 ℛ

—— Sendschreiben eines concessionirten Apothekers an Se. Excellenz den Hrn. Geheimen Staats- u. Kabinets-Minister Eichhorn; nebst einer Beleuchtung der Kabinets-Ordre v. 8. März 1842 u. der Ministerial-Verfügung v. 13. Aug. 1842. 8. (4½ B.) Landsberg 844, Schäffer u. Comp. *

Krause, F. W., De linguae latinae apud primanos tractatione. Pr. 1875. 31 S. 4°. 1.—

Krause, Fed., Chirurgie des Gehirns u. Rückenmarks nach eigenen Erfahrungen. I. Bd. Mit 63 Fig. im Text, 24 farb. Taf. u. 1 Lichtdr.-Taf. (XII, 176 S.) Lex. 8. Wien 908. Urban & Schwarzenberg. 12.—; geb. in Halbfrz. n 15.—

Krause, Fedor, s.: Chirurgie des Kopfes u. der Speiseröhre.

—— Zur Erinnerung an Richard v. Volkmann [Richard Leander]. gr. 8. (64 S. m. Portr. in Lichtdr.) Berl. 890, Hirschwald. * 1 60

Krause, F., die schweren Fälle v. chronischer Panostitis d. Röhrenknochen u. ihre operative Behandlg. [Aus: „Festschrift f. Fr. v. Esmarch".] gr. 8. (12 S.) Kiel 893. Lipsius & Tischer. n. — 30

Krause, Fed., über den cystischen Leberechinokokkus und über die von R. v. Volkmann eingeführte Methode der Operation desselben, } s. Sammlung klinischer Vorträge.

— die Neuralgie d. Trigeminus, nebst d. Anatomie u. Physiologie d. Nerven. gr. 8. (XII, 260 S. m. 50 Abb. u. 2 Lichtdr.-Taf.) Leipzig 896. F. C. W. Vogel. n. 10.—

Krause, Fedor [Dr., Assistenzarzt a. d. chirurg. Klinik zu Halle]: Über maligne Neurome und das Vorkommen von Nervenfasern in denselben .... Leipzig, Druck v. Breitkopf & Härtel, 1887; 2 Bl. + 56 S. + 1 Bl. u. 1 Taf. 8°.
Halle, Med. Fak., Hab.-Schr. v. [9. März] 1887.
Dass. s. a.: Sammlung klinischer Vorträge.

— die Tuberkulose der Knochen u. Gelenke. Nach eigenen in der Volkmann'schen Klinik gesammelten Erfahrgn. u. Thierversuchen dargestellt. 8. (XVI, 220 S. m. 48 Textabbildgn., 5 Lichtdr.-Taf. u. 5 Bl. Erklärgn.) Leipzig 890. F. C. W. Vogel. n. 10.—

Krause, Fedor, die Tuberkulose der Knochen u. Gelenke. Nach eigenen in der Volkmann'schen Klinik gesammelten Erfahrgn. u. Thierversuchen dargestellt. gr. 8. (XVI, 220 S. m. 5 Lichtdrucktaf., 43 Abbildgn. im Text u. 5 Bl. Erklärgn.) Leipzig 891. F. C. W. Vogel. n. 10.—

Krause, Fedor: Die Tuberculose der Knochen und Gelenke. Mit 98 Abb. im Text. u. 2 Taf. im Farbendr. Stuttgart 1899. LVI, 288 S.
(Deutsche Chirurgie. Lfg 28a.)

— die Tuberculose d. Knochen u. Gelenke, s. a. Chirurgie, deutsche.

Krause, Fedor (Victor) (geb. Friedland bei Waldenburg in Schles. 10. 3. 1857): Pneumatometrische Untersuchungen nach einer neuen Methode. Berlin (1870). (30 S.) 8°
Berlin, Med. Diss. v. 19. Juli 1879

Uber die Verwendung grosser ungestielter Hautlappen zu plastischen Zwecken v. F[edor] **Krause**, (Altona). *Leipzig: Breitkopf & Härtel 1896.* (30 S.) 8.
— Sammlung Klinischer Vorträge. N. F. No 143. [96. 885

Krause, Ferd., das Wissenswürdigste aus d. Geographie u. Geschichte d. Mark Brandenburg, e. Leitfaden f. Dorfschulen u. nied. Klassen höh. Bürgerschulen. Mit e. Vorr. v. G. F. G. Goltz. 8. (6¼ B.) Fürstenwalde 833. (Berlin, Enslin.)

Krause, Fr.

Krause, F., Anleitung zur Kalk-Sand-Bau-Kunst od. zur Errichtung von Bauwerken aus gestampftem Mörtel mit verhältnißmäßig weit geringeren Kosten gegen die bisher üblich gewesene Bauart, unter Beifügung einiger Entwürfe u. Kostenberechnungen von Schul- u. Wirthschafts-Gebäuden, um die durch diese neue Bauart zu erzielende Kostenersparniß speciell nachzuweisen. Für Landwirthe, Bauherrn u. Baumeister. Mit 8 lith. Taf. Zeichnungen (in gr. 4. u. Fol.) gr. 8. (IV u. 178 S.) Glogau 851, Flemming. 1½ ℳ

Krause, Fr.: Das Freihandzeichnen an Mittelschulen. 15 S. 8° – Leitmeritz, OR. Progr. 1871.

Krause, Fr.: Industrie, Kunst, Unterricht. S. 14-19, 4° –Leitmeritz OR., Progr. 1865.

Krause, Fr., über die Vortheile, welche durch die Anwendung des Kalksandbaues im Vergleich mit Bruchstein- u. Ziegelmauerwerk, mit Rücksicht auf Ersparniß an Zeit u. Kosten erzielt werden; desgleichen über die Festigkeit, Wetterbeständigkeit und Widerstandsfähigkeit der aus Kalksand aufgeführten Bauwerke und die Anwendbarkeit dieser Bauart für fortificatorische Zwecke, insbesondere bei Befestigungen der deutschen Seeküsten. Leipzig 861. Hinrichs. gr. 8. (20 S.) n. 4 ngr.

Krause, Fr. August Wilhelm

— d. Brief an die Epheser. gr. 8. Ebend. 789.

— — an die Galater. übers. mit Anmerk. gr. 8. Ebend. 788.

— — an die Philipper u. Thessalonicher. gr. 8. Ebend. 791.

Krause, F. A. G., Pauli ad Corinthios epist., gr. c. annot. perp. Vol. I. 8. maj. Francf. Guilhaumann. 791.

Krause, Fr. Aug. Wlh., († d. 24. März 1827.) *Pauli* ad Corinthios epist. — Dessen Brief an die Epheser. — Dess. Brief an die Galater. — Dessen Brief an d. Philipper u. Thessalonicher.

Krause, Franz [Dr.]: Byron's Marino Faliero. E. Beitr. z. vergleich. Litteraturgeschichte. (Th. 1.) Breslau, Druck v. Grass, Barth & C., *1897;* XXVIII S. 4.
Breslau, k. OR u. Baugewerk-S, OP 1897 (229)

Krause, Franz: Byron's Marino Faliero. Ein Beitrag zur vergleichenden Litteraturgeschichte. 4 (XXVIII S.). (Schluſs.) 4 (XXVII S.).
Kgl. Oberrsch. u. Baugewerksch. (u. Maschinbausch.) *Breslau* 1897 1898
I. Byron's Marino Faliero. II. Die späteren Marino Faliero-Dramen. (Delavigne). — Heinrich Kruse. Otto Ludwig. Murat Efendi (Pseudonym für Franz von Werner). Martin Greif. Wilh. Walloth. Swinburne.
Progr.

Krause, Frz., die Kunsterziehung an den Mittelschulen. gr. 8. (21 S.) Aussig (902). (A. Becker.) n. — 40

Krause, Franciscus, Dessaviensis: Quaestiones Aristophaneae scaenicae. *Rostochii 1903: Adler.* (47 S.) 8°
Rostock, Phil. Diss. v. [23. Febr.] 1903

— **Franz August** (Gr.-Glogau/Schles.), De glandularum mesaraicarum inflammatione. Diss. med.-chir. Bln. (Nietack) 1. IX. 1834. 40 S. mit Biogr. (M.: L. Machu.) (6.—) 19371
Oppon.: Plaetschke, Arnold, Diez. — Gew.: Frid. Erdm. Vogel.

Krause, Friedland, Berlin: Die englische Volksschul-Gesetzgebung. Berlin 1907: J. Sittenfeld. (99 S.) 8°
Tübingen, Staatsw. Fak., Ref. Triepel, Diss. v. 21. März 1907
(Nicht für den Austausch)
[Geb. 20. Apr. 83 Paris; Wohnort: Berlin; Staatsangeh.: Preußen; Vorbildung: Landessch. Pforta, Humboldt-Gymn. Berlin; Studium: Berlin 3, Bonn 1, Tübingen 3 S.; Rig. 12. März 06.]

Krause, Friedland, die englische Volksschul-Gesetzgebung, m. besond. Berücksicht. des Verhältnisses zwischen Staat u. Kirche dargestellt. (99 S.) gr. 8. Berlin 907. C. Heymann. 2. —

Krause, Friedrich

Krause, F., Ergebnisse der Behandlung deutscher Sprachstücke. Uebersichtsheft f. die Hand der Schüler. 3. Bearbeitg. 8. (48 S.) Cöthen (902). P. Schettler's Erben. n. — 30

Krause, F., Ergebnisse der Behandlg. deutscher Sprachstücke. Übersichtsheft f. die Hand der Schüler. 4. Aufl. (IV, 48 S.) kl. 8. Cöthen (909). P. Schettler's Erben. — 40

Krause, F., die Ermittelung d. Ergebnisse d. Unterrichtes in d. Erziehungsschule. 8. (76 S.) Dessau 897. Anhalt. Verlagsanstalt. n. — 80

Krause, F. (W. D.), die Kant-Herbart'sche Ethik. Kritische Studie. gr. 8. (IV, 159 S.) Gotha 889. Thienemann. n. 1. 80

Krause, Friedrich, aus Bitterfeld: Ein Fall von partieller cirkumskripter Sklerodermie ⟨Morphoea⟩. *Greifswald 1899: H. Adler.* (36 S.) 8°
Greifswald, Med. Diss. v. 16. März 1899

Krause, F., Geschichte d. Volksschulunterrichts in den technischen Fertigkeiten, s.: Kehr, C., Geschichte der Methodik d. Volksschulunterrichts.

Krause, F., die Gliederung der Lehrarbeit in der Erziehungsschule. 8. (81 S.) Dessau 894. R. Kahle. — 75

Krause, Frdr., neue Hafenanlagen in Stettin. Imp.-4. (13 S. m. 8 Abbildgn. u. 3 Taf.) Berlin 899. W. Ernst & Sohn. Kart. n. 4. —
Sonderabdruck aus: „Zeitschrift f. Bauwesen".

Krause, F., Hören u. Sprechen. Physiologisch-psycholog. Betrachtg. der beiden Sprachzweige, nebst Hinweisen auf deren method. Behandlg. 6 Vorträge. (VIII, 198 S.) 8. Cöthen 905. P. Schettler's Erben. n. 2. —; geb. n. 3. —

Das Leben der menschlichen Seele und ihre Erziehung (auf d. Umschl.: Seelenleben u. Seelenerziehung). Psychol.-pädagog. Briefe von F. [W. D.] **Krause**, Rektor zu Cöthen. T. 1. 2. *Dessau: R. Kahle (1898/99).* 2 Bde 8° [F.]
1. Das Vorstellungs- u. d. Denkleben. (1898.)
2. Das Gefühls- u. d. Willensleben. [1899.] 3338

— das Leben d. menschl. Seele u. ihre Erziehg. Psycho-logisch-pädagog. Briefe. I. Tl.: D. Vorstellungs- u. d. Denkleben. 8. (289 S.) Ebd. 898. n. 3. —

— das Leben der menschlichen Seele u. ihre Erziehung. Psychologisch-pädagog. Briefe. 2. Tl.: Das Gefühls- u. das Willensleben. 8. (392 S.) Dessau (900). [Anhalt. Verlagsanstalt.] Berlin, Gerdes & Hödel. n. 4. —
1. Tl. jetzt Ebd. 898. n. 3. —.

Krause, F. (W. D.), kurzgefasste Methodik des Volksschulunterrichtes in Dispositionen und Lehrproben. gr. 8. (IV, 48 S.) Ebendas. 883.

Krause, F. (W. D.), Methodik des Unterrichtes in den Lehrgegenständen der Volksschule. 1. Tl.: Methodik des Sprach-Unterrichtes. 2. Aufl. 3 Hefte. gr. 8. Köthen, Schettler's Verlag. à Heft *ℳ 1,20. *

Inhalt:
Heft 1. Sprechen und Lesen. (S. 1—144.) 880.
" 2. Betrachtung von Sprachstücken und Einlernen. (S. 145—288.) 881.
" 3. Schriftliche Übungen und Sprachlehre. (S. 289—455.) 881.

—— dass. — 2. Tl.: Methodik des Unterrichtes in den weiblichen Nadelarbeiten. Von F. W. D. Krause und Johanne Metzel. gr. 8. (VIII, 108 S.) Köthen 883, Schettler's Verlag. *

— Schulfeier am Geburtstage Sr. Hoh. des Herzogs Friedrich v. Anhalt. 8. (39 S.) Ebd. 894. n. — 60

Krause, F., u. J. Metzel, d. Schulunterricht in den Nadelarbeiten. 2. Aufl. gr. 8. (VIII, 192 S.) Cöthen 895. P. Schettler's Erben. n. 1. 50; geb. n.n. 1. 90

— der Schulunterricht in den Nadelarbeiten u. die Stufen des wissenschaftlichen Lehrverfahrens. 4 Vorträge. (106 S.) 8. Ebd. 904. n. 1. 20

—— Sprachheft für die Hand der Schüler. gr. 8. (IV, 48 S.) Ebendas. 881.

— Sprachlehre des Neudeutschen in der gegenwärtig gebräuchlichen Form. Für den Schulunterricht, sowie f. die Selbstbelehrg. zusammengestellt u. nach den Rücksichten der Seelenlehre geordnet. 3. Bearbeitg. Neue Rechtschreibg. gr. 8. (VIII, 71 S.) Cöthen 902. P. Schettler's Erben. n. — 60

Krause, F. (W. D.), der Sprach-Unterricht in der dreiklassigen Volksschule. gr. 8. (VIII, 273 S.) Köthen 875, Schettler's Verlag. *

Der Staat als Erzieher. 6 Vorträge von F[riedrich] Krause, [Rektor, Cöthen]. Cöthen: P. Schettler 1907. (107 S.) 8° 08. 9048

Krause, der Unterricht in den weiblichen Handarbeiten, s. Grüllich, A., Beitrag zur Methodik der Volksschule.

— u. J. Metzel, der Unterricht in den Nadelarbeiten in der Erziehungsschule. Method. Handbuch f. die Lehrerinnen dieses Faches. 3. Bearbeitg. Mit 1 Taf. in Autotyp. 8. (X, 402 S.) Ebd. 901. n. 3. —; Einbd. n.n.n. 1. —

— u. J. Metzel, der Unterricht in den Nadelarbeiten in der Erziehungsschule. Methodisches Handbuch f. die Lehrerinnen dieses Faches. 2 Tle. 4. Bearbeitg. (VIII, 243 u. VIII, 292 S. m. 2 Taf.) 8. Ebd. 906. n. 4. —; kart. n. 5. —; geb. n. 7. —

— u. J. Metzel, der Unterricht in den Nadelarbeiten in der Erziehungsschule. Methodisches Handbuch f. die Lehrerinnen dieses Faches. 2 Tle. 5. Bearbeitg. (VIII 306 u. VIII, 304 S. m. 2 Taf.) 8. Cöthen 909. P. Schettler's Erben. 7. —; geb. n 9. —

Krause, Friedrich August

Krause, Fr. Aug., d. Diplomatik u. Sphragistik in ihren Grundlinien, z. Gebrauch bei Vorlesungen. 8. Quedlinb. 824. Basse. 18 gGr.

— über Numismatik. 8. Berl. 825. Logier. 6 gGr.

Krause, Friedrich August, bacc. iur. in Glauchau i. S.: Die Ueberversicherung im Privatversicherungsrecht. Glauchau 1908: J. Pickenhahn. (IX, 55 S.) 8°
Leipzig, Jur. Fak., Diss. v. 17. März 1908
[Geb. 22. Dez. 79 Glauchau; Wohnort: Glauchau; Staatsangeh.: Sachsen; Vorbildung: Fürsten- u. Landessch. Grimma Reife O. 00; Studium: Kiel 1, Genf 1, Jena 1, Leipzig 7 S.; Rig. 10. Juli 07.]

Krause, Frdr. Aug., die Ueberversicherung im Privatversicherungsrecht. (IX, 55 S.) 8. Glauchau 908. (A. Peschke.) nn 2. —

Krause, Friedrich August Christian

— Frid. Aug. Christ. (Sangerhausen), De congestione sanguinis, plurimorum morborum fonte. Diss. med. Halle (Friedrich Grunert) 13. X. 1824. 29 S. (6.—) 19372
Oppon.: M. Poccar, G. Condy, A. Rudolph. — Gew.: Curt Sprengel.

Krause, Friedrich Traugott

Krause, Fr. Traug., frommes Andenken an Jh. Ronge in Weimar. Eine Nachmittagsbetrachtung gehalten am 26. Sonnt. nach Trinit. 3. verb. u. mit e. Vorw. verm. Aufl. gr. 8. Weimar 845, Hoffmann. 1/8 ₰

— s. Frauenadel in A. Rost's Ludwig der Eiserne.

Krause, Friedr. Traug., die ewige Jugendkraft der Reformation. Eine Zeitpredigt, gehalten am Reformationsfeste 1866 in der Haupt- u. Pfarrkirche zu Weimar. Leipzig 867. M. Schäfer. gr. 8. (12 S.) n. 4 ngr.

Krause, zur Klärung der S. Weimar. Synodalfrage. Eine Pfingstgabe, jedem evangel. Mitbürger jedes Standes dargeboten. Weimar 869. Kühn. gr. 8. (24 S.) n.n. 5 ngr.

Krause, Fr. Tr., Kräftigung in d. christl. Glauben in Predigten, in d. Hof- u. Stadtkirche zu Weimar größtentheils im J. 1824 gehalten. M. Vorr. v. J. Fr. Röhr. gr. 8. Weimar 825. Hoffmann. 18 gGr.

Krause, Friedr. Traug., christliche Lebensschule. Eine Mitgabe für Confirmanden u. zur Erbauung für jeden Stand u. jedes Alter. Weimar 857. Kühn. 16. (1 Bl., 117 S.) n. 7½ ngr.

Krause, Friedr. Traug., christliche Lebensschule. Eine Mitgabe für Confirmanden und zur Erbauung für jeden Stand und jedes Alter. 1. Aufl. 1857. und 2. Aufl. 16. (117 S.) Weimar (861)62, Kühn. *

—— Tabea. Ein bibl. Lebensbild am Sarge der Frau Großherzogin-Großfürstin Maria Paulowna. Homilie, gehalten am 1. Sonntage nach Trin. Nachmittags in der Haupt- und Pfarrkirche zu Weimar. gr. 8. (16 S.) Weimar 859, Kühn. * *

Krause, Friedrich Wilhelm

Krause, F. W., 200 einstimmige Choralmelodien nach Kühnau. qu. 8. Cöslin 825. Hendeß. 6 gGr.

Krause, Friedr. Wilh., 200 einstimm. Choral-Melodieen nach Kühnau; z. Gebr. in Volksschulen, um d. Kindern d. Notenschreiben entbehrl. zu machen. 2., vom Verleger im Violinschlüssel veranstalt. Aufl. qu. 8. (8 B.) Köslin 836, Hendeß.

Krause, Friedr. Wilh., 200 einstimmige Choral-Melodien nach Kühnau; z. Gebr. in Volksschulen, um den Kindern das Notenschreiben entbehrlich zu machen. 3., in Violinschlüssel veranstaltete Aufl. qu. 8. (8 B.) Cöslin 846, Hendeß.

Krause, Friedr. Wilh., 200 einstimmige Choral-Melodieen nach Kühnau; zum Gebrauch in Volksschulen, um den Kindern das Notenschreiben entbehrlich zu machen. 4., durchgeseh. Aufl. qu. 8. (128 S.) Köslin 857, Hendeß.

Krause, Fridericus Guilelmus: De salivatione. Halis (1861): Orphanotropheum. 30 S. 8°
Halle-Wittenberg, Med. Diss. v. 11. Juli 1861
Geb. Wettin (Saalkr.) 20.6.1835. V.

— **Friedr. Wilh. Ferdinand** (Prenzlau/Ukermark), De rubeolis. Diss. med. Bln. (Johann Friedrich Starck) 29. X. 1825. 31 S. mit Biogr. (6.—) 19373
Oppon.: F. H. Ippel, A. Leue, G. Wernher. — Gew.: G. Weiss.

Krause, Fritz: Ueber Brustfellentzündung und deren Complicationen. Berlin (1868). 32 S. 8°
Berlin, Med. Diss. v. 26. Mai 1868

Krause, Fritz, die Krautfäule der Kartoffeln, s.: Flugblatt der Abteilung f. Pflanzenkrankheiten des Kaiser-Wilhelm-Instituts f. Landwirtschaft in Bromberg. Nr. 3.

Krause, Fritz, a. Moritzburg: Die Pueblo-Indianer. Eine historisch-ethnographische Studie. Halle a. d. S. 1907: E. Karras. (S. 3—8, 108—218.) 4° ¶(Erschien vollst. in: Nova Acta, Abhandlungen d. Kais. Leop.-Carol. Deutschen Akademie d. Naturforscher Bd 87 Nr. 1. 1907.)
Leipzig, Phil. Fak., Ref. Weule-Partsch, Diss. v. 7. Febr. 1907
[Geb. 23. Apr. 81 Moritzburg i. S.; Wohnort: Leipzig; Staatsangeh.: Sachsen; Vorbildung: Nikolai-Gymn. Leipzig Reife O. 01; Studium: Leipzig 9 S.; Rig. 28. Juli 05.]

Die Pueblo-Indianer. Eine hist.-ethnogr. Studie. Von Fritz **Krause**. Mit 9 Taf. u. 1 Karte No 1–10, sowie 15 Textfig. Leipzig: W. Engelmann in Komm. 1907. (226 S.) 4°
= Acta, Nova. Abh. d. Kais. Leop.-Carol. Deutschen Akad. d. Naturforscher. T. 87, No 1. [07. 13996]

Krause, Fritz [aus Zeitz]: Über die antibakterielle Wirkung einiger bei der Cystitis innerlich angewandten Mittel ... Würzburg, P. Scheiner's Buchdr., 1892; 21 S. 8.
Würzburg, Med. Fak., Inaug.-Diss. v. 1892

Krause, Fritz, der Wucher u. seine Geldleute. Ein Zeitbild. 1.—10. Aufl. gr. 8. (27 S.) Berlin 894. G. A. Dewald. n. — 50
11. Aufl. u. ff. Verlag v. F. Bannenberg & Co. in Berlin.

Krause, G., Aufgaben f. die rechnende Geometrie, s.: Stubba, A.

Krause, G., urkundlicher Beitrag zur Geschichte der deutschen Sprachgesellschaften im 17. Jahrhunderte. A. u. d. T.: Der fruchtbringenden Gesellschaft ältester Ertzschrein. Briefe, Devisen und anderweitige Schriftstücke von den Fürsten Ludwig, Christian, August, Johann Casimir und Ernst Gottlieb zu Anhalt; Friedrich Wilhelm Churfürst zu Brandenburg; den Herzögen August, Christian Ludwig und Friedrich Ulrich zu Braunschweig; Wilhelm, Landgraf zu Hessen; Adolph Friedrich, Herzog zu Mecklenburg und A. hrsg. nach den Originalien der herzogl. Bibliothek zu Cöthen. gr. 8. (XIV und 504 S. mit 2 lithogr. und eingedr. Facsimiles.) Leipzig 855, Dyk'sche Buchh.

Krause, G., mein Bienenstand in den J. 19... Haupt- u. Kassenbuch f. bienenwirtschaftl. Buchführg. in prakt. Jahresübersichten. qu. gr. 4. (119 S.) Bunzlau 901. G. Kreuschmer. n.n. 3. —

—— und F. Wöllmann, Geschichtsbilder aus der allgemeinen, der deutschen und brandenburgisch-preußischen Geschichte für Volks- und Bürgerschulen. gr. 8. (116 S. mit zahlreichen Abbild. und mit Kärtchen.) Leipzig 886, Strübig. geb. * — 50

— u. F. Wöllmann, Geschichtsbilder aus der allgemeinen, der deutschen u. brandenburgisch-preußischen Geschichte f. Volks- u. Bürgerschulen. 3., verb. Aufl. gr. 8. (X, 120 S. m. Abbildgn. u. Karten.) Leipzig 892. H. Bredt. Kart. n. — 60

Krause, G. (I.), Katechismus-Erklärung, oder Entwürfe und Stoff zu Katechisationen über die fünf Hauptstücke des Luther. Katechismus; nach den Mittheilungen und Intentionen von D. V. Schärf. 1. Aufl. 1870, und 2. Aufl. gr. 8. (XII, 273 S.) Breslau 871, Mälzer. [Gera, Reisewitz' Verlag.] * 3 —

Krause, G., Katechismus-Erklärung oder Entwürfe und Stoff zu Katechisationen über die 5 Hauptstücke des kleinen Katechismus Luthers. Nach Mitteilungen und Intentionen des D. V. Schärf verf. 3. verm. Aufl., mit einem Anhang zur katechet. Behandlung von Kirchenliedern und Perikopen. 8. (VIII, 292 S.) [Königsberg 886.] Leipzig, Strübig. * 2 60

Krause, G. (II.). Katechismus-Erklärung od. Entwürfe u. Stoff zu Katechisationen üb. die 5 Hauptstücke d. kleinen Katechismus Luthers. Nach Mitteilgn. u. Intentionen D. V. Schärf's. 4. (Titel-)Aufl. m. e. Anh. zur katechet. Behandlg. v. Kirchenliedern u. Perikopen. gr. 8. (VIII, 292 S.) Lpz. 891, H. Bredt. * 2 —
Die 3. Aufl. erschien 1882 bei H. Th. Mroſe in Berlin, ging durch Verkauf 1886 an Strübig in Königsberg (später Leipzig), von diesem an C. Schmidt in Döbeln u. von Letzterem an H. Bredt in Leipzig über.

Krause, G.: Lehrbuch der Geometrie, s. Stubba, A.

Krause, G. (I.), Ludwig, Fürst zu Anhalt-Cöthen, und sein Land vor und während des dreißigjährigen Krieges. Mit (phototyp.) Portr. und Facs. des Fürsten, einer (lithogr.) Abbild. von Schloß und Gärten, nebst (lithogr.) Plan der damaligen Stadt Cöthen. 1. Thl.: 1579—1624. Nach den Quellen hrsg. gr. 8. (XIV, 329 S.) Neusalz a. O. 877, Krause. *

—— dass. — Nach den Quellen hrsg. 2. und 3. Thl. gr. 8. Ebendas. 879. à Thl. * M 6. *
Inhalt:
Thl. 2. 1625—1650. Kriegs- und Landes-Chronik. (XII, 334 S.)
" 3. 1617—1650. Stiftung und Wirksamkeit der fruchtbringenden Gesellschaft. (XII, 351 S. mit 1 Zeichnung und mit Facs.)

Krause, G., Meisterstück e. Tapezierers, s.: Berufsaufsatz, der, in der Fortbildungsschule. 11. Heft. (Naumann, Frz. Otto.)

— Perikopen-Erklärung, oder Erläuterung von 132 Episteln u. Evangelien für 66 Sonn- u. Festtage des christl. Kirchenjahres; nach den Mittheilungen u. Intentionen von Fr. W. Schärf für Lehrer u. alle Freunde des Bibelwortes verf. Wronke 869. (Posen, Rehfeld.) gr. 8. (VIII, 407 S.) n. 1 $\mathcal{P}$ 5 ngr.

— Perikopen-Erklärung, od. Erläuterg. v. 132 Episteln u. Evangelien f. 66 Sonn- u. Festtage d. christl. Kirchenjahres nach den Mittheilgn. u. Intentionen v. D. V. Schärf, f. evangel. Religionslehrer u. alle Freunde d. Bibelwortes verfaßt. 2., bericht. Aufl. gr. 8. (405 S.) Ebend. 871. n. 3. —

Krause, G. (II.), Perikopen-Erklärung, oder Erläuterung von 132 Episteln und Evangelien für 66 Sonn- und Festtage des christl. Kirchenjahres; nach den Mittheilungen und Intentionen von D. V. Schärf, weil. Waisenhaus- und Seminar-Director in Bunzlau, für evangel. Religionslehrer und alle Freunde des Bibelwortes verf. 3. bericht. Aufl. gr. 8. (385 S.) Berlin 878, Mrose. *

— Perikopen-Erklärung. 2 Tle. 8. Bremen, M. Heinsius Nachf. n. 3. 60
1. Erläuterung v. 66 Evangelien f. alle Sonn- u. Festtage d. christlichen Kirchenjahres; nach den Mitteilgn. u. Intentionen v. D. V. Schärf f. den Unterricht der evangel. Jugend u. die häusl. Andacht der evangel. Christen verf. 4., bericht. Aufl. m. vollständ. Bibeltexten u. e. Anh., die Einrichtg. d. Hausgottesdienstes der evangel. Kirche enth. (VII, 240 S.) 891. n. 2. —
2. Erläuterung v. 66 Episteln f. alle Sonn- u. Festtage des christlichen Kirchenjahres; nach den Mitteilgn. u. Intentionen v. D. V. Schärf f. den Unterricht der evangel. Jugend u. die häusl. Andacht der evangel. Christen verf. 4., bericht. Aufl. (III, 202 S.) 894. n. 1. 60

Krause, G. (II.), Wolfgang Ratichius oder Ratke im Lichte seiner und der Zeitgenossen Briefe und als Didacticus in Cöthen und Magdeburg. Originalbeitrag zur Geschichte der Pädagogik des 17. Jahrh. gr. 8. (XII, 182 S.) Leipzig 872, Dyk'sche Buchh. * 3 —

— mnemonisches Sprücheheft, oder Abdruck von 317 Bibeltexten mit mnemon. Hülfsmitteln zur Einprägung der dazu gehörigen Schriftstellen; mit einem Verfahren. sich jeden beliebigen Schriftspruch nach dem bibl. Buche, Capitel u. Verse genau zu merken; als Anhang zu jeder andern, aber besonders zu der von ihm verf. Katechismus-Erklärung. Wronke 870. (Posen, Heine.) gr. 8. (V, 83 S.) n.n. 7½ ngr.

—— mnemonisches Sprücheheft oder Abdruck von 317 Bibeltexten mit mnemon. Hilfsmitteln zur Einprägung der dazu gehörigen Schriftstellen; mit einem Verfahren, sich jeden belieb. Schriftspruch nach dem bibl. Buche, Capitel und Verse genau zu merken; als Anh. zu jeder anderen, aber besonders zu der von ihm verfaßten Katechismus-Erklärung. gr. 8. (V, 83 S.) Wronke 871. (Ebendas.) * 1 —

Krause, G., Urkunden, Aktenstücke und Briefe zur Geschichte der Anhaltischen Lande und ihrer Fürsten unter dem Drucke des dreißigjährigen Krieges. 1—3. Bd. u. 4. Bd. 1. Abthl. Nach den Archivalien auf der Herzogl. Bibliothek zu Cöthen. Leipzig 861—64. Dyk. gr. 8. n. 17 Thlr

1. Bd. 1623—1630. (XLIV, 734 S.) n. 4 Thlr 20 ngr. — 2. Bd. 1630—1634. (XLII, 752 S.) n. 4 Thlr 20 ngr. — 3. Bd. 1634—1637. (XXXVI, 876 S.) n. 5 Thlr — 4. Bd. 1. Abth. 1637—39. (IV, 454 S.) n. 2 Thlr 20 ngr.

Krause, G., Urkunden, Aktenstücke u. Briefe zur Geschichte der Anhaltischen Lande u. ihrer Fürsten unter dem Drucke des dreißigjährigen Krieges. 4. Bd. 2. Abthl. u. 5. Bd. Nach dem Orig. u. Abschriften des Herzogl. Archives zu Cöthen herSg. Leipzig, Dyk'sche Buchh. gr. 8. n. 8 Thlr 17½ ngr.

4. Bd. 2. Abthl. 1639—1642. (XXXVIII, 414 S.) 865. n. 2 Thlr 20 ngr.
5. „ 1. „ 1642—1645. (XX, 428 S.) 866. n. 2 Thlr 20 ngr.
5. „ 2. „ 1645—1650. (XVI, 514 S.) 866. n. 3 Thlr 7½ ngr.

Krause, G. C., kleine Fantasie- u. Luxus-Möbel. Eine Sammlg. von Möbelzeichngn. im modernen Geschmack, nebst zahlreichen Details. gr. 4. (48 Taf. m. 1 Bl. Text.) Berlin 891. Hessling & Spielmeyer. In Mappe. n. 15. —

Krause, G. C., kleine Fantasie- u. Luxus-Möbel. E. Sammlg. v. Möbelzeichngn. im mod. Geschmack, nebst zahlr. Details. 2. Aufl. gr. 4. (48 Taf. m. 2 Bl. Text.) Berlin 896. B. Hessling. In Mappe n. 15. —

— kleine Gebrauchs- u. Ziermöbel. Eck- u. Wandschränkchen, Blumentische, Ziersäulen etc. u. d. verschiedenartigsten Fantasiemöbel. 30 Taf. m. 112 Möbelzeichngn. hoch 4. (1 Bl. Text.) Ebd. 898. In Mappe n. 9. —

Krause, G. C., Möbel im modernen englischen Style. 1.—5. Lfg. qu. gr. 4. (à 8 Taf.) Berlin 887. 888. Claesen & Co. In Mappe. à n. 6. — (1. Serie cplt.: n. 30. —)

— moderne Möbel im englischen Style. 2. Aufl. 1. u. 2. Halbbd. Fol. (à 20 Taf.) Ebd. 894. In Mappe. à n. 15. —

— moderne Möbel im englischen Style. 3. Aufl. 10 Lfgn. Fol. (à 4 lith. Taf.) Berlin 897. 98. M. Spielmeyer. à n. 3. —

Krause, G. C., resp. K. Aug. Ferd. Rumpelt, Pathologia epilepsiae 40 pp. Lps. 4°. 1793

— die Praxis d. Bautischlers. Entwürfe zu modernen, einfachen, bill., gleichwohl gefäll. Bautischler-Arbeiten als Haus- u. Stubenthüren, Plafonds u. Wandvertäfelgn., Ladeneinrichtgn., Ladenvorbaue, Restaurationseinrichtgn. etc. m. den dazu gehör. Grundrissen, Schnitten u. Profilen. 1. Serie. 40 Taf. gr. 4. (1 Bl. Text.) Ebd. 889. In Mappe. n. 12. —

— die Praxis d. Bautischlers. Entwürfe zu modernen, einfachen, bill. gleichwohl gefäll. Bautischler-Arbeiten als Haus- u. Stubenthüren, Plafonds u. Wandvertäfelgn., Ladeneinrichtgn., Ladenvorbaue, Restaurationseinrichtgn. etc. Mit den dazu gehör. Grundrissen, Schnitten u. Profilen. 2., verm. Aufl. 12 Lfgn. gr. 4. (à 4 lith. Taf.) Ebd. 891. à n. 1. —

Krause, C. G., die Praxis des Bautischlers. Entwürfe zu modernen, einfachen, bill. gleichwohl gefäll. Bautischler-Arbeiten als Haus- u. Stubenthüren, Plafonds u. Wandvertäfelgn., Ladeneinrichtgn., Ladenvorbaue, Restaurations-Einrichtgn. etc. Mit den dazu gehör. Grundrissen, Schnitten u. Profilen. 4. Aufl. gr. 4. (48 Taf.) Berlin (901). M. Spielmeyer. In Halbleinw.-Mappe n. 12. —

— die Praxis d. Möbeltischlers. Entwürfe zu modernen, einfachen u. bill. Möbeln, allen Bedürfnissen e. bürgerl. Hausstandes entsprechend. 40 Taf. gr. 4. Ebd. 888. In Mappe. n. 12. —

—— Die Praxis d. Möbeltischlers. Entwürfe zu modernen, einfachen u. bill. Möbeln, allen Bedürfnissen e. bürgerl. Hausstandes entsprechend. 2. verm. Aufl. 12 Lfgn. gr. 4. (à Lfg. 4 lithogr. Taf.) Ebd. 891. à Lfg. * 1 —; * 12 —

Krause, G. C., Sammlung moderner, vollständiger Zimmereinrichtungen. 10 Lfgn. Fol. (75 Stnt. mit 50 lithogr. Bog. Details.) Dresden 881,82, Gilbers'sche Hofverlagsh. à Lfg. ℳ 10.

— Moderne Sitzmöbel. (60 T) 4° Dresden 1883

— moderne Sitzmoebel u. kleine Salonmoebel. Stühle, Sessel, Fauteuils, Sophas u. Bänke m. u. ohne überpolst. Sitze im Geschmacke d. Neuzeit f. Salon, Speisezimmer, Boudoir, Herrenzimmer, Vorhalle u. alle sonst. Räume d. Hauses. 48 Taf. m. ca. 140 Möbelzeichngn. gr. 4. Berlin 897. B. Hessling. In Mappe n. 15. —

Krause, Treppenbau u. Verkröpfungen. Praktisches Lehrbuch f. Tischler, Zimmermeister u. s. w. gr. 4. (22 S. m. 12 Taf. Zeichngn.) Berlin 890. Harrwitz Nachf. n. 4. 50

Krause, G. C. A., der Dünenbau auf den Ostsee-Küsten West-Preussens. Ein prakt. Lehrbuch auf Anordnung der königl. preuss. Regierung ausgearb. gr. 8. (VIII und 229 S. mit 1 lithogr. Küstenkarte in gr. Fol., 6 Stnt. in gr. 4., Fol. und qu. Fol. und erläut. Zeichnungen.) Berlin 850, Reimarus. *

— der Dünenbau auf den Ostsee-Küsten West-Preussens. Ein prakt. Lehrbuch auf Anordnung der Königl. Preuss. Regierung ausgearb. Nebst e. (lith.) Küstenkarte (in gr. Fol.) u. 6 (lith.) Blättern (in gr. 4., Fol. u. qu. Fol.) mit erläut. Zeichnungen. gr. 8. (VIII u. 229 S.) Berlin 850. (Ernst & Korn.) n. 2⅔ Thlr

Krause, G. C. L., Anleitung zu einem abgekürzten Verfahren für die Werthsermittelung des Grundbesitzes und prakt. Regeln für den Ankauf von Gütern und für diejenigen, welche ihre Kapitale mit Sicherheit im Grundbesitz zur Hypothek anlegen wollen; mit vorzügl. Rücksicht auf die desfallsigen Verhältnisse in der Provinz Preußen. gr. 8. (VIII und 120 S.) Königsberg 852. [Berlin, Ehle.] *

Krause, G. C. L., Anleitung zu einem abgekürzten Verfahren f. die Werthsermittelung des Grundbesitzes u. prakt. Regeln f. den Ankauf von Gütern u. f. diejenigen, welche ihre Kapitale mit Sicherheit im Grundbesitz zur Hypothek anlegen wollen; mit vorzügl. Rücksicht auf die desfallsigen Verhältnisse in der Provinz Preußen. gr. 8. (VIII u. 120 S.) Königsberg 852, Samter in Comm. n. 2/3 Thlr.

Krause, G. C. L.: „Ueber Gemeinheitstheilung und landwirthschaftliche Ablösungen; oder Entwickelung der Gesetze für die Gemeinheitstheilungen und Ablösung der passiven Berechtigungen des Landbaues, so wie der Principien und des Geschäftsganges zur Ausführung derselben und der Abschätzungen zu den verschiedenen Zwecken, nach den Forderungen erwachsender Bedürfnisse der Gesellschaft, der fortschreitenden Industrie und den Grundsätzen der rationellen Landwirthschaft", 3 Hefte, Gotha 1832—1836 (Flinzer). — 1. Heft a. u. d. T.: „Ueber Gesetzgebung der Gemeinheitstheilung"; 2. Heft a. u. d. T.: „Bodenkunde"; 3. Heft a. u. d. T.: „Landwirthschaftliche Taxationslehre" in 3 Abtellungen.

Krause, G. C. L., über Gemeinheitstheilung u. landwirthschaftl. Abschätzungen rc., nach d. Forderungen anwachs. Bedürfnisse d. Gesellschaft d. fortschreit. Industrie u. d. Grundsätzen d. ration. Landwirthschaft. 1. Hft. — A. u. d. T.: Ueber Gesetzgebung d. Gemeinheitstheilung rc. 8. (5¼ B.) Gotha 832, [Hennings u. Hopf.]

Krause, G. C. L., über Gemeinheitstheilung u. landwirthschaftl. Abschätzungen rc. 2. Hft. — A. u. d. T.: Bodenkunde u. Klassifikation d. Bodens nach seinen phys. u. chem. Eigenschaften, Bestandtheilen u. Kulturverhältnissen. 8. (16 B.) Gotha 832, [Hennings u. Hopf.] Thlr.

—— dass. 3. Hft. — A. u. d. T.: Landwirthschaftl. Taxationslehre rc. 1. u. 2. Abthl. 8. Ebds.
Abthl. 1. Ueber d. Landwirthschaftsarbeiten u. deren Werthbestimmung, nebst wissenschaftl. Darstell. d. bei d. Ablösung d. Frohnden zu befolg. Grundsätze. (16 B. u. 3 Tab. gr. 4.) 833. 1 Thlr. 12 Gr.
" 2. Ueber d. Reinertrag d. Viehzucht u. d. Hütungen, nebst wissenschaftl. Darstell. d. bei Ablösung v. Hütungsservituten zu befolgenden Grundsätze. (11½ B.) 835. 18 Gr.

Krause, G. C. L., über Gemeinheitstheilung u. landwirthschaftl. Abschätzungen. 3. Hft. 3. Abthl. — A. u. d. T.: Landwirthschaftl. Taxationslehre, od. Anleit. z. Abschätzung landwirthschaftl. Gegenstände, behufs d. Gemeinheitstheil., d. Ablösung passiver Berechtigungen d. Landbaues, d. Verkaufs, d. Verpachtung, d. Kredits u. d. Feststellung d. Grundsteuerkataster. 3. Abthl. — Ueber d. Reinertrag d. Wiesennutzung, d. Acker- u. Gartenbaues, nebst wissenschaftl. Darstellung der bei Ablösung d. Berechtigungen z. Nachbrechen nach d. Erndte, z. Kraut- u. Grasjäten in d. Früchten, u. z. Aehrenlesen, anzunehm. Grundsätze. 8. (16¾ B.) Gotha 836, Hennings u. Hopf.
1—3. Hft. 1. u. 2. Abthl. Ebendas. 1832—35. 3 Thlr. 22 Gr., zusamm. genomm. nur 4 Thlr. 6 Gr.

— Ueber Gesetzgebung und Gemeinheitstheilung, oder Erörterung der Principien, auf welche die Gesetzgebung für die Gemeinheitstheilung u. Ablösungen der passiven Berichtigungen beim Landbau nach den Forderungen der rationellen Wirthschaft begründet werden muss. 8^0. Gotha, Flinzer, 1832. (Hennings u. H.)

Krause, G. C. L., üb. d. Reinertrag d. Wiesennutzung, d. Acker- u. Gartenbaues etc. A. u. d. T.: üb. Gemeinheitstheil. u. landwirthschaftl. Abschätz. — Landwirthschaftl. Taxationslehre etc. 8. Gotha, 1836. Hennings. 1. 15

Krause, Georg

Krause's, G., Chemiker-Kalender auf das J. 1882. Hrsg. unter Mitwirkung der Mitarbeiter der „Chemiker-Zeitung" von G. Krause. 2 Thle. gr. 16. (331; 29 S. mit 1 chromolithogr. Eisenbahnkarte.) Köthen, Verlag der Chemiker-Zeitung. geb. und geh.
Nicht weiter erschienen.

Krause, G., s.: Chemikerzeitung.

Krause, Geo., die Columella der Vögel (Columella auris avium), ihr Bau u. dessen Einfluss auf die Feinhörigkeit. Neue Untersuchgn. u. Beiträge zur comparativen Anatomie des Gehörorganes. gr. 4. (VII, 26 S. m. 2 Abbildgn. u. 4 Lichtdr.-Taf.) Berlin 901. R. Friedländer & Sohn. n. 8. —

Krause, G. (III.), die Industrie von Stassfurt und Leopoldshall und die dortigen Bergwerke. In chemisch-techn. und mineralog. Hinsicht betrachtet. gr. 8. (IX, 163 S. mit 22 eingedr. Holzschn.) Köthen 876, Krause. *

Krause, G. Die Industrie von Stassfurt und Leopoldshall und die dortigen Bergwerke. Cöthen, 1877.

Krause, Geo., Oologia universalis palaearctica. (In ca. 150 Lfgn.) 1.—12. Lfg. (26 farb. Taf. m. 36 Bl. Text in deutscher u. engl. Sprache.) 4. Stuttgart (906). F. Lehmann. à n. 1. 50; Subskr.-Pr. (bis zum Erscheinen der 2. Lfg.) à n. 1. 25

Krause, Geo., Oologia universalis palaearctica. 13.—53. Lfg. (82 Taf. m. 89 Bl. Text in deutscher u. engl. Sprache.) 30,5×23 cm. Stuttgart (907—10). F. Lehmann. 63. —

Krause, G, alchymistische Studien. [Aus: „Chemiker-Zeitg."] gr. 8. (29 S. m. Abbildgn.) Cöthen 892. Verl. d. Chemiker-Zeitung. n. 1. —

—— Tabelle zum Gebrauch für chemische, technische, mineralogische und pharmaceutische Laboratorien, Real- und Gewerbeschulen, enth. die Namen, Symbole, Quantivalenzen, Atom- und Aequivalentgewichte, Volumgewichte, specif. Gewichte, Härten, Schmelzpunkte [Siedepunkte], specif. Wärmen, Jahre der Entdeckung und die Namen der Entdecker der chem. Elemente. 1. und 2. verb. Aufl. Imp.-4. Ebendas. 876.

—— internationale Tabelle der chemischen Elemente und ihrer Eigenschaften. (Deutsch, französisch und englisch.) 1.—3. bedeutend verb. Aufl. gr. Fol. Ebendas. 877—81.

Krause, Georg [pr. Arzt in Bitburg]: Aus d. med. Klinik d. Herrn Geheimrat Prof. Riegel zu Giessen. Untersuchungen über die Magenthätigkeit bei Diabetes mellitus. ... Giessen, C. v. Münchow, Univ.-Dr., 1890; 23 S. 8^0
Giessen, Med. Fak., Inaug.-Diss. v 1890

— über das Vorkommen u. die Verwendung d. Stassfurtits. 8. (42 S.) Köthen 876. Schulze. n. 1. 20

Krause, Georg Friedrich, s.a. Kraus

KRAUSE, Georg Friedrich: Über die Ablösung der Servituten und Gemeinheiten in den Forsten. - Gotha 1833. XII, 158 S., 2 Tab.

Krause, Ritter Geo. Fr., Ueber die Ablösung der Servituten und Gemeinheiten in den Forsten. Mit 2 Tab. gr. 8^0. Gotha, Hennings u. Hopf, 1833.

KRAUSE, Georg Friedrich: Anleitung zur Abschätzung und Berechnung des Geldwerths der Forstgrundstücke theils zum Behuf der Veräusserung, theils zur Begründung der Anleihen. - Leipzig 1812. 76 S.

— Anleitung zur Abschätzung u. Berechnung des Geldwerths der Forst Grundstucke. Mit 2 Tabb. gr. 8. Berlin 812. (Leipzig, Fr Fleischer.) 1/2 Thlr.

Krause, Ritter Georg Friedrich: „Anleitung zur Abschätzung und Berechnung des Geldwerthes der Forstgrundstücke, theils zum Behuf der Veräusserung, theils zur Begründung der Anleihen", Leipzig 1812 (Köchly).

—— Beschreibung von Preußen, s. Handbuch zu d. Atlas v. Preußen.

Krause, Ritter Geo. Fr., Betrachtungen über die Unruhen der Zeit und ihre Ursachen. gr.-8. Gotha u. Erfurt. Hennings, 1831.

KRAUSE, Georg Friedrich: Über die Forst-Gesetzgebung in Deutschland, desgleichen über das Forstrecht und die Forstpolizei. Gotha 1834. 129 S.

—— über d. Forst-Gesetzgebung in Deutschland, desgl. üb. d. Forstrecht u. Forstpolizei. gr. 8. (8¼ B.) Gotha 834, Hennings u. Hopf.

—— über d. Gemeinnützigkeit d. Lebens-Versicherungs-Anstalten. Eine Beleucht. aller ihrer Verhältn., worin zugleich arithmet. bewiesen wird, daß sich solche ohne alle Actienfonds u. ohne alle Theilnahme wucherischer Agenten durch e. Anzahl pünktl. Mitglieder selbst bilden, mit Sicherheit fortbestehen u. durch gute Verwalt. hinreich. Garantie gewähren können. Nebst einfacher Darstell. d. Hauptgesichtspunkte, welche bei Erricht. v. Sparkassen zu beobachten sind. gr. 4. (9½ B.) Ilmenau 830, [Weimar,] Voigt.

KRAUSE, Georg Friedrich: Handbuch der mathematischen Forstwissenschaften zum Unterricht im Institute des Königl. Preußischen reitenden Jägercorps. - Berlin 1800. 2 Tl. 206 S. u. 141 S., 4 Tab.

Krause G. F.: Handbuch d. mathematischen Forstwissenschaften ... Berl. 1800. (347) S., 54 S. m. Tab. 2 Tvl.

Krause, G. F.: „Handbuch der mathematischen Forstwissenschaft", Berlin 1800 (Duncker).

Krause, G. F.: „Compendium der höhern forstwissenschaftlichen oder staatswirthschaftlichen Direction des Forstwesens", Dresden 1824 (Arnold).

— Compendium d. höhern Forstwissenschaften oder staatswirthschaftl. Direction des Forstwesens. 1r Thl. gr. 8. Leipz. 824. Fr. Fleischer. 2 ℛ 8 gℊ

Krause G. F.: Compendium d. höhern Forstwissenschaften od. staatswirthschaftliche Direction des Forstwesens. Th. 1. Leipz. u. Sorau 1824. (14) 378 S. 13 Tab.
(Als Fortsetzung d. 1812 v. dem Verf. erschienenen Comp.e d. niedern F.).

— Compendium d. niedern Forstwissenschaft. Mit 5 Kpf. u. mehreren Tabb. gr. 8. Berl. 806. Duncker u. H. 4 ℛ 12 gℊ

KRAUSE, George Friedrich: Compendium der niedern Forstwissenschaften. - Berlin 1810. XXXII, 681 S., 5 Taf., mehr. Tab.

Krause, G. F., Compendium d. niedern Forstwissensch. m. K. u. Tabell. gr. 8. Berl. Dunker u. H. 810.

Krause, Geo. Fr. Das National- und Staatsvermögen und seine Bildung und Vergrösserung aus dem Boden und aus der gewerblichen Industrie. Aus dem Volksleben und dem Gange der Gewerbsamkeit entwickelt. gr. 8°. Ilmenau und Weimar, Voigt, 1834.

— Princip der Gegenseitigkeit bei Versorgungs-Anstalten oder Entwickelung sicherer Grundsätze zur Bestimmung des nothwendigen Verhältnisses zwischen den Beiträgen der Mitglieder einer Wittwen- und Waisen-Versorgungs-Anstalt selbst etc. gr. 4°. Prag, Calbe, 1826.

—— Prinzip d. Gegenseitigkeit bei Versorgungs-Anstalten, od: Entwickelung sicherer Grundsätze z. Bestimmung d. nothwend. Verhältnisses zwischen d. Beiträgen d. Mitglieder e. Wittwen- u. Waisen-Versorgungs-Anstalt u. d. verpflicht. Leistungen d. Anstalt selbst ꝛc. Nebst Anleit., wie schon besteh. Anstalten, in zweifelh. Fällen, ihre Verhältnisse mit Sicherheit prüfen können. gr. 8. (2½ B. u. 13 Tab. 4.) Prag 828, Calve.

Krause, Ritter Georg Friedrich: „Versuch eines Systems der National- und Staats-Oeconomie, mit vorzüglicher Berücksichtigung Deutschlands, aus dem Gange der Völkerkultur und aus dem praktischen Leben populär entwickelt", 2 Teile, Leipzig 1830 (Hartmann).

—— Versuch e. ständ. Verfassung f. ein aus vielen Provinzen zusammengesetztes großes Reich, nebst e. Anh. üb. d. Preuß. Städte-Ordnung u. e. Versuch zu e. ländl. Communal-Ordn. Aus d. prakt. Staats-Oekonomie entwickelt. gr. 8. (13½ B.) Gotha 831, Hennings.

Krause, G. F. Versuch einer ständischen Verfassung für ein aus vielen Provinzen zusammengesetztes großes Reich, nebst einem Anhang über die preußische Städte-Ordnung und einem Versuch zu einer ländlichen Communal-Ordnung. Aus der praktischen Staats-Oekonomie entwickelt. Gotha u. Erfurt, Hennigs 1832. 211 S. 8.

—— worin haben d. Unruhen d. Zeit vorzügl. ihren Grund? Nach d. Volksleben u. nach Grundsätzen d. Nationalökonomie beleuchtet u. d. Ständen d. deutschen Staaten gewidmet. gr. 8. (5 B. incl. 1 Tab.) Ilmenau 832, [Weimar,] Voigt.

—— der große Preuß. Deutsche Zollverein in besond. Beziehung auf d. Thüring. Zollverband, od. auszügl. Mittheilung d. wichtigsten darauf Bezug habenden Tractaten, Verhandln., d. einschlag. Gesetze, beschloss. Ausgleichn., Entschädign. u. festgestellten Tarife. Nach seinen heils. Folgen f. Stadträthe, Kaufleute, Bierbrauer u. Branntweinbrenner bearb. ꝛc. gr. 8. (9½ B.) Ilmenau 834, [Weimar,] Voigt.

Krause, Georg Michael, s. Kraus, Georg Michael.

Krause, Georg Philipp, s. Kraus, Georg Philipp.

Krause, Geo. Wih., histor. u. psycholog. Bemerkk. über Pietisten u. Pietism. 8. Crefeld 804. ter Meer. 1 ℛ 8 gℊ

Krause, Gerh., die Arbeiterbewegung im Lichte der materialistischen Geschichtsauffassung,
— die Entwicklung der Geschichtsauffassung bis auf Karl Marx,
— zur Naturgeschichte der antisemitischen Bewegung in Deutschland,
} s. a. Arbeiterbibliothek, Berliner.

Krause, Gerh., Die Arbeiterbewegung im Lichte der materialistischen Geschichtsauffassung. (Berliner Arbeiterbibliothek, Serie II, Heft 13.) 8°. Berlin 1891.

— Die Entwickelung der Geschichtsauffassung bis auf Karl Marx. 8°. Berlin, Arbeiter-Biblioth., 1891. (Berliner Arbeiterbibliothek, Serie II, Heft 12.)

Krause, Gerh., Zur Naturgeschichte der antisemitischen Bewegung in Deutschland. Berlin 1890. 8°.
(Berliner Arbeiterbibliothek. hrsg. von Max Schippel. Ser. 2. H. 2.)

Krause, Gisbert, auf der Bahn des Verbrechens, s. Volks-Bibliothek, neue.

—— der Wilddieb, s. Erzählungen, neue, für die Jugend.

Krause, God., praes. Nath. **Hubner,** De laxitate morali. 67 pp. Hal. 1715. 4°.

Krause, Gotthard (geb. Kolberg 8. 11. 1858): Resultate der antiseptischen Behandlung der Amputationen, Exarticulationen und Resectionen in der Klinik des Königl. Charité-Krankenhauses im Jahre 1880. Berlin (1881). (38 S.) 8°
Berlin, Med. Diss. v. 2. Aug. 1881

Krause, Gotthelf Friedrich, s. K r a u s , Gotthelf Friedrich.

Krause, Gottlieb

—: [Direktor Dr. Heinrich Babucke † am 15. November 1902.] S. 11—13 der Schuln. 4.
Progr. Altstädtisches Gymn. *Königsberg i. Pr.* 1903 (10 statt 8).

Krause, Glieb., Beiträge zum Leben von Christian Jacob Kraus. [Aus: „Altpreuss. Monatsschr."] gr. 8. (78 S.) Königsberg 881. (Beyer.) n. 1. 50

Krause, Gottlieb, Prof. Dr.: Der Bericht eines Augenzeugen über die Zusammenkunft Friedrichs des Großen und Josephs II. in Neiße 1769. *Königsberg i. Pr. 1902: Hartung.* (28 S.) 8°
Königsberg i. Pr., Altstädt. G, OP 1902 (8)

Krause, Gottl., der Bericht e. Augenzeugen üb. die Zusammenkunft Friedrichs des Grossen u. Josephs II. in Neisse 1769. Progr. gr. 8. (28 S.) Königsberg 902. (Gräfe & Unzer, Buchh.) n. 1.—

Krause, Glieb., Beziehungen zwischen Habsburg u. Burgund bis zum Ausgang der Trierer Zusammenkunft im Jahre 1473. Inaugural-Dissertation. gr. 8. (76 S.) Graudenz 876. (Göttingen, Vandenhoeck & Ruprecht.) n. 1. 40

—— Friedrich der Große und die deutsche Poesie. gr. 8. (V, 120 S.) Halle 884, Buchh. des Waisenhauses.

Krause, Glieb., Gottsched u. Flottwell, die Begründer der Deutschen Gesellschaft in Königsberg. Festschrift zur Erinnerung an das 150jähr. Bestehen der königl. Deutschen Gesellschaft zu Königsberg in Preußen. Lex.-8. (IX, 292 S. m. 1 Fksm.) Leipzig 893. Duncker & Humblot. n. 6. —

Rudolf Reicke. Ein Bild s. Lebens u. Schaffens. Von Prof. Dr. Gottlieb **Krause,** Oberl., Königsberg i. Pr. Königsberg i. Pr.: Thomas & Oppermann 1905. (30 S.) 8°
[Aus: Altpreuss. Monatsschrift. Bd 42. 1905.] [4. 4347

Krause, Glieb. Sagen u. Geschichten. Grundriß f. den Geschichtsunterricht der Sexta u. Quinta höherer Lehranstalten. gr. 8. (VI. 68 S.) Bresl. 889, F. Hirt. cart. * — 80

Krause, Gottlieb: Der preussische Provinzialminister Freiherr von Schroetter und sein Anteil an der Steinschen Reformgesetzgebung. T. 1. *Königsberg i. Pr. 1898: Hartung.* (79 S.) 8° [F.]
Königsberg in Pr., Kneiphöfisches Stadt-G, OP 1898 (9)

Krause, Gottlieb Friedrichs des Grossen Stellung zur deutschen Litteratur und zu den deutschen Dichtern. 16 S.
Progr. Kneiph. G. *Königsberg* 1884.

Krause, G[ottlieb]: [Verzeichnis der von dem Altstädtischen Gymnasium ausgegebenen und in seinem Besitz befindlichen Schulschriften. 1775—1901.] 3 ungez. S. 4.
Progr. Altstädtisches Gymn. *Königsberg i. Pr.* 1902 (9 statt 8).

— Gottlieb Benjamin (Breslau), De comminatione sub poena confessi et convicti, nec non recogniti, in causis civilibus et criminalibus. Disp. legalis practica. Präs. D. Gottfried Barth. Lpz. (Heinrich Christoph Takk) 23. VIII. 1715. 81 S., tlws. dtsch. (7.20) 19375
Widm. v.: D. Gottfried Barth, Joh. Wilh. Bussius, George Christian Gebauer (Breslau; dtsch.), G. Tilgner (dtsch.).

— — De fidejussoribus. Diss. jur. Rector Johann Jacob Rau. Leyden (Theodor Haak) 14. VII. 1718. 44 S. mit Tit.-Bild. (6.80) 19376
Widm. v.: C. H. Iconius v. Folckers.

Beitrag zur Kenntnis des Klimas von Salaga, Togo und der Goldküste. Nach meteorol. Beobachtungen aus d. J. 1886 bis 1895. Von Gottlob Adolf **Krause.** Halle; Leipzig: W. Engelmann in Komm. 1910. 280 S. 4°
(Nova Acta. Abhandlungen d. Kais. Leop.-Carol. Deutschen Akad. d. Naturforscher. Bd 93, Nr 3.) [11. 340 4

Krause, G. A., e. Beitrag zur Kenntniss der Fulischen Sprache in Afrika, s.: Mittheilungen der Riebeck'schen Niger-Expedition.

— die Musuk-Sprache in Central-Afrika, s.: Müller, F.

— Proben der Sprache v. Ghât in der Sâhărâ m. haussanischer u. deutscher Uebersetzung, s. a. Mittheilungen der Riebeck'schen Niger-Expedition.

Krause, Gottlob Adolf, Proben der Sprache von Ghât in der Sâharâ mit haussanischer und deutscher Uebersetzung. [Mittheilungen der Riebeck'schen Niger-Expedition II.] Leipzig 1884.

Krause, Gregor, stellv. Assist. am Anat. Inst.: Aus d. Anat. Inst. zu Königsberg i. P. Nr. 43. Über die Papillae filiformes des Menschen. ⟨Mit 1 Taf. Abb.⟩. Königsberg i. P. 1908: Kümmel. 34 S. 8°
Königsberg, Med. Diss. v. 20. Dez. 1909, Ref. Stieda
[Geb. 6. März 83 Insterburg; Wohnort: Königsberg i. P.; Staatsangeh.: Preußen; Vorbildung: Gymn. Allenstein Reife O. 03; Studium: Gießen 2, Königsberg 8 S.; Coll. 17. Juli 08; Approb. 20. Mai 09.] [U 10. 2572

Krause, Gust., Anleitung zur freien Klavier-Begleitung beim Gesange u. Spiele. Für Klavier- u. Gesangs-Lehrer sowie deren Schüler als auch zum Selbstunterricht verf. (85 S.) Lex.-8. Leipzig 900. (C. Rühle.) n. 2. —

Krause, G. Ueber die Beziehungen einiger Spracherscheinungen zur Geistesthätigkeit unter Berücksichtigung der Ergebnisse der Physiologie und der Sprachvergleichung. Marienwerder, G., 1873. 25 S. 4. Progr.

Krause, Gust., über die Beziehungen einiger Spracherscheinungen zur Geistesthätigkeit unter Berücksicht. der Ergebnisse der Physiologie und der Sprachvergleichung. 4. (25 S.) Marienwerder 873. (Berlin, Calvary und Comp.) * 1 —

Krause, Gustav: Drei Dialekte der Magdeburger Gegend hinsichtlich ihrer gegenseitigen Abgrenzung dargestellt und untersucht. *(Düsseldorf 1898: A. Bagel.)* (17 S.) 4°
Düsseldorf, st. OR (in d. Entwickl. begr.), OP 1898 (517)

Krause, G. Kants Erkenntnislehre als Grundlage unserer Erkenntnis. 32, 22 SS. **Progr.** G. *Marienwerder* 1881. 1882.

Krause, Gust., Lehrbuch der einfachen und doppelten Buchführung, theoretisch und praktisch dargestellt, nebst einem Anhange über die Wechsellehre, zum Gebrauch für Handels- und kaufmänn. Fortbildungs-Schulen, sowie zum Selbstunterricht. gr. 8. (VII, 247 S.) Berlin 886, Moeser. **

Krause, G., die Reformation u. Gegenreformation im ehemal. Königr. Polen besonders in den jetzt preuß. Provv. Posen u. Westpreußen. gr. 8. (VI, 121 S.) Posen 901. (Merzbach'sche Buchdr.) Geb. in Leinw. n. 2. —

Die Reformation und Gegenreformation im ehemaligen Königreiche Polen, besonders in d. jetzigen Ostmarken Deutschlands bezw. Preußens von G[ustav] **Krause**. 2. erw. Aufl. Lissa i. P.: F. Ebbecke 1905. (VIII, 148 S.) 8° [F.] [07. 9433]

[F.] Zum Austritt Stöckers aus der konservativen Partei. Hrsg. v. Oberst z. D. [H.] v. Krause ... *Berlin: M. Pasch 1896.* (48 S.) 1 Bd 8. [96. 3993]

Krause, H., üb. die Heilbarkeit u. Therapie der Larynxphthise, s.: Schmidt, M.

Krause, H. v., Fritz v. Jürgas. Roman. (347 S.) 8. Dresden 909. C. Reißner. 5.—; geb. 6. —

Krause, H. v., kleiner Krieg, s.: Eckstein's 50 Pfg.-Biblioth.

Krause, H. (II.), der russische Krieg vom Beginn der Verwickelungen 1852 bis zum Schluß des J. 1854. Nebst einer chronolog. Tabelle der übrigen Ereignisse des letzten Jahres. 8. (113 S.) Stade 855. (Hannover, Hahn'sche Hofbuchh.) *

Krause, H., lasset uns Gutes thun. — Und: d. Griechen sind unsere Glaubensgenossen. 2 Predigten. gr. 8. Dresd. 826. (Arnold). 4 gr.

Krause, H., Leben und Wirken, s. Spaeth, protestant. Bausteine.

— zwei Miniaturen. Novellen. 8. (91 S. m. 1 Abb.) Schwerin 898. F. Bahn. n. 1. 20; geb. n. 1. 60

Krause, H., Petition von Dr. Jonas und Genossen, betr. die Selbständigkeit der preußischen evangelischen Landeskirche an Se. Königl. Hoheit den Prinz-Regenten gerichtet unter dem 5. Mai 1859. Berlin 860. G. Reimer. gr. 8. (IV, 91 S.) 10 ngr.

Krause, H., der Reichs- und Welt-Postverkehr. Vollständiges Post- und Telegraphen-Handbuch für den Reichs- und Welt-Postverkehr. Enthaltend eine Zusammenstellung sämmtl. für den Post- und Telegraphen-Verkehr des In- und Auslandes gült. Bestimmungen und Gebührentarife und einem Verzeichniss sämmtl. [15000] Postanstalten des deutschen Reiches und der Oesterreichisch-Ungarischen Monarchie und der Schweiz, mit Angabe der Zonensätze. Nebst Anhang: Verzeichniss der Strassen und Plätze Berlins mit Angabe der Lage nach den Himmelsrichtungen. Porto-Taxe für Elberfeld, Barmen, Unterbarmen, Wupperfeld, Rittershausen, Wichlinghausen, Schwelm, Ronsdorf, Beyenburg, Hahnerberg, Herzkamp, Hasslinghausen, Langerfeld, mit Angabe der Zonensätze. gr. 8. (IV, 200 S.) Leipzig 880, Verlag des Reichs- und Weltpostverkehrs.
—— dass. — Porto-Taxe für Gera, Köstritz, Langenberg und Münchenbernsdorf, mit Angabe der Zonensätze. gr. 8. (IV, 195 S.) Ebendas. 880.
—— dass. — Porto-Taxe für Hamburg, Altona, Harburg und Ottensen, mit Angabe der Zonensätze. gr. 8. (IV, 195 S.) Ebendas. 880.
—— dass. — Porto-Taxe für Leipzig und Umgegend, mit Angabe der Zonensätze. gr. 8. (IV, 200 S.) Ebendas. 880.

Krause, H. (I.), kurze hochdeutsche Sprachlehre. gr. 12. (IV und 91 S.) Stade 855. (Hannover, Hahn'sche Hofbuchh.)

Krause, H., kurze hochdeutsche Sprachlehre. 2. vielfach verb. Aufl. Stade 859. Steudel. gr. 8. (VI, 90 S.) 10 ngr.

Krause, H., kurze hochdeutsche Sprachlehre. 3. verb. Aufl. Stade 866. Steudel. gr. 8. (99 S.) n. 10 ngr.

Krause, H., über die Wahrhaftigkeit. Ein Beitrag z. Sittenlehre. gr. 8. (10 B.) Berlin 844, Herm. Schultze. —

Krause, H., Was thut der protestantischen Kirche vor allem Noth, s. Schriften des Berliner Unionsvereins.

— Wir u. das Beste in der Welt. (79 S.) 8. Dresden 909. C. L. Ungelenk. 1. —

— Wort u. Waffen. Roman aus d. Zeit d. Reformation. 8. (308 S.) Leipzig 898. E. Ungleich. n. 3. 50; geb. n. 4. 50

Krause, H. L., die Amazonensage, kritisch untersucht u. gedeutet. gr. 8. (III, 104 S.) Berlin 893. R. Heinrich. n. 1. 50

Elbinger Leih-Anstalt f. Musik. Systematisch geordnetes Verzeichniß derjenigen Musikalien, welche stets vorräthig sind in der Musikalien-Handlung u. Leih-Anstalt von H. O. **Krause** vorm. Th. Steingräber in Elbing. (Elbing [um 1900]: A. Riedel.) (227 S.) 8° [Ant. u. F.] [05. 4405 10

Krause, Hans, appr. Arzt a. Berlin: Aus der Königl. chirurgischen Klinik zu Kiel. Ein Beitrag zur Kasuistik des postoperativen Darmprolapses. Kiel 1906. (27 S.) 8°
Kiel, Med. Fak., Ref. Helferich, Diss. v. 20. April 1906
[Geb. 17. Sept. 81 Berlin; Wohnort: Berlin; Staatsangeh.: Preußen; Vorbildung: Askan. Gymn. Berlin Reife O. 01; Studium: Berlin 7, Kiel 2 S.; Coll. 9. Febr. 06; Approb. 25. Jan. 06.]

Krause, Hans: Ein Besuch im zoolog. Garten, s. Steinkamp, A.

Krause, Hans, Erinnerungen aus dem zoologischen Garten. Ein Buch f. kleine Tierfreunde m. Versen v. A. Steinkamp u. Orig.-Zeichngn. v. K. 4. (41 S. m. farb. Abbildgn.) Elberfeld 894. S. Lucas. Kart. 3. —

Krause, Hans,
— Erinnergn. aus d. zoolog. Garten,
— im zoologischen Garten,
— für uns. Kind,
— für uns. Kleinen,
— für Mädchen u. Bübchen,
} s.: Steinkamp, A.

Krause, H., f. unser Kind, s.: Voigt, E.

Krause, Hans, Moritzburgensis: **Studia neoplatonica.** *Lipsiae 1904: O. Schmidt.* (54 S.) 8°
Leipzig, Phil. Diss. v. 1904

Krause, Harry, Referendar: Die Rechtswirkungen der Ehescheidung und der Aufhebung der ehelichen Gemeinschaft nach dem Bürgerlichen Gesetzbuch. Berlin 1909: Simion. 75 S. 8°
Heidelberg, Jur. Diss. v. 4. März 1909, Ref. Endemann
[Geb. 4. Juni 85 Berlin; Wohnort: Grunewald b. Berlin; Staatsangeh.: Preußen; Vorbildung: Friedrichs-Gymn. Berlin Reife M. 03; Studium: Rom 1, Berlin 1, Paris 1, Berlin 7 S.; Rig. 17. Dez. 08.] [U 09. 1831

Krause, Hnr., s. Burat, A., angewandte Geognosie.

Krause, Heinr., Choralbuch in 4 einzelnen Stimmheften für Singchöre an Gymnasien, Seminarien und Volksschulen, enth. 120 Choräle angesetzt nach Hiller's Choralbuche etc. 4 Hefte. (à 27 S.) 8. Leipzig 848, Wöller. *

Krause, Heinr., Choralbuch in vier einzelnen Stimmheften für Singchöre an Gymnasien, Seminarien und Volksschulen, enthltd. 120 Choräle, (die gebräuchlichsten aller Liedersammlungen,) ausgesetzt nach Hiller's Choralbuche. Nebst neuern Choralen von Schicht u. A. m., Angabe der Melodien von gleichem Versmaasse, sowie den üblichen Responsorien u. Chorgesangen bei der Feier des heiligen Abendmahls. 1. Heft: Sopran. 3. bericht. u. verm. Aufl. 854. — 4. Aufl. 856. — 5. Aufl. Leipzig 858. Wöller. 8. (32 S.) n. 3 ngr.

— — 2. Heft: Alt. 2. bericht. u. verm. Aufl. Ebend. 858. 8. (32 S.) n. 3 ngr.

Krause, Heinr., Choralbuch in 4 einzelnen Stimmheften für Singchore an Gymnasien, Seminarien u. Volksschulen enth. 120 Chorale, (die gebrauchlichsten aller Liedersammlungen) ausgesetzt nach Hiller's Choralbuche. 1. Heft. 6—9. Aufl. — 2. Heft. 2. u. 3. Aufl. — 3. u. 4. Heft. 2. Aufl. Leipzig 859—64. Wöller. 8. Jedes Heft (à 32 S.) n. 3 ngr.

Krause, Heinr., Choralbuch in vier einzelnen Stimmheften für Singchöre an Gymnasien, Seminarien und Volksschulen, enth. 120 Choräle (die gebräuchlichsten aller Liedersammlungen), ausgesetzt nach Hiller's Choralbuche. Nebst neuern Chorälen von Schicht u. A. 1. Heft: Sopran. 8.—12. Aufl., 2. Heft: Alt. 3. und 4. Aufl., 3. Heft: Tenor. 3. Aufl. und 4. Heft: Bass. 3. Aufl. 8. (à Heft 32 S.) Leipzig 863—68, Wöller. à Heft * 3 Ngr. *

Krause, Heinr., Choralbuch in 4 einzelnen Stimmheften für Singchöre an Gymnasien, Seminarien und Volksschulen, enth. 120 Choräle [die gebräuchlichsten aller Liedersammlungen], ausgesetzt nach Hiller's Choralbuche. Nebst neuern Chorälen von Schicht u. A. m., Angabe der Melodien von gleichem Versmaasse, sowie den übl. Responsorien und Chor-Gesängen bei der Feier des heil. Abendmahls. 4 Hefte. 8. Leipzig 869—72, Wöller. à Heft * 30 Pf. * 1 20

Inhalt:
Heft 1. Sopran. 13. und 14. Aufl. (32 S.)
» 2. Alt. 5. und 6. Aufl. (32 S.)
» 3. Tenor. 4. Aufl. (32 S.)
» 4. Bass. 4. Aufl. (32 S.)

Krause, Heinr., Choralbuch in vier einzelnen Stimmheften für Singchöre an Gymnasien, Seminarien und Volksschulen, enth. 120 Choräle [die gebräuchlichsten aller Liedersammlungen], ausgesetzt nach Hiller's Choralbuche. Nebst neueren Chorälen von Schicht u. A. m., Angabe der Melodien von gleichem Versmasse, sowie den übl. Responsorien und Chor-Gesängen bei der Feier des heil. Abendmahls. 1. und 2. Heft. 8. (à Heft 32 S.) Leipzig 877, Wöller. à Heft * 30 Pf. *

Inhalt:
Heft 1. Sopran. 15. Aufl.
» 2. Alt. 7. Aufl.
3. und 4. Heft. Ebendas. à 30 Pf.

Krause, Heinrich: De adipis dignitate physiologica. Berolini 1852. 31 S. 8°
Berlin, Med. Diss. v. 30. Apr. 1852

— — Der Stickstoffverlust beim Faulen stickstoffhaltiger organischer Substanzen. Eine agriculturchemische Untersuchung. Inaug.-Diss. z. Erlang. d. Grades e. Magisters d. Landwirthschaft. Dorpat (Schnakenburg) 9. IV. 1890. 68 S. (5.50) 19378
Oppon.: G. Tammann, B. Brunner, C. Schmidt. — Imprim.: K. Weihrauch.

von Krause, H. [Magistrand der Landwirthschaft (Worth), Dorpat)]: Ueber den Stickstoffverlust beim Faulen stickstoffhaltiger organischer Substanzen und die Mittel, denselben zu beschränken oder zu vermeiden.... Halle (Göttingen, Druck d. Dieterich'schen Univ.-Buchdr. (W. Fr. Kästner)) 1890; 1 Bl. + 68 S. + 1 Bl. 8°
Halle, Phil. Fak., Inaug.-Diss. v. [17. Febr.] 1890

Krause, Henr.: Theses theologicae. Berolini (1845). (2 Bl.) 4°
Berlin, Theol. Thes. v. 7. Apr. 1845

Krause, Henricus: De Vergilii usurpatione infinitivi. Halis Saxonum (1878): (Frommann in Jena). IV, 114 S. 8°
Halle-Wittenberg, Phil. Diss. v. 29. Juni 1878
Geb. Weissensee bei Berlin 25. 8. [1856]. V.
Im Buchhandel Berlin: Mayer & Müller 1878.

Krause, [Iohannes] Henricus: Vita Friderici Guilielmi, magni electoris Brandenburgici, qui magnitudinis opumque, quas Borussia est nacta auctor exstitit, in panegyrici formam redacta atque edita. Martisburgi: Weidemann 1833. 80 S. 8°
[Hallische phil. Preisschrift v. 1829.]

Krause, Heinr., † (Haurenski zu Gard'Ebré, Erich,) wäre es nicht besser, d. Volk in e. wohlthät. Unwissenheit zu erhalten, anstatt es aufzuklären? — u.: Welches waren v. jeher d. Ursachen, warum Einzelne ihre Mitbrüder in Unwissenheit u. Aberglauben zu erhalten suchten? Zwei Kirchenvorträge. gr. 8. (2¼ B.) Dresden 828, Arnold.

Krause, Heinr., pädagogischer Wegweiser für Lehrer und Schulfreunde. 2. Aufl. Löbau (855.) Walde. 8. (218 S.) n. 10 ngr.

Krause, Heinr. Chrstph., s. † Haurenski.

Er kommt. Erzählung von C. v. Hellen [d. i. Helene v. Krause]. Mit 4 Ill. *Berlin: Schriftenvertriebsanst. 1898.* (112 S.) 8° [F.]
— Volksbücher, Neue. Bdch. 54. (01. 9409

Dorothees Geheimnis. Erzählung von H[elene] v. Krause. Berlin: U. Meyer [1905]. (78 S.) 8° [F.]
— Bücherei, Ulrich Meyer's. No 19. (06. 3195

Krause, Helene (C. v. Hellen), Dorothees Geheimnis, s. a. Meyer's, Ulr., Bücherei. Nr. 19.

[F.] Zum Licht. Erzählg a. d. Zeit d. Reformation v. C. v. Hellen [d. i. Helene v. Krause]. M. 3 Ill. *Berlin: Christl. Zeitschriftenver. 1895.* (87 S., 1 Bl.) 1 Bd 8.
— Volksbücher, Neue. Bdch. 25. (97. 7644

[F.] Königin Luise von Preussen. Von C. v. Hellen [d. i. Helene v. Krause]. M. 16 Ill. *Berlin: Christl. Zeitschriftenver. 1895.* (127 S.) 1 Bd 8.
— Volksbücher, Neue. Bdch. 33. (97. 7631

Der Schatz des Pfarrers von Poppenburg. Eine Erzählung aus d. Zeit d. 30jähr. Krieges. Heimat. Erzählung von Helene [v.] Krause (C. v. Hellen). Berlin: Schriftenvertriebsanst. 1904. (94 S.) 8° [F.]
— Volksbücher, Neue. Bdch. 82. (05. 15644

— an der Schwelle, s.: Bobach's illustr. Roman-Bibliothek. I. 10.

Eine gefangene Seele. Roman von H[elene] v. Krause. Bielefeld & Leipzig: Velhagen & Klasing 1906. (304 S.) 8° [F.] (07. 3719

— das Testament des Kaisers. Roman aus der röm. Kaiserzeit. Mit Illustr. v. Alex. Rothaug. 8. (224 S.) Berlin 901. G. Grote. n. 3.50; geb. n. 4.50

Tina. Erzählung von H[elene] v. Krause (C. v. Hellen). *Berlin: U. Meyer [1903].* (76 S.) 8° [F.]
— Bücherei. Ulrich Meyer's. 5. (04. 11136

— Tina, s. a. Meyer's, Ulr., Bücherei. Nr. 5.

Krause, H. v. (C. v. Hellen), und dennoch!, s.: Daheimbibliothek.

Durch tiefe Wasser. Erzählung aus d. Anfang d. vorigen Jhs. von H[elene] v. Krause. Mit 4 Ill. *Berlin: Schriftenvertriebsanst. 1898.* (108 S.) 8° [F.]
— Volksbücher, Neue. Bdch. 55. (01. 9410

Weihnachtslicht. Erzählung aus d. Zeit d. dreissigjähr. Krieges. Von H[elene] v. Krause. Mit 5 Ill. *Berlin: Schriftenvertriebsanst. 1899.* (110 S.) 8° [F.]
— Volksbücher, Neue. Bdch. 56. (01. 9411

Krause, Herbert, Verf. von: Zum Wesen d. sog. falschen Anschuldigung. 1900
s. **Kraus**. [09. 6705 2

Krause, Hermann [aus Crossen]: Über Adsorption und Condensation von Kohlensäure an blanken Glasflächen. . . . Halle a. S., Druck v. Fr. Richter, Leipzig, 1888; 81 S. + 1 Bl. u. 12 Taf. 8°
Halle, Phil. Fak., Inaug.-Diss. v. [12. Sept.] 1888

Krause, Herm. (II.), über Adsorption und Condensation von Kohlensäure an blanken Glasflächen. Inaugural-Dissertation. gr. 8. (81 S. mit 12 Taf.) Halle 888. (Leipzig, Fock.) *

Krause, Hermann, geb. in Wien, Referendar im Bezirk des Kammergerichts. Der Anspruch des Finders auf Finderlohn. Borna-Leipzig 1904: R. Noske. (VII, 39 S.) 8°
Erlangen, Jur. Fak., Diss. v. 27. Nov. 1904
[Geb. Wien; Staatsangeb.: Oesterreich; Rig. 27. Nov. 04.]

Krause, Herm., und Hirsch Joseph, der schnelle Ausrechner, s. Joseph, Hirsch.

Krause, Hermann *(geb. Ratzdorf in d. Mark 20. 10. 1854)*: Beiträge zur Anatomie der Vegetations-Organe von Lathraea squamaria L. Breslau 1879. (36 S.) 8° *[Im Buchhandel 1879 bei Koebner in Breslau.]*
Breslau, Phil. Diss. v. 31. März 1879

Krause: Kritische Beleuchtung einiger Punkte der ältesten Geschichte der dalmatinischen Slaven. 24 S.–Schrimm. Progr. 1867

o. Krause, **Herm., Diss. inaug. anatom.-path., exhibens descriptionem monstri humani bicorporei cum hemiacephalia. Mit 3 Kpft. 8. Dorpat 826.**

Die Erkrankungen der Singstimme, ihre Ursachen und Behandlung. Nach e. Referat vorgetr. auf d. XII. internat. medicin. Congr. zu Moskau v. Prof. Dr. H[ermann] **Krause** in Berlin. *Berlin: A. Hirschwald 1898.* (1 Bl., 32 S.) 1 Bd 8. [97. 6647

— **Hermann (Zeitz), Zwei Fälle von Nierenexstirpation (wegen Carcinom und Kystom). Diss. med.-chir. Halle (Heynemann [F. Beyer]) 3. VIII. 1889. 40 S. mit Biogr. (5.—) 19379**
Refer.: Kaltenbach. — Oppon.: Brill, Schubert.

Krause, Herm.. die Familien-Fideikommisse v. wirtschaftl., legislatorischen, geschichtl. u. politischen Gesichtspunkten. (255 S. m. 2 [1 farb.] Karten u. 2 Bl. Erläutergn.) gr. 8. Berlin 908. Puttkammer & Mühlbrecht. 7.20; geb. in Leinw. 8. 80

— Die Familien-Fideikommisse vom wirtschaftlichen, legislatorischen, geschichtlichen und politischen Gesichtspunkte. 8°. Berlin, Puttkammer u. Mühlbrecht, 1909.

Krause, Herm. Forschungen auf dem Gebiete der deutsch-slawischen Geschichte des Mittelalters. Teil I. Zur Kritik des Cosmas von Prag und der ältesten Geschichte Böhmens. 22 S. **Progr.** *Schrimm* 1884.

Krause: Geschichte der südöstlichen Slaven von der Thronbesteigung Karl d. Gr. bis zum Tode Ludwig des Deutschen. 1. Th., 24 S. 2. Th. 24 S. – Schrimm, Progr. 1871, 72.

Krause, H., der Januariustag in Neapel u. die Matthäusprozession in Salerno, s.: Festschriften f. Gustav Adolf-Vereine Nr. 43.

Krause, Herm., Leitfaden der Chemie u. Mineralogie, s.: Fischer, Ferd.

Krause, Herm. (geb. Schneidemühl 28. 11. 1848): Ueber submucöse phlegmonös-eitrige Magenentzündung. Berlin (1872). (31 S.) 8°
Berlin, Med. Diss. v. 30. Nov. 1872

— **Mineralogie f. Gymnasien. gr. 8. (IV, 38 S. m. 49 Abbildgn.) Hannover 891. Helwing's Verl. Kart. n. 1. --**

Krause, Hermann, Oberarzt im Inf.-Regt. Nr. 111: Über akute infektiöse Osteomyelitis der Patella. Freiburg i. B.: Speyer & Kaerner 1909. 40 S. 8°
Freiburg i. B., Med. Diss. v. 1909, Ref. Kraske
[Geb. 6. Jan. 81 Gotha; Wohnort: Neubreisach; Staatsangeh.: Preußen; Vorbildung: Gymn. Coburg Reife O. 00; Studium: Berlin K. W. A. 9 S.; Coll. 18. Juni 09.] [U 09. 949

Krause, Herm., Schul-Botanik. Nach method. Grundsätzen bearb. gr. 8. (III, 204 S. mit 386 in den Text eingedr. Holzschn.) Hannover 884, Helwing'sche Verlagsb.

Krause, Herm. (I.), Schul-Botanik. Nach method. Grundsätzen bearb. 2. verm. und verb. Aufl. gr. 8. (VIII, 231 S. mit 397 in den Text eingedr. Holzschn.) Hannover 887, Helwing's Verlag. *

— Schul-Botanik. Nach method. Grundsätzen bearb. 3. unveränd. Aufl. gr. 8. (VII, 231 S. m. 397 Holzschn.) Ebd. 891. n. 2. 20

Krause, Herm., Schulbotanik. Nach method. Grundsätzen bearb. 4., verb. Aufl. gr. 8. (VIII, 231 S. m. 397 Holzschn.) Hannover 895. Helwing. n. 2. 20

Krause, Herm., Schul-Botanik. Nach method. Grundsätzen bearb. 5. verb. Aufl. gr. 8. (IV, 248 S. m. 401 Holzschn.) Hannover 899. Helwing. Geb. in Leinw. n.n. 2. 60

Schul-Botanik. Nach method. Grundsätzen bearb. von Dr. Hermann **Krause.** 6. verb. u. verm. Aufl. Mit 401 Holzschn. Hannover: Helwing 1904. (207 S.) 8° [F.] [05. 1736 7

Krause, H., Schul-Zoologie. Nach method. Grundsätzen bearb. gr. 8. (IV, 220 S. m. 139 Holzschn.) Hannover 890. Helwing's Verl. n. 2. 40

Krause, Hermann, Dr. iur.: Waldfideikommisse. ⟨T. 1 e. Werkes über Familienfideikommisse.⟩ (Gera 1909: Fischer.) 67 S. 8° ¶(Der Rest ersch. b. Puttkammer & Mühlbrecht, Berlin 1909.)
Berlin, Phil. Diss. v. 26. Juni 1909, Ref. Sering
[Geb. 31. Jan. 81 Wien; Wohnort: Berlin; Staatsangeh.: Preußen; Vorbildung: Friedrichs-Werdersches Gymn. Berlin Reife O. 99; Studium: Straßburg 2, München 1, Berlin 4, Bonn 3 S.; Rig. 4. März 09.] [U 09. 216

Krause, Herm., eine Wanderung durch Siciliens Naturschönheiten u. Kunststätten, s.: Projections-Vorträge. 65. Heft.

Wochen-Zähler nebst Tabellen zur Berechnung des Werths der Beitragsmarken. Invalidenversicherungsgesetz v. 13. Juli 1899. Aufgest. von H[ermann] **Krause**, Sekr. d. Landes-Versich.Anst. Ostpreussen. 2. Aufl. *(Konigsberg Pr.): Selbstverl. 1902.* (20, VIII S.) 8° [Umschlagt. F.] [03. 989 10

Krause, Herm. Leop. (geb. Losse in d. Altm. 24. 11. 1825): Res Slavorum in imperiorum occidentalis et orientalis confinio habitantium saeculo IX. Pars I. Berolini (1854). (55 S.) 8°
Berlin, Phil. Diss. v. 14. Aug. 1854

Krause, Hugo, chemisches Auskunftsbuch f. Fabrikanten, Gewerbetreibende u. Landwirte. (V, 256 u. 28 S. m. 7 Abb.) 8. Wien 909. A. Hartleben. 4.—; geb. 4. 80

Krause H, chemisches Auskunftsbuch für Fabrikanten, Gewerbetreibende und Landwirte. (256 S) (Chemisch-technische Bibliothek 321) Wien 1909

Krause, (Karl Friedr.) Hugo (geb. Berlin 4. 3. 1855): Ueber Darstellung von Xanthinkörpern aus Eiweiss. Berlin (1878). (30 S.) 8°
Berlin, Med. Diss. v. 6. Aug. 1878

— Der Maschinenbetrieb im Kleingewerbe. Ratgeber f. Gewerbetreibende. Leitfaden f. Meisterkurse u. gewerbl. Fortbildungsschulen. (IV, 141 S. m. 81 Abbildgn.) 8. Essen 907. G. D. Baedeker.
Geb. in Leinw. 2. —

Krause, Hugo, Maschinenelemente. Ein Leitfaden zur Berechng. u. Konstruktion der Maschinenelemente f. techn. Mittelschulen, Gewerbe- u. Werkmeisterschulen, sowie zum Gebrauche in der Praxis. (XI, 241 S. m. 305 Fig.) gr. 8. Berlin 905. J. Springer.
Geb. in Leinw. n. 5. —

Krause, Hugo, aus Frankfurt a. M.: Über Pikramidverbindungen. *(Berlin 1904: G. Schade.)* (43 S.) 8°
Berlin. Phil. Diss. v. 12. März 1904

— Chemische Plauderstunden. Leichtfassl. Einführg. in die Chemie an Hand v. Versuchen u. alltägl. Beobachtgn. (VI, 171 S. m. Abbildgn.) gr. 8. Weinheim (907). F. Ackermann. 2.50; geb. 3.50

Krause, Hugo, (Dr.): Reiseeindrücke aus Süd-England. *Berlin: R. Gaertner 1901.* (22 S.) 4°
Berlin, Zweite R, OP 1901 (118)

Krause, Hugo, Reiseeindrücke aus Süd-England. Progr. 4. (22 S.) Berlin 901. [R. Gaertner.] Weidmann. n. 1.—

Krause, Hugo, Wandtafeln für den Unterricht in der allgem. Chemie, s.: Schroeder, Geo. v.

Krause, Hugo: Wycherley und seine französischen Quellen. Halle a. S. 1883: (Kirchner in Nordhausen). 36 S. 8°
Halle-Wittenberg, Phil. Diss. v. [29. Juni] 1883
Geb. Heringen a. d. Helme (Kr. Sangerhausen) 13. 2. 1859. V.

Krause, I., allocutiones academicae, in dieb. dom. et fest. 4. Col. 706.

— Kleinodienschatz, od. Lobpredigten d. Heil. sammt etl. Leichenpredigten. 4. Nürnb. 720.

— d. medicin. Landpfarrer, oder prakt. Anweis., diejenigen Krankheiten, welche am meisten auf dem Lande vorkommen, zu heilen. 8. Schweinf. 794. 2e A. 796. 3e A. 2 Thle. 8. Manh. 804. (A. u. d. T.: medicin.-prakt. Hülfs- u. Hausbuch d. im gemeinen Leben am häufigsten vorfall. Krankheiten rc. 1r Thl. 16 ℋ) 4e A. 2 Thle. 8. Manh. 831. Löffler. 1 ꝥ

Krause, J., medic. prakt. Hülfs- u. Hausbuch d. häuf. vorfall. Krankh. 8. Mannh. Löffler. 804.

— der medizin. Landpfarrer. 2r Thl. 2te Auflage. 8. Ebend. 814.

— neuer medicin. Landpfarrer rc. 8. Heidelb. Braun.

— Passionspredigten. 4. Cöln. 705.

Krause, J. A., preuß. Blumenlese auf d. J. 1810 u. 11. 12. Königsberg, Nicolovius. (à 1 ꝥ 8 ℋ) 2 ꝥ 16 ℋ

Krause, A. (Hrsg.), s.a. Blumenlese, Preußische, aus dem Jahr 1811.

Krause, J. A., u. A. F. v. Wichert, Kronos, oder Königsberger Unterhaltungsblatt. 8. Königsb. 812.

Krause, J. C., de colore sacro et specialim vestitus sacerdotalis. Viteb. 1707. 4.

Krause (Kraus), J. Ernst Franz

Krause, J. Ernst Frz., edle Gestütarten, od. Anl. zu Gestüt- u. Pferdezielung, a. Maulthierzucht rc. 12. Nürnb. 724.

— Wirthschaftsspiegel. 12. Ebend. 723.

Krause, J. F., De Plutarchi Chaeronensis vita. Pr. 1855. 32 S. 4°. 1.20

Krause, J. G. Annalen der Sparkassen. — Aus dem Englischen übersetzt. *Breslau, Korn der Aeltere.* 1821

— (s. Annalen d. Sparkassen.

Krause, J. G., de concione decimastica. Viteb. 1720. 4.

Krause, J.G.: De donis baptismalibus s. pecunia lustrica. – Viteb. 1728.

Krause, J. G., de sanctorum angelorum tutela. Viteb. 1735. 4.

Krause, J. G., der wohlunterr. Vormund, od. ausführl. Anleit. zur Vormundschafts-Verwaltung u. Rechnungsführung. Nebst einigen durchgeführten Vormundschafts-Rechnungen zur Richtschnur f. alle übrigen dienlich. Lexikon-Form. Görlitz 821. Zobel. 1 ꝥ 8 ℋ

Krause, J. H., de catechetis primitivae ecclesiae. Lips. 1704. 8.

Krause, J. H., (praes. Schwarz) de lapsis primitivae ecclesiae. Lips. 1706. 4.

Krause, Jak. Sal., († im März 1799.) von der Gerechtigkeit Gottes, in Rücksicht auf den Versöhnungstod Jesu rc. 8. Dessau 782. Gelehrten-Buchh. 6 ℋ

Krause, Johann

Krause, J., Automobilgesetz. Das Gesetz üb. den Verkehr m. Kraftfahrzeugen vom 3. V. 1909. Erläutert v. K. (X, 264 S.) 8. Hannover (909). Helwing.
Geb. in Leinw. 4. —

Krause, Johannes, Marine-Assistenzarzt aus Stettin-Grabow: Aus d. pathol. Institute zu Kiel. Ein Fall von primärem Krebs des Duodenum. *Kiel 1901: P. Peters.* (15 S.) 8°
Kiel, Med. Diss. v. [24. Juli] 1901

Haftentschädigung. Kommentar zu d. Reichsgesetzen 1. v. 20. Mai 1898, betr. d. Entschädigung der im Wiederaufnahmeverfahren freigesproch. Personen, 2. v. 14. Juli 1904 betr. d. Entschädigung f. unschuldig erlitt. Untersuchungshaft. Von J[ohannes] Krause, Landrichter in Altenburg. Hannover: Helwing 1906. (VIII, 224 S.) 8° [F.]

Krause, Johann Chr. Heinrich

Krause, Jh. Chr. Hnr., († d. 12. Jan. 1828.) Progr. Beantwortung d. Fr.: Wer hat Beruf, e. Gelehrter zu werden? 16 Stück. 4. Bremen 787. Cramer. 7 ℋ

Krause, J. H. C., Beantw. d. Frage: Wer hat Beruf, ein Gelehrter zu werden? 2 Stck. 4. Brem. Cramer. 787. 88.

— Friedenspredigt. gr. 8. Hannov. 814. Hahn. 3 gr

— In historiam atque orationem Stephani Protomartyris. Act. VI. et VII. 8maj. Götting. 780. Dieterich. 2 gr

— s. J. H. J. Köppen, erklär. Anmerkk. zum Homer 2r Bd.

— de usu vocabulorum ΦΩΣ et ΣΚΟΤΙΑ. in N. T. commentar. 8maj. Götting. 782. Dieterich. 3 gr

Krause, Johann Chr. Heinrich, s. Vellejus Paterculus.

Krause, Johann Christoph

KRAUSE, J. Cp.: Abhandl. v. d. deutschen Staatsrechte, mit beständ. Rücks. auf das deutsche Herkommen. *Halle*, Renger. B. 1r B. 797. 8. (20 Gr.)

Krause, J. Chph., Abhandlungen a. d. deutsch. Staatsr. 1r Thl. gr. 8. Halle, Renger. 797. Rthlr.

— s. 1) Ph. Ch. Bertram, Geschichte. 2) Bürgerfreund, der deutsche.

Krause, (J. Cp.) Corpus praecipuorum medii aevi scriptorum etc. Et. s. t.: Lamberti Schafnaburgensis Annales rerum in Germania Ann. 1039—1077. gestarum c. not. et indic. gr. 8. 797. ist Verl. v. Reinicke in Halle.

— — (Prorector) cum directore et senatu academico dies memoriae Spiritus Sancti in apostolos profusi sacros religiose obeundos indicit acad. civibus. — Praemittitur disputatio in locum Paullinum I. Thessal. V, 19—22. Halle (Jo. Christ. Hendel) 11. V. 1799. 16 S. (—.50) 19381

— Einleit. in d. Geschichte d. deutschen Reichs. gr. 8. Halle 782. 2e A. 794. 3e umgearb. u. bis auf d. neueste Zeit fortges. Aufl. von T. G. Voigtel. gr. 8. Ebd. 806. (Laue in Berl.) 1 Rthl 6 gr

— Einleit. in d. Gesch. des deutschen Reichs, umgearbeit. u. bis auf d. neuest. Zeiten fortges. von T. G. Voigtel. gr. 8. Halle, Curt. 806.

Krause J. C. romantische Erzählungen, 1r Theil, 8. Halle, 784. Hendel. 15 sgl.

Krause, Jh. Cph., († d. 30. Sept. 1799.) romant. Erzählungen, nebst Abhandl. über Gegenstände vergangener Zeiten. 1r Thl. 8. Halle 784. N. Aufl. 795. Hendel. 12 gr

Krause, Jh. Chr., romant. Erzählungen, od. Scenen aus der Ritterzeit. 8. Halle 795. Hendel. 12 gr

— Geschichte d. wichtigsten Begebenheiten d. heutigen Europa; e. Handbuch für Schulmänner rc. 1r—3r Bd. 3 Rthl u. 4r Bd. 1e—5e Abtheil. 6 Rthl 8 gr 5r Bd. A. u. d. T.: Geschichte d. neuesten Zeiten. 1r Bd. 1 Rthl — 6r, 7r Bd., fortges. von J. A. Remer. A. u. d. T.: Geschichte d. neuesten Zeiten. 2r, 3r Bd. 3 Rthl — 7 Bde (in 11 Abtheill.) gr. 8. Halle 789—803. Schwetschke u. S. 13 Rthl 8 gr

Krause, Atlas z. Gesch. der Europäisch. Staaten vom Urspr. an, nebst Tabellen. 1ste—3te Liefer. Fol. Halle, Renger. 802–11. (à 5 Rthlr. 16 gr.) Rthlr.

— Tabellen z. Uebersicht der Gesch. aller Europäisch. Staaten. 1ste—3te Liefer. Fol. Ebend. 802–11. (à 1 Rthlr. 8 gr.)

KRAUSE, Johann Christoph 1749 - 1799
Grundriß der Geschichte der jetzigen, besonders der Europäischen Staaten, den Zeitbedürfnissen gemäß eingerichtet, von Johann Christoph Krause ...
Halle: Curts. 1788. 16, 486 S. 8°.
Universitätsbibliothek Leipzig

— Grundriß d. Geschichte d. jetzigen, besonders d. europ. Staaten. gr. 8. Halle 788. (Laue in Berl.) 1 Rthl 3 gr

— Handbuch d. christl., besonders deutschen Kirchengeschichte. 1r Thl. gr. 8. Halle 785. (Laue in Berl.) 1 Rthl

— Lehrbuch d. Geschichte d. 30jähr. Kriegs u. westphäl. Friedens. gr. 8. Halle 782. Hendel. 6 gr

— **Johann Christoph** (Prorector) cum directore et senatu academico dies qui Christo redivivo sacri sunt religiose celebrandos indicit. — Explicatur nexus resurrectionis Jesu Christi e mortuis et mortuorum; ad illustranda varia loca Novi Test., inprimis I. Cor. XV, 12—19. Halle (I. C. Hendel) 23. III. 1799. 16 S. (3.50) 19380

— observat. hist.-feudales. 4. Halle 782. (Laue in Berl.) 4 gr

Krause, Joh. Chrph, Rubriken zu einer systematischen Statistik der deutschen Mächte. Halle 1789. 8. . . . . (D.)

— Rubriken e. systemat. Statistik der deutschen Mächte. 8. Halle, Curt. 790.

— Rubriken e. systemat. Statistik d. deutschen Mächte. 8. Halle 790. (Laue in Berl.) 1 Rthl

KRAUSE (Joh. Chp.), Romantische Szenen aus den Ritterzeiten. (Typogr. Vign.) Halle, in Hendels Verlage. 1795. 8°.

Tit., 2 Bll. Verlag d. Firma, 1 Bl. Inh., 232 S. — 1. Herrmann Riedesel, e. teutsche Geschichte a. d. 15 Jh. (S. 1 bis 70, dramatisirt). 2. Der Sklave Blondhaar u. die Prinzessin v. Egypten. E. Gesch. a. d. Zeiten d. Kreuzzüge (S. 71—232). — Zahm.

Krause, Johann Fr. Gotthard

— Andachtsbuch f. Kinder, zum Gebrauch für Schulen rc. 8. Eisenb. 790. Schöne. 4 gr 2e Aufl. 809. 6 gr

Krause, J. G., Andachtsbuch f. Kinder, z. Gebrauch für Schulen rc. 8. Eisenb. Schöne. 804.

— christl. Glaubens- u. Sittenlehre in Liedern. 8. Lpz. 790. (W. Vogel). 2 gr

Krause, Jh. Fr. Gtthrd., Samml. neuer geistl. Lieder u. Gesänge, aus d. besten Liedersammlungen u. andern Erbauungsschriften herausgeg. 8. Eisenb. 779. (Joachim in Leipz.) 12 gr

— Samml. neuer geistl. Lieder u. Gesänge rc. 8. Leipzig, Müller. 779.

Viro **Joanni Friderico Krause** (Weimar) gravissimis in regno Borussorum muneribus, in ecclesia pariter atque in academia Regiomontana, ampl. cum laude perfuncto, jam in ipso hujus anni festo pentecostes, summam in ecclesiis magni ducatus Vinariensis capessenti dign. felic. muneris gravissimi auspicia piis animis precantur dioeceseon, quae sunt in circulo ad Orilam Neostadiensi, Neostadiensis et Vidensis superint., past. et diac. — Praemissa est succincta notatio nonnullorum, quae in aestimanda religionis publicae necessitate, nostro aevo passim neglecta, cum maxime in censum venire videntur. Neustadt a. O. (Wagner) 1819. 38 S. mit Namen. (5.50) 19384

Krause, Johann Friedrich

— Abschiedspredigt am 11. April 1819 zu Königsberg gehalten. gr. 8. Königsb. 819. (Unzer). 4 Gr.

Krause, Jh. Fr., († d. 31. März 1820.) Abschiedspredigt in der Domkirche zu Naumburg. 8. Naumb. 810. Wild. 3 Gr.

— — animadversiones in II. Epistolam Pauli ad Corinthios. Pars I — IV. 4to. Regiomonti, bibliopol. Universitatis (in comm.) 816 et 817. Pars 1 et 2. 6 Gr. P. 3 et 4. à 3 Gr.

— Progr. III. animadversiones in II. epistolam Pauli ad Corinthios. Pars I.—IV. 4. Königsb. 817 u. 18. (Nicolovius). (Pars I. et II. 6 Gr. P. III. et IV. à 3 Gr.) 12 Gr.

— Antrittspredigt. 8. Königsb. 810. (Michelsen in Leipz.) 4 Gr.

— **M. Johann Friedrich** (Reichenbach/Vogtl.), De libri *ΠΕΡΙ ΚΟΣΜΟΥ* qui inter Aristotelis scripta reperitur auctore. Diss. philol.-crit. Präs. Johann August Goerenz. Wittbg. (Tzschiedrich) 4. IV. 1792. 20 S. (4.50) 19382

— tres commentationes academicae. 4. ibid. 811.

— tres commentationes academicae. 4. Königsb. 812. (Michelsen in Leipz.) 12 Gr.

— festum seculare, II programmat. 4. Ibid. 818. (Michelsen in Leipz.) 6 Gr.

— einige Gelegenheitspredigten. gr. 8. Jena 801. (Schmid). 16 Gr.

— einige Gelegenheitspredigten. gr. 8. Jena, Stahl. 801.

— s. Gesangbuch, Naumburger.

— opuscula theologica, sparsim edita, collegit ineditisque auxit. 8maj. Königsb. 818. (Michelsen in Leipz.) 1 Thlr. 12 Gr.

— Predigt am ersten Tage d. Reformationsjubelfestes d. 31. Oct. 1817. 8. Königsb. 817.

— Predigten über einige Landesgesetze, nebst verschied. and. Kanzelvorträgen rc. gr. 8. Leipz. 797. (Brockhaus). 12 Gr.

— Predigten üb. etl. Landesgesetze rc. gr. 8. Leipz. Gleditsch. 797.

— Predigten über d. gewöhnl. Sonn- u. Festtagsevangelien d. ganzen Jahres. 3 Thle. gr. 8. Leipz. 803—5. N. A. 809. (Reinicke u. C. in Halle). 4 Thlr. 2r Jahrg. 1r, 2r Bd. gr. 8. Leipz. 808, 9. Er. Fleischer. 2 Thlr.

— Predigten üb. Sonn- u. Festt.-Evangel. 3 Bde. gr. 8. Leipz. Hinrichs. 809.

Schreibv.

— Rede bei d. Einweihung d. neuen Domschule in Naumburg rc. gr. 8. Weißenf. 808. 3 Gr.

— Siegespredigt. 8. Königsb. 814. Nicolovius. 4 Gr.

— — Vindiciae capitis ultimi evangelii Joannis. Disp. crit.-philol. Pars I. Präs. Christian Friedrich Matthaei. Wittbg. (Tzschiedrich) 1. II. 1793. 18 S. (—.50) 19383

Gew.: Christoph Gottlob v. Burgsdorf, Carl Albrecht v. Nimptsch (Pesterwitz . . .), Lebrecht Gottlob v. Metzsch (Reichenbach . .), Christoph Wilhelm v. Roeder (Poehl). — Tl. II s. Stauss, A. C.

Krause, Johann Friedrich Christian

— **Jo. Friedr. Christian** (Breslau), Viro Friedrich Heinrich Mylius summos in utr. jure honores gratul. et de juribus et praerogativis juris utriusque doctorum in Saxonia Electorali disserit. Lpz. (Christ. Ehrenfr. Foerster) 17. II. 1752. 20 Seiten. (5.—) 19385

— **Johann Georg** (Schlichtingsheim/Posen), Selectarum quae ad usum fori spectant observationum sylloges diss. IV. Präs. D. Jo. Wilhelm Hoffmann. Frankfurt a. O. (Sigismund Gabriel Alex) 25. VI. 1735. (S. 67—78.) (4.80) 19386

Enth.: Observatio 33—37.

KRAUSIUS, Joan. Georg.: Programma de domino arborum turbine delectarum in vicinum praedium. - Wittenbergae 1736

Krause, Johann Gottfried, vgl. Kraus, Johann Gottfried.

Krause, Johann Gottfried, Poetische // Blumen // So wohl bey Freuden= als // Trauer=Fällen, // In müßigen Neben=Stunden // An dem anmuthigen // Saalen=Strande // Abgebrochen // von // Joh. Gottfried Krausen. // Erstes Bouquet. // Langen=Saltza // Druckts und verlegts J. Christoph Heergart. 1716. - 4 Blatt (nicht paginiert) Titelblatt, und Vorrede. - 136 S. -

Krause, I. Gf., tractatio processus judiciarii potiss. Saxonici. 4. Vitemb. Zimmermann. 725.

— tract. processus judiciar. synopt. 8. ibid. 739.

KRAUSE (Kraus?), Joh. Gfr. (Prof. jur. zu Wittenberg), Dissertation von den listigen und betrügerischen Ueberredungen bey den Verlöbnissen. (Dat. 19. Oct. 1724).

In: Rohr's, Jul. Bernh. v., jurist. Tractat von dem Betrug bey den Heyrathen. Berlin 1736. 8°. S. 1—108.

Krause, Johann Gottlieb

— — (Bautz./Laus.), De advocatiis publicis superioris Lusatiae. Von denen Vogteyen in der Ober= Lausitz. Diss. jur. publ. special. Präs. Carl Wilhelm Gaertner. Lpz. (Georg Saalbach) 27. VI. 1727. 39 S. (6.50) 19390

Krause, Jh. Gli., († d. 19. Juni 1814.) Andachts- u. Erbauungsbuch für Bürger u. Landleute. 8. Liegnitz 806. Siegert. (Heymann in Glogau). 4 gr

BÜCHERSAAL, Neuer, der gelehrten Welt (von *Johann Gottlieb Krause* und *Johann Georg Walch*) . . . . 60 Oeffnungen. Leipzig 1710—17. (Expl. im British Museum.)
l. c. (nach Mylius).

— — Candidatis s. p. d. Wittbg. (Ephr. Gottlob Eichsfeld) 1733. 6 Bl. (1.—) 19392

— **Johann Gottlieb** (Wohlau/Schles.), Eruditos sine moribus. Diss. histor. Präs. M. Friedrich Ernst Scholtze (Oels). Lpz. (Christian Goez) 18. IX. 1705. 28 S. (6.30) 19387
Gew. (v. Präs.): Joachim Wilhelm Graf v. Malzan.

Krause, Johann Gottlieb [Praes.], s. Gebhard, Christ. Gottlob: Originem domus Saxonicae e primoribus veteris Germaniae.

Krause, Jh. Gli., Hand- u. Hülfsbuch für angehende Prediger rc. 8. (Liegnitz) 805. Siegert. 7 gr N. A. 8. Leipz. 822. Serig. 8 gr

Krause, (Joh. Gottl.,) Hand- u. Hülfsbuch f. angehende Prediger, wie auch f. Schullehrer u. Küster, welche sich die Verfertigung d. sogen. Lebensläufe u. Abkündigungen erleichtern wollen. 8. Leipz. 822, Serig.

— Materialien u. Entwürfe zu Wochenpredigten. gr. 8. Breslau, Hamberger. 806.

— Materialien u. Entwürfe zu Wochenpredigten. gr. 8. Bresl. 803. ... 1 Thlr 8 gr N. Aufl. gr. 8. Leipz. 822. Serig. Hbg. Pr. 16 gr

— — Muneris eloquentiae docendae publici extra ordinem clement. sibi demandati ingressum ut praesentia sua 10. XII. 1723 . . . deprecatur. Lpz. (Fleischer). 6 Bl. (1.50) 19389

Krause, Johann Gottlieb: Phrasis Mosaica qua Cainum non desperantem, ex Gen. IV, 12, s. Ortlob, Johann Christoph

— — Phrasis Mosaica qua Cainum non desperantem, ex Gen. IV, 13. philologorum judicio sistent. Präs. M. Jo. Christ. Ortlob. Lpz. (Immanuel Titius) 14. VII. 1706. 24 S. (6.—) 19388

— Samml. einiger Traureden, nebst einem Anhange z. Gebrauch bei Kirchen- sowohl als Haus-Copulationen. 8. Liegnitz 806. N. Aufl. 8. Leipz. 822. Serig. 10 gr

KRAUSE, Joh. Gli., Untersuchung des Wortes Uuiphait, im Schwäbischen Land-Rechte, oder ob die Weiber der Sachsen sich von den Schwaben beschlafen lassen, und dadurch ihre Erbschafft verlohren, zur Erläuterung einiger wichtigen Stücke der Sächsischen Historie und der alten Deutschen Rechte. Wittenberg 1733. 4°. 38 S. Selten! (3 Mk. 50 Pfg. M. Edelmann, Nürnb. 1904.)
Dr. Franz Schnitzer's Bibl. München 1902, no. 254.

— — De usu diplomatum Conradii Germaniae regis. Wittbg. (Jo. Christian Gerdes) 1732. 6 Bl. (3.50) 19391

Krause, Johann Gottlieb [Praes.], s. Zeitz, Christian Gottl.: Dissertatio juridica, qua requisita hypothecae conventionalis in bonis immobilibus constituendae evolvuntur.

Krause, Joh. Heinr., Angeiologie. Die Gefässe der alten Völker insbesondere der Griechen u. Römer aus den Schrift- u. Bildwerken des Alterthums in philolog., archaolog. u. technischer Beziehung dargestellt u. durch 164 Figuren erlautert. Mit 6 lith. Taf. (in 4.). Halle 854. G. Schwetschke. gr. 8. (XVI, 488 S.) 2 Thlr. 15 ngr.

Krause, Joh. Heinr., die Byzantiner des Mittelalters in ihrem Staats-, Hof- u. Privatleben, insbesondere vom Ende des 10. bis gegen Ende des 14. Jahrhunderts nach den byzantin. Quellen dargestellt. Halle 869. Schwetschke. gr. 8. (XXVI, 422 S.) n. 2 Thlr.

Krause, I[oannes] Henricus: Commentationis de civitatibus neocoris, quae in numis maxime lapidibusque inscriptis commemorantur. particula 1. Halis Saxonum (1843): Heynemann. 44 S. 8°
Halle-Wittenberg. Phil. Hab.-Schr. v. 28. Dez. 1843
Im Buchhandel Halis Saxonum (Lipsiae: Barth) 1844.

Krause, Ioannes Henricus: •Commentationis de Euripidis vita, ingenio atque philosophandi ratione particula 1. 29 S. 8° (4°)
Halle-Wittenberg. Phil. Diss. v. 1. Dez. 1840
Geb. [Bürgel (Sachs.-Weimar) 13. 12. 1802]

Krause, Joh. Heinr., Deinokrates oder Hütte, Haus und Palast, Dorf, Stadt und Residenz der alten Welt aus den Schriftwerken der Alten und nach den noch erhaltenen Ueberresten mit Parallelen aus der mittleren und neueren Zeit dargestellt. gr. Lex.-8. (XVI und 620 S. mit 5 Stnt. in gr. Lex.-8. und Fol.) Jena 863, Mauke's Verlag. *

Krause, Joh. Hch. Dubia vexata circa Caroli Magni historiam. 4 Lipsiae 1706.

— die Eroberungen von Constantinopel im 13. u. 15. Jahrh. durch die Kreuzfahrer, durch die nicäischen Griechen u. durch die Türken, nach byzantin., fränk., türk. Quellen u. Berichten dargestellt. Ebend. 870. gr. 8. (XIV, 228 S.) n. 1 Thlr. 5 ngr.

— Geographie von Alt-Griechenland, s. Griechenland.

— Geographie von Griechenland im Mittelalter u. in der Neuzeit, s. Griechenland.

Krause, Joh. Heinr., Geschichte der Erziehung, des Unterrichts und der Bildung bei den Griechen, Etruskern und Römern. Aus den Quellen dargestellt. gr. 8. (XVII und 436 S.) Halle 851, Pfeffer. *

Krause, Johann Heinrich [Praes.], s. Guenther, Heinrich: De potestate eligendi imperatorem ad solos electores restricta.

Krause, Jh. Hnr., die Gymnastik u. Agonistik der Hellenen, aus den Quellen wissenschaftlich dargestellt. Mit 26 Taf. Abbildd. gr. 8. Leipzig 840. Barth. 7 ß

Krause, J. H.: Die Gymnastik und Agonistik der Hellenen. Leipzig 1841. 994 S. m. Abb. (J. H. Krause: Ελληνικά. 1.)

Krause, Joh. Heinr., *Ελληνικά* od. Institute, Sitten u. Bräuche d. alten Hellas, mit besond. Rücksicht auf Kunstarchäologie. 1. Thl. 2 Bde. u. 2. Thl. 2. Bd. gr. 8. Leipzig 841, Barth.

A. u. d. Ttln.:

Thl. 1 Die Gymnastik u. Agonistik der Hellenen aus d. Schrift- u. Bildwerken d. Alterthums wissenschaftl. dargest. u. durch Abbildn. veranschaulicht. 2 Bde. (66¾ B. u. 36 Stnt.) 7 Thlr.

- 2. Bd. 2. Die Pythien, Nemeen u. Isthmien aus d. Schrift- u. Bildwerken d. Alterthums dargest. (17 B. u. 3 Stnt.) 1 Thlr. 18 Gr.

2. Thl. 1. Bd. wird (1842) noch erwartet.

Krause, Joh. Heinr., die Musen, Grazien, Horen u. Nymphen m. Betrachtung der Flussgötter in philolog., mythisch-religiöser u. kunst-archäolog. Beziehg. aus den Schrift- u. Bildwerken d. Alterthums dargestellt. gr. 8. (XVII, 218 S.) Halle 871. Schwetschke. n. 3. —

— *Νεώκορος*, Civitates Neocorae sive aedituae e veterum libris, nummis, lapidibus inscriptis adumbratae atque corollariis quattuor additis illustratae. 8maj. Lipsiae 844, Reichenbach fratres. n. 5/6 ß

— Olympia, oder Darstellung der großen olympischen Spiele und der damit verbund. Festlichkeiten, so wie sämmtlicher kleineren Olympien in verschied. Staaten, nebst e. ausführl. Verzeichnisse der olympischen Sieger in alphabet. Ordnung u. einigen Fragmenten des Phlegon aus Tralles *περὶ τῶν Ὀλυμπίων*. gr. 8. Wien 838. Beck. 3 ß

Krause, J. H.: Olympia oder Darstellung der großen Olympischen Spiele u. der damit verbundenen Festlichkeiten. Wien 1838. 420 S.
— — 1838. 436 S. (Krause, J. H.: Ελληνικά 2, 1.)

Krause, Joh. Heinr., Plotina oder die Kostüme des Haupthaares bei den Völkern der alten Welt mit Berücksicht. einiger Kostüme neuerer Völker in kosmet., ästhet. und artist. Beziehung dargestellt und durch 200 Fig. auf 5 Taf. veranschaulichet. gr. 8. (XVI und 270 S. mit 5 Stnt. in qu. gr. 4.) Leipzig 858, Dyk'sche Buchh.

—— Pyrgoteles oder die edlen Steine der Alten im Bereiche der Natur und der bildenden Kunst, mit Berücksichtigung der Schmuck- und Siegelringe, insbesondere der Griechen und Römer. gr. 8. (XXII und 302 S. mit 3 Stnt. in Fol.) Halle 856, Schwetschke. *

Krause, J. H.: Die Pythien, Nemeen und Isthmien. Leipzig 1841. 241 S. m. Abb. (J. H. Krause: Ελληνικά 2, 2.)

— Theagenes, oder wissenschaftl. Darstellung der Gymnastik, Agonistik u. Festspiele der Hellenen. 1r Thl. 1e Abthl. gr. 8. Halle 835. Anton. Subscr.-Pr. 1 ß

Krause, J. H.: Theagenes oder wissenschaftliche Darstellung der Gymnastik, Agonistik u. Festspiele der Hellenen. Halle 1835. 256 S.

Krause, Johann Viktor

Krause, J. Vict., Erklärung der Charte v. Norden u. v. l'Isle etc. 8. Berlin, Haude. 753.

KRAUSE, Joh. Victor, Deutsche Gedichte. 2 Thle. Halle 1733. 8°. (3 Mk. Paul Neubner, Cöln, 1892.)

— deutsche Gedichte, zwey Samml. 8. Halle. 733. 36.

Krause, Johann Victor, Joh. Victor Krausens // aus Halle // B. R. C. und Mitgliedes der Deut= //schen Gesellschafft zu Leipzig // Deutscher // Gedichte // Zweyte Sammlung // Nebst // seinen vormahls heraus gegebenen // Betrachtungen des Todes // und der // Sterblichkeit. // HALLE, // In Comission zu haben im Kupfer= //laden unter dem Rathause. - 6 Blatt (nicht paginiert) Titelblatt, Widmung (vom 8. Mai 1734), Vorrede und Ehrengedicht von Samuel Gotthold Lange aus Halle. - 244 S. -

— — Auserlesene Deutsche Gedichte, verfertiget von —. Zweyte und um die Hälfte vermehrte Auflage. Berlin, bey Ambr. Haude, und Joh. Carl Spener, 1751. 8°. 8 Bll. u. 656 S. (In Göttingen: P. 3696.)

— neue Samml. deutscher Gedichte. 2 Thle. 8. Berlin. Haude. 751.

Krause, Johann Werner, s. Kraus, Johann Werner.

Krause, Joh. Wilh., Abbildungen u. Beschreibung aller bis jetzt bekannten Getreidearten, mit Angabe ihrer Kultur u. Nutzen, in 8 Hftn. Zur Förderung d. wissenschaftl. Kenntniß, Gleichförmigkeit d. Systems u. d. Benennungen dieser ersten ökonom. Gewächse unternommen. Die Originalzeichn. nach d. Natur gefert. v. Ernst Schenk. 1—3. Hft. gr. Fol. Leipzig, Baumgärtner.

Hft. 1. Die Familie: Triticum vulgare. 18 Arten mit einigen Varietäten auf 6 ill. Kpfrt. (4½ B.) 834. 2 Thlr.

= 2. Die Fam.: Trit. turgidum. 10 Arten auf 6 ill. Kpfrt. (9 B.) 834. 2 Thlr.

= 3. Die Fam.: Trit. durum. 9 Arten u. einige Varietäten auf 6 ill. Kpfrt. (6 B.) 835. 2 Thlr.

Krause, Joh. Wilh., Abbildung u. Beschreibung aller bis jetzt bekannten Getreidearten mit Angabe ihrer Kultur u. ihres Nutzens. Mit Origzeichnn., nach d. Natur gefert. v. Ernst Schenk. 4—8. (letzt.) Hft. gr. Fol. Leipzig, Baumgärtners Buchh. à * 2 Thlr. *

Hft. 4. Die Familien: Triticum polonicum, 4 Arten, u. Trit. spelta, 5 Arten, u. einige Varietäten auf 6 ill. Kpfrt. (4½ B.) 836.

= 5. Die zwei letzt. Familien (die 6. u. 7.) der Weizen: Triticum amyleum, 12 Arten, u. einige Varietäten, u. Trit. monococcum, eine Art, auf 6 ill. Kpfrt. (5½ B.) 837.

= 6. Die 2. u. 3. Gattung d. Getreide, Secale cereale, eine Art u. Varietäten, u. Hordeum, drei Familien, diese in 11 Arten u. Varietäten, auf 6 ill. Kpfrt. (7½ B.) 837.

= 7. Die 4. Gattung d. Getreide, Avena u. zwar d. erste Familie, u. Avena sativa, 8 Arten u. Varietäten, auf 6 ill. Kpfrt. (4½ B.) 837.

= 8. Die 2. Familie d. Hafer, Avena oriental., vorzügl. u. geringe Arten, u. als Zugabe Avena fatua, zusammen 9 Arten auf 6 ill. Kpfrt. Am Schlusse noch: Hinblick auf d. zur Vervollständ. dies. Werkes noch Erforderliche, u. Uebersicht d. in dies. 8 Hftn. abgebild. u. beschrieb. Getreidearten. gr. Fol. (3½ B.) 837.

—— theoret.-praktische ökonom. Botanik, od. Beschreib. d. in Deutschland vorkomm. auf d. Landwirthschaft e. mehr od. mind. nahe Bezieh. habenden Gewächse, mit Hinweis. auf ihren Nutzen u. Gebr. Ein Handb. f. Landwirthe, Droguisten, Gärtner, Forstmänner u. A. 2 Bde. 8. (54 B.) Leipzig 831, Baumgärtner.
Aus der „Allgem. Encyklopädie d. gesammt. Haus- u. Landwirthsch., hrsg. v. Putsche" besond. abgedruckt.

—— Encyklopädie d. gesammt. Land- u. Hauswirthschaft rc., s. Encyklopädie.

—— vollständ. Generalregister zu Putsche's Encyklopädie, 1—12. Bd., s. Encyklopädie, allgem., d. gesammt. Land- u. Hauswirthschaft, 13. Bd.

—— das Getreide-Buch, od. neueste Wanderungen durch d. wissenschaftl. Gebiet d. Getreide. Mit mehr. in d. Text eingedr. u. beigegeb. Holzschnn., nebst ein. vollständ. Register üb. d. deutsch. Namen d. Unkräuter. Auch als Kommentar zu desselb. Verf. groß. Werke: Abbildungen u. Beschreibung aller bis jetzt bekannten Getreidearten, zu betrachten. gr. 8. (19 B.) Leipzig 840, Baumgärtner's Buchh.

Krause, Ritter Jh. Wlh., († d. 10. Aug. 1828.) englisches Lesebuch. gr. 8. Dresd. 792. (W. Rauck in Leipz.) 16 Gr.

Krause, J. W., englisch. Lesebuch. gr. 8. Dresden, Richter, (Sommer in Leipz.) 792. Rthlr.

—— Deutschlands Maaß-, Gewichts- u. Münzkunde, e. Hülfsbüchlein f. Landwirthe u. Andere, in Anhaltepuncten an d. vorzügl. Städte u. einiger Länder. gr. 8. (3 B.) Leipzig 831, Baumgärtner.

— Oeconomie u. Architektur. Eine Skizze. 8. Dorpat 803.

Krause, Joh. Wilh., Schmetterlinge, s. Fauna v. Thüringen, IV.

—— Supplementbände zu Putsche Encyklopädie, s. Encyklopädie, allgem., d. gesammt. Land- u. Hauswirthschaft rc., 14. u. 15. Bd.

— Uebersicht der Landwirthschaft in Tabellen, zum Behuf academ. Vorlesungen entworfen. 4. Dorpat 808.

—— die Ziegenzucht, od. ausreich. Unterr. üb. d. Naturgeschichte u. mannichfalt. Benutz. dies. Thiere, so wie ihrer Krankheiten u. deren Heilung. Hauptsächl. mit Beachtung d. jetzt vielbesproch. Ziegenflaums zusammengestellt. 8. (3 B.) Leipzig 831, Baumgärtner.
Aus der „Allgem. Encyklopädie d. gesammt. Land- u. Hauswirthsch., hrsg. v. Putsche" besond. abgedruckt.

Krause, Joannes Guilelmus Adolphus: Annotationes ad diabeten. Halis Saxonum (1853): Mueller. 33 S. 8°
Halle-Wittenberg. Med. Diss. v. 7. März 1853
Geb. Polennen (Ostpr.) 17. 3. 1832. V.

Krause, Johannes, s. Krause, Johann.

Krause, John William (geb. Bloemfontein im Oranje-Freistaat 11. 9. 1857): Ueber Druckparalysen und Drucknenrosen, bedingt durch Knochencallus und Narbenmassen. Berlin (1882) (30 S.) 8°
Berlin, Med Diss v. 13. Jan. 1882

Krause, Jonath., Gnade u. Wahrh. in Jesu, in Liedern üb. Evang. u. Epist. 8. Leipz. (Siegert in Liegn.) 739.

Krause, Jonath., katechet. Haus- u. Kinderpostille über die Episteln des ganzen Jahres. 8. Leipz. 755. (Siegert in Liegnitz).
1 ₰ 8 ℳ

Index lectionum in Lyceo Regio Hosiano Brunsbergensi per hiem. a d. xv. Oct. a. 1893 usque ad d. xv. Mart. a. 1894 instituendarum. — Praecedit Prof. Dr. Josephi **Krause** commentatio philosophica: S. Bonaventuram in doctrina de rerum naturalium origine S. Augustinum secutum esse. Brunsbergae, typ. Heyneanis, 1893; 18 S. 4.

Krause, Joseph. Die Lehre des hl. Bonaventura über die Natur der körperlichen u. geistigen Wesen und ihr Verhältnis zum Thomismus. Paderborn, Schöningh. 1888, gr. 8°. 88 S., 1,40 Mk.
Recens. v. M. Schneid, Litt. Hdw. 1888, S. 563—5. Schanz, (Tüb. Theol. Quartalschr. 1889, S. 162—6. Gloßner, Litt. Rundsch. 1891, S. 225—7. Gutberlet, Natur u. Offbg Bd. 35 (1889), S. 316—18.

Krause, Jos., Quomodo s. Bonaventura mundum non esse aeternum, sed tempore ortum demonstraverit. Commentatio philosophica. Braunsberg (Heyne), 1890. 4°, 22 S., Lyceal-Progr.

Krause, Isidorus (geb Breslau 28. 2. 1840): De duorum attractionis generum usu apud tragicos. Vratislaviae (1863). (38 S.) 8°
Breslau, Phil. Diss. v. 20. Marz 1863

Krause, J.: De attractionis usu in infinitivo tragicorum locis collatis. 16 S. 4°— Breslau Fr. G., Progr. 1871.

[**Krause,** Robertus **Iulius**]: • De scribis publicis Romanis. 37 S. 2°
Halle-Wittenberg, Phil. Diss. v. 3. Mai 1847
Geb. [Torgau 20. 10. 1825]
Ersch. in gekürzter Umarbeitung u. d. T.: De scribis publicis Romanorum. Magdeburg 1858: Heinrichshofen. 22 S. 8° (4°) Pädag. z. Kloster U. L. Fr., Progr.

Krause, Julius Friedrich Wilhelm: De leucaemia. Berolini (1863). 32 S. 8°
Berlin, Med. Diss. v. 24. Aug. 1863

Aponogetonaceae, mit 71 Einzelbild. in 9 Fig. von K. **Krause** mit Unterstützung von A[dolf] Engler. Leipzig: W. Engelmann 1906. (22 S.) 8°
= **Pflanzenreich,** Das. H. 24. (IV, 13.)

Krause, K., Araceae-Calloideae, s.: Pflanzenreich, das. 37. Heft.

— Araceae-Monsteroideae, s.: Pflanzenreich, das. 37. Heft. (Engler, A.)

Krause, K. Beiträge zur Geschichte Stade's. 8. Stade 1856.

Krause K, Leipzig. **Illustrierter Katalog über Maschinen für die gesamte Papierindustrie.** (440 S) 4° Leipzig 1899

Krause, K: Catalog über Maschinen für Buch-, Stein- und Kupferdrucker usw. Leipzig 1884

Krause, K: Catalog über Maschinen für die gesammte Papierindustrie. (Leipzig 1893)

Krause, K., über das Lautwerden der eigenen Gedanken. (23 S.) Lex.-8. Berlin 904. A. Hirschwald. n. — 60
Sonderabdruck aus: „Charité-Annalen".

Krause, K., Leitfaden für den Unterricht in der Orthographie auf der unteren und mittleren Stufe. Für die Hand der Schüler bearb. 2 Tle. 8. (IV, 19; 18 S.) Potsdam 881, Link. à Tl. — 20 Pf.

Krause, K: Preis-Verzeichniß über Maschinen für lithographische Anstalten. Leipzig 1896—1897

Krause, K: Verzeichniß von Papierschneidemaschinen usw. Leipzig 1897 ff.

Krause, K. E. H.

— Bestimmungen für die Prüfung der Abiturienten an der R. I. O. zu Rostock. 6 S. **Progr.** *Rostock* 1881.

Krause, K. E. H. Die Bestimmungen für die Reifeprüfung am Gymnasium zu Rostock. Zusammengestellt aus den amtlichen Quellen. 18 S. **Progr.** *Rostock* 1878

Krause, K. E. H., s.: Gebete, zwei niederdeutsche.

Krause, K. E. H., kurze hochdeutsche Sprachlehre. 4., verb. Aufl. gr. 8. (98 S.) Stade 877. Steudel sen. n. 1. —

— über den 1. u. 2. Theil der Rostocker Chronik. Eine Kinderlehre d. 15. Jahrh. 4. (20 S.) Rostock 873. (Stiller.) n. — 80

— aus dem Todtenbuche d. St. Johannis-Klosters vom Prediger-Orden zu Rostock. — Bruchstück e. Kalendarii d. Johannis-Klosters u. niederdeutscher Cisiojanus d. Konrad Gesselen. — Zur Geschichte der ersten Jahre der Universität Rostock. gr. 4. (24 S.) Ebend. 875. n. 1. —

Krause, K. E. H. Van der Rostocker Veide. Rostocker Chronik von 1487—1491. Zum ersten Male aus der Handschrift herausgegeben. VI, 24 SS. **Progr.** *Rostock* 1880

Krause, K. E. H. Der angeblich antike Torso „Lots Weib“ in Doberan, eine mecklenburger Arbeit. 2 S. **Progr.** *Rostock* 1876.

Krause, Karl, der Aufruhr in Dresden am 3., 4., 5., 6., 7., 8. u. 9. Mai 1849. Nach amtlichen Quellen geschildert. gr. 8. Dresden 849, Adler & Dietze. — 2. u. 3. Aufl. gr. 8. Ebd. 849. — 4., m. e. Nachtrage verm. Aufl. gr. 8. (72 S.) Ebd. 849. n. 6 ngl; mit 5 Lith. n. 1/3 ₰

— der 12., 13., 14. u. 15. August 1845 in Leipzig. gr. 8. Leipzig 845, Hoßfeld. 1/12 ₰

Krause, Karl. Der 12., 13., 14. und 15. August 1845 in Leipzig. 6. Auflage. Leipzig 1845. 16 S. 8.

Krause, Carl: Beiträge zur Geschichte der Entwickelung der Instrumente in der Markscheidekunde. 1908. VIII. 49 S. 4⁰
Dresden, Dr.-Ing.-Diss. v. 31. 12. 1907

Krause, Carl, der Briefwechsel des Mutianus Rufus, s. Zeitschrift des Vereins für hessische Geschichte und Landeskunde.
—— dass. — s. Briefwechsel.

Krause, Carolus: De P. Papinii Statii comparationibus epicis. Halis (1871): Orphanotropheum. 58 S. 8°
Halle-Wittenberg, Phil. Diss. v. 4. Aug. 1871
Geb. Schweidnitz 28. 4. 1847. V.

Krause, Carol., de Caroli V. Caesaris electione ejusque causis et eventu. Dissertatio inauguralis historico-critica. gr. 8. (VIII und 56 S.) Rostock 866, Stiller'sche Hofbuchh. *

Krause, Karl, Entgegnung auf des Herrn Dr. Fölix Angriff auf Oeffentlichkeit der Gerichte und Geschworene. gr. 8. Dresden u. Leipzig 844, Arnoldische Buchh. n. 1/2 ₰

Krause, Karl Epistolae aliquot selectae virorum doctorum M. Luthero aequalium. Ex codicibus edidit, illustravit C. Kr. 22 S. **Progr.** *Zerbst* 1883.

Krause, Karl, kurzgefaßte Erklärung der Lesestücke in Ferd. Hirts deutschem Lesebuche, s.: Banse, R.

Krause, Karl [app. Arzt]: Ueber einen Fall von Bradycardie ... Göttingen, Druck d. Dieterich'schen Univ.-Buchdr., 1895; 65 S. 8.
Göttingen, Med. Fak., Inaug.-Diss. v. [9. Febr.] 1895

Krause, K., üb. e. Fall v. Bradycardie. Diss. gr. 8. (65 S.) Göttingen 895. (Vandenhoeck & Ruprecht.) n. 1. 60

Krause, Carl [prakt. Arzt aus Berlin]: Ein Fall von osteoplastischer Resection des Oberkiefers nach B. von Langenbeck zur Entfernung einer Nasenrachengeschwulst .... Greifswald, Druck v. Julius Abel, 1886; 26 S. 8°.
Greifswald, Med. Fak., Inaug.-Diss. v. 13. März 1886.

Krause, Carl, ein Fall von osteoplastischer Resection des Oberkiefers nach B. von Langenbeck zur Entfernung einer Nasenrachengeschwulst. Diss. Greifswald 1886, Jul. Bindewald. 8°. 26 S.

Krause, Karl [Dr.]: Der Gebrauch der Präpositionen bei dem Historiker Herodian. 1. Tl: Frequenz. σύν u. μετά c. genit. '(statist.-lexikal. Studie)'. Breslau, Druck v. A. Stenzel, 1893; 12 S. 8.
Strehlen, k. G, P 1893 (208)

Krause, Karl, Referendar: Die Gewährleistungspflicht des Verkäufers beim Handelskauf. Borna-Leipzig 1910: Noske. VIII, 62 S. 8°
Leipzig, Jur. Diss. v. 4. Juni 1910
[Geb. 25. Juli 86 Schedewitz; Wohnort: Zwickau i. S.; Staatsangeh.: Sachsen; Vorbildung: Realgymn. Zwickau Reife O. 06; Studium: München 3, Leipzig 4 S.; Rig. 25. Juni 09.] [U 10. 1709

Krause, Carol., grammatica tironiana. Dresdae 853. Meinhold. gr. 4. (1 Bl., 16 lith. S.) n. 1 ₰.

—— deutsche Grammatik für Ausländer oder Leitfaden für den Unterricht in der deutschen Sprachlehre mit besond. Rücksicht auf ausländ. Institute, nach den besten Quellen bearb. und hrsg. gr. 8. (VIII und 96 S.) Rostock 867, Leopold's Universitäts-Buchh. *

Krause, Carl, deutsche Grammatik für Aus- und Inländer oder Leitfaden für den Unterricht in der deutschen Sprachlehre mit besond. Rücksicht auf ausländ. Institute im Inlande und deutsche Institute im Auslande. Nach den besten Quellen bearb. 2. gänzlich umgearb. Aufl. gr. 8. (VIII, 164 S.) Rostock 869, Leopold's Universitäts-Buchh. 2 25

Krause's, Karl, deutsche Grammatik für Ausländer jeder Nationalität, mit besond. Rücksicht auf ausländ. Institute im Inlande und deutsche Institute im Auslande bearb. Hrsg. von Karl Nerger. 3. vielfach verb. Aufl. gr. 8. (XII, 283 S.) Rostock 878, Werther's Verlag. *

Krause's, Karl, deutsche Grammatik für Ausländer jeder Nationalität m. besond. Rücksicht auf ausländ. Institute im Inlande u. deutsche Institute im Auslande, neu bearb. v. Karl Nerger. 4. verb. Aufl. gr. 8. (XI, 279 S.) Rostock 889, Werther's Verlag. 3 60
geb. 4 20

Krause's, Karl, deutsche Grammatik f. Ausländer jeder Nationalität m. bes. Rücksicht auf ausländ. Institute im Inlande u. deutsche Institute im Auslande, neu bearb. v. Karl Nerger. 5., verm. Aufl. gr. 8. (VIII, 279 S.) Rostock 898. Breslau, J. U. Kern's Verl. 4. —; geb. in Leinw. n. 4. 80

Krause's, Karl, deutsche Grammatik f. Ausländer jeder Nationalität, m. besond. Rücksicht auf ausländ. Institute in Deutschland u. deutsche Institute im Auslande neu bearb. v. Karl Nerger. 6. verb. Aufl. (VIII, 276 S.) gr. 8. Breslau 908. J. U. Kern. 3. 60; geb. in Leinw. 4. 50

— dasselbe. Auszug f. Schüler. Nach d. 5., verb. Aufl. bearb. v. Karl Nerger. gr. 8. (VIII, 200 S.) Ebd. 898. Geb. in Leinw. n. 2. 40

Krause's, Karl, deutsche Grammatik f. Ausländer. Auszug f. Schüler, bearb. v. Karl Nerger. 2. verb. Aufl. gr. 8. (VIII, 200 S.) Breslau 902. J. U. Kern. Geb. in Leinw. n. 2. 50

— dasselbe. Auszug f. Schüler, neu bearb. v. Karl Nerger. 3. verb. Aufl. (VIII, 220 S.) 8. Ebd. 909. Geb. 2. 50

Krause, Carl, Helius Eobanus Hessus, sein Leben und seine Werke. Ein Beitrag zur Cultur- und Gelehrtengeschichte des 16. Jahrh. 2 Bde. gr. 8. Gotha 879, F. A. Perthes. [1. Bd. (XII, 416 S. mit Portr. in Holzschn.) * M 7.; 2. Bd. (VI, 287 S.) * M 5.] *

—— Kritik der Lehrmittel des Gabelsberger-Stenographen-Central-Vereins in München. 8. (80 und 6 lithogr. S.) Dresden 854, Meinhold und Söhne.

—— Lehrbuch der Gabelsberger'schen Stenographie, s. Heyde, Mor.

—— und Mor. Heyde, Lesebuch zum Lehrbuch der Gabelsberger'schen Stenographie. 2 Lfgn. gr. 8. (160 S.) Heilbronn 854, Landherr. à Lfg. * 15 Ngr. *

Krause, Carl, zur Lösung der Volksschullehrer-Frage am Landtage von 1857/58. Dresden 859. (am Ende.) gr. 8. (21 S.) 3 ngr.

—— Melanchthoniana. Regesten und Briefe über die Beziehungen Philipp Melanchthons zu Anhalt und dessen Fürsten. Aus dem gedruckten Briefwechsel und den Handschriften zusammengestellt und in Verbindung mit einigen andern Stücken hrsg. Glückwunschschrift zur Säcularfeier des Dessauer Doppelgymnasiums. gr. 8. (X, 185 S.) Zerbst 885, Gast's Hofbuchh. * 3 60

— Melanthoniana. Regesten u. Briefe üb. die Beziehgn. Philipp Melanchthons zu Anhalt u. dessen Fürsten. Aus dem gedruckten Briefwechsel u. den Handschriften zusammengestellt u. in Verbindg. m. einigen andern Stücken hrsg. gr. 8. (X, 185 S.) Zerbst 885. Zeidler. n. 3. 60

— die Naturgesch. der Russomanen im Großherz. Posen. 8. Bromberg 846, Levit. n. 3 ngl

Krause, C., die Naturgeschichte der Russomanen im Großherzogth. Posen. 8. (19 S.) Bromberg 847, Levit. *

— s. Ponsard, Lucretia.

Krause, Carolus [Cuestrinensis]: De Romanorum hostiis quaestiones selectae ... Marpurgi Catt., 1894; 2 Bl., 43 S. 8.
Marburg, Phil. Fak., Inaug.-Diss. v. [25. Apr.] 1894

— K., Die Schul- und Universitätsjahre des Dichters Eobanus Hessus, geb. 6. Jan. 1488, gest. 5. Oct. 1540. 1. Tl. (Einladungsschrift des Herzogl. Francisceums in Zerbst zu den öffentlichen Schulprüfungen am 2. u. 3. April 1873.) Zerbst (Römer & Sitzenstock). 27 S. (5.—) 19393
S. 28—54: Schulnachrichten von Ostern 1872 bis Ostern 1873. Vom Dir. G. Stier. (Mit Schülerverz.).

Krause, Karl Die Schul- und Universitätsjahre des Dichters Eobanus Hessus. II. 23 S. [I: 1873.] **Progr.** *Zerbst* 1877.
Vgl. dess. Helius Eobanus Hessus, sein Leben und seine Werke. Ein Beitrag zur Kultur- und Gelehrtengeschichte des 16. Jahrh. 1. Bd. Mit Porträt.. (XII, 416 SS.) 8. Gotha 1879, F. A. Perthes. 7 Mk.

Krause, Karl [app. Arzt aus Mirow in Mecklbg-Str.]: Die Varietäten der Armnerven ... Würzburg, A. Boegler'sche Buchdr., *1891*; 26 S. 8.
Würzburg, Med. Fak., Inaug.-Diss. v. 1891

Krause, Karl, Lohengrins Zahnweh. Adolars Aktstudien u. andere Humoresken. 8. (III, 132 S.) Leipzig-R. 902. Jacobi & Zocher. n. 1. —

Krause, Karl, Lohengrins Zahnweh, Adolars Aktstudien u. andere Humoresken. 2. Aufl. (136 S.) 8. Leipzig (903). Jacobi & Quillet. n. 1. —

Krause, Karl Anton, approb. Arzt aus Barmen: **Mastdarm-Carcinom und Schwangerschaft.** *Bonn 1900: C. Georgi.* (30 S.) 8°
Bonn, Med. Diss. v. [24. Febr.] 1900

Krause, Karl Christian

Krause, Karl Chr., († d. 11. April 1793.) Abhandlung von d. Ableitung u. Revulsion der Säfte, welche durch Aderlassen bewirkt wird; aus d. Latein. nebst W. Stevensons Erinnerungen über d. Mißbrauch des Aderlassens u. der Arzneimittel, e. Ausz. aus d. Engl. 8. Leipz. 787. Weygand. 8 gl (152 S.)

— Abhandl. von d. Blutflussen u. ihrer Behandlung; aus d. Latein. mit Zusätzen des Verfass. 8. Leipz. 783. Weygand. 8 gl

— Abhandl. des Hrn. v. Haller, von den empfindl. und reizbaren Theilen d. menschl. Lebens, verdeutscht u. geprüft. 4. Leipz. 756. Gollner. 5 gl

Carl Christian Krausens [Krause: Dissertatio de quaestione ab Academia ... Scientiarum Petropolitana ... proposita: quaenam sit causa proxima mutans corpus foetus, non matris gravidae ... Deutsch] Abhandlung von den Muttermälern, welche mit dem, von der Kaiserl. Akademie d. Wiss. zu St. Petersburg auf das Jahr 1756 ausgesetzten Preise gekrönt worden; Nebst e. andern Abhandlung ... Aus d. Lat. übers. von Christian August Wichmann. Leipzig: Gollner 1758. 91 S. 8°
[Zwischent.:] Roederer, Johann Georg [1726-1763]: [De Vi imaginationis in foetum negata. Deutsch] Abhandlung von den Muttermälern. ([Übers.:] Christian August Wichmann.)

Krause, Abhandl. v. d. Muttermälern; nebst e. anderen Abh., welche d. gegenseitige Meinung behauptet. Preisschrift. A. d. Lat. v. A. *Wichmann*. 91 S. 8°.
Leipzig: Gollner 1758.

— Abhandl. von heilsamer Säugung neugeborener Kinder; aus d. Latein. von Leune. 8. Leipz. 788. Barth. 4 gl

Krause, Karl Christian (Übers.):

s.: Artzneykundige Abhandlungen. Hrsg.v. dem Collegio der Aerzte in London (Medical Transactions, published by the Royal College of Physicians in London. Dt.) Bd 1-3. Leipzig: 1768-87

Krause, Karl Christian [Praes.], s. Agner, Carl Friedrich: Semiotices medicae generalia commentata.

— — u. (Respond.) Carl Christian Wagner (Löwen/Schlesien), De amuletis medicis cogitata nonnulla. Lpz. (Langenheim) 29. XII. 1758. 44 S. (6.—) 19362

Krause, Karl Christian [Praes.], s. Bayer, Johann Andreas: De viribus medicamentosis hydrargyri et inde arte factorum pharmacorum.

Krause, Karl Christian [Praes.], s. Beer, Friedrich Gotthilf: De variolarum exstirpatione insitioni substituenda.

Krause, Karl Christian, s. Bemerkungen über den Cacao.

— s. Bianconi: Sendschreiben.

Krause, Kar(l) Christian (Ed.):

s.: Celsus, A(ulus) Cornelius: De medicina libri octo... Lipsiae: 1766

— — A. C. Celsi de re medica libros quatuor posteriores emendat et ad aud. orationem profess. anat. et chirurg. extraord. adeundae causa recit. invitat. Lpz. (Langenheim) 29. XII. 1762. 28 S. (5.—) 19364

— compendium logices secundum principia D. C. A. Crusii in usum tironum adornatum. 8. Lpz. 753. Dyck. 8 gr

Krause, Karl Christian [Praes.], s. Cunitz, Christian Friedrich: Longa vita hominum antediluvianorum expensis caussis asserta.

Karl Christian Krause

De Derivatione ac revulsione humorum per sanguinis detractionem impetrandis. [Resp.:] Godofredus Benedictus Schmidlein. Lipsiae (1763:) Langenheim. XL S. 8°

Leipzig, Med. Diss. v. 23. Dez. 1763

Krause, Karl Christian [Praes.], s. Gnauck, Traugott Wilhelm: De irritabilitate partium corporis humani.

Krause, Karl Christian [Praes.], s. Grossmann, Karl Heinrich: De exanthemate miliari.

Krause, Karl Christian [Praes.], s. Hoffmann, Johann Christian: De remediis haemorrhagiarum internarum.

— **Carl Christian u. (Respond.) Carl Samuel Krause** (Delitio/Misn.), De homine non machina. Disp. phys. Lpz. (Langenheim) 21. VI. 1752. 72 S. (7.—) 19360
Gew.: Johann Sigismund v. Pezold.

— Diss. De homine non machina. 4. Leipz. 753.

Krause, Karl Christian [Praes.], s. Jaehkel, Theodor Traugott: Aetiologia fluxus menstrui mulierum.

Krause, Karl Christian [Praes.], s. Ideler, Karl Friedrich Theophil: De crisi in morbis.

— — De inventione indicationum universim. Disp. med. Lpz. (Langenheim) 1. VI. 1753. 40 S. (6.20) 19361

— Diss. De inventione indicationum universarum. 4. Leipz. 753.

Krause, Karl Christian [Praes.], s. Istrich, Johann August: De potulentorum administratione in morbis acutis.

Krause, Karl Christian [Praes.], s. Kergel, Johann Levi Benjamin: De partibus irritabilibus humani corporis dissert. (med.) altera.

Krause, Karl Christian [Praes.], s. Koeppe, Johann Karl Friedrich: De pelvi feminea metienda.

Krause, Karl Christian [Praes.], s. Langguth, Johann Paul: Pathologiam haemorrhagiarum.

Krause, Karl Christian (Hrsg.):

s.: Lorry, Anne Charles: Von der Melancholie und den melancholischen Krankheiten. (De melancholia et morbis melancholicis. Dt.) Übers. von M.C.A.W. Bd 1 - 2. Frankfurt u. Leipzig: 1770

— — Memoria viri D. Samuel. Theodori Quelmalzii (Freiberg) haereditarii in Halß, medicinae professoris publ. prim. ord. med. decani . . . quam laudatione anniversaria in acad. Lips. Leipzig (Langenheim) 10. II. 1759. 32 S. mit genealog. Biogr. (M.: B. J. Lindner) u. Schriftenverz. Q.' (7.—) 19363
Gew.: Johann Gottlob Attenberger.

Krause, Karl Christian (Übers.):

s.: Monro, Alexander, (primus): Knochenlehre, nebst der Nervenlehre... (The Anatomy of the human bones, to which are added an anatomical treatise of the nerves... 6th edition. Dt.) Aus der franz. Übersetzung von (Jean Joseph) Sue. Leipzig: 1761

Krause, Karl Christian (Übers.u.Comm.):

s.: Monro, Donald: Von der Wassersucht und ihren Gattungen. (An Essay on dropsy and its different species. Dt.) Leipzig: 1762

— Opuscula academica medico-practica, hinc inde aucta et emendata; editionem curavit C. G. Kühn. T. Ius. 8. maj. Lips. Fritsch. 787.

— opuscula academica medico-practica, hinc inde aucta et emendata; editionem curavit K. G. Kuhn. Tom. I. 8maj. Leipz. 787. (Hahn). 1 th 4 gr

Karl Christian Krause

De sensilibus Partibus humani corporis. [Resp.:] Ioannes Wilhelmus Struve. Lipsiae (1765:) Langenheim. XXXVI S. 8°

Leipzig, Med. Diss. v. 23. Aug. 1765

Krause, Karl Christian (Hrsg.):

s.: Platner, Joh(ann) Zacharias: Einleitung in die Wundartzney. (Institutiones chirurgiae rationalis... Dt.) Neueste Ausg. Leipzig: 1786

Krause, Karl Christian (Ed.et Comm.):

s.: Platner, Jo(hann) Zach(arias): Institutiones chirurgicae rationalis... Editio novissima. Lipsiae: 1783

Krause, Car. Chr., Prüfung der Preisschrift des Herrn le Cat v. d. Muskelbewegung. Lpz. 1755. 4°. Haller, Bibl. anat. II, 478.

— Diss. Quaenam sit caussa proxima mutans corpus foetus, non matris gravidae, hujus mente a caussa quadam violentiore commota. 4. Petersb. 756. (Acad. B.) 12 gr

— de causa proxima corpus foetus in utero matris mutante. 4. Petersb. (Hartknoch, Lips.) 756.

Karl Christian Krause

De Remediis haemorrhagiarum externarum. [Resp.:] Georgius Guilielmus Liebe. Lipsiae (1778:) Langenheim. 42 S. 8°

Leipzig, Med. Diss. v. 9. Jan. 1778

— Sendschreiben an Hrn. v. Windheim, wegen der von ihm übernommenen Vertheidigung des materialistischen Irrthums. 4. Leipz. 754.

Krause, Karl Christian (Ed.):

s.: Triller, Daniel Wilhelm: Opuscula medica ac medico philologica. Francofurti et Lipsiae: 1766 - 1772

Krause, Karl Christian (Hrsg.):

s.: Troja, Michele: Versuche über den Anwachs neuer...Knochen. Nebst einer Abhandlung, die Beinbrüche...betreffend... (De novorum ossium...regeneratione experimenta, ubi...de fracturis... Dt.) Übers.von Karl Gottlob Kühn. Nebst einer andern...Abhandlung...über eben dieselbe Materie. (Expériences sur la régénération des os. Dt.) Straßburg: 1780

—, Versuch e. Experimental-Seelenlehre. Halle. 8°. Erl. Beitr. 1757. Hamb. freie Umschau. 1757. 12. St.
1756

Krause, C. Ch., resp. F. Ch. Schenk, Vis ac potentia animi gravidae mulieris in foetum denuo asserta ac vindicata. 39 pp. Lps. 8°. A. D. B. Anh. LIII—LXXXVIII, p. 1748. Hamb. Marg. XX, 1 St., n. 3. *Doering*, 1, 320. A. L. Z. 86, III, p. 15. Erl. Beytr. 87, XXV, p. 393. Frkf. Wchschr. 86, XXXV, 560. *Schlegel*, XII, 226. Deutsch v. *Drechsler*, Lpz. 1787. 1786

Car. Chr. Krause (resp. Chr. Frid. Cunitz) longa vita hominum antediluvianorum expensis causis asserta. Lips. 1792. 4. — *Editio altera:* Tractatus longam hominum antediluvianorum vitam a dubiis vindicans. Lips. 1797. 8.

— tract. longam. hom. antediluvianorum vitam a dubiis vindicans causasque eam pracat. expendens. 8. maj. Lips. Köhler. 797.

Krause, Karl Christ(ian): Von der Wirkung und dem Einflusse der Einbildungskraft der Mutter auf die Frucht aus Gründen und häufigen Erfahrungen erwiesen. (Aus dem Lat. übers. v. Friedrich Melchior Drechsler). Theil 1-2. 145 S., gbd.

Leipzig: Weygand 1787

Krause, Karl Christian Friedrich, s.: Brockh. A.

Krause's, Karl Chrn. Friedr., Leben, Lehre und Bedeutung, s. Martin, B.

Krause, Karl Chrn. Frdr., Abhandlungen u. Einzelsätze üb. Erziehung u. Unterricht. 2 Bde. Aus dem handschriftl. Nachlass d. Verf. hrsg. v. Rich. Vetter. gr. 8. Berlin 894. Weimar, E. Felber. n. 5. 50
1. (VII, 162 S.) n. 3. —
2. Grundlehren der Wissenschaft zum Unterrichte. (V, 104 S.) n. 2. 50

Krause, Karl Chrn. Friedr. Philosophische Abhandlungen. Aus dem handschriftl. Nachlasse d. Verf. hrsg. v. Paul Hohlfeld u. Aug. Wünsche. gr. 8. (VIII, 402 S. m. 1 Taf.) [Lps. 889, O. Schulze.] Berl., Felber. * 9 —

Krause, Karl Chrn. Frdr., sprachwissenschaftl. Abhandlungen. Aus dem handschriftl. Nachlasse des Verf. hrsg. v. Paul Hohlfeld u. Aug. Wünsche. gr. 8. (VI, 155 S.) Leipzig 901. Dieterich. n. 3. —

Krause, Karl Chrstn. Friedr., Abriss d. Aesthetik od. d. Philosophie des Schönen u. d. schönen Kunst. Aus dess. Nachlass hrsg. v. J. Leutbecher. gr. 8. (8 B.) Goettingen 837, (Dieterichsche Buchh.) Thlr. *

Abriss der Geschichte der griechischen Philosophie von Karl Christian Friedrich Krause. Aus d. hs. Nachlasse d. Verf. hrsg. von Dr. Paul Hohlfeld u. Dr. August Wünsche. Mit e. Anh.: Die Philosophie d. Kirchenväter u. d. Mittelalters. Leipzig: O. Schulze 1893. 107 S. 8°

Krause, Karl Chrn. Friedr. Abriss der Philosophie d. Geschichte. Aus dem handschriftl. Nachlasse d. Verf. hrsg. v. Paul Hohlfeld u. Aug. Wünsche. gr. 8. (IX, 185 S.) [Lpz. 889, O. Schulze.] Berl., Felber. * 4 —

Krause, Karl Chrstn. Friedr., Abriss d. Systemes d. Logik als philosoph. Wissenschaft. Nebst d. metaphys. Grundlage d. Logik u. e. neuen schemat. Bezeichn. d. Formen d. Urtheile u. d. Syllogismen auf 3 Stnt. 2., verm. Ausg. gr. 8. (11 B.) Göttingen 828, (Dieterich.)

— Abriß des Systems der Philosophie. Zunächst als Grundlage für seine Vorlesungen verfaßt. 1e Abtheil. Abriß des subjektiv-analyt. Haupttheiles der Philosophie. gr. 8. Gött. 825 (828). (Dieterich). 16 gr

Krause, Karl Chrn. Friedr., Abriss des Systemes der Philosophie. Hrsg. von Paul Hohlfeld und Aug. Wünsche. gr. 8. (VI, 210 S.) Leipzig 886, O. Schulze. *

— Abriss d. Systemes d. Philosophie d. Rechtes, od. d. Naturrechtes. Nebst e. kurzen Darstell. d. geschichtl. Entwickelung d. Begriffe d. Rechtes u. d. Staates in d. bekanntesten Systemen d. Philosophie. gr. 8. (15 B.) Göttingen 828, (Dieterich.)

— Anfangsgründe der Erkenntnisslehre. Aus dem handschriftl. Nachlasse d. Verf. hrsg. v. Paul Hohlfeld u. Aug. Wünsche. Als Anh.: Aphorismen zur Denkgesetzlehre. gr. 8. (VI, 222 S.) Leipzig 892. Ebd. n. 4. 50

— Anleit. zur Naturphilosophie. I. Deduction d. Natur. II. Anleitung zur Construction der Natur. gr. 8. Jena 804. Gabler. (Gnobloch in Leipz.) 16 gr

— Anleitung zur Naturphilosophie. 2., vom Verf. selbst bericht. u. aus seinem handschriftl. Nachlasse stark verm. Aufl., hrsg. v. Paul Hohlfeld u. Aug. Wünsche. gr. 8. (XI, 281 S.) Leipzig 894. Ebd. n. 5. —

— vollständige Anleit., allen Fingern beider Hände zum Klavier- u. Pianofortspielen in kurzer Zeit gleiche Stärke u. Gewandtheit zu verschaffen, vermittelst mehrerer Tabellen, die nach der Combinationslehre verfertigt sind u. alle Fälle vollständig angeben; ein ergänzender Beitrag zu jeder Klavier- u. Pianoforteschule. qu. Fol. Dresden 808. Arnold. 1 ß 8 gr

— Anschauungen od. Lehren u. Entwürfe zur Höherbildung d. Menschheitlebens. Aus dem handschriftl. Nachlasse d. Verf. hrsg. v. Paul Hohlfeld u. Aug. Wünsche. 3 Bde. gr. 8. Ebd. [1. Bd. (VIII, 220 S.) 890. * 4 50; 2. Bd. (389 S.) 891. * 8 50; 3. Bd. (320 S.) 892. * 6 —.] * 19 —
Bd. 1 u. 2 erschienen ursprünglich bei O. Schulze-Leipzig, Bd. 3 bei Felber-Berlin.

— Anschauungen od. Lehren u. Entwürfe zur Höherbildung des Menschheitslebens. Aus dem handschriftl. Nachlasse des Verf. hrsg. v. Paul Hohlfeld u. Aug. Wünsche. 4. Bd. gr. 8. (425 S.) Ebd. 902. n. 9. —; (1—4 n. 28. —)

— Aphorismen zur geschichtswissenschaftlichen Erdkunde, nebst e. Karte. Aus dem handschriftl. Nachlasse des Verf. hrsg. v. Rich. Vetter. gr. 8. (VII, 73 S.) Berlin 894. Ebd. n. 1. 60

— Aphorismen zur Sittenlehre. Aus dem handschriftl. Nachlasse des Verf. hrsg. v. Paul Hohlfeld u. Aug. Wünsche. gr. 8. (VIII, 137 S.) Leipzig 893. Ebd. n. 3. —

— der Begriff der Philosophie. Aus dem handschriftl. Nachlasse des Verf. hrsg. v. Paul Hohlfeld u. Aug. Wünsche. gr. 8. (VIII, 108 S.) Leipzig 893. Ebd. n. 2. 50

— erklärende Bemerkungen u. Erläuterungen zu J. G. Fichtes Grundlage des Naturrechtes. Aus dem handschriftl. Nachlasse des Verf. hrsg. v. Geo. Mollat. gr. 8. (IV, 64 S.) Leipzig 893. Ebd. n. 1. 50

Der Briefwechsel Karl Christian Friedr. **Krauses** zur Würdigung seines Lebens und Wirkens. Aus dem hs. Nachlasse hrsg. von Paul Hohlfeld und Aug. Wünsche. [Bd 1.] 2. Leipzig: Dieterich 1903—1907. 8°
[1.] IV, 640 S. 1903; 2. IV, 628 S. 1907.
Enth. auch Krauses Korrespondenz mit Logenmitgl., u. die auf seine Drei ältesten Urkunden bezügl. Briefe. 3.

— Darstellungen aus d. Geschichte d. Musik, nebst vorbereitenden Lehren aus der Theorie d. Musik. 8. Gött. 827. Dieterich. 18 gr

—— Das Eigenthümliche der Wesenlehre, nebst Nachrichten zur Geschichte der Aufnahme derselben, vornehmlich v. Seiten deutscher Philosophen. Aus dem handschriftl. Nachlasse d. Verf. hrsg. v. Paul Hohlfeld u. Aug. Wünsche. Anh.: Urkundliches zur Lebensgeschichte d. Verf. gr. 8. (XXII, 286 S.) Ebd. 890. * 6 —

Krause, Karl Chrn. Friedr., Einleitung in die Wissenschaftslehre. Aus dem handschriftl. Nachlasse des Verf. hrsg. von Paul Hohlfeld und Aug. Wünsche. gr. 8. (IV, 111 S.) Leipzig 881, O. Schulze.

— der Erdrechtsbund an sich selbst u. in seinem Verhältnisse zum Ganzen u. zu allen Einzeltheilen des Menschheitlebens. Aus dem handschriftl. Nachlasse des Verf. hrsg. v. Geo. Mollat. gr. 8. (VII, 143 S.) Leipzig 893. Ebd. n. 3. —

Krause, Carl Christn. Friedr., Ergebniss der Kritik der Lehren Jacobi's etc., s. Ergebniss.

Krause, K. Chr. F., Factoren- u. Primzahlen-Tafeln v. 1 bis 100,000 neu berechnet u. zweckmäßig eingerichtet, nebst einer Gebrauchsanleit. u. Abhandl. der Lehre von Factoren u. Primzahlen, f. Mathematiker, Rechenlehrer u. Kaufleute. gr. Fol. Jena, Gabler. 804.

Krause, Karl Chr. Fr., († d. 27. Sept. 1832.) Factoren- u. Primzahlen-Tafeln von 1 bis 100,000 neuberechnet u. zweckmäßig eingerichtet, nebst einer Gebrauchsanleitung u. Abhandl. der Lehre von Factoren u. Primzahlen, f. Mathematiker, Rechenlehrer u. Kaufleute. gr. Fol. Jena 804. (Cnobloch in Leipz.) 1 ß 16 gr

Krause, Karl Chrn. Frdr., Fragmente u. Aphorismen z. analyt. Theile d. Systems d. Philosophie. Aus d. handschriftl. Nachlasse d. Verf. hrsg. v. Paul Hohlfeld u. Aug. Wünsche. gr. 8. (VI, 266 S.) Weimar 897. E. Felber. n. 5. —

Die Gebote der Menschheit an den Einzelmenschen. Von Carl Christian Friedrich **Krause,** [Prag o. J.: Mercy.] 1 Bl. 8°. [Kopftit.] 21.

Krause, Karl Chrn. Friedr., die Dresdner Gemäldegallerie in ihren hervorragendsten Meisterwerken, beurtheilt und gewürdigt. Aus dem handschriftl. Nachlasse des Verf. hrsg. von Paul Hohlfeld und Aug. Wünsche. [Zur Kunstlehre. 2. Abthl.] gr. 8. (X, 106 S.) Leipzig 883, O. Schulze. cart. *

— zur Geschichte der neueren philosophischen Systeme. Aus dem handschriftl. Nachlasse d. Verf. hrsg. v. P. Hohlfeld u. A. Wünsche. gr. 8. (VIII, 313 S.) Ebd. 889. n. 8. —

Krause, Karl Chrn. Friedr., der Glaube an die Menschheit, die Gebote der Menschlichkeit und die Vergeistigung des Vaterunsers. Nebst den aus dem Separatdruck der Protocolle der 20. allgemeinen deutschen Lehrerversammlung weggebliebenen Verhandlungen über diese Lesestücke. gr. 8. (IV, 46 S.) Prag 869, Tempsky. * — 60
Aus: Die neue Zeit, besonders abgedruckt.

Krause, Karl Chrn. Frdr., der Glaube an die Menschheit, die Gebote der Menschlichkeit u. die Vergeistigg. d. Vaterunsers. Nebst den aus dem Separatdr. der Protocolle der 20. allgemeinen deutschen Lehrerversammlung weggebliebenen Verhandlgn. üb. diese Lesestücke. [Aus: „Die neue Zeit."] gr. 8. (IV, 46 S.) Prag 873. Tempsky. n. — 60

— Grundlage d. Naturrechts, od. philosoph. Grundriß des Ideals des Rechts. 1e Abtheil. gr. 8. Jena 803. Gabler. (Cnobloch in Leipz.) 1 ß

— Grundlage d. Naturrechtes od. philosoph. Grundriss d. Ideales d. Rechtes. Aus dem handschriftl. Nachlasse d. Verf. hrsg. v. G. Mollat. 2 Abthlgn. gr. 8. Ebd. 890. à n. 3. 50
1. Die weltbürgerlichen Rechte um der Weisheit, Liebe u. Kunst Willen. 2., verm. Aufl. (X, 153 S.)
2. Die weltbürgerlichen Rechte um d. Tugend, um d. Religion, um d. Bundes f. schöne Vernunftindividualität und um der Endlichkeit Willen. (XII, 200 S.)

— Grundlage eines philosophischen Systems d. Mathematik, 1r Thl. enth. e. Abhandl. über d. Begriff u. die Eintheilung d. Mathematik u. der Arithmetik 1ste Abtheil. Zum Selbstunterricht u. zum Gebrauch bei Vorlesungen. Mit Kpf. gr. 8. Jena 804. (Cnobloch in Leipz.) 1 ß 16 gr 4. Schrbp. 2 ß 8 gr

—— Grundriss der Geschichte der Philosophie. Aus dem handschriftl. Nachlasse des Verf. hrsg. von Paul Hohlfeld und Aug. Wünsche. gr. 8. (XIV, 481 S.) Ebendas. 887. *

K. Ch. F. **Krause**'s Grundriss d. hist. Logik für Vorlesungen. *Jena*, Gabler. 803. gr 8° 1 ß 8 gl

— Grundriß d. histor. Logik für Vorlesungen. Mit 2 Kpft. gr. 8. Jena 803. (Cnobloch in Leipz.) 1 ß 12 gr

— Grundriss d. histor. Logik f. Vorlesgn. Aus dem handschriftl. Nachlasse d. Verf. hrsg. v. Paul Hohlfeld u. Aug. Wünsche. 2., verm. u. verb. Aufl. gr. 8. (X, 444 S. m. 1 Kpfr.-Taf.) Ebd. 895. n. 8. 50

— Idee der Menschheit; als eines geselligen Ganzen f. Alle, welche an den höhern Angelegenheiten d. Menschheit Antheil nehmen, besond. f. Freymaurer. gr. 8. Dresden, Arnold. 810.

Die drei ältesten Kunsturkunden der Freimaurerbrüderschaft, mitgeth., bearb. und durch eine Darstellung des Wesens und der Bestimmung der Freimaurerei und der Freimaurerbrüderschaft, sowie durch mehrere liturgische Versuche erl. vom Br. Karl Christian Friedr. Krause. [Bd 1.] 2. Dresden: Selbstverl., Arnoldi in Komm. 1810—1813. 8⁰

1. Mit 3 Kpfrtaf. XVI, LXVIII, 596 S. 1810; [Orig. Abdr.] XVI, LXVIII, 596, 19 S. 1810.
2. enth. d. geschichtl. Belege u. erl. Abhandlungen, zu d. drei ältesten Kunsturkunden. 12, XXX, 543 S. 1813.

[2. Ausg. u. d. Tit.:]

Die drei ältesten Kunsturkunden der Freimaurerbrüderschaft, mitgeth., bearb. und in einem Lehrfragstükke urvergeistiget von Karl Christian Friedr. Krause. 2. neubearb., mit dem Lehrlingsrituale des neuenglischen Zweiges der Brüderschaft, sowie mit einigen anderen Kunsturkunden und Abhandlungen, verm. Ausg. Mit 2 Kpfrtaf. Bd 1. Abth. 1. 2. Dresden: Selbstverl., Arnoldi [in Komm.], Freiberg: Gerlach 1819. 8⁰

1. 32, CLXXXIV, 327 S.; 2. 483 S.

[Dasselbe.] Ebendas. 1819. 8⁰

1. 32, CLXXXIV, 324 S.; 2. 483 S.

[Dasselbe.] Mit 3 Kpfrtaf. Ebendas. 1819. 8⁰

[Dasselbe.] Bd 1. 2. Dresden: Arnoldi 1820—1821. 8⁰

1. Mit 2 Kpfrtaf. Abth. 1. 2. 1820. 1. 32, CLXXXIV, 324 S.; 2. 483 S.
2. Mit 1 Kpfrtaf. Abth. 1. 2. 1821. 1. XVI, 472 S.; 2. XXX, 528 S.

[Dasselbe.] 3., wohlfeile Ausg. Leipzig: Arnoldi 1849. 8⁰

1. Mit 2 Kpfrtaf. Abth. 1. 2. 1. 32, CLXXXIV, 327 S.; 2. 483 S.
2. Mit 1 Kpfrtaf. Abth. 1. 2. 1. XVI, 472 S.; 2. XXX, 528 S.

Auszug in: BZC. 8 (1879) S. 7—67, 121—160, 297—349.

Recens f. 2. Ausg.: Razen, F. J.: Mrischer Blüthenkranz. 1 (1822) S. 249—250; 2. Aufl. 1841; AZ. 1824 S. 357—358.

cf. f. 1. Ausg.: D. Korrespondent von u. für Deutschland. 1810 Nr 336—337, 344; Stuve, J.: Abhandl. üb. d. Einfluss geheim. Gesellsch. 1811 S. 287—289; Mossdorf, F.: Mittheilungen. 1818 S. 103—123; R. 29 (1902) S. 64—71, 78—80, 87—88 (H. Arnold).

f. 1. u. 2. Ausg.: H. 18 (1907) No 37 (P. Hohlfeld).

f. 2. Ausg.: A. 6 (1832) S. 54—71; Neue ZfFr. 1832—1833, 4 S. 62—87 (F. Mossdorf); Die Joh.-Loge Carl zu d. drei Adlern, Erfurt. [Rundschreiben.] 1836—1837 S. 4—10.

Kl. 1982, Tt. 311. Selten. Die 1. Aufl. nur in 750 Exempl. gedr. Text der 3 ältesten Urkunden (Frmrverhör, Lehrlingslektion, Yorker Urkunde), die beiden ersten engl. u. deutsch, die 3. in einer beglaubigten deutsch. Übers. — S. 291—313: Auszug aus Fesslers Essinger Ritual. Eine Ankündigung der Schrift, unterz.: Friedr. Mossdorf erschien: [Dresden 1809: Gärtner.] 19 S. 8⁰ [Kopftit.] (in 215) u. wurde abgedr. in: Allgem. Taschenbuch f. Frmr. 2 (1810) S. 88—130. Ein Inhaltsverzeichn. der Schrift erschien: Dresden 1810: Gärtner. 16 S. 8⁰ [Umschlagtit.] (in 65)

1. u. 2. Ausg. in 23, 25; 3. Ausg. in 65.

— s. A. Lawrie, Geschichte d. Freimaurerei.

Krause, Karl Christian Frdr., Lebenlehre od. Philosophie der Geschichte zur Begründung der Lebenkunstwissenschaft. Vorlesungen, an der Universität Göttingen geh. Aufs neue hrsg. v. Paul Hohlfeld u. Aug. Wünsche. 2. Aufl. Mit 3 erläut. Steindr.-Taf. (XVI, 474 S.) gr. 8. Leipzig 904. Dieterich. n. 8. —

Der Menschheitbund. Nebst Anh. u. Nachträgen aus d. hs. Nachl. von Karl Chr[istian] Fr[iedrich] Krause hrsg. von Richard Vetter, Schuldir. in Dresden-Löbtau. *Berlin: E. Felber 1900.* (501 S.) 8⁰

—— handschriftl. Nachlass. Hrsg. v. Freunden u. Schülern Desselben. 2. Reihe: Synthet. Philosophie In 2 Bdn. — (1. Bd.) a. u. d. T.: Die absolute Religionsphilosophie in ihrem Verhältnisse zu d. gefühlglaubigen Theismus u. nach d. in ihr gegeb. endlichen Vermittlung d. Supernaturalismus u. Rationalismus. Dargest. in e. philosoph. Prüfung u. Würdigung v. Fr. Bouterwek's Schrift: Die Religion der Vernunft, u. v. Fr. Schleiermacher's Einleit. zu Dessen Schrift: Der christl. Glaube. Hrsg. v. Herm. Karl Frh. v. Leonhardi. 1 Bd. gr. 8. (40 B.) Dresden 834, (Arnold.)

—— handschriftl. Nachlass. Hrsg. v. Freunden u. Schülern Desselben. 1. Abthl. 1. u. 2. Reihe. u. 2. Abthl. gr. 8. 1. Abthl. Göttingen, (Dieterichsche Buchh.). 2. Abthl. München, (Fleischmann.) *

Abthl. 1. Reihe 1. Analyt. Philosophie. I. Vorlesungen üb. d. analyt. Logik u. d. Encyclopädie d. Philosophie. In 1 Bde. — A. u. d. T.: Die Lehre v. Erkennen u. von d. Erkenntniss, als erste Einleit. in d. Wissenschaft. — Vorlesungen f. Gebildete aus allen Ständen. Hrsg. v. Herm. Karl v. Leonhardi. (37¾ B. u. 3 Stut.) Göttingen 836. * 3 Thlr.

2. Synthetische Philosophie. I. u. II.

I. Die absolute Religionsphilosophie in ihr. Verhältnisse z. Glaubenslehre d. Gefühls u. nach ihr. Vermittelung d. Supernaturalismus u. d. Rationalismus; dargest. in ein. philosoph. Prüfung u. Würdigung d. Religionsphilosoph. Lehren Jacobi's, Bouterwek's u. Schleiermacher's. 2. Bd. 1. Hlfte. (Nebst Supplemthft.) (32¼ B.) Göttingen 836. * 1 Thlr. 16 Gr.

II. Kunstphilosophie. B. — A. u. d. T.: Anfangsgründe d. allgem. Theorie d. Musik nach Grundsätzen d. Wesenlehre. Für Gebildete aus allen Ständen, besond. f. Künstler u. Kunstfreunde. Hrsg. v. Vict. Strauss. gr. 8. (13 B., 1 Stut. u. 3 Tab.) Göttingen 838. * 1 Thlr. 4 Gr.

2. Mathematik. Ps. I. — A. u. d. T.: Novae theoriae linear. curvar., originariae et vero scientificae, Specim. quinque prima. Ed. H. Schroeder. 4maj. (14 B. u. 15 Stut.) München 835. * 1 Thlr. 20 Gr.

— dass. Geschichte: Geist d. Geschichte d. Menschheit. A. u. d. T.: Vorlesungen u. Aphorismen über die reine Philosophie der Geschichte, herausg. v. F. H. v. Leonhardi. gr. 8. Ebd. 836. $3^{1}/_{3}$ ₰

—— handschriftl. Nachlass. I. Abthl. 2. Reihe. Synthetische Philosophie. I. Die absolute Religionsphilosophie in ihrem Verhältnisse zu dem gefühlglaubigen Theismus u. nach der in ihr gegebenen endlichen Vermittl. des Supernaturalismus u. Rationalismus. Hrsg. v. Herm. Karl v. Leonhardi. 2. Bd. 2. Abthl. A. u. d. Ttl.: Kritik v. Fr. Schleiermacher's Einleitung seiner Schrift: Der christl. Glaube. gr. 8. (21⅞ B.) Göttingen 843. (Dieterich'sche Buchh.) *

—— dass. 4. Abthl. Vermischte Schriften. I. Geist der Geschichte der Menschheit. I. Thl. A. u. d. Ttl.: Die reine d. i. allgemeine Lebenslehre u. Philosophie der Geschichte zu Begründ. der Lebenskunstwissenschaft. Vorlesungen f. Gebildete aus allen Ständen. Hrsg. v. H. K. v. Leonhardi. gr. 8. (41¼ B., 1 Stnt. u. Bild. d. Verf.) Ebds. 843. *

—— handschriftlicher Nachlass. Hrsg. von Freunden und Schülern Desselben. I. Abthl., I. Reihe: Analytische Philosophie. II. A. u. d. T.: Vorlesungen über die psychische Anthropologie hrsg. von H. Ahrens. gr. 8. (XXXIV und 402 S.) Göttingen 848, Dieterichsche Buchh. *

— handschriftlicher Nachlass. Hrsg. v. Freunden u. Schülern desselben. 2. Reihe. Synthetische Philosophie. II. Das System der Rechtsphilosophie. Vorlesungen f. Gebildete aus allen Ständen. Hrsg. v. Karl David August Röder. gr. 8. (XXII, 544 S.) Leipzig 874. Brockhaus. n. 9. —

Krause, C. C. F., de philosophiae et matheseos notione et earum intima conjunctione, c. tab. aen. 8. Jenae, Voigt. 802.

— Carl Christian Friedr., Oratio de scientia humana, et de via ad eam perveniendi. Bln. (Maurer) 1814. 30 S. u. Schriftenverz. d. Verf. (5.50) 19365

—— Reisekunststudien. Aus dem handschriftl. Nachlasse des Verf. hrsg. von Paul Hohlfeld und Aug. Wünsche. [Zur Kunstlehre 4. Abthl.] gr. 8. (XVIII, 230 S.) Ebendas. 883. *

— zur Religionsphilosophie u. speculativen Theologie. Aus dem handschriftl. Nachlasse des Verf. hrsg. v. Paul Hohlfeld u. Aug. Wünsche. gr. 8. (XII, 180 S.) Leipzig 893. Ebd. n. 3. 50

— die Schriften des Comenius u. das Konstitutionenbuch, s.: Keller, Ludw.

— zur Sprachphilosophie. Aus dem handschriftl. Nachlasse des Verf. hrsg. v. Aug. Wünsche. gr. 8. (X, 115 S.) Leipzig 891. Ebd. n. 3. —

—— System der Aesthetik oder der Philosophie des Schönen und der schönen Kunst. Aus dem handschriftl. Nachlasse des Verf. hrsg. von Paul Hohlfeld und Aug. Wünsche. Angehängt sind verschiedene Skizzen und Aphorismen zur Kunstlehre. [Zur Kunstlehre. 1. Abthl.] gr. 8. (VIII, 440 S.) Ebendas. 882. *

Krause, Karl Chr. Friedr.: Das System der Rechtsphilosophie. Vorlesungen f. Gebildete aus allen Ständen. Hrsg. v. Carl Dav. Aug. Röder. Leipzig 1874.
[Nebentit.:] K. Ch. F. Krause's handschriftlicher Nachlaß. Hrsg. v. Freunden u. Schülern desselben. Reihe 2. Synthetische Philosophie. 2. Vorlesungen über Rechtsphilosophie.

—— System der Sittenlehre. Hrsg. von Paul Hohlfeld und Aug. Wünsche. 1. Abthl.: Versuch einer wissenschaftl. Begründung der Sittenlehre. 2. verb. und verm. Aufl. gr. 8. (XXII, 706 S.) Ebendas. 888. *

— la système de la philosophie. La théorie de la science. Tome I. Ouvrage traduit de l'Allemand par Lucien Buys. gr. 8. (XII, 321 S. m. 1 Taf.) Leipzig 892. Ebd. n. 6. —

— le système de la philosophie. La théorio de la science. Tome II. Ouvrage traduit de l'Allemand par Lucien Buys. gr. 8. (III, 268 S.) Ebd. 895. n. 6. —

— Tageblatt d. Menschheitlebens, s. Tageblatt.

— Tageblatt des Menschheitlebens, nebst e. literar. Anzeiger. Mit Kpf. 16 Quartal. 78 Numm. 4. Dresden 811. Arnold. 1 ℛ 12 𝒦

—— der analytisch-inductive Theil des Systems der Philosophie. Aus dem handschriftl. Nachlasse des Verf. hrsg. von Paul Hohlfeld und Aug. Wünsche. gr. 8. (XXVIII, 120 S.) Ebendas. 885. *

— zur Theorie der Musik. Aus dem handschriftl. Nachlasse des Verf. hrsg. v. Rich. Vetter. gr. 8. (V, 68 S. m. 1 Taf.) Berlin 894. Ebd. n. 1.60

Das Urbild der Menschheit. Ein Versuch von Karl Christian Friedr. Krause. Vorzüglich f. Frmr. Dresden: Arnold 1811. 552, XX S. 8⁰

[Dasselbe.] 2. wohlfeilere Ausg. Ebendas. 1819. 552, XX S. 8⁰

[Dasselbe.] 2. unveränd. Aufl. Göttingen: Dieterich 1851. XV, 336 S. 8⁰

[Dasselbe.] Aufs neue hrsg. von Paul Hohlfeld u. Aug. Wünsche. 3. durchges. Aufl. Leipzig: Dieterich 1903. 354 S. 8⁰
Auszug in: D. neue Zeit. Freie Hefte. 2, 4 (1872) S. 174—182.
Kl. 572, Tt. 1646. Besonders für Frmr geschrieben, weil Verf. der Meinung war, dass diese Brrschaft die Bestimmung habe, sich dereinst zu einem allgemeinen, die Menschheit des Weltalls umfassenden, Menschheitsbunde zu erweitern.

Krause, Karl Christian Friedrich: Urbild der Menschheit. Die schönsten u. wichtigsten Stellen daraus. Schaffhausen. Brodtmann. 1843. 20 S. 8⁰

Urvergeistigung der in den drei ältesten Kunsturkunden überlieferten erstwesenlichen Lehrzeichen (Symbole) und Gebräuche der Masonei (Freimaurerei) in einem bundinnigenden (liturgischen) Lehrfragstükke, von dem Br [Karl Christian Friedr.] Krause. [Verf. f. d. J. 1808, durchges. d. verm. i. J. 1818.]
in: Krause, K. Chr. F.: D. drei ältesten Kunsturkunden. 2. Ausg. 1, 1 1819 S. LXIII bis CLXXXIV; 1820 S. LXIII—CLXXXIV; 3. Ausg. 1849 S. CXXXVI—CLXXXIV.

— höhere Vergeistigung der ächt überlieferten Grundsymbole der Freimaurerei in 12 Logenvorträgen. gr. 8. Frberg 810. Graz u. G. 1 ₰ 3e Aufl. gr. 8. Dresden 820. Arnold. 1 ₰

Höhere Vergeistigung der echt überlieferten Grundsymbole der Freimaurerei in zwölf Logenvorträgen, so wie sie in den beiden vereinigten ger. und vollk. Logen zu den drei Schwerdtern und den wahren Freunden zu Dresden in den Jahren 1808, 1809 und 1810 gehalten worden sind von dem Br Karl Christian Friedr. Krause. Dresden: Selbstverl. Arnoldi in Komm. 1810. 88 S. 8°

[Dasselbe.] 2. unveränd. verm. Ausg. Ebendas. 1811. 88 S. 8°

[Dasselbe.] 3. unveränd., mit einer Uebersicht des Zwekkes und Inhaltes der Schrift desselben Verf.: über die drei ältesten Kunsturkunden der Freimaurerbrüderschaft, verm. Ausg. Ebendas. 1820. 84, 32 S. 8°
Auszüge in: Mossdorf, F.: Mittheil. 1818 S. 49—71.
Kl. 570, Tt. 1880. Wesen u. Bestimmung der Frmrei erl. an den Symbolen.

—— reine allgemeine Vernunftwissenschaft oder Vorschule des analytischen Haupttheiles des Wissenschaftgliedbaues. Aus dem handschriftl. Nachlasse des Verf. hrsg. von Paul Hohlfeld und Aug. Wünsche. gr. 8. (VIII, 166 S.) Ebendas. 886. *

— Versuch e. wissenschaftl. Begründung d. Sittenlehre. (Auch u. d. T.: System der Sittenlehre, 1r Bd.) gr. 8. Leipz. 810. Reclam. 2 ₰ 16 ℊ

Krause, Karl Chr. Fr., Vorbericht zu dessen Vorlesungen, s. v. Leonhardi, Herm. Karl.

— Vorlesungen üb. psychische Anthropologie. Aus dem handschriftl. Nachlasse des Verf. hrsg. v. Paul Hohlfeld u. Aug. Wünsche. (VIII, 290 S.) gr. 8. Ebd. 905. n. 4. —

Vorlesungen über Psychische Anthropologie von Karl Christian Friedrich **Krause**. Aus d. hs. Nachlasse d. Verf. hrsg. von Dr. Paul Hohlfeld u. Dr. Aug. Wünsche. [Nebst] Anhang. Leipzig: Dieterich 1905. 2 Bde 8° Anh. u. d. T.: K. Chr. Fr. Krause als philosophischer Denker gewurdigt von Hermann Frh. v. Leonhardi. [05. 2330]

—— Vorlesungen über Aesthetik oder über die Philosophie des Schönen und der schönen Kunst. Aus dem handschriftl. Nachlasse des Verf. hrsg. von Paul Hohlfeld und Aug. Wünsche. Angehängt: Drei Dresdner Vorlesungen, ein Brieffragment und eine Abhandlung über Schönheit. gr. 8. (XVI, 392 S. mit 1 Stnt.) Ebendas. 882. *

—— Vorlesungen üb. d. Grundwahrheiten d. Wissenschaft, zugleich in ihrer Bezieh. zu d. Leben. Nebst e. kurzen Darstell. u. Würdigung d. bisher. Systeme d. Philosophie, vornehml. d. neusten v. Kant, Fichte, Schelling u. Hegel, u. d. Lehre Jacobi's. Für Gebildete aus allen Ständen. gr. 8. (38½ B.) Göttingen 829, (Dieterich.)

Krause, Karl Chrn. Frdr., Vorlesungen über die Grundwahrheiten der Wissenschaft, zugleich in ihrer Beziehung zu dem Leben. Für Gebildete aus allen Ständen. 1. Bd.: Erneute Vernunftkritik. 2. verm. Aufl. Prag 868. Tempsky. gr. 8. (XLIV, 280 S.) n. 2 ₰

—— Vorlesungen über synthetische Logik nach Principien des Systems der Philosophie. Aus dem handschriftl. Nachlasse des Verf. hrsg. von Paul Hohlfeld und Aug. Wünsche. gr. 8. (IV, 104 S.) Ebendas. 884. *

—— Vorlesungen über die Methode des akademischen Studium, nebst zu Grunde gelegten Dictaten. Aus dem handschriftl. Nachlasse des Verf. hrsg. von Paul Hohlfeld und Aug. Wünsche. gr. 8. (VI, 57 S.) Ebendas. 884. *

— Vorlesungen üb. Naturrecht od. Philosophie des Rechtes u. des Staates. Handschriftl. Vorlesungsheft des Verf., hrsg. v. Rich. Mucke. gr. 8. (XII, 281 S.) Leipzig 894. Ebd. n. 5. —

—— Vorlesungen über angewandte Philosophie der Geschichte. Aus dem handschriftl. Nachlasse des Verf. hrsg. von Paul Hohlfeld und Aug. Wünsche. Als Anhang: Geschichtsphilosophische Skizzen und Abhandlungen. gr. 8. (VII, 308 S.) Ebendas. 885. *

Krause, Karl Chrstn. Friedr., Vorlesungen üb. d. System d. Philosophie. gr. 8. (40 B. u. 1 Stnt.) Göttingen 828, (Dieterich.) Thlr.

— Vorlesungen über das System der Philosophie. 1. Bd. Intuitiv-analytischer Haupttheil. A. u. d. T.: Der zur Gewissheit der Gotteserkenntniss als des höchsten Wissenschaftsprincipes emporleitende Theil der Philosophie. 2. verm. Aufl. Ebend. 869. gr. 8. (LII, 440 S. mit 1 Tab. in qu. Fol.) n. 2 ₰

—— Vorlesungen üb. das System der Philosophie. 2., aus dem handschriftl. Nachlasse d. Verf. verm. Aufl. Hrsg. v. Paul Hohlfeld u. Aug. Wünsche. 2 Bde. gr. 8. Ebd. 889.
à Bd. * 9 —; * 18 —
1. Der zur Gewissheit der Gotteserkenntniss als d. höchsten Wissenschaftsprincipes emporleitende Theil der Philosophie. [Titel-Aufl.] (LI, 440 S. m. 1 Tab.)
2. Der im Lichte der Gotteserkenntniss als d. höchsten Wissenschaftsprincipes ableitende Theil der Philosophie. (XV, 371 S.)

—— dass. — Register. Zusammengest. v. Max Trömel. gr. 8. (67 S.) Ebd. 891. * 1 50

Vorträge in der ger. und vollk. Loge zu den drei Schwerdtern und wahren Freunden in Dresden gehalten von Carl Christian Friedr. Krause. Dresden 1809: Meinhold. VIII, 82 S. 8°
[Umschlagtit.:] Vier Freimaurerreden. Nur für treue Brüder zum sorgfältigen Aufbewahren.
Abgedr. in: Krause, K. Chr. F.: Höhere Vergeistigung d. Grundsymbole d. Frmrei. 1810 S. 1—82; 2. Ausg. 1811; 3. Ausg. 1820.
cf. Allgem. Taschenbuch f. Frmr. 2 (1810) S. 183—184; Razen, F. J.: Mrischer Blüthenkranz. 1 (1822) S. 247—249; 2. Aufl. 1841.

—— die Wissenschaft von der Landverschönerungskunst. Aus dem handschriftl. Nachlasse des Verf. hrsg. von Paul Hohlfeld und Aug. Wünsche. [Zur Kunstlehre. 3. Abthl.] gr. 8. (VI, 68 S.) Ebendas. 883. *

Krause, Karl Chrn Frdr., Von der Würde der deutschen Sprache und von der höhern Ausbildung derselben überhaupt und als Wissenschaftssprache insbesondere. Dresden 1816. gr. 8. . . . . (D.)

— von der Würde der deutschen Sprache und von der höhern Ausbildung derselben überhaupt und als Wissenschaftssprache insbesondere. gr. 8. Dresden 817. Arnold. 10 ℊ

— Zweck und Inhalt seiner Schrift über die drey ältesten Kunsturkunden der Freymaurerbrüderschaft. gr. 8. Freyberg, Craz und Gerlach. 819.

— Zweck und Inhalt seiner Schrift über die drei ältesten Kunsturkunden der Freimaurerbrüderschaft. gr. 8. Frberg 819. (Arnold in Dresden). 6 ℊ

Krause, Karl Emil, s. Krause, Emil.

Krause, Carl Erasm., Fußwanderung in d. salzburg. Gebirge. Ein Alpengemälde f. Alle, welche d. salzburger Hochland besuchen wollen. gr. 12. (6 B.) Grimma 830, Verlags-Comptoir.

—— dass. (unt. d. T.:) Wegweiser f. Fußreisende durch d. salzburg. Hochland. 2. Ausg. gr. 12. (6 B.) Grimma 838, Verlags-Comptoir.

— Carl Erasmus (Dresden), **De satiris Auli Persii Flacci earumque interpretatione. Diss. philos. Götting. (Carl Eduard Rosenbusch) 1830. 32 S. (5.50)** 19366
Gew.: Carl Chr. Fr. Krause.

Krause, Carl Erasmus, die deutschen Schwurgerichte. gr. 8. (16½ B.) Leipzig 843, Naumburg.

Ueber das Alter der Menschenpocken und anderer exanthematischer Krankheiten, historisch-kritische Untersuchung von Carl Friedr[ich] Theod[or] Krause. Hannover: Hahn 1825. 158 S. 8°

Krause, Carl Friedr. Theod., Handbuch d. menschl. Anatomie. Durchaus nach eig. Untersuchn., u. mit besond. Rücksicht auf d. Bedürfniss d. Studirenden, d. prakt. Aerzte u. Wundärzte u. d. Gerichtärzte verfasst. 1. Bd. 1. Abthl. gr. 8. (25 B.) Hannover 833, Hahn.

Krause, Carl Friedr. Theod., Handbuch d. menschl. Anatomie. Durchaus nach eigenen Untersuchungen, u. mit besond. Rücksicht auf d. Bedürfniss d. Studirenden, d. prakt. Aerzte u. Wundärzte u. d. Gerichtsärzte verfasst. 1. Bd. 1. Thl. 1—3. Abthl. u. 2. Thl. I—IV. gr. 8. Hannover, Hahn'sche Hofbuchh.

Bd. 1. Thl. 1. Die allgem. Anatomie des Erwachsenen. 1—3. Abthl. [1. 2., neu bearb. Aufl. (14⅛ B.) 841. 22 Gr., 2. (17 B.) 836. 1 Thlr., 3. (32 B.) 838. 2 Thlr. 8 Gr.] 4 Thlr. 6 Gr.
- 2. Die specielle Anatomie des Erwachsenen. I—IV. 3 Thlr. 4 Gr.
I. Knochen- u. Bänderlehre. 2., neu bearb. Aufl. (9 B.) 841. 14 Gr.
II. Muskellehre. 2., neu bearb. Aufl. (5⅛ B.) 841. 12 Gr.
III. Eingeweidelehre. (19 B.) 842. 1 Thlr. 6 Gr.
IV. Gefässlehre. 2., neu bearb. Aufl. (12⅔ B.) 842. 20 Gr.

Krause, Carl Friedr. Theod., Handbuch d. menschl. Anatomie etc. 1. Bd. 2. Thl.: die specielle Anatomie des Erwachsenen. V. Nervenlehre. Tabellen u. Reg. 2., neu bearb. Aufl. gr. 8. (20¾ B.) Hannover 843, Hahn'sche Hofbuchh.
1. Bd. Thl. 1 u. 2. I-IV. Ebendas. 1841, 42. 7 Thlr. 12½ Ngr.

Krause, Carl Frdr. Thdr., **Handbuch der menschlichen Anatomie. Durchaus nach eigenen Untersuchgn. u. m. besond. Rücksicht auf das Bedürfniss der Studirenden, der prakt. Aerzte u. Wundärzte u. der Gerichtsärzte verf. 3., neu bearb. Aufl. v. W. Krause. 1. Bd. gr. 8. Hannover 876. Hahn. n. 14. —**
Allgemeine u. microscopische Anatomie. Durchaus nach eigenen Untersuchgn. bearb. v. W. Krause. Mit 802 (eingedr.) Fig. in Holzschn. (XIV, 581 S.)

— dasselbe. Nachträge zum 1. Bde. des Handbuches. A. u. d. T.: Nachträge zur allgemeinen u. microscop. Anatomie von W. Krause. Mit 81 (eingedr.) Fig. in Holzschn. u. 1 Taf. in Farbendruck. gr. 8. (VIII, 170 S.) Ebend. 881. n. 4. — (cplt. mit Nachträgen: n. 48. —)

Krause, Carl Frdr. Thdr., **Handbuch der menschlichen Anatomie. 3., durchaus nach eigenen Untersuchungen neu bearb. Aufl. von W. Krause. 2. u. 3. Bd. gr. 8. Hannover 879. 80. Hahn. n. 30. —**
2. Specielle u. macroscopische Anatomie. (944 S.) n. 22. —
3. Racen-Anatomie, Bewegungen, Homologie der Extremitäten, Varietäten u. Tabellen. A. u. d. T.: Anatomische Varietäten, Tabellen etc. von W. Krause. Ein Supplement zu jedem Lehrbuche der Anatomie. Mit (eingedr.) Fig. in Holzschn. (VIII, 330 S.) n. 8. —

Krause, Karl Friedrich Theodor, s. Möhl, R. Chr.: Über die Barloloiden.

– s. Moreau zu Bar-le-Düc: Über die Resection d. Knochen.

Krause, Carol. Fridr. Theod., Synopsis icone illustrata nervor. systematis gangliosi in capite hominis. Fol. maj. (4½ B. u. 1 col. Kpfrt.) Hannoverae 839, libr. aul. Hahnii. Thlr. *

Krause, Carl Gotthold, **zur Lehre vom Gerichtsstand nach dem Entwurf der Civilprocessordnung f. das deutsche Reich. gr. 8. (83 S.) Berlin 874. Puttkammer & Mühlbrecht. n. 1. 60**

Krause, Carl Gottlob: Zur Lehre vom Gerichtsstand nach dem Entwurf der Civilprozeßordnung für das Deutsche Reich. Berlin 1874.

— Carl Gottlob (Annaberg), **De motu chyli et lymphae glandulisque conglobatis. Diss. anatom.-physiol. Präs. D. Johann Gottlob Haase. Lpz. (Jacobaeer) 6. II. 1778. 30 S. (6.—)** 19367

Krause, Karl Heinrich

— methodisches Handbuch der deutschen Sprache, zur Erläuterung des Lehrbuchs derselben. 3 Thle. 3e A. 823. 4e Aufl. 8. Halle 828. Schwetschke u. S. 2 ₰ (1r Thl.: Erläuterung des 1sten u. 2ten Theils des Lehrbuchs. 14 ℊ 2r Thl. Erläut. des 3ten Thls. des Lehrbuchs. 18 ℊ 3r Thl. Erläut. des 4ten Thls. des Lehrbuchs. 16 ℊ)

— method. Handbuch d. deutschen Sprache, z. Erläuterung d. Lehrbuchs derselben. 3 Thle. 3e Aufl. 8. Halle 824, Hemmerde u. S. (1r 14 gr. 2r 18 gr. 3r 16 gr.)

— d. Leben im Geiste Gottes, dargest. f. junge Christen. Ein vollständ. Leitfaden zu einem evangel. Konfirmanden-Unterr. 8. Halle 825, Hemmerde u. S.

— das Leben im Geiste Gottes dargestellt f. junge Christen, ein vollständ. Leitfaden zu einem evangel. Konfirmanden-Unterricht. 8. Halle 825. Schwetschke u. S. 6 ℊ

— das Leben im Geiste Gottes, dargestellt für junge Christen: Ein vollständ. Leitfaden zu einem evangel. Konfirmanden-Unterricht. 2e Aufl. 8. Halle 834. Schwetschke u. Sohn. ¼ ₰

— Lebensgeschichte Friedrich II., Königs von Preußen. (Aus d 3ten Theile seines Buches: mein Vaterland &c. besond. abgedruckt.) 8. Frberg 805. (Schwetschke u. S. in Halle). 20 ℊ

— Lehrbuch d. deutschen Sprache f. Schulen. 4 Thle. 3e Aufl. 8. Halle 822, Hemmerde u. S. (1r 3 gr. 2r —4r à 15 gr.)

—— Lehrbuch d. deutschen Sprache f. Schulen. 4 Thle. 4. Aufl. 8. Halle, Schwetschke u. Sohn.
Thl. 1. Sprachübungen mit einfachen Sätzen. (4 B.) 830. 8 Gr.
„ 2. Sprachübungen mit zusammengesetzten, mit Redesätzen u. mit verwandten Wörtern. (5½ B.) 831. 4 Gr.
„ 3. Sprachunterricht üb. einfache Sätze. (5¼ B.) 829. 4 Gr.
„ 4. Sprachunterricht üb. zusammengesetzte u. Redesätze. (5 B.) 830. 4 Gr.

— Lehrbuch der deutschen Sprache für Schulen. 1r Thl. 5e Aufl. 8. Halle 836. Schwetschke u. Sohn. $^1/_8$ Rthlr — 2r Thl. 4e Aufl. 8. Ebd. 831. $^1/_6$ Rthlr — 3r Thl. 5e Aufl. 8. Ebd. 834. $^1/_6$ Rthlr — 4r Thl. 5e Aufl. 8. Ebd. 835. $^1/_6$ Rthlr

— Philoteknos u. seine Schule. Ein Versuch, mit wenigen Hülfsmitteln recht viel für Jugendbildung zu leisten. 8. Frkf. a. d. O. ... (Sander in Berl.) 6 gGr

Krause, (H. K.,) Philoteknos u. seine Schule. Ein Versuch mit wenigen Hülfsmitteln recht viel f. Jugendbildung zu leisten. 8. Frkf. a. d. O. 811. (Flittner.) Rthlr.

— Predigten u. geistl. Reden. gr. 8. Halle 825. Hemmerde u. S.

— Predigten u. christl. Reden. gr. 8. Halle 826. Schwetschke u. S. 20 gGr

— Rechtschreibe-Lehre f. Erwachsene u. besonders f. Lehrer. Zugabe z. Lehr- u. Handbuch d. deutschen Sprache 8. Halle 822, Hemmerde u. S.

— Rechtschreiblehre f. Erwachsene u. besond. für Lehrer. Zugabe zu dessen Lehr- und Handbuch. 8. Halle 822. Schwetschke u. S. 21 gGr

— Schulbuch z. Beförderung christl. Sinnes u. Frohsinnes, im dichterischen Gewande. 8. Berlin 827, Enslin. 8 gr. geb.

— mein Vaterland unter den hohenzollerschen Regenten, ein Lesebuch f. Freunde der Geschichte. 1r Thl. 8. Wesel u. Dortmund 801. Neu bearb. in 3 Thln. 8. Halle 803 — 5. Schwetschke u. S. 3 Rthlr 4 gGr Schrbp. 3 Rthlr 12 gGr

Krause, Karl Hnr., Versuch planmäßiger u. naturgemäßer unmittelbarer Denkübungen f. Elementarschulen. 1r Cursus. 8. Halle 813. Schwetschke u. S. 2e A. 816. 3e A. 820. 4e A. 823. 5e A. 831. 16 gGr 2r Curs. 8. Ebend. 815. 2e Aufl. 819. 4e Aufl. 823. 18 gGr 3r Curs. 815. 2e A. 819. 3e A. 828. 18 gGr

— dess. 2r Curs. 3e Aufl. 8. Ebend. 825.

Krause, K. H., Versuch planmäßiger und naturgemäßer unmittelbarer Denkübungen. 1r Curs. 3te Aufl. 8. Halle. Hemmerde und S. 820.

—— Versuch planmäß. u. naturgemäßer unmittelbarer Denkübungen f. Elementarschulen. 2. u. 3. Curs. 4. Aufl. 8. Halle, Schwetschke u. Sohn. [2. (19 B. u. 16 Tab.) 830., 3. (20½ B.) 834. à 18 Gr.]
1. Curs. 4. Aufl. Ebendas. 1826. 16 Gr.

Krause, Karl Hnr., Versuch planmäßiger u. naturgemäßer unmittelbarer Denkübungen für Elementarschulen. 1r Cursus 6e u. 2r Cursus 5e Aufl. (Mit Tabb.) 8. Halle 836. Schwetschke u. Sohn. (I. $^2/_3$ Rthlr, II. $^3/_4$ Rthlr) $1^5/_{12}$ Rthlr

Krause, K. H., Versuch planmäßiger u. naturgemäßer unmittelbarer Denkübungen für Elementarschulen. 3. Cursus. 5. Aufl. 8. Halle 843, Schwetschke u. Sohn. $^3/_4$ Rthlr

Krause, Carl Heinr., Versuch planmäßiger u. naturgemäßer unmittelbarer Denkübungen f. Elementarschulen. I. Curs. 7. Aufl. 8. (16 B.) Halle 844, Schwetschke u. Sohn.

— Versuch eines method. Lehrbuchs der deutschen Sprache. 2 Thle. 8. (1r Theil Sprachübungen 1ste u. 2te Abth. 1ste 8 Gr. 2te 6 Gr. 2r Thl. Sprachunterricht. 1ste und 2te Abth. à 14 Gr.) Halle, Hemmerde und Schw. 818 und 819.

— Versuch e. method. Lehrbuchs der deutschen Sprache. 2 Thle., à 2 Abtheill. (1r Thl. Sprachübungen 14 gGr 2r Thl. Sprachunterricht 1 Rthlr 4 gGr) 8. Halle 818, 19. Schwetschke u. S. 1 Rthlr 18 gGr 3e Aufl. unter d. T.: Lehrbuch d. deutschen Sprache für Schulen. 1r Thl. Sprachübungen mit einfachen Sätzen. 8. Ebd. 823. 4e Aufl. 830. 3 gGr 2r Thl., 3e Aufl. Sprachübungen mit zusammengesetzten Wörtern 823. 4e Aufl. 831. 4 gGr 3r Thl., 3e Aufl. Sprachunterricht üb. einfache Sätze 823. 4e Aufl. 829. 4 gGr 4r Thl., 3e Aufl. Sprachunterricht über zusammengesetzte Redesätze 823. 4e Aufl. 830. 4 gGr

Krause, Karl Samuel

Krause, K. Sam., Erläut. der Lehre von der Kraft d. göttlichen Worts wider Schubert. 8. Leipz. 756. Klaubarth. 6 gGr

Krause, Karl Samuel: De Homine non machina, s. Krause, Karl Christian (Präs.)

Krause, Konrad *Rudolf Ferdinand* [aus Cammin in Pomm.]: Beiträge zur Casuistik der Lipome. '[M. Benutzg d. Materials d. Krankenjournale d. chirurg. Klinik u. Poliklinik d. Kgl. Univ.-Krankenhauses zu Greifswald über d. Jahre 1889—1896.]' ... Greifswald, Druck v. J. Abel, 1896; 32 S. 8.
Greifswald, Med. Fak., Inaug.-Diss. v. 22. Dez. 1896

Krause, Kurt, Referendar: Die Aufrechnung bei Wechselschulden. Breslau 1910: Graß, Barth & Co. VIII, 34 S. 8°
Breslau, Jur. Diss. v. 22. Jan. 1910, Ref. Schott, Meyer
[Geb. 8. April 87 Breslau; Wohnort: Nimptsch; Staatsangeh.: Preußen; Vorbildung: König-Wilhelms-Gymn. Breslau Reife O. 06; Studium: Heidelberg 1, Breslau 5 S.; Rig. 13. Juli 09.] [U 10. 506

Krause, Kurt, a. Potsdam in Brandenburg: Beiträge zur Kenntnis der Flora von Aden. (Leipzig 1905: Breitkopf & Härtel.) (72 S.) 8° ¶(Aus: Botanische Jahrbücher, Bd 35, 1905.)
Berlin, Phil. Fak., Ref. Engler, Schwendener, Diss. v. 4. März 1905
[Geb. 20. Apr. 83 Potsdam; Heimatsort: Potsdam; Staatsangeh.: Preußen; Vorbildung: Realgymn. Potsdam Reife O. 01; Studium: Berlin 7 S.; Rig. 15. Dez. 04.]

Krause, Kurt: Aus d. chir. Univ.-Poliklinik Leipzig. ⟨Dir.: Perthes⟩. Ischämische Muskelkontrakturen. Leipzig 1910: Lehmann. 46 S. 8°
Leipzig, Med. Diss. v. 10. Jan. 1910, Ref. Trendelenburg
[Geb. 31. Okt. 83 Kolditz; Wohnort: Karolagrün; Staatsangeh.: Sachsen; Vorbildung: Fürstensch. Grimma Reife O. 04; Studium: Leipzig 11 S.; Coll. 29. Jan. 10.] [U 10. 3011

Krause, L., s. Shakspeare, noch nicht übersetzte Werke. 2r Bd.

Krause, L. W., berliner Figaro, s. Figaro.

Krause, Lorenz Jakob, s. Kraus, Lorenz Jakob.

Krause, Loth., d. Technik d. Pharmacie, Bakteriologie u. verw. Zweige d. Chemie. (1. Bezugsquellen-Handbuch für Apotheker, Chemiker, Droguisten etc.) gr. 8. (3, 7 u. 7 S. m. Abb.) Apolda 895. H. Jackob. n. — 50

Krause, Lotte Louise, geb. von Fink, die Badekur, Vaudeville-Posse, s. deren: „Geschöpfe heiterer Phantasie" im 3n Theile.

Krause, Lotte Louise, geb. v. Finck, Dichtungen u. dramatische Scenen. gr. 8. (14 B.) Neumarkt 815. (Schweidnitz, Weigmann.)*

Krause, Lotte Luise, geb. v. Fink, Erzähll., Polterabendscherze, dramat. Scenen, Fest- u. Gelegenheitsgedichte. 8. Bresl. 830. Aderholz. 1 Thlr.

— Flora. Herausg. z. Besten d. Abgebrannten in Habelschwerdt. gr. 12. Liegnitz 824. Kuhlmey. 16 Gr.

Krause, Lotte Louise, Frühlingsblüthen. Samml. kl. Erzähll. Gedichte. gr. 12. Liegnitz 823. Kuhlmey. 16 Gr.

—— Geschöpfe heitrer Phantasie. 8. (8 B. u. 1 Vign.) Breslau 829, Leuckart.
Enthält Gedichte vermischten Inhalts, Erzählungen, u. d. Vaudeville-Posse: Die Badekur.

— Poesien. 3 Bdchn. 8. Bresl. 818—22. Leuckart. 36 B. 8 Gr.

Krause, Lotte Louise, geb. v. Finck, dramatische Scenen zu Polter-Abenden. 8. Liegnitz 843, Kuhlmey. 5/12 Thlr.

— poet. Versuche. 8. Bresl. 811. Graß, Barth u. Comp. (Barth in Leipz.) 16 Gr. (Vergl. v. Fink, Luise.)

. *Prasser:* **Abschiedslied für unsern Br. Prasser bei seiner Uebersiedelung nach Halle a. S. Gewidmet von Louis Krause. Perleberg [1904]: Grunick. 1 Bl. 4° [Kopftit.]**
Ohne Noten. 358.

Krause, Ludwig

Krause, die fremden Bäume u. Gesträuche der Rostocker Anlagen. [Aus: „Archiv d. Ver. d. Freunde d. Naturgesch. in Mecklenburg".] 8. (44 S.) Güstrow 890. Opitz & Co. n. 1. —

Krause, Ldw., die Blumentreiberei. Oder Anleitung, sich während des Winters einen beständigen Blumenflor zu verschaffen, mit besond. Berücksichtigung der Zimmertreiberei. 8. Quedlinburg 844. Basse. 1/2 Thlr.

Krause, Ludw. (I.), Gedichte. Hrsg. von einigen seiner Freunde. 8. (8 1/2 B.) Dessau 835, Hofbuchdruckerei.

—— die Gemüsetreiberei. Oder Anleitung z. Erziehung der Gemüse, in Mistbeeten, Treibhäusern rc. nebst ein. Anweisung, Erdbeeren zu treiben. 8. (6 B.) Quedlinburg 844, Basse.

Krause, Ludov. (geb. Commau in Ostpr. 16. 6. 1823): De hydrope ovarii ejusque curatione radicali. Berolini (1853). (36 S.) 8°
Berlin, Med. Diss. v. 25. Aug. 1853.

— die Cultur der Schlingpflanzen u. ihre Anwendung in Gärten, Gewächshäusern u. Zimmern. 8. Ebend. 846. 1/2 Thlr.

Krause, Ludw., die Cultur der Schling- und Hängepflanzen und ihre Anwendung in Gärten, Gewächshäusern und Zimmern. 2., verb. und verm. Aufl. 8. (158 S.) Quedlinburg 851, Basse.

Krause, Ludwig: In Rostock im 17. Jahrhundert vorkommende Obstsorten und Küchenkräuter.
(Separatabdruck aus: Archiv des Vereins der Freunde der Naturgeschichte in Mecklenburg. 49.) Rostock. 1895. 8°

Krause-Rostock, Ludw., in Rostock im 17. Jahrh. vorkomm. Obstsorten u. Küchenkräuter. [Aus: „Archiv des Vereins d. Freunde d. Naturgesch. in Meckl."] gr. 8. (45 S.) Güstrow 896. (Opitz & Co.) n. — 80

— s. Ritter's, Jh. Alb., Gartenbuch.

Krause, Ludwig: Aus Peter Laurembergs Tagebuch. Beitrag zur Geschichte des Garten-, namentlich Obstbaues zu Rostock während der Zeit des dreissigjährigen Krieges.
(Abgedruckt aus: Beiträge zur Geschichte der Stadt Rostock. Bd. 1, Heft 4.) Rostock. 1895. 8°

— siehe: Theuß, Th., Handbuch des Gartenbaues.

Krause, Ludw., s.: Weinbuch, das Rostocker, von 1382—1391.

Krause, (prakt. Gärtner) Ldw., der Zimmer- u. Fenster-Garten für Blumenfreunde. In alphabet. Ordnung. gr. 12. Quedlinburg 840. Basse. 5/6 Thlr.

— der Zimmer- u. Fenster-Garten f. Blumenfreunde. Oder kurze u. deutliche Anweisung durch Cultur aller derjenigen Blumen u. Zierpflanzen, welche man in Zimmern u. Fenstern ziehen u. überwintern kann. In alphabet. Ordnung. 2. verb. Aufl. 8. (IV u. 279 S.) Ebd. 851. 5/6 Thlr.

Krause, Ludwig August

Krause, (L. A.,) Darstell. d. chem. Eigenschaften d. Indigos u. seiner interessanten Modificationen. gr. 8. Wien 826. Gheleńsche Erben.

Krause, Ldw. Aug., Darstellung der Fabrikation des Zuckers aus Runkelrüben, in ihrem gesammt. Umfange. Aus Veranlassung der k. k. Landwirthschafts-Gesellschaft in Wien verfaßt. Mit 4 Kpfrtaf. gr. 8. Wien 834, 2e Aufl. 838. Beck. 1 1/2 Thlr.

Krause, Ludwig Philipp

Krause, Ludw. Phil., d. kluge u. sorgfältige Gärtner. (1738). 3. Aufl. 1754. Neuere Aufl. 1763, 1772, 1781, (1786), 1795 u. 1798, s.: Engel, (Aengel), P. V.

Krause, Ldw. Ph., († ...) kluger u. sorgfältiger Gärtner, worin die Bestellung e. Gartens u. die Behandl. aller Gartengewächse, Blumen rc. deutlich gelehrt wird. 8. Leipz. 738. N. Aufl. 741. 54, 63, 72 u. 87. Schneider. 12 Gr. Neue Ausg., s. P. V. Engel.

Der kluge und sorgfältige Gärtner... Nebst e. Anh. von Bienen. Aus eigener Erfahrung u. bewährten Autoribus zus.getragen, auch mit einigen Kupffern erl., 2. u. verm. Auffl., von Ludwig Philipp Krausen [Krause]. - Langensaltza: Martini 1741. 282 S., 4 Taf. 8°

Krause L. Ph.: Der kluge u. sorgfältige Gärtner ... M. e. Anh. v. Bienen begl. Jezt ... verm. u. z. 5. mahl am Licht gestellet. Langensalza 1772. (10) 356 S. 4 Tvl.

— kluger u. sorgfält. Gärtner rc. verbess. herausg. v. F. G. Leonhardi. (a. unt. dem Tit.: P. V. Engels verständ. Gärtner rc.) 8. Leipz. Hinrichs. (a. Commiss.) 810.

Krause, Luise, populäre Harmonielehre. I. Stufe: Elementartheorie. II. Stufe: Intervallenlehre. qu. gr. 8. (VI, 134 S.) Leipzig 900. O. Junne. n. 2. —

Lebensgeschichte von Wolfgang Amadeus Mozart. Für d. Jugend erzählt von Luise **Krause**. Berlin: 'Ver. Frauen-Erwerb' [um 1906]. (38 S.) 8° [F.] 07. 7397

Krause, Luise, theoret. Lehrg. d. Gesangunterrichtes f. Schule u. Haus. 1. Stufe. 8. (55 S.) Schwerin 897. Stiller. n. 1. —

— systematisches Notenschreibheft (kleine Ausg.) m. vorgeschriebenen Beispielen, Notennamen, Vorzeichngn. u. Taktarten. qu. Lex.-8. (III S. u. 20 autogr. S.) Ebd. (900). n. — 50

Rhythmische Übungen unter Anwendung der Verkörperten Noten als Anschauungsmittel f. d. Gesang- u. Klavierunterr. System Frau Dr. (Luise) **Krause**, Vorst. d. Schweriner Musikschule in Berlin. *Leipzig: Breitkopf & Härtel 1903.* (51 S.) 8° [Umschlagt. F.] [03. 16040

Gesänge beim Festspiel am Vorabende des 150jährigen Stiftungsfestes der □ Minerva z. d. 3 P[almen] i. O. Leipzig am 21. März 1891. [Komp. von M. Krause. Leipzig 1891: Reclam.] 4 Bl. 8⁰ [Umschlagtit.]
4 Lieder ohne Noten. 25. 140.

Plan von Glatz. Entworfen u. gez. von M. **Krause**, Kgl. Feldmesser. Masst. 1:4,500. *Glogau: C. Flemming [1901].* (1 Kartenbl. 43 × 43 cm.) 8° [kol.] [01. 12471

Krause, M.: Von der Rindviehseuche. E. kurze Belehrung für d. Landmann. Halle 1814. 20 S.

Krause, M. E., de pervigilio paschatos ἀναστάσιμον. Lips. 1714. 4.

Krause, Maria, ausgeführter Lehrplan f. die höh. Mädchenschule auf Grund der Bestimmungen vom 15. VIII. u. 12. XII. 1908. Hrsg. m. Unterstützg. der Lehrkräfte der Krause'schen höheren Mädchenschulen. (V, 251 S.) gr. 8. Königsberg 910. Gräfe & Unzer. nn 3. —

Lehrplan der (Maria) Krause'schen höheren Mädchenschule. Königsberg 1893: Hartung. 139 S. 8⁰

Lehrplan der (M[aria]) **Krause**'schen höheren Mädchenschule. *Königsberg 1901: Hartung.* (300 S.) 8° [F.] [01. 11911 10

Krause, (Marie): Einige Vorbedingungen zur Reform der Mädchenbildung. Königsberg Pr. 1908: Hartung. S. 3—7. 8°
Königsberg Pr., Krause'sche Lehranstalten P 1908 [157] [S 08. 252

Krause, M[arie]: Der Weg zur Universität in der Mädchenbildung. Königsberg i. P. 1910: Hartung. S. 1—9. 8°
Königsberg i. P., Krause'sche Lehranstalten P 1910 [158] [S 10. 235

Krause, Martin: Ein Brünnlein Gottes in Paris. Gedenkschr. zur Jahrhundertfeier des dt. Gottesdienstes in der Billetteskirche in Paris 1809—1909. — Paris: Dt. Evangelisationsgemeinde; Neudorf bei Liegnitz: Krause 1909. 106 S.

Krause, Martin: Über die Discriminante der Modulargleichungen der elliptischen Funktionen. Leipzig 1876. (21 S.) 8° *[Aus: Mathem. Annal. Bd 9. 1876; Forts. d. Heidelberger Hab.-Schr. v. 1875. Dem Verf. wurde d. öff. Disput. erlassen.]*
Breslau, Phil. Fak., Hab.-Schr. v. 1876

Zur fünften Säcularfeier der Universität Heidelberg im Sommer 1886. Festschrift der Landes-Universität Rostock. (Inhalt: **Krause**, Martin: Zur Division der hyperelliptischen Functionen erster Ordnung.) Rostock, Druck d. Univ.-Buchdr. v. Adler's Erben, 1886; 6 + 21 S. 4°.

Krause, Martin, zur Division der hyperelliptischen Functionen erster Ordnung. Festschrift. Rostock 1886. G. B. Leopolds Univ.-Buchh. 4⁰. 21 S.

Krause, M., über e. Classe v. Differentialgleichungen 2. Ordnung, welche durch elliptische Functionen integrirbar sind. gr. 8. (11 S.) Berlin 900. (G. Reimer.) n. — 50
Sonderabdruck aus: „Sitzungsber. d. preuss. Akad. d. Wiss."

Theorie der doppeltperiodischen Functionen einer veränderlichen Grösse. Von Dr. Martin **Krause**, Prof. ... zu Dresden. Bd 1. 2. *Leipzig: B. G. Teubner 1895—97.* 2 Bde 8.
1. 1895. (VIII, 328 S.) 2. 1897. (XII, 306 S.) [97. 5560

Krause, Mart., die Transformation der hyperelliptischen Funktionen 1. Ordnung. Nebst Anwendungen. gr. 8. (VII, 276 S.) Leipzig 886, Teubner. *

Krause, Mart., zur Transformation der Modulargleichungen der elliptischen Functionen. gr. 8. (26 S.) Heidelberg 878. C. Winter. n. 1. —

Krause, Martin (Hrsg.), s. Wagner-Kalender 1908.

Allgemeines zum Verständniß zwischen Arbeitgeber und Arbeitnehmer. (Verf.: Max **Krause**, Kommerzienrat, Berlin.) Berlin: Selbstverl. (1908). (23 S.) 8° [Umschlagt.] [08. 7323

Krause, Max [aus Elbing, Westpr.]: Beitraege zur Kenntnis des Chinins ... Freiburg i. B., Buchdr. v. Ch. Ströcker, 1893; 63 S. 8.
Freiburg i. B., Phil. Fak., Inaug.-Diss. v. 1893

Betrachtungen über die 2 Fragen: Pflegedamen für weibliche Arbeiter in Fabrikbetrieben u. Arbeiterinnen-Heim. (Verf.: Max **Krause**, Kommerzienrat, Berlin.) (Berlin: M. Krause 1906.) (32 S.) 8° [06. 10892

A. Borsig Berlin 1837–1902. Festschrift z. Feier d. 5000sten Lokomotive Tegel, 21. Juni 1902. Verf. von Max **Krause**, Dir. von A. Borsig's Berg- u. Hüttenverwaltung. (Berlin 1902: J. Sittenfeld.) (167 S.) 4° [02. 18318

Krause, Max, aus Eberswalde: I. Ueber einige Derivate des m-Oxybenzaldehydes. II. Ueber einige neue Oxyazokörper. *Heidelberg 1898: J. Hörning.* (39 S.) 8°
Heidelberg, Naturw.-math. Diss. v. [14. Sept.] 1898

Krause, Max: Gedächtnisrede im Berliner Bezirksverein deutscher Jngenieure zur Feier des 67. Geburtstages von Theodor Peters am 15. November 1908. Berlin (1908) Schade. (24 S.)

Krause, Max, Ingenieur aus Berlin: Zur Reform des Submissions-Wesens im Baugewerbe. *Berlin 1898: J. Windolff.* (XII, 83 S.) 8°
Rostock, Phil. Diss. v. [4. Juni] 1898

Krause, Max Heinr., das rote Königreich. Sachsen als gesunder u. kranker Staat in politisch-volkswirtschaftl. Beziehg. Mit e. offenen Briefe an Herrn v. Metzsch, kgl. sächs. Staatsminister u. Minister des Innern, Excellenz. (VIII, 117 S.) gr. 8. Leipzig (904). R. Gerstäcker. 2. —

— neuliberale Zukunft, liberale Einheit! Grundlagen e. neuen liberalen Parteianschaug. (67 S.) gr. 8. Stuttgart 905. Nationaler Verlag. n. 1.25

Krause, Maximilian *Karl* [app. Arzt]: Die Beziehungen des Hypnotismus zur Hysterie ... Leipzig, G. Fock, 1894; 46 S., 1 Bl. 8.
Leipzig, Med. Fak., Inaug.-Diss. v. 24. Juli 1894

Krause, Michael Ehrenfried [Praes.], s. Gilbert, Paul Christian: De suppliciis vicariis.

Krause, Michael Ehrenfried [Praes.], s. Grimmer, Sigismund: De moralitate affectuum.

Krause, Mor., das Ganze der Panotypie zum Selbstunterricht. Nebst Anweisung zur Zusammensetzung der dazu nothwendigen Mixturen. Als Mscr. gedruckt. 16. (31 S.) Leipzig 858, Wengler.

Krause, O., Rechentafeln zum Gebrauche in gewerbl. Fortbildungsschulen, Gewerbe-, Handwerkerschulen u. verwandten Anstalten. (IV, IV, 63 S.) gr. 8. Quedlinburg (909). H. Schwanecke. — 80

Krause, O. M., Vorübungen zum Unterrichte in der Naturgeschichte für Stadt- u. Landschulen. 2 Hefte. 8. Quedlinburg 842, Basse. 1/3 ℔

Zwei freimaurerische Dichtungen von Osk. **Krause**. Düsseldorf [1895]: Dietz. 8 Bl. 8° [Umschlagtit.]
Feiern das Johannisfest u. den verstorbenen Mstr v. St. der Düsseldorfer Loge, Th. Mengelbier. 138.

Krause, Osk., Erlebtes, Erdachtes, in Reime Gebrachtes. 8. (XI, 82 S.) Düsseldorf 885, Voß und Comp.

Krause, (Frid. Guil. Maximil.) Osc. (geb. Breslau 11. 7. 1822): De cupri facultate. Berolini (1846). (35 S.) 8°
Berlin, Med. Diss. v. 30. Sept. 1846

Krause, Osc., mein Haus — meine Welt, s.: Landé, R.

Krause, Oskar, Referendar in Straßburg i. E.: Kann Fremdbesitz in ersitzungsreifen Eigenbesitz übergehen ohne Willen des mittelbaren Besitzers? Egeln 1907: F. Heyl. (32 S.) 8° [F.]
Heidelberg, Jur. Fak., Ref. Endemann, Diss. v. 1908
[Geb. 20. April 82 Berlin; Wohnort: Straßburg i. E.; Staatsangeh.: Preußen; Vorbildung: Gymn. Saargemünd (Lothr.) Reife M. 03; Studium: Berlin 2, Leipzig 1, Genf 1, Straßburg 2 S.; Rig. 20. April 07.]

Krause, Oscar: Die ältesten Zunftrollen der Stadt Greifswald. *Greifswald (1898): F. W. Kunike.* (1--72 S.) 4° [Umschlagt.]
Greifswald, st. G m. Realkl., P 1898 (145)

Krause, Osk., d. ältesten Zunftrollen d. Stadt Greifswald. (1397—1541.) E. Beitrag z. Geschichte d. Stadt Greifswald. Progr. gr. 4. (72 S.) Greifswald 898. (J. Abel.) n. 2. 50

Krause, Oskar (Hrsg.), s. Zunfturkunden, Die älteren, der Stadt Greifswald.

Krause, Otto, Arbeitslosigkeit, Bettelei u. Wanderverpflegg., s. a. Volkswohl-Schriften.

Krause, Dr. Otto, Arbeitslosigkeit, Bettelei und Wanderverpflegung. Unter besonderer Berücksichtigung sächsischer Verhältnisse beleuchtet. (Volkswohl-Schriften, Heft 14.) 8°. Leipzig 1893.

KRAUSE, OTTO. Ueber eine neue Darstellung der Methintrisulfonsäure und über Magnesiumoxychlorid. (Jena) Halle, 1872.

Krause, Otto, Königin Goldhaar. Dramatische Dichtg. in 5 Aufzügen u. Vorspiel. (145 S.) 8. Dresden 910. R. Kraut. 2.—; geb. 3. —

[F.] Rabbi Jesua. Histor. Trauerspiel v. Otto **Krause**. 2. Aufl. *Leipzig: F. Wagner; Budapest: L. Kókai 1895.* (VIII, 205 S., 1 Bl.) 1 Bd 8. [97. 7516

Bruder Jesus. Gnostisch-soziales Drama in 1 Akt. Von Otto Krause. Dresden: Kraut 1910. 76 S. 8°

— Das Hohe Lied des Weibes. Gedichte. (110 S.) 8. Ebd. (909). 2.—; geb. 3. —

Krause, Otto, der Luftwechsel in den Lehrzimmern der Annaberg-Buchholzer Schulen u. d. kgl. Seminars zu Zschopau. Ein Beitrag zur Beurtheilg. der Heizungs- u. Ventilationsanlagen in Schulgebäuden. 4. (29 S.) Annaberg 874. Graser in Comm. n. 1. —

Das Meergespenst. (Nordseesage.) Dramat. Dichtung in 5 Aufz. Von Otto **Krause**. Dresden: Kraut 1910. 129 S. 8°

Krause, Otto (Karl Heinr.): Ueber den Vorfall der schwangeren Gebärmutter. Berlin (1875). 42 S. 8°
Berlin, Med. Diss. v. 13. Okt. 1875

Krause, Otto, wie viel giebt es Vagabunden? Eine Studie erzgebirg. Bettler-Verhältnisse. gr. 8. (31 S.) Annaberg 885. Graser. n. 1. —

Krause, P. Appian als Quelle für die Zeit von der Verschwörung gegen Caesar bis zum Tode des Decimus Brutus. 24, 19 SS.
Progr. *Rastenburg* 1879. 1880.

Krause, P., wie angele ich m. Erfolg? Eine Belehrg. für die Angelfischerei u. f. den Krebsfang. 8. (59 S. m. Abb.) Leipzig (901). Ernst. — 75

Krause, Paul (Hrsg.), s. Abhandlungen, Zwanglose, a.d. Gebiete der medizin. Elektrologie.

Krause, Paul, der freie Aufsatz in den Oberklassen. (Theorie u. Praxis.) 1.—3. Aufl. (VII, 125 S.) gr. 8. Leipzig 908. 10. E. Wunderlich. 1.60; geb. 2. —

— dasselbe in den Unterklassen. (Theorie u. Praxis.) 2. u. 3. erweit. Aufl. (VI, 64 S.) gr. 8. Ebd. 910. — 80; geb. 1. —

— — Beitrag zur Kenntnis d. Actinomyces. S.-A. a. C. f. B. Jena 99. Fischer.

Krause, Paul, appr. Arzt a. Felgeleben: Conjunctivitis Phlyctänulosa. Halle a. S. 1905: C. A. Kaemmerer & Co. (22 S.) 8°
Halle, Med. Fak., Ref. Schmidt-Rimpler, Diss. v. 29. März 1905
[Geb. 25. Jan. 78 Rieda, R.-B. Merseburg; Wohnort: Nietleben bei Halle; Staatsangeh.: Preußen; Vorbildung: Gymn. Magdeburg Reife M. 99; Studium: Halle 10 S.; Coll. 24. März 05; Approb. 7. Sept. 04.]

Krause, Paul, Einkommensteuergesetz vom 24. Juni 1891, nebst Ausführungsanweisg. vom 5. Aug. 1891, den amtl. Mustern der Steuererklärg. u. Gesetz, betr. Aenderg. d. Wahlverfahrens vom 24. Juni 1891. Textausg. m. Einleitg., Hinweisen u. Sachregister. 1.—3. Abdr. 16. (IV, 155 S.) Berlin 891. 892. J. Guttentag. Kart. n. 1. 20

—— Das preußische Einkommensteuergesetz vom 24. Juni 1891, nebst Ausführungsanweisg. vom 5. Aug. 1891, 1. u. 2. Thl., erläutert. gr. 8. (IX, 285 S.) Ebd. 891. 5 60; geb. 7 20

Krause, Paul. (Herm. Christian.) (geb. Glogau 9. 6. 1841): De electrotherapia. Berolini (1864). (32 S.) 8°
Berlin, Med. Diss. v. 29. Febr. 1864

Krause, Paul: Aus dem Königl. pathologischen Institute zu Kiel. Über einen Fall von Perforation des Oesofagus und der Aorta durch eine Fischgräte. *Kiel 1897: Schmidt & Klaunig.* (24 S.) 8°
Kiel, Med. Diss. v. [7. Sept.] 1897

Krause, Paul [pr. Arzt in Vietz a. d. Ostbahn]: Zur Geschichte des Trachoms seit den napoleonischen Feldzügen bis zum Ende des Jahres 1889. . . . Berlin, gedr. bei W. Röwer (1890); 32 S. 8°
Berlin, Med. Fak., Inaug.-Diss. v. 1. Aug. 1890

Krause, die Gestaltung der Geschoßgarbe der Infanterie beim gefechtsmäßigen Schießen unter Anwendung der Wahrscheinlichkeitslehre u. Behandlung verschied. schießtaktischer Fragen. Nach amtl. Quellen bearb. Mit 8 Bildern in Steindr. (IV, 38 S.) Lex.-8. Berlin 904. E. S. Mittler & Sohn. n. 2. 25

Krause, Paul, s.: Handbuch der gesamten medizinischen Anwendungen der Elektrizität.

Krause, Paul, Index, s.: Franke's Phantom.

Krause, Paul, approb. Arzt aus Landsberg a. W.: Zur Casuistik der Exstirpation des Ganglion Gasseri. Mitteilung eines Falles aus d. Kieler chirurg. Klinik, bei welchem d. Operation in ungewöhnl. Weise u. mit gutem Erfolge vollzogen wurde. *Kiel 1902: Schmidt & Klaunig.* (30 S.) 8°
Kiel, Med. Diss. v. [5. Juni] 1902

Krause. Paul. s.: Kinderlähmung epidemische.

— s.: Lehrbuch der klin. Diagnostik innerer Krankheiten.

Krause, Paul, pract. Arzt aus Rawitsch: Ueber congenitale Nierensyphilis. *Leipzig 1901: B. Georgi.* (18 S.) 8°
Leipzig, Med. Diss. v. (22. Apr.) 1901

Krause, die nationalliberale Partei u. die Wahlreform. Rede, geh. auf dem Delegiertentage der nationalliberalen Partei in Magdeburg am 26. IV. 1908. (19 S.) 8. Berlin 908. Buchh. d. nationalliberalen Partei. p — 10

— Röntgenatlas der Lungentuberkulose, s.: Beiträge zur Klinik der Tuberkulose. (Ziegler. Otto.)

— Röntgentechnik in der Gynäkologie, s.: Abhandlungen, zwanglose, aus dem Gebiete der medizinischen Elektrologie u. Röntgenkunde. 9. Heft.

Krause, Paul, üb. d. diagnost. u. therapeut. Wert d. Tuberculins. [Aus: „Allg. med. Central-Zeitg."] gr. 8. (8 S.) Berlin 895. O. Coblentz. n. 1. —

Krause, Paul, Dr., Oberarzt d. med. Klinik in Breslau: Über den klinischen Wert der bacteriologischen Harnuntersuchung. *Breslau 1902: Bresl. Genoss.-Buchdr.* (61 S.) 8°
Breslau, Med. Hab.-Schr. v. 1. Aug. 1902

Krause, Hauptm., praktische Winke für das Verpassen, die Handhabung und die Abnahme neu gefertigter Stücke der Infanterie-Ausrüstung M/87. 3. Aufl. 12. (18 S.) Berlin 888, Mittler und Sohn. * — 20

Krause (H.). Praktische Winke f. das Verpassen, die Handhabung u. die Abnahme neu gefertigter Stücke der Infanterie-Ausrüstng M/87. 11. unveränd. Aufl. (18 S.); 12. verb. Aufl. gr. 16. (19 S.) Berl. 889,92, Mittler u. Sohn. [* — 20] * * — 25

Krause, die Witterungsverhältnisse u. ihr Einfluss auf die Flugbahn des 8 mm Geschosses. gr. 8. (24 S. m. 3 Kurven.) Berlin 902. E. S. Mittler & Sohn. n. — 60
Sonderabdruck aus: „Kriegstechn. Zeitschrift".

— s.: Zeitschrift f. medizin. Elektrologie u. Röntgenkunde.

Krause, Paul, s.: Zeitschrift f. Elektrotherapie u. Elektrodiagnostik.

— s.: Zeitschrift f. Röntgenkunde u. Radiumforschung.

Paul Gustaf **Krause,** Über tertiäre, cretaceïsche und ältere Ablagerungen aus West-Borneo. *Leiden: E. J. Brill 1897.* (169—220 S., 2 Taf.) 8.
— Sammlungen d. Geolog. Reichs-Museums in Leiden. Ser. I. Bd V. H. 4. [98. 1612

Krause, Paul Gustav *Ludwig Wilhelm* [aus Neustadt a./Dosse]: Die Decapoden des norddeutschen Jura ... M. 4 Taf. (Aus: Zeitschr. d. D. geol. Ges. XLIII. 1.) Marburg, Druck v. J. F. Starcke in Berlin, 1891; 1 Bl., 171—225 S. 8.
Marburg, Phil. Fak., Inaug.-Diss. v. [1. Sept.] 1891

Krause, Paul Gust., über Diluvium, Tertiär, Kreide u. Jura in der Heilsberger Tiefbohrung. (S. 185—326 m. 8 Taf. u. 6 Bl. Erklärgn.) Lex. 8. Berlin (N. 4, Invalidenstr. 44) 908. Vertriebsstelle der kgl. geolog. Landesanstalt. nn 8. —
Sonderabdr. aus: „Jahrb. d. kgl. preuss. geol. Landesanst."

Krause, Paul Gust., } s.: Sammlungen d. geolog. Reichsmuseums in Leiden.
— üb. Lias v. Borneo, }

Krause (P. G.). Ueber Spuren menschlicher Thätigkeit aus interglacialen Ablagerungen in der Gegend von Eberswalde. (Archiv f. Anthropologie, Bd. 22.) (Ohne Druckort und -Jahr.) 4.

Verzeichniss einer Sammlung von Mineralien und Gesteinen aus Bunguran (Gross-Natuna) und Sededap im Natuna-Archipel. Obsidianbomben aus Niederländisch-Indien. Von Paul Gustaf **Krause.** *(Leiden: E. J. Brill 1898.)* (S. 221—251.) 8°
— Sammlungen d. Geolog. Reichs-Museums in Leiden. Serie 1. Bd 5. H. 5. (1.) [00. 59-5

Krause, R. (H.), die ethnographisch-anthropologische Abtheilung des Museum Godeffroy, s. Schmeltz, J. D. E.

Krause, R., Bilder aus der deutschen Geschichte m. Anh.: Bilder aus dem Altertum. Nach den neuesten Bestimmgn. bearb. 15. Aufl. 8. (100 S. m. Abbildgn.) Potsdam 891. J. Rentel's Verl. n. — 30; geb. n. — 40

Krause, R. (L.), Martin Luthers Leben und Geschichte seiner Reformation. Der deutschen Jugend zur Feier des 400jähr. Geburtstages Dr. Martin Luthers gewidmet. Mit Luthers (Holzschn.-)Bildnis. 1.—3. Aufl. 8. (32 S.) Potsdam 883, Rentel's Verlag.

Krause, R., Martin Luthers Leben u. Geschichte der Reformation. D. deutschen Jugend gewidmet. 22. Aufl. 12. (32 S. m. Bildn.) Berlin 896. J. Rentel. n. — 20

—— Die Reformation in der Mark Brandenburg. Festschrift zur 350jähr. Feier der Einführg. der Reformation in die Mark. 1. u. 2. Aufl. 8. (23 S. m. 2 Bildnissen.) Ebd. 889. — 15

Sitten, Gebräuche und Aberglauben in Westpreußen. Gesammelt von Hauptlehrer (R.) **Krause**-Peterswalde. Berlin: Schriftenvertriebsanst. [1904]. (70 S.) 8° [F.]

Krause, R., Zoll-Handbuch f. die Leder- u. Lederwaren-Industrie sowie die m. ihnen verwandten Berufszweige. Zusammenstellung der Leder-, Lederwaren- usw. Zölle d. verschiedensten Länder. 2., erweit. Aufl. (136 S.) Lex. 8. Berlin 910. F. A. Günther & Sohn. 3.—

Krause, Richard, Arzt: Beiträge zur Kasuistik der sympathischen Ophthalmie. *Königsberg i. Pr. 1903: O. Kümmel.* (43 S.) 8°
Königsberg, Med. Diss. v. 1. Juli 1903

Krause, Richard [prakt. Arzt aus Pyritz]: Beiträge zur Kenntnis der Haut der Affen . . . . Berlin, Buchdr. v. Gustav Schade (Otto Francke) (1888); 30 S. + 1 Bl. 8°
Berlin, Med. Fak., Inaug.-Diss. v. 12. Mai 1888

Krause, Rich. (I.). Adolf Diesterweg u. seine Verdienste um die Entwickelung d. deutschen Volksschullehrerstandes. Ein Gedenkblatt. 8. (VII, 189 S.) [Borna 889.] Lpz., Jahnke. * 2 50

Krause, Rich., Adolf Diesterweg u. seine Verdienste um d. Entwickelung des deutschen Volksschullehrerstandes. Ein Gedenkblatt. (Neue [Titel-]Ausg.) 8. (VII, 189 S.) Hamburg [889.] (899). H. Grand. n. 2. 50

Krause, Richard [aus Ratzdorf, Pr. Brandenburg]: Über ein specielles Gebüsch von Flächen zweiter Ordnung. Strassburg, Buchdruckerei von R. Schultz & Comp., Berger-Levrault's Nachfolger, 1879. 8. 43 S.

Krause, Rich., e. Stück Kirchen- u. Lebensgeschichte aus den deutsch-russischen Ostseeprovinzen. 8. (52 S.) Gütersloh 893. C. Bertelsmann. n. — 60

Krause, Richard [Dr.]: Über cyklische Kollineationen. Stettin, Druck v. Herrcke & Lebeling, 1897; 3—17 S. 4.
Stettin, Stadt-G, OP 1897 (150)

Krause, Rich. (II.). Lehrbuch der Philatelie. gr. 8. (160 S.) Lpz. 889, Heitmann. * 2 —

Krause, Robert [pr. Arzt aus Glogau in Schlesien]: Zur operativen Behandlung der Nabelhernien.... Greifswald, Druck v. Julius Abel, 1888; 48 S. 8°
Greifswald, Med. Fak., Inaug.-Diss. v. 8. Dez. 1888

Krause, Robert *(geb. Adelsdorf in Schles. 4. 12. 1854)*: Ueber verschiedene Behandlungsweisen des Starrkrampfes. Breslau 1878. (32 S.) 8° *[Im Buchhandel 1878 bei Koebner in Breslau.]*
Breslau, Med. Diss. v. 2. Apr. 1878

Krause, Rob., d. Eisenbahnbeamte, s.: Was willst Du werden?

— s.: Eisenbahn-Jahrbuch, deutsches.

Krause, Rob., s.: Eisenbahn-Kalender, deutscher.

Krause, Rob., über ein Gebilde der analytischen Geometrie des Raumes, welches dem Connexe 2. Ordnung u. 1. Classe entspricht. Inaugural-Dissertation. gr. 4. (28 S.) Chemnitz 878. (Jena, Deistung.) n. — 60

Krause, Rob. Über ein Gebilde der analytischen Geometrie des Raumes, welche dem Konnexe zweiter Ordnung und erster Klasse entspricht. 28 S. Progr. Rg. *Chemnitz* 1878.

— Herzogin Johanna. Tragödie in 5 Akten. Leipzig 869. Leiner. gr. 8. (88 S.) n. 12 *ngr.*

Krause, Rob., Friedrich List und die erste große Eisenbahn Deutschlands. Ein Beitrag zur Eisenbahngeschichte. gr. 8. (82 S. mit 2 Zinkogr.) Leipzig 887, Strauch. *

Krause, Rob., Catharina von Löwen. Tragödie in 5 Akten. Berlin 868. H. C. Schneider. 16. (VI, 73 S.) n. 12 *ngr.*

Krause, Rob., Methode zur Erlernung und Anwendung der Perspektive, s.: Taschenbibliothek, deutsche bautechnische.

Krause, Rob., Methode zur Erlernung u. Anwendung der Perspektive f. Architekten u. Ingenieure, besonders aber f. Bauhandwerker. 8. (30 S.) Leipzig 876. Scholtze. n. 1. —

Rückblick auf das erste Jahrhundert der altschottischen Delegation „Friedrich zum Goldnen Zepter" im Or. Breslau. Zur Hundertjahrfeier als Festgabe dargebracht von Rob. **Krause**. Für Brr. Schotten als Ms. gedr. Breslau 1903: Korn. 32 S. 8°
Nebst Verzeichn. der Mitgl. für das Jahr 1903.
140.

—— die moderne Sprengtechnik, zum Selbststudium und praktischen Gebrauch für Architekten, Ingenieure, Steinbruchbesitzer, Unternehmer und Bauhandwerker bearb. gr. 8. (48 S. mit 34 eingedr. Fig.) [Leipzig 881, Knapp.] Karlsruhe, J. Bielefeld's Verlag.

Krause, Rob., die moderne Sprengtechnik, zum Selbststudium u. prakt. Gebrauch f. Architekten, Ingenieure, Steinbruchbesitzer, Unternehmer u. Bauhandwerker bearb. 2. unveränd. (Titel-)Aufl. gr. 8. (48 S. m. Abbildgn.) Fulda 893. J. J. Arnd. n. — 60

Krause, Robert (Hrsg.), s. Verkehrsblätter, Deutsche, . . .

Krause, Robert, aus Leipzig: Volksdichte und Siedelungsverhältnisse der Insel Rügen. *Greifswald 1903: J. Abel.* (73 S.) 8° ¶ Aus: Jahresbericht d. Geogr. Gesellsch. zu Greifswald, 8.
Leipzig, Phil. Diss. v. 1903

Krause, Robertus Fridericus Gualterus *(geb. Breslau 16.7.1799)*: Analecta quaedam de hydrargyro. Vratislaviae (1821). (36 S.) 8°
Breslau, Med. Diss. v. 4. Dez. 1821

Krause, Robert L(ouis): Über die Einwirkung von Hydrazin, Wasserstoffsuperoxyd und Hydroxylamin auf Zinkäthyl und Magnesiumhalogenalkyle, und über die Pseudoradioaktivität des Zinkperoxyds. Heidelberg 1910: Rößler & Herbert. 81 S. 8°
Heidelberg, Naturw.-math. Diss. v. 21. April 1910, Ref. Curtius
[Geb. 27. Jan. 85 New York; Wohnort: Frankfurt a. M.; Staatsangeh.: Vereinigte Staaten; Vorbildung: Wöhler-Realgymn. Frankfurt Reife O. 03; Studium: München 3, Heidelberg 8 S.; Rig. 2. Nov. 09.] [U 10. 2197

Krause, Rud., Anlasser u. Regler f. elektrische Motoren u. Generatoren. Theorie, Konstruktion, Schaltg. gr. 8. (IV, 92 S. m. 97 Fig.) Berlin 902. J. Springer. Geb. in Leinw. n. 4. —

Krause, Rud., Anlasser u. Regler f. elektrische Motoren u. Generatoren. Theorie, Konstruktion, Schaltg. 2., verb. u. verm. Aufl. (XI, 149 S. m. 133 Fig.) 8. Berlin 909. J. Springer. Geb. in Leinw. 5. —

Krause, Rud., üb. Bau u. Function d. hint. Speicheldrüsen d. Octopoden. [Aus: „Sitzungsber. d. k. preuss. Akad. d. Wiss."] gr. 8. (14 S.) Berlin 897. (G. Reimer.) n. — 50

Krause, *Werner* Rudolf [aus Alsfeld]: Beiträge zur Aetiologie und Histologie des Chalazions ... Berlin, Buchdr. v. G. Schade, *1891*; 28 S., 1 Bl. 8.
Berlin, Med. Fak., Inaug.-Diss. v. 9. Okt. 1891

Krause, Rud., s.: Encyklopädie d. mikroskop. Technik.

— die Endigung des Nervus acusticus im Gehörorgan des Flussneunauges. (18 S. m. Abbildgn.) Lex.-8. Berlin 905. (G. Reimer.) n. 1. —
Sonderabdruck aus: „Sitzungsber. d. preuss. Akad. d. Wiss."

Krause, (Fridericus) Rudolphus (Arminius) *(geb. Grätz in Pos. 30. 9. 1834)*: De forma pelvis congenita. Vratislaviae (1858). (23 S., 2 Taf.) 4°
Breslau, Med. Diss. v. 27. Juli 1858

Formspulen-Wickelung für Gleich- und Wechselstrommaschinen. Von Rudolf **Krause**, Ing. Mit 46 Fig. Berlin: Springer 1910. 31 S. 8°

Krause, Rud., Gesetz, betr. die preußische Einkommen-Steuer, s.: Schuhr's volksthümlich erläuterte Gesetzsammlung.

— Gesetz, betr. die Invaliditäts- u. Altersversicherung vom 22. Juni 1889, s.: Universal-Bibliothek.

Krause, R., Invalidenversicherungsgesetz für das Deutsche Reich v. 13. VII. 1899, s. Universal-Bibliothek.

Krause, R., Invalidenversicherungsgesetz f. das Deutsche Reich vom 13. VII. 1899. Hrsg. u. m. Einleitg., Anmerkgn., Anleitg., sowie e. Sachregister versehen. 7. Auflage. (165 S.) 16. Leipzig, Ph. Reclam jun. 1906. Geb. in Leinw. —. 60.
Universal-Bibliothek No. 2571.

Krause, Rudolf, aus Erstein i. Els.: Ueber senär cyklische Kollineationen im Raume. *Straßburg i. E. 1903: C. & J. Goeller.* (58 S.) 8°
Straßburg, Math.-naturw. Diss. v. 1903

— Lehrbuch d. Histologie u. mikroskop. Anatomie, s.: Szymonowicz, Ladisl.

Krause, Rud., kurzer Leitfaden der Elektrotechnik f. Unterricht u. Praxis in allgemein verständlicher Darstellung. (VIII, 179 S. m. 180 Fig.) 8. Berlin 905. J. Springer. Geb. in Leinw. n. 4.—

Krause, Rud., Messungen an elektrischen Maschinen. Apparate, Instrumente, Methoden, Schaltungen. (X, 158 S. m. 166 Fig.) gr. 8. Berlin 903. J. Springer. Geb. in Leinw. n. 5.—

Messungen an Elektrischen Maschinen. Apparate, Instrumente, Methoden, Schaltungen. Von Rudolf **Krause**, Ingen. 2., verb. u. verm. Aufl. Mit 178 Textfig. Berlin: J. Springer 1907. (XII, 193 S.) 8°

Krause, Rud. (Frid. Ottomar.): De plica Polonica. Berolini (1841). 28 S. 8°
Berlin, Med. Diss. v. 27. Febr. 1841

— **Rechnen m. dem Rechenschieber** nach dem Dreiskalensystem der Firmen Dennert & Pape, A. W. Faber, Nestler u. A. (16 S. m. 1 Taf.) 12. Mittweida (903). Polytechn. Buchh. n. —45

Krause, R., Reichsgesetz, betr. d. Invaliditäts- u. Altersversicherg., s.: Universal-Bibliothek.

— die gebräuchlichen **Trommelwickelungen** der Gleichstrommaschinen m. Nutenankern. Berechnung der Wickelg., Konstruktion u. Ausführg. in Beispielen. (VI, 41 S. m. 15 Fig. u. 9 Taf.) gr. 8. Ebd. 904. Geb. in Leinw. n. 3.—

— **Untersuchungen** üb. den Bau des Centralnervensystems der Affen. Aus dem Anh. zu den Abhandlgn. der königl. preuss. Akademie der Wissenschaften zu Berlin vom J. 1899. 4. (49 S. m. 3 farb. Taf.) Berlin 899. (G. Reimer.) Kart. n. 3.50

— u. **S. Klempner**, Untersuchungen üb. den Bau des Centralnervensystems der Affen. Das Nachhirn vom Orang-Utan. (36 S. m. 2 farb. Taf.) Lex.-8. Berlin 904. (G. Reimer.) Kart. n. 3.—

— — **dasselbe.** Das Hinter- u. Mittelhirn vom Orang-Utan. (60 S. m. 4 Taf.) Lex.-8. Ebd. 904. Kart. n. 4. 50
2 Sonderabdrucke aus: „Abhandlgn. d. preuss. Akad. d. Wiss., Anh."

Die gebräuchlichen Wechselstromwickelungen der Ein- und Mehrphasen-Maschinen. Berechnung d. Wickelung, Konstruktion u. Ausführung in Beispielen. Von Rudolf **Krause**, Ing. Mit 8 Taf. u. 15 Fig. Mittweida: Schulze 1904. VI, 33 S. 8°

Technisches Zeichnen aus der Vorstellung mit Rücksicht auf die Herstellung in der Werkstatt. Von Rudolf **Krause**, Ingen. Mit 97 Fig. im Text u. auf 3 Taf. Berlin: J. Springer 1906. (VII, 61 S.) 8°

— s.: Zentralblatt f. normale Anatomie u. Mikrotechnik.

Krause, Rudolf Wilhelm: De Contagio. (Resp.:) Johannes Petrus Reichard. Ienae (1712:) Krebs. 8 S. 8°.
Jena, Med. Diss. v. 12.Okt. 1712.

Rud. Guil. Krause progr. de temerario quorundam simplicium a priscis commendatorum contemtu. Jen. 1700. 4.

Rudolphus Guilielmus Crausius [Krause]: Excerpta quaedam ex observatis in nupera peste Hamburgensi. [Resp.:] Ioh(annes) Franciscus Beerwinckel. Ienae (1714:) Krebs. 20 S. 8°
Jena, Med. Diss. v. Okt. 1714

Krause, Rudolph Wilhelm [Praes.], s. Fasel, Johann Christian: De restitutione in vitam suffocatorum laqueo, vel in aqua.

Krause, Rudolph Wilhelm [Praes.], s. Hartmann, Hieronymus Erhard: De regulis antimonii, eorumque praeparatione & usu.

Rudolf Wilhelm Krause

De Intestinis, eorumque morbis ac symptomatis, cognoscendis & curandis. [Resp.] Georgius Ernestus Stahl. Halae 1704: Zeitler. 57 S. 8°
Jena, Med.Diss.v. Jan.1634
(= Stahl, Georg Ernst: Dissertationes medicae. P.3[,25].)

Rudolphus Wilhelmus Crausius [Krause]: Propempticum [Propempticum] inaugurale commendans studium inquirendi facultates medicamementorum [!], modumque eorum agendi. Ienae (1702:) Krebs. 4 Bl. 8°
[Einladungsschrift zur Dr. med.-Promotion von Johann Crueger, 1673, Jena, Apr. 1702.]

Rudolffus Guilielmus Crausius [Krause]: Propempticum inaugurale de convenientia et discrepantia inter errata naturae et lusus naturae. Ienae (1705:) Krebs. 4 Bl. 8°
[Einladungsschrift zur Dr. med.- Promotion von Georg Andreas Zeideler, Jena, Febr. 1705.]

Rudolffus Guilielmus Crausius [Krause]: Propempticon inaugurale de curiositate in medicina laudanda. Jenae (1709:) Krebs. 4 Bl. 8°
[Einladungsschrift zur Dr. med.- Promotion von Johann Christoph Sproegel, Jena, Dez. 1709.]

Rudolffus Guilielmus Crausius [Krause]: Propempticum [Propempticum] inaugurale de medico artifice Jenae (1712:) Krebs. 4 Bl. 8°
[Einladungsschrift zur Dr. med.- Promotion von Johannes Petrus Doellinus, Jena, Sept. 1712.]

Rudolffus Guilielmus Crausius [Krause]: Propemticum [Propempticum] inaugurale de methodo medendi coacta. Jenae (1712:) Krebs. 4 Bl. 8°

[Einladungsschrift zur Dr. med.- Promotion von Johann Peter Reichard, Jena, 12. Okt. 1712.]

Rudolffus Guilielmus Crausius [Krause]: Propemticum [Propempticum] inaugurale de spectris montanis, seu metallicis, causis morbificis. Jenae (1712:) Krebs. 4 Bl. 8°

[Einladungsschrift zur Dr. med.- Promotion von Philipp Werner Stockhausen, Jena, 12. Nov. 1712.]

Rudolffus Guilielmus Crausius [Krause]: Propempticon inaugurale de turba medicorum. Jenae (1709:) Krebs. 4 Bl. 8°

[Einladungsschrift zur Dr. med.- Promotion von Eberhard Georg Davidis, Jena, Dez. 1709.]

Krause, Rudolph Wilhelm [Praes.], s. Stahl, Georg Ernst: De intestinis, eorumque morbis ac symptomatis, cognoscendis et curandis.

Krause, Rudolph Wilhelm [Praes.], s. Thümmel, August Andreas: De coeliaca.

Krause, Rudolph Wilhelm [Praes.], s. Wider, Daniel Christoph: De liene.

Krause, Rudolph Wilhelm [Praes.], s. Winter, Heinrich Christian: De haemorrhoidibus caecis.

Krause, Simon [aus Krotoschin]: Über einige in der Praxis vorgekommene Fälle von Febris recurrens .... Würzburg, Becker's Univ.-Buchdr., 1886; 22 S. 8°.
Würzburg, Med. Fak., Inaug.-Diss. v. 1886.

Krause, Simon, über einige in der Praxis vorgekommene Fälle von Febris recurrenz. Diss. Würzburg 1886 Stahelsche Buchh. 8°. 22 S.

Krause, Thdr., Bibelkunde. Ein Handbuch für Lehrer, Seminaristen und Bibelleser zum Verstehen der heiligen Schrift. 8. Magdeburg 834. (Berlin, Rubach.) 1 ℛ

Krause, Thdr., Bibelkunde. Ein Handbuch f. Lehrer, Seminaristen u. Bibelleser zum Verstehen der heiligen Schrift. (Neue Titel-Ausg.) 8. (XIV u. 865 S.) Leipzig (834) 849, Bänsch. 1 ℛ

Krause, Thdr., Choralschatz f. d. Schulen d. Prov. Brandenburg. 2 Hfte., geordnet, bearb. u. hrsg. m. Genehmigg. d. kgl. Konsistoriums d. Prov. Brandenburg. 12. Berlin 896. Trowitzsch & Sohn. n.n. — 40
1. 38 einstimm. Choräle. (36 S.) n.n. — 15
2. 25 dreistimm. Choräle. (24 S.) n.n. — 25

Krause, Thdr., 50 mehrstimmige Gesänge, s. Heidemann, Aug., Sang und Klang für Mädchenschulen.

— Leitfaden für den Unterricht in der Bibelkunde in Seminarien u. Volksschulen. 8. Magdeburg 836. (Berlin, Rubach.) 1/6 ℛ

—— Leitfaden für den Unterricht in der Bibelkunde in Seminarien und Volksschulen. (Neue Titel-Ausg.) 8. (VIII und 95 S.) Leipzig 849, [Baensch.] *

[Lied.] Dem Meister. Als eine Festgabe zum 12. Otc. 1875 gedichtet und comp. von Th[eod.] Krause. Berlin [1875]: Berg & v. Holten. 1 Bl. 4° [Kopftit.]
Ohne Noten: „Einem Meister sei gesungen . . ." Rekt. Kneisner, Hamburg.

Krause, Theod. Miscellanea gentis Schaffgottschianae oder historisch-genealogischer Bericht von dem uralten Geschlechte der Herrn von Schaffgottsch. 4. Breslau 1715.

Krause, Th., Miscellanea gentis Schaffgotschianae oder histor.-geneal. Bericht von dem Geschlechte deror Herron von Schaff-Gotschen. Mit 3 Stammbäumen u. 4 geneal. Tabellen. Striegau 1715. 4.

Krause, Thdr., über Musik u. Musiker. 3 Reden, I. auf Robert Radecke, II. auf Albert Löschhorn, III. zur Jahrhundertwende, im Saale des königl. akadem. Instituts f. Kirchenmusik geh. gr. 8. (25 S.) Berlin 900. E. S. Mittler & Sohn. n. — 75

Krause, Theod., hist. Nachr. v. gel. Schweidnitzern, erste Oeffn. 4. Schweidnitz. 732.

Krause, T., Palästina. Eine Charte sowohl zum Schul- als Handgebrauch. Nach Grimm's Charte von Palästina bearb. 4. Aufl. 4 lith. u. illum. Blätter in Imp.-Fol. Magdeburg 841, Mazzuchi. 1 ℛ

Rede auf Edu. Grell. Gehalten in der Gedächtnissfeier am 27. Nov. 1886 von Theod. Krause. Berlin 1886: Mittler & S. 15 S. 8° [Umschlagtit.]
Üb. Grell s. Allgem. Deutsche Biographie. Bd 49 1904 S. 540—542 (Eitner). 23. 25.

Krause, Thdr., Sang u. Klang f. Knaben- u. Mädchenschulen, s.: Heidemann, A.

Krause, Th., deutsche Singeschule f. Unterrichtsanstalten aller Art. 1.—3. Hft. gr. 8. Berlin, Gaertner. à n. — 40
1. Grundlegende Uebungen f. das Singen nach Noten mit Benutzg. der Wandernote. (36 S.) 888.
2. Uebungen, Choräle u. Lieder in Es-, B- u. Fdur. (44 S.) 889.
3. Uebungen, Choräle, ein-, zwei- u. dreistimmige Gesänge in Es-, B-, F-, C-, G-, D- u. Adur, sowie in C-, G-, D-, A-, E-, H- u. Fismoll. (40 S.) 890.

Krause, Thdr., deutsche Singe-Schule f. Unterrichtsanstalten aller Art. (In 3 Hftn.) 1. u. 2. Hft. gr. 8. Berlin, R. Gaertner. à n. — 40
1. Grundlegende Übungen f. das Singen nach Noten m. Benutzg. der Wandernote. 2. Aufl. (III, 36 S.) 890.
2. Übungen, Choräle u. Lieder in Es-, B- u. F-dur. 2. Aufl. (II, 44 S.) 894.

[F.] Deutsche Singe-Schule für Unterrichtsanst. aller Art v. Theodor Krause, Kgl. Prof. . . . zu Berlin. 3. Aufl. In 3 Heften. H. 1. II. *Berlin: R. Gaertner 1896. 8.* [97. 1671]

[F.] Deutsche Singe-Schule für Unterrichtsanstalten aller Art v. Theodor Krause, Kgl. Prof. u. Musikdir. . . . zu Berlin. In 4 Heften. H. I—IV. *Berlin: R. Gaertner 1897. 98.* 4 Bde 8.
I. Grundlegende Übgn . . . 4. Aufl. 1897. (2 Bl., 34 S., 1 Bl.)
II. Übgn, Choräle u. Lieder . . . 4. Aufl. 1898. (1 Bl., 44 S.)
III. Übgn, Choräle, ein-, zwei- u. dreistimm. Gesänge . . . 2. Aufl. 1897. (1 Bl., 40 S.)
IV. Geistliches. Vaterländ. Jahres- u. Tageszeiten. Allgem. 1898. (68 S.) [98. 7766

— deutsche Singe-Schule f. Unterrichtsanstalten aller Art. In 4 Hften. gr. 8. Berlin, R. Gaertner. n. 1. 80
1. Grundleg. Übgn. f. d. Singen nach Noten m. Benutzg. d. Wandernote. 4. Aufl. (III, 36 S.) 897. n. — 40
2. Übungen, Choräle u. Lieder in Es-, B- u. F-dur. 4. Aufl. (44 S.) 898. n. — 40
3. Übungen, Choräle, 1-, 2- u. 3 stimm. Gesänge in Es-, B-, F-, C-, G- u. A-dur, sowie in C-, G-, D-, A-, E-, H- u. Fis-moll. 2. Aufl. (40 S.) 898. n. — 40
4. Geistliches. — Vaterländisches. — Jahres- u. Tageszeiten. — Allgemeines. (68 S.) 898. n. — 60

– deutsche Singe-Schule für Unterrichtsanstalten aller Art. (In 4 Hftn.) 1. u. 2. Hft. gr. 8. Berlin (901). [R. Gaertner.] Weidmann. à n. — 40
1. Grundlegende Übungen für das Singen nach Noten m. Benutzung der Wandernote. 6. Aufl. (IV, 36 S.)
2. Übungen, Choräle u. Lieder in Es-, B- u. F-dur. 5. Aufl. (II, 44 S.)

— deutsche Singe-Schule f. Unterrichtsanstalten aller Art. 4 Hefte. 8. Berlin, Weidmann. n. 1. 80
1. Grundlegende Uebungen f. das Singen nach Noten m. Benutzung der Wandernote. 9. Aufl. (IV, 36 S.) 906. n. — 40
2. Uebungen, Choräle u. Lieder in Es-, B- u. F-dur. 7. Aufl. (II, 44 S.) 906. n. — 40
3. Uebungen, Choräle, ein-, zwei- u. dreistimmige Gesänge in Es-, B-, F-, C-, G-. D- u. A-dur, sowie in C-, G-, D-, A-, E-, H-, u. Fismoll. 4. Aufl. (II, 40 S.) 906. n. — 40
4. Geistliches. — Vaterländisches. — Jahres- u. Tageszeiten. — Allgemeines. 2. Aufl. In neuer Rechtschreibg. (68 S.) (904.) n. — 60

Krause, Thdr., deutsche Singe-Schule f. Unterrichtsanst. aller Art. 4 Hefte. gr. 8. Berlin, Weidmann. 1. 80
1. Grundlegende Übungen f. das Singen nach Noten m. Benutzung der Wandernote. Grundton auf der ersten Linie. 11. Aufl. (IV, 30 S.) 909. — 40
2. Übungen, Choräle u. Lieder in Es-, B- u. F-dur. 9. Aufl. (II, 44 S.) 910. — 40
3. Übungen, Choräle, ein-, zwei- u. dreistimmige Gesänge in Es-, B-, F-, C-, G-, D- u. A dur, sowie in C-, G-, D-, A-, E-, H- u. Fismoll. 5. Aufl. (II, 40 S.) 909. — 40
4. Geistliches. — Vaterländisches. — Jahres- u. Tageszeiten. — Allgemeines. 3. Aufl. (68 S.) 909. — 60

– dasselbe in Wandtafeln. 1. u. 2. Folge. 10 Taf. à 82 × 68 cm. Ebd. (900. 901). à n. 4. —; einzelne Taf. n. — 50; Begleitschrift als Handreichg. f. den Lehrer. gr. 8. (à 16 S.) à n. — 40

— dasselbe in Wandtafeln, angepaßt dem Lehrplan der Berliner Gemeindeschule. Unter-, Mittel- u. Oberstufe. (36 Taf.) 71,5 × 101,5 cm. Nebst: Begleitschrift als Handreichg. f. den Lehrer. 8. Ebd. 905. n. n. 30. 50
Unterstufe. (Taf. 1—10.) (21 S. Text.) Kart. n. n. 8. 50
Mittelstufe. (Taf. 11—20.) (23 S. Text.) n. n. 8. 50
Oberstufe. (Taf. 21—36.) (36 S. Text.) n. n. 13. 50

— Der Unterricht im Gesange. Für Lehrer, Seminaristen, Präparanden usw. [Aus: „Schumann u. Voigt, Lehrb. d. Pädagogik". 3. Tl.] (42 S.) 8. Hannover 908. C. Meyer. Kart. — 80

—— die Wandernote. Beitrag zur Methode des Gesangunterrichts für Schulen aller Art. Zugleich als Anleitung zum Gebrauch der „Deutschen Singeschule". gr. 8. (23 S.) Ebendas. 888. *

—— Die Wandernote. Beitrag zur Methode d. Gesangunterrichts f. Schulen aller Art. Zugleich als Anleitg. zum Gebrauch der deutschen Singeschule. 2. verm. Aufl. gr. 8. (30 S.) Ebd. 890. * — 60

– die Wandernote. Beitrag zur Methode des Gesangunterrichts f. Schulen aller Art. Zugleich als Anleitg. zum Gebrauch der „Deutschen Singe-Schule". 3., bedeut. erweit. Aufl. gr. 8. (48 S.) Ebd. 899. n. — 80

— die Wandernote. Beitrag zur Methodik des Gesangunterrichts f. Schulen aller Art. Zugleich als Anleitg. zum Gebrauch der „Deutschen Singeschule". 5. erweit. Aufl. (53 S.) 8. Ebd. 906. n. — 80

Die Wandernote. Beitrag z. Methode d. Gesangunterrichts f. Schulen aller Art. Zugleich als Anleitung z. Gebrauch d. 'Deutschen Singe-Schule' von Theodor Krause, Prof. 6. Aufl. Berlin: Weidmann 1909. 53 S. 8° [11. 10731

Krause, Theodor: Wilhelm der Grosse. Lied der Deutschen. Dichtung v. Hans Meyer. Musik v. Theodor Krause. Für eine Singstimme m. Clavierbegl.
Berlin: C. A. Challier & C. 1897. 2 Bl. 4°

Krause, Vict., s.: Capitularia regum Francorum.

Krause, Vict., capitularia regum Francorum, s.: Boretius, Alfr.

Krause, Vict., capitularia regum Francorum, s.: Monumenta Germaniae historica.

Krause, Victor [aus Striegau]: Geschichte des Institutes der missi dominici. . . . (Aus: Mitth. d. Inst. f. österr. Gesch.-Forsch. XI. Bd.) Innsbruck, Druck d. Wagner'schen Univ.-Buchdr., 1890; 2 Bl. + 108 S. + 1 Bl. 8°
Leipzig, Phil. Fak., Inaug.-Diss. v. 10. Mai 1890

Krause, W., die Anatomie des Kaninchens. In topograph. u. operativer Rücksicht bearb. Mit 50 Figg. in eingedr. Holzschn. Leipzig 868. Engelmann. gr. 8. (XVI, 271 S.) n. 1 ℛ 20 ngr.

Krause, W. (I.), die Anatomie des Kaninchen, in topograph. und operativer Rücksicht bearb. 2. Aufl. gr. 8. (XVI, 383 S. mit 161 Fig. in Holzschn.) Leipzig 884, Engelmann. *

Krause, W. (II.), Ratgeber auf dem Gebiete der deutschen Rechtschreibung. Unentbehrliches Wörterbuch für alle Kreise des Lebens, in denen nach den Regeln der neuen Orthographie geschrieben werden soll. 16. (46 S.) Berlin 880, Salewski. **

Krause, W. (II.), Zusammenstellung der Portosätze für Postsendungen nach dem Auslande. 1. Lfg. 4. (S. 1—46.) Cüstrin 833, (Massute's Buchh.) *

Krause, W. E., s. Landtagsblatt, Dresdner.

Krause, W. H., 100 Lieder für meine Kameraden, s. Lieder.

Krause, Waldemar, Handbuch zur Errichtung u. Einübung disciplinirter Feuerwehr-Corps. Mit (eingedr. Holzschn.-) Abbildungen. gr. 8. (162 S.) Budapest 876. Stolp in Comm. n. 2. 50

Krause, Walter, z. Z. einjähr.-freiw. Arzt im Gren.-Reg. König Friedrich III (2. Schles.) Nr. 11: Aus d. Kgl Univ.-Frauenklinik zu Breslau. Beiträge zur Kenntnis der Blasenmole an der Hand von 14 an der Königl. Universitäts-Frauenklinik zu Breslau beobachteten Fällen. Breslau 1904: W. G. Korn. (32 S.) 8°
Breslau, Med. Fak., Ref. Küstner, Diss. v. 23. Dez. 1904
[Geb. 15. Mai 81 Breslau; Heimatsort: Breslau; Staatsangeh.: Preußen; Vorbildung: Elisabetgymn. Breslau Reife O. 99; Studium: Breslau 3, Freiburg i. B. 1, Breslau 6 S.; Coll. 23. Nov. 04; Approb. 11. Juni 04.]

Krause, Walt., Gottsucher. Ein Trauerspiel in 3 Aufzügen. (47 S.) gr. 8. Riga (908). (E. Bruhns.) 2. —

Gottsucher. Ein Trauerspiel in 3 Aufz. von Walter Krause. Riga (1908): v. Grothuss. 47 S. 8° [11. 13074

Krause, Walter, Assist.-Arzt b. Füs.-Reg. Nr. 86: Aus d. psychiatr. u. Nerven-Klinik d. Univ. Kiel. Zur Symptomatologie des Hydrocephalus congenitus. Kiel 1909: Schmidt & Klaunig. 18 S. 8°
Kiel, Med. Diss. v. 15. Juli 1909, Ref. Siemerling
[Geb. 8. Sept. 84 Marienwerder Westpr.; Wohnort: Flensburg; Staatsangeh.: Preußen; Vorbildung: Gymn. Marienwerder Reife O. 02; Studium: Berlin K. W. A. 10 S.; Coll. 2. Juli 09; Approb. 2. Mai 08.] [U 09. 2273

Krause, Walt., Vae misero! Schauspiel in 5 Aufzügen. (111 S.) 8. Leipzig 905. Modernes Verlagsbureau. n. 1.75

Krause, W[ilhelm]: Allgemeine und microscopische Anatomie. Durchaus nach eigenen Untersuchungen bearb. Mit 302 Fig. in Holzschn. Hannover 1876. XIII, 581 S.
(Krause, Carl Friedrich Theodor: Handbuch d. menschl. Anatomie. 3. Aufl. von W. Krause. Bd 1.)

— Beiträge zur Neurologie der oberen Extremität. Leipzig 865. C. F. Winter'sche Verlagsh. gr. 8. (V, 52 S. mit 3 Kpfrtaff. u. 1 Tab. in qu. gr. 4. u. qu. Fol.) n. 2 ₰

Krause, Wilh., Bilder aus der Geschichte. Das Alterthum, die brandenburgisch-preußische und die deutsche Geschichte in Lebensbildern. gr. 16. (64 S.) Potsdam 877, Rentel's Buchh. cart. *

Krause, W. (I.), die Brechungsindicee der durchsichtigen Medien des menschlichen Auges. gr. 8. (38 S. mit 1 Stnt.) Hannover 855, Hahn'sche Hofbuchh.

Krause, Guilelmus (geb. Neumarkt in Schles. 16. 4. 1849): Conjectanea in Aelii Aristidis προσφωνητικὸν πρὸς Ἀχιλλέα. Glaciae (1875). (36 S.) 8°
Breslau, Phil. Diss. v. 23. Aug. 1875.

Krause, W., Darstellungen aus d. Gebieten d. Wirklichkeit u. Phantasie. 8. Altenb. 828. Lit.-Compt. 20 gr

Krause, Wilh., Darstellungen aus d. Gebieten d. Wirklichkeit u. d. Phantasie. 8. (12½ B.) Altenburg 828, (Pierer.)

— die deutsche Dichtkunst. Lehrbuch der Metrik und Poetik zum Unterricht und Selbststudium. gr. 8. (VI, 128 S.) Berlin 876, Salewski. ** ℳ 1,10.; geb. **

Krause, Wilh. (I.), die deutsche Dichtkunst. Leitfaden zum Unterrichte in der Metrik und Poetik an höheren Lehranstalten, Seminarien und höheren Töchterschulen, wie auch zum Selbststudium. 2. Aufl. 8. (VI, 100 S.) Berlin 887, Oehmigke's Verlag. *

— die motorischen Endplatten der quergestreiften Muskelfasern. Mit 1 Steindrucktaf. u. 77 (eingedr.) Holzschn. Mit einem Vorwort (die Lebensbeschreibung von C. Krause enthltd.). Hannover 869. Hahn. gr. 8. (XLVII, 192 S.) n. 2 ₰ 20 ngr.

Krause, Wilhelm, s. Evelina.

Krause, Wilh. [aus Gottsbüren (Hessen Nassau)]: Zwei Fälle von Nierensarcom. ... Würzburg, Becker's Univ.-Buchdr., 1891; 32 S. 8°
Würzburg, Med. Fak., Inaug.-Diss. v. 1891

Krause, Wilhelm, Kammergerichtsreferendar zu Berlin: Der Forderungsprätendentenstreit. Ein Beitrag zur Interpretation des § 75 ZPO. Borna-Leipzig 1907: R. Noske. (X, 53 S.) 8° [F.]
Leipzig, Jur. Fak., Diss. v. 24. Mai 1907
[Geb. 22. Okt. 80 Eisleben; Wohnort: Berlin; Staatsangeh.: Preußen; Vorbildung: Kgl. Gymn. Friedeberg (Neumark) Reife O. 01; Studium: Freiburg i. B. 1, Berlin 5 S.; Rfg. 15. Nov. 04.]

— der zoologische Garten. Ein lust. Lesespiel, durch welches kleine Kinder in kurzer Zeit fließend lesen lernen. Hierzu e. Mappe (in 4.) m. 25 col. Bildern (in Holzschn.), (5) Lesetaf. u. Alphabeten. 8. (24 S.) Berlin 873. Cronbach. n. 2. —

Krause, W. Gedächtnißhalle. T. (1.) 2. Berlin 1873. 8°. — (1.) Für die im Feldzuge 1870/71 gefallenen und nachträglich verstorbenen Offiziere. — 2. Für die deutschen Krieger.

Krause, Wilh., Gedächtnißhalle für die im Feldzuge 1870/71 gefallenen und nachträglich verstorbenen deutschen Krieger. Alphabetisch geordnete Zusammenstellung biograph. Notizen über sämmtl. Opfer des Krieges. 2 Thle. in 9 Lfgn. Lex.-8. (568; 284 Sp.) Ebendas. 872.
Velinp. hoch 4. *

Krause, W. Gedächtnisshalle für die im Feldzuge 1870/71 gefallenen und nachträglich verstorbenen deutschen Krieger. Alphabetisch geordnete Zusammenstellung biographischer Notizen über sämtliche Opfer des Krieges. 2 Bde. (568, ...) Berlin 1872 - 75. 14,00.

- die sogenannten Geheimmittel. Populär dargestellt. Göttingen 866. Rente. gr. 8. (17 S.) 5 ngr.

Krause, W., Glückwünsche für die Jugend. Eine Sammlung von Geburtstagswünschen, Weihnachtsliedern u. Neujahrswünschen. Berlin 869. Plahn. 8. (IV, 148 S.) 10 ngr.

Handbuch der Anatomie des Menschen mit e. Synonymenreg. auf Grundlage d. neuen Baseler anat. Nomenclatur unter Mitw. von W[ilhelm] His u. W[ilhelm] Waldeyer u. unter Verweisung auf d. Handatlas d. Anat. von Werner Spalteholz bearb. v. W[ilhelm] **Krause** in Berlin. (In 4 Abth.) Leipzig: S. Hirzel (1899-)1905. (X, 910 S.) 4°(8°) [cs. 86]

Krause, W., Handbuch d. Anatomie d. Menschen m. e. Synonymenregister. Auf Grundlage d. neuen Baseler anatom. Nomenclatur unt. Mitwirkg. v. W. His u. W. Waldeyer u. unt. Verweisg. auf d. Handatlas d. Anatomie v. Werner Spalteholz bearb. 1. Abth.: Osteologie, Syndesmologie, Myologie. Lex.-8. (196 S.) Leipzig 898. S. Hirzel. n. 4. —

Krause, W., Handbuch der Anatomie des Menschen m. e. Synonymenregister. Auf Grundlage der neuen Baseler anatom. Nomenclatur unter Mitwirkg v. W. His u. W. Waldeyer u. unter Verweisg. auf den Handatlas der Anatomie v. Werner Spalteholz bearb. 2. Abth.: Splanchnologia, Angiologia. gr. 8. (S. 197—460.) Leipzig 901. S. Hirzel. n. 6. —
1. Abth. Ebd. 898. n. 4. —.

Krause, W., Handbuch der Anatomie des Menschen m. e. Synonymenregister. Auf Grundlage der neuen Baseler anatom. Nomenclatur unter Mitwirkung von W. His u. W. Waldeyer u. unter Verweisg. auf den Handatlas der Anatomie v. Werner Spalteholz bearb. 3. u. 4. Abth. gr. 8. Leipzig, S. Hirzel. n. 13. —
(Kplt. n. 23. —; geb. n. 25. —)
3. Neurologia, Organa sensuum et Integumentum commune. (VIII u. S. 461—680.) 903. n. 6. —
4. Synonymenregister. — Deutsches u. etymolog. Register. (X u. S. 681—919.) 905. n. 7. —

Krause, Wilh., prakt. Handbuch f. d. neuzeitl. Zeichenunterricht an allgemein bildenden, gewerbl. u. Lehrerbildungs-Anstalten, u. e. Kapitel üb. Linear- u. Projektionszeichnen v. Herm. Knobloch. (VI, 91 S.) gr. 8. Breslau (904). Priebatsch. n. 1. 80

—— Hinaus zum Spiel! Eine reichhalt. Sammlung von Bewegungsspielen im Freien für die Jugend. Mit Zugrundelegung der Bestimmungen, die in dem Erlaß des Königl. Preuß. Unterrichts- und Kultusministers vom 27. Oktbr. 1882 ausgesprochen sind, als Hand- und Hilfsbuch für die gesamte Jugend und deren Erzieher und Freunde hrsg. 8. (VIII, 73 S.) Berlin 883, Plahn'sche Buchh. cart. *

[J.] Hinaus zum Spiel! E. reichhalt. Sammlg v. Beweggsspielen. M. Zugrundelegg d. Bestimmgn, welche in d. Erlass d. . . . Kultusministers v. 27. Okt. 1882 ausgesprochen sind, als Hand- u. Hilfsb. f. d. gesamte Jugend u. deren Erzieher u. Freunde hrsg. v. Wilhelm Krause, Rektor in Berlin. 2. verm. Aufl. *Berlin: Plahn 1893.* (99 S.) 1 Bd 8. (97. 2061

Krause, (aus Dorpat,) Wlh., allgemeine u. specielle Hydrotherapie, oder die Grundsätze des Prießnitzschen Heilverfahrens im Allgemeinen, wie in's Besondere bei Behandlung der einzelnen Krankheiten; zum prakt. Gebrauch bearbeitet. gr. 12. Dresden 842, Walther'sche Hofb. 1/8 ₰

Krause, Wilh., allgemeine u. specielle Hydrotherapie, oder die Grundsätze des Prießnitz'schen Heilverfahrens im Allgemeinen, wie in's Besondere bei Behandlung der einzelnen Krankheiten; zum prakt. Gebrauch bearb. 2. durchgeseh. Aufl. gr. 8. (XII u. 251 S.) Stuttgart 851, Krais & Hoffmann. 5/6 ₰

—— das pathologische Institut zu Göttingen. gr. 8. (32 S. mit 1 Stnt.) Braunschweig 862, Vieweg und Sohn. *

— Deutschlands Kaiser von Karl dem Großen bis Wilhelm I. in tabellarischer Uebersicht nebst Angabe der wichtigsten Begebenheiten während ihrer Regierungszeit u. der hervorragendsten Ereignisse in andern europäischen Ländern. gr. 8. (31 S.) Ebend. 871. — 50

Krause, W., Deutschlands Kaiser von Karl dem Großen bis Wilhelm II. Synchronistische Zusammenstellg. der wichtigsten Begebenheiten in Deutschland u. den fremden Staaten, m. besond. Berücksicht. der socialen Entwickelg. u. d. Kulturlebens. 2., bis auf die neueste Zeit fortgeführte Aufl. gr. 8. (64 S.) Berlin 890. Cronbach. n. — 75

Krause, Wilh., Deutschlands Kaiser von Karl dem Großen bis Wilhelm II. Synchronistische Zusammenstellg. der wichtigsten Begebenheiten in Deutschland u. den fremden Staaten, m. besond. Berücksicht. der socialen Entwickelg. u. d. Kulturlebens. 3., bis auf die neueste Zeit fortgeführte Aufl. gr. 8. (73 S.) Berlin 892. S. Cronbach. n. 1. —

Krause, W., die terminalen Körperchen der einfach sensiblen Nerven. Anatomisch-physiologische Monographie. gr. 8. (IX und 272 S. mit 4 Kpfrt. in qu. 4. und 4 Tab. in Fol.) Hannover 860, Hahn'sche Hofbuchh. *

Krause, Wilhelm (Bearb.),s. Krause, Karl Friedrich Theodor: Handbuch der menschlichen Anatomie.

Krause, Wlh., die Maler-Technik der Meister des 15—18. Jahrh. Nach dessen Mittheilungen zum ersten Male dargest. von L. B. Nebst einem Anhange: Ein Gang durch das Berliner Museum, zur besond. Beachtung für Besitzer alter Gemälde. 8. Berlin 845, Vereinsbuchh. 1/6 ₰

Krause, Wilh. (II.), die Maler-Technik der Meister des 15—18. Jahrh. Nach dessen Mittheilungen zum ersten Male dargestellt v. L. B. Nebst e. Anh.: Ein Gang durch das berliner Museum, z. besond. Beachtung f. Besitzer alter Gemälde. 8. (1½ B.) Berlin 846, Vereinsbuchh.

— das anthropolog. Material d. I. anatom. Institutes d. kgl. Universität zu Berlin, s.: Sammlungen, die anthropolog., Deutschlands.

— die Membrana fenestrata der Retina. Mit 2 Kpfrtaff. (in qu. 4.) Leipzig 868. Engelmann. gr. 8. (III, 59 S.) n. 1 ₰

Krause, Wilh. (II.). Die methoden der perineoplastik, dargestellt im anschluss an 30, nach dem Lawson Taitschen princip operirte fälle. Diss. gr. 8. (39 S.) Dorpat 890, (Karow). * 1 —

— mit Sang zum Sieg. Kriegsliederbuch für das deutsche Heer auf dem Feldzuge gegen Frankreich 1870. Berlin 870. Kastner 16. (32 S.) 1½ ngr; mit (chromolith.) Karte (in Fol.) n. 4 ngr.

— s.: Monatsschrift, internat., f. Anatomie u. Physiologie.

— die deutschen Naturforscher-Versammlungen. Göttingen 865. Deuerlich'sche Buchh. gr. 8. (29 S.) 5 ngr.

— u. J. Telgmann, die Nerven-Varietäten beim Menschen. Leipzig 868. Engelmann. gr. 8. (VI, 49 S.) n. 16 ngr.

Krause, W., die anatomische Nomenclatur. Eine histor. Untersuchg. [Aus: „Internat. Monatsschr. f. Anatomie etc."] gr. 8. (33 S.) Leipzig 893. G. Thieme. n. 1. —

Krause, W., Ossa Leibnitii. gr. 4. (10 S. m. 1 Taf.) Berlin 902. (G. Reimer.) Kart. n. 1. —
Sonderabdr. aus: „Abhandlgn. d. preuss. Akad. d. Wiss., Anh."

Krause, Wilhelm [aus Schrimm (Prov. Posen)]: Die Otitis media purulenta und ihre Behandlung mit Zincum sozojodolicum . . . Erlangen, Druck d. Univ.-Buchdr. v. E. Th. Jacob, 1892; 36 S., 1 Bl. 8.
Erlangen, Med. Fak., Inaug.-Diss. v. 18. Juli 1892.

Krause, W., die Otitis media purulenta u. ihre Behandlung m. Zincum sozojodolicum. Eine otiatr. Studie f. Studirende u. Aerzte. gr. 8. (37 S.) Leipzig 893. G. Fock. n. 1. 20

Das moderne Pflanzen-Ornament für die Schule. Stilisierte Formen aus d. Natur. Vorlagen f. Einzel-, Gruppen- u. Massen-Unterricht ... Gezeichnet u. hrsg. von Wilhelm Krause, Zeichenl. in Breslau. T. 1. *Berlin: M. Spielmeyer [1901].* quer-4° [01. 4110

Krause, Wilh., das moderne Pflanzen-Ornament f. die Schule. Stilisierte Formen aus der Natur. Vorlagen f. Einzel-, Gruppen- u. Massen-Unterricht in den ob. Klassen der Volksschulen, den unteren, bezw. mittl. Klassen der Mittel- u. Bürgerschulen, höh. Mädchenschulen, Präparandieen, Seminarien, Gymnasien, der gewerbl. u. Real-Anstalten. 1. u. 2. Tl. Berlin, M. Spielmeyer. In Mappe à n. 12. —
1. (Stufengang.) 20 Taf. m. 100 Motiven in Farbendr. qu. gr. 4. Nebst e. Textheft. gr. 8. (23 S.) (900.)
2. Angewandte Ornamente f. verschied. Techniken. 20 Taf. m. 52 Motiven in Farbendr. qu. gr. Fol. Nebst e. Textheft. gr. 8. (20 S.) (902.)

Krause, Wilh., der kleine Preußenheld auf dem Siegeszuge von 1866. Für die Jugend erzählt. Berlin 867. Plahn'sche Buchh. br. 8. (265 S. mit 6 color. Steintaff.) cart. 25 ngr.

Krause, W., über den niedersächsischen Schädeltypus, s. Müller, J. H., die Reihengräber zu Rosdorf bei Göttingen.

Krause, W., s. Schäfer, E. A., Histologie für Studierende.

Krause, W., Skelet der oberen u. unteren Extremität. s. Handbuch der Anatomie des Menschen. 16. Lfg.

Krause, Wilhelm: S k e l e t der oberen und unteren Extremität. Mit 83 Abb. Jena: Fischer 1909. VIII, 266 S. 8°
(Handbuch d. Anatomie d. Menschen. Bd. 1, Abt. 3.)

Krause, W., Skeletlehre, s.: Handbuch d. Anatomie d. Menschen. 16. Lfg. (Disse, J.)

— die Trichinenkrankheit und ihre Verhütung. Populär dargestellt. Mit 1 (lith.) Taf. in Farbendr. Göttingen 864. Deuerlich. 16. (23 S.) 6 ngr.

— anatomische Untersuchungen. Mit 2 Kpfrtaf. Hannover 861. Hahn. gr. 8. (XII, 168 S.) n. 1 ₰

Krause, Wilh., de vasis sanguiferis in cavo cranii. Dissertatio inauguralis anatomica. 8maj. (35 S. mit 2 Stnt. in gr. 4.) Kioviae 835. (Lipsiae, C. F. Fleischer Sortimentsh.)*

Krause, Wilh. (II.), die gesammte Wasserheilkunde oder die Grundsätze des Prießnitz'schen Heilverfahrens im Allgemeinen und bei Behandlung der einzelnen Krankheiten. Zum prakt. Gebrauche bearb. 3. unveränd. Aufl. 12. (317 S.) Freiwaldau 888, Titze. *

Krause, Wilh., d. ges. Wasserheilkunde od. d. Grundsätze d. Prießnitz'schen Heilverfahrens im Allgem. u. bei Behandlg. d. einz. Krankheiten. Z. prakt. Gebr. bearb. 4. Aufl. 12. (317 S.) Freiwaldau (890). B. Titze. n. 1. 25

Ⓑ Krause, Wilh., Wasserheilkunde. 890. Jetzt: Freiwaldau. A. Blažek. Erh. Pr. 2. 50

Krause, Wilh., Zeichenkursus f. graphische Gewerbe. Lehrhefte f. Fortbildungs-, Fach-Schulen u. Selbstunterricht. Entworfen u. gezeichnet. 2 Tle. 32,5×23,5 cm. Leipzig, J. Mäser. 30. —
1. Das abstrakte Ornament. (10 Hefte.) (30 Taf. m. 30 S. illustr. Text u. Zeichenblock.) (907—09.) à Heft 1. 50
2. Das bildmässige Ornament. (10 Hefte.) (50 Taf. m. 38 S. Text u. Zeichenblock.) (908. 09.) à Heft 1. 50

— Wilhelm Ferdinand (Königsberg / Neu-Mark), De carditide idiopathica acuta. Diss. med. Bln. (Johann Friedrich Starck) 5. IV. 1826. 31 S. mit Biogr. (6.50) 19395
Oppon.: E. Gabler, F. E. Lemke, W. F. May. — Gew.: Johann Wiebel.

Krause, William, der Tistel-Max, s.: Erdmann, Wilh.

Gedichte von Marie Krause-Kinkel. (Vorr.: Prof. J[ak.] H[ub.] Schütz.) *Paderborn: Junfermann 1902.* (VII, 300 S.) 8° [F.] [02. 14517]

Krause-Malonnek, der Kulturkrach. Betrachtungen e. Zukunftsmenschen üb. die Erde u. das Treiben der Menschen. (116 S.) gr. 8. Berlin 904. F. Schlosser. n. 1. —

Krause-Malonnek, Universalpillen. Gedichte. 12. (IV, 116 S.) Leipzig 896. O. Mutze. n. 1. 50; geb. n. 2. —

Krause-Malonnek. Pathologische Zeitbetrachtungen. Berlin: F. Schlosser 1904. (142 S.) 8° [F.] [04. 4495]

Kraeusel, E., zwei Festreden, geh. am Festkommers z. Feier d. 80. Geburtstages Sr. Durchl. d. Fürsten Bismarck u. z. Feier d. 25jähr. Bestehens d. Deutschen Reiches. gr. 8. (12 S.) Lüben 896. Liegnitz, H. Preiser. — 30

Kräusel, Emil [aus Charlottenburg]: Die natürlichen Stickstoffquellen und deren wirthschaftliche Ausnutzung .... Leipzig, Druck v. G. Reusche, 1885; 43 + 1 S. 8°.
Leipzig, Phil. Fak., Inaug.-Diss. v. 9. Nov. 1885.

Kraeusel, Emil, die natürlichen Stickstoffquellen und deren wirthschaftliche Ausnutzung. gr. 8. (43 S.) Leipzig 885, H. Voigt. *

Kraeusel, Johann Gottlob (Fürstenberg / Laus.), De posthumo anniculo seu duodecimestri. Präs. Augustin v. Leyser (Nudersdorff). Wittbg. (Ephraim Gottlob Eichsfeld) 28. III. 1748. 39 Seiten, tlws. dtsch. (6.50) 19232

Krausen, Carl, appr. Arzt: Neuere Technik der Embryotomie und Dekapitation. München 1910: Wolf. 36 S. 8°
München, Med. Diss. v. 17. Nov. 1910, Ref. Döderlein
[Geb. 2. März 83 Aachen; Wohnort: München; Staatsangeh.: Preußen; Vorbildung: Gymn. Mülheim a. R. Reife O. 03; Studium: Würzburg 4, Freiburg i. B. 1, Göttingen 1, München 4 S.; Coll. 17. Nov. 10; Approb. 14. Aug. 09.] [U 11. 3069

von Krauseneck, der General der Infanterie. Ein Lebensbild. [Beiheft zum Militair-Wochenblatt für Jan. — März 1852.] gr. 8. (83 S. m. 3 lith. Plänen in 4. u. Fol.) Berlin 852, Mittler & Sohn in Comm. baar ⅓ ₰; für Preußen baar n. ⅓ ₰

Krauseneck, General W. J. von. Mit einem Bildniss. Berlin 1851. V: *Felgermann.* (Kat. d. Bibl. d. dtsch. Reichstages. Berlin 1882.) (Verl. - Kat. G. Reimer-Berlin.)

Krauseneck, General W. J. v. gr. 8. (VIII und 276 S. mit 1 Bildniß in Stahlst. und 6 lithogr. Plänen und Abdrücken von Handschriften auf 3 Stnt. in gr. 4.) Berlin 851, G. Reimer. *

v. Krauseneck, Jh. Cph., Albrecht Achilles. Schspl. 8. Bayr. 790. (Schnuphase in Altenb.) 12 Kr

Krauseneck, Johann Christoph, s. F a t i m e .

— die ländl. Feier des Fürstentags; ein Dorfgemälde in 1 Aufz. 8. Bayr. 791.

– s. F e l d g e s a n g e. deutschen Grenadiers.

[KRAUSENECK, Johann Christoph] 1738 - 1799
Feldgesang eines teutschen Grenadiers in Nordamerika
Bayreuth: Fieweg. 1778. 14 S. 8°.
Priv.-Bibl. Prof. Harold Jantz, Baltimore, Md.
Frankfurt-Leipziger Meßkatalog, Ostermesse 1778, S. 420.

— die Fürstenreise, Lstspl. 8. Bayr. 777. Lübeck. 4 Kr

KRAUSENECK, Joh. Chp. (1738—99), G e d i c h t e. Mit Titelvign. (3 Amoretten, eine Lyra umkränzend, C r u s i u s fec.). Bayreuth, bey Joh. Andreas Lübeck. 1776. 8°.
XII S. Vorst., 16 S. Subscrib.-Verz., 388 S. Text. — *A. E.:* Gedr., bey Joh. Geo. Friederich Langbein. — Enth. (stellenw. etw. freie) „Vermischte Gedichte", „Lieder", „Kleine Gedichte", „Idyllen" (S. 339 ff.).

KRAUSENECK, Johann Christoph 1738 - 1799
Gedichte von Johann Christoph Krauseneck.
[Erste - Zwote Sammlung]
Bayreuth: Lübeck. 1776 [- 1783]. 8°.
University of Illinois Library Urbana, Ill.
Frankfurt-Leipziger Meßkatalog, Ostermesse 1776, S. 45: Tl. 1.

— — Gedichte. Bayreuth auf Kosten des Verfassers. 1783. 8°. (In Berlin: Magistrats-Bibl.)
XII S. u. 16 Bll. Vorst., 388 S. Mit Vign.

— — Gedichte. Zwote Sammlung. Bayreuth auf Kosten des Verfassers. 1783. 8°. (In Berlin: Yl 8527; auch in d. Berliner Magistrats-Bibl.)
XXX u. 355 S. Mit Vign.

Krauseneck, Jh. Chph., († d. 7. Juni 1799.) Gedichte. 1e Samml. 8. Bayr. 776. 2e Samml. 785. Lübecks Erb. 1 Rthlr.

– s. Goldmacher, Die.

— Die Salope, ein scherzhaftes Gedicht (von *Joh. Chp. Krauseneck*, 1738—99). Franken (Bayreuth) 1765. Gr. 4°. 2 Bogen.
Cat. Meissner III. p. 538; Anon.-Lex. IV. p. 7 (nach Weller). Goedeke IV, 104, 33, 3 hat: „Die Saloppe, ein komisches Heldengedicht. 1765."
— — Dasselbe. Neue Auflage. Bayreuth 1767. 8°.
Beide Drucke selten!

– s. Samml. einiger Gedichte.

KRAUSENECK, Johann Christoph 1738 - 1799
Die Werbung für England. Ein ländliches Lustspiel in einem Aufzuge, von J. C. Krauseneck.
Bayreuth: Lübeck. 1776. 64 S. 8°.
Staatsarchiv Bamberg
2. Ausg. 1777
Frankfurt-Leipziger Meßkatalog, Michaelismesse 1776, S. 167.

KRAUSENECK, Johann Christoph 1738 - 1799
Die Werbung für England
Ein ländliches Lustspiel in einem Aufzuge von J. C. Krauseneck. Aufgeführt auf dem Churfürstlichen Theater zu München.
[Augsburg.] 1777. 47 S. 8°.
John Carter Brown Library Providence, R. I.
1. Ausg. 1776.

— die Werbung für England; ein ländl. Lstspl, in 1 Aufz. 8. Augsb. 777. v. Jenisch u. St. 2 Gr.

– s. Zama ...

Krauseneck, Walther: Inwiefern ist ein Vergleich wegen Irrtums anfechtbar? Gumbinnen 1899: W. Krauseneck. 62 S. 8°. Erlangen, Jur. Diss. v. 26. Sept. 1898

Kraushaar, Hauptm., Geschichte des Grenadier-Regiments Prinz Carl von Preußen [2. Brandenburgisches] Nr. 12. Bearb. als Leitfaden zum theoret. Unterricht für die Mannschaft. 8. (21 S.) Guben 877, (König.)

Kraushaar, mit Napoleon nach St. Helena, s. u. Home, George.

Aus der Umgebung Bonapartes. Mit Napoleon nach St. Helena. Berichte üb. d. Reise d. Kaisers an Bord d. „Bellerophon" u. d. „Northumberland" u. d. erste Zeit s. Verbannung auf St. Helena. Hrsg. von Clement *Shorter*. Deutsch bearb. von *Kraushaar*. Berlin 1910. 8°.

Kraushaar, C. G., eine Friedens-Predigt aus Kurhessen. Gehalten zu Niederaula am 11. Novbr. 1866. 1. u. 2. Aufl. Kassel 867. Jungklaus. gr. 8. (12 S.) 3 *ngr.*

Kraushaar, Eduard [pr. Arzt in Salmünster]: Ueber die Oesophaguscarcinome mit Durchbruch in den linken Vorhof ... Giessen, C. v. Münchow, Univ.-Dr., 1893; 33 S. 8.
Giessen, Med. Fak., Inaug.-Diss. v. 1893

Kraushaar, Heinrich Wilhelm

Kraushaar, H. W., Abhandlung, daß die Richtigkeit sein. Definitionen durch die erfolgten Bemerkungen des Recensenten nicht erschüttert werden könne. 4. Hersfeld. (Leipz. Benj. Fleischer.) 815. Rthlr.

Kraushaar, Blumen u. Blüthen, als Beitrag zur geselligen Unterhaltung, allen deutschen Privatbühnen gewidmet. 8. Schmalk. 824, Varnhagen

— Blumen u. Blüthen. Als Beitrag z. gesell. Unterhaltung, allen deutschen Privatbühnen gewidmet. 12. Schmalk. 824. (Keyßner in Meiningen). 12 Gr.

Kraushaar, Hnr. Wlh., Lehrbuch d. reinen Mathematik mit Anwend. 1e Abthl. Mit 2 Kpft. gr. 8. Schmalk. 823. (Schumann in Leipz.) 1 Rthlr.

— Lehrb. d. reinen Mathematik mit Anwend. 1e Abthlg. Mit 2 Kpfrt. gr. 8. Schmalk. 823, Varnhagen.

Kraushaar, Heinr. Wlh., Lehrbuch der reinen Mathematik, mit Anwendungen. Für Lyceen, Gymnasien u. and. Lehranstalten. I. Abthl. rc. gr. 8. 1823. (Leipzig, Künzel.) 1 Rthlr.

— mathemat. Magazin, e. gemeinschaftl. Zeitschrift. 1s—4s Hft 8. Hersfeld 802—4. (Barth in Leipz.) 1 Rthlr. 12 Gr.

— Menschenwerth, od. was haben wir zu hoffen? Eine Skizze aus d. Leben des jungen Willo. 8. Hersfeld 801.

— Versuch einer festen Bestimmung d. ersten Vorstell. u. Grundbegriffe d. Größenlehre. gr. 8. Schmalk. 814. 2e A. 823. Varnhagen. 9 Gr.

Versuch einer festen philosophischen Bestimmung der ersten Vorstellungen und Grundbegriffe der Grössenlehre, insbes. des Begriffs von der diskreten Größe mit einer tabellarischen Uebersicht der Größen. Von H[einrich] W[ilhelm] Kraushaar. 2., unveränd. Aufl. Schmalkalden: Varnhagen 1823. X,52 S. 8°

Kraushaar, Karl, vgl, Krauszhaar, Karl.

KRAUSHAAR, KARL: Aus der Schule ins Leben. Gr. Kikinda 1890. Verlagsbuchdruckerei Gr. Kikinda. 48 S. - 140 mm

Kraushaar, Karl, Das „goldene Buch" des Landmannes. Belehrungen über Ackerbau, Vieh, Obst-, Bienen- und Seidenraupenzucht. 3. vermehrte und verbesserte Auflage. 8. (316 S.)
Temesvár: Trautmann 1897.

Kraushaar, L. Das dritte aeolische Gedicht des Theokrit.
39 S. Progr. *Saarburg* 1877.

Kraushaar, L. De radicum quarundam Indogermanicarum variatione quae dicitur. Diss. Marburg 1869. 72 S.

Kraushaar, Lor., († d. 23. Mai 1805.) Anwendung d. moral. Klugheitslehre auf das Betragen in d. Gesellschaft, zur Beförd. d. Tugend u. der feinen Sitten, f. junge Frauenzimmer. 8. Gießen 804. Heyer. 16 Gr.

Lr. Kraushaar's Anwend. d. Sittenlehre u. d. moral. Klugheitslehre auf d. Betragen in d. Gesellsch. z. Beförd. d. feinen Sitten bey Jüngll. *Marb.*, n. akad. B. 796. 8° 5 gl

— Anwendung der Sitten- u. Klugheitslehre auf das Betragen in Gesellschaft, f. Jünglinge. 8. Marb. 796. Krieger. 5 gl

— Oratio de boni ingeniosique judicii officio. 4. Ling. 797.

Kraushaar, Lor., Plan zu einer Armenpflege für die Stadt Hersfeld. 8°. Hersfeld 1798.

— Vorschläge z. Verbesserung des Studienwesens in d. mehresten Provinzen Deutschlands. 8. Hersf. 799.

Kraushaar, Otto [Einjährig-Freiwilliger Arzt in Marburg]: Ein Fall von perforierendem Endothelialsarcom der Dura mater . . . Marburg, Univ.-Buchdr. (R. Friedrich), 1886; 1 Bl. + 22 S. + 1 Bl. u. 1 Taf. 8°.
Marburg, Med. Fak., Inaug.-Diss. v. 18. Okt. 1886.

Kraushaar, Otto, ein Fall von perforierendem Endothelialsarcom der Dura mater. Diss. Marburg 1886, N. G. Elwertsche Univ.-Buchh. 8°. 22 S. mit einer Taf.

Kraushaar, Otto, der accordliche Gegensatz u. die Begründung der Scala. gr. 8. (74 S.) Cassel 852, Luckhardt's Musikalienhandl. 1/3 Thlr

Kraushaar, Otto, Construction der gleichschwebenden Temperatur ohne Scheibler'sche Stimmgabeln auf musikal. Instrumente. (Mit Rücksicht auf die Scheibler'sche Erfindung.) 8. Cassel 838. Krieger'sche Buchh. (Fischer.) n. 1/6 Thlr

Grillparzer als Epigrammatiker. Von Marie **Krauske**, Oberl. Berlin: A. Duncker 1906. (85 S.) 8°
— **Frauenarbeiten**, Wissenschaftliche. Bd. 1, H. 1. [06. 1906] 10

Breslaus **Stellung** im Schnellverkehr. Eine Studie von **Marie Krauske**. Mit Isochronenkarte von Breslau u. Berlin. Mit e. Vorw. von J[oseph] Partsch. *Glogau: C. Flemming 1901.* (20 S.) 8°
Aus: Festschrift des Geogr. Seminars d. Univ. Breslau z. Begrüssung d. XIII. Deutschen Geographentages zu Breslau. [01. 1900] 2

Krauske, Otto

Krauske, O., s.: **Acta borussica.**

Krauske, O., d. Behördenorganisation u. d. allgem. Staatsverwaltg. Preußens im 18. Jahrh, s.: Schmoller, G.

Krauske, Otto (Karl) (geb. Potsdam 16. 10. 1859): Beiträge zur Geschichte der ständigen Diplomatie. Leipzig 1884. (32 S.) 8° ¶ Vollst. ersch. u. d. T.: Die Entwickelung der ständigen Diplomatie vom 15. Jahrh. bis zu den Beschlüssen von 1815 und 1818. Leipzig: Duncker & Humblot 1885 = Staats- u. socialwissenschaftl. Forschungen hrsg. von G. Schmoller Bd 5, Heft 3.
Berlin, Phil. Diss. v. 25. Juli 1884

Krauske, O., die Entwickelung der ständigen Diplomatie vom 15. Jahrh. bis zu den Beschlüssen von 1815 und 1818, s.: Forschungen, staats- und socialwissenschaftliche.

Krauske, Otto. Die Entwickelung der ständigen Diplomatie vom XV. Jahrhundert bis zu den Beschlüssen von 1815 und 1818. (V. Bd. 3. Hft., der ganzen Reihe 22. Hft., der: „Staats- und socialwissenschaftlichen Forschungen, herausgegeben von Gustav Schmoller".) 8. Leipzig 1885.

Krauske, O., s.: Friedrich Wilhelm I., König, Briefe an den Fürsten Leopold zu Anhalt-Dessau.

— s.: Staatsschriften, preussische.

Krauskopf, J., theoret.-prakt. Zeichnenkunst f. den Privat-, Schul- u. Selbst-Unterricht. In 3 Thln. (1r Thl. A. u. d. T.: Anleit. zum geometrisch-richtigen Sehen, Vergleichen u. Beurtheilen, als Grundlage eines guten Zeichnenunterrichts. Mit 60 Vorlegebl. u. 1 lith. Erklärungstafel.) gr. 4. Cassel 828. Bohne. 1 Thlr 20 gl

Krauskopf, Isidorus (*geb. Ostrowo in Pos. 21. 2. 1843*): De perineoplastica. Ostrowiae [1866]. (22 S.) 8°
Breslau, Med. Diss., nachgeliefert von dem am [8. Juni 1866] auf Thesen promovierten Verf.

Krausmüller, Georg, aus Zell: Die **Volksdichte** der Grossherzoglich Hessischen Provinz Oberhessen. Auf Grund d. Volkszählung vom 2. Dez. 1895. Mit 1 Karte. *Giessen 1900: v. Münchow.* (101 S.) 8° ¶ [Erschien auch als: Geogr. Mittheilungen aus Hessen, H. 1—2.]
Giessen, Phil. Diss. v. 1900

Krausnick [Schlagwort]

Krausnick, s.: **Mark.**

Krausnick [Verfasser]

Krausnick, Georg [aus Sagan]: Lipome der Zunge. . . . Berlin, Buchdr. v. Gustav Schade (Otto Francke) (1889); 46 S. + 1 Bl. 8°
Berlin, Med. Fak., Inaug.-Diss. v. 27. Aug. 1889

Krausnick, Geo. Lipome der Zunge. Diss. 8. (48 S.) Berl. 889, (O. Enslin). * 1 —

Krausnick, L., Melodien d. preuß. alten u. neuen Kirchengesänge, nebst d. Chören der allerhöchst verordn. Liturgie; zum Gebrauch des Monochords in Ziffern gesetzt. Mit 1 Abbild. des Monochords. 4. Berl. 825. L. Oehmigke. 18 gl Schrbp. 1 Thlr

Krausold

— **Jo. Friedrich** (Eisenach), De tuenda valetudine ex cognitione sui. Diss. med. Präs. D. Jo. Gottfried Berger. Wittbg. (Gerdes) April 1708. 44 S. (6.50) 19398

Krausold, Val., d. auf beiden Seiten hinkende Baalit. 8. Dresden. Gerlach. 717.

Krauspe, Emil [aus Hainichen i. S.]: Über Thymotinsäure und einige Derivate derselben ... Jena, Frommannsche Hof-Buchdr., 1892; 40 S. 8.
Jena, Phil. Fak., Inaug.-Diss. v. 1892

Krauspe, H. Entwurf zu einer rationellen Versorgung transportabler Baracken (System Döcker) für Kranke und Verwundete im Kriegsfall. Berlin 1886. 4°.

Krauss, Philipp Freiherr von, (1792—1861). Ein Nekrolog. Wien 1861. V: *Hye-Glunek, Ant. Freiherr von.* (WFM)

Krauß, Philipp Frhr. v., geb. 28. März 1792, gest. 26. Juni 1861. Ein Nekrolog. Wien 861. Manz' Verlag. gr. 8. (48 S.) n. 10 ngr

Krauß, s.a. Craus u. Kraus.

Krauß & Co.: Die Felda-Bahn. Schmalspurige Secundär-Bahn im Großherzogthum Sachsen-Weimar. München 1882

Krauss & Co., s.a. Felda-Bahn, die.

Krauß, A., Anleitung zu den Aufsatzübungen in der Volksschule, im Anschluß an die württemberg. Schullesebücher nebst einem Anhang von Schriftsätzen für die Fortbildungsschule. gr. 8. (IV, 204 S.) Stuttgart 876, (A. Müller.) *

—— und A. Schönmann, die Aufsatz- und Sprachübungen der Volksschule im Anschluß an die württembergischen Schullesebücher, unter Zugrundelegung des Normallehrplans in stilist., grammat. und orthograph. Beziehung nach den 7 Schuljahren methodisch geordnet und bearb. 3 Tle. gr. 8. Stuttgart 885, Alb. Müller. *

Inhalt:
Tl. 1. Unter- und Mittelstufe. [1., 2., 3. (4.) Schuljahr.] (VIII, 138 S.) *M 1.60.
" 2. Mittelstufe. [4. und 5. Schuljahr.] (VIII, 202 S.) *M 2.—.
" 3. Oberstufe. [6. und 7. Schuljahr.] (VIII, 345 S.) *M 3.20.

Krauß, A., Briefe u. Geschäftsaufsätze f. d. Unterr. d. weibl. Jugend in d. Fortbildungs- u. Sonntagsschulen. gr. 8. (96 S.) Stuttgart 896. A. Bonz & Co. n. 1.20

Krauß, A., der sittliche Charakter d. Jesuiten e. notwendige Folge ihrer ersten Erziehung, s.: Flugschriften des Evangelischen Bundes.

Krauss, A., Eisen-Hütten-Kunde, s.a. Sammlung Göschen.

Krauss A. Eisen-Hütten-Kunde. 2 Tle. (Samml. Gösch. 152/53) 16° Leipzig 1902

Krauß, A., Eisenhüttenkunde. 2 Bde. Leipzig, 1902.
Bd 1. Das Roheisen. 85 S. mit 17 Abb. und 4 Taf.
Bd 2. Das Schmiedeisen. 80 S. mit 25 Abb. und 5 Taf.

Krauß, A., Geschichte der Reformation durch Dr. Martin Luther, nebst dem Merkwürdigsten vor u. nach ihrer Zeit. Als Vorbereitung auf die dritte Reformationsjubelfeier, in faßl. Kürze bearbeitet. 8. Augsb. 817. Braun. 12 K

Krauss, A., Mörder im Kindesalter, s.: Fälle u. Abhandlungen, gerichtlich-medizinische.

Krauss, A., die Psychologie des Verbrechens. Ein Beitrag zur Erfahrungsseelenkunde. gr. 8. (VIII, 421 S.) Tübingen 884, Laupp'sche Buchh. *

— u. Chr. Renz, Rechenbuch f. gewerbl. Fortbildungsschulen. 8. (96 S. m. 33 Fig.) Stuttgart 896. A. Bonz & Co. n. — 40; Lehrerausg. (128 S. m. 39 Fig.) n. 1.20

— u. Chr. Renz, Rechenbuch f. gewerbliche Fortbildungsschulen. 2. verm. Aufl. Schülerausg. 8. (96 S. m. 33 Fig.) Stuttgart 902. A. Bonz & Co. n. — 40

— u. Chr. Renz, Rechenbuch f. gewerbliche Fortbildungsschulen. 3. Aufl. Schülerausg. (96 S. m. 33 Fig.) kl. 8. Stuttgart 906. A. Bonz & Co. n. — 40

— u. Chr. Renz, Rechenbuch f. gewerbliche Fortbildungsschulen. 4. Aufl. (19.—26. Tauf.) Schülerausg. (96 S. m. 33 Fig.) kl. 8. Stuttgart 908. A. Bonz & Co. — 40

Krauß, A. (II.) u. J. Löchner. Rechtschreibübungen, f. die Hand d. Lehrers bearb. u. method. geordnet im Anschluß an den „Übungsstoff" f. die Mittel- u. Oberklassen der Volks- u. Mittelschulen [4.—7. Schulj.]. gr. 8. (VI, 154 S.) Stuttg. 891, R. Lutz. ** 1 80

Krauß, A., u. J. Löchner, Rechtschreibübungen f. d. Hand des Lehrers, bearb. u. methodisch geordnet im Anschluß an den Übungsstoff II f. die Mittel- u. Oberklassen der Volks- u. Mittelschulen (4.—7. Schulj.). 2. Aufl. gr. 8. (160 S.) Stuttgart 900. R. Lutz. n. 1.80; geb. n.n. 2.10

— — dasselbe, bearb. u. methodisch geordnet im Anschluß an den Uebungsstoff II f. die Mittel- u. Oberklassen der Volks- u. Mittelschulen (4.—7. Schulj). 3. erweit. Aufl. nach dem Neudr. v. 1904 der amtl. Rechtschreibregeln. (179 S.) 8. Ebd. 906. n. 2.50; geb. n. 3.—

— u. J. Löchner, Rechtschreib- u. Sprachübungen, f. die Hand d. Lehrers bearb. u. method. geordnet im Anschluß an den „Uebungsstoff" f. d. Schüler d. 1., 2. u. 3. Schulj. d. Volks- u. Mittelschulen. gr. 8. (VI, 107 S.) Stuttgart 893. R. Lutz. n. 1.60; geb. n.n. 1.80

Krauß, A., u. J. Löchner, Rechtschreib- u. Sprachübungen, f. die Hand des Lehrers bearb. u. methodisch geordnet im Anschluß an den „Uebungsstoff" f. die Schüler des 1., 2. u. 3. Schuljahres der Volks- u. Mittelschulen. 2. erweit. Aufl. nach dem Neudr. v. 1904 der amtlichen Rechtschreibregeln. (143 S.) 8. Stuttgart 906. R. Lutz. n. 2.50; geb. n. 3.—

—— —— Sprachübungen f. Volks- u. Mittelschulen, in method. Stufenfolge bearb. Ausg. A. [Für 4—7klass. Schulen.] 3 Hefte. 8. Ebd. 891. ** — 85
1. Heft. 3. u. 4. Schulj. (64 S.) ** — 30. — 2. Heft. 5. u. 6. Schulj. (IV, 80 S.) ** — 35. — 3. Heft. 7. Schulj. (48 S.) ** — 20.

—— —— dass. — Ausg. B [f. 1—3klass. Volksschulen; 2.—7. Schulj.]. 8. (95 S.) Ebd. 891. ** — 35

— — Sprachübungen f. Volks- u. Mittelschulen, in method. Stufenfolge bearb. (Ausg. B. [2.—7. Schulj.]) 11.—18. Tauf. Mit erweit. Inhalt u. neuer Rechtschreibg. (96 S.) 8. Ebd. 904. n. — 30

Krauß, A., u. J. Löchner, Sprachübungen f. Volks- u. Mittelschulen, in method. Stufenfolge nach dem neuen Lehrplan f. das 2.—7. Schulj. geordnet. 3. Aufl. 19.—28. Tauf. (96 S.) 8. Stuttgart 909. R. Lutz. — 35

Krauß, A., Gottes Thaten unter uns in dieser Zeit. Predigt gehalten in der reformirten Kirche zu Marburg den 14. Aug. 1870. 1. und 2. Aufl. gr. 8. (12 S.) Marburg 870, Elwert'sche Verlagsb.

Krauß, A. u. J. Löchner

— — Uebungsstoff f. den gewerblichen Geschäftsaufsatz nach dem Lehrplan der Stuttgarter Gewerbeschule. Schülerheft f. den I. u. II. Kurs, sowie f. die Fachkurse. (47 u. 48 S.) 8. Ebd. (903). à n. — 20

—— —— Übungsstoff f. den Rechtschreib-Unterricht in Volks- u. Mittelschulen, f. die Hand der Schüler nach dem amtl. „Regeln- u. Wörterverzeichnis" method. bearb. 2 Hefte. 8. (à Heft 48 S.) Ebd. 892. à Heft ** — 20
1. Heft. 1.—3. Schulj.; 2. Heft. 4.—7. Schulj. 2. Aufl.

— — Übungsstoff f. den Rechtschreib-Unterricht in Volks- u. Mittelschulen, f. die Hand der Schüler d. 4.—7. Schuljahrs nach den amtl. „Regeln- u. Wörterverzeichnis" methodisch bearb. 3. (im Wörterverzeichnis stark verm.) Aufl. (25.—36. Tauf.) 8. (49 S.) Ebd. 894. n.n. — 20

— — Uebungsstoff f. d. Unterricht im Rechtschreiben u. in d. deutschen Sprache in Volks- u. Mittelschulen f. d. Hand d. Schüler d. 1., 2. u. 3. Schulj., method. bearb. 2. (verm. u. verb.) Aufl. (18.—24. Tauf.) 8. (48 S.) Ebd. 896. n.n. — 20

— — Uebungsstoff f. d. Rechtschreib-Unterricht in Volks- u. Mittelschulen, f. d. Hand d. Kinder d. 4.—7. Schulj. nach dem amtl. „Regeln- u. Wörterverzeichnis“ method. bearb. (2. Hft.) 4. (im Wörterverzeichnis verm.) Aufl. (37.—50. Tauf.) 12. (49 S.) Ebd. 896. n.n. — 20

— — Übungsstoff I f. der Unterricht im Rechtschreiben u. in der deutschen Sprache in Volks-, Mittel- u. höh. Töchterschulen f. die Hand der Schüler des 1., 2. u. 3. Schulj. methodisch bearb. 8. Aufl. (26.—38. Tauf.) 8. (48 S.) Ebd. 900. n.n. — 20

— — Übungsstoff f. den Rechtschreib-Unterricht in Volks- u. Mittelschulen f. die Hand der Schüler des 4.—7. Schulj., nach den amtl. „Regeln“ u. dem „Wörterverzeichnis“ methodisch bearb. 2. Hft. 6. Aufl. (66.—70. Tauf.) 12. (49 S.) Ebd. n.n. — 20

— — Uebungsstoff II f. den Rechtschreib-Unterricht in Volks- u. Mittelschulen für die Hand der Schüler des 4.—7. Schulj., nach dem Neudr. v. 1904 der amtlichen „Regeln f. die deutsche Rechtschreibg., nebst Wörterverzeichnis“ methodisch bearb. 2. Heft. 9. verm. Aufl. (96.—110. Tauf.) (57 S.) kl. 8. Ebd. 906. n.n. — 16

— — Ubungsstoff I f. den Unterricht im Rechtschreiben u. in der deutschen Sprache f. die Hand der Schüler des 1., 2. u. 3. Schulj., nach dem neuen Lehrplan methodisch bearb. 6. Aufl. (66.—80. Tauf.) (48 S.) kl. 8. Ebd. 909. nn — 18

— dasselbe II f. den Rechtschreib-Unterricht in Volks- Mittel- u. Bürgerschulen f. die Hand der Schüler des 4. bis 7. Schulj., nach den amtl. „Regeln f. die deutsche Rechtschreibg., nebst Wörterverzeichnis“ auf Grund des neuen Lehrplans methodisch bearb. 2. Heft. 11. Aufl. (129. bis 146. Tauf.) (64 S.) kl. 8. Ebd. 909. nn — 20

Krauss A. der schriftliche Verkehr des Buchdruckers (78 S) Stuttgart 1906

Krauß, A. (II.), der schriftliche Verkehr des Handwerkers. Eine Sammlung von Briefen und Geschäftsaufsätzen als Ratgeber für Gewerbetreibende und als Hilfsmittel für den Unterricht im schriftlichen Gedankenausdruck an gewerblichen Fortbildungsanstalten, sowie an den oberen Knabenklassen von Volks-, Bürger- und Realschulen. gr. 8. (XVI, 183 S.) Stuttgart 887, Jung's Verlag. *

Krauß, A. u. Chr. Renz

— — der schriftliche Verkehr des Landwirts nebst landwirtschaftl. Buchführung, zugleich prakt. Uebungsstoff f. die allgem. Fortbildungsschule in Landwirtschaft treib. Gemeinden. (VI, 85 S.) gr. 8. Ebd. 903. n. 1.20

—— Was fordert Gott in gegenwärtiger Zeit von uns? Predigt gehalten in der reformirten Kirche zu Marburg den 31. Juli 1870. 1.—3. Aufl. gr. 8. (12 S) Ebendas. 870. *

KRAUSS, Adolf (Graefenberg): Die antiseptische Behandlung bei bereits inficirten Wunden.- Kiel: Fiencke 1876. 37 S.
3.8.1876 - Urk (Titel: De curatione antiseptica vulnerum iam infectorum.); Chr 1876/77,9
Diss. Ingolst.-Landsh.-Mchn.

Krauss, Alfr., Bekleidung u. Ausrüstung der Infanterie. (49 S.) Lex. 8. Wien 907. L. W. Seidel & Sohn. 1. 20
Sonderabdr. aus: „Streffleurs milit. Zeitschr.“

Krauß, Alfr., das protestantische Dogma von der unsichtbaren Kirche. gr. 8. (VI, 290 S.) Gotha 876, F. A. Perthes. *

Krauß, Alfr., Lehrbuch der Homiletik. gr. 8. (VIII, 669 S.) Gotha 883, F. A. Perthes. *

Krauss, Alfr. Lehrbuch der praktischen Theologie. 1. Bd.: Allgemeine Einleitg. Liturgik. Homiletik. gr. 8. (VIII, 356 S.) Freib. i. Br. 890, J. C. B. Mohr. * 7 —; geb. * 9 —

Krauss, Alfr., Lehrbuch der praktischen Theologie. 2. (Schluss-)Bd. Katechetik. Pastoraltheorie. gr. 8. (X, 461 S.) Freiburg i/B. 893. J. C. B. Mohr. n. 9. —; geb. in Halbfrz. n.n. 11. — (kplt.: n. 16. —; geb. n.n. 20. —)

Krauss, Alfr., Lehren aus dem russisch-türkischen Kriege 1877—1878. 1. Hft. Bis z. Gefechte (1. Schlacht) bei Plewna am 20. VII. 1877. Mit 14 Beilagen. (X, 214 S.) gr. 8. Wien 903. L. W. Seidel & Sohn. n. 6. —

Moltke, Benedek und Napoleon. Von Alfred Krauss, Oberstlt. Mit 12 Beil. *Wien: L. W. Seidel & Sohn 1901.* (129 S.) 8° [F.] [illegible]

Krauss, Alfr., Pastoraltheorie. Durchgeseh. Sonderabdruck aus dem Lehrbuch der prakt. Theologie. Hrsg. v. Frdr. Niebergall. (VII, 278 S.) 8. Tübingen 904. J. C. B. Mohr. n. 2. —

— Predigten f. alle Sonn- u. Festtage d. Jahres zur häuslichen Erbauung. gr. 8. (VIII, 671 S.) Straßburg 874. Schultz & Co. n. 6. —

—— Zwingli, Rede, gehalten im student. Gustav-Adolfs-Verein zu Straßburg. gr. 8. (19 S.) Straßburg 884, Schultz und Comp. *

Krauß, Alfr. Ed., über die Bedeutung des Glaubens für die Schriftauslegung. gr. 8. (V und 88 S.) Frauenfeld 862, Huber.

—— theologischer Kommentar zu 1. Korinther XV. gr. 8. (XI und 191 S.) Frauenfeld 864, Huber.

Krauß, Alfr. Ed., die Lehre von der Offenbarung. Ein Beitrag zur Philosophie des Christenthums. Gotha 868. F. A. Perthes. gr. 8. (X, 346 S.) n. 2 ₰

— Schleiermacher, s. Kreis.

Krauß, Anton Edler von (vgl. K r a u s , Ign. M.)

— Geist der österreich. Gesetzgebung zur Aufmunterung der Erfindungen im Fache der Industrie, mit vergleich. Bemerkungen über d. Geist der engl., französ. u. nordamerikanischen Patent-Gesetzgebung. gr. 8. Wien 838. (Braumüller u. Seidel.) n. 1 ₰

v. Krauß, Anton Edler, Lehre von den Ehrenkränkungen und dem Verfahren bei denselben nach österreich. Gesetzen. gr. 8. Wien 838. Braumüller u. Seidel. 1 ₰

Ant. v. Krauss: d. ethische Staatsprincip, od. Propädeutik d. Staatswissensch. (*Wien*, a. Kosten d. Vfrs. . . .) N. wohlf. Ausg. *Eb.* (Braumüller u. Seidel in C.) 841. gr 8° 2 ₰

—— das ethische Staatsprinzip, od. Propädeutik d. Staatswissenschaft. Neue wohlf. Ausg. gr. 8. (38⅛ B.) Wien 841, (Braumüller u. Seidel.) *

v. Krauß, Anton Edler, das christliche Staatsprinzip. 2. ganz neu umgearb. u. verb. Aufl. des Versuches, die Staatswissenschaft auf eine unwandelbare Grundwissenschaft festzustellen. Lex.-8. Wien 842. (Braumüller u. Seidel.) n. 2 ₰

Krauß, August

A. **Krauss**: popul. Anthropol. f. Aeltern u. Lehrer; nebst Vorschlägen z. Verbess. d. Unterr. v. Standp. d. Physiologie u. Psychol. *Stuttg.*, Köhler 840.

Krauß, Aug. (I.), populäre Anthropologie f. Eltern u. Lehrer. Nebst Vorschlägen z. Verbesserung d. Unterrichts vom Standpunkte d. Physiologie u. Psychologie. 2. Ausg. gr. 8. (11¼ B.) Stuttgart 843, Köhler. —

Krauß, A., die Cholera-Epidemie nach eigenen in Wien u. Mähren aus Auftrag d. Kgl. Würtemberg. Regierung angestellt. Beobachtn. gr. 8. (12½ B.) Stuttgart 832, (Steinkopf.)

Krauß, Aug. (II.), Gedächtniß-Predigt auf Ihre Maj. die am 26. Oktbr. 1854 im Herrn sel. entschlafene Königin Mutter Therese von Bayern, bei dem Trauergottesdienste in der protestant. Pfarrkirche zu St. Anna in Augsburg am 6. Novbr. 1854 gehalten. gr. 8. (14 S.) Augsburg 854, (Jaquet's Verlag.)

—— Jubelpredigt, s. Jubelpredigten zweier evangelischen Geistlichen in Augsburg.

Krauss, Aug. (I.), der Cretin vor Gerichte. Ludwig Kober von Tübingen wegen Tödtung seiner beiden Eltern und seiner Schwester verurtheilt. Ein Beitrag zur Kunde des cretin. Stumpfsinns für Gerichtsärzte, Richter und Psychologen. Nebst einem Anhang betr. die Verweisung der Verbrecher von zweifelhaftem Seelenzustande. gr. 8. (XIV und 194 S.) Tübingen 853, (L. F. Fues, Vrlgsh.) *

Krauß, (Pfarrer) Aug., Leitfaden bei dem Unterrichte in der Naturlehre für Schulen, 8. Augsburg 837. Matth. Rieger. (Himmer.) 1/8 ß

Krauss, August, De natura morbi Atheniensium a Thucydide descripti. Stuttgart (J. F. Steinkopf) 1831. 55 S. (5.50) 19400
Vorwort v. H. F. Autenrieth.

Krauß, Aug., Predigt am Buß- u. Bettage den 6. März 1870 zu Augsburg gehalten. Augsburg 870. Rieger. gr. 8. (10 S.) n. 2 ngr.

Krauß, (Pfarrer,) Aug., Predigt über Jerem. C. 31. V. 3., bei dem Trauergottesdienste für Ihre Maj. die im Herrn entschlafene Königin Wittwe Caroline von Bayern, gehalten. gr. 8. Augsburg 842. (Matth. Rieger'sche Buchh.) 1/12 ß

Krauß, Aug., Predigt bei dem Trauergottesdienste auf seliges Hinscheiden Sr. Maj. des Königs Maximilian II. von Bayern gehalten am 21. März 1864 in der protestant. Pfarrkirche zu St. Anna in Augsburg. gr. 8. (15 S.) Augsburg 864, v. Jenisch und Stage'sche Buchh.

Krauß, (Oberamtsarzt) Aug., zur Reform des öffentl. Unterrichts. Vom Standpunkte der Physiologie u. Psychologie. gr. 8. Stuttgart 840. Köhler. 1 ß

Krauss, Bernhard. Die Pfandgläubiger in Konkurs und Nachlassvertrag nach dem Bundesgesetz über Schuldbetreibung und Konkurs vom 11. April 1889. Diss. Jur. Bern. 56 S. 8. Basel, Kreis 1904.

Krauss, C. H. (Übers.), s. Tacitus, P. C.: Agricola u. Germania. 1883.

Krauss, Carl, s. Krauss, Karl.

Krauß, Christ. Ferd. Friedr., Beitrag zur Kenntniß der Corallineen u. Zoophyten der Südsee, nebst Abbildungen der neuen Arten. gr. 4. Stuttgart 837. Schweizerbart. n. ½ ß

Krauss, C. F. F., der Schädel des Halitherium Schinzi Kaup. Nebst Bemerkungen über das zu dem älteren Halitherium-Schädel gehörige Skelett, von H. G. Bronn. gr. Lex.-8. (36 S. mit 2 Stnt. in qu. Fol.) Stuttgart 862, Schweizerbart'sche Verlagsh. *

— **Christian Hermann** (Hartenstein), De ictero symptomate. Diss. med. Lpz. (Wilh. Staritz) 17. III. 1848. 23 S. mit Biogr. (M.: Th. W. Orgs.) (5.50) 19403
Gew.: Carl Ferdinand Schneider.

Krauss, Constantin, s. Krauss, Konstantin.

Krauß, E., & Cie.: Preisverzeichniß der Fabrik optischer Instrumente. Berlin 1891

Krauß, E. A. Wilh., kann ein gläubiger, evangelischer Christ im Lande Baden den Huldigungseid in der gesetzlich vorgeschriebenen Form leisten? In einer Vorbereitungspredigt am 14. Sonntage nach Trinitatis dem göttlichen Worte gemäß beantwortet. gr. 8. (16 S.) Basel 877. Schneider. — 30

— „Lasset niemand euch Gewissen machen über bestimmten Feiertagen!" Kolosser 2, 16. Eine Predigt über die schriftgemäße Lehre vom Sonntag, an Sexagesimae [1879] geh. [Aus: „Süddeutsche evang.-luth. Freikirche".] gr. 8. (32 S.) Dresden 879. H. J. Naumann in Comm. n. — 25

Genealogie der Familien Krauß, Rüffershöfer, Eichhorn und Pann, zsgest. von Dr. med. Eduard **Krauß** in Dresden. Mit 31 Lichtdr. u. 1 Wappentaf. *Dresden: Selbstverl. 1903.* (XI, 201 S.) 8° [F.] [illegible]

Die Familie Krauß seit Ende des 16. Jahrhunderts nebst d. anverwandten Familien Rüffershöfer, Eichhorn u. Pann, geschildert von Dr. med. Eduard **Krauß**. Text zu den vom Verf. gestifteten 5 Familien-Albums. *Dresden: Selbstverl. 1903.* (87 S.) 8° [F.] [illegible]

Dr. med. Georg Friedrich Krauß, sein Leben und Wirken. Mit e. Anh.: Anna Margareta Krauß, geb. Rüffershöfer. Von Dr. med. Eduard **Krauß**. Mit 6 Lichtdr. Dresden: Selbstverl. 1904. (141, IV S. 8° [F.]
(= Krauß: Die Familie Krauß. T. 2.

Dr. med. Gustav Friedrich Matthäus Krauß und Familie 1813–1887. Von Dr. med. Eduard **Krauß**. Mit 27 Lichtdr. u. 4 Pl. Dresden: Selbstverl. 1910. VIII, 706 S. 8°
(Krauß: Chronik d. Familie Krauß. T. 3.) 111. 1556

Krauss, Eduard, Lehr- u. Lesebuch f. den katholischen Religionsunterricht in den oberen Klassen des Gymnasiums u. verwandter Lehranstalten. Unter Mitwirkg. des Vereines kathol. Religionslehrer an den Mittelschulen Oesterreichs bearb. I. Tl. Allgem. Glaubenslehre. (IV, 175 S.) gr. 8. Wien 905. A. Pichler's Wwe. & Sohn. Geb. n. 2. 50

Krauss, Eduard, Lehr- u. Lesebuch f. den kathol. Religionsunterricht in den oberen Klassen des Gymnasiums u. verwandter Lehranstalten. Unter Mitwirkg. des Vereines kathol. Religionslehrer an den Mittelschulen Österreichs bearb. II. u. III. Tl. gr. 8. Wien, A. Pichler's Wwe. & Sohn. Geb. à 2. 50
II. Besondere Glaubenslehre. (III, 176 S.) 906.
III. Sittenlehre. (III, 172 S.) 907.

— dasselbe in den oberen Klassen der Realschule u. verwandter Lehranstalten. I. Tl. Glaubenslehre m. Anschluss der Lehre v. den hl. Sakramenten. (174 S.) gr. 8. Ebd. 907. Geb. bar 2. 50

KRAUSS, Eduardus: Miracula, quae extra religionem christianam saec. primo post Christum facta narrantur cum miraculis Christi Domini propositis in s. evangeliis comparata. — (1887) 100 S. 4° (Handschr.) Diss. 452 Diss.Wien, Univ.

Krauss, Ed., üb. Purpura. gr. 8. (31 S.) Heidelberg 883. C. Winter. n. 1. —

Schriftzeichen der Familien Eichhorn, Pann und Krauß nebst Wappen, gesammelt u. zsgest. von Dr. med. Eduard **Krauß**. *Dresden 1901.* (3 Bl., 5 Taf.) 2° [F.]

— Aus unseren Tagen. 500 Zeitungsberichte, f. Redner u. Schriftsteller gesammelt. (V, 427 S.) 8. Wien 907. H. Kirsch. 3. 60

— Tabellarische Ubersicht üb. die Ereignisse des Neuen Testamentes vom Auftreten Johannes d. T. bis zur Herabkunft des Heiligen Geistes. 2 Tabellen. à 96×64 cm. (III S.) gr. 8. Wien 907. A. Pichler's Wwe. & Sohn. 2. 50

Krauß, Eduard: Ein Vorschlag für ein biblisches Lesebuch am Gymnasium. S. III—XVI. 8. K. k. Franz Joseph-Gymn. *Wien* 1903. Progr.

Krauss, Emil [Referendär aus Willstätt i. Baden]: Das Urteil unter Vorbehalt der Ausführung der Rechte im Urkunden- und Wechselprocesse der Reichscivilprocessordnung ... Freiburg i. B., Univ.-Buchdr. v. Ch. Lehmann, 1896; 62 S. 8.
Freiburg i. B., Rechts- u. staatswiss. Fak., Inaug.-Diss. v. 1896

Krauß, Ernst Christian Friedrich (vgl. Kraus, Ernst Christian Friedrich)

Krauß, (Pfarrer) E. Chr. Fr., vermischte Gedichte. 8. Tübing. 825. Osiander. 6 gr Schrbp. 8 gr

— Stimmen d. Andacht, d. Sehnsucht u. d. Liebe, in lyr. Dichtungen. 18. Stuttg. 827. Sonnewald. 8 gr

(—) gegen die Verpflanzung d. Hochschule zu Tübingen. Ein kurzes Wort d. Wahrheit von D**ss. 4. Eleutheropolis 826.

— s. 1) Cicero, Reden für d. Roscius. 2) Testament, d. alte u. neue, in Luthers Uebersetzung.

Krauß, Eugen

Die Genusregeln der griechischen Sprache in Reimversen. — Von E. Krauß, Subr. — 1876. Uffenheim, Junge und Sohn (Erlangen). — S. 3—12⁸. Uffenheim, Isol. lat. Schule, Progr.

Die Reform der deutschen Rechtschreibung beleuchtet. — Von Eugen Krauß, Subr. — 1880, Ansbach, Reider und Hurzer. -- S. 1—92. Uffenheim, Isol. lat. Schule, Progr.

Das Seufzen der Kreatur. Predigt über Röm. VIII. 18—23. — Von E. Krauß, Subr. — 1877. Uffenheim, Joh. Haug. — S. 3—11⁸. Uffenheim, Isol. lat. Schule, Progr.

Krauß, Eugen:

Welche Schreibweise verdient den Vorzug: todt oder tot oder tod? — Von dems. — 1880, Uffenheim, Joh. Haug. -- S. 3—32. Uffenheim, Isol. lat. Schule, Progr.

Krauss, F.: Anleitung zur Gewinnung von Reisigschrot, s. Soxhlet.

Krauß, F., „Geblüht". Dramat. Lebensbild in 4 Akt. (84 S. m. Bildnis.) 8. München (908). P. Kipperer. n. 1. 50

Krauss F, Vorlegeblätter von englischen Schriftzügen und Fraktur in grösserem Massstabe. (24 Bl) qu gr fol Stuttgart 1849

Krauss, F. A. Karl, die Gefangenen u. die Verbrecher unter dem Einflusse d. Christenthums. Geschichtlicher Ueberblick, umfassend die ersten 17 Jahrhunderte. [Aus: „Blätter f. Gefängnisskunde".] gr. 8. (IV, 95 S.) Heidelberg 889. Weiss' Verl. n. 1. 20

Der Kampf gegen die Verbrechensursachen. Übersichtl. dargest. f. alle Volks- u. Vaterlandsfreunde von F. A. Karl **Krauß**, Pfarrer. Paderborn: F. Schöningh 1905. (XVI, 471 S.) 8° [F.]

Krauß, F. A. Karl, im Kerker vor u. nach Christus. Schatten u. Licht aus d. profanen u. kirchl. Cultur- u. Rechtsleben vergang. Zeiten. In 3 Büchern. gr. 8. (IX, 380 S.) Freiburg i/B. 895. Tübingen, J. C. B. Mohr. n. 6. —; geb. n.n. 7. 50

Krauß, F. J., Nachricht u. Plan einer aus der Bergstraße nach d. Odenwald auswandernden Gesellschaft nach Nordamerika. 8. Darmst. 831. (Heyer). 4 gr

Krauß, F. M., die Ermittelung des nachhaltigen Ertrags der Wälder. gr. 8. (XVI u. 242 S. m. 1 lith. Taf. u. 2 Tab. in qu. 4.) Cassel 848, Hotop. 1 ß

Krauß, Ferdinand

Krauss, F., siehe: *Europe, illustrated,* und *Europe illustrée.*

Krauss (F.). Flora des Cap . . . und Natallandes. Regensburg 1846. 8°.

Krauss, Ferdinand s. Hochland. Das siebenbürgische H. Zürich ([18]89-90) —

— **das siebenbürgische Hochland, s. a. Wanderbilder, europäische.**

Krauss, Ferdinand, et Sziklay, Johann. A travers la Hongrie occidentale. Par F. K. et Jean S. Avec 19 illustrations de J[ohann] Weber [dont 3 planches] et une carte. (L'Europe illustrée. N° 130.) 8. Zurich ([18]90).
A travers la Hongrie. 4° fascicule.

Kraus, Fd., s. Jahreshefte d. Vereins f. vaterländ. Naturkunde in Württemberg.

Krauß, Fd., die südafrikanischen Crustaceen. Eine Zusammenstellung aller bekannten Malacostraca, Bemerkungen über deren Lebensweise u. geograph. Verbreitung, nebst Beschreibung u. Abbildung mehrer neuen Arten. Mit 4 lith. Taf. gr. 4. Stuttgart 843, Schweizerbart. n. 2 1/6 ß

Krauß, Ferd., die Lehrjahre eines Bildners aus der Steiermark. Biograph. Skizze über Hans Brandstetter. gr. 8. (V, 52 S. mit 9 Lichtdr.-Illustr. von Orig.-Werken des Künstlers.) Graz 885, Goll. *M 5.—.; geb. *

Krauss, Ferd., die eherne Mark. Eine Wanderg. durch das steier. Oberland. Mit üb. 100 Abbildgn. v. F. Gerasch, Ernestine v. Kirchsberg, Karl O'Lynch, Ernst Payer u. Geo. Weineiss, sowie aus der „Oesterreichisch-ungar. Monarchie in Wort u. Bild", den „Mittheilgn." der k. k. Centralkommission f. Kunst- u. histor. Denkmäler u. dem „Kirchenschmuck". 1. Bd. Mit 2 Karten v. Alf. Egle. gr. 8. (XVI, 478 S.) Graz 892. Leykam. n. 7. 50; auch in 10 Lfgn. à n. — 75

Krauss, Ferd., die eherne Mark. E. Wanderg. durch d. steir. Oberland. M. 124 Abb. v. Ernestine v. Kirchsberg, Karl O'Lynch u. Geo. Weineiss, sow. aus der „Österreichisch-ungar. Monarchie in Wort u. Bild", d. „Mittheilgn. d. k. k. Central-Commission f. Kunst u. histor. Denkmäler" u. dem „Kirchenschmuck". 2. (Schluss-) Bd. M. 2 Karten v. Alfons Egle. gr. 8. (XI, 592 S.) Graz 897. Leykam. n. 7. 50; geb. n.n. 10. 80

Krauss, Ferd., die Südafrikanischen Mollusken. Ein Beitrag zur Kenntniss der Mollusken des Kap- u. Natallandes u. zur geographischen Verbreitung derselben, mit Beschreibung u. Abbildg. der neuen Arten. Mit 6 lith. Taf. gr. 4. (IV u. 140 S.) Stuttgart 848, Ebner & Seubert. n. 2 ℳ Mit col. Abbildgn. n. 3 ℳ

Krauss, F. Die Mollusken der Tertiär-Formation von Kirchberg an der Iller. (Aus d. würtemb. naturwiss. Jahresh.) Stuttgart 1852. 8.

— le pays haut de Transylvanie, s.: l'Europe illustrée.

— über einige Petrefacten aus der untern Kreide des Kaplandes. Mit 4 lith. Taf. [Für d. kais. Leopold.-Carol. Akad. d. Naturforscher.] gr. 4. (26 S.) Breslau u. Bonn 850, Weber. n. $^{5}/_{6}$ ℳ (siehe auch: Actorum, novor., acad. Leopold.-Carol. vol. XXII. pars 2.)

—— die nordöstliche Steiermark. Eine Wanderung durch vergessene Lande. 8. (X, 431 S. mit 68 Illustr. grösstentheils nach Naturaufnahmen von Karl O'Lynch und 1 Specialkarte von Alf. Egle.) Graz 888, Leykam. *

— das Thierreich in Bildern nach seinen Familien u. Gattungen dargestellt. (1. Bd.) A. u. d. T.: Die Säugethiere nach Familien u. Gattungen mit e. Anh. üb. Zahn- u. Knochenbau. 8 Lfgn. Imp. 4. (VIII u. 104 S. m. 7 schw. u. 43 color. lith. Taf.) Stuttgart 848—51, Schreiber & Schill. (1—7. Lfg. à $^{1}/_{3}$ ℳ 8. Lfg. 2 ℳ $1^{1}/_{3}$ ngr) 7 ℳ 9 ngr

Krauß, Ferdinand, s. Transylvania Highland, The.

Krauss, F., the Transylvania highland, s.: Europe, illustrated.

— u. J. Sziklay, nach u. durch Ungarn, s.: Wanderbilder, europäische.

— s.:
Ungarn in Wort u. Bild.

—— von der Ostsee bis zum Nordcap. Eine Wanderung durch Dänemark, Schweden und Norwegen. 30 Lfgn. gr. 8. (XVI, 959 S. mit 344 eingedr. Holzschn., 4 Karten und 5 Chromolithogr.) Neutitschein 887, Hosch. à Lfg. 60 Pf. geb. *

Krauss, F., siehe: *Wanderbilder.*

Krauss, Ferdinand, and Sziklay, Johann. Through West Hungary. By F. K. and John S. With 19 Illustrations by J[ohann] Weber (3 Plates) and a Map. (Illustrated Europe. N° 124.) 8. Zurich ([18]90).
To and through Hungary. Part 4.

Krauss, Ferdinand, und Sziklay, Johann. Durch West-Ungarn. Mit 19 Illustrationen von J[ohann] Weber (wovon 3 Tafeln) nebst einer Karte. (Europäische Wanderbilder. N° 171.) 8. Zürich ([18]89).
Nach und durch Ungarn. Bändchen 4.

Krauß, Fr.

— Anleitung zur Hülfe in plötzlichen Lebensgefahren. Unter Hinweisung auf die betreff. Gesetze u. Verordnungen im K. Württemberg. gr. 16. (32 S.) Ebd. 847. 4 ngr

Krauß, Fr., Anleitung zur Hülfe in plötzlichen Lebensgefahren. Für das allgemeine, nicht ärztliche Publikum, insbesondere f. Landgeistliche, Ortsvorsteher, Schulen, Leichenschauer 2c. hrsg. gr. 16. (32 S.) Schw. Hall 849, Nitzschke. 3 ngr

Krauß, Fr., Beschreibung der Mineralquelle zu Mergentheim im Königr. Württemberg. 8. (55 S. mit 1 Holzschn.) Stuttgart 853, Schweizerbart'sche Vrlgsh. *

Krauß, Fr., engl. u. deutsche Vorschriften. gr. 4. Nürnb. 823. (Compt. d. Handlungszeit.) 1 ℳ 12 ℊ

— neue engl. u. deutsche Vorschriften f. Comptoirs u. Handlungsschulen. qu. Fol. Heidelb. 824. Groos. 20 ℊ

Krauß, Fr. C., e. freies Wort, gesprochen auf der sogenannten „Allgemeinen deutschen Studentenversammlung" d. „Wartburgfestes" der Reformburschenschaften zu Eisenach am 18. Oktbr. 1884. gr. 8. (45 S.) Reudnitz-Leipzig 885. (Leipzig, Gracklauer.) n. — 75

Krauss, Frz., eine Schrift über den Kredit nebst e. Vorschlage zur Organisation durch e. neue Anordng. der Zettelgeldausgabe. (52 S.) gr. 8. Wien 904. F. Deuticke. n. 1. —

Der Völkertod. Eine Theorie d. Dekadenz von Dr. Franz **Krauß**. T. 1. 2. Leipzig & Wien: F. Deuticke 1903–(06). 2 Bde 8°
[1.] 1903. 2. 1905 (1906).

Der Völkertod. Eine Theorie d. Dekadenz von Dr. Franz **Krauss**. *Leipzig & Wien: F. Deuticke 1903.* (248 S.) 8°

— dasselbe. II. Tl. (III, 361 S.) gr. 8. Ebd. 905. n. 7. —

Krauß, Frz. Jos., s. Gesetzbuch f. die Friedensgerichte.

KRAUSS, Friedrich (Stuttgart): Die pathologische Anatomie der sogenannten Kompressions-Myelitis in ihrer historischen Entwicklung.- München: Kastner & Lossen 1902. 153 S.
7.11.1902 - Chr 1902/03,24; Jv 1902/03,310
Diss. Ingolst.-Landsh.-Mchn.

Krauß, Fr., Choräle, zweiundachtzig zweistimmige, nach dem Satz des Württembergischen Choralbuchs. Mit einem Anhang von dreistimm. Figuralgesängen bearb. für den Lehrerverein der Diöcese Göppingen. 4. Ster.-Aufl. 8. (32 S.) Stuttgart 886, (Metzler'sche Buchh.) * — 20

Krauß, Friedr., und Joh. Chr. Weeber, kirchliche Chorgesänge zum Gebrauch beim evangel. Gottesdienst aus alter und neuer Zeit. Der Zeitfolge und Schwierigkeit nach zusammengetragen. 1.—3. Heft. Partitur. Ster.-Ausg. gr. 8. (à Heft 32 S.) Stuttgart, Ed. Ebner. à Heft * 50 Pf. *

Inhalt:
Heft 1. Leichtere Chorgesänge. 2.—4. Aufl. 879—84.
" 2. —— dass. — 2. Aufl. 873.
" 3. Schwerere Chorgesänge. 2. Aufl. 882.

Krauß, Frdr., die Eiszeit. Das Wissenswerteste üb. d. große Vereisungsepoche d. Erde u. d. Theorien üb. d. Ursache derselben. gr. 8. (232 S.) Ravensburg 898. O. Maier. n. 3. —

Krauss (Friedr.). Die Eiszeit und die Theorien über die Ursachen derselben. Ravensburg 1899. 8.

Krauß, acht **Grabgesänge** für vierstimmigen Männerchor, zum Gebrauch der Lehrer- und Gesangvereine bei Leichenbegängnissen, gesammelt und bearb. 8. (8 S.) Stuttgart 860, Ebner'sche Kunsthandlung. *

—— acht Grabgesänge für vierstimmigen Männerchor zum Gebrauch der Lehrer und Gesangvereine bei Leichenbegängnissen. 8. (8 S.) (Ebendas.) 867. — 10

Krauß, Friedr., und Frz. Malté, Handbuch für Lithographen und Steindrucker, enthaltend eine genaue Beschreibung des Verfahrens bei allen bis jetzt zur Anwendung gekommenen Manieren, besonders der Kreide-, Feder-, Gravir- und Aezmanier, der Autographie rc., der Herstellung sämmtlicher zur Ausübung dieser Kunst nöthigen chem. Produkte und Zusammensetzungen, als: Firnisse, Druckfarben, Kreiden rc. Nebst gründl. Anweisung die in neuerer Zeit in Gebrauch gekommenen Reliefe, Medaillen rc. auf galvan. Wege selbst zu vervielfältigen und zu copiren. Mit einer Lebensbeschreibung und lithogr. Portr. Senefelders. 8. (III und 168 S. mit 3 Stnt. in 8. und qu. gr. Fol.) Stuttgart 853, Schweizerbart'sche Vrlgsh. Thlr.

Krauss, Frdr., s.: **Kunst, die.**

Krauss, Fr., XV dreistimmige Lieder f. die Knaben einer Sekundarschule u. anderer ähnlicher Lehranstalten. 1. Hft. qu.-4. (2½ B.) Bern 844, Dalp.

—— **Liedersammlung** für die höheren Klassen der Töchterschulen. (Anhang zu der Liedersammlung für die Schule in 4 Abthlgn. von J. Chr. Weeber und Fr. Krauß.) 6. Heft, 3 und 4stimm. Gesänge und rhytm. Chorâle. 1. Ster.-Aufl. 8. (96 S.) Stuttgart 859, (Ebner'sche Kunsthandlung.) *

Krauß, Friedr. Liedersammlung f. die Schule, s. Weeber, J. Ch.

Krauß, Frdr., Nothschrei eines Magnetisch-Vergifteten; Thatbestand, erklärt durch ungeschminkte Beschreibung des 36jährigen Hergangs, belegt mit allen Beweisen u. Zeugnissen. Zur Belehrung und Warnung besonders für Familienväter u. Geschäftsleute. Stuttgart 852. Beck. (Cammerer.) gr. 8. (XCVII, 914 S. u. 2 lith. Taf.) 2 ℛ 12 ngr.

Krauß, Friedr., Nothschrei eines Magnetisch-Vergifteten; Thatbestand, erklärt durch ungeschminkte Beschreibung des 36jähr. Hergangs, belegt mit allen Beweisen und Zeugnissen. Zur Belehrung und Warnung besonders für Familienväter und Geschäftsleute. gr. 8. (XCVII und 914 S. mit 2 Stnt.) Stuttgart 852(59), [Cammerer.]

Krauss, Frdr., Kaiser Philipp v. Schwaben-Hohenstaufen. Drama. (IV, 90 S.) 8. Leipzig 908. (Ravensburg. H. Burger.) 1. 40

—— **Schulliederkranz** mit sehr leichter Klavierbegleitung zur ersten Uebung klavierspielender Kinder in der Selbstbegleitung ihres Gesangs. 1. Heft. Fol. (15 S.) (Ebendas.) 865. 1 —

Krauß, **Volksschulliederheft** in drei Cursen für den Schulbezirk Göppingen ausgearb. 2. Ster.-Aufl. 8. (IV und 36 S.) Stuttgart 860, (Ebner'sche Kunsthandlung.) Thlr. *
Mit Anhang (12 S.) *
Der Anhang allein *

—— **Volksschulliederheft** in 3 Kursen für den Schulbezirk Göppingen ausgearbeitet. 4. Ster.-Aufl. 8. (36 S.) (Ebendas.) 867. — 20
—— dass. — 1. Kurs. 8. (8 S.) (Ebendas.) 867. — 10

—— **Anhang zum Volksschulliederheft.** Fromme Lieder für die christl. Schuljugend. 8. (12 S.) (Ebendas.) 867. — 10

Wie kann in den einzelnen Unterrichtsgegenständen der Volksschule die Selbständigkeit gefördert werden? Von Friedrich **Krauß**, Lehrer in Speyer. Bielefeld: A. Helmich [1905]. (24 S.) 8° [F.]
— **Abhandlungen**, Pädagogische. N. F. Bd 10, H. 9. [05. 14488

Krauß, Friedrich Salomo

Krauss, Frdr. S., die Anmut des Frauenleibes. Mit nahe an 300 Abbildgn. nach Orig.-Photographien. 20 Lfgn. (XVI, 304 S.) hoch 4. Leipzig (903). [A. Schumann's Verl.] Deutsche Verlagsaktien-Gesellschaft. à — 60
Im Deutschen Reiche verboten.

KRAUSS, F. S. Die Anmut des Frauenleibes. Mit ca. 300 Abbildungen nach Orig.-Photographien. 6. Tfd. Leipzig 1904. 4°.

Krauss, Frdr. S. (Hrsg.), s. Anthropophyteia. Jahrbücher für folklorist. Erhebungen... Bd. 1-7.

Krauss, Friedrich Salomo (Übers.), s. Artemidorus: Symbolik der Träume.

— s.: **Bibliothek** ausgew. serbischer Meisterwerke.

— **die Braut muss billig sein!** Ein bosnisch Singspiel. (68 S.) kl. 8. Leipzig 908. Deutsche Verlagsaktien-Gesellschaft. n. 2. —

— **billige Bräute.** Lustsp. gr. 8. (64 S. m. 1 Abb.) Wien 895. C. Graeser. n. 1. 50

KRAUS, FRIEDRICH S.: Das Burgfräulein von Pressburg. Ein Guslarenlied der bosnischen Katholiken. Budapest 1889: Selbstverlag des Herausgebers. 66 S. - 4°

Das Geschlechtleben in Glauben, Sitte und Brauch der Japaner. Von Dr. Friedrich S[alomo] **Krauss**. Leipzig: Deutsche Verlagsactiengesellsch. 1907. 161 S., 80 Taf. 4°
(Beiwerke z. Studium d. Anthropophyteia. Bd 2.) [09. 13215

Krauss, Friedr. S., **Das Geschlechtsleben in Glauben, Sitte und Brauch der Japaner.** Mit 80 Tafeln Abbildungen. Leipzig, Deutsche Verlags-Actien-Gesellsch., 1907. Gr. 4°. Orig.-Leinenbd. (Mk. 30—.) (25 Mk. Adolf Weigel, 1908; 24 Mk. Oskar Rauthe, Berlin, 1909.)
Beiwerke zum Studium der Anthropophyteia. Bd. II. Beigegeben sind dem Werke ca. siebzig Bildertafeln mit Photographien einer japanischen Stifthütte, vor der weibliche und männliche Geschlechtsteile aus Stein ausgestellt sind, von fünf vollständigen Lehrbüchern der Liebe, Frühlingsbildern usw. Die Illustrationen entstammen den hervorragendsten, nur sehr wenigen Ethnologen zugänglichen europäischen Sammlungen. Es sind durchweg japanische Kunstwerke allerersten Ranges, wie solche zurzeit selbst in Japan zu den großen Seltenheiten gehören. Alle zusammen ergänzen aufs wirksamste die Forschungen des Dr. Krauss und verleihen dem Werke auch für den Maler und Zeichner einen bleibenden Wert. Die Ausstattung dieses Werkes ist durchaus vornehm.

Krauss, Frdr. S., **Bogagić Alile's Glück u. Grab.** Zwei moslim. Guslarenlieder. [Aus: „Internat. Archiv f. Ethnogr."] gr. 4. (41 S.) Leiden 896. Buchhandlg. u. Druckerei vorm. E. J. Brill. n.n. 2. —

— **et Bellenger**, nouveau guide de conversations modernes en servien et en français ou dialogues usuels et familiers à l'usage des voyageurs et des personnes qui se livrent à l'étude de ces langues. Nouvelle éd., revue pour la partie française par Charles Marelle. 16. (V, 246 S. m. 1 Tab.) Berlin 892. B. Behr's Verl. Kart. 1. 50

Krauß, Frdr. S., um holder Frauen Gunst, s.: **Kulke, Eduard.**

Krauss, Friedr. S., südslavische **Hexensagen.** gr. 4. (48 S.) Wien 884, (Hölder.) *
Aus: Mittheilungen der anthropologischen Gesellschaft in Wien, besonders abgedruckt.

Krauss, F. S., s.: Kebes, das Gemälde im Kronostempel.

Krauss, Frdr. S., böhmische Korallen aus der Götterwelt. Folkloristische Börseberichte vom Götter- u. Mythenmarkte. gr. 8. (VII, 147 S.) Wien 893. Gebr. Rubinstein. n. 3. —

— böhmische Korallen aus d. Götterwelt. Folklorist. Börseberichte v. Götter- u. Mythenmarkte. 2. [Titel-] Aufl. gr. 8. (VII, 147 S.) Ebd. (893) 897. n. 2. 40

—— Die vereinigten Königreiche Kroatien u. Slavonien, s. a. Länder, die, Oesterreich-Ungarns in Wort u. Bild.

Krauss, Friedrich S.: Die vereinigten Königreiche Kroatien und Slavonien. Mit zahlreichen Abbildungen im Texte und einem Titelbilde. (Die Länder Oesterreich-Ungarns in Wort und Bild. Herausgegeben von Friedrich Umlauft. Bd. 14.) Wien 1889. 143 S. 8°.

— u. Leo Norberg, Künstlerblut! Ein Schauspiel in 4 Aufzügen. (V, 152 S.) 8. Leipzig 903. Deutsche Verlagsaktien-Gesellschaft. n. 1. 50

— u. Fischer, Leitfaden der serbischen u. deutschen Conversations-Sprache, enth. Gespräche üb. Reisen, Eisenbahnen, Dampfschiffahrt etc. Zum Gebrauch f. Reisende u. diejenigen, welche diese Sprache erlernen wollen. 16. (V, 246 S. m. 1 Tab.) Ebd. 892. Kart. 1. 50

— s.: Mehmed's Brautfahrt.

— s.: Meistererzähler, romanische.

Krauss, Frdr. S., Allgem. Methodik der Volkskunde s.: Scherman, L.

Krauss, Friedr. S., das Mundschaftsrecht des Mannes über die Ehefrau bei den Südslaven. 8. (34 S.) Wien 886. (Hölder.) * — 60
Aus: Mittheilungen der Anthropologischen Gesellschaft in Wien, besonders abgedruckt.

Krauss, Friedr. S. Orlović, der Burggraf von Raab. Ein mohammedan.-slav. Guslarenlied aus der Hercegovina. 8. (VII, 128 S.) Freib. i. Br. 889, Herder. * 1 60

— s.: Quellenschriften, historische, zum Studium der Anthropophyteia.

— s.: Romane u. Novellen, kulturgeschichtliche.

—— Sagen und Märchen der Südslaven. Zum großen Teil aus ungedr. Quellen. 2 Bde. 8. (XXXII, 480; LVI, 427 S.) Leipzig 883,84, Friedrich. à Bd. * ℳ 6. *

— Ausseer u. Ischler Schnaderhüpfel, s.: Blümml, E. K.

— Sitte u. Brauch der Südslaven. Nach heim. gedruckten u. ungedruckten Quellen. gr. 8. (XXVII, 681 S.) Wien 885. Hölder. n. 13. —

—— Sreća. Glück und Schicksal im Volksglauben der Südslaven. 8. (197 S.) (Ebendas.) 886. * 4 —
Aus: Mittheilungen der Anthropologischen Gesellschaft in Wien, besonders abgedruckt.

— Streifzüge im Reiche der Frauenschönheit. (In 20 Lfgn.) 1. Lfg. 4. (S. 1—16 m. Abbildgn.) Leipzig (902). A. Schumann. — 60

— Streifzüge im Reiche der Frauenschönheit. Mit gegen 300 Abbildgn. nach Orig.-Photogr. 1.—3. Taus. 2.- 20. (Schluss-)Lfg. (XVI u. S. 17—304.) 4. Leipzig (903). [A. Schumann's Verl.] Deutsche Verlagsaktien-Gesellschaft. à — 60

— Südslaven, s.: Fragebögen, ethnographische, der Anthropologischen Gesellschaft in Wien.

— s.: Urquell, der.

Krauß Friedrich: De praepositionum usu apud sex scriptores historiae augustae. Diss. Wien, Univ.
D: Wien, 1882.
1881 PN 223 1430

Krauss, Frdr. Salomo, de praepositionum usu apud sex scriptores historiae Augustae. gr. 8. (XII, 107 S.) Wien 882. Konegen. n. 2. 80

Slavische Volksforschungen. Abhandlungen über Glauben, Gewohnheitrechte, Sitten, Bräuche u. d. Guslarenlieder d. Südslaven. Vorwiegend auf Grund eigener Erhebungen von Dr. Friedrich S[alomo] Krauss. Leipzig: W. Heims 1908. (VI, 431 S.) 4°(8°) (08. 5471

— Volksglaube u. religiöser Brauch der Südslaven, s. a.: Darstellungen aus dem Gebiete der nichtchristlichen Religionsgeschichte.

Krauß, Friedr. S., Volksglaube u. religiöser Brauch der Südslaven. Vorwiegend nach eigenen Ermittelungen. Münster, Aschendorff, 1890, gr. 8°, XVI, 176 S., 3 Mk.
Bd. 2 aus: Darstellungen aus d. Gebiete der nichtchristl. Religionsgeschichte. Ebendas.

Krauss, Friedrich S[alomo]. Die Volkskunde in den Jahren 1897—1902. Berichte über Neuerscheinungen. [Sonderausgabe aus: Romanische Forschungen. Band 16, Heft 1.] 180 S. 8. Erlangen, Fr. Junge. 1903. [M. 6. 60]

— österreichische Volkslieder, s.: Tschischka, F.

— s.: Volksmund, der.

— südslavische Volksüberlieferungen, die sich auf den Geschlechtsverkehr beziehen, s.: Anthropophyteia.

— — Die Zeugung in Sitte, Brauch und Glauben der Südslaven. Paris 1898—1901. 12°.

— s. a. Zeugung, die, in Sitte, Brauch u. Glauben der Südslaven.

Zigeunerhumor. 250 Schnurren, Schwänke u. Märchen von Dr. Friedrich S[alomo] Krauss. Leipzig: Deutsche Verlagsactiengesellsch. 1907. (XVI, 235 S.) 8° [J.]
— Volksmund, Der. Bd 9. 10 (vielm. 7. 8.).

Krauss, Fritz, überhitzter Dampf zu Koch- u. Heizzwecken. (12 S.) gr. 4. Wien 903. (Lehmann & Wentzel.) n. 1. 50
Sonderabdruck aus: „Ztschr. d. Dampfkesseluntersuchungs- u. Versicherungs-Gesellschaft".

Krauß, F: Die neuen Dampfkessel mit Dubiau'scher Emulsions-Einrichtung. Wien 1897

Krauß, F., Die Dampfkessel der Pariser Weltausstellung 1900. Wien, 1901. 16 S mit 48 Abb.

Krauss, Fritz, graphische Kalorimetrie d. Dampfmaschinen. gr. 8. (VI, 67 S. m. 24 Fig. im Text u. auf 1 Taf.) Berlin 897. J. Springer. n. 2. —

Krauss, Fritz, Shakespeare's Selbstbekenntnisse, nach zum Teil noch unbenutzten Quellen. gr. 8. (VII, 239 S.) Weimar 882, Huschke. *

Die Thermodynamik der Dampfmaschinen. Von Fritz **Krauss**, Ing. in Wien. Mit 17 Fig. Berlin: J. Springer 1907. (VIII, 144 S.) 8° [07. 5639]

Krauss, Fritz [app. Arzt aus Winnenden]: **Über Verschluss der Vena cava superior und der Vena cava inferior ... Tübingen, Druck v. H. Laupp jr, 1894; 2 Bl., 45 S. 8.**
Tübingen, Med. Fak., Inaug.-Diss. v. 1894

Krauss, Fritz, üb. Verschluss der Vena cava superior u. der Vena cava inferior. Diss. gr. 8. (45 S) Tübingen 894. (F. Pietzcker.) n.n. 1.—

Die Circulation in Wasserröhrenkesseln. Von Ingenieur Fritz Krauss in Wien. Separat-Abdruck aus der Zeitschrift der Dampfkesseluntersuchungs- und Versicherungs-Gesellschaft, A.-G. Wien. 1899. Selbstverlag. [In Comm. Lehmann & Wentzel.] Gr.-8°. 62 S. * fl. 1.20

Krauss, G. C., Baumwoll-Paritäten. [Gme. Frey, Mülhausen, Elsass.] 6. Aufl. 16. (728.) Zürich 878. Selbstverl. v. G. C. Krauss. geb. n. 2.—

— GF, Schreib- und Zeichenschule Heft 1: Deutsch-Kurrent und Heft 11: Englische und italienische Kurrentschrift. (24 Bl) 4° Stuttgart

(Krauss G F), 30 Blatt Schreibvorlagen a. d. Lithograph. Anstalt v. G F Krauss. Stuttgart

Krauß, Georg

Krauß, G., die beste **Abkühlung** f. Bierwürze, Brandweinmaische u. dergl., die sich bereits seit 5 Jahren bei Mehreren bewährte, immer mehr ausbreitet u. überall anwendbar ist. 12. (1 B. u. 1 Taf. Abbild.) Leipzig 845. [Halle, Coldiß.]

(——) ausführl. Anweisung z. verbess. Schnell-Essig-Fabrikation, mit mehr. Abbild. 2., durchaus umgearb. u. verb. Aufl. 8. (4½ B.) Leipzig 834, (Hermann u. Langbein.) Verklebt.

— Anweisung zur verbess. Schnellessig-Fabrication. Mit Abbild. 3. Aufl. 1836. 8. Ebend. 1 ß

Krauß, G., Anweisung zur Bereitung der Mannheimer oder Heidelberger sogenannten Bieressig-Hefe. 2. m. Zusätzen verm. Aufl. 4. Halle 849, Coldiß. Versiegelt. baar. 5⅔ ß

(**Krauß, G.,**) Anweisung z. prakt. Bereitung verschied. d. beliebtesten Liqueure od. doppelten Brandweine, Rosoli, magenstärk. Tropfen, Punsch-Extract u. d. ächten Cöln. Wassers auf kaltem Wege u. durch Digestion. 8. (3 B.) Offenbach 834. (Leipzig, Hermann u. Langbein.)

Krauß, G., Anweisung z. prakt. Bereitung verschied. d. beliebtesten Liqueure od. doppelten Brandweine, Rosoli, magenstärk. Tropfen, Punsch-Extract u. d. ächten cöln. Wassers, auf kaltem Wege, durch Digestion u. Destillation. 2., verb. u. verm. Aufl. gr. 12. (2 B.) Leipzig 835, (Hermann.)

—— die **Anwendung** des grünen Malzes, u. die Ursachen, weshalb der größte Theil der Brandweinbrennereien keine hohe u. einträgliche Ausbeute erhält. gr. 12. (8⅓ B.) Leipzig 844. [Halle, Coldiß.]

—— **Beschreibung d. engl. Malzens u. ein. engl. Darre, nebst Zeichn. u. Maaßstab. Diese Darreinricht. eignet sich auch vortheilhaft z. Trocknen and. Gegenstände. gr. 12. (3 B. Text.) Leipzig 838, (Hermann.) Verklebt**

—— ein neuer **Dephlegmator**, der auf die leichteste Weise auseinandergenommen u. zusammengesetzt, sowie ersichtlich vollständig gereinigt werden kann u. nicht allein das Destillat fuselfreier, vielmehr wohlschmeckender u. der Gesundheit dienlicher als die bisherigen Apparate liefert u. beträchtlich weniger Anlagekosten u. Raum erfordert. gr. 12. (2½ B. u. 1 Abbild.) Leipzig 844. [Halle, Coldiß.]

(——) neue, erprobte Einmaischungsweise, wodurch aus Kartoffeln d. höchste Brandweinausbeute entsteht, ohne daß in d. Brennerei eine Veränderuug nöthig ist; mit Angabe zweckmäß. Abkühlung f. Kartoffel- u. Getreidemaische; nebst 1 Zeichn. 8. (1¼ B.) Leipzig 834, (Hermann u. Langbein.) Verklebt.

(——) neue **Einmeischungsweise** f. Getreide, welche in jed. Brennerei ohne Veränderung sogleich ausgeführt werden kann u. 16% mehr Brandwein giebt. — Aus Kartoffeln fuselfreien Brandwein od. Spiritus, so wie aus 100 preuß. Pfund Kartoffeln, excl. Malz, 330 bis 388% Alkohol nach Tralles, od. 11¼ berl. Quart (9½ wiener Maaß) Brandwein zu 50% nach Tralles, 36% nach Richter od. Stoppani zu erhalten. gr. 12. (2½ B.) Leipzig 838, (Hermann.) Verklebt

—— neue **Einmeischungsweise** f. Getreide u. Kartoffeln v. J. 1837. — Gährungs-Mittel f. Getreide- od. Kartoffelmeische v. J. 1838. — Erklärung zu obiger Prämien-Schrift im J. 1839. 2., wohlf. Ausg. dieser 3 Schriften. gr. 12. (5½ B.) Leipzig 842. [Halle, Coldiß.]

—— **Erklärung** zu d. Prämien-Schrift: Neue Einmeischungsweise, wodurch aus Getreide sowohl als aus Kartoffeln d. höchste Branntwein-Ausbeute entsteht. Nebst Bemerkn. z. gründl. Belehrung 550—600% Alkohol aus ein. Scheffel Erdtoffeln excl. Malz zu erzielen. 8. (1½ B.) Leipzig 839, (Hermann.) Verklebt

—— die neuesten **Fortschritte** in der Brandwein-Brennerei. gr. 12. (5⅔ B.) Leipzig 842. [Halle, Coldiß.]

—— **Gährungsmittel** f. Getreide- u. Kartoffelmeische, das d. Vorzug geg. die and. behauptet. Zugleich e. Ergänz. d. Prämien-Schrift: Neue Einmeischung rc. 8. (3 B.) Leipzig 838, (Hermann.) Verklebt

—— mit weniger **Kaffee** auf die einfachste Weise reineren u. wohlschmeckenderen Kaffee als gewöhnlich zu erhalten. 12. (1¼ B. m. Abbild.) Leipzig 843. [Halle, Coldiß.]

— drei wichtige Mittheilungen für Gutsherren, Brennerei-Besitzer, Gastwirthe, Kaufleute, Liqueur-Fabrikanten, Conditoren rc. 1) Ein vorzügliches Verfahren, aus fuselhaftem Brandwein Franzbrantwein oder Cognac zu bereiten. 2) Die beste Weise, fuselhaften Brandwein leicht, billig u. schnell vollkommen zu reinigen. Mit 3 Abbildd. 3) Die Bereitung eines künstlichen Rums auf kaltem Wege. Als Manuscript zum alleinigen Gebrauch der Käufer in verschloss. Couvert. gr. 8. Frankfurt a. M. 834. Krug. 1½ ß

Krauß, G.: Sammlung mehrerer wichtigen neuen Angaben und Erfindungen, durch praktische Erfahrung bewährt, für jeden Bierbrauer und Brandweinbrenner, wodurch deren Produkte mit vermehrtem Nutzen, ohne kostspieligen Aufwand, weit vorzüglicher hervorgebracht werden können. 2., umgearb. u. verm. Aufl. H. 2: für Brandweinbrenner. Münster: Aschendorff 1931. VIII, 115 S., 1 Beil. -- M 49*

Krauß, G., Sammlung mehrerer wichtigen neuen Angaben und Erfindungen, durch prakt. Erfahrung bewährt, für jeden Bierbrauer und Brandweinbrenner, wodurch deren Produkte mit vermehrtem Nutzen, ohne kostspieligen Aufwand, weit vorzügl. hervorgebracht werden können. 1s Heft für Bierbrauer. 2s Heft für Brandweinbrenner. 3e Aufl. (Darmstadt, Leske.) (à ½ ß) 1 ß — 4e verb. u. verm. Aufl. Mit 2 lithogr. Taf. gr. 12. Leipzig 835. Hermann. 1¾ ß

— vorzügliches Verfahren, fuselhaften Brandwein, auch Liqueure, leicht, billig u. schnell vollkommen zu reinigen, so wie Rum u. Cognac vortheilhaft zu bereiten, auf kaltem Wege und durch Destillation. Mit 1 Zeichnung. gr. 12. Leipzig 835. Hermann. geh. u. verklebt 1½ ß

Krauß, Georg Fr.

— s. Pinel, prakt. Heilkunde.

Krauß, Geo. Fr., die Schutzpocken-Impfung, in ihrer endlichen Entscheidung, als Angelegenheit des Staates rc. gr. 8. Nürnb. 820. Riegel u. W. 2 ₰ 16 K

— Diss. inaug. de signis incitationis tam imminui incipientis, quam fere extinctae. 4. Erlang. 796.

Krauss, Gust., die Fortschritte d. Kunst in Heilung d. Klumpfusses, d. Knie-, Hals-, Rückgrats- u. and. Verkrümmungen d. menschl. Körpers, allgem. fassl. dargest. Mit Heilfällen. gr. 8. (3½ B. u. 4 Taf. in Holzschn.) Düsseldorf 839. Schreiner.

Krauß, Gust., die Landwirthschaft in Flandern m. besond. Berücksicht. d. nordfranzös. Rübenbaues. Mit 33 (eingedr.) Holzschn. u. 8 lith. Taf. (in Lex.-8. u. 4.) Lex.-8. (176 S.) Berlin 873. Wiegandt, Hempel & Parey. n. 6. —

Krauß, Gust., Peter Mayr, der Wirt an der Mahr. Trauerspiel in 5 Aufzügen. (100 S. m. Titelbild.) 8. Wien 906. Huber & Lahme Nachf. n. 1. 50; geb. in Leinw. n. 2. 50

Krauss, Gustavus (geb. am 21 Apr. 1813 in Ansbach): De pemphigo neonatorum ... Cum tabula lith. Bonnae, typ. C. Georgii (1834). 22 S., 1 Bl., 1 Taf. 4.
Bonn, Med. Fak., Diss. v. 27 Nov. 1834

Krauß, Gust., Dr. Jules Guérin's u. Dr. Bouvier's von der Pariser „Académie des sciences" mit dem großen chirurg. Preise gekrönten Werke über Orthopädie, in ihren Ergebnissen betrachtet. 8. Berlin 839. Hirschwald. 1/3 ₰

Krauss, Gust. Joh., corriger la fortune, s.: Eckstein's Miniaturbibliothek.

Des Meisters Ende. Roman von Gustav Johannes Krauss. *Berlin: F. Dümmler 1901.* (300 S.) 8° [F.]
[01. 337

Fata Morgana. Roman von Gustav Johannes Krauß. Stuttgart, Berlin, Leipzig: Union [1905]. (292 S.) 8° [F.]
[05. 10304

Gustav Johannes Krauss. Ums Geld. *Stuttgart, Berlin, Leipzig: Union [1902].* (225 S.) 8° [F.]
— Union-Sammlung moderner Romane. 27.
[02. 7946

— die Ghicitoare u. and. Nov., s. a. Eckstein's Reise-Bibl.

Krauß, Gustav Johannes: Die G h i c i t o a r e und andere Novellen. 1.–4. Taus. Berlin: R. Eckstein Nachf. [1899]. 141 S. 8°
= Reisebibliothek, Ecksteins. No. 186.

— Hexenkünste, s.: Bobach's illustr. Roman-Bibliothek. I. 12.

Irrwege. Das helle Fenster. Deutsch-österr. Novellen von Gustav Johannes Krauß. Mit Ill. von R. A. Jaumann. *Berlin, Eisenach, Leipzig: H. Hillger [1903].* (124 S.) 8° [F.]
— Bücherschatz, Kürschner's. No 328.
[04. 934

— Lucretia, s. a. Eckstein's illustr. Romanbibl. I. 10.

Krauß, Gustav Johannes: L u c r e t i a . Roman in 2 Büchern. Ill. v. F. v. Klein u. Willy Werner. 1.–10. Taus. Berlin: R. Eckstein Nachf. [1899]. 174 S. 8°
= Romanbibliothek. Ecksteins illustrierte. Jg. 1, Bd. 10.

Krauß, Gust. Johs., Rothenburger Mären. 8 Novellen. Buchschmuck v. Frdr. Krauß. 8. (V, 319 S.) Berlin (899). Schöneberg, G. Minuth. n. 3. —; geb. in Leinw. n. 4. —

Der Zwingherr. Roman von Gustav Johannes Krauss. *Berlin: A. Schall [1901].* (376 S.) 8° [F.]
— Verein d. Bücherfreunde. Jg. 10, [6.]
[01. 7309

Krauss, H., cours gradué de langue allemande, s.: Revaclier, A.

Krauss et Revaclier. Eléments de langue allemande. VIe partie. In-12°, 132 p. Bâle, H. Georg. 1885.

Krauss, H. (professeur à l'Université de Genève) et A. Revaclier (régent au Collége de Genève). Éléments de langue allemande. Ire partie. Quatrième éd., revue et augmentée. In-12°, 158 p. Bâle, Genève et Lyon, H. Georg. Cart. 1887.
*** Ouvrage adopté par le Departement de l'instruction publique du Canton de Genève.

Krauß, H., die Pflege d. Zähne u. d. Mundes. D. verschied. Erkrankgn., deren Ursache, Verhütg. u. Heilg., nebst Angabe v. Hilfs- u. Linderungsmitteln in Notfällen. 8. (VIII, 134 S. m. 1 farb. Taf.) Ravensburg 898. O. Maier. n. 2. —

KRAUSS, Hans (Augsburg): Ein Fall von innerlicher Phenol- und Chloroformvergiftung.- München: Wolf 1901. 34 S.
20.12.1901 - Chr 1901/02,24; Jv 1901/02,274 (Prom.-Datum: 1902)
Diss. Ingolst.-Landsh.-Mchn.

Krauss, Hans, aus dem Gebiete der Serologie. Vortrag, geh. im ärztl. Bezirksverein Ansbach am 1. 9. 08. (9 S.) 8. Leipzig 908. B. Konegen. 1. —
Sonderabdr. aus: „Reichs-Medizinal-Anzeiger".

Krauss, Hans, approb. Arzt aus Krögelstein: Aus d. pharmakol.-poliklinischen Institut d. Universität Erlangen. Vergleichende Untersuchungen über die Wirkungen der einfachsten Fett- und aromatischen Säuren, ihre Substitutionsproducte und Ester. Ein Beitrag zur Frage nach d. Beziehungen zwischen chemischer Constitution u. physiol. Wirkung. *Erlangen 1901: F. Junge.* (28 S.) 8°
Erlangen, Med. Diss. v. 11. Juli 1901

Krauß, Hans Nikolaus

Krauß, Hans N., u. G. N. Dümml, „Eghalandrisch's" Schwank u Schnaugn. 2. Aufl. (64 S.) gr. 8. Eger 903. J. Kobrtsch & Gschihay. n. 1. 60

Krauß, Heinr., Repertorium über alle in den Verordnungsblättern für den Seekreis seit ihrem Bestehen vom J. 1888 bis zum J. 1855 incl. und in den Centralverordnungsblättern von 1856, 1857, 1858 und 1859 erschienenen Verordnungen. 4. (84 S.) Donaueschingen 860, Schmidt's Hofbuchh. *

Krauss, Henricus Carolus Guilelmus (geb. Breslau 10.1.1800): De cerebri laesi ad motum voluntarium relatione, certaque vertiginis directione ex certis cerebri regionibus laesis pendente. Vratislaviae (1824). (55 S.) 8°
Breslau, Med. Diss. v. 28. [vielmehr 31.] Dez. 1824

Henricus Carolus Guilelmus Krauss: De cerebri laesi ad motum voluntarium Relatione, certaque vertiginis directione ex certis cerebri regionibus laesis pendente. Vratislaviae (1824:) Kupfer. 55 S, 8°
Breslau, Med. Diss. v. 18. Dez. 1824

Krauss, Herm. Kurzer Abriss der Geschichte der deutschen Dichtung zum Schulgebrauch. 8. (VII, 170 S.) Genf 889, Burkhardt. cart. * 1 60

Krauss, Herm., Beitrag zur Kenntniss der Poliomyelitis anterior bei Erwachsenen. gr. 8. (28 S.) Tübingen 883. (Fues.) n. — 60

Krauss, Hermann, Assistenzarzt im Inf.-Reg. Nr. 121: Ueber Blutstillung bei Leberverletzungen. Tübingen: Pietzcker 1909. 39 S. 8°
Tübingen, Med. Diss. v. 20. März 1909, Ref. v. Bruns
[Geb. 3. März 83 Eßlingen a. N.; Wohnort: Ludwigsburg; Staatsangeh.: Württemberg; Vorbildung: Eberhard-Ludwigs-Gymn. Stuttgart Reife Sommer 01; Studium: Berlin K. W. A. 10 S.; Coll. 8. März 09; Approb. 25. Febr. 08.]
[U 09. 3930

Krauss, H., Forficulidae u. Hemimeridae, s.: Bormans, A. de.

Krauß, Herm., Theodor Körner. Vaterländ. Volksstück in 7 Bild., aus Körners Werken, Kriegs- u. Volkslied. zusammengest. 8. (75 S.) Dresden 895. A. Köhler. Kart. n. 1. —

— Kriegstagebuch e. preuß. Feld-Apothekers. gr. 8. (V, 137 S.) Dresden 894. Expedition u. Buchdr. des „Kamerad". n. 2. —

Krauss, Herm., Orthopteren vom Senegal. Gesammelt v. Frz. Steindachner. [Mit 2 (lith.) Taf.] [Aus: „Sitzungsber. d. k. Akad. d. Wiss."] Lex.-8. (35 S.) Wien 877. (Gerold's Sohn.) n. 1. —

Krauss, Herm., die Orthopteren-Fauna Istriens. Lex.-8. (94 S. mit 6 lithogr. Taf.) Wien 878, (Gerold's Sohn.) *
Aus: Sitzungsberichte der k. Akademie der Wissenschaften, besonders abgedruckt.

Krauss, Herm., Riesengebirgs-Liederbuch. Im Auftrag der Section Hirschberg des Riesengebirgs-Vereins hrsg. 8. (VIII, 112 S.) Warmbrunn 885. (Schmiedeberg, Sommer.) ** — 75

Krauss, Herm. Aug., Orthopteren aus Australien u. d. malayischen Archipel, gesammelt v. Richard Semon, s.: Denkschriften der medic.-naturwiss. Gesellschaft zu Jena. VIII. 6.

Krauss, H. A., Orthopteren aus Südarabien u. v. der Insel Sokótra. (30 S. m. 2 farb. Taf. u. 2 Bl. Erklärgn.) 31,5×25 cm. Wien 907. A. Hölder. 3. 80
Sonderabdr. aus: „Denkschr. d. k. Akad. d. Wiss."

Krauss J, Buchführung. (Für Fortbildungsschulen) Text und 4 Musterhefte. In Mappe. fol Stuttgart (1889)

Krauß, J., Buchführung. Text u. Musterhefte. Für Fortbildungs- u. Frauenarbeitsschulen. gr. 8. (42 S.) Stuttgart 890. (Roth.) n. — 75; Musterhft. dazu, in Mappe n.n. 2. —

Krauß, J., Leitfaden für den ersten Unterricht in der Buchführung, Correspondenz und Wechsellehre, nebst einem Anhang von geschäftl. Aufsätzen und Scripturen, erklärten Fremdwörtern und Aufgaben zu selbständ. Ausarbeitung. Für Fortbildungs-, höhere Mädchen- und Frauenarbeitsschulen bearb. gr. 8. (164 S.) Stuttgart 878, A. Müller. *

— J., Zu Livius. S.-A. s. a. 10 S.

Hamburgs Rhederei und die Levante im 19. Jahrhundert. (Verf.: Dr. J. **Krauss.**) *(Hamburg: J. F. Richter 1902.)* (75 S.) 8°
Dem XIII. internat. Orientalisten-Kongress die Deutsche Levante-Linie in Hamburg.
[02. 16735

Krauß, J., Uebungen im Richtigschreiben der deutschen Sprache m. Beziehg. zur Grammatik f. Mittel- u. Oberklassen. Nach den neuesten Vorschriften bearb. 4., verb. Aufl. (144 S.) gr. 8. Stuttgart (903). Holland & Josenhans. Kart. n. 1. 20

Krauß, J., Übungen im Richtigschreiben d. deutsch. Sprache m. Beziehung zur Grammatik f. Mittel- u. Oberklassen. Nach den neuesten Vorschriften bearb. 5., verb. Aufl. (144 S.) 8. Stuttgart (908). Holland & Josenhans. Kart. 1.20

—— orthographisches Uebungsbuch der deutschen Sprache für Mittel- und Oberklassen, enth. methodisch angelegte Uebungen, zusammenhängende Diktate und eine kleine Fremdwörtersammlung. Nach dem orthograph. Wörterbuch von Dr. Scholl, den amtlich festgestellten Regeln und dem Lesebuch für evangel. Volksschulen Württembergs bearb. 8. (128 S.) Kornthal 876. (Stuttgart, A. Müller.) geb. *

Krauß, J., orthographisches Übungsbuch der deutschen Sprache für Mittel- und Oberklassen, enth. Übungen mit Beziehung zur Grammatik, Diktate und Fremdwörter. Nach den amtlich festgestellten Regeln bearb. 2. veränd. und verm. Aufl. gr. 8. (VIII, 152 S.) Stuttgart 884, G. Graf. cart. * 1 —

Krauß, J., orthogr. Übungsbuch der deutschen Sprache f. Mittel- u. Oberklassen, enth. Übgn. m. Beziehg. zur Grammatik, Diktate u. Fremdwörter. Nach den amtlich festgestellten Regeln bearb. 3., verb. Aufl. gr. 8. (144 S.) Stuttgart (901). Holland & Josenhans. Kart. n. 1.20

Krauß, J. A., Ernst's Feierstunden, od. Anleit. zur angenehmen u. nützl. Selbstbeschäftigung f. Knaben. 16 Bdchn. Auch u. dem T.: Die Holzsammlung. Mit 12 ill. Kpft. gr. 8. Nürnb. 825. Monath u. K. 14 ℛ

— das kl. Liederbuch, oder stufenweise Samml. solcher Gedichte, die sich zur Uebung des Gedächtnisses u. Bildung des Herzens eignen. 3 Bdchn. Taschenf. Augsb. ... (Jenisch u. Stage). 6 ℛ

Krauß, J. B., das Königtum v. Gottes Gnaden! Zur Diskussion üb. die letzten Kaiserreden u. zur innerpolit. Lage. (VII, 63 S.) 8. Wiesbaden 910. H. Rauch. — 75

Krauß, J. C., s. Liste der Hamburg-Altonaer Waareneinfuhr.

Krauss, J. C. C.: „Die Kunst der kaufmännischen Buchführung nach doppelter italienischer Methode und mit Berührung der verschiedenen Systeme derselben. Mit besonderer Rücksicht auf Hamburg, nach neuen vereinfachten und doch vervollkommnenden Maximen", Hamburg 1839. — Vorh.: Com. Bibl. Hamburg.

Krauss, Jakob, aus Kleinbockenheim: Deutsch-türkische **Handelsbeziehungen.** Seit d. Berliner Vertrag unter besond. Berücks. d. Handelswege. *Jena: G. Fischer 1900.* (114 S.) 8°
Erlangen, Phil. Diss. v. 30. Okt. 1900

Krauss, Jacob [aus Grünstadt (Rheinpfalz)]: Über die Sulfonsäuren des Metakresols und einige Derivate .... Freiburg i. B., Universitätsbuchdr. v. Chr. Lehmann, 1887; 53 + 1 S. 8°
Freiburg i. B., Phil. Fak., Inaug.-Diss. v. 1887

Krauss, Ingo, Judas Ischarioth. Trauerspiel in 3 Akten. — Nur ein Mensch. Trauerspiel in 2 Akten. (Umschlag: Zwei Dramen.) (61 u. 52 S.) 8. Leipzig 905. Modernes Verlagsbureau. n. 2. —

Krauss, Ingo, aus Berlin: **Das Portrait Dantes.** *Berlin 1901: B. Paul.* (55 S.) 8°
Erlangen, Phil. Diss. v. 24. Juli 1901

KRAUSS, JOHANN: Predigt zur Feyer des fünfzigjährigen Priesterthumes des . . . P. Andreas Prindlmayer, Prior des Cisterzienserstiftes in St. Gotthard. Grätz 1821: Loykam. 13 S. - 160 mm

KRAUSS, Johannes (Prof. der Logik zu Landshut), Versuche von Schäfergedichten. Maynz 1773. 8°. Selten!
Leipziger MA 1775. 78. — Goedeke IV, 103, 29.

— **Johann Adam** (Adorf/Vogtl.), **Observationes de retentione hypothecae ob novum debitum non permissa, ad L. unic. c. etiam ob chirograph. pecun. Präs. Christoph Ludw. Crell. Wittbg. (Scheffler) 23. XII. 1750. 24 S. (6.—) 19405**

Krauß, Johann August

Krauß, J. A., man muß Gott mehr gehorchen, als den Menschen. Predigt. 8. Augsburg 846, Schlosser. 1¾ ngl

Krauß, Joh. Aug., man muß Gott mehr gehorchen, als den Menschen. Predigt. 8. (13 S.) Augsburg 847, Schlosser's Buchh. Thlr.

Krauß, Joh. Aug., was uns die Bußtagsfeier in dieser Zeit besonders an das Herz lege. Predigt am Bußtage den 12. März 1848 zu Augsburg gehalten. 8. (15 S.) Augsburg 848, Jaquet. 3 ngl

Krauß, Johann Christoph

Krauß, Jh. Cph., s. B. Eustachius, anatom. Kupfertafeln.

— **Jo. Christoph Adam** (Oehringen / Hohenlohe), **De abusu diaphoreticorum sudoriferorum et bezoardicorum. Diss. med. Präs. Jo. Christian Stock. Jena (Marggraf) 5. II. 1755. 24 S. (6.—) 19406**

Krauß, Johann Georg

Krauß, Jh. Geo., über die Besoldung der Staatsbeamten. 8. Regensb. 801.

— — **(Westheim/Franken), Quousque actori, reove, in foro Sax. elect. liceat deferre jusjurandum. Diss. jur. Präs. Jo. Heinrich Berger. Wittbg. (Gerdes) 14. X. 1702. 36 S. (6.50) 19409**

— s. 1) G. M. de Ludolff, corpus iuris cameralis. 2) Sustentation, üb. die, d. Kammergerichtskanzlei.

Krauß, Johann Ludwig Friedrich

Commentatio de Conjunctivo Rhetorico s. Pathetico. Scrips. Joan. Ludov. Friedr. Krauss, magister studiorum regius. — 1857. Ibid. — 2. 3—26.
Progr. Ansbach

Krauß, J. L. F., Gedichte. 12. (6 B.) Ansbach 844, Gummi. —

Krauß, Johann Nepomuk

Krauß, Joh. Nep., Exhortation Gehalten an die Akademie des Lyceums in Grätz, als Antrittsrede seines Lehramts den 13. April 1823. Grätz, Kienreich. 1/12 Thlr

— besondere Fastenpredigten. 3 Jahrgg. 1) d. 7 Worte d. Erlösers am Kreuze. 12 K 2) aus d. Leidensgeschichte Jesu. 6 K 3) üb. d. sieben Schmerzen Mariä. 6 K 8. Grätz 822—24. Ferstl. compl. nur 20 K

Krauß, J. Nep., Fasten-, Fest- u. Gelegenheitspredigten rc., s. Kanzelvorträge.

— Fest- u. Gelegenheitspredigten. 8. Grätz 824. Ferstl.

— Predigt, gehalten am heil. Dreifaltigkeits-Sonntage den 2. Juni 1822 in der Hof- u. Domkirche in Grätz. 8. Grätz, Kienreich. 1 gl

Krauß, J. Nep., Sonntags-, Fasten-, Fest- u. Gelegenheitspredigten. 11 Jahrgg. in 6 Bdn. gr. 8. Grätz 823—26. Ferstl. 3 Thlr

— Sonntagspredigten, gehalten in d. Hof- u. Domkirche zu Grätz. 2 Thle. gr. 8. Grätz 823. Ferstl. 1 Thlr 6 K

Krauß, J. Nep., Sonntagspredigten, vorgetr. in d. akadem. Kirche. 2 Thle. 8. Grätz, Damian u. Sorge.
Thl. 1. Vom Advent bis Ostern. (20 B.) 829. 1 Thlr.
" 2. Von Ostern bis Advent. (20½ B.) 830. 1 Thlr. 4 Gr.

Krauß (Kraus), Johann Ulrich

Heilige Augen- und Gemüths-Lust, Vorstellend, Alle Sonn-Fest- und Feyrtägliche Nicht nur Evangelien, Sondern auch Epistelen und Lectionen ... In vielen Kupffer-Stücken von frembder und gantz neuer Invention ... Verfertiget und herauszgegeben von Johann Ulrich Krausen Kupffer-Stechern in Augspurg.
---- Zweyter Theils Heilige Augen- und Gemüths-Lust ... (1706?)

Historischer Bilder Bibel Erster (-Fünffter) Theil, in sich haltend Die Abbildung der Historien aller Patriarchen Desz Buchs Mose ... gezeichnet und in Kupffer gestochen von Johann Ulrich Kraussen In Augspurg Anno 1705

Biblisches Engel- und Kunst Werck; alles das jenige Was in Heiliger Göttlicher Schrifft Altes und Neuen Testaments Von den Heiligen Engeln Gottes ... Zu finden ist Also, dasz auch von desz Engels desz Bundes und Grossen Raths Jesu Christi desz Sohns Gottes ... in Englischer Gestalt ... Thaten Worten und Wercken gemeldet wird ... Mit Fleisz zusammen getragen, in Kupffer gestochen und verlegt von Johann Ulrich Krause ... In Augspurg Anno 1715 ...

Unser Heyland Jesus Christus in seinem so schmertz als schmahlichen ... Leiden ... in schönen Kupffern vor Augen gemahlet anfänglich von dem vortrefflichen Künstler Sebast: le Clerc gezaichnet ... Anietzo aber ... so wohl vermehrt als mit andächtige (!) Versen erläutert in disen Format gebracht von Johann Ulrich Kraussen ... in Augspurg Ao 1715 ...

Phaedri Augusti Liberti Fabularum Aesopiarum ... Libri V. Cum appendice quinque fabularum a. Marquardo Gudio ... Desz Alten berühmten Poeten Phaedri Keysers Augusti frey-gelassenen Aesopische Fablen, In Fünff Büchern verfaszt, samt einem kleinen Anhang und schönen Moralien, Mit Neuen Emblematischen zierlich in Kupffer gestochenen Figuren illustrirt uns ausgeziert ... Anjetzo aber von Johann Ulrich Krausen, Burger und Kupffer-Stechern in Teutscher Sprach herausz gegeben und verlegt. Augspurg, Druckts Caspar Brechenmacher, Anno 1707.

Die Verwandlungen Des Ovidii In Zweyhundert und sechs- und zwantzig Kupffern. in Verlegung Johann Ulrich Krausz Kupferstechern in Augspurg. (ca. 1700?)

Krauß, Johannes, s. K r a u ß , Johann.

Krauss, Josef

Krauss, J., M. Tullii Ciceronis epistularum emendationes. I. Pr. 1866. 12 S. 4°. 1.—

Krauss: M. Tulli Ciceronis epistolarum emendationes. 12 S.–Köln Ap., Progr. 1866

Krauss, Joseph, M. Tullii Ciceronis epistularum emendationes. Leipzig 869. Teubner. gr. 8. (44 S.) n. 10 ngr.

Die Geographische Gesellschaft in Lübeck in den ersten 25 Jahren ihres Bestehens 1882–1907 von Joseph **Krauss**, Lehrer an d. Navigationsschule. Berlin: R. Friedländer & Sohn in Komm. 1907. (44 S.) 4° [07. 13301

Krauss, Josephus (geb. 1826 in Hünfeld Rgbz. Kassel): Quaestiones Terentianae criticae ... Bonnae, form. F. P. Lechneri 1850. 2 Bl., 48 S., 2 Bl. 8.

Bonn, Phil. Fak., Diss. v. 10 Aug. 1850

Krauss, Jul., das perforirende Geschwür im Duodenum. Eine Monographie. Berlin 865. A. Hirschwald. gr. 8. (79 S. mit 2 Steintaff.) n. 20 ngr.

Krauss, J., das Medizinalwesen im Königr. Württemberg, unter Mitwirkg. d. Sekretariats d. k. Medizinal-kollegiums [Hugo Rau] hrsg. 1. Lfg. Lex.-8. (240 S.) Stuttgart 891. Metzler's Verl. n. 2.80

Krauss, J., das Medizinalwesen im Königr. Württemberg, unter Mitwirkg. d. Sekretariats d. k. Medizinal-Kollegiums [Hugo Rau] hrsg. 2. Lfg. Lex.-8. (VIII u. S. 241—634.) Stuttgart 891. Metzler's Verl. n. 5.20 (kplt.: n. 8. —)

Krauss, d. Medizinalwesen im Königr. Württemberg. Nachtrag. Ausg. im Jan. 1895. Lex.-8. (1, 13, 1, 4 u. 10 S.) Stuttgart 895. J. B. Metzler's Verl. n. — 30 (kplt. m. Nachtrag: n. 8. 30)

Das Medicinalwesen im Königreich Württemberg. Hrsg. von Med.R. Dr. J[ulius] **Krauss**, in Kirchheim. 2. Aufl. *Stuttgart: J. B. Metzler 1901.* (VIII, 706 S.) 4° [01. 8473

Krauss, J., das Medizinalwesen des Königr. Württemberg, hrsg. unter Beihilfe des württ. ärztl. Landesvereins. 3. Aufl. (VIII, 448 S.) Lex. 8. Stuttgart 910. J. B. Metzler. 15.—; geb. in Leinw. 16. —

— dasselbe. Sonderausg. f. Apotheker, veranlasst v. pharmazeut. Landesverein. gr. 8. (IV, 180 S.) Ebd. 901. n. 4. —

Krauß, Karl, prakt. erprobte Aufgabensammlung f. d. ersten Unterr. im Rechtschreiben, Sprachlehre, Wortbildg. u. Aufsatz auf Grundlage d. Sachunterrichts im Anschluß an d. Fibel. F. d. 2. u. 3. Schulj. gr. 8. (IV, 48 S.) Gießen 896. E. Roth. n. — 40

Krauß, Karl, praktisch erprobte Aufgabensammlung f. den ersten Unterricht in Rechtschreiben, Sprachlehre, Wortbildung u. Aufsatz auf Grundlage des Sachunterrichts im Anschluß an die Fibel. Für das 2. u. 3., bezw. 4. Schulj. 2. verm. Aufl. gr. 8. (IV, 60 S.) Gießen 901. E. Roth. n. — 40

Krauß, Karl, praktisch erprobte Aufgabensammlung f. den ersten Unterricht in Rechtschreiben, Sprachlehre, Wortbildung u. Aufsatz auf Grundlage des Sachunterrichts im Anschluß an die Fibel. Für das 2. bis 4. Schulj. (Auch für die Vorschulen der höheren Lehranstalten.) 4. Aufl. In neuer Rechtschreibg. (IV, 70 S.) 8. Gießen 905. E. Roth. n. — 40

Krauß, Karl, praktisch erprobte Aufgabensammlung f. den ersten Unterricht in Rechtschreiben, Sprachlehre, Wortbildung u. Aufsatz auf Grundlage des Sachunterrichts im Anschluß an die Fibel. Unterstufe. Für das 2.—4. Schulj. (Auch f. die Vorschulen der höh. Lehranstalten.) 6. Aufl. (79 S.) 8. Gießen 910. E. Roth. p — 50

Krauss, Karl (Bensheim)
Beiträge zur Würdigung der Teichmann'schen Hämin-Krystalle in gerichtlich-medicinischer Hinsicht.
Giessen: Keller 1861. 18 S. u. 2 Bl. Thesen.
Diss. med. 21.12.1861. vorh. 7. 11.

Krauss, Carl, a. Köln a. Rh.: Quantitative Bestimmung der Halogene in organischen Substanzen mit Persulfat in saurer Lösung. Heidelberg 1905: K. Rössler. (35 S.) 8°
Heidelberg, Naturw.-math. Fak., Ref. Curtius, Diss. v. 25. Jan. 1906
[Geb. 12. Sept. 79 Cöln a. Rh.; Wohnort: Geisenheim a. Rh.; Staatsangeh.: Preußen; Vorbildung: Gymn. an Marzellen Cöln Reife O. 98; Studium: Marburg 1, Bonn 1, Marburg 4, München 1, Marburg 2, Heidelberg 5 S.; Rig. 1. Aug. 05.]

Moderne Grabdenkmäler. Entwürfe d. Künstlervereinigung Stift u. Meissel. Hrsg. von C[arl] **Krauss**, Bildhauer u. Prof. in Aachen. *Aachen: C. H. Georgi [1902].* (25 Taf. in Mappe.) 2° [02. 6257

Krauß Karl Zur Kenntnis des Papaverolins. S. 169. Hb. 373 . . . . vgr.
Separatabdruck

— Carl (Onoldi [= Ansbach]. Düsseldorf), De spirituosis e tuberibus solani confectis. Diss. med.-polit. Bln. (Nietack) 21. V. 1835. 32 S. mit Biogr. (M.: M. Rüffershoefer.) (6.20) 19401
Oppon.: G. Freymann, Heinr. Wilson, G. Krauss. — Gew.: Christ. Wilh. Hufeland, Georg Frid. Krauss (Vater).

— Carl Heinrich (Bissingen), De pulchro deque principiis dijudicandi pulchrum pars prima. Diss. histor.-philos. Präs. M. Andr. Heinrich Schott. Tübing. (Schramm) Sept. 1798. 20 S. (5.50) 19402

Krauß, Klaus, an der Wende. Humoresken u. Satyren, Geschichten aus dem Leben. 8. (169 S.) Berlin 893. J. Sassenbach. — 45

Krauss, Konrad: Aus d. Tübinger Univ.-Augenklinik. Zur Kasuistik der traumatischen Augenmuskellähmungen nach Schädelverletzungen. Tübingen 1908: Laupp. 40 S. 8°
Tübingen, Med. Diss. v. 30. Juli 1909, Ref. Schleich
[Geb. 12. April 84 Stuttgart; Wohnort: Wiesbaden; Staatsangeh.: Württemberg; Vorbildung: Eberhard-Ludwigs-Gymn. Stuttgart Reife Sommer 03; Studium: Tübingen 3, Freiburg i. B. 1, Tübingen 2, Freiburg i. B. 1, Tübingen 3 S.; Coll. 4. Nov. 08; Approb. 27. Juli 09.] [U 09. 3931

Krauss, Constantin [aus Eisfeld i/Thüringen]: Kritische Studien über die Trennung und Bestimmung von Nickel und Kobalt. ... München, M. Rieger'sche Univ.-Buchh. (Gustav Himmer), 1889; 32 S. 8°
Erlangen, Phil. Fak., Inaug.-Diss. v. 1889

Krauss, Leonhard, pract. Arzt in Villingen i. B.: Ueber die Kilian'sche Radicaloperation chronischer Stirnhöhleneiterungen. *Berlin 1902: L. Schumacher.* (33 S.) 8° ¶ Aus: Archiv f. Laryngologie, Bd 13, H. 1.
Freiburg i. B., Med. Diss. v. 1902

Krauß, Ludw., Beispiele zur Einübung und Repetition der Verba auf $\mu\iota$ und der griechischen unregelmäßigen Zeitwörter mit gleichzeitiger Behandlung des Wichtigsten aus der griechischen Moduslehre. 8. (V, 101 S.) Ansbach 886, Brügel und Sohn. geb. * 1 —

Krauß, L., Bilder aus der Kirchengeschichte. Als Anh. des Lesebuchs f. protestant. Volksschulen in Unterfranken. 8. (24 S.) München 894. R. Oldenbourg, Abteilg. f. Schulbücher. n.n. — 15

Krauß, Ludw., Leitfaden der deutschen Poetik f. Gymnasialschüler. gr. 8. (IV, 127 S.) Ansbach 897. C. Brügel & Sohn. Geb. in Leinw. n. 2. —

Krauß, Ludw., Leitfaden der deutschen Poetik, f. Gymnasialschüler u. zum Selbstunterricht zusammengestellt. 3. Aufl. (VIII, 160 S.) 8. Ansbach 907. C. Brügel & Sohn. Geb. 2. —

Krauß, Ludwig, aus Schainbach (Württ.): Über **Metalltitrationen** mittelst Jodsäure. *Freiburg i. B.: Speyer & Kaerner 1903.* (37 S.) 8°
Freiburg i. B., Phil. Diss. v. 1903

Krauß, Ludwig: Mitteilungen über die Zusammensetzung der Lehrerbibliothek des Alten Gymnasiums nach ihren ältesten Beständen und Beschreibung ihrer ältesten Drucke. T. 1. Nürnberg 1910: Sebald. 77 S. 8°
Nürnberg, k. Altes G P 1910* [S 10. 230

— Mitteilungen üb. die Zusammensetzung d. Lehrerbibliothek des alten Gymnasiums nach ihren ältesten Beständen u. Beschreibung ihrer ältesten Drucke. 1. Tl. Progr. (78 S.) gr. 8. Nürnberg 910. (J. L. Schrag.) 2. —

Krauss, Ludw. Griechische Partikeln. Anh. zur Schulgrammatik m. Beispielen. gr. 8. (50 S.) Ansbach 889, Brügel u. Sohn. cart. * — 60

Krauss, Ludw. De vitarum imperatoris Othonis fide quaestiones. 62 S. 8. Progr. *Zweibrücken* 1880.

— griechische Stilübungen f. Prima. gr. 8. (VI, 154 S.) Ebd. 890. cart. 1. 50

— deutsch-griech. Uebersetzungsstücke f. Prima. 2. Aufl. gr. 8. (VI, 172 S.) Ebd. 896. Geb. in Leinw. 1. 50

Krauß, Ludw., deutsch-griechische Uebersetzungsstücke für Prima. 3. verm. Aufl. (VIII, 210 S.) 8. Ansbach 905. C. Brügel & Sohn. Geb. n. 1. 50

Krauß, Ludw., deutsch-griechische Übersetzungsstücke f. Sekunda. gr. 8. (V, 364 S.) Ansbach 891. C. Brügel & Sohn. Geb. in Leinw. n. 2. 40

— Deutsch-griechische Übersetzungsstücke f. Sekunda. 3. Aufl. (VIII, 389 S.) 8. Ansbach 908. C. Brügel & Sohn. Geb. nn 2. 80

Krauß, Ldw. Fr., s. 1) Augsburg, über. 2) Gesangbuch, Augsburg. 3) Glaubens- u. Sittenlehre. 4) P. v. Stetten, Leben. 5) Unterricht in d. Glaubens- u. Sittenlehre.

Dös giebt's! Münchner Humoresken von **Maximilian Krauss.** Mit e. Einführung von Benno Rauchenegger. 3. Aufl. *Stuttgart & Leipzig: Deutsche Verlags-Anst. 1900.* (VIII, 128 S.) 8° [F.] [Gr. 3146

Krauß, Max, dös giebt's! Münchner Humoresken. Mit e. Einführg. v. Benno Rauchenegger. 4. Aufl. 8. (VIII, 128 S.) Stuttgart 900. Deutsche Verlags-Anst. n. 1. —

— unter den Frauentürmen. Ein Roman aus dem Münchner Leben. 8. (366 S.) Ebd. 901. n. 3. —; geb. in Leinw. n.n. 4. —

Krauß, Max., Hahnschrei! Weckrufe e. Modernen. 8. (III, 98 S.) München 894. J. Lindauer. n. 2. —

Krauß, Max, Kreuzigt ihn! Drama in 1 Aufz. 16. (34 S.) München (898). Rubinverlag. n. 1. —

Krauss, Max. Der Mitwelt. Ein Gedicht. 8. (8 S.) Erlangen 889. (Münch., Lukaschik.) — 30

Krauss, M., der Mitwelt. Ein Gedicht. 8. (8 S.) Erlangen 889. (München, Franz' Sort.) n. — 30

— Novelletten. gr. 8. (94 S.) Erlangen 889. Krische. n. 1. —

— ein Proletarier! Drama in 1 Aufz. 16. (24 S.) Ebd. (898). n. 1. —

— Vogelfrei! Bürgerliches Drama in 1 Aufzug. 4. (67 autogr. S.) Ebd. (898). n. 1. —

— s.: Zeitlexikon.

Der Förster von Konradsreuth. Roman von Nicolaus **Krauss**. *Berlin: F. Fontane & Co. 1901.* (206 S.) 8° [F.]
= **Krauss**: Heimat. T. 2. [Gr. 12773

Krauß, Nic., Heimat. Eine Romantrilogie. 2. u. 3. Tl. 8. Berlin [F. Fontane & Co.]. E. Fleischel & Co. n. 5. —; geb. n. 7. —
2. Der Förster v. Konradsreuth. Roman. (206 S.) 900. n. 3. —; geb. n. 4. —
3. Die Stadt. (187 S.) 902. n. 2. —; geb. n. 3. —
Tl. 1. (Krauß, N., Lene) jetzt Ebd. 897. n. 3. —; geb. n. 4. —

Nicolaus **Krauss**. Heimat. Eine Romantrilogie. T. 1–3. *Berlin: F. Fontane & Co. 1897–1902.* 3 Bde 8° [F.]
[1] = Lene. 1897. 2 = Der Förster von Konradsreuth. 1901.
3 = Die Stadt. 1902. [Gr. 12744

Lene. Roman von Nicolaus **Krauss**. *Berlin: F. Fontane & Co. 1897.* (234 S.) 8° [F.]
= [**Krauss**, Heimat. T. 1.] [Gr. 12745

Die Stadt. Roman von Nicolaus **Krauss**. *Berlin: F. Fontane 1902.* (187 S.) 8° [F.]
= **Krauss**: Heimat. T. 3. [Gr. 12746

[F.] Nicolaus **Krauss.** Im Waldwinkel. Skizzen u. Geschichten. *Berlin: F. Fontane & C. 1898.* (4 Bl., 111 S.) 1 Bd 8.
(Fontane's 1-Mark-Bücher.) [Gr. 6392

KRAUSS, Otto: Ueber einen Fall von Paralysis agitans traumatica.- München: Kastner & Callwey 1904. 22 S.
2.4.1904 - Chr 1903/04,18; Jv 1903/04,326
Diss. Ingolst.-Landsh.-Mchn.

Krauß, Otto: Die Gartenblumen, s. Rümpler, Th.

Krauß, Otto, die Gartenblumen, s.: Thaer-Bibliothek. (Rümpler, Th.)

Krauß, Otto, Heldenleben — Heldenziele! Zwei deutsche Heldengeschichten. (80 S.) 8. Leipzig-Gohlis 908. B. Volger. 2. —

Erzgebirgs-Kammwegkarte von Bodenbach bis Asch 1:125,000 von P. **Krauß**. Annaberg, Erzgeb.: Graser [1907]; (Lith. J. D. Neranzi, Taucha-Leipzig). (1 Kartenbl. 43×41 cm mit Legende.) 8° [Umschlagt.] [kol.]
[Kartent.:] Karte d. Erzgebirgs-Kammweges. [07. 12005

Krauss, P., s.: Führer f. Taucha u. Umgegend.

Japan, Korea, Ost-China und die Mandschurei (im Maßst. von 1:5,000,000 gezeichnet, nebst größeren Spezialdarstellungen d. Gelben Meeres mit Golf von Tschili ... Bearb. von P. **Krauß**). [Mit 6 Nebenkarten.] *Leipzig (& Wien): Bibl. Inst. (1901).* (1 Kartenbl. 58×82 cm mit Legende.) 4° [kol.]
[Umschlagt.:] Der russ.-japan. Kriegsschauplatz ... von P. Krauß. [04. 5840

Karte von Ost-China mit Spezialdarstellungen der Provinzen Tschili und Schantung, des unteren Peiho-Laufes sowie Plänen von Peking, Tientsin, Taku, Tsingtau, Schanghai, Kanton u. Hongkong. Bearb. von P. **Krauss**. (Massst. 1:5,000,000.) *Leipzig & Wien: Bibliogr. Inst. 1900.* (1 Kartenbl. 56×53 cm.) 4° [Umschlagt.] [00. 9468

P. **Krauss**, Radfahrer- und Automobilkarte vom Königreich Sachsen. (Maßst. 1:275,000. In 6fachem Farbendr. 2. Aufl. Westl. [&] Östl. T. [Mit 1 Nebenkarte.] Annaberg: Graser [1906]; [Lith.] Neranzi, Taucha.) (1 Kartenbl. in 2 Bl. mit Legende.) 8° [Kopft.] [kol.] [06. 14064

P. **Krauss**, Reise-, Orts- und Wegekarte vom Kgr. Sachsen. (Maßst. 1:240,000. [Mit 1 Nebenkarte.] Annaberg: Graser [1906]; [Lith.] Neranzi, Taucha.) (1 Kartenbl. 93×59 cm mit Legende.) 8° [Kopft.] [kol.] [06. 14390

[Umschlagt.:] **Spezialkarte von Deutsch-Ostafrika m. Nebenkt. v. Usambara u. Kilimandjaro. Nach d. neuesten Forschgn bearb. v. P. Krauss, Leiter der kartogr. Anst. im Bibliogr. Inst., Leipzig. Gez. v. J. Wäber u. P. Krauss im Massst. v. 1:2,000,000.** *Berlin: Kommv. v. S. Schropp 1896.* (1 Ktnbl. 𝔍) 1 Bd 8. [96. 5394

Touristenkarte des zentralen Erzgebirges. Bearb. u. hrsg. von P. **Krauss**. (Situationszeichn. von J. Wäber. Maßst. 1:75,000. [Mit 1 Nebenkarte.] Leipzig: Selbstverl. [1890].) (1 Kartenbl. 47×51 cm.) [Kopft. lith.] [kol.] [05. 10768

Wander- und Wegekarte der sächs.-böhmischen Schweiz u. des böhm. Mittelgebirges mit Angabe d. wichtigsten Touristenwege von P. **Krauss**. (Maßst. 1:240,000.) Annaberg: Graser 1907; (Lith. J. D. Neranzi. Taucha-Leipzig). (1 Kartenbl. 25×29 cm mit Legende.) 8° [Umschlagt.] [kol.]
[Kartent.:] Wander- u. Reisekarte d. sächs.-böhm. Schweiz ... [07. 10375

Krauß, Paul, Bruderpflicht u. Kindesliebe. Roman. (250 S.) 8. Wiesbaden (909). R. Bechtold & Co. 3.—; geb. in Leinw. 4. —

Krauss, Paul: Die isolirte Unterbindung der Vena femoralis communis. Berlin (1885). 36 S. 8°
Berlin, Med. Diss. v. 12. Aug. 1885

Krauß, Peter, vgl. Kraus, Peter.

Krauß, Pet., Gedichte. Leipzig 868. Brockhaus. 8. (XIII, 352 S.) n. 1 ₰; geb. mit Goldschn. n. 1 ₰ 10 ngr.

Krauß, Peter, Gedichte. 8. (XV, 393 S.) Straßburg 872. Schneider. n. 3. 60; geb. m. Goldschn. n. 4. 50

Krauß, Pet., die Liebesprobe. Schwank in 1 Acte. Mannheim 864. Löffler. (Segnitz.) gr. 8. (24 S.) n. 4 ngr.

Crausius [Krauß], Petr. Pancr.: Disputatio jur. de jure fenestrarum Vom Fenster-Recht. Halae Magdeb. 1740.

Krauß, R., deutsches Lesebuch, s. Lesebuch.

Krauss, Rhold., u. B. Teichmann, die Berechtigung der Vernichtung des kindl. Lebens m. Rücksicht auf Geisteskrankheit der Mutter, s.: Grenzfragen, juristisch-psychiatr. III. 6. 7.

Krauss, Reinhold [aus Esslingen a. Neckar]: Über die Resultate der Behandlung congenitaler Klumpfüsse in der chirurgischen Universitätspoliklinik zu Berlin in den Jahren 1888—1894 ... Berlin, Nicolai, 1896; 36 S. 8.
Berlin, Med. Fak., Inaug.-Diss. v. 17. Juli 1896

Krauss, Rudolf, a. Pfullingen: **Ueber die Dauerresultate der Omphalektomie bei Nabelbrüchen. Tübingen 1906: H. Laupp jr. (21 S.) 8° ¶(Aus: Beiträge z. klinischen Chirurgie Bd 50 H. 1.)**
Tübingen, Med. Fak., Ref. v. Bruns, Diss. v. 28. Aug. 1906
[Geb. 4. Aug. 80 Pfullingen; Wohnort: Tübingen; Staatsangeh.: Württemberg; Vorbildung: Gymn. Reutlingen Reife Sommer 99; Studium: Tübingen 7, Berlin 3 S.; Coll. 9. Febr. 06; Approb. 8. Aug. 06.]

Krauß, Rud., Esther, s.: Grillparzer, Frz.

Krauß, Rudolf, aus Zürich: **Über Halogensubstitutionsprodukte der α- und γ-Truxillsäuren.** *(Berlin 1904: G. Schade.)* **(59 S.) 8°**
Berlin, Phil. Diss. v. 11. Juni 1904

Das Stuttgarter Hoftheater von den ältesten Zeiten bis zur Gegenwart. Von Rudolf **Krauß**. Mit 139 Abb. Stuttgart: J. B. Metzler 1908. (VI, 351 S.) 8° [𝔉.] [08. 15947

Krauß, Rud., Eduard Mörikes Leben u. Schaffen, nebst e. Auswahl seiner Briefe. (261 S. m. 2 Bildnissen u. 1 Fksm.) kl. 8. Leipzig (908). Hesse & Becker Verl. 1.50; geb. 2. —
Sonderabdruck aus: „Eduard Mörikes sämtl. Werke in 6 Bdn. Hrsg. v. Rud. Krauß".

— dasselbe, s.: Hesse's, Max, Volksbücherei.

Krauß, Rud., schwäbische Litteraturgeschichte in 2 Bdn. 1. Bd. Von d. Anfängen bis in d. 19. Jahrh. gr. 8. (XII, 431 S.) Freiburg i/B. 897. Tübingen, J. C. B. Mohr. n. 7. —; geb. n.n. 8. 50

Krauß, Rud., schwäbische Litteraturgeschichte in 2 Bdn. 2. Bd. Die württemberg. Litteratur im 19. Jahrh. gr. 8. (XII, 495 S.) Freiburg i/B. 899. Tübingen, J. C. B. Mohr. n. 8. —; geb. n.n. 9. 50; (kplt. n. 15. —; geb. n.n. 18.—)

Krauß, Rud., Eduard Mörike als Gelegenheitsdichter. Aus seinem alltägl. Leben. Mit zahlreichen erstmals gedruckten Gedichten Mörikes u. Zeichngn. v. seiner Hand. 8. (XI, 188 S.) Stuttgart 895. Deutsche Verlags-Anstalt. n. 3. —; geb. n.n. 4. —

— s.: Mörike's, Eduard, Briefe.- Werke.

— das Schauspielbuch. Ein Führer durch den modernen Theaterspielplan. 1. bis 3. Taus. (VIII, 352 S.) kl. 8. Stuttgart 907. Muth. Geb. in Leinw. n. 3. —

— Das Schauspielbuch. Ein Führer durch den mod. Theaterspielplan. 2., verb. u. verm. Aufl. 4.–7. Taus. Mit 36 Bildnissen auf 3 Taf. (XII, 391 S.) kl. 8. Stuttgart 910. Muth. Geb. in Leinw. 3. —

Krauss, Rudolph Wilhelm, s. Krause

Krauss, S., Théodule Ribots Psychologie. Ein Beitrag zur Geschichte der mod. Psychologie in Frankreich. I. Tl.: Ribots erste Schaffensperiode. (1876—1890). (XVI, 170 S.) Lex.-8. Jena 905. H. Costenoble. n. 4. —; geb. n.n. 5. —

Théodule Ribots Psychologie. Ein Beitrag z. Geschichte d. modernen Psychologie in Frankreich. Dargest. von Dr. S. **Krauß**. (Vorr.: Théodule Ribot.) T. 1. Jena: H. Costenoble 1905. 8° [05. 4056

Antoninus und Rabbi. Von Dr. Samuel **Krauss**, Prof. Frankfurt a. M.: Sänger & Friedberg 1910. VIII, 148 S. 8°

— **Talmudische Archäologie, s. a. Schriften, hrsg. v. der Gesellschaft zur Förderung der Wissenschaft des Judentums.**

Talmudische Archäologie. Von Dr. Samuel **Krauss**, Prof., Wien. Bd 1–3. Leipzig: Fock 1910–12. 8°
1. 1910. 2. 1911. 3. 1912
(Grundriss d. Gesamtwissenschaft d. Judentums. [Abt.] B. II, 2.)
(Schriften, hrsg. von d. Gesellschaft z. Förderung d. Wissenschaft d. Judentums [16.])

— Bad u. Badewesen im Talmud. (II, 65 S.) Lex. 8. Kirchhain N.-L. 908. (Frankfurt a/M., J. Kauffmann.) 1. 50
Sonderabdruck aus: „Hakedem".

David Kaufmann. Eine Biographie von Dr. **Samuel Krauss** in Budapest. *Berlin: S. Calvary & Co. 1901.* (60 S.) 8° [F.] [oo. 687

Das Leben Jesu (Toldoth Jeschu [Tōledot Jēšū]) nach jüdischen Quellen. Hrsg. u. erl. von Samuel Krauss. *Berlin: S. Calvary & Co. 1902.* (VIII, 309 S.) 8° [o. 859

Krauss, Sam., griech. u. latein. Lehnwörter in Talmud, Midrasch u. Targum. M. Bemerkgn. v. Imman. Löw. Preisgekrönte Lösg. d. Lattes'schen Preisfrage. I. Tl. gr. 8. (XLI, 349 S.) Berlin 898. S. Calvary & Co. n. 12. —

— griechische u. lateinische Lehnwörter in Talmud, Midrasch u. Targum. Mit Bemerkgn. v. Imman. Löw. Preisgekrönte Lösg. der Lattes'schen Preisfrage. 2. Tl. gr. 8. (X, 687 S.) Ebd. 899. n. 28. —; (kplt. n. 40.—)

Krauss, Samuel: Zur griechischen und lateinischen Lexikographie aus jüdischen Quellen ... (Aus: Byzant. Zeitschr., II, 3 u. 4.) Leipzig, Druck v. B. G. Teubner, 1893; 2 Bl., 494—548 S. 8.
Giessen, Phil. Fak., Inaug.-Diss. v. 1893

— s.: Mishnah treatise, the, Sanhedrin.

Krauß, Sigm., die große Synode, ihr Ursprung und ihre Wirkungen. Historischer Versuch über das erste Jahrhundert des Talmudismus von Herrn Rabb. Löw, kritisch beleuchtet. Pest 859. Pfeifer. gr. 8. (41 S.) n. 12 *ngr.*

Krauss, Stephan: Publizitäts-Prinzip und Pfändungs-Pfandgläubiger in Bayern r./R. '(M. e. Anhang betr. d. Beantwortg d. Frage nach d. bürgerl. Gesetzbuch.)' ... München, Druck v. C. A. Seyfried & C., 1895; 79 S. 8.
Erlangen, Jur. Fak., Inaug.-Diss. v. 1895

Krause, Th. (Conventual d. Benediktiner-Stiftes St. Stephan in Augsb. u. gepr. Studienlehrer), *Geschichte der bayerischen Heeresabtheilung im Feldzuge gegen Russland 1812.* Freunden d. Geschichte erzählt von —. Mit (lithogr.) Porträt d. Generals Grafen *Deroy* u. 1 Karte d. (russ.) Kriegs-Schauplatzes. Augsburg, K. Kollmann, 1857. 8⁰. Stempel auf d. Tit. Hfrzb.
XIV—240 S., 1 Bl. Err.

Krauss, Thdr., das electro-homöopathische ABC, e. Taschen-Büchlein f. Solche, die sich electro-homöopathisch behandeln lassen. 2., verb. Aufl. Mit e., im Auftrage d. Hrn. Grafen Cesare Mattei übers. Abhandlg. üb. den Krebs. gr. 8. (44 S. m. 1 Taf.) Prag 891. (München u. Regensburg, Nationale Verlags-Anstalt.) n.n. — 50

Krauß, Thdr., das electro-homöopathische ABC od. Führer in die neue Heilkunst des Grafen Cesare Mattei. V. verb. Aufl. gr. 8. (36 S. m. 1 Taf.) Prag 896. (Leipzig, A. Strauch.) n. — 50

Krauß, Thdr., das elektro-homöopathische ABC od. Führer in die neue Heilkunst des Grafen Cesare Mattei. 6. verb. Aufl. (28 S. m. 1 Taf.) gr. 8. Leipzig (903). A. Strauch. n. — 50

Krauß, Thdr., die häutige Bräune, s.: Sonntag, Carl Max.

— medicinisches Fremdwörterbuch, s.: Volks- u. Gesundheitsbibliothek. I.

Krauß, Thdr. (I.), Geschichte der bayerischen Heeresabtheilung im Feldzuge gegen Rußland 1812. Freunden der Geschichte erzählt. gr. 8. (XIV und 241 S. mit dem lithogr. Bildniß des General Grafen Deroy und 1 lithogr. Karte des Kriegs-Schauplatzes in qu. Fol.) Augsburg 857, Kollmann'sche Buchh. * -

— Grundzüge der electro-homöopathischen Thierheilkunde. Nach den neuesten Erfahrgn. bearb. [Verm. u. verb. Sep.-Abdr. aus: „Blätter f. Electro-Homöopathie".] 12. (44 S.) Ebd. 892. n. — 80

Krauß, Thdr., Grundzüge d. electro-homöopath. Thierheilkunde. II. u. III. Thl. 12. Leipzig 898. W. Friedrich. à n. 1. —; (I—III n. 2. 80)
II. D. Krankheiten d. Pferdes u. ihre Behandlg. (84 S.)
III. D. Krankheiten d. Hunde u. Katzen u. deren Heilg. m. den Mattei'schen Mitteln. (43 S.)

— Grundzüge der electro-homöopathischen Thierheilkunde. IV. Thl. Die Krankheiten des Rindes. 12. (103 S. m. 2 Fig.) Leipzig 899. A. Strauch. [W. Friedrich.] n. 1. —; (I—IV n. 3. 80)

— Handbuch d. Electro-Homöopathie. Kurze Anleitg. z. Behandlg. d. verbreitetsten acuten u. subacuten Krankheiten. gr. 8. (III, 168 S. m. Bild.) Leipzig 898. [W. Friedrich.] A. Strauch. n. 2. 50

— Handbuch d. Electro-Homöopathie. Kurze Anleitg z. Behandlg. d. verbreitetsten acuten u. subacuten Krankheiten, unt. bes. Berücksicht. d. epidem., endem. u. klimat. Krankheiten. gr. 8. (III, 168 S. m. Bildn.) Leipzig 898. W. Friedrich. n. 2. 50

— die Heilung der Nerven- u. Geisteskrankheiten m. Hilfe der electro-homöopathischen Heilmittel d. Grafen Cesare Mattei. [Verm. u. durchgeseh. Abdr. aus: „Blätter f. Electro-Homöopathie".] 8. (124 S. m. 2 Taf.) Ebd. 893. n. 2. 50

— die Heilung der Nierenkrankheiten, s.: Volks- u. Gesundheitsbibliothek. II.

— der nervöse Kopfschmerz od. die Migräne. Ihre Ursachen, Symptome u. Heilg., nach den neuesten Erfahrgn. dargelegt. III. verb. Aufl. 12. (27 S.) Ebd. (899). n. — 50

— Lehrbuch der Elektro-Homöopathie, s.: Hewser, Paul H. A.

Krauss, Thdr. (II.), achtzehn Orgelstücke. Vor- und Nachspiele enthaltend. Zur prakt. Anwendung in der Kirche und mit Rücksicht auf das in Bayern eingeführte Zahn'sche Melodien-Buch componirt. Op. 22. qu. 4. (26 S.) Nürnberg 859, Raw'sche Buchh. *

Krauß, Thdr., Electro-homöopath. Therapie der vener. Krankheiten. Zusammengest. nach den Erfahrgn. bewährter Aerzte u. Practiker. II., verb. Aufl. gr. 8. (78 S.) Ebd. 898. n. 1. 50

—— achtzehn Vor- und Nachspiele für die Orgel. Op. 31. qu. 4. (21 S.) Ansbach 860, Seybold.

Krauss, Thdr., 30 kurze und leichte thematische Vorspiele in den gebräuchlichsten Tonarten zum Gebrauche beim öffentlichen Gottesdienste. qu. gr. 4. (12 S.) Erfurt 862, Körner's Verlag.

Krauss, Thdr., über die Wirkungen des Santonins u. Santonin-Natrons. Tübingen 869. (Osiander.) 8. (52 S.) n. 7½ *ngr.*

Krauss, Vict., Adress-Buch der Aerzte, Apotheker u. Droguisten der österreichisch-ungarischen Monarchie, m. einem Anhang: Empfehlenswerthe Bezugsquellen. gr. 8. (III, 150 S.) Saaz 880. Brüder Butter. cart. 4.—

Krauß, Wilhelm, Dr. med., 1. Assist. an d. Augenklinik: Aus d. Augenklinik d. Universität Marburg. Zur intraokularen Desinfektion mit besonderer Berücksichtigung des Jodoforms. *Marburg 1904.* (84 S.) 8° ¶(Erscheint ausführlicher u. mit Taf. in: Zeitschr. f. Augenheilk., Bd 12.)
Marburg, Med. Hab.-Schr. v. [7. Mai] 1904

Krauss, Wilh., zur intraokularen Desinfektion mit besond. Berücksicht. des Jodoforms. Habilitationsschrift. (84 S.) gr. 8. Marburg 904. (Berlin, S. Karger.) n. 2. 50
Sonderabdruck aus: „Ztschr. f. Augenheilkunde".

KLOSTERGESCHICHTEN (10) für Jünglinge und Mädchen (von *Wilhelm Krauss*, ehemal. Benediktiner im Kloster Ensdorf, Hütten- und Hammerverwalter zu Hirzenhain bei Hedern). Mit Titelvignette von Rosmäsler. Freyburg (Regensburg, Montag), 1796. 8°. VI u. 316 S. (3 Mk. 50 Pfg. Kühl, Berlin, c. 1883; 4 u. 5 Mk. Scheible, 1886.)
Tragische Liebesaffairen und verunglückte Entführungen, nicht erotisch. VI—316 SS. Inh. 1. Anton u. Therese. 2. Amalie Bergheim. 3. August Wintersee. 4. Klement Weicher. 5. Christian Ehrenberg. 6. Nepomuk u. Wilhelmine. 7. Wolfgang u. Mariane. 8. Eleonore. 9. Karl u. Louise. 10. Ferdinand u. Franziska.

KLOSTERGESCHICHTEN, Neue. (Mit d. Namen d. Verf.: *W. Krauss.*) Frankfurt, Diez, 1799. 8°. Selten! (3 Mk. Franz Teubner, Bonn, c. 1892.)
TKpf., Tit. m. Vign. u. 256 SS. Inh.: 1. Die Ruinen. 2. Das Freudenmädchen, oder schreckliches Beispiel der Klostertyrannei.

—— s.a. Kraus, Wilhelm.

Oesterr.-ung. Monarchie, Post- u. Eisenbahnkarte der. Herausg. v. Post-Cours-Bureau des k. k. Handels-Minister. Neubearb. von Wilh. Krauss, Jos. Broditzky und Wilh. Eisner. Im Masstab 1:576.000. In 16 Bl. Gr.-Qu.-Fol. Mit Tondruck-Grenzen. Wien, R. v. Waldheim. 6 fl. 1884.

Krauss, Wilhelm, approb. Arzt aus Köln, z. Z. Assist. am anat. Institut zu Marburg: Aus d. chirurg. Klinik d. Universität Marburg. Über Zerreissungen der Arteria meningea media ohne nachgewiesene Verletzung des Schädels im Anschluss an einen in der Marburger chirurgischen Klinik behandelten Fall. *Marburg 1899: R. Friedrich.* (62 S.) 8°
Marburg, Med. Diss. v. 18. Aug. 1899

Krauss, William Christopher [aus Attica, New York U. S. A.]: Ueber Tuberkel-Knoten des Cerebellums .... Berlin, Buchdr. v. Gustav Schade (Otto Francke) (1888); 98 S. + 2 Bl. 8°
Berlin, Med. Fak., Inaug.-Diss. v. 8. Aug. 1888

Krausse, A., Erinnerungs-Blätter an die Leipziger Völkerschlacht. 10 Originalansichten in Stahlst. 4. Leipzig 863, Baumgärtner's Buchh. In Couvert.

Krauße, Anton Hermann, a. Schloß-Heldrungen in Thüringen: Die antennalen Sinnesorgane der Ameisen in ihrer Zahl und Verteilung bei den Geschlechtern und Individuen einiger Arten. Mit 8 Figuren im Text. Jena: G. Fischer 1907. (30 S.) 8°
Jena, Phil. Fak., Ref. Ziegler, Diss. v. 3. Juni 1907
[Geb. 29. Dez. 78 Schloß Heldrungen; Wohnort: Jena; Staatsangeh.: Preußen; Vorbildung: Gymn. Nordhausen Reife M. 99; Studium: Berlin 1, Jena 6 S.; Rig. 2. Dez. 05.]

Krausse, Bernhard Rudolf [Cand. theol.]: Studie zur altchristlichen Vokalmusik in der griechischen und lateinischen Kirche und ihr Zusammenhang mit der altgriechischen Musik ... Leipzig, Metzger & Wittig, 1892; 51 S. 8.
Leipzig, Phil. Fak., Inaug.-Diss. v. [11. Juni] 1892

Krausse, Bernh. Rud., Studie zur altchristlichen Vokalmusik in der griechischen u. lateinischen Kirche u. ihr Zusammenhang m. der altchristlichen Musik. Diss. gr. 8. (51 S.) Leipzig 892. (G. Fock.) n. 1. -

Krausse, Erich: Der Uterus didelphys beim menschlichen Weibe. Strassburg 1909: Du Mont Schauberg. 30 S. 8°
Straßburg, Med. Diss. v. 11. Febr. 1909, Ref. Fehling
[Geb. 13. Sept. 76 Deuben b. Dresden; Wohnort: Stephansfeld b. Straßburg; Staatsangeh.: Sachsen; Vorbildung: Gymn. Stolp Reife M. 04; Studium: Straßburg 2, Greifswald 1, Straßburg 7 S.: Coll. 11. Dez. 08; Approb. 27. Nov. 08.] [U 09. 3807

Krauße, Heinr., die Prügelstrafe. Eine kriminalpolit. Studie. gr.8. (VIII, 136 S.) Berlin 899. Struppe & Winckler. n. 3.—

[J.] **Krausse,** Heinrich [Kammergerichtsref.]: Das Wesen des Eigentumsblankoindossaments beim Wechsel m. bes. Rücks. auf d. Stellg d. Blankoindossaments nach Verfall ... *Berlin, Deutsche Verl.- u. Buchdr.-A.-G.*, 1893; 87 S. 8.
Strassburg, Rechts- u. staatswiss. Fak., Inaug.-Diss. v. 1893

Krausse, Michael Ehrenfried, s. Krause

Krauße, Oskar [Oberl.]: Bemerkungen zu einigen Stellen der Aneide. Rudolstadt, Druck d. fürstl. priv. Hofbuchdr. F. Mitzlaff, 1890; 27 S. 4°
Rudolstadt, fürstl. G u. RPG, OP 1890

Krausse, Osk. Kaiser Wilhelms Jugend. Schulrede zur Feier des Geburtstages des deutschen Kaisers. Rudolstadt, den 22. März 1877. 14 S. **Progr.** *Rudolstadt* 1879.

Krausse, Otto, Rudolphopolitanus: De Euripide Aeschyli instauratore. Jenae 1905: G. Neuenhahn. (242 S.) 8°
Jena, Phil. Fak., Ref. Hirzel, Diss. v. 30. Juni 1905
[Geb. 17. Okt. 81 Rudolstadt; Wohnort: Rudolstadt; Staatsangeh.: Schwarzburg-Rudolstadt; Vorbildung: Gymn. Rudolstadt Reife O. 00; Studium: Leipzig 4, Jena 6 S.; Rig. 4. Febr. 05.]

Krauße, Otto, z. Z. Ass.-Arzt a. d. med. Univ.-Poliklinik zu Heidelberg: Aus Hrn Prof. Dr. Windscheid's Poliklinik f. Nervenkranke. Über Halsrippen des Menschen. *Leipzig 1902: F. M. Geidel.* (48 S.) 8°
Leipzig, Med. Diss. v. (13. Nov.) 1902

Krauße, Otto, Wegweiser für Jagdberechtigte, ein Hülfsbüchlein für Grundbesitzer u. Gemeindeobrigkeiten. 16. (30 S.) Schneeberg 849, Goedsche. 4 ngr

Krausse, Rudolfus: De Panyassidis aetate quid statuerint veteres explicare conatus est. Hannover, Hofbuchdr. d. Gebr. Jänecke, 1890; 10 S. 4°
Hannover, k. Kaiser Wilhelms G, P 1890

Krausse, Rudolfus: De Panyasside ... (Kap. III (S. 20—48) = Progr. d. Kaiser Wilh. Gymn. zu Hannover v. 1890; 4°) Hannoverae, ex offic. fratrum Jaenecke, 1891; 79 S. 8°
Göttingen, Phil. Fak., Inaug.-Diss. v. [1. Aug.] 1890

Krausse, Rud., de Panyasside. Diss. gr. 8. (78 S.) Hannover 891. Hahn. n. 2.—

Krausse, Rudolf, approb. Arzt aus Rudolstadt: Aus d. Augenklinik zu Jena. Über infantile Conjunctivalxerose und Keratomalacie. *Würzburg 1899: Verlagsdruckerei.* (31 S.) 8°
Jena, Med. Diss. v. (18. Mai) 1899

Krausse, Rudolph Wilhelm, s. Krause

Krauße, W.

—— Erpho von Nithardishusen. Eine Rhöngeschichte aus der Zeit des Bonifacius. 8. (82 S.) [Eisenach 878, Bacmeister.] Dresden, Bleyl und Kaemmerer. *

—— das erste Gebot, in Bildern und Geschichten volksthümlich ausgelegt. 8. (48 S.) Stuttgart 878, Buchh. der Evangel. Gesellschaft. *

Krauße, W., die keltische Urbevölkerung Deutschlands. Erklärung der Namen vieler Berge, Wälder, Flüsse, Bäche u. Wohnorte, besonders aus Sachsen-Thüringen, der Rhön u. dem Harze. (VI, 186 S.) 8. Leipzig 904. P. Eger. n. 2. 50

Krauße, W., wieder ein Kämpfer!, s.: Theaterstücke, sozialistische.

Krauße, W., wieder e. Kämpfer! Charakterbild aus dem Arbeiterleben. 12. (23 S.) Berlin 894. Buchhdlg. des „Vorwärts". n. — 80

Krauße, W., die Civilehe. Ein Wort für Braut- und Ehestand. gr. 16. (30 S.) Weimar 876, Böhlau. *

Kraussen, Petrus (geb. am 25 Dez. 1819 in Randerath Rgbz. Aachen): Disquisitiones microscopicae et chemicae de fungo medullari ... Bonnae, form. F. P. Lechneri 1847. 3 Bl., II, 41 S. 8.
Bonn, Med. Fak., Diss. v. 9 März 1847

Krausser, Emil *Otto Johannes:* Lydgate's Complaint of the Black Knight. Text m. Einleitg u. Anmerkgn ... (Aus: Anglia, Bd. 19 Heft 2.) Halle a. S., Druck v. E. Karras, 1896; 1 Bl., 80 S., 1 Bl. 8.
Heidelberg, Phil. Fak., Inaug.-Diss. v. [30. Nov.] 1896

Krausser, Georg

Krausser, Zusammenstellg. der Gesetze, Verordnungen u. Bekanntmachungen, welche das Apothekerwesen im Grossh. Hessen betreffen. Hrsg. vom hess. Apothekerverein. gr. 8. (VIII, 182 S.) Darmstadt 898. (Giessen, J. Ricker.) n.n. 3. —; geb. in Leinw. u.n. 3.50

Kraußkopf, W., Handbuch beim Unterricht im Gesang für Lehrer u. Lernende. gr. 8. Zürich 843, Schultheß. n. 3/8 ℛ

—— Sammlung zwei-, drei- u. vierstimmiger Lieder f. Gymnasien u. höhere Bürgerschulen. 1. Hft. Samml. 2-, 3- u. 4stimm. Lieder, zunächst f. die Zürcher Kantonschule. qu. 8. (4½ B.) Zürich 843, Schultheß. *

—— dass. 2. Hft. Samml. 3- u. 4stimm. Lieder. qu. 8. (5¼ B.) Ebds. 843. *

—— dass. 3. Hft. Samml. zweistimm. Lieder f. Primarschulen. qu. 8. (2¾ B.) Ebds. 843. *

Kraußkopff, Jh. Reg., Geographie u. Statistik d. Hessen-Casselschen Lande. gr. 8. Marb. 794. Krieger. (Fr. Fleischer in Leipz.) 16 K

Kräußlach, Carl, Übungsheft f. d. schriftl. Arbeiten in Fortbildungsschulen. 4. (56 S.) Coburg 898. J. F. Albrecht. Kart. n.n. — 70

Kraußler Josef: Coordination der platonischen Polyëder und ihre Tangential- und Schnittkörper. Wien III. R. (Rainer) 90.
Progr.

Kräusslich, Ferdinand, Referendar, aus Coburg: Die **Geschäftsfähigkeit** der Minderjährigen nach dem Bürgerlichen Gesetzbuche für das Deutsche Reich vom 18. August 1896, nebst einem Ueberblick über seine hauptsächlichsten historischen Grundlagen. *Wiesbaden 1898: L. Schellenberg.* (47 S.) 8°
Erlangen, Jur. Diss. v. 20. Okt. 1898

Kraußneck, Anna, die Ärztin im 19. Jahrh., s. d. Schriften d. Vereins „Frauenwohl".

Kraussneck, Anna, Die Aerztin i. 19. Jahrh. Vortrag. »Schriften d. Ver. „Frauenwohl", Heft 2.« (27 S.) Berlin 1891. L. Oehmigke.

Kraussneck, A., s. Frauenbewegung u. Sexualethik.

Kraußold, Ed., zur Lehre vom Eid als Beweismittel im Civilprozeß. München 857. Kaiser. gr. 8. (3 Bl., 154 S.) n. 24 *ngr.*

Kraußold, Ferd., Erklärung d. Katechismus Lutheri, als Handbuch zum Gebrauche des neuen kirchl. Katechismus für die protestant. Schulen Baierns beim Confirmanden- u. höhern Schulunterricht, nebst kurzem Umriß der biblischen u. kirchlichen Geschichte. 8. Erlangen 837. Ferd. Enke. n. 1/2 ℛ

Kraußold, Hermann

Kraußold, H., fromm — folgsam — fleißig — fröhlich. Eine Kinderpredigt über das Evangelium am II. Sonntag p. Epiph. Luc. II, 41—52 am 13. Jan. 1867 in der Kirche zu St. Salvator in Schweinfurt gehalten. Schweinfurt 867. Giegler. 8. (16 S.) n. 2 *ngr.*

— Gebt unserm Gott allein die Ehre! Predigt über 5. Mos. 32, 1—7 u. 45—47 am VII. Sonntag nach Trinitatis den 15. Juli 1866 in der Kirche zu St. Salvator gehalten. Ebend. 866. gr. 8. (15 S.) n.n. 2½ *ngr.*

Kraußold, Herm. Gerechter Krieg besser denn fauler Friede, edler Frieden besser denn Krieg u. Sieg. Rede, üb. Psalm 129, Vers 1—4 bei der Sedan-Feier am 2. Septbr. 1890 geh. gr. 8. (7 S.) Schweinf. 890, Stör. — 15

Kraußold, Herm., ein Held fällt über den andern, und liegen beide mit einander darnieder. Rede, bei dem aus Anlaß des Ablebens Sr. Maj. des Kaisers Friedrich III. am 18. Juni 1888 in der Kirche zu St. Johann in Schweinfurt stattgehabten Trauergottesdienstes gehalten. gr. 8. (7 S.) Schweinfurt 888, Stör. * — 20

Kraussold, Herm., über die Krankheiten des Processus vermiformis und des Coelum und ihre Behandlung, s. Sammlung klinischer Vorträge.

Kraussold, H., über Nervendurchschneidung und Nervennaht, s. Sammlung klinischer Vorträge.

Kraussold, Herm., Rede bei der am 15. Juli 1858 stattgehabten Beerdigung des Hrn. Dr. jur. Herm. Ernst Freih. v. Rotenhan, königl. bayer. Kammerherrn rc. gehalten in der Kirche zu Mkt. Rentweinsdorf. gr. 8. (14 S.) Bamberg 858, Buchner'sche Buchh. *

Kraußold, Karl, Ethik und Aesthetik der Blumenzucht. Vortrag, gehalten im Gartenbau-Verein Bayreuth am 3. Dezbr. 1888. gr. 8. (31 S.) Bayreuth 888. (Nürnberg, Raw'sche Buchh.) * — 25

Kraussold, Carl, Melancholie und Schuld. Psycholog. und psychiatr. Betrachtungen. 8. (77 S.) Stuttgart 884, Enke. *

Kraußold, Carl. Nützliches u. Schönes in der Gemüsecultur. Essay. 8. (14 S.) Nürnb. 890, Raw. * — 25

Kraußold, L., die sociale Bedeutung der Arbeiterfrage vom ethischen Standpunkt. Vortrag in dem polytechn. Verein zu Bayreuth gehalten den 28. Febr. 1866. Bayreuth 866. (Grau'sche Buchh.) gr. 8. (27 S.) n. 4 *ngr.*

Kraußold, L., die weiße Frau, oder der orlamündische Kindermord. Eine Revision der einschlagenden Dokumente. [Aus dem Archiv für Oberfranken.] Erlangen 869. Deichert. gr. 8. (48 S.) n. 5 *ngr.*

— Ich bin bei euch alle Tage bis an der Welt Ende! Predigt am Vorabend der feierl. Enthüllung des Luther-Denkmals zu Worms, am 24. Juni 1868 gehalten. Ebend. 868. gr. 8. (16 S.) n. 2 *ngr.*

Kraußold, L., die protestantische Kirchenverfassungsfrage f. Bayern gegenüber der Trennung v. Staat u. Kirche. Vortrag bei den Schlußconferenzen der diesjähr. Decanatsvisitationen m. Bezug auf die bevorsteh. Generalsynode. gr. 8. (22 S.) Nürnbeg 873. Löhe. n. — 60

—— exegetischer Versuch zur Erklärung der viel versuchten Stelle Galater 3, 20. Ein Conferenzvortrag. gr. 8. (VI, 60 S.) Erlangen 871, Deichert. (90 Pf.) 1 —

—— zwei Zeitpredigten über die Trennung von Staat und Kirche und über die Civilehe. gr. 8. (23 S.) Ebendas. 874. * — 40

Kraußold, Leop., die Katechetik für Schule und Kirche. Neu bearb. gr. 8. (X, 421 S.) Erlangen 880, Deichert. *

Kraußold, Lorenz

Kraußold, (Pfarrer) Lor., Abschiedspredigt über 1 Corinth. 4, V. 12. gehalten in d. Stadtkirche zu Fürth am Neujahr-Nachmittag 1831. gr. 8. Nürnb. 831. Raw. 2 K

Kraußold, L(or.), musicalische Altaragende für den evangelisch-lutherischen Gottesdienst mit ausgesetzten Harmonieen für den Chor und die Orgelbegleitung. 1. Thl.: Für den Liturgen. 4. (VI und 110 S.) Erlangen 853, Blaesing. *

—— dass. — 2. Thl.: Für die Orgel und den Chor. 4. (IV und 33 S.) Ebds. 853. *

— Amt und Gemeinde in der evangelisch-lutherischen Kirche. Ein Beitrag zur endlichen Lösung der Amtsfrage auf dem Grund der luther. Symbole. (Als 2. Heft der Theolog. Zeitfragen.) Erlangen 858. Deichert. gr. 8. (VII, 104 S.) 12 ngr.

Kraußold, Lor., das Bekenntniß der evangelischen Kirche in Predigten über die Augsburger Confession. Erlangen 863. Deichert. gr. 8. (VI, 334 S.) 1 ℛ

Kraußold, Lor., stille Betrachtungen für christ-liebende Seelen über den leidenden u. sterbenden Erlöser. Ein Andachtsbüchlein für die Passionszeit. Nach der evangel. Geschichte bearbeitet. kl. 16. Nürnberg 835. Campe. ⅔ ℛ

—— stille Betrachtungen für Christ-liebende Seelen über den leidenden und sterbenden Erlöser. Ein Andachtsbüchlein für die Passionszeit nach der evangel. Geschichte bearb. 2. Aufl. 16. (III und 183 S. mit 1 Holzschnt.) Nürnberg 858, J. L. Schmid's Verlag. *

— die Beziehungen u. Verpflichtungen f. Gemeinde u. Seelsorger, nach Corinth. 3, V. 9. Eine Antrittspredigt, gehalt. am 9. Jan. 1831. gr. 8. Nürnb. 831. Raw. 2 K

Kraußold, L(orenz), Blüthensammlung deutscher Lesestücke für die Jugend. 1. Bdchn. gr. 12. (XII und 228 S.) Fürth 850, Schmid's Buchh.

—— vom alten protestantischen Choral, seinem rhythmischen Bau und seiner Wiederherstellung. Eine musical. Abhandlung. 8. (74 S.) Fürth 847, Schmid's Buchh. *

—— der evangel.-protest. Christ am Jubelfesttage seines Glaubensbekenntnisses. Eine Pred. am evangel. Jubelfeste d. 25. Juni 1830 in d. Stadtkirche zu Fürth gehalt. gr. 8. (1 B.) Nürnberg, (Raw.)

— Über Ehe u. Ehescheidung, Staat u. Kirche, und deren Verhältniss zu und untereinander (von *Lorenz Kraussold*). Nürnberg 1838.
Anon.-Lex. IV. p. 233 (nach Zuchold).

—— über d. häufigen unglückl. Ehen uns. Tage. Eine Pred. gr. 8. (1 B.) Nürnberg 836, Raw'sche Buchh. *

—— Erinnerung an Jean Paul. Vortrag, gehalten im histor. Verein zur Vorfeier des 100jähr. Geburtstags Jean Paul's im Rollwenzelshause am 20. März 1863. gr. 8. (24 S.) Bayreuth 863, (Grau'sche Buchh.) *

—— kurze Erklärung d. Katechismus Luthers, als Leitfaden in d. protestant. Schulen Bayerns diesseits d. Rheins eingeführten Katechismus Luthers, mit beweis. u. erläut. Sprüchen. gr. 8. (3½ B.) Erlangen 838, F. Enke. *

—— kurze Erklärung d. Katechismus Luthers, als Leitfaden z. Unterr. in d. mittl. Schul-Klassen. 2. u. 3., verb. Aufl. 8. (à 4¼ B.) Erlangen 839, F. Enke. à *

—— Erklärungen u. Betrachtungen zu d. 3 ersten Kapit. d. Römerbriefes, in öffentl. Betstunden gehalt., nachher genauer bearb. 8. ... Nürnberg 850, Raw.

—— Gebethbüchlein, s. Luther, Mart.

Kraußold, Lor., Gebete f. d. Katechismusunterricht, gesammelt. 8. (1¼ B.) Nürnberg 840, Raw'sche Buchh. Thlr.

Kraußold, Lorenz, Gedächtnißpredigt zur 300jähr. Feier d. Todes Dr. M. Luthers. 8. (1½ B.) Fürth 846, Schmid's Buchh. Thlr.

— Geschichte der evangelischen Kirche im ehemaligen Fürstenthum Bayreuth. Erlangen 860. Deichert. gr. 8. (VIII, 338 S.) n. 1 ℛ 6 ngr.

—— und G. Brock, Geschichte d. fränk. Schweiz, od. Muggendorfs u. seiner Umgebungen, mit ein. kurzgefaßten vollständ. Wegweiser f. solche, welche d. Gegend besuchen. gr. 12. (8½ B. u. 1 Ansicht.) Nürnberg 837, Riegel u. Wießner.

—— Grundlage u. Vorschule d. Religionslehre. Zunächst f. gebild. Schullehrer u. ihren Religions-Unterr. bearb. gr. 8. (10 B.) Nürnberg 834, Campe.

—— historisch-musicalisches Handbuch für den Kirchen- und Choralgesang. Für evangel. Geistliche und die es werden wollen bearb. gr. 8. (X und 191 S. mit 2 Notenbeilagen in gr. 8. und qu. Fol.) Erlangen 855, Deichert. *

—— christlicher Haustempel. Evangelien-Postille für alle Sonn- und Festtage des Kirchenjahres. 2 Bde. gr. 8. (X und 596 S. mit Portr. in Stahlst.) Erlangen 853, Deichert.

—— christlicher Haustempel. Evangelien-Postille für alle Sonn- und Festtage des Kirchenjahres. 2 Bde. (in 1 Bd.) 2. Aufl. gr. 8. (XII und 586 S. mit Portr. in Stahlst.) Erlangen 858, Deichert. *

— christlicher Haustempel. Evangelien-Postille für alle Sonn- u. Festtage des Kirchenjahres. 3. Aufl. Mit einem Anh. von 5 Fastenpredigten u. dem Bildniß des Verf. (in Stahlst.) Ebend. 870. gr. 8. (VIII, 608 S.) n. 1 ℛ; geb. n. 1 ℛ 7½ ngr.

Kraußold, Lor., christlicher Haustempel. Evangelien-Postille für alle Sonn- und Festtage des Kirchenjahres. 4. Aufl. Mit einem Anhang von 5 Fastenpredigten. gr. 8. (VIII, 608 S. mit 1 Stahlst.) Erlangen 877, Deichert. *

— Herr! hilf deinem Volk u. segne dein Erbe! Predigt am Buß- u. Bettag für den deutschen Krieg gegen Frankreich am 7. Aug. 1870 in der Stadtkirche zu Bayreuth gehalten. Bayreuth 870. (Erlangen, Deichert.) 8. (16 S.) n. 2 ngr.

—— Ich befehle euch Gott und dem Worte seiner Gnade. Abschiedspredigt am 1. p. Trin. 1854 gehalten zu Fürth. 2. Aufl. gr. 8. (16 S.) Nürnberg 855. (Erlangen, Deichert.) *

—— der Name Jesus an d. Spitze u. am Eingange d. neuen Jahres. Eine Pred. am Neujahrs-Nachmittag 1830 in d. Stadtkirche zu Fürth gehalt. gr. 8. (1¼ B.) Nürnberg, Raw.

—— Katechetik. gr. 8. (21½ B.) Erlangen 843, Enke's Verl. *

— die evangelisch-lutherische Kirche in Bayern u. ihre Generalsynode gegenüber den Separationsbestrebungen etlicher ihrer Glieder im Jahre 1849. gr. 8. (58 S.) Nürnberg 849, Recknagel. ¼ ℔

— die Klage über das verfallene Zion in unseren Tagen. Predigt zur Eröffnung der vereinigten General-Synode am 15. Novbr. 1865 gehalten in der Stadtkirche zu Bayreuth. Bayreuth 865. (Grau'sche Buchh.) gr. 8. (20 S.) 3 ngr.

—— historisches u. histor.-geograph. Lehr- u. Lesebüchlein f. deutsche Schulen. 8. (3¼ B.) Nürnberg 843, Korn'sche Bh.

—— die christl. Lehre von d. Versöhnung u. Erlösung in zwölf Predigten dargest. gr. 8. (9½ B.) Nördlingen 841, Beck'sche Bh.

—— Liedersammlung für Schule und Leben. 1. und 2. Thl. qu. 4. Erlangen, Deichert. [1. (VIII und 76 S.) 854. * 6 Ngr., 2. (IV und 92 S.) 855. * 7 Ngr.] *

—— Theodorich Morung, s. Archiv für Geschichte und Alterthumskunde von Oberfranken.

LORENZ KRAUSSOLD. Dr. Theodorich Morung der Vorbote der Reformation in Franken. Ein urkundlicher Beitrag zur Zeit- und Kirchen-Geschichte des 15. Jahrhunderts zum 50jährigen Jubiläum des historischen Vereins in Bayreuth am 28. Mai 1877 herausgegeben. (Theil 1.) Bayreuth s. a. Comm. von A. Deichert in Erlangen. 8°.
Theil 2. Theodor Morung und seine Gefangenschaft. ib. —

—— Dr. Theodorich Morung, der Vorbote der Reformation in Franken. Ein urkundl. Beitrag zur Zeit- und Kirchen-Geschichte des 15. Jahrh., zum 50jähr. Jubiläum des histor. Vereins in Bayreuth am 28. Mai 1877 hrsg. 2 Thle. in 1 Bde. Lex.-8. (IX, 96; X, 136 S.) (Ebendas.) 879. *

—— die Musik in ihrer kulturhistorischen Entwickelung und Bedeutung von den ältesten Zeiten bis auf Richard Wagner. Drei Vorträge. 8. (VI, 106 S. mit 4 lithogr. Beilagen in 8. und 4.) Bayreuth 876, Grau'sche Buchh. *

—— fünf Passions-Predigten. gr. 8. (4 B.) Nürnberg 831, Raw.

—— die Predigt in ihrer Beziehung zur Gemeinde Gottes. Antrittspredigt am 3. Trin. 1854 zu Bayreuth gehalten. gr. 8. (16 S.) Bayreuth 854. (Erlangen, Deichert.) *

— Predigt zur Eröffnung der General-Synode zu Bayreuth am 4. Novbr. 1857 gehalten. Bayreuth 857. (Erlangen, Deichert.) gr. 8. (18 S.) n. 2 ngr.

Kraußold, L., Predigt am Friedens-Dankfest den 12. März 1871 in der protestant. Stadtkirche zu Bayreuth gehalten. gr. 8. (16 S.) Bayreuth 871, Grau'sche Buchh. * — 20

—— Predigt am Missionsfeste zu Dresden gehalt. am 5. Sept. 1843. gr. 8. (1¼ B.) Dresden, Naumann. *

— das 1000jährige Reich und die Offenbarung Johannis. Ein Beitrag zum richtigen Verständniß beider für Jedermann. Ebend. 863. gr. 8. (XX, 80 S.) 12 ngr.

— vom 1000jährigen Reich. Predigt. Bayreuth 862. (Erlangen, Deichert.) gr. 8. (15 S.) n. 2 ngr.

—— die Sage vom heiligen Gral und Parceval. Vortrag, im polytechn. Verein zu Bayreuth am 30. Jan. 1878 gehalten. gr. 8. (32 S.) Erlangen 878, Deichert. *

— das landesherrliche Summepiscopat nach reformatorisch-lutherischen Grundsätzen. Ein kirchenrechtlicher Versuch. (Als 3. Heft der „Theologischen Zeitfragen.") Erlangen 860. Deichert. gr. 8. (IV, 86 S.) n. 10 ngr.

—— die Trennung der Schule von der Kirche beleuchtet und mit einem Anh. über Schullehrer-Vorbildung versehen. (Theilweiser Abdr. aus der Zeitschrift für Protestantismus und Kirche.) gr. 8. (32 S.) Erlangen 864, Deichert.

— Versuch eines Beitrags zur Altarliturgie. Enthaltend die Einsetzungsworte u. das Vaterunser, eine kurze Litanei, u. eine Beilage zweier Abendmahls-Choral-Gesänge, nebst einer kurzen Abhandlung als Nachwort. gr. 4. Nürnb. 832. Raw. 12 K

—— wachet u. betet! Rede bei d. Beerdigung d. am 19. Juli 1846 ermordeten 18jähr. Jungfrau Marg. Frieder. Höfler am 22. Juli 1846 gehalten. 8. (1 B.) Fürth, Schmid's Buchh.

— christl. Wort der Warnung u. Ermunterung bei der drohenden Cholera-Pest. 1e u. 2e Aufl. gr. 8. Nürnb. 831. Raw. 1 K

— theologische Zeitfragen besprochen in Pastoral-Conferenzen. 1. Heft. Erlangen 857. Deichert. gr. 8. (IV, 68 S.) 7½ ngr.

—— dass. — 2. Heft, s. dessen Amt und Gemeinde.

—— dass. — 3. Heft, s. dessen landesherrl. Summepiscopat

Kraussold, M., Abschiedspredigt über Röm. I, 16. Am 21. Febr. 1875 in der protestant. Pfarrkirche bei St. Ulrich zu Augsburg gehalten. 1. und 2. Aufl. 8. (14 S.) Augsburg 875, (v. Jenisch und Stage'sche Buchh.)

Kraußold, M., Joh. Janssen's Geschichte des deutschen Volkes seit dem Ausgange des Mittelalters. Ein Conferenz-Vortrag, gehalten zu Hof am 27. Juli 1885. gr. 8. (63 S.) Hof 885, Thelemann. * — 60

Kraußold, M., die in der bayerischen protestantischen Landeskirche diesseit des Rheins gegenwärtig giltigen Gesetze und Verordnungen. In kurzgefaßter systemat. Zusammenstellung hrsg. 8. (XIV, 290 S.) Nördlingen 883, Beck'sche Buchh. cart. *

Kraußold, M., die in der bayerischen protestantischen Landeskirche diess. d. Rh. gegenwärtig giltigen Gesetze u. Verordnungen. In kurzgefaßter systemat. Zusammenstellg. hrsg. 2., neu bearb. Aufl. 8. (XVI, 339 S.) München 893. C. H. Beck. Kart. n. 3. 60

Kraußold, M., das sogenannte römische Concil und die Protestanten in Bayern. gr. 8. (VI, 58 S.) Leipzig 870, Haessel. * 1 —

—— Predigt, gehalten beim Trauergottesdienste am Begräbnistage des Kaisers Wilhelm am 16. März 1888 in der Sebalduskirche zu Nürnberg. gr. 8. (14 S.) Nürnberg 888, [v. Ebner'sche Buchh.] Ballhorn. * — 20

—— fünfzehn Predigten über evangelische und andere Texte, in der protestant. St. Ulrichskirche zu Augsburg gehalten. 3 Lfgn. gr. 8. (III, 177 S.) Augsburg 875, [v. Jenisch und Stage'sche Buchh.] Preyß. (M. 3.) *

Kraussold, Max, Dr., aus Nürnberg: 'Die politischen Beziehungen zwischen Deutschland und Frankreich während der Regierung Heinrichs VII.' *München 1900: Kastner & Lossen.* (159 S.) 8°
München, Phil. Diss. v. 1900

Kraussold, Theodor [app. Arzt aus Schweinfurt]: Ueber einen Fall von Aneurysma der Aorta mit Perforation in die Pulmonalarterie ... Erlangen, k. b. Hof- u. Univ.-Buchdr. v. F. Junge, 1893; 37 S. 8.
Erlangen, Med. Fak., Inaug.-Diss. v. März 1891

Krauß, B., Ursachen d. Verarmung u. d. Nothstandes. D. Bekämpfg. d. wirtschaftl. Uebelstände als neuer Erwerbszweig. gr. 8. (31 S.) Wien 897. M. Breitenstein. n. 1. 25

Krausz, J. Die Branntweinsteuerfrage mit besonderer Berücksichtigung der österr.-ungarischen Verhältnisse. 8°. Leipzig 1876.

Krausz, Joseph: Die Götternamen in den babylonischen Siegelcylinder-Legenden. München 1910: Straub. 47 S. 8°
München, Phil. Diss. v. 28. Jan. 1910, Ref. Hommel
[Geb. 2. Sept. 83 Sächsisch Regen; Wohnort: Debretzin; Staatsangeh.: Ungarn; Vorbildung: Obergymn. Gyula-Fehérvár Reife Juli 04; Studium: Budapest 2, Zürich 1, München 6 S.; Rig. 28. Jan. 10.] [U 10. 3667

Krausz, Moritz: Beiträge zur fermentativen Fettspaltung. Pécs ⟨Ungarn⟩: (Günsberger) [1910]. 50 S., 1 Taf. 8°
Hannover, Dr.-Ing.-Diss. v. 18. 7. 1910

Krauszhaar, Karl, vgl. Kraushaar, Karl.

KRAUSZHAAR, KARL: Kurzgefaßte Geschichte von Maria Radna. Temesvár 1889: Csanáder Druckerei. 48 S. - 8°

Kraut unn Riewe. Gesammelte Gedichtcher v. eme alde Frankforder (Karl Ettlinger). (128 S.) 8. München 907. G. Müller. 2.—; geb. 3.—

— u. Rüben. Launige Reimereien zu heiteren Vorträgen im Oberlausitzer Dialekt v. Bihms [Böhm's] Korle (A. Matthes). (X, 98 S.) 8. Zittau (909). W. Fiedler. 1. 20

Kraut und Rüben. Launige Reimereien zu heiteren Vorträgen im Oberlausitzer Dialekt von Bihms Korle. Zittau: Klotz in Komm. [1909]. X, 98 S. 8° [09. 17134

Kraut u. Rüben durch einander, oder moral., komische u. satyr. Aufsätze, (von Dn. Albr. Cranz). 4 Thle. 8. Bresl. 784–88. (Gosohorsky). 2 ₰ 16 ℋ

Kraut und Rüben durch einander, oder moralische, komische und satyrische Aufsätze. Breslau u. Leipz. 1785—88. V: *Cranz, Daniel Albrecht.* (MGT) (Ky)

Kraut, die politischen Beziehungen zwischen Deutschland u. Frankreich bis zur höchsten Machtentfaltung des Kaiserthums unter Heinrich III. Heilbronn 868. (Tübingen, Fues.) gr. 4. (20 S.) n. 7½ ngr.

KRAUT und BIEDERMANN.
Industrie (Die) der Fettkörper auf der Wiener Austellung. Braunschweig, 1877. 8vo.

— zur Lehre vom Gerundium u. Gerundivum. Ebend. 862. 4. (21 S.) 7½ ngr.

Kraut, die epische Prolepsis, nachgewiesen in der Ilias, ein Beitrag zur Kenntniss des epischen Stils. gr. 4. (27 S.) Tübingen 863, (Fues'sche Sortimentsh.) *

Kraut, über den Stil des Livius mit besond. Rücksicht auf die livianische Syntax. Vortrag, gehalten in der Lehrerversammlung zu Ravensburg 28. Juli 1882. gr. 8. (13 S.) Tübingen 882, Fues. *
Aus: Correspondenzblatt für die Gelehrten- und Realschulen Württembergs, besonders abgedruckt.

— über Syntax und Stil des jüngeren Plinius. gr. 4. (47 S.) Tübingen 873, (Fues'sche Sortimentsh.) * 1 80

Kraut, A. C., s. Annalen d. Braunschweig-Lüneb. Kurlande.

Kraut, A. J.: „Beitrag zu einer chronologischen Geschichte des innern Gehalts der üblichen Währung in der mittleren Zeit", „Hannoversches Magazin", Hannover 1782.

Kraut, C., Hadrian als Regent und als Charakter. Ein Versuch. 4. (43 S.) Berlin 871, (Calvary und Comp.) * 1 20

Kraut, C., und C. Brunnemann, praktischer Lehrgang der deutschen Sprache,
—— —— zur Orientirung über den prakt. Lehrgang der deutschen Sprache der Verff.,
} s. Brunnemann, C.

Kraut, Channa, aus Tula (Russland): Der Ductus sacculo cochlearis (sive reuniens Henseni) bei den höheren Säugetieren und dem Menschen. ⟨Aus dem Privatlaboratorium von Professor Schönemann Bern.⟩ Bern 1910. 8 S. und vier Tafeln. 8°. S.-A. aus Zeitschrift für Ohrenheilkunde und für die Krankheiten der Luftwege. hg. von O. Körner, A. Hartmann, G. Killian. Wiesbaden. Bd. 60. Heft 1/2. [22. VI. 10.]
Bern. Med. Diss. 1909/10.

Kraut, Elise, Erholungsstunden für die Jugend. Hamburg 865. Gaßmann's Verlag. Lex.-8. (IV, 304 S.) n. 24 ngr. cart. 27 ngr.

Kraut, Elise, praktischer Leitfaden für Erzieherinnen bei dem Musikunterrichte, bearb. nach den Lehrbüchern v. Marx, Breitung u. mehrerer anderer berühmter Musiklehrer. Lex. 8. (32 S.) Rostock 851, Leopold in Comm. n. ⅓ ₰

Kraut, Frz. Nikl., († d. 4. Oct. 1775.) kurze Gedanken von d. allgem. Hessischen Geschichte. 4. Schmalkalden 770.

(—) Materialien zu d. Münz-Geschichte überhaupt, u. insbesondere zur Hessen- u. Hennebergischen. 4. Schmalkalden 770.

Kraut, Heinr. Bemerkungen zur lateinischen Grammatik von Ellendt-Seyffert. 10 S. Progr. *Schwäb. Hall* 1879.

Kraut. (Heinr.), Generalregister, s.: Jahresbericht über die Fortschritte auf d. Gesamtgebiete d. Agrikultur-Chemie.

Kraut, Geschichtliches über das k. Gymnasium zu Schwäbisch-Hall. gr. 4. (8 S.) Schw.-Hall 878. (Tübingen, Fues'sche Sortimentsh.) **

Kraut, J. H., excentrische Universal-Mühlen. VIII Werkzeichnungen mit erläut. Text nebst einem Anh. neuester verborgener Pferde-Göpel. 8. (41 S. m. 8 lith. Taf. in Fol.) Zofinger 848, Steinegger. n. 2⅔ ₰

Kraut, K.

— u. W. Rösch, Anthologie aus griechischen Prosaikern zum Übersetzen ins Deutsche f. obere Klassen. 1. Hft. 8. (VIII, 79 S.) Ebd. 893. n. — 80

Kraut, K., u. W. Rösch, Anthologie aus griech. Prosaikern z. Übersetzen ins Deutsche f. obere Klassen. 2.—3. Hft. 8. (VIII, 80 u. IV, 82 S.) Stuttgart 895. W. Kohlhammer. à n. — 80

Kraut, K. Über das vulgäre Element in der Sprache des Sallustius. 12 S. Progr. *Blaubeuren* 1881.

Kraut, K. [Ephorus]: Übersetzung der ersten und zweiten olynthischen Rede des Demosthenes mit vergleichenden Proben und einigen Bemerkungen über die Art des Übersetzens. Blaubeuren, Druck d. Fr. Mangoldschen Buchh., 1889; 18 S. 4°
Blaubeuren, ev.-theol. Sm, P 1889 (552)

Kraut, K., Übungsbuch zum Übersetzen aus dem Deutschen u. Lateinischen ins Griechische f. obere Klassen m. grammatischen u. lexikalischen Anmerkungen u. e. Anh. v. 50 Extemporalien nach griechischen Texten. gr. 8. (XI, 191 S.) Stuttgart 891. W. Kohlhammer. n. 2. 30; geb. n.n. 2. 70

Kraut, Karl, Handbuch d. Chemie, s.: Gmelin, Leop.

— die Kaliindustrie d. Prov. Hannover u. die Abwässer der Chlorkalium-Fabriken. Ein off. Brief an Hrn. Oberbürgermeister Struckmann in Hildesheim. 8. (29 S.) Berlin 898. Polytechn. Buchh. A. Seydel. n. — 60

Kraut, K., cum grano salis. Die Kali-Industrie im Leine- u. Wesergebiete u. das Gutachten der königl. wissenschaftl. Deputation f. das Medicinalwesen üb. die Einwirkg. der Kali-Industrie-Abwässer auf die Flüsse. gr. 8. (IV, 74 S. m. 2 Fig. u. 2 lith. Taf.) Berlin 902. Polytechn. Buchh. A. Seydel. n. 3. —

Kraut, K: Welche Bedeutung hat der Zufluß der Effluvien der Chlorkaliumfabriken bei Staßfurt, Aschersleben und Bernburg für den Gebrauch des Elbwassers? Hannover 1884

Kraut, Marie v., preußische Geschichte f. Kinder. Nebst 8 (farb.) Karten v. Havemann. Mit e. Vorworte v. Rob. Koenig. gr. 8. (VII, 111 S.) Halle a/S. 892. J. Fricke's Verl. n. 2. —; geb. n. 2. 50

Kraut, M. v., „Rabe", s.: Sewell, A.

Pundita Ramabai. Eine Vorkämpferin d. Indischen Frauenbewegung. Aus d. Engl. frei bearb. von Marie v. Kraut. *Halle a. S.: J. Fricke 1895.* (84 S.) 8° [Ant. u. F.]
[Sondert.:] Auszüge aus Pundita Ramabais Buch: Die Hindu-Frau d. hohen Kaste [The High-Caste Hindu Woman, deutsch]. [09. 1946a

— s. a. Ramabai, Pundita.

Kraut, M. v., s.: Turm, der, v. Lough-Erne.

Kraut, Michael Heinrich [Praes.], s. Sachsen, Christoph Ernst von der: De jure pertinentiarum.

Kraut, O. H., das Verfahren bei Besetzung geistlicher Stellen in der evangelisch-lutherischen Landeskirche des Königr. Sachsen. Auf Grund der gesetzl. Bestimmgn. zum prakt. Gebrauche bearb. für die Herren Ephoren, Kollatoren u. Bewerber um geistl. Stellen, sowie f. die Kirchenvorstände. (VIII, 121 S.) 8. Dresden 905. (Niederlage des Vereins zur Verbreitg. christl. Schriften.) Kart. n. 1. 50

Kraut, O. H., das Verfahren bei Besetzung geistl. Stellen u. die Vorschriften f. die Kandidaten der Theologie u. des Predigtamts in der evang.-luth. Landeskirche des Königr. Sachsen. Auf Grund der gesetzl. Bestimmgn. zum prakt. Gebrauche bearb. f. die Herren Ephoren, Kollatoren, Bewerber um geistl. Stellen u. Kandidaten, sowie f. die Kirchenvorstände. (2. Aufl.) (VIII, 190 S.) 8. Leipzig 907. F. Klinkhardt. Kart. 2. 60

— Otto Friedrich (Lüneburg), De bonis uxoris ex Romani juris praesumtione non paraphernalibus, sed dotalibus. Diss. jur. Präs. Christ. Frid. Georg Meister. Götting. (Hager / E. D. Alberti) 3. VII. 1769. 128 S. (8.—) 19416
Gew.: Burchard Christian Frh. v. Behr (Stellichte). — Widm. v.: Christian Friedrich Oldekop, A. I. Kraut, E. L. Schenck (Ysenburg), I. M. Bleken (Lüneburg).

Kraut, R., Geschichte der Antialkoholbestrebungen, s.: Bergman, Joh.

[Kraut, Rudolf.] Das Rennwegthor und die Umgestaltung des Rennweges. Vortrag gehalten im Rennweg-Quartier-Verein. [Illustriert.] 8. Zürich 1891.

Kraut, Wilhelm Theodor

Kraut, (W. Th.,) de argentariis et nummulariis commentatio. 8 maj. Gottingae 826, Dieterich.

— Wilhelm Theodor, De codicibus Luneburgensibus quibus libri juris Germanici medio aevo scripti continentur. Commentatio. Götting. (Dieterich) 29. V. 1830. 28 S. (5.50) 19417

—— Grundriß zu Vorlesn. üb. d. Deutsche Privatrecht mit Einschluß d. Lehnrechts, nebst beigefügten Quellen. gr. 8. (26 B.) Göttingen 830, Dieterich.

Kraut, Wilh. Theod., Grundriß zu Vorlesungen üb. d. deutsche Privatrecht, mit Einschluß d. Lehn- u. Handelsrechts, nebst beigefügten Quellen. 2., verm. u. verb. Ausg. gr. 8. (32½ B.) Göttingen 839, Dieterich'sche Buchh. *

Kraut, Wilh. Theod., Grundriß zu Vorlesungen üb. d. deutsche Privatrecht m. Einschluß des Lehn- u. Handelsrechts nebst beigefügten Quellen. 3., verm. u. verb. Ausg. gr. 8. (34⅘ B.) Göttingen 845, Dieterich'sche Buchh. *

Kraut, Wilh. Thdr., Grundriß zu Vorlesungen über das deutsche Privatrecht mit Einschluß des Lehn- und Handelsrechts nebst beigefügten Quellen. 4., verm. und verb. Aufl. gr. 8. (XXXIX und 546 S.) Göttingen 855(56,) Dieterichsche Buchh. *

Kraut, Wilh. Thdr., Grundriß zu Vorlesungen über das deutsche Privatrecht mit Einschluß des Lehn- und Handelsrechts nebst beigefügten Quellen. 5. verm. und verb. Ausg. gr. 8. (XLII, 512 S.) Berlin 872, Guttentag. * 8 —

Kraut, Wilh. Thdr., Grundriß zu Vorlesungen über das deutsche Privatrecht mit Einschluß des Lehn- und Handelsrechts, nebst beigefügten Quellen, neu bearb. von F. Frensdorff. 6. verm. und verb. Aufl. gr. 8. (XXX, 608 S.) Berlin 886, Guttentag. * 12 —

—— das alte Stadtrecht v. Lüneburg. gr. 8. (5½ B.) Göttingen 846, Dieterichsche Buchh. *

— s. a. Stadtrecht, das alte, von Lüneburg.

—— die Vormundschaft, nach d. Grundsätzen d. deutsch. Rechts dargest. 1. Bd. gr. 8. (27¼ B.) Göttingen 835, Dieterichsche Bh.

Kraut, Wilh. Theod., die Vormundschaft nach den Grundsätzen des deutschen Rechts dargestellt. 2. Bd. gr. 8. (XXX und 698 S.) Göttingen 847, Dieterichsche Buchh. *
1. Bd. Ebendas. 1835. 1 Thlr. 15 Ngr.

Kraut, Wilh. Thdr., die Vormundschaft nach den Grundsätzen des deutschen Rechts dargestellt. 3. Bd. gr. 8. (XVI und 800 S.) Göttingen 859, Dieterich'sche Buchh. Thlr. *
Der Preis des 1. und 2. Bds., Ebendas. 1835 und 1847, ist auf * 3 Thlr herabgesetzt.

— s. G. W. A. Wiese, Grundsätze.

Kräuter, Sprachbuch f. d. deutsch. Unterricht, s.: Engelke.

. Maurerische Geschichtsbilder. Zeichnung vorgetragen bei der Lehrlingsarbeit der ger. u. vollk. Johannisloge „Die Freunde zur Eintracht" im Or.·. Mainz am 24. April 1894 von Friedr. Alex. Kräuter. [Mainz 1894]: Prickarts. 12 S. 8° [Umschlagtit.]
Auch in: Bh. 37 (1894) S. 308—311.
Gesch. der Frmrei in Mainz. 193. 358a.

Kräuter, J. F., die Lautverschiebung. gr. 8. (X, 154 S.) Strassburg 877, Trübner. *

Kräuter, J. F., über neuhochdeutsche und antike Verskunst. 8. (44 S.) Saargemünd 873. (Berlin, Calvary und Comp.) * 1 —

Kräuter, Johs., über einige Nachkrankheiten der Ruhr. Ein Beitrag zur Aetiologie der acuten und chron. Gelenk-Entzündungen und der Blennorrhöen der Conjunctiva. 2. veränderte Aufl. gr. 8. (36 S.) Cassel 871, Kay. * 1 —

Kraeuter, Phil. Dav., De commercio animi et corporis rite explicando. Jen. 4°.
1742

Kräuter, Ph. Dav., s. *Concordia* s. sacra.

Kraeuter, P. D., de aeterna poenarum infernalium duratione. Jen. 743. 4.

Kraeuter, Philipp David [Praes.], s. Suhl, Ludwig: Dissertatio de commercio animae et corporis rite explicando sententias Cartesii atque Carthesianorum modesto examini subiiciens.

Kräuterarzeneien, die, sind die naturgemäßen u. allein sicheren Heilmittel in allen Krankheiten. Eine genaue Darlegung des Systems u. der Heilmethode Morison's u. ein dringendes Wort an das Publikum, Leben u. Gesundheit betreffend, von R. v. W. 8. (31 S.) Leipzig 851, Schmaltz. n. 1/6 ₰

Kräuterbuch

— s. Birkmeyer, Chr.

Kräuterbuch, großes illustrirtes. Ausführl. Beschreibung der für Arzneikunde, Handel und Industrie verwendbaren Pflanzen und Mineralien, deren Fundort, deren Verwendung und der daraus gewonnenen Producte. Mit mehreren 100 naturgetreuen Abbild. in feinstem Farbendr., ausführl. Registern sämmtl. Pflanzen und Mineralien, der erprobtesten allopath. und homöopath. Mittel der Haus- und Thierheilkunde und einer Erklärung vorkommender, fremdartiger Ausdrücke. Nach den neuesten Quellen hrsg. von Ferd. Höchstetter, Martin und Anderen. gr. 8. (XVI, 472 S. mit 32 Chromolithogr.) Reutlingen 880, Enßlin und Laiblin's Verlagsh. geb.

Kräuterbuch, kleines. Hausschatz heilkräft. Hausmittel. (16 S.) kl. 8. Aschersleben (910). W. Günther. — 20

Kräuter- und Arzneienbuch, Mieser. Hrsg. v. Georg Schmidt. Prag 1905. V: *Keisser*, *Ignaz.* (Berl)

Kräuter-Buch, das vorzügliche, oder die Haus-Apotheke, in welchem die kostbaren Heilkräfte von über 100 Pflanzen und Kräutern enthalten sind. Nebst einem Anh. von andern Heil- und Abführungsmitteln, welche in jeder Hauswirthschaft immer vorräthig sein sollen. Ein höchst unentbehrl. Hausschatz für jede Familie. 16. (70 S.) Mügeln 873. (Leipzig, Senf.) — 50

Kräuterbuch, das vorzügliche, oder die Haus-Apotheke, in welchem die kostbaren Heilkräfte von über 100 Pflanzen und Kräutern enthalten sind. Nebst Abführungs- und anderen Heilmitteln. gr. 16. (72 S.) Leipzig 886, Bieweg. — 50

Kräuterbüchlein. Zusammenstellung u. Anwendg. der giftfreien u. bewährten Kräuter u. s. w. Ratgeber f. die Familie. (Von K. F. J. Süss.) (32 S.) kl. 8. Leipzig (Gellertstr. 7/9) (907). Jul. Süss, jun. — 25

Kräuter-Büchlein für den häuslichen Gebrauch; oder Angabe derjenigen Kräuter, welche bei menschl. Krankheiten und Gebrechen so wie bei solchen des Rindviehes und der Pferde lindernd und heilend angewendet werden können. Nebst einer Anzahl praktisch bewährter Rezepte. gr. 16. (XXX und 180 S.) Schaffhausen 855, Schalch.

Kräuter- u. Küchengärtner, d. wohlerfahrene, od. deutl. Unterricht v. Säen, Pflanzen, Erzeugung u. Nutzen d. Wurzeln, Erdfrüchte u. Kräuter. 8. Lissa, 1769. Glogau, (1768) 1770. Günther. — 3¾

Kräuterheilverfahren, das. Prakt. u. übersichtl. Zusammenstellg. der giftfreien u. bewährt. Heil-Pflanzen f. den Gebrauch in Haus u. Familie. (Von Carl Frdr. Jul. Süss.) 12. (32 S.) Leipzig (Gellertstr. 7/9) (901). J. Süss jun. n. — 25

Allerhand **Kräuterich!** Annaberg: Graser 1903. 48 S. 8°
(Gedichte u. Geschichten in erzgebirgischer Mundart. H. 20.) [10. 37?]

Kräutermann, Valentin (Pseud.)

s. a. Hellwig, Christoph von

Kräutermann, Val., wohlerfahrner Apotheker, od. Anleit. zur Apothekerk. 8. Arnst. Beumelburg. 730.

— sicherer Augen- u. Zahnarzt. 8. Ebend. 732.

Kräutermann V.: Wohlerfahrner Bienen-Wirth ... Arnstadt 1762. 120 S.

Kräutermann, Val., wohlerfahrener Bienenwirth, oder Anweis. zur Bienenpflege. 8. Eisenb. ... N. A. 793. Walther. (Köhler in Leipz.) 6 K

— kompendieus. deutsch u. latein. Blumen- u. Kräuterbuch. 8. Arnst. 751. Beumelburg. 12 K

— neu angeh. u. wohlunterwies. Chirurgus. 8. Ebendas. 732.

— wohlerfahrn. Chymist. 8. Ebend. 738.

KRÄUTERMANN, V. Gantz besondere consilia secreta des verehlichten als unverehlichten Frauenzimmers, in welchem die heilsamsten und bewährtesten Artzney-Mittel für alle dem weiblichen Geschlechte zustoßende Kranckheiten und Maladien zu finden etc. Nebst zweyfachem Register. 8°. 480 S.
Arnstadt: Beumelburg 1742.

— Haus-, Land- u. Armenarzt. 8. Arnst. 759. Beumelburg. 6 K

Kräutermann's, Val., natürlicher u. sympathetischer Hausthierarzt, welcher sowohl f. alle Krankheiten der Pferde, d. Rindviehes, der Schaafe, Schweine, Hüner u. Gänse den besten u. leichtesten Rath als auch die bewährtesten Mittel wider allerley Ungeziefer enth., ingleichen v. Tauben- u. Vögelfangen, vom Warten der Bienen u. Gärten u. noch anderen Dingen. Nebst nöth. Register. 8. (88 S.) Chemnitz 892. C. A. Hager. n. — 75

— Hüft-, Rück- u. Lendenweh, wie solches zu kuriren. 8. Ebend. 746.

— gctr. sorgfält. und geschwinde Kinderarzt. 8. Arnstadt, Beumelburg. 740.

— Kunst- u. Wundarzt bei Menschen u. Vieh. 8. Eisenb. 791. Walther. (Köhler in Leipz.) 8 K

Kraeutermann, Val., Lehre von den untrügl. Kennzeichen des Urins, des Pulses, der Temperamente u. des Blutes. Mit Anm. versehen u. durchgehends verbessert von Joh. G. Essig. 280 S. Augsb. 16°.
1788

– Lehre von Kennzeichen des Urins, d. Pulses, d. Temperamente u. d. Bluts, mit Anmerkk. neu herausg. von J. G. Essig l. 8. Augsb. 788. Wolff. 8 K

— Lehre von Kinderkrankheiten. N. Ausg. von J. G. Essig l. 8. Augsb. 793. Wolff. 14 K

Kräutermann, Val.: „Compendieuses Lexicon exoticorum, oder Beschreibung der vornehmsten Ost- und Westindischen Materialien", Arnstadt 1730. Beumelburg.

— medicina renunciatoria et consultat., was ein Medicus b. Besichtig. z. beobachten. 8. Ebend. 726.

— hist. medicin. Mineralreich u. d. Scheide- und Probirk. 8. Ebend. 747.

— praxis medica. 8. Ebend. 734.

Kraeutermann, V. Neu verändertes historisch-medicinisches Regnum minerale oder Metallen- und Mineralien-Reich in zwei Haupttheilen, da in dem ersten enthalten eine Beschreibung aller Erze, Mineralien und Edelgesteine, in dem andern die vollkommene Scheide- und Probierkunst u. s. w. Frankfurt und Leipzig 1726. 8.

Kraeutermann, Val., Die bestürmte aber entsetzte Residentz der Vernunfft od. von dem Gedächtniß, wie dasselbe bis ins hohe Alter gut zu erhalten, das geschwächte zu stärcken u. das verlohrne wieder zu bringen sey. Nebst etlichen zwey hindangefügten Universal-Artzneyen, sich bis in ein sehr hohes Alter gesund u. bey jugendlichen Kräfften zu erhalten u. die Metallen zu erhöhen, ingleichen aus den Edelsteinen Metallen u. dergleichen Quint-Essenzen kräfftige Artzeneyen zu machen sc. 152 S. Arnst. u. Lpz. 1745. 8°. Beumelburg.

— Scheider und Probirer. 8. Ebend. 717.

— in der Medicin gebräuchl. Thierreich. 8. Ebend. 728.

KRÄUTERMANN, V., Curieuser Urin-Artzt, welcher lehret; wie man aus dem Urin die meisten Krankheiten erkennen, ein vernünftigen Judicium davon füllen und aus dem Puls den Zustand des Geblütes, Ab- und Zunahme der Krankheit ersehen solle. 4. Auflage. Arnstadt 1748. 196 S. und Reg.

— d. Urinarzt. 8. Arnst. 765. Beumelburg. 4 K

Kraeutermann, V., Der curieuse und vernünfftige Zauber-Artzt, welcher lehret und zeiget, wie man nicht allein ex triplici regno curieuse Artzneyen verfertigen, sondern auch per Sympathiam et Antipathiam, Transplantationem, Amuleta et Magiam naturalem, od. vermeynte Hexerey die vornehmsten Kranckheiten des menschl. Leibes glücklich curiren könne. 329 S., Frkf. u. Lpz. 1725. 8°. 32 S., Frkf. u. Lpz. 1725. 3. Aufl. 320 S., Frkf. u. Lpz. 1726. 8°.

Kruentermann, Valentinus, Der Thüringische Theophrastus Paracelsus, Wunder u. Kräuterdoctor, od. der curieuse u. vernünftige Zauber-Arzt, welcher lehret, wie man nicht allein aus den 3 Reichen der Natur curieuse Artzeneyen verfertigen, sondern auch durch Sympathie u. Antipathie Verpflanzungen, Amulete, geringe Mittel, u. durch die Magie die Kranckheiten des menschlichen Leibes glücklich curiren kann. Zum drittenmahl ans Licht gestellet v. V. Kr. Arnstadt u. Lpz. 1730. 416 S. 1. Aufl. 320 S. 1725 S. Frkf. 1725. 2. Aufl. 320 S. Frkf. 1725. 3. Aufl. 320 S. Frkf. 1726.

— Zauberarzt per sympathiam et magiam. 8. Frft. 737.

Kräutermann, Valer., (d. h. Chr. v. Hellwig) der curieuse und vernünftige Zauber-Arzt. Frkf. u. Leipz. 725. 726. 730. 737. 748. 8.

Kräutersammler, der Schweizer. Ausführliche Beschreibung aller in der Schweiz und den angrenzenden Ländern, auf den Bergen und in den Thälern wild wachsenden Pflanzen und Kräuter, nebst genauer Angabe ihres Gebrauches, Nutzens, ihrer Anwendung und Wirkung, ihres Anbaues, ihrer Einsammlung, Aufbewahrung und Verwerthung. Mit deutl. Anleitung zur Bereitung aller möglichen Kräutersäfte und Arzneien sc., vieler Geheim- und Hausmittel. 8. (XVI, 250 S.) Neu-Ulm 879, Stahl. *

Die Kräuterweihe. Ein Augustmärchen f. fromme Kinder. Paderborn 1899: Bonifacius-Dr. 32 S. 8°
= [Märchenbücher für Kinder]. No. 24.

Krauth, Ch. Historische Beschreibung des Franciscaner- oder Minoritenklosters zu Görlitz . . . Görl. 1780—98. V (St. 4—22): *Hortzschansky, Joh.* (MGT) (OL)

Krauth, Karl [Georg]

Krauth, Karl [wiss. Hülfsl. Dr.]: Babylonien nach der Schilderung Herodots. Meiningen, Druck d. Keyssnerschen Hofbuchdr., 1892; 1—13 S. 4.
Schleusingen, k. Hennebergisches G, OP 1892 (250)

Krauth, Karl, Prof. Dr.: Vorgeschichtliche Eigentümlichkeiten der mittelländischen Sprachen, erläutert am Stammbaum der Wörter „Wasser" und „Fluß". T. 1. Der mit einem Lippenlaut ⟨Beispiel P⟩ beginnende Stamm. Hierzu gehört e. Stammtafel. Erfurt 1907: F. Bartholomäus. (18 S. u. 1 Taf.) 4° [F.]
Erfurt, k. RG OP 1907 (315)

Krauth, Karl: Vorgeschichtliche Eigentümlichkeiten der mittelländischen Sprachen, erläutert am Stammbaum der Wörter 'Wasser' und 'Fluß'. T. 2. Der mit e. Zahnlaut ⟨Beispiel T⟩ beginnende 1. Nebenstamm im Worte Water—Wasser. Hierzu gehört 1 Stammtaf. Erfurt (1908): Bartholomäus. 20 S., 1 Taf. 8° ¶[Forts. d. P-Beil. 1907.]
Erfurt, k. RG P 1908 (332) [S 08. 253

Krauth, Karl: Vorgeschichtliche Eigentümlichkeiten der mittelländischen Sprachen, erläutert am Stammbaum der Wörter 'Wasser' und 'Fluß'. T. 3. Die Liquida r ⟨l⟩, der zweite Nebenstamm im Worte Wasser —, der erste Nebenstamm im Worte Fluss, und die mit ihr beginnenden Flußnamen und anderen Wortarten. Hierzu gehört 1 Stammtaf. Erfurt (1910): Bartholomäus. 31 S., 1 Taf. 8° ¶(Forts. d. P-Beil. 1907. 08.)
Erfurt, k. RG P 1910 (354) [S 10. 237

Krauth, Carl [Dr.]: Die „sieben Flüsse" Skythiens nach Herodots Bericht dargest. Erfurt, Druck v. F. Bartholomäus, 1894; 1 Bl., 1—9 S. 8.
Erfurt, k. RG, Festschr. 1894 (202)

Krauth, C[arl] G.: Ein neolithisches Hügelgrab mit Schnurkeramik am Nordabhang des Steigers bei Erfurt. Hierzu 2 Tafeln. Erfurt 1905: Fr. Bartholomäus. (15 S.) 8° [F.]
Erfurt, k. RG P 1905 (303)

Krauth, Karl G., Dr.: Untersuchung über den Namen und die ältesten Geschichtsquellen der Stadt Erfurt. Erfurt 1904: Fr. Bartholomäus. (36 S.) 4° [F.]
Erfurt, k. RG P 1904 (302)

Krauth, Carolus [Beichlingensis]: De versibus de interpolatione suspectis in Oedipo Coloneo Sophoclis.... Halis, form. E. Karras, 1885; 2+62 S. 8°.
Halle, Phil. Fak., Inaug.-Diss. v. (31. Aug.)* 1885.

Krauth, Carolus, de versibus de interpolatione suspectis in Oedipo Coloneo Sophoclis. Diss. Halle 1885, Lippert-sche Buchh. 8°. 62 S.

Krauth, Theodor

Krauth, Thdr., Aufgaben f. das gewerbliche Rechnen. Für Gewerbeschulen, gewerbl. Fortbildungsschulen etc. zusammengest. 4., durchgeseh. u. um 55 Aufgaben verm. Aufl. (im Ganzen 175 Aufgaben). gr. 8. (VI, 71 u. Auflösgn. 15 S. m. Fig. u. 1 Taf.) Karlsruhe 898. A. Bielefeld. n. 1.20

Krauth, Thdr., Aufgaben f. das gewerbliche Rechnen. Für Gewerbeschulen, gewerbl. Fortbildungsschulen etc. 5., durchgeseh. u. verb. Aufl. gr. 8. (VI, 71 u. Auflösgn. 15 S. m. Fig. u. 1 Taf.) Karlsruhe 901. A. Bielefeld. n. 1.—

Krauth, Thdr., Aufgaben-Sammlung für das gewerbliche Rechnen. Auf Veranlassung des großherzogl. bad. Oberschulrats für Gewerbeschulen und gewerbl. Fortbildungsschulen zusammengestellt. Lehrer-Ausg. 8. (IV, 52 S. mit Fig.) Karlsruhe 888, A. Bielefeld's Hofbuchh. * 1 —
—— dass. — Schüler-Ausg. 8. (IV, 38 S. mit Fig.) Ebendas. 888. * — 40

— dasselbe. 2. Aufl. Schüler-Ausg. 8. (IV, 38 S. m. Fig. u. 1 Taf.) Ebd. 889. n. — 40

— u. **Frz. Sales Meyer**, das Einfamilienhaus u. seine Bauformen. Eine Ergänzg. zum Bauformenbuch, zum Steinhauerbuch u. zum Zimmermannsbuch des gleichen Verlags. gr. 4. (VIII, 271 S. m. 180 Abb. u. 30 Taf.) Leipzig 900. E. A. Seemann. n. 16.—; geb. in Leinw. n. 18.—

— 30 Glasabschlüsse. Als Ergänzg. d. m. F. S. Meyer hrsg. Werkes: „Das Schreinerbuch". gr. 4. (30 Taf. m. III S. Text.) Leipzig 898. E. A. Seemann. n. 3.—

— 30 einflügelige Hausthüren. Als Ergänzg. d. m. F. S. Meyer hrsg. Werkes: „D. Schreinerbuch". gr. 4. (30 Taf. m. III S. Text.) Ebd. 898. n. 3.—

— u. **Frz. Sales Meyer**, der Schlosser der Neuzeit. I—IV. gr. 8. Ravensburg, [Dorn]. O. Maier. In Leinw.-Carton. à n. 3.—
I. 100 Geländergitter zur Einfriedigg. v. Gärten, Vorplätzen, Gräbern u. s. w. unter Angabe der Abmessgn., Eisenstärken u. Gewichte. (24 Taf.) 891.
II. 100 Füllungsgitter f. Thürflügel, Oberlichter, Kellerfenster u. ähnl. Lichtöffngn., angepasst auf 800 verschiedene Abmessgn. (25 Taf. m. 2 Bl. Text.) 892.
III. 100 Brüstungs- u. Balkongitter sowie Brückengeländer. (24 Taf. m. 1 Bl. Text.) 892.
IV. 50 eiserne Thüren u. Thore. (24 Taf.) 894.

— — der Schlosser der Neuzeit. V. 100 Aushängeschilder, Schrifttafeln u. Wandarme. gr. 8. (24 Taf. m. 1 Bl. Text.) Ravensburg 897. O. Maier. Geb. in Leinw. n. 3.—

— — das Schlosserbuch. Die Kunst- u. Bauschlosserei in ihrem gewöhnl. Umfange m. besond. Berücksicht. der kunstgewerbl. Form. Mit 100 Volltaf. u. 850 weiteren Fig. im Text. 9 Lfgn. gr. 4. (VIII, 284 S.) Leipzig 891. E. A. Seemann. à n. 2. — (kplt. 2 Tle.: n 18. —; geb. in Leinw. n.n. 21.50)

— — d. Schlosserbuch. D. Kunst- u. Bauschlosserei in ihrem gewöhnl. Umfange m. bes. Berücksicht. d. kunstgewerbl. Form. 2., durchgeseh. u. verm. Aufl. Mit 100 Volltaf. u. 366 weit. Fig. im Text. 2 Bde. gr. 4. (VIII, 310 u. VI S.) Leipzig 897. E. A. Seemann. n. 18.—; geb. in Leinw. n. 22.—

— u. F. S. **Meyer**, das Schreinerbuch. (In 2 Bdn.) 1. Bd. Die gesamte Bauschreinerei. Hrsg. v. Th. K. 6 Lfgn. gr. 4. (308 S. m. Textillustr.) Leipzig 889. 890. E. A. Seemann. à Lfg. n. 2. — (1. Bd. cplt.: n. 12.—; geb. n. 14.—)

Krauth, Th., u. F. S. **Meyer**, das Schreinerbuch. 2. Bd. Die gesamte Möbelschreinerei, m. besond. Berücksicht. der kunstgewerblichen Form. 7 Lfgn. gr. 4. (VIII, 212 S. m. 121 Taf. u. 175 Fig. im Text.) Leipzig 890. E. A. Seemann. à n. 2.— (2. Bd. cplt.: n. 14.—; in 2 Bde. geb.: n. 17.50)

— — das Schreinerbuch. (In 2 Tln.) I. Die gesamte Bauschreinerei einschliesslich der Holztreppen, der Glaserarbeiten u. der Beschläge. 2., durchgeseh. u. verm. Aufl. Mit 75 Volltaf. u. 329 weiteren Fig. im Text.) 6 Lfgn. gr. 4. (VIII, 193 S.) Ebd. 891. à n. 2.—; in 2 Bde. geb. n. 15.—

— — dasselbe. II. Die gesamte Möbelschreinerei m. besond. Berücksicht. der kunstgewerbl. Form. 2., durchgeseh. u. verm. Aufl. Mit 135 Volltaf. u. 234 weiteren Fig. im Text. 2 Bde. gr. 4. (VIII, 248 S.) Ebd. 892. n. 14.—; geb. n. 17.50

— — das Schreinerbuch. I. u. II. gr. 4. Ebd. n. 26.—; geb. in Leinw. n. 33.—
I. D. ges. Bauschreinerei, einschliessl. d. Holztreppen, der Glaserarbeiten u. d. Beschläge. Hrsg. v. Thdr. Krauth. 3., durchgeseh. u. verm. Aufl. M. 82 Volltaf. u. 372 weit. Fig. im Text. 2 Bde. (VIII, 224 S.) 895. n. 12.—; geb. n. 15.—
II. D. ges. Möbelschreinerei m. bes. Berücksicht. d. kunstgewerbl. Form. 3., durchgeseh. u. verm. Aufl. M. 137 Taf. u. 252 Fig. im Text. 2 Bde. (VIII, 263 S.) 898. n. 14.—; geb. in Leinw. n. 18.—

— — das Schreinerbuch. I. gr. 4. Ebd. n. 12.— geb. in Leinw. n. 16.—
Die gesamte Bauschreinerei, einschliesslich der Holztreppen, der Glaserarbeiten u. der Beschläge. Hrsg. von Thdr. Krauth. 4., durchgeseh. u. verm. Aufl. Mit 83 Volltaf. u. 393 weit. Fig. im Text 2 Bde. (VIII, 237 u. IV S.) 899.

— u. Frz. Sales Meyer, d. Bau- u. Kunstarbeiten des Steinhauers. (Das Steinhauerbuch.) M. 108 Volltaf. u. 380 weit. Abb. im Text. 2 Bde.: Text u. Taf. gr. 4. (VIII, 335 S.) Leipzig 896. E. A. Seemann. n. 20.—; geb. in Leinw. n. 24.—
Erschien auch in 10 Lfgn. à n. 2.—.

Krauth, Thdr., Vorlager f. den gewerblichen Fachunterricht an technischen Lehranstalten, s.: Kircher, Phpp.

— der Zimmermann, s.: Bischoff, Eug.

— — das Zimmermannsbuch. Mit 131 Volltaf. u. 339 weiteren Abbildgn. im Text. 2 Bde. gr. 4. (VIII, 363 S.) Ebd. 893. n. 20.—; geb. in Leinw. n. 22.50; auch in 10 Lfgn. à n. 2.—

— — das Zimmermannsbuch. D. Bau- u. Kunstzimmerei m. bes. Berücksicht. der äuss. Form. Mit 131 Volltaf. u. 361 weit. Abb. im Text. 2., verm. u. verb. Aufl. 2 Bde. gr. 4. (VIII, 365 S. u. 1 Bl.) Ebd. 895. n. 20. —; geb. in Leinw. n. 23. 50
Erschien auch in 10 Lfgn. à n. 2. —.

— — das Zimmermannsbuch. Die Bau- u. Kunstzimmerei m. besond. Berücksicht. der äusseren Form. Mit 139 Volltaf. u. 361 weiteren Abbildgn. im Text. 3. verm. u. durchgeseh. Aufl. 2 Bde. gr. 4. (VI, 369 u. III S.) Ebd. 899. n. 20. —; geb. in Leinw. n. 24. —

Krauth, Wilhelm, aus Frankfurt a. M.: Ueber Para-Chlorphenylacethydrazid und das Para-Chlorbenzylamin. *Heidelberg 1904: K. Rößler.* (29 S.) 8°
Heidelberg, Naturw.-math. Diss. v. 1904

Krauthahn, Cajetan, Pater Theodosius. Sein Leben, sein Wirken u. seine letzten Lebensstunden. St. Gallen 865. (Herisau, Meisel's Buchh.) 8. (72 S. mit dem lith. Bildnisse des Paters Theodosius.) n. 10 ngr.

Krauthahn, P. Cajetan. Pater Theodosius (Anton Crispin Florentini, 1808–[1865]). Sein Leben, sein Wirken und seine letzten Lebensstunden. Mit dem wohlgelungenen Bildnisse des P. Th. [Tafel]. 8. St. Gallen. Herisau.
[1. Aufl.] (1865.)
2., vermehrte und verbesserte Aufl. 1865.

[B.] Geschichte der uralten Wallfahrt zu Unserer Lieben Frau in Altötting. Vom Ursprg d. Verehrg bis auf d. neueste Zeit hrsg. v. Pfarrer Joh. B. Krauthahn ... 9. verm. u. verb. Aufl. v. e. Priester a. d. Kapuziner-Orden. *Altötting: F. Seidl 1893.* (228 S., 3 Taf.) 1 Bd 8. (91. 644

Krauthausen, Alexius (geb. Fpe in Westf. 20. 5. 1837): De eclampsia. Berolini (1863). (31 S.) 8°
Berlin, Med. Diss. v. 31. Juli 1863

Krauthausen, Jakob Wilhelm Rudolf

Krauthausen, J. G. Rudolph (Aachen). Fragmenta ad historiam rumpendarum in partu aquarum. Diss. obstetr. Bln. (Nietack) 14. X. 1835. 36 S. mit Biogr. (M.: L. Quirini.) (6.—) 19418
Oppon.: Z. O. T. Staub, B. U. J. R. Krafft, Mich. Foehr. — Gew.: Valentin Hansen (Bernkastel), Friedr. Nellinger (Trier).

Krauthausen, *Johann:* Der Wert der euripideischen Handschrift S für die Textkritik der Alcestis. Saarlouis, Druck v. F. Stein Nachf., 1895; 3—14 S. 4.
Saarlouis, PG, OP 1895 (460)

Krautheim, Karl, Verbuchungs-Aufgaben f. die k. k. Fachschulen f. Weberei. s.: **Bär, Frz.**

Krautheimer, Mart., vollständ. Erklär. d. Katechismus v. Pater Canisius, mit besond. Rücksichtnahme auf d. Bischöfl. Mainzer Katechismus. 6 Thle. 8. (132¾ B.) Mainz 829, [Kirchheim, Schott u. Thielmann.]

Krautheimer, Mart., vollständ. Erklärung des Katechismus von Pater Canisius, mit besond. Rücksichtnahme auf den bischöfl. Mainzer Katechismus. 6 Thle. 8. Mainz 829. Müller. 3 ₰ 12 ₰

Krautheimer, Mart., Homilien üb. die Evangelien an den Sonn- u. Festtagen des Herrn. 2 Bde. gr. 8. Mainz, Kirchheim, Schott u. Thielmann.
Bd. 1. Vom 1. Sonntage des Advents bis Pfingsten. (25 B.) 843.
" 2. Von Pfingsten bis zum Schlusse des Kirchenjahres. (19 B.) 844.

Krautheimer, Mart., Homilien über die Evangelien an den Sonn- und Festtagen des Herrn. 2 Bde. 2. (Titel-)Aufl. gr. 8. (XII und 692 S.) Mainz 851, [Kirchheim.]

—— Katechismus d. christkathol. Religion. 12. (10⅔ B.) Mainz 840. (Kirchheim, Schott u. Thielmann.)

—— katechet. Unterr. üb. d. heil. Sakram. d. Firmung, nebst einigen hierzu dienl. Gebeten. 12. (3 B.) Mainz 830, Wirth.

Krautheimer, Mart., gründl. Unterweisung in d. kathol. Religion. Nach d. Plane d. ehrwürd. Petr. Canisius, mit besond. Rücksichtnahme auf d. übrigen Diöcesankatechismen Deutschlands entworfen u. neu ausgeführt. 3 Thle. 2., sehr verb. Aufl. (88 B.) 839. u. 3., sehr verb. A. gr. 8. (90 B.) Mainz 842, Kirchheim, Schott u. Thielmann. à

—— gründliche Unterweisung in der kathol. Religion. Nach d. Plane des ehrwürd. Petrus Canisius, m. Rücksichtnahme auf die übrigen Diöcesankatechismen Deutschlands entworfen u. ausgeführt. 3 Thle. 3. u. 4., verb. Aufl. gr. 8. (à 82½ B.) Mainz 842, 45, Kirchheim, Schott u. Thielmann.

Kräutle, Rudolf [cand. med. aus Stuttgart]: Über Augenerkrankungen bei tabes dorsalis ... Strassburg i. E., Buchdr. Ch. Müh & C., 1894; 34 S., 1 Bl. 8.
Strassburg, Med. Fak., Inaug.-Diss. v. 1894

Kräutlein, Jonathan, a. Treskow b. Neu-Ruppin: Die sprachlichen Verschiedenheiten in den Hexateuchquellen. Ein Beitrag z. Sprachbeweis in d. Literarkritik d. Alten Testaments. Berlin-Wilmersdorf: C. Arnold 1907. (66 S.) 8°
Rostock, Phil. Fak., Ref. Köberle, Diss. v. 22. Juni 1907
[Geb. 19. Juni 86 Treskow; Wohnort: Berlin; Staatsangeh.: Preußen; Vorbildung: Gymn. z. Grauen Kloster Berlin Reife O. 04; Studium: Berlin 6 S.; Rig. 20. Juni 07.]

Die sprachlichen Verschiedenheiten in den Hexateuchquellen. Ein Beitrag z. Sprachbeweis in d. Literarkritik d. Alten Testaments. Von Dr. Jonathan **Kräutlein**. Leipzig: Hinrichs 1908. 66 S. 8°
(11. 9591 4

Krautmann, Edm., u. Ferd. **Krautmann,** österreich. Staatsbürgerkunde f. Schule u. Haus. (VIII, 335 S.) gr. 8. Wien (I, Schwarzenbergstr. 5) 908. K. k. Schulbücher-Verlag. Geb. 2. 50

Krautmann Ferdinand, Darstellungen aus der Weltgeschichte für Bürgerschulen. I. Teil. Mit Hervorhebung der Kulturverhältnisse nach Meisterwerken der Geschichtsschreibung. Wien 1908. Schulbücherverlag. Geb. K 1.60.

Krautmann Ferdinand, Darstellungen aus der Weltgeschichte für Bürgerschulen. Mit Hervorhebung der Kulturverhältnisse nach Meisterwerken der Geschichtsschreibung. Wien 1908. Schulbücherverlag. II. Teil. Geb. K 1.60. III. Teil. Geb. K 1.60.

Krautmann Ferdinand, Darstellungen aus der Weltgeschichte für Bürgerschulen. Mit Hervorhebung der Kulturverhältnisse nach Meisterwerken der Geschichtsschreibung. Einteilige Ausgabe. Wien und Prag 1910. Schulbücherverlag. Geb. K 2.90.

Krautmann, Ferd., u. **Eduard Hartmann,** Rechtschreibstoffe in Aufsatzform. Mit Wort- u. Sinnerklärgn., Wortreihen, Wortfamilien u. Redensarten. Ein Handbuch f. Lehrende an Volks- u. Bürgerschulen, an den Unterklassen der Mittelschulen u. verwandten Lehranstalten. Nach den amtl. Bestimmgn. üb. die neue Rechtschreibg. bearb. gr. 8. (XVIII, 227 S.) Wien 902. A. Pichler's Wwe. & Sohn. n. 3. —; geb. n. 3. 50

Krautmann, Ferd., u. **Eduard Hartmann,** Rechtschreibstoffe in Aufsatzform. Mit Wort- u. Sinnerklärgn., Wortreihen, Wortfamilien u. Redensarten. Ein Handbuch f. Lehrende an Volks- u. Bürgerschulen, an den Unterklassen der Mittelschulen u. verw. Lehranstalten. Nach den amtl. Bestimmgn. üb. die neue Rechtschreibg. bearb. 2. Aufl. (XVIII, 227 S.) gr. 8. Wien 903. A. Pichler's Wwe. & Sohn. n. 3. —; geb. n. 3. 50

— — Regel- u. Wörterbuch f. die deutsche Rechtschreibung m. besond. Rücksicht auf die Fremdwörter. Auf Grund der amtl. Bestimmgn. hrsg. 2., verb. Aufl. gr. 8. (IV, 255 S.) Ebd. 902. Kart. n. 1. 75; geb. n. 2. —

Krautmann, Ferd., sind die bestehenden Versicherungs-Gesellschaften vertrauenswürdig od. soll das Versicherungswesen verstaatlicht werden? Unter Mitwirkg. e. Fachmannes verf. gr. 8. (207 S.) Wien 890. (Lesk & Schwidernoch.) n. 2. —; geb. n. 3. —

Kräutner, Samuel. Biographie. O. O. [1797?]. V: *Filtsch, Joh.* (?). (Bibl. d. ev. Landeskirche in Siebenb. Hermannst. 1889.)

Krautschneider: Die jonischen Kolonien. Ein Beitrag zur historischen Geographie. 21 S. 8°–Wien UR.G., Progr. 1866

Krautschneider, F.: Vergleichung der Stromgebiete der Donau und des Rheines in oro-hydrographischer Beziehung. 23 S. 8°.– Wien OR. Inn. St., Progr. 1862.

Krautstengl, Ferd., die deutsch-österreichische Jugendliteratur, s.: Moißl, Konr.

Krautstengl, Ferd., aus rauher Zeit, s. a. Moißl, Konr., Jugendbücherei. 3. Bdchn.

Krautstengl, F., Aus rauher Zeit. Zwei geschichtliche Erzählungen aus Nordböhmen. [Jugendbücherei. 3. Bd.] 8°. K 1.80
Aussig: Grohmann 1903.

Krautstrunk, Untersuchungen üb. die klin. u. bakteriol. Feststellung der Tuberkulose des Rindes, s.: Ostertag, Rob.

Krautstrunk, Tillmann, aus Kurnik: Aus d. anat. Institut zu Giessen. Beiträge zur Entwickelung der Keimblätter von Lacerta agilis. Mit 8 Fig. *Wiesbaden: J. F. Bergmann 1901.* (34 S.) 8°
Giessen, Veterinär-med. Diss. v. 1901

Aus d. anat. Inst. zu Gießen. Beiträge zur Entwickelung der Keimblätter von Lacerta agilis. Von Tillmann **Krautstrunk**, Gießen. Mit 8 Fig. auf Taf. 56/57. *(Wiesbaden: J. F. Bergmann 1902.)* (S. 564–592.) 8°
Aus: Anat. Hefte. H. 60. [03. 14624 4

Krautwadel, Chr. Gf., († d. 7. Febr. 1811.) Predigten. gr. 8. Züllichau 796. (Henning in Greiz). 1 ℔

Krautwadel, C. G., Predigten. gr. 8. Züllichau, Darnmann. 796.

Krautwald F.: Die Haube d. Hühner u. Enten. Ihre Ursache, Entstehung u. Vererbung. Diss. (Bern). Hamb. 1910. 163 S.

Krautwald, Heinrich [aus Neisse]: Layamon's Brut verglichen mit Wace's Roman de Brut in bezug auf die Darstellung der Culturverhältnisse Englands. I. ... Breslau, Buchdr. zum Gutenberg, Anton Schreiber (1887); 2 Bl. + 32 S. + 1 Bl. 8°
Breslau, Phil. Fak., Inaug.-Diss. v. 10. Dez. 1887

Krautwald, Heinr., Layamon's Brut, verglichen mit Wace's Roman de Brut in bezug auf die Darstellung der Culturverhältnisse Englands. I. Inaugural-Dissertation. gr. 8. (32 S.) Breslau 887, (Köhler.) * 1 —

Krautweihlegenden. Zusammengestellt v. e. Priester der Diöcese Paderborn. 16. (42 S.) Paderborn 891. Bonifacius-Druckerei. Kart. n. — 25

[F. u. Ant.] **Krautwig,** Heinrich [aus Stotzheim '(Rheinl.)']: Beitrag zur Anatomie der papillären Kystome ... *Mayen, Druck v. W. Ferrari, 1891;* 16 S. 8.
Würzburg, Med. Fak., Inaug.-Diss. v. 1891

Krautwig, Jodocus: §§ 148, 151 des Reichsgesetzes, betr. die Invaliditäts- und Altersversicherung v. 22. Juni 1889. Strafbarer Lohnabzug für vorgeleistete Versicherungsbeiträge, widerrechtliche Vorenthaltung der Quittungskarte und unzulässige Eintragungen in Quittungskarten. *Bonn 1898: J. Trapp.* (45 S.) 8°
Erlangen, Jur. Diss. v. 1898

Krautwig, *Mathias* Joseph [aus Rheinbach]: Aus d. chirurg. Univ.-Klinik zu Bonn. Ueber Lungen-Chirurgie ... Rheinbach, J. Heuser's Buchdr., 1893; 38 S. 8.
Bonn, Med. Fak., Inaug.-Diss. v. [15. März] 1893

Krautwig, Peter

Krautwig, s.: Naturwissenschaft u. Gesundheitswesen in Cöln.

Krautwig, Peter [aus Bonn]: Aus d. Pharmakolog. Institut zu Bonn. Versuche über die Wirkung des Essigäthers ... Bonn, Druck v. E. Heydorn, *1893;* 46 S. 8.
Bonn, Med. Fak., Inaug.-Diss. v. [4. März] 1893

Krautwurst, Karl, die falsche Adresse, s.: Teich's Vereinstheater. 14.

Krautwurst, Georg, a. Kattowitz: Zur Aetiologie und Pathogenese des Diabetes insipidus. Würzburg 1907: Memminger. (34 S.) 8°
Würzburg, Med. Fak., Ref. Rieger, Diss. v. 20. Sept. 1907
[Geb. 14. Mai 80 Leschnitz; Wohnort: Würzburg; Staatsangeh.: Preußen; Vorbildung: Gymn. Kattowitz Reife O. 01; Studium: Greifswald 1, Berlin 2, Freiburg i. B. 3, Halle 1, Würzburg 4 S.; Coll. 25. Juli 07; Approb. 10. Juni 07.]

Krautwurst, J. G., die Geschichten des alt. u. neuen Testaments in Erzählungen. Faßlich u. erbaul. dargestellt u. m. geschichtl. u. erklär. Anmerkungen versehen. 19 Lfgn. (2 Bde.) gr. 8. (75 B. u. 19 Stahlst.) Berlin 842—44, Heymann. à Lfg. * 8 Ngr. * 4 Thlr. 24 Ngr., ohne Stahlst. *

— dass. in 2 Bdn. Mit Stahlst, br. gr. 8. Ebend. 843—45. n. 4 ℔ 24 ngl ohne Stahlst. n. 3 ℔

Krautwurst, Julius (geb. Königshutte in Schles. 4. 2. 1818): De pectoris vulneribus penetrantibus. Berolini (1840). (28 S.) 8°
Berlin, Med. Diss. v. 16. Sept. 1840

Das Wichtigste aus der Heimatkunde des Kreises Frankenstein. Beilage z. Flemmingschen Schulkarte d. Kreises Frankenstein. Von K[arl] **Krautwurst,** Lehrer. Glogau: C. Flemming [1905]. (20 S.) 8° [F.] 06. 6336

Kraux C, Arbeiterwohlfahrt in den Rohwareherstellungsbetrieben für die Kunstwolle- und Papierbereitung. (47 S) Düsseldorf 1905

Kravani, August — Der Ball-Kavallier. Lustspiel in einem Akte von — —. Brünn, 1857. Dr. von Franz Gastl. In Kommission bei Buschak und Irrgang. (30 S. 8.)

Krävel, v.: Über die Verpackung, Zusammensetzung und Fortschaffung einer tragbaren Feldschmiede. O. O. 1827. 3 Taf., 3 S. Text. gr. 2°

Kravogl's elektromagnetischer Motor, s. Pierre, Vict.

Kravogl, Hermann Zur Kryptogamenflora von Südtirol. 8 (S. 3—21). Progr. Staats-G. *Bozen* 1887.

Kravogl, Hermann Der Wert des naturhistorischen Unterrichtes für die Entwicklung des Denkens mit besonderer Rücksicht auf die logischen Functionen des Begriffbildens, Urtheilens und Eintheilens. (Umschlagtitel: Wert ... Denkens.) 8 (S. 3—13). Progr. Staats-G. *Bozen* 1888.

Kravogl, Hermann: Zusammensetzung und Lagerung des Diluviums um Innsbruck. 1872.

Kravogl, Jos., schlichte Blüten. Gedichte. (82 S.) kl. 8. Meran (909). C. Jandl. 1. —

Kravogl, Jos., Gedichte aus meinem Poesie-Album. (31 S.) 8. Meran 905. (C. Jandl.) n. — 50

Kravogl, Jos., im Reiche der Poesie. Gedichte. 16. (111 S.) Meran 892. C. Jandl. n. 1.20; geb. in Leinw. m. Goldschn. n. 2.40

Krawall und Liebe um Lowise. Ein bürgerbräuartiges Schauer-, Trauer-, Thran-, Thränen-, Gift- und Mordlustspiel in 5 Akten von Schillers Tante. *Berlin: E. Bloch (1896).* (34 S.) 8° [F.]
= Fastnachts-Bühne. H. 61. 109. 9184

Krawani, Aug., der Vormärz u. die Octoberrevolution 1848. E. Beitrag z. 50jähr. Jubiläum d. 1848er Bewegg. in Wien v. e. akadem. Legionär. 12. (120 S.) Wien 898. C. Kravani. n. 1. —

Krawani, Vict., Irrweg. Schausp. in 3 Acten. Hrsg. v. der literar. Vereinigg. in Wien. gr. 8. (128 S.) Wien 895. L. Weiß. n. 1.50

Krawani, Vict., die Sünderin u. andere Novellen. 8. (V, 176 S.) Leipzig 896. Literar. Anstalt, A. Schulze. n. 2. —

Krawany, Frz., Breviarium des Papier-u. Buchgewerbes. Eine übersichtl. Zusammenstellg. der im internationalen Verkehre gehandelten Papiere m. Berechnungs-, Vergleichs- u. Umrechnungs-(Schlüssel-)Tabellen zur Ermittlg. der Gramm- u. Kilogewichte, per m² bezw. Ries, nebst allen Verkaufsbedinggn. f. Papier, e. Anleitg. zur Prüfg. u. Begutachtg. der Papiere, e. übersichtl. Darstellg. der in allen Staaten besteh. Papier- u. Papierwaren-Zölle, e. Zusammenstellg. d. wichtigst. überseeischen Hafenplätze m. den f. diese Plätze in Betracht komm. Papiersorten u. Frachtsätzen, e. Statistik der Papierproduktion der Welt sowie e. dreisprach. Verzeichnisse der papiertechn. Ausdrücke u. e. Farbentabelle. (IX, 309 S.) Lex. 8. Wien (906). I. Tenger. Geb. in Leinw. nn 21. —

Krawany, Frz., die Entstehung, Entwicklung u. voraussichtliche Gestaltung der Papierindustrie insbesondere m. Rücksicht auf die österr.-ungar. Monarchie. Separatbeilage zur Papier- u. Schreibwaren-Zeitung, Wien. (16 S.) gr. 8. Wien (III/2) 905. Ign. Tenger. (Nur direkt.) n.n. — 60

Karte der Papier-, Halbstoff- und Pappenfabriken Österreich-Ungarns bearb. von Franz **Krawany**. [Maßst. ca. 1 : 1,500,000. Mit 4 Nebenkarten u. Text.] Wien: Zentralbl. f. d. österr.-ung. Papierindustrie 1905; Kartogr. G. Freytag & Berndt. (1 Kartenbl. 86 × 52 cm, 1 Bd 8°) [lith.] [kol.] 105. 10747

Krawany, Franz: Die Papierindustrie der Welt in ihrer Entstehung und heutigen Bedeutung.
Wien: Manz in Komm. 1909. 78 S. 4° (8°)
(Kommerzielle Berichte, hrsg. v. K. k. Österr. Handelsmuseum. Nr. 13.)

Krawany, Karl

— Wechsel, Checks u. Anweisungen. Die wichtigsten Vorschriften der Wechsel- u. Wechselstempelgesetze aller Culturstaaten. Mit Unterstützg. des k. k. österreich. Handels-Museums handlich zusammengestellt. 4. verm. u. verb. Aufl. gr. 8. (304 S.) Wien 902. W. Braumüller. n. 5. —

Krawany, Carl, Wechsel, Schecks u. Anweisungen. Die wichtigsten Vorschriften der Wechsel- u. Wechselstempelgesetze aller Kulturstaaten. Mit Unterstützg. des k. k. österreich. Handels-Museums handlich zusammengestellt. 5. verm. u. verb. Aufl. (390 u. IX S.) gr. 8. Wien (907). (W. Braumüller.) nn 5.75

Krawany, Carl, wie sind Wechsel, Chèques u. Anweisungen zu stempeln? Die wichtigsten Vorschriften der Stempelgesetze aller Culturstaaten handlich zusammengestellt. gr. 8. (115 S.) Wien (VI, Getreidemarkt 15) 900. Selbstverlag. n. 2.50

Krawczynski, Eugen: Die alten Gross-Strehlitzer Handwerkerinnungen. T. 1. Gross-Strehlitz 1909: Hübner. S. 3—16. 4°
Groß-Strehlitz, k. G P 1909 (290) [S 09. 265

Krawczynski, Eugen: Die alten Groß-Strehlitzer Handwerkerinnungen. T. 2. Groß-Strehlitz 1910: Hübner. S. 1—14. 4° ¶ (Forts. d. P-Beil. 1909.)
Groß-Strehlitz, k. G P 1910 (296) [S 10. 238

Krawczynski, Eugenius, Posnaniensis: De hiatu Plautino. Vratislaviae 1906: R. Nischkowsky. (56 S.) 8°
Breslau, Phil. Fak., Ref. Skutsch, Diss. v. 13. Juni 1906
[Geb. 31. März 81 Sarne, Kr. Rawitsch; Wohnort: Liebenthal, Bez. Liegnitz; Staatsangeh.: Preußen; Vorbildung: Stadt-Gymn. Halle a. S. Reife O. 01; Studium: Halle 3, Breslau 2, Halle 3 S.; Rig. 2. März 06.]

Krawehl, Aug., die Schiess-Instruction vom J. 1879 für die Infanterie und die Jäger-Truppe des k. k. Heeres. Nach Vorträgen zusammengestellt, welche in der Armee-Schützenschule im J. 1880 gehalten wurden. gr. 8. (92 S.) Wien 881, (Seidel und Sohn.) *
Aus: Organ der militär-wissenschaftlichen Vereine, besonders abgedruckt.

Kräwel, Rud. v., Anleitung für die Referendarien zur Anfertigung der die mündl. Verhandlung vorbereitenden Berichte. gr. 8. (VI, 68 S.) Berlin 882, C. Heymann's Verlag. cart. *

Kräwel, R. v., Bedenken über das französische Wesen der für Preußen, Baiern u. von der Commission in Hannover ausgearbeiteten Entwürfe einer bürgerlichen Prozeßordnung. Leipzig 865. J. A. Barth. gr. 8. (VII, 142 S.) 18 ngr.

—— Entwurf nebst Gründen zu dem allgemeinen Theile eines für ganz Deutschland geltenden Straf-Gesetzbuchs unter besond. Berücksichtigung der geltenden deutschen Straf-Gesetzbücher, sowie des Baierischen und Lübeck'schen Entwurfs. gr. 8. (XX und 203 S.) Halle 862, Buchh. des Waisenhauses. *

—— das allgemeine deutsche Handels-Gesetzbuch außer dem 5. Buche vom Seehandel und das preußische Einführungsgesetz nebst den wesentlichsten Stellen der Vorarbeiten zu beiden Gesetzen und erläut. Anmerkungen. 4 Lfgn. gr. 8. (668 S.) Halle 862, Buchh. des Waisenhauses. Subscr.-Pr. Ladenpr.

Kräwel, Rud. v., Vorschläge wie durch Beseitigung der Härten des preußischen Strafgesetzbuches der Ueberfüllung der Zuchthäuser abzuhelfen wäre. gr. 8. (VIII und 118 S.) Berlin 857, Decker'sche geheime Ober-Hofbuchdruckerei.

Kräwel, R. v., die deutsche Civilproceßordnung unter Einschaltung der dahin gehörigen Vorschriften des Gerichtsverfassungsgesetzes, mit Marginalien, Allegaten, Anmerkungen und einem Sachregister. gr. 8. (VI, 232 S.) Leipzig 877, Duncker und Humblot. * ℳ 4,20.; cart. * geb. in Leinw. *

Krawielitzki, praktische Nachfolge. I. Bibelstunden üb. den Römerbrief aus dem Gemeinschafts-Schwesterhause in Vandsburg. (80 S.) 8. Gotha 903. Missionsbuchhandl. P. Ott. n. — 40

Krawietz, Franz [app. Arzt aus Boguschütz, Schles.]: Aus d. medizin. Univ.-Klinik zu Kiel. Über die Aetiologie der Meningitis ... Kiel, Druck v. H. Fiencke, 1897; 44 S. 1 Bl. 8.
Kiel, Med. Fak., Inaug.-Diss. v. [27. Juli] 1897

Krawinkel, Wilhelm: Über städtische Entwässerungskanäle. 1904. 44 S., 5 Taf. 8⁰ ¶ Wenig gekürzt in: Gesundheits-Ingenieur. Jg. 29. 1906.
Karlsruhe, Dr.-Ing.-Diss. v. 2. 7. 1904

Krawkow, N. P., Über bei Tieren experimentell hervorgerufenes Amyloid. S.-A. Jena 95. Fischer.

v. Krawowsky Über die Theilbarkeit der Zahlen und die dabei zum Vorschein kommenden Eigenschaften derselben. 14 S.
Lissa, Progr. 1850

Krawtschinsky. Sergei = Stepniak [Autorname].

Krawutschke, Alfred, aus Berlin: Die Sprache der Boëthius-Uebersetzung des Königs Alfred. *Berlin (1902): J. Driesner.* (53 S.) 8°
Berlin, Phil. Diss. v. 16. Aug. 1902

Krawutschke, Alois Quibus temporibus Horatium tres priores carminum libros edidisse verisimillimum sit. 8 (S. III–XXIV). Progr. Staats-G. *Troppau* 1889.

Krawutschke, J. P., Imago picta. Eine farbig figürl. Formenfolge. In 12 Bl. à 50,5×35,5 cm. Zürich (902). M. Kreutzmann. In Mappe n. 20. —

Krawutschke, Rob., die 4 marianischen Antiphonen des römischen Breviers. Für 4 Singstimmen mit Begleitung der Orgel und des Harmoniums. gr. 4. (22 S.) Einsiedeln 864, Gebr. Benziger.
Einzelne Stimmen

Krawutschke, Rob., Requiem. Für 4 Singstimmen mit Begleitung der Orgel oder des Harmoniums. Partitur u. Stimmen. Einsiedeln 865. Gebr. Benziger. gr. 4. (32 S.) 24½ ngr.
Einzelne Stimmen 3 ngr.

Krawutschke, Rob., der hl. Rosenkranz. Gebete u. Gesänge. 2. Aufl. 16. (128 S.) Breslau 895. F. Goerlich. — 80; m. Stahlst. — 40; geb. — 60

Der heilige Rosenkranz. Gebete u. Gesänge. Hrsg. von Robert **Krawutschke.** 3. Aufl. Breslau: F. Goerlich [1907]. (128 S.) 8° [J.] (08.3343

Krawuzky, Adam, Anleitung zum ersten Beicht-Unterricht der Kinder. 16. (16 S.) Freiburg i. Br. 874, Herder'sche Verlagsh. * — 10

Krawutzcky, Adam. Einleitung in das Studium der katholischen Moraltheologie. 8. (III, 111 S.) Bresl. 890, Aderholz. geb. * 1 —

Krawutzcky, Adam, Einleitg. in d. Studium d. kathol. Moraltheologie. 2. Aufl. Mit beigef. Bemerkgn. üb. Eigenart, Wert u. Geschichte d. Sittlichkeit. 8. (III, 204 S.) Breslau 898. G. P. Aderholz. n. 1 50; geb. n. 2. —

Krawuhky, Adam, Petrinische Studien. Breslau, Görlich, gr. 8°.
1. Teil: Das apostolische Glaubensbekenntnis. Seine erste Gestalt und früheste Weiterbildung, sowie sein Zusammenhang mit den ursprünglichen Lehreigentümlichkeiten des Apostelfürsten Petrus. Eine biblisch-theologische Studie. 1872, 112 S., 1,50 Mk.
2. Teil: Das christliche Sittengesetz. Seine erste Gestalt und früheste Weiterbildung, sowie sein Zusammenhang mit dem spätern amtlichen Verhalten u. Lehrverfahren des Apostelfürsten Petrus. Eine biblisch-theol. Studie. 1873, 103 S., 1,50 Mk.

Krawutzcky, Adam: De visione beatifica. In Benedicti constitutionem „Benedictus Deus" commentatio historica. Vratislaviae: Goerlich & Coch 1868. (40 S.) 8° *[Buchausg. ebenda]*
Breslau, Kath.-theol. Fak., Hab.-Schr. v. 25. Juni 1868

KRAWUTZCKY, Adam (Neustadt/Schlesien): Zählung und Ordnung der heiligen Sacramente der katholischen Kirche in ihrer geschichtlichen Entwicklung.- Breslau: Grass, Barth & Co 1865. 66 S. 20.7.1865 - Urk (Titel: De sacramentorum numeratione et ordinatione.); F 44
Diss. Ingolst.-Landsh.-Mchn.

— Zählung u. Ordnung der heiligen Sakramente der katholischen Kirche in ihrer geschichtlichen Entwickelung. Breslau 860. (Aderholz' Buchh.) gr. 8. (66 S.) n. 10 ngr.

Krawzoff, Léon, zur Kenntniss der motorischen Wirksamkeit des Froschgehirns. Inaugural-Dissertation. gr. 8. (27 S.) Königsberg 879, (Beyer's Verlag.) *

(Pries, [Friedrich]): Entwickelung der Landarbeiter-Wohnung. (Von Friedrich *Pries.*) Erfahrungen beim Bau einer Häuslerei. (Von H. *Seemann.*) Erfahrungen bei den Ansiedelungen in Pommern. (Von *Kray.*) Bevölkerungsabnahme der Mecklenburgischen Domanial-Pachthöfe (1863—1905). Berlin 1909. 8°

Kray, W., u. L. W. Heupel, Lurlei. Ein Bilder-Cyclus zu Jul. Wolff's gleichnam. Dichtg. gr. 4. (12 Photograv. m. 8 S. u. 12 Bl. Text) München 890. Frz. Hanfstaengl Kunstverl., A.-G. Geb. m. Goldschn. n. 20. —

Kray, W., u. L. W. Heupel, Lurlei. Ein Bilder-Cyklus zu Jul. Wolff's gleichnam. Dichtg. gr. 4. (12 Photograv. m. 8 S. u. 12 Bl. Text.) München (898). F. Hanfstaengl. Geb. in Leinw. m. Goldschn. 20. —

Kray, W., A. Zick u. M. Greif, vom Erdenthal ins Himmelreich. Ein Menschenleben, dargestellt in Wort u. Bild. gr. 4. (10 Heliograv. m. 11 Bl. Text.) München 890. Verlagsanstalt f. Kunst u. Wissenschaft. geb. m. Goldschn. n. 20. —

Krayatsch, Jos., zur Pflege u. Erziehung jugendlicher Idioten u. Schwachsinniger. (46 S.) 8. Halle 903. C. Marhold. n. 1. —
Sonderabdruck aus: „Psychiatrisch-neurolog. Wochenschr."

Krayatsch, Jos., Reise-Bericht über den Besuch einiger deutscher Irrenanstalten. gr. 8. (30 S.) Wien 888, (Deuticke.) * 1 —

„Rabbi, wo bist du zur Herberge?" Vortrag zum Andreasfeste von Krayer. Berlin 1908: Mittler & Sohn. 12 S. 8⁰.
aus: AGr. H. 42. 358.

Krayer, Eduard Hoffmann-
s. Hoffmann-Krayer. S 12.7129

Krayer, Florian, a. Oppenheim am Rhein: Ueber das Verhalten elastischer Fasern in Geschwülsten. Würzburg 1904: P. Scheiner. (22 S.) 8°
Würzburg, Med. Fak., Ref. v. Rindfleisch, Diss. v. 26. Nov. 1904
[Geb. 21. Jan. 80 Oppenheim; Wohnort: Oppenheim; Staatsangeh.: Preußen; Vorbildung: Gymn. Mainz Reife Aug. 98; Studium: Würzburg 6, München 1, Würzburg 3 S.; Coll. 16. Nov. 04; Approb. 11. Febr. 04.]

Krayer's, Joh., schweizer. Adressbuch jeder einzelnen Branche. 1. Bd. Maschinenfabriken, Mechaniker, Schlosser. Anh.: Zoll- u. Frachttarife. 1895. 1. Ausg. 12. (III, 322, 27 u. 78 S.) Zürich (895). (A. Raustein.) Geb in Leinw. n. 3. 20

Religion und Wissenschaft. Vortrag bei der Wiederaufnahme der Logenarbeiten am 19. Sept. 1899 von Karl Krayer. Berlin 1900: Mittler & S. 11 S. 8° [Umschlagtit.]
Aus: BZC. 29 (1900) S. 163—173. 140.

Krayl, Carl, approb. Arzt aus Vaihingen a. Enz: Aus d. Universitäts-Augenklinik. Ueber Extraction des grauen Stars in geschlossener Kapsel. *Tübingen: F. Pietzcker 1900.* (36 S.) 8°
Tübingen, Med. Diss. v. 1900

Krayn, Wilhelm, Referendar: Der Anfechtungsgegner bei Anfechtung eines Vertrages wegen Willensmängel nach Abtretung des Anspruchs und bei Verträgen zugunsten Dritter. Borna-Leipzig 1910: Noske. IX, 36 S. 8°
Heidelberg, Jur. Diss. v. 14. Febr. 1910, Ref. Gradenwitz
[Geb. 1. Dez. 85 Pudewitz; Wohnort: Pudewitz; Staatsangeh.: Preußen; Vorbildung: Marien-Gymn. Posen Reife O. 05; Studium: Marburg 1, Heidelberg 3, Breslau 2 S.; Rig. 25. Nov. 09.] [U 10. 1915

Kraynag, A. v.: Anthrazit-Bergbau in Pennsylvanien. 1852. 4°

Kraynicki Bemerkungen über den Umfang der Land- und Seemacht der Etrusker zur Zeit des Argonautenzuges und der zunächst darauf folgenden Zeit. 9 S. . . . .
Rössel, Progr. 1840

Kraynicki, De populi Romani, in tribus curias et centurias divisi, suffragiorum ferendorum ratione in comitiis. Pr. 1844. 8 S. Rössel. 1

Kraynik, C. v., Reisehandbuch für Ungarn, nebst geographisch-statist. Uebersicht und kurzgefaßter Geschichte dieses Landes. gr. 16. (164 S. mit 2 lithogr. Karten in qu. gr. 4. und qu. gr. Fol.) Budapest 875. (Leipzig, Haessel.) geb. *

Kraz, Georg

(—) methodus cujuscunque numeri non perfecte quadranti radicem verae quam proximam brevi labore determinandi, proposita a quodam sacerdote societ. Jesu. Cum responso apologetica. Cum tabula aenea. 4. Ingolst. 762.

— observatio transitus Veneris per discum solarem d. 6. Jun. 1761, cum conclusionibus astronomicis, quantum licuit, inde deductis. 4. Ingolst. 761.

— Diss. pro praem. De ratione motus medii et distantiae mediae lunae a terra ad vires, quibus in lunam promitur; cum tab. aen. Münch., (Franz). 8 ℊ

***Kraz*, Geo., († d. 20. Aug. 1766.) de viribus corporum, opusculum I. de genuino principio aequilibri corporum solidorum. 8. Ingolst. 759. Krüll. 8 ℊ**

Kraz, Heinrich

Kraz, Abhandlung über die Brücken des Xerxes. Herod. VII, 33 sq. gr. 4. (32 S.) Stuttgart 851. (Tübingen, Fues' Sortimentsh.) *

Kraz, H., Die Brücken d. Xerxes über d. Hellespont. Herodot. VII. 33 ff. Pr. 1851 15 S. m. 1 Abb. 4°.

Kraz, Heinr., die Gesangbuchsnoth in Würtemberg. 8. Stuttgart 838. Liesching u. Comp. 10½ ℊ

Kraz, Liv. V, 2—6 griechisch, Herodot. 1, 19 sq. lateinisch, Sallust. Cat. 51, 52 deutsch. Pr. 1859. 25 S. 4°. 2.—

Kraz, a) Ueber den Modus der rhetorischen Frage in der lateinischen oratio obliqua. b) Die sogenannte unwillige oder missbilligende Frage mit dem Conjunktiv, mit ut und dem Conjunktiv, mit dem Accusativ und Infinitiv. Pr. 1862. 42 S. 4°. 1.50

Kraz, über den Modus der rhetorischen Frage in der lateinischen oratio obliqua. — Die sogenannte unwillige oder mißbilligende Frage mit dem Conjunctiv, mit ut und dem Conjunctiv, mit dem Accusativ und Infinitiv. gr. 4. (42 S.) Stuttgart 863. (Tübingen, Fues'sche Sortimentsh.) *.

Kraz, H., Ciceros Rede für Ligarius, übersetzt mit exeget.-krit. Bem. Pr. 1869. 18 S. 4°. 1.20

Kraz, H., die epitaphische Rede des Perikles [Thukyd. II, 35—46], s. Festschrift der Gymnasien und evangelisch-theologischen Seminarien Württembergs zur 4. Säcularfeier der Universität Tübingen.

Kraz, Heinr., die drei Reden des Perikles bei Thukydides, übers. und erklärt. gr. 8. (VI, 41 S.) Nördlingen 880, Beck'sche Buchh. *

—— in Sachen der lateinischen Orthographie. gr. 8. (8 S.) Tübingen 880, Fues. *
Aus: Correspondenzblatt für die Gelehrten- und Realschulen Württembergs, besonders abgedruckt.

Kraze, Friede H., Allerleirauh, s.: Erzähler, deutsche. 2. Bd.

Johannes Brüggemann. Trauerspiel in 4 Aufz. in freiem Versmaß. Friede H. Kraze. *Husum 1902: J. G. Jebens Nachf.* (82 S.) 8° [F.]

— Unter dem Dornenkranz, s.a. Vobach's illustr. Roman-Bibliothek.

Kraze, Frieda H.: Unter dem Dornenkranz. Roman. Illustriert v. Adolf Hering. Berlin, Leipzig. [1903] 8°
(Vobachs illustr. Roman-Bibliothek. Ser. 1, Bd. 11.)

Kraze, Friede H., gestillter Durst, } s.: Weber's moderne Bibliothek.

— Hans Guckindiewelt. 4. (12 S. m. z. Tl. farb. Bild.) Nürnberg 897. Th. Stroefer. — 50

Heim Neuland. Ein Roman von d. Wasserkante u. aus Deutsch-Südwest von Friede H. **Kraze**. Stuttgart & Leipzig: Deutsche Verl.-Anst. 1909. (334 S.) 8° [F.]
(Bibliothek zeitgenössischer Autoren.) [08. 14,06 9

Kraze, Frieda H.: Rein. Novelle. Heilbronn a. N. [1903.] 8°
Dass. s.a. Weber's moderne Bibliothek.

— im Schatten der Weltesche. Roman. (262 S.) 8. Stuttgart 905. P. Unterborn. n. 3. —; geb. n. 3. 60

— Vogelfrei, s.: Erzähler, deutsche. 6. Bd.

Kraze, Friede H., was ich meiner kleinen Gertrud erzählte. Geschichten f. Kinder v. 8—12 Jahren. 8. (III, 96 S. m. 4 Farbdr.-Bild.) Breslau 897. G. Sperber. Kart. n. 1. 75; ermäß. Pr. n. 1. 30

Kraze, Fritz, die Untersuchung fluor- u. borhaltiger Glasuren insbesondere bei Gegenwart von Zinnoxyd. (16 S.) gr. 8. Dessau 906. H. Franke. n. — 60

Kraze, Karl: Vorkommen und Nachweis von Jod in einigen natürlichen Salzmineralien. Halle a. S. 1909: Waisenhaus. 37 S. 8°
Halle, Phil. Diss. v. 17. Dez. 1909, Ref. Volhard
[Geb. 5. Mai 86 Berlin; Wohnort: Berlin; Staatsangeh.: Preußen; Vorbildung: Friedrichs-Werdersche Oberrealsch. Berlin Reife M. 04; Studium: Berlin Techn. Hochsch. 5, Halle 6 S.; Rig. 4. Nov. 09.] [U 10. 1764

Krazeisen, Karl. Bildnisse ausgezeichneter Griechen und Philhellenen nebst einigen Ansichten und Trachten. Nach der Natur gezeichnet und herausgegeben von Karl Krazeisen ... München, [Lindauer] 1828[—1831]. Portraits des Grecs et des Philhellènes les plus célèbres ... [Umschlagtit.]
14 S.; 28 Taf. u. 1 Plan in Lithogr. gr 2°.
Erschienen in sieben Heften. Titel und Text auch französisch.

Krazeisen, Karl, Bildnisse ausgezeichn. Griechen u. Philhellenen, nebst einigen Ansichten u. Trachten. Nach d. Natur gezeich. 1—7. Hft. Roy.-Fol. (24 lith. Bl. u. jed. Hft. m. 1 Bl. deutsch. u. franz. Text.) München 829—31, (Lindauer.) à

Krazeisen, Karl, Bildnisse ausgezeichneter Griechen und Philhellenen, nebst einigen Ansichten von Trachten. Nach der Natur gezeichnet. 7s Hft. Nebst 1 Ansicht von d. Fregatte Hellas u. d. Dampfschiffe Karteria (u. 1 Bl. deutscher u. franz. Text). Roy.-Fol. München 831 (834). (J. Lindauer.) Subscr.-Pr. 3 ℳ

Krazeisen, K. v., s. Blätter f. administrative Praxis.

Krazeisen, Karl v., der Geschäftsgang des bayerisch. Landtags. (83 S.) 8. München 907. C. H. Beck. 1.80
Sonderabdruck aus: „Blätter f. d. administr. Praxis".

Krazeisen, Karl, das bayerische Gesetz üb. die Wahl der Landtags-Abgeordneten, s.: Müller, Ludw. Aug. v.

— Das bayer. Landtagswahlgesetz v. 9. IV. 1906. Mit den Vollzugsvorschriften. Erläutert. Mit e. (farb.) Karte der Wahlkreiseinteilg. (VIII, 266 S.) 8. Ebd. 907. Geb. in Leinw. 3. —

Krazeisen, Karl (Hrsg.), s. Seydel, Max von: Staatsrechtl. u. polit. Abhandl., Neue Folge.

Krazenstein, Chr., Abhdl. v. Nutzen der Electricität in der Arzneywissenschaft. Halle. 8°.
1745

—, Beweis, daß die Seele ihren Körper baue. Halle. 8°. 1745

Krazenstein, Chr. Gottl.

—, Phys. Betrachtungen einiger Thiere. 2. Aufl. Halle. 8°. *Haller*, Bibl. anat. II, 348.
1746

Krazenstein, Chr. Gttl., Physikalische Briefe. Halle. 8°. *Haller*, Bibl. anat. II, 405.
1746

—, Neue Lehre v. d. Gemüthsbewegungen. Halle. 4°. *Haller*, Bibl. anat. II, 348.
1746

Krazer, s. Kratzer.

Krazer, A., über den Beweis d. Eigenthums. Ein Versuch zur Berichtigung eines juridischen Irrthums. gr. 8. Wien 810. Gerold. 8 Gr

Krazer, D. A., üb. d. Beweis d. Eigenthums. Ein Versuch z. Berichtigung eines juridischen Irrthums. 8. Wien, Gerold. 814.

KRAZER, A.: Ueb. den Beweis des Eigenthums. Ein Versuch zur Berichtigung eines jurid. Irrthums. *Wien*, Gerold. 820. 8.

Krazer, Adolf

Krazer, A., u. F. Prym, neue Grundlagen e. Theorie der allgemeinen Thetafunctionen. Kurz zusammengestellt u. hrsg. v. A. Krazer. gr. 4. (XI, 133 S.) Leipzig 892. B. G. Teubner. n. 7.20

Krazer, Adf., Lehrbuch d. Thetafunktionen, s. Teubner's, B. G., Sammlung v. Lehrbüchern auf dem Gebiete der mathematischen Wissenschaften. XII. Bd.

Lehrbuch der Thetafunktionen von Dr. Adolf **Krazer**, Prof. zu Karlsruhe. Mit 10 Textfig. *Leipzig: B. G. Teubner 1903.* (XXIV, 509 S.) 8°
— Sammlung, B. G. Teubner's, von Lehrbüchern auf d. Geb. d. math. Wiss. Bd 12. [→ 7338

Krazer, Adf., die Reduzierbarkeit Abel'scher Integrale. gr. 8. (S. 167—187.) Strassburg 901. K. J. Trübner. n. —80
Sonderabdruck aus: „Strassb. Festschrift z. 46. Versammlg. deutscher Philologen u. Schulmänner".

Krazer, A. und **Prym**, F. Theorie der allgemeinen Thetafunctionen. Leipzig, 1892.

Krazer, Adolf: Theorie der zweifach unendlichen Θ-Reihen auf Grund d. Riemann'-schen Θ-Formel. 1881. 4°
Diss. Würzburg.

Krazer, Adf., Theorie der zweifach unendlichen Thetareihen auf Grund der Riemann'schen Thetaformel. gr. 4. (VI, 66 S.) Leipzig 882, Teubner. *

Krazer, Adolf: Über Θ-Functionen, deren Charakteristiken aus Dritteln ganzer Zahlen gebildet sind. 1883. 8°. Habil.-Schr. Würzburg.

— s.: Verhandlungen des 3. intern. Mathematiker-Kongresses.

Krazer, **s. Kratzer, Andr. August, († d. 18. März 1811.) de apostolicis nec non antiquis ecclesiae occidentalis liturgiis, illarum origine, progressu, ordine, die, hora et lingua ceterisque rebus ad liturgiam pertinentibus liber singularis. 8maj. Augsb. 783. M. Rieger. 1 ℳ 16 Gr**

— Diss. de vestibus veterum liturgicis. 8. Mergenth. 779.

Krazer, C., das Verfahren bei Zwangsversteigerungen von Immobilien nach der bayerischen Subhastationsordnung vom 23. Febr. 1879 und der Novelle vom 29. Mai 1886. Ein Leitfaden für die Versteigerungsbeamten. gr. 8. (VI, 85 S.) [Nördlingen 887.] München, Beck'sche Verlagsh. * 1 80

Krazer, H. L., französisches Uebungsbuch zum Gebrauch der unteren Klassen in Gymnasien und Realschulen. A. u. d. T.: Exercices gradués pour servir à l'enseignement de la langue française dans les classes inférieures. gr. 8. (VI und 202 S) Coire 848, Hitz.

Krazowski, Vincenz: Untersuchungen über die Entwicklung des Omasus. Mit 1 Taf. Dorpat 1880. 30 S.
Dorpat, Vet.-med. Diss. v. 1880.

Krazowski, V., Untersuchungen über die Entwicklung des Omasus. Diss. Dorpat 80. Karow.

Krazsch, Johann Gottlob (Borna), De indole actionis de recepto ejusdemque usu hodierno forensi. Comment. jur. Präs. Carl Christian August Ulich. Wittbg. (Carl Christian Dürr) 13. XI. 1787. 26 S. (5.50) 19421

Krcal, August, Zur Geschichte der Arbeiterbewegung Oesterreichs 1867—94. Eine kritische Darlegung nebst Ergänzungen von X. Y. 8⁰. Berlin 1894.

Krčal, Karl, unsere Freude. Predigt, gehalten bei der 100jähr. Jubelfeier des Toleranz-Edictes. gr. 8. (12 S.) Wien 881. (Klagenfurt, Heyn.) *

Krčal, Karl, Unsere Freude. Predigt, gehalten bei d. 100jährigen Jubelfeier d. Toler.-Edict. gr. 8. (12 S.) Klagenfurt, Joh. Heyn. 15 kr. -1883

Krčal, Karl, das Kreuz, e. Denkmal d. Sünde u. Gnade. Charfreitagspredigt. gr. 8. (8 S.) Bregenz 895. (Klagenfurt, J. Heyn.) n. — 24

— Reformationspredigt, geh. am Reformationsfest 1893. gr. 8. (8 S.) Nürnberg (893). Ebd. n. — 24

Krčal, Karl, Reformationspredigt, geh. am Reformationsfest 1893. gr. 8. (8 S.) Bregenz 894. (Klagenfurt, J. Heyn.) n. — 24

— Trauerrode, s.: Am Sarge d. Schriftstellers A. W. Grube.

Krček, Fr.: Joh. Amos Komenius. Olmütz, L.-B.-A., Progr. 1871.

Krček, J., k. u. k. Hauptmann, später Major im Infanterie-Regimente Graf Clerfayt Nr. 9. Rathgeber in Adjustierungs-Angelegenheiten für die Infanterie, Jäger-Truppe und die Landwehr-Fusstruppen. Nach der bestehenden Adjustierungs- und Ausrüstungs-Vorschrift für das k. u. k. Heer sammt allen Nachträgen, nach dem, die Umgestaltung der Infanterie-Ausrüstung betreffenden Reichs-Kriegs-Ministerial-Erlasse Abt. 13, Nr. 1361 ex 1888, sowie nach allen seit diesem Jahre diesbezüglich erschienenen Verordnungen und Erlässen. Mit 3 Tabellen. Beigeb. Nachtrag.
kl. 8. Przemyśl 1902--1904.

Krcek, Ladisl., Lehrbuch der stenographischen Korrespondenzschrift (System Gabelsberger nach den Beschlüssen des Wiener Stenographentages vom J. 1895). Für Mittelschulen u. verwandte Lehranstalten. (III, 80 S.) gr. 8. Wien 906. A. Hölder. Geb. n. 1. 16

Krcek, Ladisl., die Satzkürzung. Eine Sammlg. v. Satzbeispielen zur Einübung der Debattenschrift (System Gabelsberger nach den Beschlüssen des Wiener Stenographentages vom J. 1895) f. Mittelschulen u. verwandte Lehranstalten. Mit kurzen Erklärgn. (VII, 39 S.) gr. 8. Wien 906. A. Hölder. — 68

Krčelić, Baltazar Adam

Kercselich, Balthasari Adami, annuae 1748—1767, s.: Monumenta spectantia historiam Slavorum meridionalium. XXX.

— historiar. cathedralis eccles. Zagrabiens. Tom. I. fol. ibid. 772.

Kercselich, B. A., de Corbavia, de regnis Dalmatiae, Croat. etc. fol. Zagrab. 772.

Krčmář, J., u. R. **Schneider,** absolute Messungen der nächtlichen Ausstrahlung in Wien. (30 S. m. 1 Taf.) gr. 8. Wien 907. A. Hölder. — 95
Sonderabdruck aus: „Sitzungsber. d. k. Akad. d. Wiss."

Krčmařik, Paul: Das Beben von Semacha am 13. Februar 1902. (Umschlagtitel: ... Semacha in Kaukasien ...) S. 3—26. 8.
Progr. K. k. Staats-Obergymn. *Leitmeritz* 1906.

Krčmářik Paul: Die **Besiedlung** der nördlichen Küstenländer des Pontus im 12. und 13. Jahrhundert, in ihrer geschichtlichen Entwicklung dargestellt.
II. 1902 PN 1544 Diss. Wien, Univ. 854

Krčmarik, Paul: Die Erdbeben des Baikalgebietes. 16 S. 8.
Progr. K. k. Staats-Gymn. *Nikolsburg* 1905.

Krčmářik (Paul). Erdbebengeographie des böhmischen Sudetengebietes. Arnau 1910. 24 S.
Arnau, k. k. Staats-Real-Gymn., 29. Jahresber.

Krcsmárik, Joh., Beiträge zur Beleuchtung des islamitischen Strafrechts m. Rücksicht auf Theorie u. Praxis in der Türkei. (133 S.) 8. Leipzig 904. (F. A. Brockhaus' Sort.) n. 4. 20
Sonderabdruck aus: „Ztschr. d. deut. morgenländ. Gesellsch."

Krczmár, Adb., Bemerkungen und Erläuterungen zur kurzen Darstellung der Mechanik der Wärme. gr. 8. (16 S.) Raudnitz 874. (Prag, Calve'sche Universitäts-Buchh.) *

Krczmár, Adb., das meteorologische Beobachtungsnetz in Böhmen und Vorschläge zu seiner Erweiterung und Vervollkommnung. gr. 8. (8 S.) Raudnič 875. (Prag, Calve'sche Universitäts-Buchh.) *

Krčzmář, Adalb., über die Bestimmung des Umfanges u. der Details der babylonischen u. assyrischen Geschichte. gr. 8. (51 S.) Prag (F. Řivnáč). n. — 80
1902

—— kurze Darstellung der Mechanik der Wärme zum Gebrauche für Schulen. gr. 8. (16 S.) Ebendas. 874. *

Krčzmář, Adalb., die Einteilung der ägypt. Geschichte im Altertum u. das chronolog. Problem des Umfangs derselben. (14 S.) Lex.-8. Prag 904. (F. Řivnáč.) n. — 20
Sonderabdr. aus: „Sitzungsber. d. böhm. Gesellsch. d. Wiss."

—— Entwurf einer Anleitung zur Messung von Niederschlägen in Böhmen als Anhang zum Aufsatze „das meteorologische Beobachtungsnetz in Böhmen". gr. 8. (8 S. mit 2 Stnt.) Raudnič 875. (Ebendas.) *

— chronologische Untersuchungen f. die Zeit von der 3. Union beider Ägypten bis zur Eroberg. durch die Perser (von Ahmessu I. bis Psamtek III.) u. üb. die chronologische Ordnung der Könige v. Israel u. Juda. gr. 8. (31 S.) Ebd. 901. n. — 48
2 Sonderabdrucke aus: „Sitzungsber. der böhm. Gesellsch. der Wissenschaft".

Krczmař Hans: Notiz über das Verhalten des Phtalids bei der Destillation mit Kalk.
S. 107. IIb. 86 . . . . vgr.
Separatabdruck

Kreb, Valent., s.a. Gent, R. A., the valiant Welshman.

Kreb, Valentin: The Valiant Welshman by R. A. Gent. Herausgegeben nach d. Drucke von 1615. *Naumburg a. S.: Lippert & Co. 1902.* (XLII S.) 8° ¶(Enth. nur d. Hälfte d. Einl.) — [Erschien vollst. 1902 als: Münchener Beiträge zur roman. u. engl. Philol., H. 23.]
München, Phil. Diss. v. 1902

Krebber, Johannes: Ein Fall von männlicher Hysterie mit Magenerweiterung und Fremdkörper im Magen. *München 1898: M. Ernst.* (17 S.) 8°
München, Med. Diss. v. 1898

Krebel, Carl, s. K r e b e l , Karl

Krebel, Christian Leberecht, De diversis vassallorum ordinibus ex jure feudali Longobardico. Lpz. (Langenheim) 28. IV. 1763. 35 S. (6.—) 19422

Krebel

— **Gottfried Samuel,** De officio hominis circa sermonem. Diss. moralis. Präs. M. Heinr. Ludw. Wernher (Rothenburg / Frk.). Lpz. (Joh. Chr. Brandenburger) 1. VII. 1702. 10 Bl. (6.—) 19423

Krebel, Gottlob Fr.

Krebel, Glo. F., europ. geneal. Haudbuch, s. Handbuch.

— europ. genealog. Handbuch vom J. 1752—92. gr. 8. Leipz., Gleditsch. (Vergl. Gli. Schumann u. Chr. Fr. Jacobi.)

— s. Jh. Hübner, geograph. Fragen, dess. genealog. Tabellen u. dess. Geographie aller 4 Welttheile.

— Reisen d. England. 8. Lüneburg, Herold und W. 802.

— — d. Frankreich. 8. Ebend. 796.

— — d. Italien. 8. Ebend. 796.

Krebel, Glob Frdr., Die vornehmsten europaeischen Reisen, wie solche durch Deutschland, die Schweiz ... auf eine nützliche und bequeme Weise anzustellen sind; mit Anweisung der gewöhnlichen Post- und Reiserouten, der merkwürd. Örter, der Sehenswürdigkeiten ... Th. 1—4. 15. Aufl. Hamburg 1792—96. 8. (1. Aufl. Hambur.: 1767. Neue verb. Aufl. Ebda 1783—85.) . . . . (D.)

Krebel, Glo. Fr., († d. 2. Juli 1793.) d. vornehmsten europ. Reisen, wie solche durch Deutschland, d. Schweiz, d. Niederlande, England, Frankreich rc. zu machen sind. 2 Thle, mit Postkarte. 8. Hamb. 767. 2e Aufl. 775. 3e A. in 4 Thlen. Ebd. 783—85. 4e A. 792. N. A. 795. 5e A. 18.. (Herold u. W. in Lüneb.) 2 ℛ Daraus apart: Reisen durch England, Schottland u. Irland. 8. Lüneb. 802. Ebd. 8 ℋ Reisen durch Frankreich. 8. Ebd. 796. 8 ℋ Reisen durch Italien. 8. Ebd. 793. 8 ℋ

— neues Titularbuch, besond. für d. kursächs. Lande. 8. Leipz. 765. 767. 770. 774. 783.

(**Krebel, Glob Frdr.**), Neues Titularbuch. (3. Ausgabe.) Leipzig 1770. 8. . . . . . (D.)
—, — (4. Ausg.) Ebda 1774. 8. . . . . (D.)
—, — (5. Ausg.) Ebda 1780. 8. . . . . (D.)

Krebel, Henr. De memorabili signo eburneo nuper effosso. 14 S. Abbild.
Duisburg, Progr. 1844

— **Johann Lebrecht Gottreich** (Burgscheidungen / Thüring.), De dentitione difficili. Diss. med.-chir. Präs. D. Christian Friedrich Ludwig. Lpz. (Carl Tauchnitz) 21. III. 1800. 28 S. (5.50) 19424
Gew.: Johann Gottfried u. D. Christian David Leonhardi, D. Carl August Segnitz, Johann August Tittmann.

Krebel, Karl

Krebel, Carl, Versuch über den Tod durch psychische Vorgänge und die Gesundheitsstörung und Tödtung auf psychischem Wege in forensischer Beziehung. Diss. Dorpat. 8°. 109 pp.
1866.

Krebel, Rudolphus: De anatomia pathologica ossium capitis. Halae (1823): Grunert. 49 S. 8°
Halle-Wittenberg. Med. Diss. v. 15. März 1823
Geb. Frauenstein (Kgr. Sachsen) 26. 3. 1802. V.

Krebel, Rud., über d. Erkenntniss u. Heilung d. Scorbuts. Eine prakt. Abhandl., mit besond. Rücksicht auf d. k. k. russ. Marine. 8. (14 B.) Leipzig 838, Voss.

Krebel, R., Geschichte und chronolog. Uebersicht der Gesammtliteratur des Scorbuts. gr. 8. (III und 110 S.) St. Petersburg 849. Berlin, (Veit und Comp.) *

—— Russlands naturhistorische und medicin. Literatur. Schriften und Abhandlungen in nichtrussischer Sprache. gr. 8. (VI und 220 S.) Jena 847, Mauke.

Krebel, Rud., der Scorbut in geschichtlich-literarischer, pathologischer, prophylactischer und therapeutischer Beziehung. gr. 8. (VII und 311 S.) Leipzig 862, (Hartmann.) *

—— dass. — Neue (Titel-)Ausg. gr. 8. (VII und 311 S.) Leipzig 866, Wartig. *

Krebel, Rud., Volksmedicin und Volksmittel verschiedener Völkerstämme Russlands. Skizzen. gr. 8. (XIII und 194 S.) Leipzig 858, C. F. Winter'sche Verlagsh. *

Krebel, R(udolf) (Hrsg.):

s.: Zeitung, Medicinische, Russlands. Jg.3-11. St. Petersburg: 1846-54.

JB 6.162

Krebs, Stabsarzt 1909
s. Krebs, Walter.

Krebs, der alte Gott lebt noch! Predigt üb. Hiob. 36, 22—37, 13 nach d. Wassersnot am 30. u. 31. VII. 1897 in d. Kirche St. Nikolai zu Döbeln geh. gr. 8. (11 S.) Döbeln 897. H. Meltzer. n. — 20

Krebs, üb. Pharyngitis (Laryngitis, Tracheitis) sicca od. atrophica. [Aus: „Monatsschr. f. Ohrenheilkde."] gr. 8. (18 S.) Berlin 895. O. Coblentz. n. 1. —

Krebs. Das Officierheim Taunus in Falkenstein. Berlin 1900. Mit 16 Taf.

Krebs, A., moderne Dampfturbinen. Für weitere Kreise dargestellt. (VI, 52 S. m. 21 Abbildgn.) gr. 8. Berlin 905. G. Siemens. n. 2. 50

Moderne Dampfturbinen. Für weitere Kreise dargest. von Dr. A. Krebs, Brüssel. Mit 21 Abb. 2. Aufl. Berlin: G. Siemens 1905. (VI. 52 S.) 8°

Krebs, A., moderne Dampfturbinen u. Turbinen-Schiffe. Gemeinfasslich dargestellt. 3. Aufl. (XIII, 109 S. m. 57 Fig.) 8. Berlin 908. G. Siemens. Geb. in Leinw. 3. —

Krebs, A. (von Bühl bei Aarberg): Konstruktionen gleichschenkliger Dreiecke mit Hilfe von Kurven höherer Ordnung. Bern 1902. (Mit 4 Tafeln.) 95 S. 8°.
Bern. Phil. Diss. 1901/1902.

Krebs, A., Naturkunde f. die Oberstufen der Mädchenschule. Ausgewählt u. methodisch bearb. gr. 8. (VII, 64 S. m. 34 Abbildgn.) Mühlhausen i/Thür. 890. Danner. n. — 80

Krebs, A., üb. Schuldanerkennung. Inaug.-Diss. gr. 8. (47 S.) Frankfurt a/M. 888. (Göttingen, Vandenhoeck & Ruprecht's Verl.) n. 1. 20

Krebs, A., Vorpostenarbeit im Reich d. Mitte, s.: Missionsschriften, neue.

Krebs, Ad., Mudicke im Verhör, s.a. Vereinstheater.

Mudicke im Verhör. Komische Gerichtsscene von Ad. Krebs. 2. Aufl. *Mühlhausen i. Th.: G. Denner [1898]*. (10 S.) 8° [S.]
— Vereinstheater. 72. [00. 1306.

Krebs, Adolf: Beiträge zur Kenntnis und Erklärung der Gewitter-Erscheinungen auf Grund der Aufzeichnungen über die Gewitter Hamburgs in den Jahren 1878—1887. . . . Marburg, *Druck v. Carl Hammer in Stuttgart*, 1889; 31 S. 8°
Marburg, Phil. Fak., Inaug.-Diss. v. [2. Mai] 1889

Krebs, A., Beiträge zur Kenntnis u. Erklärung der Gewitter-Erscheinungen auf Grund der Aufzeichnungen üb. die Gewitter Hamburgs in den J. 1878—1887. gr. 8. (31 S. m. graph. Darstellgn.) Stuttgart 889. Maier. n. 1. 50

— Lehrbuch d. Elektromagnetismus, s.: May, O.

— Lehrbuch der Induktionselektricität u. ihrer Anwendungen [Elemente der Elektrotechnik]. Mit 432 Erklärungen u. 213 in den Text gedr. Fig., nebst e. Sammlg. gelöster Aufgaben. Für das Selbststudium u. zum Gebrauch an Lehranstalten, sowie zum Nachschlagen f. Fachleute, bearb. nach System Kleyer. gr. 8. (X, 302 S.) Stuttgart 889. Maier. n. 6. —

Denkschrift zur Errichtung und Enthüllung des nassauischen Landesdenkmals am 26. Okt. 1909 ... bearb. von Prof. Lic. Dr. Albert Krebs, ⟨Frankfurt a. M.⟩. Wiesbaden: Staadt 1910. 58 S. 8°
[Umschlagt.:] Das nass. Landesdenkmal. Erinnerungs-Schrift von Krebs. [10. 5262

Krebs, Alb., Geschichte der Beweise für das Dasein Gottes von Cartesius bis Kant. Philosophische Promotionsschrift. gr. 4. (21 S.) Wiesbaden 876. (Jena, Deistung's Buchh.) *

Krebs, Alb. Johannes a Jesu Maria, ein Mystiker der katholischen Kirche. 32 S. Progr. Rg. *Wiesbaden* 1881.

— Lehrbuch f. den evangel. Religionsunterricht, s.: Schäfer, C. Otto.

Krebs, Alb., bibl. Lesebuch, s.: Schäfer, C. Otto.

Krebs, Albert [Gerichts-Ass.]: Über Schuldanerkennung. . . . Frankfurt a. Main, Druck v. F. Eichhorn, 1888; 47 S. 8°
Göttingen, Jur. Fak., Inaug.-Diss. v. 23. Sept. 1888

Krebs, Albert: Edward Young als Dramatiker. Königsberg i. Pr. 1905: Hartung. (70 S.) 8°
Königsberg, Phil. Fak., Ref. Kaluza, Diss. v. 21. Juni 1905
[Geb. 27. Dez. 80 Dittballen, Kr. Niederung Ostpr.; Wohnort: Königsberg i. Pr.; Staatsangeh.: Preußen; Vorbildung: Realgymn. Tilsit Reife O. 01; Studium: Königsberg 9 S.; Rig. 31. Mai 05.]

Krebs, Alfons, pr. Tierarzt: Arbeiten aus d. med. Veterinärklinik d. Univ. Giessen. Dir.: Gmeiner. Die Verfärbung des Harns durch pflanzliche Laxantien und ihre klinische Bedeutung. Giessen 1909: v. Münchow. 91 S. 8°
Gießen, Veterinär-Med. Diss. v. 16. Febr. 1909, Ref. Geppert
[Geb. 30. Juli 82 Untergriesheim; Wohnort: Gießen; Staatsangeh.: Württemberg; Vorbildung: Gymn. Rottweil a. N. Reife Juli 03; Studium: Tierärztl. Hochschulen Stuttgart 4, München 1, Stuttgart 2 S.; Rig. 22. Dez. 08.] [U 09. 1157

Krebs, Alfred, aus Annaberg in Sa.: J. A. Schlettwein der „deutsche Hauptphysiokrat". Ein Beitrag zur Geschichte der Physiokratie in Deutschland. Leipzig 1909. 128 S. 8°. [22. VII. 08.]
Bern. Phil. Diss. 1908/09.

Krebs, Arnold, allgemeine Arithmetik in elementarer Darstellung, für den Mittelschul- u. Selbstunterricht in entwickelnder Lehrform bearb. 1. u. 2. Heft. gr. 8. Bern (E. Baumgart). n. 2. 70
1. (III, 79 S. m. 2 Fig.) 905. n. 1. 40
2. (III u. S. 81—147 m. 9 Fig.) (906.) n. 1. 30

Krebs, Aug., die Lehren der Chemie ausgewählt und zusammengefaßt. 8. (VI, 63 S.) Mühlhausen i. Th. 873, Foerster. *

—— die Lehren der Physik in gedrängter Auswahl zusammengestellt. gr. 8. (XVI, 65 S.) Ebendas. 872. *

Krebs, Aug. (I.), Lerne ein Handwerk! Ein Ratgeber bei der Wahl eines gewerbl. Berufs. 8. (IV, 120 S.) Leipzig 884, Spohr. *M 1.; geb. *

—— praktische Physik, in gedrängter Auswahl zusammengestellt. 2. Aufl. 8. (VIII, 86 S. mit in den Text gedr. Holzschn.-Abbild.) Langensalza 880, Schulbuchh. von Greßler.
1. Aufl. erschien im Selbstverlage des Verfassers.

Krebs, Aug., die gewerblichen Vereine Deutschlands, nach directen Mittheilungen zusammengestellt. gr. 8. (57 S.) Mühlhausen i. Thür. 879, (Förster's Buchh.) **

Krebs, Aug. (II.), die gewerblichen Vereine Deutschlands, der Schweiz und von Oesterreich-Ungarn. Nach directen Mittheilungen zusammengestellt. 2. Aufl. gr. 8. (76 S.) Wien 882, Hartleben's Verlag. cart.

Krebs, Bruno v.: Aus d. chir. Univ.-Klinik zu Königsberg i. P. Ein Beitrag zur Kenntnis der multiplen Enchondrome. Königsberg i. P. 1909: Jaeger. 26 S. 8°
Königsberg, Med. Diss. v. 6. Aug. 1909, Ref. Lexer
[Geb. 20. Aug. a. St. 81 Riga; Wohnort: Riga; Staatsangeh.: Rußland; Vorbildung: IV. Gymn. Petersburg Reife Mai 01; Studium: Dorpat 8, Königsberg 6 S.; Rig. 27. Juli 09.] [U 09. 2377

Krebs, C., Gedichte zur Preisbewerbung rc., s. Gedichte.

Krebs, C., über d. Natur u. Behandlung d. sogen. hitzigen Wasserkopfes u. einiger ähnl. Hirnaffectionen. gr. 8. (7 B.) Osnabrück 835, Rackhorst.

Krebs, C. F. W., Anleitung zur Betriebs-Regulirung der Hochwaldungen und Massen-Ermittelung der Holzbestände. gr. 8. (VII, 47 S.) Frankfurt a. O. 876, (Harnecker und Comp.) *

Krebs, C. W. Oratio: Quae via ac ratio in docendo patrio sermone ineunda et tenenda sit. 8 S. . . . . .
Schweidnitz, Progr. 1832

Krebs, Carl, s. Krebs, Karl

Krebs, Carl Adolf Erich, s. Krebs, Erich

Krebs, Christian Bernhard (Kahla/Thüring.), De supervita, vulgo Eingeschneitel. Diss. jur. Präs. Christ. Wildvogel. Jena (Müller) Sept. 1713. 40 Seiten. (6.50) 19425

Krebs, Chr. Gtthlf., Ansichten von d. Behandlung d. Erdrinde, zur Frucht- u. Holzerziehung; ein Beitr. zur Cottaschen Baumfeldwirthschaft. Mit 1 Kpf. gr. 8. Dresd. 822. Arnold. 15 gr

— **Christian Gottlieb** (Doebeln), Selectiora juris principia ad ordinem digestorum exposita libri II. specim. II. continens. Disp. jur. IV. Präs. Jo. Tobias Richter. Lpz. (Langenheim) 4. V. 1748. 16 S. (4.50) 19426

Krebs, Christian Heinrich.
Teutscher Reichs-Staat . . . Frankf. u. Leipz. 1738. H: *Glafey, Adam Frdr.* [?] (BrMm)

— **Christian Ludwig** (Barby), De subhastationibus observationes tres ex principiis juris Saxonici. Präs. Johann August Hieronymus Thalwitzer. Wittbg. (Tzschiedrich) 12. VIII. 1796. 8 Seiten. (4.—) 19427

Krebs, Conrad, s. Krebs, Konrad

Krebs, E., unterm Petersdom. Wanderungen durch die vatikan. Grotten. (VII, 104 S. m. Abb. u. Grundrissen.) kl. 8. Regensburg 910. F. Pustet. 1. 20

Krebs, E. W. (Hrsg.), s. Staats-Zeitung, Schweizerische.

Krebs, E. Werner (Red.), s. Gewerbe, Das.

—, **Edm.** Die Annahme der augsburgischen Konfession von seiten der reformierten Kirchen Deutschlands und die Stellung der Lutheraner zu den Unionsbestrebungen des 16. und 17. Jahrh. 37 S. **Progr.** *Annaberg* 1877

Abrégé de l'histoire de la littérature française de Corneille à nos jours. A l'usage **des écoles** par Elvira **Krebs**, Trier. Leipzig & Berlin: B. G. **Teubner 1907**. (IV, 63 S.) 8° [07. 4211]

Krebs, Elvira, abrégé de l'histoire de la littérature française de Corneille à nos jours. A l'usage des écoles. 2. éd. (VI, 74 S.) 8. Leipzig 909. B. G. Teubner. Kart. — 90

Krebs, Engelb., Meister Dietrich (Theodoricus Teutonicus de Vriberg), s. a. Beiträge zur Geschichte der Philosophie des Mittelalters. V. 5. 6.

Meister Dietrich (Theodoricus Teutonicus de Vriberg). Sein Leben, s. Werke, s. Wissenschaft von Dr. Engelbert **Krebs**. Münster: Aschendorff 1906. (XII, 155, 230* S.) 8°
— **Beiträge** z. Geschichte d. Philosophie d. Mittelalters. Bd 5, H. 5. 6.

— **s.: Festgabe, enth. vornehmlich vorreformator. Forschungen, Heinrich Finke gewidmet.**

Krebs, Engelb., der Logos als Heiland im 1. Jahrh., m. e. Anh.: Poimandres u. Johannes, s. a. Studien, Freiburger theologische. 2. Heft.

Der Logos als Heiland im ersten Jahrhundert. Ein religions- u. dogmengeschichtl. Beitrag z. Erlösungslehre. Mit e. Anh.: Poimandres und Johannes. Kritisches Referat über Reitzensteins religionsgeschichtl. Logosstudien Von Dr. theol. et phil. Engelbert **Krebs**. Freiburg i. Br.: Herder 1910. XIX, 184 S. 8°
(Freiburger Theologische Studien. H. 2.) [10. 17639]

— die **Mystik** in Adelhausen. Eine vergleich. Studie über die „Chronik" der Anna von Munzingen u. die thaumatograph. Literatur des 13. u. 14. Jahrh. als Beitrag z. Geschichte d. Mystik im Predigerorden. (65 S.) gr. 8. Münster 904. (Freiburg i/B., J. Waibel.) n. 1. 50
Sonderabdruck aus: „Festgabe v. Heinr. Finke".

Krebs, Engelbert: **Studien** über Meister Dietrich genannt von Freiburg. *Freiburg i. B. 1903: Charitas-Druckerei.* (VI, 79 S.) 8° ¶ (Teil d. eingereichten Arbeit. — Soll vollst. erscheinen.)
Freiburg i. B., Phil. Diss v. 1903

— Der Tabernakel einst u. jetzt, s.: Raible, Fel.

Krebs, *Carl Adolf* Erich [aus Christburg]: Klinisch-hämatologische Studien über perniciöse Anämie und über einen Fall von lymphatischer Leukämie ... Berlin, Buchdr. v. G. Schade, *1892*; 30 S., 1 Bl. 8.
Berlin, Med. Fak., Inaug.-Diss. v. 10. Aug. 1892

Krebs, Erich, deutsch-englisches u. englisch-deutsches technisches Wörterbuch, s. a. Sammlung Göschen.

— Deutsch-französisches u. französisch-deutsches technisches Wörterbuch, s. a. Sammlung Göschen.

Technisches Wörterbuch enth. d. wichtigsten Ausdrücke d. Maschinenbaues, Schiffbaues u. d. Elektrotechnik von Erich Krebs. 1–4. Leipzig: Göschen 1908–10. 8°
1. Deutsch-englisch. 2. Englisch-deutsch.
3. Deutsch-französisch. 4. Französisch-deutsch.
(Sammlung Göschen. 395. 396. 453. 454.)

— **Ernst Anton** (Meiningen), De Francorum Saliorum et Salicorum origine atque differentia, illustrium virorum Mensonis Altingii, Jo. Nicol. Hertii et Henrici Coccei opinionibus publice opponit. Diss. histor. Präs. Barthol. Christ. Richard. Jena (Jo. Adolph Müller) Okt. 1713. 32 S. (6.50) 19428

— **Ernst Herm.** (Schweidnitz/Schles.), De melanoseos anatomia pathologica. Diss. med. Halle (Fr. Schimmelpfennig) 22. VI. 1839. 26 S. mit Biogr. (M.: L. Oelsner.) (6.—) 19429
Oppon.: Wilh. Wagner, Herm. Augustin. — Gew.: Heinrich Link, Ernst Blasius.

Krebs, Ernest[us] Herm[annus]: De melanoseos anatomia pathologica. Halae (1839): Schimmelpfennig. 22 S. 8°
Halle-Wittenberg, Med. Diss. v. 22. Juni 1839
Geb. Schweidnitz 25. 11. 1815. V.
Im Diplom mit den Vornamen Fridericus Philippus, in der gedruckten Vita nur Hermannus, in der hs. V.: Ernestus Friedericus Philippus Hermannus.

Krebs, Eugen [pr. Arzt]: Aus d. inneren Abtheilung d. Städt. Krankenhauses zu Königsberg i. Pr. Ein Fall von reinem Cocainismus ... Königsberg i. Pr., Druck v. M. Liedtke, 1892; 2 Bl., 23 S., 2 Bl. 8.
Königsberg, Med. Fak., Inaug.-Diss. v. 30. Juni 1892

Krebs, Eug., e. Fall v. reinem Cocainismus. Diss. gr. 8. (21 S.) Königsberg i/Pr. 892. (W. Koch.) n. — 80

Krebs, F. L., s. Krebs, Friedrich Ludwig

***Krebs*, F. R. C., lectiones Diodoreae partim historicae partim criticae. Emendantur passim aliorum scriptorum loci plurimi. 8. Hadamar u. Weilb. 832. Lunz. 1 ₰**

Krebs, F. R. C., De locis duobus Platonis. Pr. 1841. 10 S. 4°.

Krebs, F. R. C., Commentatio de posteriore parte reliquiarum libri octavi bibliothecae historicae Diodori Siculi. Pr. 1856. 17 S. 4°.

– F. R. C., De ratione modorum verbi Graeci. Pr. 1846 18 S 4°.

Krebs, Fr. Chr. Karl, († d. 10. Mai 1793.) medicin. Beobachtungen. 2 Bde à 4 Stücke. 8. Quedlinb. 781—90. Ernst. 1 M

— medicin. Kleinigkeiten. 8. Leipz. 781. (Quedlinb., Ernst). 4 M

Krebs, Fr. Gf., Beitrag zur zweckmäß. Einrichtung u. Feier d. Confirmation junger Christen. 8. Rostock 817. Stiller. 8 M

Krebs, Fr. Rud. E., s. Jh. Ph. Krebs, Griech. Lesebuch.

Krebs, Franz: Die praepositionsartigen A d v e r b i a bei Polybius. T. 1. Regensburg 1882: Demmler. S. 1-35.
Regensburg, K. Neues Gymn., P 1882

Krebs, Franz, approb. Arzt aus Vandsburg (Westpr.): **Über die Ätiologie der Spermatocelen.** *Halle a. S. 1903: C. A. Kaemmerer & Co.* (30 S.) 8°
Halle, Med. Diss. v. 18. Dez. 1903

Krebs, Frz., die Präpositionen bei Polybius, s. Beiträge zur historischen Syntax der griechischen Sprache.

Die Praepositionen bei Polybius. I. Teil. — Von Dr. Franz Krebs, Stdl. — 1881, Würzburg, Becker. — S. 1—61⁸.
Progr. Regensburg. K. Neues Gymn.

—— die Präpositionsadverbien in der späteren historischen Gräcität. 1. Tl. gr. 8. (61 S.) München 884, Lindauer'sche Buchh. *

Krebs, Frz., die Präpositionsadverbien in der späteren historischen Gräcität. 2. Tl. gr. 8. (64 S.) München 885, Lindauer'sche Buchh. *
1. Tl. Ebendas. 1881. *M 3.—.

Zur Rektion der Casus in der späteren historischen Graecität. — Von Dr. Franz **Krebs,** Stdl. — 1885, Regensburg, M. Wasner. S. 1—35.
Progr. Regensburg. K. Neues Gymn.

—— zur Rection der Casus in der späteren historischen Gräcität. 2 Hefte. gr. 8. Ebendas. 887. [1. Heft. (24 S.) 887. *ℳ 1.—.; 2. Heft. (30 S.) 888. *ℳ 1.20.] *

Krebs, Frz. Zur Rection der Casus in der späteren historischen Gräcität. 3. Heft. gr. 8. (30 S.) Münch. 890, Lindauer. * 1 20
1. u. 2. Heft. Ebd. 1887,88. * 2 20.

Krebs, Friedr., Beiträge zur Elementar-Geometrie. Winterthur 1878.
Progr.

Krebs, Fridericus [Berolinensis]: De inscriptione Aegyptiaca Chnemothis (Hnmhtp) nomarchi. . . . Berolini, form. acad. (G. Vogt), 1889; 22 S. + 1 Bl. 4°
Berlin, Phil. Fak., Inaug.-Diss. v. 1. Nov. 1889

4

Krebs, F., de Chnomothis [hnmhtp] nomarchi inscriptione aegyptiaca commentatio. Lex.-8. (51 S.) Berlin 890. Speyer & Peters. n. 6. —

Krebs, Friedr., zur Kritik Alberts von Aachen. Alb. Aqu. lib. I. und II. Dissertation. gr. 8. (64 S.) Münster 881, (Coppenrath'sche Buchh.) *

Krebs. F., Ein libellus eines libellaticus v. J. 250 n. Chr. aus d. Fajum. S.-A. 1893. 8 S. u. 1 Taf. 1.--

Krebs, Friedrich [approb. Arzt aus Frankfurt a./M.]: **Ueber das Vorkommen der hyalinen Thrombose in embolischen Lungeninfarkten . . . .** Tübingen, Druck v. Heinrich Laupp jr., 1887; 34 S. 8°.
Tübingen, Med. Fak., Inaug.-Diss. v. 1887.

[Krebs, Friedr. Helf.]: Quinquertium camerale, oder in fünff Fragen vorgestellte der Röm. Kayserl. Majestät und des Heil. Röm. Reichs Ständen bey dero Cammer-Gericht unzertrennliche Verknüpffung . . . Auffgesetzt im J. 1704. Rev. u gedr. **[o. O.] 1705.**

Krebs, Friedrich Ludwig

Krebs, F. L., vollst. Beschreibung u. Abbildung d. sämmtl. Holzarten, welche im mittlern u. nördl. Deutschland wild wachsen. Für Gutsbesitzer, Forstmänner, Oekonomen u. Freunde d. Natur. Nach d. besten Hülfsmitteln bearb. 25 Hfte. gr. ½ Fol. (112¾ B. u. 150 Stnt.) Braunschweig 827—35, (Vieweg.) à Hft. 20 Gr., ill. 1 Thlr. 12 Gr. 20 Thlr. 20 Gr., ill.

——. —— Ebda 1847. Fol. [Titelausgabe.]

Krebs, Frdr. Rob., das neue Ideal-Betriebssystem f. Schulsparkassen. Mit ausführl. Bericht üb. Wert u. Geschichte dieser Institution u. e. Statistik üb. den Erfolg der bisher. Systeme. (163 S.) gr. 8. Aarau (910). E. E. Meyer. 2.80; geb. in Leinw. 3. 40

Krebs, Friedrich Robert: Das neue Ideal-Betriebssystem für Schulsparkassen. Mit ausführl. Bericht üb. Wert u. Gesch. dieser Institution u. e. Statistik üb. d. Erfolg d. bisher. Systeme. Leipzig, Aarau, Wien (1910). 8°

Krebs, Fritz, aus den Papyrus der königl. Museen, s.: Erman, Adf.

Krebs, G., die stillen Beschäftigungen in der ungeteilten Volksschule. gr. 8. (21 S.) Gotha 882, Thienemann. *

Krebs G. Ueber die Curven $y = ax^3 + bx^2 + cx + d$ und $y = ax^4 + bx^2 + cx + d$. 1858. 8

— Uebungsbuch für den Unterricht in der deutschen Sprache. gr. 8. (IV, 100 S.) Ebend. 877. n. — 80

—— Übungsbuch für den Unterricht in der deutschen Sprache [Grammatik und Stil]. 3 Hefte. 2. umgearb. Aufl. [Umarbeitung nach der neuen Rechtschreibung.] gr. 8. Ebendas. 881. geb. *
Inhalt:
Heft 1. Zweites und drittes Schuljahr. (27 S.) * 40 Pf.
„ 2. Viertes und fünftes Schuljahr. (76 S.) * 50 Pf.
„ 3. Sechstes, siebentes und achtes Schuljahr. (64 S.) * 50 Pf.

Krebs, G., Übungsbuch für den Unterricht in der deutschen Sprache [Grammatik und Stil]. 1. und 2. Heft. 3. verm. Aufl. 8. Gotha 887, Thienemann's Hofbuchh. cart. *
Inhalt:
Heft 1. [2. und 3. Schulj.] (29 S.) cart. * 40 Pf.
„ 2. [4. und 5. Schulj.] (76 S.) cart. * 50 Pf.
3. Heft. Ebendas. 1881. * 50 Pf.

Krebs, G., Übungsbuch f. den Unterricht in der deutschen Sprache (Grammatik u. Stil). 3 Hfte. gr. 8. Gotha, E. F. Thienemann's Verl. Kart. n.n. 1. 50
1. (2. u. 3. Schulj.) 4. Aufl. (30 S.) 892. n.n. — 40
2. (4. u. 5. Schulj.) 4., verm. Aufl. (80 S.) 891. n.n. — 50
3. (6., 7. u. 8 Schulj.) 3. verm. Aufl. (101 S.) 891. n.n. — 60

Krebs, G., Übungsbuch f. den Unterricht in der deutschen Sprache (Grammatik u. Stil). 2. Hft. (4. u. 5. Schulj.) 5., verm. Aufl. gr. 8. (82 S.) Gotha 897. E. F. Thienemann. Kart. n. — 50

Krebs, G., Uebungsbuch f. den Unterricht in der deutschen Sprache (Grammatik u. Stil). 3 Hefte. gr. 8. Gotha 903. E. F. Thienemann. Kart. n. 1. 50
I. (2. u. 3. Schulj.) 7., auf Grund der neuen Rechtschreibung durchges. Aufl. (32 S.) n. — 40
II. (4. u. 5. Schulj.) 7., auf Grund der neuen Rechtschreibung durchges. Aufl. (82 S.) n. — 50
III. (6., 7. u. 8. Schulj.) 4., auf Grund der neuen Rechtschreibg. durchgeseh. Aufl. (101 S.) n. — 60

Krebs, G., Uebungsbuch f. den Unterricht in der deutschen Rechtschreibung. Im Anschluß an den 1.–3. Teil des Lesebuchs f. das Herzogt. Gotha bearb. 3 Hefte. gr. 8. Gotha, C. Glaeser. Geb. nn 2. —
1. (Für 2. u. 3. Schulj.) (32 S.) 908. Geb. nn — 60
2. (Für 4. u. 5. Schulj.) (86 S.) 909. Geb. nn — 60
3. (Für 6., 7. u. 8. Schulj.) (86 S.) 909. Geb. nn — 80

— dasselbe in der deutschen Sprache (Grammatik u. Stil). 3 Hefte. gr. 8. Ebd. Geb. nn 2. 40
1. (2. u. 3. Schulj.) 8. durchgeseh. Aufl. (32 S.) 908. Geb. nn — 60
2. (4. u. 5. Schulj.) 8. durchgeseh. Aufl. (79 S.) 909. Geb. nn — 80
3. (6., 7. u. 8. Schulj.) 5., auf Grund der neuen Rechtschreibg. durchgeseh. Aufl. (96 S.) 909. Geb. nn 1. —

Krebs, Geo., Aufgaben aus d. Physik, s.: Fliedner, C.

— **Georg** (Schwarz - Nauslitz - Misnic.), Dissertationem super Saxon. decis. VI. de anno 1746. Präs. Heinr. Gottfried Bauer. Lpz. (Langenheim) 20. IV. 1770. 8 S. (4.—) 19430

Krebs, Geo., Einleitung in die mechanische Wärmetheorie. gr. 8. (VI, 218 S. mit 52 Holzschn. im Texte.) Leipzig 874, Teubner.

Krebs, Geo., die Erhaltung der Energie als Grundlage der neueren Physik, s. Naturkräfte, die.

Krebs G, die Erhaltung der Energie. (Naturkräfte 25) München 1877

Krebs, Georg [pr. Arzt in Planegg]: Einige Fälle von acuter Osteomyelitis ... München, kgl. Hof- u. Univ.-Buchdr. v. Dr. C. Wolf & Sohn, 1894; 27 S. 8.
Erlangen, Med. Fak., Inaug.-Diss. v. 6. März 1894

Krebs, Georg, appr. Arzt a. Magdeburg: Ueber zwei Fälle von Sklerodermie. Leipzig 1905: B. Georgi. (32 S.) 8°
Leipzig, Med. Fak., Ref. Hoffmann, Diss. v. 16. Dez. 1905
[Geb. 7. Mai 78 Magdeburg; Wohnort: Leipzig; Staatsangeh.: Preußen; Vorbildung: Wilh.-Gymn. Magdeburg Reife O. 99; Studium: Leipzig 10 S.; Coll. 16. Dez. 05; Approb. 16. April 04.]

Krebs, Geo., Grundriss der Physik für höhere realistische Lehranstalten [Realschulen I. Ordnung, höhere Gewerbeschulen etc.], sowie zur Selbstbelehrung. gr. 8. (XII, 616 S. mit gegen 600 Holzschn.-Abbild. im Text und 1 chromolithogr. Spektraltaf.) Leipzig 882, Veit und Comp. *

Krebs, Geo., Grundriss der Physik für höhere realistische Lehranstalten [Realgymnasien, Oberrealschulen etc.]. 2. neu bearb. Aufl. gr. 8. (VI, 524 S. mit 475 Abbild. im Text und 1 Spektraltaf.) Leipzig 888, Veit und Comp. *

Krebs, Geo., s. Guichard, die Harmonie der Farben.

Krebs, Geo., Lehrbuch der Physik und Mechanik für Real- und höhere Bürgerschulen, Gewerbschulen und Seminarien. 1. Aufl. (XII, 248 S. mit 317 eingedr. Holzschn. und 2 lithogr. Taf.) 1870, und 2. verb. Aufl. gr. 8. (XII, 273 S. mit 318 eingedr. Holzschn. und 2 lithogr. Taf.) Wiesbaden 874, Kreidel's Verlag. *M 3,60.; geb. *

—— Lehrbuch der Physik und Mechanik für Real- und höhere Bürgerschulen, Gewerbschulen und Seminarien. 3. verb. Aufl. gr. 8. (XII, 275 S. mit 318 eingedr. Holzschn., 2 lithogr. Taf. und 1 Spectraltaf.) Wiesbaden 878, Bergmann. *
geb. *

—— Lehrbuch der Physik und Mechanik für Real- und höhere Bürgerschulen, Gewerbschulen und Seminarien. 4. verb. Aufl. gr. 8. (XIV, 275 S. mit 318 eingedr. Holzschn., 2 lithogr. Taf. und 1 chromolithogr. Spektraltaf.) Wiesbaden 882, Bergmann. *M 3,60.; geb. *

—— Lehrbuch der Physik für Real- und höhere Bürgerschulen, Gewerbeschulen und Seminarien. 5. verb. Aufl. gr. 8. (XIV, 282 S. mit 318 Holzschn., 2 lithogr. Taf. und Spektraltaf.) Wiesbaden 885, Bergmann. *

— Lehrbuch der Physik f. Real- u. höhere Bürgerschulen, Gewerbeschulen u. Seminarien. 6., verb. Aufl. Mit 318 Holzschn., 2 lith. Taf. u. 1 Spektraltaf. gr. 8. (VIII, 272 S.) Wiesbaden 889. Bergmann. n. 3. 60; geb. n. 4. —

Krebs, Geo., Lehrbuch der Physik f. Real- u. höhere Bürgerschulen, Gewerbeschulen u. Seminarien 7., verb. Aufl. gr. 8. (VIII, 271 S. m. 318 Holzschn., 2 lith. Taf. u. 1 Spektraltaf.) Wiesbaden 892. J. F. Bergmann. n. 3. 60

— Lehrbuch der Physik f. Real- u. höh. Bürgerschulen, Gewerbeschulen u. Seminarien. 9., verb. Aufl. Mit 318 Holzschn., 1 lithogr. Taf. u. 1 Spektraltaf. gr. 8. (VIII, 271 S.) Wiesbaden 898. J. F. Bergmann. n. 3. 60

Krebs, Geo., Lehrbuch d. Physik f. Real- u. höh. Bürgerschulen, Gewerbeschulen u. Seminarien. 10. verb. Aufl. Mit 319 Holzschn., 1 lithogr. Taf. u. 1 Spektraltaf. gr. 8. (VIII, 273 S.) Wiesbaden 900. J. F. Bergmann. n. 3. 60

Krebs, Geo., Lehrbuch der Physik f. Real- u. höh. Bürgerschulen, Gewerbeschulen u. Seminarien. Hrsg. v. Otto Rausenberger. 13. verb. Aufl. Mit 319 Holzschn., 1 lith. Taf. u. 1 (farb.) Spektraltaf. (VIII, 279 S.) gr. 8. Wiesbaden 909. J. F. Bergmann. 3.60; erm. Pr. 2. 60; geb. 3. —

—— Leitfaden der Chemie für Mittelschulen, s. Kinkelin, F.

—— Leitfaden der Experimental-Physik für Gymnasien und zur Selbstbelehrung. Mit einem Anhang: Mathematische Geographie und die Grundlehren der Chemie. gr. 8. (XVI, 435 S. mit 408 eingedr. Holzschn., 2 lithogr. Taf., 1 Farben- und Logarithmen-Taf.) Wiesbaden 881, Bergmann. *
geb. *

Krebs, G., Leitfaden der Experimental-Physik für Gymnasien. Mit e. Anh.: Mathematische Geographie u. Grundlehren der Chemie. 2., verb. Aufl. Mit 412 Fig., 2 lith. Farbentaf. [1 Farbentaf. u. Logarithmentaf.] gr. 8. (VIII, 476 S.) Wiesbaden 887. Bergmann. n. 4. 60; geb. n. 5. —

— Leitfaden der Experimental-Physik f. Gymnasien. Mit e. Anh.: Mathematische Geographie u. Grundlehren der Chemie. 3., verb. Aufl. 8. (VIII, 457 S. m. 410 Fig., 2 Taf. u. 1 farb. Taf.) Ebd. 892. n. 4. 60

—— Leitfaden der Physik und astronomischen Geographie für Mittelschulen, insbesondere für höhere Töchterschulen. gr. 8. (X, 198 S. mit 231 Abbild. im Text und 1 Spektraltaf.) Leipzig 881, Veit und Comp. *

— Leitfaden f. den wissenschaftl. Unterricht in d. Anfangsgründen der Chemie, s.: Casselmann, W.

—— s. a. Physik, die, im Dienste der Wissenschaft, der Kunst und des praktischen Lebens.

Krebs, G. Die Physik im Dienste der Wissenschaft, der Kunst und des praktischen Lebens. Stuttgart, 1884.

— s.: Rundschau, elektrotechnische.

Krebs, Georg. (geb. Wittingen 16. 9. 1792): De Afrorum veneno sagittario. Berolini (1832). (22 S.) 4°
Berlin, Med. Diss. v. 20. März 1832

Krebs, [Joh.] Geo., Uebungsbuch für den Unterricht in der deutschen Sprache. gr. 8. (IV, 100 S.) Gotha 877, Thienemann. *

—— physikalisch-medicinische Untersuchungen, s. Heyman.

Krebs, Georg [cand. med. aus Gleiwitz]: Die Ursachen der Speiseröhrenverengerung. . . . München, k. Hof- u. Univ.-Buchdr. v. Dr. C. Wolf & Sohn, 1889; 30 S. + 1 Bl. 8°
München, Med. Fak., Inaug.-Diss. v. 1889

— Wetterkarten u. Wetterprognose. Hrsg. bei Gelegenheit der Eröffnung der von dem physikalischen Verein zu Frankfurt a/M. errichteten meteorologischen Station mit selbstregistrir. Apparaten. Mit 4 (lith.) Wetterkarten u. 1 (lith.) Taf. Abbildungen. 1. u. 2. Aufl. gr. 8. (16 S.) Frankfurt a/M. 879. Rommel. n. 1. —

Krebs, Ghold., militärische Beredsamkeit. Eine Sammlung kriegsgeschichtl. Beispiele. 8. (59 S.) Budapest 877, Grill's Hofbuchh. *

Krebs, Ghold., deutsches Lesebuch f. d. Militär-Unterrealschulen. 1. u. 2. Thl. Im Auftr. d. k. u. k. Reichs-Kriegs-Ministeriums zusammengest. gr. 8. (VI, 175 u. VI, 216 S.) Wien 896. 97. L. W. Seidel & Sohn. Geb. in Leinw. à n. 1. 60

Krebs, Ghold., deutsches Lesebuch f. die Militär-Unterrealschulen. 3. u. 4. Thl. Im Auftrage des k. u. k. Reichs-Kriegs-Ministeriums zusammengestellt. gr. 8. (VII, 309 u. VI, 353 S.) Wien 898. 900. (L. W. Seidel & Sohn.) Geb. in Leinw. à n. 2. —

Krebs, Ghold., deutsches Lesebuch f. Militär-Unterrealschulen. 2 Tle. 2. Aufl. gr. 8. Wien 909. L. W. Seidel & Sohn. Geb. 6. 25
I. (VII, 227 S.) Geb. 3. —. — II. (VII, 258 S.) Geb. 3. 25

(F) Krebs, G., Deutsches Lesebuch für die Militärunterrealschulen. III. Teil. 2. Aufl. Gr.-8°. (VII, 333 S.) * geb. K 4.—
Wien: Seidel & Sohn 1910.

Die k. und k. Militär-Oberrealschule zu Mährisch-Weisskirchen. Ein Beitrag z. Geschichte d. Militär-Bildungswesens während d. letzten 50 Jahre. Zsgest. u. hrsg. von Gotthold Krebs, Oberstlt. Wien & Leipzig: C. W. Stern 1900. (VIII, 207 S.) 8° [08. 13704

— Mottos u. Devisen d. Kriegerstandes. Wahl-, Wappen- u. Denksprüche d. Männer v. Schwerte. Gesammelt u. hrsg. v. K. 8. (VIII, 208 S.) Ebd. 896. n. 3. —

Militärische Redensarten und Kunst-Ausdrücke. Gesammelt u. mit d. nothwendigen Erl. hrsg. von Gotthold Krebs, Hauptm. [Nebst] Neue Folge. Wien: Seidel 1892–95. 8°
N. F. [u. d. T.:] Militärische Sprichwörter u. Redensarten ... von Gotthold Krebs. [10. 3240

Militärische Sprichwörter und Redensarten ... Gesammelt u. mit d. nothwendigen Erl. hrsg. von Gotthold Krebs, Hauptm. Wien: Seidel 1895. VI, 213 S. 8°
(Krebs: Militärische Redensarten u. Kunst-Ausdrücke. N. F.) [10. 3241

Krebs, Gottlieb. Ueber gemischte Benzoine. Freiburg im Breisgau, 1883.

Krebs, H., was ist morgen f. Wetter? Eine populäre Darstellg. der Merkmale zur Wettervorhersagg. u. zum Verständnis der Wetterkarten. Mit e. Geleitwort v. R. Börnstein. Preisschrift. Mit Abbildgn. u. 2 Wetterkarten. (59 S.) 8. Berlin 907. S. Mode. — 75

— Hartmann Samuel (Hessen-Darmstadt), Meditationum ad pandectas specim. 38. De pactis nudis. Präs. Augustin Leyser. Helmstedt (Georg Wolfgang Hamm) 5. VI. 1715. 4 Bl. (3.50) 19431

— — Dasselbe. 43. De variis pactorum successoriorum generibus. Präs. Augustin Leyser. Helmstedt (Georg Wolfgang Hamm) 10. VIII. 1715. 4 Bl. (3.50) 19432

— — De renovatione investiturae universitatis nomine regulariter non in casu mortis unius ex pluribus feudi curatoribus, sed demum cunctis iis deficientibus, petenda. Diss. jur. Präs. Johann Wilhelm Engelbrecht. Helmstedt (Hermann Daniel Hamm) 11. IV. 1716. 36 S. (6.50) 19433
Gew.: Rudolph Johann v. Wrisberg (Wrisbergholtzen).

— — Dasselbe. Von Erneuerung des Lehns. Wittenbg. 1749. 37 S. ohne Widm. (6.20) 19434

Krebs, Heinr., der Alte vom Rhein. Eine kleine Sammlg. Lieder u. Gelegenheits-Gedichte. (VII, 86 S. m. 1 Bildnis.) 8. Kaiserslautern 899. H. Kayser. 2.—; geb. 2. 50

Krebs, Heinrich [app. Arzt aus Berlin]: Uber [sic!] einen Fall von Pneumothorax und Hautemphysem nach der Punktion eines pleuritischen Exsudats. . . . Freiburg i. B., Univ.-Buchdr. v. Chr. Lehmann, 1890; 44 S. 8°
Freiburg i. B., Med. Fak., Inaug.-Diss. v. 1890

Krebs, Heinrich Joh.

Krebs, H. J. Abhandlung von der Einrichtung der kupfernen Pontons. Mit 1 Taf. Kopenhagen 1794. 36 S.

— Abhandl. von Einrichtung d. kupfernen Pontons. Mit Kpf. gr. 8. Kopenh. 794. Schubothe. 4 ½

Krebs, H. J. Anfangsgründe der eigentlichen Kriegswissenschaft. Mit Kpf. Flensburg 1784. 281 S.

Krebs, Heinrich Johann. Anfangsgründe der eigentlichen Kriegswissenschaft. Mit 13 Kupfern. 8. Flensburg und Leipzig 1784.

Krebs, H. J., Anfangsgründe d. Kriegswissensch. m. K. gr. 8. Flensb. Christiani. Schleswig. 784.

v. Krebs, Hnr. Jh., († d. ... Mai 1804.) Anfangsgründe d. eigentl. Kriegswissenschaften. gr. 8. Flensb. 784. (Hammerich in Alt.) 1 ₰ 8 K

Anfangsgründe der reinen Mathematik. Erster Theil: Die Arithmetik zum Gebrauch seiner Vorlesungen, abgefasst von *Heinrich Joh. Krebs*, königl. dänischen Prof. und Premier-Lieutenant im königl. Artillerie-Corps. m. Kupf. Copenhagen und Leipz. b. Heinek und Faber. 8. 346 S. 1777. *

— Zweyter Theil: die Geometrie. Ebendas. 8. 404 S. 17 Kupf. 1778. *

— Anfangsgründe d. reinen Mathematik. 2 Thle. mit K. 8. Kopb. Schubothe. 792–99. (I. 1 Rthlr. II. 1r 1 Rthl. 12 gr. 2r 1 Rthlr.)

— Anfangsgründe d. Mechanik. 1r Thl. (A. u. d. T.: Anfangsgründe d. Mechanik im allerengsten Verstande ꝛc.) gr. 8. Kopenh. 803. Schubothe. 1 ℛ 12 ℊ Schrbp. 1 ℛ 16 ℊ

— s. Jolle, Gedanken.

— takt. Grundsätze u. Anweis. zu militär. Evolutionen ꝛc. 8. Kopenh. 786. 2e A., s. F. Chr. v. Saldern.

Krebs, [Hermann], appr. Arzt a. Kolosomp ⟨Kr. Stahm[!] in Westpr.⟩: Coniunctivitis Parinaud. Leipzig 1906: B. Georgi. (36 S.) 8°

Leipzig, Med. Fak., Ref. Sattler, Diss. v. 31. März 1906

[Geb. 14. Okt. 68 Kolosomp, Kr. Stuhm; Wohnort: Neumark, W.-Pr.; Staatsangeh.: Preußen; Vorbildung: Gymn. Strasburg W.-Pr. Reife O. 92; Studium: Rostock 6, Berlin 2, Rostock 4 S.; Coll. 31. März 06; Approb. 13. Febr. 98.]

Krebs, Hugo, der Bürgermeister von Breslau. Trauerspiel in 5 Aufzügen. gr. 8. (166 S.) Breslau 878, Köhler. *

Krebs, Hugo, Distelblüthen. Humoristisch-satyr. Gedichte. 12. (IV, 100 S.) Breslau 880, Köhler. geb. mit Goldschn. *

—— Funken und Flammen. Lyrische und romant. Gedichte. 12. (IV, 99 S.) Ebendas. 880. geb. mit Goldschn. *

—— Gedichte. 8. (112 S.) Dessau 877, Reißner. *

Krebs, Hugo, Nirwana. Neue Dichtungen vermischten Inhalts. gr. 8. (IV, 67 S.) Tilsit 885, Lohauss. cart. *

— Kaiser Otto der Dritte. Nationales Trauerspiel in 5 Aufzügen. 8. (125 S.) Breslau 880. Köhler. n. 3. —

Krebs, Hugo. Tiefstrunk Wendekehle, der ewige Student. Ein humorist. Romanzen-Zyklus. 8. (VIII, 94 S.) Berlin 890, Reinh. Kühn. * * 1 50

Krebs, J., s.a. Krebs, Julius

Krebs, J. de Severi Alexandri bello contra Persas gesto. Düsseldorf 1847.

Krebs, J., Rede bei der Einführung des Hrn. Pfarrers Dr. Wendel in der St. Peterskirche nach 2. Cor. 3, 4—6. Antritts-Predigt des Hrn. Pfr. Dr. G. Wendel, gehalten am 16. Sonntag nach Trinitatis über Eph. 2, 19—22. gr. 8. (21 S.) Frankfurt a. M. 881, Neumann'sche Buchh. +

Krebs, J., der Rest, der gerettet wird. Rede üb. Jesaias 10, 20—23. Auf der südwestdeutschen Conferenz f. innere Mission zu Darmstadt den 20. Juni 1876 geh. gr. 8. (16 S.) Heidelberg 876. C. Winter. n. — 40

Krebs, J. A., De justitia Ciceroniana. Pr. 1711. 9 S. 4°.

Krebs, J. B., Koch-Lehrbuch. 8. (IV, 342 S. m. Bildn.) Frankfurt a/M. 902. J. B. Krebs. Geb. in Leinw. n. 3.60

Krebs, J. F., de mutatione nominum in professione religiosorum et pontificum Romanorum inauguratione. Lips. 1719. 4.

Krebs, J. F., *opuscula theolog.* 4. *Lps.* (Stein, Nürnberg. 719.

Krebs, J. G., Lieder mit Melodien. 4. Neisse ... Hennings. 16 ℊ

Krebs, J. H., deutscher Reichsadler, od. Beschr. d. heilig. R. Reichs deutsch. Nation. 4. Zelle. 728.

Krebs, Jak., Dornblüten. Gedichte. (VII, 212 S. m. Bildnis.) 8. Frankfurt a/M. 903. Mahlau & Waldschmidt. Geb. in Leinw. n. 3. —

— **Jo. Carl** (schol. Buttstad. rect.), Prolusio de expeditione Alexandri M. Hierosolymitana praemissa orationibus VI. Buttstadii 16. IV. 1753. Lpz. (Geo. Wilh. Pouillard). 16 S. (4.—) 19435

Jo. Anton Beck (Maralderod.), Moritz Wilhelm Constans Topf (Kleinbalhus.), Frider. Heinrich Christ. Cleemann (Guthmanshus.), Jo. Frider. Christ. Rudorf (Buttelstad.), Jo. Gottfried Ortel (Buttstad.), Moritz Frider. Daume (Hemleben).

Krebs, Jo. Tobias

Krebs, J. T., de argumentis pro veritate relig. christ. ex Juliani reliquiis. Grimmae 1770. 4; rep. in ejsd. opusc. p. 353–77.

— — Commendatio lectionis auctorum veterum e Basilii M. disciplina prolusio. — Praemissa declamationibus VI in illustri Moldano 14. IX. 1772. Lpz. (Breitkopf). 24 S. (4.—) 19452

Ernst Friedrich Dinter (Borna), Christian Gottfried Haubold (Grimma), August Theophil Franck (Wittenberg), Friedrich Wilhelm Goetz (Netzschkau), Christoph Friedrich Enke (Greislau / Weissenfels), Johann August Theodor Schroeter (Sietzschensis/Misn.).

— — De amico consensu Ebraeorum Graecorum Romanorum in poena homicidae non voluntario constituenda. Lpz. (Jacobaeer) 1781. 38 S. (3.50) 19460

Gew.: Friedrich Gottlob v. Berlepsch.

— — Renovata constitutio scholastica parentum curae in disciplina domestica commendata. — Prolusio declamationibus V in illustri schola electorali. Grimmana 14. IX. 1774. Lpz. (Breitkopf). 32 S. (5.50) 19453

Carl Adolph Schulz (Mühlbeca/Saxo), Constantin Gottl. Rausch (Grosstrebena/Saxo), Carl Christoph Himmler (Beerwalda/Misn.), Friedrich Gotth. v. Schindler (eques Misnicus), Johann Gottlieb Müller (Dresden).

— — De dactyliothecis veterum. Brevis commentatio philologica. Lpz. (Jacobaeer) 1780. 28 S (4.50) 19459

— decreta Romanor. pro Judaeis facta, e Josepho collecta, et commentario histor.-gramm.-crit. illustrata. 8maj. Leipz. 763. (Hannov., Hahn). 1 ℛ

— — Decretum Atheniensium in honorem Hyrcani pontificis M. Judaeorum factum. Comment. histor.-grammat.-crit. Lpz. (Jo. Christ. Langenheim) 1751. 104 S. (7.—) 19443

Gew.: Jo. Gottfried Hermann.

— — Decretum Byzantiorum factum in honorem Atheniensium emendatum et illustratum. — Prolusio declamationibus V. in illustri schola electorali Grimana 14. IX. 1775. Lpz. (Breitkopf). 24 Seiten. (4.—) 19454
Ernst Lobegott Klinkhard (Schwarzenberg), Carl Friedrich Streubel (Glasdenio/Misn.), Carl Theophil Fritzsch (Meffersdorf / Laus.), Friedrich Gottlob Steyer (Kitzscher/Misn.), Johann Gottlieb Müller (Dresden).

— — u. Chr. **Friedrich Hubler** (Oelsn./Vogtl.), De judicum Romanorum decuriis. Lpz. (Langenheim) 2. IX. 1744. 40 S. (6.20) 19441
Gew.: Christian Ludwig Stigliz.

— — (Illustris Moldani rectore), Elogium M. Henr. Augusti Schumacheri (Corbach/Waldeck), L. fere annos rectoris scholae regiae Grimanae meritissimi. — Oratiunculis III. 30. V. 1763. praemissum. Lpz. (Breitkopf). 24 S. mit Biogr. (M.: M. E. Haxthusiana) u. Schriftenverz. S.'s. (6.80) 19444
Theophil Ludwig Weber (Doebeln), Caspar Ehrenfried Füllkrus (Neichensis / Misnicus), Christian Gottlob Richter (Lichtenstein/Schoenburg).

— **Jo. Tobias**, De Ephetis Atheniensium judicibus dissertatio. Präs. Friedrich Menz. Lpz (Jo. Christian Langenheim) 30. IX. 1740. 30 S. (4.20) 19440
Gew.: Christian Gottlieb v. Holtzendorf (Baerenstein, Ob.- u. Unt.-Lichtenau).

— observationes in N. Testam., e Flav. Josepho. 8maj. Leipz. 755. (Hahn). 1 ♁ß

— opuscula academica et scholastica; denuo recognita. 8maj. Leipz. 778. Jacobäer. 1 ♁ß 4 ℋ

s. Plutarchus, commentar., quo modo adolescens.

— — (Conrector d. Chemnitzer Schule), Commentatio de praefecto urbis Romano. — Scripta viro Christiano Ludovico Stiglitzio cum mense Julio 1747 summos in jure honores caperet. Lpz. (Langenheim). 24 S. (5.—) 19442

— — De felici theologiae et literaturae connubio prolusio. — Praemissa declamationibus V. in illustri Moldano. 14. IX. 1771. Lpz. (Breitkopf). 40 S. (5.50) 19451
Johann Gottlob Heinrich Wieck (Dommitzsch), Christian Friedrich Bauer (Zeudensis/Saxo), Johann August Ludwig Immius (Zerbst), Heinrich Julius Christoph Müller (Zerbst), Johann August Theodor Schroeter (Sietzschensis/Misn.).

— — Prolusio de festinato juvenum discessu e scholis. — Praemissa declamationibus V. in illustri schola Grimana 14. IX. 1767. Lpz. (Breitkopf). 20 S. (4.—) 19449
Gottfried Gerhard Leopold (Ottendorf), Christian Theophil Geisler (Torgau), Carl Gottlob Rüdel (Reinsdorf/Misn.), Johann August Wolf (Nauenhof / Misn.), Carl Friedrich Lohdius (Grünberg/Misn.).

— — Prolusio de finibus grammatici regundis. — Praemissa oratiunculis V. in illustri schola Grimana 14. IX. 1763. 23 S. (4.50) 19445
Christian Gottlob Richter (Lichtenstein / Schoenburg), Theophil Ludwig Weber (Doebeln), Caspar Ehrenfried Fullkrus (Neichensis Misn.), David Gottlob Opitius (Grimma), Johann Immanuel Lehmann (Doebeln).

— — Prolusio de prudentia disciplinae scholasticae regundae. — Praemissa declamationibus VI. in illustri schola Grimana 14. IX. 1765. Lpz. (Breitkopf). 28 S. (5.—) 19447
Benjamin Gotthelf Beutler (Buckau), Christian Gottlieb Huhn (Grimma), Christian Benjamin Quellmalz (Burckhardtsheyn/Misn.), Carl Gottfried Hofmann (Wittenberg), Johann Friedrich Hauptmann (Lubenaviensis / Lausitz), Adam Michael Birckholz (Pretin).

— — Prolusio de docendi ratione Socratica institutioni juvenum in scholis perquam accommodata. — Praemissa declamationibus VI. in illustri schola electorali Grimana 14. IX. 1768. Lpz. (Breitkopf) 1768. 20 S. (4.50) 19450
Johann Christian Henrici (Niederfrohna / Misn.), Johann Gottlieb u. Gotthelf Friedrich Koepping (Schaitza/Misn.), Christian Gotthelff Uhlich (Bitterfeld), Gottfried Heinrich Schoenfeld (Schoenau/Misn.), August Gottfried Clausnizer (Schirmitz/Saxo).

— — Prolusio de scholis bene constitutis ecclesiae et reipublicae seminariis. — Praemissa declamationibus VII. in illustri schola Grimana 14. IX. 1764. Lpz. (Breitkopf). 20 S. (4.—) 19446
Benjamin Gotthelff Beutler (Süptitz/Misn.), Carl Wilhelm Sahrer v. Sahr (eques Misn.), Johann Immanuel Lehmann (Doebeln), Christian August Koechly (Sornitz/Misn.), Christoph Gottlieb u. Johann Adolph Kohl (Ragewitz/Misn.), Christian Friedrich Fiedler (Seyfersdorf/Misn.).

— — Prolusio de magna vi neglectae educationis liberorum domesticae in disciplinam scholasticam. — Praemissa declamationibus V. in illustri schola Grimana 14. IX. 1766. Lpz. (Breitkopf). 20 S. (4.50) 19448
Johann Benjamin Petersen (Schandau), Johann Gottlieb Riedel (Wittenberg), Carl Benjamin August Grossmann (Elsterwerda), Carl Friedrich Lohdius (Grunbergensis), Christian Aug. Walther (Grimma).

— commentatio historico-philologica de provocatione D. Pauli ad Caesarem. 4. Leipz. 753.

— — Quaestio publice nuper posita soluta quid causae sit, quod hac aetate nostra non tot juvenes bene praeparati, literisque tam probe instructi in academias, ut olim, veniant? — Prolusio declamationibus IV. in illustri schola Grimana 14. IX. 1779. Lpz. (Frid. Gotth. Jacobaeer & S.). 23 S. (4.50) 19458
Joachim Bernhard Nicolaus Hacker (Wittenberg), Gottlob Immanuel Lingk (Torgau), Carl Gottfried Petermann (Leipzig), Georg Ludwig Traugott Barthold (Roeknitz/Misn.).

— — De ratione novi testamenti e moribus antiquis illustrandi minus caute instituta. — Prolusio declamationibus IIII in illustri schola electorali Grimana 14. IX. 1777. Lpz. (Frid. Gotth. Jacobaeer). 27 S. (4.50) 19457
Friedrich Heinrich Starck (Luppa/Misnicus), Ernst Gottlob Friedrich Leuschner (Trebsen / Misn.), Caspar Friedrich Behr (Leisnig), Gottlob Jacob Friedrich Wolf (Probstheyda/Leipz.).

— s. Chr. Schöttgenius, novum Lexicon.

— de usu et praestantia rom. hist. in N. Test. interpretatione. 8. ibid. 745.

— vannus critica in inanes paleas operis elementaris Basedoviani. 8. Leipz. 776. Jacobäer. 2 *K*

— — Vannus critica in inanes paleas operis elementaris Basedoviani. — Prolusio declamationibus V. in illustri schola electorali Grimana 14. IX. 1776. Lpz. (Langenheim). 35 S. (6.—) 19455
Johann Carl Gottlob Wittich (Kirchhano/Lausitz), Johann Gottlieb Knackfus (Radeberg/Misn.), Johann Friedrich Gunther (Beyernaumburg/Mansfeld), Christian Friedrich Himmler (Beerwalda/Misn.), Christian Gottlob Carl Oelsel (Lubenaula/Laus.).

— — Dasselbe. Lpz. (Breitkopf). 38 S. (6.—) 19456

Krebs, Johann Baptist [wirkl. Name],
s.a. Kerning, J. [Pseud.]

Aufruf zum Tempel. [Von Joh. Bapt. Krebs.] Lorch: Rohm 1910.
aus: Kerning, J. B. [d. i. Joh. Bapt. Krebs]: Auswahl aus den Maurer. Mitteilungen.
Zit. in Verlagsverzeichn. der Fa. Rohm in Lorch.

Der Freimaurer von J. B. Kerning [d. i. Joh. Bapt. Krebs]. Dresden: Bromme 1841. VIII, 260 S. 8°

[Dasselbe.] 2. verm. Aufl. Mit einer Erwiderung: „Was ist Wahrheit?" Ebendas. 1844. XXXII, 283 S. 8°
Die Erwiderung richtet sich gegen die Rezension der 1. Aufl. in der Latomia.

[Dasselbe.] 3. Aufl. Stuttgart: Grüninger in Komm. 1879. VIII, 269 S. 8°
Recens: Archiv f. Frmrei. Bd 1, 4 (1842) S. 105—108; L. 1 (1842) S. 158—170; A. 10 (1842—1843) S. 136—139 (F. v. Sydow).
cf. L. 3 (1843) S. 283—311; 5 (1844) S. 285 bis 316; FZ. 6 (1852) S. 191.
Kl. 681, Tt. 2658—2660, TB. 290, 298, 387.
Lebensbild in Form eines Romans.

Gespräche zwischen Pythagoras und einem Fremden. [Von Joh. Bapt. Krebs.] Lorch: Rohm 1910. 32 S. 8°.
aus: Kerning, J. B. [d. i. Krebs, Joh. Bapt.]: Maurerische Mitteilungen.
Zwei Dialoge über die K. K. zwischen P. und einem Suchenden.

[Krebs, Joh. Bapt.:] Die Grossmeister. Lorch: Rohm o. J.
aus: [Krebs, Joh. Bapt.:] Auswahl aus den Maurer. Mitteilungen.
Cit. in Verlagsverzeichnis der Fa. Rohm in Lorch.

Das Grundprinzip. [Von Joh. Bapt. Krebs.] Lorch: Rohm 1910.
aus: Kerning, J. B. [d. i. Krebs, Joh. Bapt.]: Auswahl aus den Maurerischen Mitteilungen.
Zit. in Verlagsverzeichn. der Fa. Rohm in Lorch.

Der freimaurerische Gedanke: Grundriss, nach welchem jeder Freimaurer den Standpunkt seiner Thätigkeit prüfen und wählen kann von J[oh.] B[apt.] Kr[ebs]. o. O. u. J. 8 S. 8° [Umschlagtit.]
[Dasselbe.] [Cannstatt ca 1845: Bosheuyer.] 8 S. 8°
Abgedr. in: FZ. 18 (1864) S. 66—68; T. 20 (1864) S. 125—126; Für Frmrlehrlinge. [ca 1864] S. 17—24; L. 25 (1866) S. 382—384.
Tt. 1651. Zsfassung der frmrischen Idee in 7 kurzen Abschnitten.

(Krebs, J. B., Grundriss, nach welchem jeder Freimaurer den Standpunkt seiner Thätigkeit prüfen und wählen kann. Cannstadt, Druck v. Bosheuyer ca. 1845. 8. 8 S.
Enthält, was in des Verfassers grösseren Schriften weniger hervortritt, eine schlichte kurze und doch gedankenreiche Zusammenfassung der ganzen frmr. Idee. — Abgedr. Latomia XXV, S. 381.

Kettenlied. Von [Joh. Bapt.] Krebs. o. O. u. J. 1 Bl. 4° [Kopftit.]
Mit Noten: „Wir folgen dem schönsten der Triebe, . . ."
[Andere Ausg. u. d. Tit.:]
Kettenlied. [Von Joh. Bapt. Krebs.] [Köln] o. J. 1 Bl. 8° [Kopftit.]

Die Kunst zu lieben. [Von Joh. Bapt. Krebs.] Lorch: Rohm.
aus: Auswahl aus den Maurer. Mitteilungen. [Von Joh. Bapt. Krebs.]
Cit. im Verlagsverzeichn. der Firma Rohm in Lorch.

Kernings [d. i. Joh. Bapt. Krebs'] Leben und Schriften. [Hrsg. von Gottfr. Buchner.] H. 5, 6. Lorch: Rohm. 8°.
5. Styx, Charon, Lethe u. a.
6. Drei Blätter aus dem Meisterbuche.
Cit. in Verlagsverzeichn. der F. Rohm in Lorch. — cf. W. 16776.

Krebs, J. B., Maurerische Mittheilungen. Herausgegeben von J. M. Gneiting. 1.—6. Bändchen. Stuttgart 1837—1844. 8. 1.—3. Bdch. der 2. Aufl. 1841. 4. Bdch. 1844. 5. u. 6. Bdch. der 1. Aufl. 1837 u. 1840.
Kloss 658. Die 4 ersten Bändchen der 1. Aufl. erschienen 1831—35.

Mysterien von J. B. Kerning [d. i. Joh. Bapt. Krebs]. Lorch: Rohm 1910. 32 S. 8°.
aus: Kerning, J. B. [d. i. Krebs, Joh. Bapt.]: Maurerische Mitteilungen.

Die drei Pfeiler: Schönheit, Weisheit und Stärke, beleuchtet von J[oh.] B[apt.] Krebs. Stuttgart 1845: Hasselbrink]. 46 S. 8°
Tt. 1650.

Die Reise zur Weisheitsquelle. [Von Joh. Bapt. Krebs.] Lorch: Rohm 1910.
aus: Kerning, J. B. [d. i. Krebs, Joh. Bapt.]: Auswahl aus den Maurerischen Mitteilungen.
Zit. im Verlagsverzeichn. der Fa. Rohm in Lorch.

Skizze aus Xilpans wunderbarer Reisebeschreibung. [Von Joh. Bapt. Krebs.] Lorch: Rohm 1910.
aus: Kerning, J. B. [d. i. Krebs, Joh. Bapt.]: Auswahl aus den Maurer. Mitteilungen.
Zit. in Verlagsverzeichn. der Fa. Rohm in Lorch.

Der Student. Aus den früheren Ms. des Verf. des „Schlüssel zur Geisterwelt" und der „Wege zur Unsterblichkeit", J. B. Kerning, [d. i. Joh. Bapt. Krebs]. Stuttgart: Brodhag [vielmehr: Scheible, Rieger & Sattler] 1837. VIII, 116 S. 8°
TB.

Geschichtlicher Ueberblick der Freimaurerei in ihrer wesentlichen Beziehung auf die Geschichte der Menschheit, verf. u. vorgetragen von J[oh.] B[apt.] Krebs. [Stuttgart]: Selbstverl. der Loge [1840]. 23 S. 8° [Umschlagtit.]
[Dasselbe.] 2. Aufl. Stuttgart: Fischhaber 1860. 48 S. 8°
Abgedr. in: Krebs, J. B.: Leben u. Schriften. Lorch. 1 (1902) S. 73—90.
Holländ. Übers. von S. Susan in: NJ. 1850 S. 72–85.
Recens: Bh. 3 (1860) S. 167 (J. G. Findel).
Kl. 2870, Tt. 312. Den ältesten Kunsturkunden der Frmrei u. der Konstitution des Prinzen Edwin v. J. 926 entnommen. Der 2. Aufl. ist L. v. Orths „Mr. Glaubens-Bekenntniss" 1838 beigefügt.

Zoroaster und die Höflinge. Drei Zeichnungen von J. B. Kerning (d. i. Joh. Bapt. Krebs]. Lorch: Rohm 1910. 16 S. 8°.
aus: Kerning, J. B. [d. i. Krebs, Joh. Bapt]: Maurer. Mitteilungen.

Krebs, Jh. Fr. Wlh., Erstlingsfrüchte d. Dichtkunst. 8. Bresl. 801. Barth. (Holäufer). 1 Rthlr.

Krebs, Johann Friedrich [Praes.], s. Crusius, Karl Lorenz: De recta ratione et conscientia ejusdemque speciebus.

— **Joh. Friedrich** (Rector), De jure alienandi imperia, schediasma cum animadversionibus politicis, historicis & theologicis ad Caesaris Baronii annalium ecclesiasticorum tom. IX. A. DCCC. IIX. disputationibus comprehensium & in illustri Athenaeo Heilsbronnensi An. 1678 & 1679 ad ventilandum propositum, nunc ad multorum desiderium secundâ vice editum & à mendis repurgatum. Lpz. u. Hamburg (Reumann) 1709. 104 S. (10.—) 19437
Widm. v.: Johann Wilhelm Bajer. — Enth.: Otto, Georg Adam (Monachomontano), De translatione imperii [s. a. u. Otto, G. A.]. — Hammerschmidt, Joh. Caspar (Ansbach), De imperio à Graecis derelicto [s. a. u. Hammerschmidt im Nachtr.]. — Artzberger, Johann Sebastian (Frauenthal/Tauber), De Carolo Magni patriciatu Romano. — Graff, Georg Heinr. (Bayersdorff), De patriciatu Caroli M. altera [s. a. Nr. 11437]. — Geuder v. Heroldsberg, Friedr. Phil. (Fränk. Adel), De illustri quaestione: an imperator Germanus esse debeat? — Röser, Johann Georg (Rector d. Stettiner Gymnas.), Pontificis potestate transferendi imperia. — Schnizzer, Matthias Salomon (Culmbach), Potestatem alienandi imperia. — Deubner, Joh. Thomas (Wunsiedel), An Leo Papa Romanus conveniententer vel ob haeresin vel juris divini praetextu Graecis Imperium abrogare potuerit? — [Einzelteile je 6.—.]

Krebs, Johann Friedrich [Praes.], s. Schnizzer, Matthias Salomon: Exercitatio Antibaroniana VII. in qua ostenditur potestatem alienandi imperia contra jus naturale et positivum a R. P. affectari.

Krebs, Johann Georg, s. Krebs, Georg

— **Johann Carl Albert** (Wilinaburg/Nassau), De phthisi pulmonum vera. Diss. pathol.-med. Bln. (August Petsch) 10. IV. 1829. 48 S. mit Biogr. (M.: J. Schlosser.) (6.50) 19436
Oppon.: J. Heilgers, E. Gabler, A. Steinhausen. — Gew.: Johann Phil. Krebs (Vater).

Krebs, Joh. Ludw. (1713–1780). Trio (Suite mit Ouvertüre) in D dur für Flöte (1 Violine), Violine, Violoncell und Pianoforte. (Bearb. von Hugo Riemann.) (Pianof., Viol. I. (Flöte), Viol. II., Violoncell (Baß).) Leipzig: Breitkopf & Härtel [1906]. (17, 5, 5, 5 S.) 4°
— **Collegium** musicum. No 31.
(Breitkopf & Härtel's Kammermusik-Bibliothek. No 1865/66.) 107. 9748

Krebs, Joh. Phil., kurze Accentlehre d. griech. Wörter. Ein ergänz. Nachtr. zu meiner griech. Grammatik u. meinem griech. Lesebuche. gr. 8. (2 B.) Frankfurt a. M. 830, Hermann.

— Anfangsgr. d. Prosodik u. Metrik. 8. Gießen 825. Heyer. 4 Kr.

— Anhang z. prakt. Metrik rc. gr. 8. Ebend. 827.

Krebs, J. P., Anleitung zum Lateinischschreiben in Regeln und Beispielen zur Übung. Frankf. 816. 8. 1 rthlr. 4 gr. Ausg. 2. sehr verm. Ebend. 819. 8. 1 rthl. 4 gr. Ausg. 3. sehr verm. Ebend. 822. 8. 1 rthl. 6 gr.

— Anleit. zum Lateinisch-Schreiben in Regeln u. Beispielen zur Uebung d. Gebraucke d. Jugend. 8. Frankf. a. M. 816. 1 Rthlr. 8 Kr. bis 828. 5 Aufl. 6e A. 830. Brönner. 1 Rthlr. 4 Kr.

— Anleitung zum Lateinischschreiben in Regeln u. Beispielen zur Uebung, nebst einem kleinen Antibarbarus. 7e verb. Ausg. 8. Frankfurt a. M. 834. Brönner. 1 1/6 Rthlr. — 8e verb. u. verm. Aufl. 8. Ebd. 837. 1 1/4 Rthlr.

Krebs, Joh. Phil., Anleitung z. Lateinischschreiben in Regeln u. Beispielen z. Uebung, nebst ein. klein. Antibarbarus. Zum Gebr. d. Jugend. 9., verb. u. verm. Ausg. 8. (42½ B.) Frankfurt a. M. 842, Brönner.

Krebs, Joh. Phil., Anleitung zum Lateinischschreiben in Regeln u. Beispielen zur Uebung, nebst einem kleinen Antibarbarus. Zum Gebrauche der Jugend. 10. sehr verb. u. verm. Ausg. 8. (XVI u. 711 S.) Frankfurt a. M. 847, Brönner. 1 ₰

Krebs, Joh. Phil., Anleitung zum Lateinischschreiben in Regeln und Beispielen zur Uebung. Zum Gebrauche der Jugend. 11., verb. u. verm. Aufl. (Herausg. von E. Francke u. R. Krebs.) Frankfurt a. M. 860. Brönner. 8. (VIII, 842 S.) n. 1 ₰

—— latein. Antibarbarus, nebst Vorbemerkn. üb. Reinheit u. Eleganz d. Rede. Abdr. a. d. 7. Ausg. d. „Anleitung zu Lateinischschreiben." 8. (5¼ B.) Frankfurt a. M. 834, Brönner.

— Antibarbarus der latein. Sprache. In 2 Abthll., nebst Vorbemerkungen über reine Latinität. 2e verb. u. stark verm. Aufl. gr. 8. Frankfurt a. M. 837. H. L. Brönner. 2½ ₰

Krebs, Jh. Ph., Antibarbarus der lateinischen Sprache. In 2 Abthl., nebst Vorbemerk. über reine Latinität. 3 umgearb. u. verm. Aufl. Lex.-8. Frankfurt a/M. 843, Brönner. n. 3 ₰

Krebs, J. Ph., Antibarbarus der lateinischen Sprache. Nebst Vorbemerkungen über reine Latinität. 4. Aufl., neu bearb. von F. X. Allgayer. 4 Lfgn. gr. 8. (IX und 1013 S.) Frankfurt a. M. 865,66, Winter. à Lfg. * 1 Thlr. *

—— dass. — Anhang: Zusätze und Berichtigungen von F. X. Allgayer. gr. 8. (VIII und 137 S.) [Ebendas.] 862. *

Krebs, J. Ph., Antibarbarus der lateinischen Sprache. 5. Aufl. neu bearb. von F. X. Allgayer. 8 Lfgn. gr. 8. (VIII, 1220 S.) Frankfurt a. M. 874—76, Winter. à Lfg. * ℳ 2,40.

Krebs, J. Ph., Antibarbarus der lateinischen Sprache. Nebst einem kurzen Abriss der Geschichte der latein. Sprache und Vorbemerkungen über reine Latinität. 6. Aufl., in vollständ. Umarbeitung der von Allgayer besorgten 5. Ausg. von J. H. Schmalz. 2 Bde. in 10 Lfgn. gr. 8. (XVI, 744; 700 S.) Basel 886—88, Schwabe. à Lfg. * ℳ 2.—. * geb. in 2 Bde. *

Krebs, J. Ph., Antibarbarus der lateinischen Sprache. Nebst e. kurzen Abriss der Geschichte der latein. Sprache u. Vorbemerkgn. üb. reine Latinität. 7., genau durchgeseh. u. vielfach umgearb. Aufl. v. J. H. Schmalz. (In 10 Lfgn.) 1.—6. Lfg. (1. Bd. VIII, 811 S. u. 2. Bd. S. 1—160.) Lex.-8. Basel 905. 906. B. Schwabe. à n. 2.—

— s. Caj. Val. Catullus, Brautlied ꝛc.

— s. Cicero, Oratt. in Catil. IV.

Krebs, J. P., Griechische Grammatik nebst einem Lesebuche für den ersten Anfänger. Ausg. 4. Frankf. 819. 8. 1 rthlr.

Krebs, J. P., Handbuch der philologischen Bücherkunde für Philologen und gelehrte Schulmänner. 2 Thle. gr. 8. Bremen, Heyse. 821.

— Handbuch d. philolog. Bücherkunde. 2 Thle. gr. 8. Bremen 822 u. 23. Heyse. 5 ₰ 8 gr.

— Lehrbuch d. allgemeinen u. besondern Naturgeschichte aller 3 Reiche, zum Gebrauche in gelehrten Schulen. 8. Gießen, Heyer. 815.

— Lehrbuch d. allgem. u. besondern Naturgeschichte aller 3 Reiche, zum Gebrauche in gelehrten Schulen. 8. Gießen 816. Heyer. 1 ₰

Krebs, Jh. Ph., griech. Lesebuch für d. ersten Anfänger, nebst e. kurzen Grammatik. gr. 8. Frankf. a. M. 809. (ohne s. Namen): 2e umgearb. A. 809. 3e A. 815. 4e A. 819. 5e A. 824. Hermann. 1 ₰

— Dass. deutsch, s. Anleit. zum Uebersetzen.

— — dasselbe ins Deutsche übersetzt, oder Anleitung zum Uebersetzen aus dem Deutschen in das Griechische. gr. 8. Halle, Hendel. 820. —

— griech. Lesebuch, nebst e. Grammatik f. d. untern u. mittlern Klassen. 5e Aufl. gr. 8. Frankf. 826, Hermann.

—— griechisches Lesebuch. 2 Abthln. f. d. unt. u. mittl. Classen. Nebst e. Grammatik d. attischen Dialekts f. dies. Classen v. Fr. Rud. E. Krebs. Neue Bearbeit. als 6. Ausg. Lex.-8. (28¾ B.) Frankfurt a. M. 836, Kettembeil. à $^{7}/_{12}$ Thlr.

—— dass. — 7., unveränd. Ausg. (Ohne d. Grammatik.) Lex.-8. (13 B.) Frankfurt a. M. 839, Kettembeil.

— lat. Lesebuch, nebst vollst. Wörterbuch. 8. Ebend. 809.

— latein. Lesebuch nach d. Stufenfolge d. Formenlehre für d. ersten Anfänger; nebst e. Anhange zur fortgesetzten Lektüre f. Geübtere. 8. Gießen 810. 2e A. 813. 3e A. 816. 4e A. ... 5e A. Mit Hinweisung auf d. Regeln in d. 1n Ausg. d. Schulgrammatik, nebst einigen Anhängen für Geübtere. 825. Heyer. 10 gr.

— — lateinisches Lesebuch nach der Stufenfolge der Formenlehre für den 1sten Anfänger, nebst einigen Anhängen für Geübtere. 4te Ausg. 8. Gießen, Heyer. 820.

—— latein. Lesebuch nach d. Stufenfolge d. Formenlehre f. d. ersten Anfänger, nebst einigen Anhängen f. Geübtere. 6., verb. u. mit beständ. Verweis. auf d. „Schulgrammatik" verseh. Ausg. v. Ed. Geist. gr. 8. (10½ B.) Gießen 834, Heyer, Vater.

—— latein. Lesebüchlein f. d. unt. Gymnasialklassen, mit beständ. Hinweis. auf Krebs „latein. Schulgrammatik." gr. 8. (2½ B.) Gießen 834, Heyer, Vater.
Aus dess. „latein. Lesebuche" besond. abgedruckt.

— prakt. Metrik d. latein. Sprache, in Beispielen zum Lesen u. Nachbilden d. vorzüglichern, bei den Alten vorkommenden Sylbenmaaßes. gr. 8. Heidelb. 827. Groos. 12 gr. Anhang zur prakt. Metrik ꝛc. gr. 8. Ebd. 827. 2 gr.

Krebs, J. P., Numorum veterum, qui sunt gymnasii Weilburgensis enumeratorum et descriptorum specimen. Pr. 1832. 49 S. 4°. 1.20

— s. Ovids Werke — Fastorum.

— latein Schul-Grammatik für d. untern Klassen. gr. 8. Gießen 817. 2e A. 823. Heyer. 1 ₰ 4 gr.

—— latein. Schul-Grammatik z. Gebrauch f. alle Klassen. 8., umgearb. Ausg. v. Ed. Geist. gr. 8. (35 B.) Gießen 833, Heyer, Vater.

—— lateinische Schul-Grammatik. 4., umgearb. Ausg. von Ed. Geist. gr. 8. (XII und 596 S.) Leipzig 858, Fr. Fleischer. *

—— Carl Sigonius, ein. d. grössten Humanisten d. 16. Jahrh., e. Vorbild aller Studirenden; geschildert. gr. 8. (8 B.) Frankfurt a. M. 840, Brönner.

Krebs, J. P., Vita Caroli Sigonii. Pr. 1887. 46 S. 4°.

Krebs, Johannes, Gerichtsref. a. Magdeburg: Über Rechtshandlungen im engeren Sinne, insbesondere über die rechtliche Natur von Okkupation und Dereliktion und die Beteiligung Dritter bei der Vornahme von Rechtshandlungen im engeren Sinne. Borna-Leipzig 1906: R. Noske. (VI, 53 S.) 8°
Leipzig, Jur. Fak., Diss. v. 17. Febr. 1906
[Geb. 17. Aug. 82 Magdeburg; Wohnort: Magdeburg; Staatsangeh.: Preußen; Vorbildung: König Wilh.-Gymn. Magdeburg Reife O. 01; Studium: Leipzig 3, Heidelberg 1, Halle 2 S.; Rig. 17. Febr. 06.]

Krebs, Iosephus (geb. am 23 Sept. 1823 in Düsseldorf): De Severi Alexandri bello contra Persas gesto ... Dusseldorpii, form. L. Stahl 1847. 2 Bl., 38 S., 1 Bl. 8.
Bonn, Phil. Fak., Diss. v. 14 Aug. 1847

Krebs, Jos., deutsche Geschichte für Schule und Haus. 1—4. Lfg. gr. 8. (1. Bd. VI und S. 1—324.) Düsseldorf 853—54, Engels und Lensch. [Münster, Theissingsche Buchh.] à Lfg. * 6 Ngr. *

—— dass. — 2. Thl.: Mittlere deutsche Geschichte. Von Karl dem Großen bis auf Konrad II. gr. 8. (VIII und 446 S.) Ebds. 856. *

Krebs, Jos., deutsche Geschichte. 3. Thl.: Von Konrad II. bis auf Rudolf I. von Habsburg. gr. 8. (VIII und 532 S.) Münster. 858, Theissing'sche Buchh. *
1. und 2. Thl. Ebendas. 1853—56. * 2 Thlr.

Krebs, Jos., zur Geschichte der Heiligthumsfahrten. Als Erinnerung an die Aachener Heiligthumsfahrt im J. 1881 hrsg. 8. (86 S.) Köln 881, Theissing.

Krebs, Joseph Aloys: Kurze Ablassgebete. Separat-Abdruck aus der geistlichen Schatzkammer herausgegeben. Mit Genehmigung der geistlichen Obrigkeit.
Dülmen [1894]. 16 S. 16°

Krebs, Jos. Alois, C. Ss. Red., kurze Ablaßgebete. [Aus: „Geistl. Schatzkammer".] 3., verb. Aufl. 21.—23. Taus. 16. (16 S.) Dülmen 898. A. Laumann. — 04

Neuntägige Andacht zu Ehren des heil. Gerard Majella, C. SS. R., nebst Messandacht ... von P. Jos. Alois **Krebs**, aus d. Redemptoristenorden. Dülmen: A. Laumann 1905. (32 S.) 8° [F.]
Aus: Krebs: Der sel. Gerard Majella. [06. 13653 6

Krebs, Jos. Aloys, Andachtsbuch zur Verehrung des heiligsten Herzens Jesu, insbesondere für die Mitglieder des Gebets-Apostolates. Saarlouis 869. Stein. 16. (IV, 570 S. mit 1 Stahlst.) 12 ngr.

– Dass. Zweite Auflage. Ebd. 1870. IV,570 S. 16°

– Dass. Dritte Auflage. Ebd. 1870. IV,570 S. 16°

– Dass. Vierte Auflage. Ebd. 1871. IV,570 S. 16°

– Dass. Siebente Auflage. Ebd. 1874. IV,570 S. 16°

– Dass. Elfte Auflage. Ebd. 1882. VI,566 S. 16°

Krebs, J. A., Andachtsbuch zur Verehrung d. heiligsten Herzens Jesu, insbesondere f. die Mitglieder d. Gebets-Apostolates. 13. Aufl. 16. (VI, 566 S. m. 1 Stahlst.) Saarlouis 889. Stein. 1.20

Krebs, Jos. Alois, Andachtsbuch zur Verehrung d. heiligsten Herzens Jesu, insbesondere f. die Mitglieder d. Gebets-Apostolates. 14. Aufl. 16. (VI, 566 S. m. farb. Titel u. 1 Stahlst.) Saarlouis 892. F. Stein Nachf. 1.20

[F.] Andachts-Buch zur Verehrung des heiligsten Herzens Jesu ... Hrsg. v. P. Joseph Alois **Krebs**, aus d. Redemptoristen-Orden. 15. verb. Aufl. ... *Saarlouis: Hausen & C. 1895.* (VIII, 571 S.) 1 Bd 8. [98. 6190

Krebs, Jos. Alois, C. Ss. R., Andachts-Buch zur Verehrung des hl. Herzens Jesu, insbesondere f. die Mitglieder des Gebets-Apostolates. 17. Aufl. 16. (VII, 546 S. m. farb. Titel u. 1 Stahlst.) Saarlouis 901. F. Stein Nachf. 1.20; geb. in Leinw. n. 1.30; in Ldr. n. 1.50; in Chagrin m. Goldschn. n. 2.10

Andachts-Buch zur Verehrung des heiligsten Herzens Jesu. Hrsg. von P. Jos. Aloys **Krebs**, aus d. Redemptoristen-Orden. Ausg. m. 20. Aufl. (1. in Grobdr.) *Saarlouis: F. Stein Nachf. 1902.* (509 S.) 8° [F.] [04. 2613

— Andachts-Buch zur Verehrung des hl. Herzens Jesu, insbesondere f. die Mitglieder des Gebets-Apostolates. 21. Aufl. (VII, 546 S. m. farb. Titel u. 1 Stahlst.) 16. Saarlouis 906. F. Stein Nachf. n. 1.20; geb. in Leinw. n. 1.40

Krebs, Jos. Alois, C. Ss. R., Andachts-Buch zur Verehrung des heiligsten Herzens Jesu insbesondere f. die Mitglieder des Gebets-Apostolates. 22. Aufl. (VII, 546 S. m. farb. Titel u. 1 Titelbild.) 16. Saarlouis 907. F. Stein Nachf. 1.20

— Aphorismi eucharistici, s.: Merlo-Horstius, Jac.

Krebs, Joseph Aloys: Armen-Seelen-Buch, enthaltend Gebete und Andachten zum Troste der Seelen im Fegfeuer. Auszug aus „Armen-Seelen-Büchlein". Dülmen 1889. 557 S. 16°
[Ausg. in Großdruck.]

— Armen-Seelen-Buch, enth. Gebete u. Andachtsübungen zum Troste der Seelen im Fegfeuer, insbesondere e. vollständ. Armen-Seelen-Monat in Betrachtgn. u. Beispielen. Nebst e. Anh.: Vorbereitung auf e. seligen Tod. Ausg. m. grobem Druck. 12. (XVI, 357 S. m. 1 Stahlst.) Dülmen 889. Laumann. n. 1.—; geb. n. 1.50

— dasselbe. 2. Aufl. 16. (VIII, 352 S. m. 1 Stahlst.) Ebd. 890. —75; geb. n. 1.—

[F.] Armen-Seelen-Büchlein, enth. Gebete u. Andachtsübgn z. Troste d. Seelen im Fegefeuer, insb. e. vollständ. Armen-Seelen-Monat in Betrachtgn u. Beispielen. Nebst e. Anh.: Vorbereitg auf e. seligen Tod. Hrsg. v. P. Jos. Alois **Krebs** a. d. Redemptor.-Orden. 6. Aufl. ... *Dülmen i. W.: A. Laumann 1895.* (4 Bl., 350 S., 1 Taf.) 1 Bd 8. [96. 6046

— Armen-Seelen-Büchlein, enth. Gebete u. Andachtsübgn. z. Troste d. Seelen im Fegfeuer, insbes. e. vollst. Armen-Seelen-Monat in Betrachtgn. u. Beispielen. Nebst e. Anh.: Vorbereitg. auf e. sel. Tod. 7. u. 8., unveränd. Aufl. 16. (VIII, 360 S. m. 1 Stahlst.) Ebd. 897. Geb. in Leinw. n. 1.—

[F.] Armen-Seelen-Büchlein, enth. Gebete u. Andachtsübgn z. Troste d. Seelen im Fegefeuer, insbes. e. vollst. Armen-Seelen-Monat in Betrachtgn u. Beisp. Nebst e. Anh.: Vorbereitg auf e. seligen Tod. Hrsg. v. P. Jos. Alois **Krebs** a. d. Redemptor.-Orden. 9. Aufl. '(2. in Grobdr.)' ... *Dülmen i. W.: A. Laumann 1898.* (Titelk., XVI, 384 S.) 1 Bd 8. [99. 3331 6

– Dass. Zehnte Auflage. Ebd. 304 S. 16°

Armen-Seelen-Büchlein enth. Gebete u. Andachtsübungen zum Troste d. Seelen im Fegfeuer, insbes. e. vollständ. Armen-Seelen-Monat in Betrachtungen u. Beispielen. Hrsg. von P. Jos. Alois **Krebs** aus d. Redempt.-Orden. 12., veränd. Aufl. *Dülmen: A. Laumann 1899.* (304 S.) 8° [F.] [00. 4165

Armen-Seelen-Büchlein enth. Gebete ... z. Troste d. Seelen im Fegfeuer, insbes. e. vollst. Armen-Seelen-Monat. Hrsg. von P. Jos. Alois **Krebs**. 14. Aufl. *Dülmen: A. Laumann 1902.* (304 S.) 8° [F.] [03. 4326 6

Armen-Seelen-Büchlein enth. Gebete ... z. Troste d. Seelen im Fegfeuer, insbes. e. vollst. Armen-Seelen-Monat. Hrsg. von P. Jos. Alois **Krebs**. 15. Aufl. *Dülmen: A. Laumann 1902.* (304 S.) 8° [F.] [03. 4326 6

Armen-Seelen-Büchlein, enth. Gebete u. Andachtsübungen z. Troste d. Seelen im Fegfeuer ... Hrsg. von P. Jos. Alois **Krebs** aus d. Redemptoristen-Orden. 16. Aufl. Dülmen: A. Laumann 1905. (304 S.) 8° [F.]
[ed. 11593 6

Armen-Seelen-Büchlein, enth. Gebete u. Andachtsübungen z. Troste d. Seelen im Fegfeuer ... Hrsg. von P. Jos. Alois **Krebs** aus d. Redemptoristen-Orden. 17. Aufl. Dülmen: A. Laumann 1905. (304 S.) 8° [F.]
[ed. 11594 6

Armen-Seelen-Büchlein, enth. Gebete u. Andachtsübungen z. Troste d. Seelen im Fegfeuer ... Hrsg. von P. Jos. Alois **Krebs** aus d. Redemptoristen-Orden. 18. Aufl. Dülmen: A. Laumann 1905. (304 S.) 8° [F.]
[ed. 11595 6

Krebs, Joseph Aloys: Armen-Seelen-Monat oder Andachtsübungen für jeden Tag des Monats November oder zu jeder andern Zeit des Jahres zum Troste der armen Seelen im Fegfeuer. Dülmen. 224 S. 16°

Krebs, Joseph Aloys: Begrüssungen des hl. Joseph für jeden Tag des Monats nebst einigen andern Andachtsübungen zu Ehren dieses Heiligen. Besonders abgedruckt aus dem St. Joseph-Büchlein. Dülmen 1873. 47,1 S. 16°

– Dass. Zweite Auflage. Ebd. 1896. 47,1 S. 16°

— **Begrüßungen** d. hl. Joseph f. jeden Tag d. Monats, nebst ein. and. Andachtsübgn. zu Ehren dieses Heiligen. [Aus: „K., St. Josephs-Büchlein".] 16. (48 S.) Dülmen 896. A. Laumann. — 15

Begrüssungen des heiligen Joseph für jeden Tag des Monats nebst dreifacher Novene zu Ehren dieses Heiligen ... von P. Jos. Alois **Krebs**, aus d. Redemptoristen-Orden. 3. Aufl. Dülmen: A. Laumann 1905. (53 S.) 8° [F.]
Aus: Krebs: St. Josephsbüchlein. [ed. 19696 6

Krebs, Joseph Aloys: Kurzgefasste Belehrung über das Apostolat des Gebetes in Vereinigung mit dem allerheiligsten Herzen Jesu, nebst entsprechenden Gebeten und Aufnahmeschein. Mit Genehmigung der geistlichen Obern. Saarlouis 1869. 23, 1 S. 16°

– Dass. Zweite Auflage. Ebd. 1869. 23,1 S. 16°

– Dass. Dritte Auflage. Ebd. 1873. 23,1 S. 16°

– Dass. Vierte Auflage. Luxemburg: Pet. Brück 1878. 24 S. 12°

– Dass. Fünfte Auflage. Saarlouis 1896. 24 S. 12°

Kurzgefasste Belehrung über das Gebetsapostolat nebst entsprechenden Gebeten u. Aufnahmeschein. Bes. abgedr. aus d. 'Herz-Jesu-Buch' von P. Jos. Alois **Krebs**. 6. verb. Aufl. *Saarlouis: Hausen & Co. 1900.* (24 S.) 8° [F.]
[ed. 8118 6

Krebs, Joseph Aloys: Belehrung über das fünffache Skapulier und die damit verbundenen Gnaden und Ablässe. Dülmen 1898. 12 S. 16°

Krebs, Joseph Aloys: Der Beruf zum Ordensstande. Ein Büchlein für Postulanten, Novizen und Professen des Ordensstandes vom heiligen Alphons Maria von Liguori, Stifter des Redemptoristen-Ordens. Neu aus dem Italienischen übersetzt. Dülmen 1898. 262 S. 16°

– Dass. Zweite Auflage. Ebd. 1899. VIII, 262 S. 16°

Krebs, Jos. Alois, Besuchungen des allerheiligsten Altarssakramentes u. der sel. Jungfrau Maria, f. a. Liguori, hl. Alfons Maria v.

Krebs, Joseph Aloys: Besuchungen des allerheiligsten Altars-Sakramentes und der seligsten Jungfrau Maria vom hl. Alfons Maria von Liguori. Nebst Novene zum Herzen Jesu, Mess-, Beicht-, Kommunion- und Kreuzweg-Andachten aus den Schriften desselben Heiligen. 23. Auflage. Neu aus dem Italienischen übersetzt und herausgegeben. Mit geistlicher Genehmigung. Dülmen i. W. 1897. VIII, 280 S. 16°

– Dass. 27. Auflage. Ebd. 1902. VIII, 280 S. 16°

Besuchungen des allerheiligsten Altars-Sakramentes und der seligsten Jungfrau Maria [Visita all Sacramento ed a Maria SS.] vom hl. Alphons Maria v. **Liguori** ... 28. Aufl. Neu aus d. Ital. übers. u. hrsg. von Jos. Alois Krebs. Dülmen: A. Laumann 1906. (VIII, 280 S.) 8° [F.] [ed. 8113 6

Besuchungen des allerheiligsten Altars-Sakramentes und der seligsten Jungfrau Maria [Visita all Sacramento ed a Maria SS.] vom hl. Alphons Maria v. **Liguori** ... 29. Aufl. Neu aus d. Ital. übers. u. hrsg. von Jos. Alois Krebs. Dülmen: A. Laumann 1906. (VIII, 280 S.) 8° [F.] [ed. 8114 6

Krebs, Joseph Aloys: Bruderschaft unter dem Titel und der Anrufung der allerseligsten Jungfrau von der immerwährenden Hilfe und des heiligen Alfonsus Maria von Liguori. Dülmen. 4 S. 16°

Krebs, Josef Alois (Hrsg.), s. Dumortier, François: Lebensgeschichte des hochw. P. Nikolaus Mauron ...

Krebs, Jos. Alois, C. Ss. R., **Gebetsperlen** aus d. Schriften des hl. Alphons Maria v. Liguori. Ein Andachtsbuch mit besond. Rücksicht auf die verschiedenen Zeiten des Kirchenjahres. Aus dem Ital. übers. u. hrsg. 16. (XX, 500 S. m. farb. Titel u. 1 Farbdr.) Dülmen 901. A. Laumann. Geb. in Leinw. n. 1. 60

Krebs, Jos. Alois, C. Ss. Red., **Geist** d. hl. Alphonsus. Nach d. Franz. d. Cardinal Villecourt hrsg. 12. (VIII, 287 S. m. Titelbild.) Dülmen 895. A. Laumann. Geb. in Leinw. n. 1. 30

Geschichte des Gnadenbildes Unserer Lieben Frau von der immerwährenden Hülfe nebst einigen Gebeten. Hrsg. von P. Jos. Alois **Krebs** aus d. Redempt.-Orden. *Dülmen: A. Laumann 1900.* (64 S.) 8° [F.] [ed. 4933

Krebs, Joseph Aloys: Gnadenbild U. L. Frau von der immerwährenden Hilfe. Litanei und Abbildung in elegantem Farbendruck. Dülmen o. J. 4 S. 16°

— **zwei Gnadenquellen**: Die heiligsten Herzen Jesu u. Mariä, verehrt im Geiste der Kirche u. der Heiligen. Ausg. Nr. 10. (Auszug.) 16. (XII, 419 S. m. farb. Titelbild.) Freiburg i/B. 899. Herder. n. — 80; geb. in Leinw. n. 1. 15; in Ldr. n. 1. 70

— **zwei Gnadenquellen**: die heiligsten Herzen Jesu u. Mariä, verehrt im Geiste der Kirche u. der Heiligen. 2. Aufl. (XII, 419 S. m. 1 Farbdr.) 16. Freiburg i/B. (903). Herder. Geb. in Leinw. n. 1. 15

Krebs, Joseph Aloys: Grundsätze der heiligen Magdalena von Pazzis über die Pflichten und Tugenden des klösterlichen Lebens. Saarlouis. 127 S. 24°

Krebs, Joseph Aloys: Handbüchlein für die Verehrer Unserer Lieben Frau von der immerwährenden Hülfe, insbesondere für die Mitglieder der unter diesem Titel bestehenden Bruderschaft, besonders abgedruckt aus dem „Maria Hilf"-Büchlein. Mit der Abbildung des Gnadenbildes. Dülmen 1895. 64 S. 16° [Insgesamt 9 Aufl.]

– Dass. Sechste Auflage (18. bis 20. Tausend). Mit dem Doppelbild der Bruderschaft. Ebd. 1897. 64 S. 16°

— Handbüchlein z. Verehrung U. L. F. v. d. immerwähr. Hülfe, insbes. f. d. Mitglieder d. Bruderschaft unt. d. Titel u. d. Anrufg. U. L. F. v. d. immerwähr. Hülfe u. des hl. Alphonsus. [Aus: „Maria-Hilf"-Büchlein.] 4.—6. Aufl. (10.—20. Tauf.) Mit dem Doppelbild der Bruderschaft. gr. 16. (à 64 S.) Ebd. 897.
Geb. in Leinw. n. — 25

Handbüchlein zur Verehrung U. L. F. von der immerwährenden Hülfe, insbes. f. d. Mitglieder d. Bruderschaft unter d. Titel u. der Anrufung U. L. F. von d. immerwähr. Hülfe u. des heil. Alfonsus. Bes. abgedr. aus d. 'Maria-Hilf'-Büchlein, hrsg. von P. Jos. Alois Krebs, aus d. Redemptor.-Orden. 7. Aufl. Mit d. Doppelbild d. Bruderschaft. *Dülmen: A. Laumann 1903.* (64 S.) 8° [F.] [04. 5418 6

Handbüchlein zur Verehrung U. L. F. von der immerwährenden Hülfe, insbes. f. d. Mitglieder d. Bruderschaft unter d. Titel u. der Anrufung U. L. F. von d. immerwähr. Hülfe u. des heil. Alfonsus. Bes. abgedr. aus d. 'Maria-Hilf'-Büchlein, hrsg. von P. Jos. Alois Krebs, aus d. Redemptor.-Orden. 8. Aufl. Mit d. Doppelbild d. Bruderschaft. *Dülmen: A. Laumann 1903.* (64 S.) 8° [F.] [04. 5419 6

Handbüchlein zur Verehrung U. L. F. von der immerwährenden Hülfe, insbes. f. d. Mitglieder d. Bruderschaft unter d. Titel u. der Anrufung U. L. F. von d. immerwähr. Hülfe u. des heil. Alfonsus. Bes. abgedr. aus d. 'Maria Hilf'-Büchlein, hrsg. von P. Jos. Alois Krebs, aus d. Redemptor.-Orden. 10. Aufl. Mit d. Doppelbild d. Bruderschaft. *Dülmen: A. Laumann 1903.* (64 S.) 8° [F.] [04. 5431 6

Handbüchlein zur Verehrung U. L. F. von der immerwährenden Hülfe, insbes. f d. Mitglieder d. Bruderschaft u. d. T. u. d. Anrufung U. L. F. von d. immerwähr. Hülfe u. d. heil. Alfonsus, ... hrsg. von P. Jos. Alois Krebs. 11. Aufl. Mit d. Doppelbild d. Bruderschaft. Dülmen. A. Laumann 1907. (64 S.) 8° [F.]
Aus: Krebs: 'Maria-Hilf'-Büchlein. [illegible]

— die Hauptpflichten d. Priesters, s. a. Haringer, M.

Krebs, Joseph Aloys: Die Hauptpflichten des Priesters in kurzen Erwägungen und Gewissenserforschungen. Besonders geeigntet für die Zeit der Exercitien. Von P. M. Haringer aus dem Redemptoristen-Orden. Neu bearbeitet. Mit Erlaubnis der geistlichen Obrigkeit. Dülmen i. W. 1897. 101,3 S. 8°

Krebs, Joseph Aloys: The sacred Hearts of Jesus and Mary venerated in the Spirit of the Church and of her Saints. A Manual of devotion, especially intended for the membres of the Apostleship of Prayer. Compiled from the german publications of the same author. Regensburg 1878. 500 S. 16°

–Dass. Third edition carefully revised. Ebd. 1890. XVI,532 S. 32°

Krebs, Jos. Alois, C. SS. R., die Herrlichkeiten Mariens, s.: Liguori, Alfons Maria.

—— die heiligsten Herzen Jesu und Mariä, verehrt im Geiste der Kirche und der Heiligen. 1. Aufl. 1874, und 2. Aufl. Ausg. Nr. 5 [fein]. 16. (XVI, 528 S. mit 2 Stahlst. und 1 Chromolithogr.) Freiburg i. Br. 875, Herder'sche Verlagsh.
Ausg. Nr. 6. [Druckpap.]
Ausg. Nr. 7. [Mit rothen Einfassungslinien.] (XVI, 435 S.)

– Dass. Dritte Auflage. Ebd. 1875. XV,433 S. 16°

Krebs, Jos. Alois, die heiligsten Herzen Jesu und Mariä, verehrt im Geiste der Kirche und der Heiligen. 12. (XX, 396 S. mit 2 Stahlst. und chromolithogr. Titel.) Freiburg i. Br. 878, Herder'sche Verlagsh.
Feine Ausg.

—— dass. — 16. (XVI, 540 S.) Ebendas. 878. *
Feine Ausg. *

Krebs, Jos. Alois, die heiligsten Herzen Jesu und Mariä, verehrt im Geiste der Kirche und der Heiligen. 4. Aufl. [Neue Ausg. Nr. 8.] 24. (XVI, 464 S. mit Farbentitel und 2 Stahlst.) Freiburg i. Br. 885, Herder'sche Verlagsh.

—— dass. — 5. Aufl. [Neue Ausg. Nr. 8.] 24. (XVI, 484 S. mit Farbentitel und 2 Stahlst.) Ebendas. 886.

—— Die heiligsten Herzen Jesu u. Mariä, verehrt im Geiste der Kirche u. der Heiligen. 6. Aufl. Ausg. Nr. VIII. Mit Farbentitel u. 2 Stahlst. 24. (XVIII, 484 S.) Freib. i. Br. 889, Herder. 1 20
—— dass. — Ausg. Nr. X. (Auszug.) kl. 32. (VIII, 424 S. m. 2 Stahlst.) Ebd. 891. 1 —

— d. heiligsten Herzen Jesu u. Mariä, verehrt im Geiste d. Kirche u. d. Heiligen. 7. Aufl. 16. (XV, 484 S. m. farb. Titel u. 2 Stahlst.) Freiburg i/B. 897. Herder.
1. 20; geb. von n. 1. 35 bis n. 4. 60

— die heiligsten Herzen Jesu u. Mariä, verehrt im Geiste der Kirche u. der Heiligen. 10. Aufl. 16. (XVI, 484 S. m. 2 Lichtdr.) Ebd. 900. 1.—; geb. in Leinw. n. 1.40

— die heiligsten Herzen Jesu u. Mariä, verehrt im Geiste der Kirche u. der Heiligen. 11. Aufl. (XVI, 484 S. m. 2 Lichtdr.) 16. Freiburg i/B. (905). Herder. n. 1. —;
geb. in Leinw. n. 1. 40

Krebs, Joseph Aloys: Herz-Jesu-Büchlein enthaltend Gebete und Andachtsübungen zur Verehrung des heiligsten Herzens Jesu, insbesondere Erwägungen und Beispiele für jeden Tag des Herz-Jesu-Monates. Dülmen 1871. 16°

– Dass. Zweite Auflage. Ebd. 1872. 16°

Krebs, Joseph Aloys: Herz-Jesu-Büchlein enthaltend die gewöhnlichen Gebete eines Christen und die beliebtesten Andachtsübungen zu Verehrung des heiligsten Herzens Jesu, insbesondere einen vollständigen Herz-Jesu-Monat. Dritte vermehrte und verbesserte Auflage. Mit Erlaubnis der geistlichen Obern und bischöflicher Approbation.
Dülmen 1872. 176 S. 16°

– Dass. Fünfte, vermehrte und verbesserte Auflage. Ebd. o. J. 192 S. 16°

– Dass. Zwölfte Auflage. Ebd. 224 S. 32°

—— Herz-Jesu-Büchlein, enth. die gewöhnl. Gebete eines Christen und die beliebtesten Andachtsübungen zur Verehrung des heiligsten Herzen Jesu, insbesondere einen vollständ. Herz-Jesu-Monat. 25. und 26. verb. und verm. Aufl. 16. (236 S. mit 1 Holzschn.) Dülmen 887,88, Laumann'sche Verlagsh. *
geb. *
Frühere Aufl., s. Herz-Jesu-Büchlein.

— Herz-Jesu-Büchlein, enth. die gewöhnl. Gebete e. Christen u. die beliebtesten Andachtsübgn. zur Verehrg. d. heiligsten Herzens Jesu, insbesondere e. vollständ. Herz-Jesu-Monat. 32., verb. u. verm. Aufl. 16. (255 S. m. Titelbild.) Dülmen 890. Laumann. n. — 50;
geb. n. — 75

—— Herz-Jesu-Büchlein, enth. die gewöhnl. Gebete e. Christen u. die beliebtesten Andachtsübgn. zur Verehrg. d. heiligsten Herzens Jesu, insbesondere e. vollständ. Herz-Jesu-Monat. 33. verb. u. verm. Aufl. 16. (255 S. m. 1 Stahlst.) Dülmen 891, Laumann. * — 50
geb. * — 75

– Dass. Neununddreissigste Auflage. Ebd. 229 S. 32°

— Herz-Jesu-Büchlein, enth. Gebete u. Andachtsübgn. zur Verehrg. des heiligsten Herzens Jesu, insbesondere Erwäggn. f. den Herz-Jesu-Monat nebst Beispielen. 43. Aufl. (127. bis 129. Tauf.) 16. (292 S. m. 1 Stahlst.) Dülmen 894. A. Laumann. n. — 50; geb. n. — 75

– Dass. Sechsundvierzigste Auflage. Ebd. 292 S. 32°

– Dass. Siebenundvierzigste Auflage. Ebd. 284 S. 32°

Krebs, Joseph Aloys: Herz-Jesu-Büchlein. Enthaltend die beliebtesten Andachtsübungen zur Verehrung des heiligsten Herzens Jesu, insbesondere einen vollständigen Herz-Jesu-Monat nebst Beispielen. Fünfzigste Auflage. Ebd. o. J. 296 S. 32°

[F.] Herz-Jesu-Büchlein enthaltend Gebete u. Andachtsübgn ... Hrsg. v. P. Jos. Alois Krobs aus d. Redempt.-Orden. 51. Aufl. '(151. bis 153. Taus.)' ... *Dülmen i. W.: A. Laumann 1897.* (296 S., 1 Taf.) 1 Bd 8.

— Herz-Jesu-Büchlein, enth. Gebete u. Andachtsübgn. z. Verehrg. d. heiligsten Herzens Jesu, insbes. Erwäggn. f. d. Herz-Jesu-Monat nebst Beispielen. 52.—54. Aufl. gr. 16. (à 296 S. m. 1 Stahlst.) Dülmen 898. A. Laumann. Geb. n. — 75

– Dass. Fünfundfünfzigste Auflage. Ebd. 303 S. 32°

– Dass. Sechsundfünfzigste Auflage. Ebd. 303 S. 32°

– Dass. Siebenundfünfzigste Auflage. Ebd. 303 S. 32°

– Dass. Achtundfünfzigste Auflage. Ebd. 303 S. 32°

– Dass. Neunundfünfzigste Auflage. Ebd. 448 S. 32°
[1. Ausg. in Großdruck.]

Herz-Jesu-Büchlein, enth. Gebete u. Andachtsübungen z. Verehrung d. heiligsten Herzens Jesu, insbes. Erwägungen f. d. Herz-Jesu-Monat nebst Beisp. Hrsg. von P. Jos. Alois Krebs. 60. Aufl. *Dülmen: A. Laumann 1900.* (288 S.) 8° [F.]

– Dass. Zweiundsechzigste Auflage. Ebd. 448 S. 32°
[Ausg. in Großdruck.]

Herz-Jesu-Büchlein, enth. Gebete u. Andachtsübungen z. Verehrung d. heil. Herzens Jesu, insbes. Erwägungen f. d. Herz-Jesu-Monat nebst Beispielen. Hrsg. von P. Jos. Al[ois] Krebs. 65. Aufl. *Dülmen: A. Laumann 1901.* (288 S.) 8° [F.]

Herz-Jesu-Büchlein, enth. Gebete u. Andachtsübungen z. Verehrung d. heil. Herzens Jesu, insbes. Erwägungen f. d. Herz-Jesu-Monat nebst Beispielen. Hrsg. von P. Jos. Al[ois] Krebs. 66. Aufl. *Dülmen: A. Laumann 1903.* (300 S.) 8° [F.]

Herz-Jesu-Büchlein, enth. Gebete u. Andachtsübungen z. Verehrung d. heil. Herzens Jesu, insbes. Erwägungen f. d. Herz-Jesu-Monat nebst Beispielen. Hrsg. von P. Jos. Al[ois] Krebs. 67. Aufl. *Dülmen: A. Laumann 1903.* (300 S.) 8° [F.]

Herz-Jesu-Büchlein, enth. Gebete u. Andachtsübungen z. Verehrung d. heil. Herzens Jesu, insbes. Erwägungen f. d. Herz-Jesu-Monat nebst Beispielen. Hrsg. von P. Jos. Al[ois] Krobs. 68. Aufl. *Dülmen: A. Laumann 1903.* (300 S.) 8° [F.]

Herz-Jesu-Büchlein, enth. Gebete u. Andachtsübungen z. Verehrung d. heil. Herzens Jesu, insbes. Erwägungen f. d. Herz-Jesu-Monat nebst Beispielen. Hrsg. von P. Jos. Al[ois] Krebs. 69. Aufl. *Dülmen: A. Laumann 1903.* (300 S.) 8° [F.]

Herz-Jesu-Büchlein, enth. Gebete u. Andachtsübungen z. Verehrung d. heil. Herzens Jesu ... Hrsg. von P. Jos. Al[ois] Krebs. 70. Aufl. Dülmen: A. Laumann 1904. (300 S.) 8° [F.]

Herz-Jesu-Büchlein, enth. Gebete u. Andachtsübungen z. Verehrung d. heil. Herzens Jesu ... Hrsg. von P. Jos. Al[ois] Krebs. 71. Aufl. Dülmen: A. Laumann 1904. (300 S.) 8° [F.]

Herz-Jesu-Büchlein, enth. Gebete u. Andachtsübungen z. Verehrung d. heil. Herzens Jesu ... Hrsg. von P. Jos. Al[ois] Krebs. 72. Aufl. Dülmen: A. Laumann 1904. (300 S.) 8° [F.]

Herz-Jesu-Büchlein, enth. Gebete u. Andachtsübungen z. Verehrung d. heil. Herzens Jesu ... Hrsg. von P. Jos. Al[ois] Krebs. 73. Aufl. Dülmen: A. Laumann 1904. (300 S.) 8° [F.]

Herz-Jesu-Büchlein, enth. Gebete u. Andachtsübungen z. Verehrung d. heiligsten Herzens Jesu, insbes. Erwägungen f. d. Herz-Jesu-Monat nebst Beispielen. Hrsg. von P. Jos. Alois Krebs. 74. Aufl. Dülmen: A. Laumann 1907. (300 S.) 8° [F.]

— Herz-Jesu-Büchlein, enth. Gebete u. Andachtsübgn. zur Verehrung des heiligsten Herzens Jesu, insbesondere Erwäggn. f. den Herz-Jesu-Monat nebst Beispielen. 83. Aufl. 247.—249. Taus. (300 S. m. 1 Farbdr.) 16. Dülmen 910. A. Laumann. Geb. in Leinw. — 75

Der Selige Klemens Maria Hofbauer, kurz dargest. in s. Leben u. Wirken. Nebst einigen Gebeten des Seligen. Hrsg. von P. Jos. Alois Krebs. Mit d. Bilde d. Seligen. *Dülmen: A. Laumann 1900.* (94 S.) 8° [F.]

— Der hl. Klemens Maria Hofbauer, kurz dargestellt in seinem Leben u. Wirken. Nebst einigen Gebeten des Heiligen. 2. Aufl. Bei den einzelnen Punkten vermehrt durch prakt. Nutzanwendungen f. das christl. Volk v. Fr. Cadenbach, C.SS.R. Mit dem Bilde des Heiligen. (132 S.) 16. Ebd. (909). — 30

— Jesus, unser Trost u. unsere Seelenspeise, s.: Clemens, R.

— kurze Kerngebete f. Kranke. Größtentheils aus den Schriften des hl. Alphonsus Maria v. Liguori u. des ehrwürd. Martin v. Cochem. 2. Aufl. (7.—12. Taus.) gr. 8. (48 S.) Ebd. 899. Geb. in Leinw. n. — 50

Krebs, Joseph Aloys: Kurze Kerngebete für Kranke. Grösstentheils aus den Schriften des heiligen Alphonsus Maria von Liguori und des ehrwürdigen P. Martin von Cochem. Dülmen 1894: 32 S. 8°

— Krankenbeistand. Ein Handbüchlein f. Priester u. Krankenpfleger. [Aus: „K., kathol. Krankenpflege".] 16. (126 S.) Ebd. 897. Geb. in Leinw. n. — 50

— Krankenbeistand. Ein Handbüchlein f. Priester u. Krankenpfleger. 2. Aufl. (126 S.) 16. Ebd. (910). Geb. in Leinw. — 50

Sonderabdruck aus: „Kathol. Krankenpflege".

Krebs, Joseph Aloys: Katholische Krankenpflege. Ein Lehr-, Trost- und Andachtsbuch zunächst für Ordenspersonen, welche sich dem Krankendienste widmen. Mit Erlaubnis der Ordensobern und bischöflicher Approbation. Dülmen 1894. XVI,489,7 S. 8°

[F.] Katholische Krankenpflege. E. Lehr-, Trost- und Andachtsbuch, zunächst f. Ordensleute, welche sich dem Krankendienste widmen. Von P. Jos. Alois Krebs ... 2. verb. Aufl. *Dülmen i. W.: A. Laumann 1897.* (XVI, 501 S.) 1 Bd 8.

— katholische Krankenpflege. Ein Lehr-, Trost- u. Andachtsbuch, zunächst f. Ordenspersonen, welche sich dem Krankendienste widmen. 3. verb. Aufl. (XVI, 501 S.) 12. Ebd. 903. Geb. in Leinw. n. 2. —

Krebs, Joseph Aloys: Krankentröstung. Ein Trost- und Andachtsbuch zum Gebrauche für die Kranken eigens abgedruckt aus der „Katholischen Krankenpflege". Dülmen 1896. 264 S. 8°

— Krankentröstung. Ein Trost- u. Andachtsbuch zum Gebr. f. die Kranken. [Aus: „K., die kathol. Krankenpflege".] 12. (VIII, 264 S.) Ebd. 897. Geb. in Leinw. n. 1. 20

— d. hl. Kreuzweg, s. a. Liguori, Alph. Maria.

Krebs, Joseph Aloys: Der heilige Kreuzweg. Vom heil. Alphonsus Maria von Liguori. Aus dem Italienischen neu übersetzt. Besonders abgedruckt a. d. „Passionsblumen."
Mit geistlicher Genehmigung (1.–3. Tausend.) Dülmen i. W.36 S.18°

Krebs, Jos. Aloys, Leben des ehrwürdigen Dieners Gottes Johann Baptist de La Salle, Stifters des Ordens der christl. Schulbrüder. Nebst einem Anhang, enthaltend eine kurze Darstellung der Geschichte, Einrichtung und Wirksamkeit dieses Ordens. gr. 8. (VIII und 303 S. mit dem Bildnisse des ehrw. de La Salle in Stahlst.) Regensburg 859, Manz.

— Leben des hl. Alfons M. v. Liguori, s. a. Saintrain.

Krebs, Joseph Aloys: Leben des heiligen Bischofs und Kirchenlehrers Alfons M. von Liguori, Stifters der Congregation des allerheiligsten Erlösers. Nach dem Französischen des P. Saintrain C. SS. R., von P. Gerhard Schepers, Priester derselben Congregation. Zweite verbesserte Auflage, herausgegeben von P. Joseph Alois Krebs, C. SS. R. Mit Erlaubnis der geistlichen Obrigkeit. Mit einem Bilde des Heiligen in Farbendruck. Regensburg, New York & Cincinnati 1898. VIII, 395 S. 8°

Krebs, Joseph Aloys: Leben der heiligen Maria Magdalena von Pazzis, aus dem Karmeliter-Orden, beschrieben von ihrem Beichtvater P. Virgil Cepari. Nebst einem Anhange, enthaltend:
Die geistlichen Lehren und Grundsätze dieser Heiligen. Regensburg 1857. VI,369,6 S. 8°

Krebs, Joseph Aloys: Kurze Lebensbilder der verstorbenen Redemptoristen der Ordensprovinz von Nieder-Deutschland. Nebst einem kurzen Berichte über die Entstehung und Entwickelung der einzelnen Häuser. Mit Erlaubnis der Ordensobern als Manuscript gedruckt. Dülmen i. W. 1896. LXIV,366, 2 S. 8°

— kurze Lebensgeschichte des Dieners Gottes Joseph Passerat, Generalvikars der Congregation des allerhl. Erlösers. Nach dem Franz. Mit dem phototyp. Bilde Passerats. 12. (VIII, 124 S.) Ebd. 894. n. —50; geb. n. — 75

KREBS, Jos. Alois
(F) Lebensgeschichte des ehrw. Diener Gottes Johann Nep. Neumann, aus der Congregation des allerheiligsten Erlösers, Bischofs von Philadelphia. Von P. Jos. Alois Krebs, C. S. S. R. Mit dem Bilde des Diener Gottes. Winterberg. 1899. Steinbrener. 8°. 123 S. K —.60

Krebs, Joseph Aloys: Die neun Liebesdienste, die Ehrenwache und die heilige Stunde zu Ehren des göttlichen Herzens Jesu. Von einem Priester des Redemptoristen-Ordens. Dülmen.48 S.16°

– Dass. Dritte vermehrte Auflage. Ebd. 64 S. 16°

– Dass. Vierte Auflage. Ebd. 63 S. 16°

[F.] Der Selige Gerard Majella, Laienbruder aus dem Redemptoristen-Orden, kurz dargest. in s. Leben u. in s. wunderthät. Fürbitte. Nebst Andachtsübgn zu s. Verehrg. Hrsg. v. P. Jos. Alois Krebs, aus dems. Orden. 2. Aufl. ... *Dülmen: A. Laumann 1896.* (90 S., 1 Portr.) 1 Bd 8. 56. 7330

— der Selige Gerard Majella, Laienbruder aus dem Redemptoristen-Orden, kurz dargest. in s. Leben u. in s. wunderthät. Fürbitte. Nebst Andachtsübgn. zu s. Verehrg. 3. Aufl. (7. bis 9. Taus.) 16. (90 S. m. Bildn.) Dülmen 898. A. Laumann. — 30

[F.] Der Selige Gerard Majella, Laienbruder aus d. Redemptoristen-Orden; kurz dargest. in s. Leben u. in s. wunderthät. Fürbitte. Nebst Andachtsübgn zu s. Verehrg. Hrsg. v. P. Jos. Alois Krebs ... 4. Aufl. (10 – 12. Tausend.) ... *Dülmen i. W.: A. Laumann 1898.* (92 S., 1 Taf.) 1 Bd 8.

– Dass. Sechste Auflage. Ebd. 96 S. 12°

Der Selige Gerard Majella, Laienbruder aus d. Redemptoristen-Orden, kurz dargest. in s. Leben u. in s. wunderthätigen Fürbitte. Nebst Andachtsübungen zu s. Verehrung. Hrsg. von P. Jos. Alois Krebs. 7. Aufl. *Dülmen: A. Laumann 1900.* (112 S.) 8° [F.] 01. 4358

Der heilige Gerard Majella, Laienbruder aus dem Redemptoristen-Orden, kurz dargest. in s. Leben u. in s. wundertätigen Fürbitte. Nebst Andachtsübungen zu s. Verehrung. Hrsg. von P. Jos. Alois Krebs, aus demselben Orden. 8. erw. Aufl. Dülmen: A. Laumann 1904. (VIII, 127 S.) 8° [F.] 05. 12748

Der heilige Gerard Majella, Laienbruder aus dem Redemptoristen-Orden, kurz dargest. in s. Leben u. in s. wundertätigen Fürbitte. Nebst Andachtsübungen zu s. Verehrung. Hrsg. von P. Jos. Alois Krebs aus dems. Orden, 10., erw. Aufl. Dülmen: A. Laumann 1905. (156 S.) 8° [F.]

Der heilige Gerard Majella, Laienbruder aus dem Redemptoristen-Orden, kurz dargest. in s. Leben u. in s. wundertätigen Fürbitte. Nebst Andachtsübungen zu s. Verehrung. Hrsg. von P. Jos. Alois Krebs, aus demselben Orden. 11. unveränd. Aufl. Dülmen: A. Laumann 1905. (156 S.) 8° [F.]

Der heilige Gerhard Majella, Laienbruder aus dem Redemptoristen-Orden, kurz dargest. in s. Leben ... von P. Jos. Alois Krebs, aus demselben Orden. 12. unveränd. Aufl. Dülmen: A. Laumann 1900. (156 S.) 8° [F.] 08. 1247 6

Der heilige Gerard Majella, Laienbruder aus dem Redemptoristen-Orden, kurz dargest. in s. Leben ... von P. Jos. Alois Krebs, aus demselben Orden. 13. unveränd. Aufl. Dülmen: A. Laumann 1906. (150 S.) 8° [F.] 08. 2804 6

Krebs, Joseph Aloys: Maria meine Hoffnung. Vollständiges Gebetbuch für fromme Verehrer Mariä nebst Abbildung und Geschichte des Gnadenbildes Unserer L. Frau von der immerwährenden Hülfe. Dülmen 1872. 544 S. 16°

Krebs, Joseph Aloys: Maria meine Hoffnung. Vollständiges Gebetbuch für fromme Verehrer Mariä, besonders für die Mitglieder der Erzbruderschaft unter dem Titel und der Anrufung der Mutter Gottes von der immerwährenden Hülfe und des heiligen Alphonsus von Liguori. Ebd. 1872. 534 S. 16°

—— Maria meine Hoffnung. Vollständiges Gebetbuch für fromme Verehrer Mariä, besonders für Mitglieder der Erzbruderschaft, unter dem Titel und der Anrufung der Mutter Gottes von der immerwährenden Hülfe und des heil. Alphons von Liguori. 1.—3. Aufl. 16. (551 S. mit 1 Chromolithogr.) Dülmen 872—78, Laumann'sche Verlagsh.

— Maria, meine Hoffnung. Vollständiges Gebetbuch für fromme Verehrer Mariä, besonders für Mitglieder der Erzbruderschaft unter dem Titel u. der Anrufung der Mutter Gottes von der immerwährenden Hülfe u. des hl. Alphonsus von Liguori. 3. Aufl. 16. (543 S. m. chromolith. Titel u. 1 Chromolith.) Dülmen 880. Laumann. n. 1. 50; geb. von n. 2. 50 bis n. 20. —

—— Maria, meine Hoffnung. Vollständ. Gebetbuch für fromme Verehrer Mariä, besonders für Mitglieder der Erzbruderschaft unter dem Titel und der Anrufung der Mutter Gottes von der immerwährenden Hülfe und dem heil. Alphonsus von Liguori. 4. Aufl. Mit rothen Einfassungslinien. 16. (XVI, 560 S. mit 1 Chromolithogr.) Ebendas. 880. geb. von *ℳ 2,50. bis *

—— dass. — 5. Aufl. 16. (III, 576 S. mit 1 Farbendr.) Ebendas. 884. geb. von *ℳ 2. bis *

—— Maria meine Hoffnung. Vollständ. Gebetbuch für fromme Verehrer Mariä, besonders für Mitglieder der Erzbruderschaft unter dem Titel und der Anrufung der Mutter Gottes von der immerwährenden Hülfe und des heil. Alphonsus v. Liguori. 6. Aufl. 16. (608 S. mit 2 Bildern.) Ebendas. 887. * geb. von *ℳ 2.—. bis *

— dasselbe. 7. Aufl. 16. (IV, 608 S.) Ebd. 889. n. 2. —

— Maria meine Hoffnung. Vollständiges Gebetbuch f. fromme Verehrer Mariä, besonders f. Mitglieder der Erzbruderschaft unter dem Titel u. der Anrufg. der Mutter Gottes v. der immerwähr. Hülfe u. d. hl. Alphonsus v. Liguori. 8. Aufl. 16. (III, 596 S. m. 1 Stahlst.) Ebd. 892. 1. 50

[F.] Maria meine Hoffnung. Vollst. Gebetbuch f. fromme Verehrer Mariä bes. f. Mitgl. d. Bruderschaft unt. d. Titel u. d. Anrufg d. Mutter Gottes v. d. immerwährenden Hülfe u. des heil. Alphonsus v. Liguori. Hrsg. v. P. Jos. Alois Krebs a. d. Redemptor.-Orden. 9. Aufl. ... *Dülmen i. W.: A. Laumann 1895.* (2 Bl., 599 S., 1 Taf.) 1 Bd 8. [96. 1047

– Dass. Zehnte Auflage. Ebd. 1899. XVI,584 S. 16°

Maria meine Hoffnung. Vollständ. Gebetbuch f. fromme Verehrer Mariä, besond. f. Mitgl. d. Brudersch. u. d. Titel ... d. Anrufung d. Mutter Gottes von d. immerwährenden Hilfe u. d. heil. Alfonsus v. Liguori. Hrsg. von P. Jos. Alois Krebs, a. d. Redemptoristen-Orden. 11. Aufl. Dülmen: A. Laumann 1906. (576 S.) 8° [F.] [07. 11061

Krebs, Joseph Aloys: Maria, die Königin der Martyrer. Vollständiges Gebetbuch für fromme Verehrer Mariae. Winterberg. 382 S. 16°

Maria, ohne Sünde empfangen. Festbüchlein z. 50j. Jubiläum d. feierlichen Verkündigung d. unbefleckten Empfängnis. Nebst e. Anh. entsprechender Gebete. Hrsg. von P. Jos. Aloys Krebs, C. SS. R. *Dülmen: A. Laumann 1904.* (VIII, 108 S.) 8° [F.] [04. 14560

Maria, ohne Sünde empfangen. Festbüchlein z. 50jähr. Jubil. d. feierl. Verkündigung d. unbefleckten Empfängnis. Nebst e. Anh. entsprechender Gebete. Von P. Jos. Alois Krebs, C. SS. R. 2. Aufl. Dülmen: A. Laumann 1904. (VIII, 112 S.) 8° [F.] [05. 13516 G

Maria, ohne Sünde empfangen. Festbüchlein z. 50j. Jahrestag d. feierlichen Verkündigung d. unbefleckten Empfängnis; nebst Belehrung u. Andachtsübungen in Bezug auf das von Papst Pius x. ausgeschriebene außerordentl. Jubiläum. Hrsg. von P. Jos. Aloys Krebs, C. SS. R. 3., verm. u. verb. Aufl. *Dülmen: A. Laumann 1904.* (XL, 112 S.) 8° [F.] [04. 14561

Maria, ohne Sünde empfangen. Festbüchlein z. 50j. Jahrestag d. feierl. Verkündigung d. unbefleckten Empfängnis; nebst Belehrung u. Andachtsübungen in Bezug auf das von Papst Pius x. ausgeschriebene außerordentl. Jubiläum. Hrsg. von P. Jos. Alois Krebs, C. SS. R. 7., verm. u. verb. Aufl. Dülmen: A. Laumann 1904. (158 S.) 8° [F.] [05. 10749

Maria, ohne Sünde empfangen. Ein Lehr- u. Andachtsbüchlein z. Verehrung d. unbefleckt empfangenen Gottesmutter. Hrsg. von P. Jos. Alois Krebs, C. SS. R. 8., ganz umgearb. Aufl. Dülmen: A. Laumann 1905. (159 S.) 8° [F.] [06. 10630

Krebs, Joseph Aloys: Maria Hilf. Andachtsbüchlein für fromme Verehrer Mariä, besonders für die Mitglieder der Bruderschaft unter dem Titel und der Anrufung der Mutter Gottes von der immerwährenden Hülfe. Auszug aus „Maria, meine Hoffnung". Dülmen 1879. 224 S. 16°
[Insgesamt 16 Auflagen in Normal- und 8 in Großdruck. Blum, Bibl. lux.]

— Maria-Hilf. Andachtsbüchlein für fromme Verehrer Mariä, besonders für Mitglieder der Erzbruderschaft unter dem Titel u. der Anrufung der Mutter Gottes von der immerwährenden Hilfe u. des hl. Alphonsus v. Liguori. [Aus: „Maria, meine Hoffnung".] 16. (IV, 220 S.) Ebend. 880. n. — 50; geb. n. — 75

— Maria-Hilf. Andachtsbüchlein für fromme Verehrer Mariä, besonders für Mitglieder der Erzbruderschaft unter dem Titel und der Anrufung der Mutter Gottes von der immerwährenden Hilfe und dem heil. Alphonsus von Liguori. 16. (IV, 220 S. mit 1 Chromoxylogr.) Ebendas. 884. geb.
Aus: Maria, meine Hoffnung, besonders abgedruckt.

— Maria-Hilf. Andachtsbüchlein f. fromme Verehrer Mariä, besonders f. Mitglieder der Erzbruderschaft unter dem Titel u. der Anrufg. der Mutter Gottes v. der immerwähr. Hülfe u. des hl. Alphonsus v. Liguori. 8. Aufl. (1. in Grobdr.) 16. (320 S. m. 1 Farbendr.) Ebd. 894. — 75; geb. n. 1. —

[F.] Maria-Hilf. Andachtsbüchl. f. fromme Verehrer Mariä bes. f. Mitgl. d. Erzbruderschaft unt. d. Titel u. d. Anrufg d. Mutter Gottes v. d. immerwährenden Hülfe u. des hl. Alphonsus v. Liguori. Von P. Jos. Alois Krebs a. d. Redemptor.-Orden. 9. Aufl. ... *Dülmen i. W.: A. Laumann (1895).* (1 Bl., 291 S., 1 Taf.) 1 Bd 8. [96. 1048

— Maria-Hilf. Andachtsbüchlein f. fromme Verehrer Mariä, bes. f. d. Mitglieder d. Bruderschaft unt. d. Titel u. d. Anrufg. d. Mutter Gottes v. d. immerwähr. Hülfe u. d. hl. Alphonsus M. v. Liguori. 10. Aufl. 16. (290 S. m. 1 Farbdr.) Ebd. 896. Geb. n. — 75

Maria-Hilf. Andachtsbüchlein f. fromme Verehrer Mariä, bes. f. d. Mitgl. d. Bruderschaft d. Mutter Gottes von d. immerwährenden Hülfe u. d. heil. Alphonsus M. von Liguori. Von P. Jos. Alois Krebs, aus d. Redemptoristen-Orden. 14. Aufl. *Dülmen: A. Laumann 1902.* (295 S.) 8° [F.] [03. 4739

– Dass. Fünfzehnte Auflage. Ebd. 1902. 295 S. 16°

Maria-Hilf. Andachtsbüchlein f. fromme Verehrer Mariä, besond. f. d. Mitglieder d. Bruderschaft unter d. Titel u. d. Anrufung d. Mutter Gottes von d. immerwähr. Hülfe u. d. heil. Alfonsus M. v. Liguori. Von P. Jos. Alois Krebs aus d. Redempt.-Orden. 16. Aufl. Dülmen: A. Laumann 1904. (296 S.) 8° [F.] [05. 10750

Maria-Hilf. Andachtsbüchlein f. fromme Verehrer Mariä ... Von P. Jos. Alois Krebs, aus d. Redemptoristen-Orden. 17. Aufl. Dülmen: A. Laumann 1904. (290 S.) 8° [F.] [05. 13913 G

— Maria-Hilf. Andachtsbüchlein f. fromme Verehrer Mariä, besonders f. Mitglieder der Erzbruderschaft unter dem Titel u. der Anrufg. der Mutter Gottes v. der immerwähr. Hülfe u. des hl. Alfonsus v. Liguori. 18. Aufl. (2. in Grobdr.) (336 S. m. 1 Farbdr.) 16. Ebd. 908. Geb. in Leinw. 1. —

— dasselbe. 19. Aufl. (IV, 296 S. m. 1 Farbdr.) 16. Ebd. 908. Geb. in Leinw. — 75

Krebs, Joseph Aloys: Marienbüchlein, enthaltend Kerngebete der Kirche und der Heiligen zur Verehrung der allerseligsten Jungfrau, insbesondere auch die Marianische Gebetswoche des heiligen Alphonsus von Liguori. Von einem Priester des Redemptoristen-Ordens. Dülmen. 80 S. 16°

– Dass. Vierte Auflage. Ebd. 64 S. 16°

Krebs, Joseph Aloys: März-Blüthen oder kurze Andachtsübungen zu Ehren des heiligen Joseph auf jeden Tag des Monats März. Besonders abgedruckt aus dem St. Josephs-Büchlein. Dülmen. 31 Billets à 2 Seiten.

— März-Blüthen od. kurze Andachtsübgn. zu Ehren d. hl. Joseph auf jeden Tag d. Monats März. [Aus: „K., St. Josephs-Büchlein".] 31 Blättchen. 2. Aufl. 6. Taus. 16. Ebd. 896. — 15

— März-Blüthen od. kurze Andachtsübgn. zu Ehren des hl. Joseph auf jeden Tag des Monats März. 31 Blättchen. 4. Aufl. 16. Ebd. 903. — 15
Sonderabdruck aus: „K., St. Josephs-Büchlein".

— Meßandacht zu Ehren des Herzens Jesu im Geiste des Gebetsapostolats. [Gebete der Kirche und der Heiligen.] 32. (22 S.) Freiburg i. Br. 885, Herder'sche Verlagsh. *
Aus: Die heiligsten Herzen Jesu und Mariä, besonders abgedruckt.

Krebs, Joseph Aloys: Missionsbuch im Geiste des heiligen Alphonsus. Ein Unterrichts- und Andachtsbuch als beständige Hausmission. Herausgegeben von den PP.Redemptoristen. (Ausgabe für Deutschland.) Mit Erlaubnis geistlicher Obrigkeit. Dülmen i. W.1896. XXIV, 588, XX S. 8°

– Dass. Achte Auflage. Ebd. 1899. XXIV,613 S. 8°

– Dass. Zehnte Auflage. Ebd. XXIV,613 S. 8°

Krebs, Joseph Aloys: Missionsbüchlein für Jünglinge und Jungfrauen. Ein Unterrichts- und Andachtsbuch als beständige Hausmission. Herausgegeben von den PP. Redemptoristen. (Ausgabe für Deutschland.) Mit Erlaubnis geistlicher Obrigkeit. Dülmen i. W. 1896. 16°

– Dass. Siebente Auflage. Ebd. 1901. VIII, 310 S. 16°

– Dass. Zehnte Auflage. Ebd. VIII, 312 S. 16°

– Dass. Elfte Auflage. Ebd. VIII, 212 S. 16°

Krebs, Joseph Aloys: Novene zu Ehren des hl. Herzens Jesu. Vom heiligen Kirchenlehrer Alfons Maria von Liguori. In neuer Uebersetzung herausgeben von den PP. Redemptoristen. Dritte Auflage. Dülmen. o. J. 64 S. 16°

Krebs, Joseph Aloys: Passionsblumen oder zwölf Kreuzwegandachten, nebst verschiedenen anderen Andachtsübungen zum Leiden Christi. Aus den Schriften der Heiligen und anderer Geistesmänner gesammelt. Dülmen 1895. 271 S. 16°
[Blum, Bibl. lux.]

[F.] Passions-Blumen oder Zwölf Kreuzwegandachten nebst verschied. and. Andachtsübgn z. Leiden Christi. Aus d. Schriften der Heiligen u. and. Geistesmänner gesamm. v. J[os.] A[lois] Krebs aus d. Redemptoristenorden. *Dülmen: A. Laumann 1896.* (VIII, 271 S., 1 Taf.) 1 Bd 6.

Krebs, Jos. Alois, der Rest, der gerettet wird. Rede über Jesaias 10, 20—23. Auf der südwestdeutschen Conferenz für innere Mission zu Darmstadt den 20. Juni 1876 gehalten. gr. 8. (16 S.) Heidelberg 876, C. Winter's Universitäts-Buchh. *

— Rüstung zur großen Reise in die Ewigkeit, s.: Blüten aus dem Himmelsgarten.

—— St. Barbara-Büchlein, enth. das Leben der Heiligen, ihre Verehrg., sowie Beispiele ihres mächt. Schutzes, namentlich zur Erlangg. e. sel. Todes. 16. (92 S. m. 1 Farbendr.) Münster i. W. 800, Alphonsus-Buchh. cart. * — 35; geb. * — 45
—— dass. — 2. verm. Aufl. 16. (VIII, 132 S. m. 1 Farbendr.) Ebd. 891. cart. * — 40; geb. * — 60

— St. Barbara-Büchlein, enth. d. Leben der Heiligen, ihre Verehrg., sowie Beispiele ihres mächt. Schutzes, namentlich zur Erlangg. e. sel. Todes. 3., verm. Aufl. (9.—12. Tauf.) 16. (VIII, 148 S. m. 1 Farbendr.) Münster 894. Alphonsus-Buchh. Geb. in Leinw. n. — 50

— St. Barbara-Büchlein, enth. d. Leben d. Heiligen, ihre Verehrung, sowie Beispiele ihres mächt. Schutzes, namentlich zur Erlangg. e. sel. Todes. 4. Aufl. 13.—16. Tauf. 16. (VIII, 148 S. m. 1 Farbendr.) Münster 896. Alphonsus-Buchh. Geb. in Leinw. n. — 50

— St. Barbara-Büchlein, enth. d. Leben der Heiligen, ihre Verehrg., sowie Beispiele ihres mächtigen Schutzes, namentlich zur Erlangg. e. sel. Todes. 7. Aufl. 23.—25. Tauf. 16. (156 S. m. 1 Farbdr.) Münster 900. Alphonsus-Buchh. Geb. in Leinw. n. — 50

– Dass. Achte Auflage. Ebd. 1900. 156 S. 8°

St. Barbara-Büchlein, enth. d. Leben d. Heiligen, ihre Verehrung, sowie Beispiele ihres mächtigen Schutzes, namentl. z. Erlangung e. seligen Todes. Hrsg. von P. Jos. Alois **Krebs** aus d. Redempt.-Orden. 9. u. 10. Aufl. Münster i. W.: Alphonsus-Buchh. 1904. (150 S.) 8° [F.] 1904

—— St. Josephsbüchlein, enth. Gebete und Andachtsübungen zur Verehrung des heil. Joseph insbesondere Betrachtungen für den Monat März nebst Beispielen. 16. (208 S.) Dülmen 873, Laumann'sche Verlagsh. *

— St. Josephsbüchlein, enth. Gebete u. Andachtsübgn. zur Verehrg. d. hl. Joseph insbesondere Betrachtgn f. den Monat März nebst Beispielen. 16. (208 S.) Dülmen 875. Laumann. n. — 50

—— St. Josephsbüchlein, enth. Gebete und Andachtsübungen zur Verehrung des heil. Joseph, insbesondere Betrachtungen für den Monat März nebst Beispielen. 2.—4. verm. Aufl. 16. (VII, 224 S. mit 1 Stahlst.) Dülmen 879, Laumann'sche Verlagsh. * 50 Pf.; geb. * geb. mit Goldschn. **

– Dass. Dritte Auflage. Miniatur Format. Ebd. 208 S. 16°

– Dass. Vierte Auflage. Ebd. 240 S. 16°

Krebs, Jos. Alois, St. Josephsbüchlein, enthaltend Gebete und Andachtsübungen zur Verehrung des heil. Joseph, insbesondere Betrachtungen für den Monat März, nebst Beispielen. 5. verm. Aufl. 16. (240 S. mit 1 Stahlst.) Dülmen 881, Laumann'sche Verlagsh. * 50 Pf.; geb. *

—— St. Josephsbüchlein, enth. Gebete und Andachtsübungen zur Verehrung des heil. Joseph, insbesondere für den Monat März, nebst Beispielen. 7. und 8. verm. Aufl. 16. (240 S. mit 1 Stahlst.) Dülmen 885,87, Laumann'sche Verlagsh. * geb. *

— St. Josephsbüchlein, enth. Gebete u. Andachtsübgn. zur Verehrg. d. hl. Joseph, insbesondere Betrachtgn. f. d. Monat März, nebst Beispielen. 11. Aufl. 16. (264 S. m. 1 Stahlst.) Dülmen 890. Laumann. n. — 50; geb. n. — 75

— St. Josephsbüchlein, enth. Gebete u. Andachtsübgn. zur Verehrg. des hl. Joseph, insbesondere Betrachtgn. f. den Monat März, nebst Beispielen. 16. Aufl. 16. (272 S.) m. 1 Stahlst.) Dülmen 893. A. Laumann. n. — 50

– Dass. Neunzehnte Auflage. Ebd. 251 S. 16°

— St. Josephsbüchlein. Bes. geeignet f. den allgem. Verein d. christl. Familien u. f. d. Monat März. 21. Aufl. (3. f. d. allgem. Verein d. christl. Familien.) 16. (268 S. m. 1 Stahlst.) Dülmen 896. A. Laumann. Geb. in Leinw. n. — 50

— dasselbe, enth. Gebete u. Andachtsübgn. zur Verehrg. des hl. Joseph, insbes. Betrachtgn. f. den Monat März nebst Beispielen. 22. u. 23. Aufl. (64. bis 69. Tauf.) 16. (251 S. m. 1 Stahlst.) Ebd. 897. Geb. n. — 75

— St. Josephsbüchlein, enth. Gebete u. Andachtsübgn. zur Verehrung des hl. Joseph, insbesondere Betrachtgn. f. den Monat März nebst Beispielen. 24. Aufl. (70.—72. Tauf.) 16. (251 S. m. 1 Stahlst.) Ebd. 899. Geb. in Leinw. n. — 75

St. Josephsbüchlein. Besonders geeignet f. d. Allgem. Verein d. christl. Familien u. f. d. Monat März. Hrsg. von P. Jos. Alois **Krebs**. 27. Aufl. *Dülmen: A. Laumann 1900.* (264 S.) 8° [F.] [01. 4239

– Dass. Achtundzwanzigste Auflage (81. bis 83. Tausend.) Ebd. 256 S. 16°

St. Josephsbüchlein, enth. Gebete u. Andachtsübungen z. Verehrung d. heil. Joseph, insbes. Betrachtungen f. d. Monat März nebst Beispielen. Hrsg. von P. Jos. Alois Krebs. 28. Aufl. *Dülmen: A. Laumann 1901.* (251 S.) 8° [F.]

– Dass. Neunundzwanzigste Auflage. Ebd. 1901. 256 S. 16°

St. Josephsbüchlein, enth. Gebete u. Andachtsübungen z. Verehrung d. heil. Joseph, insbes. Betrachtungen f. d. Monat März nebst Beispielen. Mit e. Anh. f. d. Allg. Verein d. christl. Familien. Hrsg. von P. Jos. Alois **Krebs** aus d. Redempt.-Orden. 30. Aufl. Dülmen: A. Laumann 1904. (281 S.) 8° [F.]

St. Josephsbüchlein, enth. Gebete u. Andachtsübungen z. Verehrung d. heil. Joseph ... Mit e. Anh. f. d. Allgem. Ver. d. christl. Familien. Hrsg. von P. Jos. Alois **Krebs**, aus d. Redemptoristen-Orden. 31. Aufl. Dülmen: A. Laumann 1904. (271 S.) 8° [F.]

St. Josephsbüchlein, enth. Gebete u. Andachtsübungen z. Verehrung d. heil. Joseph ... Hrsg. von P. Jos. Alois **Krebs** aus d. Redempt.-Orden. 32. Aufl. Dülmen: A. Laumann 1907. (270 S.) 8° [F.]

— St. Josephsbüchlein, enth. Gebete u. Andachtsübgn. zur Verehrg. des hl. Joseph, insbesondere Betrachtgn. f. den Monat März nebst Beispielen. Mit e. Anh f. den allgemeinen Verein der christl. Familien. 33. Aufl. (97.—99. Taus.) (270 S. m. 1 Farbdr.) 16. Dülmen 907. A. Laumann. Geb. in Leinw. — 75

Krebs, Joseph Aloys: Kleine geistliche Schatzkammer oder Belehrung über die mit Ablässen verbundenen Rosenkränze, Kreuze, Medaillen etc., sowie über die fünf Skapuliere; nebst einem Anhange über das Herz-Jesu-Skapulier und kurzen Ablassgebeten. Mit Genehmigung der geistlichen Obrigkeit. Dülmen 1893. 84 S. 16°

[F.] Kleine Geistliche Schatzkammer oder Belehrung üb. die m. Ablässen vers. Rosenkränze, Kreuze, Medaillen etc. sowie üb. d. fünf Skapuliere. Nebst e. Anh. üb. d. Herz-Jesu-Skap. u. kurzen Ablassgeb. Hrsg. v. P. Jos. Alois **Krebs**, a. d. Redemptor.-Orden ... 2. verb. Aufl. *Dülmen i. W.: A. Laumann 1895.* (2 Bl., 79 S.) 1 Bd 8.

— kleine geistliche Schatzkammer od. Belehrung üb. die m. Ablässen versehenen Rosenkränze, Kreuze, Medaillen rc. sowie üb. die 5 Skapuliere. Nebst e. Anh. üb. d. Herz-Jesu-Skapulier u. kurzen Ablaßgebeten. 8. verb. Aufl. 16. (IV, 80 S. m. 1 Abbildg.) Dülmen 899. A. Laumann. — 25

Krebs, Joseph Aloys: Skapulier-Unterricht. Linz a. Rh. 1856. 32 S. 8°

– Dass. Dritte Auflage. Ebd. 1863. 32 S. 8°

Krebs, Joseph Aloys: Zwei würdige Söhne des hl. Alphonsus Maria von Liguori aus neuester Zeit. Besonders abgedruckt aus dem „Katholischen Missionsblatt." (Juni 1899.) Dülmen i. W. [1899]. 32 S. 16°

— Tagzeiten vom heiligsten Herzen Jesu. [Aus: „Andachtsbuch z. Verehrg. d. hl. Herzens Jesu".] 16. (8 S.) Saarlouis 892. F. Stein Nachf. — 5

— kurzer Unterricht über die Skapuliere der allerheiligsten Dreifaltigkeit, Unserer lieben Frau vom Berge Karmel, der unbefleckten Empfängniß u. der sieben Schmerzen Mariä, nebst einem Anhang über das sogenannte rothe Skapulier. Ebend. 866. 16. (47 S.) 1½ ngr.

– Dass. Sechste Auflage. Ebd. 1877. 48 S. 12°

—— kurzer Unterricht über die Skapuliere der allerheiligsten Dreifaltigkeit, Unserer Lieben Frau vom Berge Karmel, der unbefleckten Empfängniß und der sieben Schmerzen Mariä, nebst einem Anhang über das sogenannte rothe Skapulier. Auszug aus einem von der heil. Congregation der Ablässe zu Rom approbirten größeren Werke. 10. Aufl. 16. (48 S.) Saarlouis 883, Stein.

– Dass. Vierzehnte verbesserte Auflage. Ebd. 1890. 48 S. 12°

—— Kurzer Unterricht üb. die Skapuliere der allerheil. Dreifaltigkeit, Unserer Lieben Frau vom Berge Karmel, der unbefleckten Empfängniß u. der sieben Schmerzen Mariä, nebst e. Anh. üb. das rothe Skapulier. 15. verb. Aufl. 16. (48 S.) Saarlouis 891, F. Stein Nachf. — 15

— kurzer Unterricht üb. die Skapuliere der allerh. Dreifaltigkeit, Unserer Lieben Frau vom Berge Karmel, der unbefleckten Empfängniß u. der 7 Schmerzen Mariä, nebst e. Anh. üb. das rothe Skapulier. 16. Aufl. 16. (48 S.) Saarlouis 893. F. Stein Nachf. — 15

[F.] Kurzer Unterricht über die Skapuliere der allerheil. Dreifaltigkeit, Unserer Lieben Frau vom Berge Karmel ..., nebst e. Anh. üb. d. rothe Skapulier. Hrsg. v. P. Jos. Alois **Krebs**, aus d. Congreg. d. allerheil. Erlösers ... 17. Aufl. *Saarlouis: Hansen & C. 1895.* (48 S.) 1 Bd 8.

– Dass. Achtzehnte Auflage. Ebd. 1896. 48 S. 12°

Kurzer Unterricht über die fünf Skapuliere. Hrsg. von P. Jos. Alois **Krebs**. 18. Aufl. *Saarlouis: Hansen & Co. 1900.* (47 S.) 8° [F.]

Krebs, Joseph Aloys: Verein zur immerwährenden Verehrung des heiligen Josef. Enthält: Zweck, Entstehung, Ablässe und Verbreitung, sowie ein kurzes Aufopferungsgebet zum heiligen Joseph. Dülmen o. J. 8 S. 16°

Krebs, Joseph Aloys: Bornhofener Wallfahrtsbuch. Linz a. Rh. 1856. 8°

Krebs, Jul., kleine Abendbibliothek. Neueste Novellensammlung. 1. Bd. 4 Hfte. 8. (20 B.) Breslau 845, Günther. à * 5 Ngr. *

Krebs, Julius (Hrsg.), s. Acta publica.

Krebs, kriegsgeschichtliche Beispiele der Feldbefestigung u. d. Festungskrieges. Im Anschluß an den auf den königl. Kriegsschulen eingeführten Leitfaden der Befestigungslehre zusammengestellt. 2., gänzlich umgearb. Aufl. gr. 8. (XI, 136 S. m. 6 Textskizzen u. 18 Skizzen in Steindr.) Berlin 892. E. S. Mittler & Sohn. n. 5. —

Kriegsgeschichtliche Beispiele der Feldbefestigung und des Festungskrieges. Im Anschluss an den auf d. Kgl. Kriegsschulen eingeführten Leitfaden d. Befestigungslehre zsgest. von [J.] **Krebs**, Oberst [in Metz]. 3. umgearb. Aufl. Mit 25 Skizzen. *Berlin: E. S. Mittler & Sohn 1901.* (X, 133 S.) 8° [F.]

— kurze Beschreibung von Breslau. Für Fremde u. Einheimische. Nebst einer Ansicht von Breslau in Stahlst. 8. (14 S.) Breslau 852, Kern. 4 ngr; mit lith. Plane 5/12 ngr

Holk. — **Krebs**, J. Zur Beurteilung ..... und Aldringens. Separat-Abdruck aus „Histor. Vierteljahrsschrift." 1900. 3. Heft. 8. Leipzig 1900.

Krebs, Jul., Christian von Anhalt und die kurpfälzische Politik am Beginn des dreissigjähr. Krieges [23. Mai—3. Octbr. 1618]. gr. 8. (IX, 133 S.) Leipzig 872, Duncker und Humblot. *

Krebs, Julius. Zeitzer Chronik. Zeitz. Gustav F. Kühling 1836. 500 – XIX S. 8°.

Krebs, Jul., Chronik d. Stadt Zeitz u. ihres Stiftskreises. Nach d. besten Quellen bearb. 8. (29¼ B. u. 3 Stnt.) Zeitz 837, Schieferdecker.

(——) wunderbare Erzählungen. Volksmärchen aus d. Stadt Zeitz u. ihrer Umgegend. 8. (4 B. u. 1 Stnt.) Zeitz 837, Schieferdecker.
Aus dess., Chronik d. Stadt Zeitz rc., besond. abgedruckt.

Krebs, Jul., neues Schles. Gebirgsblatt f. 1828, s. Gebirgsblatt.

—— der Gebirgswanderer, od. vierzehn Tage im schles. Gebirge. Ein prakt. Wegweiser f. Alle, welche d. Sudeten besuchen. 16. (5 B.) Breslau 840, Kern. *
Mit 1 Karte kl. Fol., u. in Futteral *

—— der Gebirgswanderer, od. 14 Tage im schles. Gebirge. Ein prakt. Wegweiser für Alle, welche die Sudeten besuchen. (Auszug aus d. Sudetenführer.) Z. Gebr. f. Eisenbahn-Reisende mit ein. Special-Uebersicht der Eisenbahn-Course verm. Ausg. 16. (5½ B.) Breslau 844, Kern. 5 Ngr.; m. 1 lith. u. col. Karte –

—— die Häuptlingstochter. Histor. Roman a. d. Zeit d. ersten engl. Ansiedelungen in Virginien. 2 Bdchn. gr. 12. (25 B.) Zeitz 837, Schieferdecker.

— s. Immergrün.

—— der König v. Azalan. Moderner Roman. 2 Bdchn. 8. (31½ B.) Bunzlau 838, Appun's Buchh.

—— aktenmäßig begründete Kriminalgeschichten aus alter und neuer Zeit, dargestellt. 1. Heft. gr. 16. (IV und 136 S.) Glaz 850, (Hirschberg.) *

Krebs, J. Landeshut während der österreichischen Occupation (1760). Breslau 1898. 18 S.

Krebs, J., aus dem Leben des kaiserl. Feldmarschalls Grafen Melchior v. Hatzfeldt (1593—1631). Mit Bildn. u. Fksm. des Feldmarschalls u. e. Umrißkarte des Weninsel u. Thy. (VIII, 324 S.) gr. 8. Breslau 910. W. G. Korn. 7. —

Krebs, Julius Kaiser Mathias und sein Hof im Jahre 1617. 8 (S. 88—103).
In: II. Abschnitt der Festschrift z. 50jähr. Jubiläumsfeier des
Progr. Rg. am Zwinger zu *Breslau* 1886

—— Novellen u. Erzählungen. 1—5. Bd. gr. 12. Leipzig 835, Focke. [1., 2. (24⅓ B.) 835. 3 Thlr., 3—5. (51 B.) 836. 4½ Thlr.]
3—5. Bd. a. u. d. T.: Neueste Novellen u. Erzählungen. 1—3. Bd. (2. Bd. a. u. d. T.: Der Mystiker. Histor. Novelle.)
Hieran schliesst sich:

—— neueste Novellen u. Erzählungen. 6—8. Bd. 16. Grünberg, [Levysohn.] [6. (17½ B.), 7. (19 B.) 840. à 1⅓ Thlr., 8. (20 B.) 841. 1 Thlr.]

— s. Novellen-Kränze.

—— Passifloren. Novellen u. Erzählungen. 8. (20½ B.) Leipzig 842, C. L. Fritzsche.

—— der poln. Phozion. Histor. Roman. 8. (14¾ B.) Breslau 834, Verlags-Comtoir.

Krebs, Julius [Oberl. Dr.]: Die Politik der evangelischen Union im Jahre 1618. I. Rückblick auf die Entwickelung des Bundes. Breslau Druck v. Graß, Barth u. Comp., 1890; S. 3—14; 4°
Breslau, RG am Zwinger, OP 1890 (205)

[F.] Krebs, Julius [Oberl. Dr.]: Die Politik der evangelischen Union im Jahre 1618. II. Der Unionstag v. Heilbronn (29. Apr. bis 8. Mai). (Forts. d. P-Beil. 1890. — Der Schluss ersch. an anderem Orte.) Breslau, Druck v. Grass, Barth u. Co., 1891; S. 3—18; 4°
Breslau, RG am Zwinger, OP 1891 (208)

Krebs, Julius, Volontär-Assist. an d. Fraenkel'schen Frauenklinik: Aus Prof. Dr. E. Fraenkels Privat-Heilanstalt für kranke Frauen. Die vaginale Radikaloperation mittels Medianspaltung des Uterus bei chronisch-entzündlichen Adnexaffektionen. *Breslau 1899: Bresl. Genossenschafts-Buchdr.* (62 S.) 8°
Breslau, Med. Diss. v. 15. Juni 1899

—— der moderne Rübezahl. Ein Cyclus v. Reisenovellen. A. d. Papieren e. Dichters. 2 Bdchn. 16. (35 B.) Breslau 837, Friedländer.

—— Frohe Runde. Eine reichhalt. Samml. d. interessantesten großenth. neuerfund. Gesellschaftsspiele, Festreden, Lieder, Trinksprüche, Gedichte z. Deklamation, magischen Belustigungen, Räthsel rc. Zur Erheiterung u. Unterhalt. gebild. Kreise. gr. 12. (15⅔ B. u. 1 Stnt.) Leipzig 836, [Melzer.]

Krebs, J., Hans Ulrich Frhr. v. Schaffgotsch. Ein Lebensbild aus der Zeit d. 30jähr. Krieges. Mit e. Nachbildg. d. 1. Pilsener Schlusses. gr. 8. (VII, 292 S.) Breslau 890. Korn. n. 5. —; geb. n. 5. 80

Krebs, Jul., die Schlacht am weissen Berge bei Prag [8. Novbr. 1620] im Zusammenhange der krieger. Ereignisse. Mit 1 (lithogr.) Plane der Schlacht. gr. 8. (V, 217 S.) Breslau 879, Koebner. *

— Schlesien in den Jahren 1626 u. 1627. Breslau 1891. 1893. 203 S.

Krebs, Julius: Französische Staatsgefangene in schlesischen Festungen v. Julius Krebs. H. Geh. Regiergsr. Prof. Dr. Reimann ... z. Feier s. 50j. Doct.-Jubil. am 13. Juni 1895 dargebr. v. d. Ver. f. Gesch. u. Alterth. Schlesiens. Breslau: Dr. v. R. Nischkowsky 1895. (IV, 47 S.) 1 Bd. 8°

Krebs, Julius. Französische Staatsgefangene (Lafayette und sein Adjutant Capitän Bureaux de Pusy, die Grafen Latour-Maubourg und Alexander Lameth) in schlesischen Festungen. Sonderabdruck aus der „Zeitschrift des Vereines für Geschichte und Alterthum Schlesiens." 30. Bd. 8. Breslau 1896.

—— der Sudetenführer. Taschenb. f. Lust- u. Badreisende. Reiseskizzen aus d. schles. Gebirge in dess. ganzer Ausdehnung. 16. (24 B.) Breslau 839, Kern.
M. 1 ill. Spezialkarte d. Sudeten, qu. ½ gr. Fol.
Die Karte apart 8 Gr.

—— der Sudetenführer. Taschenbuch f. Lust- u. Badereisende. Reiseskizzen aus d. schles. Gebirge in dessen ganzer Ausdehnung. Zum Gebr. f. Eisenbahn-Reisende m. ein. Special-Uebersicht der Eisenbahn-Course verm. Ausg. 16. (24⅞ B. u. 1 Karte des Riesengeb.) Breslau 844, Kern. 22½ Ngr.;
— ohne Karte

— der Sudetenführer. Taschenbuch f. Reisende in das Schlesische Gebirge, in dessen ganzer Ausdehnung, nebst einer kurzen Beschreibung von Breslau. 2. gänzlich umgearb. u. verb. Aufl. 8. (VIII u. 199 S. m. 1 lith. Karte in Fol. u. 1 Stahlst.) Breslau 852, Kern. ¹¹⁄₁₂ ₰; mit 11 Stahlst. 1⅓ ₰

—— der Sudetenführer. Taschenbuch für Reisende in das schles. Gebirge, in dessen ganzer Ausdehnung etc. 2., gänzl. umgearb. und verb. Aufl. 3 Abthlgn. 8. Breslau 850, Kern.

Inhalt:

Abthl. 1. Der Führer durch Breslau, nach Fürstenstein, Altwasser, Salzbrunn etc. und ins Hochwald-, Eulen- und Zobtengebirge. Nebst einer Ansicht von Breslau. (X und S. 1—48. mit 1 Stahlst.) 6 Ngr.

" 2. Der Führer durch das Riesen- und Isergebirge nach Warmbrunn, Hirschberg, Flinsberg etc.; nebst dem Katzbach- und Lausitzergebirge. Nebst einer (in Stahl gest.) Karte des Riesengebirges (in Fol.) (S. 49—120 mit 10 Stahlst.) 10 Ngr.

" 3. Der Führer durch das glätzer Gebirge nach Landeck, Reinerz, Cudowa, Adersbach, Weckelsdorf etc., so wie durch das schlesisch-mähr. Gebirge nach Gräfenberg, Karlsbrunn etc. Im Anhange: Sudetenflora von W. G. Schneider. (S. 121—199 mit 1 Stahlst.) 10 Ngr.

Krebs, Jul., Trotzendorf u. seine Schüler. Histor. Novelle. 8. (6½ B.) Breslau 835. [Leipzig, Literar. Museum.] Thlr.

Krebs, Jul., Valentin Trotzendorf u. seine Schüler. Historische Novelle. 8. Breslau 835. (Richtersche Buchh. in Berlin.) 1/2 Thlr jetzt 1/6 Thlr

Krobs, Julius, Dr. Professor. Ueber Truppenwerbung im dreissigjährigen Kriege. (Aus:) „Schlesische Gesellschaft für vaterländische Cultur.“ 72. Jahresbericht. III. Abth. 1894.
8. (Bresslau 1894.)

—— Universalzeitung, s. Welthorizont.

— der Ursprung des Preussischen Königshauses. Eine Sage. 4. (2 S. m. 2 Holzschn.) Glaz 851. (Hirschberg.) n. 1 Ngr

Krebs, J. Die Pillauer Verschwörung v. 1759, s.a. Taschenbuch, historisches.

Krebs, J. Die Pillauer Verschwörung 1759. (Leipzig 1892.) 8°. (Aus: Hist. Taschenbuch.)

— Wanderungen durch Breslau u. dessen Umgebungen, nebst weitern Ausflügen. Mit 3 Ansichten. 16. Breslau 836. Friedländer. 1½ Thlr

—— der Weber von Langenbielau. Erzählung aus der Zeit des schlesischen Weberaufstandes. Ein Volks- und Familienbuch. gr. 16. (280 S.) Glaz 850, (Hirschberg.) *

– s. Welthorizont, der.

Krebs, Jul., wie sollen sich unsere jungen Mädchen kleiden? Allgemein verständl., hygien. Abhandlg. 1. u. 2. Aufl. (16 S. m. 12 Abb.) gr. 8. Breslau 903. H. Handel. — 25

Krebs, Jul., andere Zeiten. Neue histor. Novellen. 8. (VII und 312 S.) Breslau 847, Verlags-Comptoir.
Hat gleichen Inhalt mit des Verf. Abendbibliothek.

— s.: Zeitschrift des Vereins f. Geschichte Schlesiens.

Krebs, K., der Fürstenzug am königl. Schlosse zu Dresden, nach den Orig.-Kartons v. Professor W. Walther f. den Geschichtsunterricht hrsg. (14 S.) gr. 8. Leipzig 907. F. E. Wachsmuth. — 20

Krebs, K., d. letzten Worte des sterbenden Jesus, in 6 Fastenreden. 8. Karlsr. 829. Braun. 12 Kr

Krebs, K. Fd. W., s. Krebs, Karl Ferdinand Wilhelm

Krebs, K. Fr., Beiträge zur Elementar-Geometrie. gr. 4. (26 S. mit 4 Stnt.) Winterthur 878, (Bleuler-Hausheer und Comp.) *

Krebs, K. W. Ueber ästhetische Bildung der Jugend. 7 S. . . . . .
Progr. Schweidnitz 1826

Krebs, Karl

Krebs, Carolus (geb. am 24 Mai 1835 in Heinsberg): De morborum cutaneorum combinationibus ... Bonnae, typ. Carthavsianis (1858). 33 S., 1 Bl. 8.
Bonn, Med. Fak., Diss. v. 10 Aug. 1858

Krebs, Carl, Dittersdorfiana. gr. 8. (V, 182 S.) Berlin 900. Gebr. Paetel. n. 5.—; geb. in Halbleinw. n. 6.—

Festgesang, dem Br. E. G. A. Böckel und Br. H. J. Blanck am Johannisfeste 5831 gewidmet. In Musik gesetzt vom Br. [Karl] Krebs. Hamburg [1831]: Appel. 2 Bl. 8° [Umschlagtit.]
Ohne Noten: „Die wirbelnde Pauke beim freudigen Feste . . .“

Krebs, Karl, d. Frauen in d. Musik, s.a. Existenzkampf, der, d. Frau.

Krebs, K., Die Frauen in der Musik. »Existenzkampf der Frau im modernen Leben, Heft 5.« (29 S.) Berlin 1896. R. Taendler.

Krebs, Carl, Haydn, Mozart, Beethoven, s.a. Aus Natur u. Geisteswelt. 92. Bdchn.

Haydn. Mozart. Beethoven. Von Prof. Dr. Carl Krebs. Mit 4 Bildn. Leipzig: Teubner 1906. 120 S. 8°
(Aus Natur u. Geisteswelt. Bdch. 92.) [11. 18393 11

Cantate zum Johannisfeste 1843. In Musik gesetzt vom Br. Carl Krebs. Hamburg [1843]: Menck. 8 S. 8° [Umschlagtit.]
Ohne Noten: „Heil! Heil! Heil!“

— Mozart. Rede zur Feier des allerhöchsten Geburtstages Sr. Maj. des Kaisers u. Königs am 27. I. 1906 in der öffentl. Sitzg. der königl. Akademie der Künste. (19 S.) gr. 8. Berlin 906. E. S. Mittler & Sohn. n. — 60

Kgl. Akad. Hochschule f. Musik zu Berlin. Deutsche Musik im neunzehnten Jahrhundert. Rede z. Feier d. Jahrhundertwende am 4. Jan. 1900 geh. von Dr. Carl Krebs, Dozent. *Berlin: A. Hauck 1900.* (12 S.) 8°

Krebs, Carl, Schaffen u. Nachschaffen in der Musik. Rede zur Feier des Allerhöchsten Geburtstages Sr. Maj. des Kaisers u. Königs, am 27. I. 1902 in der öffentl. Sitzg. der königl. Akademie der Künste geh. gr. 8. (18 S.) Berlin 902. E. S. Mittler & Sohn. — 60

Krebs, Carl. Des jungen Kreislers Schatzkästlein. Aussprüche von Dichtern, Philosophen und Künstlern. Zusammengetragen von Johannes Brahms. Berlin 1909.

Tafel-Lied gesungen am 20. April 5833 als E. G. A. Böckel vor seiner Abreise nach Bremen die von ihm gestiftete Loge [Boanerges zur Bruderliebe in Hamburg] zum letztenmal gehalten und demselben brüderlichst gewidmet von den Mitgliedern der □ B. z. B. Gedichtet von [Karl Gottlieb] Praetzel, comp. von [Karl **Krebs.** Hamburg [1833]: Menck. 1 Bl. 8° [Kopftit.]

Krebs, Carl: Girolamo Diruta's Transilvano. E. Beitr. z. Gesch. d. Orgel- u. Klavierspiels im 16. Jh. ... [Sep.-Abdr.] Leipzig, Druck v. Breitkopf & Härtel, 1893; 1 Bl., 307—378 S. 8.
Rostock, Phil. Fak., Inaug.-Diss. v. [7. März] 1893

Krebs, Karl Ferdinand Wilhelm

Krebs, K. Fd. W., Versuch zur Beantwortung d. Frage: Wie d. Erhaltung d. Halligen (!) bewirkt werden könne. 8. Altona 825. (Aue). 4 gℛ

Krebs, Karl Joseph

— s. [illegible] Anekdoten d. gegenwärt. Zeit.

Krebs, Karl Jos. s. a. Brudermord aus Bundespflicht.

Brudermord aus Bundespflicht, eine Sage aus den schreckensvollen Tagen des Vehmgerichts. [Von Karl Jos. **Krebs.**] Bd 1. 2. Breslau: Korn 1793. 8°
TB. 96. Holzmann u. Bohatta: Deutsches Anonymen Lexikon 1 (1902) S. 280 und Goedeke: Grundriss zur Gesch. der deutschen Dichtung 2. Aufl. 5 (1893) S. 523 geben Breslau 1795 an.

Krebs, Karl Jos. (Verfasser), s.a. F l a m (m) - b e r g , Vater, und seine Kinder.

KREBS, Carl Jos., Vater Flammberg und seine Kinder, eine Deutsche Familiengeschichte. 2 Thle. Breslau 1796. 97. Auf Kosten des Verfassers u. in Commiss. bei Adolf Gehr u. Comp. 8°.
Sonderliches, stellenw. etwas freies Opus, meist in Dialogform. — Tit. gestoch., 140 u. 192 SS.

— — Dasselbe. Ebd. 1803. 8°.
Kayser, Roman-Verz.

— s. Früchte einsamer Winterstunden.

Krebs, K. J., s. Geburtsfeier.

— s. Hausfreund, d. Schlesische, u. seine bei beiden hinzu: (v. K. J. Krebs).

— s.a. Raritäten.

RARITÄTEN aus Fabian Spaßvogels Guckkasten. (Vf.: *Karl Joseph Krebs*, geb. 22. Jan. 1771 zu Albendorf in d. Grafschaft Glatz, † 20. Juli 1808 **als Oberaccisamtscassirer** zu Breslau.) 2 Thle. Breslau, Gehr, 1803—4. 12°. (1 Rthl.) Selten!
Kayser unter R o m a n e n p. 99; Rassmann p. 171; Anon.-Lex. III. p. 330 (nach Kayser).

Krebs, Karl Jos., († d. 20. Juli 1808.) Reliquien aus d. Papieren e. Menschenfreundes, s. Aehrenlese gemeinnütziger u. unterhalt. Gegenstände d. vorzügl. Zeitschriften ꝛc. u. jetzt hinzu: herausg. (v. K. J. Krebs).

— s. Scheinbetrug.

— s.a. Schnaken u. Schnurren.

SPASSVOGEL, Fabian (d. i. *Karl Jos. Krebs*, geb. 22. Jan. 1771 zu Albendorf in Schlesien, † 20. Juli 1808 als Oberaccisamtskassirer zu Breslau), Schnaken und Schnurren im poetischen Gewande, oder das Taschenbuch für Freunde des Scherzes und der Laune. 4 Sammlgn. Berlin 1799—1802. 8°.
Rassmann p. 171; Weller, Lex.-Ps. p. 534. — Selten cplt.!

— s.a. v. Strohmhausen, Pfalzgraf Weickard.

STROMHAUSEN, Pfalzgraf Weikhard von; ein Sittengemälde der Vorwelt (von *Karl Joseph Krebs*). Weissenfels und Leipzig 1793.
Anon.-Lex. IV. p. 128 (nach Kayser u. Meusel).

— s. Rudolph v. Weidungen ꝛc.

WEIKHARD von Stromhausen, Pfalzgraf, ein Sittengemälde der Vorzeit (von *Carl Joseph Krebs*). Weissenfels u. Leipzig 1793.
Anon.-Lex. IV. p. 385 (nach Adelung).

— s.a. Widersehen u. Tod.

WIEDERSEHEN und Tod; eine Kunde der Vorzeit .... (von *Carl Joseph Krebs*). Breslau 1793.
Anon.-Lex. IV. p. 400 (nach Meusel, Adelung, Kayser).

Krebs, Konrad

Krebs, C[illegible] in Schles. [illegible] 1852: Ueber die Heilung perforirender Scleralwunden mit und ohne Bindehautlappen, nach an Kaninchen ausgeführten Experimenten. Berlin (1878). (30 S.) 8°
Berlin, Med. Diss. v. 26. Juni 1878

Krebs, Kurt

—— Beiträge zum Geschichtsunterricht in der Volksschule d. Königr. Sachsen. gr. 8. (VII, 144 S.) Ebd. 891. * 2 20

Krebs, Kurt, Beiträge u. Urkunden zur deutschen Geschichte im Zeitalter der Reformation. I. u. II. gr. 8. Leipzig, Roßberg. à n. 3. —
I. Haugold v. Einsiedel auf Gnandstein, d. erste Lutheraner s. Geschlechts. (VIII, 129 S.) 895. geb. n. 4. —
II. Heinrich v. Einsiedel auf Gnandstein u. Herzog Georg der Bärtige v. Sachsen vor d. J. 1528. (VIII, 108 S.) 896.

[J.] **Krebs,** *Johannes* Kurt *Rudolf* [Lehrer an d. 19. Bezirkssch. in Leipzig]: Die Beziehungen Heinrichs von Einsiedel auf Gnandstein zu Herzog Georg dem Bärtigen von Sachsen vor dem Jahre 1528 ... Leipzig, Druck d. Rossberg'schen Buchdr., 1896; IV, 104 S., 1 Bl. 8.
Leipzig, Phil. Fak., Inaug.-Diss. v. [9. Juli] 1896

Heinrich von Einsiedel auf Gnandstein und Herzog Georg der Bärtige von Sachsen vor dem Jahre 1528. Von Dr. phil. Kurt **Krebs**. *Leipzig: Rossberg 1896*. (VIII, 108 S.) 8° [F.]
— **Krebs**: Beiträge u. Urkunden z. Deutschen Gesch. im Zeitalter d. Reformation. 2. [01. 11363

Vor 100 Jahren. Aufsätze u. Urkunden z. Geschichte d. Kriegsjahre 1806–1815. ⟨Mit 3 Bild.⟩ Von Dr. phil. Kurt **Krebs**. Leipzig: Leipziger Stadt- u. Dorfanzeiger [1906]. (XII, 243 S.) 8° [F.] [06. 15077

Sächsische Kriegsnot in den Jahren 1806 bis 1815. Gesammelte Aufsätze u. Urkunden aus d. Archiv d. Leipziger Kreisstände hrsg. von Dr. phil. Kurt **Krebs**. Leipzig: Teutonia-Verl. [1908]. (243, XII S.) 8° [F.]
[Bis auf d. Titel identisch mit: Krebs: Vor 100 Jahren. Aufsätze u. Urkunden z. Geschichte d. Kriegsjahre 1806–1815. Leipzig 1906.] [08. 10816 B

Krebs, Kurt, aus der Vergangenheit von Eutritzsch. Eine Festschrift zur Einweihung der erneuerten Kirche zu Eutritzsch. 1. Heft. 8. (68 S.) Leipzig 888, Roßberg'sche Buchh. *

Krebs, Kurt. Aus der Vergangenheit v. Eutritzsch. 2. u. 3. (Schluß-) Heft. 8. (IV, S. 65—214.) Lpz. 890, Roßberg. * 2 20
1. Heft. Ebd. 1888. * — 80.

KREBS, Leopold: Die Geschichte des Chorfrauen-Stiftes zu Kirchberg am Wechsel in Nieder-Österreich. — (1907) XXXII, 93 Bl., 39 Bl. 4° (Handschr.)
Diss. Wien, Univ. Diss. 850

Krebs, Ludwig Alexander

Entwurf einer Arithmetik, Geometrie und Trigonometrie vom M. *Ludewig Alexander Krebs.* Giesen, bey Johann Philip Krieger, 8. 10 Bog. 1 Kupf. 1768. *
Allg. d. Bibl. II. Band, 1. St. p. 297.
— durchgesehen und neu herausgegeben von *Carl Christ. Langsdorf*, Gießen und Marburg, bey Krieger. 156 S. 1 Kupf. 8. 1784. *

—comment. philosophica de fine creationis primario atque ultimo, ad virtutis metam contingendam maxime accessario. 8. Leipz. 769. Krauss. 8 ℋ

— Gedanken über einige Arten, d. Liter. Historie zur Empfehlung d. Musen im Kleinen vorzutragen. 8. Gießen 771.

— natürl. Gottesgelehrsamkeit; nebst d. Plan e. Geschichte derselben. 8. Marb. 771. Krieger. 12 ℋ

Krebs, Edw. Alex., († d. 5. Mai 1771.) Lehrbuch d. Arithmetik, Geometrie u. Trigonometrie. 8. Gießen 768. Neu herausg. u. verb. v. K. Chr. v. Langsdorf. 784. N. A. 790. 5e A., mit 1 Kpf. 811. Krieger. 6 ℋ

Krebs, Maria, Henzi u. Lessing, s.a. Neujahrs-Blatt der litterarischen Gesellschaft Bern. 1904.

Henzi und **Lessing**. Eine hist.-litt. Studie von Dr. Maria Krebs. *Bern 1903: K. J. Wyß.* (57 S.) 4° [F.]
— Neujahrs-Blatt d. Litterarischen Gesellschaft, Bern. 1904. [04. 2941

Krebs, Maria [aus Herzogenbuchsee]: Die Politik von Bern, Solothurn und Basel in den Jahren 1466—1468. Zeitgeschichtliches zum Mühlhauserkrieg. Zürich 1902. 179 S. 8°.
Bern. Phil. Diss. 1901/1902.

Krebs, Maria, die Politik v. Bern, Solothurn u. Basel in den J. 1466—1468. Zeitgeschichtliches zum Mühlhauser Krieg. gr. 8. (VII, 178 S.) Zürich 902. (Bern, A. Francke). n. 2.—

Krebs, Martin (geb. Jüterbog 9. 1. 1849): Ueber einen complicirten Fall von Endocarditis ulcerosa. Berlin (1873). (31 S.) 8°
Berlin, Med. Diss. v. 1. Aug. 1873

Mary Krebs, Königl. sächsische Kammervirtuosin. Biographische Skizze. (o. O. u. J.)

Krebs, N., Moorbad Aibling, seine Kurmittel u. seine Umgebung am Fusse der bayr. Alpen. Mit 8 Ansichten u. 1 Umgebungskarte. 3. Aufl. 8. (III, 54 S.) München 900. Literarisch-artist. Anstalt. n. 1.—

Krebs, Nikodemus [approb. Arzt, Bad Aibling]: Ueber Pes planus congenitus .... München, Druck v. M. Ernst (vorm. G. Pollner), 1887; 26 S. u. 1 Taf. 8°
München, Med. Fak., Inaug.-Diss. v. 1887

Krebs, Norb., die nördlichen Alpen zwischen Enns, Traisen u. Mürz, s.a. Abhandlungen, geographische. VIII. 2.

Die nördlichen Alpen zwischen Enns, Traisen und Mürz von Dr. Norbert **Krebs**, k. k. Realschullehrer in Triest. Mit 9 Textabb. *Leipzig: B. G. Teubner; Wien: K. Graeser & K^ie 1903.* (117 S.) 4°(8°)
— **Abhandlungen**, Geographische. Bd 8, H. 2. [03. 13446

Krebs, Norb., die Halbinsel Istrien, s.a. **Abhandlungen**, geographische. IX, 2.

Die Halbinsel Istrien. Landeskundl. Studie von Dr. Norbert **Krebs**, Realschulprof. Mit 14 Fig. im Text u. 18 Abb. auf 7 Taf. Leipzig: B. G. Teubner 1907. (IV, 166 S.) 4°(8°)
— **Abhandlungen**, Geographische. Bd 9, H. 2. [07. 11693 B

Krebs Dr. Norbert: Morphogenetische Skizzen aus Istrien. 30. Triest St. R. 04.
Progr.

Krebs, Otto, Gedichte. 8. (94 S.) Zürich 894. Verlags-Magazin. n. — 80

Krebs, O., Landeskunde der Prov. Sachsen u. der angrenzenden bezüglichen Flußgebiete, nebst Grundbegriffen der Himmelskunde. Für die Mittelstufe der Elementarschule bearb. gr. 8. (40 S. m. 6 Abbildgn.) Halle a/S. 892. H. Schroedel. n.n. — 35; m. farb. Handkarte der Provinz n.n. — 60

Krebs, O. (Hrsg.), s. Vierteljahrsschrift für wissenschaftliche Philosophie.

Krebs, Otto. [von Frankfurt a. M.]: Der Wissenschaftsbegriff bei Hermann Lotze. [S. A. aus: Vierteljahrsschrift f. wissenschaftl. Philosophie. Jg. 21, S. 26—78. 191—226. 307—331]. (Altenburg St. Geibel Dr.) 1897. 1 Bl., 112 S., 1 Bl. 8°.
Zürich. Phil. Diss. I. S. [v. 17. Febr. 1897].

Krebs, Paul: Erster Assistent an der Kgl. Anatomie: Aus der Anatomischen Anstalt der Universität Breslau. Über einen neuen seltenen Fall congenitaler Knorpelreste am Halse. Breslau 1905: Großer & Co. (31 S.) 8°
Breslau, Med. Fak., Ref. Hasse, Diss. v. 27. Nov. 1905
[Geb. 19. Jan. 69 Rosenberg, Kr. Danziger Höhe; Wohnort: Breslau; Staatsangeh.: Preußen; Vorbildung: Gymn. Konitz, Westpr. Reife O. 93; Studium: Breslau 9 S.; Coll. 30. Okt. 05; Approb. 20. Mai 05.]

Krebs, Paul: Untersuchungen in der Glyoxalinreihe. Kiel 1909: Lüdtke & Martens. 38 S. 8°
Kiel, Phil. Diss. v. 16. Juli 1909, Ref. Harries
[Geb. 20. Mai 86 Rappoltsweiler; Wohnort: Flensburg; Staatsangeh.: Elsaß-Lothringen; Vorbildung: Gymn. Flensburg Reife O. 05; Studium: Greifswald 4, Leipzig 1, Kiel 3 S.; Rig. 8. März 09.] [U 09. 2330

Krebs, Phil., sechs Lieder dem deutschen Volke gewidmet. gr. 8. (22 S.) Schweidnitz 848, Weigmann. 3 ngr

Krebs, Phil. Helfricus: „Tractatus polit.-jur. de ligno et lapide quo ..... materiam arborum plantationis ... item arborum et lapidum terminalium .... congessit ....", Augustae Vindel 1700.
— Vorh.: Bibl. des Kammergerichts Berlin.

KREBS, Phillipp Helfricus: "Tractatus politico-juridicus de ligno et lapide quo praecipuam juris forestalis partem, materiam arborum plantationis, conservationis, dominii, eiusque effectuum in perceptione glandium quum ipsorum lignorum; - Coloniae, Francofurti, Bonnae 1756. 366 u. 256 S. - Erstdruck 1700

Krebs, R. (Red.), s. Lehrerzeitung, Pfälzische.

Krebs, Reinhold, a. Berlin: Über Chromchloridsulfate und Chromsulfate. Würzburg 1906: C. J. Becker. (53 S.) 8°
Tübingen, Naturw. Fak., Ref. Wislicenus, Diss. v. 31. Okt. 1906
[Geb. 2. Sept. 80 Berlin; Wohnort: Berlin; Staatsangeh.: Preußen; Vorbildung: Friedrichs-Realgymn. Berlin Obersekunda, Pharmaz. Staatsprüfung; Studium: Berlin 1, Würzburg 3, Tübingen 3 S.; Coll. 31. Okt. 06.]

Krebs, Richard

Krebs, Rich., Bernh. Duhr u. die Lehre der Jesuiten vom Tyrannenmord, s.: Flugschriften d. Evangelischen Bundes.

Krebs, Rich. Die politische Publizistik der Jesuiten vor d. 30jähr. Kriege, s.a. Abhandlungen, Hallesche, z. neueren Geschichte.

Krebs, Richard [aus Mühlhausen i. Th.]: Die politische Publizistik der Jesuiten und ihrer Gegner in den letzten Jahrzehnten vor Ausbruch des dreissigjährigen Krieges. . . . Halle, Druck v. Ehrhardt Karras, 1890; 1 Bl. + 30 S. + 1 Bl. 8°
Halle, Phil. Fak., Inaug.-Diss. v. [15. März] 1890

[F.] Das moderne realistisch-naturalistische Drama im Lichte des Christenthums: Ibsen, Hauptmann, Sudermann. Von Robert Krebs, Pfarrer zu Werningshausen. *Erfurt: Keyser 1897.* (71 S.) 1 Bd 8. [97. 1;80

Krebs, Rob., Erfahrungen aus e. Fuhrwerks-Betrieb m. 100 schweren Arbeitspferden. (54 S. m. Abbildgn.) 8. Mannheim 907. J. Bensheimer's Verl. 1. —

Nietzsches Menschheitsideal und wie haben wir uns als Christen dazu zu stellen? Von Robert Krebs, Pfarrer, Werningshausen. *Erfurt: Keyser [1903].* (46 S.) 8° [F.] [03. 4,036 3

Reformgedanken des Grafen Leo Tolstoi. Dargest. u. geprüft von R(obert) Krebs, Pfarrer. *Erfurt: Keyser (1900).* (55 S.) 8° [F.] [01. 8,3

Krebs, Siegfr., Philipp Otto Runge's Entwicklung unter dem Einflusse Ludwig Tiecks, s.a. Beiträge zur neueren Literaturgeschichte. I, 4.

Philipp Otto Runges Entwicklung unter dem Einflusse Ludwig Tiecks. Mit 5 ungedr. Briefen Tiecks. Von Siegfried Krebs. Heidelberg: Winter 1909. 168 S. 8°
(Beiträge z. neueren Literaturgeschichte. Bd 1, H. 4.) [10. 4746

Krebs, Siegfried: Philipp Otto Runge und Ludwig Tieck. Freiburg i. B. 1909: Wagner. 53 S. 8° ¶ (Ersch. vollst. als: Beiträge z. neueren Literaturgesch. Bd 1, H. 4.) *)
Königsberg, Phil. Diss. v. 25. Aug. 1909, Ref. Meißner
[Geb. 28. Nov. 82 Vandsburg; Wohnort: Königsberg i. P.; Staatsangeh.: Preußen; Vorbildung: Gymn. Nakel Reife O. 01; Studium: Halle 3, Leipzig 4, München 2, Königsberg 2 S.; Rig. 1. März 09.] [U 10 2613

Krebs, Vinc., Beschreib. u. Abbild. e. neuerfund. Doppelpfluges. Mit ill. Kpf. 4. Wien u. Halle 805. Kupfer. 8 ½

Krebs, W., Beschr. und Abbildung e. n. erfundenen Doppelpfluges. mit illum. K. 4. Wien, Kupfer. 805.

— **Walter (Jüterbog), Beitrag zur entzündlichen Leucocytose. Diss. med.-chir. Bln. (C. Vogt [E. Ebering]) 28. II. 1893. 34 S. mit Biogr. (4.50) 19462**
Oppon.: W. Albe, H. Kramm, F. Töpffer.

Krebs, Grundriss der Hydrotherapie, s.: Brieger, L.

Krebs, Walt., die Wasserbehandlung u. ihre Grenzen, s.: Volksbücherei, medizinische. 13. Heft.

Die Wasserbehandlung und ihre Grenzen. Von Dr. Walter **Krebs**, Hannover. *Halle a. S.: C. Marhold 1901.* (24 S.) 8° [F.]
— Volksbücherei, Medizinische. H. 13. [01. ...8

Krebs, Werner v., s.: Dewitz, Werner v.

Krebs, W., siehe: *Fortbildungsschule.*

Krebs, Werner, die Fürsorge f. unsere gewerbliche Jugend. [Aus: „Zeitschr. f. Gemeinnützigkeit".] gr. 8. (44 S.) Zürich 891. E. Leemann. n. — 40

— Die Heimarbeit in der Schweiz, s.: Vereinigung, schweizerische, zur Förderung des internationalen Arbeiterschutzes.

—— Schweizerische Kranken- u. Unfallversicherung, s.a. Zeitfragen, gewerbliche.

Krebs, Werner, Schweizerische Kranken- und Unfallversicherung. Stellungnahme des Gewerbestandes zur Einführung derselben. Erläuterungen zu den vom Centralvorstande des schweizer. Gewerbevereines zu veranstaltenden Erhebungen. (Gewerbliche Zeitfragen, Heft 5.) 4°. Zürich 1891.

— Schweizerische Kranken- und Unfallversicherung. Stellungnahme des Gewerbestandes zur Einführung derselben. Bericht über die Ergebnisse der vom Zentralvorstand des schweizer. Gewerbevereins veranstalteten Erhebungen. (Gewerbliche Zeitfragen, Heft 7.) 4°. Zürich (Bern, Michel u. B.) 1892.

Krebs, Werner, Organisation und Ergebnisse der Lehrlings-Prüfungen im In- und Auslande, } s.a. Zeitfragen, gewerbliche.

— Organisation und Ergebnisse der Lehrlingsprüfungen im In- und Auslande. 1888.

— die gewerbliche Organisation einst, jetzt u. künftig, s.: Gewerbe-Bibliothek. Nr. 2.

Krebs W. die Organisation des Kredites für Gewerbe usw. in der Schweiz. (83 S) Bruxelles 1908

Krebs, Werner. Organisation des Lehrlingswesens und der gewerblichen Fortbildungsschulen für Lehrlinge und Lehrtöchter, Arbeiter beiderlei Geschlechts. Berichterstatter: W' K' in Bern. 26 S. 8. [Bern, Büchler & Cie., 1904.]
Internationaler Zeichenkongress. Bern 1904. [Referat für die Sitzung des 3. August.] Sep.-Abdr. aus: Rapports généraux ... au 2e Congrès international de l'enseignement du dessin....]

Krebs, W., Organisation u. Wirksamkeit der gewerblichen Schiedsgerichte im Auslande u. in den schweiz. Kantonen, s.a. Zeitfragen, gewerbliche.

Krebs, Organisation und Wirksamkeit der gewerblichen Schiedsgerichte im Ausland und in den schweiz. Kantonen. (Zeitfragen, gewerbl. 2. 3) 4° Zürich 1887

— Ratschläge f. jugendliche Arbeiter v. Meister Hämmerli. Der gewerbetät. Schweizerjugend gewidmet. Anh.: Wegleitung in die Fremde. (48 S.) 8. Bern 910. Büchler & Co. nn — 75; geb. in Leinw. 1. 45

— zum Schutze des Kleingewerbes gegen Auswüchse u. Übelstände im Handel u. Kreditverkehr, } s. a. Zeitfragen, gewerbliche.

— Zum Schutz des Kleingewerbes gegen Auswüchse und Uebelstände im Handel und Kredit-Verkehr. Bericht. (Gewerbliche Zeitfragen, Heft 8.) 4⁰. Bern-Zürich 1893.

Krebs, Wern., was lehrt uns die kantonale bernische Gewerbe-Ausstellung Thun 1899? Gedenkschrift. gr. 8. (72 S. m. Abbildgn.) Bern 899. Büchler & Co. 1. 50

Krebs, Wern., welche Anforderungen stellt die soziale Gesetzgebung an die Statistik?, s. a. Vereinigung, schweizerische, zur Förderung des internationalen Arbeiterschutzes.

Krebs, Werner. Welche Anforderungen stellt die soziale Gesetzgebung an die Statistik? [Sep.-Abdr. aus: Schweizerische Blätter für Wirtschafts- und Sozialpolitik.... Jahrg. 16, 1908, Heft 3.] II S. + S. 84—91. 8. Bern, Scheitlin, Spring & Cie., 1908. [fr. —. 30]
Schweiz. Vereinigung zur Förderung des internationalen Arbeiterschutzes. Heft 27.

— wie fördert man seine Konkurrenzfähigkeit?, s.: Gewerbe-Bibliothek. Nr. 7.

Krebs, W., siehe: *Zeitfragen.*

Krebs, Wilhelm: Beiträge zur Frage der unterrichtlichen Verwertung von Schulausflügen. Zwei Vorträge. 20 S. 4. Realschule *Barr E.* 1901 (570).
I. Unterrichts-Ausflüge in unterrichtlicher und gesundheitlicher Beziehung. II. Höhere Schulen als örtliche Zentralen landeskundlicher Forschung.
Progr.

Krebs, W., Beiträge zur Kenntniss der Niederschlags-Verhältnisse der Tropen und Subtropen. (Sep.-Abdr.)

Krebs, Wilh., einige Beziehgn. des Meeres zum Vulkanismus. Drei Beiträge m. 17 Textabbildgn. u. 1 Uebersichtskarte. (17 S.) 4. Berlin 904. (C. A. Schwetschke & Sohn.) n. 3. —
Sonderabdruck aus: „Globus".

Krebs, Wilh., die Erhaltung der Mansfelder Seen. Vorschläge e. Meteorologen zur Selbsthülfe. gr. 8. (VI, 41 S. m. Abbildgn.) Leipzig 894. G. Uhl. n. — 75

— Grundwasser-Beobachtungen im unter-elbischen Gebiet. Mit Rücksicht auf den Ausbruch der Cholera-Epidemie 1892 in Hamburg bearb. [Aus: „Zeitschr. f. Bauwesen".] Imp.-4. (III, 11 S. m. 8 Holzschn. u. 8 Taf.) Berlin 892. W. Ernst & Sohn. n. 5. —

Krebs, Wilh., Hochwasser, Grundwasserstau u. Gesundheits-Verhältnisse in europ. Grossstädten, m. bes. Berücksicht. v. Dresden u. Wien, sow. v. Budapest, Breslau u. Magdeburg. gr. 8. (43 S. m. Abb.) Frankfurt a/M. 896. Jaeger's Verl. n. — 80

— d. Koreakrieg in s. natürl. Beziehgn. zu d. Witterungs- u. Bevölkerungsverhältnissen Ostasiens, s. a. Sammlung gemeinverständl. wissenschaftl. Vorträge.

Krebs W, der Koreakrieg in seiner natürlichen Beziehung zu den Witterungs- u Bevölker.-Verhältnissen Ostasiens. (47 S) (Slg wiss. Vortr. N F 232) Hamburg 1895

Krebs, W: Von der Meteorologie zur Cholerafrage. Berlin 1893

— atmosphärische Pracht- u. Kraftentfaltung. I. Die Regenbogen u. ihre Theorie. II. Luftwogen u. Luftschiffahrt, s. a. Sammlung gemeinverständlicher wissenschaftlicher Vorträge.

Krebs W, Atmospharische Pracht- und Kraftentfaltung. (Sammlung gemeinverständlicher wissenschaftlicher Vorträge N F 200) Hamburg 1894

Krebs, Wilh., das Studium Lord Byrons, s. a. Zur Fortbildung des Lehrers.

Das Studium Lord Byrons. Anregungen z. Vorbereitung 'auf d. Mittelschulexamen'. Von Wilhelm **Krebs**, Rektor. Berlin: Gerdes & Hödel 1909. 118 S. 8°
(Zur Fortbildung d. Lehrers. H. 23.) [10. 12150

Die meteorologischen Ursachen der Hochwasser-Katastrophen in den mitteleuropäischen Gebirgsländern. Vortrag vor d. Abtheilungen f. Geogr. d. Versamml. deutscher Naturforscher 1899 geh. von Wilhelm **Krebs**, (Barr). *Hamburg 1900: Hammerich & Lesser in Altona.* (8 S.) 4°
— Archiv, Aus dem, der Deutschen Seewarte. Jg. 23, No 6. [01. 10096

Krebs, Wilh., Vanille. Nach wissenschaftlichen und kaufmännischen Quellen. (Sonder-Abdruck.) Dresden. 1895.

Krebs, Willy, a. Mettmann (Rhld.): Die Berufs- und Betriebs- (Gewerbe-)Statistik im Deutschen Reich. (Düsseldorf) 1907: (A. Bagel.) (83 S.) 8°
Bonn, Phil. Fak., Ref. Schumacher, Diss. v. 13. Nov. 1907
[Geb. 10. Juli 82 Wattenscheid i. W.; Wohnort: Mettmann; Staatsangeh.: Preußen; Vorbildung: Gymn. Gütersloh Reife O. 03; Studium: Marburg 2, München 3, Bonn 3 S.; Rig. 8. Mai 07.]

Krebs, Willy, s. a. Gedichte v. W. K.

Gedichte von W. K[rebs]. *Mettmann: H. v. d. Heyden [1901].* (80 S.) 8°
[Ant. u. S.] [illegible] 5

Krebs, Willy, appr. Arzt: Über Hornhautcysten. Bonn: Georgi 1910. 36 S. 8°
Bonn, Med. Diss. v. 30. Juli 1910, Ref. Kuhnt
[Geb. 22. Juni 80 Braunsrath; Wohnort: Bonn; Staatsangeh.: Preußen; Vorbildung: Gymn. Siegburg Reife O. 04; Studium: Marburg 1, Bonn 9 S.; Coll. 30. Juli 10; Approb. 30. Juni 10.] [U 11. 412

Krebs, Willi, appr. Arzt aus Blankenburg (Harz): **Sarkom der Niere nach Trauma.** *München 1900: M. Ernst.* (31 S.) 8°
München, Med. Diss. v. 1900

Krebsbach, Heinr., führt wahre Bildung vom Gottglauben ab? Einige Worte der Abwehr. gr. 8. (12 S.) Reval 901. (Kluge & Ströhm.) n. — 50

Krebsbach, Peter [aus Obermendig]: Aus d. patholog. Institut zu Bonn. Über die Regeneration der Milz. . . . Bonn, Buchdr. Jos. Bach Wwe., 1889; 13 + 1 S. + 1 Bl. 8°
Bonn, Med. Fak., Inaug.-Diss. v. 23. März 1889

Krebsbüchlein, das. Bruchstücke aus der geheimen Briefstellerei an meinen lieben Nachbar Michel. Aus den J. 1848 u. 1849. Von A. G. br. gr. 8. (152 S.) Nördlingen 850, Beck. 1/3 ₰

Krebsbüchlein für Damen, woraus sie lernen können, wie man methodisch den Mann martert ... Leipzig 1798. V: *Bornschein, Johann Ernst Daniel.* (Ky) »1799« (MGT) »Krebsbüchlein, Neues« (NN)

Krebsbüchlein für Damen, woraus sie lernen können, wie man methodisch den Mann martert, seine Kinder schief erzieht etc., (v. Er. Bornschein). 8. Leipz. 798. Müller. 16 gr

Krebs-Büchlein des Figaro. Wien 1882. H: *Sitter, Carl.* (EB)

Krebs-Büchlein des Figaro. Illustrirter Rückblick auf fünfundzwanzig Jahre. 1857—1881. Wien, Verlag von R. v. Waldheim 1882
109 S m zahlr Abb 4°

Krebsbüchlein, Medicinisches, oder die Kunst, das menschliche Leben zu verkürzen ... Frankf. a. M. 1803. V: *Wendelstadt, Georg Frdr. Chn.* (MGT) (Ky)

— medicinisches, oder d. Kunst, d. menschl. Leben zu verkürzen, in Beispielen. 8. Frankf. a. M. 803. Körner. 9 gr

Krebse, d., eine neue Erzählung für Kinder u. Kinderfreunde. Von d. Verfass. d. Ostereier. 12. Landsh. 832. Krüll. 1 gr

Krebse, die, e. neue Erzähl. f. Kinder u. Kinderfreunde. Von d. Verf. d. „Ostereyer" (Chrstph. Schmid). 12. (1 B.) Landshut 832. [Regensburg, Manz.]
Vgl. Erzählungen, neue, f. Kinder u. Kinderfreunde, 2. Bdchn.

Krebse und derartiges Ungeziefer. Ein Fastnachtspiel ... Paetz 1845. V: *Schroer, Tobias Gottfried.* (GGr)

Krebser, Aug., Commentar für Beilegung der Statutenrevision des Konsumvereins Zürich. 8. Zürich, beim Verf. 1872. —. 20

Krebser, Hermann, appr. Arzt aus Kirchberg a. d. Jagst: Über die Resultate der Entfernung maligner Ovarialtumoren. (Nach d. Material d. kgl. Universitäts-Frauenklinik zu Erlangen aus d. J. 1887—1902.) *Stuttgart 1904: C. A. Hammer.* (40 S.) 8°
Erlangen, Med. Diss. v. 28. März 1903

Krebser-Wuhrmann, Frau Emmy, med. pract. von Zürich: Kasuistische Beiträge zur Kenntnis der kongenitalen Fibuladefekte. [Mit 15 Abbildungen im Text.] Stuttgart 1909. 29 S. 8°. [16. IV. 09.]
Zürich, Med. Diss. 1908/09

Krebsfänger, der, oder: der Sohn, welcher seiner Mutter das Herz schwer machte. Aus dem Engl. 16. (95 S.) Cleveland 871. (Philadelphia, Schäfer und Koradi.) geb. *

Krebsgeschwülste, die, s.: Miniatur-Bibliothek.

Krebshold, Der Buchhändler, wie er als Beförderer der Humanität ein armer Teufel wird ... Berlin 1846. V: *Weinholz, Alb.* (cb)

† Krebshold, (A. Weinholz,) d. Buchhändler, wie er als Beförderer d. Humanität ein armer Teufel wird, u. später als Beförderer d. Charlatanerie sein Glück macht, dargestellt von ihm selber. 8. (1 B.) Berlin 846, Weinholz.

Krebsschaden, der, unserer Gymnasien. Von Asmodi Redivivus. gr. 8. (III, 119 S.) Leipzig 886, Reissner. *

Krebsz, Ernst, magyarische Sprachlehre, s. a. Kunst, die, der Polyglottie.

KREBSZ, Ernst
(F) Magyarische Sprachlehre zum Gebrauch für Fachleute und gebildete Laien. Von Ernst Krebsz. Wien. Pest. Leipzig. [1899.] Hartleben. 8°. VIII, 181 S. Geb. fl. 1.10

Krecar, Joh. W., s.: **Führer, illustr., durch Prag.**

Krech, A.: Erinnerungen an J. J. Winckelmann. 18 S.
Berlin, K., Progr. 1835

Krech, A., Vertheidigung der Gymnasien gegen Dr. Lorinser, s. A. Benary.

Krech, Fritz

Krech, F., s. Beiträge z. Erläutg. d. deutsch. Rechts.

Krech, Fritz, z. Z. Referendar in Coepenick: Die Haftung der Gesellschafter für die Gesellschaftsschulden. Nach gemeinem bürgerl. Rechte u. d. Rechte d. Bürgerl. Gesetzbuches f. d. Deutsche Reich. *Greifswald 1900: F. W. Kunike.* (102 S.) 8° [F.]
Greifswald, Jur. Diss. v. 1900

Krech, Fritz, Haupt-Register, s.: Beiträge zur Erläuterung des deutschen Rechts.

Krech, Gust. (Maximil. Augustus) (geb. Berlin 24.9.1838). De luminis fascibus infinite tenuibus disquisitiones, experimentis illustratae. Berlin 1863. (30 S.) 4°
Berlin, Phil. Diss. v. 4. Juli 1863

Die große Berlinische Prediger- und Schullehrer-Wittwenkasse, 1706—1906. Von Prof. Dr. Gustav **Krech**. Mit 2 Taf. Berlin 1907: (W. Pormetter). (VIII, 109 S.) 8° [08. 3018]

Krech, Gust. Photometrische Untersuchungen. 23 S. Luisst. G. *Berlin* 1883. Progr.

Krech, Gust., photometrische Untersuchungen. gr. 4. (23 S.) Berlin 883, Gaertner's Verlag. *

Krech, Johannes

Krech, J. Entscheidungen d. Bundesamtes f. das Heimathwesen. Im amtl. Auftrage bearb. u. hrsg. 24. Heft, enth. die seit dem 1. Septbr. 1891 bis zum 1. Septbr. 1892 ergangenen wichtigeren Entscheidgn. [Mit e. die 24 Hefte umfass. alphabet. Sachregister.] 8. (IX, 221 S.) Berl. 892, Vahlen. cart. * 2 —
Frühere Hefte, s. Wohlers.

— dasselbe. 25. Hft., enth. die seit dem 1. Septbr. 1892 bis zum 1. Septbr. 1893 ergangenen wichtigeren Entscheidgn. [Mit e. die 25 Hfte. umfass. alphabet. Sachregister.] 8. (VIII, 199 S.) Ebd. 893. Kart. n. 2. —

— dasselbe. 26. Hft., enth. die seit dem 1. Septbr. 1893 bis zum 1. Septbr. 1894 ergangenen wichtigeren Entscheidgn. [Mit e. die 26 Hfte. umfass. alphabet. Sachregister.] 8. (IX, 188 S.) Ebd. 894. Kart. n. 2 —; Nachtrag. Zur Novelle vom 12. März 1894. Urtheil des Bundesamtes vom 29. Septbr. 1894. (14 S.) — 20

Krech, J., Entscheidungen d. Bundesamtes f. d. Heimathwesen. Im amtl. Auftr. bearb. u. hrsg. 27. Hft., enth. d. seit d. 1. Septbr. 1894 bis z. 1. Septbr. 1895 ergang. wichtigeren Entscheidungen. [M. e. d. 27 Hfte. umfass. alphabet. Sachregister.] 8. (X, 212 S.) Berlin 895. F. Vahlen. Kart. n. 2. —

— dasselbe. 28. Hft., enth. d. seit d. 1. Septbr. 1895 bis z. 1. Septbr. 1896 ergang. wichtigeren Entscheidungen. [M. e. d. 28 Hfte. umfass. alphabet. Sachreg.] 8. (XXIV, 207 S.) Ebd. 896. Kart. n. 2. —

— dasselbe. 29. Hft., enth. d. seit d. 1. IX. 1896 b. z. 1. IX. 1897 ergang. wichtigeren Entscheidgn. (M. e. d. 29 Hfte. umfass. alphabet. Sachreg.) 8. (VIII, 184 S.) Ebd. 897. Kart. n. 2. —

— dasselbe. 30. Hft., enth. d. in d. Zeit v. 1. IX. 1897 b. z. 1. IX. 1898 ergang. wichtigeren Entscheidgn. (M. e. d. 30 Hfte. umfass. alphabet. Sachreg.) 8. (X, 220 S.) Ebd. 898. Kart. n. 2. —

Krech, J., Entscheidungen des Bundesamtes für das Heimathwesen. Im amtl. Auftrage bearb. u. hrsg. 31.—34. Hft. 8. Berlin, F. Vahlen. Kart. à n. 2. —

31. Enth. die in der Zeit vom 1. IX. 1898 bis zum 1. IX. 1899 ergangenen wichtigeren Entscheidgn. (Mit e. die 31 Hfte. umfassend. alphabet. Sachregister.) (XI, 236 S.) 899.
32. Enth. die in der Zeit vom 1. IX. 1899 bis zum 1. IX. 1900 ergangenen wichtigeren Entscheidgn. (Mit e. die 32 Hfte. umfassenden alphabetischen Sachregister.) (X, 195 S.) 900.
33. Enth. die in der Zeit v. 1. VII. 1900 bis zum 1. VII. 1901 ergangenen wichtigeren Enscheidgn. (Mit e. die 33 Hfte. umfassenden alphabetischen Sachregister.) (IX, 155 S.) 901.
34. Enth. die in der Zeit v. 1. VII. 1901 bis zum 1. VII. 1902 ergangenen wichtigeren Entscheidungen. (Mit e. die 34 Hfte. umfassenden alphabetischen Sachregister.) (XI, 247 S.) (902.)

Krech, Johs., Entscheidungen des Bundesamts f. das Heimatwesen. Im amtl. Auftrage bearb. u. hrsg. 35. bis 38. Heft. 8. Berlin, F. Vahlen. Kart. à n. 2. —

35. Enth. die in der Zeit vom 1. VII. 1902 bis zum 1. VII. 1903 ergangenen wichtigeren Entscheidgn. (Mit e. die 35 Hefte umfass. alphabet. Sachregister.) (XI, 191 S.) (903.)
36. Enth. die in der Zeit vom 1. VII. 1903 bis zum 1. VII. 1904 ergangenen wichtigeren Entscheidgn. (Mit e., die 36 Hefte umfass. alphabet. Sachregister.) (X, 188 S.) 904.
37. Enth. die in der Zeit vom 1. VII. 1904 bis zum 1. VII. 1905 ergangenen wichtig. Entscheidgn. (Mit e., die 37 Hefte umfass. alphabet. Sachregister.) (XII, 220 S.) 905.
38. Enth. die in der Zeit vom 1. VII. 1905 bis zum 1. VII. 1906 ergangenen wichtig. Entscheidgn. (Mit e., die 38 Hefte umfass. alphabet. Sachregister.) (XI, 208 S.) 906.

Krech, Johs., Entscheidungen des Bundesamts f. d. Heimatwesen. Im amtl. Auftrage bearb. u. hrsg. 39. u. 40. Heft. kl. 8. Berlin, F. Vahlen. Kart. à 2. —

39. Enth. die in der Zeit vom 1. VII. 1906 bis zum 1. VII. 1907 ergangenen wichtigeren Entscheidgn. (Mit e., die 39 Hefte umfass. alphabet. Sachregister.) (XII, 217 S.) 907.
40. Enth. die in der Zeit vom 1. VII. 1907 bis zum 1. VII. 1908 ergangenen wichtigeren Entscheidgn. (Mit e., die 40 Hefte umfass. alphabet. Sachregister.) (XII, 229 S.) 908.

Krech, J., und O. Fischer, das preußische Gesetz betr. die Zwangsvollstreckung in das unbewegliche Vermögen vom 13. Juli 1883, nebst dem Gesetze, betr. die Gerichtskosten bei Zwangsversteigerungen und Zwangsverwaltungen von Gegenständen des unbewegl. Vermögens vom 18. Juli 1883 und den Bestimmungen über freiwillige Subhastationen. Text-Ausg. mit Anmerkungen und Sachregister. 16. (VI, 185 S.) Berlin 883, Guttentag. cart. *

—— dass. — und ein Anhang betr. die Gebühren der Rechtsanwälte in diesen Fällen, sowie den Bestimmungen über freiwillige Subhastionen, hrsg. mit Einleitung, Kommentar in Anmerkungen und Kostentabellen. 2 Hälften. gr. 8. Ebendas. 884. [1. Hälfte. (S. 1—336.) *M 6.; 2. Hälfte. 1. Lfg. (S. 337—592.) *M 5.; 2. (Schluß-)Lfg. (XI, S. 593—798.) *M 4.] *

—— und O. Fischer, das preußische Gesetz betr. die Zwangsvollstreckung in das unbewegliche Vermögen vom 13. Juli 1883, nebst dem Gesetze betr. die Gerichtskosten bei Zwangsversteigerungen und Zwangsverwaltungen von Gegenständen des unbewegl. Vermögens vom 18. Juli 1883 und einem Anhang betr. die Gebühren der Rechtsanwälte in diesen Fällen, sowie den Bestimmungen über freiwillige Subhastationen, hrsg. mit Einleitung, Kommentar in Anmerkungen, Mustern zur Feststellung des geringsten Gebots und zum Theilungsplan, sowie Kostentabellen. 2. bis auf die neueste Zeit fortgeführte Ausg. gr. 8. (XI, 832 S.) Ebendas. 886. *

—— —— dass. — Ergänzungsheft. 1881—1886. gr. 8. (III, S. 799—832.) Ebendas. Für die Abnehmer der 1. Aufl.

1883, nebst dem Gesetze, betr. die Gerichtskosten bei Zwangsversteigern. u. Zwangsverwaltgn. von Gegenständen d. unbewegl. Vermögens vom 18. Juli 1883 u. dem Einführungsgesetze f. die Rheinlande. Text-Ausg. m. Anmerkgn. u. Sachregister. 2., veränd. Aufl. 16. (VIII, 173 S.) Berlin 888. Guttentag. cart. n. 1. —

— u. O. Fischer, das preußische Gesetz, betr. die Zwangsvollstreckung in das unbewegliche Vermögen vom 13. Juli

— u. O. Fischer, die preußische Gesetzgebung betr. die Zwangsvollstreckung in das unbewegliche Vermögen m. Kommentar u. m. e. Anh. betr. die Bestimmgn. üb. freiwill. Subhastationen. 3., gänzlich umgearb. Aufl. gr. 8. (IX, 644 S.) Berlin 894. J. Guttentag. n. 10. —; geb. n.n. 12. —

— u. O. Fischer, die preuß. Gesetzgebung betr. d. Zwangsvollstreckung in das unbewegliche Vermögen, neue Bearbeitg., s. a. Fischer, O., u. L. Schaefer, die Gesetzgebung, betr. die Zwangsvollstreckung in das unbewegl. Vermögen im Reiche u. in Preußen.

— u. O. Fischer, die Gesetzgebung betr. die Zwangsvollstreckung in das unbewegliche Vermögen im Reiche u. in Preußen, s. a. Guttentag's Sammlung deutscher Reichsgesetze. Nr. 43.

Die Gesetzgebung betreffend die Zwangsvollstreckung in das unbewegliche Vermögen im Reiche und in Preussen. Text-Ausg. mit Einl., Anm., Kosten- u. Gebührentab. u. Sachreg. von Dr. J[ohannes] **Krech**, Kais. Geh. Reg.R. in Berlin [u.] Dr. O[tto] Fischer, Prof. in Breslau. 3. Aufl. *Berlin: J. Guttentag 1900.* (XXIV, 283 S.) 8° [F.]
— **Sammlung**, Guttentagsche, Deutscher Reichsgesetze. No 43. [01. 7091

Die Gesetzgebung betr. die Zwangsvollstreckung in das unbewegliche Vermögen im Reiche und in Preußen. Text-Ausg. mit Einl., Anm., Kosten- u. Gebührentab. u. Sachreg. von Dr J[ohannes] **Krech**, Berlin, u. Dr. O[tto] Fischer, Prof. in Breslau. 4. verm. u. verb. Aufl. *Berlin: J. Guttentag 1903.* (XII, 330 S.) 8° [F.]
— **Sammlung**, Guttentag'sche, Deutscher Reichsgesetze. No 43. [03. 10113

Die Gesetzgebung betreffend die Zwangsvollstreckung in das unbewegliche Vermögen im Reiche und in Preußen. Text-Ausg. mit Einl., Anm., Kosten- u. Gebührentab. u. Sachreg. von Dr. J[ohannes] **Krech**, Geh. Reg.R. in Berlin, u. Dr. O[tto] Fischer, Prof. in Breslau. 5. verm. u. verb. Aufl. Berlin: J. Guttentag 1907. (XII, 335 S.) 8° [F.]
= **Sammlung**, Guttentag'sche, Deutscher Reichsgesetze. No 43. [07. 8000

Die Gesetzgebung betreffend die Zwangsvollstreckung in das unbewegliche Vermögen im Reiche und in Preußen. Text-Ausg. m. Einl., Anm., Kosten- u. Gebührentab. u. Sachreg. von Dr. J[ohannes] **Krech**, Geh. Reg.R., Dr. O[tto] Fischer, Prof. 6. verm. u. verb. Aufl. Berlin: Guttentag 1910. XVI, 333 S. 8°
(Guttentag'sche Sammlung Deutscher Reichsgesetze. Nr 43.) [10. 19438

— Grundbuchordnung v. 24. III. 1897. Textausg. m. Einleitg., erläut. Anmerkgn. u. Sachreg. 12. (IV, 81 S.) München 897. C. H. Beck. Geb. in Leinw. n. 1. —

Krech, J., Grundbuchordnung v. 24. III. 1897. Textausg. m. Einleitg., Hinweisgn. auf d. Landesrecht sämmtl. Bundesstaaten, Anmerkgn. u. Sachregister. 2. verm. Aufl. 12. (VI, 125 S.) München 900. C. H. Beck. Geb. in Leinw. n. 1. 40

— dasselbe. Ausg. f. Preußen. Nebst den preuß. Ausführungsbestimmgn. 2. verm. Aufl. 12. (VII, 225 S.) Ebd. 900. Geb. in Leinw. n. 2. —

— Grundbuchordnung vom 24. III. 1897. Textausg. m. Einleitg., Hinweisgn. auf das Landesrecht sämtl. Bundesstaaten, Anmerkgn. u. Sachregister. 3. verm. Aufl. (VIII, 132 S.) kl. 8. München 907. C. H. Beck. Geb. in Leinw. n. 1. 40

— dasselbe. Ausg. f. Preußen m. den preuß. Ausführungsbestimmgn. (VIII, 239 S.) kl. 8. Ebd. 907. Geb. in Leinw. n. 2. —

Krech, J., die Rechte an Grundstücken, s.a. Beiträge zur Erläuterung u. Beurtheilung d. Entwurfes e. bürgerlichen Gesetzbuches f. das Deutsche Reich.

Krech, Joh.: Die Rechte an Grundstücken nach dem Entwurfe eines BGB. für das Deutsche Reich. Berlin 1889.
(Beiträge zur Erl. u. Beurth. des Entw. e. BGB. hrsg. von Bekker. H. 14.)

— das Reichsgesetz über den Unterstützungswohnsitz, s.a. Wohlers, Wilh.

Das Reichsgesetz über den Unterstützungswohnsitz, erl. nach d. Entscheidungen d. Bundesamtes f. d. Heimathwesen von Wilh. Wohlers. 9. verm. Aufl. nebst e. Anh., behandelnd die f. d. Armenverbände wichtigsten Vorschriften d. BGB. Bearb. von Dr. J[ohannes] Krech, Kais. Geh. Reg.R. *Berlin: F. Vahlen 1901.* (VI, 296 S.) 8° [F.]

— u. O. Fischer, d. Reichsgesetz üb. die Zwangsversteigerung u. die Zwangsverwaltg., s.a. Guttentag's Sammlg. deutscher Reichsgesetze.

Krech, J. u. Fischer, O.: Das Reichsgesetz über die Zwangsversteigerung u. die Zwangsverwaltung vom 24. März 1897 nebst dem Einführungsgesetze. Text-Ausg. mit Einl., Anm. u. Sachreg. Berlin 1897.
(Guttentag'sche Sammlung Dt. Reichsgesetze. Nr 43.)

— die Reichsgesetze üb. den Unterstützungswohnsitz in der Fassung der Novelle vom 12. März 1894, die Freizügigkeit, den Erwerb u. Verlust der Bundes- u. Staatsangehörigkeit, nebst den auf ersteres Gesetz bezügl. landesgesetzl. Bestimmgn. sämmtl. Bundesstaaten, s.a. Guttentag's Sammlung deutscher Reichsgesetze.

Krech, J., die Reichsgesetze über den Unterstützungswohnsitz, die Freizügigkeit, den Erwerb und Verlust der Bundes- und Staatsangehörigkeit, nebst den auf ersteres Gesetz bezügl. landesgesetzl. Bestimmungen sämmtl. Bundesstaaten. Textausg. mit Anmerkungen. 2. völlig veränd. Aufl. 16. (VII, 315 S.) Berlin 885, Guttentag. cart. *

Krech, J., Die Reichsgesetze über den Unterstützungswohnsitz in der Fassung der Novelle vom 12. März 1894, die Freizügigkeit, den Erwerb und Verlust der Bundes- und Staatsangehörigkeit nebst den Bestimmungen sämtlicher Bundesstaaten. Textausg. mit Anmerkungen und Register. 3. Aufl. Berlin, 1894. 331 S.

Die Reichsgesetze über den Unterstützungswohnsitz, in d. Fassung d. Novelle v. 12. März 1894, die Freizügigkeit, d. Erwerb u. Verlust d. Bundes- u. Staatsangehörigkeit, nebst den auf ersteres Gesetz bezügl. landesgesetzl. Bestimmungen. Text-Ausg. m. Anm. u. Sachreg. von Dr. J[ohannes] Krech, Geh. Reg.R. 5. verm. u. verb. Aufl. *Berlin: J. Guttentag 1901.* (X, 400, 31 S.) 8° [F.]
— Sammlung, Guttentag'sche, Deutscher Reichsgesetze. No 8.

Die Reichsgesetze über den Unterstützungswohnsitz, in d. Fassung d. Novelle v. 12. März 1894, d. Freizügigkeit, d. Erwerb u. Verlust d. Bundes- u. Staatsangehörigkeit nebst den auf ersteres Gesetz bezügl. landesgesetzl. Bestimmungen sämtl. Bundesstaaten. Text-Ausg. mit Anm. u. Sachreg. von Dr. J[ohannes] **Krech**, Geh. Reg.R. 6., verm. u. verb. Aufl. Berlin: J. Guttentag 1907. (X, 423 S.) 8° [F.]
— **Sammlung**, Guttentagsche, Deutscher Reichsgesetze. No 8.

Die Reichsgesetze über den Unterstützungswohnsitz, in d. Fassung d. Novelle v. 30. Mai 1908, d. Freizügigkeit, d. Erwerb u. d. Verlust d. Bundes- u. Staatsangehörigkeit, nebst den auf ersteres Gesetz bezügl. landesgesetzl. Bestimmungen sämtl. Bundesstaaten. **Text-Ausg.** mit Anm. u. Sachreg. von Dr. J[ohannes] **Krech.** 7., verm. u. verb. Aufl. Berlin: J. Guttentag 1908 (IX, 416, 40 S.) 8° [F.]
— **Sammlung**, Guttentag'sche, Deutscher Reichgesetze. No 8.

Krech, Karl: Beitrag zur Kenntnis der oolithischen Gesteine des Muschelkalks um Jena. Berlin 1909: A. W. Schade. 77 S. 8° ¶(Aus: Jahrbuch d. Kgl. Preuß. Geol. Landesanst. 1909, 1.)
Jena, Phil. Diss. v. 29. April 1909, Ref. Linck
[Geb. 1. April 84 Meiningen; Wohnort: Jena; Staatsangeh.: Sachsen-Weimar; Vorbildung: Gymn. Meiningen Reife O. 03; Studium: Jena 10 S.; Rig. 28. Juli 08.] [U 09. 2104

Krech, Paulus [Pomeranus]: De Crateri ψηφισμάτων συναγωγῇ et de locis aliquot Plutarchi ex ea petitis .... Gryphiswaldiae, typ. Frid. Guil. Kunike (1888); 2 Bl. + 106 S. 8°
Berlin, Phil. Fak., Inaug.-Diss. v. 15. Febr. 1888

Krech, Paul, de Crateri ψηφισμάτων συναγωγῇ et de locis aliquot Plutarchi ex ea petitis. Dissertatio inauguralis. gr. 8. (103 S.) Gryphiswaldiae 888. (Leipzig, Fock.) *

Krech, Rudolph: Über das β-Äthylthiokodid. Ein Beitr. z. Kenntnis d. Morphins. (Berlin 1909: G. Schade.) 43 S. 8°
Berlin, Phil. Diss. v. 14. Aug. 1909, Ref. Fischer
[Geb. 17. Mai 83 Altona; Wohnort: Berlin; Staatsangeh.: Preußen; Vorbildung: Gymn. Wandsbek Reife M. 03; Studium: Berlin 2, München 2, Berlin 8 S.; Rig. 22. Juli 09.] [U 09. 217
3°

Krechel, Frid. (geb. Münstermaifeld 27. 12. 1824): De variis oedematis speciebus. Berolini (1849). (28 S.) 8°
Berlin, Med. Diss. v. 6 Sept. 1849

Krechel, H. [aus Carden a. d. Mosel]: Aus d. patholog. Institut zu Bonn. Ueber die Reiskörperbildungen in den Hygromen.... Bonn, Univ.-Buchdr. v. Carl Georgi, 1890; 87 + 1 S. + 1 Bl. 8°
Bonn, Med. Fak., Inaug.-Diss. v. [28.] Jul. 1890.

Krechowiecki, Adam, der Fischer von Casamicciola. Roman. Autoris. Verdeutschg. v. Alb. Weiß. (114 S.) 8. Stuttgart 905. Strecker & Schröder. n. 1. 50; geb. n. 2. 50

Krečí Arthur: Die Quellen von Wielands komischen Erzählungen.
II. 1890 PN 614 Diss. Wien, Univ. 44

Kreck, R., der praktische Lokomotivbeamte. 2 Tle. 8. Berlin (N. 58, Schönhauser Allee 105), Karl Amthor. à 2. 80
I. „Gut Heiss!" Die Heissdampflokomotive, m. Illustr. im Text u. 11 Taf., gemeinverständlich dargestellt. Ausserdem enth.: Beschreibung der Marcotty'schen Rauchverbrennungseinrichtg. unter Berücksicht. der Dienstvorschrift des königl. Eisenbahn-Zentralamtes. (VIII, 112 S.) Geb. in Leinw.
II. „Gut Fest!" Die Luftdruckbremse unter besond. Berücksicht. der Knorr-Schnellbremse, m. Illustrat. im Text u. 3 Taf. gemeinverständlich dargestellt. (88 S.) 908. Kart.
Modellatlas dazu, s.: Häntzschel-Clairmont, W., die Heissdampf-Schnellzug-Lokomotive.

Krecke, Alb., chirurg. Behandlung bei Magenerweiterung, s.: Crämer, Frdr., Vorlesungen üb. Magen- u. Darmkrankheiten.

Krecke, (Alb.), Beiträge zur praktischen Chirurgie. Bericht üb. d. J. 1907, 1908, 1909 aus der chirurg. Privatklinik in München. (VII, 532 S.) gr. 8. München 910. J. F. Lehmann's Verl. 7. —

— s.: Jahre, zwei, Chirurgie.

— zwei Jahre chirurgischer Tätigkeit 1903 u. 1904. Bericht aus der chirurg. Privatklinik v. K. in München. (VI, 210 S. m. Abbildgn.) gr. 8. München (906). (J. F. Lehmann's Sort.) n.n. 2. 50

Krecke, Albert: Über Nervennaht.... Erlangen, Druck v. E. Th. Jacob, 1885; 20 S. 8°.
Erlangen, Med. Fak., Inaug.-Diss. v. 1885.

Krecke, A., Unfallversicherung u. ärztliches Gutachten. Einige Anhaltspunkte zur Beurtheilg. der durch Unfälle hervorgerufenen Erwerbsunfähigkeit. [Aus: „Münch. med. Wochenschr."] gr. 8. (47 S.) München 889. J. A. Finsterlin. n. 1. 20

— praktische Winke f. das aseptische Operieren. gr. 8. (9 S.) München 900. Seitz & Schauer. n. — 60
Sonderabdruck aus: „Deutsche Praxis".

Krecke, Friedrich, aus Augustdorf, Lippe: Beiträge zur Kenntnis der Dihydrochinazoline. *Wiesbaden 1899: R. Bechtold & Co.* (46 S.) 8°
Erlangen, Phil. Diss. v. 1898

Krecke, Gustav: Die englischen Bühnenbearbeitungen von Shakespeares 'King Henry the Sixth'. Rostock 1911: Winterberg. 216 S. 8°
Rostock, Phil. Diss. v. 5. Aug. 1910, Ref. Lindner
[Geb. 3. Juli 83 Hannover; Wohnort: Rostock; Staatsangeh.: Preußen; Vorbildung: Realgymn. Hannover Reife M. 03; Studium: München 4, Berlin 2, Göttingen 6, Rostock 2 S.; Rig. 30. Juli 10.] [U 11. 4156

Krecke, Herm., Formulare f. Rechtshandlgn. d. freiwill. Gerichtsbarkeit, s.: Hilse, Benno.

— d. genossenschaftl. Ordnung d. Wirthschaft, s.a. Fragen d. öffentl. Lebens.

[F.] Die genossenschaftliche Ordnung der Wirthschaft. Von Landgerichtsr. H. Krecke. (4. Taus.) *Berlin: Kritik-Verl. 1896.* (1 Bl., 26 S.) 1 Bd 8.
— Fragen d. öffentlichen Lebens. H. 11. (97. ....

— Weltverbesserung, s.: Schriften, theosoph.

Krecke, wie die Theosophie dem sittlichen u. sozialen Elend entgegenwirkt, s.: Schriften, theosophische.

Kreckeler, H. Pastor, Kurze Geschichte u. Beschreibung der Kolonien u. Anstalten der Inneren Mission. Bethel, Sarepta, Nazareth u. Wilhelmsdorf. (78 S.) Bethel 1885. Schriftenniederlage.

Kreckeler, Th., Polizei-Gesetze u. Polizei-Verordnungen im Reg.-Bez. Marienwerder. Abgeschlossen am 1. V. 1901. Im amtl. Auftrage hrsg. 1. Bd. Allgemeine Polizei-Gesetze, sowie Ministerial-, Oberpräsidial- u. Regierungs-Polizei-Verordngn. gr. 8. (VII, 487 S.) Minden 901. W. Köhler. Geb. in Leinw. n. 8. —

Kreckeler, Th., die Polizei-Verordngn. des Kreises Briesen, Westpr. Abgeschlossen am 1. IV. 1903. Im amtl. Auftrage (der königl. Regierg. Marienwerder) hrsg. (IV, 105 S.) gr. 8. Minden 903. W. Köhler. n. 2. 75

— dasselbe des Kreises Culm. Abgeschlossen am 1. XII. 1903. Im Auftrage der königl. Regierg. Marienwerder hrsg. (IV, 96 S.) gr. 8. Ebd. 904. n.n. 2. 50

— dasselbe des Kreises Dt. Krone, Westpr. Abgeschlossen am 1. IV. 1903. Im Auftrage der königl. Regierung Marienwerder hrsg. (VI, 159 S.) gr. 8. Ebd. 903. n.n. 2. 50

— die Polizei-Verordnungen des Kreises Flatow. Abgeschlossen am 1. VI. 1902. Im Auftrage der königl. Regierung (Marienwerder) hrsg. gr. 8. (VII, 112 S.) Ebd. 902. n.n. 2. 50

— dasselbe des Kreises Konitz, Westpr. Abgeschlossen am 1. VIII. 1902. Im Auftrage der königl. Regierg. Marienwerder hrsg. (VII, 99 S.) gr. 8. Ebd. 902. n. 3. —

— dasselbe des Kreises Löbau, Westpr. Abgeschlossen am 1. V. 1902. Im Auftrage der kgl. Regierung (Marienwerder) hrsg. gr. 8. (VII, 70 S.) Ebd. 902. n.n. 2. 50

— dasselbe des Kreises Marienwerder. Abgeschlossen am 1. X. 1902. Im Auftrage der königl. Regierg. (Marienwerder) hrsg. (VIII, 88 S.) gr. 8. Ebd. 902. n. 3. —

— dasselbe des Kreises Schwetz. Im Auftrage der königl. Regierung (Marienwerder) hrsg. gr. 8. (IV, 68 S.) Ebd. 902. n.n. 2. 25

— dasselbe des Kreises Stuhm. Abgeschlossen am 1. II. 1902. Im Auftrage der kgl. Regierung (Marienwerder) hrsg. gr. 8. (IV, 20 S.) Ebd. 902. n. 2. —

— dasselbe des Kreises Thorn. Abgeschlossen am 1. I. 1902. Im Auftrage der königl. Regierg. (Marienwerder) hrsg. gr. 8. (VII, 144 S.) Ebd. 902. n. 3. —

Kreckemeyer, Geo., distriba de instrumentor. definitione, divisione, fide etc. 4. Gött. Vandenhök. 743.

Krecker, Geo., Denkmäler persischer Baukunst, s.: Sarre, Frdr.

Krecker, Reinhold [prakt. Arzt]: Zur Aetiologie und Therapie der Epididymitis.... Breslau, Druck v. Rob. Nischkowsky, 1886; 48 S. 8°.
Breslau, Med. Fak., Inaug.-Diss. v. 23. Jun. 1886.

Krecker, Rhold., zur Aetiologie u. Therapie der Epididymitis. gr. 8 (46 S.) Breslau 886. (Köhler) n. 1. —

Des Gesetzes Erfüllung. Eine naturwissenschaftl. Begründung d. organischen, gesellschaftl. u. sittl. Bildung des Menschen. Von R[einhold] Krecker, Dr. Halle a. S.: Gebauer-Schwetschke 1905. (VI, 594 S.) 8°

Krekow, s.: Geologische Karten. Preussen, 67.

Krecsowsky, Adalb., Diss. inaug. med. de sanguinis missione. 8. Wien 770. Trattner. 2 K

Krede Ben Heil, der Durst nach Schönheit. (Achmed.) (Das Buch vom Aufblühen. Das Buch der Kindheit, der Hoffnung u. der Unwissenheit.) Autoris. Übertragg. aus dem Holl. v. Else Otten. (419 S.) 8. Leipzig 908. Schulze & Co. 5. —; geb. in Leinw. 6. —

Kredel, L., die Arthropathien u. Spontanfrakturen bei Tabes, s.: Sammlung klinischer Vorträge.

Kredel, Ludwig (Petterweil)
Zur Lehre von den Vagusneurosen.
Leipzig: Hirschfeld 1882. 24 S.
Diss. med. Giessen 17.4.1882. vorh. 26. 7. la.

Kredell, Heinr., die Sterne Israels. Drei Bilder aus dem Morgenlande. Mannheim 863. Schneider. 16. (84 S.) 10 ngr

Krediet, Gerrit: Ueber die sympathischen Nerven in der Bauch- und Beckenhöhle des Pferdes, der Wiederkäuer (insbesondere der Ziege) und des Hundes. o. O. [1911.] 62 S. und 2 Tafeln. 8°. [9. VI. 10.]

Bern. Vet.-Med. Diss. 1910/11.

Kredit, s. Credit.

Kredit, der, des ländlichen Grundbesitzes und der landschaftliche Kredit-Verein im Großherzogthum Posen. Posen 860. Merzbach. gr. 8. (192 S.) 22½ ngr.

Kredit, der, des ländlichen Grundbesitzes in den östlichen Provinzen. Vom prakt. Standpunkte. gr. 8. (31 S.) Berlin 858, Duncker und Humblot. *

Ostpreuß. General-Landschafts-Direktion, Königsberg i. Pr. Der landschaftliche **Kredit** und dessen Benutzung im Bezirke der Ostpreußischen Landschaft. *Königsberg 1903: M. Liedtke Nachf.* (18 S.) 8° [F.] 10

Kredit, der öffentliche. Seine Einwirkg. auf die Verschärfg. der sozialen Gegensätze. gr. 8. (48 S.) Berlin, R. Wilhelmi. n. 1. —

Kredit (Der öffentliche). Seine Einwirkung auf die Verschärfung der sozialen Gegensätze. gr. 8°. Berlin, R. Wilhelmi, 1893.

(Schweizerische Eidgenossenschaft.) Kredite für Kriegsmaterialanschaffungen.... 8. [Bern, Stämpfli & Cie.]

... für das Jahr 1901. [Bern] 1900: [1.] Botschaft des Bundesrates. ⟨Vom 22. Mai 1900.⟩ 23 S. — [2.] Bundesbeschluss.... ⟨Vom 23. Juni 1900.⟩ 2 S.
... für das Jahr 1902. [Bern] 1901: [1.] Botschaft des Bundesrates. ⟨Vom 28. Mai 1901.⟩ 21 S. — [2.] Bundesbeschluss.... ⟨Vom 28. Juni 1901.⟩ 2 S.
... für das Jahr 1903. [Bern] 1902: [1.] Botschaft des Bundesrates. ⟨Vom 30. Mai 1902.⟩ 29 S. — [2.] Bundesbeschluss.... ⟨Vom 27. Juni 1902.⟩ 2 S.

(Schweizerische Eidgenossenschaft.) Kredite für Kriegsmaterialanschaffungen für das Jahr 1904. 8. [Bern, Stämpfli & Cie.,] 1903.

[1.] Botschaft des Bundesrates. ⟨Vom 29. Mai 1903.⟩ 22 S. — [2.] Bundesbeschluss.... ⟨Vom 26. Juni 1903.⟩ 2 S.

Kredit-Hypothek, die. Eine civilrechtl. Studie zum österreich. Grundbuchsrechte. Von e. prakt. Juristen. gr. 8. (35 S.) Leipzig 891. G. Fock. n. — 80

Kreditschutz, der, in Handel u. Gewerbe. Eine wirthschaftlich-soziale Zeitfrage u. e. Beitrag zu ihrer Lösg. Hrsg.: Deutsche Kreditschutz-Vereinigg. zu Frankfurt a/M. gr. 8. (64 S.) Frankfurt a/M. 902. (Schirmer & Mahlau). n. — 50

Der Kreditverein. Organ des Niedersächs. Verbandes u. der Freien Vereinigung der Kreditgenossenschaften Deutschlands. Jg. 1, 1889 - 17, 1905. Hannover: Göhmann 1889-1905.

Kredit-Verein, der. Organ des Verbandes „deutscher Erwerbs- u. Wirtschafts-Genossenschaften" (Sitz Hannover). Hrsg. vom Verbands-Vorstande. Schriftleitg.: H. Steinfeld. 15.—18. Jahrg. 1903—1906 à 12 Nrn. (à ca. 8 S.) 4. Hannover (Göhmann'sche Buchdr.) à Jahrg. n.n. 4. —

Kredit-Verein, der. Organ des „Verbds deutsch. Erwerbs- u. Wirtschafts-Genossenschaften" (Sitz Hannover). Hrsg. vom Verbands-Vorstande. Schriftleitung: H. Steinfeld. 19.—22. Jahrg. 1910. 12 Nrn. (à ca. 8 S.) 31×23 cm. Hannover (Göhmann'sche Buchdr.) à Jahrg. nn 4. —

Der landwirtschaftliche Kreditverein im Kgr. Sachsen. Die ersten 25 Jahre. Dresden 1891.

Kredit- und Hypotheken-Zustände, landwirthschaftliche, s. **Hypotheken- und Kredit-Zustände.**

Kreeft, J., die Taucher-Maschine. Mit Kpf. gr. 4. Leipz. 804. (Wienbrack). 8 gr.

Kreeft, J. H. W., Lese- u. Sprachbuch f. Volksschulen. Zur Beförder. e. gründl. Lese- u. e. bildenden Sprachunterrichts. 8. (9 B.) Köln 832, DuMont-Schauberg.

Kreenen, Everardus, Nahumi vaticinium philologice etc. 4. maj. Lips. Weidmann. 808.

Kreenen, J. J., Spec. literar. in cohortis sacrae apud Thebanos historiam. Diss. 1837. 74 S. 1.50

Krefeld [Schlagwort]

Krefeld, s. a. Crefeld.

Krefeld, s.: **Deutschland. Karte.** (Abt. Preussen.)

Krefeld. Karte von Krefeld u. Umgebg. 1 : 50,000. 67×93 cm. Farbdr. Düsseldorf (908). Ulrich & Steinbecher. 4. —

— Pharus-Plan v. Crefeld. 1 : 10,000. Nebst: Pharus-Lageplan Rheinhafen-Crefeld 1 : 12,200 u. Pharus-Übersichtslageplan Rheinhafen-Crefeld 1 : 25,000. 54×82 cm. Nebst: Strassenverzeichnis usw. (5 S.) 8. Krefeld (907). A. Fürst Nachf. — 75

Krefft, Ernst (Carl), Referendar am Landgericht Elberfeld: Einrede und Beweislast. Borna-Leipzig 1906: R. Noske. (x, 81 S.) 8° [F.]

Heidelberg, Jur. Fak., Ref. Buhl, Diss. v. 5. Dez. 1906

[Geb. 9. Jan. 83 Gleiwitz i. Schl.; Wohnort: Vohwinkel, Rhld.; Staatsangeh.: Preußen; Vorbildung: Gymn. Barmen Reife O. 02; Studium: München 1, Straßburg 3, Bonn 2 S.; Rig. 6. Aug. 06.]

Krefft, *Friedrich* Franz [pr. Arzt aus Kossabude, West-Pr.]: Über Dermographismus im Anschl. an e. an d. Klinik f. Hautkrankheiten zu Strassburg beobacht. Fall ... Strassburg i. E., Buchdr. C. & J. Gœller, 1897; 34 S. 8.

Leipzig, Med. Fak., Inaug.-Diss. v. [25. Febr.] 1897

Krefft, Heinr., kurze Geschichte der Innung der Bau-, Maurer-, Steinmetz- u. Zimmermeister in München v. 15. Jahrh. bis zur Gegenwart gr. 8. (75 S. m. Abb.) München (901). (L. Werner.) n. 1. 60

Krefft, Oswald, Referendar am Landgericht Düsseldorf: Beiträge zur Lehre vom nichtrechtsfähigen Verein. Borna-Leipzig 1906: R. Noske. (x, 70 S.) 8°

Heidelberg, Jur. Fak., Ref. Bekker, Diss. v. 1906

[Geb. 14. Juli 81 Gleiwitz i. Schl.; Wohnort: Düsseldorf; Staatsangeh.: Preußen; Vorbildung: Gymn. Barmen Reife O. 00; Studium: München, Straßburg, Bonn; Rig. 21. Dez. 05.]

Krefft, Paul

— Reptilien- u. Amphibienpflege, s.: **Bibliothek,** naturwissenschaftliche, f. Jugend u. Volk.

Krefft, Paul, das Terrarium. Ein Handbuch der häusl. Reptilien- u. Amphibienpflege nebst Anleitg. zum Bestimmen der Terrarientiere. Mit Beihilfe hervorrag. Fachleute u. unter besond. Mitwirkg. v. Hugo Mußhoff u. Frz. Werner. Mit 4 farb. u. e. Anzahl v. schwarzen Taf. v. Lor. Müller u. E. Schuh, sowie m. zahlr. Textillustr. nach Zeichngn. u. Photogr. v. J. Berg, Lor. Müller, H. Mußhoff u. a. (In 16—20 Lfgn.) 1.—4. Lfg. (S. 1—96 m. 9 [1 farb.] Taf.) gr. 8. Berlin (906). F. Pfenningstorff. à — 50

Krefft, Paul, das Terrarium. Ein Handbuch der häusl. Reptilien- u. Amphibienpflege, unt. Mitwirkg. erfahrener Fachgenossen verf., nebst Anleitg. zum Bestimmen der Terrarientiere v. Frz. Werner. Mit 4 farb. u. 59 schwarzen Bildtaf. v. Lor. Müller u. E. Schuh, sowie m. 3 Karten u. m. zahlr. Textillustr. nach Zeichngn. u. Photogr. v. E. Bade, J. Berg, Lor. Müller u. a. 5.—25. Lfg. (XII u. S. 97—631 m. 56 [3 farb.] Taf. u. 3 Karten.) gr. 8. Berlin 907. 08. F. Pfenningstorff. à — 50

Krefft, Paul [Volontärassist. d. Kgl. med. Poliklinik in München]: Die Therapie der Ophthalmoblennorrhoea neonatorum in neuester Zeit, insbes. d. Quecksilberoxycyanid-Behandlg ... Braunschweig, Druck v. F. Vieweg & Sohn, 1896; 21 S. 8.
München, Med. Fak., Inaug.-Diss. v. 1896

Kreft, Emil, approb. Arzt aus Osnabrück i. Hann.: Aus d. pathol. Institute zu Kiel. Ueber jauchige Meningitis als Folge von Decubitus. *Kiel 1903: P. Peters.* (15 S.) 8°
Kiel, Med. Diss. v. [20. Apr.] 1903

Kreft, Ernst, approb. Arzt aus Lippstadt: Aus d. med. Poliklinik zu Kiel. Zur Casuistik der luetischen Erkrankungen des Nervensystems. *Bütow 1900: F. Holz.* (20 S.) 8°
Kiel, Med. Diss. v. [12. Mai] 1900

Kreft, Jul.

Kreft, J., fünf Bilder aus dem Leben Gustav Adolfs Dichtung zum 300. Geburtstage d. Königs v. Schweden geb. den 9. Dezbr. 1594. 8. (30 S.) Dortmund 894 W. Crüwell. n. — 2(

[J.] Im Casino oder Der Streik. Einakt. Volksspiel v. J[ul.] Kreft, Pfarrer in Wellinghofen ... *Dortmund: W. Crüwell 1896.* (39 S.) 1 Bd 8.
[98. 3349

— zur Feier des 100jähr. Geburtstages Sr. M. Kaiser Wilhelm des Großen. Prolog u. Begleitgedicht zu 7 leb. Bildern. 8. (16 S.) Hörde 897. L. Halbach.
n. — 10

Kreft, J. Luther u. die Schwärmer. Mit dem Vorspiel: Luther als Ritter Görg. Den evangel. Arbeitervereinen gewidmet. 2. Aufl. 8. (64 S.) Dortm. 892, Crüwell. — 30
Dazu Kompositionen v. W. Watermann: Studentenlied. 4. (3 S. Noten.) ** — 25; Gesang der Bauern. 4. (2 S. Noten.) * — 20.

—— Schneewittchen. Weihnachts-Festspiel. 8. (42 S.) Ebd. 889. — 30

Kreft, Wilhelm, Oberlehrer an d. Realschule zu Plettenberg: Beiträge zur Goursatschen Transformation der Minimalflächen. Borna-Leipzig 1908: R. Noske. (VI, 70 S.) 8°
Münster, Phil. Fak., Ref. v. Lilienthal, Diss. v. 3. Juli 1908
[Geb. 3. März 78 Südhemmern; Wohnort: Plettenberg; Staatsangeh.: Preußen; Vorbildung: Oberrealsch. Bochum Reife M. 01; Studium: Berlin 7 S.; Rig. 29. Febr. 08.]

Kreft, *Wilhelm* [aus Bochum]: Über encystirte Hernien ... Leipzig-Reudnitz, Druck v. A. Hoffmann, 1896; 18 S., 1 Bl. 8.
Freiburg i. B., Med. Fak., Inaug.-Diss. v. 1896

Krefting, Ewald [aus Hattingen (Westfalen)]: Beiträge zur Kenntniss der Anilinvergiftung. ... Würzburg, Becker's Univ.-Buchdr., 1890; 25 S. 8°
Würzburg, Med. Fak., Inaug.-Diss. v. 1890

Krefting, Walt., Lehrgang f. Buchdrucker, s.: Pötter, Wilh.

— Lehrgang f. Lithographen, s.: Pötter, Wilh.

— u. Wilh. **Pötter,** Tortenverzierungen. (12 farb. Taf.) 32×27,5 cm. Halle (907). W. Knapp. In Umschlag 2. 70

Kregcz, Aug., Darstellung d. Formen üb. d. Rectification d. Curven, f. d. Complanation d. Cubirung d. Körper, ohne Annahme e. andern Grundsatzes als d. Taylorschen Formel. gr. 8. (3 B.) Prag 827, (Kronberger u. Weber.)

Kregcz, Aug.: Ueber Euklid's Grundsatz bei den Parallelen. 5 S. 8° und Fgt. – Budweis R., Progr. 1853

Kregcz, Eman., Chrestomatie francouzská pro střední školy gr. 8. (IV und 312 S.) Prag 864, Kober. *
cart. *

— elementární mluvnice jazyka francouzského. Ebend. 863. gr. 8. (VIII, 220 S.) n. 22 ngr.

Kregcz, Franz

— Beispiele f. Eingaben, Bekenntnisse u. Beschwerden in Steuersachen. 2. Aufl. 2 Tle. gr. 8. Ebd. n. 6. 80
1. Grund- u. Gebäudesteuer. Allgemeine Erwerbsteuer. (IV, 184 S.) 905. n. 3. 40
2. Erwerbsteuer v. den der öffentlichen Rechnungslegung unterworfenen Unternehmungen. — Rentensteuer. — Personaleinkommen- u. Besoldungssteuer (198 S.) 905. n. 3. 40.

Kregcz, Frz., Beispiele f. Eingaben in Gewerbesachen. Eine Sammlg. zahlr. Formulare f. Gesuche m. Anmeldg. v. freien u. handwerksmäß. Gewerben; f. Gesuche um Genehmigg. v. Betriebsanlagen, um Verleihg. v. Konzessionen u. Lizenzen aller Art; f. Beschwerden u. Rekurse u. f. Gesuche in sonst. den Handels- u. Gewerbebetrieb tangier. Verwaltungssachen. (111 S.) 8. Mistek 905. (Wien, Manz.) n. 1. 90

Kregcz, Frz., Beispiele f. Eingaben in Gewerbesachen. Eine Sammlg. zahlr. Formulare f. Gesuche m. Anmeldg. v. freien Gewerben, v. an den Befähigungsnachweis gebundenen Handelsgewerben u. v. handwerksmäß. Gewerben; f. Gesuche um Genehmigg. v. Betriebsanlagen, um Verleihg. v. Konzessionen u. Lizenzen aller Art; f. Beschwerden u. Rekurse u. f. Gesuche in sonst. d. Handels- u. Gewerbebetrieb tangier. Verwaltungssachen. 2., unter voller Berücksicht. der neuen Gewerbegesetznovelle neubearb. Aufl. (VIII, 156 S.) gr. 8. Wien 909. M. Perles. 2.40; geb. in Leinw. n 3. 20

Kregcz, F., Beispiele f. Firmaprotokollierungs-Gesuche. (55 S.) 8. Mistek. Wien, Manz. —. 85.

KREGCZ, Robert
Leitfaden zur Conversation in deutscher und böhmischer Sprache mit grammatikalischer Erläuterung und kurzer Grammatik, nach neuer analytisch-graphischer Methode von Robert Kregcz. Brünn. [1900.] Karafiat & Sohn. XIX, 192 S. K 1.20
Der Titel ist auf dem Titelblatt auch in böhmischer Sprache gedruckt.

Kregel, J. C., de processionibus sacris. Marb. 1740. 4.

Kregel, Johann Benjamin (Eisleben / Mansfeld), Compendia principis ex jure Romano ad habitum territoriorum Germanicorum relata. Präs. Carl Otto Rechenberg. Lpz. (Joh. Heinrich Richter) 18. XII. 1725. 56 S. (6.20) 19466
Gew.: Christoph Dietrich Bose, Ludwig Adolph Frh. v. Zech.

— **Joh. Ernst** (Leipzig), De vicariatu Saxonico in casu absentiae imperatoris. Diss. jur. Lpz. (Martin Fuld) 25. X. 1707. 32 S. (6.—) 19467

— — Dasselbe. Lpz. (Gottfried August Stopffel) 1745. (5.80) 19468

Kregenow, Curt, s. K r e g e n o w , Kurt

Kregenow, Emil: B e i t r a g zur Hebung des Lehrlingsturnens, s. D o r n e r , A.

Gerätkunde für Turnlehrer und Turnvereine von E[mil] **Kregenow**, Turnwart, [&] W. S a m e l, Turnlehrer. Mit 224 Abb. Berlin: Weidmann 1905. (VIII, 124 S.) 8° [F.] [05. 11064

Kregenow, E., Lehrstoff f. d. Turnunterricht, s.: **B o h n , O.**

— s.: T a s c h e n k a l e n d e r f. d. Deutsche Turnerschaft.

— u. A. **Ellfeldt**, **Übungsgruppen** f. d. Mädchen- u. Frauenturnen z. Gebrauch in Schulen u. Turnvereinen. Handbuch insbes. f. Vorturnerinnen. 8. (IV, 76 S.) Berlin 897. R. Gaertner. Geb. in Leinw. n. 1. —

K r e g e n o w , E., Übungsgruppen der Musterriegen des deutschen Turnkreises IIIb beim 17. Kreisturnfest in Forst i. L., Berlin 1905, 138 S., 16°.

Kregenow, Kurt

Kregenow, Curt. Tierarzt aus Berlin: Ueber die Filtration des Staupecontagiums. ⟨Aus dem hygienischen Institut der Kgl. Tierärztlichen Hochschule zu Berlin. Leiter: Prof. Frosch⟩ Jena 1909. IV + 20 S. 8°. S.-A. aus dem Centralblatt für Bakteriologie. Abt. 1. Originale. Bd. 50. Heft 3. [25. II. 09.]
Bern Vet.-med. Diss. 1908/09

Kreglinger, die Typhus-Epidemie in Triberg, s.: **Hauser.**

Kreglinger, Karl

Kreglinger, Carl, systematisches Verzeichniss der in Deutschland lebenden Binnen-Mollusken. Wiesbaden 870. Kreidel. Lex.-8. (XXVIII, 403 S.) n. 6 Thlr 20 ngr.

v. Kregting, Andr. Jos., († d. 15. Jan. 1803.) mathemat. Beiträge zur Forstwissenschaft. 8. Marb. 788. Krieger. 16 gr
vgl. Kregting, Anton Josef v.

KREGTING, Anton Josef v.: Mathematische Beiträge zur Forstwissenschaft. - Gießen 1788. 80 S., 4 Abb., 6 Tab.
vgl. Kregting, Andr. Jos.

KREGTING, Anton Josef v.: Forst-Atlas oder Sammlung aller Hessen-Darmstädtischen Forsten mit Feld-Gemarkungen, nebst denen Abbildungen derer Städten und Oerter mit beigefügten Forst- und Holz-Tabellen. I. Theil: Forst Romrod. Heft 1-7. (Original von ca. 1780). - Hess. Landesbibl. Darmstadt, Handschr. Abt. Nr. 3093 o. J.

Kreh. Wilh., über die Regeneration der Lebermoose, s. a. A c t a , nova, academiae etc. naturae curiosorum. 90, IV.

Kreh, Wilhelm: Über die Regeneration der Lebermoose. Halle a. S. 1909: Karras. S. 217—301. 4° ¶(Aus: Nova Acta Caes. Leop. Car. Germ. Nat. Cur. Vol. 90.)
Tübingen, Naturwiss. Diss. v. 29. Febr. 1908, Ref. v. Vöchting
[Geb. 9. Sept. 84 Winnenden; Wohnort: Tübingen; Staatsangeh.: Württemberg; Vorbildung: Realgymn. Ulm Reife M. 02; Studium: Stuttgart Techn. Hochsch. 3, Tübingen 7 S.; Coll. 29. Febr. 08.] [U 10. 4245

Krehan, H.

Thon, C. F. G: Die Kunst, Bücher zu binden. 6. Aufl. von H. **Krehan.** Mit Atlas. Weimar 1865. Atl. Fol.

K r e h b i e h l , Gustavus A. A., die Muskulatur der Thränenwege und der Augenlider mit specieller Berücksicht. der Thränenleitung. Lex.-8. (36 S. mit 2 chromolithogr. Taf. in qu. gr. 4.) Stuttgart 878, Cotta'sche Buchh. *

Krehbiel, Albert

Krehbiehl, Alb., Franz Joseph Hugi in seiner Bedeutg. f. die Erforschg. d. Gletscher, s. a. Studien, Münchener geographische. 12.

Krehbiel, Albert, aus Weierhof: Franz Joseph Hugi in seiner Bedeutung für die Erforschung der Gletscher. *Ansbach 1902: C. Brügel & Sohn.* (88 S.) 8°
Erlangen, Phil. Diss. v. 18. Febr. 1902

Krehbiel, Albert: Franz Joseph H u g i in seiner Bedeutung für die Erforschung der Gletscher von –. Mit 2 Karten. München: Th. Ackermann 1902. (88 S.) 8°
= Studien, Münchener geographische. Stück 12.

Krehbiel, Eduard, Rechtspraktikant am kgl. Amtsgericht in Edenkoben: Der Vorvertrag. *Edenkoben 1903: H. Mietens.* (34 S.) 8°
Erlangen, Jur. Diss. v. 9. Nov. 1902

Krehbiel, Gustav: Leitfähigkeit und Ionenbeweglichkeit in zähen Lösungsmitteln. Erlangen 1909: Junge. 43 S. 8°
Erlangen, Phil. Diss. v. 2. Juni 1909, Ref. Wiedemann
[Geb. 26. Aug. 86 Weierhof i. d. Pfalz; Wohnort: Weierhof; Staatsangeh.: Bayern; Vorbildung: Gymn. Neustadt a. H. Reife 04; Studium: Erlangen 9 S.; Rig. 18. Mai 09.] [U 09. 838

Krehbiel, Heinrich, Prof., und Schraub, Franz. Das Gymnasial-Gebäude zu Lohr a/M. Würzburg 1905: J. M. Richter. (37 S.) quer-8°
Lohr, k. human. G P 1905*

Kreher, Hans, a. Zwickau: Aus d. Frauen-Klinik d. Univ. Jena. Der Einfluß der Milchsäure auf die Vaginalstreptokokken. Jena 1910: Kämpfe. 26 S. 8°
Jena, Med. Diss. v. 28. Febr. 1910, Ref. Franz
[Geb. 19. Jan. 85 Ebersgrün; Wohnort: Gotha; Staatsangeh.: Reuß j. L.; Vorbildung: Gymn. Zwickau Reife O. 04; Studium: Jena 6, Berlin 1, Leipzig 1, Jena 2 S.; Coll. 18. Febr. 10; Approb. 30. April 10.] [U 10. 2302

Krehl, Alfred: Der Dichter des Gaydonepos. Eine literar.-ästhet. Untersuchung. Tübingen: Heckenhauer in Komm. 1909. VII, 118 S. 8°
Tübingen, Phil. Diss. v. 28. Juni 1909, Ref. Voretzsch
[Geb. 24. Febr. 84 Eßlingen; Wohnort: Eßlingen; Staatsangeh.: Württemberg; Vorbildung: Ev.-theol. Sem. Urach Reife Sommer 02; Studium: Tübingen 10 S.; Coll. 4. Juni 08.] [U 09. 3955

K r e h l , Aug., evangelisches Hauspredigtbuch auf alle Sonn- und Feiertage des Kirchenjahres. Eine Sammlung von Predigten zur häusl. Gottesverehrung. 3. Aufl. (In ca. 20 Heften.) 1.—8. Heft. gr. 4. (S. 1—320 mit 7 Stnt., wovon 6 in Bunt- und 1 in Tondr.) Dresden 870—72, Tittel. à Heft 50 Pf.

Krehl, August Gottlob Ludwig, s. K r e h l , August Ludwig Gottlob

Krehl, August Ludwig Gottlob

Krehl, Aug. Glo. Ldw., A b s c h i e d s p r e d i g t, am Tage Quasimodogeniti, 6. April 1834 in der k. Landesschulen-Kirche zu St. Afra in Meißen, bei der Niederlegung des Pfarramts gehalten. gr. 8. Dresden 834. (Leipzig, Reclam.) 1/6 Thlr

— A n t r i t t s p r e d i g t am Sonntage Exaudi 11. Mai 1834 in der Universitätskirche zu St. Pauli in Leipzig gehalten. gr. 8. Leipzig 834. Reclam. 1/8 Thlr

Krehl, Aug. Ldw. Glo., Beicht- u. Communionbuch für evangel. Christen. Mit 1 Steindr. 8. Meißen 829. (Leipz., Herbig). 12 gr

K r e h l , Aug. Ludw. Glob., der Brief an die Römer ausgelegt. gr. 8. (35½ B.) Leipzig 845. [Köhler'sche Vrlgsb.]

— s. Cicero, tusculan. Untersuch.

— — Descriptio theologiae practicae. Lpz. (Staritz) 18. VII. 1846. 15 S. (—.80) 19473

— — Praefatio de doctoratu Lutheri in solemni renuntiatione doctorum theologiae d. 18. Febr. recitata c. app. vitae doctorum nuper creatorum. (Rector univers. Lips. D. Ludwig v. Pfordten sacra pentecostalia). Lpz. (Staritz) 1846. 58 Seiten. (6.—) 19472

Biogr. v.: Gustav Moritz Redslob (Querfurt), Ernst Volkmar Kohlschütter (Dresden; M.: C. L. Kreysig), Carl Ferdinand Braeunig (Leipzig; M.: M. S. Weber), Carl Christian Zapff (Plauen/V.: M.: C. Eisenreich), Ewald Friedrich Hoffmann (Stolpen; M.: F. L. Schmaltz), Friedrich Lebrecht Liebe (Ganzig b. Oschatz), Franz Eduard Schleinitz (Zschaitz b. Doebeln), Julius Eduard Dreschke (Rabenau), Theodor Gerhard Leopold (Auerswalde b. Chemnitz; M.: C. Jungkmichel) Friedrich Grimm (Mylau/Vogtl.; M.: L. Wehner), Carl August Wildenhahn (Zwickau), Gottlob Christian Schmidt (Brückena/Thür.; M.: A. B. Köhler), Carl Julius Klemm (Zwickau; M.: J. C. E. Isaac), M. Christian Adolph Pescheck (Jonsdorf b. Zittau; M.: C. D. Klien).

— Gebete. 8. Dresd. 818. 2e A. 819. Hilscher. 16 gr. Schrbp. 1 Thlr.

Krehl, (A. L. G.,) Gebete. 2e Ausg. 8. Dresden 821, Hilscher. 16 gr. Velinp.

—— Gebete. Neue, wohlf. Ausg. 8. (13¼ B. u. 1 Stndr.) Zittau 834, [Birr.]

—— evangel. Gebete, z. Gebr. in d. Kirchen u. Gymnasien. gr. 8. (20½ B.) Meißen 832. 1 Thlr. 10 Gr. Neue, wohlf. Ausg. (N. Tit.) [Leipzig 835, Vetter u. Rostosky.]

— über d. Glaubensspaltungen in d. evangel. Kirche. Predigt am Reformationsfeste 1826. gr. 8. Leipz. 827. Lehnhold. 3 gr.

Krehl, Aug. Ludew. Gtlo., das Glück d. Sachsen. Pred. am 4. Sept. 1839. gr. 8. (1¼ B.) Leipzig 840, C. H. Reclam. *

Krehl, Aug. Ludw. Glob., neu-testamentliches Handwörterbuch, z. Darstellung d. christl. Glaubens- u. Sittenlehre für Prediger der evangel. Kirche. Lex.-8. (42 B.) Leipzig 843, C. H. Reclam sen. Thlr.

—— das Herrn-Mahl. Andachtsbuch f. evangel. Abendmahlsgenossen. 8. (18¼ B.) Leipzig 840, B. Tauchnitz jun.

—— je vernünftiger Jemand, ein desto bess. evangel. Christ. Pred. üb. 1. Thessal. 5, 21. gr. 8. (1¼ B.) Leipzig 835, C. H. Reclam.

— s. v. Kempen, Th., Nachfolge Christi.

— die seligmachende Kraft des Evangeliums; ein Beweis für d. Göttlichkeit Jesu u. seiner Lehre. Eine Gastpredigt am Sonnt. Quasimod. 1828 bei d. Sophiengottesdienst in Dresden über d. Sonnt.-Epistel. gr. 8. Meißen 828. Klinkicht. 3 gr.

—— das Leben im Geiste Christi. Eine Samml. v. Predigten bei dem akadem. Gottesdienste in der Kirche zu St. Pauli geh. 2 Hfte. gr. 8. (à 12 B.) Leipzig 844. [Köhler'sche Vrlgsh.] à *

Krehl, August Ludwig Gottlob, De momento resurrectionis Jesu Christi in institutione apostolica. Diss. exeget.-dogmat. Pars prior. Meissen (F. W. Goedsche) 1830. 30 S. (4.50) 19469

— — Observationes ad interpretes Graecos ac Latinos veteres libri Iob criticae. Comment. theol. Specim. I. Lpz. (Staritz) 23. VII. 1834. 46 S. (5.50) 19470

— Predigt am Jahresfeste d. Missions-Hilf-Vereines, s. Predigten, fünf.

—— Predigt am dritten Jubelfeste d. Einführung d. Reformation in Leipzig, als am Pfingsttage 1839 bei d. akadem. Gottesdienste in d. Universitätskirche gehalten. gr. 8. (1¼ B.) Leipzig, C. H. Reclam. *

— Predigt am 2ten Tage des Reformationsfestes 1817. 8. Dresd., Meinhold u. S.

— evangel. Predigtbuch auf alle Sonn- u. Festtage des ganzen Kirchenjahres. 2 Thle, mit d. Verfass. Bildn. gr. 4. Meißen 825, 26. (Leipz., Herbig). 2 Thlr. 10 gr.

—— Predigtbuch auf alle Sonn- u. Festtage d. Kirchenjahres. 2 Thle. 2., verb. u. verm. Aufl. gr. 8. (68 B.) Leipzig 841, C. H. Reclam.

— über Presbyterien u. Ephoralsynoden. Ein Bedenken offen u. unbefangen ausgestellt. gr. 8. Dresd. u. Leipz. 832. Arnold. 4 gr.

— s. Caes. Prisciani Grammatici.

Krehl, A. L. G., qua forma (μορφῇ) Jesus redivivus discipulis suis apparuerit. Lips. 1845. 4.

— nothwend. Rechtfertigung d. wahren Protestantismus gegen seine Feinde u. Ankläger. 2 Predigten. gr. 8. Meißen 826. Goedsche. 4 gr.

—— Rede am Constitutions-Feste, s. Predigten, fünf.

— Rede zur Vorbereitung auf d. Feier d. Abendmahls d. 24. Mai 1819 in Dresden gehalten. 8. Dresd. 819.

— zwei christl. Reden. gr. 8. Dresd. 818. Arnold. 4 gr.

— — Symbolae ad theologiam N. T. part. I. Qua forma (μορφῇ) Jesus redivivus discipulis suis apparuerit? Cap. I. (Rector univers. Lips. D. Carl Friedrich Guenther memoriam instauratae ecclesiae et solemnem inaug. successoris in summo magistratu academico D. Ludwig v. Pfordten). Lpz. (Staritz) 31. X. 1845. 36 S. (5.50) 19471

— Tabellen über d. deutsche Orthographie u. Interpunktion, für d. königl. sächs. Ritter-Akademie entworfen. Fol. Dresd. ... Arnold. 2 gr.

—— was müsse geschehen, wenn d. neue Verfassung d. sächs. Volke wirkl. Segen bringen soll? Rede bei d. kirchl. Feier d. Constitution am 4. Sept. 1832. gr. 8. (1½ B.) Meißen, [Klinkicht u. Sohn.]

—— Widerlegung d. Vorwurfs, daß d. evangel. Kirche aufrührerischen Sinn in ihren Mitgliedern erzeuge u. unterhalte. Pred. am Reformationsfeste 1830 üb. e. freien Text in d. St. Afra-Kirche geh. gr. 8. (1½ B.) Meißen, (Klinkicht u. Sohn.)

Krehl, C. E., evangel. Unterricht. 8. Stollb. 767. (W. Nauck in Leipz.) 8 gr.

Krehl, C. H. F., s. Krehl, Karl Heinrich Ferdinand

Krehl, Georg, a. Wollin in Pommern: Der bewegliche Getreidezoll. Greifswald 1905: J. Abel. (82 S.) 8° [J.]
Greifswald, Phil. Fak., Ref. Oldenberg, Diss. v. 4. Nov. 1905
[Geb. 3. Dez. 76 Greifswald; Wohnort: Stettin; Staatsangeh.: Preußen; Vorbildung: Friedr.-Wilh.-Realgymn. Stettin Reife O. 95; Studium: Berlin 2, Marburg 7, Greifswald 9 S.; Rig. 25. Febr. 05.]

Krehl, Karl Heinrich Ferdinand

Krehl, Carl Heinrich Ferdinand: „Ueber die Aufhebung der Grundgefälle. Einladungsschrift zu seinen Vorlesungen", Tübingen 1820 (Osiander): — Vorh.: UB Würzburg —

Krehl, Karl Hnr. Fd. Beiträge zur Bildung der Steuerwissenschaft. gr. 8°. Stuttgart, Sattler, 1819.

— J. Bund d. Deutschen. Eine patriot. Idee, u. frag hinzu: (von K. H. F. Krehl).

— Diss. inaug. (praes. Ch. Th Gmelin) de casu post moram praestando. 4. Tübing. 804

Krehl, C. Heinr. Ferd.: Ueber d. Loosungen, vorzügl. üb. ihre Ausdehnung auf alle Veräusserungsfälle. Ein Beitr. z. Bildung d. Würtemberg. Privatrechts, besond. in Bezieh. auf d. Lehrmeinungen d. Herren *Griesinger* u. *Weishaar*. *Ulm*, Wohler. 814. 8. (7 Gr.)

Krehl, C. H. F., üb. die Loosungen, vorzügl. üb. ihre Ausdehnung auf alle Veräußerungsfälle ꝛc. 8. Ulm, Wohler. 815.

Krehl, C. Heinr. Ferd.: Ueber d. Organisation d. Civil-Justizpflege bei d. Untergerichten in Würtemberg. *Stuttgart*, Metzler. 816. 8. (4 Gr.)

Krehl, Karl Hnr. Fd. Skizze eines Steuersystems nach den Grundsätzen des Staatsrechtes. gr. 8°. Erlangen, Palm u. E., 1814.

Krehl, Karl Hnr. Fd. Das Steuersystem nach den Grundsätzen des Staatsrechtes und der Staatswirtschaft. gr. 8°. Erlangen, Palm u. E., 1816.

Krehl, Ludolf

Krehl, Ludolf (Red.), s. Abhandlungen f.d. Kunde des Morgenlandes.

Krehl, Ludf., s.: Archiv, deutsches, f. klinische Medizin.

— s.: Beiträge, anatomische, experimentelle u. klinische, zur Pathologie d. Kreislaufs.

Krehl, Ludolf, Beiträge zur Charakteristik der Lehre vom Glauben im Islâm. [Universitätsschrift.] Lipsiae [1877]. 4°.

— — Beiträge zur muhammedanischen Dogmatik. I. (Aus den SKSGW., Band 37.) Leipzig 1885.

Krehl, L., Beiträge zur Kenntniss der Füllung u. Entleerung d. Herzens. [Aus: „Abhandlgn. d. k. sächs. Gesellsch. d. Wiss."] Lex.-8. (24 S. m. 1 z. Thl. farb. Taf. u. 7 Bl. Erklärgn.) Leipzig 891. S. Hirzel. n. 5. —

Krehl, Ludf., s.: el-Bokhâri, Abou Abdallah Mohammed ibn Ismaîl, le recueil des traditions mahométanes.

Krehl, Ludolf, Dr., o. ö. Prof. d. spez. Pathol. u. Therapie: Ueber die Entstehung der Diagnose. *Tübingen 1903: G. Schnürlen.* (37 S.) 4°
Tübingen, Einladungsprogr. zum Geburtstage d. Königs 1903

— über die Entstehg. hysterischer Erscheinungen, s.a. Sammlung klinischer Vorträge.

Über die Entstehung hysterischer Erscheinungen von L[udolf] Krehl (Greifswald). *Leipzig: Breitkopf & Härtel 1902.* (18 S.) 4°(8°)
= Sammlung klinischer Vorträge. N. F. No 330.

— die Erkrankungen d. Herzmuskels u. die nerv. Herzkrankheiten, s.a. Pathologie u. Therapie, specielle. XV. 1. Thl., V.

Die Erkrankungen des Herzmuskels und die nervösen Herzkrankheiten. Von Prof. Ludolf Krehl, Greifswald. Mit 2 Abb. *Wien: A. Hölder 1901.* (VII, 462 S.) 8°
— Pathologie, Specielle, u. Therapie. Bd 15, Th. 1, Abt. 5.

Krehl, L., Gustav Flügel. [Wissenschaftliche Beilage der Leipziger Zeitung No. 87. 1871.] [Leipzig 1871.]

Krehl, s.: Gesellschaft, die deutsche morgenländ.

— Grundriss der allgemeinen klinischen Pathologie. gr. 8. (VIII, 238 S.) Leipzig 893. F. C. W. Vogel. n. 6. —; geb. n. 7. 25

— s.: Handbuch der allgemeinen Pathologie.

Krehl, Lud., das Leben und die Lehre des Muhammed. 1. Thl. A. u. d. T.: Das Leben des Muhammed. 8. (VIII, 384 S.) Leipzig 884, O. Schulze. *M 6.; geb. *

— Lehrbuch der inneren Medizin, s.: Mering, J. v.

Krehl, Ludolf, de numis Muhammedanis in numophylacio regio Dresdensi asservatis commentatio. 8maj. (VII und 113 S.) Lipsiae 856, libr. Dyk. Thlr. *

Krehl, Ludf., patholog. Physiologie. E. Lehrbuch f. Studierende u. Aerzte. 2. Aufl. d. Grundrisses d. allgem. klin. Pathologie. gr. 8. (VIII, 572 S.) Leipzig 898. F. C. W. Vogel. n. 15. —; geb. n. 16. 25

— Pathologische Physiologie. Ein Lehrb. f. Studier. u. Aerzte. 3., neubearb. Aufl. (XVI, 620 S.) gr. 8. Leipzig 904. F. C. W. Vogel. n. 15. —; geb. n. 16. 50

Pathologische Physiologie. Ein Lehrbuch f. Studierende u. Ärzte von Rudolf **Krehl.** 4. neu bearb. Aufl. Leipzig: F. C. W. Vogel 1906. (XX, 631 S.) 8°

Pathologische Physiologie. Ein Lehrbuch f. Studierende u. Ärzte von Dr. Ludolf **Krehl,** Prof. Mit e. Beitrag von Prof. E[rnst] Levy in Strassburg. 5. neu bearb. Aufl. Leipzig: F. C. W. Vogel 1907. (XX, 649 S.) 8°

— Pathologische Physiologie. Ein Lehrbuch f. Studierende u. Ärzte. Mit e. Beitrag v. E. Levy. 6. neu bearb. Aufl. (XX, 708 S.) gr. 8. Leipzig 910. F. C. W. Vogel. 15.—; geb. 16. 50
4. Aufl. (XX, 631 S.) 906. — 5. neu bearb. Aufl. (XX, 649 S.) 907. 15.—; geb. 16.50.

Krehl, Ludolf, über die Religion der vorislamischen Araber Lex.-8. (VII und 92 S.) Leipzig 863, Serig'sche Buchh. *
[Habilitationsschrift.]

— s.: Rezepte d. klin. Anstalten in Jena.

Krehl, Ludolf, Ueber die Sage von der Verbrennung der Alexandrinischen Bibliothek durch die Araber. [Estratto dagli Atti del IV Congresso Internazionale degli Orientalisti.] Florenz 1880.

— Über die Störung chemischer Korrelationen im Organismus. Nach e. auf d. Naturforscherversammlg. in Stuttgart geh. Vortrage. (34 S.) gr. 8. Ebd. 907. 1. —

Die alterirten Accorde. Versuch e. Erklärung u. Bezeichnung derselben von Stephan Krehl. (Karlsruhe [um 1899]: Thiergarten.) 19 S. 8°

Krehl, Steph., Beispiele u. Aufgaben z. Kontrapunkt. (IV, 64 S.) 30,5×23 cm. Leipzig 908. G. J. Göschen. 2 50

Krehl, Steph., musikalische Formenlehre (Kompositionslehre), s. a. Sammlung Göschen.

Krehl, Stephan: Musikalische Formenlehre ‹Kompositionslehre› von Stephan Krehl. T. 1. 2.
Leipzig: G. J. Göschen 1902–03. 2 Bde. 8°
1. Die reine Formenlehre. 1902. 2. Die angewandte Formenlehre. 1903.
(Sammlung Göschen. 149. 150.)

Musikalische Formenlehre. ‹Kompositionslehre.› Von Stephan Krehl. Neudr. T. 1. Leipzig: Göschen 1905. 8°
(Sammlung Göschen. 149.)

— Fuge, s. a. Sammlung Göschen.

Krehl, Stephan: Fuge. Erläuterung u. Anleitung z. Komposition derselben. Von –. Leipzig: Göschen 1908. 127 S. 8°
(Sammlung Göschen. 418.)

— Kompositionsunterricht u. moderne Musik, s. a. Magazin, musikalisches.

Krehl, Stephan: Kompositionsunterricht und moderne Musik. Von –. Langensalza: Beyer 1909. 23 S. 8°
(Musikalisches Magazin. H. 25.)

— Kontrapunkt, s. a. Sammlung Göschen.

Krehl, Stephan. Kontrapunkt. (Sammlung Göschen.) Leipzig 1908.

— Allgemeine Musiklehre, s. a. Sammlung Göschen.

Allgemeine Musiklehre von Stephan Krehl. *Leipzig: G. J. Göschen 1904.* (158 S.) 8°
(Sammlung Göschen. 220.)

Krehl O, Zinstafeln nach Reichswährung. Stuttgart 1874

Kreibel, E., wie sollen wir rauchen? Aerztliche Anleitung zur Vermeidung der Schädlichkeiten d. Tabaksgenusses. 4. u. 5. Aufl. gr. 8. (48 S.) Berlin 888. Hampel. n. 1. —

Kreibich Emil: Über die Wiener und Milstäter Handschrift der „Genesis". 37. Tetschen. 01.
Progr.

Kreibich, Hans R., Ollelee aus'n Darfe. Heit. Geschichten u. Gedichte in nordböhm. Mundart. 12. (76 S.) Leipa (895). J. Künstner. n. — 50

Kreibich, Hans R., „Pachblüml u. Battlzwackn". Lustige Geschichten u. Gedichte in Algersdorfer Mundart, gesammelt v. K. (85 S.) 8. Aussig 907. A. Grohmann. 1. —

Kreibich, J., der Handarbeits-Unterricht für die männliche Jugend und der Slöjdunterricht in der Schule vom Standpunkte der Pädagogik, s. Erziehung, Unterricht, Schulwesen.

Kreibich, J., der Handarbeits-Unterricht f. die männliche Jugend u. der Slöjdunterricht in der Schule vom Standpunkte der Pädagogik, s.: Urban, J.

Kreibich, Joh., d. französ. Sprichwörter als Musterbeispiele d. syntakt. Regeln. gr. 8. (60 S.) Prossnitz 896. Olmütz, Selbstverlag. n. 1. —

— Übungssätze zu den unregelmäßigen französischen Zeitwörtern, entnommen Becht 's franz. Sprech- und Lesebuche, Unter- und Mittelstufe. 36. Olmütz. R. 99.
Progr.

Kreibich, Karl, zur Ätiologie u. patholog. Anatomie d. Lobulärpneumonie, insbes. d. Aspirations-Pneumonie, s. a. Beiträge zur klin. Medicin u. Chirurgie.

Kreibich, Dr. Karl, Zur Aetiologie und pathologischen Anatomie der Lobulärpneumonie, insbesondere der Aspirations-Pneumonie. Aus dem pathologisch-anatomischen Institute in Wien. (Beiträge zur klinischen Medicin u. Chirurgie, Heft 13.) Gr.-8. (IV, 79 S.) 1.—
Wien: W. Braumüller 1895.

Kreibich, K., die angioneurotische Entzündung. (126 S. m. 3 Taf.) gr. 8. Wien 905. M. Perles. n. 3. —

— Lehrbuch der Hautkrankheiten. (VIII, 481 S. m. 10 Abbildgn. u. 2 Taf.) gr. 8. Ebd. 904. n. 10. —; geb. in Leinw. n. 12. —

Kreibich, Karl, ein Wort an d. Arbeiterjugend!, s. a. Lichtstrahlen.

Ein Wort an die Arbeiterjugend! Von Karl Kreibich. Wien: Brand 1910. 32 S. 8°
(Lichtstrahlen. Nr 20.)

Kreibich, Max, Elemente der prakt. Geometrie. Zum Gebrauche an land- u. forstwirtschaftl. sowie verwandten Lehranstalten u. zum Selbstunterricht. [Aus: „Eckert-Lorenz, Lehrbuch der Forstwirtsch."] gr. 8. (VI, 128 S. m. 144 Fig.) Wien 902. W. Frick. n. 3. —

Kreibig, Franciscus: • Commentationem philologicam de carmine, quod est inde a vs. 668 usque ad vs. 719 Oedipi Colonensis, fabulae Sophocleae scripsit. 32 Bl. 4° (2°)
Halle-Wittenberg, Phil. Diss. v. 29. Juli 1861
Geb. [Berlin 4. 1. 1838]

Kreibig, Gustav

Kreibig, G., die Räthsel der göttlichen Vorsehung. 8. (45 S.) Berlin 886. Wiegandt & Grieben. n. — 60

Kreibig, und H. Schmidt, Versöhnung und Rechtfertigung. Ihr theolog. Zusammenhang, ihre kirchl. Bedeutung. Zwei Vorträge, auf dem Vereinstage der Freunde der positiven Union zu Berlin am 27. Septbr. 1882 gehalten. gr. 8. (51 S.) Magdeburg 883, (E. Baensch jun.) *

Kreibig, Gust., die Versöhnungslehre auf Grund des christlichen Bewußtseins dargestellt. gr. 8. (VII, 423 S.) Berlin 878. Wiegandt & Grieben. n. 6. —

Kreibig, J. C., s. Kreibig, Josef Klemens

Kreibig Josef: Beitrag zur Geschichte und Kritik des ethischen Skeptizismus von Protagoras bis Montaigne.
1893 Diss. Innsbruck. Univ. 1360

Kreibig, Jos., Epikur. Seine Persönlichkeit u. seine Lehre. Eine Monographie in populärer Fassg. gr. 8. (50 S.) Wien 886. Halm & Goldmann. n. 1. —

Kreibig, Josef Klemens

Kreibig, Jos. Clem., Abschreibung oder Reserve? schmal gr. 8. (15 S.) Linz 902. (E. Mareis.) n. 1. —
Sonderabdruck aus: „Zeitschr. f. Buchhaltung".

Kreibig, Jos. Clem., d. **Aufmerksamkeit** als Willenserscheing. E. monograph. Beitrag zur descript. Psychologie. gr. 8. (VI, 95 S.) Wien 897. A. Hölder. n. 2. 20

Kreibig, Jos. Klem., s.: **Auswahl** kaufmännischer Fachausdrücke in neuer Rechtschreibung.

Kreibig, Jos. Klem., Bilanz u. Steuer, s.: Reisch, Rich.

— Die intellektuellen Funktionen. Untersuchgn. üb. Grenzfragen der Logik, Psychologie u. Erkenntnistheorie. (X, 319 S.) gr. 8. Wien 909. A. Hölder. 6. —

Geschichte und Kritik des ethischen Skepticismus. Von Dr. Josef Clemens **Kreibig**. *Wien: A. Hölder 1896.* (VI, 162 S.) 1 Bd 8. [96. 360]

Kreibig, Jos. Clem., psychologische **Grundlegung** e. Systems der Wert-Theorie. gr. 8. (VII, 204 S. m. Fig.) Wien 902. A. Hölder. n. 4. 20

— Hilfsbuch f. das kaufmänn. Rechnen an kaufmänn. Fortbildungsschulen. 3 Bdchn. gr. 8. Wien 903. A. Hölder. Geb. in Leinw. n. 2. 80
1. (III, 58 S.) n. — 84. — 2. (III, 72 S.) n. 1. —
3. (III, 61 S.) n. — 96

— Hilfsbuch f. das kaufmännische Rechnen an kaufmännischen Fortbildungsschulen. 3. Bdchn. 2. Aufl. Im wesentlichen unveränd. Abdr. der 1. Aufl. (III, 61 S.) gr. 8. Ebd. 908. Geb. — 85

KREIBIG, Josef Clemens
Staatliche Institutionen für Lebens- und Rentenversicherung. Von Dr. Josef Clemens Kreibig. Wien. 1901. Hölder. Gr.-8°. 35 S. K —.80

— die **Kontokorrentlehre.** (VII, 210 S.) Lex.-8. Wien 904. C. Konegen. n. 5. —; geb. n. 6. 25

— Lehrbuch d. **kaufmänn. Arithmetik** f. höhere Handelslehranst. 3 Thle. gr. 8. Ebd. 896. Geb. n. 9. 20
1. (IV, 178 S.) n. 2. 60.
2. (IV, 229 S.) n. 3. 24.
3. (IV, 238 S.) n. 3. 36.

— **Lehrbuch** der kaufmännischen Arithmetik f. höh. Handelslehranstalten. 1.—3. Thl. 2., verb. Aufl. gr. 8. (IV, 177 S.) Ebd. Geb. in Leinw. n. 9. —
1. 2. verb. Aufl. (IV, 177 S.) 900. n. 2. 70
2. 2. verb. Aufl. (IV, 197 S.) 900. n. 3. —
3. 2. verb. Aufl. (IV, 223 S.) 901. n. 3. 30

— dasselbe f. vierklassige höhere Handelslehranstalten. 4 Tle. 3., verb. Aufl. 8. Ebd. 904. Geb. in Leinw. n. 10. —
1. (IV, 181 S.) n. 2. 40. — 2. (IV, 188 S.) n. 2. 50.
3. (IV, 215 S.) n. 2. 80. — 4. (IV, 163 S.) n. 2. 30.

— Lehrbuch der kaufmännischen Arithmetik f. vierklassige höh. Handelslehranstalten. 3. Tl. 4., verb. Aufl. Im wesentl. unveränd. Abdr. der 3. Aufl. (IV, 213 S.) gr. 8. Ebd. 908. Geb. 2. 80

Kreibig, Dr. J. K., Lehrbuch der kaufmännischen Arithmetik für vierklassige höhere Lehranstalten. IV. Teil. 4., verbesserte Auflage. Wien 1909. A. Hölder.

Kreibig, Dr. J. K., Lehrbuch der kaufmännischen Arithmetik für höhere Handelsschulen (Handelsakademien). I. und II. Teil. 5. Auflage. Wien 1910. Alfred Hölder. I. Teil, geb. K 2.86, II. Teil, geb. K 3 —.

— **Lehrbuch** der kaufmänn. Arithmetik f. d. Deutsche Reich. 2 Bde. gr. 8. Wien 905. A. Hölder. Geb. in Leinw. n. 7. 12
I. 1. Stufe: Grundlagen der kaufmännischen Arithmetik.
2. Stufe: Arithmetik des einfacheren deutschen Bank- u. Warengeschäftes. (IX, 368 S.) n. 4. 32
II. 3. Stufe: Höhere kaufmännische Arithmetik m. Berücksichtg. des Auslandes. (V, 222 S.) n. 2. 80

— Leitfaden des **kaufmänn. Rechnens** f. zweiclass. Handelsschulen. gr. 8. (VI, 287 S.) Ebd. 897. Kart. n. 2. 64

KREIBIG, Josef Clemens
Leitfaden des kaufmännischen Rechnens für zweiclassige Handelsschulen von Dr. Josef Clemens Kreibig. 2., verbesserte Auflage. Wien. 1899. Hölder. Gr.-8°. VI, 297 S. Cart. K 2 72

KREIBIG, Josef Clemens
Leitfaden des kaufmännischen Rechnens für zweiclassige Handelsschulen von Dr. Josef Clemens Kreibig. 3., verbesserte Auflage. Wien. 1901. Hölder. Gr.-8°. VI, 296 S. Geb. K 2.72

— **Leitfaden** des kaufmännischen Rechnens f. zweiklassige Handelsschulen. 4., verb. Aufl. (In neuer Rechtschreibg.) gr. 8. (VI, 318 S.) Ebd. 902. Kart. n. 2.96

Kreibig, Dr. J. K., Leitfaden des kaufmännischen Rechnens für zweiklassige Handelsschulen. 5. Auflage. Wien 1904. A. Hölder. Preis, gebunden 2 K 96 h.

— **Leitfaden** des kaufmänn. Rechnens f. zweiklassige Handelsschulen. 6. Aufl. (VI, 324 S.) gr. 8. Ebd. 906. Geb. n. 2. 60

Kreibig, Dr. J. K., Leitfaden des kaufmännischen Rechnens für zweiklassige Handelsschulen. 7. Auflage. Wien 1907. A. Hölder. Geb. K 3.—.

Kreibig, J. K., Leitfaden des kaufmännischen Rechnens für zweiklassige Handelsschulen. 8. Aufl. Gr.-8°. (VI, 324 S.) geb. K 3 —
Wien: Hölder 1908.

Kreibig, Dr. J. K., Leitfaden des kaufmännischen Rechnens für zweiklassige Handelsschulen. 9. Auflage. Wien 1910. Alfred Hölder. Geb. K 3.—.

Kreibig, Jos. Clem., **Münz-Tabelle,** enth. die Prägungsverhältnisse sämmtl. derzeit umlaufsfäh. Münzen u. deren Paritäten in österreichisch-ungar. Kronenwährung, sowie in Mark- u. Francs-Währg. gr. 8. (IV, 55 S.) Wien 892. Manz. n. 2. 40

— Ueber die Natur der Begriffe, s.: Vorträge u. Besprechgn. üb. das Wesen der Begriffe.

— **Seelenwanderungen.** Psychologische Novellen u. Legenden. 8. (VII, 144 S.) Dresden 892. E. Pierson. n. 2. —; geb. n. 3. —

— Die 5 Sinne des Menschen, s. a. Aus Natur u. Geisteswelt.

Kreibig J C. die fünf Sinne d. Menschen. (130 S) (A. Nat. u Gw. 27) Leipzig 1901

Die fünf Sinne des Menschen. Ein Zyklus volkstüml. Univ.-Vorlesungen von Privatd. Dr. Josef Klemens **Kreibig** (auf d. Umschl.: K. Kreibig). 2., verb. Aufl. Mit 30 Abb. Leipzig: B.G. Teubner 1907. (132 S.) 8° [J.]
— **Natur,** Aus, u. Geisteswelt. Bdch. 27. [07. 17999]

Kreibig Josef Klemens Über Wahrnehmung S 165 6 . . . . —.95
Separatabdruck

Kreibitz [Schlagwort]

Kreibitz, s.: **Oberlausitz.**

Kreibohm, Heinr. Ernst Wilh., Antrittspredigt über 2. Corinther 1. 24, am 28. November 1865 gehalten. Hamburg 865. Nolte. gr. 8. (23 S.) 3 ngr

Kreibohm, Rudolf [aus Goettingen]: Ueber das Vorkommen pathogener Mikroorganismen im Mundsecret. . . . Helmstedt, Druck v. J. C. Schmidt, 1889; 37 S. 8°
Göttingen, Med. Fak., Inaug.-Diss. v. 26. März 1885

Kreibohm, R., üb. das Vorkommen pathogener Mikroorganismen im Mundsecret. Inaug.-Diss. gr. 8. (37 S.) Helmstedt 889. (Göttingen, Vandenhoeck & Ruprecht's Verl.) n. — 80

Kreich, Alfred [aus Kiel]: Achtzehn Nieren-Operationen aus der Münchener chirurgischen Klinik ... München, Druck v. Knorr & Hirth, 1896; 52 S. 8.
München, Med. Fak., Inaug.-Diss. v. 1896

Kreich, Ernst [aus Dölitz (Pommern)]: Zur Anatomie des weiblichen Beckens .... Berlin, Druck v. L. Pakuschor (1887); 1 Bl. + 26 S. + 1 Bl. 8°.
Berlin, Med. Fak., Inaug.-Diss. v. 5. Febr. 1887.

Kreichauf, Ludwig, s. Crispi, Francesco: Das neue Italien und der Papst.

Kreichgauer, Andreas, aus Annweiler: Ueber den Einfluss von Säuren auf das optische Drehungsvermögen von Asparaginlösungen. *Marburg 1899: O. Ehrhardt.* (28 S.) 8° Marburg, Phil. Diss. v. [30. Okt.] 1899

Kreichgauer, Anton [aus Annweiler '(Bayr. Rheinpfalz)']: Zur Quantitativen Bestimmung des Bleis ... Würzburg, P. Scheiners Buchdr., 1894; 45 S., 2 Taf. 8.
Würzburg, Phil. Fak., Inaug.-Diss. v. 1894

Kreichgauer, D. [aus Rockenhausen]: Zur Bestimmung von Trägheitsmomenten durch Schwingungsversuche .... Leipzig, Druck v. Metzger & Wittig, 1885; 38 S. 8°.
Würzburg, Phil. Fak., Inaug.-Diss. v. 1885.

Kreichgauer, Damian, S. V. D., die Äquatorfrage in der Geologie. gr. 8. (394 S. m. Abbildgn. u. 1 Taf.) Steyl 902. Missionsdruckerei. n. 7. —; geb. n. 9. —

Kreichgauer, (Damian), unsere Erde, s.: Waagen, L.

— s.: Himmel u. Erde.

— Das Sechstagewerk. Versuch e. naturwissenschaftl. Würdigg. des bibl. Schöpfungsberichtes. (75 S.) 8. Steyl 907. Missionsdruckerei. Geb. 1. —

Kreichgauer, Rosa, Medizinalprakt.: Zur Frage der Vererbung von Geisteskrankheiten. Freiburg i. B.: Speyer & Kaerner 1909. 202 S. 8°
Freiburg i. B., Med. Diss. v. 1909, Ref. Hoche
[Geb. 24. März 82 Rheinzabern; Wohnort: Freiburg i. B.; Staatsangeh.: Bayern; Vorbildung: Gymn. Reife O. 03; Studium: Freiburg i. B. 5, München 2, Freiburg i. B. 3 S.; Coll. 16. Juli 09.] [U 10. 981

Krejčí, A., Jezdci Č. II. (Ritter. II. T.) Přel. (übers.) Pr. 1904. 25 S.

Krejčí, Aug., Jarosit v. Písek. [Aus: „Sitzungsber. d. k. böhm. Gesellsch. d. Wiss."] gr. 8. (3 S. m. 3 Fig.) Prag 896. (F. Řivnáč.) n.n. — 10

Krejčí, F., Ueber die ursprüngl. Bedeutung d. griech. Daimones. S.-A. O. J. 15 S.

Krejčí, F. V., Friedrich Smetana. (Moderne Musiker.) (54 S. m. 3 Bildnissen u. 1 Fksm.) gr. 8. Berlin (907). Harmonie. 1. —

Krejci, Frl. Fanny, u. **Ant. Kahler**, die „Z"-Frage. 2 Referate, erstattet in der Versammlg. des „Vereines staatl. geprüft. Stenographie-Lehrer" in Prag am 10. VI. 1906. Mit 1 lith. Beilage. Durchgeseh. Sonderabdr. aus dem „Gabelsberger-Stenographen-Blatt". (S. 5—22.) gr. 8. Prag 906. Teplitz, A. Becker. — 60

Krejči, Dr. Franz, Logika. 2., verbesserte Auflage. Prag 1906. I. L. Kober. Geh. K 1.60, geb. K 2.10.

Krejči, Dr. Franz, Psychologie. 2., umgearbeitete Auflage. Prag 1908. Bursík & Kohout. Geh. K 1.90, geb. K 2.30. 1908.

Krejči, Frdr., meine Lebenserinnerungen. Aus Anlaß des 50jähr. Sängerjubiläums niedergeschrieben. (IV, 74 S. m. Bildnis.) 8. Brünn 909. C. Winiker. 1. —

Krejči, Jan (Johann)

— Arbeiten der geologischen Section, s. Arbeiten für die naturwissenschaftliche Landesdurchforschung von Böhmen.

Krejčí, J., s. Arbeiten für die naturwissenschaftliche Landesdurchforschung von Böhmen.

— Bericht über die im Jahre 1859 ausgeführten geol. Aufnahmen bei Prag und Beraun. (Aus d. Jahrb. d. geol. Reichsanst.) Wien. 1862. 4.

Krejči, Joh., und **Jos. Wenzig**, der Böhmerwald; } s. Wenzig, Jos.

Krejčí, J., Elemente der mathematischen Krystallographie in neuer leichtfasslicher Darstellung. Nach den Vorträgen v. J. K. hrsg. v. F. Katzer. Lex.-8. (217 S. m. 8 Steintaf.) Prag 886. (Leipzig, Opetz.) n. 5. —

Krejči, J., und **R. Helmhacker**, Erläuterungen zur geolog. Karte des Eisengebirges und der angrenzenden Gegend im östlichen Böhmen. s. Archiv der naturwissenschaftl. Landesdurchforschung von Böhmen.

— u. F. **Helmhacker**, Erläuterungen zur geologischen Karte der Umgebungen von Prag, s.: Archiv der naturwissenschaftlichen Landesdurchforschung von Böhmen.

Krejčí, Jan, fysika. Přehled zákonů fysikalních a upotřebení jich v životě obecném. Pro realní a průmyslové školy. Brünn 859. Winiker. gr. 8. (215 S. m. Holzschn.) n. 1 ꝟ

Krejčí, Joh., u. **A. Frič**, geologische Karte v. Böhmen, Sect. VI. Umgebung v. Kuttenberg bis Böhm. Trübau, s.: Archiv der naturwissenschaftl. Landesdurchforschung v. Böhmen.

Krejči, Jan: Nordische Mythologie und Heldensage in deutscher Dichtung.
Prag. Phil. Diss. 1893/94.

Krejči, Jan., Počátkové nerostopisu jakožto návod k ustanovování nerostů dle přírodopisných znaků. Svazek I. gr. 8. (VII und 134 S. mit eingedr. Holzschn.) Prag 851, Calve'sche Vrlgsh. —

— přehled soustavy živočišné. Dle nejnovějších pramenů sestavil pro vyšší školy české. 2. vydání. S atlasem o 33 tabulkách y mědi rytých. Prag 861. Kober. gr. 8. (IV, 307 S.) n. 2 ꝟ;
der Atlas apart n. 27 ngr.

Krejčí, J., Separat-Votum betr. die Wasserversorgung von Prag. gr. 4. (4 S.) Prag 879. (Rziwnatz.) n. 12. —

—— und K. Feistmantel, orographisch-geotektonische Übersicht des silurischen Gebietes im mittleren Böhmen, s. Archiv für naturwissenschaftliche Landesdurchforschung von Böhmen.

—— —— die Umgebungen Prags, s. Wenzig, Jos.

Krejčí, Josef, Zeměpis pro školy měšťanské I. Stufe. 7. verbesserte Auflage. Prag und Wien 1893. F. Tempsky. (Min.-Erl. v. 4. Juni 1893, Z. 10373.) Geheftet 70 h, gebunden 1 K

Krejčí, Josef, Zeměpis pro školy měšťanské. II. Stufe. 6. umgearbeitete Auflage. Wien und Prag, 1896. F. Tempsky. (Min.-Erl. v. 13. Februar 1896, Z. 1835.) Geb. —.60

Krejčí, Josef, Zeměpis pro školy měšťanské. III. Stufe. 3. verbesserte Auflage. Mit 13 Illustrationen. Prag. Wien 1889. Tempsky. —.45, geb. —.55.

Krejčí, Josef, Zemepis pro školy meštanské. III. Stufe. 4. umgearbeitete Auflage. Mit 30 Illustrationen. Prag u. Wien 1895. F. Tempsky. (Min.-Erl. v. 3. April 1895, Z. 6135.) Gebunden 1 K 40 h

Krejčík, Karl, Bilderbuch f. kleine Mädchen. Alte Kinderreime m. 18 Farbendr.-Bildern nach Aquarellen. (Billig. Ausg.) (8 S. auf Pappe.) Fol. Wesel (903). W. Düms. Geb. 1. —

Kreicke, August [aus Horstmar bei Lünen (Westfalen)]: Ueber die Ruptur des Uterus. . . . Würzburg, Köhl & Hecker'sche Buchdr., 1888; 86 S. 8°

Würzburg, Med. Fak., Inaug.-Diss. v. 1888

Kreickemeyer, A., Tabellen zur Berechnung der Reinerträge (Steuercapitale) der Grundstücke im Herzogth. Oldenburg. Lex.-8 (174 S.) Oldenburg 862, (Schulze'sche Buchh.) *

Krejcsi, C. N. J., die ungarische Arbeitergesetzgebung, s.: Zeit- u. Streitfragen, sozialpolitische.

—— der Hausfleiss in Ungarn im J. 1884, s. Braun, A.

Krejcsi, Rudolf

Krejcsi, Rud., Gesetz-Artikel III v. J. 1907 in Angelegenheit der Förderung der heimischen Industrie. Mit Anleitg. u. Commentar verseh. 1. u. 2. Aufl. (20 S.) gr. 8. Budapest 907. M. Ráth. 1. —

— s.: Gesetzartikel, XV., vom J. 1891 üb. das Kinderbewahrwesen.

Krejcsi, Rud., s.: Gesetzartikel, XII., vom J. 1894 üb. Landwirthschaft u. Feldpolizei.

Krejcsi, Rud., Gesetz-Artikel XXV v. J. 1900, über die Modifikation des auf das Sammeln v. Bestellungen (Handels-Aufträgen durch Reisende) bezügl. Bestimmgn. des § 50 des Ges.-Art. XVII vom J. 1884 (Gewerbegesetz), m. der Durchführungs-Verordng. u. den Vorschriften üb. den Hausirhandel. Erläutert v. K. 2. Aufl. gr. 8. (16 S.) Budapest 901. M. Ráth. n. 1. —

Krejcsi, Rud., II. Gesetzartikel v. J. 1898 üb. Regelg. d. Rechtsverhältnisses zwischen Arbeitgebern u. landwirtschaftl. Arbeitern. M. Berücksicht. d. einschläg. Bestimmgn. d. Dienstboten-, Straf-, Uebertretg.-, Executions-, Forst- u. sonst. Gesetze m. Anmerkgn. u. Erläutergn. versehen. 2 Hfte. gr. 8. Budapest 898. M. Ráth. à n. — 80; (Kplt. m. d. 13. Gesetzartikel v. J. 1876 üb. d. Regelg. d. Verhältnisses zwischen d. Dienstboten u. Dienstgebern &c. [36 S.] 1876 in 1 Bde. n. 2. —)
1. (34 S.) — 2. Durchführungs-Verordnung u. Normen d. Verfahrens. (III, 48 S.)

— s.: Gesetzartikel, XXVIII., vom J. 1893 üb. den Schutz der in gewerblichen u. Fabrikbetrieben Beschäftigten gegen Unfälle u. üb. die Gewerbe-Inspectoren.

— XV. Gesetzartikel v. J. 1898 üb. Verlängerg. d. Wirksamkeit d. § 3, G.-A. XXIV. ex 1888 üb. Branntweinsteuer u. d. XIX. G.-A. ex 1896 üb. Zuckersteuer. — XVI. Gesetzartikel v. J. 1898 üb. d. Branntwein-Verkehrssteuer. — XVII. Gesetzartikel v. J. 1898 üb. d. Besteuerg. d. Zucker- u. Bierkonsums. — XVIII. Gesetzartikel v. J. 1898 üb. d. Einführg. d. Weingetränkesteuer in Kroatien u. Slavonien. M. Erläutergn. u. Anmerkgn. vers. gr. 8. (III, 51 S.) Ebd. 898. n. 1. —

— dasselbe. Nebst: Fritz, Pet., XXIV. Gesetzartikel v. J. 1888 üb. d. Zoll v. gebrannten geist. Flüssigkeiten, die Branntweinsteuer u. d. Besteuerg. d. m. d. Branntwein-erzeugg. verbund. Preßhefe-Erzeugg. — XXV. Gesetzartikel v. J. 1888 üb. d. Vertheilg. d. Alkoholmenge, welche v. d. d. Consumabgabe unterlieg. Branntwein-Brennereien während e. Betriebsperiode z. nied. Steuersatze erzeugt werden kann. M. Erläutergn., Anmerkgn. u. Parallelstellen. gr. 8. (III, 51 u. III, 84 S.) Ebd. 898. 888. n. 2. —

— dasselbe. 2. Hft. gr. 8. Ebd. 898.
Für d. 2. Hft. vollständig. n. 2. —
Instruktion zur Durchführg. d. Gesetzartikel XVI. u. XVII. v. J. 1898 üb. d. Branntwein-Verkehrssteuer, Zuckerkonsumsteuer u. Bierkonsumsteuer. — Verordng. betr. Nachbesteuerg. d. bei Inslebentreten d. Gesetzartikel XVI. u. XVII. v. J. 1898 üb. d. Verkehrssteuer, Zucker- u. Bierkonsumsteuer vorgefund. Branntwein-, Zucker- u. Biervorräthe, sow. Restituirg. d. nach diesen abgestatt. Schank- u. Konsum-, resp. Getränkesteuern. (32 S.)

— Gesetzartikel XLI v. J. 1899 über die bei Wasserarbeiten, beim Straßen- u. Eisenbahnbau verwendeten Taglöhner u. Arbeiter. — Gesetzartikel XLII v. J. 1899 über die landwirthschaftl. Arbeitsunternehmer u. üb. die Hilfsarbeiter. Mit Berücksicht. der einschläg. Gesetze erläutert. gr. 8. (III, 24 S.) Ebd. 900. n. — 50

Kreide, die. Fachblatt f. den Zeichenunterricht an allgemein bild. Anstalten. Redact.: O. Hach. 1.—4. Jahrg. 1889—1892. à Jahrg. 12 Nrn. (Bog. m. zeichner. Beilage.) gr. 8. Berl., L. Oehmigke's Verlag. à Jahrg. * 2 —

Kreide, die. Fachblatt f. den Zeichenunterricht an allgemein bild. Anstalten. Red.: O. Hach. 3.—5. Jahrg. 1891—1893. à 12 Nrn. (Bog. m. zeichner. Beilage.) gr. 8. Berlin, L. Oehmigke's Verl. à Jahrg. n. 2. —
Fortsetzung u. d. T.:

— die. Fachblatt f. den Zeichen- u. Kunstunterricht an allgemein bild. Lehranstalten. Schriftleitung: Der Vorstand d. Vereins zur Förderung d. Zeichenunterrichts in der Prov. Brandenburg. 6. Jahrg. 1894. 12 Nrn. (Bog.) gr. 8. Ebd. n. 2. —

Kreide, die. Fachblatt f. d. Zeichen- u. Kunstunterricht an allgem. bild. Lehranst. Schriftleitung: A. Körner. 7. Jahrg. 1895. 12 Nrn. (Bog.) gr. 8. Berlin, L. Oehmigke's Verl. n. 2. —

— dasselbe. 8.—10. Jahrg. 1896—1898. à 12 Nrn. (à ca. 1 Bog. m. Taf.) gr. 8. Ebd. à Jahrg. n. 3. —

Kreide, die. Fachblatt f. den Zeichen- u. Kunstunterricht an allgemein bild. Lehranstalten. Schriftleitung: A. Körner. 11.—14. Jahrg. 1899—1902. à 12 Nrn. gr. 8. (à ca. 16 S. m. Taf.) Berlin, L. Oehmigke's Verl. à Jahrg. n. 3. —

Kreide, die, Fachblatt f. den Zeichen- u. Kunstunterricht an allgemein bild. Lehranstalten. Schriftleitung: A Körner. 15.—18. Jahrg. 1903—1906. à 12 Nrn. (à ca. 20 S. m. farb. Taf.) gr. 8. Berlin, L. Oehmigke's Verl. à Jahrg. n. 3. —

Kreide, die. Fachblatt f. den Zeichen- u. Kunstunterricht an allgemein bild. Lehranstalten. Schriftleitg.: A. Körner. 19.—22. Jahrg. 1907—1910. à 12 Nrn. (IV, 244; IV, 260; IV, 246 u. IV, 256 S. m. Kunstbeilagen.) gr. 8. Berlin, L. Oehmigke's Verl. à Jahrg. 3. —

Kreideburg, F., s. Wundermann, der, des 19. Jahrhunderts.

Kreidel A, Lehrmittelfabrik in Prag. Verzeichnis aller Lehrmittel für Volksschulen. 2. Auflage. Prag 1892

Kreidel, Wilhelm: Untersuchungen über den Verlauf der Flutwellen in den Ozeanen. . . . Frankfurt a. M., Reitz & Koehler, 1889; 4 Bl. + 44 S. + 1 Bl. 8°
Kiel, Phil. Fak., Inaug.-Diss. v. 3. Jun. 1889

Kreidemann, Frz., der Fakir. Kriminalroman. (223 S.) 8. Berlin (909). Harmonie. 2.—; geb. 3. —

— Die Kreuzspinne. Kriminalroman. (276 S.) 8. Ebd. (909). 2.—; geb. 3. —

Kreidemann, Frz., Unter der Maske. Phantast. Erzählgn. (V, 159 S. m. Bildnis.) 8. Darmstadt 905. H. L. Schlapp. n. 1. 80

Kreidemann, Gust. Reisebekanntschaften, s. Universal-Bibliothek Nr. 2676.

Kreidemann, J., Anweisung in d. Schneiderkunst, alle Gattungen Kleider nach bestimmten Regeln zu zeichnen u. zu schneiden. Mit Kpf. u. Tabellen. 8. Paris ... 2e Aufl. Mit Kupf. u. Tabb. 8. Sondersh. 819. 3e verm. Aufl. 1s Heft, mit 1 Tab. u. Zeichn. Berl. 822. (Leipz., Leich). 16 ℳ

Kreidemann, Wilhelm Friedrich

— — Diatribe qua Romanorum consilium adsciscendi Graecarum civitatum leges defenditur. Jena (Schill) 1756. 56 S. (6.—) 19476

Kreidemann, Wilh. Friedr. (Wien), Commentatio de singulari latinitatis praecipue apud Germanos pretio, qua viro Sigism. Just. Ehrhardt de sacro apud Burgpreppachenses munere gratul. Jena (Schill) 8. VII. 1754. 24 S. (6.—) 19474
Hdschr. Widm. v. Ehrhardt.

— — Dasselbe. Ohne Widm.-Aufdr. (5.50) 19475

— — De remediis legitimis adversus sententias praesertim in augustissimo consilio imperiali aulico latas. Diss. jur. Präs. Jo. August Hellfeld. Jena (Schill) 13. XI. 1756. 62 S. (6.50) 19477
Widm. v.: Präs., C. G. v. Ketelhodt, Friedrich August Huch.

Kreidl, Alois

– und Alfred Neumann

— — Über eine gesetzmäßige Abhängigkeit der Größenverhältnisse der Föten vom Orte der Anheftung im Uterus bei multiparen Tieren (mit 61 Textfiguren). S. 120. III. 141 . . . .
Separatabdruck

— u. L. Mandl, Experimentelle Beiträge zu den physiologischen Wechselbeziehungen zwisch. Fötus u. Mutter. (22 S.) gr. 8. Wien 904. (A. Hölder.) n. — 50
Sonderabdruck aus: „Sitzungsber. d. k. Akad. d. Wiss."

Kreidl, Alois, weitere Beiträge zur Physiologie des Ohrlabyrinthes. (I. u. II. Mitthlg.) [Aus: „Sitzungsber. d. k. Akad. d. Wiss."] Lex.-8. Wien, (F. Tempsky). n. 1. 50
I. Versuche an Fischen. (12 S.) 893. n. — 30
II. Versuche an Krebsen. (26 S. m. 5 Fig. u. 2 Taf.) 893. n. 1. 20

– und Alfred Neumann

— — Über die Fettresorption bei Katzen und Kaninchen nach Blutuntersuchungen im Dunkelfeld (mit 1 Doppeltaf.). S. 120. III. 127 . . . .
Separatabdruck

Kreidl, Alois, u. Emil Lenk, Kappillarerscheinungen an Frauen- u. Kuhmilch. (24 S. m. 1 Fig. u. 16 Diagr.) gr. 8. Wien 910. A. Hölder. — 80

— — Kapillarerscheinungen an Milch verschiedener Tierarten und an anderen tierischen Flüssigkeiten (mit 20 Textfiguren). S. 120. III. 229 . . . .
Separatabdruck

— u. Alfr. Neumann, üb. die ultramikroskop. Teilchen der Milch (Laktokonien). I. Die Identifizierung der Ultrateilchen u. ihre Beziehgn. zur Labgerinng. (9 S.) gr. 8. Ebd. 908. — 35
Sonderabdr. a.: „Sitzungsber. d. k. Akad. d. Wiss."

Kreidl, Alois, experiment. Untersuchgn. üb. d. Wurzelgebiet d. Nervus glossopharyngeus, Vagus u. Accessorius beim Affen. [Aus: „Sitzungsber. d. k. Akad. d. Wiss.] gr. 8. (41 S. m. 1 Fig. u. 2 Taf.) Wien 897. (C. Gerold's Sohn.) n. 1. 30

— u. Joh. Regen, Physiologische Untersuchungen üb. Tierstimmen. (I. Mitteilg.) Stridulation v. Gryllus campestris, s. a. Bericht, IV., der Photogramm-Archivs-Kommission der kaiserl. Akad. der Wissenschaften.

Kreidl, A. und Regen, J., Physiologische Untersuchungen über Tierstimmen (I. Mitteilung). Stridulation von Gryllus campestris. [Aus: Sitzungsber. d. k. Akad. d. Wiss., mathem.-naturw. Klasse.] Gr.-8°. (25 S. mit 1 Tafel.) † K —.70
Wien: Carl Gerold's Sohn 1905.

Kreidl, Alois, s.: Zentralblatt f. Physiologie.

Kreidl Ignaz: Eine Bestimmungsmethode für Harnsäure und Beobachtungen an Harnsäurelösungen. S. 102. II b. 93 . . . . vgr.
Separatabdruck

Kreidmann, Aisik

Kreidmann, pflanzliche Antitoxine zur Behandlg. der akuten u. chronischen Krankheiten des Menschen. II. gänzlich umgearb. Aufl. (II, VI, 73 S.) gr. 8. Hamburg (Reeperbahn 83) 907. J. C. H. Rüter. 2. —

— Behandlung der Syphilis m. Chinin-Quecksilber innerlich u. subkutanen Injektionen v. coffeinhaltig. Chinin. (42 S.) gr. 8. Darmstadt 909. J. Waitz. — 90

Behandlung der Zuckerkrankheit nach einem neuen Prinzip und ohne Diät, nebst Anh.: Behandlung d. chronischen Gelenkrheumatismus mittelst Einspritzungen von Chinapräparaten von Dr. med. [Aisik] Kreidmann. Berlin: Ebering 1906. VII, 178 S. 8°

Kreidmann, der Nervenkreislauf, anatomisch u. experimentell nachgewiesen u. als ätiologische Grundlage zur Behandlung aller chronischen u. acuten Krankheiten d. Menschen (einschliesslich d. chronischen Fussgeschwüres) bearb. 1. Thl. 1. u. 2. Abth. gr. 8. Hamburg 893. Pontt & v. Döhren. n. 13. —
1. (XII, 159 S. m. Holzschn.) 893. n. 5. —
2. Die Aetiologie der chron. Krankheiten. (VIII u. S. 161—528 m. Holzschn.) 894. n. 8. —

— antibacilläre Ursache u. Bekämpfung der Diphtheritis, nebst e. Untersuchg. üb. das Wesen u. Wirken d. Koch'schen Heilmittels. gr. 8. (36 S.) Eimsbüttel-Hamburg 891. J. Boysen. n. 2. —

— Ursache, Vorbeugung u. Bekämpfung der Cholera. Für das gebildete Publikum bearb. gr. 8. (III, 168 S. m. 6 Tab. u. 3 farb. Plänen.) Hamburg 893. M. Schmidt. n. 6. —

Kreidner, H. L., Schebberii un Wacken. Mansfäller Gedichte. 8. (124 S.) Hettstedt 886. Schnee. n. 1. 20

Kreidner, H. L., Schnaken und Schnurren aus 'n Läben derr oheln Mansfäller. In Mansfelder Mundart erzählt. 8. (VI, (147 S.) Eisleben 880, Winkler. *

Kreidolf, Ernst, die schlafenden Bäume, e. Märchen in Bildern m. Versen. gr. 4. (12 S. m. farb. Abb.) Köln (901). Schaffstein & Co. Geb. n. 1. —; erh. Pr. n. 1. 50

Kreidolf, Ernst, Blumenmärchen. qu. Fol. (48 S. m. z. Tl. farb. Abb.) München 898. Piloty & Loehle. Kart. n. 5. —

Kreidolf, Ernst, Blumen-Märchen. Bilder, Texte u. Lithographie v. K. (Kleine Ausg.) (47 S. m. z. Tl. farb. Abbildgn.) 19×27,5 cm. Köln (906). H. & F. Schaffstein. Kart. n. 1, 25

Kreidolf, Ernst, Blumen-Märchen. Bilder, Texte u. Lithographie v. K. 2.—4. Aufl. (Volksausg.) (47 S. m. z. Tl. farb. Abb.) 19×27,5 cm. Köln 908. H. & F. Schaffstein. Kart. 2. —

— Fitzebutze, s: Dehmel, Paula.

Kreidolf, Ernst. Alte Kinderreime mit Bildern von E' K'. [32 S.] 4. Cöln, Herman̄ & Friedrich Schaffstein, [1905]. [geb. M. 5. —]

— s.: Maler, deutsche. XII.

Kreidolf, Ernst. Schwätzchen, Bilder und Reime (für Kinder). [18 S.] 4. Cöln, Schafstein & Co., [1903]. [cart. M. 1. 80]

— Sommervögel. (Märchen.) (16 farb. Taf. m. 20 S. Text.) 26×35 cm. Köln (908). H. & F. Schaffstein. Geb. 6. —

KREIDOLF. *Sommervögel* [Märchen] von Ernst Kreidolf. Meinem Freund Albert Welti zugeeignet. 6tes bis 11tes Tausend. Verlag von H. Schaffstein, Köln a. Rh. [c. 1910]. 14 Bl. und 14 Farblithographien. Querfol. Farbig illustr. Or.-Kartonbd. m. Leinenrücken. 20.—
Wohl das berühmteste Kreidolf-Bilderbuch m. d. phantasievollen Schmetterlingsmärchen. — Handschriftl. Eintrag a. d. Titel. Einband locker.

Kreidolf, Ernst. Die Wiesenzwerge. Bilder und Text von Ernst Kreidolf. [25 S.] 4. Cöln, Schafstein & Co., [1902]. ([cart.] M. 3. —)

Kreienberg, Karl

Kreienberg, Carl, Referendar aus Barmen: Der aussergerichtliche Schiedseidvertrag nach römischem Recht, nach gemeinem Recht und nach Bürgerlichem Gesetzbuch. *Barmen 1899: D. B. Wiemann.* (40 S.) 8° [F.]
Freiburg i. B., Rechts- u. staatswiss. Diss. v. 31. Juli 1899

Kreienberg, Walter, appr. Arzt: Beiträge zur Lehre der Zwillingsschwangerschaft. Würzburg 1909: Memminger. 69 S. 8°
Würzburg, Med. Diss. v. 15. Sept. 1909, Ref. Hofmeier
[Geb. 29. Juli 80 Barmen; Wohnort: Würzburg; Staatsangeh.: Preußen; Vorbildung: Oberrealsch. Barmen Reife O. 99, Erg. Gymn. Koblenz Mai 03; Studium: Bonn Phil. 1, Med. 1, Würzburg 4, Berlin 1, Würzburg 4 S.; Coll. 15. März 09; Approb. 1. Febr. 09.] [U 10. 4358

Kreienbiel, Johs., über das Kirchenverhältniß vom Anfang bis in diese Tage als Warnstimme und Gerichtsposaune. Ein Zeugniß aus dem Reiche des Lichtes und der Wahrheit, ohne Ansehen der Partheien oder Personen. 8. (32 S.) Youngstown O. 877. (Philadelphia, Schäfer und Koradi.) *

Kreienbühl, Franz Dominik

Kreienbühl, Fr. Dom., die heil. Anna, Mutter der unbefleckten Jungfrau. Lehr- und Gebetbuch für Katholiken jeden Alters und Standes. 16. (320 S. mit 2 Stahlst.) Einsiedeln 882, Gebr. Benziger.

Die hl. Anna, Mutter der unbefleckten Jungfrau. Lehr- u. Gebetbuch f. Katholiken jeden Alters u. Standes. Von Fr. Dom. Kreienbühl, Pfarrhelfer. *Einsiedeln, Köln: Benziger & Co. [um 1902].* (320 S.) 8° [F.]
[03. 13807

Kreienbühl, Fr. Dom. Beichtbüchlein. Vollständiger Leitfaden f. den Beicht-Unterricht u. die Beichte der Kinder. Für Katecheten, Eltern u. Kinder bearb. 16. (48 S. m. e. Abbild.) Einsiedeln 890, Benziger u. Comp. cart. — 35

Beichtbüchlein. Vollst. Leitfaden f. d. Beicht-Unterr. u. d. Beichte d. Kinder. Für Katecheten, Eltern u. Kinder bearb. von Fr. Dom. Kreienbühl, Seelsorgspriester. *Einsiedeln, Köln: Benziger & Co. 1897.* (47 S.) 8° [F.]
[03. 11930

Kreienbühl, Fr. Dominik, der Beichtunterricht u. die Beichte der Kinder. Eine theoretisch-prakt. Besprechg. f. Seelsorger. gr. 8. (116 S.) Einsiedeln 890. Benziger & Co. 1. 20

Kreienbühl, Fr[an]z Dom[inik]. Erste Schweizer. Heiliglandfahrt 31. Aug. bis 22. Sept. 1903. Treuherzig erzählt und geschildert von Frz. Dom. K', Pfarrhelfer. Mit 176 Illustrationen [sowie Noten und 1 Karte]. Im Selbstverlag des V(ereins) S(chweizerischer) J(erusalems)-P(ilger). 256 S. 8. Einsiedeln, Druck Benziger & Co. A. G., 1903. [geb. fr. 4. 50]

—— Himmelwärts. Gebete, Lebensregeln und Kernsprüche für Katholiken, welche es mit Gott und ihrer Seele aufrichtig meinen. 24. (447 S. mit eingedr. Holzschn. und 2 Stahlst.) Ebendas. 881.

Kreienbühl, Fr. Dom., Lebensregeln auf alle Tage des Jahres. 64. (127 S. mit 12 Lichtdr.) Einsiedeln 880. Benziger. geb. m. Goldschn. 1. 15

Lebensregeln auf alle Tage des Jahres. Gesammelt von F[r.] D[om.] Kreienbühl, Weltpriester. *Einsiedeln, Köln: Benziger & Co. [um 1902].* (127 S.) 8° [F.]
[03. 13808

Kreienbühl, Fr. Dom., Leitstern zum Himmel. Gebete u. Lebensregeln f. Katholiken, welche es m. Gott u. ihrer Seele aufrichtig meinen. 16. (320 S. m. 1 Stahlst.) Einsiedeln 900. Verlagsanstalt Benziger & Co.
Geb. in Leinw. n. 1. —; m. Goldschn. n. 1. 80; in Ldr. m. Goldschn. n. 1. 50 u. n. 2. 50

— Meßandacht zunächst zur gemeinsamen Anhörung der Schulmesse, jedoch auch zum Privatgebrauch der Kinder. 16. (16 S.) Ebd. 890. n. — 10

Kreienbühl, Fr[an]z Dom[inik]. (Eine) Pilgerfahrt nach Jerusalem (im September 1901. Treuherzig erzählt und geschildert. Separat-Abdruck aus dem «Volksblatt des Bezirkes Höfe.» — [Mit] Anhang: P' nach J'. Kirchweih-Predigt, gehalten in Wollerau den 13. Okt. 1901). 207 + *Anhang* 15 S. 8. Wollerau, M. Theiler-Helbling, 1902.

Kreienbühl, Joh.

Kreienbühl, J., über den Theätet des Plato. 4. Luzern, Gebr. Räber. 1874. —. 50
Enth. im Jahresbericht der Kantonsschule zu Luzern f. 1873/74.

Kreienbühl, Joh., neue Untersuchung über den Platonischen Theätetos. gr. 4. (50 S.) Luzern 874, Gebr. Räber. *

Kreier, Wilh., die Wahrheit bist du. Schauspiel in 3 Akten. 8. (41 S.) Minden 884, (Keiser und Comp.) *

Kreifels, J. Anton, Referendar: Die Legitimation unehelicher Kinder durch nachfolgende Ehe nach dem Rechte des Bürgerlichen Gesetzbuches. Borna-Leipzig 1909: Noske. IX, 52 S. 8°
Heidelberg, Jur. Diss. v. 4. Nov. 1909, Ref. Heinsheimer
[Geb. 20. April 84 Traar; Wohnort: Düsseldorf; Staatsangeh.: Preußen; Vorbildung: Gymn. Krefeld Reife O. 05; Studium: Würzburg 2, Leipzig 1, Bonn 3 S.; Rig. 13. Juli 09.] [U 10. 1916

Kreil, A., Abhandl. d. Logik f. s. Zuhör. 8. Wien, Sammer. 789.

— s. Eurolt, Grundsätze.

– s. M. Dobrizhoffer, Geschichte.

Kreil, A., Handbuch d. Logik für seine Zuhörer. 8. Wien 789. Sammer. (Blumauer). 18 Kr

– s. Vega, Natürliches.

Kreil, Benno, Hauptlehrsätze aus der biblischen Altertumskunde, der Einleitung in d. BB. des A. u. N. B. und der biblischen Auslegungskunde. 1803, 8°.

Kreil, C., Samml. d. nothwendigsten mathemat. Formeln aus d. Algebra, Trigonometrie, Geometrie, Astronomie u. Mechanik. Mit e. Vorrede von J. J. Littrow. gr. 8. Wien 831. Wallishauser. 1 Rthl 12 Kr

Kreil, Carl, s. Kreil, Karl

Kreil, Jos., Mnemosyne, ein Tagebuch, geführt auf einer Reise durch d. lombardisch-venetianische Königreich, einen Theil von Illyrien, Tyrol u. Salzburg in d. Jahren 1815 u. 16. 2 Bdchn. 8. Pesth 818. Hartleben. 3 Rthl Hbg. Pr. 21 Kr

Kreil, Karl

— Kurzer Abriss der Entstehungs- und Entwicklungsgeschichte des magnetischen Vereins, und nähere Beleuchtung des Standpunktes, welchen Prag darin einnimmt. (Aus: Abhandl. V. Folge, Bd. 2.)

Kreil, Carl, Anleitung zu den magnetischen Beobachtungen. 2., verm. Aufl. (Als Anhang zum XXXII. Bde. der Sitzungsberichte der k. Akademie der Wissenschaften.) Lex.-8. (216 S. mit eingedr. Holzschn.) Wien 858, (Gerold's Sohn.) *

— Über Barometerschwankungen in längeren Perioden. S. 45. II. 427 . . . . vgr.
Separatabdruck

— Beitrag zur Klimatologie von Zentral-Afrika. S. 41 377 . . . . —.40
Separatabdruck

Kreil, Carl, Beobachtungen üb. den grossen Kometen von 1843. (Vorgetragen in der Sitzung am 29. Mai 1843.) gr. 4. (1⅗ B.) Prag 843. (Ehrlich.) *
Aus: Abhandlungen d. k. böhm. Gesellsch. d. Wissensch. etc., besond. abgedruckt.

—— und C. Jelinek, magnetische und meteorologische Beobachtungen zu Prag, s. Beobachtungen.

Kreil, Karl, magnet. u. meteorolog. Beobachtungen zu Prag, in Verbind. mit mehr. Mitarbeitern ausgeführt u. auf öffentl. Kosten hrsg. 1. u. 2. Jahrg. gr. 4. Prag, (Ehrlich.) [1. v. 1. Juli 1839—31. Jul. 1840. (53¾ B. u. 1 Stnt.) 841. * 4⅔ Thlr., 2. v. 1. Aug. 1840—31. Jul. 1841. (43¾ B. u. 1 Stnt.) 842. * 3⅚ Thlr.] *

—— magnetische u. meteorolog. Beobachtungen zu Prag, in Verbind. mit mehreren Mitarbeitern ausgeführt. 3—7. Jahrg. (1843—46.) gr. 4. Prag. (Ehrlich.) [3. (37 B. u. 2 Stnt.) * 3 Thlr. 5 Ngr., 4. (45 B. u. 1 Stnt.) * 3 Thlr. 15 Ngr., 5. (40½ B.) * 3 Thlr. 10 Ngr., 6. (42¼ B.) * 3 Thlr. 10 Ngr., 7. (32¼ B.) * 3 Thlr.] *
1. u. 2. Jahrg. Ebendas. 1840, 41. * 8 Thlr. 15 Ngr.

—— und Carl Jelinek, magnetische und meteorologische Beobachtungen zu Prag, in Verbindung mit mehreren Mitarbeitern ausgeführt und auf öffentl. Kosten hrsg. 8—10. Jahrg. (1847—1849.): Vom 1. Jänner 1847 bis 31. Decbr. 1849. Mit Stnt. gr. 4. Prag, (Calve'sche Vrlgsh. — Ehrlich.) à Jahrg. *

Kreil, Carl, erster Bericht über die k. k. Central-Anstalt für Meteorologie und Erdmagnetismus. Lex.-8. (10 S.) Wien 852, (Gerold's Sohn.) *

Kreil, Karl, zweiter Bericht über die k. k. Centralanstalt für Meteorologie und Erdmagnetismus. (Aus d. Sitzungsberichten d. k. Akad. d. W.) Wien 853. (Gerold.) gr. 8. (31 S.) n. 5 ngr.

— Dritter Bericht über die k. k. Zentralanstalt für Meteorologie und Erdmagnetismus. S. 9. 921 . . . . —.30
Separatabdruck

Kreil Karl: Bestimmung einiger Längenunterschiede mittelst der elektromagnetischen Telegraphen. S. 1. 582 . . . . vgr.
Separatabdruck

—— über die Bestimmung der Seehöhe aus dem beobachteten Luftdrucke. Lex.-8. (20 S.) Wien 856, (Gerold's Sohn.) *
Vorstehende drei Schriften wurden aus: Sitzungsberichte der k. Akademie der Wissenschaften, besonders abgedruckt.

— über den Einfluss der Alpen auf die Aeusserungen der magnet. Erdkraft, s. Denkschriften der k. Akademie der Wissenschaften. Mathem.-naturwissenschaftl. Classe, I. Bd.

Kreil, Carl: Ueber den Einfluss der Alpen auf die Aeusserungen der magnetischen Erdkraft. ([S.-A.] Denkschriften der mathematisch-naturwissenschaftlichen Classe der Kaiserlichen Akademie der Wissenschaften. Bd. 1.) Wien 1849. 46 S. 4 Krt. 8°.

Kreil, Carl: Einfluss des Mondes auf die magnetische Declination. ([S.-A.] Denkschriften der mathematisch-naturwissenschaftlichen Classe der Kaiserlichen Akademie der Wissenschaften. Bd 3.) Wien 1852. 47 S. Fol.

—— Einfluss des Mondes auf die horizontale Componente der magnetischen Erdkraft. gr. 4. (58 S.) Wien 853, (Gerold's Sohn.) *

Kreil, Carl, Entwurf eines meteorologischen Beobachtungs-Systems für die österreich. Monarchie. Nebst einem Anhange enth. die Beschreibung der an der k. k. Sternwarte zu Prag aufgestellten Autographen-Instrumente: Windfahne, Winddruckmesser, Regen- und Schneemesser. Lex.-8. (VI und 209 S. mit 17 Stnt. in gr. 4. und Fol.) Wien 850, (Braumüller.) *

—— Entwurf eines meteorologischen Beobachtungs-Systems für die österreichische Monarchie. Lex.-8. (44 S. mit eingedr. Holzschn.) Wien 857, (Gerold's Sohn.) **
Aus: Sitzungsberichte der k. Akademie der Wissenschaften, Jahrg. 1848, besonders abgedruckt.

— Entwurf eines meteorologischen Beobachtungs-Systems für die österreichische Monarchie. (Aus d. Sitzungsberichten d. k. Akad. d. W.) Wien 858. (Gerold.) gr. 8. (44 S. mit Holzschn. im Text.) nn. 7 ngr.

— Über einen neuen Erdbebenmesser. S. 15. 370 . . . . vgr.
Separatabdruck

—— erste Ergebnisse der magnetischen Beobachtungen in Wien. gr. 4. (22 S.) Wien 856, (Gerold's Sohn.) *
Letztere drei Schriften wurden aus: Denkschriften der k. Akademie der Wissenschaften, besonders abgedruckt.

—— astronom.-meteorologisches Jahrbuch für Prag. 1—4. Jahrg. 1842—45. gr. 12. Prag. (Ehrlich.) [1. (12 B. u. 1 Stnt.) 2. (12⅔ B. u. 2 Stnt.) 3. (11⅚ B. u. 1 Tab.) 4. (12¼ B. u. 1 Stnt.) à J. * 1 Thlr. 10 Ngr.] *

—— Jahrbücher der kaiserl. königl. Central-Anstalt für Meteorologie, s. Jahrbücher.

Kreil, Karl —. Jahrbücher der k. k. Central-Anstalt für Meteorologie und Erdmagnetismus. Von — —. I. Band. Jahrgang 1848 und 1849. (420 S.) II. Band. Jahrgang 1850. (XVI, 258 S.) Herausgegeben durch die k. k. Akademie der Wissenschaften. 4. Wien. Aus der k. k. Hof- und Staatsdruckerei. In Kommission bei Wilhelm Braumüller. 1854.

Kreil, Karl, *Dr. d. Phil., Dir. d. k. k. meteor.-magn. Central-Anstalt etc. etc.* Jahrbücher der k. k. Central-Anstalt für Meteorologie und Erdmagnetismus. Herausgeg. durch die k. Akademie der Wissenschaften. *Wien* 1858. *K.k. Hof- u. Staatsdr.* In Comm. bei *C. Gerold's S.* V. Bd. Jahrg. 1853. (Mit 4 Figuren in Holzschn.) VI, 490, 93 S., 4°.
INHALT. I. Magnet. Beobachtungen zu Wien. — II. Zu Kremsmünster. — III. Meteorolog. Beobachtungen zu Wien. — IV. Beobachtungen im J. 1853. — VI. Leistungen eines nach der Erfindung des Hrn. Karl Kreil construirten Kupferdrath-Thermometrographen. — Anhang. Beobachtungen über period. Erscheinungen im Pflanzen- und Thierreiche von *Karl Fritsch*. — Vegetationsbeobachtungen. — Beiträge zu einem Blüthen-Kalender von Wien. — Instruction für phänologische Beobachtungen v. *K. Fritsch*.

— Über das auf der Prager Sternwarte aufgestellte Induktions-Inklinatorium und über ein autographes Thermometer aus Zinkstangen. S. 5. 57 . . . . vgr.
Separatabdruck

Kreil, Carl, Klimatologie von Böhmen. Nach dem Tode des Verfassers mit Unterstützung der k. Akademie der Wissenschaften in Wien herausg. Wien 865. Gerold's Sohn. gr. 8. (VII, 446 S.) 4 ₰

—— über die Natur u. Bewegung der Kometen. Mit besond. Berücksichtig. d. großen Kometen v. J. 1843. gr. 8. (3⅞ B. u. 1 Stnt.) Prag 843, Haase Söhne, Berl.

—— magnetische u. geograph. **Ortsbestimmungen** in Böhmen. Ausgeführt in d. Jahren 1843—45. gr. 4. (12 B. u. 1 Taf.) Prag 846, Ehrlich. *
Aus: Abhandl. d. k. böhm. Gesellsch. d. Wissensch. besond. abgedruckt.

— Magnetische und geographische Ortsbestimmungen im südöstlichen Europa und einigen Küstenpunkten Asiens. (Auszug.) S. 36. 323 . . . . vgr.
Separatabdruck

—— und Carl Fritsch, magnetische und geograph. Ortsbestimmungen im österreich. Kaiserstaate. 1—5. Jahrg. 1846—48. und 1850—51. gr. 4. Prag, (Calve'sche Vrlgsh. Wien, Braumüller.) *
Jahrg. 1. Oesterreich ob der Enns, Tirol und Vorarlberg, Lombardei. (IV und 208 S.) * 2 Thlr. 20 Ngr.
" 2. Oesterreich unter der Enns, Steiermark, Kärnthen, Krain, das venetian. Königreich, Istrien, Dalmatien. (230 S.) * 2 Thlr. 20 Ngr.
" 3. Mähren, Schlesien, das nördliche Ungarn, Siebenbürgen, Galizien. (203 S.) * 2 Thlr. 20 Ngr.
" 4. Galizien, Ungarn, Mähren, Oesterreich, Böhmen. (105 S.) * 1 Thlr. 10 Ngr.
" 5. Ungarn, Woiwodina, Siebenbürgen, Militärgrenze, Kroatien, Steiermark, Salzburg, Oberösterreich. (115 S.) * 1 Thlr. 10 Ngr.

—— magnetische und geographische **Ortsbestimmungen** an den Küsten des adriatischen Golfes im J. 1854. gr. 4. (46 S. mit 1 Stnt.) Wien 855, (Gerold's Sohn.) *
Aus: Denkschriften der k. Akademie der Wissenschaften, besonders abgedruckt.

—— e Pietro della Vedova, Osservazioni sull' intensita e sulla direzione della forza magnetica istituite negli anni 1836, 1837, 1838 all' I. R. Osservatorico di Milano. Lex.-8. (22½ B.) Milano 839. (Prag, Ehrlich.) *

—— **Osservazioni** sulla librazione della luna. Memoria inscrita nelle Effemeridi astronomiche per l'anno 1837. gr. Lex.-8. (4 B.) Milano 836. (Prag, Ehrlich.) *

— Über zwei Reihen meteorologischer Beobachtungen in den afrikanischen Missionsstationen Chartum und Gondokoro. (Auszug.) S. 25. 436 . . . . —.30
Separatabdruck

— Über ein neues Reisebarometer. S. 14. 397 . . . . vgr.
Separatabdruck

—— **Resultate** aus fünfmonatlichen Beobachtungen in Chartum, Länge von Ferro 50° 5′, nördl. Breite 15° 35′, Seehöhe 138 Toisen, und aus dreizehnmonatl. Beobachtungen in Ulibary, Länge von Ferro 40° 20′ (?), nördl. Breite 4° 49′ und Gondokorò, Länge von Ferro 49° 20′ (?), nördl. Breite 4° 44′, Seehöhe 251 Toisen. gr. 4. (32 S.) Wien 858, (Gerold's Sohn.) * *
Aus: Denkschriften der k. Akademie der Wissenschaften zu Wien, besonders abgedruckt.

—— **Resultate** aus den magnetischen Beobachtungen zu Prag. gr. 4. (44 S. mit 3 Stnt.) Wien 855, (Gerold's Sohn.) *
Aus: Denkschriften der k. Akademie der Wissenschaften, 8. Bd., besonders abgedruckt.

— Über die täglichen Schwankungen des Luftdruckes. S. 43. II 121 . . . . vgr.
Separatabdruck

—— **Versuch**, den Einfluss d. Mondes auf d. atmosphär. Zustand uns. Erde aus einjähr. Beobachtn. zu erkennen. Nebst: Kurzer Abriss d. Entstehungs- u. Entwicklungsgesch. d. magnet. Vereins, u. nähere Beleuchtung d. Standpunktes, welchen Prag darin einnimmt. gr. 4. (4 B. u. 1 Stnt.) Prag 841, (Ehrlich.) *

— Über die k. k. Zentralanstalt für Meteorologie und Erdmagnetismus. F. S. 1852 . . —.34
Separatabdruck

Kreil, Marie, Selbstgewählt, Selbstgemacht. Belehrung zu geschmackvoller Auswahl der Toilette bezüglich der Farbe, des Musters, der Qualität und der Façon, nebst Anleitung zur Fertigstellung von Damen- und Kinder-Garderobe. Im Anschluß an das „Schnittzeichnen" hrsg. gr. 8. (48 S. mit Abbild.) München 888, (Korff.) *

Kreil, Marie, Taschenbuch zum Eintragen der Maße für Damenkleider. Mit einer Auswahl von Übungsmaßen, nach den verschiedenen Körper-Verhältnissen zusammengestellt. 8. (85 S. mit 2 Illustr.) München 884, Th. Ackermann. geb. *

Kreiliger, **Josef**, prakt. Arzt von Willisau (Kt. Luzern): Aus der mediz. Universitätsklinik in Zürich (Direktor: Professor Dr. med. H. Eichhorst): **Beobachtungen** über Myelitis chronica auf der Züricher medizinischen Klinik in den Jahren 1884—1904. Aarau 1906. 56 S. 8°. [31. I. 07.]
Zürich, Med. Diss. 1906/1907.

Kreiling, P.: Litteratur- und Patent bericht für die Thonwaren-, und Kalk- und Gips-Industrie, s. Liedke, H.

Kreilsheimer, Hugo [cand. med. aus Stuttgart]: Ueber Idiotie und Imbecillität ... Strassburg i. E., Buchdr. C. & J. Gœller, 1896; 43 S. 8.
Strassburg, Med. Fak., Inaug.-Diss. v. 1896

Kreiml-Baumberg, Frau Antonie, s.: Baumberg, A.

Krein, H. P., Salvator-Büchlein od. Anleitg., den Weltheiland in seinem Gnadenbilde zu Nievenheim andächtig zu verehren. 2. Aufl. gr. 16. (XX, 168 S.) Köln-Ehrenfeld 892. P. Brandts. n.n. —50; geb. n.n. —65

Kreiner Dr. J.: Lessings Verhältnis zu Gottsched und den Schweizern. 80. Podgórze 00.
Progr.

Kreiner Dr. Josef: Die ältesten und einfachsten Handelsformen. Kulturgeschichtliche Abhandlung mit Analogien aus allen Zeiten. 98. Budweis R. 05.
Progr.

KREINER, Josef: Die römisch-karthagischen Handelsverträge dem Inhalt nach erklärt
Prag. Diss., 1901/1902

Kreiner, Josef: Die Teilnahme des ersten Böhmenkönigs an den deutschen Hof- und Reichstagen. (I. 1198—1208). S. 3—19. 8. (Fortsetzung und Schluß.) S. 3—18. 8.
K. k. Staats-Gymn. mit deutscher Unterrichtssprache *Prag-Neustadt*, Graben 1908. 1909.
Progr.

Kreiner, W., physiolog. Untersuchungen. Mit 3 Kupf. gr. 8. Leipzig, Knobloch. 820.

Kreins, Hubert: Thèse, dout nous ignorons le titre, dans laquelle il traitait l'Église de France de schismatique. [Blum, Bibl. lux.] Trèves. Août 1763.

Kreins, Hubert: Thèse de rétractation sur le même sujet et dans nous ignorons également le titre. [Blum, Bibl. lux.] Trèves.

Kreipe, A., Fibel, s.: Schlepper, Heinr.

— u. Fr. Kasseberr, die 3 Gesetze f. die preuß. Volksschullehrer, betr.: 1. die Pensionierg. der Lehrer u. Lehrerinnen vom 6. VII. 1885, 2. das Diensteinkommen der Lehrer u. Lehrerinnen v. 3. III. 1897, 3. die Fürsorge f. die Witwen u. Waisen vom 4. XII. 1899. Mit Erläutergn. u. 1 Tab. gr. 8. (52 S.) Hildesheim 900. Gerstenberg. n. —80

— s.: Handbuch, statistisches, der Volks-, Mittel- u. Privatschulen des Reg.-Bez. Hildesheim.

— u. H. Lohmann, die Lehrpläne f. die Präparandenanstalten u. Lehrerseminare. — Methodische Anweisgn. zur Ausführg. der Lehrpläne. — Ordnungen f. die Aufnahme in die Lehrerseminare, f. die Seminaristenentlassungsprüfg., f. die 2. Lehrerprüfg., f. die Prüfg. der Lehrer an Mittelschulen u. f. die Prüfg. der Rektoren, v. 1. VII. 1901. 2. Aufl. gr. 8. (72 S.) Ebd. 901. n. —60

— Übungsbuch f. den Rechenunterricht, s.: Heuer, Ferd.

Kreipe, Kurt

Kreipe, Curt, approb. Arzt aus Hannover: Aus d. pathol. Institute zu Kiel. Ein Fall von Hernia diafragmatica congenita dextra spuria. *Kiel 1901: Schmidt & Klaunig.* (19 S.) 8°
Kiel, Med. Diss. v. [6. Juni] 1901

Kreipner, Anna, Musterkochbüchlein für den kleinen Haushalt. 3. Aufl. 24. (135 S.) Wien, Wenedikt fl. —.40. 1887

Kreipner, Julius, k. u. k. Major des Armeestandes, etc. Geschichte des k. und k. Infanterie-Regiments Nr. 34, für immerwährende Zeiten Wilhelm I., deutscher Kaiser und König von Preussen, 1733—1900. Verfasst auf Wunsch des Regiments-Commandos.
gr. 8. Kaschau 1900

Kreipner, *Karl* Präparation zu Platons *Ἀπολογία Σωκράτους*. 8 (23 S.). Progr. Staats-G. *Cilli* 1886.

Kreis [Schlagwort]

Oesterreichischen Kreis — Charte den — nach seinen Haupt- und Unter-Abtheilungen vorstellend. Nach etc. neu entworfen von F. L. Güssefeld. Weimar im Verlage des Industrie-Comptoirs 1796. 1 : 1,000,000. 1 Bl.

Kreis [Sachliches OW]

Der Aachener Kreis. 1 Bl. c. K. Ff.

Kreis sächs. Ahnenfrauen, (v. G. A. E. v. Nostiz u. Jänkendorf). 4. Dresd. 816.

Kreis sächsischer Ahnfrauen. Leipzig 1819. V: *Nostitz und Jänkendorf, Gottlob Adolph Ernst von.* (MGT) (GGr) (Ky)

Kreis sächsischer Ahnfrauen. Leipzig 1816 (nicht 1819).

Der Bonner Kreis. 1 Bl. c. K. Ff.

Bunzlauer — Der — Kreis. Ex Müllerianis aliisque recentissimis subsidiis chorographice designatus etc. Expressus et in lucem editus ab Homannianis Heredibus emend. 1807. 1 : 220,000. 1 Bl.

Kreis, Der Fürstenthum Camminsche, in Hinterpommern. 2. Aufl. Stettin 1854. V: *Gerlach, Aug. v.* (Ky)

Kreis, der Fürstenthum Camminsche, in Hinterpommern. (Von v. Gerlach.) 2. Aufl. mit einem Vorworte. Stettin 854. Saunier. gr. 8. (VI, 8 S.) 7½ ngr.

Czaslauer — Der — Kreis. Ex Müllerianis aliisque subsidiis recentissimis etc. Ab Homannianis Heredibus 1807. 1 : 185,000 1 Bl.

Elnbogner und Saazer-Kreis — Der — Ex Mullerianis aliisque subsidiis designati editi curis Homannianorum Heredum. Norimbergae. Emend. 1807. 1 : 225,000. 1 Bl.

V. Kreis der Deutschen Turnerschaft, statistische Erhebung am 1. 1. 1909 bis 1915, Bremen. 4°. 7 Bde.

Kreis: Der häusliche Kreis
v. Aarauer Tagblatt.

Der Cölner Kreis. 1 Bl. c. K. Ff.

Leitmeritzer Kreis, der — seine neuen Verwaltungs- und Gerichtsorgane von Dr. P. in Leitmeritz Leitmeritz. 1855. Gedr. bei Carl W. Medau. (24 S. 8)

Der Niedersächsische Kreis. (1 : 740000.) Nürnberg 1802 Kupferstich. kol. 1 Bl. Imp.-Fol., 55,3 71,8 cm.

Oesterreichische Kreis — Der — nach den Messungen des Hrn. P. Liesganig und andern astronomischen Beobachtungen entworfen durch F. L. Güssefeld. Nach den Entschädigungen von 1803 und dem Presburger Frieden 1805 eingerichtet von den Homännischen Erben. Nürnberg. 1806. 1 : 1,400,000. 1 Bl.

Rakonitzer — Der — Kreis. Ex Mullerianis aliisque recentissimis subsidiis etc. Editus ab Homannianis Heredibus. Verbessert 1807. 1 : 100 000. 1 Bl.

Kreis, Der Schwäbische, nach der neuesten Eintheilung entworfen. Weimar 1804. Kupf., kolor. . . . .
——, —— Ebda 1805. Kupf. kolor. . . . .

Schwäbische Kreis — Der — nebst den östreichischen Besitzungen in Schwaben. Weimar im Verlage des Industrie-Comptoirs 1796. 1 : 500,000. 1 Bl.

Schwaebische Kreis — Der — nach dessen neuen Saekularisationen und Entschädigungen entworfen. Augsburg zu finden bey Joh. Walch **1803.** 1 : 480,000. 1 Bl.

Kreis [Verfasser]

Kreis. Die Interessen der gegen Feuersgefahr Versicherten bei einer Neuordnung des Versicherungsprivatrechts. (?)

Kreis, Gamper u. Krauß, Schleiermacher. Reden gehalten in Frauenfeld bei der Säkularfeier. Frauenfeld 869. Huber. gr. 8. (51 S.) n. 8 *ngr.*

Kreis, A., u. **F. Kreis, Bilder** f. den ersten Anschauungsunterricht. 8. (56 lith. S.) Gleiwitz O/S. 891. Ratibor, Simmich. Kart. n. — 80

— — deutsche **Sprachschule** od. Anleitg. zur Erteilg. d. ersten deutschen Sprachunterrichts an nichtdeutsche Schulkinder. gr. 8. (VIII, 64 S.) Ebd. 890. n. 1. —

Kreis, Alfons, a. Brieg, Bezirk Breslau: Neuere Untersuchungen über Lamellentöne und Labialpfeifen. Rostock 1905. (26 S.) 8°
Rostock, Phil. Fak., Ref. Martens, Diss. v. 23. Nov. 1905
[Geb. 15. Okt. 82 Laband, Oberschl.; Wohnort: Rostock; Staatsangeh.: Preußen; Vorbildung: Gymn. Brieg Reife O. 02; Studium: Breslau 3, Greifswald 4, Rostock 1 S.; Rig. 20. Nov. 05.]

Kreis, Anton [Gesangl.]: Stimm- und Gehörübungen beim Gesang-Unterricht auf höheren Schulen oder Einführung in d. mehrstimmigen Chorgesang. *Ratibor, 1893;* 31 S. 8.
Ratibor, RPG, OP 1893 (220)

Kreis, Asmus (geb. Sorau 19. 12. 1843): Ueber die Wuthkrankheit bei Menschen. Berlin (1866). (32 S.) 8°
Berlin, Med. Diss. v. 27. März 1866

Kreis, Caspar, s. Kreis, Kaspar

Kreis, Charles, et Jules **Roux,** cours complet de la **phono-sténographie française.** 1. partie. Sténographie exacte. gr. 8. (VIII, 56 S.) Wetzikon 895. (Leipzig, J. H. Robolsky.) Kart. n.n. 1. 20

Kreis, Charles, cours complet de phono-sténographie française. 2. éd. simplifiée et améliorée. gr. 8. (40 S.) Zürich 900. (Leipzig, J. H. Robolsky.) Kart. n.n. 1. 60

Kreis, E., die Grafsch. Baden im 18. Jahrh., s.: **Studien,** schweizer., zur Geschichtswissenschaft. I, 2.

Kreis, Dr. phil. Edwin, pract. Arzt in Zürich [von Altikon, Kt. Zürich]: Zur Kenntniss der Medulla oblongata des Vogelhirns. Zür. D. Bürkli Dr. 1882. 19 S., 6 Taf. 4°.
Zürich. Med. Diss. [v. 9. Aug. 1882].

Kreis, Fritz, aus Frauenfeld: Historisch-kritische Beiträge zu Pausanias dem Periegeten. Göttingen 1910. IV + 90 S. 8°. [27. VIII. 10.]
Zürich. Univ. Phil. Diss. I. S. 1909/10.

Kreis, Hans, und Schmid, Alfred. Anträge zur Revision des schweiz. Lebensmittelbuches betreffend Speisefette und -Öle. Dem Schweizerischen Verein analytischer Chemiker zur Beratung vorgelegt von H' K' und A' Sch'. 19 S. 8. Bern, Neukomm & Zimmermann, 1904.

Kreis, Hans, aus Zürich: Die Grafschaft Baden im 18. Jahrhundert. Zürich 1909. 160 S. und eine Karte. 8°. [22. VI. 09.]
Zürich Phil. Diss I. S. 1908/09.

Die Grafschaft Baden im 18. Jahrhundert. Von Dr. phil. H[ans] Kreis aus Zürich. (Zürich-Selnau: Leemann 1909.) S. 269–425. 8° [Umschlagt.]
[Erschien auch als Inaug.-Diss. Zürich 1909.]
(Schweizer Studien z. Geschichtswissenschaft. Bd 1, H. 2.) (09. 18451

Kreis, Hans, von Altikon (Ktn. Zürich): Vergleichende Untersuchungen über die Methoden der fractionirten Destillation. — Beiträge zur Kenntniss der Thiophengruppe. [S. 7—19 auch in: Liebig's Annalen der Chemie u. Pharm., Bd 224. S. 259–269]. Zür. D. Bürkli Dr. 1884. 36 S., 5 Taf. [4 Doppeltaf.]. 8°.
Zürich. Phil. Diss. [v. 1. März 1884].

Kreis, Hans Kasp., Kindergrüße. Illustr. Lehr-, Lern- und Unterhaltungsbüchlein, enthaltend Heimatbildchen, Geschichtchen und Reime, nebst Anweisung zum ersten Unterricht. Illustr. von C. F. Graf. 8. (135 S. mit 6 Holzschntaf. und 3 lithogr. Kärtchen.) Zürich 881, Schmidt. *

Kreis, Henri, d'Ermatingen: **Contribution à la théorie des systèmes linéaires.** Zürich 1906. IV + 63 S. 8°. [12. II. 07.]
Zürich. Phil. Diss. II. S. 1906/1907.

Kreis, Johann Georg

[J.] Geschichte der ursprünglichen Kirchhöre Sulgen u. der aus ders. hervorgeg. Evang. Kirchgemeinden Sulgen-Erlen, Berg, Bürglen-Andweil u. Neukirch h. d. Th. v. ihrer Entstehg bis auf d. Gegenw. Von J. G. **Kreis,** alt-Dekan. *Bischofszell: Buchdr. v. H. Aus-der-Au 1896.* (VIII, 345 S., 1 Bl.) 1 Bd 8. (97. 1107

Kreis, J(oh[ann]) G(eorg). **An junge Schweizer. Eine Konfirmationsgabe** von J. G. K', a. Dekan († 1906. [Mit biographischem] Vorwort von Dr. A[lfred] Kreis). XVI + 202 S. 8. Frauenfeld, Huber & Co., [1908]. [geb. fr. 3. 50]

Kreis, Karl, s. Mittheilungen des niederösterreichischen Turngaues.

Kreis, Kaspar

Kreis, C[aspar]. Das Sempacherlied, mit den Lebensbildern des Componisten J(ohannes) U(lrich) Wehrli (1794–1839) und des Dichters H(einrich) Bosshard (1811–1877). Von K. K'.... [Mit 1 Melodie und 2 Portraits.] 8. Zürich 1886.

Kreis, Max *Franz* [aus Ratibor]: Zur Casuistik der Fraktura Sterni m. Beschreibg e. seltenen Praeparates aus d. Sammlg d. patholog.-anatom. Anstalt zu Greifswald ... Greifswald, Druck v. J. Abel, 1897; 26 S., 1 Taf. 8.
Greifswald, Med. Fak., Inaug.-Diss. v. 10. März 1897

Kreis, Oscar [med. pract. aus Basel]: Die Entwickelung und Rückbildung des Corpus luteum spurium beim Menschen. Berlin 1899. 20 S. 4 Taf. 8°. (Sonder-Abdr. aus Archiv für Gynäkologie. 58. Bd.)
Basel. Med. Diss. 1898/99.

Kreis, Paul, **Lehrbuch des deutschen Wechselrechts.** 8. (XIV, 234 S.) Berlin 884, Springer. geb. *

— der **Rechenunterricht** in der Elementarclasse auf Grundlage d. vervollständigten Tillichschen Rechenkastens. Mit 2 lith. Taf. u. 1 Holzschn. gr. 8. (55 S.) Wien 886. (Sallmayer.) n. 1. —

Kreis, Paul, der Rechenunterricht in der Elementarklasse auf Grundlage d. vervollständigten Tillichschen Rechenkastens. (2. Aufl.) (51 S. m. 2 Taf.) gr. 8. Wien 903. (Sallmayer'sche Buchh. n.n. 1. —

Kreis, Samson: Aus d. chirurg. Universitätsklinik zu Königsberg i. Pr. (Prof. von Eiselsberg.) Experimentelle Beiträge zur Lehre von den Wirbelluxationen. *Königsberg i. Pr. 1900: A. Jacoby.* (36 S.) 8°
Königsberg, Med. Diss. v. 30. Jan. 1900

Kreis, W. Seine Ideen u ausgeführt. Werke v. R. Katz. (30 T) 4° Stuttgart (1904)

Das **Kreis**- und Provinzial**abgabengesetz**. Verhandlungen d. 9. ordentl. Landesverbandstages v. März 1906 in Berlin. (Vorr.: Dr. [Georg] Baumert, Justizrat.) Spandau 1906: R. Graßmann in Stettin. (22 S.) 8° [F.]
= Mitteilungen d. Preuß. Landesverbandes d. Haus- u. Grundbesitzer-Vereine. H. 23. [illegible]

Kreis- u. Provinzial-Abgabengesetz, das, vom 23. IV. 1906 nebst der Ausführungsanweisung. (48 S.) gr. 8. Berlin, C. Heymann. 1906. —. 60.

Kreis- und Provinzial-**Abgabengesetz**. Vom 23. April 1906. Mit Sachreg. Breslau: J. U. Kern 1906. (19 S.) 8° [F.]
(Preußische Gesetze.) [illegible]

Das **Kreis**- und Provinzial-Abgabengesetz vom 23. April 1906 ... von H[einrich] Brüning, Oberbürgerm. a. D. Hannover & Berlin: Meyer 1907. 28 S. 8°
(Brüning: Die preuß. Verwaltungsgesetzgebung f. d. Prov. Hannover. 3. Aufl. Erg. H.)

Kreis- u. Provinzial-Abgabengesetz, das, v. 23. IV. 1906 nebst der Ausführungs-Anweisung. Text-Ausg. 2. Aufl. (48 S.) gr. 8. Berlin 907. C. Heymann. — 60

Kreis- und Provinzial-**Abgabengesetz**. Vom 28. April 1906. Text-Ausg. mit Anm. u. Sachreg. von Fr. Schmidt, Amts- u. Gemeindevorsteher. Berlin: J. Guttentag 1906. (111 S.) 8° [F.]
— **Sammlung**, Guttentag'sche, Preußischer Gesetze. No 38. [illegible]

Euskirchener **Kreis-Adressbuch**. Jg. 1902. *Euskirchen: H. A. Degen Nachf. (1902).* 8° [F.] [illegible]

Kgl. Bayer. Kreis-Amtsblatt v. Oberbayern. (Sep.-Nr. v. 10. Dezbr. 1885.) München. Gr. 4°. Grosspapier. Roth. Hlwbd.
264 S. Enth. Protokolle üb. d. Sitzungen d. Landrathes von Oberbayern im Novbr. 1885.

Kreis-Anzeiger. –
Greifswald. – 4.II.1863 – 18.II.1895.
Fortges. u.d.T.: Greifswalder Zeitung.

Kreis-Associationen, Reichs-Krieg u. Neutralität. Beitr. z. Prüfung des Betragens der in dem gegenwärt. franz. Krieg bisher neutral gebliebenen Kreise u. Reichsstände (301.) 8. Frankfurt 1792.

Kreisassociationen, über d., Reichskrieg u. Neutralität, (v. Jh. Fr. Schmidlin). 8. Frankf. u. Leipz. (Ulm) 792. Stettin. 16 K

Kreisau, Clem., Bauer u. Jude. Soziales Lebensbild. gr. 8. (68 S.) Leipzig 891. H. Beyer. n. — 50; kart. n. — 80

Kreisbeschreibung

Regierungsbezirk Schleswig: Kreis Eiderstedt. **Kreisbeschreibung**. (Tönning. 1871.) 8° [Kopft.]

Regierungsbezirk Schleswig. **Kreisbeschreibung** des Kreises Rendsburg nebst genereller Beschreibung der forstlichen Verhältnisse desselben, sowie einer Nachweisung der Martinidurchschnittsmarktpreise der landw. Erzeugnisse während des Zeitraums von 1837 bis 1870 für den Marktort Rendsburg. Rendsburg. 1871. 8°.

Kreisbeschreibung des Kreises Süderdithmarschen, nebst den Protokollen zu den von der Kreis-Veranlagungs-Commission vorläufig angenommenen Classifications-Tarifen. Meldorf. 1871. 8°

Kreisblatt. –
Fulda. – 2.I.1869 – 31.XII.1884.
Fortges. u.d.T.: Fuldaer Kreisblatt.

Kreisblatt. –
Lyck. – 1849 – ?
Vorh. u.d.T.: Lyker Gemeinnütziges Unterhaltungsblatt.
Fortges. u.d.T.: Generalanzeiger.

Kreis-Blatt. –
Marienburg. – 5.VII.1834 – 30.IX.1879.
Vorh. u.d.T.: Marienburgscher Anzeiger.
Fortges. u.d.T.: Marienburger Zeitung.

Kreisblatt. –
Minden. – 8.VII.1856 – 1.I.1858.
Fortges. u.d.T.: Minden-Lübbecker Kreis-Blatt.

Kreis-Blatt. –
Wetzlar. – 27.IV.1848 – 12.VII.1848.
Vorh. u.d.T.: Regierungs-Blatt.
Fortges. u.d.T.: Wetzlarer Kreis- und Intelligenzblatt.

Kreisblatt. – Allensteiner Kreisblatt.
1841 – 1881.
Fortges. u.d.T.: Allensteiner Zeitung.

Kreisblatt. – Allgemeines Hagener Kreisblatt. –
1.I.1864 – 1866.
Fortges. u.d.T.: Hagener Kreisblatt.

Kreisblatt, allgemeines preußisches. (Jahrbuch der preuß. Kreisverwaltung.) Redig. von H. A. Mascher. 1. Jahrg. 1863 8 Hefte. (à ca. 4 Bog.) gr. 8. Merseburg, Stollberg. *

Kreisblatt. – Bochumer Kreisblatt. –
20.VIII.1842 – 30.VI.1858.
Vorh. u.d.T.: Wochenblatt.
Fortges. u.d.T.: Märkischer Sprecher.

Kreisblatt, Budweiser. 11. Jahrg 1862. Redakteur: Theodor Dolezal. 104 Nrn. gr. 4. Budweis. Zdarsa. 1862. 3 fl. 50 kr.

Kreisblatt, Cellesches. Für Unterhaltung u. Belehrung. Red.: Ed. Schöne. 1. Jahrg. Septbr. 1852 bis August 1853. 140 Nrn. gr. 4. (½ B.) Celle, Schulze. n. 2 ß

Kreisblatt. – Dortmunder Allgemeines Kreisblatt. –
26.X.1857 – 2.I.1860.
Vorh. u.d.T.: Dortmunder Amtliches Kreisblatt.
Fortges. u.d.T.: Dortmunder Anzeiger.

Kreisblatt. – Dortmunder amtliches Kreisblatt. –
2.X.1855 – 17.III.1856.
Vorh. u.d.T.: Dortmunder Anzeiger.
Fortges. u.d.T.: Dortmunder Amtliches Kreisblatt.

Kreisblatt. – Dortmunder Amtliches Kreisblatt. –
18.III.1856 – 25.X.1857.
Vorh. u.d.T.: Dortmunder amtliches Kreisblatt.
Fortges. u.d.T.: Dortmunder Allgemeines Kreisblatt.

Kreisblatt. – Düsseldorfer Kreisblatt und Täglicher Anzeiger. –
1839 – 1848,Nr. 119.
Fortges. u.d.T.: Düsseldorfer Journal und Kreisblatt.

Kreisblatt, Eckartsbergaer, ein Volksblatt für Thüringen. Herausgeg. von Fr. Häßler. Jahrg. 1841. gr. 4. Weißensee, Großmann. n. 1 ß

Kreisblatt. – Fuldaer Kreisblatt. –
1.I.1885 – 29.IV.1920.
Vorh. u.d.T.: Kreisblatt.
Fortges. u.d.T.: Fuldaer Tageblatt.

Kreis-Blatt. – G l a d b a c h e r Kreis-Blatt. –
Mönchengladbach. – 3.I.1847 – 2.I.(?)1863.
Vorh. u.d.T.: Geschäfts- und Unterhaltungs-Blatt.
Fortges. u.d.T.: Gladbacher Zeitung.

Kreis- und Wochenblatt. – G r e i f s w a l d e r Kreis- und Wochenblatt. –
1.IV.1851 – 15.XI.1864.
Vorh. u. fortges. u.d.T.: Greifswalder Wochenblatt.

Kreis- und Intelligenzblatt, grünberger. Redakt.: Fr. Weiß. 14. Jahrg. 1856. 104 Nrn. (½ Bog.) gr. 4. Grünberg, Weiß. *

Kreisblatt. – H a g e n e r Kreisblatt. –
1.XII.1841 – 31.XII.1863.
Vorh. u.d.T.: Der Hausfreund.
Fortges. u.d.T.: Hagener Zeitung.

Kreisblatt. – H a g e n e r Kreisblatt. –
1866 – 1870.
Vorh. u.d.T.: Allgemeines Hagener Kreisblatt.
Fortges. u.d.T.: Märkische Zeitung.

Kreisblatt. – H a n a u e r Kreisblatt. –
1.I.1870 – 30.IV.1872.
Vorh. u.d.T.: Hanauer Wochenblatt.
Fortges. u.d.T.: Hanauer Anzeiger.

Kreis-, Handels- und Intelligenzblatt, neußer. Redakt.: P. W. Stadler. Jahrg. 1854. 104 Nrn. (Bog.) gr. Fol. Köln und Neuß, Schwann'sche Vrlgsh. **

Kreis- und Lokalblatt. – L a u e n b u r g e r Kreis- und Lokalblatt. –
Lauenburg/Pommern. – 1848 – 1914.
Fortges. u.d.T.: Lauenburger Zeitung.

Kreisblatt, Leipziger. 1. u. 2. Jg. Leipzig [1837—38]. H: *Espe, Carl August.* (Ky)

— Leipziger. (Herausg. K. A. Espe.) 1r Jahrg. ... 2r Jahrg. 1838. gr. 4. Leipzig, Brockhaus. 2 ℳ

Lenneper Kreis-Blatt. Jg. [1]—5. Lennep 1830 – 34. 5 Bde

Kreis-Blatt. – M e r s e b u r g e r Kreis-Blatt. –
7.IV.1847 – 30.VI.(?)1914.
Vorh. u.d.T.: Merseburgische Blätter.
Fortges. u.d.T.: Merseburger Tageblatt.

Kreis-Blatt. – M i n d e n - L ü b b e c k e r Kreis-Blatt. –
Minden. – 2.I.1858 – 1.I.1919.
[„Brun'sche Zeitung".]
Vorh. u.d.T.: Kreisblatt.
Fortges. u.d.T.: Mindener Tageblatt.

Kreisblatt. – M ü h l h ä u s e r Kreisblatt. –
Mühlhausen/Thür. – 1821(?) – 1863(?).
Vorh. u.d.T.: Wochenblatt.
Fortges. u.d.T.: Mühlhäuser Anzeiger.

Kreis-Blatt für das Münsterland. Hrsg. von F. Coppenrath. Jahrg. 1850. 104 Nrn. (½ Bog.) gr. 4. Münster, Coppenrathsche Buchh. *

Kreisblatt. – N a u m b u r g e r Kreisblatt. –
1852 – 1912.
Vorh. u.d.T.: Der deutsche Bürger.
Fortges. u.d.T.: Naumburger Tageblatt.

Neusatzer Kreisblatt. Für den Geschäfts-, Gewerb- und Landmann. Organ für ämtl. Notizen und alle Arten Anzeigen für Gewerbskunde, Gartenkunst, Land- u. Hauswirthschaft. II. Jahrg. Herausg. und Red. *Ign. Fuchs.* Buchdr. von *J. Kaulitzky.*

Erscheint in **Neusatz,** jed. Samstag, 1 Bog. in Fol. 3-spalt. Pr ä n.-Pr. ¼-jähr. 1 fl. 15 kr.; pr. Post 1 fl. 27 kr. I n s e r a t e: Unter 7 Zeil. 24 kr. Für jede weitere Zeile 2 kr.

Kreis- und Nachrichts-Blatt, nordhäusisches. Hrsg. von R. Kosack. Jahrg. 1850. 156 Nrn. (Bog.) 4. Nordhausen, (Büchting.) *

Kreisblatt. – S i e g e n e r Kreisblatt. –
1.I.1867 – 31.XII.1872.
Vorh. u.d.T.: Intelligenzblatt.
Fortges. u.d.T.: Siegener Zeitung.

Kreisblatt für den XIII. Turnkreis Thüringen der Deutschen Turnerschaft. Vereinsztg. d. Thüringer Landesturnlehrer- u. -turnlehrerinnenver. (früher: Kreisbl. f. d. XIII. Dtsch. Turnkreis Thüringen), Jg. 1—30, 32 u. folg., 1892—1921, 1923 u. folg., Arnstadt, 4°. 26 Bde.

Kreisblatt. – W e i ß e n f e l s e r Kreisblatt. –
6.I.1827 – 1.I.1899.
Vorh. u.d.T.: Weißenfelser Wochen- und Intelligenzblatt.
Fortges. u.d.T.: Weißenfelser Tageblatt.

Kreisblatt, Weißensee, s. Unterhaltungsblatt, Weißensee.

Kreis- und Anzeige-Blatt. – W e t z l a r e r Kreis- und Anzeige-Blatt. –
4.I.1850 – 13.V.1861.
Vorh. u.d.T.: Wetzlarer Kreis- und Intelligenzblatt.
Fortges. u.d.T.: Wetzlarer Kreisblatt.

Kreisblatt. – W e t z l a r e r Kreisblatt. –
14.V.1861 – 30.VI.1873.
Vorh. u. fortges. u.d.T.: Wetzlarer Kreis- und Anzeige-Blatt.

Kreis- und Anzeige-Blatt. – W e t z l a r e r Kreis- und Anzeige-Blatt. –
1.VII.1873 – 1.X.1873.
Vorh. u.d.T. Wetzlarer Kreisblatt.
Fortges. u.d.T.: Wetzlarer Anzeiger.

Kreis- und Intelligenzblatt. – W e t z l a r e r Kreis- und Intelligenzblatt. –
13.VII.1848 – 3.I.1850.
Vorh. u.d.T.: Kreis-Blatt.
Fortges. u.d.T.: Wetzlarer Kreis- und Anzeige-Blatt.

— für das Kreisamt Wiesbaden. [Amtliches Blatt der Behörden.] Wochenzeitung für Publicität, Unterhaltung u. Tagesgeschichte. 1 u. 2. Jahrg. 1851 u. 1852. à 104 Nrn. gr. 4. (W.) Wiesbaden, W. Friedrich. à Jahrg. n. 1⅓ ß

Kreisblatt. -- W i t t e n b e r g e r Kreisblatt. –
3.I.1829 – 16.IV.1888.
Vorh. u.d.T.: Wittenberger Anzeiger.
Fortges. u.d.T.: Wittenberger Tageblatt.

Wöchentliches **Intelligenzblatt** für Tondern. — Tondern: Forchhammer. 8° u. 4°
1. 1813/4. 2—4. Einz.Nrn. 10—12. 1822/3—1824/5. (12 = Unvollst.) 16—18. 1828/9—1830/1. 19. 22 unv. 23. 1835/6. 24—26. 1837—39. (Unvollst.) 27—31. 1839/40—1843/4. 32—34. 1845—47. (Unvollst.) 39—40. 1851/2—53. (Unvollständig).
Fortges. u. d. T.:

Kgl. privil. **Intelligenzblatt** für Tondern und Umgegend. Kgl. privileg. Intelligentsblad for Tønder og Omegn. 1855—1864, 4. Febr. — Tondern. 4°
Fortges. u. d. T.:

Wöchentliches Tondernsches **Intelligenzblatt.** 1864, 25. Febr.— 1869, 15. April. — Tondern. 4°
Fortges. u. d. T.:

Wöchentliches **Kreis-** und Intelligenzblatt des Kreises Tondern. 1869, 22. April—1870, 3. Febr. — Tondern. 4°
Fortges. u. d. T.:

Wöchentliches **Kreisblatt** des Kreises Tondern und Intelligenzblatt. 1870, 10. Febr.—1871. — Tondern. 4°

Kreisblatt. – Wolfenbütteler Kreisblatt. – 1.IV.1873 – 1.V.1924.
Vorh. u.d.T.: Gnädigst privilegirte Braunschweigische Zeitung für Städte, Flecken und Dörfer.
Fortges. u.d.T.: Wolfenbütteler Zeitung.

Kreisblatt-Repertorium der Oberpfalz und von Regensburg von 1867—1871 incl. 4. (222 S.) München 872, Stahl. **

Kreisblätter, Meissnische. Dresden 1836—37. Red.: *Schäfer, Wilh.* (Kat. d. stat. Bureaus. Dresden 1890.)

Kreisbote, Der Neustädter, eine Wochenschrift. Neustadt a. d. O. 1818—2? H: *Anger, Chn E.* (MGT) 1818—33 H: *Anger, Chn E.* & *Ferdinand Gotthold Frenkel.* (Ky)

Kreisbote, der Neustädter. Eine Wochenschr. z. gemeinnütz. Unterhalt. f. alle Stände. 1—16. Jahrg. 1818—33. 4. Neustadt a. d. O., Wagner. à J.

Kreisbote, der neustädter. Eine Wochenschr. z. gemeinn. Unterhalt. f. alle Stände. 17—25. Jahrg. 1834—42. gr. 4. Neustadt a. d. O., Wagner. à J. *
1—16. J. 1818—33. Ebendas. à J. * 1 Thlr. 8 Gr.

Kreisch: Scriptorum antiquitatis de Christianorum moribus testimonia comparantur. - Erkelenz, Progr. 1859.

Kreisch, Ewald [aus Eckenhagen]: Aus d. medizin. Klinik zu Bonn. Ein Fall von hochgradiger Verlagerung des Herzens in die rechte Brustseite ... Bonn, Druck v. E. Heydorn, *1894;* 35 S. 8.
Bonn, Med. Fak., Inaug.-Diss. v. [17.] Febr. 1894

Kreischa [Schlagwort]

Kreischa, s.: Sachsen. Messtischblätter.

Kreischa-Hänichen [Schlagwort]

Kreischa - Hänichen, s.: Geologische Karten (Sachsen).

Kreischer, K. G., Vorläufiger Bericht der englischen Grubenunfall-Kommission. Freiberg, 1882. 49 S.

Kreischer, K. G., und K. Winkler, Untersuchungen über Sicherheitslampen. Freiberg, 1883. 77 S. mit 6 Taf.

Das I. **Kreiscomitee von Mittelfranken.** Festschrift gewidmet den Teilnehmern an der 32. Wanderversammlung b. Landwirte in Nürnberg 1895. Nürnberg 1895
Monographie der L. um Nürnberg. Bearbeitet von Friedrich Wagner, Landw.-Lehrer in Lichtenhof.

Kreis-Correspondent. – Fränkischer Kreis-Correspondent. – Nürnberg. – 1.X.1804 – 15.IX.1806.
Fortges. u.d.T.: Der Fränkische Korrespondent.

[J.] Im frohen **Kreise.** E. Sammlg d. schönsten Volkslieder. *Düsseldorf: A. Bagel [1896].* (VIII, 232 S.) 1 Bd 8. [96. 7763]

Im frohen **Kreise.** Volkstümliche Tänze und Märsche fürs Deutsche Haus. Bd 1, H. 1. Berlin, Leipzig, Wien: W. Vobach & Co. [1904]. 8° [J.]
(Beilage zu d. grünen Heften d. 'Musik-Mappe'.) [07. 1830]

Kreise, die, Preußens. Eine gruppenweise geordnete Uebersicht der Boden-, Bevölkerungs- und Nahrungs-Verhältnisse der Kreise des preußischen Staates. 8. (43 S.) Berlin 868, v. Decker'sche Geh. Ober-Hofbuchdr.
Aus: Königl. Preuß. Staats-Anzeiger, besonders abgedruckt.

Kreis-Eintheilung, die neue ... mit den Bezirkshauptmannschaften und Gerichtsorten in Folge der neuen Gerichtsorganisirung der hohen Ministerien in den Kronländern: Unter-Oesterreich, Ober-Oesterreich, Salzburg, Böhmen, Mähren, Schlesien, Tirol mit Vorarlberg, Steiermark, Krain, Kärnthen, Görz, Istrien und Triest. 17. Auflage. Quer-Folio. (1 Bl.) Wien, k. k. a. p. typo-geogr. Kunst-Anstalt (F. Raffelsberger.) 1853.

Kreisel, Landwirtschaftslehre, s. a. Arnstadt, A.

Kreisel u. **Löhnis,** Landwirtschaftslehre f. den Unterricht an Lehrer-Seminaren. 3. verb. Aufl. Mit 84 Textabbildgn. u. e. farb. Plane e. Schulgartens. (189 S.) 8. Leipzig 910. H. Voigt. Geb. in Leinw. nn 2.20

Kreisel, A., Adolf v. der Mark, Bischof von Münster 1357—1363 und Erzbischof von Köln 1363—1364, s. Beiträge, Münsterische, zur Geschichtsforschung.

Kreisel, Bernhard [approb. Arzt aus Leobschütz i. Schl.]: Zur Behandlung der Pseudoarthrose .... München, Druck v. M. Ernst (vorm. G. Pollner), 1887; 28 S. 8°
München, Med. Fak., Inaug.-Diss. v. 1887

Kreisel, Frz., Hülfstafel zur Berechnung d. Richtungskoeffizienten f. Koordinatenausgleichungen, s.: Eggert, O.

Kreisel, Franz (Hrsg.), s. Minerva. Illustrierte militär.-wissenschaftliche Zeitschrift.

Kreisel, Heinrich

Kreisel H.: Die Samenpflanzen in der Umgebung Jägerndorfs. I. Th. 38. Jägerndorf 89. Progr.

Kreisel Heinrich: Die Samenpflanzen in der Umgebung Jägerndorfs. 18. Jägerndorf R. 90. (Vgl. auch das Progr. v. 89). Progr.

Kreisel Oswald: Utrum nonnullis viris doctis adfirmantibus C. Rabirium a Cicerone contra multam irrogatam esse defensum ideoque verba „perduellionis reo", quae vulgo adscribantur orationis titulo, esse subditicia adsentiri debeamus necne.
II. 1907 PN 2240 Diss. Wien, Univ. 1614

Kreisel, Rob., Gedichte. 8. (103 S.) Merseburg 882, Stollberg.

Nur für Dienstgebrauch. Der **Kreiselkompass.** Neumühlen b. Kiel: Anschütz (1910). 80 S. 8° [10. 1003]

Kreiselmeyer, A., die Bannerherrschaft Endsee bei Rothenburg o.T. (64 S.) gr. 8. München 906. (Ansbach, F. Seybold.) 1.50

Kreis-Feuerwehr-Zeitung (für Unterfranken). Gemeinnützige Blätter für das Feuerlöschwesen. Verkündigungsblatt des Kreisfeuerwehr-Verbandes Unterfranken und Verbands-Organ des Sterbecassen-Vereins unterfränk. Feuerwehren. Redact.: J. C. Kirchner. 13. und 14. Jahrg. 1886 und 1887. à Jahrg. 24 Nrn. (à Nr. ½ Bog.) Nebst: Archiv für Feuerschutz und Rettungswesen. Redact.: W. Doehring. 3. und 4. Jahrg. à Jahrg. 24 Nrn. (Bog.) gr. 4. Schweinfurt. (Leipzig, Leiner.) à Jahrg. *
Vgl.: Archiv für Feuerschutz und Rettungswesen.

Kreis-Feuerwehr-Zeitung (f. Unterfranken). Gemeinnützige Blätter f. das Feuerlöschwesen. Verkündigungsblatt d. Kreisfeuerwehr-Verbandes Unterfranken u. Verbands-Organ d. Sterbecassen-Vereins unterfränk. Feuerwehren. Red.: J. C. Kirchner. 14.—17. Jahrg. 1887—1890. à 24 Nrn. (½ B.) Nebst: Archiv u. Centralblatt für Feuerschutz-, Rettungs- u. Versicherungswesen. Red.: W. Doehring. 4.—7. Jahrg. à 24 Nrn. (B.) gr. 4. Schweinfurt. (Leipzig, Leiner.) à Jahrg. n. 8.—
Die früheren Jahrgänge waren nicht durch den Buchhandel, sondern nur direkt von J. C. Kirchner in Schweinfurt zu beziehen. — Vgl.: Archiv und Centralblatt für Feuerschutz etc.

Kreis-Feuerwehr-Zeitung (f. Unterfranken). Gemeinnützige Blätter f. das Feuerlöschwesen. Verkündigungsblatt d. Kreisfeuerwehr-Verbandes Unterfranken u. Verbands-Organ d. Sterbecassen-Vereins unterfränk. Feuerwehren. Red. v. J. C. Kirchner. 18.—21. Jahrg. 1891—1894. à 24 Nrn. (½ Bog.) Nebst Archiv u. Centralblatt f. Feuerschutz-, Rettungs- u. Versicherungswesen. 8.—11. Jahrg. à 24 Nrn. (Bog.) gr. 4. Schweinfurt. Leipzig, O. Leiner. à Jahrg. n. 6.—; f. Abonnenten in Unterfranken 4.—

Kreis-Feuerwehr-Zeitung (f. Unterfranken). Gemeinnütz. Blätter f. d. Feuerlöschwesen. Verkündigungsblatt des Kreisfeuerwehr-Verb. Unterfranken u. Verbands-Organ d. Sterbecassen-Vereins unterfränk. Feuerwehren. Red. v. B. Kirchner. 22.—24. Jahrg. 1895—1897. à 24 Nrn. (à ca. 4 S.) Nebst Archiv u. Centralblatt f. Feuerschutz-, Rettungs-, Feuerlösch- u. Versicherungswesen. 12.—14. Jahrg. à 24 Nrn. (Bog. m. Abb.) gr. 4. Schweinfurt. Leipzig, O. Leiner. à Jahrg. n. 6.—; f. Abonnenten in Unterfranken n. 4.—

— dasselbe. 25. Jahrg. 1898. 24 Nrn. (à ca. 8 S.) M. d. Beilage: D. Sammler a. d. Feuerlösch- u. Rettungswesen, Versicherungswesen u. all. einschläg. Gebieten. gr. 4. Schweinfurt, Fr. J. Reichardt. n.n. 3.—
Kann auch vierteljährlich bezogen werden.

Kreisfinanzen, die bayer., s.a. Beiträge zur Statistik des Königr. Bayern.

Die bayerischen Kreisfinanzen. München: Lindauer 1909. 63*, 77 S. 4°(8°)
(Beiträge z. Statistik d. Königr. Bayern. H. 74.) (09. 15341

Kreishaushalts-Etat des Kreises Sonderburg pro 1910—1912. Sonderburg. 1910—12. Fol.
Fortges. u. d. T.:
Haushaltungsplan des Kreises Sonderburg.

Kreishaushalts-Voranschlag des Kreises Konitz f. d. Rechnungsj. 1903 ff. Konitz (1903) ff. 4°

Kreisig, s. Kreysig.

Kreisig, C. F: Die Adrianopelroth-Färberei. Chemnitz 1820

Kreisig, C. F., der Zeugdruck u. d. damit verbund. Bleicherei u. Färberei. 1. Bd. M. 3 Kpfrt. (qu. Fol.) gr. 8. (44¼ B.) Berlin 834, Rücker. Thlr.

Kreisig, C. F., der Zeugdruck u. die damit verbund. Bleicherei u. Färberei. 2. u. 3. (letzt.) Bd.) gr. 8. Berlin, Rücker u. Püchler. [2. (40¾ B.), 3 schw. u. 1 ill. Kpfrt.) 836., 3. (38 B. u. 4 Kpfrt.) 837. à 5 Thlr.]
1. Bd. Ebendas. 1834. 5 Thlr.

Kreisig, Friedrich Ludwig

s.a. Kreysig, Friedrich Ludwig

Kreisig, Friedr. Ludw., über die sogenannte gastrische Methode, s. Himmer, C. W.

Kreis-Industrie-, Gewerbe- u kunsthistorische Schwäbische Ausstellung Augsburg 1886. 28 Photographien von Fr Höfle. qufol Augsburg

Kreisinger, Joseph, Biblická dějeprava starého i nového zákona pro školy obecne. Od — —. 8. (VI, 258 S.) Ve Vidni. Tiskem L. Grunda. 1854. Vázaná se hřbetem v plátně za 22 kr. stř. (Biblische Geschichte des alten und neuen Testamentes für die Trivialschulen.)
Wien: Verlag der Schulbücher-Verschleiß-Administration

Kreisinger, Jos., Handbuch der bibl. Geschichte für die kathol. Jugend in Fragen und Antworten. Mit Nutzanwendungen versehen. 8. (161 S.) Prag 847, [Credner und Kleinbub.] *

Kreis-Intelligenzblatt. – Solinger Kreis-Intelligenzblatt. – 9.I.1835 – 30.IX.1912.
Vorh. u.d.T.: Solinger Wochenblatt.
Fortges. u.d.T.: Solinger Tageblatt.

Kreis- und Heimat-Kalender des Kreises Franzburg. [1.] Für d. J. 1908. Berlin: Schriftenvertriebsanst. [1907]. 8° [J.] (08. 5516 9

Illustrierter Kreis-Kalender für den Kreis Eiderstedt. Jg. 1—4. 1908—1911. Schleswig. o. J. 8°

Illustrierter Kreiskalender für den Landkreis Flensburg. Jg. 1. Flensburg 1900: J. B. Meyer. 8° [J.] (08. 5479

Illustrierter Kreis-Kalender für den Kreis Süderdithmarschen auf das Jahr 1910 ff. Meldorf. (1910 ff.) 8°

Illustrierter Kreis-Kalender für den Kreis Tondern. Jg. 1. 2. 1907. 1908. Tondern. o. J. 8° [Umschlagt.]
Fortges. u. d. T.:
Kreis-Kalender für den Kreis Tondern. [Jg. 3 ff.], 1909 ff. Niebüll. (1912 ff.: Leck.) o. J. 8° [Umschlagt.]

Lauenburger Illustrierter Kreiskalender. [1.] Für d. J. 1906. Lauenburg i. P.: H. Badengoth [1905]. 8° [J.] (07. 8798 9

Kreiskalender f. den Kreis Nieder-Barnim auf d. J. 1907. (96 S. m. Abbildgn., 2 Taf. u. 1 Wandkalender.) gr. 8. Berlin, R. Hobbing. —50

Niderrheinisch-Westphälischer Kreiß-Calender . . . (1761 ff.: Das ist historisch-genealogischer Schematismus) Worinnen nach dem auf dieses Kreises Meridian Horizont gerichteten Almanach die Kreiß-Merkwürdigkeiten . . . beschrieben seind. Cölln. 28 Bde
Auf das Jahr 1759. 1761—68. 1770—71. 1776—77. 1779—90. 1792—94. 1797.

Teltower Kreis-Kalender. Hrsg. v. Verlag d. 'Teltower Kreisblatt'. (1.) Für 1904. Berlin: R. Rohde (1904). 8° [J.] (07. 9898

Kreiskalender für den Kreis Usedom-Wollin. [1.] 1906. Swinemünde: W. Fritzsche [1905]. 8° [J.]
[Umschlagt.:] Illustrierter Kreiskalender f. d. Kr. Usedom-Wollin. (06. 1147 9

Kreiskarte der Prov. Brandenburg. 4. Neustadt-Eberswalde 869, Lemme.

[Umschlagt.:] **Kreiskarte** der Provinz **Brandenburg** in mehrfarbiger Ausführung m. Ang. d. Kreise, Städte in d. verschied. Grössen, Eisenbahnen, Gebirge u. s. w. (Gez. v. G. **Woldermann**.) (Massst.:) 1:1,400,000. *Berlin: H. Sala [1898].* (1 Ktnbl. ?) 1 Bd 8. ,98. 5569

Neue Kreiskarte des Kreises Loebau (Westpreussen). Nach d. neuesten Materialien rev. u. erg. *Neumark Westpr.: J. Koepke [1896].* (1 Kartenbl. 37 × 28 cm.) 8° [Umschlagt.] (... 3873) 10

Kreiskarten [Sachliches OW]

Kreis-Karten vom Regierungs-Bezirke Bromberg. **Berlin 1836—1838.** 9 Bl. I.. Ff.

Kreis-Karten des Regierungs-Bezirks Danzig. 7 Bl. c. I.. Ff.

Kreiskarten der Kreise Düsseldorf, Essen, Neuss, Gladbach und Grevenbroich und Krefeld des Regierungs-Bezirks Düsseldorf. 5 Bl. c. K. Ff.

Kreiskarten von Elsass-Lothringen. **Glogau 1871.** 15 Bl. c. I.. Ff.

Kreis-Karten des Regierungs-Bezirks Marienwerder. 13 Bl. I.. Ff.

Kreis-Karten der Preuss. Monarchie. 18—22. Lfg. Fol. (21 lith. Karten.) Berlin 846—49, C. Heymann. à Lfg. n. 1 ℛ (1—22: n. 22 ℛ)

Kreiskarten der Provinzen **Ost-** und **Westpreussen.** hrgg. v. d. topogr. Abth. des Grossen Generalstabes. 1:100000. 1873—80. Fol.
Diese Karten sind von wechselnder Grösse, entsprechen im übrigen aber genau der topographischen Karte des preussischen Staates.
Regierungs-Bezirk Gumbinnen.
Kreis Gumbinnen. Sensburg. Stallupönen. Tilsit.
Regierungs-Bezirk Königsberg.
Kreis Allenstein. Braunsberg. Fischhausen. Heilsberg. Mohrungen. Neidenburg. Osterode. Rössel.
Regierungs-Bezirk Danzig.
Kreis Berent. Carthaus. Marienburg. Neustadt. Pr. Stargard.
Regierungs-Bezirk Marienwerder.
Kreis Flatow. Graudenz. Konitz. Kulm. Löbau. Marienwerder. Rosenberg. Schlochau. Schwetz. Strasburg. Stuhm. Thorn. Tuchel.

Kreiskarten der Provinzen Ost- und Westpreussen. Hrsg. von der kartographischen Abtheilung der Königlich Preussischen Landesaufnahme. 1:100000. **Berlin 1875 bis 1888.** 58 Bl. c. I.. Ff.

Kreis-Karten vom Regierungs-Bezirk Posen. **Berlin 1834—1836.** 17 Bl. I.. Ff.

— von Schlesien, hrsg. nach der von Generalstabs-Offizieren u. nach d. General-Stabs-Karten bearbeiteten grossen Reymann'schen Specialkarte von Schlesien, im Maassstabe v. 1:200,000 der naturl. Grösse. (In 51 lith. Blättern.) 1. Lfg. Nro. 16. Görlitz. Nro. 17. Guhrau. Nro. 4c Leobschütz. Fol. Glogau 850, Flemming's Verl. 12 ℛ Einzelne Karten à 1/6 ℛ

Kreiskarten [Schlagwort]

Kreiskarten. Flemming's, Carl, neue Kreiskarten. Blatt I—IV. 1:150,000. Farbendr. qu. Fol. Glogau 890. Flemming. n. 2. 80
I. Stadt- u. Landkreis Liegnitz. n. — 60. — II. Stadt- u. Landkreis Breslau. n. — 80. — III. Kreis Oels. n. — 80. — IV. Kreis Brieg. n. — 60.

Kreiskarten. Flemming's, Carl, neue Kreiskarten. 1:150,000. Bl. V—XII. Farbendr. Glogau, C. Flemming. n. 5. 40 (I—XII.: n. 8. 20)
V. Kreis Bunzlau. 30×36 cm. 891. n. — 60
VI. Kreis Schweidnitz. 28,5×35 cm. 891. n. — 60
VII. Kreis Trebnitz. 29×36,5 cm. 891. n. — 60
VIII. Stadt- u. Landkreis Görlitz. 39×37 cm. 892. n. — 80
IX. Kreis Goldberg-Haynau. 34×29 cm. 892. n. — 60
X. Kreuzburg u. Rosenberg. 43×39,5 cm. 892. n. — 80
XI. Kreis Namslau. 32,5×28,5 cm. 893. n. — 60
XII. Kreis Oppeln. 48×38,5 cm. 893. n. — 80

Kreiskarten. Flemming's, C., neue Kreiskarten. 1:150,000. Bl. XIII—XXI. Farbendr. Glogau, C. Flemming. à — 60 (I.—XXI.: n. 13. 60)
XIII. Kreis Grottkau. 33×28,5 cm. 893.
XIV. Kreis Militsch. 28×40,5 cm. 893.
XV. Kreis Neumarkt. 27,5×30,5 cm. 893.
XVI. Kreis Cosel. 30,5×33,5 cm. 895.
XVII. Kreise Landeshut u. Waldenburg. 29×38 cm. 896.
XVIII. Kreis Löwenberg. 35,5×29,5 cm. 896.
XIX. Kreis Schönau. 31,5×28 cm. 897.
XX. Kreis Lauban. 31,5×27 cm. 898.
XXI. Kreis Glogau. 37×30 cm. 898.

Kreiskarten. Flemming's, Carl, neue Kreiskarten. 1:150,000. Blatt 22—61. Farbdr. Glogau, C. Flemming. n. 28. 20
22. Kreise Strehlen u. Nimptsch. 33×45 cm. 899. n. — 80
23. Kreis Hirschberg. 38×45 cm. 899. n. — 80
24. Kreis Striegau. 34,5×30 cm. 899. — 60
25. Kreis Münsterberg. 35,5×30,5 cm. 899. — 60
26. Kreise Glatz u. Habelschwerdt. 39×47 cm. 899. n. — 80
27. Kreis Neurode. 27×32 cm. 899. — 60
28. Kreise Jauer u. Bolkenhain. 35×28 cm. 898. — 60
29. Kreise Reichenbach und Frankenstein. 46,5×39 cm. 899. n. — 80
30. Kreis Ohlau. 37×31 cm. 899. — 60
31. Kreis Falkenberg O.-Schl. 36,5×30 cm. 899. — 60
32. Kreis Lüben. 30,5×32 cm. 900. — 60
33. Kreis Neustadt Ob.-Schl. 28,5×36 cm. 900. — 60
34. Kreis Neisse. 29,5×38,5 cm. 900. — 60
35. Kreis Gross-Wartenberg. 32,5×31,5 cm. 900. — 60
36. Stadtkreis Posen u. Kreis Posen-West. 41,5×36 cm. 900. n. — 80
37. Stadt- u. Landkreis Königsberg in Pr. 29×32 cm. (901). n. 1. —
38. Kreis Rügen. 42,5×37,5 cm. (901.) n. — 80
39. Kreis Lissa (Posen). 28×32 cm. (901) — 60
40. Kreis Steinau u. Wohlau. 37×43 cm. (901.) — 80
41. Kreis Guhrau. 28,5×36 cm. (901.) — 60
42. Kreis Grünberg in Schl. 27×41,5 cm. (901.) — 60
43. Kreis Gross-Strehlitz. 36,5×44 cm. (901.) n. — 80
44. Kreis Tarnowitz. 27,5×27,5 cm. (901.) — 60
45. Kreis Fischhausen. 32×49 cm. (901.) n. — 80
46. Stadtkreis Posen u. Kreis Posen-Ost. 42×36,5 cm. (901.) n. — 80
47. Kreis Fraustadt. 31×30 cm. (901.) — 60
48. Stadtkreis Danzig u. Kreis Danziger Höhe. 29×22 cm. (901.) — 60
49. Kreis Lublinitz. 33×45 cm. (901.) n. — 80
50. Kreis Tarnowitz. Stadt- u. Landkreis Beuthen, Stadtkreis Königshütte, Kreis Zabrze nebst Stadt- u. Landkreis Kattowitz. 37,5×32 cm. (901.) n. — 80
51. Stadtkreis Gleiwitz u. Kreis Tost-Gleiwitz. 37,5×32 cm. (901.) n. — 80
52. Kreis Sprottau. 28×31 cm. (902.) — 60
53. Kreis Ratibor. 38×32 cm. (902.) — 60
54. Kreis Leobschütz. 34×31 cm. (902.) — 60
55. Kreis Rothenburg O.-L. 38,5×36,5 cm. (902.) n. — 80
56. Kreis Freystadt i. Schl. 32×45,5 cm. (902.) n. — 80
57. Stadtkreis Stettin u. Kreis Randow. 41,5×39,5 cm. (902.) n. — 80
58. Kreis Greifenhagen. 41,5×37 cm. (902.) n. — 80
59. Stadt- und Landkreis Hannover, Linden nebst Kreis Springe. 35×35 cm. (902.) — 60
60. Kreis Pless. 36×37,5 cm. (902.) n. — 80
61. Kreis Rybnik. 38,5×33 cm. (902.) n. — 80

Kreiskarten. Flemming's, Carl, neue Kreiskarten. 1:150,000. 1. 15. 16. 21. 29. 32—34. 42. 53. u. 62. bis 68. Blatt. Farbdr. Glogau. Berlin, C. Flemming. n. 11. 80
1. Stadt- u. Landkreis Liegnitz. 2. Aufl. 25×33 cm. (905.) — 60
15. Kreis Neumarkt. 1:150,000. 4. Aufl. 29,5×32 cm. (904.) — 60
16. Kreis Cosel. 2. Aufl. 30,5×34 cm. (904.) — 60
21. Kreis Glogau. 1:150,000. 3. Aufl. 37,5×30,5 cm. (904.) — 60
29. Kreise Reichenbach u. Frankenstein. 2. Aufl. 46,5×39 cm. (905.) — 80
32. Kreis Lüben. 2. Aufl. 30×31,5 cm. (904.) — 60
33. Kreis Neustadt Ob./Schl. 3. Aufl. 28,5×36,5 cm. (904.) — 60
34. Kreis Neisse. 2. Aufl. 30×38,5 cm. (905.) — 60
42. Kreis Grünberg in Schl. 1:150,000. 2. Aufl. 24×41 cm. (906.) — 60
53. Stadt- u. Landkreis Ratibor. 1:150,000. 2. Aufl. 38×32 cm. — 60
62. Kreis Sagan. 44,5×41,5 cm. 903. n. — 80
63. Stadt- u. Landkreis Coblenz, Kreis St. Goar, St. Goarshausen u. Unterlahnkreis. 39×41 cm. (903.) — 60
64. Kreis Allenstein. 37×41,5 cm. (904.) — 80
65. Kreis Hoyerswerda. 28×45 cm. (904.) — 80
66. Stadt- u. Landkreis Guben. 41,5×32,5 cm. 904. — 80
67. Kreise Heiligenbeil u. Braunsberg. 47×40 cm. (904.) — 80
68. Die Kreise Weissenfels, Naumburg u. Zeitz. 1:100,000. 47×61 cm. (905.) 1. —

Kreiskarten. Flemming's, Carl, Kreiskarten. Bl. 4, 20, 28 u. 32. Farbdr. Berlin (910). C. Flemming. 2.40
4. Stadt- u. Landkreis Brieg. 1:150,000. 4. Aufl. 25,5×28,5 cm. — 60
20. Kreis Lauban. 1:150,000. 3. Aufl. 31×27 cm. — 60
28. Kreise Jauer u. Bolkenhain. 1:150,000. 3. Aufl. 34,5×27,5 cm. — 60
32. Kreis Lüben. 1:150,000. 2. Aufl. 29,5×31 cm. — 60

Hebbels Frauengestalten. ⟨Die Frau zwischen zwei Männern⟩ v. Emil Kreisler. Sonderabdruck aus dem 32. Jahresberichte der K. K. Franz Joseph-Realschule in Wien. Wien. 1907. 8°

[Kreisler, Emil]: Hebbel im Jahre 1848. S. 3—11. 8.
K. k. Erzherzog Rainer-Gymn. im II. Gemeindebezirke *Wien* 1909.
Progr

Kreisler, Emil: Der Stoff und die Quelle von Bauernfelds Lustspiel „Das Tagebuch". S. 3—35. 8.
K. k. Erzherzog Rainer-Gymn. im II. Gemeindebezirke *Wien* 1907.
Progr.

Kreisler, H., allgemeine Rang- und Quartierliste für das 8., 9. und 10. Armeecorps, s. Rang- und Quartierliste.

Kreisler, H., fürstl. waldeckscher Lieut. Allgemeine Rang- und Quartierliste für das VIII., IX. und X. Armeecorps und die Reserve-Inft.-Division des deutschen Bundesheeres. Zusammengestellt und herausgegeben unter Mitwirkung des grossherz. luxemburgschen Lieut. a. D. C. Fachinger. (3 Bde.)
8. Arolsen 1859—1861.

— Rang- und Quartierliste für das VIII., IX. und X. deutsche Bundesarmeekorps, s. Rang- u. Quartierliste.

Kreisler, Hugo, kurzgefasster Führer durch Edinburgh und Umgegend. 8. (31 S.) Lübeck 864, v. Rohden'sche Buchh. *

Kreisler, Hugo, versöhntes Geschick. Ein Seelenbild. 8. (58 S.) Lübeck 860, Dittmer'sche Buchh. Thlr. *

Kreisler, Hugo, Martin Luther. Ein Gedicht. 16. (47 S.) Swinemünde 854, Fritzsche.

— Phantasien im lübecker Rathskeller. Eine Sylvester-Vision. Mit einer Widmung an den verstorbenen Dr. Wilh. Hauff. 1. und 2. Aufl. 8. (49 S.) Lübeck 860, Dittmer'sche Buchh. *

— schottische Reisebilder. 8. (88 S.) Lübeck 862, v. Rohden'sche Buchh. *

Kreisler, Karl, Festspiel, aufgeführt am 2. XII. 1908 vom Verein „Concordia" in Kremsier zur Feier des 60jähr. Regierungsjubiläums Sr. Maj. des Kaisers Franz Josef I. (16 S.) 8. Kremsier (909). H. Gusek. — 50

Kreisler Karl: Der Ines de Castro-Stoff im deutschen Drama.
1905 PN 1872 Diss. Wien, Univ. 155

Kreisler, Karl: Der Inez de Castro-Stoff im romanischen und germanischen, besonders im deutschen Drama. I. Teil. S. 3—22. 8. II. Teil. S. 3—25. 8. K. k. deutsches Staats-Gymn. *Kremsier* 1908. 1909.
Anhang. Die Inez de Castro-Episode in Camoens' Lusiaden (III. 118—135), im Versmaß des Originals neu übersetzt.
Progr.

Kreisler, Karl: Rainer Maria Rilke. Eine literarhistorische Studie. 18 S. 8. Staatsgymn. m. deutscher Unterrichtssprache *Brünn* 1910.
Progr

Kreisler, Otto (Liegnitz), De spontanea aortae ruptura. Diss. med. Halle (Ploetz) 11. XII. 1854. 29 S. mit Biogr. (M.: O. Borbstaedt.) (6.—) 19478
Oppon.: H. Rothmann, A. Colberg. — Gew.: Bernhard Gringmuth. — Krankengesch. d. Andreas Graeger (Hettstedt).

Kreismann, J. L., Erklärung d. in d. Henneberg. Landesordn. über d. Vererbung des Ehegatten vorkommenden Verordnung. gr. 8. Hildburgh. 804. Hanisch. 70 Kr.

Kreisnig, K. E., Napoleon und Willy's Familie, s. Volks-Bücher, neue.

Kreis-, Bezirks- und Provinzial-Ordnung für den preuß. Staat. Vom 11. März 1850. gr. 8. (15 S.) Berlin 850, Deckersche geheime Ober-Hofbuchdr.

— dass. — (und) Gesetz über die Polizeiverwaltung d. d. 11. März 1850. 8. (16 S.) Grünberg 850, Levysohn. *

Kreisordnung, die, für die Prov. Hannover vom 6. Mai 1884. gr. 8. (56 S.) Hannover 884, Meyer. *

Kreisordnung für die Provinz Hessen-Nassau. Gesetz, über die Einführung der Provinzial-Ordnung vom 29. Juni 1875 in der Provinz Hessen-Nassau. Bekanntmachung, betr. die Provinzial-Ordnung für die Provinz Hessen-Nassau. 8. (99 S.) Wiesbaden 885, Limbarth. cart. *

Kreis- u. Provinzial-Ordnung, die neue, für Westfalen vom 31. Juli resp. 1. Aug. 1886. Kurzgefaßte Erläutergn. [unter specieller Berücksicht. des Kreises Hamm] zu den am 1. Juli in Kraft getretenen neuen Verwaltungsgesetzen v. e. Verwaltungsbeamten. gr. 8. (20 S.) Hamm 887. Grote. n. — 25

Kreisordnung v. 13/11. 72. m. **Novelle** v. 19/3. 81. Textausg.

Gneist. Berlin 870.	3 —	**Mascher.** 2. A. Eisl. 874. (12.—)
Hahn. Berlin 873.	6 —	**Parey.** 3. Aufl. Mgbdg. 875.
Hölnghaus. 4. Aufl. Berl. 881.	2 50	**Stelp.** 2. Aufl. Brsl. 874.
Kletke. Berlin 881. 8 Bde.	25 —	**Wachler.** 2. Aufl. Brsl. 875.

— für die Provinzen Ost- und Westpreußen, Brandenburg, Pommern, Schlesien und Sachsen vom 13. Dezbr. 1872. In der Fassung vom 19. März 1881. gr. 8. (75 S.) Berlin 881, C. Heymann's Verlag. *
— dass. — Mit den Abänderungen und Ergänzungen der Novelle vom 19. März 1881. Mit ausführl. Sachregister. 16. (79 S.) Berlin 881, Eisenschmidt. cart. *
— dass. — 12. (79 S.) Breslau 881, Kern's Verlag. *
— dass. — In der seit 1. April 1884 gültigen Fassung. Text-Ausg. mit Parallelstellen und ausführl. Sachregister. gr. 8. (IV, 55 S.) Berlin 884, v. Decker's Verlag. cart.

Kreisordnung für die Provinzen Ost- und Westpreussen, Brandenburg, Pommern, Schlesien und Sachsen, vom 13. Dez. 1872 in der jetzt gültigen Fassung nebst Gesetz betr. d. Anstellung u. Versorg. d. Kommunalbeamten vom 30. Juli 1899 u. Kommunalabgabenges. vom 14. Juli 1893. Mit ausführl. Sachreg. *Breslau: J. U. Kern 1901.* (178 S.) 8° [3.]
(Preussische Gesetze.)

Kreisordnung (Th. 5 ff.: Kreis- und Provinzial-Ordnung) für die Provinzen Preußen, Brandenburg, Pommern, Posen, Schlesien und Sachsen. Für den pract. Gebrauch ausführl. erg. u. erl. . . . von G. M. Kletke, nach dessen Tode fortges. (Th. 5 ff.:) von D. A. Zimmermann. Berlin. 11 Bde

Th. 1. (Kreisordnung vom 13. Dec. 1872.) 4. Aufl. 1873.
„ 2. Die zugehörigen nachträgl. erlassenen Gesetze. 1873.
„ 3. Die im Jahre 1874 zur Kreisordnung ergangenen Gesetze. 1874.
„ 4. Die zur Kreis- und Provinzialordnung ergangenen Gesetze, Instructionen und Verfügungen des Jahres 1875. 1876.
„ 5, Abth. 1. Competenz-Gesetz . . . vom 26. Juli 1876. 1876.
„ 2. Die im Jahre 1876 ergangenen Gesetze, Instructionen u. Verfügungen. 1877.
„ 3. Die zur Kreis- u. Provinzial-Ordnung ergangenen Endurtheile und Verfügungen des Königlichen Oberverwaltungsgerichts v. J. 1876. 1878.
„ 6, Abth. 1. . . . Gesetze, Instructionen, Entscheidungen und Verfügungen des Jahres 1877. 1878.
„ 2. . . . Endurtheile u. Verfügungen des Königl. Ober-Verwaltungsgerichts v. Jahre 1877. 1878.
„ 7. Die Preußische Verwaltungsgesetzgebung des Jahres 1878. 1879.
„ 8. . . . des Jahres 1879. 1880.
„ 9. . . . des Jahres 1880. 1881.
„ 10. . . . des Jahres 1881. 1882.

Kreisordnung für die Provinzen Preußen, Brandenburg, Pommern, Posen, Schlesien und Sachsen. Vom 13. Dezbr. 1872. Nebst Wahlreglement. gr. 8. (71 S.) Berlin 872, v. Decker'sche Geh. Ober-Hofbuchdr.

—— dass. — gr. 8. (88 S.) Königsberg 872, Hartung'sche Verlagsdruckerei. *

—— dass. — gr. 16. (IV, 51 S.) Landsberg a. W. 872, Schäffer und Comp. * 30 Pf.; cart. *

—— dass. — 1.—4. Aufl. 8. (IV, 75 S.) Berlin 873, F. Duncker. *

—— dass. — für den prakt. Gebrauch, unter Benutzung amtl. Quellen zusammengestellt von einem Juristen. 8. (114 S.) Berlin 873, zum Felde. *

—— dass. — 8. (VI, 69 S.) Berlin 873, Kortkampf. * cart. *

—— dass. — Neuer Abdr. gr. 16. (97 S.) Brandenburg 874, Müller. *

—— dass. — 1.—5. Aufl. 8. (92 S.) Breslau 873, Maruschke und Berendt. *

—— dass. — Mit Anmerkungen aus: „Die Selbstverwaltung". Hrsg. von der Redact. der letzteren. 8. (VI, 70 S.) Magdeburg 873, Faber. *

—— dass. — Nebst Wahl-Reglement. 1. und 2. Aufl. 20 Pf., und 3. Aufl. gr. 8. (40 S.) Rathenow 873, Haase.

—— dass. — 1. und 2. Aufl. 16. (100 S.) Schweidnitz 873, Heege. *

— dasselbe. 3. Aufl. 8. (99 S.) Ebend. 873. n. — 25

— dasselbe. Mit ausführl. Sachregister. 2. Aufl. gr. 16. (80 S.) Breslau 874. Kern's Verl. n. — 40

— dasselbe. Neuer Abdr. gr. 16. (97 S.) Brandenburg 874. Müller. n. — 60

— dasselbe. Anhang, enth. die zur Ausführg. der Kreisordng. in der Zeit vom 29. Januar 1873 bis 3. Febr. 1875 ergangenen Gesetze, Instruktionen u. Ministerial-Verfüggn., nebst ausführl. Sachregister. gr. 8. (IV, 328 S.) Berlin 875. v. Decker. 3. —

— dasselbe. Mit Anmerkgn. aus: „Die Selbstverwaltung". Hrsg. v. der Red. der letzteren. 8. (VI, 70 S.) Magdeburg 875. Faber. n. — 75

—— für die Provinzen Preußen, Brandenburg, Pommern, Posen, Schlesien, Sachsen. 8. (40 S.) [Berlin 884, Böttcher.] Oranienburg, Freyhoff's Verlag. *

Kreisordnung f. die Provv. Preußen, Brandenburg, Pommern, Posen, Schlesien u. Sachsen. Vom 13. Decbr. 1872. Nebst Wahlreglement. 8. (40 S.) Oranienburg 886. Freyhoff. n.n. — 25

Kreisordnung für die Provinzen Preußen, Brandenburg, Pommern, Schlesien und Sachsen. Vom 13. Decbr. 1872. Nachtrag. Enth. die zur Ausführung der Kreisordnung und im Anschlusse an dieselbe in der Zeit vom Anfang Febr. 1875 bis 26. Juli 1876 ergangenen [resp. nachträglich publizirten] Gesetze, Verfügungen und Entscheidungen der Ministerien und des Ober-Verwaltungsgerichtes, nebst ausführl. Sachregister für das ganze Werk. 8. (IV, S. 315—466.) Berlin 877, v. Decker's Verlag.
Hauptwerk. Ebendas. 1875. M 3.

Preussische Kreis-Ordnung für die Provinzen Preussen, Brandenburg, Pommern, Posen, Schlesien und Sachsen. Vom 13. December 1872. Berlin. 1873. = Die Gemeinde-Verfassungen Deutschland's und des Auslandes, hrgg. v. H. Stolp. Bd. 4, Nr. 1.

Kreis- und Provinzial-Ordnung, nebst Einführungsgesetz für die Provinz Schleswig-Holstein. Für den prakt. Gebrauch ergänzt und erläutert durch die amtl. Materialien der Gesetzgebung von einem höheren Verwaltungsbeamten. 1. und 2. unveränd. Aufl. gr. 8. (112 S.) Kiel 888, Haeseler's Verlag. *

Kreis-, Provinzial- u. Landgemeinde-Ordnung, die, f. d. Prov. Westfalen. gr. 8. (112 S.) Arnsberg 886. F. W. Becker. n. 1. —; kart. n. 1. 20

—— die, und die Provinzialordnung für die Rheinprovinz mit kurzen Erläuterungen und Anmerkungen für den praktischen Gebrauch. 12. (III, 120 S.) Trier 887, Lintz'sche Buchh.

Kredsloven for Hertugdømmerne Slesvig og Holsten [Kreis- und Provinzialordnung für die Herzogtümer Schleswig u. Holstein]. Kreds- og Provinsafgiftsloven. Udg. i dansk Oversættelse og med forklarende Bemærkninger af Tandlæge [Jonathan] Smith, Haderslev. [Hadersleben]: Eget Forl. 1909. 120 S. 8°

Kreis- und Provinzial-Ordnung nebst Einführungsgesetz für die Provinz Schleswig-Holstein. Für den praktischen Gebrauch ergänzt und erläutert durch die amtlichen Materialien der Gesetzgebung von einem höheren Verwaltungsbeamten. 2. Aufl. Kiel. 1888. 8°.

—— für die Provinz Schleswig-Holstein. Vom 26. Mai 1888. Provinzial-Ordnung für die Provinz Schleswig-Holstein. Vom 27. Mai 1888. 16. (158 S.) Kiel 888, Lipsius und Tischer. cart. *

Kreisordnungen, die preuss. Text m. Anmerkgn. v. **Kollsch.** Berlin, Guttentag.

Die **Kreispolizeiverordnung** z. obligator. allgem. Leichenschau i. Kr. Nied.-Barnim v. 6. IX. 1878. (S.-A.) Berlin 1878. Fol.

Kreisregierungen, über, in Würtemberg. 8. Karlsr. 821. Müller. 8 𝒦

Kreisrichter, der preußische, ein Subaltern-Beamter. Einige Beiträge zur Gerichts-Reform. Von einem Richter. gr. 8. (46 S.) Berlin 872, (Puttkammer und Mühlbrecht.) *

Kreiß, Materialismus u. Gottesidee. Schopenhauers Ding an sich ein Absurdum. Beweis für die Lebenskraft, Existenz Gottes, Unsterblichkeit der Seele, jüngstes Gericht, Christus u. Jesus Postulatu a priori. gr. 8. (18 S.) Löbau Westpreußen 879. Skrzeczek. n. — 40

Kreiss (I.), Theophilosophie. Vereinigung der Theologie und Philosophie. 1. Bd.: Grundzüge der Theophilosophie. gr. 8. (XIV, 376 S.) Berlin 880, Mrose. *
Nicht weiter erschienen.

— welches ist das Gebiet der Religion? [Aus: „Theophilosophie, 2. Bd."] gr. 8. (23 S.) Königsberg 883. Hartung. n. — 50

Kreiss, Eug., das Flugproblem u. die Erfindung der Flugmaschine. (Patent angemeldet.) (57 S. m. 1 Taf.) gr. 8. Hamburg (908). Hanseat. Druck- u. Verlags-Anstalt. 2.80

Kreiss, Eug., die modernen Staub-Collectoren, deren Anwendung in Bedeutung für die Bestaubung von Mühlen und Fabriken mit specieller Berücksicht. der Feuersgefahr durch Staub-Explosionen. 8. (29 S.) Hamburg **886**, Verlagsanstalt, vormals J. F. Richter. *

Kreiss, G., die internationale landwirthschaftliche Ausstellung in London 1879, nebst Mittheilungen über die Thierzucht, sowie über das landwirthschaftliche Versuchswesen Englands u. landwirthschaftliche Reiseskizzen aus Deutschland, Dänemark u. England. Reiseberichte. gr. 8. (VIII, 164 S.) Königsberg 880. (Beyer.) n.n. 2. 40

Kreiss, G., die Bedeutung der Drainage für die Landes-Kultur und den National-Wohlstand, nebst Plan-Skizze für die Gründung von Kultur-Rentenbanken zur Durchführung der Drainage. 8. (32 S. mit 2 Tab. in qu. 4.) Königsberg 874, Akademische Buchh. *

Kreiss, G., Beschreibung der Schlachtviehmärkte und Schlachthäuser in Paris und London, sowie Bericht über die Schlachtvieh-Ausstellung des Smithfield-Clubs im Decbr. 1876. gr. 8. (40 S.) Königsberg 877. (Beyer's Verlag.) **
Aus: Land- und forstwirthschaftliche Zeitung für das nordöstl. Deutschland, besonders abgedruckt.

Kreiss, G., **Heerdbuch, ostpreussisches.**

Kreiss G.: Die ostpreussischen Holländer Rinder auf der Ausstellung ... in **Hamburg** 1897 ... Königsb. 1897. 29 S. 1 Tab. P.

[F.] Aus dem Leben und Wirken des Ostpreussischen landwirthschaftlichen Centralvereins. Denkschrift z. Feier d. 50j. Bestehens d. Centralver. am 13. Nov. 1894 v. G. **Kreiss,** Kgl. Oekonomie-Rath. *Königsberg i. Pr.: R. Leupold 1891.* (IV, 332, 123, VIII S.) 1 Bd 4.(8.) [illegible]

Kreiss, Karl

Ein **Mann des Volkes.** Schauspiel in 5 Akten von Gottlob Karljohann [d. i. Karl **Kreiss**]. (Cassel: C. A. Thiele in Comm. [um 1908].) (110S.) 8° [F.] [illegible] 4

Ein **Vampyrstückchen.** Der Wirklichkeit nacherzählt von **Gottlob Karljohann-Kassel** [d. i. Karl **Kreiss**]. (4. u. 5. Taus.) **Kassel: C. A. Thiele** [um 1908]. (42 S.) 8° [F.] [illegible] 4

Kreiss, Theodor [aus Schlitz]: **Aus d. chirurg. Klinik zu Bonn. Malignes Neurom '(Sarkom)' des Nerven Ischiadicus ... Bonn, Buchdr. v. A. Henry, 1896; 31 S. 8.**
Bonn, Med. Fak., Inaug.-Diss. v. [19. Aug.] 1896

Kreiss, Theodor [appr. Arzt aus Strassburg i. E.]: Studien über Kopfverletzungen. Strassburg, Universitäts-Buchdruckerei von Johann Heinrich Eduard Heitz, 1883. 8. 46 S.

Kreiss-Gruenwehr, G., ein Beitrag zur Eisenbahntarif-Reformfrage vom wirthschaftlichen Standpunkte aus. gr. 8. (36 S.) Königsberg 876, (Akadem. Buchh.) Laudien's Verlag. *
Aus: Land- und forstwirthschaftliche Zeitung für das nordöstl. Deutschland, besonders abgedruckt.

Kreisschreiben des eidg. Departements des Innern an sämmtliche eidgenössische Stände betreffend die Organisation eines Systems gemeinsamer meteorologischer Beobachtungen durch die Schweiz. ⟨Vom 7. Januar 1863.⟩ [SA.] 8. [Bern 1863.]

Kreisschreiben Sr. Heiligkeit Gregorius XVI. an die Bürger des Kantons Zürich s.a.[Glück. Christian Wilhelm].

Kreisschreiben Sr. Heiligkeit Gregor XVI. an die Bürger des Kantons Zürich. Rom 1839. V: *Glück, Christ, Wilh. v.* (ADB)

Kreisschreiben des deutschen Grosslogenbundes an die verbündeten deutschen Grosslogen. [1873—1904.] 2⁰ [Kopftit.]
[1873/1874 Nr 1]—5. [1.] 7 Bl.; 2. 8 S.; 3. 5 S.; 4.; 5. 7 S.
[1874/1875 Nr 1]—4. [1.] 8 S. 1 Bl.; 2. 1 Bl.; 3. 5 S.; 4. 4 S.
1875/1876 [Nr] 1. 2. 1. 3 S.; 2. 6 S.
[1876/1877 Nr] 1—4. 1. 4 S.; 2. 2 Bl.; 3. 6 S.; 4. 8 S.
[1877/1878 Nr] 1—4. 1. 9 S.; 2. 3 S.; 3. 5 S.; 4. 8 S.
[1878/1879 Nr] 1—5. 1. 2 Bl.; 2. 20 S.; 3. 8 S.; 4. 14 S.; 5. 6 S.
1880/1881 [Nr] 1—3. 1. 14 S.; 2. 31 S.; 3. 5 S.
[1882 Nr] 1. 2. 1. 42 S.; 2. 17 S.
[1882/1883 Nr] 1—5. 1. 1 Bl.; 2. 6 Bl. 2 Tab.; 3. 4 Bl. 3 Tab.; 4. 5 Bl.; 5. 5 Bl.
1883/1884 [Nr] 1—5. 1. 2 S.; 2. S. 3—4 [Nebst] Anl. 4 Bl.; 3. S. 5—8 [Nebst] Anl. 7 S.; 4. S. 9—12; 5. S. 13—20 1 Bl.
[1884/1885 Nr] 1—5. 1. 7 S.; 2. S. 8—17; 3. S. 19 bis 32; 4. S. 33—58 1 Bl.; 5. 4 S.
[1885/1886 Nr] 1—4. 1. 10 S.; 2. 22 S.; 3. 14 S.; 4. 23 S. 1 Bl.
[1886/1887 Nr] 1—4. 1. 4 S.; 2. 17 S.; 3. 8 S.; 4. 12 S. 1 Bl.
[1887/1888 Nr] 1—4. 1. 11 S.; 2. 10 S.; 3. 8 S. 2 Bl.; 4. 4 S. 1 Bl.
[1888/1889 Nr] 1—4. 1. 11 S.; 2. 8 S.; 3. 24 S. 2 Bl.; 4. 9 S.
[1889/1890 Nr] 1—4. 1. 10 S.; 2. 20 S.; 3. 10 S. 1 Tab.; 4. 4 S.
[1890/1891 Nr] 1—3. 1. 10 S.; 2. 16 S.; 3. 36 S.
[1891/1892 Nr] 1—4. 1. 15 S.; 2. 9 S.; 3. 26 S. 1 Tab.; 4. 8 S.
1892/1893 [Nr] 1—3. 1. 4 Bl.; 2. 17 S.; 3. 6 S.
1893/1894 [Nr] 1—3. 1. 10 S.; 2. 20 S.; 3. 5 S.

[1894/1895 Nr] 1—3. 1. 2 Bl.; 2. 12 S.; 3. 8 S.
[1895/1896 Nr] 1—3. 1. 2 S. 1 Bl.; 2. 8 S.; 3. 11 S.
[1896/1897 Nr] 1—3. 1. 13 S.; 2. 16 S.; 3. 8 S.
[1897/1898 Nr] 1—3. 1. 7 S.; 2. 14 S.; 3. 4 S.
°1898/1899.
[1899/1900 Nr] 1—4. 1. 10 S.; 2. 5 Bl.; 3. 23 S.; 4. 9 S.
[1900/1901 Nr] 1—3. 1. 4, 10 S. [Nebst] Anl. 10 S.; 2. 12 S. 1 Tab.; 3. 13 S.
1901/1902 *erschien nicht.*
1902/1903 *erschien nicht.*
1903/1904 [Nr] 1—5. 1. 4 Bl.; 2. 15 S.; 3. 32 S.; 4. 9 S.; 5. 10 S. [Nebst] Anl. 7 Bl.
[Fortges. u. d. Tit.:]

Mitteilungen des deutschen Grosslogenbundes. 1904/05—1908/09. 8° [Kopftit.]

1904/1905 Nr 1—3. 1. 18 S.; 2. 32 S.; 3. 31 S.
1905/1906 No 1—4. 1. 14 S.; 2. 27 S.; 3. 14 S.; 4. 5 S.
1906/1907 No 1—3. 1. 16 S.; 2. 30 S.; 3. S. 31 bis 54.
1907/1908 No 1—4. 1. 10 S.; 2. 11 S.; 3. 11 S.; 4. 34 S.
1908/1909 No 1. 2. 1. 11 S.; 2. 31 S.
1909/1910 Nr 1. 2. 1. 12 S.; 2. 31 S.

Kreisschreiben des Kirchenrathes des Kantons Zürich an die reformirten Kirchgemeinden und Verordnung über die pfarramtl. Verrichtungen vom 16. Dec. 1875. 4 Stn. 1876.

Kreisschreiben [des eidgenössischen Vororts Luzern] an sämmtliche eidgenössische Stände [betreffend die seit 1815 statt gehabten eidgenössischen Interventionen]. Luzern, den 5. Brachmonat **1844**. [SA.] fol. *o. O.*

Kreisschreiben der Aargau'schen Regierung an die Eidgenöss. Stände. Betreff. d. vorörtl. Kreisschreiben v. 1. Febr. 1843. gr. 8. Aarau 843, Sauerländer's Sort.-Buch. 1/12 ℔

Kreisschreiben der Regierung des Kant. Luzern an sämmtliche eidgenössische Stände in der Angelegenheit der aargauischen Klöster. (Luzern den 24. Herbstmonat 1841.) 8. Luzern **1841**.

Kreisschreiben der Regierung des Kt. Luzern ... in der Angelegenheit der aargauischen Klöster. (Luzern, den 22. April 1842.) 8. Luzern **1842**.

Kreisschreiben (von Schultheiss und Regierungsrath der Republik Bern) an die eidgenössischen Stände. (Bern, den 26sten Mai 1834.) Abschrift. 4. *o. O.*

Kreisschreiben an die eidg. Stände. St. Gallen 12. Mai 1838. Betreff. Sequestralverfügung des Standes St. Gallen gegen Graubünden.

Kreisschreiben an sämmtliche Stände der Eidgenossenschaft, oesterreichische Inkamerration betreffend. St. Gallen 1839. 4.

Kreisschreiben des geschäftsführenden Vorstandes des deutschen Grosslogenbundes an die verbündeten deutschen Grosslogen. 1873—82. Fol. 27 Hefte. Grossmstr. Dr. Bluntschli (Bayreuth) II, 13 8. 73. Grossmstr. Dr. Herrig (Berlin. Royal-York) I, 1 9. II, 12 9. III, 30 10. 74. IV, 23 3. 75. Grossmstr. Pfaltz (Darmstadt) I, 1 10. 75. II, 12 2. 76. Grossmstr. Dr. Kleiber und Zschiesche (Berlin, 3 Weltkugeln) I, 21 8. 76. III, 11. 77. IV, 20 4. 77. Grossmstr. Dr. Eckstein (Sachsen) I, 24 12. 77. II, 14 1. 78. III, 27 1. 78. IV, ohne Datum. Grossmstr. Glitza (Hamburg) I, 2 11. 78. II, 18 2. 79. III, 24 3. 79. IV, 1 5. 79. V, 10 5. 79. Grossmstr. Dr. Oppel (Frankfurt a M.) I, 15 7. 79. II, 11 3. 80 (werthvolle Mittheilungen 30 S.). III, 11 4. 80. IV, 26 4. 80. Grossmstr. v. Ziegler (Berlin, Landesl.) I, 20 11. 80. II, 8/4. 81 (reichh. 31 S.). III, 28/4. 81. Grossmstr. Feustel (Bayreuth) I, 15/2. 82 (sehr reichhaltig, 42 S.). II, 20/4. 82. Grossmstr. Pfaltz I, 7/7. 83. III, 7/1. 84. IV, 9/2. 84. — Material für Gesetzgebung u. Statistik.

Waffenchef der Infanterie. Kreisschreiben... betreffend die Einberufung zu den militärischen Uebungen der Infanterie im Jahre 1901. (1901 Januar 15.) 22 S. 4. ([Bern,] Jent & Co., 1901.)

Waffenchef der Infanterie. Kreisschreiben ... betreffend die Einberufung zu den militärischen Uebungen der Infanterie im Jahre 1902. (1902 Januar 14.) 25 S. 4. ([Bern,] Jent & Co., II. [19]02.)

Waffenchef der Infanterie. Kreisschreiben ... betreffend die Einberufung zu den militärischen Uebungen der Infanterie im Jahre 1903. (1903 Januar 13.) 26 S. 4. ([Bern,] H. Jent, I. [19]03.)

(Kreissel, Franz, jun.) Dem Gedenken von Österreichs Thermophilae. Die Henselfeier in Malborghet am 17. Mai 1904. (Mit 4 Abbildungen u. 1 Porträt.) 8. (Klagenfurt **1904.**)

Kreißelmeyer, Konrad, Rechtspraktikant, aus Ergersheim: **Das Pfandrecht des Vermieters und Verpächters im Konkurs nach geltendem Reichsrechte.** *München: Th. Ackermann 1903.* (46 S.) 8° [F.]
Würzburg, Jur. Diss. v. 1903

Kreissl, F. Manuelle Behandlung der Frauenkrankheiten, s. Braun-Fernwald, E. v.

Kreissl, F., klinische Beiträge zur manuellen Behandlung der Frauenkrankheiten, s.: Braun-Fernwald, E. v.

Kreißl, Joseph —. Die zweite Schöpfung, oder geistige Wiedergeburt des Menschen durch Christum seinen Erlöser, in sieben Fastenpredigten, den sieben Tagen der Erschaffung der Welt gegenüber, von — —. Znaim. 1855. Druck von Martin Hofmann. (2 Bl. 112 S. 8.)

Kreißl, Jos., d. Versicherungswesen, s.: Miniatur-Bibliothek

v. Kreißle, Richard: Die Versuche einer deutschen Reichsreform unter Ruprecht von der Pfalz und Sigismund. S. 3—28. 8.
Progr. K. k. Staats-Oberrealschule *Teschen* 1907.

Kreissle von Hellborn, Heinrich

Kreißle, Heinr. v., Franz v. Schubert. Eine biograf. Skizze. 8. (IV und 165 S.) Wien 861, Typografisch-literarisch-artistische Anstalt. *

Kreißle v. Hellborn, Heinr., Franz Schubert. Wien 865. Gerold's Sohn. gr. 8. (XII, 619 S. mit Portrait in Holzschnitt.) 3 *Thlr* 20 *ngr.*

Die **Kreissparkasse** in Neustadt Westpr. von 1857–1907. Neustadt, Wpr.: H. Brandenburg 1907. (59 S.) 8° [F.] (07. 13439

Kreissportordnung des VI. Kreises (Hannover-Braunschweig) der D. T., T. 1: Leichtathletik (volkstümliche Übungen), Hildesheim, 16 S., 8°.

Kreis-Statut für den Kreis Randow betreffend das Gewerbegericht zu Stettin. *(Stettin 1902: L. Pasenow.)* (15 S.) 4° [Kopft. F.] (03. 1988 9

Kreistag, der. Eine Sammlung der wichtigsten Gesetze u. Verordnungen, deren Kenntniß den Kreistagsmitgliedern und Allen, die ein Interesse an der Kreisverwaltung haben, unerläßlich ist. Zunächst mit Rücksicht auf die Verhältnisse in der Provinz Preußen bearbeitet. 2., unveränderte Aufl. Danzig 866. Kafemann. 8. (56 S.) 10 *ngr.*

Der templiner **Kreistag** und von Holtzendorff-Vietmansdorf. (Als Manuscript gedruckt.) Leipzig **1846**. 48 S. 8.

Kreistierarzt, der preussische, als Beamter, Praktiker u. Sachverständiger. Für die Praxis in Gemeinschaft m. August, Diffiné, Heyder u. a. bearb. u. hrsg. v. R. Froehner u. K. Wittlinger. 4 Bde. gr. 8. Berlin, L. Marcus. Geb. in Halbfrz. n. 60. —
1. Der preuss. Kreistierarzt als Beamter u. Praktiker. Von R. Froehner. (XVIII, 516 S.) 904.
2. Der preuss. Kreistierarzt als Veterinärpolizeibeamter. Von Wittlinger, Hülsemann u. Krueger. (XVI, 500 S. m. 14 Abbildgn.) 904.
3. Der preuss. Kreistierarzt als Sachverständiger in Handel u. Gewerbe. Von August, A. u. R. Froehner u. a. (XXI, 1158 S. m. Abb. u. 14 Taf.) 905.
4. Der preuss. Kreistierarzt als Sachverständiger auf d. Gebiete d. Sportes, d. Jagd-, Fischerei- u. Tierschutzes u. d. Tierversicherg. Von Diffiné, Hofer, Kopp u. a. (XXII, 639 S. m. Abb.) 905.

18. Mittelrheinisches Kreisturnfest Coblenz 1890, m. Abb., Coblenz 1890, 28 S., 8°.

Das 1. Sächsische Kreisturnfest (Nr. XIV) zu Chemnitz, 15.—17. 7. 1882. Ber., Programme usw., 2°.

7. Kreisturnfest des VI. Turnkreises (Hannover) zu Hildesheim, 25. bis 27. 6. 1892, hrsg. v. Redakt.-Aussch., Hildesheim 1892, 52 S., 8°.

Das 4. Sächsische Kreisturnfest 16.—18. 7. 1921 in Dresden, m. Abb., u. Drucksachen in Mappe, 2°. 2 Bde.

32. Schwäbisches Kreisturnfest zu Tübingen 1894, Zeitungsber., 4°.

Kreis-Turnlehrer-Versammlung, die erste oberfränkische, in Hof am 29. April 1882. gr. 8. (40 S.) Hof 882, (Grau und Comp.) *

Kreisturntage des Kreises IIIc Magdeburg, 8°. 3 Bde.
Protokoll v. 1863.
Protokoll v. 26. 9. 1886.
Bericht v. 1. 7. 1888.

Kreisturntage des VIII. Deutschen Turnkreises (Rheinland-Westfalen), Kl.-8°. 3 Bde.
Essen 1880.
Krefeld 1884.
Bochum 1888.

Sächsische Kreisturntage, 4°. 4 Bde.
1. Dresden 1840.
11. Waldheim 1888.
12. Glauchau 1890, Programm u. Ber.

Kreisvereine, Die buchhändlerischen, im Deutschen Reiche. Herausg. vom Vorstand des Börsenvereins der Deutschen Buchhändler zu Leipzig. Lith., kolor. Leipzig 1868. . . . .

Kreisvereine, Die neuen, der Sächsischen Ärzte. Leipzig 1865. V: *Richter, Herm. Eberh.* (Kat. d. stat. Bureaus. Dresden 1890..

Kreis- u. Gemeinde-Verwaltung, die. Monatsschrift f. die sozialen u. wirtschaftl. Aufgaben der Kreise u. Gemeinden im Deutschen Reiche. Hrsg. m. Unterstützg. von v. Batocki, Berthold, Bittmann u. a. Verantwortlich: Alfr. Brenning. 1.—3. Jahrg. 1908–1910. à 12 Nrn. (à Jahrg. IV, 192 S. m. Abb.) 31,5×23 cm. Berlin, Deutsche Landbuchh. à Jahrg. 8. —

Erstes Kreisvorturnerturnen in Dortmund am 17. 6. 1906 im Anschluß an d. 50jähr. Jubelf. des T. V. „Eintracht" zu Dortmund, Dortmund 1906, 92 S., 8°.

Bing's Kreiswinkel. Ein Beitrag zur Lösung der Quadratur des Kreises. Red. von Dorst. Düren (Rheinld.) (1891 ?)

Kreisz, E., s. Kreiss, Eugen

Kreis-Zeitung. –
Goslar. – 1.IV.1871 – 31.XII.1888.
Vorh. u.d.T.: Goslarsche Allgemeine Anzeigen.
Fortges. u.d.T.: Goslarsche Zeitung.

Kreiszeitung. – Schwarzwälder Kreiszeitung. –
Reutlingen. – 1855 – 1932.
Fortges. u.d.T.: Neues Reutlinger Tagblatt.

Kreiten, Hub., der Briefwechsel Kaiser Maximilians I. m. seiner Tochter Margareta. Untersuchungen üb. die Zeitfolge des durch neue Briefe ergänzten Briefwechsels. (128 S.) gr. 8. Wien 907. (A. Hölder.) 3. —
Sonderabdruck aus: „Archiv f. öst. Gesch."

Kreiten, Hubert, a. Gangelt: Untersuchungen über den Briefwechsel Kaiser Maximilians I. mit seiner Tochter Margareta. Wien 1907: A. Holzhausen. (50 S.) 8° ¶(Erscheint vollst. u. d. T.: 'Der Briefwechsel Kaiser Maximilians I. mit seiner Tochter Margareta. Unters. üb. d. Zeitfolge des durch neue Briefe ergänzten Briefwechsels' im 'Archiv f. österr. Gesch.' 96, 2.)
Bonn, Phil. Fak., Ref. Schulte, Diss. v. 6. Aug. 1907
[Geb. 29. Nov. 80 Gangelt (Aachen); Wohnort: Gangelt; Staatsangeh.: Preußen; Vorbildung: Apostelgymn. Cöln Reife O. 02; Studium: Bonn 9 S.; Rig. 7. Nov. 06.]

Kreiten, Johs., S. V. D., Amas od.: Cäsarendiadem u. Himmelskrone. Ein Römerdrama in 5 Akten. (128 S.) kl. 8. Steyl 906. Missionsdruckerei. Kart. n. 1. 80

Kreiten, Wilhelm

Kreiten, W., zur Aachenfahrt. Dem frommen Pilger bei Verehrung der Heiligthümer gewidmet. Mit (Holzschn.-)Abbild. der vier großen Heiligthümer und der vorzüglichsten Kunstschätze. 12. (80 S.) Aachen 881, Barth. *

[F.] Lebrecht Dreves. E. Lebensbild. Als Beitr. z. Literatur- u. Kirchengesch. nach d. hs. Nachlass u. d. gedr. Quellen entworfen v. Wilhelm **Kreiten** S. J. Mit Dreves' Bildn. *Freiburg i. B.: Herder 1897.* (VI S., 1 Bl., 431 S., 1 Portr.) 1 Bd 8. [97. 8070

Kreiten, W., Anna Elisabeth Freiin v. Droste-Hülshoff, s. a. Droste-Hülshoff, Freiin A. E. v., gesammelte Werke.

Anna Elisabeth Freiin von Droste-Hülshoff. Ein Charakterbild als Einl. in ihre Werke. Nach gedr. Quellen entworfen von Wilhelm **Kreiten**. 2., nach d. neuesten Quellen ergänzte Aufl. Mit d. Bildn. d. Dichterin nach d. Marmorbüste von A. Küller u. e. Faks. *Paderborn: F. Schöningh 1900.* (XXIII, 525 S.) 8° [F.]
— **Droste**-Hülshoff, Annette Elisabeth Freiin v.: Gesamm. Werke hrsg. von Elis. v. Droste-Hülshoff. 2. Aufl. Bd 1, Hälfte 1. [00. 6338 10

Kreiten, W., Heimathweisen aus der Fremde. 8. (181 S.) Aachen 882, (Kaatzer's Buchh.) M 1 50.; geb. *
Aus: Freimuth, Heinr., Aachen's Dichter und Prosaisten, besonders abgedruckt.

—— Molière's Leben und Werke. Nach den neuesten Forschungen dargestellt. 8. (XXXV, 731 S. mit dem Bildniß Molière's in Lichtdr.) Freiburg i. Br. 887, Herder'sche Verlagsh. *
geb. *

— sceptra mortis, s.: Weiss, Tob.

Splitter und Späne aus eigener und fremder Werkstatt. Von Wilhelm **Kreiten**, S. J. Mit Bildnis u. Lebensskizze des Verstorbenen hrsg. von G[erhard] Gietmann, S. J. *Aachen: G. Schmidt 1903.* (182 S.) 8° [F.] [04. 4999

— ein moderner Todtentanz, s.: Weiß, Tob.

Kreiten, W., Voltaire. Ein Beitrag zur Entstehungsgeschichte des Liberalismus. 2 Hälften. [Ergänzungshefte zu den „Stimmen aus Maria Laach." 8.] gr. 8. Freiburg i. Br. 878, Herder'sche Verlagsh. [1. Hälfte. 1694—1750. (III, S. 1—172.) * M 2,20.; 2. Hälfte. 1750—1778. (S. 173—384.) * M 2,75.] *

—— Voltaire. Ein Charakterbild. 2. verm. Aufl. gr. 8. (XVI, 580 S. mit Voltaire's Bildniß.) Ebendas. 885. *
geb. *

— den Weg entlang. Gedichte. 2., verm. Aufl. der „Heimathweisen aus der Fremde". Mit e. Titelbilde von Ed. v. Steinle. 8. (VII, 560 S.) Paderborn 889. F. Schöningh. n. 4. 80; geb. m. Goldschn. n. 6. —

Kreiten, Wilh. Den Weg entlang. Gedichte. 4. verm. Aufl. der „Heimathweisen aus der Fremde". 12. (VII, 596 S. m. Titelbild v. Ed. v. Steinle.) Paderborn 892, F. Schöningh. * 4 50
geb. * 6 —
2. Aufl. 1889; 3. Aufl. 1890.

— den Weg entlang. Gedichte. 6. Aufl. d. „Heimatweisen aus d. Fremde". M. 1 Titelbilde v. Ed. v. Steinle. 12. (VII, 596 S.) Paderborn 896. F. Schöningh. n. 4. 50; geb. n. 6. —

Den Weg entlang. Gedichte von Wilhelm Kreiten S. J. 8. Aufl. der 'Heimatweisen aus d. Fremde'. Mit e. Titelbild von Ed. v. Steinle. *Paderborn: F. Schöningh 1900.* (VII, 596 S.) 8° [F.] [∞. 5856 G

Den Weg entlang. Gedichte von Wilhelm Kreiten S. J. 10. Aufl. d. 'Heimatweisen aus d. Fremde'. Mit e. Vorw. u. kurzen Anm. von G[erhard] Gietmann S. J. Titelbild von Ed. v. Steinle. Paderborn: F. Schöningh 1905. (XIII, 607 S.) 8° [F.] [06. 845

Kreiten, Wilh., S. J., den Weg entlang. Gedichte. 11. Aufl. der „Heimatweisen aus der Fremde". Mit e. Vorwort u. kurzen Anmerkgn. v. G. Gietmann, S. J. Titelbild von Ed. v. Steinle. (XV, 526 S.) kl. 8. Paderborn 908. F. Schöningh. 4.50; geb. 6. —

— allerlei Weisheit. Sprüche u. Widersprüche. 8. (VIII, 232 S.) Paderborn 901. F. Schöningh. n. 2. 80; geb. n. 4. —

Kreith, Fr. v., die Stärkung der österreichischen Staatsidee durch wirthschaftliche Regeneration. 8. (44 S.) Wien 879, (Steckler und Erben.) *

Kreith, Frz. v., der Hexenkessel. 8. (75 S.) Zürich 894. Verlags-Magazin. n. — 80

Kreith, Karl, Anweis., wie alle Töne auf d. Flöte traversière richtig zu nehmen sind; nebst ihren gehör. Bemerkk. Wien (799.)

Kreitl, J., Beobachtt. u. Wahrnehmungen über die jetzt so gefährliche u. zu verschied. Zeiten wiederkehrende Lungenseuche des Rindviehs, nebst Angabe d. zweckmäßigsten Mittel, derselben vorzubeugen u. sie zu heilen. gr. 8. Wien 831. Bauer. 14 ℊ

Kreitling, *Hermann Richard* Willy [techn. Hülfsarb. bei d. kais. Normal-Aichgs-Komm. zu Berlin]: Die Ausdehnung des Wassers, des absoluten Alkohols und der Mischungen beider ... Erlangen, Druck: A. Hendebett, Berlin, 1892; 40 S. 4.
Erlangen, Phil. Fak., Inaug.-Diss. v. 1892

Maiendämmerung. Lyrische Szene. Text von Johannes Mayrhofer, S. J., Musik von Joseph Kreitmaier, S. J. Münster i. W.: Alphonsus-Buchh. [1903]. (16 S.) 8° [F.]
= Vereins- u. Gesellschaftsbühne, Neue. Bdch. 5. [03. 5697

Kreitmair, über Schulturnen, Schulrede. Nürnberg 1869, 14 S., 8°.

Kreitmair, Aug.

Kreitmair, Aug., über den Gebrauch der Brillen. Zur Beherzigung für Jedermann. 2. (Titel-)Aufl. 8. (34 S.) Nürnberg 849, v. Ebner'sche Buchh. *

—— die Kunst das Auge vor Krankheit u. Schwäche zu bewahren. gr. 8. (8¼ B.) Nürnberg 846, Schrag, Vrlgsh.

Kreitmair, Aug., etwas Neues üb. d. Gebrauch der Brillen zur Beherzigung f. Jedermann. 8. (2⅛ B.) Nürnberg 845, v. Ebner'sche Buchh. *

Kreitmair, Benedict. Ein Beitrag zur Geschichte des Ratanhin's. Erlangen, 1873.

Kreitmair, G., das Recht und die Pflicht der freien Liebesthätigkeit, gegründet auf die heilige Schrift und aus der Geschichte und Erfahrung nachgewiesen. 1. und 2. Aufl. (43 S.) Landau 857, Kaußler.

Kreitmair, Geo., die kräftigen Irrthümer der Irvingschen „Apostel und Propheten" auf Grund des göttlichen Wortes nach ihrer Entstehung, ihrem Zusammenhange und ihrer Schriftwidrigkeit beleuchtet. Ansbach 867. Junge. gr. 8. (64 S.)

Kreitmair, Geo., Predigt über Joh. 8, 31—32, mit Berücksichtigung der neuesten protestantischen Reformbewegung, am Reformationsfeste 1876 in Nürnberg gehalten. gr. 8. (10 S.) Nürnberg 876. Raw. n.n. — 15

— Schulrede, gehalten zur jährl. Schlußfeier am 4. Mai 1869. Nürnberg 869. v. Ebner. 8. (14 S.) n. 2 ngr.

Kreitmair, Wilhelm [aus Nürnberg]: Nephrotomie bei Steinniere ... Erlangen, k. b. Hof- u. Univ.-Buchdr. v. F. Junge, 1894; 66 S., 1 Bl. 8.
Erlangen, Med. Fak., Inaug.-Diss. v. [22.] Juni 1893

KREITMAYR, Benedikt (Leohhausen): Ueber den Croup.- München: Weiss 1868. 25 S. 2.11.1863 - Urk (Titel: De morbo, qui vocatur "croup".); F 70
Diss.Ingolst.-Landsh.-Mchn.

Kreitmayr, Wiguleus Xaverius Aloys von

— Anmerkk. über den Codicem juris Bavar. criminalis. Fol. u. 8. Münch. 756, 758 u. 765.

— Anmerkk. über den Codicem juris Bavarici judiciarii. Fol. u. 8. Münch. 754 u. 55.

— Anmerkk. über den Codicem Maximilianeum Bavar. civilem. 5 Thle. Fol. u. 8. Münch. 758—66.

— annotationes ad Codicem juris Bavar. criminalis, ex juribus communibus et antiquioribus provincialibus petitae; additis resolutionibus electoralibus. Fol. München 751.

(v KREITMAYR, Wigul. X. Alo. Freihr.): Codex jur. Bavarici judiciarii de a. 1753; od. neu verbess. Kurbaiersche Gerichtsordn. *München* 751 u. 753. fol. *Ulm. Stettin*. B. 804. 8. (16 Gr.) e. and. A. *Bamb. u. Würzb.* 806. 8. (16 Gr.)

— codex Maximilianeus Bavaricus civilis. Fol. et 8. München 758. Ed. n. 788.

— codex Maximilianus Bavaricus Judicialis. Fol. et 8. Münch. 758 et 788. N. Ausg., vergl. auch *Codex*.

— novus codex juris Bavarici criminalis. Fol. et 8. München 758. Ed. n 788.

— commentarius in Codicem Maximilianeum Bavar. civilem. III Tom. Fol. Münch. 756—63.

— compendium Codicis Bavar. civilis, judiciarii, criminalis et annotationum; oder Grundriß d. gemeinen u. baier. Privatrechtsgelehrsamkeit. 8. Münch. 768.... Latein. vom Verf. selbst. 8. Ebd. 773. N. A. 776. Lentner. 1 ℛ

— Grundriß d. gemeinen u. baier. Privatgelehrsamkeit für d. Anfänger. gr. 8. Münch. 768. Lindauer. 1 ℛ 8 ℊ

v. KREITMAYR, Wigul. X. Alo. Frhr.: Grundr. d. gemeinen u. baier. Privatrechtsgel. (Civil-Criminal-R. u. Gerichtsordn.) *München.* (768.) 777. 8. (Auch lat. v. Verf. 768. 773. 777.)

Kreittmayr, von: „Grundriss des allgemeinen deutschen und bayerischen Staatsrechtes", München und Leipzig 1769. — Vorh.: Bibl. des German. Museums Nürnberg.

— Grundriß d. allgemeinen deutschen u. baierischen Staatsrechts. 3 Thle. gr. 8. Münch. 770. 2e A. 787. 3e A. 789. Lentner. 1 ℛ 8 ℊ

v. Kreittmayr, Wigul. Xav. Aloys. Freiherr, s. Leben u. Wirken.

Kreittmayr, W. X. A. v., Rechtsregeln und Sprüche, s. Rechtsregeln.

v. KREITMAYR, Wigul. X. Alo. Freihr.: Samml. d. neuesten u. merkwürd. kurbair. Generalien u. Landesverordn. *München*, Lentner. 771. Fol. (4 Thl.)

— Supplementum et Index generalis Cod. Max. Bavar. civ. jud. et crimin. Fol. et 8. Munch. 758 et 788.

Kreitner, August [Rechtspraktikant in Augsburg]: Die Baulast der Filialkirche zur Mutterkirche nach kanonischem und bayerischem Rechte ... Augsburg, Druck v. Ph. J. Pfeiffer, 1892; 72 S. 8.
Erlangen, Jur. Fak., Inaug.-Diss. v. 1892

Kreitner, (Friedr.,) theoret. prakt. Anleit. z. Branntweinbrennerei aus Erdäpfeln u. Getreide. M. 2 Kupf. 8. Linz 823. (Wien, Tendler u. v. M.)

Kreitner, Gust., Atlas zur Reiseroute in Ost-Asien, s.: Széchenyi, Graf Béla, die wissenschaftlichen Ergebnisse der Reise in Ost-Asien.

Kreitner, Gust., im fernen Osten. Reisen des Grafen Bela Széchenyi in Indien, Japan, China, Tibet und Birma in den J. 1877—1880. 82 Lfgn. gr. 8. (XVI, 1013 S. mit 200 Orig.-Holzschn. und mehreren Karten.) Wien 880,81 Hölder. à Lfg. * 50 Pf. * compl. geb. **

Kreitscheck, Jos., neu verbess. prakt. Unterricht zur kubischen Berechnung u. Schätzung aller Bau- u. Werkholzgattungen. gr. 8. Wien 794. 2e A. 803. 3e A. 814. 4e A., m. 24 Tabb. u. Schott's Anweis. zur Messung d. Bäume, u. 1 Kpft. gr. 8. Preßb. 821. 5e A., mit 120 Tabb. u. 1 Steindr. gr. 8. Ebd. 828. Wigand. 1 ℛ 16 ℊ

Kreitscheck's, Jos., neu verbesserter praktischer Unterricht zur cubischen Berechnung und Schätzung aller Bau- und Werkholzgattungen. Mit 120 Tab. zum besonderen und unverkennbaren Vortheile aller Waldeigenthümer, Forstmänner und Werkleute. 8. Aufl. gr. 8. (185 S. mit 1 Stnt. in qu. 4.) Preßburg 856, Wigand. geb. *

KREITTMANN, Johann Joseph (Schongau): De strictura urethrae.- Monachii: Giesser 1835. 16 S.
23.1.1834 - Urk; F 61
Diss. Ingolst.-Landsh.-Mchn.

Kreittmayr, Geo., die mündige u. die unmündige Gemeinde od. die Verfassung der unirten prot. Kirche der bayerischen Rheinpfalz im Unterschiede v. der Verfassung der protestantischen Kirche diesseits d. Rheins, aktenmäßig dargestellt. Ein Weckruf an die Kirchenvorstände d. diesseit. Bayerns. gr. 8. (12 S.) München 894. (Nürnberg, J. Ph. Raw) n.n. — 30

Kreittmayr, Geo., Kriegs- u. Friedensklänge verschied. Art aus sturmbewegter Zeit (1849—1894). gr. 8. (VII, XXXII, 161 S.) München 895. (Th. Ackermann.) n. 2. —

Kreittmayr, Wiguleus Xaverius Aloys von,
s. Kreitmayr, Wiguleus Xaverius Aloys von

KREITZ, Gustav (St.Ingbert): Über die Wirkung pyaemischer und septicaemischer Stoffe vom Gastro-Intestinalkanale aus.- München 1880.
17.8.1880 - Urk (Titel: De vi et effectu quem pyaemica et septica e canali gastrointestinali exhibeant.); Chr 1880/81,14
Diss. Ingolst.-Landsh.-Mchn.

Kreitz, Rudolf, a. Schnappach (Rheinpfalz): Über plastische Operationen an der Hand und den Fingern. Straßburg i. E. 1907: C. Müh & Cie. (42 S.) 8°
Straßburg, Med. Fak., Ref. Madelung, Diss. v. 22. Febr. 1907
[Geb. 23. Juni 63 Schnappach, Rheinpfalz; Wohnort: Straßburg i. E.; Staatsangeh.: Bayern; Vorbildung: Lateinsch. St. Ingbert, Gymn. Zweibrücken Reife M. 83; Studium: Straßburg 4, Freiburg i. B. 3, Straßburg 5 S.; Coll. 20. Febr. 07; Approb. 3. März 95.]

Kreitz, Wilhelm

Kreitz, W., Diesterweg u. die Lehrerbildung. Eine Geschichte der deutschen Lehrerbildg. m. besond. Berücksicht. Diesterweg's. Von der Diesterweg-Stiftg. gekrönte Preisschrift. Mit dem Bildniß Diesterweg's. gr. 8. (III, 131 S.) Wittenberg 890. R. Herrosé. n. 1. 80

Kreitz, Wilh., der derzeitige Stand unserer Kenntnisse v. den Kartoffelkrankheiten u. ihre Bekämpfung, s.: Mitteilungen aus der kaiserl. biolog. Anstalt f. Land- u. Forstwirtschaft. 5. Heft. (Appel, Otto.)

Kreitz, Wilhelm: Untersuchungen über die Schale verschiedener Kartoffelsorten und ihre Beeinflussung durch Bodenverhältnisse, Feuchtigkeit und Düngung. (Langensalza 1907: H. Beyer & Söhne.) (27 S.) 4°(8°)
Berlin, Phil. Fak., Ref. Orth, Diss. v. 14. Aug. 1907
[Geb. 22. Aug. 77 Petershagen (Kr. Kolberg, Pommern); Wohnort: Berlin; Staatsangeh.: Preußen; Vorbildung: Gymn. Dramburg Reife O. 98; Studium: Berlin Landw. Hochsch. 5, Univ. 2 S.; Rig. 30. Mai 07.]

Kreizner, M., Grammatik d. französ. Sprache. Für Pädagogien u. Gymnasien. gr. 8. (28½ B.) Mainz 836, Kupferberg. Thlr.

Kreizner, M., De propria orationis Livianae indole, proprio maxime adjectivorum usu. Pr. 1845. 36 S. 4°.

Kreizner, De antiquis scriptoribus in scholis caute legendis. Pr. 1857. 18 S. 4°.

—— Uebungsbuch z. Uebersetzen aus d. Deutschen ins Französische. Nebst e. Samml. v. französ. Lesestücken, f. Pädagogien u. Gymnasien, zunächst zu vorsteh. Grammatik gehörig. 1. Abthl. f. Anfänger. gr. 8. (12 B.) Mainz 836, Kupferberg.

Krek, Gojmir, Anton Aškerc. Studie m. Übersetzungsproben. 8. (114 S.) Laibach 900. L. Schwentner. n. —80

Krek, Greg., s.: Anthologie, slavische.

Krek, Greg., Einleitung in die slavische Literaturgeschichte und Darstellung ihrer älteren Perioden. 1. Thl.: Einleitung in die slavische Literaturgeschichte. gr. 8. (VII, 336 S.) Graz 874, Leuschner und Lubensky. *

Krek, Dr. Gregor, Einleitung in die slavische Literaturgeschichte. Akademische Vorlesungen, Studien und kritische Streifzüge. Zwölfte, völlig neu bearbeitete und erweiterte Auflage. Neue Lieferungs-Ausgabe. 8. 1. Liefrg. (S. 1—48) —.60

Graz: Leuschner & Lubensky 1890.

Krek, Dr. Gregor, Einleitung in die slavische Literatur-Geschichte. Akademische Vorlesungen. Studien und kritische Streifzüge. 2. völlig, neu bearbeitete und erweiterte Auflage. Neue Lieferungs-Ausgabe. (Complet in 20 vierzehntägig erscheinenden Lieferungen.) Gr.-8. Liefg. 2. (S. 49—96) —.60

Krek, Dr. Grégor, Einleitung in die slavische Literatur-Geschichte. Akademische Vorlesungen, Studien und kritische Streifzüge. 2., völlig neu bearbeitete und erweiterte Auflage. Neue Lieferungs-Ausgabe. Liefg. 3. Gr.-8. (S. 97—144) —.60

Krek, Dr. Gregor, Einleitung in die slavische Literatur-Geschichte. Akademische Vorlesungen, Studien und kritische Streifzüge. Zweite, völlig neu bearbeitete und erweiterte Auflage. Neue Lieferungs-Ausgabe. Liefrg. 4. 8. (S. 145—192) —.60

Krek, Dr. Gregor, Einleitung in die slavische Literatur-Geschichte. Akademische Vorlesungen, Studien und kritische Streifzüge. 2. völlig neu bearbeitete und erweiterte Auflage. Neue Lieferungsausgabe (vollständig in 20 Lieferungen). 8. Liefrg. 5. (8. 193—240) —.60

Krek, Dr. Gregor, Einleitung in die slavische Literatur-Geschichte. Akademische Vorlesungen, Studien und kritische Streifzüge. Zweite, völlig neu bearbeitete und erweiterte Auflage. Neue Lieferungs-Ausgabe. Lieferung 5—16. 8. (S. 641—736) à —.60

Krek, Dr. Gregor, Einleitung in die slavische Literatur-Geschichte. Akademische Vorlesungen, Studien und kritische Streifzüge. Zweite, völlig neu bearbeitete und erweiterte Auflage. Neue Lieferungsausgabe (vollständig in 20 Lieferungen). 8. Liefrg. 17. (S. 737 bis 784) —.60

Krek, Dr. Gregor, Einleitung in die slavische Literatur-Geschichte. Akademische Vorlesungen, Studien und kritische Streifzüge. Zweite, völlig neu bearbeitete und erweiterte Auflage. Neue Lieferungsausgabe (vollständig in 20 Lieferungen). 8. Lfrg. 18—19. (S. 785 bis 864) à —.60

Krek, Dr. Gregor, Einleitung in die slavische Literatur-Geschichte. Akademische Vorlesungen, Studien und kritische Streifzüge. Zweite, völlig neu bearbeitete und erweiterte Auflage. Neue Lieferungs-Ausgabe. Lieferung 20 (Schluss). 8. (S. 865 887 u. XI S.) —.60

Krek, Greg., über die nominale Flexion des Adjectivs im Alt- und Neuslovenischen. 4. (52 S.) Wien 866. (Graz, Leuschner und Lubensky.) *

Aus: Jahresbericht der St. L. Oberrealschule in Graz, besonders abgedruckt.

Krek, Gregor, gerichtlicher Vergleich u. Versäumnisurtheil bei verbürgter Schuld. Studie an e. Rechtsfall. (41 S.) gr. 8. Wien 803. M. Breitenstein. n. — 90

Sonderabdruck aus: „Gerichtshalle".

Krek, Greg., Über die Wichtigkeit der slavischen traditionellen Litteratur als Quelle der Mythologie. Wien (Graz, Leuschner u. Lubensky), 1869, 8°, 92 S., 1,60 Mk.

KREK, Johannes: De spiritu et charactere s. Pauli apostoli. — (1892) 135 S. 4° (Handschr.) Diss. 509

Diss. Wien, Univ.

Kreke, Wilhelm [aus Bersenbrück (Hannover)]: Die Castration und die Berechtigung der Entfernung normaler Ovarien .... Würzburg, Paul Scheiner's Buchdr., 1887; 28 S. 8°

Würzburg, Med. Fak., Inaug. Diss. v. 1887

Krekel, Josef

Krekel, Jos., Anleitung zur Porzellanmalerei, s.a. Bossong's kunsttechnische Bibliothek f. Dilettanten.

Krekel J. Anleit. z. Porzellanmalerei. (Bossong's kunsttechn. Bibl. 8) Wiesbaden 1892

Krekel, S., Realienbuch. Ein Handbuch für Volksschüler. 2. erweit. Aufl. 8. (IV, 271 S.) Wiesbaden 886, Limbarth. cart. *

Krekel, S., theoretisch praktisches Rechenbuch für gewerbliche Fortbildungsschulen, Gewerbe- u. Realschulen ꝛc., sowie zum Selbstunterrichte strebsamer Handwerker u. Maschinenarbeiter. [Mit 53 in den Text gedr. Holzschn.] 8. (VIII, 128 S.) Wiesbaden 879. Limbarth. n. 1. 80

Krekel, Wilhelm: Ueber Placenta praevia. Halle (1872): Lipke. 30 S. 8°

Halle-Wittenberg. Med. Diss. v. 15. Juli **1872**

Geb. Runkel (Oberlahnkr.) 19. 5. 1849. V.

Krekeler, Bernhard: Über die **Entstehung** und Abtragung der Gebirge, insbesondere der **Alpen.** *Recklinghausen (1902): F. Drecker.* (S. 3—24.) 4°

Recklinghausen, G, P 1902 (403)

Krekeler, Friedrich. Anleitung zum Blasen des Signal-Posthorns <oder der sogenannten Posttrompete>. [Mit Illustrationen und Melodien.] VI + 116 S. 8. Leipzig, Breitkopf & Härtel, 1905. [M. 1.50]

(*Mit Beiträgen von* Prof. H[enri] Kling zu Genf.)

[Umschlagt.:] [F.] **Blumen und Kraut aus dem Blödengarten zu Volmerdingsen** (Vf.: H. **Krekeler,** Pastor). *Wittekindshof: (Dr. v. F. Werneburg in Lübbecke) 1893.* (16 S., 4 Taf.) 1 Bd 8. [94. 51]

Kurze Geschichte und Beschreibung der Colonien und Anstalten der innern Mission Bethel, Sarepta, Nazareth und Wilhelmsdorf bei Bielefeld v. **H. Krekeler.** Bethel. (1884.) 8°.

[Umschlagt.:] [F.] Eine **Reise** von Deutschland nach **Amerika** u. Reisen in Amerika m. Beobachtg d. öffentl. Lebens in Städten u. auf d. Lande ... Von H. **Krekeler,** Pastor ... *Bielefeld: E. Siedhoff [1896?].* (66 S., 1 Bl.) 1 Bd 8. [94. 7764

Krekeler, H., e. Reise v. Deutschland nach Amerika, u. Reisen in Amerika m. Beobachtg. d. öffentl. Lebens in Städten u. auf d. Lande nach s. weltl. u. geistl. Seite. 8. (66 S.) Volmerdingsen b/Oeynhausen 896. Anstalt Wittekindshof. Postfrei — 30

Krekeler, H.: Der W i t t e k i n d s h o f nach 10 Jahren ... Zum Besten e. Kapellenbaues hrsg. (Vf.: H. Krekeler, Pastor.) Volmerdingsen b. Bad Oeynhausen: (Dr. v. F. Werneburg in Lübbecke) 1897. (17 S.) 1 Bd. 8⁰

Krekeler, Heinrich, Gerichtsref.: **Das Fixgeschäft.** *Barmen 1898: W. Wandt.* (39 S.) 8°
Göttingen, Jur. Diss. v. [1. Okt.] 1898

Krekeler, K. [aus Höxter a. d. Weser]: Zur Kenntnis der aromatischen-, der Thiophen- und der Penthiophenreihe .... Göttingen, Druck d. Dieterichschen Univ.-Buchdr. W. Fr. Kästner, 1887; 41 + 1 S. 8°.
Göttingen, Phil. Fak., Inaug.-Diss. v. 16. Febr. 1887.

Krekeler, K., zur Kenntniss der aromatischen, der Thiophen- und der Penthiophenreihe. Inaugural-Dissertation. gr. 8. (41 S.) Göttingen 887, (Vandenhoeck und Ruprecht.) *

Krekeler, L., Erklärung des heiligen Vaterunsers. 8. (VII, 227 S.) Bielefeld 880, Velhagen und Klasing. *

Krekeler, L., heilige Geschichte. Erklärung der historischen und einiger Lehrbücher des Alten Testaments als Offenbarung der äußern und innern Erziehung des Volkes Gottes. gr. 8. (VI, 174 S.) Bielefeld 887, Schriften-Niederlage der Anstalt Bethel. *M 4.—.; geb. *

Krekels, Oscar [app. Arzt aus Strassburg i. E.]: Die primären Fibromyome der breiten Mutterbänder ... Strassburg i. E., Buchdr. C. & J. Goeller, 1896; 35 S. 8.
Strassburg, Med. Fak., Inaug.-Diss. v. 1896

Krekenberg, Prosper

Krekenberg, F. Prosp., s. Psalmen Davids.

Krekenberg, P., Die Psalmen Davids aus dem Lateinischen übersetzt, im buchstäblichen und geistigen Sinne erklärt und mit nützlichen Anmerkungen versehen. Münster, Aschendorff, 1806, 1808. gr. 8°.

Krela, Rolf d., aus Azraëls Registern. (110 S.) 8. Göttingen (907). E. Kelterborn. 1.60

Kreling, A. v., s.: Goethe, Faust.

Kreling, Herm., die Entziehungskur, s.: Album für Liebhaber-Bühnen Nr. 438.

Kreling, K. v., Englische Bibliothek, s. Bibliothek rc.

[Lieder.] Zur Feier der Logenweihe der Bruderkette zu den 3 Schwanen im Or. Zwickau am 12. April 1863. [Unterz.:] Krell. Zwickau [1863]: Zückler. 1 Bl. 8⁰ [Kopftit.]
Tt. 2501. Quartett u. Schluss-Choral ohne Noten.

Krell, Albrecht, a. München: **Studium über das Palladium. Das Atomgewicht des Palladiums.** Erlangen 1906: **Junge & Sohn.** (48 S.) 8°
Erlangen, Phil. Fak., Ref. Fischer, Diss. v. 4. Mai 1906
[Geb. 14. Jan. 82 München; Wohnort: München; Staatsangeh.: Bayern; Vorbildung: Realgymn. München Reife Juli 01; Studium: München 6, Erlangen 3 S.; Rig. 6. Febr. 06.]

Krell, Alex., Aphorismen über das Unterrichtswesen in Straf-Anstalten. Ein Buch für Beamte an Straf-Anstalten, Bezirks- und Gerichtsgefängnissen, Pädagogen und Lehrer, sowie für Alle, die sich für Unterricht und Erziehung interessiren. 1. Thl. gr. 8. (XII, 93 S.) Görlitz [Liegnitz] 873, Wollmann's Verlag.

Krell, Alex., pädagogische Briefe für Aufsichtsbeamte an Strafanstalten. gr. 8. (VII und 147 S.) Zwickau 863. (Leipzig, Hinrichs' Sortiment.) *

—— pädagogische Briefe für Aufsichtsbeamte an Strafanstalten. 2. Aufl. gr. 8. (XII, 94 S.) Zwickau 873, Richter'sche Buchh. *

—— s. Jahresbericht.

—— der Landrichter. Eine Geschichte vom Lande. 2. Aufl. 8. (128 S.) Zwickau 867, Buchh. des Volksschriften-Vereins. *

Krell, C. Chr. Fr., alphabet. Repertorium üb. d. k. sächs. Gesetzgebung auf d. 5 Jahre v. 1834 bis mit 1838, nach d. Samml. d. Gesetze u. Verordnn. v. 1834 u. dem Gesetz- u. Verordnungsbl. v. 1835 an bearb. gr. 4. Dresden 839. (Leipzig, Fr. Fleischer.)

Krell, Carl, s. K r e l l , Karl

[F.] **Krell,** Emil: Philo, περὶ τοῦ πάντα σπουδαῖον εἶναι ἐλεύθερον, die Echtheitsfrage. Augsburg, Druck v. Ph. J. Pfeiffer, 1896; 38 S. 8.
Augsburg, k. h. G bei St. Anna, P 1896*

Krell, Ernst: **Aus der med. Klinik in Bonn. Zur Frage der Heilung der Dementia paralytica.** Bonn 1908: **E. Eisele.** (51 S.) 8°
Bonn, Med. Fak., Ref. Schultze, Diss. v. 1. Mai 1908
[Geb. 24. Juli 52 Plieningen; Wohnort: Bonn; Staatsangeh.: Württemberg; Vorbildung: Gymn. Heilbronn Reife M. 03; Studium: Bonn 10 S.; Coll. 1. Mai 08; Approb. 19. Dez. 07.]

Das zu erwartende Pensionsgesetz der Privatangestellten Deutschlands von Franz **Krell.** Dortmund: Gebr. Lensing in Komm. [1906]. (45 S.) 8° [F.] (07. 8301 6

KRELL, Georg (Kaiserslautern): Die actio quod metus causa des römischen Civilrechtes.- Kaiserslautern: Pohr 1873. 78 S.,1 Bl.
70.12.1873 - Urk (Titel: De actione quod metus causa.); Chr 1873/74,14
Diss. Ingolst.-Landsh.-Mchn.

Krell, Geo., die Prozeßfähigkeit der emanzipierten Minderjährigen in den deutschen Rechtsgebieten des französischen Civilrechts gemäß § 50 u. fg. der R. C. P. O. gr. 8. (50 S.) Mannheim 885, Bensheimer. *
Aus: Zeitschrift für französisches Civilrecht, Beilage-Heft zum 16. Bd., besonders abgedruckt.

Krell, Hans, aus Rübeland: **Ueber die Einwirkung von Halogenalkylen auf die Alkalisalze der Amidophenole und Amidobenzolsulfosäuren.** *Erlangen 1901: E. Th. Jacob.* (32 S.) 8°
Erlangen, Phil. Diss. v. 26. Febr. 1901

Krell, Heinrich [app. Arzt aus Trier]: Aus d. ophthalmolog. Klinik zu Kiel. **Über Cataracta traumatica** ... Kiel, Druck v. A. F. Jensen, 1893; 35 S. 8.
Kiel, Med. Fak., Inaug.-Diss. v. [13. März] 1893

Krell's, Karl, Anweisung zu einem ganz neuen u. vorzüglich prakt. Brauerey-Tagebuche. 8. Leipzig 848, Thenau. Verklebt. 6 Ngr

Krell, Carl, a. Meiningen: **Ueber Dekamethylenimin.** Heidelberg 1904: **J. Hörning.** (34 S.) 8°
Heidelberg, Naturw.-math. Fak., Ref. Curtius, Diss. v. 31. Okt. 1904
[Geb. 12. Sept. 75 Meiningen; Wohnort: Höchst a. M.; Staatsangeh.: Sachsen-Meinigen; Vorbildung: Realgymn. Meiningen Reife O. 96; Studium: Jena 3, Erlangen 1, Heidelberg 9 S.; Rig. 4. Nov. 03.]

Krell, C., Champignons, s.a. **Radetski,** gärtnerische Kultur-Anweisungen 3. Heft.

Champignons. Die Kultur d. Champignon. Von C[arl] **Krell,** Karlshorst. 2. Aufl. Berlin: Berliner Gärtner-Börse [1904]. (12 S.) 8°
— **Kultur-Anweisungen,** Gärtnerische. H. 3. [04. 263

Krell, Denkschrift über die Anlegung einer Fehncolonie im boeler Moore, s. **Denkschrift.**

— öconomisches Wirthschafts-Tage-Buch. 8. (82 S.) Leipzig 850, G. Pönicke. *

Krell, Max, der weiße Bruder. Lieder u. Balladen. (88 S.) kl. 8. Leipzig 909. Verlag f. Literatur, Kunst u. Musik. 2. —

Max **Krell:** Wilhelm von Polenz. Leipzig: Verl. f. Lit., Kunst u. Musik 1910. 26 S. 8°
(Beiträge z. Literaturgeschichte. H. 61.) [10. 6273

Krell sen., Otto, altrömische Heizungen. gr. 8. (VI, 117 S. m. 39 Abb. u. 1 Tab.) München 901. R. Oldenbourg. n. 4. —

Hydrostatische Mess-Instrumente v. O. **Krell** sen. M. 19 Textfig. u. 6 Tab. *Berlin: J. Springer 1897.* (68 S.) 1 Bd 4. [96 8587

Über Messung von dynamischem und statischem Druck bewegter Luft. Von Otto **Krell** jr., Ingen. München & Berlin: R. Oldenbourg 1904. (65 S.) 8° [05. 6898

Krell, O., üb. die Ursache der Verbiegung langer Geschützrohre. Lex.-8. (7 S. m. 3 Taf.) St. Petersburg 892. C. Ricker. n. 1. 20

Krell, P. F.

— s. **Classics,** the, of painting. — **Classiques,** les, de la peinture. —

Krell, P. F., die Gefässe der Keramik. Schilderung des Entwickelungsganges der Gefässtöpferei. gr. 4. (V, 73 S. mit 33 Textillustr. und 4 Taf.) Stuttgart 885, G. Weise. *

Krell, P. F., Geschichte des dorischen Styls, nach den neuesten Forschungen bearb. mit einem Atlas von 24 (lithogr.) Taf. (in Imp.-4.). gr. 8. (XI, 107 S. mit 1 Tab. in qu. Fol.) Stuttgart 870, Ebner und Seubert. *

— s. **Klassiker** der Malerei.

Krell, P. F. und Eisenmann, O. Die Klassiker der Malerei. Eine Sammlung ihrer berühmtesten Werke mit erläuterndem Texte. 3 Bde. Stuttgart 1876. Fol.

Krell, P. F., die griechischen Vasen, ihr Formen- u. Decorationssystem, s.: Lau, Th.

Krell, P. F., keramische Vorbilder. Hrsg. m. Unterstützg. d. k. bayer. Staatsministeriums d. Innern f. Kirchen- u. Schulangelegenheiten u. d. Verbandes keram. Gewerke in Deutschland. Orig.-Aufnahmen v. C. Thurmayer. I. u. II. Serie. gr. Fol. (à 16 Taf. m. je 1 Bl. Text.) Berlin 896. 97. M. Spielmeyer. In Mappe à n. 18. —

Krell, Rhold. Präparationen f. den deutschen Geschichtsunterricht an Volks- u. Mittelschulen, s. **Herrmann,** Karl.

Krell, Rich., Ernst und Scherz in 50 Gedichten von Rob. Reinick, Carl Enslin, G. Ch. Dieffenbach und A. mit ein- und zweistimm. Orig.-Kompositionen. Eine Liederstoffgabe für Erzieher und Erzieherinnen. 1. Heft. 8. (III und 40 S.) Rudolstadt 855, [Renovanz und Scheitz.] *

Krell, R., und **N. Hermann,** die Kinderstube. Lieder für Mutter und Kind. Mit Begleitung des Pianoforte versehen von Nicol. Hermann. 4. (VII und 76 S.) Hildburghausen 864, Nonne. cart.

Krell, Wilh., Tabellen über die Ortsentfernungen im Herzogth. Sachsen-Meiningen. 8. (VI, 93 S.) Meiningen 879, Keyßner'sche Hofbuchdr. geb. *

Krelle, Herm. Heinr., die Fabrikation der Preß- oder Pfundhefe, sowie der künstl. Gährungsmittel für Branntweinbrenner und Weißbäcker. Nach bewährten Verfahrungsarten. 1. Aufl. (58 S.) 1848. 15 Ngr. und 2., umgearb. Ausg. 8. (55 S.) Quedlinburg 852, Basse. Thlr.

Krelle, Herm. Heinr., die Fabrikation der Preß- oder Pfundhefe, sowie der künstlichen Gährungsmittel für Branntweinbrenner und Weißbäcker. Nach bewährten Verfahrungsarten. 3., umgearb. Ausg. gr. 8. (55 S.) Quedlinburg 857, Basse.

Kreller, Emil, die Entwicklung der deutschen elektrotechn. Industrie u. ihre Aussichten auf dem Weltmarkt, s. a. **Forschungen,** staats- u. socialwissenschaftl. XXII. 3.

Kreller, Emil, aus Vöslau: Die Entwicklung der deutschen elektrotechnischen Industrie und ihre Aussichten auf dem Weltmarkt. *Leipzig 1903: Duncker & Humblot.* (IV, 63 S.) 8°
¶ [= Staats- u. socialwiss. Forschungen, Bd 22, H. 3.]
Greifswald, Phil. Diss. v. 12. Aug. 1903

Kreller, H., Algar und Milli. 8. Leipz. 787. Barth. 6 K

Kreller, H., Erbrechtliche Unters. auf Grund der graeco-aegypt. Papyrusurkunden. Diss. 1915. Teildr. 136 S. 3.—

Kreller, Rup., Künstler od. Elementarlehrer. Kritische Studie. (VII, 118 S.) 8. München (Gabelsbergerstr. 59) 909. F. Stein. 1. 50

Kreller, Rupert, die Völkerwanderung v. Herm. Lingg u. das Gesetz der epischen Einheit. gr. 8. (VII, 92 S. m. 1 Bildnis.) München 900. C. Haushalter. n. 1. 20

Krellwitz, Eduard Karl [aus Ofen]: Über die Innervation der hinteren Lymphherzen bei Rana. Strassburg, Buchdruckerei von R. Schultz & Comp. (Berger-Levrault's Nachfolger), 1880. 8. 53 S.

Krem, H., der deutsche Bauernkrieg, beschrieben z. Unterhalt. f. Jugend u. Volk. gr. 12. (5 B. u. Titelbild.) Reutlingen 838, Kurtz'sche Buchh.

Kremann, Robert

– u. Lorber, Josef:

— — und **Maas** Rudolf: Zur elektrolytischen Abscheidung von Legierungen und deren metallographische und mechanische Untersuchung. 1. Mitteilung: Die bei gewöhnlicher Temperatur abgeschiedenen Nickeleisenlegierungen (mit 6 Taf. und 5 Textfiguren). S. 122. IIb. 289 . . . . . vgr.
Separatabdruck

— **Suchy** C. Th., **Lorber** Josef und **Maas** Rudolf: Zur elektrolytischen Abscheidung von Legierungen und deren metallographische und mechanische Untersuchung. 2. Mitteilung: Über Versuche zur Abscheidung von Kupfer-Zinnbronzen (mit 5 Taf. und 9 Textfiguren). S. 122. IIb. 1179 . . . . . vgr.

— — und **Maas** Rudolf: Zur elektrolytischen Abscheidung von Legierungen und deren metallographische und mechanische Untersuchung. 3. Mitteilung: Versuche zur Herstellung von Zirkon-, Aluminium-, Antimon- und Chrombronzen (mit 1 Taf. und 1 Textfigur). S. 123. IIb. 99 . . . . . vgr.

— und **Lorber** Josef: Zur elektrolytischen Abscheidung von Legierungen und deren metallographische und mechanische Untersuchung. 4. Mitteilung: Über Versuche zur Abscheidung von Eisen-Magnesiumlegierungen aus wässerigen Lösungen (mit 2 Taf. und 3 Textfiguren). S. 123. IIb. 121 . . . . . vgr

— — — — 5. Mitteilung: Die bei höherer Temperatur aus Sulfatbädern abgeschiedenen Nickel-Eisenlegierungen (mit 1 Taf. und 4 Textfiguren). S. 123. IIb. 251 . . . vgr.
Separatabdruck

— — — 6. Mitteilung: Über die kathodischen funkenden Abscheidungen aus gemischten eisensulfat-magnesiumchlorid-glyzerinhaltigen Bädern. S. 123. IIb . . vgr.

Kremann, (Rob.), über die Anwendung der thermischen Analyse zum Nachweis chemischer Verbindgn. (76 S. m. 43 Abb.) Lex. 8. Stuttgart 909. F. Enke. 2. 40
Sonderabdr. a.: „Sammlg. chem. u. chem.-techn. Vortr."

— Über die Anwendung der van Laarschen Formel zur Ermittlung des Dissoziationsgrades von Verbindungen, die im Schmelzfluß dissoziieren. S. 116. IIb. 821 vgr.
Separatabdruck

— Über eine neue Ausnahme der Regel von Carnelley und Thomson. Das Lösungsgleichgewicht zwischen Anilin und o-Chlornitrobenzol (mit 1 Textfigur). S. 115. IIb. 987 . . . vgr.
Separatabdruck

— Beiträge zur Kenntnis periodischer Erscheinungen in der Chemie (mit 8 Textfiguren). S. 122. IIb. 389 . . . vgr.
Separatabdruck

– u. Schoulz, R.:
— — Beiträge zur Kenntnis der Polyjodide. 1. Mitteilung: Thermische Untersuchung des Systems KJ – J_2 (mit 3 Textfiguren). S. 121. IIb. 735 . . . vgr.
— — — 2. Mitteilung: Die periodischen Erscheinungen bei der Elektrolyse von Alkalijodidlösungen (mit 2 Textfiguren). S. 121. IIb. 967 . . . vgr.
Separatabdruck

– u. Hofmeier, F.:
— — Beiträge zur Kenntnis des elektromotorischen Verhaltens ternarer Legierungen. Das ternäre System: Zink-Silber-Blei (mit 1 Textfigur). S. 120. IIb. 317 . . . vgr.
Separatabdruck

— Berichtigung zu meiner Arbeit: „Zur Dynamik der Reaktion zwischen Alkohol und Schwefelsäure". S. 119. IIb. 847 . . . vgr.
Separatabdruck

— und Hofmann R. von: Über die Beständigkeitsgrenzen von Molekularverbindungen im festen Zustande und die Abweichungen vom Kopp-Neumannschen Gesetz (mit 1 Textfigur). S. 114. IIb. 129 . . . vgr.
Separatabdruck

— und Zitek A.: Die Bildung von Konversionssalpeter aus Natronsalpeter und Pottasche vom Standpunkt der Phasenlehre (mit 2 Textfiguren). S. 118. IIb. 50 . . . vgr.
Separatabdruck

— Zur Dynamik der Reaktion zwischen Alkohol und Schwefelsäure (mit 1 Textfigur). S. 119. IIb. 131 . . . vgr.
Separatabdruck

— Über den Einfluß von Substitution in den Komponenten binarer Lösungsgleichgewichte (mit 14 Textfiguren). S. 113. IIb. 865 . . . vgr.
Separatabdruck

— und Rodinis O.: Über den Einfluß von Substitution in den Komponenten binärer Lösungsgleichgewichte. 2. Mitteilung (mit 18 Textfiguren). S. 114. IIb. 125 . . . vgr.
Separatabdruck

— Über den Einfluß von Substitution in den Komponenten binärer Lösungsgleichgewichte. 3. Mitteilung (mit 10 Textfiguren). S. 117. IIb. 569 . . . vgr.
Separatabdruck

— Über den Einfluß von Substitution in den Komponenten binarer Lösungsgleichgewichte. 4. Mitteilung: Phenol und methylierte Harnstoffe (mit 3 Textfiguren). S. 119. IIb. 657 . . . vgr.
Separatabdruck

— Über den Einfluß von Substitution in den Komponenten binarer Lösungsgleichgewichte. 5. Mitteilung: Fluoren und Polynitrobenzole (mit 1 Textfigur). S. 120. IIb. 329 . . . vgr.
Separatabdruck

— und Janetzky E.: Über den Einfluß von Substitution in den Komponenten binärer Lösungsgleichgewichte. 6. Mitteilung: Naphtalin und die drei isomeren Dioxybenzole (mit 3 Textfiguren). S. 121. IIb. 709 . . . vgr.
Separatabdruck

— Über die Energieänderungen binarer Systeme. 1. Zur Beständigkeit der Verbindung Phenol-Anilin im flüssigen Zustande (mit 1 Textfigur). S. 119. IIb. 123 . . . vgr.
Separatabdruck

— und Meingast R.: Über die Energieänderungen binarer Systeme. 3. Mitteilung: Die Oberflächenspannungen binarer Gemische. S. 123. IIb . . . vgr.
— — und Gugl F.: Über die Energieänderungen binärer Systeme. 2. Mitteilung: Die Volumänderungen und Wärmeerscheinungen bei Bildung binärer Gemische. S. 123. IIb . . . vgr.
Separatabdruck

— Gugl F. und Meingast R.: Über die Energieänderungen binarer Systeme. 4. Mitteilung: Die innere Reibung binärer Gemische. S. 123. IIb . . . vgr.
Separatabdruck

— Über katalytische Esterumsetzung. 1. Mitteilung: Ein Beitrag zur Theorie der Verseifung (mit 3 Textfiguren). S. 114. IIb. 353 . . . vgr.
Separatabdruck

— Über katalytische Esterumsetzung. 2. (mit 2 Textfiguren). S. 116. IIb. 193 . . . vgr.
Separatabdruck

— und Ehrlich R.: Über die Fortexistenz von Molekülverbindungen und Kristallwasserhydraten im flüssigen Zustande (mit 12 Textfiguren). S. 116. IIb. 733 . . . vgr.
Separatabdruck

— und Hofmeier F.: Über die Hydrate der Selensäure (mit 1 Textfigur). S. 117. IIb. 735 . . . vgr.

— und Kerschbaum F.: Zur Kenntnis der Bildungswärme des Systems $H_2SO_4 . H_2O$. S. 116. IIb. 843 . . . vgr.
Separatabdruck

Kremann Robert und Brassert W.: Zur Kenntnis des Dissoziationsgrades von Schwefelsäure in Wasser-Alkoholgemischen (mit 2 Textfiguren). S. 119. IIb. 115 . . . vgr.
Separatabdruck

— und Kropsch Richard: Zur Kenntnis der natürlichen Fette vom Standpunkt der Phasenlehre. 3. Mitteilung. Das ternäre System: Tristearin-Stearinsäure-Palmitinsäure (mit 17 Textfiguren). S. 123. IIb. 79 . . . vgr.
— — — 4. Mitteilung. Das ternare System: Tristearin-Tripalmitin-Stearinsäure (mit 12 Textfiguren). S. 123. IIb. 345 . . . vgr.
— — — 5. Mitteilung. Das ternare System: Tristearin-Tripalmitin-Palmitinsaure (mit 16 Textfiguren). S. 123. IIb. 361 . . . vgr.
Separatabdruck

— und Hüttinger K.: Zur Kenntnis der Kinetik der Natriumthiosulfatbildung aus Natriumsulfit und Schwefel. S. 116. IIb. 863 . . . vgr.
Separatabdruck

— Zur Kenntnis der Reaktionskinetik in heterogenen Systemen. Die Verseifung im inhomogenen System (mit 2 Textfiguren). S. 113. IIb. 1259 . . . vgr.
Separatabdruck

— Zur Kenntnis der Reaktionskinetik in Wasser-Alkoholgemischen (mit 2 Textfiguren). S. 113. IIb. 1223 . . . vgr.
Separatabdruck

— Zur Kenntnis des Systems $CrO_3 - H_2O$ (mit 1 Textfigur). S. 120. IIb. 359 . . . vgr.
Separatabdruck

— Zur Kenntnis quaternarer und quinternarer Systeme. Das System Alkohol, Äther, Wasser, Schwefelsaure, Äthylschwefelsäure bei 0° (mit 2 Textfiguren). S. 119. IIb. 171 . . . vgr.
Separatabdruck

— Über die Kinetik der Abspaltung der Azylgruppen bei den Estern mehrwertiger Alkohole durch Hydroxylionen im wässerigen homogenen System (mit 2 Textfiguren). S. 115. IIb. 407 . . . vgr.
Separatabdruck

— Kinetik der Ätherbildung aus Dialkylsulfaten durch absoluten Alkohol. S. 115. IIb. 1065 . . . vgr.
Separatabdruck

— Zur Kinetik der Äthylätherbildung aus Alkohol und Äthylschwefelsäure (mit 2 Textfiguren). S. 119. IIb. 489 . . . vgr.
Separatabdruck

— und Neumann H.: Zur Kinetik der Bildung von Methylschwefelsäure und Dimethyläther. S. 119. IIb. 867 . . . vgr.
Separatabdruck

— Leitfaden der graphischen Chemie. Erläuterung einiger wicht. Schulbeispiele m. 5 zusammenlegbaren Raummodellen u. 5 Textfig. (36 S.) gr. 8. Berlin 910. Gebr. Borntraeger. In Mappe 6. 60

— und Hönel H.: Über die Löslichkeit von Azetylen in Azeton und Azeton-Wassergemischen (mit 1 Textfigur). S. 122. IIb. 477 . . . vgr.
— — Über die Reaktionsgeschwindigkeit der Einwirkung von Schwefelsäure auf Azeton (mit 5 Textfiguren). S. 122. IIb. 725 . . . vgr.
Separatabdruck

Kremann Robert und Noß F.: Die gegenseitige Löslichkeit von $CuCl_2$ und $FeCl_3$ sowie von CuCl und NaCl und der Umwandlungspunkt $FeCl_3 . 2\,H_2O \rightleftarrows FeCl_3 . 4\,H_2O$. S. 121. IIb. 869 . . . vgr.
Separatabdruck

— Über das Lösungsgleichgewicht zwischen 2. 4-Dinitrophenol und Anilin (mit 1 Textfigur) S. 115. IIb. 427 . . . vgr.
Separatabdruck

– u. Hofmeier, F.:

— — Über das Lösungsgleichgewicht zwischen Phenanthren und 2. 4-Dinitrophenol (mit 1 Textfigur). S. 119. IIb. [illegible] . . . . . vgr.

— Die binären Lösungsgleichgewichte zwischen Ameisensäure und Wasser sowie Essigsäure und Wasser (mit 1 Textfigur). S. 116. IIb. 796 . . . . . vgr.
Separatabdruck

— Über die binären Lösungsgleichgewichte zwischen Harnstoff und den drei isomeren Kresolen (mit 3 Textfiguren). S. 116. IIb. [illegible] . . . . . vgr.
Separatabdruck

— Über die binären Lösungsgleichgewichte der drei isomeren Nitroaniline (mit 3 Textfiguren). S. 119. IIb. [illegible] . . . . . vgr.
Separatabdruck

— Über binäre Lösungsgleichgewichte zwischen Phenolen und Amiden. I. Mitteilung (mit 8 Textfiguren). S. 114. IIb. 159 . . . . . vgr.
Separatabdruck

— Notiz, betreffend die elektroanalytische Schnelltrennung des Kupfers von Nickel oder Zink. S. 121. IIb. 73 . . . . . vgr.
Separatabdruck

— und Schniderschitz N.: Über die Polymorphieerscheinungen des Codeins und Narkotins. S. 123. IIb. . . . . . vgr.
Separatabdruck

Kremann Robert: Über das Schmelzdiagramm von Anthrazen-Pikrinsäuregemischen (mit 1 Textfigur). S. 113. IIb. [illegible] . . . . . vgr.
Separatabdruck

— Über das Schmelzen dissoziierender Stoffe und deren Dissoziationsgrad in der Schmelze (mit 11 Textfiguren). S. 113. IIb. [illegible] . . . . . vgr.
Separatabdruck

— — Das ternäre System Silber-Zink-Blei. Ein Beitrag zur Theorie des Parkesierens (mit 1 Taf. und 12 Textfiguren). S. 120. IIb. [illegible] . . . . . vgr.

— und Schoulz E.: Zur Synthese der natürlichen Fette vom Standpunkt der Phasenlehre. 1. Mitteilung. Das ternäre System: Tristearin-Tripalmitin-Triolein (mit 6 Textfiguren). S. 121. IIb. 747 . . . . . vgr.

— Klein H.: Zur Synthese der natürlichen Fette vom Standpunkte der Phasenlehre. 2. Mitteilung. Das ternäre System: Tripalmitin-Stearinsäure-Palmitinsäure (mit 14 Textfiguren). S. 122. IIb. [illegible] . . . . . vgr.
Separatabdruck

— und Philippi E.: Über den Temperaturkoeffizienten der molekularen Oberflächenenergie bei binären äquimolekularen Mischungen von Anilin und den drei isomeren Nitrophenolen. S. 117. IIb. [illegible] . . . . . vgr.
Separatabdruck

— Zur Theorie der Alkylschwefelsäurebildung (mit 5 Textfiguren). S. 119. IIb. [illegible] . . . . . vgr.
Separatabdruck

— Zur Theorie des Skinner-Case'schen elektrolytischen Thermoelementes Sn(Cr Cl$_3$) Pt und über andere Elemente vom analogen Typus (mit 6 Textfiguren). S. 121. IIb. [illegible] . . . . . vgr.
Separatabdruck

— und Rodemund Hans: Über einige doppelte Umsetzungen des als Nebenprodukt des Le Blanc'schen Sodaverfahrens abfallenden Calciumthiosulfates vom Standpunkte des Massenwirkungsgesetzes und der Phasenlehre (mit 4 Textfiguren). S. 123. IIb. [illegible] . . . . . vgr.
Separatabdruck

— Über die additionellen Verbindungen des Nitrosodimethylanilins (mit 6 Textfiguren). S. 113. IIb. [illegible] . . . . . vgr.
Separatabdruck

Kremann Robert: Über die Verseifungsgeschwindigkeit von Monose- und Bioseazetaten. S. 111. IIb. [illegible] . . . . . vgr.
Separatabdruck

— Über die eigenartige Wirkung von H-Ionen bei der Bildung von sauren Alkylsulfaten aus den neutralen durch Wasser im heterogenen System (mit 1 Textfigur). S. 115. IIb. [illegible] . . . . . vgr.
Separatabdruck

— s.: Zentralblatt, physikalisch-chemisches.

— Über die Zersetzungsgeschwindigkeit von äthylschwefelsaurem Baryt in saurer und alkalischer Lösung bei verschiedenen Temperaturen (mit 2 Textfiguren). S. 119. IIb. [illegible] . . . . . vgr.
Separatabdruck

— und Decolle W.: Zur Zweibasizität der Fluorwasserstoffsäure. S. 116. IIb. 819 . . . . . vgr.
Separatabdruck

Heilbronn*, Das Krematorium auf dem Friedhof in. Herausgegeben im Auftrag des Vereins von Carl Betz. Heilbronn. Druck von Carl Wulle, 1906.

Krematorium, das, auf dem städtischen Friedhofe zu Mainz. Eröffnet am 3. V. 1903. Hrsg. v. dem Verein f. Feuerbestattg. in Mainz, Eingetrag. Verein. (48 S. m. Abb. u. 2 Taf.) gr. 8. Mainz 902. L. Wilckens. n. — 50

[Krematorium.] Verein f. Feuerbestattung in Hagen i. W. Das Hagener Krematorium mit Abb. Hagen i. W. 1908. 8°.

Hamburg,* Das Krematorium und der Urnenfriedhof in —. Photograph. Album. Atelier Schaul, Hamburg.

Hamburg,* Krematorium und Urnenfriedhof in. Auszug aus den Betriebsvorschriften und Tarifen. Hamburg 1908. Druck von F. W. Rademacher.

Zürcher Krematorium. Reden, gehalten bei der Einweihung des, am 15. Juni 1889. Zürich, Druck von Zürcher und Furrer.

Dichter und Maler. Ein Beitrag z. Unterrichte in d. Literatur- u. Kunstgeschichte von Dr. phil. B. **Krembs**. Leipzig: Dürr 1903. IX, 127 S. 8°
[10. 17800 1]

Krembs, B., Lebensbilder aus der Geschichte der Sternkunde. Für die reifere Jugend bearb. 8. (XIV, 177 S. m. 3 Fig.) Freiburg i/B. (902). Herder. n. 1. 40; geb. in Leinw. n. 2. —

Krembs, B., Malerei u. Weltweisheit. (VIII, 117 S.) 8. Strassburg 909. J. H. E. Heitz. 2. 50

Krembs, B., über Gottfried August Bürger's Stellung zur Litteratur seiner Zeit. Inaugural-Dissertation. gr. 8. (31 S.) Oberlahnstein 875. (Jena, Deistung's Buchh.) *

Krembs, Heinrich [aus Waldsassen]: Über Hernien der linea alba vom Standpunkte der internen Medicin ... München, Buchdr. Kastner & Lossen, 1895; 34 S. 8.
München, Med. Fak., Inaug.-Diss. v. 1895

KREMBS, Leonhard (Nymphenburg): Bericht über die auf der chirurgischen Klinik und Abtheilung des allgemeinen Krankenhauses l./I. zu München während des Etatjahres 1856/57 zur ärztlichen Behandlung gekommenen Kranken.- München: Schurich (1857). 22 S.
1.8.1855 - Urk (Titel: De aegrotis in clinice et sectione chirurgica publici nosocomii I/s Monacensis anno 1856 ad anno 1857 curatis.); F 68
Diss. Ingolst.-Landsh.-Mchn.

Krembs, Richard [aus Waldmünchen, Bayern]: Zur Kenntnis des Catechins. Bern 1903. 32 S. 8°. [25. V. 03.]
Bern. Phil. Diss. 1903/1904.

Krembs, Richard. Zur Kenntnis des Catechins. Diss. Phil. Bern. 32 S. 8. Bern, W. Wälchli, 1903.

Kremel, Alois, Kommentar zur 8. Ausg. der österreichischen Pharmakopöe, s.: Vogl, Aug. v.

Kremel, A. und **Schlgut, E.**, Lehrbuch für Aspiranten der Pharmazie. V. Bd. Gr.-8°. ill. XI, 92 S.) geb. K 9.—
Wien: Fromme 1909.

Kremel, A., Notizen zur Prüfung der Arzneimittel, m. Berücksicht. der Herausgabe e. neuen österreichischen Pharmacopoe. [Aus: „Pharmaceut. Post".] Lex.-8. (158 S.) Wien 889. Frick. n. 4. —

— Pharmazeutische Praxis. s.: Lehrbuch f. Aspiranten der Pharmazie. V.

Kremel, Alois, die wichtigsten Unterschiede der Pharmacopoea austriaca ed. VIII im Vergleiche m. der Pharmacopoea austriaca ed. VII u. deren Additamenta. (XV, 106 S.) gr. 8. Wien 906. W. Frick.
Geb. in Leinw. n. 4. —

Křemen, Karl: Václav Hylmar, c. k. školní rada a gymn. professor v. v., professor soukr. gymnasia akademie. — Wenzel Hylmar, k. k. Schulrat und Gymnasialprofessor i. R., Professor des Privatgymnasiums der Akademie. S. 6—11. 8.
Progr. Graf Straka'sche Akademie u. Privat-Gymn. *Prag* 1904.

Krementz, Dr. Philippus, Erzbischof von Köln. Ein Lebensbild. 12. (16 S. mit autotyp. Portr. des Erzbischofs.) Köln 885, Bachem.

Krementz, Philippus, der neue Erzbischof von Köln. Eine Skizze seines Lebens. Vorher geht ein Abriß des Lebens seines Vorgängers, des Kardinals Paulus Melchers. Aachen 1885. V: *Becker* (*Kaplan*). (Russell XVI, I, 1, S. 26)

Krementz, A., der Bär. Ein Beitrag zur Naturgeschichte desselben und zur Jagd auf Bärwild. gr. 8. (95 S.) Berlin 888, Baensch. *

Krementz, Ph., das Evangelium im Buche Genesis oder das Leben Jesu vorbildlich dargestellt durch die Geschichte der Patriarchen Abraham, Isaak, Jakob und Joseph, nebst einer Antwort auf Nr. 7. des Theologischen Litteraturblattes. Coblenz 867. Hergt. 8. (108 S.) 12½ ngr.

—— s. Fest-Bericht über Ankunft und Thronbesteigung 2c.

— Fest-Bericht vom Empfang und zur Inthronisation 2c.

Krementz, Phpp., Grundlinien zur Geschichtstypik der heil. Schrift. Ein Beitrag zum Verständniß der heil. Geschichte und der Weltgeschichte. Nebst einem Anhang über die Typik des Buches Ruth. gr. 8. (X, 166 S.) Freiburg i. Br. 875, Herder'sche Verlagsh. *

Krementz, Ph., das Haus Gottes. Eine Predigt, gehalten am 22. Dezbr. 1853 bei der Einweihung der hies. Carmelitenkirche. gr. 8. (24 S.) Coblenz 854, Hergt.

Krementz, Philippus, Hirtenbrief vom 15. Dezbr. 1885, an die hochwürdigste Geistlichkeit und die Gläubigen des Erzbisth. Köln. 8. (22 S.) Köln 886, Theissing.

— Israel Vorbild der Kirche. Versuch einer Beleuchtung der Geschichte der Christenheit durch die vorbildl. Geschichte Israels. Mainz 858. Kirchheim. gr. 8. (58 S.)
7½ ngr.

— das Leben Jesu, die Prophetie der Geschichte seiner Kirche. Freiburg in Br. 869. Herder. gr. 8. (IX, 188 S. mit 1 Tab. in qu. gr. 4.) 22½ ngr.

Krementz, Philippus, die Leiden der Kirche u. deren Urbild. Hirtenschreiben f. die Diöcese Ermland beim Beginn der hl. Fastenzeit 1877. gr. 8. (24 S.) Braunsberg 877. (Huye.) — 15

Krementz, Ph., die Offenbarung des heil. Johannes im Lichte des Evangeliums nach Johannes. Eine Skizze der königl. Herrschaft Jesu Christi. gr. 8. (196 S.) Freiburg i. Br. 883, Herder'sche Verlagsh. *

Krementz, Ph., die Stadt auf dem Berge oder Offenbarung und Abfall. Eine apologet. Skizze. gr. 8. (III und 64 S.) Koblenz 861, Hölscher's Verlag. *

Krementz, Philipp. Israels Vorbild der Kirche. Versuch einer Beleuchtung der Geschicke der Christenheit durch die vorbildliche Geschichte Israels. Mainz, Kirchheim, 1865, 8°, 58 S., 75 Pf.
Recens. von Reusch, (Bonner) Theol. Litt.-Bl. 1866, S. 185—186; Sion, Litt.-Blätter, Jahrg. 35, April. Nr.; (Wiener) Allgem. Litt.-Ztg. Jahrg. 15; (Tüb.) Theol. Quartalschr., Jahrg. 49, Heft 1.

Kremer, A. Richard [aus Viersen]: Sprachliche Untersuchungen über Jacques Montanier-Delille ... Bonn, Univ.-Buchdr. v. C. Georgi, 1896; 94 S. 8.
Rostock, Phil. Fak., Inaug.-Diss. v. [5. Dez.] 1896

Kremer, Ad. Fr.

—, De animae facultate et bina operatione vitali et in specie de pulsibus. Vienn. 4°. 1715

—, De facultatibus animae. Vienn. 4°. 1715

Kremer, Ad. Fr., De nervis. Vienn. 4°. 1715

Kremer, Diss. de pathologia systematis nervosi. Vienn. 8°. 1716

—, De propria facultatis animalis quiete s. somno. Vienn. 4°.
1715

Kremer, Ad. Fr., De tactu. Vienn. 4°. 1722

Kremer, Albertus: 1.* De ammoniaci in aethylium rhodanatum actione. 14 Bl. 2° 2.* [dass. deutsch u. d. T.:] Wirkung des Ammoniaks auf Aethylrhodamür. 16 Bl. 2°
Halle-Wittenberg, Phil. Diss. v. 20. Febr. 1858
Geb. [Erkelenz (Rheinprov.), nicht im KB 1824—34]
Vom Verf. ersch.: Ueber die Wirkung des Ammoniaks auf die Verbindungen des Rhodans mit den Alkoholradicalen. In: Journal f. prakt. Chemie. Bd 73. Leipzig 1858. S. 365—369.

Kremer, Alfred von

Kremer, Alfr.v. (Bearb.), s. Abu Nowâs: Diwan.

Kremer, Alfr. v., Aegypten. Forschungen über Land und Volk während eines 10jähr. Aufenthalts. 2 Thle. gr. 8. (XXX und 602 S. mit 1 lithogr. und ill. Karte von Aegypten in gr. 4.) Leipzig 863, Brockhaus. *

— Auszüge aus Ibn-esch-Schihnes Geschichte von Haleb. S. 4. 25 . . . . ngr.
Separatabdruck

Kremer, Alfr. v., Beiträge zur Geographie des nördlichen Syriens. (Nach Ibn Schihnes.: Dorr-el-Motacheb fî Târich Haleb.) Fol. (25 S.) Wien 852, (Gerold's Sohn.) *
Aus: Denkschriften der k. Akademie der Wissenschaften, besonders abgedruckt.

— Beiträge zur Kenntnis der Geschichte und Sitten der Araber vor dem Islam. Bearbeitet nach der Teskiret Ibn Hamdûn. Geschichtliche Überlieferungen und Charakterzüge. S. 6. 44 . . . . ngr.
Separatabdruck

Kremer, A. Frhr. v., Beiträge zur arabischen Lexikographie. I. und II. Lex.-8. Wien, (Gerold's Sohn.) [I. (92 S.) 883. *ℳ 1,50.; II. (78 S.) 884. *ℳ 1,20.] *

Kremer Alfred Freiherr von Auenrode, Dr.: Bericht über meine wissenschaftliche Tätigkeit während des Aufenthaltes in Haleb vom 4. Juli bis 20. September 1849. S. 4. 80 . . . . vgr.
Separatabdruck

Kremer, Alfr. Ritter v., culturgeschichtliche Beziehungen zwischen Europa u. dem Oriente. [Vortrag, geh. am 24. Novbr. 1875.] 8. (18 S.) Wien 876. Faesy & Frick. n. — 60.

— Ibn Chaldun und seine Culturgeschichte der islamischen Völker. Lex.-8. (62 S.) Wien 879, (Gerold's Sohn.) **
Aus: Sitzungsberichte der k. Akademie der Wissenschaften, besonders abgedruckt.

— Über sein Werk: *Description de l'Afrique par un arabe anonyme du 6. siècle de l'Hégire.* S. 8. 80 . . . . vgr.
Separatabdruck

Kremer, Alfr. Frhr. v., über das Einnahmebudget des Abbasiden-Reiches vom J. 306 H. [918—919]. Imp.-4. (82 S. mit 3 Taf.) Wien 887, (Tempsky.) *
Aus: Denkschriften der k. Akademie der Wissenschaften, besonders abgedruckt.

Kremer, Alfr. v., altarabische Gedichte über die Volkssage von Jemen als Textbelege zur Abhandlung „Ueber die südarabische Sage." Leipzig 867. Brockhaus. gr. 8. (27 S.) 10 ngr

— über die Gedichte des Labyd. [Aus: „Sitzungsber. d. k. Akad. der Wiss."] Lex.-8. (51 S.) Wien 881. Gerold's Sohn in Comm. n. — 80

—— über die philosophischen Gedichte des Abul' alâ Ma'arry. Eine culturgeschichtl. Studie. Lex.-8. (108 S.) (Ebendas.) 888. *
Aus: Sitzungsberichte der k. Akademie der Wissenschaften, besonders abgedruckt.

Kremer, Alfr. v., Geschichte der herrschenden Ideen des Islams. Der Gottesbegriff, die Prophetie und Staatsidee. gr. 8. (XXII, 472 S.) Leipzig 868, Brockhaus. *

Kremer, Alfr. v., die himjarische Kasideh. Hrsg. und übers. gr. 8. (33 S.) Leipzig 865, Brockhaus. *

Kremer, A. v., Semitische Culturentlehnungen aus dem Pflanzen- und Thierreiche. Stuttgart 1875.

— Culturgeschichte des Orients unter den Chalifen. 2 Bde. gr. 8. (XI, 547; 516 S.) Wien 875,77, Braumüller. à Bd. * M 12. *

— Die Medreseen von Haleb und Mekke. S. 4. 30 . . . . vgr.
Separatabdruck

—— Mittelsyrien und Damascus. Geschichtliche, ethnograf. und geograf. Studien während eines Aufenthaltes daselbst in den J. 1849, 1850 und 1851. gr. 8. (IX und 250 S. mit eingedr. Holzschn.) Wien 853, (Gerold's Sohn.) Thlr. *

— Nachrichten über den am linken Ufer des Tigris wohnenden Araberstamm der Beni Lam. S. 4. 24 . . . . vgr.
Separatabdruck

Našwân b. Sa'îd al-Ḥimjarî. Die himjarische Kasideh. Herausgegeben und übersetzt von Alfred von Kremer. Leipzig 1865.

—— die Nationalitätsidee und der Staat. Eine culturgeschichtliche Studie über den Einfluß der nationalen Ideen, besonders auf Staaten mit gemischter Bevölkerung. gr. 8. (XIII, 195 S.) Wien 885, Konegen. *

—— lexikographische Notizen nach neuen arabischen Quellen. Lex.-8. (25 S.) Wien 886, (Tempsky.) **

Kremer, Alfr. v., des Scheichs Abd-ol-Ghanij-in-Nâbolsi Reisen im wüsten Arabien. gr. 8. (41 S.) (Wien 851, Braumüller.) *

—— über die südarabische Sage. gr. 8. (XVIII und 152 S.) Leipzig 866, Brockhaus. *

—— über meine Sammlung orientalischer Handschriften. Lex.-8. (78 S.) (Ebendas.) 885. *

—— Schreiben an die kaiserl. Akademie aus Cairo 25. März 1851. Lex.-8. (41 S.) (Wien 851, Braumüller.) *

— Schreiben aus Kairo vom 10. November 1850. S. 5. 80 . . . . vgr.
Separatabdruck

— über die grossen Seuchen des Orients nach arabischen Quellen. [Aus: „Sitzungsber. d. k. Akad. der Wiss."] Lex.-8. (90 S.) Ebend. 880. n. 1. 40

— Aus Mâwerdis moslimischem Staatsrecht, über Urbarmachung brachliegender Gründe und mohammedanisches Wasserrecht. S. 4. 20 . . . . vgr.
Separatabdruck

Kremer, Alfred Ritter v., culturgeschichtliche Streifzüge auf dem Gebiete d. Islams. gr. 8. (XIV, 77 S.) Leipzig 873. Brockhaus. n. 2. 40

Kremer, Alfr. Frhr. v. Studien zur vergleichenden Culturgeschichte, vorzügl. nach arab. Quellen. I.—IV. Lex.-8. Wien, (Tempsky). [I. II. (60 S.) 889. * 1 20; III. IV. (92 S.) 890. * 1 60.] * 2 80
Aus: Sitzungsber. d. k. Akad. d. Wiss., besonders abgedruckt.

Kremer, Alfr. v., Topographie von Damascus. Im Auftrage der kaiserl. Akademie der Wissenschaften hrsg. (1. und 2. Abthl.) gr. 4. Wien, (Gerold's Sohn.) [1. (51 S. mit 3 Stnt.) 851. * 1 Thlr. 20 Ngr., 2. (37 S. mit 1 Stnt.) 855. * 24 Ngr.] *
Aus: Denkschriften der k. Akademie der Wissenschaften, besonders abgedruckt.

—— Vortrag über ein vorgelegtes Druckwerk: Description de l'Afrique par un arabe anonyme du 6. siècle de l'Hégire. Lex.-8. (42 S.) Wien 852, (Gerold's Sohn.) *

—— über zwei arabische geographische Werke. Notizen gesammelt auf einem Ausfluge nach Palmyra. Lex.-8. (29 S. mit 1 Stnt. in Fol.) Wien 852, (Gerold's Sohn.) *

Kremer, Edl. Aloy. Sylv. v. Darstellung des Steuerwesens. 2 Thle. Ueber Steuerwesen überhaupt, und über die vorzüglich. österr. directen Steuern insbesondere. 8°. Wien, Tendler, 1821. 2. Aufl. Ebd. 1825.
vgl. Kremer, Johann Heinrich von

— Verfahren über Zollgesetz-Uebertretungen in d. österreich. Monarchie. gr. 8. Wien 824. Wallishauser. 1 fl 8 K

Kremer, Ant., Rozwiązania rachunków cyframi zawartych w sześciu poszytach. 8. (44 S.) Rogasen 850, Alexander.

—— Zadania rachunkowe cyframi, wzięte z praktycznego życia, z historyi powszechnéj, jeografii, fizyki, historyi naturalnéj, etc. Systematycznie ułożone podług metody: „od łatwego do coraz trudniéjszego." 6 Zeszyt. 8. (207 S.) Rogasen 850, Alexander. à Zeszyt * 2 Ngr. *

Kremer, Anton Emil, s. Kremer, Emil

Kremer, Aug., Gedichte. 12. (XV, 306 S.) Würzburg 885, (Stahel'sche Universitäts-Buchh.) *

Kremer, C. J., s. Kremer, Christoph Jakob

Kremer, Chr., die Konservierung der Gemüse und Früchte in Blechdosen. Eine Anleitung zur Verwertung der wertvollsten Erzeugnisse unserer Gärten und Baumgüter für Hausfrauen, Landwirte, Gartenbesitzer 2c. 8. (IV, 85 S.) Stuttgart 887, Ulmer. geb. *

—— Spargelzucht, Spargelernte und Spargelverwertung. 8. (VI, 103 S. mit 7 in den Text gedr. Holzschn.) Ebendas. 888. *

Kremer, Christoph Jakob

Kremer, Cph. Jak., († d. 19. April 1777.) Abhandl. von dem Grafen von Löwenstein, ältern u. mittlern Geschlechts, aus Urkunden. gr. 4. Münch. 765. (Franz). 8 kr

Kremer, C. J., Akadem. Beiträge zur Gülch- und Bergischen Geschichte. 2. Bd. Geschichte der Herren von Heinsberg des jüngeren Geschlechts, einer besonderen Linie des gräfl. Sponheimischen Hauses in der Pfalz. Mit Stamm- und Kpfrtfln. Mannheim 1769. 4.

Kremer, Christoph Jacob. Academische Beiträge zur Jülichschen und Bergischen Geschichte. Mannheim 1770—81. V (Th. 3): *Lamey, Andr.* (Ky)

— academ. Beitrr. zur Jülich. u. Berg. Geschichte. 3 Thle. (3r Thl. von A. Lamey.) gr. 4. Manh. 770—81. Schwan u. G. 3 fl 10 kr (bei Löffler). 4 fl 9 kr (bei Franz in München). 1 fl 6 kr

Kremer, C. J., Diplomat. Beyträge zum Behuf der Teutschen Geschichts-Kunde. 1. Thl. Versuch einer geneal. Geschichte derer Grafen von Sponheim. Frankfurt 1756. 8.

Kremer, Cph. Jak., diplomatische Beitrr. zum Behuf d. deutschen Geschichtskunde. 3 Stücke. 8. Frankf. 757—62. Fleischer. 16 kr

— histor.-diplomat. Beitrr. zur Jülich. u. Berg. Geschichte, oder Zusätze zu d. academ. Beiträgen 2c. gr. 4. Marb. 787. Krieger. 18 kr (A. u. d. T.: Geschichte des H. v. Heinsberg. Ebd. 786.)

— vom Comitatu Nemoris als einen kurpfälzischen Lehen d. Herzoge v. Jülich. gr. 4. Münch. 771. (Franz). 3 kr

— das östl. Franzien in seine Gauen eingetheilt. gr. 4. Münch. 776. (Franz). 5 kr

— d. Freundschaft d. Pfälzer mit den Sachsen, aus d. Geschichte erwiesen. gr. 4. Manh. 769. (Löffler). 6 kr Franz in Münch. 4 kr

— Geschichte d. Rheinischen Franziens, herausg. v. Andr. Lamey. gr. 4. Manh. 778. Schwan u. G. (Löffler). 2 fl 16 kr (Franz in Münch.) 1 fl

— Geschichte des Kurfürsten Friedrichs I. von d. Pfalz. 2 Thle, mit Kpf. gr. 4. Manh. 766. Schwan u. G. (Löffler). 4 fl (Franz in Münch.) 1 fl 16 kr

— Geschichte d. Wild- und Rheingräflichen Hauses aus Urkunden. 2 Bde. Fol. Mannh. Löffler. 769.

— Geschichte der Herren von Heinsberg nebst diplomat. Nachricht vom Geschlechte der alten Herren von Diest. Giessen 1786. 4.

— d. ripuarische Provinz u. d. in derselben gelegen. fünf Grafschaften. gr. 4. Münch. 776. (Franz). 2 kr

— von d. Stiftung u. ersten Einrichtung d. hohen Schule zu Heidelberg. gr. 4. Münch. 768. (Franz). 8 kr

— Fortgesetzter Versuch einer geneal. Geschichte derer Grafen von Sponheim. Mit Geschlechtstfln. Frankfurt 1758. 8.

Kremer, Eduard, die unperiodischen Schwankungen der Niederschläge u. die Hungersnöte in Deutsch-Ost-Afrika, s. a. Aus dem Archiv der deutschen Seewarte. 33. Jahrg. Nr. 1.

Kremer, Eduard: Die unperiodischen Schwankungen der Niederschläge und die Hungersnöte in Deutsch-Ost-Afrika. ⟨Mit 1 Taf. u. 19 Textfig.⟩ (Altenburg) 1910: (Pierer). 64 S., 1 Taf. 4° ¶ (Aus: Aus d. Archiv d. Dtsch. Seewarte in Hamburg. Jg. 33.)

Münster, Phil. Diss. v. 20. Aug. 1910, Ref. Meinardus

[Geb. 3. Aug. 86 Boppard; Wohnort: Münster i. W.; Staatsangeh.: Preußen; Vorbildung: Gymn. Boppard Reife O. 06; Studium: Genf 1, München 2, Münster 4 S.; Rig. 15. Dez. 09.] [U 11. 3964

Kremer, Emil, appr. Arzt a. Aachen: Aus der chirurg. Abteilung des städt. Krankenhauses Mariahilf zu Aachen. Ein Beitrag zur Kasuistik und Aetiologie der Darminvagination. Aachen 1904: Gebr. Driessen. (32 S.) 8°

Bonn, Med. Fak., Ref. Bier, Diss. v. 14. [vielm. 13.] Dez. 1904

[Geb. 14. Aug. 77 Aachen; Heimatsort: Aachen; Staatsangeh.: Preußen; Vorbildung: Kais. Karls-Gymn. Aachen Reife O. 96; Studium: Freiburg i. B. 1, München 2, Berlin 1, Bonn 8 S.; Rig. 13. Aug. 00.]

Kremer, [Anton] Emil, a. Saargemünd i. Lothr.: Über das rhetorische System des Dionys von Halikarnaß. Straßburg i. E. 1907: M. DuMont Schauberg. (58 S.) 8°

Straßburg, Phil. Fak., Ref. Keil, Diss. v. 15. Juli 1905

[Geb. 6. Okt. 82 Saargemünd i. Lothr.; Wohnort: Saargemünd; Staatsangeh.: Elsaß-Lothringen; Vorbildung: Gymn. Saargemünd, Lyzeum Straßburg Reife M. 00; Studium: Straßburg 10 S.]

Kremer, F. v. Bayerischer Finanzzustand in den J. 1777, 1792, 1798 und 1800. gr. 8°. München 1803.

Kremer, F. W. (Hrsg.), s. Wagner, Henr.: Kurzgefaßte hundertjährige Geschichte der Bergkirche in Libanon, County, P. A.

Kremer, Felix ⟨geb. am 8 Jan. 1861 in Meschede Westf.⟩: Ueber die Einwirkung der Narcotica auf den Raumsinn der Haut ... Bonn, Univ.-Buchdr. v. C. Georgi 1884. 26 S., 1 Bl. 8. ¶ Sonderabdr. aus Pflügers Arch. f. d. ges. Physiol. XXXIII 1884 S. 271 ff.

Bonn, Med. Fak., Diss. v. 8 [nach d. Akten v. 7] März 1884

Kremer, Felix ⟨geb. am 22 Okt. 1835 in Meschede Westf.⟩: De duabus novis rationibus, quibus titrando inveniatur, quantum ferri in qualibet mixtura insit ... Bonnae, form. Carthausianis (1860). 29 S. 8.

Bonn, Phil. Fak., Diss. v. 15 Aug. 1860

Kremer, Frz., die gesamte kaufmännische Arithmetik. Ein aus der Praxis hervorgegangenes, f. die Praxis bestimmtes Lehr- u. Uebungsbuch zum Selbstunterrichte f. Handlungsbeflissene. Nach einer ganz eigenart. Methode. [Neue Titel-Ausg. v.: „K., Der Handlungsbeflissene auf der Höhe der Zeit usw., Arithmetik".] (156 S.) 8. Elberfeld [896] (906). [E. Loewenstein.] Berlin, Neufeld & Henius. Geb. 2. —

Kremer, Frz., der Buchhalter auf der Höhe der Zeit. Lehrbuch zum gründl. Selbstunterricht in der einfachen u. doppelten Buchführg. nach italien. u. amerikan. System, sowie in der kaufmänn. Arithmetik, der Durchschnitts-Valuten-Berechng, der Konto-Korrentzinsrechng. nach progressivem u. retrogradem System m. festen u. schwank. Zinssätzen etc. 2. Aufl. 8. (237 S. m. 14 Tab.) Düsseldorf 892. J. B. Gerlach & Co. n. 3. —; geb. in Leinw. n. 3. 75

Die deutsche doppelte Buchhaltung verbunden mit einem auf der hochsten Höhe der Vollkommenheit stehenden Kontrollsystem, gründl. u. leichtfassl. an verschied. aus d. kaufm. Leben gegriffenen Vorkommnissen erkl. von Franz Kremer. *Elberfeld: F. Müller Söhne [1896].* (64 S.) 4° [ ]

Kremer, Frz., E. Grünewald, Herm. **Schnauss,** Handbuch d. photograph. Geschäftspraxis. 1. Bd.: D. Photograph im geschäftl. Verkehr. gr. 8. (VIII, 148 S.) Dresden 898. Verlag d. Apollo. n. 4. —

— der sprachgewandte u. rechtskundige Handelskorrespondent. Eine reichhalt. Sammlung v. Handels- u. Rechtsbriefen in deutscher, französ. u. engl. Sprache m. hinzugefügtem Kommentar. Bearb. f. den Kaufmannsstand. [Neue Titel-Ausg. v.: K., „Der sprachgewandte Korrespondent auf der Höhe der Zeit".] (256 S.) 8. Ebd. [896] (905). Geb. 2. —

— das Handelsrecht. Erklärungen d. gesetzl. Bestimmgn. üb. den Begriff Kaufmann, Kauf, Verkauf, Handelsgeschäfte im allgemeinen, Börsengeschäfte im besonderen. [Neue Titel-Ausg. v.: „K., Der sprachgewandte Korrespondent auf der Höhe der Zeit, bewandert im Handelsrecht".] (206 S.) 8. Ebd. [896] (905). Geb. 2. —

— der Handlungsangestellte auf der Höhe der Zeit als geschickter Bewerber um offene Stellen u. gewandter Vertreter seiner Rechte. Ein sicherer Wegweiser zur Anfertigg. v. kaufmänn. Dienstanerbieten in deutscher, französ. u. engl. Sprache u. e. erfahrener Ratgeber in allen Rechtsverhältnissen zwischen Prinzipal u. Gehülfen. 12. (VIII, 158 S.) Ebd. 894. n. 1. 20

Kremer, Frz., der Handlungsangestellte auf der Höhe der Zeit als geschickter Bewerber um offene Stellen u. gewandter Vertreter seiner Rechte. Ein sicherer Wegweiser zur Anfertigg. v. kaufmänn. Dienstanerbieten in deutscher, französ. u. engl. Sprache u. e. erfahrener Ratgeber in allen Rechtsverhältnissen zwischen Prinzipal u. Gehilfen. Unter Berücksicht. der neueren Gesetzgeb. bearb. v. Conr. Walther. 8. (159 S.) Düsseldorf (902). J. B. Gerlach & Co. n. 1. 20

Kremer, Frz., d. Handlungsbeflissene auf d. Höhe d. Zeit, gründl. unterrichtet in d. ges. kaufmänn. Arithmetik. E. durchaus prakt. Lehr- u. Übungsbuch zum Selbstunterr. f. junge Handlungsangestellte u. Zöglinge kaufmänn. Schulen. 8. (155 S.) Elberfeld 896. E. Löwenstein. Geb. n. 2. 25

— d. sprachgewandte Korrespondent auf d. Höhe d. Zeit, bewand. im Handelsrecht, e. Lehr- u. Handbuch f. alle Diejenigen, die nicht allein e. gedieg. Anleitg. zur gründl. Erlerng. d. deutschen, französ. u. engl. Handelskorrespondenz suchen, sond. auch beabsichtigen, sich zugl. m. d. Handelsrecht nach jeder Richtg. hin vertraut zu machen. Bearb. f. d. Kaufmannsstand. 2 Tle. 8. (206 u. 255 S.) Ebd. 896. n. 3. 60; in 1 Leinw.-Bd. n. 4. 50

— Lehr- u. Handbuch der allgemeinen deutschen Wechselordnung, auf Grund oberhandels- u. reichsgerichtl. Entscheidgn. erklärt u. erläutert durch e. Fülle v. Briefen, Formularen u. Beispielen aus dem Geschäftsleben, speziell zum Gebrauche f. Kaufleute u. Schüler höherer Handels-Lehranstalten bearb. gr. 8. (VIII, 276 S.) Ebd. 892. n. 2. 40; geb. in Leinw. n. 3. —

— dasselbe, gründl. unterrichtet im Wechselrechte, in 14, m. d. verschiedensten Formularen illustr. Vorträgen, verb. m. e. Examinandum. E. Wegweiser f. junge Handlungsangestellte u. Zöglinge kaufmänn. Lehranst. 8. (189 S.) Ebd. 896. Geb. n. 2. 25

— das deutsche Wechselrecht. In 14 m. den verschiedensten Formularen illustr. Vorträgen gründlich erklärt u. m. e. Examinatorium versehen. [Neue Titel-Ausg. v.: „K., Der Handlungsbeflissene auf der Höhe der Zeit usw., Wechselrecht".] (190 S.) 8. Elberfeld [896] (905). [E. Loewenstein.] Berlin, Neufeld & Henius. Geb. 2. —

— deutsches Wechselstempel-Steuergesetz, nebst bezügl. Motiven u. Kommissionsberichten, eingehend erklärt u. veranschaulicht in zahlreichen Formularen u. Korrespondenzen aus dem Geschäftsleben. 8. (IV, 89 S.) Ebd. 892. n. 1. 50; geb. in Leinw. n. 2. —

Kremer, H., Deutschlands Einigung. Von der Krönung Sr. Maj. d. Königs Wilhelm I. bis zur Gefangennahme d. Kaisers Napoleon III. 2. Aufl. 8. (16 S.) Wickrath 883. Kremer. n. — 50

Kremer, Heinr., Gedichte. 2. Aufl. 12. (VI, 112 S.) Wickrath 869, Kremer. cart. *

Kremer, Heinr., Gedichte. 3. Aufl. 16. (VI, 112 S.) Wickrath 891. H. Kremer. Kart. 1. 50; geb. in Leinw. m. Goldschn. 2. 25

Kremer, Heinrich, Referendar zu Straßburg i. E.: Die Mitbürgschaft mit Beiträgen zur Lehre von Bürgschaft und Gesamtschuld. *Straßburg: K. J. Trübner 1902.* (213 S.) 8°
Straßburg, Rechts- u. staatswiss. Diss. v. 1902

—— Noch ist Lelau nicht verloren! Erzählendes Gedicht in zwölf Gesängen aus der Feudalzeit. 1.—4. Aufl. 8. (16 S.) Ebendas. 881—84. *

— ein Schwanengesang. Erzählendes Gedicht in 3 Gesängen. 2. Aufl. 8. (16 S.) Ebend. 883. n. — 50

Kremer, J., s.a. Kremer, Johann Heinrich von

Kremer, J., Estienne v. Fougiere's Livre des manières, s. Ausgaben und Abhandlungen aus dem Gebiete der romanischen Philologie.

Kremer, J. Rimarium und darauf basirte Grammatik von Estienne von Fougieres' Livre des Manières. Diss. Marburg 1885. 78 S.

Kremer, Jacob Hubert (geb. am 29 Febr. 1844 in Cornelimünster Landkr. Aachen): Ueber Eklampsie der Schwangeren, Gebärenden und Wöchnerinnen ... (Bonn), Druck v. F. Krüger [1868]. 1 Bl., 23 S., 1 Bl. 8.
Bonn, Med. Fak., Diss. v. [25 Juli 1868]

Kremer, Frau Ida, im Kampfe um e. Königskind. Anna Monica Pia, Herzogin zu Sachsen. Meine Erlebnisse als Erzieherin im Hause der Gräfin Montignoso im Winter 1906. (236 S.) 8. Dresden 907. M. Seyfert. 3.—; geb. 4. —

Kremer, Johann Heinrich von

Kremer, Joh. Heinr. v., Darstellung d. in Oesterr. unt. d. Enns f. d. Unterthans-Verhältniß f. d. J. 1820 erlass. Gesetze etc., s. Hauer, F. v., prakt. Darstell., 4. Bd.

v. Kremer, Jh. Hnr., Darstellung der in Oesterreich unter der Enns für das Unterthansverhältniß seit dem J. 1820 erlassenen Gesetze. gr. 8, Wien 835. Braumüller u. Seidel, 1 ₰

v. KREMER, J. H. E: Darstellung des Steuerwesens. 2 Thle. *Wien*. 825. gr. 8. (1 Thl. 8 Gr.)

Vgl. Kremer, Aloys Sylvester von

Kremer, Joh. Heinr. v., das longobard.-österreich. Lehenrecht. 2 Thle. gr. 8. (24 u. 23¾ B.) Wien 838, [Braumüller u. Seidel.]

Kremer, J. H. v., die Veränderungsgebühren (Freygeld) in Oestreich ob der Enns. gr. 8. (20½ B.) Wien 823, v. Mösle sel. Wtwe. u. Braumüller.

v. KREMER, J. Heinr.: Versuch über die Vermuthungen überh. u. die gesetzl. nach den österr. allgem. bürgerl. Gesetzb. insbesondere. *Wien*, (Tendler u. Schäfer.) 818. 8. (1 Thl.)

v. KREMER, J. Edl.: Versnch über d. Vermuth. überh. u. d. gesetzl. nach d. österr. allgemein. Gesetzbuche insbesond. *Wien*, Ueberreuter. 818. 8. (1 Thl.)

Kremer, Jh. Mart., († d. 27. Jan. 1793.) Entwurf e. genealog. Geschichte des Ottonischen Astes des Salischen Geschlechts u. des daraus entspringenden Nassauischen Geschlechts. 2 Thle. gr. 4. Frankf. 779. Guilhaumann. 4 ₰ 8 ₰

— genealog. Geschichte des alten Ardennischen Geschlechts, insbesondere des zu demselben gehör. Hauses d. ehemal. Grafen zu Sarbrück. 4. Frankf. u. Leipz. 786. Guilhaumann. 3 ₰ 8 ₰ Weiß P. 4 ₰ 8 ₰

— s. Geschichte d. Wild- u. Rheingraft. Hauses &c., u. andere s. J. in Jh. Mart. ab.

— origines Nassovicae. II Tmi. cum fig. 4. Giessen. Krieger. 780.

— origines Nassovicae. II Tom., cum fig. 4. Wiesbaden 780. (Hermann in Frkf.) 4 ₰ 8 ₰

Kremer, Johannes: Studien zur Geschichte der Trierer Wahlkapitulationen. (Aeussere Geschichte derselben. Ihre Bestimmungen über Vermögensrecht und Jurisdiktion des Domkapitels.) Trier 1909: Lintz. 48 S. 8° ¶(Ersch. vollst. u. d. T.: Die Wahlkapitulationen d. Trierer Erzbischöfe, als: Westdeutsche Zeitschr. f. Geschichte u. Kunst. Erg.H. 16.)

Bonn, Phil. Diss. v. 14. Aug. 1909, Ref. Schulte

[Geb. 16. Mai 83 Niedergondershausen; Wohnort: Niedergondershausen; Staatsangeh.: Preußen; Vorbildung: Gymn. Coblenz Reife O. 04; Studium: Bonn 9 S.; Rig. 16. Dez. 08.] [U 09. 406

Kremer, Jos., das allerheiligste Altarsgeheimniß und die Fürbitte Mariä, die beiden vorzüglichsten Segensquellen aller Gnade und Hülfe für den Christen. Gebetbuch für Alle, welche wirksam beten, fromm leben u. einst selig vollenden wollen. 860. (XII, 501 S. u. 3 Stahlst.) 1 ₰ — 2. verb. u. vervollkommnete Aufl. M. Gladbach 863. Riffarth 12. (VIII, 520 S. u. 3 Stahlst.) 20 ngr; Prachtausg. 1 ₰

Kremer, Jos., das allerheil. **Altarsgeheimniß** u. die Fürbitte Mariä. Gebetbuch f. Alle, welche wirksam beten, fromm leben u. einst selig vollenden wollen. 16. (XII, 509 S. m. 1 Stahlst.) M. Gladbach (896). A. Riffarth. Geb. in Ldr. 1. 50

Kremer, Jos., **Ave Maria, gratiae plena!** Gegrüsset seyst Du, Maria, voll d. Gnaden! Ein vollständ. Gebet- u. Erbauungsb. f. d. Frommen d. weibl. Geschlechtes. gr. 12. (16 B. u. 2 Stahlst.) Cöln 840, Heinrigs u. Gatti.

Kremer, Joh., Ave Maria, Gegrüßest seyst Du Maria, gratia plena! voll der Gnaden! Ein vollständ. Gebet- u. Erbauungsbuch für die Frommen des weibl. Geschlechts. 2. Aufl. 12. (16⅙ B. u. 1 Stahlst.) Cöln 843. [Greven.] 15 Ngr. Vlnp. —

— **Ave Maria Stella!** Sei gegrüßt, o Stern des Meeres, heiligste Jungfrau u. Gottesmutter Maria! Ein Buch der Andacht u. des zuversichtlichsten Vertrauens auf die Hülfe Gottes durch die Fürbitte Mariä, besonders in schwier. Lagen u. verhängnißvollen Zeiten. 4. Aufl. 16. (640 S. m. Titelbild.) Kevelaer (899). Butzon & Bercker. Geb. in Leinw. 1. 40

Ave Maria Stella! … Ein Buch d. Andacht … Von Jos. **Kremer**. 4. Aufl. Kevelaer: Butzon & Bercker [um 1907]. (672 S.) 8° [Ant. u. F.] [08. 9344

Kremer, Jos., **Ave Maria Stella!** Sei gegrüßt, o Stern des Meeres, heiligste Jungfrau u. Gottesmutter Maria. Ein Buch der Andacht u. des zuversichtlichen Vertrauens auf die Hilfe Gottes durch die Fürbitte Mariä, besonders in schwier. Lagen u. verhängnisvollen Zeiten. 4. Aufl. (672 S. m. 1 Farbdr.) 16. Kevelaer (905). Butzon & Bercker. Geb. in Leinw. n. 1. 20

Kremer, Jos., Beiträge zur Geschichte d. klösterl. Niederlassungen Eisenachs im Mittelalter, s.a. Quellen u. Abhandlungen zur Geschichte der Abtei u. der Diöcese Fulda. II.

Beiträge zur Geschichte der klösterlichen Niederlassungen Eisenachs im Mittelalter. Von Joseph **Kremer**, Pfarrer in Eisenach. Mit 3 Abb. Im Anh.: Chronica Conventus Ordinis Fratrum Minorum ad s. Elisabeth prope Isenacum. Hrsg. von P[ater] Michael Bihl, O. F. M. Fulda 1905: Fuldaer Actiendr. (VIII, 190 S.) 8°

— Quellen u. Abhandlungen z. Geschichte d. Abtei u. d. Diözese Fulda. 2. [05. 11058

— **Blüthen der Gottseligkeit.** Ein vollständ. Gebetbuch für gebildete u. gutgesinnte kathol. Christen. Theils gesammelt und größtentheils selbst verfaßt u. bearbeitet. Mit Titelkpfr. gr. 12. Cöln 839. Heinrigs u. Gatti. (Leipzig, Hunger.) 1 ₰

—— Blüthen der Gottseligkeit. Vollständ. Gebetbuch f. gebildete u. gutgesinnte kathol. Christen. 32. (644 S.) Cöln 843, Heinrigs u. Gatti.

Kremer, Jos., Blüthen der Gottseligkeit. Vollständiges Gebetbuch für gebildete und gutgesinnte katholische Christen. Köln 854. F. Greven. 32. (VII, 564 S., 1 Lithogr. u. lith. Titel.) 15 ngr

— **Credo in unum Deum.** [Auszug aus: „Senfkörnlein".] 16. (V, 238 S. m. farb. Titel u. 1 Stahlst.) M. Gladbach (898). A. Riffarth. Geb. in Ldr. m. Goldschn. — 75

KREMER, Joseph (Lisburg): Ueber Grund und Wesen des Schlafes.- München: Hübschmann 1844. 40 S. 28.8.1843 - Urk (Titel: De causa ac natura somni.); F 66

Diss. Ingolst.-Landsh.-Mchn.

—— Herr! Du bist die Stütze meines Alters. Ein vollständ. Gebetb. f. bejahrte kathol. Christen. gr. 12. (16½ B., 1 Stahlst. u. gest. Ttl.) Cöln 838, Heinrigs u. Gatti. Ausg. I. 17 Gr., II.

Kremer, Jos., **Jahrbuch für die Volksschulen Steiermarks.** 1. Jahrg. 1871. gr. 8. (VIII, 200 S. mit 1 Stnt.) Graz, (Verlag Leykam-Josefsthal.) **

Kremer, Jos., Jehova ist meine Zuversicht! Oder vollständ. Gebetbüchlein für kath. Christen. Auszug aus d. größern Schriften. Mit Titelkpfr. 32. Cöln 840. Heinrigs u. Gatti. ⅓ ₰

— eucharistische Liebesblumen mit Marianischen Rosen. Andachtsbuch für fromme u. gebildete Katholiken, insbesondere für solche, die sich einer innigen Andacht zum allerheiligsten Altarssakramente u. zur Gottesmutter Maria ergeben wollen. 2., verm. u. verb. Aufl. Ebend. 861. 12. (XII, 502 S. u. 1 Stahlst.) 18 ngr; Prachtausg. mit 2 Stahlst. 25 ngr

Kremer, Jos., eucharistische Liebesblumen mit Marianischen Rosen. Andachtsbuch für fromme und gebildete Katholiken, insbesondere für solche, die sich einer innigen Andacht zum allerheiligsten Altarssakramente und zur Gottesmutter Maria ergeben wollen. 3., abermals sehr verm. Aufl. M.-Gladbach 865. Riffarth. 16. (VIII, 567 S. mit 1 Stahlstich u. chromolith. Titel. 17½ ngr; Prachtausg. 25 ngr.

[F.] Eucharistische Liebesblumen mit Marianischen Rosen. E. Andachtsb. f. Alle, die sich einer innigen Andacht z. allerheil. Altarssakramente u. z. Gottesmutter Maria befleissigen wollen. Von Joseph Kremer. Ausg. 1. 24. Aufl., sorgf. durchges. verb. u. verm. v. Bernhard Deppe, Rektor ... *M. Gladbach & New-York: A. Riffarth 1897.* (VIII, 576 S., 1 Taf., 1 Bildert.) 1 Bd 8.

— eucharistische Liebesblumen m. marianischen Rosen. Ein Andachtsbuch f. Alle, die sich e. innigen Andacht zum allerheiligsten Altarssakramente u. zur Gottesmutter Maria befleißigen wollen. Ausg. I. 26. Aufl., sorgfältig durchgesehen, verb. u. verm. v. Bernh. Deppe. gr. 16. (VIII, 576 S. m. farb. Titel u. 1 Stahlst.) Ebd. 901. Geb. in Leinw. 2.25

— dasselbe. Ausg. Nr. II. 2. Aufl., sorgfältig durchgesehen, verb. u. verm. v. Bernh. Deppe. 16. (VI, 581 S. m. farb. Titel u. 1 Stahlst.) Ebd. 897. Geb. in Leinw. 1.25

— Maria, unsere Trösterin, Helferin u. Fürsprecherin. Andachtsbuch f. römisch-kathol. Christen u. eifrige Verehrer der göttl. Mutter, in allen Nöthen u. Anliegen des Lebens. 4. Aufl. 16. (640 S. m. Titelbild.) Kevelaer (899). Butzon & Bercker. Geb. in Leinw. 1.40; Ausg. in größerem Druck. 8. Aufl. (480 S. m. 1 Farbdr.) geb. in Leinw. 1.40

Kremer, Jos., die Servitenklöster Mariengart u. Vacha, s.: Quellen u. Abhandlungen zur Geschichte der Abtei u. der Diözese Fulda. V.

Kremer, Jos., Muttergottesrosen. Vollständiges Gebet-, Trost- und Erbauungsbuch, besonders zur eifrigen Verehrung und Anrufung der göttl. Mutter Maria. Prachtausg. 8. (VIII, 712 S. mit 4 Stahlst. und chromolithogr. Titel.) M.-Gladbach 868, Riffarth.
Prachtausg. in 10 Lfgn. mit je 1 Stahlst. à Lfg. 75 Pf.

— Muttergottes-Rosen. Vollständiges Gebet-, Trost- u. Erbauungsbuch. Besonders zur eifr. Verehrg. u. Anrufung der allersel. Jungfrau u. Gottesmutter Maria. 6. Aufl., durchgesehen u. verb. v. Heinr. Samson. 12. (XII, 620 S. m. farb. Titel u. 1 Farbdr.) M. Gladbach 899. A. Riffarth. n. 2.—

— Myrtenkranz. Gebet- u. Andachtsbuch f. römisch-kathol. Christen im Braut- u. Ehestande. Auszug der schönsten Gebete aus „Muttergottes-Rosen". 16. (592 S. m. 1 Stahlst.) Ebd. (896). Geb. in Ldr. n. 1.50

— Preis dem Allerhöchsten. Andachtsbuch f. alle, die sich e. innigen Andacht zum allerheil. Altarssakramente ergeben wollen. Kleiner Auszug aus eucharist. Liebesblumen. Sorgfältig durchgesehen u. verb. v. Bernh. Deppe. 16. (II, 148 S. m. Abbildgn. u. 1 Farbdr.) M. Gladbach 900. A. Riffarth. Geb. in Ldr. m. Goldschn. 1.50

Kremer, Jos., das Problem der Theodicee in der Philosophie u. Literatur des 18. Jahrh. m. besond. Rücksicht auf Kant u. Schiller, s.a. Kantstudien. Erg.-Heft. 13.

Kremer, Josef: Das Problem der Theodicee in der Philosophie und Literatur des 18. Jahrhunderts mit besond. Rücks. auf Kant u. Schiller. Von Dr. –. Gekr. Preisschr. Berlin: Reuther & Reichard 1909. XII, 210 S. 8°
(Kantstudien. Erg. H. 13.)

Kremer, Jos., Seelengärtlein. Kurzer Auszug aus Senfkörnlein. 16. (192 S. m. farb. Titel u. 1 Stahlst.) Ebd. (895). Geb. in Ldr. m. Goldschn. n. — 65

— s. Th. v. Kempen, 4 Bücher von der Nachfolge Christi.

— die betende Unschuld. Lehr- u. Andachtsbüchlein f. die zarte Jugend. Neue verb. Ausg. 16. (188 S. m. Abbildgn.) Ebd. (898.) Geb. — 30

Kremer, Joseph [aus Boppard am Rhein]: Ueber das Verfahren bei der sectio alta .... Erlangen, Druck d. Univ.-Buchdr. v. E. Th. Jacob, 1887; 23 S. 8°
Erlangen, Med. Fak., Inaug.-Diss. v. 18. Jul. 1887

— kleines eucharist. Vergißmeinnicht. Gebet- u. Andachtsbuch f. römisch-kathol. Christen. Durchges., verb. u. verm. v. Bernh. Deppe. 24. (XII, 380 S. m. farb. Titel u. e. Stahlst.) Ebd. 897. Geb. in Leinw. 1.—

Eucharistisches Vergissmeinnicht. Mit d. tägl. Besuchungen d. heiligsten Sakramentes von d. hl. Alphons Maria v. Liguori. Vollständ. Andachtsbuch von Joseph Kremer. *M. Gladbach: A. Riffarth [1898].* (XII, 380 S.) 8°

Kremer, Julian (geb. am 2 Juni 1853 in Trier): Behandlung der ersten Compositionsglieder im germanischen Nominalcompositum ... Bonn, Univ.-Buchdr. v. C. Georgi 1881. 2 Bl. 8. ¶ Nur Titelbl. u. Thesen.
Bonn, Phil. Fak., Thes. v. 10 Aug. 1881

Kremer, Julian (geb. am 2 Juni 1853 in Trier): Behandlung der ersten Compositionsglieder im germanischen Nominalcompositum ... Halle a. S., Druck v. E. Karras 1881. 32 S., 1 Bl. 8. ¶ Sonderabdr. d. ersten beiden Bogen einer gleichbetitelten Arbeit, die vollständig in d. Beiträgen zur Deutschen Spr. u. Litt. VIII 1882 S. 371–460 erschien.
Bonn, Phil. Fak., Diss. v. 10 Aug. 1881

Kremer, Karl

Kremer, Carl, Beobachtungen u. Untersuchungen üb. das Wechselfieber. 8. (8¼ B.) Aachen 837, Mayer.

[F.] **Kremer**, Karl [Rechtspraktikant in Augsburg]: Das ausschliessliche Recht des Urhebers an der Melodie ... Leipzig, Breitkopf & Härtel, 1891; 42 S. 8.
Erlangen, Jur. Fak., Inaug.-Diss. v. 1891

Kremer, L., s. Proben, die gefährlichen.

Kremer, M., Fibel für den Schreib-Lese-Unterricht. 8. (88 S.) Frankfurt a. M. 866, Hamacher. *

Kremer, M., Fibel für den Schreib-Lese-Unterricht. 2. verm. und verb. Aufl. 8. (IV, 108 S.) Frankfurt a. M. 873, Hamacher. geb. *

Kremer, M., Fibel für den Schreib-Lese-Unterricht. 3. Aufl. 8. (IV, 108 S.) Frankfurt a. M. 876, Hamacher. geb. **
— dass. — 4. Aufl. 8. (IV, 108 S.) Frankfurt a. M. 878, Jäger'sche Buchh. geb. **

Kremer, M., Gott mein Heil. Erbauungsbuch für katholische Christen. 4., durchgeseh. Aufl. 24. (XI und 504 S. mit 1 Stahlst.) Aachen 855, Hensen und Comp.

Kremer, M., Gott mein Heil. Erbauungsbuch für kathol. Christen. 5., durchgeseh. Aufl. 32. (III und 584 S. mit 1 Stahlst.) Aachen 861, Hensen.

Kremer, O. K., Neinia. Denkversuche. (420 S.) gr. 8. Wien 907. E. Beyer. 6.—; geb. 7.—; erm. Pr. 1.50

Kremer, Otto, Assistenzarzt an d. Kgl. Universitätskinderklinik u. Poliklinik zu Greifswald: Die Pathogenese der arthritischen Amyotrophien. *Greifswald 1902: J. Abel.* (32 S.) 8°
Greifswald, Med. Diss. v. 8. Febr. 1902

Kremer, P. P., Inquisitio in consilium et modum, quo Plutarchus scripsit vitas parallelas. I. Diss 1841. 64 S. 1.—

Kremer, P. P., inquisitio inauguralis in consilium et modum, quo Plutarchus scripsit vitas parallelas. P. I. gr. 8. (4⅜ B.) Gröningen 843; (Emden, Rakebrand.) *

Kremer, Paul (Carl Christian) (geb. Stralsund 20. 11. 1859): Beitrag zur syphilitischen Epiphysenlösung. Berlin (1884). (26 S.) 8°
Berlin, Med. Diss. v. 19. Juli 1884

Kremer, Sam., Fragen-Programm aus dem Dienst-Reglement. I. u. III. Thl. f. die Einjährig-Freiwilligen-Schulen. 2. Aufl. 8. (39 S.) Budapest 900. C. Grill. n. 1.—

Kremer, Wilhelm [app. Arzt aus Reichenbach, Pfalz]: Zwei seltenere Fälle von Elephantiasis Arabum.... München, J. Schreiber's Buchdr., 1890; 19 S. 8°
München, Med. Fak., Inaug.-Diss. v. 1890

Kremer von Auenrode, Alfred, s. Kremer, Alfred von

Kremer-Auenrode, Hugo von

Kremer-Aurenode, H. v., s. Actenstücke zur Geschichte des Verhältnisses zwischen Staat und Kirche im 19. Jahrh.

Kremer-Auenrode, H. v.: Actenstücke zur Geschichte des Verhältnisses zwischen Staat und Kirche im 19. Jahrhundert. Leipzig. 2 Bde
Tb. 1. Bis zur Encyclica u. Syllabus vom 8. Dec. 1864. 1873.
„ 2. Das vatican. Concil u. die daran schließenden Conflicte betr. 1876.
„ 3. 4. 1877. 80.

Kremer-Auenrode, Hugo v., die Schleswig-Holsteinische Frage. Historisch-staatsrechtlich erläutert. gr. 8. (IV und 101 S. mit 1 Tab. in qu. Fol.) Wien 864, Wallishausser'sche Buchh. *

Kremer-Auenrode, Hugo von (Hrsg.), s. Staatsarchiv

Kremers, die Rechtsprechung des Kammergerichts auf dem Gebiete des Polizeiverordnungsrechts, s.: Broglitter.

Kremers, Edward [aus Milwaukee]: Beitrag zur Kenntniss der Isomerieverhältnisse innerhalb der Terpenreihe.... Göttingen, Druck d. Dieterich'schen Univ.-Buchdr., 1890; 74 S., 1 Bl. 8°
Göttingen, Phil. Fak., Inaug.-Diss. v. (29. Jul.) 1890

Kremers, Edward, Beitrag zur Kenntniss der Isomerieverhältnisse innerhalb der Terpenreihe. Diss. gr. 8. (74 S.) Göttingen 890. (Vandenhoeck & Ruprecht.) n. 1. 40

Kremers, Frid. (geb. Hausen im Rheinl. 30. 4. 1824): De aneurysmatibus. Berolini (1852) (28 S.) 8°
Berlin, Med. Diss. v. 12. Okt. 1852

Kremers, Herm., Ansprache, s.: Von d. 8. Provinzialversammlg. d. rhein. Hauptvereins d. Evang. Bundes.

— die größte Gefahr f. uns. Volk: Der Ultramontanismus, } s. a. Flugschriften d. Evang. Bundes.

[F.] Aus d. Verhandlungen d. X. General-Versammlg d. Ev. Bundes zu Krefeld ... Die grösste Gefahr für unser Volk: Der Ultramontanismus. Vortrag v. Pfarrer [Hermann] Kremers, Kirchen-Bollenbach. *Leipzig: C. Braun 1897.* (19 S.) 8.
= Flugschriften d. Evangel. Bundes. [No] 142. (Reihe XII, 10.) (97. 44,8

— Martin Luther, d. deutsche Christ, s.a. Flugschriften d. Evangel. Bundes

[F.] Martin Luther, der deutsche Christ. Von Hermann Kremers, Pfarrer in Kirchenbollenbach. *Leipzig: C. Braun 1896.* (8 S.) 8.
= Flugschriften d. Evangel. Bundes. [No] 125. (Reihe XI, 5.) (96. 6403

— römische Revanche. E. Simultanisierungs-Geschichte nach der Chronik K. S. Kremer's in Kirchen-Bollenbach, s.a. Flugschriften d. Evangel. Bundes

[F.] Römische 'Revanche'. E. Simultanisiergs-Geschichte a. d. Zeit d. Gegenreformation nach d. Chronik des Herrn K. S. Kremer, weil. ev.-luth. Pfarrer zu Kirchen-Bollenbach (Nahe)', dargest. v. Hermann Kremers, jetzigem ev. Pfarrer daselbst. *Leipzig: C. Braun (1897).* (29 S.) 8.
= Flugschriften d. Evangel. Bundes. [No] 139. (Reihe 12, 7.) (97. 33&

Kremers, Jakob

Kremers, J., Gebete und Gesänge zum Schul-Gottesdienste, s. Blum, J.

Kremers, J., Liedersammlung für den Gesangunterricht an höheren Lehranstalten. 1. Heft. kl. 8. (72 S.) Aachen 887, Jacobi und Comp. *

— Liedersammlung f. den Gesangunterricht an höheren Lehranstalten. 1. Hft. Ein-, zwei- u. dreistimm. Lieder. 2. Aufl. 12. (72 S.) Ebd. 891. n. — 50

Kremers, Jak., servite Domino in laetitia! Katholisches Gesang- u. Gebetbuch f. höhere Lehranstalten. 3., umgearb. u. verm. Aufl. 12. (252 S.) Aachen 892. A. Jacobi & Co. Geb. in Leinw. n.n. 1. 75

Kremers, Josef, a. Duisburg: Beiträge zur Erforschung der französischen Familiennamen. Bonn 1910: Ludwig. 109 S. 8°
Münster, Phil. Diss. v. 31. Dez. 1910, Ref. Andresen
[Geb. 9. Juli 86 Wissen a. Sieg; Wohnort: Münster i. W.; Staatsangeh.: Preußen; Vorbildung: Gymn. Duisburg Reife O. 06; Studium: München 2, Genf 1, Neuchâtel 1, London 1, Münster 3 S.; Rig. 22. Juni 10.] [U 11. 3965

Kremers, Karl, Beobachtungen und Untersuchungen über das Wechselfieber. 8. Aachen 837. Mayer. 1/2 ß

Kremers, Carolus (geb. am 24 Juni 1800 in Aachen): Experimenta et observationes de suppuratione ... Bonnae, typ. C. F. Thormanni (1822). 30 S. 8.
Bonn, Med. Fak., Diss. v. 5 Nov. 1822

Kremers, P., Dr., Ueber das Crystallwasser, sein Verhältniss zur Constitution und Löslichkeit der Salze und sein Verhalten bei chemischen Zersetzungen. (Aus Poggendorff's Ann., Bd. LXXXVI.)

Kremers, P., physikalisch-chemische Untersuchungen. 1.—6. Heft. gr. 8. Wiesbaden, Limbarth. *
Inhalt:
Heft 1. (S. 1—80 nebst 6 lithogr. Fig.-Taf. in qu. 4. und qu. gr. Fol.) 870. *ℳ 2.
„ 2. (S. 81—160.) 870. *ℳ 1,20.
„ 3. Aggregatzustand, Gestalt und Volum der Verbindungen erster Ordnung. (S. 161—240.) 871. *ℳ 1,20.
„ 4. Volum und Wärmecapacität der Verbindungen erster Ordnung. (S. 241—320.) 872. *ℳ 1,20.
„ 5. Wärmecapacität und Affinität der Verbindungen erster Ordnung. (S. 321—400 mit 1 Stnt. in qu. 4.) 873. *ℳ 1,20.
„ 6. Affinität der Verbindungen erster Ordnung. (S. 401—480.) 875. *ℳ 1,20.

Kremers, P., physikalisch-chemische Untersuchungen. 7. und 8. Heft. gr. 8. Wiesbaden, Limbarth. *
Inhalt:
Heft 7. Affinität der Verbindungen erster Ordnung. (S. 481—560.) 876. *ℳ 1,50.
„ 8. —— dass. — (XVI, S. 561—640.) 878. *ℳ 2,50.
1.–6. Heft. Ebendas. 1870—75. *ℳ 8.

Kremers, Petrus (geb. Aachen 3. 8. 1827): De relatione inter carbones fuscos atque nigros. Berolini (1851). (37 S.) 8°
Berlin, Phil. Diss. v. 29. März 1851

Kremers, Wilhelm

Kremers u. A. Schloßmann, die Milch in Gesetz u. Rechtsprechung. s.a. Veröffentlichungen des Vereins f. Säuglingsfürsorge im Reg.-Bez. Düsseldorf. 3. Heft.

Die Milch in Gesetz und Rechtsprechung. Von Landrichter [Wilhelm] Kremers in Elberfeld u. Prof. Dr. [Artur] Schloßmann in Düsseldorf. Berlin: Heymann 1909. VIII, 39 S. 8°
(Veröffentlichungen d. Vereins f. Säuglingsfürsorge im Reg. Bez. Düsseldorf. H. 3)
[10. 4419

Kremjanski, J.: Über hämorrhagische Entzündung der Dura mater mit Hinweisen auf deren Zusammenhang mit der Trunksucht und deren epidemisches Auftreten in der Gegenwart. St. Petersburg. 1865.

Kremkau, Karl [aus Salzwedel]: Ueber Resectionen bei Tuberculose der Fusswurzel .... Berlin, Buchdr. v. M. Goedecke vorm. E. Müller (1886); 33 + 3 S. 8°.
Berlin, Med. Fak., Inaug.-Diss. v. 7. Aug. 1886.

Кремлевъ, Г., Опытъ новой системы представительства и уплаты общественныхъ повинностей. (Kremleff, Versuch über Aufstellung eines neuen Steuersystems.) gr. 8. (100 S.) Berlin 867, Gaertner. *

Kremmen [Schlagwort]

Kremmen, s.: Deutschland. Kürschner-Pelp.

Kremmen, s.: Wanderkarten.

Kremmer, G. F., Reise-Taschenbüchlein f. Lehrlinge u. wandernde Handwerksgesellen. Zur Belehr. gr. 12. (2⅓ B.) Saalfeld 840, Niese.

Kremmer, G. F., Taschen-Reisebüchlein für Lehrlinge und wandernde Handwerksgehülfen des Herzogth. Sachsen-Meiningen. Zur Belehrung für junge Handwerker des Vaterlandes während ihrer Lehrzeit und auf ihrer Wanderschaft hrsg. 2., verb. und verm. Aufl. 8. (96 S.) Saalfeld 847, Niese.

Kremmer, J., die Gehaltsfrage der Volksschullehrer in Steiermark. Beleuchtet u. beantwortet. gr. 8. (35 S.) Graz 893. Styria. n. — 40

Kremmer, *Julius Andreas* Martinus [Tranquebariensis]: De catalogis heuromatum . . . Lipsiae, *Frommann'sche Buchdr. in Jena,* 1890; 2 Bl., 115 S. 8°
Leipzig, Phil. Fak., Inaug.-Diss. v. [9. Febr.] 1891

Kremmer, [Martin]: Die Einweihungsfeier. S. 22—23. 4.
Progr. Arndt-Gymn. (Gymn. i. E.) *Dahlem* 1910 (82).

Kremmer, [Martin]: Rede des Direktors bei der Einweihung des Schulgebäudes. Dahlem 1910: Steglitzer Buch- u. Kunstdr., Steglitz. S. 1—10. 4°
Dahlem, Arndt-G i. E. OP 1910 (82) [S 10. 239

Kremmern [Schlagwort]

Kremmern, s.: Preussen. Messtischblätter.

Kremnicska, Thom., Instructio practica confessarii usibus examinandorum e probatis auctoribus concinnata et aptis casibus illustrata. 8maj. (VIII und 388 S.) Posonii 847. (Pestini, Pfeifer.) *

Kremnicska, Thom — Paraphrasis psalmorum popularis opera et studio — —, insignis collegiatae Ecclesiae Posoniensis ad sanctam Martinum canonici, adornata cum notis in usum venerabilis cleri cum adprobatione eminentissimi Ordinarii Strigoniensis. Anno Domini 1857. Posonii, 1857. Typis Aloysii Schreiber. (XXXII. 348 S. 2 Bl. und 39 S. Appendix 8.)

Kremnitz, Eman., Feldbergstimmungen. Mit 11 Bildern (im Text) v. Rud. Biehler, Osk. Mayer u. Herm. Völker. (20 S.) 8. Freiburg i/B. 909. E. Thomaß. 1. —

Kremnitz, Geo., die Entwicklung der rumänischen Armee seit dem Feldzuge 1877/78. (58 S.) Lex.-8. Breslau 905. Berlin, S. Schottlaender's schles. Verlagsanstalt. n. 1. —

Kremnitz, Mite, s.: Astra.

Kremnitz, Mite: Astra, s. Elisabeth, Königin v. Rumänien.

Kremnitz, Mite, Ausgewanderte. Roman in 4 Büchern. 2 Bde. 8. (338 u. 362 S.) Bonn 890. Strauß. n. 8. —; in 1 Bd. geb. n. 9. 50

— **Ausgewanderte.** Roman. 2. Aufl. (III, 364 S.) 8. Stuttgart (905). Leipzig, A. Kröner. n. 3. —; geb. n. 4. —

Herr Baby. Eine Kindergesch. von Mite Kremnitz. *Breslau: S. Schottlaender [1900].* (156 S.) 8° [F.]
= Unterwegs und Daheim. [8, 1] [01. 1300

Kremnitz, Mite, s. Boleyn, Anna.

Kremnitz, Mite, sein Brief, s.a. Unterwegs u. Daheim.

[F.] Sein Brief. Novelle v. Mite Kremnitz. *Breslau: S. Schottlaender 1896.* (120 S.) 1 Bd 8.
= Unterwegs u. Daheim. (Ser.) n. (Bd) 8. [96. 7138

— s.: Dito u. Idem.

Kremnitz, Mite, Elina. Zwischen Kirche u. Pastorat. Novellen. 8. (283 S.) Breslau 895. Schles. Verlags-Anstalt. n. 4. —; geb. n. 5. —

Kremnitz, Mite, Elina. Zwischen Kirche u. Pastorat. Herr Baby. (Neue Aufl.) (197 S.) 8. Berlin (910). S. Schottlaender's schles. Verlagsanstalt. 3. —; geb. n 4. —

Fatum. Erzählung von Mite Kremnitz. *Breslau: S. Schottlaender 1903.* (225 S.) 8° [F.]

— **Feldpost,** s.: Sylva, Carmen.

— Die Getäuschten. Roman. (194 S.) 8. Berlin (909). Concordia. 2. —; geb. 3. —

— eine Hilflose. Roman. (191 S.) 8. Berlin (906). Concordia. n. 2. —; geb. n. 3. —

— am Hofe v. Ragusa. Roman. 8. (285 S.) Ebd. 902. n. 3. —; geb. n. 4. —

— s.: In der Irre.

— Ist das — das Leben? Roman. (386 S.) 8. Berlin (909). Concordia. 4.—; geb. 5. —

— König Karl v. Rumänien. Ein Lebensbild. 1. u. 2. Aufl. (182 S. m. 1 Bildnis.) 8. Breslau 903. 904. Berlin, S. Schottlaender's schles. Verlagsanst. n. 2. – ; geb. n. 3. —

— König Karl v. Rumänien. Ein Lebensbild. 3. Aufl. (182 S. m. 1 Bildnis.) 8. Breslau 906. Berlin, S. Schottlaender's schles. Verlagsanstalt. 2. —

Kremnitz, Mite: Aus dem Leben König Karls von Rumänien. Aufzeichnungen e. Augenzeugen. [Verf.: Mite Kremnitz.] Bd. 1-4. Stuttgart: Cotta 1894–1900. 8°
1. Mit d. Protr. d. Königs. 1894. 2. 1894. 3. 1897. 4. 1900.

— Mann u. Weib. Novellen. 8. (303 S.) Breslau 902. Schles. Buchdruckerei x. n. 3.—; geb. n. 4.—

—— rumänische Märchen, übersetzt. 8. (VII, 296 S.) Leipzig 882, Friedrich. *M 5.; geb. **

— Marie, Fürstin-Mutter zu Wied, Prinzessin v. Nassau, s.a. Biographien bedeutender Frauen II.

Marie, Fürstin Mutter zu Wied, Prinzessin von Nassau. Ein Lebensbild von Mite Kremnitz. Leipzig-R.: E. Haberland 1904. (236 S.) 8°
= [Biographien bedeutender Frauen. 2.] [o4. 7858

— Mutterrecht (283 S.) 8. Breslau 906. Berlin, S. Schottlaender's schles. Verlagsanst. n. 3. —; geb. n. 4.—

— s.: Rache.

Reminiscences of the King of Roumania. (Aus dem Leben König Karls von Rumänien. Ausz., engl.) Ed. from the original [Verf.: Mite Kremnitz] with an introd. by Sidney Whitman. Copyr. ed. Leipzig: Tauchnitz 1899. 320 S. 8°
(Collection of British Authors. Tauchnitz Ed. Vol. 3383.) A 12 12246

— Der rote Streif. Eine Liebesgeschichte. 1. u. 2. Tauf. (100 S.) 8. Berlin-Ch. (908). Vita. 1. —

— Carmen Sylva, s.a. Biographien bedeutender Frauen I.

Kremnitz, Mite, Carmen Sylva, s.: Bücherei, deutsche.

Carmen Sylva. Eine Biographie von Mite Kremnitz. Leipzig: E. Haberland [1903]. (322 S.) 8°
= [Biographien bedeutender Frauen. 1.] [o6. 1857

— Carmen Sylva. Eine Biographie. 2. [Titel-]Aufl. (322 S. m. Abbildgn. u. 6 Vollbildern.) gr. 8. Leipzig-R., 909. E. Haberland. 5.—; kart. 6. —

— Was die Welt schuldig nennt. (151 S.) 8. Berlin (907). Concordia. 2.—; geb. 3. —

— s.: Aus zwei Welten.

Kremnitz, Mite: Aus zwei Welten. s. Elisabeth. Königin v. Rumänien.

— Siegerin Zeit. Roman. (289 S.) 8. Berlin (907). S. Schottlaender's schles. Verlags-Anstalt. 3.—; geb. 4. —

Kremnitzer, Bernard, Leipzig: Der Staatsgedanke Napoleons I. Taucha 1907: E. Porzig. (VII, 86 S.) 8° [F.]
Leipzig, Jur. Fak., Diss. v. 5. Febr. 1908
[Geb. 23. Dez. 82 Brody (Österreich); Wohnort: Leipzig; Staatsangeh.: Österreich; Vorbildung: Nikolai-Gymn. Leipzig Reife O. 04; Studium: Leipzig 8 S.; Rig. 5. Febr. 08.]

Franz Kremp. Hebräische Studien. I. Abt. 47 S. Rastatt, P 1872

Franz Kremp. Hebräische Studien. II. Abt. 35 S. Rastatt, P 1880

Franz Kremp. Hebräische Studien. III. Abt. 29 S. Rastatt, P 1883

*Kremp, [Heinrich]: [Ansprache bei der Trauerandacht für den am 21. August 1900 verstorbenen Lehrer a. D. Carl Siedentop.] S. 8 bis 9. 4. Landwirtschaftl. Schule Marienberg mit Realabteilung
Progr. *Helmstedt* 1901.

Kremp, (Heinrich): Beobachtungsergebnisse der an der Anstalt errichteten meteorologischen Station. *Helmstedt 1898: J. C. Schmidt.* (25—28 S.) 4° [Ant. u. F.]
Helmstedt (Herzogt. Braunschw.), landwirtschaftl. S Marienberg m. Realabt., OP 1898**

Kremp, (Heinrich), Dir. Prof. Dr.: Beobachtungsergebnisse der an der Anstalt errichteten meteorologischen Station (seit 1886). *Helmstedt 1899: J. C. Schmidt.* (S. 25—27.) 4° [Ant. u. F.] ¶ [Vgl. Progr. 1898.]
Helmstedt (Hzgt. Braunschw.), landwirtschaftl. S Marienberg m. Realabt., OP 1899**

Kremp, (Heinrich), Dir. Prof. Dr.: Beobachtungsergebnisse der an der Anstalt errichteten meteorologischen Station (seit 1886). *Helmstedt 1900: J. C. Schmidt.* (S. 24—26.) 4° [Ant. u. F.] ¶ [Vgl. Progr. 1898. 99.]
Helmstedt (Braunschw.), landw. S Marienberg m. Realabt., OP 1900**

Kremp, (Heinrich), Dir. Prof. Dr.: Beobachtungsergebnisse der an der Anstalt errichteten meteorologischen Station (seit 1886). *Helmstedt 1901: J. C. Schmidt.* (S. 22—24.) 4° [Ant. u. F.] ¶ [Vgl. Progr. 1898—1900.]
Helmstedt (Braunschw.), landw. S Marienberg m. Realabt., OP 1901**

Kremp, (Heinrich), Dir. Prof. Dr.: Beobachtungsergebnisse der an der Anstalt errichteten meteorologischen Station (seit 1886). *Helmstedt 1902: J. C. Schmidt.* (S. 24—27.) 4° [Ant. u. F.] ¶ [Vgl. Progr. 1898—1901.]
Helmstedt, landw. S Marienberg m. Realabt., OP 1902 (770a) **

Kremp, H[einrich]: [Bericht über die Feier der Einweihung der neuen Aula und Turnhalle.] S. 9—15. 4.
Berecht. Landwirtschaftl. Schule Marienberg mit Realabt.
Progr. *Helmstedt* 1908 (908).

[F.] **Kremp**, *Heinrich* [Dir. Dr.]: *Bericht über die Feier der Grundsteinlegung für das neue Schulgebäude.* Helmstedt, Druck v. J. C. Schmidt, 1892; 7—10 S. 4.
Helmstedt, landwirtschaftl. S Marienberg, OP 1892 (694)

Kremp, Heinr. [Dir. Dr.]: Charakter der Anstalt. Helmstedt, Druck v. J. C. Schmidt, 1890; S. 3–4; 4°
Helmstedt, landwirtschaftl. S Marienberg, OP 1890

[F.] **Kremp**, *Heinrich* [Dir. Dr.]: Einweihung des neuen Schulgebäudes. Helmstedt, Druck v. J. C. Schmidt, 1893; 6—12 S. 4.
Helmstedt '(Herzogt. Braunschw.)', landwirtschaftl. S Marienberg, OP 1893 (693)

Kremp, (Heinrich): Mitteilungen über das Versuchsfeld der Landw. Schule Marienberg zu Helmstedt. *Helmstedt 1898: J. C. Schmidt.* (46 S.) 4° [Ant. u. F.]
Helmstedt (Herzogt. Braunschw.), landwirtschaftl. S Marienberg m. Realabt., OP 1898**

Kremp, (Heinrich), Dir. Prof. Dr.: [Nachruf bei der Trauerandacht für den am 21. August 1900 verstorbenen Lehrer a. D. Carl Siedentop.] *Helmstedt 1901: J. C. Schmidt.* (S. 8—9.) 4° [Ant. u. J.]
Helmstedt (Braunschw.), landw. S Marienberg m. Realabt., OP 1901**

Kremp, J. H.

Kremp, J.: Buchführung, landwirtschaftliche.

Kremp, J. H., über den Einfluss des Ernteausfalls auf die Getreidepreise während der J. 1846—1875 in den hauptsächlichsten Ländern Europa's, s. a. Sammlung nationalökonomischer u. statistischer Abhandlungen d. staatswissenschaftlichen Seminars zu Halle a. d. S.

Kremp, Einfluss d. Ernteausfalls a. d. Getreide-Preise 1846—75. Jena 879.

Kremp, Rudolf, approb. Arzt aus Rastatt: Querlage bei Erstgebärenden. *Würzburg 1901: V. N. Seubert.* (46 S.) 8°
Würzburg, Med. Diss. v. 1901

Krempelhuber, Aug. v., Geschichte und Litteratur der Lichenologie von den ältesten Zeiten bis zum Schlusse des J. 1865. Zum erstenmale bearb. 1. Bd.: Geschichte und Litteratur. gr. 8. (XV und 616 S. mit 1 Stnt. in Tondr.) München 867, (Kaiser.) *

Krempelhuber, A. v., Geschichte und Litteratur der Lichenologie von den ältesten Zeiten bis zum Schlusse des J. 1865 [resp. 1870]. Zum erstenmale bearb. 2. und 3. Bd. gr. 8.. München, (Kaiser.)
(** M 27.) 1.—3. Bd. (** M 41.) *
Inhalt:
Bd. 2. Die Flechten-Systeme und Flechten-Spezies. (VIII, 776 S. mit 1 Stnt.) 869. ** M 18.
» 3. Die Fortschritte und die Litteratur der Lichenologie in dem Zeitraume von 1866—1870 incl. nebst Nachträgen zu den früheren Perioden. (XVI, 261 S.) 872. ** M 9.
1. Bd. Ebendas. 1867. * M 14.

Krempelhuber (A.). Die Lichenenflora Baierns . . . Regensburg, 1861. 4°.

—— Lichenes, s. Reise der österreich. Fregatte Novara um die Erde.

v. Krempelhuber, F. [aus München]: Ueber Abkömmlinge des Anilönanthols und Önanthphenylhydrazins ... München, Druck d. Akad. Buchdr. v. F. Straub, 1893; 33 S. 8.
Erlangen, Phil. Fak.. Inaug.-Diss. v. 1893

v. Krempelhuber, M., Erhebungen eines frommen Herzens zu Gott. Für kath. Christen. 12. München 834. Finsterlin. 1/12 ß

Krempelhuber, Max Carl, s. Alpenblumen.

Krempelhuber, Max Carl v., Aussprüche, Meinungen und merkwürdige Reden der vorzüglichsten griechischen Philosophen und Weltweisen des Alterthums. 16. (III und 48 S.) München 861, Franz. *
* Aus des Verf. „Für stille Stunden" besonders abgedruckt.

Krempelhuber, Max Carl v., durch Einsicht zur Geduld. Ein Beitrag zur Philosophie des Lebens. 16. (XII und 127 S.) München 863, Franz'sche Buchh. cart. mit Goldschn. *
geb. mit Goldschn. *

Krempelhuber, Max Carl v., Gedenkbuch für's Leben. Gebildeten Lesern gewidmet. 4. durchges. Aufl. der „Stillen Stunden". 8. (XVI, 454 S.) München 882, Franz'sche Buchh.
geb. mit Goldschn. *

Krempelhuber, M. C. v., Maha-bak, s.: Maha-bak.

Krempelhuber, Max Carl v., Partenkirchen u. seine Umgebungen. Ein Führer u. Wegweiser für Alle, welche dieses herrliche Gebirgsthal besuchen. Mit 2 schönen Stahlst. in Doppelformat (Partnach- u. Loisachthal, gez. von *Würthle*, gest. v. *J. Riegel;* Ruine Werdenfels, gez. u. gest. v. *Würthle*). München, Geo. Franz, 1853. 12°. Name auf d. Tit. Illustr. Orig.-Ppb.
4 Bll. (incl. Titelbild), 114 S., 1 Bl. Inh. u. Err.

—— für stille Stunden. Gebildeten Lesern gewidmet. 8. (VIII und 496 S.) München 860, Franz. * 1 Thlr. 10 Ngr.; geb. * *

—— für stille Stunden. Gebildeten Lesern gewidmet. 2., durchgeseh. Aufl. gr. 16. (X und 495 S.) München 867, Franz'sche Buchh. * 1 Thlr. 10 Ngr.; geb. mit Goldschn. *

—— für stille Stunden. Gebildeten Lesern gewidmet. 3. durchges. Aufl. 8. (XVI, 454 S.) Ebendas. 881.
geb. mit Goldschn. *

Krempelhuber, Max Carl v., für stille Stunden. Ein Buch fürs Leben. Gebildeten Lesern gewidmet. 5. Aufl. (XVI, 456 S.) 8. München (904). G. Franz Verl.
Geb. in Leinw. m. Goldschn. n. 6.—

—— der Tegernsee und seine Umgebung. Kurzgefaßte Anleitung zum Besuche dieses Alpensee's, für Freunde des Gebirges, zunächst auch für die Gäste des Wildbades Kreuth. 2., umgearb. und verm. Aufl. 16. (IV und 92 S. mit 12 Stahlst., 1 lithogr. und ill. Karte in Fol. und einem Preisverzeichnisse sammt den Satzungen der Molken- und Badanstalt Kreuth.) München 854, Franz. *

—— der Tegernsee und seine Umgebung. Kurzgefaßte Anleitung zum Besuche dieses Alpensee's, für Freunde des Gebirges, zunächst auch für die Gäste des Wildbades Kreuth. 3., verb. und verm. Aufl. 16. (VI und 108 S. mit 2 Stahlst. und 1 chromolithogr. Karte in 4.) München 862, Franz'sche Buchh. *
Mit 11 Stahlst. in Farbendr. *

Krempelhuber, M. C. v., der Tegernsee u. seine Umgebung. Kurzgefasste Anleit. z. Besuche dieses Alpensee's. f. Freunde d. Gebirges, zunächst auch f. d. Gaste des Wildbades *Kreuth*. 4. verm. Aufl. M. 2 Stahlst. u. 1 Karte. Munchen 1873. 12°. Orig.-Cart.
4 Bll., 108 S.

—— der Trost der Vernunft am Grabe unserer Lieben und dem Ende unserer eigenen Lebenstage. 8. (VI und 42 S.) München 867, Franz'sche Buchh. *

Kremplen, Fritz, Wahrheit Eine dramat. Satire. 8. (51 S.) Dresden 900. E. Pierson. n. 1.—

Kremplen, Heinrich, Referendar: Über das Verhältnis von Stiftung und Schenkung nach gemeinem Recht und nach dem B.G.B. *Rostock 1904: Adlers Erben.* (141 S.) 8°
Rostock, Jur. Diss. v. [31. Mai] 1904

Krempl, Alfons, prakt. Arzt in Nürnberg: Über Patellarfrakturen. Fürth 1908: Lion. (26 S.) 8°
Erlangen, Med. Fak., Ref. Graser, Diss. v. 13. Febr. 1908
[Geb. 18. Okt. 48 Seehaus b. Laufen (Oberbayern); Wohnort: Nürnberg; Staatsangeh.: Bayern; Vorbildung: Gymn. Straubing Reife 69; Studium: München 10 S.; Rig. 27. Juli 07.]

Krempl, Ant., Dogodivsine Stajerske zemle. Z'posebnim pogledom na Slovence. gr. 8. (10¾ B. u. 5 Stahlst.) V'Gradci, Ferstl. (Leipzig 845, Kummer.)

Krempl, Ant., kurze Predigten auf alle Sonn- u. Feiertage d. ganzen Jahres gesammelt. I. u. II. Jahrg. 3 Abthln. (In slowenischer Sprache.) 8. (30 B.) Grätz 839, Ferstl-sche Buchh. *

KREMPL, Franz Xaver (Unterneukirchen): De arthritidis natura.- Monachii: Giesser 1837. 15 S.
27.8.1835 - Urk; F 62
Diss. Ingolst.-Landsh.-Mchn.

Krempl, Jos., Landluft. 2. verm. Aufl. (158 S.) kl. 8. Linz 910. F. Steurer. Geb. in Leinw. 2. 50

— Meine Landsleut'. Dichtungen in oberösterreich. Mundart. 4. verm. u. verb. Aufl. (159 S.) kl. 8. Linz 910. R. Pirngruber. Geb. in Leinw. 3. —

Krems [Schlagwort]

— s. a.: Wien, Umgebung.

Krems, s.a. Wien.

Krems u. Stein. Herzog Frz., Plan d. Städte Krems u. Stein an der Donau. Nach d. neuesten Aufn. entworfen. 1 : 7500. 33 × 44 cm. Farbendr. Krems 896. F. Oesterreicher. n. — 50

Krems. Karte der politischen Bezirke Krems u. Pöggstall. 1 : 150,000. 38×50 cm. Farbdr. Krems (906). F. Oesterreicher. n. — 60; auf Leinw. in Taschenformat n. 1. 20; m. Wegmarkiergn. n. — 90; auf Leinw. in Taschenformat n. 1. 50

Krems u. Stein. Plan der Städte Krems u. Stein. 1 : 7500. 33 × 44 cm. Wien (896). G. Freytag & Berndt. n. — 35

Krems-Zwettl [Schlagwort]

Krems-Zwettl. Umgebungskarte v. Krems-Zwettl. 1 : 75,000. Hrsg. v. k. k. militär-geograph. Institut in Wien m. Bezeichng. der markirten Wege. Chromolith. gr. Fol. Wien 887. (Lechner's Sort.) n. 3. 40

Kremser: Horaz als Dichter nach seinem eigenen Urtheile. 16 S. – Zengg, Progr. 1869

Kremser, Antonius Franciscus *(geb. Piltsch bei Leobschütz 1794)*: De blepharoblennorrhoea recens natorum. Vratislaviae (1816). (16 S.) 4°
Breslau, Med. Diss. v. 26. Sept. 1816

Kremser, Carl, s. Kremser, Karl

... Balkanbilder. '(Text v. Dr. Jacob Doni)' f. Männerchor, Sopran- u. Bariton-Solo m. Orchester oder Pianoforte unter theilw. Benutzg Bulgar. Volksweisen comp. v. Eduard Kremser. Op. 144. Vollständ. Orchester-Part. ... *Leipzig: F. E. C. Leuckart (1895).* (111 S.) 1 Bd 4.
[96. 1434

Das Lied im Volke. ⟨Liederschatz (f. Gesang mit Klavier-Begleitung.) Sammlung von Lieblingsliedern d. deutschen Volkes. Hrsg. von Eduard Kremser. *Wien: Universal-Edition; (H. Sermann Nachf., Leipzig) [1901].* (224 S.) 4°
(Universal-Edition. No 273.) [04. 11 …

— sechs altniederländ. Volkslieder aus d. Sammlg. d. Adrianus Valerius v. J. 1626, übers. v. Jos. Weyl, f. Männerchor, Tenor- u. Bariton-Solo m. Orchester od. Pianoforte ad libitum bearb. v. K., m. verbind. Dichtg. v. Carl Bieber. Volksausg. f. Männerchor, enth. Partitur d. Singstimmen. Ausg. C. 8. (IV, 18 S.) Ebd. 895. — 30; Text der Lieder (8 S.) — 15

— dasselbe. Ausg. F. Für 2stimm. Kinderchor. Für einf. Schulverh. einger. v. F. Gust. Jansen. 8. (14 S.) Ebd. 895. — 15; Text d. Lieder (9 S.) n. — 10; Text m. verbind. Dichtg. v. Carl Bieber (14 S.) — 30

— dasselbe. Ausg. G. Für 3stimm. Schulchor (2 Soprane u. Alt) einger. v. F. Gust. Jansen. 8. (19 S.) Ebd. 897. — 30

— dasselbe. Ausg. J. Für gemischten Chor (2 Soprane, Alt u. Bariton) einger. v. F. Gust. Jansen. Für Realschulen, Progymnasien, höh. Bürger- u. Privatschulen. 8. (21 S.) Ebd. 897. — 30

— dasselbe. Text d. Lieder m. verbind. Dichtg. v. Carl Bieber. gr. 8. (16 S.) Ebd. 895. n. 1. —

— dasselbe. Text m. verbind. Dichtg. v. Heinr. Drees. Zu Schulfestlichkeiten an Gymnasien u. and. höh. Lehranstalten. (Zur Schulausg. A.) 8. (16 S.) Ebd. 895. n. — 60

KREMSER, Emil (Regensburg): Aetiologie, Diagnose, Prognose und Therapie der Gelenkmäuse.- München: Wolf 1885. 39 S.
11.6.1885 - Urk (Titel: De articulorum muribus.); Chr 1884/85,22
Diss. Ingolst.-Landsh.-Mchn.

Kremser, Ferd.: Ueber die Geltung der philologischen Realien an unseren Gymnasien. 10 S. 4°. – Iglau OG, Progr. 1873.

Kremser, Karl

Kremser, Carolus: • De Graccorum mysteriis. 78 S. 2°
Halle-Wittenberg. Phil. Diss. v. 21. Juni 1832
Geb. [Zülz ⟨Biala⟩ (Kr. Neustadt i. Oberschles.) 1. 9. 1806]

Kremser, Mauritius (Emilius Rudolfus) *(geb. Piltsch bei Leobschütz 1. 10. 1839)*: De periostitide columnae vertebrarum. Vratislaviae (1864). (22 S.) 8°
Breslau, Med. Diss. v. 6. Aug. 1864

Kremser, Rich., die Tragödie der Liebe. Soziales Drama in 5 Akten. (225 S.) 8. Strassburg 909. J. Singer. 3. 50

Kremser, Th., üb. zehn Fälle v. subkutanen Nierenverletzgn. durch stumpfe Gewalt, s.: Jahrbücher d. hamburg. Staatskrankenanstalten.

Kremser, Theodor [aus Ratibor in Oberschles.]: Über zwei Fälle von multiplen Exostosen ... München, kgl. Hof- u. Univ.-Buchdr. v. Dr. G. [!] Wolf & Sohn, 1893; 30 S., 1 Taf. 8.
München, Med. Fak., Inaug.-Diss. v. 1893

Kremser, Victor (Felix Karl) *(geb. Ratibor 20. 4. 1858)*: Die Bahn des zweiten Cometen von 1879. Breslau (1883). (43 S.) 8° *[Im Buchhandel 1883 bei Köhler in Breslau.]*
Breslau, Phil. Diss. v. 4. Aug. 1883

Kremser, V., Beiträge zur Erforschung der Atmosphäre mittels Luftballon, s.: Assmann, Rich.

Kremser, V., Ergebnisse der Beobachtungen an den Stationen II. u. III. Ordnung, s.: Veröffentlichungen des königl. preussischen meteorologischen Instituts.

Kremser, V., Dr., Meteorologische Ergebnisse der Fahrt des Ballons „Herder" vom 23. Juni 1888. (Sep.-Abdr. a. d. Zeitschr. f Luftschifffahrt, 1890, IV.)

Kremser, V., Dr., 3. Klima. III. Liegnitz. IV. Hannover. (Sonder-Abdr. aus „Garnisonbeschreibungen", 1896.)

Kremser, Victor: Das Klima des Regierungsbezirks Hannover. ([S.-A.] Festschrift zur 50jährigen Jubelfeier des Land- und Forstw. Hauptvereins Hannover 1886. S. 61–80.) (Hannover 1886.) 20 S. 8°.

Kremser, V., Dr., Das Klima Helgolands. (Sep.-Abdr. a. d. Annalen der Hydrographie.) Berlin 1891.

— s.: Luftfahrten, wissenschaftliche.

Kremser, V., die Veränderlichkeit der Lufttemperatur in Norddeutschland, s.a. **Abhandlungen** des königl. preuss. meteorologischen Instituts.

Kremser, V., Die Veränderlichkeit der Lufttemperatur in Norddeutschland. Berlin 1888. Imp.-4.
Ist: Abhh. d. kgl. preuss. meteorol. Inst. Bd. 1. Nr. 1.

Kremser, V., Die klimatischen Verhältnisse des Elbstromgebietes. Berlin 1899. 8°.
— — Tabellen hierzu. Berlin 1898. 4°.

— Die klimatischen Verhältnisse des Memel-, Pregel- und Weichsel-Stromgebietes. Berlin 1900. 8°.
— — Tabellen hierzu. Berlin 1900. Fol.

— s.: **Veröffentlichungen** des königl. preussischen meteorolog. Instituts.

Kremser, W. (Red.), s. Zeitschrift für Luftschifffahrt und Physik der Atmosphäre.

Kremser's Gebühren-Tabellen nach d. Gebühren-Ordng. f. Notare v. 25. VI. 1895 u. d. preuss. Gerichtskosten-Gesetze v. 25. VI. 1895. Tabelle m. Text an d. Seiten. 32×48,5 cm. Breslau 898. (Neustettin, F. A. Eckstein.) n. — 80

Kremser's Gebühren-Tabellen nach der Geb.-Ordn. f. Notare u. dem Preuss. Gerichtskosten-Gesetze vom 25. Juni 1895 in der Fassung vom 6. Oct. 1899. *Breslau: M. Kornicker 1899.* 1 Bl. quer-8° [Kopft.]

Kremsier. Festschrift zum fünfundzwanzigjährigen Jubiläum des Vereines »Concordia«. Kremsier 1889. H: *Benesch, August.* (EB)

Kremsier. Festschrift zum 25jähr. Jubiläum d. Vereines „Concordia". Mit 1 Portr., 2 Ansichten u. 1 (farb.) Plano. gr. 8. (X, 229 S.) Kremsier 889. (H. Gusek.) n. 3. 40

Kremsier, Johann Friedrich

— Entwurf zu einer den Naturgesetzen entsprechenden Rechts- u. Gerichtspflege über bürgerl. Rechtsangelegenheiten für Deutsche. gr. 8 Leipz. 805. (W. Rauck). 1 ℛ

Kremsier, J. F., Entw. z. e. dem Naturges. entsprechend. Rechts- und Gerichtspflege über bürgerl. Rechtsangelegenh. f. Deutsche. gr. 8. Lpz. Sommer. 805.

— s. 1) Gelehrte. d. deutsche. u. setze hinzu: (v. J. F. Kremsier).

Kremsier, (Joh. Friedr.,) jus Romanor. civile quatenus solertione jus suum cuique investigandi et conservandi nostram adhuc moveat. 8 maj. Lips. 823, Hartmann.

Kremsier, Jo. Frider., Jus Romanorum civile quatenus solertiam jus suum cuique investigandi et conservandi nostram adhuc moveat ad normam disciplinae, judicio arbitrioque relatum. III Ti. 8 maj. ....Lipsiae 823, 27, Auctor. (Hinrichs.)

— Diss. inaug. Observationes juris. 4. Wittenb. 802.

Kremsier, Johann Friedrich (Sorbigensis [= Zörbig]), Quaestiones juris Romani et Saxonici. Specim. VIIII. Präs. D. Georg Stephan Wiesand. Wittbg. (Carl Christian Dürr) 23. X. 1779. 12 Seiten. (4.—) 19481

— die urdeutsche Sprache nach ihren Stammwörtern. gr. 8. Weimar 822, Ind.-Compt.

— s. **Syri**, Publii, Mimi similiumque sententiarum collectio a G. Fabricio.

—— Weltansichten, od. üb. d. Wirkungen d. Wissenschaften u. Künste auf Staatswohl u. Staatsregierung. 2., wohlf. Ausg. gr. 8. ... Zittau 834, Nauwerck.

— über die Wirkungen d. Wissenschaften u. Künste auf Volkswohl u. Staatsregierung. gr. 8. Leipz. 827, Glück.

Kremski, Frz., das königl. preuß. Gesetz betr. die Anstellung u. Versorgung der Kommunalbeamten, s.: **Handbibliothek**, Leipz. jurist.

Kremski, Frz., die Gesetze über die Wahlen zum Reichstage, zum preuß. Abgeordnetenhause u. zu den preuß. Gemeindevertretungen, s.: **Handbibliothek**, juristische, 155. Bd.

— preuß. Kommunalbeamtengesetzgebung, s.a. **Guttentag's** Sammlung preuß. Gesetze.

Preussische Kommunalbeamtengesetzgebung. Text-Ausg. mit Anm. u. Sachreg. Von Dr. Franz **Kremski**, Magistr.-Ass. zu Berlin. *Berlin: J. Guttentag 1901.* (XLII, 452 S.) 8° [F.]
= **Sammlung**, Guttentag'sche, Preussischer Gesetze. No 25.

— Ratgeber in Steuersachen, s.a. **Ullstein's** Sammlung praktischer Hausbücher. 25. Bd.

Ratgeber in Steuersachen. Die Einkommensteuer, Ergänzungssteuer, Gemeinde-Einkommensteuer, Gewerbesteuer, Grundsteuer, mit Reklamations-Mustern. Von Dr. [Franz] **Kremski**, Magistratsrat. *Berlin: Ullstein & Co. [1903].* (242 S.) 8° [F.]
= **Sammlung**, Ullstein's, prakt. Hausbücher. Bd 25.

Kremski: Ratgeber in Steuersachen. Einkommen-, Ergänzungs-, Gewerbe-, Betriebs- u. Grundsteuer mit Reklamations-Mustern. Verm. Aufl. unt. Berücks. des Gesetzes vom 19. Juni 1906. **Berlin 1907.**

Kremski, Ratgeber in Steuersachen. Einkommen-, Ergänzungs-, Gewerbe-, Betriebs- u. Grundsteuer m. Reklamations-Mustern. 3. verm. u. verb. Aufl. unter Berücksicht. des Gesetzes vom 26. V. 1909. (275 S.) 8. Berlin 910. Ullstein & Co. Geb. in Leinw. 2. —

Kremski, Theod.: (geb. Tarnowitz i. Schles. 14. 3. 1829): De jure devolutionis in providendis beneficiis. Berolini (1855). (70 S.) 8°

Kremsmünster (Cremifanum Monasterium). [Erlangen 1780.] V: *Moll, Carl Ehrenbert Freih. von.* (WBL)

Kremsmünster, das Benedictiner-Stift, s.: **Städtebilder u. Landschaften aus aller Welt.**

Kremsmünster, als Seitenstück zu Admont. Nach der Natur gezeichnet und lithographirt von L. Czerny. Gr. Quer-Quart. Tondruck. Wien. Anton Paterno. 1864. 25 kr., color. 50 kr.

Kremsthal [Schlagwort]

Kremsthal, s.: **Wiener Ausflugskarten.**

Kremz, W., Festschrift zur Feier des 50jährigen Jubiläums des Vereins Bauhütte zu Stuttgart. (112 S.) 4° Stuttgart 1910

Kremz, W., Festschrift zum 25jährigen Jubiläum des Vereins der Bauwerkmeister Württembergs. (75 S 5 T) (Stuttgart 1906)

Kren, Jean, Gesindeball, s.: **Jacobson**, Ed.

— u. Alfr. **Schönfeld**, **Papas Sommerreise**, s. a. **Bloch's**, Ed., **Theater-Korrespondenz**.

[F.] Papas Sommerreise. Posse in 1 Akt v. Jean **Kren** u. Alfred Schönfeld. *Berlin: E. Bloch [1896].* (35 S.) 1 Bd 8.
— Theater-Korrespondenz, Eduard Blochs. No 292. [96. 8369

Kren, M. L., Grundsätze d. reinen Physik. Mit 1 Kpf. 8. Wien 823. Bauer. 1 ℛ 8 ℊ Schrbp. 1 ℛ 16 ℊ

Kren, O., über experimentelle Erzeugung v. Hauttuberkulose bei Affen, s.: Kraus, R.

Krenberger, S., Itards Berichte über den Wilden von Aveyron. Separatabdruck aus „Eos", Vierteljahrsschrift für die Erkenntnis und Behandlung jugendlicher Abnormer. Heft 2 u. 3. 1908. 8°. (Pag. 84—185) K 2.
Wien: Pichler 1908.

Krenberger, S., s.: **Eos**.

— s.: **Itard's Berichte üb. den Wilden v. Aveyron.**

Krenberger Salomon: Politische Beziehungen des deutschen Königs Albrecht I. zu Philipp IV. von Frankreich.
1883 PN 310 Diss. Wien, Univ. 685

Krencker, Adolf: Friedrich der Weise von Sachsen beim Beginn der Reformation. Eine Charakterstudie. Berlin (1905): Thormann u. Goetsch. (50 S.) 8° [F.] ¶(Einleit. Kap. zu einem erscheinenden Buche: Friedrichs des Weisen Verhältnis zur Reformation.)
Heidelberg, Phil. Fak., Ref. Marcks, Diss. v. 1905
Geb. 15. Dez. 75 Andolsheim, Elsaß; Wohnort: Kesbastel, Elsaß; Staatsangeb.: Elsaß-Lothringen; Vorbildung: Gymn. Buchsweiler Reife Sommer 94; Studium: Straßburg, Greifswald, Heidelberg; Rig. 31. Mai 04.]

Krencker, D., Vorbericht der deutschen Aksumexpedition, s.: Littmann, E.

Krencker, Ernst, approb. Arzt aus Straßburg i. E.: Über Bakterieidie von Bakterienfiltraten. *Straßburg i. E. 1903: C. Müh & Co.* (62 S.) 8°
Straßburg, Med. Diss. v. 1903

Krencki, Franz v., geprüfter Rechtskandidat: Kompensationseinrede und Widerklage. Berlin 1906: W. Pilz. (81 S.) 8°
Heidelberg, Jur. Fak., Ref. Buhl, Diss. v. 3. April 1906
[Geb. 16. April 83 Borzestowo, Kr. Karthaus; Wohnort: Berent; Staatsangeh.: Preußen; Vorbildung: Gymn. Kulm a. W. Reife O 02; Studium: Berlin 4, Königsberg 2 S.; Rig. 5. März 06.]

Krencki, Johann v., prakt. Arzt: Aus d. Kgl. Universitäts-Frauenklinik zu Königsberg i. Pr. Ueber die Ausheilung der Peritonealtuberculose durch Laparatomie. *Königsberg i. Pr. 1902: H. Jaeger.* (169 S.) 8°
Königsberg, Med. Diss. v. 27. Febr. 1902

Krendl, G., der Badeort Mödling u. seine Umgebungen. 16. Wien 837. Pichler. 1/4 ℛ

Kreneis, Emil, Schiessaufgaben unter feldmässigen Verhältnissen, s.: **Langer, Karl Edler v.**

Krengel, H., tabellarische Nachweisung der auf Grund der Gesetze vom 2. März 1850 über Ablösung der Reallasten und Errichtung von Rentenbanken, von jedem vollen Rentenbetrag, für jede Art der Ablösung, I. Seitens des Verpflichteten zu entrichtenden Kapital- und Rente-Summen, II. Seitens der Rentenbank dem Berechtigten zu gewährenden Abfindungen. Zur Erleichterung des Geschäftsbetriebes für die Special-Commissarien in den Ablösungs-Sachen, so wie zum Gebrauch für die betheiligten Grundbesitzer, übereinstimmend mit dem im k. hohen Ministerio für landwirthschaftl. Angelegenheiten aufgestellten Formularen der Ablösungs-Rezesse, bearb. 4. (209 S.) Merseburg 850. (Halle, Pfeffer.) *

Krengel, Hugo [aus Weidenau]: Nachweiss[!] der chemischen Bindung der Salzsäure an die Produkte der Eiweissverdauung des Magensaftes ... Würzburg, Druck v. F. Fromme, 1893; 20 S. 8.
Würzburg, Med. Fak., Inaug.-Diss. v. 1893

Krengel, Johann, aus Krakau: Das Hausgerät in der Mišnah. T. 1. *Breslau 1898: Th. Schatzky.* (II, 68 S.) 8°
Breslau, Phil. Diss. v. 14. Nov. 1898

Krengel, Joh., das Hausgerät in d. Mišnah. 1. Tl. gr. 8. (II, 68 S.) Frankfurt a/M. 899. J. Kauffmann. n. 2. 50

Krengel, Paul, Referendar in Frankfurt a. M.: Der Vorstand der rechtsfähigen Vereine des bürgerlichen Rechts und der rechtsfähigen Handelsgesellschaften. Borna-Leipzig 1907: R. Noske. (VI, 49 S.) 8° [F.]
Gießen, Jur. Fak., Ref. Leist, Diss. v. 16. Dez. 1907
[Geb. 12. Jan. 83 Frankfurt a. M.; Wohnort: Frankfurt a. M.; Staatsangeh.: Preußen; Vorbildung: Goethe-Gymn. Frankfurt a. M. Reife O. 01; Studium: Bonn 3, Berlin 2, Bonn 1 S.; Rig. 29. Okt. 07.]

Krenger, J[ohann] Rudolf. Der Hochrhein. Ein Liedercyklus mit verbindender Deklamation von Konrad **Gachnang**, für vierstimmigen Männerchor ⟨a capella⟩ componiert von J. Rudolf Krenger. ... Partitur..., Stimmen... [und] Deklamation... 16 + *4 mal* 8 [+ 4] S. gr.-8. St. Gallen, Zweifel-Weber, [1901]. Partitur fr. 2. 50, Stimmen je fr. —. 30, Deklamation fr. —. 50

Krenger, J[ohann] Rud[olf]. Der Liederfreund ⟨Neue Folge⟩. Lieder für ungebrochene Stimmen zum Gebrauch in Schule und Haus. Hrg. von J. Rud. K', Interlaken. Heft 1. [Mit Melodien.] *1. Aufl. u.* 2. unveränderte Aufl. *je* IV+16 S. 8. Lyss, A. Wenger-Kocher, 1903. *je* fr. —. 20

(**Krenitzin**, Capitain, und Lieut. **Lewaschew**): **Auszug aus dem Reise-Journal nach den Fuchs-Inseln. Nebst einer Einleitung uber die neuesten Entdeckungen der Russen von M. C. Sprengel.** Mit einer Karte.
in: **Beiträge zur Völker- und Länderkunde.** Th. 1. S. 213—249 Leipzig 1781. 8°.

Der Heilige Berg bei Liebau i. Schl. Verf. von d. Besitzer d. 'heil. Berges', Heinrich **Krenke**. 2. Aufl. Liebau i. Schl.: J. Heisig 1905. (32 S.) 8° [F.]
[07. 9899 2

Geschichte der Loge zu den ehernen Säulen i. O. Dresden-Neust. von ihrer Gründung bis zu ihrem 25jähr. Jubiläum. 1863—1888. Eine Festschrift zur Jubelfeier verf. von Alex. **Krenkel**. Dresden [1888]: Lehmann. 119 S. 1 Taf. 8°
Nebst Verzeichn. der Beamten für 1863—1888.

Krenkel, Edgar, Referendar in Leipzig: Das modifizierte Wechselakzept nach geltendem Reichsrechte. Leipzig: O. Wigand 1908. (VIII, 45 S.) 8°
Leipzig, Jur. Fak., Diss. v. 15. Mai 1908
[Geb. 9. Febr. 84 Leipzig; Wohnort: Leipzig; Staatsangeh.: Sachsen; Vorbildung: Thomassch. Leipzig Reife O. 03; Studium: Leipzig 8 S.; Rig. 8. Febr. 07.]

Krenkel, Erich, Dr. jur.: Die untere Kreide von Deutsch-Ostafrika. [Ohne Taf.] (München): Selbstverl. 1911. 50 S. 4° ¶ (Aus: Beiträge z. Paläontol. Österr.-Ungarns. Bd 23.)

München, Phil. Diss. v. 18. Juni 1909, Ref. Rothpletz

[Geb. 4. Dez. 80 Reichenau b. Zittau; Wohnort: Dresden-Blasewitz; Staatsangeh.: Sachsen; Vorbildung: Wettiner-Gymn. Dresden Reife O. 00; Studium: Jura Heidelberg, München, Leipzig zus. 7, Phil. München 6 S.; Rig. 18. Juni 09.]

Krenkel, Erich, Referendar in Leipzig: Das Polizeiverordnungsrecht in Sachsen. Leipzig 1905: W. Wigand. (80 S.) 8°

Leipzig, Jur. Fak., Diss. v. 6. Febr. 1905

[Geb. 4. Dez. 80 Reichenau b. Zittau; Wohnort: Leipzig; Staatsangeh.: Sachsen; Vorbildung: Wettiner Gymn. Dresden Reife O. 00; Studium: Heidelberg, München, Leipzig; Rig. 17. Juni 03.]

Krenkel, F., Epilegomenorum ad poetas latinos posteriores particula prima de Aurelii Prudentii Clementis re metrica. Diss. 1884. 65 S. 1.20

Krenkel, Max, Beiträge zur Aufhellg. d. Geschichte u. d. Briefe d. Apostels Paulus. 2. (Titel-) Aufl. gr. 8. (VII, 468 S.) Braunschweig (890) 895. Berlin, C. A. Schwetschke & Sohn. n. 4. —

Krenkel, Max, Friedrich Wilhelm der große Kurfürst als Schirmherr des Protestantismus. Ein Vortrag. gr. 8. (34 S.) Chemnitz 874, Focke. *

—— der Apostel Johannes. 8. (VIII, 189 S.) Berlin 871, Henschel. [Leipzig, Barth.] *

Krenkel, Max, Josephus u. Lucas. Der schriftsteller. Einfluss des jüd. Geschichtsschreibers auf den christl., nachgewiesen v. M. K. gr. 8. (XIII, 353 S.) Leipzig 894. H. Haessel. n. 10.—

Krenkel, Max, Paulus, der Apostel der Heiden. Vorträge gehalten in dem Protestantenvereinen zu Dresden u. Leipzig. Mit 1 (lith. u. color.) Karte (in qu. 4.) Leipzig 869. Duncker & Humblot. gr. 8. (VI, 234 S.) n. 1 ₰ 15 ngr.

— Religionseid u. Bekenntnißverpflichtung. Sendschreiben an Herrn Prof. Dr. G. A. Fricke. Heidelberg 869. Bassermann. gr. 8. (167 S.) n. 24 ngr.

— der sächsische Religionseid. Formular Db. für Lehrer an Gymnasien, Realschulen und Volksschulen, welche keinen Religionsunterricht zu ertheilen haben. Leipzig 867. Findel. 8. (43 S.) 3 ngr.

— der jüdische Sabbath u. der christliche Sonntag. Ein Vortrag in den Protestantenvereinen zu Leipzig u. Dresden gehalten. Leipzig 868. Breitkopf & Härtel. gr. 8. (50 S.) 9 ngr.

Krenkel, Max, Sulze vor der Synode. Freimüthige Betrachtungen über den Synodalbeschluß vom 25. Octbr. 1876. gr. 8. (24 S.) Dresden 876, Türk's Buchh. *
Aus: Dresdner Anzeiger, besonders abgedruckt.

— welche Stellung haben wir Protestanten der gegenwärtigen jesuitisch-klerikalen Bewegung gegenüber einzunehmen? Mit besonderer Beziehung auf Sachsen. Ein Vortrag, am 2. Febr. 1866 im Dresdner Protestanten-Verein gehalten. Dresden 866. (Schöpff.) gr. 8. (15 S.) 3 ngr.

— Wider den Ultramontanismus in Sachsen. Leipzig 866. O. Wigand. gr. 8. (VII, 86 S.) 10 ngr.

—— Wie wurden Preußens Fürsten reformirt? Ein Vortrag im Protestantenvereine zu Leipzig gehalten. gr. 8. (44 S.) Leipzig 873, Barth.

Krenkel, Paulus: De codicis Valeriani Carrionis auctoritate. Luckae 1909: Berger. 79 S. 8°

Leipzig, Phil. Diss. v. 7. Sept. 1909, Ref. Lipsius, R. Heinze

[Geb. 21. Okt. 84 Riesa; Wohnort: Wurzen; Staatsangeh.: Sachsen; Vorbildung: Gymn. Wurzen Reife O. 05; Studium: Leipzig 8 S.; Rig. 4. Mai

Krenkl's, Xav., Leben, Anekdoten u. Sprüche, gesammelt. 12. (16, 8 S.) Regensb. 890, Verlagsbüreau. * — 20

KRENKL, Xav. (Bürger u. Lohnkutscher in M., geb. 17. Nov. 1780 zu Landshut, † 26. Apr. 1860 zu Stuttgart im Theater, im 80. Lebensj.). — Xaver Krenkl's Leben, Anekdoten u. Sprüche. Gesammelt u. jedem lustigen Männerzirkel gewidmet. („30ßigstes Tausend".) Regensburg, Stahl's Verlagsbuchhdlg., o. J. (ca. 1895). 8°.

Krenmüller, Dr. ..., über d. Zähne d. nutzbaren Hausthiere u. d. Erkennung ihres Alters durch dieselben. Mit Abbild. gr. 8. Pesth u. Leipz. 831. Hartleben. 15 K

(Krenn, A[nton].) Eine Fahrt durchs Berner Oberland. Hierzu 8 photographische Aufnahmen. 4.

In: Die Woche. Moderne illustrierte Zeitschrift. Jahrg. 10. Nummer 22. 1908 Mai 30. Berlin, August Scherl. M. —.25. S. 955—960.

Krenn, Emerich (Hrsg.), s.a. Apotheker-Schematismus von Oesterreich-Ungarn.

Krenn, E., Apotheker-Schematismus von Oesterreich-Ungarn, nebst den occupierten Ländern Bosnien und Herzegowina, sowie der Königreiche Rumänien und Serbien m. e. Anh., Bezugsquellen von Droguerien u. sonstigen Gebrauchs- u. Handverkaufs-Artikeln. 1889—1890. gr. 8. (VIII, 183 S.) Enns 889. Hassenberger. cart. n. 4. 20

Krenn, Ernst. Die Trachten der katholischen Ordensleute. Regensburg, G. J. Manz 1932. XI S.; 4 Doppeltaf. 4°.

Krenn, Frz., Liederbuch für Volksschulen. gr. 8. (48 S.) Wien 862, Seidel und Sohn. *

Krenn, Frz., theoretisch-praktische Musik- u. Harmonielehre f. österreichische Lehrerbildungsanstalten, s.: Heinze, Leop.

— praktische Singschule für den Elementar-Unterricht in Volksschulen. 861. — (Neue) Stereot.-Aufl. Ebend. 862. 8. (28 S.) n. 4 ngr.

Krenn, Frz., praktische Singschule für den Elementar-Unterricht in Volksschulen. Ster.-Aufl. gr. 8. (28 S.) Wien 887, Seidel und Sohn. *

Krenn, Hans, u. Fritz Landl, das Blumenmädl. Wiener Volksstück m. Gesang in 4 Aufzügen. Musik v. Hans Krenn. gr. 8. (96 S.) Wien (902). J. J. Plaschka. 1.60

Krenn, Isid. Die griechischen und römischen Staats- u. Privataltertümer an den Gymnasien. 42 S. 8. *Progr. Melk* 1876.

Krenn, Rob., „im Seebad". Schwank in 1 Akt. (36 S.) 16. Wien 909. Verlag „Lumen". 1.50

[F.] Das Personal-Einkommensteuer-Gesetz v. 25. Octob. 1896, R. G. Bl. Nr. 220 in s. Anwendg auf d. Mitglieder regulärer geistl. Communitäten. Von Dr. Theodor **Krenn,** Hof- u. Gerichtsadv. *Wien: Manz 1898.* (IV, 68 S.) 1 Bd 8. [98. 2688

Krenner, C., Backfischchens Reise in die Schweiz. 8. Zofingen, F. Blaser'sche Buchhdlg. broch. 5. 50
1873. gebunden 6. 75

Krenner, Franz von

Die Landtäge im Herzogthum Baiern von den Jahren *1515 u. 1516*, als Fortsetzung der Landtags-Verhandlungen vom J. 1514. Aus glaubwürd. Handschriften, u. aus Urkunden gesammelt (von *Franz v. Krenner*, † 1819). O. O. (München, Lindauer) 1804. 8°. Ppb.
XXVI—596 S. 1 Bl. Err.
Die ganze Reihe umfasste 18 Bde. (Ebd.) 1802—7. 8°.

v. Krenner, Frz.: Baiersche Landtagshandl. in d. J. 1429 — 1513. *Münch.*, Lindauer. (*Landsh.*, Krüll.) 803 — 5. 18 Bd. 8. (40 Thl.)

v. Krenner, Ritter Frz. v. Paula, († d. 26. Sept. 1819.), s. Landtagsverhandlungen, baierische.

Krenner, D. Johann Gottfried, Ueber das rechtliche Studium der teutschen Staatsgeschichte. Eichstätt (Johann Baptist Widenmann u. Compagnie) 1782. 16 S. (4.50) 19482

Krenner, Johann Nepomuk Gottfried von

Krenner, Joh. Nep. Gfr. v. (d. Aeltere, geb. 1759, † 1812), Anleitung zu dem (!) näheren Kenntnisse der baier. Landtage des Mittelalters. Von dem Entstehen der einzelnen baier. Landschafts-Korporationen seit d. J. 1302. bis auf derselben allgem. Vereinigung, im J. 1505. Nebst e. Anzeige der von dem J. 1505—1516 abgehalt. baier. Universal-Landtage. Munchen (Lindauer) 1804. Gedr. mit Hübschmann'schen Schriften, und im Verlag aller biesiger Buchhandlungen. 8°. XX—234 S. Ppb.

— Anleit. z. Kenntn. d. bayersch. Landtage des Mittelalters. 8. Landsh. Krüll. (a. Lindauer in München.) 805.

v. Krenner, J. Np. Gf.: Ueber Land-Hofmarchs- u. Dorfgerichte in Baiern; Versuch e. Auflös. d. v. d. kurf. Akad. d. W. in München f. 1794 u. 96 aufgeworf. Preisfr.; nebst ein. kl. Urkundenbuche. *München*, Fleischmann. 795. 4. (10 Gr.)

v. Krenner, Jh. Nep. Gf., († d. 14. Jan. 1812.) über den Kurpfälz. Reichsvicar. Sprengel. gr. 4. Ingolst. 793. Krüll. 8 gr.

. **v. Krenner, J. Nep. Gfr.**: Ueb. den churpfalzbaierschen Reichsvicariatssprengel. *Ingolstadt*, (Manz in *Landshut*.) 793. gr. 4. (8 Gr.)

— über d. rechtl. Studium d. deutschen Staatsgeschichte. 8. Eichstädt 782.

— kurze u. wesentl. Uebersicht des 30jähr. Kriegs. Ingolst. 783.

— über gemischte u. folgende Weiberlehen nach den Gewohnheiten u. Gesetzen d. kurfürstl. Lehnhöfe in Baiern rc. 8. Rastadt 798.

Krenner, Josef Alex.

Krenner, Jos. Alex., die Eishöhle von Dobschau. Im Auftrage der k. ungar. naturwissenschaftl. Gesellschaft untersucht. (Ungarisch und deutsch.) gr. 4. (IV, 23 S. mit 6 chromolithogr. Taf. in qu. Fol. und 8 eingedr. Holzschn.) Budapest 874, (Kilian.) In Mappe *

Krenner, J. A., krystallographische Studien über den Antimonit. [Aus d. Sitzungsberichten der k. Akad. der Wiss.] Wien 865. (Gerold's Sohn.) Lex.-8. (46 S. mit eingedr. Holzschn. u. 11 Steintaff. in Lex.-8. u. qu. Fol.) 1 Thlr 10 ngr.

Krenner, Pet., Abhandlung üb. d. Cataplasmen u. ihre Erwärmung mittelst Wasserdampf, nebst ein. eigenen hierzu verfert. Apparate. 8. (2 B. u. 1 Stnt.) Wien 836, (Pichler's sel. Wwe.)

Krensel, Friedrich, approb. Arzt aus Schweidnitz: Über Fremdkörper in der Vagina und im Uterus mit besonderer Berücksichtigung eines in der hiesigen Klinik beobachteten Falles. *Greifswald 1903: F. W. Kunike.* (33 S.) 8°
Greifswald, Med. Diss. v. 3. Febr. 1903

Krentz, Arthur, Kammergerichtsrefer.: Die Eintragung einer Übereignung oder Belastung ins Grundbuch auf Antrag des gemeinschuldnerischen Grundstückseigentümers. Heidelberg 1909: Rössler & Herbert. 44 S. 8°
Heidelberg, Jur. Diss. v. 23. Sept. 1909, Ref. Heinsheimer
[Geb. 3. Sept. 85 Berlin; Wohnort: Seelow, Mark; Staatsangeh.: Preußen; Vorbildung: Kaiserin-Augusta-Gymn. Charlottenburg Reife O. 05; Studium: München 3, Berlin 3 S.; Rig. 22. Juli 09.] [U 10. 1917

Krentzlin, A.

Krentzlin's Examinatorium f. die die mittler. Justizbeamten in Preußen, s.: Conradi.

Krentzlin, A., Examinatorium behufs Vorbereitung zum Examen als Aktuarius 1. Classe, s. Conradi, Th.

Krenzer, Ed., Handbuch für Eisenbahn-Beamte, Spediteure und Kaufleute. Enth.: 1. Verhaltungsmaßregeln für die zollamtl. Behandlung ausländ. Waaren, nebst den bezw. gesetzl. Bestimmungen, 2. den neuen Zolltarif für das deutsche Reich, nebst Zolltarif-Gesetz. 3. und 4. verm. und verb. Aufl. 8. (112 S.) Elberfeld 879, Bädeker'sche Buchh. *
Die 1. und 2. Aufl. erschienen im Selbstverlag.

Krenzer, Ed., Handbuch für Eisenbahn-Beamte, Spediteure und Kaufleute. Enthaltend: 1. Verhaltungsmaßregeln für die zollamtl. Behandlung ausländ. Waaren, nebst den bezw. gesetzl. Bestimmungen, 2. den neuen Zolltarif für das deutsche Reich, nebst Zolltarif-Gesetz. 5. und 6. verm. und verb. Aufl. 8. (112 S.) Elberfeld 883, Bädeker'sche Buchh. *

Krenzer, Ed., Handbuch über das Zollabfertigungswesen für Eisenbahn-Beamte, Spediteure und Kaufleute. Enthaltend: 1. Verhaltungsmaßregeln für die zollamtl. Behandlung ausländ. Waaren, nebst den bezw. gesetzl. Bestimmungen, 2. das Zolltarif-Gesetz, sowie den auf Grund der Zolltarifnovelle vom 22. Mai 1885 berichtigten Zolltarif für das deutsche Reich. 8. verb. Aufl. 8. (120 S.) Barmen 885. (Elberfeld, Bädeker'sche Buchh.)

Krenzer, Eduard, in Bonn: Aus d. chirurg. Klinik d. Universität Bonn. Ueber Arrosion grosser Gefässe nach Tracheotomie. *Bonn [1899]: K. Drobnig.* (36 S.) 8°
Bonn, Med. Diss. v. [27. Juli] 1898

Krenzer, Gustav: Aus der Ohrenabteilung der kgl. chirurgischen Universitätspoliklinik. ‹Vorstand Doc. Dr. Haug›. Zur Hutchinson'schen Trias. *München 1897: Kastner & Lossen.* (28 S.) 8°
München, Med. Diss. v. 1898

Krenzer, Oskar, Prof.: Heinrich I. von Bilversheim, Bischof von Bamberg 1242—1257. T. 1. Bamberg 1907: J. Nagengast. (53 S.) 8°
Bamberg, k. Neues G P 1907*

Krenzer, Oskar: Heinrich I. von Bilversheim, Bischof von Bamberg 1242—1257. T. 2. Bamberg 1908: Nagengast. 65 S. 8° ¶ [Forts. d. P-Beil. 1907.]
Bamberg, k. Neues G P 1908* [S 08. 254

Krenzer, Oskar: Heinrich I. von Bilversheim Bischof von Bamberg 1242—1257. T. 3. Bamberg 1909: Nagengast. 77 S. 8° ¶ [Forts. d. P-Beil. 1907. 08.]
Bamberg, k. Neues G P 1909* [S 09. 266

Krenser, Oskar, Prof.: Regesten des Bamberger Bischofs Heinrich I. von Bilversheim ⟨1242—1257⟩. *Schweinfurt 1901: F. J. Reichardt.* (44 S.) 8° ¶(Vorarbeit zu e. Monographie über Heinr. I.)
Schweinfurt, k. humanist. G, P 1901*

Krenser, Osk., Regesten des Bamberger Bischofs Heinrich I. v. Bilversheim (1242—1257). Progr. gr.8. (44 S.) Schweinfurt (901). (E. Stoer.) n. 1.—

Krenzler, Eug., ein Jahr in Ostafrika [im Auftrag der Deutsch-Ostafrikanischen Gesellschaft]. 8. (III, 124 S. mit 1 Karte.) Ulm 888, (Ebner'sche Buchh.) **

Krenzlin, das staatliche Aufsichtsrecht gegenüber zentralen Wasserleitungen in Preussen. (IV, 24 S.) gr. 8. Braunschweig 904. F. Vieweg & Sohn. n. 1. 20
Sonderabdruck aus: „Deut. Vierteljahrsschr. für öffentl. Gesundheitspflege".

Kremlin, Ch., über Geschichte u. Methodik des Rechnens
24 p. 1 Tfl. 1864
Schul-/Univ.-Schrift

Krenzlinus, Christianus: •De curva invenienda etc. (Invenienda curva est, quae chorda horizontaliter extensa et pertenui formatur, si ad unum punctorum pondus V affixum est.) 11 Bl. 4° (2°)
Halle-Wittenberg, Phil. Diss. v. 25. März 1850
Geb. [Aschersleben 25. 9. 1826]

Krenzlin, *Christian* Über die Pflege der Leibesübungen in den Nordhäuser Schulen. × (30 S.).
In: Festschrift z. Erinnerung an d. 50j. Jubil. Rg. *Nordhausen* 1885.
Nicht im Tauschverkehr.
Progr.

Krenzlin, Christian [Oberl. Prof. Dr.]: Über die Verwendung des geschichtlichen Elements im physikalischen Unterrichte der höheren Lehranstalten. Nordhausen, Druck v. C. Kirchner's Buchdr., 1891; S. 1—16; 4°
Nordhausen, k. RG, P 1891 (260)

Kreon, Anna, Gedichte. 8. (VII, 87 S.) Dresden 901. E. Pierson. n. 1. 50; geb. n. 2. 50

Kreowski, Ernst

— Maxim Gorki's Nachtasyl, s.: Volksbühne, die.

Kreowski, Ernst, Ludwig Anzengruber's Der Pfarrer v. Kirchfeld, s.: Volksbühne, die.

— Nikolai Gogol's der Revisor, s.: Volksbühne, die.

Kreowski, Ernst, Rotfeuer. Gedichte. (VI, 117 S.) 8. Leipzig (904). (L. Staackmann.) Geb. n. 3. 50

Kreowski, Ernst, von goldner Spindel. Lyrisch-epische Dichtungen. 8. (III, 91 S.) Ebd. 900. n. 1. 50; geb. n. 2. 50

Ⓑ — Von goldner Spindel. 900. (KBB 31.) Jetzt: Berlin, Verlag Berlin-Wien.

— u. Eduard **Fuchs,** Richard Wagner in der Karikatur. Mit 7 Beilagen u. 223 Text-Illustr. (VI, 208 S.) Lex. 8. Berlin (907). Zehlendorf, B. Behr's Verl. 7.—; geb. in Halbperg. 10.—

Kreowski, Ernst, schlagende Wetter. Soziale Gedichte. 8. (IV, 96 S.) Bamberg 898. Handels-Druckerei. Geb. in Leinw. n. 1. 60

Krepek, Fr., Drei Vorträge über die Bauernfrage. 8°. Leitmeritz 1884.

Křepelka, Vladimir [aus Kromsier, Mähren]: Ueber Methoden zur Unterscheidung der natürlichen von den künstlichen Asphalten. (Mit e. Tabelle.) Zürich-Oberstrass 1904. 52 S. 8°. [1. III. 04.]
Zürich. Phil. Diss. 11. S. 1903/1904.

Kreplin, Curt, s. Kreplin, Kurt

Kreplin, E., s. Kreplin, Ed. W.

Kreplin, Ed. W.

Kreplin, Ed. (I.), die kaufmännische Buchführung, oder Anleitung zur leichten und gründl. Erlernung der einfachen und doppelten Buchführung in ihren Beziehungen zum allgemeinen deutschen Handelsgesetz und der Beweiskraft der Handlungsbücher vor Gericht. 8. (IV und 176 S.) Quedlinburg 864, Ernst'sche Buchh.

Kreplin, E. W., die Entfuselung des rohen Kartoffelspiritus ohne Destillation; ohne Kohlen und Apparate in jedem belieb. Quantum und in jedem Fasse durch chem. Präparate, welche zur Entfuselung von 100 Quart Spiritus jeder Stärke nur 1 Thaler kosten; und die Fabrikation aller trinkbaren Spirituosen auf kaltem Wege. gr. 8. (59 S. mit 4 erläut. Zeichnungen auf 1 Stnt.) Schönebeck 862, (Berger.) geh. und verklebt. **

Kreplin, E. W., ein Tausend Erwerbsquellen für Geschäfts- und Privatleute, s.: Handbibliothek, populäre.

Kreplin, E. W., e. Tausend Erwerbsquellen f. Geschäfts- u. Privatleute. Eine Zusammenstellg. erpropter u. zum Theil bisher geheim gehalt. Anweisgn., insbesondere f. solche männl. u. weibl. Personen, welche bei kleinem Betriebscapitale sich gewinnbring. Unternehmgn. u. Beschäftiggn. zuwenden wollen. gr. 8. (IV, 232 S.) Leipzig 872. F. Voigt. 1. 50

Kreplin, E. W., die wirklichen Fortschritte und Erfolge der Branntweinbrennerei und Spiritusfabrikation in ihrer vollkommensten Gestalt. Eine allgemein verständl. und mit deutl. Illustr. versehene Darstellung des Branntwein und Spiritusgewinnungsprocesses, aller dazu gehörigen technischen Anlagen und technisch-chemischen Verrichtungen nebst den Gesetzen und Verordnungen über Branntweinbesteuerung in Deutschland, insbesondere in Preußen und dem deutschen Zollverein. Leipzig 868. M. Schäfer. 8. (XVI, 375 S. m. 6. Steintaff. und 13 Tabb. in qu. 4., vielen Abbild. und Tabb.) 2 ℳ

Kreplin, Ed. (II.), praktische Homöopathie. Interessante Mittheilungen aus der Anwendung dieser Heilmethode nebst Angabe der zur Heilung akuter und chron. Krankheiten in Anwendung komm. homöopath. Arzneimittel. 8. (VIII und 171 S.) Lehrte 867. (Hannover, Cruse's Buchh.) *

Kreplin, Ed. W., praktische Homöopathie. Interessante Mittheilgn. aus der Anwendg. dieser Heilmethode, nebst Lebensregeln f. Kranke u. Gesunde. 4. Aufl. 12. (XVI, 143 S. m. Abbildgn.) Hannover 890. P. Klemann. n. 1.—

Kreplin, Ed., prakt. Homöopathie. Interess. Mittheilgn. a. d. Anwendg. dieser Heilmethode, nebst Lebensregeln f. Kranke u. Gesunde. 5. Aufl. 8. (XVI, 147 S. m. Abb.) Hannover (894). P. Klemann. n. 1. 25

Kreplin, Ed., der Kaufmann auf der Höhe seiner Zeit. Eine vollständige Darstellung der heutigen Handelswissenschaft, gestützt auf die gesetzlich geordneten Handels-, Wechsel-, Münz- rc. Verhältnisse Deutschlands und mit Berücksichtigung der handelswissenschaftl. und handelspolit. Verhältnisse des Auslandes. Nebst einer ausführl. Abhandlung über die Beziehungen des deutschen Zollvereins zum preußisch-französischen Handelsvertrage. Für Handelsbeflissene und Handelszöglinge. Weimar, 865. B. F. Voigt. gr. 8. (XVIII, 569 S.) 2 ⅓ 10 ngr

Kreplin, E. W., die Krankheiten der Hausthiere und ihre symptomatische Behandlung und Heilung. Eine leichtfaßl., deutliche und verläßl. Anweisung für alle Viehbesitzer zur Selbstbehandlung der Krankheiten ihrer Hausthiere, als: der Pferde, Rinder, Schweine, Schafe rc., mit homöopath. Heilmitteln. Nebst Viehseuchengesetz. gr. 8. (XI, 186 S.) Bremen 885, Roussell. cart.

— der Stickhusten, Keuchhusten oder Krampfhusten der Kinder. Seine Erkenng., Behandlg. u. Heilg. 8. (V, 41 S.) Ebd. 892. n. 1. —

Kreplin, Heinr., Uebersichtskarte der deutschen Ansiedelungen in der Provinz: Santa Catharina in Brasilien. Ergänzt und hersg. von Herm. Blumenau. Lith. u. color. Hamburg 867. Kittler. qu. Fol. 10 ngr

Kreplin, Kurt

Kreplin, Curt: Die Anfänge der Gotik in Toskana. Beiträge zur Entwicklungsgeschichte der italienischen Gotik. Borna-Leipzig 1909: Noske. 78 S. 8°
Leipzig, Phil. Diss. v. 9. Nov. 1909, Ref. Schmarsow, Seeliger
[Geb. 22. Jan. 83 Hamburg; Wohnort: Hamburg; Staatsangeh.: Hamburg; Vorbildung: Wilhelm-Gymn. Braunschweig Reife M. 03; Studium: Berlin 4, Leipzig 6 S.; Rig. 31. Juli 08.] [U 10. 3176

Kreppel, d. selbständ. Notariat in d. bayer. Landestheilen diesseits d. Rheins u. d. bürgerl. Gesetzbuch. Voraussetzg. f. d. Beibehaltg. d. bisher. Notariates. gr. 8. (28 S.) Bamberg 898. C. Hübscher. n. — 80

Kreppel, Fr., Zur Nationalfeier! Festrede, gehalten am 1. Septbr. 1879 im großen Rathhaussaale zu Nürnberg. 1. und 2. Aufl. gr. 8. (11 S.) Nürnberg 879, Raw'sche Buchh. *

Kreppel, Frz., zur Nationalfeier! Festrede, geh. bei der Schulfeier am 4. Septbr. 1886 im großen Rathhaussaale zu Nürnberg. gr. 8. (11 S.) Nürnberg 886. Raw. n. — 20

Kreppel, Friedrich: Der Zyklus der Horazischen Römeroden. T. 1. *Kaiserslautern 1903: H. Kayser.* (59 S.) 8°
Kaiserslautern, k. humanist. G. P 1903°

Kreppel, Friedrich: Der Zyklus der Horazischen Römeroden. T. 2. (Die dritte Ode.) Kaiserslautern 1904: Herm. Kayser. (63 S.) 8° ¶[Forts. d. P-Beil. 1903.]
Kaiserslautern, k. humanist. G P 1904°

Kreppel, J., s.: Jerusalem.

Kreppel, O. F. Die Schlacht im Nürnberger Walde (Schlacht vor den Toren Nürnbergs) vom 19. 6. 1502. Nürnberg 1905. 8°.

Kreps u. Sohn, Joh., Bemerk. üb. d. Kultur d. Hyacinthen. Aus d. Französ. v. Joh. Sam. Schröter. 8. Erfurt, 1791. Keyser. — 2½

Kreps, Joseph: Ueber Komplikation der Gravidität mit Uteruscarcinom. Berlin (1905): E. Streisand. (37 S.) 8°
Berlin, Med. Fak., Ref. Olshausen, Diss. v. 6. März 1905
[Geb. 12. Nov. 79 Kertsch, Süd-Rußland; Heimatsort: Kertsch; Staatsangeh.: Rußland; Vorbildung: Gymn. Kertsch Reife 00; Studium: Berlin 9 S.; Rig. 2. März 05.]

Kreps, M., üb. die Athmungsbewegungen bei den verschiedenen Formen d. Pneumothorax. Experimentelle Untersuchgn. Diss. gr. 8. (72 S. m. 2 Taf.) Jurjew (Dorpat) 891. (E. J. Karow.) n. 1. 80

Kreps, *Moses* [aus Kertsch]: Ueber salzartige Verbindungen des Chromoxyds mit Alkalien und Erden ... Berlin, Druck v. H. Itzkowski, *1893*; 38 S., 1 Bl. 8.
Berlin, Phil. Fak., Inaug.-Diss. v. 26. Juli 1893

Kreschnička, Josef: Die Inkunabeln und Frühdrucke bis 1520, sowie andere Bücher des XVI. Jahrhunderts aus der ehemaligen Piaristen- und Hausbibliothek des Gymnasiums in Horn, N.-Oe. Beschrieben von J. Kr. VII S. 8. Fortsetzung. XIII S. 8. Fortsetzung. S. 37—52. 8. (Schluß.) S. 17—21. 8. Niederösterr. Landes-Real- und Ober-Gymn. *Horn* 1903. 1904.
Progr. 1905. 1906.

Kreschnička, Joseph Die Piaristenkirche in Horn (Niederösterreich). 8 (70 S.). Niederösterr. Landes-R.- u. Oberg. *Horn* 1895.
Progr.

Schola Pia Hornana. Bilder aus d. Zeit d. Horner Gymnasiums 1657–1700. Von Prof. Dr. Josef **Kreschnička**. Mit Zeichn. von Prof. R. Görlich. Festschrift d. Niederösterr. Landes-Real- u. Obergymn. in Horn z. Erinnerung an d. 250jähr. Bestand d. Gymn. Horn: Landes-Real- u. Obergymn. 1907. (88 S.) 4°(8°) [o8. 3944 3

Kreschnicka, Jos., Sommertage. Literarische Skizzen u. Wanderbilder. (III, 255 S.) gr. 8. Wien 907. A. Opitz Nachf. 2. 50

Kreschnička, Joseph Der Tag des letzten Abendmahles Christi. Eine harmonistisch-exegetische Studie. 8 (49 S.).
Progr. Niederösterr. Landes-R.- u. Oberg. *Horn* 1892.

Kreſcöner, Systemat. Abriß des Bergrechts in Deutschland. Freiberg, 1858.

Kreskas, Chasd. Or Adonai. Wien 1859. H: *Stern, Sal. Glieb.* (Hauptkat. d. Univ.-Bibl. Tübingen. C, S. 227.)

Kreslicí škola pro jinochy vlastenecké. Část I. 16 vzorků. (Zeichnenschule für die Jugend. I. Abtheilung.) 16 Blätter. Neuhaus, A. Landfrass & Sohn. 1864 40 kr.

Kresling, Karl, Beiträge zur Chemie des Blüthenstaubes von Pinus sylvestris. Mag. Diss. Dorpat. 8°. 70 pp. 1891.

Kresnik, Peter

Kresnik, P., allgemeine Berechnung der Wasser-, Profils- u. Gefälls-Verhältnisse f. Flüsse u. Canäle, s.: Vorträge u. Abhandlungen, technische.

Kresnik, Pet., durch welche Mittel könnte die grössere Ausbreitung der Bodenmelioration, insbesondere der Ent- u. Bewässerung gefördert werden? (Internationaler land- u. forstwirthschaftl. Congress zu Wien 1890, 4. Hft.) gr. 8. (22 S.) Wien 890. (Frick.) n. 1. —

Kresnik, P., Hilfstafel zur Verfassung v. Drainageplänen nach den Grundsätzen der Längs- od. der Querdrainage, } s.: Vorträge u. Abhandlungen, technische.

— die Sicherheits- u. Benützungs-Vorkehrungen bei Wasserreservoir-Thalsperren, s.a. Vorträge u. Abhandlungen, technische.

Kresnik, P.: Die Sicherheits- und Benützungs-Vorkehrungen bei Wasserreservoir-Thalsperren. Wien 1889

— hydrologische Tafel zum raschen Ablesen aller bei der Wassermengen-, Geschwindigkeits-, Gefälls- u. Querprofilsberechnung f. Flüsse u. Canäle zu suchenden Grössen, } s. Vorträge u. Abhandlungen, Technische.

– Vorkehrungen bei Wasserreservoir-Thalsperren, s. Vorträge u. Abhandlungen, Technische.

Kresnik P.: Vorstudien üb. die Bodenbewässerung. Diss. (Leipzig). Gött. 1881. 49 S. P.

Kresnik, P., Wasserbewegung durch Boden, s.a. Vorträge u. Abhandlungen, technische, 33.

Wasserbewegung durch Boden. Neue Filtrationsversuche. Von Dipl. Ing. Dr. P[eter] **Kresnik**. Mit 1 Textfig. u. 1 Taf. Wien: Spielhagen & Schurich 1906. (17 S.) 8°
Aus: Österr. Wochenschrift f. d. öffentl. Baudienst. 1906, H. 11.
— **Vorträge**, Technische, u. Abhandlungen. 33. [o4. 7494

Kress, Bruno [pr. Arzt aus Sioblos]: Über Missbildungen des äusseren Ohres. Beitrag zur pathologischen Anatomie. . . . Würzburg, Becker's Univ.-Buchdr., **1890**: 22 S., 1 Bl., 2 Taf. 8°
Würzburg, Med. Fak., Inaug.-Diss. v. 1890

Kreß, Christian Gottlob (Meissen), De genuino intellectu brocardici vulgaris: omne juramentum servandum esse, quod salva salute aeterna servari potest. Diss. jur. Präs. Jac. Friedrich Ludovici. Halle (Christoph Andreas Zeitler) März 1705. 36 S. (6.—) 19483

— — De usu practico doctrinae difficillimae juris Romani de culparum praestatione in contractibus. Theses jur. Präs. Christian Thomasius. Halle (Salfeld) 6. VI. 1705. 60 S. (6.50) 19484

— — Dasselbe. 1731. (6.20) 19485

CHRISTOPH WILHELM CARL FREIHERR von KRESS, Denkmahl der innigsten Hochachtung dem Herrn Christoph Carl von Harsdorf, Senator der vormaligen Reichsstadt Nürnberg, und erstem Consiliar des pegnesischen Blumenordens, in dessen Namen errichtet. Nürnberg, 1839. 4°.

CHRISTOPH WILHELM CARL FREIHERR von KRESS, Biographische Skizze als Denkmal der Hochachtung und Freundschaft für Herrn Christian Gottfried Lorsch der Rechte Doctor, ... und Consiliar des Pegnesischen Blumenordens, im Namen dieses Ordens entworfen. Nürnberg, 1830. 4°.

Kreß, Eugen, approb. Arzt aus Nördlingen: Über Organgewicht bei Kindern. *München 1902: C. Wolf & Sohn.* (53 S.) 8°
München, Med. Diss. v. 1902

v. Kreß, Fr. X., Haus- u. Handbuch für Familien auf d. Lande, als Lesebuch an d. Sonntagen im Jahr. 8. Wien 817. Wimmer. 12 K

Kress, Franz [pr. Arzt in Scheidegg]: Ueber moderne Wundbehandlung ... München, kgl. Hof- u. Univ.-Buchdr. v. Dr. C. Wolf & Sohn, 1894; 22 S. 8.
München, Med. Fak., Inaug.-Diss. v. 1894

Kreß, Frdr., der Zimmerpolier. Ein Lehrbuch f. Zimmerleute unter besond. Berücksicht. der Schiftg. u. d. Treppenbaues. Mit 505 Fig. auf 45 Taf. (32×25 cm.) 9 Holzmodellen u. 3 Abbildgn. (VIII, 135 S.) gr. 8. Lustnau 907. Ravensburg, O. Maier. Geb. in Leinw. 20.—; erm. Pr. 18.—

Kress, G. L. v., Rittersaal im Schlosse zu Erbach, s. Beschreibung, kurze, u. Abbildungen d. Rittersaales ꝛc.

Kress, Georg von

Kress, Frhr. G. v., die Berufung des Johannes Cochläus an die Schule bei St. Lorenz in Nürnberg im J. 1500, } **s. Mittheilungen des Vereins für Geschichte der Stadt Nürnberg.**

—— **Gründlach und seine Besitzer,** s.a. Mittheilungen des Vereins für Geschichte der Stadt Nürnberg

Kress, Frhr. G. v., Gründlach u. seine Besitzer. Nach archival. Quellen bearb. gr. 8. (III, 220 S.) Nürnberg 889. (H. Schrag.) n. 4. —

Kreß, Geo. Ludw. v., die Galvanoplastik für industrielle und künstlerische Zwecke. Resultate 26jähriger Erfahrungen. Frankfurt a. M. 867. Boselli's Buchh. gr. 8. (VIII, 112 S. mit in den Text gedr. Holzschn.) 25 *ngr*

Kress, Gottfried Benedikt

— — (Meissen), De eo, quod justum est circa molendina maxime in provinciis Saxonicis. Präs. D. Jacob Born. Lpz. (Goez) 11. IV. 1689. 37 Bl. (7.50) 19487

— — Dasselbe. Lpz. (Brandenburger) 1704. 100 Seiten. (7.50) 19488

Kress, Hermann, approb. Arzt aus Würzburg: Zur **Frage** der funktionellen Anpassung. Aus d. psychiatr. Universitätsklinik zu Würzburg. *Würzburg 1898 [vielm. 1899/1900]: H. Stürtz.* (23 S.) 8°
Würzburg, Med. Diss. v. 1898

Kress, Hugo, **Besitz u. Recht. Eine civilrechtl. Abhandlg. (XX, 368 S.) Lex. 8. Nürnberg 909. U. E.** Sebald. **9.—; geb. in Halbfrz. 10.50**

Kreß, Hugo, die Erbengemeinschaft nach dem bürgerl. Gesetzbuche f. das Deutsche Reich, s.a. Abhandlungen zum Privatrecht u. Civilprozeß des Deutschen Reichs. X. 1.

Kreß, Hugo, Dr.: Die Erbengemeinschaft nach dem Bürgerlichen Gesetzbuche für das Deutsche Reich. *Jena: G. Fischer 1903.* (VIII, 295 S.) 8° [F.] ¶(= Abhandlungen zum Privatrecht u. Civilprozeß d. Deutschen Reiches, Bd 10, H. 1.) *)
München, Jur. Hab.-Schr. v. 1903
(Nicht für den Austausch)

Kress, Hugo, Rechtspraktikant: Zur Lehre von der Beweislast nach dem Bürgerl. Gesetzbuche. *Würzburg: Gnad & Co. 1899.* (126 S.) 8° [F.]
München, Jur. Diss. v. 1899

Krefs, J. Ueber den Gebrauch des Instrumentalis in der angelsächsischen Poesie. Diss. Marburg 1864. 32 S. 4.

Kress, Johann Paul [Praes.], s. Bachmeister, Georg Alb.: De juribus foeminarum illustrium in Germania.

Kress, Johann Paul [Praes.], s. Bacmeister, Georg Alb.: De juribus foeminarum illustrium in Germania.

— jurist. Betrachtt. vom Recht d. Taub- u. Stummgebornen. 4. Leipz. 765. Langenheim. 3 K

Kreß, Joh. Paul: Kurtze juristische Betrachtung von dem Recht der taub- u. stumm gebohrnen absonderl. was es mit selbigen in der Criminal Juris-Prudenz, u. peinlichen Bestraffung vor eine Beschaffenheit habe. Wolffenbüttel (1729).

Kress, Johann Paul [Praes.], s. B ö h m e r, Johann Philipp: Commentatio jurid. in venerandi avi sui Bernhardi Böhmeri .. 60 theses miscellaneas ex utr. jure collectas et anno 1659 .. Rintelii ventilatas.

Kress, Johann Paul [Praes.], s. B r a u s e r, Roman: Disquis. jur. paroemiae: Unter dem krummen Stabe ist gut wohnen.

Kress, Johann Paul [Praes.], s. B r u n s, Christian Christoph: De rationibus decidendi in variis juribus et responsis.

Kress, J. P.: Comment. succincta in constitutionem criminalem Caroli V. *Hann.*, Helwing. (ed. 1—4. 721—74.); ed. 5a noviss. 786. 4. (1 Thl. 20 Gr.)

Kress, Johann Paul [Praes.], s. D a h l e, Anton von: Utrum Josephus fuerit dardanarius vulgo von Josephs Kornhandel.

Kress, Johann Paul [Praes.], s. D r a c h s t e d t, Carl Gotthilff: Observat. jur. miscell. theoretico-practicae.

Kress. J. P.. Erläuterung des Archidiaconatwesen. Helmst. 1725. f.

Kress, Johann Paul [Praes.], s. F l e i s c h e r, Johann: De quibusdam observantiis aequitati repugnantibus, circa processum denunciationum, qui in foro Saxonico ad mand. reg. de duellis 1712 invalvit, occurrentibus.

— von Freyheit u. Gerechtigkeit d. Ackerbaues in Deutschland. 4. Jena. 736.

Kress, Johann Paul [Praes.], s. F r e y e n h a g e n, August Philipp: De jure Hagestolziatus praecipue in ducatu Guelpherbytano.

Kress, Johann Paul [Praes.], s. G e h l e r, Jo. Wilhelm: De aequitate successionis conjugum.

— — Dissertatio de variis jurisdictionis criminalis in Germania generibus. Ed. nov. Helmstedt (Schnorr) 1750. 86 S. tlws. dtsch. (7.50) 19499

Kress, Johann Paul [Praes.], s. G e r d e s, Georg Gustav: De debitis ex feudis praecipue Pomeraniae solvendis.

— comment. ad Pufendorf de habitu religionis christ. Ienae, Ritter. 712.

Kress, Johann Paul [Praes.], s. H e n n e, Rudolph Gottfried: De privilegiis agriculturae apud Germanos.

Kress, Johann Paul [Praes.], s. H o y m, Eduard August Anton von: Vindiciae justitiae judicii recuperatorii a sereniss. princ. Guelphicis Lud. Rudolpho coepti et a Ferdin. Alberto rerum, juriumque domanialium Helmstadii anno 1735 exerciti publico eruditor. exam. expos.

Kress, J.P.: De j u r e hagenstolziatus. – Helmst. 1727.

— de j u r e Hagestolziatus c. animadv. Ludewig. et repetit. Kressii, 4. Helmst. 728.

— — Dissertatio de jure officiorum et officialium. Ed. nov. Helmstedt (Schnorr) 1753. 110 Seiten. (7.50) .19500

— — De jurisdictione omnimoda formula: Richt und Ungericht in feudum concessa. Ed. nov. Helmstedt (Schnorr) 1749. 54 S., tlws. dtsch. (6.30) 19497

Kress, I. Paul, specimen jurisprudentiae priv. s. civilis ex omni jure etc. 8. Lps. Weygand. 726. Rthlr.

Kress, Johann Paul [Praes.], s. K e c k, Ludwig Albert Friedrich: De jure praesentandi assessorem cameralem in genere, et in circulo Saxoniae inferioris in specie.

Kress, Johann Paul [Praes.], s. K r u e g e r, Johann Friedrich: De jure summo injuria summa.

Kress, Johann Paul [Praes.], s. M e y e r, Johann Sebastian: De variis controversiis in argumento possessionis et juramentorum.

— — Disputatio de genuina natura et indole vetustatis seu praescriptionis immemorialis. Helmstedt 29. XI. 1734. Ed. nov. (Schnorr) 1749. 124 S. (7.—) 19492
Gew.: Sigmund Jacob Silberrad (Respond.).

— — De nepote ea, quae parens accepit, in universum conferente. Ed. nov. Helmstedt (Schnorr) 1750. 70 S. (6.50) 19498

— — De procuratoris obligatione si fines mandati excedit praecipue qua creditoribus tenetur, in processu subhastationis. Comment. jur. Ed. II. o. O. 1746. 38 S. (6.—) 19495

— — Dasselbe. (Diss. jur.) Jena (Ritter) 1752. 32 S. (6.—) 19496

Kressius, Jo. Paull.: Tractatus jur. singulares observationes circa processum praecipue Camerae imperialis et judicii aulici sistens. Ed. 2. Helmstadii 1746.

Kress, Johann Paul [Praes.], s. P o m m e r, Gottfried Rudolph: De jure criminali variante praeprimis circa poenas furti.

Kress, Job. Paul, Dissertatio jurid. de privilegiis agriculturae apud Germanos. Von Freyheit und anderen Gerechtigkeiten des Ackerbaues in Teutschland. Quam ... publico submittit examini Rud. Gfrd Henne. Jena 1719. 4. . . . . (D.)

— — De privilegiis agriculturae apud Germanos, Oder: Von Freyheiten und andern Gerechtigkeiten des Ackerbaues in Teutschland. Libellus singularis. Jena (Jo. Bernh. Heller) 1736. 123 S. (7.50) 19493

— — Dasselbe. Von Freyheiten des Ackerbaues in Teutschland, vom Ursprung des alt und neuen Adels, Jagd=Gerechtigkeiten, und vielen andern dahin zu ziehenden Materien. Jena (Jo. Bernh. Heller) 1745. (7.50) 19494

Kress, J. P.: Erste Probe derer Anmerkungen üb. d. teutsche Recht. *Jena.* 709. 8.

— de processu praecip. camerae imper. et iudicii aulici. 4. Helmst. 746.

— — Dissertatio de rationibus decidendi in variis juribus et responsis. Helmstedt (Schnorr) 1753. 94 S. (7.—) 19501

— **Johann Paul,** Repetitio dissertationis sub suo praesidio hoc anno mense Junii a dn. P. A. Freyenhagen habitae, instituta m. Decembr. exeunte 1727 occasione Hagestolziatus a domino cancellario v. Ludewig ipso hoc brumali et ad iter capessendum inopportuno tempore apud Venedos in exilium dati. — Editio secunda locupletior. Druck: Bucholtz 1728. 59 S. (6.50) 19490
S. a. Nr. 9539.

— — Dasselbe. Druck: Bucholz. 48 S. (6.50) 19491

Kress, Johann Paul [Praes.], s. Richter, Johann Gottlob: De tacitis et ambiguis litigantium voluntatibus circa judicem.

Kress, Johann Paul [Praes.], s. Schlepe, Hermann: De jure officiorum et officialium.

Kress, Johann Paul [Praes.], s. Silberrad, Martin Jakob: De variis iurisdictionis criminalis in Germania generibus.

Kress, Johann Paul [Praes.], s. Silberrad, Sigismund Jakob: De genuina natura et indole vetustatis seu praescriptionis immemorialis.

Kress, Johann Paul [Praes.], s. Toden, Christ. Friedrich von: De procuratoris obligatione si fines mandati excedit praecipue qua creditoribus tenetur, in processu subhastationis.

Kress, Johann Paul [Praes.], s. Vermehren, Michael Gottlieb: De jurisdictione omnimoda formula: Richt und Ungericht in feudum concessa.

— vindiciae iustitiae iudicii recuperatorii. 4. Brunsv. Runge. 736.

Kress, J. Paul.: Vindiciae justitiae judicii recuperat. ducalis guelphici. *Lips.*, Weygand. 737. 4. (16 Gr.)

Kress, Jos., Enchiridion für das Studium der griechischen und römischen Geschichte. Mit besond. Rücksicht auf die Culturgeschichte und die neuhochdeutschen Classiker bearb. und in alphabet. Folge zusammengestellt. Anhang: I. Aus der german. Mythologie. — II. Lateinische Sprüchwörter, Sentenzen und Redensarten. gr. 8. (IV, 215 S.) Wien 881, Graeser. *

Kress, Jos., Enchiridion für das Studium der griechischen und römischen Geschichte. Mit besond. Rücksicht auf die Culturgeschichte und die neuhochdeutschen Classiker bearb. und in alphabet. Folge zusammengestellt. Anhang: I. Aus der german. Mythologie. — II. Lateinische Sprichwörter, Sentenzen und Redensarten. Neue (Titel-)Ausg. gr. 8. (IV, 215 S.) Wien 888, Graeser. *

Kress, Josef: Deutsches Lesebuch für die Österreichischen Lehrer und Lehrerinnen- Bildungsanstalten, s. Niedergesäss, Robert.

Kress, Karl [cand. med.]: Beitrag zu den Peritoneal-Tumoren besonders dem multilokulär-serösen Cystom. . . . Erlangen, Druck d. Univ.-Buchdr. v. Junge & Sohn. 1888: 21 S. 8°
Erlangen, Med. Fak., Inaug.-Diss. v. 1888

Kreß, Karl, u. **Herm. Gubler, der Maurerpolier.** Nachschlagebuch f. Maurer, Steinhauer, Poliere, Meister, Bauunternehmer, sowie f. Schüler v. Bauhandwerker- u. techn. Schulen. 3 Tle. Lustnau-Tübingen (909). Wegweiser f. das Bauhandwerk. (Nur direkt.) 18. —
1. (XII, 171 S. m. 114 Fig.) Geb. in Leinw. — 2. (34 Taf. m. 345 Fig.) Geb. in Leinw. — 3. (12 Modelle in Holz.) In Mappe.

Kress, Karl, Arzt a. Meiningen (Sachs.-Meiningen): Aus dem Pharmakologischen Institut der Universität Heidelberg. Wirkungsweise einiger Gifte auf den isolierten Dünndarm von Kaninchen und Hunden. (Altenburg, Pierer:) 1905. (15 S.) 8°
Heidelberg, Med. Fak., Ref. Gottlieb, Diss. v. 31. Juli 1905
[Geb. 24. Febr. 78 Meiningen; Wohnort: Heidelberg; Staatsangeh.: Sachsen-Meiningen; Vorbildung: Gymn. Bernhardinum Meiningen Reife O. 99; Studium: Heidelberg 5, Freiburg i. B. 2, Berlin 2 S.; Coll. 31. Juli 05; Approb. 25. Mai 06.]

Kreß, M., das Rathaus zu Olmütz, s.: Kux, Hans.

Kreß, Otto, Geheimnisse der Zeugung und das Geschlechtsleben des Menschen. 18 Hefte. gr. 8. (XII und 834 S. mit eingedr. Holzschn. und 6 Chromolithogr.) Dresden 867,68, A. Wolf. à Heft 5 Ngr.

Kreß, O., die Geheimnisse der Zeugung und das Geschlechtsleben des Menschen. 10. Aufl., umgearb. und verm. von O. Retau. 22 Hefte. gr. 8. (1035 S. mit vielen eingedr. Holzschn.-Illustr. und Farbendr.-Taf.) Dresden 878, A. Wolf. à Heft 50 Pf.

Kreß. Retau, Roscher, die Zeugung u. das Geschlechtsleben des Menschen. Entwickelungsgeschichte, Schwangerschaft u. Geburt, Krankheiten der Wöchnerinnen, Kinderkrankheiten u. deren Behandlg., Geschlechtskrankheiten, deren Gefahren u. Verhütg. Nach den neuesten Erfahrgn. der medizin. Wissenschaft dargestellt f. Nichtstudirte. 15., vollst. neu bearb. Aufl. des Werkes: Der Mensch. Mit ca. 200 Holzschn.-Illustr., 31 anatom. Farbendr.-Taf., nebst e. zerlegbaren Modell des weibl. Körpers. (In 26 Hftn.) 1.—23. Hft. gr. 8. (VIII u. S. 1—1120.) Dresden (900—902). M. Wolf à — 50

Kreß. Geheimnisse der Zeugung u. das Geschlechtsleben des Menschen. Entwickelungsgeschichte, Schwangerschaft u. Geburt, Krankheiten der Wöchnerinnen, Kinderkrankheiten u. deren Behandlg., Geschlechtskrankheiten, deren Gefahren u. Verhütg. Vervollkommnet v. Retau u. Roscher. 15., vollst. neu bearb. Aufl. des Werkes: Der Mensch. Mit 187 Text-Illustr., 31 anatom. Farbendr.-Taf., nebst e. zerlegbaren Modell des weibl. Körpers. 24.—26. (Schluß-)Heft. (XVI u. S. 1121—1264.) gr. 8. Dresden (903). M. Wolff. à — 50 (Kplt. geb. in Leinw. 16.—)

— medicinisch-diätetische Gesundheits-Lehre nach den Gesetzen der Natur und dem Baue des menschl. Organismus. Mit besond. Rücksicht auf die Krankheiten der höheren Stände, ihre Ursachen und ihre Heilung populär dargestellt. 8. (XVI und 229 S.) Dresden 864, Klemm's Verlag.

— medicinisch-diätetische Gesundheitslehre nach den Gesetzen der Natur und dem Baue des menschl. Organismus. Mit besonderer Rücksicht auf die sexuellen Krankheiten, ihre Ursachen und ihre Heilung populär dargestellt. 3. (Titel-) Aufl. Ebend. (864) 869. 8. (XVI, 229 S.) 15 ngr.

— Hausschatz für Kranke und Gesunde. Ein treuer und zuverläss. Rathgeber zur Erhaltung und Befestigung der Gesundheit, sowie zur Heilung der Krankheiten jeden Alters und Geschlechts. Nach den neuesten Fortschritten der Wissenschaft und mit besond. Berücksicht. des diätet. Heilverfahrens, der Schroth'schen Kurmethode und der Heilgymnastik zum ersten Male bearb. 2. wohlfeilere (Titel-)Aufl. 8. (384 S.) Dresden (865)69, Schrag'sche Verlagsanstalt.

Kreß, Otto, Rathgeber für Kranke und Gesunde zur Erhaltung der Gesundheit und zur Heilung der Krankheiten jeden Alters und Geschlechts. Nach den neuesten Fortschritten der Wissenschaften und mit besond. Berücksicht des diätet. Heilverfahrens der Schroth'schen Kurmethode und der Heilgymnastik. 8 Lfgn. br. 8. (380 S.) Dresden 870, A. Wolf. à Lfg. 30 Pf.

Kreß, Otto, Bacc. iur., Referendar am Kgl. Amtsgericht zu Sayda: Die rechtliche Stellung des Handlungsreisenden. *Leipzig 1903: W. Wigand.* (74 S.) 8°
Leipzig, Jur. Diss. v. 1903

Kress, Otto: Die Zeugung u. das Geschlechtsleben des Menschen, 15. Aufl., s. Kress: Geheimnisse der Zeugung u. das Geschlechtsleben des Menschen.

Kress, St. Edler von: „Darstellung des Fabrik- und Gewerbswesens im österreichischen Kaiserstaate. Vorzüglich in technischer Beziehung", 2 Teile in 3 Bänden nebst Anhang und Sachregister, Wien 1819—1824. — Vorh.: Preuß. Statistisches Landesamt Berlin. — 2. berichtigte und verm. Aufl. Wien 1824. — Vorh.: Com. Bibl. Hamburg.

Kress, St. Edler von und Blumenbach, W. C. W.: „Systematische Darstellung der neuesten Fortschritte in den Gewerben und Manufacturen und des gegenwärtigen Zustandes derselben. Als Fortsetzung und Ergänzung des Werkes „Darstellung des Fabrik- und Gewerbwesens . . . . Mit besonderer Rücksicht auf den österreichischen Kaiserstaat" (vergl. lfd. Nr. 3656), 2 Bände, Wien 1829, 1830. — Vorh.: Com. Bibl. Hamburg und Preuß. Statist. Landesamt Berlin.

Kress, Wilh., Aëroveloce, lenkbare Flugmaschine, erfunden und beschrieben. gr. 8. (26 S. mit 2 Stnt.) Wien 880, (C. Helf's Sortiment.) *

Kress, Wilh., Aviatik. Wie der Vogel fliegt u. wie der Mensch fliegen wird. (VI, 100 S. m. 35 Abbildgn.) gr. 8. Wien 905. Spielhagen & Schurich. n. 4. —

Kress, Wilh., über dynamische Luftschiffahrt, s. a. Vorträge des Vereines zur Verbreitung naturwissensch. Kenntnisse in Wien. 42. Jahrg. 5. Hft.

Kress, W., Ueber dynamische Luftschiffahrt. [Vorträge d. Vereines z. Verbreitung naturwiss. Kenntnisse in Wien. 42. Jahrg. 5. Heft.] 8°. (23 S.) † K —.50

— Wilhelm (Perleberg), De gangraena senili quaedam. Diss. med.-chir. Halle (Semmler) 10. VIII. 1844. 31 S. mit Biogr. (M.: F. Schweiger.) (5.50) 19502
Oppon.: C. Graefe, F. Bette.

Kress von Kressenstein, Karl

Kress v. Kressenstein, Carl, der Reuter und sein Pferd. Ein kavallerist. Fragment. Lex.-8. (XXX und 109 S. mit 1 Stnt.) Wien 848, (Gerold, Verlag.) *

Besondere Kavallerie-Übungen 1904 bei Köjering (v. O. Frh. Kreß v. Kressenstein). Mit Skz. u. 1 Krt. München 1904. 57 S.

[Kresse]: Die Überwinder des Todes. [Verf. i. Kresse.] Berlin (1908).

Kresse, Johann Paul, s. Kress

Kresse, Johann Theodor: De falso laudante ex dolo conveniendo occas. L. 8. ff ...
s. Ittig, Karl Gottfried.

Kresse, Osk., Hülfe f. Alle! Ein Weg zur Erlösg. aus den Fesseln der Not. 1.—5. Taus. gr. 8. (79 S.) Berlin 900. J. Schwerin. n. — 50

Der Marquis von Pombal. Roman v. Oscar Kresse. M. 1 Titelb. v. José Malhôa in Lissabon. *Berlin: J. Schwerin 1897.* (1 Bl., 227 S., 1 Taf.) 1 Bd 8.

Der Marquis von Pombal. Roman von Oscar Kresse. Mit 1 Titelbild von José Malhôa. 2. Aufl. *Berlin: J. Schwerin 1898.* (227 S.) 8°

Kresse, Osc., der Verklärte. Dramat. Dichtung in 5 Akten. 8. (167 S.) Leipzig 888, O. A. Schmidt. *
geb. *

Kresse, Osk., der Verklärte. Dramat. Dichtung in 5 Akten. 2. Aufl. gr. 16. (167 S.) Leipzig 885, [Kalb.] Fock. geb. *

Kresse, Otto, s.: Taschen-, Notiz- u. Adressbuch f. Taubstumme.

Gebet zur Feier-Loge am Stiftungsfeste. [Von Zacharias Kresse.] [Altenburg 1825.] 2 Bl. 8° [Kopftit.]
[Andere Ausg. u. d. Tit.:]
Gebet zum Stiftungsfeste. [Von Zacharias Kresse.] [Altenburg: ca 1835.] 1 Bl. 8° [Kopftit.]

[Dasselbe.] [Anderer Druck.] Ebendas. [ca 1835.] 2 Bl. 8°
Ohne Noten: „Auf Brüder, auf! zum Weltenmeister, . . ." Nebst Kettenlied u. Festlied bei der Tafelloge: „Mit des Liedes sanften Tönen . . ."

Kresse, Z., die Geschichte der Landwirthschaft in poetischem Gewande. gr. 8. (VIII, 62 S.) Altenburg 868, Bonde. *

Kresse, Zach., Geschichte d. Landwirthschaft des altenburg. Osterlandes. gr. 8. (23¼ B. u. 3 Stnt.) Altenburg 845, Pierer.

Das treue Herz. [Von Zacharias Kresse.] [Altenburg] o. J. 1 Bl. 8° [Kopftit.]
Gedicht: „Hoch töne heut ein freudiger Gesang, . . ."

Kresse, Zachar., Lebensglück, ruhend auf d. Pfeilern d. Eintracht, Treue u. Liebe. Ein vaterländ. Gemählde (Gedicht), durch Se. Hochfürstl. Durchl. Hrn. Joseph, regier. Herzogs zu Sachsen-Altenburg hervorgerufen ꝛc. gr. 8. (2 B.) Altenburg 836, Schnuphase'sche Buchh.

[Lied von Zacharias Kresse.] o. O. u. J. 1 Bl. 8°
Ohne Noten: „Singet im Festtags Chor!"

[Lied.] Zum Stiftungsfeste der Loge Archimedes. [Unterz.:] Z[acharias] Kresse. [Altenburg] o. J.: [Hofbuchdr.]. 1 Bl. 8° [Kopftit.]
Ohne Noten: „Ein Gruss den sel'gen Geistern, . . ."

Kresser, Gebh., Nazareth, e. Zeuge f. Loreto. Historische Untersuchg. (VII, 84 S.) 8. Graz 908. Styria. 1. —

Kreffin, Otto, die deutsche Gewerkschaftsbewegung. Eine Kritik. 8. (47 S.) Leipzig 900. (Leipz. Buchdruckerei.) — 15

Kressinger, Massaeus (o. Minor. S. P. Franc., lector jubilatus etc.), *Kloster Anger, ein Königlicher Hof*, in welchem die Durchleuchtigiste Princessin *Maria Anna Carolina*, Hertzogin auss Bayrn etc. etc., mit dem König aller Königen CHRISTO JESU königlich vermählet worden. Das ist: Exhortatio bey solennen Einkleydungs-Act . . . . in dem lobl. Closter bey S. Jacob auf dem Anger, ordinis S. Claræ. Vorgetragen bey höchster gnädigister Gegenwarth (!) dess gantzen Durchleuchtigirten Chur-Hauss Bayrn, von —. Gedr. u. zu finden in der Churfürstl. Hof-Buchdruckerey. Fol. Beibd. Cart.
20 S. — Beides selten!

vgl. Kresslinger

Kressinger, Massaeus (o. Min., derm. Beicht-Vatter (!) auf dem Anger), Dreyfach-Königliche Cron, von dem Göttl. Bräutigamb benediciert und von Selbem bey heutig-Geistlicher Hochzeit, Seiner Durchleuchtigsten Brauth (!) *Emanuelae Thersiae Carolinae*, gebohrner (sic) Hertzogin in Bayrn, etc. Höchst-Feyrlich aufgesetzt. Das ist: Exhortatio bey solennen Professions-Act . . . . in dem Lobl. *Closter bey S. Jacob auf dem Anger ordinis S. Clarae* vorgetragen . . . . , d. 29. Octobris Anno 1720. Ibid. ap. eund. Fol. Beiband. Cart.
20 S. u. 4 Bll. Abdr. päpstl. u. churfürstl. Schreiben in dieser Angelegenheit. — Fehlt auch bei Mallinger.

vgl. Kresslinger

Kreßla, Louise, Wasch- u. Färbebüchlein. 8. (2³/₄ B.) Gotha 843, Verlags-Comptoir. *

Kressler, Karl, Wilhelm Stolze. Eine Biographie, geschrieben von seinem ersten Schüler. Lithogr. in Stolzescher stenograph. Schrift von Th. Wendisch. 8. (47 S.) Berlin 884. (Th. Ch. F. Enslin.) *
Aus: Stenographischer Erzähler, besonders abgedruckt.

Kreßler, Karl, Wilhelm Stolze. Eine Biographie, geschrieben v. seinem ersten Schüler. [Aus: „Stenograph. Erzähler".] 8. (68 S.) Berlin 890. (Th. Chr. Fr. Enslin.) n. 1. —

Kressler, Osc., Stimmen indischer Lebensklugheit s. a Indica. 4. Heft.

Kressler, Oskar, a. Kreuznach: Stimmen indischer Lebensklugheit. Die unter Canakya's Namen gehende Spruchsammlung in mehreren Recensionen untersucht und nach einer Recension übersetzt. Frankfurt a. M. 1904: Aug. Osterrieth. (195 S.) 8°
Straßburg, Phil. Fak., Ref. Leumann, Diss. v. 21. Dez. 1902
[Geb. 16. April 76 Konstanz; Wohnort: Kreuznach, Rheinprovinz; Staatsangeh.: Baden; Vorbildung; Gymn. Wernigerode a. H. Reife O. 96; Studium: Leipzig 1, Genf 1, Straßburg 8 S.; Rig. 21. Dez. 02.]

Kressling, Karl, Beiträge zur Chemie d. Blüthenstaubes v. Pinus sylvestris. Diss. gr. 8. (70 S.) Jurjew (Dorpat) 891. (E. J. Karow.) n. 1. 50

Kresslinger, Masseus

— succincta declaratio propositiõn, damnatar. 2 p. 8. ibid. 732.

Kresslinger, Mass., Ortus et progressus S. Ordin. fratrum min. S. P. Francisci. 8. Ingolst. Krüll. 732.

Kresslinger, Matth., (d. 4. Aug. 1742.), s. A. *Reiffenstuhl*, theol. moralis.

Kressmann, Alb., zur Gründung e. deutschen National-Schule. Denkschrift. schmal hoch 4. (IV, 63 S. m. Abbildgn. u. 2 Taf.) Karlsruhe 902. (G. Braun'sche Hofbuchdr.) n. 1. —

Kreßmann, statistische Übersichten, s.: Jugendvorträge, nationale. 1910. III. (Krieger, Gust., die neuzeitliche Ausbreitung des Deutschtums üb. See.)

Kressmann, Paul: Weinhandel und Winzer im Reichstag. Berlin 1907: Ludwig. 15 S. -- 121*

Kressner, Adf., antología de poesía española. Trozos de los mejores autores antiguos y modernos excogidos, coleccionados y anotados. gr. 8. (VIII, 200 S.) Leipzig 896. Renger. n. 3. —; geb. in Leinw. m. Goldschn. n. 4. —

Kreßner, Adf., Aufsätze technischen und historischen Inhalts zum Übersetzen aus dem Deutschen ins Französische. Für die obersten Klassen der höheren Lehranstalten zusammengestellt. gr. 8. (VII, 127 S.) Baden-Baden 884, Sommermeyer. *

Kressner, Adf., s.: Bibliothek spanischer Schriftsteller.

— contes modernes, s.: Prosateurs modernes.

— vergleich. Elementarbuch d. Italienischen, Spanischen — Portugiesischen. M. prakt. Übgn. gr. 8. (VI, 206 S.) Leipzig 896. Renger. n. 4. —

— s.: Franco-Gallia.

— s.: Führer durch die französische u. englische Schulliteratur.

Kressner, Adf., Grundriss der französischen Litteratur, nebst einem Anhang über französische Metrik. 8. (IV, 68 S.) Frankfurt a. O. 879, Harnecker und Comp. *

—— Leitfaden der französischen Metrik, nebst einem Anhang über den altfranzös. epischen Stil. 8. (IV, 116 S.) Leipzig 880, Teubner. geb. *

— Leitfaden f. den evangelischen Religionsunterricht an lateinlosen höheren Schulen. gr. 8. (V, 136 S.) Berlin 892. Nicolai's Verl. n. 1. 40; geb. n. 1. 60

— s.: Neoglottia.

Kreßner, Adf., der Rechte, s. a. Thalia. Nr. 119.

Der Rechte. Lustspiel in 1 Aufzuge von Adolf Kreßner. Mühlhausen i. Th.: G. Danner [1905]. (24 S.) 8° [J.]
= Thalia. 119. [05. 13053] 3

— récits d'auteurs modernes, s.: Prosateurs modernes.

Kressner, Adolf [Dr.]: Rustebuef, e. französ. Dichter d. XIII. Jhs. Cassel, Druck v. L. Döll, 1894; 1 Bl., 24 S. 4.
Cassel, Neue R, OP 1894 (414)

— Sammlung spanischer Gedichte, s.: Bibliothek spanischer Schriftsteller.

— Spanisch, s.: Loewe's, Heinr., Unterrichtsbriefe zur schnellen u. leichten Erlernung fremder Sprachen.

— Uebungssätze zur Erlernung der französ. unregelmäßigen Verben. 8. (III, 67 S.) Ebend. 881. cart. n. — 80

Kreßner, A., Übungssätze zur Erlernung der französischen unregelmäßigen Verben. 2., durchgeseh. Aufl. gr. 8. (IV, 66 S.) Leipzig 889. Teubner. cart. n. — 80

— u. Ed. H. Schenaguela, spanische Unterrichtsbriefe, s.: Loewe, H.

— s.: Wochenblatt, pädagogisches.

Kreßner, Erwin, s.a. Unter preußischem Banner.

Unter preußischem Banner. Friedens- u. Kriegserinnerungen e. alten deutschen Offiziers. Von K. G. M. ⟨[Erwin] **Kressner**, Gen.Major z. D.⟩ Berlin: C. A. Schwetschke & Sohn 1904. (230 S.) 8° [F.] [05. 7937

Aus oesterreichischer Kadetten- und Leutnantszeit. Jugenderinnerungen e. alten deutschen Offiziers. Von [Erwin] **K[ressner]**, G[en.-] M[ajor]. Bd 1. 2. Berlin: A. Duncker 1902. 2 Bde 8° [F.] [05. 3417

Kreßner, Jh. Eph., Katechisationen über die Sorge für unsre eigne Wohlfahrt rc. K. Neust. a. d. O. 805. (Joachim in Leipz.) 8 gr.

Kressner, Paul Martin

Kreßner, Paul Mart., systematischer Abriß der Bergrechte in Deutschland mit vorzüglicher Rücksicht auf das Königreich Sachsen. Nebst einem Anh. über die wichtigsten außerdeutschen Berggesetzgebungen. Zum Gebrauche bei Vorlesungen und zum Selbststudium. Freiberg 858. Engelhardt. gr. 8. (XX, 384 S.) n. 2 ℛ. 10 ngr.

Der Glaube, die Offenbarung Gottes und die Religion aus dem Lichte des Bewußten als deren allemigen lebendigen Grundquells und Nährbodens in Kraft der Ideen. Für alle ... Christen aus d. Natur des Bewußten u. s. unzweifelh. Thatsachen entw. u. dargel. von Martin Paul [d. i. Paul Martin **Kreßner**]. *Berlin: Voß 1894.* (XI, 447 S.) 8° [F.] [04. 1869

Kreßner, P(aul) M(art.), Grundzüge zu einer Charakteristik des Bergwerkseigenthums oder Darstellung des Wichtigsten über Wesen, Form, Wirkungen und Eigenschaften der regalen Bergbaurechte aus ihren natürl. und gesetzl. Grundlagen zum Verständniß ihrer Bedeutung und ihres Charakters für Juristen, Bergleute und Bergwerksfreunde gemeinfaßlich entwickelt. gr. 8. (VII und 129 S.) Freiberg 862. [Leipzig. Felix.] *

Die Religion im Lichte des Bewußten von Paul Martin **Kreßner**. 2. Aufl. ⟨Titelaufl.⟩ *Leipzig: A. Lorentz 1901.* (XI, 447 S.) 8° [F.] [04. 7367

Die sittlich-religiöse Weltanschauung in dem Buche: 'Der Glaube, die Offenbarung Gottes u. die Religion aus dem Lichte d. Bewußten etc.' von Martin Paul [d.i. **Kressner**]. Berlin, Voss. Buchhandl. ... Selbstanzeige u. einführende Hinweisung d. Verfassers. *Dresden o. J. [nach 1894]: Albanus'sche Dr.* (25 S.) 8° [F.] [04. 8077

Kresta, Otto: Über die Wärmeleitfähigkeit der Oxyde (mit 1 Textfigur). S. 122. II a. 1925 . . . . —.80
Separatabdruck

Krestoff, Kresto K. (Pirot/Serbien), Lotze's metaphysischer Seelenbegriff. Diss. philos. Leipzig. Druck: Halle (Ehrhardt Karras) 1890. 84 S. mit Biogr. (6.—) 19505

Krestoff, Kresto K., Lotze's metaphysischer Seelenbegriff. Inaug.-Diss. gr. 8. (III, 83 S.) Halle a/S. 890. (Leipzig, Kössling.) n. 1.—

Krestowskaia, M., sein einziger Sohn, s.: Weltbibliothek.

Krestowskii, M., der Sohn. Erzählung. Autoris. Übersetzg. aus dem Russ. v. Ad. Garbell. 8. (182 S.) Berlin (899). Vita. n. 2.—

Krestowski, W. W.

Krestowski, W., Petersburger Enthüllungen. Ein Buch von den Hungrigen und Satten. Roman. Nach dem Russ. 4 Bde. Berlin 868. Sacco Nachf. gr. 8. (1250 S.) 4 ℛ.

Krestowski, W. W., durchtriebene Schelme, s.a. Bibliothek, russische.

Krestowsky, W. W., durchtriebene Schelme. Roman. Aus dem Russischen übers. von A. Hauff. 2 Bde. 8. (265; 271 S.) Berlin 887, Wilhelmi. *

— hinter der Wand. Altes Weh. Zwei Erzählgn. 8. (98 S.) Leipzig 890. Greßner & Schramm. n. 1.—

— hinter der Wand. Altes Weh. 2 Erzählgn. 8. (98 S.) Leipzig 894. Greßner & Schramm. n. — 80

Krestowsky, W., s. Krestowski, W. W.

Kresz, Carl von, a. Budapest: Die Bestrebungen nach einer mitteleuropäischen Zollunion. Heidelberg 1907: J. Hörning. (73 S.) 8°
Heidelberg, Phil. Fak., Ref. Gothein, Diss. v. 19. Dez. 1907
[Geb. 20. Nov. 86 Budapest; Wohnort: Budapest; Staatsangeh.: Ungarn; Vorbildung: Gymn. Budapest Reife M. 04; Studium: Leipzig 4, Heidelberg 2 S.; Rig. 20. Juli 07.]

Kreta [Schlagwort]

Kreta, s.a. Hand- u. Reisekarten. 48.

— s. a.: Ägäisches Meer. — Candia.

Kreta. Freytag's, G., Specialkarte v. Kreta. 1 : 1,250,000. 15,5 × 23,5 cm. Farbdr. M. Text v. Frdr. Umlauft. 8. (1 Bl.) Wien 897. G. Freytag & Berndt. n. — 30

— **Kiepert, Heinr.**, Karte v. Creta m. Angabe der ungefähren räuml. Vertheilung d. Confessionen nach d. Stande v. 1881, auf Grund v. Stavrakis' Statistik der Volkszahl v. Krete, Athen 1890 zusammengest. 1 : 300,000. 37,5 × 93 cm. Farbdr. M. Text. 8. (7 S.) Berlin 897. D. Reimer. In Karton n. 2.—

— — Specialkarte v. Creta, nach brit. Marine-Aufnahmen u. Routen engl., französ. u. deutscher Reisenden kombiniert. 1 : 300,000. 37,5 × 92,5 cm. Farbdr. M. Text. 8. (8 S.) Ebd. 897. In Karton n. 2.—; auf Leinw. n. 5.—

Kreth, s.: Bericht der XII. Kommission üb. den Gesetzentwurf betr. die Unterhaltung der öffentl. Volksschulen.

Die Filiale Berlin der Landw. Zentral-Darlehnskasse für Deutschland u. d. Verband ländl. Genossenschaften Raiffeisenscher Organisation f. Brandenburg, Pommern u. beide Mecklenburg in d. Dezennium 1895–1905. Bearb. u. hrsg. v. Verbandsdir. [Hermann] **Kreth**, Reg.R. a. D. Neuwied: Landw. Zentral-Darlehnskasse f. D. [1906]. (62 S.) 8° [F.] [08. 13083

Kreth, Herm., die f. den Landwirt wichtigsten Bestimmungen des bürgerlichen Gesetzbuches m. besond. Berücksicht. der gegenwärtigen landwirtschaftlichen Tagesfragen. (40 S.) gr. 8. Berlin 908. P. Parey. — 60

Kreth, Hermann, aus Brüggen a. d. Leine, Prov. Hann.: Fütterungsversuche mit Sandwicke. *Roßwein i. S. 1903: A. Haubold.* (58 S.) 8°
Tübingen, Staatswiss. Diss. v. 1903
—Nicht für den Austausch)

Kreth: Die ländlichen Spar- und Darlehnskassen mit besonderer Berücksichtigung der oldenburgischen Verhältnisse. Oldenburg: Vogel [um 1910].

Krethlow, Hans, Referendar: Zur strafrechtlichen Lehre vom Besitz. Borna-Leipzig 1909: Noske. VIII, 36 S. 8°
Leipzig, Jur. Diss. v. 4. Dez. 1909
[Geb. 10. Aug. 84 Leipzig; Wohnort: Großenhain; Staatsangeh.: Sachsen u. Preußen; Vorbildung: Nikolaisch. Leipzig Reife O. 04; Studium: Leipzig 6 S.; Rig. 14. Juni 07.] [U 10. 2770

Kretowicz, J, De P. Vergilii Aeneidis libro sexto. Pr. 1898. 24 S.

Kretsch, Karl

Kretsch, Carl, Referendar: Inwiefern sind Gebäude und Gebäuden eingefügte Sachen nicht Grundstücksbestandteile? Wiesbaden 1910: Schellenberg. 47 S. 8°
Leipzig, Jur. Diss. v. 21. April 1910
[Geb. 14. Febr. 86 Eltville; Wohnort: Wiesbaden; Staatsangeh.: Preußen; Vorbildung: Gymn. Wiesbaden Reife O. 04; Studium: Marburg 2, München 2, Marburg 2 S.: Rig. 26. Febr. 10.] [U 10. 2771

Kretschel, G. T., 25 Confirmationsscheine für evangelische Christen. Ausg. mit Lebenssprüchen. 2 Serien. 1. Aufl. gr. 4. (à 25 Bl.) Delitzsch 877, Pabst. à Serie * M 1. *
—— dass. — 2. Aufl. 2 Serien. gr. 4. (à 25 Bl.) Ebendas. 877. à Serie * M 1,50. * Ohne Sprüche *

[F.] Dienst im Kriege v. [Hans] v. **Kretschman**, Gen. d. Inf. z. D. *Berlin: K. Siegismund 1899.* (3 Bl., 239 S.) 1 Bd 8. [... 6162

Kretschman, Hans v., Duell u. Ordenswesen, s.: Dincklage, Baron Frdr. v., d. Jagd.

— dasselbe, s.: Düring-Oetken, Helene Freiin v., zu Hause, in d. Gesellschaft u. b. Hofe.

— Erzählungen aus d. Kriege. [Aus: „Deutscher Soldatenhort".] 12. (VI, 275 S.) Berlin 898. K. Siegismund. n. 1. —

— unser Heer in d. Kriegen 1864, 1866 u. 1870/71. M. zahlr. Porträts u. Karten. [Aus: „Deutscher Soldatenhort".] 12. (461 S.) Ebd. 895. n. 1. 20; geb. n. 1. 60

Kretschman, Hans v., Kriegsbriefe aus den J. 1870—1871. Hrsg. v. Lily Braun geb. v. Kretschman. (V, LVII, 315 S. m. Bildnis.) gr. 8. Berlin 903. G. Reimer. n. 7. —; geb. in Halbfrz. n. 9. —

— dasselbe. Mit 1 Bildnis in Photograv. u. 1 Brief-Fksm. 2.—5. Aufl. (VIII, 348 S.) gr. 8. Stuttgart 904. Greiner & Pfeiffer. n. 5. —; geb. in Halbfrz. n. 6. —

Kretschman, Hans v., Kriegsbriefe aus den J. 1870/71. Hrsg. v. Lily Braun, geb. v. Kretschman. 7. verm. u. verb. Aufl. (III, 431 S. m. Bildnis.) 8. Berlin 910. Meyer & Jessen. Kart. 3.—; geb. 4. —

Kretschman, v., Rekruten-Briefe des deutschen Soldatenhort. (12.—17. Taus.) 16. (VI, 197 S.) Berlin 894. K. Siegismund. n. — 50

[F.] Rekruten-Briefe des **Deutschen** Soldatenhort v. [Hans] v. **Kretschman**, Gen. d. Inf. z. D. 21. Taus. *Berlin: K. Siegismund 1898.* (VI, 197 S.) 1 Bd 8. [68. 4406

— für den deutschen Soldaten. [Aus: „Deutscher Soldatenhort".] 1.—10. Taus. 16. (VI, 172 S.) Ebd. 894. n. — 40

Kretschman, Lily v. [Mädchenname]
s. **Braun**, Lily. [10. 7048

Kretschmann, Anton *(geb. Albrechtsdorf in Ostpr. 23. 4. 1858)*: Ueber akute gelbe Leberatrophie. ‹Icterus gravis.› Breslau 1882. (32 S.) 8° *[Im Buchhandel 1882 bei Köhler in Breslau.]*
Breslau, Med. Diss. v. 2. Aug. 1882

Beantwortung einiger Stellen aus der nähern Beleuchtung der Deutschen Union, denen keine Kenntnisse von Freymaurerey haben, gewidmet durch C[hristian] G[ottfr.] **Kretschmann.** Leipzig: Büschel 1789. 28 S. 8°
cf. D. neuesten Religionsbegebenheiten. 12 (1789) S. 696.
Kl. 3284.

[Dasselbe.] Nebst vorangeschickten [!] Beytrage zur Geschichte dieser Loge selbst. Ebendas. 1804. 32, 94 S. 8°
Kl. 2958.

Etwas über das praktische Handbuch für Freymaurer [von Joh. Karl Aug. Schuffenhauer]. Durch den Stifter [Christian Gottfr. Kretschmann] und Mitglieder der Loge zur grünenden Eiche [in Leipzig] mit vorausgeschickter Nachricht von Entstehung, Schicksalen und Fortgange der Loge zur grünenden Eiche in Leipzig. [Leipzig] 1802. 32, 94 S 8°

Z. Grünenden Eiche: Etwas von der Loge zur grünenden Eiche in Leipzig blos [!] f. Brr. [Von Christian Gottfr. **Kretschmann.**] Im Jahr der Maurerey 5799. [Leipzig 1799.] 14 S. 8° [Kupfertit.]
Kl. 2947 gibt 1798 an. Selten. Enth. die Grundsätze der Loge in 3 Art.

[Gedicht] Dem Durchlauchtigsten Fürsten und Herrn Carl Alexander Fürsten von Thurn und Taxis K.K.Geh.-Rath und Prinzipal-Commisar bey der Reichsversammlung zu Regensburg, Ritter des Goldenen Vliesses und des Würtemberg [!] grossen Ordens etc. Beschützer der Loge zur grünenden Eiche im Orient zu Leipzig bey Höchstderoselben Geburtsfeyer den 22sten Tag des 2ten Mondens 5801. In tiefster Ehrfurcht gewidmet von Christian Gottfried **Kretschmann,** Mitstifter der Loge zur grünenden Eiche. o. O. [1801]. 2 Bl. 4°. [Umschlagtit.]
„Doch wir, wenn nach dem Stern das Licht der Welt die Sonne" ...

— Geschichte d. kursächs. Oberhofgerichts zu Leipzig von seiner Entstehung 1483 an bis zum Anfange des 19ten Jahrh., nebst e. kurzen Darstell. seiner gegenwärt. Verfassung. gr. 8. Leipz. 804. (W. Vogel). 1 ₰ 12 K

— s. Handbuch für Sachsen.

— de origine praescriptionis criminum observat. histor. 4. Leipz. 803. Richter. 4 K

Neues alphabetisches Verzeichnis unter gesetzmässiger Arbeit bekannt gewordener stehender und nicht mehr stehender Freymaurerlogen nebst einem Anh. einiger maurerischer Gedanken und Merkwürdigkeiten auch einer kurzgefassten Postnachricht durch Europa für reisende Brüder Freymaurer. [Von Christian Gottfr. **Kretschmann.**] Leipzig: Selbstverl. 1790. VIII, 243 S. 8⁰
[**Dasselbe.**] Ebendas. 1792. VIII, 243 S. 8⁰
Kl. 119, Tt. 313—314. S. 127—198: mrisches Konversationslexikon.

[Fortges. u. d. Tit.:]
°Bekannt gewordene Freymaurer-Logen. [Von Christian Gottfr. Kretschmann]. Forts. 1. o. O. o. J. 240 S. 8⁰

– s. Verzeichniß d. Ortschaften in Sachsen.

Kretschmann, Christian Gottfr.: Was ist Freymaurerey nach der Mode? Nachrichten und Bemerkungen zu Ende des achtzehnten Jahrhundert gemeiner Zeitrechnung zu Berichtigung des bey der Loge zur Linde im Jahre 5798 ausgegebenen Verzeichnisses der Mitglieder und Veränderungen. [Von Christian Gottfr. **Kretschmann.**] Zur Zeit nur noch für ganze Logen und einzelne Brüder-Freymaurer. Mit beygefügter Erklärung der Abkürzungen o. O. u. J. 39 S. 8⁰.
Persönliche Bemerkungen des Verf. über seinen Ausschluss aus der Loge.
Äusserst selten.

Kretschmann, Frz., die Altersversorgung der Arbeiter in Deutschland. gr. 8. (VI, 74 S.) Leipzig 882, Brockhaus. *

Kretschmann, Friedrich: Ueber das Angioma arteriale racemosum. Halle a. S. 1881: Plötz. 29 S. 8⁰
Halle-Wittenberg, Med. Diss. v. 27. Juli 1881
Geb. Wolmirstedt 20. 5. 1858. V.
Im Buchhandel 1881 bei Creutz in Magdeburg.
Verf. erlebte die Diplomerneuerung 1931 als Professor und Geheimer Sanitätsrat in Magdeburg, vgl. Anh. Nr. 481.

Kretschmann, F., s.: Archiv f. Ohrenheilkunde.

Kretschmann, klin. u. patholog. Beiträge zur Caries v. Hammer u. Ambos, s. a. Festschrift zur Feier d. 50jähr. Bestehens d. medicin. Gesellschaft z. Magdeburg.

Kretschmann, [Friedrich]: Klinische u. pathologische Beiträge z. Caries v. Hammer u. Ambos. *Magdeburg 1898.*
in: **Festschrift** z. Feier d. 50jähr. Bestehens d. Medicin. Gesellschaft zu Magdeburg. [98. 3736

— Bericht über d. Thätigkeit d. Privat-Klinik für Ohren-, Nasen- u. Hals-Krankheiten. 1895. gr. 8. (12 S.) Magdeburg 896. (Creutz.) n. — 50

— d. operative Eröffng. d. Mittelohrräume, s.: Vorträge, klin. aus d. Gebiete d. Otologie u. Pharyngo-Rhinologie.

— **Friedrich,** Fistelöffnungen am oberen Pole des Trommelfelles über dem Processus brevis des Hammers, deren Pathogenese und Therapie. Habil.-Schr. z. Erl. d. Venia Legendi d. med. Facult. d. verein. Friedr.-Univ. Halle-Wittbg. Druck: Lpz. (J. B. Hirschfeld) 1887. 41 S. mit Abb. (5.50) 19508
Gew.: H. Schwartze.

Kretschmann, Frdr., Nachbehandlung des aufgemeisselten Warzenfortsatzes, s.: Sammlung klinischer Vorträge.

Kretschmann, F., üb. tödtliche Ohrkrankheiten. gr. 8. (10 S. m. 1 autogr. Taf.) Magdeburg 891. (Creutz.) n. — 75

Kretschmann, die Tuberkulose des Mittelohres. gr. 8. (12 S.) Halle 900. C. Marhold. n. — 40
Sonderabdruck aus: „Sammlg. zwangl. Abhandlgn. a. dem Geb. d. Nasen- etc. Krankh.“

Kretschmann, Friedr. Ad., alphabet. Verzeichniß sämmtl. im Königr. Sachsen Gewerb- u. Personal-Steuerpflichtigen, mit Angabe d. Steuersätze f. selbige, ingl. der davon ganz od. theilweise befreiten Individuen, nach dem unt. 22. Nov. 1834 deßhalb erlass. Gesetze u. dess. Beifugen A—F. gr. 8. (4¼ B.) Leipzig 835, Steinacker.

— **Friedrich Adolph** (Leipzig), De origine praescriptionis criminum observationes historicae. Präs. Christian Daniel Erhard. Lpz. (I. G. H. Richter) 24. IX. 1803. 28 S. mit Widm. v. Präs. (5.50) 19509

Kretschmann, Friedrich Robert

Kretschmann, die Bedeutung des Ohrschmerzes, s. a. Sammlung zwangloser Abhandlungen aus dem Gebiete der Nasen- usw. Krankheiten. VII. 4.

Die Bedeutung des Ohrschmerzes. Von [Friedrich Robert] **Kretschmann**, Magdeburg. *Halle a. S.: C. Marhold 1904.* (12 S.) 8°
— **Sammlung** zwangloser Abhandlungen aus d. Geb. d. Nasen-, Ohren-, Mund- u. Halskrankheiten. Bd 7, H. 4. [04. 6626 3

Kretschmann, Fritz, Referendar: Der Geschäftsführer der Gesellschaft mit beschränkter Haftung. Leipzig: O. Wigand 1910. 120 S. 8°
Leipzig, Jur. Diss. v. 3. Dez. 1910
[Geb. 13. Juli 85 Ujest; Wohnort: Magdeburg; Staatsangeh.: Preußen; Vorbildung: Gymn. Marienwerder Reife O. 04; Studium: Tübingen 3, Berlin 1, Münster 2 S.; Rig. 3. Dez. 10.] [U 11. 2876

Kretschmann, H: Handbuch für Buchbindereien, Kartonnagen- und Papierwaarenfabriken. Katalog. Berlin (1898?)

Kretschmann, Hans, d. Photographie — e. Kunst? Unt. bes. Berücksicht. d. künstler. Selbsterziehg. d. Liebhaberphotographen spec. f. d. Landschaftsphotographie. M. 2 Kunstbeilagen in Heliograv. gr. 8. (IV, 108 S.) Halle 896. H. Peter. n. 2. —; geb. n. 2. 60

Kretschmann, Hans Theodor, Referendar in Danzig: Über die Mängelanzeige u. das Stellen zur Disposition im Handelsverkehr. **Danzig 1906**: Schwital u. Rohrbeck. (111 S.) 8° [F.]
Rostock, Jur. Fak., Ref. Lehmann, Diss. v. 30. Dez. 1906
[Geb. 25. Juli 74 Memel; Wohnort: Danzig; Staatsangeh.: Preußen; Vorbildung: Gymn. Danzig Reife O. 00; Studium: Berlin 4, Königsberg 2 S.; Rig. 29. Sept. 04.]

Kretschmann, *Heinrich* [Dr., Dir.]: Deutsche Aufsätze in Unter-Secunda. Danzig, A. Müller vorm. Wedel'sche Hofbuchdr., 1894; 25 S. 4.
Danzig, k. G, OP 1894 (28)

Kretschmann, *Heinrich* [Dr., Dir.]: Deutsche Aufsätze in Unter-Secunda. Danzig, A. Müller vorm. Wedel'sche Hofbuchdr., 1897; 32 S. 4.
Danzig, k. G, OP 1897 (27)

Kretschmann, H[einrich], Dir. Dr.: [Bericht über die Feier des fünfundzwanzigjährigen Bestehens der Anstalt, nebst einem Verzeichnis aller Abiturienten.] *Danzig 1902: A. Müller.* (S. 12—24.) 4°
Danzig, k. G, OP 1902 (27)

Kretschmann, *Heinrich*: *Beschreibung der Schülerreise in die Hohe Tatra.* 4 (S. 9—10 der Schuln.). **Progr.** Kgl. G. *Danzig* 1898

Kretschmann, H., de latinitate L. Apulei Madaurensis. Königsberg 865. (Akadem. Buchh. von Schubert & Seidel.) gr. 8. (IV, 140 S.) 20 *ngr.*

Kretschmann, H.: De latinitate G. Solli Apollinaris Sidoni. P. I.II. 33 S. – Memel, Progr. 1870, 71.

Kretschmann, *Heinrich* Lateinische Musteraufsätze. Ein Beitrag zur Ehrenrettung des lateinischen Aufsatzes. 4 (32 S.). **Progr.** Kgl. G. *Danzig* 1891 (28).

Kretschmann, *Heinrich*: *Professor Emil Helmuth Plaumann, gestorben am 29. Oktober 1897.* 4 (S. 8—9 der Schuln.). **Progr.** Kgl. G. *Danzig* 1898

— Jo. Gottfr. (Zittau), De pacto conjugum improlium successorio secundum statutum Zittaviense vulgo Auffgabe. Diss. jur. Präs. Christian Hanack. Wittbg. (Ephraim Gottlob Eichsfeld) 26. III. 1754. 40 S. mit Widm. v. Präs. (6.—) 19510

Kretschmann, Iulius (geb. Magdeburg 1. 3. 1825): Rerum Magnesiarum specimen. Berolini (1847). (58 S.) 8°
Berlin, Phil. Diss. v. 6. Febr. 1847

Kretschmann, K. F., Beantwort. einiger Stellen a. d. nähern Beleuchtung der Union. 8. Lpz. Büschel. 790.

* — die Marggrafthüm. Ober- u. Nieder-Lausitz, ein geographisch-statistisch. Kartenspiel. Ebend. 809. in Futteral.
unaufgezogen

Annalen der unter der Gr. National-Mutter-Loge, gen. Zu den drei Weltkugeln, arbeitenden St. Johannis-Loge Adamas zur heiligen Burg. Gegründet am 28. Nov. 1821. [Von Karl Kretschmann. Magdeburg] 1879: [Friese]. 56 S. 8⁰
Nebst Verzeichn. der Mitgl. u. Beamten u. Katalog der Bibliothek der Loge.

Geschichte der Loge Adamas zur heiligen Burg von 1821—1896. [Von Karl Kretschmann und Theod. Reiher. Neuhaldensleben 1896: Pflanz.] 68 S. 8⁰
cf. Bbl. 11 (1897) S. 69.
Bis 1871 unverkürzter Abdr. v. K. Kretschmanns Annalen der Loge. Nebst Verzeichn. der Mitgl. von 1821—1896.

Kretschmann, Karl Friedrich

– s. Barde, Der.

Kretschmann, Karl Fr., die Belagerung. Lstspl. in 5 A. 8. Leipz. 786. Dyck. 10 *gl*

— dass. mit Abänderungen. 8. Münch. 787. J. Lindauer. 5 *gl*

— literar. Briefwechsel an eine Freundin. 1r Claudian, mit 1 Kpf. 8. Zittau 797. N. A. 811. Schöps. 18 *gl*

– s.a. Briefwechsel d. Frau v. Y.

Briefwechsel der Frau von Y und der Baronesse von Z. [Von Karl Fr. Kretschmann.] Leipzig: Weidmann & Reich 1772. 70 S. 8°
Kl. 386.
[Holzmann u. Bohatta: Deutsches Anonymen-Lexikon. 1 (1902) S. 277.]

Kretschmann, K. F., neue romantische Dichtungen rc. 8. Leipzig. (Central-Comptoir.) 1/2 *rß*

— die Familie Eichenkron, oder Rang u. Liebe; ein Lstspl. in 5 Aufz. 8. Leipz. 786. Dyck. 14 *gl*

Kretschmann, Carl Friedrich (Zittau), Observationes de eo quod extremum est in jurisdictione criminali respectu condemnati ad mortem. Präs. Georg Friedrich Kraus. Wittbg. (Ephraim Gottlob Eichsfeld) Mai 1762. 24 S. (5.—) 19507

Epigramme,

— — (von *Karl Friedr. Kretschmann.*) Mit 3 Vignetten. Leipzig 1779. 8°. (10 Mk., unaufgeschn. Prachtexpl. auf starkem Papier, Friedr. Meyer, Lpz., 1908.)

– s. Florus

– s. Frauenzimmerbibliothek

– s. Friedenslied

KRETSCHMANNS, Karl Friedr. (1738—1809), Kleine Gedichte. Erste (einzige) Sammlung. Mit Titelvignette von Geyser. Leipzig, in der Dykischen Buchhandlung, 1775. 8°.
68 S., 2 Bll. Inh. — An „Kleine lyrische Gedichte" schliessen sich mit besonderen Seitenzählungen an: „Die Jägerin", 48 S., und „Hymnen", 55 S.

– s.a. Gedichte, Komische, lyrische u. epigrammatische

Gedichte

— —, Komische, lyrische und epigrammatische (von *Carl Friedr. Kretschmann*). Frankfurt und Leipzig (Bautzen) 1764.
Anon.-Lex. II. p. 162 (nach Kayser, Otto, Adelung u. Meusel).

— der alte böse General. Lstspl. in 3 A. 8. Leipz. 786. Dyck. 10 gr

– s.a. Gesänge, Scherzhafte

§ GESÄNGE, Scherzhafte (von *Carl Friedr. Kretschmann*, „Barde Ringulph", geb. 1738, † 1809). Mit 2 Vignetten von Geyser. Leipzig, in der Dyckischen Buchhandlung, 1771. 8°. 66 S. u. 2 Bll. (In München: P. o. germ. 771 kt.) (4 Mk., unbeschn. Expl., Adolf Weigel, 1907; 8 Mk., unbeschn. Prachtexpl. auf starkem Papier, Friedr. Meyer, Lpz., 1909.)

— s. Goldoni, d. Familie d. Antiquitätensammlers.

— die Hauskabale, oder Schwiegermutter u. Schwiegertochter. Lstspl. in 5 A. 8. Leipz. 786. Dyck. 10 gr

— Hymnen. 8. Leipz. 774. Dyck. 4 gr

– s. Jägerin, Die

– s. Lustspiele, fünf ausgesuchte.

– s. Natur- u. Sitten gemälde

– s. Reise nach d. Badeörtern Karlsbad etc.

— kleine Romane u. Erzählungen. 2 Thle. 8. Leipz. 799. Voß. 3 rthl 12 gr

— die seidenen Schuhe. Lstspl. in 4 A. 8. Leipz. 780. Dyck. 4 gr

– s. Tacitus, Von den Sitten

– s.a. Themis und Comus

Themis und Comus, oder Juristen- und Advokaten-Calender für 1790. (Vf. *Karl Friedr. Kretschmann.*) Leipzig, Dyk. Kl. 8°. (2 Mk. 50 Pfg. W. H. Kühl, Berlin, c. 1883.)
Darin S. 37—108: Welches sind die ausführbarsten Mittel, dem Kindermorde Einhalt zu thun?
Anon.-Lex. IV. p. 167 (nach Otto, Jördens, Kayser, Meusel, Adelung).

Kretschmann, Karl Fr., († d. 16. Jan. 1809.) sämmtl. Werke. 6 Thle. 8. Leipz. 784—99. Dyck. 6 rthl 16 gr (5r Thl. A. u. d. T.: Launen, Erzähll. u. verm. Aufsätze 789. 1 rthl 8 gr) Aus dens. sind einzeln zu haben: Fabeln, Allegorien u. neueste Gedichte. 1 rthl 8 gr Zu Gellerts Gedächtnisse. 3 gr 7r Thl. A. u. d. T.: letzte Sinngedichte. 8. Zittau 805. Schöps. 1 rthl 12 gr Schrbp. 1 rthl 16 gr

– s. Willebrand, Inbegriff d. Polizei

Kretschmann, L. Fr. Schilderung des Bombardements der Stadt Zittau, 23. July 1757. (48.) 8. Zittau 1818.

Heimatkunde ⟨Naturdenkmäler, Sagenhaftes und Geschichtliches⟩ von Vetschau und Umgebung. Anh.: Der Kreis Kalau. Zsgest. u. bearb. von O. Kretschmann, Rektor u. L. Eisenhauer, Lehrer. Potsdam: A. Stein 1906. (66 S.) 8° [F. u. Ant.] [07, 1692 11

Kretschmann, Otto

Kretschmann, die Kämpfe zwischen Heraclius I. und Chosroës II. 2 Hälften. gr. 4. (20; 24 S.) Güstrow 875,76. (Berlin, Calvary und Comp.) à Hälfte * M 1. *

Kretschmann, Otto: Traditio historica de Magdeburgi oppugnatione et eversione a. 1631 facta quo modo sensim mutata sit. Halis Saxonum (1868): Ploetz. 36 S. 8°
Halle-Wittenberg, Phil. Diss. v. 29. Febr. 1868
Geb. Belgern (Kr. Torgau) 21. 9. 1841. V.
Die eingereichte Arbeit umfasste 99 S. 2°, der Teildr. enthält nur S. 1—59.

Kretschmann, Theob., die Brautschau. Operette in 2 Akten. Nach e. Stoffe v. J. Philippi textlich bearb., ergänzt u. in Musik gesetzt. Vollständ. Text- u. Regiebuch. (44 S.) kl. 8. Leipzig (904). C. F. W. Siegel. n. — 60

Kretschmann, Theobald, Capellmeister an der Votivkirche in Wien, Orgelbuch zu Adam Latschka's Gebet- und Liederbuch „Der kleine katholische Christ", mit Vor- und Zwischenspielen. Qu.-4. (70 S) Cart. * 1 50
Wien: Verlag "St. Norbertus" 1892.

Kretschmann, Theob., Orgel-Buch zu Adam Latschka's Gebet- u. Liederbuch „Der kleine katholische Christ" u. zu „Das fromme Schulkind", Gebet- u. Liederbuch f. die Schuljugend der Wiener Erzdiözese. (53 autogr. S.) 23×31 cm. Wien 908. St. Norbertus. 4. —

— Tempi passati. Aus den Erinnergn. e. Musikanten. (X, 222 S.) 8. Teschen 910. K. Prochaska. 4.50; geb. 5.85

Kretschmann, Theodor, s. Kretschmann, Theodor Konrad

Kretschmann, Theodor Konrad (Hrsg.), s.a. Abhandlungen, Kleine, a.d. Staats-u. Privatrechte.

Kretschmann, Theod., kl. Abhandl. a. d. St. u. Privatrecht. gr. 8. Bayr. (Grau in Hof.) 793.

— Beitrr. zur Berichtigung d. positiven Rechtsgelehrsamkeit. 1r Bd. gr. 8. Jena 793. (Schmid). 12 gr

— Beyträge z. Bericht. d. positiv. Rechtsgelahrh. 1r. gr. 8. Jena, Stahl. 793.

— summar. Einl. in d. allgem. heut. deutsche Privatrecht rc. 8. Jena, Academ. Buchh. 791.

— summar. Einleit. in d. allgem. heut. deutsche Privatrecht rc. 8. Jena 791. (Hennings in Neisse). 4 gr

— Handbuch f. Sächs. u. Ausländ., od. alphab. Verzeichn. all. Ortschaft. in Sachs. gr. 8. Dresden. (Kühn in Leipzig.) 791.

Kretschmann, Theod. Konr., († d. 15. Jan. 1820.) Hof- u. Staatszeitschrift in zwanglosen Heften. 1r, 2r Bd. gr. 8. Bamb. 809, 10. (Wesche in Frankf.) 4 rthl 3r Bd. 1s Stück, (enth. des Verf. Dienstjahre in Koburg). gr. 8. Erlang. 810. (Palm). 12 gr

KRETSCHMANN, Thdr.: Jus publ. Germaniae variis variorum dissertatt. et aliis id genus libellis, ord. quod. syst. illust. et ed. *Lps.*, Barth. 792—94. 2 Vol. 4. (6 Thl. 8 Gr.)

— staatswissenschaftl. u. jurist. Literatur, s. v. Völderndorf

— Organisation d. Herz. Sachs. Cob. Saalfeld. Lande. 8. Leipz. G. Fleischer. 805.

KRETSCHMANN, Th. Conr.: Principia jur. Germanor. privati civilis hodierni in usum auditorii sui. T. I. P. I. II. *Jen.* 792. 93. (*Neisse*, Hennigs.) 792. 93. 8maj. (1 Thl. 12 Gr.)

— D. Theodor, Quaestio juris controversi an renunciatione simpliciter facta bis auf den ledigen Anfall si fratres qui pacti tempore existebant nullis masculis sed tantum filiabus relictis decesserint, filiae hae, amitae renuncianti in portione quam fratribus cessit impedimento esse possint? Jena (Fiedler) o. J. (1792). 47 S. (5.50) 19511

— quaest. juris controv., an renunciat. simpliciter facta bis auf den ledigen Fall, si fratres etc. tantum filiab. relict. decesserint, filiae hae, amitae renuncianti in portione q. fratrib. cessit, impedimento esse possint. 8. Lips. Barth. 792.

— s. Staatsarchiv.

KRETSCHMANN, Theod. Conr.: Comment. jurid. de stupro voluntario. *Stuttgart*, (Barth in *Leipzig*.) 791. 4. (12 Gr.)

— Versuch eines Lehrbuchs d. positiven Rechts d. Deutschen. (1r Thl. A. u. d. T.: Versuch e. Lehrbuchs d. deutschen Staatsrechts.) gr. 8. Bayr. 793. (Grau in Hof). 20 K 2r Thl. gr. 8. Ebd. 796.

KRETSCHMANN, Thdr.: Vers. e. Lehrb. d. deutschen Staatsrechts. *Berlin.*, Lübecks B. 798. gr. 8. (20 Gr.)

Harfen-Klånge. Der Loge zur goldnen Harfe in Marienwerder gewidmet vom Br K[retschmar]. Text-Buch. Marienwerder: Baumann in Comm. 1831. 14 S. 8° [Umschlagtit.]

°[Dasselbe.] Ebendas. quer 2°
Kl. 1707. 4 Lieder ohne Noten.
[Neumüller, J. W.: Hs Catalog d. Grloge Carl z. d. drei Schlüsseln, Regensburg. 1881 Nr 4.]

Kretschmar A.: Anleitung z. Bienenzucht besonders für Sachsen u. die angränzenden Länder ... Leipz. 1819. 46 S. P.

Kretschmar, A., Anleitung zur Bienenzucht, besonders für Sachsen und die angrenzenden Länder auf Erfahrungen gegründet. 8. Leipzig, Hartmann. 819.

Kretschmar, A., Anleit. zur Bienenzucht, besonders für Sachsen u. d. angrenzenden Länder, auf Erfahrungen gegründet. 8. Leipz. 819. (Lehnhold). 4 K

Kretschmar, A. v., Geschichte der kurfürstl. und königl. sächsischen Feld-Artillerie von 1620—1820. Unter Benutzung archival. Quellen bearb. gr. 8. (IX, 146 S.) Berlin 876, Mittler und Sohn. *

Kretschmar, v., Geschichte der kurfürstl. u. königl. sächsischen Feld-Artillerie von ihrer Errichtung bis zur Gegenwart. 1620—1878. Nach urkundl. Quellen bearb. 2. Thl. A. u. d. T.: Geschichte der königl. sächsischen Feld-Artillerie-Regimenter von 1821—1878. Nach den Original-Akten bearb. Mit 1 Titelbild (in Lichtdr.) u. 9 Plänen in Steindr. gr. 8. (X, 360 S.) Berlin 879. Mittler & Sohn. n. 8. — (cplt.: n. 12. 50)

(B) Kretschmar, v., Geschichte d. sächs. Feldartillerie. 879. (KVL 21.) Jetzt: Dresden, C. Höckner's Verl. 10. —

Kretschmar, A., kleine Harmonielehre. Für Musikschüler leichtfaßlich dargestellt. gr. 8. (48 S.) Langensalza 855, Schulbuchhandlung des thüringer Lehrer-Vereins.

Kretschmar, A., Stimme aus England über den politischen Zustand Preußens. Aus dem Edinburgh Review (Februarheft 1846). 16. Grimma 846, Verlags-Compt. 1/4 ₰

Kretschmar, A. C., s. Kretzschmar, Adolf Christian

Kretschmar, A. E., s. Kretschmar, Alfred Emil

Kretschmar, Adolf Ch.

Kretschmar, Ak., die drei Perlen im Herzen des cananäischen Weibes. Predigt über Matthäi Cap. 15. v. 21—28 gehalten. 8. (20 S.) Bremen 857, (Kühtmann und Comp.) *

*Kretschmar, Alfred: Bemerkungen zu Wilhelm von Humboldts „Ideen zu einem Versuch, die Grenzen der Wirksamkeit des Staates zu bestimmen". S. 3—10. 8.
Z. Gedächtnisfeier f. d. Senator Ph. F. A. Just Gymn. *Zittau* 1909.
Progr

Kretschmar, Alfredus, Chemnitiensis: De Menandri reliquiis nuper repertis. Lipsiae 1906: Borna, R. Noske. (120 S.) 8°
Leipzig, Phil. Fak., Ref. Marx-Lipsius, Diss. v. 19. Sept. 1906
[Geb. 10. März 82 Chemnitz-Kappel; Wohnort: Hannover; Staatsangeh.: Sachsen; Vorbildung: Gymn. Chemnitz Reife O. 01; Studium: Berlin 2, Leipzig 8 S.; Rig. 30/31. Mai 06.]

Kretschmar, A[lfredus] Ae[milius]: ° (In Euripidis Helenae carmine melico inde a versu 633 [vielmehr: 653] usque ad 704 exemplaris Barnesiani tum sententiae loquendique genera sunt explicata, tum metra ordinata vitiaque scripturae correcta.) 17 Bl. 8° (4°) [Kopft.]
Halle-Wittenberg, Phil. Diss. v. 3. Sept. 1825
Geb. [Wulfen (Anh.-Köth.) 25. 1. 1803]
Nach Engelmann-Preuß ersch.: Halae 1825. 4° Exemplar nicht nachweisbar. — Ersch. aber gekürzt als: Dissertatio de carmine melico, quod est in Euripidis Helena inde a v. 625 usque ad 697 ed. Matth. (Eisleben 1830): Grunert Halanus. 22 S. 8° (4°) Eisleben, Gymn.-Progr.

Kretschmar, A. Aem. De carmine melico, quod est in Eurip. Helena vs. 625—97. ed. Matth. 20 S. . . . . .
Eisleben. Progr. 1830

Kretschmar, A. E. Rede bei der Gedächtnißfeier des Prof. Siebdrat, am 19. November 1834. 4 S. . . . .
Eisleben, Progr. 1835

Kretschmar, Arno, a. Freiberg i. S.: Madame de Villedieu; Leben, Romane und Erzählungen. Weida i. Th. 1907: Thomas & Hubert. (101 S.) 8°
Leipzig, Phil. Fak., Ref. Birch-Hirschfeld u. Wülker, Diss. v. 12. Dez. 1907
[Geb. 8. Jan. 84 Freiberg i. S.; Wohnort: Dresden; Staatsangeh.: Sachsen; Vorbildung: Realgymn. Dresden Reife O. 03; Studium: Leipzig 6 S.]

Kretschmar, Benj. Gli., Bemühungen für d. Jugend. 8. Zittau 756.

Kretschmar, Benj. Gli., († d. 21. Nov. 1802.) d. heil. Christ u. Friedensfürst, als d. einzige wahre Trost bei bekümmerten Weihnachten. 8. Zittau 756.

— vermischte Geschichte. 12 Stcke. 4. Zittau 763.

— Mancherlei zum Nutzen u. Vergnügen. 8. Zittau 779.

— Nachr. von dem großen Komet, welcher 1757 in den Monaten April u. Mai sichtbar erscheinen wird; nebst Erörterung d. Fr.: Was wird d. neue Stern bedeuten? 4. Zittau 759.

— s. Nachrichten, monatl.

— wöchentl. Nachrichten für 1800 u. 1801. à J. 52 Numm. (Bog.) 8. Zittau 800. 801.

— s. Neueste, d., aus d. europ. Staatengeschichte.

— ob ein Mensch seinem Schicksale entgehen könne? Fol. Zittau 758.

Kretschmar, B. G., Nachlese Oberlausitz. Nachrichten, sowohl aus d. neuern als ältern Zeiten. Zittau 1765—73. 4.

Kretschmar, C. F., s.a. Kretschmar, Karl Ferdinand

Kretschmar, C. F. Ueber einige Stellen in J. H. Matthias Leitfaden für den heuristischen Schulunterricht, rc. 7 S. . . . . . .
Luckau, Progr. 1832

Kretschmar, Carl, s. Kretschmar, Karl

Kretschmar, Chr. Fr.

— Magazin für reine u. angewandte Mathematik. 1s Heft. 4. Neuwied 823. Lichtfers u. F. (Guilhaumann in Frkf.) 20 Kr

Kretschmar, Chr. Fr., d. Sinus u. Cosinus d. vielfachen Bogen u. d. ganzen Potenzen d. Kreisbogen. 4. Neuwied 825. Lichtfers u. F. (Frankfurt, Guilhaumann). 12 Kr

Kretschmar, Chr. Gf., s. Kretzschmar, Christian Gottfried

Kretschmar, Erich, Referendar in Berlin: Wie wirkt die Konkurseröffnung über das Vermögen eines Kaufmanns auf die Vollmacht seines Handlungsreisenden ein, und wie gestaltet sich die Rechtslage, wenn ein solcher Reisender nach Eröffnung des Verfahrens Rechtshandlungen Dritten gegenüber vornimmt? Borna-Leipzig 1906: R. Noske. (VIII, 30 S.) 8° [F.]
Leipzig, Jur. Fak., Diss. v. 5. Sept. 1906
[Geb. 31. Juli 80 Berlin; Wohnort: Wilmersdorf b. Berlin; Staatsangeh.: Preußen; Vorbildung: Friedrich-Wilhelms-Gymn. Berlin Reife O. 99; Studium: Leipzig 1, Berlin 6 S.; Rig. 24. Dez. 04.]

Kretschmar, F., s. Kretzschmar, Ferdinand

Kretschmar, F. W., ein auf Thatsachen beruhender Glaube an d. tiefbedeutsame, räthselhafte Wesen d. ächten Somnambulismus ist kein leerer Wahn. Beleucht. dies. Satzes mit gleichzeit. Anführ. vieler, höchst interessanter u. merkwürd. Belege verschied. schlafwachender u. hellseh. Individuen rc. Für d. gebild., nichtärztl. Publikum. gr. 12. (2 B.) Dresden u. Leipzig 840, Arnoldische Bh. Vgl. Kretschmar.

Kretschmar, F. W., s. Sachsen in Bildern.

Kretschmar, Felix, bleibet in der Gemeinschaft Jesu Christi! Letzte Konfirmationsrede, geh. am Sonntag Misericordias Domini den 9. Mai 1886 über Joh. 15 in der Dom- und Kathedralkirche zu Königsberg Ostpr. gr. 8. (8 S.) Königsberg 886, Bon's Buchh. *

—— ich schäme mich des Evangeliums von Christo nicht. Antrittspredigt, geh. in der Augustinerkirche zu Gotha am 6. Juni 1886. gr. 8. (12 S.) Gotha 886, F. A. Perthes.

Kretschmar, Felix. Neujahrsgrüße aus Gottes Wort. Sylvesteransprache u. Neujahrspredigt. gr. 8. (23 S.) Gotha 889, F. A. Perthes. — 30

—— Predigt zur Eröffnung der XX. deutsch-evangel. Kirchenconferenz, geh. in der Wartburgkapelle zu Eisenach am 16. Juni 1892. gr. 8. (11 S.) Eisenach 892, Wilckens. * — 30

Kretschmar, F., Predigt, geh. beim Festgottesdienst zur Jubelfeier d. gold. Hochzeit d. regier. Herrschaften, Sr. Hoh. Herzogs Ernst II. u. Ihr. Hoh. d. Frau Herzogin Alexandrine v. Sachsen-Coburg-Gotha am 3. Mai 1892 in d. herzogl. Hofkirche zu Gotha. gr. 8. (11 S.) Gotha 892. F. A. Perthes. n. — 20

—— der Scheidetrost des Christen. Abschiedspredigt, geh. am Sonntag Jubilate den 16. Mai 1886 in der Dom- und Kathedralkirche zu Königsberg Ostpr. über das Sonntagsevangelium Joh. 16, 16—23. gr. 8. (9 S.) Königsberg 886, Bon's Buchh. *

[F.] Beim Stabe der Kgl. 5. Infanteriedivision 1870/71. Von D. Felix Kretschmar, Generalsuperintend. . . . in Gotha. *Basel: F. E. Perthes 1896.* (VI S., 1 Bl., 233 S.) 1 B·l 8. 55. 3984

—— wem weihen wir unsere Altäre? Predigt über Apostelgesch. 17, 22—31, geh. bei der Feier der 41. Hauptversammlung des Gothaischen Landesvereins der Gustav-Adolf-Stiftung den 29. Juni 1886 in der Trinitatis-Kirche zu Ruhla. gr. 8. (14 S.) Gotha 886, Thienemann's Hofbuchh.

—— Wer nicht mit mir ist, der ist wider mich. Predigt, am 1. Jahresfest der freien Vereinigg. f. innere Mission im Herzogt. Gotha den 3. Juli 1889 geh. 8. (11 S.) Gotha 889, F. A. Perthes. — 30

Kretschmar, Friedrich

Kretschmar, (Fr.) Arzney-Manual f. d. ärztliche, wundärztliche u. pharmaceutische Praxis. Eine vergleichende Darstell. der Arzneyen, ihrer Bereitungen u. Gebrauchsformen, in vereinter Hinsicht ihrer Wirksamkeit, Haltbarkeit u. der Ersparniß. 8. Zerbst 826, Kummer.

— Grundriß einer Physik des Lebens, zur Begründung eines wissenschaftl. Vereins d. höhern Physik, Chemie, Physiologie u. Psychologie. 2 Bde. gr. 8. Prag 821. Calve. 4 Rthl 16 Kr

— tabellar. Uebersicht d. Mineralwässer Deutschlands, nach ihren wirksamsten Bestandtheilen classificirt. 8. Berl. 817. (Maurers B.) 16 Kr

(—) Verhaltungsregeln bei d. Ruhr. 8. o. O. 794.

Kretschmar, Friedrich: Versuch einer theoretisch-praktischen Darstellung der Wirkungen der Arzeneien. Th.1 - 2, gbd.

Halle: Hemmerde & Schwetschke 1800

JB 1.474

— d. ökonom. u. techn. Werth d. Verkohlungsöfen ausführl. dargestellt. Mit 13 Kpf. gr. 8. Leipz. 805. Göschen. 3 Rthl

Kretschmar, Friedrich Samuel

Kretzschmar, F. S., Irrthümer, s.a. Irrthümer.

Krenzschmar, Fr. Sam., († d. 17. April 1793.) Irrthümer, Warnungen u. Lehren, welche d. Publikum in Ansehung d. prakt. Arzneikunst betreffen. 1s, 2s Buch. 8. Dessau 768. Nachdruck: 8. Würzb. 770.... 1 ᵣₜₚ 8 gr (Auf d. 2ten Buche des Nachdrucks steht: Dessau 770. bei Heybruch.)

Friedrich Samuel Kretschmar

Irrthümer [Irrtümer], Warnungen und Lehren, welche das Publicum in Ansehung der praktischen Arzeneykunst betr. Entworfen von F[riedrich] S[amuel] Kretschmar. Buch 1.2. Würzburg, Bamberg & Fulda: Stahel 1770. 8°

— medicin. Unterweisungen; e. period. Schrift. 8. Dessau 772. (Sie kam Bogenweise heraus.)

Kretschmar, G., Kirchengefährte od. Gebet- und Gesangbüchl. 12. Dresden, Gerlach. 719.

Kretschmar, G., Therapia convulsionum generalis ratione et experientia suffulta. 24 pp. Erl. 4°. 1716

Kretschmar, Gust., über das Beamtenthum der römischen Kaiserzeit. Academische Antrittsrede, gehalten am 11. Jan. 1879 in der Aula der Universität zu Giessen. gr. 8. (75 S.) Giessen 879, Ricker. *

Kretschmar, Gust., erbrechtliche Compensationen. Ein Beitrag zur Lehre v. den Vermächtnissen u. der Lex Falcidia. [Aus: „(Jhering, R. v.) Festgabe der Giess. jurist. Facult."] gr. 8. (108 S.) Leipzig 892. C. L. Hirschfeld. n. 2. 40

Kretschmar, Gust., die Natur des Prälegats nach römischem Recht. gr. 8. (VIII, 297 S.) Leipzig 874, Roßberg'sche Buchh. *

Kretschmar, Gustav: Secum pensare. Giessen, Emil Roth (Druck v. Brühl, Giessen), 1886; 132 S. 8°.
Giessen, Festschr. für Wasserschleben v. 26. Jun. 1886.
(Nur in beschränkter Zahl für den Austausch.)

Kretschmar, H., Vom Accusativus cum infinitivo in d. alten Sprachen. Pr. 1846. 25 S. 4°. 1.—
Bromberg, Progr.

Kretschmar, H.. Von d. Bildung d. Komparationsformen d. griech. Sprache. Pr. 1842. 22 S. 1°. 1.—
Bromberg, Progr.

Kretschmar, H. Die regelmäßige Deklin. der griech. Sprache. 23 S. . .
Bromberg, Progr. 1838

Kretschmar, H. Die zweite Conjug. d. griech. Sprache, für Anfänger. 42 S.
Progr. Bromberg 1834

Kretschmar, H. A. v., Taschenbuch für die Feld-Artillerie. 16. (IV, 181 S.) Berlin 882, Mittler und Sohn. *
geb. *

—— dass. — 2. Jahrg. 1883/84. 16. (IV, 230 S.) Ebendas. 883. *ℳ 2.; geb. **

—— dass. — 3. Jahrg. 1884/85. 16. (135 S.) Ebendas. 884. *
geb. **

Kretschmar, Heinrich, s. Kretzschmar, Heinrich

Kretschmar, J. A., s. Kretzschmar, Johann August

Kretschmar, J. C.: „Entwurf einer Taxordnung der ländlichen Grundstücke für die östlichen Provinzen der Preussischen Monarchie", Danzig 1838 (Gerhard).

Kretschmar, K. A., die Stadt Löbau i. Sa. Eine vaterländ. Wanderg. von der Gegenwart zur Vergangenheit u. von der Vergangenheit zur Gegenwart. (141 S. m. Abbildgn.) 8. Chemnitz (904). (Löbau, E. Oliva.) n. — 75

Kretschmar, Karl

Kretschmar, Carl, Angiodystrophia ovarii, s.: **Bulius**, Gust.

Kretschmar, Karl [app. Arzt aus Giessen]: Über eine Geschwulst der Glandula carotica ... Giessen, C. v. Münchow, Univ.-Dr., 1893; 33 S. 8.
Giessen, Med. Fak., Inaug.-Diss. v. 1893

Kretschmar, Karl Ferdinand

— s. Anslaur, chirurg. Klinik.

Kretschmar, K. Fd., s.a. Gespenst, das weiße.

Gespenst,

— —, Das weisse, oder der geheimnissvolle Beschützer. Ein romantisches Gemälde aus den Zeiten der spanischen Inquisition. Seitenstück zu Romalino der furchtbare Mädchenräuber (von *Carl Ferd. Kretschmar*). 2 Bde. Chemnitz 1826. 8°. (2 Mk. 50 Pfg. Frz. Teubner, c. 1898.)

Kretschmar, K. Fd., Diss. inaug. med. de astrorum in corpus humanum imperio. 4. Jena 821. (Chemnitz, Kretschmar). 6 gr

— s. Kalliodes, Gedichte.

— s. C. (K.) H. J. Posselt, romant. Erzählungen.

— s.a. **Romalino.**

ROMALINO, der furchtbare Mädchenräuber, oder die Geheimnisse auf dem Schlosse Monte Rosso. Frei nach d. Französ. (von *Carl Ferd. Kretschmar*). 2 Thle. Chemnitz, bei C. G. Kretschmar. 1822. 8°.
Tit., 1 Bl., 243 u. 213 SS. Zahmen Inhalts. — Anon.-Lex. III. p. 391 (nach Kayser u. Meusel).

— Zeitschrift f. d. Meteorologie, s. Zeitschrift.

Kretschmar, Karl Traugott

Kretschmar, Carl Traug., Allopathie u. Homöopathie Hand in Hand. Ein Versuch. Streitfragen aus d. Gebiete d. Homöopathie. Neue Folge. 8. (6 B.) Leipzig 835, Friese.

Kretschmar, Karl Traug., Streitfragen aus d. Gebiete d. Homöopathie. gr. 8. (3½ B.) Leipzig 834, Hinrichs.

Kretschmar, Konr., die Holzverbindungen. Ein Lehr- und Hilfsbuch für Schule und Praxis. 16 lithogr. Taf. Hrsg. vom technolog. Gewerbe-Museum in Wien. Fol. Nebst erklär. Text. gr. 8. (VII, 104 S.) Wien 885, Graeser. In Mappe * Schüler-Ausg. ohne Text *

Kretschmar, M., Blätter zur Unterhaltung u. Erheiterung, s. Blätter.

Kretschmar, M.

Kretschmar, Predigt z. dritten Säcularfeier d. Einführung d. evangel. Kirchenverbesserung in Chemnitz, s. Unger.

Kretschmar, Paul, über die Entwicklung der Kompensation im römischen Rechte. (VIII, 80 S.) gr. 8. Leipzig 907. Veit & Co. 2. 80

Kretschmar, Paul, die Erfüllung. (In 2 Tln.) 1. Tl. Historische u. dogmat. Grundlagen. (VII, 168 S.) gr. 8. Leipzig 906. Veit & Co. n. 5. 40

Kretschmar, Paul, die Theorie der Confusion. Ein Beitrag zur Lehre v. der Aufhebg. der Rechte. gr. 8. (XII, 263 S.) Leipzig 899. Veit & Co. n. 7. 50

Kretschmar, Paul *Gustav* [Dr. iur.]: Ausgew. Doktordissertationen d. Leipz. Juristenfakultät. Der Vergleich im Prozesse. E. histor.-dogmat. Untersuchg. Leipzig, Veit & C., 1896; 102 S. 8.
Leipzig, Jur. Fak., Inaug.-Diss. v. [16. Mai] 1895

Kretschmar, Peter, s. Kretzschmer

Kretschmayer, Franz Jos., deutsches Lesebuch f. die 7. Klasse an achtklassigen Mädchen-Bürgerschulen u. verwandte Lehr-Anstalten. 2. umgearb. u. verm. Aufl. gr. 8. (VIII, 256 S.) Brünn 875. Hauptmann. n. 2. —

Kretschmayr, Heinr., Geschichte v. Venedig, s. a. Staatengeschichte, allgemeine.

Geschichte von Venedig von Heinrich Kretschmayr. Bd 1. Gotha: F. A. Perthes 1905. 8°
= Geschichte d. europ. Staaten. Werk 35. Bd 1.
= Staatengeschichte, Allgemeine. Abt. 1, Werk 35. Bd 1. (45. 1033)

Kretschmayr, Heinr., Ludovico Gritti. E. Monographie. [Aus: „Archiv f. österr. Geschichte".] gr. 8. (106 S.) Wien 896. (C. Gerold's Sohn.) n. 2. 10

— d. deutsche Reichsvicekanzleramt. [Aus: „Archiv f. österr. Geschichte".] gr. 8. (122 S.) Wien 897. (C. Gerold's Sohn.) n. 2. 50

Kretschmayr, Heinr., die österreich. Zentralverwaltung, s.: Veröffentlichungen d. Kommission f. neuere Geschichte Österreichs. (Fellner, Thom.)

Kretschmer,

— s. a. **Kretzschmer.**

Kretschmer, A., Erziehungsreform u. Anderes in freierer Poesie. (IV, 62 S.) 8. Dresden 910. E. Pierson. 1.—; geb. n 1. 75

— Seltsame Gedichte in freierer Versform m. Belehrung f. Eltern, Erzieher u. Jünglinge. (VIII, 48 S.) 8. Ebd. (907). 1.—; geb. n 2. —

Kretschmer, A., Reductions-Tabelle f. Roggen u. Weizen. qu. gr. 8. Lissa 882. Ebbecke. n. — 10

— Der Schandfleck des 20. Jahrh. od. Eine Auseinandersetzung m. der Menschheit. (51 S.) 8. Ebd. 908. 1.—; geb. n 2. —

Kretschmer, Adf., doppelte Buchhaltung aus dem Praktischen in erklärendster und leicht faßl. Art zum Selbstunterricht für den Privat-, Gewerbe- und Handelsstand, sowie für Handels-Lehranstalten. Anleitung für Detail-Händler, wie sie den Klein-verschleiß in den Rahmen der doppelten Buchhaltung ziehen und den Gewinn der veräußerten Waaren genau constatiren können. Nebst einem Anhang über das Wichtigste aus dem Wechselrechte. gr. 8. (77 S.) Wien 887, (Steckler.) *

Kretschmer, Adf., d. französische Sprache in Grammatik, Wort u. Schrift f. d. Schul- u. Privatunterricht. Berechnet f. 12 Monate Unterrichtsdauer. gr. 8. (242 S.) Wien 898. (Korneuburg. Kühkopf & Habel.) n. 4. —

Kretschmer, Albert

—. Album Deutscher Volkstrachten. Original-Zeichnungen mit erklärenden Notizen ...
Leipzig, J. G. Bach's Verlag [1870].
Tit., 18 Bl.; 20 farb. Taf. 4°.

— Album deutscher Volkstrachten. Original-Zeichnungen mit erklärenden Notizen. gr. 4. (20 Chromolithogr.) Ebendas. 870. [Gera, Griesbach's Verlag.] (*M 15.) *

Kretschmer, Alb. (I.), Palmenzweige, s. Jakob, Aug.

Kretschmer, A., poetischer Rathgeber f. Kinder u. Erwachsene, s.: Jacob, A.

— und Carl Rohrbach, die Trachten der Völker vom Beginn der Geschichte bis zum 19. Jahrh. 12.—20. (Schluss-) Lfg. Imp.-4. (XII und S. 137—343 mit 45 Chromolithogr. und 2 chromolithogr. Titel.) Leipzig 862—64, Bach. à Lfg. * 2 Thlr. 20 Ngr. *
1.—11. Lfg. Ebendas. 1860—62. Complet in 20 Lfgn. * 60 Thlr.; geb. in Leder * 65 Thlr.

Kretschmer, Alb. (II.), und Carl Rohrbach, die Trachten der Völker vom Beginn der Geschichte bis zum 19. Jahrh. 2. Aufl. Von den Verf. bis auf die geringsten Details neu durchgearb. und erweitert. 26 Lfgn. gr. 4. (XII, 366 S. mit 104 Chromolithogr.) Leipzig 880—82, Bach.
à Lfg. *M 4. *
geb. in Callico mit Saffianrücken *
geb. in Saffian *

Kretschmer, Alb., die Trachten der Völker vom Beginn der Geschichte bis zum 19. Jahrh. In 104 Taf. zusammengestellt, gezeichnet u. lith. Mit Text v. Karl Rohrbach. In Farbendr. ausgeführt v. Fr. Eugen Köhler in Gera-Untermhaus. 3. Aufl. 2.—26. Lfg. (XII u. S. 17—352 m. 101 Taf.) 34×27 cm. Leipzig 906. (Bibliograph. Anstalt A. Schumann.) à 2. — (Vollständig geb. 60.—)

Kretschmer, Alb., deutsche Volkstrachten. Orig.-Zeichnungen mit erklär. Notizen. 1.—12. Lfg. gr. 4. (48 Chromolithogr. und 87 S. Text.) Leipzig 865—68, Bach. à Lfg. * 2 Thlr. 20 Ngr. *

Kretschmer, Alb., deutsche Volkstrachten. Originalzeichnungen mit erklärenden Notizen. 13.—22. Lfg. gr. 4. (VIII, 68 S. mit 40 Chromolithogr. und chromolithogr. Titelbl.) Leipzig 870, Bach. à Lfg. *
complet geb. in Leder *
1.—12. Lfg. Ebendas. 1865—68. *M 96.

Kretschmer, Alb., deutsche Volkstrachten in Bild und Text, gesammelt. 2. verm. Aufl. Wohlf. Ausg. (In ca. 30 Lfgn.) 1.—17. Lfg. gr. 4. (52 Chromolithogr. mit 52 S. Text.) Leipzig 887, Bach's Verlag. à Lfg. *M 1.—. *

Kretschmer, Alb. Deutsche Volkstrachten in Bild u. Text, gesammelt v. A. K. 2. verm. Aufl. Wohlfeile Ausg. 18.—30. Lfg. gr. 4. (38 Chromolithogr. m. 84 S. Text.) Lpz. 889,90, Bach's Verlag.
à Lfg. * 1 —; * 13 —
1.—17. Lfg. Ebd. 1887. * 17 —; compl. geb. * 36 —.

Kretschmer, Alfons: Aus d. mineral. Inst. d. Univ. Breslau. Analyse und chemische Zusammensetzung der Fahlerze. Leipzig: W. Engelmann 1910. S. 484—513. 8° ¶(Aus: Zeitschrift f. Krystallogr. u. Mineral. Bd 48, H. 5.)
Breslau, Phil. Diss. v. 13. Juli 1910, Ref. Hintze
[Geb. 8. Nov. 83 Prelland; Wohnort: Peterswaldau, Kr. Reichenbach; Staatsangeh.: Preußen; Vorbildung: Gymn. Neiße Reife O. 04; Studium: Tübingen 1, Breslau 12 S.; Rig. 25. Mai 10.] [U 11. 723

Kretschmer, B., s.: Eisenbahn-Reformfahrpläne u. Fahrplankarten, ost- u. westpreussische.

Kretschmer, Carl, s. Kretschmer, Karl

Kretschmer, E. E.: Werth und Einfluss der Naturwissenschaft auf die allgemeine Bildung. Frankfurt a. O. 1867
Schul-/Univ.-Schrift

Kretschmer, Ed.

Kretschmer, E., geometrische Anschauungslehre. Eine Vorschule und Ergänzung der reinen Geometrie mit 600 Fragen und Aufgaben. gr. 8. (IV, 63 S. mit 3 Stnt.) Posen 877, Jolowicz. *

Kretschmer, Ed.: Beiträge zur Theorie der Flächen mit ebenen Krümmungslinien, welche gegebenen Bedingungen genügen. – Frankfurt a/O., Fr. G., Progr. 1871.

Kretschmer, E., Beiträge zur Theorie der Flächen mit ebenen Krümmungslinien, welche gegebenen Bedingungen genügen. 4. (18 S. mit 1 Stnt.) Frankfurt a. O. 871, (Harnecker und Comp.) *

Kretschmer, Edm., Gedichte. (VII, 92 S.) 8. Dresden 904. Holze & Pahl. n. 1. 50; geb. n. 2. 50

Kretschmer, Edmund. Sein Leben, s. Schmid, Otto.

Kretschmer, Edm., Orpheus in der Kinderstube. 50 Scherz- und Gelegenheitslieder mit Pianoforte-Begleitung nach Melodien v. Haydn, Mozart, Beethoven sowie bekannten und beliebten Volksweisen bearbeitet und vermehrt mit vielen neuen Compositionen. Dresden 868. Bock qu. 4. (72 S.) 1 ℳ

Kretschmer, Elisabeth, das Geheimnis der Kränzchenschwester, s. a. Bloch's, Ludw., Damen-Bühne.

[Ʒ.] Das Geheimnis der Kränzchenschwester. Lustsp. in 2 Aufz. v. Elisabeth **Kretschmer**. *Berlin: E. Bloch (1893).* (16 S.) 1 Bd 8. = Damen-Bühne, Ludwig Blochs. No 7. [96. 556

Kretschmer, Elisabeth, aus Breslau: Gellert als Romanschriftsteller. *Breslau 1902: Bresl. Genoss.-Buchdr.* (53 S.) 8°
Heidelberg, Phil. Diss. v. 1902

Kretschmer, Elisab., die neue Pensionärin vom Lande, s. a. Mädchen-Bühne. 53. Hft.

Die neue Pensionärin vom Lande. Lustspiel in 1 Akt von Elisabeth **Kretschmer**. *Berlin: E. Bloch (1899).* (22 S.) 8° [Ʒ.] = Mädchen-Bühne. H. 53. [00. 12654

Kretschmer, Ella, Ibsens Frauengestalten. (175 S.) 8. Stuttgart 906. Strecker & Schröder. n. 2. —; geb. in Leinw. n. 2. 80

Lehre von der Modulation. Stufenweise fortschreitender Lehrgang z. Selbstunterricht. Von E(manuel) **Kretschmer**. Hildesheim: F. Borgmeyer [1906]. (63 S.) 8° [06. 13697

Kretschmer, Emil Rich. (geb. Rawitsch 17. 10. 1845): Ueber den Veitstanz. Berlin (1868). (31 S.) 8°
Berlin, Med. Diss. v. 14. März 1868

Kretschmer, Ernst

Die Ideale und die Seele. Ein psychol. Neuerungsversuch, nebst e. logischen Anh.: Zur Lehre vom Urteil von E. **Kretschmer**, Pfarrer. *Leipzig: H. Haacke 1900.* (168 S.) 8° [00. 1131

Das christliche Persönlichkeitsideal oder der Kern der christlichen Ethik auf psycholog. Grundl. E. Versuch v. Pfarrer Ernst **Kretschmer**. *Leipzig: Dörffling & Franke 1897.* (2 Bl., 96 S.) 1 Bd 8. [97. 4700

(Kretschmer, E[rnestus]): • Ad theoriam lineae geodaeticae in sphaeroïde elliptica. 42 S. 2°
Halle-Wittenberg, Phil. Diss. v. 30. Juli 1861
Geb. [Berlin 6. 7. 1841]

Kretschmer, z. Theorie d. geodätischen Linien auf d. Rotationsflächen zweiten Grades. Berl. 17 p. 1864.
Schul-/Univ.-Schrift

Kretschmer, Eugen *Franz* [app. Arzt]: Aus d. patholog. Institute zu Kiel. Zwei Fälle von Uterus bicornis duplex cum vagina septa ... Kiel, Druck v. L. Handorff, 1894; 19 S. 8.
Kiel, Med. Fak., Inaug.-Diss. v. [6. Apr.] 1894

Kretschmer, Eugen: Das Pensum der Ober-Sekunda im Hebräischen. Frankfurt a. M. 1904: Louis Golde. (V, 50 S.) 8°
Groß-Glogau, k. kathol. G OP 1904 (224)

Kretschmer, Ferd., der Fisch u. seine Zubereitung. (61 S. m. Abbildgn.) gr. 8. Berlin 903. Gebr. Borntraeger. Kart. n. — 75
Sonderabdruck aus: „Festschrift des Fischerei-Vereins für die Prov. Brandenburg".

Kretschmer Franz: Lichtwers „Recht und Vernunft".
II. 1908 PN 2482 **Diss.** Wien, Univ. 260

Kretschmer, *Friedrich* [aus Zantoch N/M.]: I. Zur Kenntnis der untersalpetrigen Säure. II. Über einige Derivate der Amidosulfonsäure ... Erlangen, k. b. Hofbuchdr. v. A. Vollrath, 1895; 31 S. 8.
Erlangen, Phil. Fak., Inaug.-Diss. v. 1895

Kretschmer, Fritz, Medizinalprakt. am Stadtkrankenh.: Über traumatische Spätapoplexie mit einem Beitrag zur Kasuistik derselben. Borna-Leipzig 1910: Noske. 24 S. 8° [Nachträglich geliefert.]
Leipzig, Med. Diss. v. 20. Juli 1910, Ref. Hoffmann
[Geb. 23. Okt. 85 Plauen i. V.; Wohnort: Plauen; Staatsangeh.: Sachsen; Vorbildung: Gymn. Plauen Reife O. 05; Studium: Marburg 5, Leipzig 5 S.; Coll. 27. Sept. 10.] [U 11. 3045

Kretschmer, Guft., s. Geschichten, Sagen u. Märchen, Schwiebuser.

— s. Jäger, der, u. die Stiefmutter.

(Kretschmer, Gust.,) der Jäger u. die Stiefmutter. Zwei Erzähln. 8. (12 B.) Crossen 835. (Cottbus, Meyer.) Thlr. *

—— **Reime.** (Gedichte.) 8. (4 B.) Crossen 835. (Cottbus, Meyer.) *

—— **Polterabend-Gedichte.** 16. (1 B.) Crossen 830. (Cottbus, Meyer.)

—— **Reime.** gr. 8. (8⅝ B.) Bromberg 843, Levit. *

Kretschmer, Gust., Springerzüge auf dem Schachbrette unserer Tage. gr. 8. (3 B.) Königsberg 843. (Bromberg, Levit.) * —

—— Versuche. Inh.: 1) Des Freundes Geist. 2) Die Ruine am See. 8. (10³/₄ B.) Crossen 837. (Frankfurt a. d. O., Hoffmannsche Buchh.) *
Vgl. Kretzschmer.

Kretschmer, Hans, Gerichtsrefer.: Die Mobiliarersitzung nach dem Bürgerlichen Gesetzbuche. Bonn 1910: Ludwig. 118 S. 8°

Rostock, Jur. Diss. v. 15. Juni 1910, Ref. Matthiaß

[Geb. 13. Juli 85 Frankfurt a. M.; Wohnort: Cöln; Staatsangeh.: Preußen; Vorbildung: Friedrich-Wilhelms-Gymn. Cöln Reife O. 04; Studium: Bonn 4, Freiburg i. B. 1, Kiel 1 S.; Rig. 15. März 10.] [U 10. 3858

Durch Breslau in Eile. Führer u. Plan von Breslau. [Verf.: Hugo **Kretschmer**.] 4. verb. u. verm. Aufl. Schweidnitz: G. Brieger [1904]. (54 S., 1 Kartenbl. 52×55 cm.) 8° [F.] [03. 15413 2

Hugo **Kretschmer**: Durch Breslau in Eile. Führer mit Stadtplan. 5. Aufl. Breslau&Schweidnitz: G. Brieger [1907]. (70 S.) 8° [Umschlagt. F.] [08. 6410 2

Vu druba und drunten aus der Schläsing ... von Hugo **Kretschmer**. *Schweidnitz: G. Brieger (1902).* (72 S.) 8° [F.] [03. 9741 2

Durflaben ei der Schläsing. Von Hugo **Kretschmer**. *Schweidnitz: G. Brieger (1902).* (90 S.) 8° [F.] [03. 9740 2

Kretschmer, Hugo, de Erbmuhme. Schlesischer Bauernschwank in e. Akt. (41 S.) gr. 8. Schweidnitz (903). G. Brieger. n. — 60

Kretschmer, Hugo. Ünse Pauern. Bilder aus dem schles. Landleben in schles. Mundart. 8. (III, 95 S.) Bresl. 891, Köhler. * 1 50
geb. * 2 50

— unse Pauern. Bilder aus dem schles. Landleben. 2. Aufl. 8. (III, 90 S.) Ebd. (900). n. 1. —

**Kretschmer, Hugo, „Rübezahl". E. Dichtg. 12. (III, 76 S.) Schweidnitz 898. G. Brieger.
Geb. in Damast n.n. 1. 50**

[F.] Der Schafer '(Bauernarzt)'. Bauernschwank aus d. schles. Gebirge in 1 Akt v. Hugo **Kretschmer**. *Schweidnitz: Commv. v. G. Brieger; [Dr. v.] O. Gutsmann [1897].* (35 S.) 1 Bd 8. [98. 8800

Sonntagsausflüge ins Schlesierland von Breslau aus. Mit Unterstützung d. Gebirgsvereine u. Ortsbehörden hrsg. von Hugo **Kretschmer**. (Mit 5 Wegekarten.) Schweidnitz: G. Brieger 1903. (86, 20 S.) 8° [F.] [04. 4318

Sonntags-Ausflüge und Spaziergänge ins Schlesierland von Breslau aus. Hugo **Kretschmer**. 3. Aufl. Mit 4 Wegekarten. Breslau & Schweidnitz: G. Brieger [1907]. (X, 136 S.) 8° [F.] [08. 6411 2

[F.] Schläsche Verzählsel. Bilder aus dem schlesischen Landleben v. Hugo **Kretschmer**. '(Neue Ausg. v. 'Ünse Pauern')'. *Breslau: J. Max 1897.* (2 Bl, 95 S.) 1 Bd 8. [98. 9088

Am Wege und abseits. Kulturhist. u. landschaftl. Skizzen aus Schlesiens Hauptstadt u. ihrer Umgebung von Hugo **Kretschmer**. Mit Federzeichn. von Hugo Ulbrich, u. E. Müller-Bernburg, sowie sonst. Buchschmuck. (Vorr.: Alfred Langewort.) Breslau: Monopol-Hôtel 1907. (112 S.) quer-8° [08. 3963

Kretschmer, J., des praktischen Landwirthes chemischer Rathgeber, als Handbuch und zum Selbstunterrichte. 4 Hefte. gr. 8. (198 S.) Prag 877,78, (Mercy.) *

Kretschmer, J. C. Friedrich Wilhelm III., sein Leben, sein Wirken und seine Zeit. 2 Bde. 8. Danzig 1841—42.

Kretschmer, J. C.: „Einige Ideen über die Einrichtung von Musterwirthschaften für kleine Landwirthe", Marienwerder 1834 (Baumann).

Kretschmer, J. W., der Lokomotivführer und die Lokomotive. Ein populäres Lehr- u. Lesebuch für Lokomotivführer u. diejenigen Maschinisten, welche Lokomotivführer werden wollen. Berlin 859. Th. Grieben. 8. (230 S.) n. 7½ ngr

Kretschmer, J. W., der Lokomotivführer und die Lokomotive. Populäres Lehr- und Lesebuch für Lokomotivführer und diejenigen Maschinisten, welche Lokomotivführer werden wollen. 2. Aufl., neu bearb. von J. Klövekorn. Berlin 866. Grieben. 8. (IV, 147 S.) 1 ℛ

Kretschmer, J. W., der Locomotivführer und die Locomotive. Populäres Lehr- und Lesebuch für Locomotivführer und diejenigen Maschinisten, welche Locomotivführer werden wollen. Neu bearb. von J. Klövekorn. 3. verb. Aufl. (IV, 153 S.) 1872. * ℳ 3., und 4. verb. Aufl. gr. 8. (IV, 161 S.) Berlin 874, Grieben. *

— Johann David (Breslau), Dissertatio de jure Silesiorum Saxonico. Präs. Samuel Stryk. Halle Johann Gruner) März 1704. 64 S. (6.80) 19514

Kretschmer, Johann Karl

Kretschmer, J. K.: „Anleitung zum Geschäftsbetriebe der Oekonomie-Commissarien bei Regulirung der gutsherrlichen und bäuerlichen Verhältnisse, bei Gemeinheitstheilungen, Ablösung der Grundgerechtigkeiten, der Dienste und Abgaben, im Gefolge der neuern agrarischen Gesetzgebung des Preussischen Staates", Berlin und Stettin 1828 (Nicolai).

Kretschmer, J. K.: „Concordanz der Königl. Preussischen agrarischen Gesetze unter sich und mit dem allgemeinen Landrecht, den älteren und neueren Verordnungen, den Entscheidungen der Gerichtshöfe und den Ansichten der Rechtslehrer", Danzig 1830 (Gerhard). 2. verb. und „mit den seit 1834 erschienenen gesetzlichen Bestimmungen, sowie mit den agrarischen Gesetzen für die westlichen Provinzen" vermehrte Auflage, Danzig 1840 (Gerhard).

Kretschmer, J. K.: „Oeconomia forensis, oder Inbegriff derjenigen Grundsätze und Bestimmungen, welche dem Juristen aus der Landwirthschaft und dem Oekonomen aus dem Rechte zu wissen nöthig sind. Nach dem jetzigen Standpunkt des landwirtschaftlichen Gewerbes mit Berücksichtigung der Preussischen Gesetzgebung und des gemeinen Rechts bearbeitet", 3 Bände, Berlin 1833—1835 (Rücker). — Vorh.: Kammergericht Berlin — Ec. 95.

Kretschmer, Joh. Paul: „Vollständiges aber kurzgefasstes Repertorium aller Königlich Preussischen Landesgesetze", 3 Bde., Danzig 1836. — Vorh.: Preuß. Oberbergamt Dortmund — J. e. 1.

Kretschmer, Julian: Aus der Königlichen Universitäts-Frauenklinik zu Breslau. Die Geburten bei engem Becken in den Jahren 1897/98 bis 1899/1900. Breslau 1907: Breslauer Genossenschafts-Buchdruckerei. (40 S.) 8°

Breslau, Med. Fak., Ref. Küstner, Diss. v. 4. März 1907

[Geb. 15. Sept. 81 Leobschütz; Wohnort: Breslau; Staatsangeh.: Preußen; Vorbildung: König-Wilhelms-Gymn. Breslau Reife O. 01; Studium: Breslau 4, Freiburg i. B. 1, Breslau 4 S.; Coll. 7. Febr. 07.]

Kretschmer K, die Holzverbindungen. Text 8° mit Atlas fol Wien 1885

Kretschmer, Karl, deutsche Erdkunde f. Mittelschulen, s.: Steinecke, Vikt.

Geschichte der Deutschen Nationalliteratur. Nebst e. Poetik. Für höh. Schulen ... u. z. Selbstunterr. Von Dr. Karl **Kretschmer**, Prov.-Schulrat a. D. Mit Abb. Habelschwerdt: Franke 1907. (VII, 197 S.) 8° [08. 4616

Lesebuch zur Geschichte der Pädagogik. Zunächst f. Seminarzöglinge sowie f. Lehrer u. Lehrerinnen. Hrsg. von Dr. Karl **Kretschmer**, Prov.-Schulrat a. D. Habelschwerdt: Franke 1906. (528 S.) 8° [F.] [07. 3300

Kretschmer, Carolus (Augustus) *(geb. Protschkenhain in Schles. 7. 11. 1839)*: Quaestiones Plautinae. Vratislaviae (1863). (32 S.) 8°

Breslau, Phil. Diss. v. 10. Okt. 1863

Kretschmer, Carl, die Schlichterei in ihrem ganzen Umfange. Bearb. unter Mitwirkg. bewährter Fachmänner. (VIII, 196 S. m. 123 Abbildgn.) Lex. 8. Wittenberg (909). A. Ziemsen. Geb. in Leinw. 10. —

Kretschmer, Konrad [aus Berlin]: Einleitung in die Geschichte der physischen Erdkunde im christlichen Mittelalter. . . . (Aus: Geograph. Abhandlungen IV. 1) Wien u. Olmütz, Eduard Hölzel, 1889; 1 Bl. + 82 S. + 1 Bl. 8°
Berlin, Phil. Fak., Inaug.-Diss. v. 18. Jul. 1889

Kretschmer, Konr., die Entdeckung Amerika's in ihrer Bedeutung f. die Geschichte d. Weltbildes. Mit e. Atlas v. 40 Taf. in Farbendr. (in gr. Fol.). Festschrift der Gesellschaft f. Erdkunde zu Berlin zur 400jähr. Feier der Entdeckg. Amerika's. Fol. (XXIII, 471 S. u. 7 Bl. Text zum Atlas.) Berlin 892. W. H. Kühl. In 2 Halbfrzbde. geb. n.n. 75. —

Kretschmer, Konr. Die physische Erdkunde im christlichen Mittelalter, s.a. Abhandlungen, geographische.

Kretschmer, Konrad: Die physische Erdkunde im christlichen Mittelalter. Versuch einer quellenmässigen Darstellung ihrer historischen Entwicklung. Mit neun Abbildungen im Texte. Wien u. Olmütz 1889. IV, 151 S.
= Geographische Abhandlungen. Bd. 4. Heft 1. 8°.

Kretschmer, Konr., histor. Geographie v. Mitteleuropa. (Handbuch der mittelalterl. u. neueren Geschichte. Hrsg. von G. v. Below u. F. Meinecke. IV. Abtlg. Hilfswissenschaften u. Altertümer.) (VIII, 651 S.) gr. 8. München 904. R. Oldenbourg. n. 15. —; geb. n. 16.50

Kretschmer, Konrad: Die Kosmographie des Petrus Candidus Decembrius. in: Festschrift für Ferd. Frhr. v. Richthofen. S. 267—305. Berlin 1893. 39 S. 4°.

Kretschmer, Konr., die italien. Portolane des Mittelalters, s.a. Veröffentlichungen des Instituts f. Meereskunde u. des geograph. Instituts an der Universität Berlin. 13. Heft.

Kretschmer, Konrad: Die italienischen Portolane des Mittelalters. Ein Beitrag z. Geschichte d. Kartographie u. Nautik von —. Mit 1 Kartenbeilage. Berlin: Mittler 1909. VIII, 688 S. 4°(8°)
(Veröffentlichungen d. Instituts f. Meereskunde u. d. geograph. Instituts. H. 13.)

Kretschmer, L., Feld-Befestigungs-Lehre. gr. 8. (11 B. u. 1 Stnt. gr. Fol.) München 828, Fleischmann.

Lehrbuch der Kriegs-Übung für das Fußvolk. Von L. K(retschmer). München 1819. 320 S.

—— Lehre v. permanenten Befestigungen u. v. deren Angriff u. Vertheidigung. gr. 8. (11 B. u. 2 Stnt. qu. Fol.) München 831, (Finsterlin.)

—— militärische Mittheilungen, s. Mittheilungen rc.

Kretschmer, Martin, appr. Arzt a. Berlin, Unterarzt b. Großh. Mecklenb. Grenadier-Reg. Nr. 89: Über die Röntgentherapie der Sarkome. Berlin (1908): G. Schade. (32 S.) 8°
Berlin, Med. Fak., Ref. Bier, Diss. v. 12. Mai 1908
[Geb. 22. Dez. 83 Berlin; Wohnort: Berlin; Staatsangeh.: Preußen; Vorbildung: Königstädt. Gymn. Berlin Reife O. 03; Studium: Berlin 10 S.; Coll. 30. April 08; Approb. 8. Mai 08.]

Kretschmer, Max, s.: Zeitschrift f. Heizungs-, Lüftungs- u. Wasserleitungstechnik.

Kretschmer, Otto, Gefechtswerte von Kriegsschiffen. [Aus: „Schiffbau".] (22 S. m. 1 Fig. u. 1 Taf.) Lex.-8. Berlin (904). [E. Grottke.] Berliner Union. n. 1. —

Kretschmer, Otto, Handb. d. Seemannschaft, s.: Dick, C.

— die deutsche Südpolarexpedition. Mit 1 Skizze im Text u. 7 Taf. gr. 8. (III, 29 S.) Berlin 900. E. S. Mittler & Sohn. n. 1. —
Sonderabdruck aus: „Marine-Rundschau".

Kretschmer, Paul [aus Berlin]: Beiträge zur griechischen Grammatik. . . . Gütersloh, Druck v. C. Bertelsmann, 1889; 40 S. + 2 Bl. 8°
Berlin, Phil. Fak., Inaug.-Diss. v. 31. Mai 1889

— Vorläufiger Bericht über eine linguistische Studienreise nach der Insel Lesbos. Siehe Schriften der Balkankommission. Vorläufige Berichte X.

Kretschmer, Paul, der heutige lesbische Dialekt verglichen m. den übrigen nordgriechischen Mundarten, s.a. Schriften der Balkankommission. VI. 1.

Kais. Akad. d. Wissenschaften. Der heutige Lesbische Dialekt verglichen mit den übrigen nordgriechischen Mundarten. Von Paul Kretschmer. Mit 1 Karte. Wien: A. Hölder 1905. (XI S., 614 Sp.) 4°.
— Dialektstudien, Neugriechische. 1.
— Schriften d. Balkankommission. Linguist. Abt. 3, II. 1.

Kretschmer, P., Neugriechische Dialektstudien. I. Der heutige lesbische Dialekt, verglichen mit den übrigen nordgriechischen Mundarten. [Schriften der Balkankommission Linguistische Abteilung III] 4°. (XI, 614 Sp. mit 1 Karte) geb. K 30.—
Wien: A. Hölder 1905.

Einleitung in die Geschichte der Griechischen Sprache v. (Dr.) Paul Kretschmer, (Privatdoc. a. d. Univ. Berlin). *Göttingen: Vandenhoeck & Ruprecht 1896.* (IV, 428 S.) 1 Bd 8.

Kretschmer, P., d. Entstehung der Koine. gr. 8. (40 S.) Wien 900. (C. Gerold's Sohn.) n. 1. —
Sonderabdruck aus: „Sitzungsber. d. k. Akad. d. Wiss."

Kretschmer, Paul, s.: Forschungen zur griechischen u. lateinischen Grammatik.

Kretschmer, Paul, s.: Glotta.

— Zwei Perseus-Sagen auf attischen Vasen. S.-A. 1892. 11 S. m. Abb. 4°.

Kretschmer, P., Aus der Anomia: „Semele und Dionysos". S.-A. 1890. 18 S.

— Sprachregeln f. d. Bildg. u. Betong. zoolog. u. botan. Namen. gr. 8. (VII, 82 S.) Berlin 899. R. Friedländer & Sohn. n. 2. —

Kretschmer, Paul, 40 Jahre Tätigkeit der Vorturnerschaft des Alten Turnvereins Breslau, 1900, 29 S., 8°.

Kretschmer, Paul, die griechischen Vaseninschriften, ihrer Sprache nach untersucht. gr. 8. (VIII, 251 S.) Gütersloh 894. C. Bertelsmann. n. 5.50

— s.: Zeitschrift, Wiener, f. die Kunde des Morgenlandes.

Kretschmer, Rich., Hedwigsbüchlein. Lebensbeschreibung der hl. Hedwig nebst Andachtsübgn. zu ihrer Verehrg. u. e. vollständ. Gebetbuch f. kathol. Christen. (352 S. m. Abbildgn. u. 1 Farbdr.) 16. Einsiedeln 904. Verlagsanstalt Benziger & Co. Geb. in Leinw. n. — 80; in Ldr. m. Goldschn. n. 1.50

Lohn der Arbeit. Soziale Predigten von Richard Kretschmer, Domvikar. Münster i. W.: Alphonsus-Buchh. (1903). (80 S. 8° [J.]

Kretschmer, Rob., die Züchtungslehre, s. Stettegast, H., die Thierzucht.

Kretschmer, Rodo, der Besuch aus Thüringen. Festspiel zur Feier des 12. Decembers 1865 als des Geburtstags Sr. Maj. des Königs Johann von Sachsen für die Bürgerschule zu Löbau verfaßt. Löbau 866. Dümmler. gr. 8. (25 S.) 3 ngr.

— die Heimkehr. Festspiel zur Feier des 12. Decbr. 1866 als des Geburtstags Sr. Maj. des Königs Johann von Sachsen für die Bürgerschule zu Löbau verfaßt. Löbau 867. Dümmler. 8. (18 S.) $2^1/_2$ ngr.

— die Köhler. Festspiel zur Feier des 12. Decbr. 1867 als des Geburtstags Sr. Majestät des Königs Johann von Sachsen für die Bürgerschule zu Löbau. Ebend. 867. gr. 8. (23 S.) 3 ngr.

Kretschmer, Rodo, drei Prologe zur Feier des 100jährigen Geburtstags Friedrichs von Schiller am 11. Novbr. 1859 gesprochen. Löbau 859. Dümmler. gr. 8. (15 S.) 3 ngr.

—— Rede am 100jährigen Geburtstage Friedrichs v. Schiller den 10. Novbr. 1859 bei der in der Bürgerschule zu Löbau veranstalteten Schulfeierlichkeit gehalten. gr. 8. (8 S.) Löbau 859, Dümmler.

Kretschmer, Rudolf, Arzt: Aus d. Univ.-Frauenklinik zu Marburg. 4 Fälle von Pubotomie. Marburg 1909: Hamel. 26 S. 8°
Marburg, Med. Diss. v. 6. Juni 1909, Ref. Stöckel
[Geb. 24. Nov. 69 Riesenburg Wpr.; Wohnort: Burgbaun; Staatsangeh.: Preußen; Vorbildung: Gymn. Thorn Reife M. 90; Studium: Leipzig 5, München 5 S.; Coll. 21. Mai 09; Approb. 15. Juli 97.] [U 09. 3142

Kretschmer, Walther, aus Langenburg (Württ.), z. Z. Assistent d. med. Univ.-Poliklinik zu Heidelberg. Aus d. pathol. Institut zu Leipzig (Direktor Geh. Medizinalrat Prof. Dr. Marchand.) Ueber das primäre Bronchial- und Lungencarcinom. *Leipzig 1904: B. Georgi.* (42 S.) 8°
Leipzig, Med. Diss. v. (20. Nov. 1903)

Kretschmer, Wilhelm *(geb. Juliusburg bei Oels [19. 9.] 1852)*: Zur Casuistik der Leukocythaemie. Breslau (1875). (39 S.) 8°
Breslau, Med. Diss. v. 23. März 1875

Kretschmer, Wilh., Vorlegeblätter zum Zeichnen. Blumen 1—3. Heft. Köpfe 1. und 2. Heft. Landschaften 1—4. Heft. (à 4—6 Stnt.) qu. gr. 8. Hannover 853, Hornemann'sche Hof-Kunsth. à Heft * 5 Ngr. *

Ich suche Dich. Philosoph.-romant. Erzählung von Gr. Kretschmer-Rabowsky. *Halle a. S.: Wischan & Wettengel 1901.* (171 S.) 8° [F.] [01.8705 3

— irrende Liebe. Novelle. 8. (III, 110 S.) Jena 900. Berlin, H. Costenoble. n. 1.—

Kretschmeyer: Der obligate Unterricht im Klavierspiel an unseren Lehrerinnenbildungsanstalten. S. 9-13 – Brünn Ln.-BA., Progr. 1873.

Kretschmeyer, F. J. Kritische Geschichte des Perserkönigs Cyrus. (25) 4. 1867.

Kretschmeyer, Frz. Jos., deutsches Lesebuch für die drei ersten Klassen an höhern Töchterschulen, achtklassigen Bürgerschulen für Mädchen und verwandte Lehr-Anstalten. 3 Bde. gr. 8. Brünn, Hauptmann's Buchh. *

Inhalt:
Bd. 1. 6. Klasse. (XI, 212 S.) 869. *M 1,60.
" 2. 7. Klasse. (IV, 217 S.) 869. *M 1,60.
" 3. 8. Klasse. (VIII, 328 S.) 871. *M 2,40.

—— dass. — für die 6. Klasse an achtklassigen Mädchen-Bürgerschulen und verwandte Lehr-Anstalten. 2. umgearb. und verm. Aufl. gr. 8. (239 S.) Ebendas. 874. *M 1,80.; cart. *

—— dass. — für die 7. Klasse rc. 2. umgearb. und verm. Aufl. gr. 8. (VIII, 256 S.) Ebendas. 875. cart. *

Kretschmeyer, Frz. Jos., deutsches Lesebuch für die drei ersten Classen an höhern Töchterschulen, achtclassigen Mädchen-Bürgerschulen und für verwandte Lehr-Anstalten. 3 Thle. gr. 8. Prag, Tempsky. cart. *

Inhalt:
Bd. 1. 6. Classe. 3. Aufl. (239 S.) 879. cart. *M 1,20.
" 2. 7. Classe. 2. umgearb. und verm. Aufl. (VIII, 256 S.) 878. cart. *M 1,20.
" 3. 8. Classe. 2. umgearb. und verm. Aufl. (VI, 352 S.) 876. cart. *M 2,40.

Kretschmeyer, Frz. Jos., deutsches Lesebuch für Mädchen-Bürgerschulen. 3 Thle. gr. 8. Prag, Tempsky. [1. Thl. 4. durchges. und theilweise veränd. Aufl. (VI, 181 S.) 884. *M 1.; 2. Thl. 3. und 4. durchges. und theilweise veränd. Aufl. (VI, 255 S.) 883,85. *M 1,60.; 3. Thl. 3. durchgesehene und theilweise veränd. Aufl. (VIII, 274 S.) 885. *M 1,60.] *

Kretschmeyer, Dr. Franz Josef, Deutsches Lesebuch für Mädchenbürgerschulen. I. Theil. 6. Auflage. Verlag von F. Tempsky. Wien und Prag 1890. (Min.-Erl. 15. November 1890. Z. 18736.) Geheftet —.60, gebunden —.75

Kretschmeyer, Dr. Franz Josef, Deutsches Lesebuch für Mädchen-Bürgerschulen. II. Theil. Mit 20 in den Text gedruckten Abbildungen. 6. verbesserte Auflage. F. Tempsky, Wien und Prag. G. Freytag, Leipzig 1891. (Min.-Erl. 9. Mai 1891. Z. 7582.) Geheftet —.80, cartonnirt —.90, gebunden —.95

Kretschmeyer, Dr. Franz, Deutsches Lesebuch für Mädchen-Bürgerschulen. I. Theil, mit 9 Abbildungen. 7. verbesserte Auflage. Wien und Prag. F. Tempsky. (Min.-Erl. v. 16. November 1893, Z. 24454.) Gebunden 1 K 60 h

Kretschmeyer, Dr. Franz Josef, Deutsches Lesebuch für Mädchen-Bürgerschulen. II. Theil. Mit 20 in den Text gedruckten Abbildungen. 7. Aufl. Gr.-8. (VI, 264 S.) In Lnwd. geb 1895 —.95

Kretschmeyer, Dr. Franz Josef, Deutsches Lesebuch für Mädchen-Bürgerschulen. III. Theil. Mit 24 in den Text gedruckten Abbildungen. 5. verbesserte Auflage. Wien und Prag 1893. F. Tempsky. (Min.-Erl. v. 14. Juni 1893, Z. 12868.) Geheftet 1 K 80 h, gebunden 2 K 10 h

Kretschmeyer, Frz. Jos., deutsches Lesebuch f. Mädchen-Bürgerschulen. 3 Thle. gr. 8. Wien, F. Tempsky. Geb. in Leinw. n. 5. 60
1. Mit 10 Abb. 8., verb. Aufl. (VI, 181 S.) 897. n. 1. 60
2. Mit 24 in den Text gedr. Abb. 8., verb. Aufl. (V, 261 S.) 900. n. 1. 90
3. Mit 24 in den Text gedr. Abb. 6., verb. Aufl. (VIII, 261 S.) 898. n. 2. 10

Kretschmeyer's, F. J., deutsches Lesebuch f. Mädchen-Bürgerschulen. Bearb. v. Ant. Blaschke. 3 Tle. gr. 8. Wien, F. Tempsky. Geb. n. 5. 60
I. 9., verb. Aufl. Inhaltlich unveränd., nach der neuen Rechtschreibg. hergestellter Abdr. der 9. Aufl. (IV, 188 S. m. 11 Abbildgn.) 902. n. 1. 70
II. 9., verb. Aufl. (IV, 216 S. m. 21 Abbildgn.) 903. n. 1. 80
III. 7., verb. Aufl. (214 S. m. 24 Abbildgn.) 903. n. 2. 10

Kretschmeyers Deutsches Lesebuch für Mädchenbürgerschulen. Bearbeitet von Marie Mück. I. Teil. Mit 32 Abbildungen. 10., nach dem Lehrplane vom 15. Juli 1907, Z. 2368, umgearbeitete Auflage. Wien 1908. F. Tempsky. Geb. K 1.80

Dr. F. J. Kretschmeyers Deutsches Lesebuch für Mädchen-Bürgerschulen. Bearbeitet von Marie Mück. II. Teil. Mit 29 Abbildungen. 10., nach dem Lehrplane vom 15. Juli 1907, Z. 2368, umgearbeitete Auflage. Wien 1909. F. Tempsky. Geb. K 1.90.

Kretschy, Michael

Kretschy, M., über Trisulfooxybensoësäure. [Aus dem Universitätslaboratorium des Prof. v. Barth.] Lex.-8. (11 S.) Wien 878, (Gerold's Sohn.) *
Aus: Sitzungsberichte der k. Akademie der Wissenschaften, besonders abgedruckt.

Über die Oxydation von Kynurin und Kynurensäure. S. 87. II. 463 . . . . -20
Separatabdruck

— Untersuchungen über Kynurensäure. 1. Abhandlung. S. 83. II. 171 . . . . —.40
— Untersuchungen über Kynurensäure. 2. Abhandlung. S. 89. II. 6 . . . . vgr.
Separatabdruck

Kretschy, M., Untersuchungen über das Pikrotoxin, s. Barth Ritter v. Barthenau, L.

Krettner, Anton, Rechtspraktikant aus Tölz: Die Schuldübernahme nach dem bürgerlichen Gesetzbuche vom 18. August 1896 mit Berücksichtigung des gegenwärtig geltenden Rechtes und der bisherigen Rechtsentwickelung. *München 1899: J. B. Lindl.* (59 S.) 8°
Erlangen, Jur. Diss. v. 15. Juni 1898

Kretz, Burkhard, s.: Burkhard v. der Limmat.

Kretz, C. [Lehramtsprakt.]: De Luciani dialogo Toxaride. Offenburg, Druck v. A. Reiff & Cie., 1891; 19 S. 4°
Offenburg, grossh. G, MP 1891 (604)

Kretz, Franz

Kretz, Frz., mährisch-slovakische Hauben. Gesammelt u. m. e. ethnograph. Studie begleitet. Kostümstudien v. J. Uprka. gr. 4. (39 farb. Taf. m. 8 S. illustr. Text.) Wien 902. A. Schroll & Co. In Mappe n. 10. —

Kretz, Frz., Hebung der infolge von Schwellenbildungen periodisch wiederkehrenden Schiffahrtsstörungen in den geschiebeführenden Flüssen. (6 S. m. 2 Taf.) Lex.-8. Karlsruhe 904. (Müller & Gräff.) n. 1. —

Kretz, Fr., bauliche u. maschin. Mittel z. Herstellg. e. Schifffahrts-Strasse auf d. Ober-Rhein u. sonst. Geschiebe führ. Flüssen m. Bezugnahme auf d. Kretzschen Patent-Spülbagger. Vortrag, geh. in d. verein. Sitzg. d. Karlsruher Bezirks-Vereins deutscher Ingenieure u. d. bad. Ingenieur- u. Architekten-Vereins am 3. VII. 1897. gr. 8. (24 S. m. 3 Taf.) Karlsruhe 897. (W. Jahraus.) n. 1. 50

Kretz, Frz., slovakische Ornamente. Typen der völkl. Stickereien auf den Hemdärmeln. Gesammelt u. hrsg. (In slovak., französ. u. deutscher Sprache.) 1. u. 2. Heft. (8 farb. Bl. m. 2 S. Text.) 37×27,5 cm. Olmütz (909). R. Promberger. à 3. —

Kretz, Frdr., tabellarische Uebersicht der f. die Gemeinden d. Königr. Bayern wichtigsten öffentlichen Wahlen m. Erläuterungen u. Angabe der einschlägigen Gesetzesstellen. gr. 8. (15 S.) Lohr a/M. 890. Liebe. n. — 50

Kretz, Joseph (geb. am 16 Juni 1846 in Mehlem bei Bonn): Ueber Retroflexio uteri gravidi ... Bonn, Schnellpressendr. v. J. Trapp (1870). 30 S., 1 Bl. 8.
Bonn, Med. Fak., Diss. v. 20 Juli 1870

Kretz, Karl, Villingen. Ein Führer durch die Stadt u. ihre Umgebg. Mit 15 Kunstbeilagen u. 1 Zeichng. 12. (VIII, 64 S.) Freiburg i/B. (901). F. P. Lorenz. n. — 60

Kretz, L., Persönliches bei Euripides. Diss. 1934. 79 S.

KRETZ, Max (Bonndorf): Vier Fälle von Janiceps aus der Kgl. Frauenklinik in München.- München: Wolf 1909. 34 S., 3 Taf.
9.6.1911 - Chr 1910/11,27; U 11.3670
Diss.Ingolst.-Landsh.-Mchn.

Kretz, Rich., die Anwendung der Bacteriologie in der prakt. Medizin, s.a Handbibliothek, medicin. 4. Bd.

Kretz, R., Die Anwendung der Bacteriologie in der praktischen Medicin. [Medicinische Handbibl. 4. Bd.] 8°. (149, VIII S.) Wien: Hölder 1903. geb. K 2.80

Kretz, R., Hämosiderin-Pigmentirg. d. Leber- u. Lebercirrhose, s.a. Beiträge z. klin. Medicin u. Chirurgie.

Kretz, Dr. R., Prosector am k. k. Franz-Josef-Spitale in Wien, Hämosiderin-Pigmentirung der Leber und Lebercirrhose. (Beiträge zur klinischen Medicin und Chirurgie. Heft 15.) Mit einer Tafel in Lichtdruck. Gr.-8. (58 S.) Wien: Braumüller 1896. —.90

Kretz, R., s.: Neisser, Alb., stereoscop. medic. Atlas.

Kretz, (Rich.), s.: Zeitschrift f. Heilkunde.

Kretzer, Amalie: Untersuchungen über das Antimonspektrum. Leipzig: J. A. Barth 1909. 34 S. 8°
Bonn, Phil. Diss. v. 15. Okt. 1909, Ref. Kayser
[Geb. 20. Jan. 73 Wiesbaden; Wohnort: Essen a. R.; Staatsangeh.: Preußen; Vorbildung: Realgymn. Krefeld Reife M. 04; Studium: Bonn 3, Marburg 1, Göttingen 1, Bonn 3 S.; Rig. 21. Juli 09.] [U 10. 399

Kretzer, Eug., Joseph Arthur Graf v. Gobineau, s.a. Männer der Zeit. 11.

Joseph Arthur Graf von Gobineau. Sein Leben u. s. Werk. Von Lic. Dr. Eugen Kretzer. *Leipzig: H. Seemann Nachf. 1902.* (264 S.) 8° [F.]
— Männer d. Zeit. Bd 11.

Kretzer, Eug., Imperialismus u. Romantik. Kritische Studie üb. Ernest Seillières Philosophie des Imperialismus. (80 S.) 8. Berlin 909. H. Barsdorf. 2. —

Kretzer, Eug., Friedrich Nietzsche. Nach persönl. Erinnergn. u. aus s. Schriften. gr. 8. (38 S. m. Bildn. u. Fksm.) Frankfurt a/M. 895. Kesselring n. 1. 20

Kretzer, Evgenivs (geb. am 26 Sept. 1848 in Koblenz): Theses theologicae ... ad obtinendvm gradvm licentiati S. S. theologiae ... Bonnae, typ. C. Georgi (1877). 6 S. 8.
Bonn, Ev.-theol. Fak., Thes. v. 7 März 1877

Kretzer, Frz., Beziehungen der Pflanze zur Außenwelt. Eine volkstüml. Naturbetrachtg. f. Schule u. Haus. (97 S.) gr. 8. Eßlingen 903. W. Langguth. Kart. n. — 80

Kretzer, Frz., Exkursionsflora des Herzogt. Braunschweig, s.: Bertram, W.

Lehren, Gebräuche und Verhalten der Irvingianer im Lichte der heiligen Schrift. Von Pastor [Friedrich Otto] Kretzer-Straach. *Wittenberg: P. Wunschmann 1902.* (22 S.) 8° [F.]

Kretzer, G. H. L., Geschichte des Centgerichts und der Pfarrei Maßbach. gr. 8. (265 S.) Meiningen 861, (v. Eye.) *

Kretzer, Heinrich: I. Ueber die Constitution der Ortho-Jodosobenzoësäure. II. Zur Kenntniss des Mesitylens und seiner Derivate. *Wiesbaden: C. Schnegelberger & C. 1898.* (37 S.) 8°
Heidelberg, Naturw.-math. Diss. v. [14. Juli] 1898

Kretzer, Johann Theodor

Kretzer, J. Th., method. Anleitung z. Schönschreiben f. nied. u. höh. Schulen. Nach d. neuesten Ansichten bearb. Nebst 40 Vorlegeblättern. qu. 1/2 Roy.-4. (32 Bl. Text u. 20 lith. Bl.) Coblenz 839, Hergt. *

Kretzer, Joh. Theod., kurze Beschreibung und Anweisung zum Gebrauche der prakt. Schulvorschriften für gefüllte Elementarschulen. (Nebst Anhang.) 12. (48 S.) Coblenz 847, Hölscher. *

Kretzer, Joh. Theod., 50 neue Fabeln f. d. jugendliche Alter. Mit 28 eingedr. Abbild. v. J. C. Herrmann. 8. (3⅝ B.) Neuwied 845, Steiner. 15 Ngr. col.

—— Fragen z. Wiederholung der prakt. Sprachdenklehre von Raimund Jakob Wurst. 2. Aufl. 12. (7⅚ B.) Coblenz 845, Hölscher.

—— Glaube, Liebe, Hoffnung, od. geistl. Lieder üb. die wichtigsten Lehren d. Christenthums, geoffenbaret in den Historien des alten u. neuen Testaments. 8. (16¾ B.) Neuwied 845, Steiner. *

——, Dr. Martin Luthers Leben u. Wirken. Ein Geschenk f. Confirmanden u. d. erwachs. Jugend. 16. (7¼ B.) Neuwied 839, Lichtfers.
Mit 19 Abbildungen

—— ausgewählte Sammlung ein- u. mehrstimmiger Gesänge f. Volksschulen, Familienkreise u. Gesangvereine. I. Abthl. Einstimmige Gesänge. 1. u. 2. Hft. II. Abthl. Zweistimmige Gesänge. 1. Hft. 2. Aufl. 8. (à 2 B.) Coblenz 845, Hölscher. à*

Kretzer, Joh. Theod., ausgewählte Sammlung ein- u. mehrstimmiger Gesänge f. Volksschulen rc. II. Abthl. Zweistimm. Gesänge. 2. Hft. 16. (3 B.) Coblenz 846, Hölscher. Thlr. *

—— dass. III. Abthl. 3- u. 4stimm. Gesänge. 1. Hft. 16. (3 B.) Ebds. 846. *

—— prakt. Schulvorschriften f. gefüllte Elementarschulen. 1. u. 4. Hft. qu. 8. (65 lith. Bl.) Ebds. 846. à*

—— praktische Schulvorschriften für gefüllte Elementarschulen bestimmt, aber auch beim häusl. und Privatunterricht brauchbar. 2. und 5. Heft. qu. 8. (126 Stnt.) Coblenz 848, Hölscher. à Heft * 15 Ngr. *
1. und 4. Heft. Ebendas. 1846. à Heft * 9 Ngr.

—— Wiederholungsfragen zu R. J. Wurst's prakt. Sprachdenklehre. gr. 12. (3 B.) Coblenz 841, Hölscher.

Kretzer, Max, das Armband. Erzählung. (181 S.) 8. Berlin (905). Verlag Continent. n. 2. —; geb. n. 3. —

Kretzer, Max, verbundene Augen. Roman. 2 Bde. 8. (230 u. 238 S.) Berlin 899. C. Duncker. n. 6. —

Kretzer, Max, der Baßgeiger, s. Universal-Bibliothek.

Kretzer, Max. Die Bergpredigt. Roman aus der Gegenwart. 2 Bde. 8. (251; 248 S.) Dresd. 890, Pierson. * 8 —; geb. * 10 —

Kretzer, Max, d. Bergpredigt. Roman aus d. Gegenwart. 3. Aufl. 8. (417 S.) Dresden 898. E. Pierson. n. 3. —

— die Bergpredigt. Roman aus d. Gegenwart. 4. Aufl. 8. (417 S.) Leipzig (901). P. List. n. 4. —; geb. 5. —

Kretzer, Max, die Betrogenen. Berliner Sitten-Roman. 2 Bde. 8. (276; 327 S.) Berlin 882, Kogge und Fritze. *

— die Betrogenen. Berliner Sitten-Roman. 2. Aufl. 2 Thle. in 1 Bd. 8. (VII, 372 S.) Dresden 891. E. Pierson. n. 3. —

— d. Betrogenen. Berliner Sitten-Roman. 3. Aufl. 2 Thle. in 1 Bd. 8. (372 S. m. Bildn.) Ebd. 898. n. 3. —; geb. n. 4. —

— die Betrogenen. Berliner Sitten-Roman. 5. Aufl. 2 Thle. in 1 Bde. 8. (VII, 372 S.) Ebd. (901). n. 4. —; geb. 5. —

Die Blinde. Maler Ulrich. Novellen von Max Kretzer. 2. Aufl. Dresden, Leipzig & Wien: Pierson 1897. 117 S. 8°
(Kretzer: Romane u. Novellen.) [II. 19403

—— Das bunte Buch. Allerlei Geschichten. 8. (289 S.) Ebd. 889. * 3 —

— Das verhexte Buch, s. Universalbibliothek

— die Buchhalterin. Roman. 2 Thle. in 1 Bd. 8. (381 S.) Ebd. 894. n. 5. —; geb. n. 6. —

— die Buchhalterin. Roman. 2. Aufl. 8. (380 S.) Ebd. (901). n. 5. —; geb. 6. —

Familiensklaven. Roman von Max Kretzer. Berlin: Continent [1904]. (376 S.) 8° [F.] [05. 11319

— Onkel Fifi, s. a. Bibliothek, naturalistische.

—— Onkel Fifi. 2. Tausend. 8. (116 S.) Berl. 891, Steinitz Verlag. * 1 50

Onkel Fifi. (Berliner Sittenbilder) von Max Kretzer. (2. Aufl.) *Berlin: H. Steinitz (1897).* (156 S.) 8° [F.]
— Bibliothek, Naturalistische. Bd 10. [01. 19906 11

— Furcht vor d. Heim u. and. Novellen, s. a. Roman-Gallerie f. Salon u. Reise.

— Furcht vor dem Heim u. andere Novellen. Berliner Geschichten. 3. Aufl. (142 S.) 8. Leipzig (910). P. List. 1.—; geb. 1.50

—— die beiden Genossen. Roman. 8. (III, 178 S.) Berlin 880, Kohn.

Kretzer, Max, die beiden Genossen. Socialer Roman. 2. verb. Aufl. 8. (III, 222 S.) Leipzig 887, Reißner. *

— die beiden Genossen. Socialer Roman. 3., verb. Aufl. 8. (221 S.) Dresden 894. E. Pierson. n. 2. —

— die beiden Genossen. Sozialer Roman. 4. Aufl. 8. (275 S.) Ebd. (901) n. 3. —; geb. 4. —

— d. Gesicht Christi. Roman aus d. Ende d. Jahrhunderts. 2 Thle. in 1 Bd. 3. Aufl. 8. (VIII, 330 S.) Dresden 897. E. Pierson. n. 3.50; geb. n.n. 4.50

— Das Gesicht Christi. Roman aus dem Ende des XIX. Jahrh. 5. Aufl. 2 Tle. in 1 Bde. (330 S.) 8. Ebd. (908). 4.—; geb. 5.—

— Großstadtmenschen. Neue Berliner Geschichten. 8. (III, 164 S.) Berlin 900. Düsseldorf, Fischer & Franke. n. 2. —

Kretzer, Max, gefärbtes Haar. Berliner Sittenbild. 8. (87 S.) Dresden 891. Leipzig, P. List. n. 1. —

— Herbststurm. Erzählung. (205 S.) 8. Berlin-Charlottenburg (906). Berlin, H. Steinitz. n. 2. 50; geb. in Leinw. n. 3. 50

— Herbststurm. Roman. 2. Aufl. (205 S.) 8. Berlin (907). H. Steinitz. 2. 50

— Das Hinterzimmer. Roman. 1. u. 2. Aufl. (332 S.) 8. Jauer 908. Glogau, Hellmann. 4.—; geb. 5. —

— der Holzhändler. Roman. 2 Bde. 8. (292 u. 290 S.) Berlin 900. Düsseldorf, Fischer & Franke. n. 6. —

— Irrlichter u. Gespenster. Volksroman. Bilderschmuck v. Rich. Lotter u. Hans W. Schmidt. 58 Hfte. gr. 8. (1. Bd. 489 S., 2. Bd. 478 S. u. 3. Bd. 408 S.) Weimar 893. Schriften-Vertriebsanstalt. n. 8. —; geb. n. 12. —
Bildet zugleich Bd. 7—9 des „Familienbücherschatz".

— Das Kabarettferkel u. a. Neue Berliner Geschichten. 2. Aufl. (188 S.) 8. Berlin (907). H. Steinitz. 2. —

Kretzer, Max: Das Kabarettferkel u. a. Neue Berliner Geschichten von –. 6. Aufl. Berlin: Steinitz [1907]. 183 S. 8°

— treibende Kräfte. Roman. (467 S.) gr. 8. Berlin (903). Verlag Continent. n. 5. —; geb. n. 6. —

Die Kunst zu heirathen. Ein Possenspiel in 3 Acten von Max Kretzer. *Berlin: Fischer & Franke 1900.* (134 S.) 8° [F.] [00. 9450

— Leo Lasso. Schauspiel in 4 Aufzügen. (128 S.) 8. Jauer (907). Glogau, Hellmann. 1. 50

Leo Lasso. Schauspiel in 4 Aufz. von Max Kretzer. Jauer, Leipzig, Berlin: O. Hellmann [1907]. (128 S.) 8° [F.] [08. 2443

— die Madonna v. Grunewald. Roman. 8. (VII, 358 S. m. Bildnis.) Leipzig (901). P. List. n. 5. —; geb. 6. —

— Magd u. Knecht, s. a. Eckstein's moderne Bibliothek. Nr. 33.

Magd und Knecht. Novellen von Max Kretzer. 1.–10. Taus. *Berlin: R. Eckstein Nachf. [1903].* (96 S.) 8°
— Bibliothek. Ecksteins Moderne. No 33. [03. 13643

Der Mann ohne Gewissen. Roman von Max Kretzer. 2. Taus. Berlin: Continent [1905]. (488 S.) 8° [F.] [08. 3347 11

Kretzer, Max, ein verschlossener Mensch. Roman. 2 Bde. 8. (213; 208 S.) Leipzig 888, Reißner. *

— ein verschlossener Mensch. Roman. 2 Thle. in 1 Bde. 2. Aufl. Mit e. Bilde des Verf. 8. (272 S.) Dresden 900. [E. Pierson.] Leipzig, P. List. n. 3. —; geb. n. 4. —

—— Der Millionenbauer. Roman. 2 Bde. 8. (225; 263 S.) Lpz. 891, W. Elischer Nachf. * 6 —; geb. * 8 —
—— dass. — s. Universal-Bibliothek Nr. 2828.

— d. Millionenbauer. Roman. 2. Aufl. 8. (354 S. m. Bildn.) Leipzig 896. B. Elischer Nachf. n. 4. —; geb. n. 5. —

— der Millionenbauer. Roman. (354 S. m. Bildnis.) 8. Jauer (906). O. Hellmann. Geb. n. 4. —

Der Millionenbauer. Roman von Max Kretzer. 3. bis 7. Taus. Leipzig, Jauer, Berlin: O. Hellmann [1906]. (254 S.) 8° [F.] [07. 1500

— Frau v. Mitleid u. and. Novellen. 8. (III, 138 S.) Berlin 896. H. Steinitz. n. 1. —

— Mut zur Sünde. Roman. 1. u. 2. Aufl. (324 S.) 8. Glogau (909). Hellmann. 4.—; geb. 5. —

— – Berliner Novellen und Sittenbilder. 2 Bde. 8. Jena 883, Costenoble. à Bd. * *M* 1. *
Inhalt:
Bd. 1. Polizeiberichte. Der alte Andres. (129 S.)
" 2. Die Zweiseelenmenschen. (146 S.)

—— Berliner Novellen und Sittenbilder. [Polizeiberichte. Der alte Andres. Die Zweiseelenmenschen.] 2 Thle. in 1 Bd. 2. (Titel-)Aufl. 8. (129; 146 S.) Jena 888, Costenoble. *

— das Räthsel des Todes u. andere Geschichten. 8. (289 S.) Ebd. 901. n. 3. —; geb. 4. —

— Reue. Roman. (III, 210 S.) 8. Leipzig (910). B. Elischer Nachf. 3.—; geb. in Leinw. 4. —

—— im Riesennest. Berliner Geschichten. 8. (III, 155 S.) Leipzig 886, [Friedrich.] Reißner. *

— im Riesennest. Berliner Geschichten. 2. Aufl. 8. (163 S.) Dresden 895. E. Pierson. n. 1. 50; geb. in Halbleinw. n. 2. 50

— sonderbare Schwärmer, s. a. Kürschner's Bücherschatz.

— – sonderbare Schwärmer. Roman. 2 Bde. 8. (317; 224 S.) Berlin 881, Kogge und Fritze. *

— sonderbare Schwärmer. Roman. 2. Aufl. 2 Tle. in 1 Bd. 8. (IV, 408 S.) Großenhain 892. Baumert & Ronge. n. 3. —; geb. n. 4. —

Kretzer, Max: Sonderbare Schwärmer. Roman von –. Bd. 1. 2. Mit Ill. von W. Roegge. Berlin, Eisenach, Leipzig: H. Hillger [1903]. 2 Bde. 8°
= Bücherschatz, Kürschners. No. 380. 381.

— Schwarzkittel od. die Geheimnisse d. Lichthofes, s. a. Spamer's, Otto, neue Volksbücher.

— – Schwarzkittel oder die Geheimnisse des Lichthofes. Wahrheit und Dichtung aus den Arbeitsstätten einer großstädt. Fabrik. Erzählung. Mit Kopfleisten, Initialen und 6 Tonbildern nach Zeichnungen von Wilh. Claudius. 8. (VIII, 175 S.) Leipzig 882, Spamer. * *M* 1,25.; cart. *

[F.] Max Kretzer. Berliner Skizzen. *Berlin: C. Duncker 1898.* (2 Bl., 189 S.) 1 Bd 8. [98. 6034

—– gesammelte Berliner Skizzen. 8. (140 S.) Berlin 883, F. Luckhardt. *

— d. Sohn d. Frau. Schausp. in 3 Aufzgn. 8. (134 S.) Dresden 899. E. Pierson. n. 2. —

Söhne ihrer Väter. Roman von Max Kretzer. Jauer, Leipzig, Berlin: O. Hellmann [1907]. (478 S.) 8° [F.] [08. 2444

Söhne ihrer Väter. Roman von Max **Kretzer**. 2. Aufl. Jauer, Leipzig, Berlin: O. Hellmann [1907]. (478 S.) 8° [F.] 08. 3931 2

— Die Sphinx in Trauer, s.a. Bücher, die, des deutschen Hauses.

— die Sphinx in Trauer. Roman. (245 S.) 8. Berlin 903. E. Fleischel & Co. 3. 50; geb. 5. —
Ladenpreis aufgehoben.

Die Sphinx in Trauer. Roman von **Max Kretzer**. *Berlin: F. Fontane & Co. 1903.* (245 S.) 8° [F.] 03. 5085

Die Sphinx in Trauer. Von Max **Kretzer**. Ill. von B. Gestwicki. (Vorr.: Karlernst Knatz.) Berlin-Leipzig: Buchverl. fürs Deutsche Haus 1908. (301 S.) 8° [F.]
— **Bücher**, Die, d. Deutschen Hauses. Reihe 1. Bd 6. 08. 5768

— Im Sturmwind des Sozialismus, s.a. Kürschner's Bücherschatz.

— — im Sturmwind des Socialismus. Erzählung aus großer Zeit. 8. (205 S.) Ebendas. 884. *

Im Sturmwind des Sozialismus. Erzählung aus großer Zeit von Max **Kretzer**. Berlin, Leipzig: H. Hillger [1907]. (111 S.) 8° [F.]
— **Bücherschatz**, Kürschners. No 562. 07. 15378

— im Sündenbabel. Berliner Novellen und Sittenbilder. 8. (221 S.) Leipzig 886, Reißner. *

— der wandernde Thaler. Eine Märchendichtg. in 5 Akten. 8. (171 S.) Leipzig 902. B. Elischer Nachf. n. 3. —; geb. in Leinw. n. 4. —

— Meister Timpe. Sozialer Roman. 8. (327 S.) Berlin 888, S. Fischer, Verlag. *M 6.—; geb. *

— Meister Timpe. Sozialer Roman. Neue wohlf. [Titel-] Ausg. 8. (327 S.) Berlin 891. S. Fischer Verl. n. 3. —

— dasselbe. 2. Aufl. 8. (365 S.) Dresden 895. E. Pierson. n. 3. —; geb. in Leinw. n. 4. —

— Meister Timpe. Sozialer Roman. 3. Aufl. 8. (366 S.) Leipzig (901). P. List. n. 4. —; geb. 5. —

— Meister Timpe. Sozialer Roman. 4., durchgeseh. Aufl. (347 S.) 8. Leipzig (908). P. List. 4.—; geb. 5. —

— d. gute Tochter. Roman. 8. (393 S.) Ebd. 895. n. 5. —

— die gute Tochter. Roman. 2. Aufl. 8. (394 S.) Ebd. (901). n. 5. —; geb. 6. —

— bürgerlicher Tod. Drama in 5 Aufzügen. 8. (109 S.) Dresden 888. Pierson's Verlag. *

— e. Unberühmter u. and. Geschichten. 8. (III, 171 S.) Ebd. 895. n. 2. —; geb. n. 3. —

— die Verderberin. Schauspiel in 3 Aufzügen. gr. 16. (162 S.) Berlin 900. Düsseldorf, Fischer & Franke. n. 2. —

— die Verkommenen. Berliner Roman. Mit einem Vorwort des Verf. 2 Bde. 8. (VIII, 304; 414 S.) Ebendas. 883. *

— die Verkommenen. Berliner Sitten-Roman. 2 Tle. in 1 Bde. 3. durchgeseh. Aufl. 8. (VI, 193 u. 249 S. m. Bildnis.) Leipzig 900. F. Luckhardt. n. 5. —; geb. n. 6. —

— Die Verkommenen. Berliner Sitten-Roman. 4. Aufl. (VIII, 440 S. m. Bildnis.) 8. Leipzig (909). B. Elischer Nachf. 4.—; geb. in Leinw. 5. —

— warum? Roman. 8. (363 S.) Dresden 900. [E. Pierson.] Leipzig, P. List. n. 5. —; geb. n. 6. —

— Warum? Roman. 2. Aufl. (363 S.) 8. Leipzig (908). P. List. 3.—; geb. 4. —

— was ist Ruhm? Roman. (382 S.) 8. Charlottenburg (905). [Verlag Eigen.] Berlin, H. Steinitz. n. 5. —; geb. in Leinw. n. 6. 50

Was ist Ruhm? Roman von Max **Kretzer**. 2. Aufl. Berlin-Charlottenburg: Verl. Eigen [1907]. (382 S.) 8° [F.] 07. 11346

— drei Weiber. Berliner Kultur- und Sitten-Roman. 2 Bde. 8. (296; 233 S.) Jena 886, Costenoble. *

— Drei Weiber. Berliner Sittenroman. 3., durchgeseh. Aufl. (325 S.) 8. Ebd. (910). 3.—; geb. 4. —

Kretzer, Maximilianus, Halberstadensis: De Romanorum vocabulis pontificalibus. *Halis Sax. 1903: Wischan & Wettengel.* (81 S.) 8°
Halle, Phil. Diss. v. 1903

Kretzer, Th.

— methodische Anleitung zum Schönschreiben f. niedere u. höhere Schulen. Nach d. neuesten Ansichten bearbeitet. Nebst 40 Vorlegeblättern. qu. 1/2 Roy.-4. Coblenz 839. Hergt. n. 5/6 ₰

Kretzer, Theodor (Hueckeswagen/Rhld.), De combustionibus earumque dignitate in foro. Diss. med. Bln. (Gebr. Schlesinger) 5. X. 1849. 32 S. mit Biogr. (M.: C. Hembach). (5.50) 19515
Oppon.: L. Fincke, W. Berghaus, C. v. Arnim. — Gew.: Ludwig (Kretzer: Bruder).

Kretzer, Th., M. Luther's Leben u. Wirken, ein Geschenk für Confirmanden u. die erwachsene Jugend. Mit 19 Abbildd. gr. 16. Neuwied 839 Lichtfers. 1/2 ₰ Ohne Abbildd. blos mit Luthers Portr. 1/4 ₰

Kretzer, W., s.: Fraction, die, der Antisemiten im Reichstage.

Kretzmann, Friedrich Karl, Gerichtsref. aus Elberfeld: Die Bedeutung der ehefraulichen Prozessfähigkeit des § 51 C.-P.-O. unter den verschiedenen ehelichen Gütersystemen des Römischen und des Deutschen Rechts und des Bürgerlichen Gesetzbuches. *Bonn 1898: Hauptmann.* (66 S.) 8° [F.]
Erlangen, Jur. Diss. v. 16. Okt. 1898

Kretzmann, Frdr. Carl, Gedichte. gr. 16. (V, 88 S.) Stuttgart 896. Greiner & Pfeiffer.
Geb. in Leinw. m. Goldschn. n. 2. 40

Kretzmann, Frdr. Karl, neue Gedichte. 8. (83 S.) Wismar 902. Willgeroth & Menzel. n. 1. 80; erh. Pr. n. 2.—

Kretzschmar, Heinr., Repertorium des königl. sächsischen Grund- und Hypothekenrechts. gr. 8. (IV, 158 S.) Leipzig 884, Roßberg'sche Buchh. *

Kretzmer, Eugen, cand. med. a. M.-Gladbach: Ueber seltene Befunde bei Appendicitis. 1. Fall: Empyem und Hydrops des Wurmfortsatzes mit Invagination des Coecumkopfes. 2. Fall: Ein Fall von permanenter Appendixfistel. ⟨Mit Abbildungen.⟩ München 1907: O. Böck. (24 S.) 8°
München, Med. Fak., Ref. v. Angerer, Diss. v. 29. Mai 1908
[Geb. 15. Juni 83 M.-Gladbach (Rheinprovinz); Wohnort: M.-Gladbach; Staatsangeh.: Preußen; Vorbildung: Oberrealsch. M.-Gladbach Reife O. 02, Erg.-Prüfung Realgymn. Coblenz O. 03; Studium: Freiburg i. B. 3, Leipzig 3, Berlin 2, München 2 S.; Coll. 29. Mai 08; Approb. 21. Mai 08.]

Kretzschmar,

— s. a. **Krezschmar.**

Kretzschmar, das Schießverfahren m. Maschinengewehren. Praktische Winke f. die Ausbildg. der Maschinengewehr-Kompagnien in schießtechn. Hinsicht, nebst e. Anh.: Aufgaben f. das gefechtsmäß. Schießen. (56 S.) kl. 8. Oldenburg (910). G. Stalling's Verl. — 80

Kretzschmar, wer war Jesus? Vortrag, geh. im Febr. 1907. (14 S.) 8. Dresden 907. C. L. Ungelenk. — 30
Sonderabdruck aus: Pastoralblätter f. Homiletik".

Kretzschmar, A., der junge Amerikaner zur See oder das Leben auf dem Schiffe. Eine wahre, lehrreiche und unterhaltende Erzählung für die Jugend. Nach dem Engl. bearb. 2 Bde. 8. (XII und 307 S. mit 8 ill. Kpfrt.) Leipzig 852, Baumgärtners Buchh.

Kretzschmar, A. (I.), Anleitung z. Correspondenz in engl. u. franz. Sprache bestehend in ein. Samml. v. Briefen üb. Vorfälle u. Gegenstände des Privatlebens so wie der Geschäfts- u. Handelswelt. Deutsch mit e. Phraseologie z. Uebersetzen in's Engl. u. Französische. 1. Thl. A. u. d. T.: Anleitung zur Privat-Korrespondenz. 8. (10⅛ B.) Leipzig 843. [Bamberg.]

Kretzschmar, A., s. Bancroft, G., Geschichte d. vereinigten Staaten von Nordamerika.

— s. Blessington, Memoiren einer Kammerfrau.

— s. Boz, Bilder aus Italien.

— s. Bulwer's sämmtl. Werke, 48.—50. Bd.

Kretzschmar, A. (II.), Richard Cobden, der Apostel der Handelsfreiheit, u. die jüngste staatsökonomische Revolution in Groß-britannien. Nach den besten engl. u. franz. Quellen. 8. (7 B.) Grimma 846, Verlags-Comptoir.
vgl. Kretzschmar, Karl August

— s. Disraeli Contarini Fleming.

Kretzschmar, A., s. G. Engelmann, Lithographie.

— s. Eothen.

— Europa, das östliche. —

KRETZSCHMAR, A. Frauenleben unter den Mormonen. Vieljährige Erlebnisse der Gattin eines Ältesten der Mormonen. Leipzig 1856. 3 Teile in 1 Bde. 8°.

Kretzschmar's, A., allgemeines Fremdwörterbuch. Alphabet. Verzeichnis der in Sprache und Schrift vorkommenden nichtdeutschen Wörter, deren Abstammung, Betonung und Verdeutschung. Bearb. von Karl Böttcher, unter Mitwirkung von Mothes und J. Kalau vom Hofe. Mit einem Anhang, enthaltend die gebräuchlichsten der dem kaufmänn. Verkehr eigentüml. jüdisch-deutschen Ausdrücke. gr. 8. (VI, 378 S.) Leipzig 882, Gloeckner. *M* 2,50.; geb. *

Kretzschmar's, A., allgemeines Fremdwörterbuch. 8. Aufl., bearb. v. K. Böttcher, unter Mitwirkg. v. Mothes u. J. Kalau vom Hofe. Mit e. Anh., enth. die gebräuchlichsten der dem kaufmänn. Verkehr eigentüml. jüdisch-deutschen Ausdrücke. gr. 8. (VI, 362 u. Anh. 16 S.) Leipzig 887. Gloeckner. n. 2. 50; geb. n. 3. —

Kretzschmar's allgemeines Fremdwörterbuch. Alphabetisches Verzeichnis der in Sprache u. Schrift vorkomm. nichtdeutschen Wörter, deren Abstammg., Betong. u. Verdeutschg. 4. Aufl., bearb. v. Frdr. Purlitz. (VIII, 414 S.) gr. 8. Leipzig (907). G. A. Gloeckner. Geb. in Leinw. 3. 20

Kretzschmar, A. (I.), allgemeines Fremdwörterbuch für Handel und Gewerbe. Alphabetisches Verzeichniß der in Sprache und Schrift vorkommenden nichtdeutschen Wörter, deren Abstammung, Betonung und Verdeutschung; nebst Erklärung der dem kaufmänn. und gewerbl. Verkehr eigenthüml. Fachausdrücke, sowie der Benennungen ausländ. Waaren und Fabrikate. 6 Hefte. gr. 8. (VI und 401 S.) Leipzig 862,63, Spamer. à Heft * 5 Ngr. *
geb. *

— s. Gefängnißprediger, der.

Kretzschmar, A., Geschichte Ludwig Napoleon's des Dritten, Kaisers der Franzosen. Dem deutschen Volke erzählt. 1—4. Bd. gr. 16. Salzkotten. [Emsdetten,] v. Sobbe. [1. Bd. (VIII und 208 S.) 860., 2. und 3. (XII und 449 S.) 860., 4. (VIII und 207 S.) 861. à Bd. * 25 Ngr.] *

Kretzschmar, A. (II.), Geschichte Ludwig Napoleon's des Dritten, Kaisers der Franzosen. Dem deutschen Volke erzählt. 5. Bd. 1. und 2. Heft. gr. 16. (S. 1—160.) Emsdetten 863, v. Sobbe's Verlag. à Heft 8⅓ Ngr.
1.—4. Bd. Ebendas. 1860,61. 3 Thlr. 16 Ngr.

Kretzschmar, A., Geschichte Ludwig Napoleon's des Dritten, Kaisers der Franzosen. Dem deutschen Volke erzählt. 5. Bd. 3. (Schluß-)Heft. gr. 16. (VIII, S. 161—222.) Salzkotten 877, (v. Sobbe.)
1.—4. Bd. und 5. Bd. 1. und 2. Heft. Ebendas. 1860—63. *M* 11,70.

— s. James, G. P. R., der Schmuggler.

— s. Marston, oder Geheimnisse eines Staatsmannes.

Kretzschmar, A., Paulus, d. Apostel d. Herrn, ein Vorläufer d. Gustav-Adolf-Werkes. Festpredigt, bei der 61. Jahresfeier d. Dresdner Hauptvereins d. Gustav-Adolf-Stiftg. am 10. Juli 1895 in Bernstadt i. Sachsen geh. gr. 8. (16 S.) Dresden 895. F. Sturm & Co. n. — 20

— s. Peel's, Rob., Rede gegen die Schutzzölle. —

— s. Perrault, oder Sklaven u. Herren.

— s. Sammlung brit. Autoren, III. —

— s. Sammlung der neuern u. besten Romane d. Franzosen, Briten, Italiener zc., 2. Bd.

— s. Sommer, ein, in Rußland.

— s. a. Stimme aus England.

— Stimme aus England über den polit. Zustand Preußens. 16. (4 B.) Grimma 846, Verlags-Compt.
Aus: Edinburgh Review 1846.

Kretzschmar, A., Illustrierte Turnabende, nach Leipziger Schule d. Riegenführern, 6 Taf., 4°.

Kretzschmar, A. v. (Hrsg.), s. Turnmutter, Die.

* **KRETZSCHMAR**, A., und A. W. v. Zuccalmaglio. — Deutsche Volkslieder mit ihren Originalweisen, hrsg. von A. Kretzschmar. Th. 1. Berlin 1840. — Th. 2 von W. v. Zuccalmaglio. Ibid. eod. a. 8°. (Auch in Breslau, Kgl. u. Univ.-Bibl.: Lit. Teut. I 8° 135 d, 2 voll.) (6 Mk. M. Edelmann, Nürnb., 1901.)

Kretzschmar, Ad., medicinischer Wegweiser für den Bürger u. Landmann. 12. Zwickau 844. (Leipzig, Klinkhardt.) 4 ngl

Kretzschmar, Adph., der gewissenhafte Hausarzt für den Bürger und Landmann. Enthaltend die bewährtesten Mittel gegen alle vorkommenden Krankheiten im Leben des Menschen. 2. Aufl. 8. (112 S.) Chemnitz 880, Hager.

Kretzschmar, Adolph Christian

Kretzschmar, Ad. Chr. I., Beitrr. zu den Vorschlägen, wie d. Unterricht in d. deutschen Stadt- u. Dorfschulen mit Nutzen u. die ganze Schulverfassung zweckmäßig einzurichten sey? 8. Frberg 809. Craz u. G. 12 Kr

— theoret.-prakt. Bemerkk. über d. Verbindung der in Sachsen gewöhnl. Kirchenstuhlrechte mit den örtl. Observanzen. 8. Lübben 809. Gotsch. 1 Th 4 Kr

— — (Mittweida), **Commentatiuncula, in qua interpretum in explicandis libris divinis dissensum non esse impedimentum indagandi et inveniendi veri eorum sensus, omninoque e virorum eruditorum dissensione veritatis cognoscendae et dijudicandae nullum oriri obstaculum, ostendit simulque et quidem praecipue viro Victorino Erenetheo Facilidi discedenti a diaconatu Mittweydensi et ad ephoriam Rochlitiensem progredienti, . . . Chemnitz (Kretschmar) 1827. 48 S. mit Namen. (6.—)** 19519

Kretzschmar, Ad. Chr. II., neue Darstell. d. philosoph. Religionslehre. 8. Leipz. 823. Klein. 1 Th 4 Kr

Kretzschmar, Ad. Chr., Nachrichten aus der alten u. neuen Zeit, welche die Stadt Mittweyda betreffen u. den Bewohnern derselben, so wie zum Theil auch der umlieg. Gegend denkwürdig sind. 2 Bde. Mit 1 Ansicht von Mittweyda. 8. Mittweyda 841, Billig. 2 Th

— — (Frankenberg) u. **Heinrich Ferdinand Richter** (Weissagk/Lausitz), **De prima et secunda animi humani natura sive de primariis et secundariis viribus, una cum ipsarum facultatibus, formis et legibus, spectatis. Diss. philos. Lpz. (Staritz) 20. VI. 1821. 31 S. (5.50)** 19518
Gew.: Peter Carl Wilhelm Graf v. Hohenthal (Königsbrück).

— — **De saeculi, genio, hominum de veritate judicia interdum corrumpente, sed veritatem ipsam nunquam tollente, paucula disserit. Chemnitz (Kretschmar) 1828. 66 S. (6.20)** 19520

— Predigt bei Gelegenheit d. sächs. Königswürde u. des Friedensfestes, nebst histor. Nachrichten. gr. 8. Frberg 807. Craz u. G. 3 Kr

Kretzschmar, M. Adolph Christian (Frankenberg). **Sermones paraenetici, quos ad juvenes nonnullos studio theologico addictos. Dresden (Harpeter) 1801. 59 S. (6.—)** 19516

— — **Viro Friedrich August Unger (Chemnitz) summos in theologia honores . . . gratul. . . . Chemnitz (Kretschmar) 1830. 20 S. mit Namen. (4.50)** 19521

— — (Mittweida), **De nonnullis doctoris evangelici virtutibus et vitiis ex mente et exemplo Christi ejusque apostolorum. Grimma (Goeschen) 1821. 62 S. (6.—)** 19517

Zur Erinnerung an den 12. April 1866. 1891. In treuergebener Bruderliebe allen lieben Brüdern dargebracht. Albert **Kretzschmar**, Otto **Plessner**. Berlin [1891]: Greve. 2 Bl. 8° [Umschlagtit.]
Gedicht.

Kretzschmar, Julius Albin [illegible] in Sachsen-Altenburg 20. 12 [illegible] Die Chorea in ihrer Beziehung zu Rheumatismus und Endocarditis. Berlin [illegible]
Berlin, Med. Diss. [illegible]

KRETZSCHMAR, ALFRED. Ueber die Einwirkung von Acetylchlorid und Benzoylchlorid auf einige Amide. Leipzig, 1876.

Kretzschmar, August [Übers.]
s. Ainsworth, W.H.: Der Verschwender. 1857.

Kretzschmar, Aug., ein frommer Betrug. Orig.-Roman. 3 Bde. Berlin 870. Deutsches Verlags-Institut. 8. (III, 212; III, 228 u. III, 244 S.) n. 3 Th

Kretzschmar, August [Übers.]
s. Braddon, Mary Elisabeth: Rupert Godwin. 1868.

— Camelie, s. Novellenstrauß.

Kretzschmar, August [Übers.]
s. Carlén, E.: Ein Gerücht. 1850 - 1851.

— eine moderne Königin Christine. Die feinen Studenten, s. Geschichten, bizarre.

Kretzschmar, August [Übers.]
s. Collins, William Wilkie: Ein Geheimniss. 1875

Kretzschmar, August [Übers.]
s. Collins, W.W.: Ein tiefes Geheimnis. 1862.

Kretzschmar, August [Übers.]
s. Dumas, A.: Supplement. Der Graf von Monte-Christo. 1855.

— die Erbschaft oder des Goldes Fluch und Segen. Ein Lebensbild. 3 Bde. Leipzig 868. C. F. Schmidt. 8. (250, 254 u. 235 S.) 3 Thlr.

—— Es hat nicht sollen sein. Auch eine Geschichte, die nicht mit der Heirath schließt. 3 Bde. 8. (259; 227; 255 S.) Leipzig 868, Rötschke. [Zander.] (ℳ 9.)

— es hat nicht sollen sein. Auch eine Geschichte, die nicht mit der Heirath schließt. 3 Bde. Leipzig 870. Rötschke. 8. (259, 227 u. 255 S.) 3 Thlr.

Kretzschmar, August [Übers.]
s. James, G.P.R.: Beauchamp. 1846.

Kretzschmar, Aug., die Intriguanten. Original-Roman. 3 Bde. 8. (194; 191; 197 S.) Leipzig 872, Kollmann.
—— dass. — u. d. T.: Ein Vagabundenleben oder die Intriguanten. Neue Ausg. 3 Thle. in 1 Bd. 8. (194; 191; 197 S.) Leipzig 873, Literatur-Büreau. [Zander.] (ℳ 3.)

Kretzschmar, August [Übers.]
s. Mulock, Dinah Maria: Leben um Leben. 1861.

Kretzschmar, August [Übers.]
s. Mulock, Dinah Maria: Die Ogilvies. 1863.

—— eine Nothlüge. Originalroman. 3 Bde. 16. (IX, 678 S.) Leipzig 868, Kollmann.

Kretzschmar, August [Übers.]
s. Porter, Jane: Erzählungen beim Kaminfeuer. 1827.

—— 250 Puns and Conundruns. Englische Wortwitze und Wortspiele gesammelt und erläutert. gr. 16. (80 S.) Zürich 870, Verlags-Magazin. [Salzwedel, Schuster's Wwe.] *

Kretzschmar, August [Übers.]
s. R*, Emilie: Ada oder Die Pietisten. 1865.

Kretzschmar, August [Übers.]
s. Reade, Charles: Wer lieben will, muß leiden. 1858.

Kretzschmar, August [Übers.]
s. Reid, Mayne: Die Buschknaben. 1856.

Kretzschmar, August [Übers.]
s. Schwartz, Marie Sophie: Der Hänfling. 1867.

— die Sclavinnen der Nadel, s. Lese-Cabinet.

—— die Tochter des Arbeiters. Ein Genrebild. Frei nach dem Schwed. 3 Bde. 8. (191; 190; 157 S.) Leipzig 870, Kollmann. *

— die Wahrheit über die Stenographie und Beweis der fast gänzl. Werthlosigkeit dieser Kunst für den allgemeinen schriftl. Verkehr. Leipzig 866. C. F. Schmidt. 8. (82 S.) 12 ngr.

Kretzschmar, Carl, s. Kretzschmar, Karl

Kretzschmar, Carl Theodor, s. Kretzschmar, Karl Theodor

Kretzschmar, Carl Traugott, s. Kretzschmar, Karl Traugott

Kretzschmar, Chr., v. d. sogen. Stufenjahren. 4. Dresden, Heckel. 745.

Kretzschmar, Chr. Fr., († 1813.) Abriß d. bürgerl. Fundamentalhistorie. 8. Leipz. 775. Hilscher. 3 gr.

— **Christian Friedrich** (Dresden), Ex quibus principiis controversiae matrimoniales catholicorum in consistoriis evangelicis decidendae sint? Comment. jur. eccles. Wittbg. (Adam Christian Charisius) 18. X. 1802. 24 S. (5.—) 19524

Kretzschmar, Christian Gottfried

Kretschmar, Chr. Gf., († d. 9. Jan. 1829.) Chemnitz wie es war u. wie es ist; Ortbeschreibung u. geschichtl. Abriß d. Stadt. 8. Chemnitz 824. Kretschmar. 1 Thlr. 18 gr.

Kretschmar, Chr. Gf. s. a. Eleonora, Königin v. Frankreich.

ELEONORE, Königin von Frankreich (Gemahlin Ludwig's VII., welchen sie betrog und von der er sich scheiden liess). Oder Geschichte des zweyten Kreuzzuges dialogisirt (von *Christian Gottfr. Kretzschmar*, 1767—1829). 2 Thle. Mit 1 Titelkpf. (Richter del., Grünler sc.). Chemnitz 1791 bis 92. 8°. (5 Mk., gering fleckiges Expl., Südd. Antiqu., 1907.)
Goedeke V, 522, 34. — Einiges etwas frei.
— — Dasselbe. (Nachdruck.) Mit 2 TKpfrn. (1 unsign., 2: C. Sambach inv., S. Mansfeld sc.) Hohenzollern (Wien Wallishauser) 1793. 8°.
1: 216 S. (incl. Tit., auf d. Rücks. „Personen" u. 1 Bl. Vorwort). 2: 292 S. (incl. Tit. u. 1 Bl. Nebentitel, auf d. Rücks. „Personen").
Anon.-Lex. II. p. 18 (nach Kayser, Weller u. Meusel).
S. auch Wörterbuch der Liebe I, Lpz. 1821. Nr. 26.

— Ode: d. vaterstädt. Todtenfeier Chr. Glo. Heyne's, Hofr. u. Prof. in Göttingen. 4. Chemnitz 812.

— s. Volkskalender, Chemnitzer.

Kretzschmar, Christoph

Kretzschmar, Cph., s. *Aelian*.

— — Commentationis de favore serenissimae domus Saxonicae in litteras et scholas sectio I. — Ad duplicem actum oratorium IX. optimae spei juvenum Cruciani discipulorum partim scholae valedicentium memorias sereniss. quatuor Augustorum nec non totidem Fridericorum domus Saxonicae renovantium. Friedrichstadt (Hagenmüller) 14./15. V. 1764. 18 S. (4.—) 19540
Jo. Frid. Wilh. Pribus (Dresd.), Carl Traugott Kretzschmar (Dresd.), Jo. Gottreich Wild (Grunhayna/Hermund.), Jo. Gottlob Bergold (Altenberg/Misn.), Sam. Gotthelff Goezzius (Tarand), Jac. Wilh. Constantin Ziegra (Dresd.), Jo. Christian Kloeppel (Dresd.), Erhard Frid. Seytz (Sacca/Misn.), Jo. David Lang (Dresd.), Jo. Christian Hasch (Niskau/Misn.)

— — (Lycei Cruciani rector), Lex Romulea de proditionis crimine praevaricantium patronorum et clientium. — Ad actum oratorium VI. bonae spei juvenum de proditione et proditoribus. Dresden (Johann Wilhelm Harpeter) 25. II. 1763. 10 S. (2.50) 19539
Jo. Traugott Tzscheyl (Lausen), Frid. Wilhelm Hess (Rochlitz), Peter Lentsch (Plessen), Jo. Andr. Ehlig (Dresden), Jo. Christian Thiers (Somsdorf), Christian Gottfried Heinrich (Dahlen).

— — (Cruciani Rector), Meditationes posterioris de pietate clientis Romani in patronum sectio VI. De cliente salutatore hujusque particula prior quae praevia V. bonae spei juvenum ex iisque trium scholae valedicentium actum oratorium de librorum lectione. Dresden (Jo. Wilh. Harpeter) 3. V. 1754. 8 Bl. (4.—) 19531
Christian Heinrich Hecht (Dresd.), Johann Gottlob Flad (Dresd.), Johann Christian Koehler (Dresd.), Gottlieb Merckel (Ringethal), Johann August Goerentz (Dresd.).

— — Dasselbe. Particula posterior quae praemissa periculum oratorium a VI. bonae spei juvenibus de verae pietatis utilitate. Dresden (Jo. Wilh. Harpeter) 25. X. 1754. 8 Bl. (3.30) 19532
Johann Christian Foerster (Dresd.), Carl August Gelhaar (Wilsdrupp.), Christian Gotthard Grahl (Leuben), Johann Gottfried Schaefer (Camenz), Carl Christian Koch (Domitzsch), Johann Benjamin Hahn (Dresd.).

— **M. Christoph** (Rector), Ut benevoli bonarum artium fautores, inprimis ampl. senatus benignique scholarum curatores quinque optimae spei juvenum oratiunculas in schola novae ad Dresdem urbis . . . simulque de nomine scholae disserit. Dresden (Jo. Wilhelm Harpeter) 16. X. 1733. 15 S. (4.—) 19525
Gottlob Leonhard Manick (Dresden), Johann Ferdinand Krippner (Dresd.), Johann Christian Sippel (Battinensis), Christian Benjamin Schaiblin (Dresd.), Christian Sigismund Laurich (Dresd.).

— — Commentatio IV. de patroni officiis in clientes ad mentem Dionysii Halicarn. L. II. antiqu. Rom. inprimisque in praesenti de forensi defensione clientium sectio prior. — Ad actum valedictorium de solaminibus miserorum in summa temporis injuria IV. bonae spei discipulorum scholae valedicentium, ac III. aliorum studia inter nostrates imposterum continuaturorum. Dresden (Jo. Wilh. Harpeter) 29. IV. 1757. 20 Seiten. (4.—) 19534
Gottfr. Leberecht Mentzer (Dresd.), Jo. Gottfr. Vogler (Thalewitz/Misn.), Christoph Jonath. Koerner (Dresd.), Jo. Benjam. Steltzner (Zeithayn. Misn.), Curt Heinr. Rudolph Ladius (Elsterwerda), Christian Heinr. Hecht (Dresd.), Jo. Gottlieb Hannauer (Harthens./Misn.).

— — (scholae novae ad Dresdam urbis rector), Vires suas in dicendi arte acquisitas nonnulli scholae hujus discipuli tentabunt quorum oratiunculas recit. — De scholarum origine decimum quintum disserit. Dresden (Harpeter) 9. XII. 1740. (S. 213—224.) (3.—) 19528
Friedrich Christlieb Dalichov (Hennersdorff), Georg Christoph Balg (Poeblens.), Carl Gottlieb Kretzschmar, Christoph Heinrich Weiss (Dresden).

— — De praevaricatione patronorum ac clientium disserere iterum pergit. — Ad exercitium oratorium quod VI. scholae ad S. Crucis discipuli valedicturi et unus illos piis precibus prosecuturus de providentia dei in calamitatibus publicis. Dresden (Johann Wilhelm Harpeter) 10. IV. 1761. (S. 25—36.) (3.—) 19535
Traugott Ernst Brauer (Liebenau/Misn.), August Friedrich u. Christian Gottlob Hesse (Rochlitz), Ludwig Gotthold Bischoff (Hermsdorff), Johann Friedrich Lindner (Baernstein/Misn.), Johann Christian Goebel (Ruppendorf b. Dippoldiswalde), Carl Friedrich Wirthgen (Dresden), Christian August Seidel (Liebstadt), Johann Gottlieb Holffert (Beerwald).

— — Dasselbe. Tertium pergit. — Ad audiendos VI. bonae spei juvenum uniusque ex iis scholae valedicturi sermones de testium falsorum nequitia. Dresden (Johann Wilhelm Harpeter) 16. XI. 1761. (S. 37—48.) (—.—) 19536
Jo. Gottlob Bretschneider (Cadiz/Misn.), Carl Gottfried Krauss (Schwartzenberg), Traugott Benjamin Schell (Dresd.), Jo. Friedr. Wilhelm Pribus (Dresd.), Jo. Jac. Burchardt (Dresd.), Jo. Friedrich Landsberger (Dresd.)

— — Dasselbe. Quartum pergit. — Ad audiendam VI. bonae spei juvenum exercitium oratorium de divinis humanisque suffragiis ratione Christi perpessionum. Dresden (Johann Wilhelm Harpeter) 19. III. 1762. (S. 49—60.) (3.—) 19537
Jo. Maximilian Klug (Miletino/Böhmen), Jo. Gottlob Bergold (Altenberg/Misn.), Jo. David Lang (Dresd.), Jo. Chrstian Kloeppel (Dresd.), Samuel Gotthelff Goetz (Tharand), Erhard Friedrich Seytz (Sacca/Misnic.).

— — Dasselbe. Quintum idque ultimum pergit. — Ad audiendos VIII. bonae spei juvenum sermones valedictorios de inimicitiis et homine et christiano indignis. Dresden (Johann Wilhelm Harpeter) 30. IV. 1762. (S. 61—76.) (3.—) 19538
Christian Theophil Gelen (Breitenborn), Christian Gottfr. Tiebel (Schoenborn), Christian David Müller (Prettin), Gottfr. Andr. Fritsch (Loethayn / Misn.), Jo. Friedr. Landsberger (Dresd.), Jo. Maximilian Klug (Miletino/Böhmen), Christian Sam. Sonntag (Cosdorf), Burckhard Friedr. Schroeer (Dresd.).

— — Dasselbe. Sectio VII. eaque ultima. De cliente deductore qua praevia ad actum valedictorium quinque bonae spei juvenum in academias abiturientium. Dresden (Johann Wilhelm Harpeter) 18. IV. 1755. 8 Bl. (3.50) 19533
Jo. Ehrenfried Wagner (Frauenstein), Jo. August Goerentz (Dresden), Heinrich David Hildebrand (Dresd.), Christian Theophil Claudius (Pratau), Jo. Gottlob Erler (Dorff-Chemnitz), Christian Heinrich Hecht (Dresden).

— — De senectute priscis honorata. Diss. antiquario-philol. qua praevia viro Valentin Ernst Loescher ss. theol. doctori . . . sacra ministerii quinquagenaria gratul. Dresden (Harpeter) 1748. 32 S. (5.50) 19530

— — Ad audiendas quinque spei optimae juvenum, Christi perpessiones mortemque meditantium, oratiunculas in schola novae ad Dresdam urbis . . . invitat, simulque de scholae synonymis disserere incipit. Dresden (Jo. Wilhelm Harpeter) 11. III. 1734. 4 Bl. (3.—) 19526
Johann Gottlob u. Christian Opitius (Seeligstadt), David Schwenck (Breitenau), Christian Gottlieb Printz (Radeburg), Johann Gottfried Lieschka (Dresd.).

— — Ad audiendas quinque optimae spei juvenum uniusque lyceo nostro ultimum acclamaturi vale oratiunculas . . . invitat, simulque de scholae synonymis disserere pergit. Dresden (Jo. Wilhelm Harpeter) 1. VI. 1734. 12 S. (3.—) 19527
Johann Ferdinand Krippner (Dresd.), Carl Heinrich Hecht (Dresd.), Christian Sigismund Laurich (Dresd.), Carl Christian Hicksch (Dresd.), Gottlob Leonhard Manick (Dresd.), Christian Benjamin Schaiblin (Dresd.).

— — (Cruc. Con.-R.), De splendido syndici in republica titulo arduaque dignitate ex philologia et antiquitatum monimentis disserit, — virisqui Christian Weinlich syndico adhuc de republica Dresdensi per plures annos merit. in praesentia vero syndicatum cum consulatu auspicato permutanti nec non Georg Fierdrich Schroeer j. u. d. atque causarum adhuc patrono quam celeb. graviss. syndici reipublicae Dresdensis munus aggred. . . . commend. Dresden (Johann Wilhelm Harpeter) Mai 1744. 35 S. (5.—) 19529

— **David Eduard** (Leipzig), Lineamenta physiologiae morborum. Diss. med. Lpz. (Carl Philipp Melzer) 22. III. 1836. 32 S. (5.50) 19541

Kretzschmar, E., die Naturautokratie im Menschen u. d. allopath. Arzneidosen. Criterium. gr. 8. (7¼ B.) Leipzig 837, Otto Wigand.
Vgl. Kretschmar.

– s. Theallier, d. Gebärmutter-Krebs.

Kretzschmar, Ed. (I.), der Kampf des Plato um die religiösen und sittlichen Principien des Staatslebens. Eine Gratulationsschrift. gr. 8. (III und 99 S.) Leipzig 852, Teubner.

Kretzschmar, Ed., südafrikanische Skizzen. 2. wohlfeile (Titel-)Ausg. 8. (VIII, 382 S.) Leipzig (853)73, Hinrichs' Verlag.

Lessing und die Aufklärung. Eine Darstellung d. religions- u. geschichtsphilos. Anschauungen d. Dichters mit besond. Berücks. s. philos. Hauptschrift 'Die Erziehung des Menschengeschlechts'. Von Dr. Ernst **Kretzschmar.** *Leipzig: B. Richter 1905.* (172 S.) 8°
[Sondert.:] Die Erziehung d. Menschengeschlechts. Hrsg. von Gotthold Ephraim Lessing. Berlin: Ch. F. Voß & Sohn 1780. [04. 13771

Kretzschmar, E., Marine-Lichtbilder nach d. neuesten Aufnahmen des kaiserl. Reichs-Marineamtes. Ausgewählt u. zusammengestellt. 12. (16 S.) Berlin (N.W., Bremerstr. 66), Dr. F. Stoedtner. —50

Kretzschmar, Ernst, aus Zwickau: Über das **Verhältnis Lessings in seiner 'Erziehung des Menschengeschlechts' zur deutschen Aufklärung.** *Borna-Leipzig 1904: R. Noske.* (119 S.) 8°
Leipzig, Phil. Diss. v. 1904

Kretzschmar, Eugen, Referendar, Kiel: Die **Anfechtung der Willenserklärung wegen arglistiger Täuschung** ⟨§ 123 B.G.B.⟩. *Kiel 1902: L. Handorff.* (86 S.) 8°
Rostock, Jur. Diss. v. [25. Nov.] 1902

Kretzschmar, F., s. Kretschmar, Friedrich

Kretzschmar, F. G., s. ... Voltaire, Geschichte Karl's XII.

Kretzschmar, F. G., s. Voltaire's auserlesene Werke.

Kretzschmar, F. S., s. Kretschmar, Friedrich Samuel

Einführung in das Grundbuchrecht. Von Ferdinand **Kretzschmar**, Oberl.Ger.R. in Dresden. Bd [1.] 2. *Leipzig: Roßberg & Berger (2: Roßberg) 1902–03.* 2 Bde 8° [F.]
Einzelne Teile von Bd 2 erschienen auch im Sächs. Archiv f. Bürg. Recht u. Proz. Bd 13, H. 7–12 u. im Centralblatt f. freiwill. Gerichtsbarkeit Bd 3, H. 13. [03. 10010

Kretzschmar, Ferd., das Erbrecht des deutschen bürgerlichen Gesetzbuchs. (V, 568 S.) gr. 8. Leipzig 910. Dieterich. 12.—; geb. 14. —

— Das Recht des B. G. B. kl. 8. Leipzig, G. J. Göschen.
Sammlung Göschen 480, 481. 1910.

— Begrenzte Rechte, s.: Sammlung Göschen.

— **das Reichsgesetz üb. die Zwangsversteigerung u. die Zwangsverwaltung vom 24. III. 1897 (Fassung vom 20. V. 1898). Systematisch dargestellt unter Berücksicht. der sächs. u. der preuß. Ausführungsvorschriften. (IX, 434 S.) gr. 8. Leipzig 904. Dieterich. n. 10. —; geb. n. 12. —**

— Sachenrecht, s. a. Sammlung Göschen.

— **das Sachenrecht des bürgerl. Gesetzbuchs. Erläutert v. K (VII, 747 S.) Lex.-8. Leipzig 906. Roßberg'sche Verlagsbuchh. n. 16. —; geb. in Halbfrz. n. 18. —**

[F.] Der Fall Bergstedt oder d. Abschaffg d. Querulantenwahnsinns. M. e. Anh.: Hexenprozesse u. Irrenprozesse. E. Beitr. z. Irrenfrage f. Jedermann! Von Fr. **Krotzschmar.** *Hannover: Fr. Rehtmeyer 1897.* (38 S., 1 Bl.) 1 Bd 8. [97. 4050

Kretzschmar, Fr., Brausewetter, od. Soweit sind wir gekommen? Betrachtgn. z. Irren- u. Rechtsreform. gr. 8. (36 S.) Großenhain 896. H. Starke. — 30

Kretzschmar, Fr., Handbuch des preußischen Schulrechts. gr. 8. (XX, 836 S.) Leipzig 899. C. E. M. Pfeffer. n. 3. —; geb. n. 3. 80

— d. Irrenfrage am Ausgange d. 19. Jahrh. E. Einführg. in d. Studium d. Irrenfrage f. alle Gebild. 1. Thl. D. Irrenfrage v. allgemeinen u. culturhistor. Standpunkt. 8. (XVI, 304 S.) Ebd. 896. n. 3. 50

Kretzschmar, Fr., die kommende Krisis des Nationalismus u. die politische Constellation Europas. Thatsachen u. Gedanken zur Naturlehre des Völkerhasses. gr. 8. (108 S.) Auma 894. A. Jügelt. n. 1. —

— Lob der Parlamente, s. e. Worte an die Zeit.

Kretzschmar, Fr., Lob der Parlamente. E. Scherzrede f. Wähler u. Gewählte. 3. Aufl. Döbeln-Leipzig 1891. 8°.

Kretzschmar, Fr., politische Pädagogik f. Preussen. I.—III. Tl. gr. 8. Leipzig (Brüderstr. 49) 904. G. Johst. Geb. in 1 Bd. n. 5. —
I. Erziehungsobjekte. (XV, 183 S.) — II. Unterrichtsfächer. (S. 187—347.) — III. Schulgattungen. (S. 349—606.)

Kretzschmar, Fr.: Politische Pädagogik für Preussen. (Bd 1 in 3 Tlen.) [Mehr nicht ersch.] — Leipzig: Schimmelwitz 1904. XV, 607 S. 8°

Kretzschmar, Fr., polit. Pädagogik. Jetzt: Leipzig, K. F. Pfau.

Kretzschmar, F., die Unvollkommenheit der heutigen Psychiatrie u. die Mangelhaftigkeit der deutschen Irrengesetzgebung m. Entwurf e. neuen Irrenprocessordng. Ein Wort zur Irrenfrage an Laien, Aerzte u. Juristen. gr. 8. (VII, 93 S.) Leipzig 891. R. Uhlig. n. 2. —

— **Friedrich** (Eutrav. Misnic.), De diebus criticis seu decretoriis. Vulgo Von den Gefähr=Tagen, quam occasione articulorum 147. & 149. Constit. Crim. Car. V. quorum simul practicam exhibet evolutionem. Präs. Johann Klein. Rostock 21. IX. 1687. Güstrow (Joh. Michael Rudiger) 1705. (S. 141—176.) (6.50) 19542

— — Dasselbe. Ed. nova. Jena (Cröker) o. J. 56 S. (6.50) 19543

Kretzschmar, Friedrich, Referendar a. Großenhain: Die Verjährung der Wechselklage. Borna-Leipzig 1908: R. Noske. (IX, 48 S.) 8° [F.]

Leipzig, Jur. Fak., Diss. v. 26. Mai 1908

[Geb. 3. Dez. 82 Großenhain; Wohnort: Leipzig; Staatsangeh.: Sachsen; Vorbildung: Fürstensch. Meißen Reife O. 03; Studium: Tübingen 3, Leipzig 5 S.; Rig. 18. Febr. 07.]

Kretzschmar, Fritz, a. Chemnitz: Das Gruben- und Abfuhrsystem der Stadt Chemnitz, mit besonderer Berücksichtigung der landwirtschaftlichen Interessen. Borna-Leipzig 1906: R. Noske. (59 S. m. Tab.) 8°

Leipzig, Phil. Fak., Ref. Kirchner-Bücher, Diss. v. 26. Aug. 1906

[Geb. 15. Juni 78 Chemnitz; Wohnort: Chemnitz; Staatsangeh.: Sachsen; Vorbildung: Realgymn. Döbeln Reife O. 02; Studium: Leipzig 7 S.; Rig. 21. Juni 06.]

[Umschlagt.:] **Kretzschmar,** *Erdmann* Gerhard [app. Arzt aus Leipzig]: Über die operative Behandlung der Bauchfelltuberkulose ... Zwenkau, H. Heinke, *1894*; 36 S. 4.
Leipzig, Med. Fak., Inaug.-Diss. v. [16. Juli] 1894

— **Gust. Ado.** (Lubbena/Lausitz), De ceratitide et singulari quadam ejus specie. Diss. med. Lpz. (Staritz) 8. VIII. 1837. 64 S. u. 1 Tfl. Abb. (ad nat. del. auct., Lith. Carl Aulich.) (6.—) 19544
Gew.: D. Carl Friedrich Guenther, Friedrich Philipp Ritterich, Friedrich Meurer.

Kretzschmar, H., s.a. Kretschmar, H.

Kretzschmar, H., d. Rechnen im Haushalte, s.: Huster, R.

Kretzschmar, Heinr. Repertorium d. königl. sächsischen Grund- u. Hypothekenrechts. 2. verm. Aufl. gr. 8. (IV, 230 S.) Lpz. 889, Roßberg. * 4 20; geb. * * 5 —

Kretzschmar, Heinr., Repertorium d. königl. sächsischen Grund- u. Hypothekenrechts. Nachtrag. gr. 8. (IV, 124 S.) Leipzig 891. Roßberg. n. 2. 50; geb. n.n. 3. 30 (Hauptwerk u. Nachtr.: n. 6. 70; in 1 Bd. geb. n.n. 7. 60)

Kretzschmar, Heinr., Repertorium d. kgl. sächs. Grund- u. Hypothekenrechts. ., verm. Aufl. gr. 8. (IV, 459 S.) Leipzig 895. Roßberg. n. 9. —; geb. in Halbfrz. n. 11. —

Kretzschmar, Heinr., die directen Steuern in Sachsen. Ein Beitrag zur Verständigung und zur Widerlegung der Anträge auf Abschaffung der Grundsteuer. Dresden 870. Heinrich. gr. 8. (47 S.) n. 6 ngr.

Alexanderfest von G. F. Händel von Hermann **Kretzschmar**. Leipzig: Breitkopf & Härtel 1898. (20 S.) 8° [F.]
Aus: Kretzschmar: Führer durch d. Konzertsaal.
— **Musikbücher**, Breitkopf & Härtels. Abt. 2. No 531.

Gesammelte Aufsätze über Musik und Anderes aus den Grenzboten von Hermann **Kretzschmar**. (Hrsg.: Alfred Heuß.) Leipzig: Grunow 1910. IX, 583 S. 8°

Kretzschmar, Herm., gesammelte Aufsätze üb. Musik u. anderes aus den Grenzboten. (XI, 583 S.) 8. Leipzig 910. [F. W. Grunow.] Breitkopf & Härtel. 7.50; geb. in Leinw. 9.—; in Halbfrz. 10. 50

Erstes deutsches Bach-Fest in Berlin 21. bis 23. März 1901. Festschrift (u. Programmbuch). (Verf.: Herm. **Kretzschmar**.) *(Leipzig 1901: Breitkopf & Härtel.)* (87 S.) 8° [F.]
(Neue Bach-Gesellschaft.)

Kretzschmar, Herm., Bauordnung f. die Stadt Dresden v. 22. XII. 1905 nebst den Ortsgesetzen üb. das Oblastenbuch, üb. die Anlage u. Benutzung v. Wasserklosetts, u. über die Entwässerung der Grundstücke. Handausgabe m. Erläutergn., 37 Abbildgn. im Texte, Sachregister u. Uebersichtsplan. (XVI, 431 S.) gr. 8. Dresden 906. [Gewerbebuchh. E. Schürmann.] Holze & Pahl. Geb. in Leinw. n. 6. 50

Kretzschmar, Herm. Ludwig van Beethoven. Zwei Vorlesungen. [S.-A. aus: Internat. Wochenschrift für Wissenschaft, Kunst und Technik.] (Berlin 1909.)

Kretzschmar, Herm., einige Bemerkungen üb. den Vortrag alter Musik. gr. 8. (S. 53—68.) Leipzig 901. C. F. Peters. — 60
Sonderabdruck aus: „Jahrb. d. Musikbibl. Peters".

Kretzschmar, Hermann. Chorgesang, Sängerchöre und Chorvereine.
= Sammlung musikalischer Vorträge (Waldersee). Ser. I, 12.

Christus von Franz Liszt. Von Hermann **Kretzschmar**. Leipzig: Breitkopf & Härtel [1899]. (15 S.) 8° [F.]
Aus: Kretzschmar: Führer durch d. Konzertsaal.
— **Musikbücher**, Breitkopf & Härtels. Abt. 2. No 551.

Kretzschmar, Herm., Chorgesänge, Sängerchöre und Chorvereine, s. Sammlung musikalischer Vorträge.

Kretzschmar, Herm. Peter Cornelius. = Samml. musik. Vortr. (Waldersee). Ser. II, 30.

Kretzschmar, Herm., Edgar. Volksstück in 4 Akten. (72 S.) 8. Essen (909). Literatur-Verlag. 1. 30

Elias von F. Mendelssohn Bartholdy. Von Hermann **Kretzschmar**. Leipzig: Breitkopf & Härtel [1898]. (15 S.) 8° [F.]
Aus: Kretzschmar: Führer durch d. Konzertsaal.
— **Musikbücher**, Breitkopf & Härtels. Abt. 2. No 520.

Faust-Symphonie von Franz Liszt... Von Hermann **Kretzschmar**. Leipzig: Breitkopf & Härtel (1898). (12 S.) 8° [F.]
Aus: Kretzschmar: Führer durch d. Konzertsaal.
— **Musikbücher**, Breitkopf & Härtels. No 510.

Franziskus. Oratorium f. Soli, Chor u. Orchester von Edgar Tinel. Von Hermann **Kretzschmar**. Leipzig: Breitkopf & Härtel (1898). (23 S.) 8° [F.]
Aus: Kretzschmar: Führer durch d. Konzertsaal.
— **Musikbücher**, Breitkopf & Härtels. Abt. 2. No 530.

Kretzschmar, H., Führer durch den Concertsaal. I. Abth. u. II. Abth., 2 Thle. gr. 8. Leipzig, Liebeskind. n. 10. —
I. Sinfonie u. Suite. (IV, 299 S.) 887. n. 3. —
II. 1. Kirchliche Werke: Passionen, Messen, Hymnen, Psalmen, Motetten, Cantaten. (IV, 380 S.) 888. n. 3. —
2. Oratorien u. weltl. Chorwerke. (379 S.) 890. n. 4. —; geb. n. 5. 50

Kretzschmar, Herm., Führer durch den Concertsaal. 1. Abth. Sinfonie u. Suite. 2. Aufl. 4. Tausend. gr. 8. (V, 313 S.) Leipzig 890. Liebeskind. n. 4. —; geb. n. 6. —

Kretzschmar, Herm., Führer durch d. Concertsaal. 1. Abth., 2 Bde., u. II. Abth., 1. Tl. gr. 8. Leipzig 898. Breitkopf & Härtel. n. 12. —; geb. in Halbfrz. n. 16. —
I. Sinfonie u. Suite. 2 Bde. 3. Aufl. 6. Taus. (VII, 703 S.) n. 8. —; in 1 Halbfrz.-Bd. n. 10. —
II, 1. Kirchl. Werke: Passionen, Messen, Hymnen, Psalmen, Motetten, Cantaten. 2. Aufl. (Neue [Titel-] Ausg.) 3. Taus. (IV, 394 S.) (895.) n. 4. —; geb. n. 6. —

— Führer durch den Konzertsaal. II. Abth., 2. Thl.: Oratorien u. weltl. Chorwerke. 2. Aufl. 3. Taus. gr. 8. (III, 524 S.) Leipzig 899. Breitkopf & Härtel. n. 7. —; geb. in Halbfrz. n. 9. —; (I u. II n. 19. —; geb. n. 25. —)

Kretzschmar, Herm., Führer durch den Konzertsaal. II. Abtlg., 1. Tl.: Kirchliche Werke: Passionen, Messen, Hymnen, Psalmen, Motetten, Kantaten. 3., vollständig neu bearb. Aufl. (III, 592 S.) 8. Leipzig 905. Breitkopf & Härtel. n. 8. —; geb. in Halbfrz. n. 10. —

— s. a. Handbücher, kleine, der Musikgeschichte nach Gattungen.

Kleine **Handbücher** der Musikgeschichte nach Gattungen. Hrsg. von Hermann Kretzschmar. [1.] Leipzig: Breitkopf & Härtel 1905. 8°
(05. 8600

Kretzschmar, Hermann. Georg Friedrich Händel.
= Sammlung musikalischer Vorträge (Waldersee). Ser. V, 56/60.

Harold in Italien. Symphonie von Hector Berlioz. Op. 16 ... Von Hermann **Kretzschmar**. Leipzig: Breitkopf & Härtel (1898). (12 S.) 8° [F. u. Ant.]
Aus: Kretzschmar: Führer durch d. Konzertsaal.
— **Musikbücher**, Breitkopf & Härtels. No 506. (07. 1890

H moll-Messe von Joh. Seb. Bach ... Von Hermann **Kretzschmar**. Leipzig: Breitkopf & Härtel (1898). (15 S.) 8° [Ant. u. F.]
Aus: Kretzschmar: Führer durch d. Konzertsaal.
— **Musikbücher**, Breitkopf & Härtels. No 503. (07. 1889

Kretzschmar, Hermann [Hrsg.], s. Holzbauer, Ignaz: Günter von Schwarzberg.

Die Jahreszeiten von J. Haydn. Von Hermann **Kretzschmar**. Leipzig: Breitkopf & Härtel [1898]. (11 S.) 8° [F.]
Aus: Kretzschmar: Führer durch d. Konzertsaal.
— **Musikbücher**, Breitkopf & Härtels. Abt. 2. No 519. (08. 4679

Johannes-Passion von Joh. Seb. Bach ... Von Hermann **Kretzschmar**. Leipzig: Breitkopf & Härtel (1898). (20 S.) 8° [F.]
Aus: Kretzschmar: Führer durch d. Konzertsaal.
— **Musikbücher**, Breitkopf & Härtels. No 501. (07. 1887

Kretzschmar, Hermann, a. Chemnitz: Physikalische und chemische Isomerie einiger Fulgide und ihrer Photoanhydride. Weida i. Th. 1907: Thomas & Hubert. (96 S.) 8°
Leipzig, Phil. Fak., Ref. Hantzsch-Beckmann, Diss. v. 27. Sept. 1907
[Geb. 5. Aug. 82 Chemnitz; Wohnort: Chemnitz; Staatsangeh.: Sachsen; Vorbildung: Gymn. Chemnitz Reife O. 02; Studium: Marburg 3, Leipzig 7 S.; Rig. 1. Aug. 07.]

Israel in Egypten. Oratorium von G. F. Händel ... Von Hermann **Kretzschmar**. Leipzig: Breitkopf & Härtel (1898). (24 S.) 8° [F.]
Aus: Kretzschmar: Führer durch d. Konzertsaal.
— **Musikbücher**, Breitkopf & Härtels. No 508. (07. 1894

Klavierkonzert Nr. 3 C moll ⟨Op. 37⟩ von Ludwig van Beethoven. Von Hermann **Kretzschmar**. Leipzig: Breitkopf & Härtel [1902]. (15 S.) 8° [F. u. Ant.]
Aus: Kretzschmar: Führer durch d. Konzertsaal.
— **Musikbücher**, Breitkopf & Härtels. Abt. 2. No 588. (08. 8233

Klavierkonzert Nr. 4 G dur ⟨Op. 58⟩ von Ludwig van Beethoven. Von Hermann **Kretzschmar**. Leipzig: Breitkopf & Härtel [1902]. (20 S.) 8° [F.]
Aus: Kretzschmar: Führer durch d. Konzertsaal.
— **Musikbücher**. Breitkopf & Härtels. Abt. 2. No 589. (08. 8234

Klavierkonzert Nr. 5 Es dur ⟨Op. 73⟩ von Ludwig van Beethoven. Von Hermann **Kretzschmar**. Leipzig: Breitkopf & Härtel [1903]. (20 S.) 8° [F. u. Ant.]
Aus: Kretzschmar: Führer durch d. Konzertsaal.
— **Musikbücher**, Breitkopf & Härtels. Abt. 2. No 595. (08. 8240

Klavierkonzert in D moll ⟨Op. 15⟩ von J. Brahms. Von Hermann **Kretzschmar**. Leipzig: Breitkopf & Härtel [1903]. (20 S.) 8° [F.]
Aus: Kretzschmar: Führer durch d. Konzertsaal.
— **Musikbücher**, Breitkopf & Härtels. Abt. 2. No 596. (08. 8241

Klavierkonzert Nr. 2 B dur ⟨Op. 83⟩ von J. Brahms. Von Hermann **Kretzschmar**. Leipzig: Breitkopf & Härtel [1903]. (20 S.) 8° [F. u. Ant.]
Aus: Kretzschmar: Führer durch d. Konzertsaal.
— **Musikbücher**, Breitkopf & Härtels. Abt. 2. No 597. (08. 8242

Klavierkonzert (Nr. 1) in E moll ⟨Op. 11⟩ von Fr. Chopin. Von Hermann **Kretzschmar**. Leipzig: Breitkopf & Härtel [1902]. (20 S.) 8° [F.]
Aus: Kretzschmar: Führer durch d. Konzertsaal.
— **Musikbücher**, Breitkopf & Härtels. Abt. 2. No 590. (08. 8235

Klavierkonzert Nr. 2 F moll ⟨Op. 21⟩ von Fr. Chopin. Von Hermann **Kretzschmar**. Leipzig: Breitkopf & Härtel [1902]. (16 S.) 8° [F. u. Ant.]
Aus: Kretzschmar: Führer durch d. Konzertsaal.
— **Musikbücher**, Breitkopf & Härtels. Abt. 2. No 591. (08. 8236

Klavierkonzert in A moll ⟨Op. 16⟩ von Edvard Grieg. Von Hermann **Kretzschmar**. Leipzig: Breitkopf & Härtel [1903]. (16 S.) 8° [F.]
Aus: Kretzschmar: Führer durch d. Konzertsaal.
— **Musikbücher**, Breitkopf & Härtels. Abt. 2. No 598. (08. 8243

Klavierkonzert Nr. 1 ⟨Es dur⟩ von Franz Liszt. Von Hermann **Kretzschmar**. Leipzig: Breitkopf & Härtel [1902]. (18 S.) 8° [F. u. Ant.]
Aus: Kretzschmar: Führer durch d. Konzertsaal.
— **Musikbücher**, Breitkopf & Härtels. Abt. 2. No 593. (08. 8238

Klavierkonzert Nr. 2 ⟨A dur⟩ von Franz Liszt. Von Hermann **Kretzschmar**. Leipzig: Breitkopf & Härtel [1902]. (18 S.) 8° [F. u. Ant.]
Aus: Kretzschmar: Führer durch d. Konzertsaal.
— **Musikbücher**, Breitkopf & Härtels. Abt. 2. No 594. (08. 8239

Klavierkonzert in A moll ⟨Op. 54⟩ von Robert Schumann. Von Hermann **Kretzschmar**. Leipzig: Breitkopf & Härtel [1902]. (22 S.) 8° [F.]
Aus: Kretzschmar: Führer durch d. Konzertsaal.
— **Musikbücher**, Breitkopf & Härtels. Abt. 2. No 592. (08. 8237

Konzert für Violine ⟨in D dur⟩ von L. v. Beethoven. Op. 61. Von Hermann **Kretzschmar**. Leipzig: Breitkopf & Härtel [1899]. (10 S.) 8° [F. u. Ant.]
Aus: Kretzschmar: Führer durch d. Konzertsaal.
— **Musikbücher**, Breitkopf & Härtels. Abt. 2. No 546. (08. 6493

— kleiner Konzertführer. (Einzelausg. aus: „K., Führer durch den Konzertsaal".) 42 Nrn. Ebd. 898. n. 5. 30
Bach, Joh. Seb., Johannes-Passion. M. d. Texte d. Werkes. (20 u. 19 S.) n. — 20
— Matthäus-Passion. M. d. Texte d. Werkes. (47 S.) n. — 20
Beethoven, L. van, Missa solemnis. Op. 123. M. d. Texte d. Werkes. (16 u. 7 S.) n. — 20
— 1. Symphonie (in C-dur). Op. 21. (12 S.) n. — 10
— 2. Symphonie (in D-dur). Op. 36. (12 S.) n. — 10
— 3. Symphonie (Eroica) in Es-dur. Op. 55. (12 S.) n. — 10
— 4. Symphonie (in B-dur). Op. 60. (15 S.) n. — 10
— 6. Symphonie (Pastorale) in F-dur. Op. 68. (12 S.) n. — 10
— 7. Symphonie (in A-dur). Op. 92. (10 S.) n. — 10
— 8. Symphonie (in F-dur). Op. 93. (18 S.) n. — 10
— 9. Symphonie (in D-moll) m. Schlußchor. Op. 125. (14 S.) n. — 10
Berlioz, Hektor, Requiem. Op. 5. (19 S.) n. — 10
— Romeo u. Julie. Op. 17. (28 S.) n. — 10
— die Verdammung Fausts. (23 S.) n. — 10
Brahms, Johannes, ein deutsches Requiem nach Worten d. hl. Schrift f. Soli, Chor u. Orchester (Orgel ad libitum). Op. 45. (20 S.) n. — 10
Bruckner, A., 3. Symphonie. (16 S.) n. — 10
— 4. Symphonie. (16 S.) n. — 10
Cherubini, Luigi, Requiem (C-moll) f. gemischten Chor u. großes Orchester. (15 S.) n. — 10
Draeseke, F., 3. Symphonie (Tragica). (20 S.) n. — 10
Dvořák, A., aus der neuen Welt. Op. 95. (14 S.) n. — 10
Franck, Cesar, Seligkeiten (Les béatitudes). (24 S.) n. — 10
Händel, G. F., Alexanderfest. (20 S.) n. — 10
— Messias. (59 S.) n. — 20
— Samson. Oratorium. (22 S.) n. — 10
Haydn, J., die Jahreszeiten. (11 S.) n. — 10
— dasselbe. M. d. Texte d. Werkes. (36 S.) n. — 20
— d. Worte d. Erlösers am Kreuze. (12 S.) n. — 10; m. Text. (18 S.) n. — 20
— d. Schöpfung. M. d. Texte d. Oratoriums. (28 S.) n. — 20
Mendelssohn-Bartholdy, F., Elias. (15 S.) n. — 10
— dasselbe. M. d. Texte d. Werkes. (28 S.) n. — 20
— Paulus. (16 S.) n. — 10
— dasselbe. M. d. Texte d. Werkes. (30 S.) n. — 20
Mozart, W. A., Requiem. M. d. Texte d. Werkes. (12 u. 11 S.) n. — 20
Schubert, Franz, 7. Symphonie in C-dur. (11 S.) n. — 10

Schumann, R., Manfred-Musik. Op. 115. (18 S.) n. — 10
— Szenen aus Goethes Faust f. Solostimme, Chor u. Orchester. (23 S.) n. — 10
— d. Paradies u. d. Peri. (12 S.) n. — 10
— dasselbe. M. d. Texte d. Werkes. (27 S.) n. — 20
— (1.) Symphonie in B-dur. Op. 38. (15 S.) n. — 10
Tinel, Edgar, Franziskus. Oratorium f. Soli, Chor u. Orchester. (23 S.) n. — 10
Tschaikowsky, P., Symphonie pathétique. Op. 78. (15 S.) n. — 10

— kleiner Konzertführer. (Einzelausg. aus: „K., Führer durch den Konzertsaal".) 49 Nrn. 12. Ebd. à n. — 10

Inhaltsübersicht in alphabetischer Ordnung:

Bach, Sebastian, Weihnachtsoratorium. (14 S.) 899.
Becker, A., große Messe (in B moll). Op. 16. (14 S.) 899.
Beethoven, Ludwig van, Klavierkonzert Nr. 3. C moll. (Op. 37.) (15 S.) (902.)
— Klavierkonzert Nr. 4. G dur (Op. 58). (20 S.) (902.)
— Konzert f. Violine (in D dur). Op. 61. (10 S.) 899.
Bizet, Georges, Suiten. Op. 21. (18 S.) 899.
Borodin, A., 2. Symphonie (in H moll). (12 S.) 899.
Brahms, J., 1. Symphonie (C moll). (16 S.) 899.
— Symphonie Nr. 2 in D dur. Op. 73. (16 S.) (900.)
— Symphonie Nr. 3 (in F dur). (26 S.) (900.)
— Symphonie Nr. 4 (in E moll). (24 S.) (900.)
Chopin, Fr., Klavierkonzert in E moll. (Op. 11.) (20 S.) (902.)
— Klavierkonzert Nr. 2. F moll (Op. 21). (16 S.) (902.)
Délibes, Léo, Sylvia, Suite d'orchestre. (10 S.) 898.
Dvořak, A., zweite Symphonie (in D moll). Op. 70. (14 S.) 899.
— dritte Symphonie (in F dur). Op. 76. (15 S.) 899.
Glazunoff, A., 4. Symphonie (in Es dur). (12 S.) 899.
Götz, Hermann, Symphonie (in F dur). Op. 9. (12 S.) 899.
Grieg, Ed., Suiten. (11 S.) 899.
Haydn, J., Militärsymphonie (Nr. 11 in G dur.) (18 S.) (900.)
— Oxfordsymphonie. (Nr. 16 in G dur.) (16 S.) (900.)
— Symphonie Nr. 1 (in Es dur). (14 S.) 899.
— Symphonie Nr. 2 (in D dur). (12 S.) 899.
— Symphonie Nr. 6 (in G dur) (m. d. Paukenschlag). (12 S.) 899.
— Symphonie Nr. 12 (in B dur). (16 S.) (900.)
d'Indy, Vincent, Wallenstein. (12 S.) 899.
Lalo, Eduard, Symphonie espagnole f. Soloviolinе u. Orchester. Op. 21. (12 S.) 899.
Liszt, Franz, Christus. (15 S.) 899.
— Klavierkonzert Nr. 1 (Es dur). (18 S.) (902.)
— Klavierkonzert Nr. 2 (A dur). (18 S.) (902.)
— Tasso. Lamento e trionfo. Symphonische Dichtg. f. großes Orchester. (12 S.) 899.
Mendelssohn-Bartholdy, Felix, Symphonie Nr. 3 in A moll. Op. 56. (16 S.) (900.)
— Symphonie Nr. 4 in A dur. (12 S.) (900.)
— Violin-Konzert (in E moll). (12 S.) 899.
Mozart, W. A., Symphonie Nr. 38 (in D dur). (16 S.) (900.)
— Symphonie Nr. 39 (in Es dur). (15 S.) 899.
— Symphonie Nr. 40 (in G moll). (14 S.) 899.
— Symphonie Nr. 41 (in C dur). (12 S.) 899.
Rimsky-Korsakoff, Scheherazade u. Antar. Op. 35. (16 S.) 899.
Rossini, G., Ouverture zur Oper Wilhelm Tell. (8 S.) (900.)
Schumann, Robert, Klavierkonzert in A moll. (Op. 54.) (22 S.) (900.)
— Symphonie Nr. 2 in C dur. Op. 61. (15 S.) (902.)
— 4. Symphonie in D moll. Op. 120. (15 S.) (900.)
Sinding, Chr., Symphonie (D moll). (12 S.) 899.
Smetana, F., Vyšehrad u. Vltava. (16 S.) 899.
Tschaikowsky, P., Manfred. Op. 20. (18 S.) 899.
— fünfte Symphonie. (12 S.) 899.
Verdi, G., vier geistliche Stücke. 1. Ave Maria f. 4 stimm. Chor (a capella), 2. Stabat Mater f. 1 stimm. Chor u. Orch., 3. Lob der Jungfrau Maria (Laudi alla Vergine Maria) f. 4 stimm. Frauenchor, 4. Te deum f. Doppelchor u. Orchester. (12 S.) 899.
Wagner, Richard, Ouverture zu Tannhäuser. (11 S.) (900.)

— kleiner Konzertführer. [Einzelausg. aus: „K., Führer durch den Konzertsaal".] 6 Nrn. 12. Ebd. à n. — 10

Becker, A., große Messe (in B moll). Op. 16. (14 S.) (903.)
Beethoven, Ludwig van, Klavierkonzert Nr. 5 Es dur (Op. 73) (20 S.) (903.)
Berlioz's „Faust" (27 S.) (902.)
Grieg, Edvard, Klavierkonzert in A moll (Op. 16). (16 S.) (903.)
Händel, G. F., „the Messiah". English translation by Francis Weber. (52 S.) (902.)
Mendelssohn's St. Paul. English translation by Percy Pinkerton. Ed. and annotated by A. Eaglefield. (19 S.) (903.)

Die Legende von der heiligen Elisabeth von Franz Liszt... Von Hermann Kretzschmar. Leipzig: Breitkopf & Härtel (1898). (12 S.) 8° [F.]
Aus: Kretzschmar: Führer durch d. Konzertsaal.
— Musikbücher, Breitkopf & Härtels. No 511. [07. 1877

Kretzschmar, Herm., Lehrbuch der musikal. Komposition, s.: Lobe, J. C.

Manfred von P. Tschaikowsky. Op. 20. Von Hermann Kretzschmar. Leipzig: Breitkopf & Härtel [1899]. (18 S.) 8° [F.]
Aus: Kretzschmar: Führer durch d. Konzertsaal.
— Musikbücher, Breitkopf & Härtels. Abt. 2. No 556. [08. 6904

Manfred-Musik von R. Schumann. Op. 115. Von Hermann Kretzschmar. Leipzig: Breitkopf & Härtel 1898. (18 S.) 8° [F.]
Aus: Kretzschmar: Führer durch d. Konzertsaal.
— Musikbücher, Breitkopf & Härtels. Abt. 2. No 540. [08. 6489

Matthäus-Passion von Joh. Seb. Bach... Von Hermann Kretzschmar. Leipzig: Breitkopf & Härtel (1898). (23 S.) 8° [F.]
Aus: Kretzschmar: Führer durch d. Konzertsaal.
— Musikbücher, Breitkopf & Härtels. No 502. [07. 1888

Große Messe (in B moll) von A. Becker. Op. 16. Von Hermann Kretzschmar. Leipzig: Breitkopf & Härtel [1899]. (14 S.) 8° [F. u. Ant.]
Aus: Kretzschmar: Führer durch d. Konzertsaal.
— Musikbücher, Breitkopf & Härtels. Abt. 2. No 569. [08. 7393

Messias von G. F. Händel. Von Hermann Kretzschmar. Leipzig: Breitkopf & Härtel [1898]. (59 S.) 8° [F.]
Aus: Kretzschmar: Führer durch d. Konzertsaal.
— Musikbücher, Breitkopf & Härtels. Abt. 2. No 31/541. [08. 6490

Militärsymphonie (Umschlagt.: Symphonie Nr. 11) von J. Haydn. Von Hermann Kretzschmar. Leipzig: Breitkopf & Härtel [1900]. (18 S.) 8° [F.]
Aus: Kretzschmar: Führer durch d. Konzertsaal.
— Musikbücher, Breitkopf & Härtels. Abt. 2. No 584. [08. 8229

Missa solemnis von L. van Beethoven. Op. 123... Von Hermann Kretzschmar. Leipzig: Breitkopf & Härtel (1898). (16 S.) 8° [Ant. u. F.]
Aus: Kretzschmar: Führer durch d. Konzertsaal.
— Musikbücher, Breitkopf & Härtels. No 504. [07. 1890

Oxfordsymphonie (Umschlagt.: Symphonie Nr. 16) von J. Haydn. Von Hermann Kretzschmar. Leipzig: Breitkopf & Härtel [1900]. (10 S.) 8° [F.]
Aus: Kretzschmar: Führer durch d. Konzertsaal.
— Musikbücher, Breitkopf & Härtels. Abt. 2. No 587. [08. 8232

Das Paradies und die Peri von Robert Schumann. Von Hermann Kretzschmar. Leipzig: Breitkopf & Härtel [1898]. (12 S.) 8° [F.]
Aus: Kretzschmar: Führer durch d. Konzertsaal.
— Musikbücher, Breitkopf & Härtels. Abt. 2. No 523. [08. 4663

Paulus von F. Mendelssohn Bartholdy. Von Hermann Kretzschmar. Leipzig: Breitkopf & Härtel (1898). (16 S.) 8° [F.]
Aus: Kretzschmar: Führer durch d. Konzertsaal.
— Musikbücher, Breitkopf & Härtels. Abt. 2. No 521. [08. 4681

Requiem von Hector Berlioz. Op. 5. Von Hermann Kretzschmar. Leipzig: Breitkopf & Härtel (1898). (19 S.) 8° [F.]
Aus: Kretzschmar: Führer durch d. Konzertsaal.
— Musikbücher, Breitkopf & Härtels. Abt. 2. No 515. [08. 4673

Requiem (C moll) für gemischten Chor und großes Orchester von Luigi Cherubini. Von Hermann Kretzschmar. Leipzig: Breitkopf & Härtel [1898]. (15 S.) 8° [F. u. Ant.]
Aus: Kretzschmar: Führer durch d. Konzertsaal.
— Musikbücher, Breitkopf & Härtels. Abt. 2. No 539. [08. 6488

Ein deutsches Requiem nach Worten der heiligen Schrift f. Soli, Chor u. Orchester (Orgel ad libitum) von Johannes Brahms. Op. 45. Von Hermann Kretzschmar. Leipzig: Breitkopf & Härtel [1898]. (18 S.) 8° [F. u. Ant.]
Aus: Kretzschmar: Führer durch d. Konzertsaal.
— Musikbücher, Breitkopf & Härtels. Abt. 2. No 517. [08. 4677

Requiem von W. A. Mozart... Von Hermann Kretzschmar. Leipzig: Breitkopf & Härtel (1898). (12 S.) [F.]
Aus: Kretzschmar: Führer durch d. Konzertsaal.
— Musikbücher, Breitkopf & Härtels. No 512. [07. 1878

Romeo und Julie von Hector Berlioz. Op. 17. Von Hermann Kretzschmar. Leipzig: Breitkopf & Härtel (1898). (28 S.) 8° [F.]
Aus: Kretzschmar: Führer durch d. Konzertsaal.
— Musikbücher, Breitkopf & Härtels. Abt. 2. No 516. [08. 4676

Samson. Oratorium von G. F. Händel. Von Hermann Kretzschmar. Leipzig: Breitkopf & Härtel [1898]. (22 S.) 8° [F.]
Aus: Kretzschmar: Führer durch d. Konzertsaal.
— Musikbücher, Breitkopf & Härtels. Abt. 2. No 529. [08. 4669

Scheherazade und Antar von Rimsky-Korsakoff. Op. 35. Von Hermann Kretzschmar. Leipzig: Breitkopf & Härtel [1899]. (16 S.) 8° [F.]
Aus: Kretzschmar: Führer durch d. Konzertsaal.
— Musikbücher, Breitkopf & Härtels. Abt. 2. No 558. [08. 6906

Die Schöpfung von J. Haydn... Von Hermann Kretzschmar. Leipzig: Breitkopf & Härtel (1898). (16 S.) 8° [F.]
Aus: Kretzschmar: Führer durch d. Konzertsaal.
— Musikbücher, Breitkopf & Härtels. No 509. [07. 1695

Seligkeiten (Les Béatitudes) von Cesar Franck. Von Hermann **Kretzschmar.** Leipzig: Breitkopf & Härtel [1898]. (24 S.) 8° [F. u. Ant.]
Aus: Kretzschmar: Führer durch d. Konzertsaal.
— **Musikbücher**, Breitkopf & Härtels. Abt. 2. No 533. [08. 6480

Kretzschmar, Hermann. De signis musicis quae scriptores per primam medii aevi partem usque ad Guidonis Aretini tempora florentes tradiderint. (Dissertatio inauguralis.) Lipsiae 1871.

Sinfonie fantastique von Hector Berlioz. Op. 14 ... Von Hermann **Kretzschmar.** Leipzig: Breitkopf & Härtel (1898). (16 S.) 8° [Ant. u. F.]
Aus: Kretzschmar: Führer durch d. Konzertsaal.
— **Musikbücher**, Breitkopf & Härtels. No 507. [07. 1893

Kretzschmar, Herm., Peter Cornelius,
— **Georg Friedrich Händel,**
— **über den Stand der öffentlichen Musikpflege in Deutschland,**
s. Sammlung musikalischer Vorträge.

Vier geistliche Stücke von G. Verdi. 1. Ave Maria... 2. Stabat mater... 3. Lob d. Jungfrau Maria (Laudi alla Vergine Maria)... 4. Te Deum... Von Hermann **Kretzschmar.** Leipzig: Breitkopf & Härtel [1899]. (12 S.) 8° [F. u. Ant.]
Aus: Kretzschmar: Führer durch d. Konzertsaal.
— **Musikbücher**, Breitkopf & Härtels. Abt. 2. No 561. [08. 6909

Suiten von Georges Bizet. Op. 21. Von Hermann **Kretzschmar.** Leipzig Breitkopf & Härtel [1899]. (18 S.) 8° [F.]
Aus: Kretzschmar: Führer durch d. Konzertsaal.
— **Musikbücher**, Breitkopf & Härtels. Abt. 2. No 553. [08. 6901

Suiten von Ed. Grieg. Von Hermann **Kretzschmar.** Leipzig: Breitkopf & Härtel [1899]. (11 S.) 8° [F.]
Aus: Kretzschmar: Führer durch d. Konzertsaal.
— **Musikbücher**, Breitkopf & Härtels. Abt. 2. No 560. [08. 6908

Sylvia, Suite d'orchestre von Léo Délibes. Von Hermann **Kretzschmar.** Leipzig: Breitkopf & Härtel 1898. (10 S.) 8° [F. u. Ant.]
Aus: Kretzschmar: Führer durch d. Konzertsaal.
— **Musikbücher**, Breitkopf & Härtels. Abt. 2. No 545. [08. 6494

Erste Symphonie (in C dur) von L. van Beethoven. Op. 21. Von Hermann **Kretzschmar.** Leipzig: Breitkopf & Härtel (1898). (12 S.) 8° [F.]
Aus: Kretzschmar: Führer durch d. Konzertsaal.
— **Musikbücher**, Breitkopf & Härtels. Abt. 2. No 527. [08. 4687

Zweite Symphonie (in D dur) von L. v. Beethoven. Op. 36. Von Hermann **Kretzschmar.** Leipzig: Breitkopf & Härtel 1898. (12 S.) 8° [F. u. Ant.]
Aus: Kretzschmar: Führer durch d. Konzertsaal.
— **Musikbücher**, Breitkopf & Härtels. Abt. 2. No 537. [08. 6486

Dritte Symphonie (Eroica) in Es dur von L. van Beethoven. Op. 55. Von Hermann **Kretzschmar.** Leipzig: Breitkopf & Härtel (1898). (12 S.) 8° [F. u. Ant.]
Aus: Kretzschmar: Führer durch d. Konzertsaal.
— **Musikbücher**, Breitkopf & Härtels. Abt. 2. No 513. [08. 4673

Vierte Symphonie (in B dur) von L. v. Beethoven. Op. 60. Von Hermann **Kretzschmar.** Leipzig: Breitkopf & Härtel 1898. (15 S.) 8° [F. u. Ant.]
Aus: Kretzschmar: Führer durch d. Konzertsaal.
— **Musikbücher**, Breitkopf & Härtels. Abt. 2. No 538. [08. 6487

Fünfte Symphonie in C moll von L. van Beethoven. Op. 67 ... Von Hermann **Kretzschmar.** Leipzig: Breitkopf & Härtel (1898). (8 S.) [F. u. Ant.]
Aus: Kretzschmar: Führer durch d. Konzertsaal.
— **Musikbücher**, Breitkopf & Härtels. No 505. [07. 1851

Sechste Symphonie (Pastorale) in F dur von L. van Beethoven. Op. 68. Von Hermann **Kretzschmar.** Leipzig: Breitkopf & Härtel (1898). (12 S.) 8° [F. u. Ant.]
Aus: Kretzschmar: Führer durch d. Konzertsaal.
— **Musikbücher**, Breitkopf & Härtels. Abt. 2. No 514. [08. 4674

Siebente Symphonie in A dur von L. van Beethoven. Op. 92. Von Hermann **Kretzschmar.** Leipzig: Breitkopf & Härtel (1898). (10 S.) 8° [F. u. Ant.]
Aus: Kretzschmar: Führer durch d. Konzertsaal.
— **Musikbücher**, Breitkopf & Härtels. Abt. 2. No 525. [08. 4683

Achte Symphonie (in F dur) von L. v. Beethoven. Op. 93. Von Hermann **Kretzschmar.** Leipzig: Breitkopf & Härtel [1908]. (18 S.) 8° [F. u. Ant.]
Aus: Kretzschmar: Führer durch d. Konzertsaal.
— **Musikbücher**, Breitkopf & Härtels. Abt. 2. No 544. [08. 6493

Neunte Symphonie in D moll mit Schlußchor von L. van Beethoven. Op. 125. Von Hermann **Kretzschmar.** Leipzig: Breitkopf & Härtel [1898]. (14 S.) 8° [F. u. Ant.]
Aus: Kretzschmar: Führer durch d. Konzertsaal.
— **Musikbücher**, Breitkopf & Härtels. Abt. 2. No 526. [08. 4686

Zweite Symphonie von A. Borodin. Von Hermann **Kretzschmar.** Leipzig: Breitkopf & Härtel [1899]. (12 S.) 8° [F.]
Aus: Kretzschmar: Führer durch d. Konzertsaal.
— **Musikbücher**, Breitkopf & Härtels. Abt. 2. No 564. [08. 6912

Erste Symphonie (C moll) von J. Brahms. Von Hermann **Kretzschmar.** Leipzig: Breitkopf & Härtel [1899]. (16 S.) 8° [F. u. Ant.]
Aus: Kretzschmar: Führer durch d. Konzertsaal.
— **Musikbücher**, Breitkopf & Härtels. Abt. 2. No 570. [08. 7394

Symphonie Nr. 2 in D dur von J. Brahms Op. 73. Von Hermann **Kretzschmar.** Leipzig: Breitkopf & Härtel [1900]. (16 S.) 8° [F. u. Ant.]
Aus: Kretzschmar: Führer durch d. Konzertsaal.
— **Musikbücher**, Breitkopf & Härtels. Abt. 2. No 578. [08. 7402

Symphonie Nr. 3 von Johannes Brahms. Von Hermann **Kretzschmar.** Leipzig: Breitkopf & Härtel [1900]. (26 S.) 8° [F.]
Aus: Kretzschmar: Führer durch d. Konzertsaal.
— **Musikbücher**, Breitkopf & Härtels. Abt. 2. No 583. [08. 7407

Symphonie Nr. 4 von Johannes Brahms. Von Hermann **Kretzschmar.** Leipzig: Breitkopf & Härtel [1900]. (24 S.) 8° [F.]
Aus: Kretzschmar: Führer durch d. Konzertsaal.
— **Musikbücher**, Breitkopf & Härtels. Abt. 2. No 585. [08. 8130

Dritte Symphonie von A. Bruckner. Von Hermann **Kretzschmar.** Leipzig: Breitkopf & Härtel [1898]. (10 S.) 8° [F.]
Aus: Kretzschmar: Führer durch d. Konzertsaal.
— **Musikbücher**, Breitkopf & Härtels. Abt. 2. No 534. [08. 6483

Vierte Symphonie von A. Bruckner. Von Hermann **Kretzschmar.** Leipzig: Breitkopf & Härtel [1898]. (16 S.) 8° [F.]
Aus: Kretzschmar: Führer durch d. Konzertsaal.
— **Musikbücher**, Breitkopf & Härtels. Abt. 2. No 535. [08. 6484

Symphonie Nr. 5 in B dur von Anton Bruckner. Von Hermann **Kretzschmar.** Leipzig: Breitkopf & Härtel [1900]. (18 S.) 8° [F. u. Ant.]
Aus: Kretzschmar: Führer durch d. Konzertsaal.
— **Musikbücher**, Breitkopf & Härtels. Abt. 2. No 580. [08. 7404

Dritte Symphonie (Tragica) von F. Draeseke. Von Hermann **Kretzschmar.** Leipzig: Breitkopf & Härtel [1898]. (20 S.) 8° [F. u. Ant.]
Aus: Kretzschmar: Führer durch d. Konzertsaal.
— **Musikbücher**, Breitkopf & Härtels. Abt. 2. No 536. [08. 6485

Zweite Symphonie (in D moll) von A. Dvořak. Op. 70. Von Hermann **Kretzschmar.** Leipzig: Breitkopf & Härtel [1899]. (14 S.) 8° [F. u. Ant.]
Aus: Kretzschmar: Führer durch d. Konzertsaal.
— **Musikbücher**, Breitkopf & Härtels. Abt. 2. No 554. [08. 6902

Dritte Symphonie (in F dur) von A. Dvořak. Op. 76. Von Hermann **Kretzschmar.** Leipzig: Breitkopf & Härtel [1899]. (15 S.) 8° [F. u. Ant.]
Aus: Kretzschmar: Führer durch d. Konzertsaal.
— **Musikbücher**, Breitkopf & Härtels. Abt. 2. No 555. [08. 6903

Vierte Symphonie von A. Glazunoff. Von Herman **Kretzschmar.** Leipzig: Breitkopf & Härtel [1899]. (12 S.) 8° [F.]
Aus: Kretzschmar: Führer durch d. Konzertsaal.
— **Musikbücher**, Breitkopf & Härtels. Abt. 2. No 565. [08. 6913

Symphonie (in F dur) von Hermann Götz. Op. 9. Von Hermann **Kretzschmar.** Leipzig: Breitkopf & Härtel [1899]. (12 S.) 8° [F. u. Ant.]
Aus: Kretzschmar: Führer durch d. Konzertsaal.
— **Musikbücher**, Breitkopf & Härtels. Abt. 2. No 548. [08. 6896

Symphonie Nr. 1 (in Es dur) von J. Haydn. Von Hermann **Kretzschmar.** Leipzig: Breitkopf & Härtel [1899]. (14 S.) 8° [F. u. Ant.]
Aus: Kretzschmar: Führer durch d. Konzertsaal.
— **Musikbücher**, Breitkopf & Härtels. Abt. 2. No 566. [08. 7390

Symphonie Nr. 2 (in D dur) von J. Haydn. Von Hermann **Kretzschmar.** Leipzig: Breitkopf & Härtel [1899]. (12 S.) 8° [F. u. Ant.]
Aus: Kretzschmar: Führer durch d. Konzertsaal.
— **Musikbücher**, Breitkopf & Härtels. Abt. 2. No 567. [08. 7391

Symphonie Nr. 6 in G dur (mit d. Paukenschlag) von J. Haydn. Von Hermann **Kretzschmar.** Leipzig: Breitkopf & Härtel [1899]. (12 S.) 8° [F. u. Ant.]
Aus: Kretzschmar: Führer durch d. Konzertsaal.
— **Musikbücher**, Breitkopf & Härtels. Abt. 2. No. 568. [08. 7390

Symphonie Nr. 12 (in B dur) von J. Haydn. Von Hermann **Kretzschmar.** Leipzig: Breitkopf & Härtel [1900]. (16 S.) 8° [𝔉. u. Ant.]
Aus: Kretzschmar: Führer durch d. Konzertsaal.
— **Musikbücher,** Breitkopf & Härtels. Abt. 2. No 586. [o8. 8431

Symphonie espagnole für Soloviolinc und Orchester von Eduard Lalo. Op. 21. Von Hermann **Kretzschmar.** Leipzig: Breitkopf & Härtel [1899]. (12 S.) 8° [Ant. u. 𝔉.]
Aus: Kretzschmar: Führer durch d. Konzertsaal.
— **Musikbücher,** Breitkopf & Härtels. Abt. 2. No 550. [o8. 6898

Symphonie Nr. 3 in A moll von Felix Mendelssohn Bartholdy. Op. 56. Von Hermann **Kretzschmar.** Leipzig: Breitkopf & Härtel [1900]. (16 S.) 8° [𝔉. u. Ant.]
Aus: Kretzschmar: Führer durch d. Konzertsaal.
— **Musikbücher,** Breitkopf & Härtels. Abt. 2. No 574. [o8. 7398

Symphonie Nr. 4 in A dur von Felix Mendelssohn-Bartholdy. Op. 90. Von Hermann **Kretzschmar.** Leipzig: Breitkopf & Härtel [1900]. (12 S.) 8° [𝔉. u. Ant.]
Aus: Kretzschmar: Führer durch d. Konzertsaal.
— **Musikbücher,** Breitkopf & Härtels. Abt. 2. No 575. [o8. 7399

Symphonie Nr. 38 (in D dur) von W. A. Mozart. Von Hermann **Kretzschmar.** Leipzig: Breitkopf & Härtel [1900]. (16 S.) 8° [𝔉. u. Ant.]
Aus: Kretzschmar: Führer durch d. Konzertsaal.
— **Musikbücher,** Breitkopf & Härtels. Abt. 2. No 579. [o8. 7403

Symphonie Nr. 39 (in Es dur) von W. A. Mozart. Von Hermann **Kretzschmar.** Leipzig: Breitkopf & Härtel [1899]. (15 S.) 8° [𝔉. u. Ant.]
Aus: Kretzschmar: Führer durch d. Konzertsaal.
— **Musikbücher,** Breitkopf & Härtels. Abt. 2. No 571. [o8. 7395

Symphonie Nr. 40 (in G moll) von W. A. Mozart. Von Hermann **Kretzschmar.** Leipzig: Breitkopf & Härtel [1899]. (14 S.) 8° [𝔉. u. Ant.]
Aus: Kretzschmar: Führer durch d. Konzertsaal.
— **Musikbücher,** Breitkopf & Härtels. Abt. 2. No 572. [o8. 7396

Symphonie Nr. 41 (in C dur) von W. A. Mozart. Von Hermann **Kretzschmar.** Leipzig: Breitkopf & Härtel [1899]. (12 S.) 8° [𝔉. u. Ant.]
Aus: Kretzschmar: Führer durch d. Konzertsaal.
— **Musikbücher,** Breitkopf & Härtels. Abt. 2. No 573. [o8. 7397

Siebente Symphonie in C dur von Franz Schubert. Von Hermann **Kretzschmar.** Leipzig: Breitkopf & Härtel (1898). (11 S.) 8° [𝔉. u. Ant.]
Aus: Kretzschmar: Führer durch d. Konzertsaal.
— **Musikbücher,** Breitkopf & Härtels. Abt. 2. No 522. [o8. 4682

Symphonie in B dur von Robert Schumann. Op. 38. Von Hermann **Kretzschmar.** Leipzig: Breitkopf & Härtel (1898). (15 S.) 8° [𝔉. u. Ant.]
Aus: Kretzschmar: Führer durch d. Konzertsaal.
— **Musikbücher,** Breitkopf & Härtels. Abt. 2. No 524. [o8. 4684

Symphonie Nr. 2 in C dur von R. Schumann. Op. 61. Von Hermann **Kretzschmar.** Leipzig: Breitkopf & Härtel [1900]. (15 S.) 8° [𝔉. u. Ant.]
Aus: Kretzschmar: Führer durch d. Konzertsaal.
— **Musikbücher,** Breitkopf & Härtels. Abt. 2. No 577. [o3. 7401

Vierte Symphonie in D moll von R. Schumann. Op. 120. Von Hermann **Kretzschmar.** Leipzig: Breitkopf & Härtel [1900.] (15 S.) 8° [𝔉. u. Ant.]
Aus: Kretzschmar: Führer durch d. Konzertsaal.
— **Musikbücher,** Breitkopf & Härtels. Abt. 2. No 576. [o8. 7400

Symphonie (D moll) von Chr. Sinding. Von Hermann **Kretzschmar.** Leipzig: Breitkopf & Härtel [1899]. (12 S.) 8° [𝔉. u. Ant.]
Aus: Kretzschmar: Führer durch d. Konzertsaal.
— **Musikbücher,** Breitkopf & Härtels. Abt. 2. No 559. [o8. 6907

Fünfte Symphonie von P. Tschaikowsky. Von Hermann **Kretzschmar.** Leipzig: Breitkopf & Härtel [1899]. (12 S.) 8° [𝔉.]
Aus: Kretzschmar: Führer durch d. Konzertsaal.
— **Musikbücher,** Breitkopf & Härtels. Abt. 2. No 557. [o8. 6905

Symphonie pathétique von P. Tschaikowsky. Op. 74. Von Hermann **Kretzschmar.** Leipzig: Breitkopf & Härtel [1898]. (15 S.) 8° [𝔉.]
Aus: Kretzschmar: Führer durch d. Konzertsaal.
— **Musikbücher,** Breitkopf & Härtels. Abt. 2. No 528. [o8. 4688

Szenen aus Goethes Faust für Solostimmen, Chor und Orchester von R. Schumann. Von Hermann **Kretzschmar.** Leipzig: Breitkopf & Härtel 1898. (23 S.) 8° [𝔉.]
Aus: Kretzschmar: Führer durch d. Konzertsaal.
— **Musikbücher,** Breitkopf & Härtels. Abt. 2. No 542. [o8. 6492

Ouverture zu Tannhäuser von Richard Wagner. Von Hermann **Kretzschmar.** Leipzig: Breitkopf & Härtel [1900]. (11 S.) 8° [𝔉.]
Aus: Kretzschmar: Führer durch d. Konzertsaal.
— **Musikbücher,** Breitkopf & Härtels. Abt. 2. No 582. [o8. 7406

Tasso. Lamento e trionfo. Symphon. Dichtung f. großes Orchester von Franz Liszt. Von Hermann **Kretzschmar.** Leipzig: Breitkopf & Härtel 1898. (12 S.) 8° [𝔉. u. Ant.]
Aus: Kretzschmar: Führer durch d. Konzertsaal.
— **Musikbücher,** Breitkopf & Härtels. Abt. 2. No 549. [o8. 6897

Kretzschmar, H., üb. den musikalischen Theil unserer Agende. Vortrag, auf der Meißner Konferenz am 25. Juni 1894 geh. gr. 8. (27 S.) Leipzig 894. Dörffling & Franke. n. — 50

Ouverture zur Oper Wilhelm Tell von G. Rossini. Von Hermann **Kretzschmar.** Leipzig: Breitkopf & Härtel [1900]. (8 S.) 8° [𝔉.]
Aus: Kretzschmar: Führer durch d. Konzertsaal.
— **Musikbücher,** Breitkopf & Härtels. Abt. 2. No 581. [o8. 7405

Die Verdammung Fausts von Hector Berlioz. Von Hermann **Kretzschmar.** Leipzig: Breitkopf & Härtel [1898]. (23 S.) 8° [𝔉.]
Aus: Kretzschmar: Führer durch d. Konzertsaal.
— **Musikbücher,** Breitkopf & Härtels. Abt. 2. No 532. [o8. 6481

Violin-Konzert (in E moll) von F. Mendelssohn-Bartholdy. Von Hermann **Kretzschmar.** Leipzig: Breitkopf & Härtel [1899]. (12 S.) 8° [𝔉. u. Ant.]
Aus: Kretzschmar: Führer durch d. Konzertsaal.
— **Musikbücher,** Breitkopf & Härtels. Abt. 2. No 547. [o8. 6496

— **Über Volkstümlichkeit in der Musik.** Rede, zur Feier des allerhöchsten Geburtstages Sr. Maj. des Kaisers u. Königs, am 27. 1. 1910 in der öffentl. Sitzg der königl. Akademie der Künste zu Berlin geh. (15 S.) gr. 8. Berlin 910. E. S. Mittler & Sohn. — 60

Vysehrad und Ultava von F. Smetana. Von Hermann **Kretzschmar.** Leipzig: Breitkopf & Härtel [1899]. (16 S.) 8° [𝔉.]
Aus: Kretzschmar: Führer durch d. Konzertsaal.
— **Musikbücher,** Breitkopf & Härtels. Abt. 2. No 563. [o8. 6911

Wallenstein von Vincent d'Indy. Von Hermann **Kretzschmar.** Leipzig: Breitkopf & Härtel [1899]. (12 S.) 8° [𝔉.]
Aus: Kretzschmar: Führer durch d. Konzertsaal.
— **Musikbücher,** Breitkopf & Härtels. Abt. 2. No 562. [o8. 6910

Weihnachtsoratorium von Sebastian Bach. Von Hermann **Kretzschmar.** Leipzig: Breitkopf & Härtel [1899]. (14 S.) 8° [𝔉.]
Aus: Kretzschmar: Führer durch d. Konzertsaal.
— **Musikbücher,** Breitkopf & Härtels. Abt. 2. No 552. [o8. 6900

Aus der neuen Welt von A. Dvořák. Op. 95. Von Hermann **Kretzschmar.** Leipzig: Breitkopf & Härtel (1898). (14 S.) 8° [𝔉.]
Aus: Kretzschmar: Führer durch d. Konzertsaal.
— **Musikbücher,** Breitkopf & Härtels. Abt. 2. No 518. [o8. 4678

Die Worte des Erlösers am Kreuze von J. Haydn. Von Hermann **Kretzschmar.** Leipzig: Breitkopf & Härtel 1898. (12 S.) 8° [𝔉.]
Aus: Kretzschmar: Führer durch d. Konzertsaal.
— **Musikbücher,** Breitkopf & Härtels. Abt. 2. No 543. [o8. 6498

— **musikalische Zeitfragen.** Zehn Vorträge. gr. 8. (IV, 186 S.) Leipzig 903. C. F. Peters. n. 3. —

Musikalische Zeitfragen. 10 Vorträge von Hermann **Kretzschmar.** Volksausz. Leipzig: C. F. Peters [1906]. (96 S.) 8° [o7. 14686 4

— **Hermann Theodor** (Zwickau), Bedeutung des Netzes bei der Einklemmung und blutigen Operation der Brueche. Diss. med. Präs. Justus Radius. Lpz. (C. E. Elbert) 19. III. 1864. 32 S. mit Biogr. (M.: J. C. Zeitzer). (5.50) 19545
Oppon.: G. Beck, R. Kretzschmar, A. Piersig. — Gew.: Johann Gottlieb Kretzschmar (Vater).

Kretzschmar, Horst: Ueber die Einwirkung von Brom auf Alkali und über die Elektrolyse der Bromalkalien. 1904. 32 S. 4° ¶ Auch in: Zeitschrift f. Elektrochemie. Jg. 10.
Dresden, Dr.-Ing.-Diss. v. 17. 3. 1904

Kretzschmar, Joh.: Die Formularbücher aus der Canzlei Rudolfs von Habsburg. . . . Innsbruck. Druck d. Wagnerschen Univ.-Buchdr., 1888; 2 Bl. + 38 + 1 S. + 1 Bl. 8°
Berlin, Phil. Fak., Inaug.-Diss. v. 10. Okt. 1888

Kretzschmar, Joh. Die Formularbücher aus der Canzlei Rudolfs v. Habsburg. gr. 8. (165 S.) Innsbr. 889, Wagner. * 4 —

Kretzschmar, Joh., Gustav Adolfs Pläne u. Ziele in Deutschland u. die Herzöge zu Braunschweig u. Lüneburg, s.a. Quellen u. Darstellungen zur Geschichte Niedersachsens. 17. Bd.

Gustav Adolfs Pläne und Ziele in Deutschland und die Herzöge zu Braunschweig und Lüneburg. Von Joh. **Kretzschmar.** *Hannover & Leipzig: Hahn 1904.* (525 S.) 8°
— Quellen u. Darstellungen z. Geschichte Niedersachsens. Bd 17. [04-7045

Kretzschmar, Johann August

Kretzschmar, Jh. Aug., († 1812.) Beitrag oder Beispiel einer Lehrart, wie solche in d. ersten Klasse d. Stadtschule zu Delitzsch ausgeübt wird. 8. Leipz. 786. (Aue in Altona). 4 ſſ

Kretschmar, J. A., Beytrag od. Beyspiel e. Lehrart in Delitzsch. 8. Leipzig, Jacobäer. 786.

— Vergleichung d. drei gewöhnl. Thermometer, des Fahrenheit, Delisle u. Reaumur. 8. Leipz. 777. (Aue in Altona). 4 ſſ

Johann August Kretzschmar

Vergleichung der drey gewöhnlichen Thermometer, als des Fahrenheitischen, Delilischen und Reaumürischen; so wohl durch Rechnung als Verzeichnung, entworfen von Johann August Kretzschmar. Leipzig: Jacobäer 1777. 46 S. 8°

Kretzschmar, Joh. B., s. Kretzschmar, Johannes Robert

Kretzschmar, Jh. Fr., s. Kretschmar, Friedrich

— **Johann Carl** (Luscaviensis), De inutilibus clausulis notariorum contractibus adjectis. Diss. jur. Rector D. Hermann Paul Juch. Präs. Conr. Wilhelm Strecker. Erfurt (Hering) 8. II. 1736. 19 S. (6.—) 19546
Gew.: Jo. Friedrich Seyfried.

Kretzschmar, Johannes (geb. Belzig in d. Mark 2. 3. 1851): Ueber Extrauterinschwangerschaft. Berlin (1875). (31 S.) 8°
Berlin, Med. Diss. v. [5. Juni] 1875

Kretzschmar, Johs., die Invasionsprojekte der katholischen Mächte gegen England zur Zeit Elisabeths. Mit Akten aus dem vatikan. Archiv. gr. 8. (VI, 216 S.) Leipzig 892. Duncker & Humblot. n. 4. 20

Kretzschmar, Johannes Friedrich

Das Höhere Schulwesen im Königreiche Sachsen. Gesetz über d. Gymnasien, Realschulen u. Seminare v. 22. Aug. 1876 nebst Ausführungsverordnung u. die einschlagenden Gesetze, Verordnungen u. Entscheidungen. Hrsg. von J[ohannes] F[riedrich] **Kretzschmar,** Geh. Reg.R. *Leipzig: A. Roßberg 1903.* (XII, 704 S.) 8° [J.]
— Handbibliothek, Juristische. Bd 158. [03-8630

— **das königl. sächsische Volksschulgesetz. s.: Seydewitz, P. v.**

Kretzschmar, Johannes Robert

Kretzschmar, Joh. R., die Entstehung v. Stadt u. Stadtrecht in den Gebieten zwischen der mittleren Saale u. der Lausitzer Neisse, s.a. Untersuchungen zur deutschen Staats- u. Rechtsgeschichte. 75. Hft.

Kretzschmar, Joh(annes) R(obert): Zur Entstehung der sächsischen Städte. Breslau: M. & H. Marcus 1904. (84 S.) 8° ¶ (Ersch. vollst. in: Untersuchungen z. deutschen Staats- u. Rechtsgesch. H. 75.) *)
Leipzig, Phil. Fak., Ref. Seeliger u. Lamprecht, Diss. v. 3. Jan. 1905
[Geb. 25. Juli 76 Crimmitschau; Wohnort: Leipzig; Staatsangeh.: Sachsen; Vorbildung: Seminar Borna Wahlfähigkeitsprüfung Nov. 99; Studium: Leipzig 6 S.; Rig. 13. Juli 04.]

Die Entstehung von Stadt und Stadtrecht in den Gebieten zwischen der mittleren Saale und der Lausitzer Neiße. Von Dr. Joh. R. **Kretzschmar.** Breslau: M. & H. Marcus 1905. (X, 166 S.) 8°
Erschien teilweise als Inaug.-Diss.
— Untersuchungen z. Deutschen Staats- u. Rechtsgeschichte. H. 75. [05-3418

Kretzschmar, Julius Albin, s. Kretzschmar, Albin

Kretzschmar, Jul. Erdm. Rob., Lehramts Feierstunden. Ernste und heitere Orig.-Gedichte für pädagog. Stiftungsfeste, Bezirksversammlungen, Einweihungen, Einweisungen, Jubiläen, Abschied aus dem Amte, Konfirmation, Entlassung der Konfirmanden rc., nebst einigen anderen Lehramt und Schule betr. Gedichten. 16. (VIII, 184 S.) Langensalza 886, Schulbuchhandlung.

Kretzschmar, Karl

Kretzschmar, Car. (Traugott) (geb. Belzig 2. 10. 1821): De mammae morbis. Berolini (1844). (46 S.) 8°
Berlin, Med. Diss. v. 6. Apr. 1844

Kretzschmar, Carl, die mit dem 1. I. 1900 für den sächs. Bergbau eingetret. Neuerungen in den Vorschriften üb. den Dienstvertrag, s.: Jahrbuch f. das Berg- u. Hüttenwesen im Königr. Sachsen. Beilagehft.

Kretzschmar, Karl Aug., Richard Cobden, der Apostel d. Handelsfreiheit, u. die jüngste staatsökonomische Revolution in Großbritannien. Nach den besten engl. u. franz. Quellen. 8. (110 S.) Grimma 847, Verlags-Comptoir. 1/2 ß
vgl. Kretzschmar, A.

Kretzschmar, Carl Aug., theoretisch-practischer Lehrgang der deutschen Stenographie oder Redezeichenkunst. Ein unentbehrl. Handbuch zur schnellen und gründl. Erlernung dieser jetzt so unentbehrl. gewordenen Schnellschreibekunst nach dem Gabelsbergerschen System. Für Schulen und zum Selbstunterricht bearb. 1. Thl.: Darstellung des Systems. gr. 8. (106 S.) Grimma 848, Verlags-Comptoir.

— dass. — 2. Thl. 2 Abthlgn. A. u. d. T.: Stenographisches Lesebuch, d. i. method.-prakt. Leseübungen in stenograph. Handschrift nach Gabelsbergerschem System. Eine stenograph. Mustersammlung in systemat. Stufenfolge von der ausführl. oder Correspondenzschrift bis zur gekürzten oder Nachschreibeschrift, nebst dazu gehöriger Uebersetzung. 1. Abthl.: Stenographische Musterstücke. — 2. Abthl.: Die Uebersetzung der stenograph. Musterstücke. 8. (239 lithogr. S. und XII und 212 S.) Ebds. 849.

— alphabetisches Noth- und Hülfsbüchlein für angehende Stenographen nach Gabelsbergers System, eine alphabet. Zusammenstellung der Siegel, Monogramme, Vor- und Nachsylben, Partikeln, Für- und Hülfszeitwörter, sowie der vorzüglichsten Kürzungen. gr. 16. (IV und 45 lithogr. S.) Grimma 849, Verlags-Comptoir. Thlr.

Kretzschmar, Carl Aug., stenographisches Wörterbuch der deutschen Sprache mit Einschluß der gebräuchlichsten Fremdwörter nach Gabelsberger's System. Ein bequemes Handbuch zum Nachschlagen für Schüler und Freunde der Stenographie. 8. (VI und 196 lithogr. S.) Grimma 850, Verlags-Comptoir.

Kretzschmar, Karl Theodor

Kretzschmar, Carl Thdr., und Wilh. Leop. Große, der dritte Artikel nach dem kleinen Lutherischen Katechismus in 12 Katechesen. Zwickau 865. Döhner. gr. 8. (VI, 127 S.) 15 ngr.

—— und Wilh. Leop. Große, der dritte Artikel nach dem kleinen lutherischen Katechismus in zwölf Katechesen. 2. Aufl. gr. 8. (VII, 127 S.) Ebendas. 881. *

Kretzschmar, Karl Thdr., kurzgefaßtes Handbuch zu Dr. M. Luthers kleinem Katechismus, mit besonderer Berücksichtigung des Zwickauer „Leitfadens zu einem einjährigen Religionsunterrichte." 854. — 2., revid. u. verm. Aufl. Zwickau 858. Verlhdlg. d. Volksschriften-Vereins. 8. (V, 186 S.) 18 ngr.

Kretzschmar, Carl Thdr., kurzgefaßtes Handbuch zu Dr. Martin Luther's kleinem Katechismus, mit besond. Berücksicht. des zwickauer „Leitfadens zu einem einjähr. Religionsunterrichte." 2. Aufl. 1858. 18 Ngr. und 3., vielfach verm. Aufl. gr. 8. (VII und 200 S.) Zwickau 861, Buchhandlung des Volksschriften-Vereins.

Kretzschmar, Karl Thdr., kurzgefaßtes Handbuch zu Dr. Martin Luther's kleinem Katechismus. 5. mit Berücksicht. des „religiösen Memorirstoffes für die evangel. Volksschulen des Königr. Sachsen" umgearb. Aufl. gr. 8. (VII, 214 S.) Leipzig 880, Gebhardt's Verlag. *

— Dr. Martin Luther's kleiner Katechismus nebst Spruchbuch, auf einen dreijährigen, allmählich erweiterten Cursus berechnet u. mit besonderer Berücksichtigung der unteren Gymnasial- u. Realschulclassen zusammengestellt. 2. Aufl. 8. (32 S.) Ebend. 877. n. — 25

Kretzschmar, Carl Thdr., Spruchbuch zu Dr. M. Luthers kleinem Katechismus, auf einen 3jähr., allmählich erweit. Cursus berechnet und mit besond. Berücksichtigung der unteren Gymnasial- und Realschulclassen zusammengestellt. 8. (20 S.) Leipzig 864, Gebhardt's Verlag.

Kretzschmar, Karl Trgtt., (✝ d. 15. März 1786.) Diss. de charactere codicis originario. 4. Wittenb. 775.

— s. Lotichius, Poëmata.

— — (Dobrilugk/Laus.), De metastasibus. Diss. med. Präs. D. Johann Friedrich Erdmann. Wittenbg. (Friedrich Immanuel Seibt) 6. IV. 1810. 21 S. (5.—) 19523

— Carl Traugott (Dresden), De ramo gentium religioso. Präs. Benjamin Gottlieb Lorenz Boden. Wittbg. (Carl Christian Dürr) 1765. 41 Seiten. (6.—) 19522

[J.] Josephine. Ein Licht vom Herrn — e. Denkmal seiner Gnade. Erzählg aus d. Leben v. M. Kretzschmar. *Bitterfeld: In Comm. bei (J. Dr. v.) F. E. Baumann [1897].* (134 S.) 1 Bd 8. [98. 337

Kretzschmar, Max Walter, Ref. in Dresden: Die Unterhaltspflicht geschiedener Ehegatten gegen ihre minderjährigen unverheirateten Kinder nach geltendem Rechte. Niedersedlitz-Dresden 1906: Krey & Sommerlad. (VIII, 81 S.) 8°
Leipzig, Jur. Fak., Diss. v. 9. Juli 1906
[Geb. 25. März 80 Zwickau i. S.; Wohnort: Dresden; Staatsangeh.: Sachsen; Vorbildung: Gymn. Zwickau Reife O. 00; Studium: Leipzig 4, Freiburg i. B. 1, München 1 S.; Rig. 13. Jan. 04.]

Kretzschmar, Oskar: Beiträge zur Charakteristik des homerischen Odysseus. *Leipzig 1903: B. G. Teubner.* (30 S.) 4°
Neunkirchen (Bez. Trier), PG m. wahlfr. Engl. (RG i. E.), P 1903 (529)

Kretzschmar, Oskar, Referendar: Die Rechte des Bürgen gegen den Hauptschuldner nach B.G.B. (unter Berücksichtigung des römischen Rechts). Leipzig 1905: (Bereiter & Meissner). (60 S.) 8°
Leipzig, Jur. Fak., Diss. v. 1. Aug. 1905
[Geb. 16. Mai 78 Meerane i. S.; Wohnort: Leipzig; Staatsangeh.: Sachsen; Vorbildung: Nikolaigymn. Leipzig Reife O. 99; Studium: Leipzig 6 S.; Rig. 1. Aug. 05.]

Kretzschmar, P., gedenket an Eure Kaiser! Zwei Gedächtniß-Predigten u. e. Geburtstagsfest-Predigt. 2. u. 3. Aufl. gr. 8. (28 S.) Dessau 890. Kahle's Verl. n. — 60

Kretzschmar, P., die innere Mission, ein edler Baum im Garten Christi. Predigt über 1. Joh. 4, 16—21, am Sonntag nach Trinit. 1872 zu Elterlein gehalten. Hrsg. vom Annaberger Verein für innere Mission. gr. 8. (14 S.) Annaberg 872, (Graser.) *

Kretzschmar, Paul Richard, aus Leipzig: Ueber Entstehung und Ausbreitung der Protoplasmaströmung in Folge von Wundreiz. Mit 3 Textfig. *Leipzig: Gebr. Borntraeger 1903.* (32 S.) 8° ¶ [Aus: Jahrbücher f. wiss. Botanik, Bd 39.]
Leipzig, Phil. Diss. v. 1903

Kretzschmar, Peter, s. Kretzschmer

Kretzschmar, Rich., Nothwendigkeit u. Nutzen e. evangel.-luther. Gemeindeschule. Eine Rede, bei der Einführg. e. Lehrers, geh. vor der ev.-luth. Emmaus-Gemeinde zu St. Louis, Mo., den 5. VIII. 1900. 8. (16 S.) St. Louis, Mo. 900. (Zwickau, Schriften-Verein.) n.n. — 15

Kretzschmar, Robert

Kretzschmar, Robert: Das Buch der Akrosticha, s.a. Handbibliothek, Populäre.

Kretzschmar, R., das Buch der Akrosticha. [Namensverse.] Anh.: Stammbuchverse. gr. 16. (X, 76 S.) Dresden 873. Kaufmann. — 75

– Das Buch der Tafellieder und Toaste, s.a. Handbibliothek, Populäre.

— Buch der Tafellieder u. Toaste, Gedichte. 3. Aufl. gr. 16. (150 S.) Ebend. 874. 1. 20

– Das Buch der Toaste, s.a. Handbibliothek, Populäre.

— das Buch der Toaste. 3. Aufl. gr. 16. (76 S.) Ebend. 874. — 75

— der reichhaltigste Gelegenheits-Dichter. Original-Beiträge. 2. Aufl. gr. 16. (143 S.) Ebend. 874. 1. 20

– Der reichhaltigste Gelegenheits-Dichter. Neue Folge. s.a. Handbibliothek, Populäre.

— dasselbe. Neue Folge. Original-Beiträge. 16. (143 S.) Ebend. 873 1. 20

Kretzschmar, Rob., Glückwünsche auf Karten f. Neujahr, Geburtstag, Verlobung, Hochzeit, Amtsantritt, Geschäftsübernahme, Jubiläen. 12. (64 S.) Styrum 891. A. Spaarmann. n. — 50

– Am Polterabend, s.a. Handbibliothek, Populäre.

— am Polterabend. Neue Folge. Neue Polterabend- u. Hochzeits-Gedichte. Anh.: Vorträge bei Ehejubiläen u. Gratulationskarten. 4. Aufl. gr. 16. (90 S.) Ebend. 873. — 75

— dasselbe. Neue Folge. Neue Polterabend- u. Hochzeits-Gedichte. Anh.: Vorträge bei Ehejubiläen u. Gratulationskarten. 2. Aufl. gr. 16. (90 S.) Ebend. 874. — 75

Kretzschmar, Rob., am Polterabend. Neue Folge. Neue Polterabend- und Hochzeits-Gedichte. Anhang: Vorträge bei Ehejubiläen und Gratulationskarten. 5. Aufl. 12. (III, 90 S.) Dresden 881, Kaufmann.

– Die beliebtesten Polterabendscherze, s.a. Handbibliothek, Populäre.

Kretzschmar, R., s. Polterabendscherze, die beliebtesten.

— die beliebtesten Polterabendscherze, sowie Spiele u. Gedichte zu Hochzeitsfesten. 5. vollständig umgearb. u. verb Aufl. 16. (IV, 154 S.) Ebend. 872. 1. 20

Kretzschmar, Rud. Wilh.: Lodovico Dolce. Ein Beitrag zur Geschichte der italienischen Pädagogik im 16. Jahrhundert . . . . *Leipzig, Druck v. König & Freter*, 1886; 61 + 1 S. 8°.
Leipzig. Phil. Fak.. Inaug.-Diss. v. 21. Mai 1887.

Kretzschmar, Sam., († d. 10. April 1774.) Beschreibung des Sauerbrunnens in d. Starostey Zips. Fol. ... 751.

— Beschreib. e. in Dresden unlängst erzeugten Martyniae annuae villosae; nebst e. Abhandl., worin d. Nutzen gezeigt wird, den d. Kräuterlehre d. Arzneikunst leistet, u. einem Anhang, welcher d. Vortheile zeigt, welche man von einem Kräutergarten in den wirthschaftl. Gewerben zu erwarten hat, (v. Chr. Fr. Schulze). Mit 2 Kpf. 4. Friedrichstadt 764.

Kretzschmar, Th. v., Feldtaschenbuch für Offiziere aller Waffen mit besond. Berücksichtigung der in der königl. sächs. Armee giltigen Vorschriften. 8. (X und 320 S. mit 13 lithogr. Plänen in gr. 8., 4. und qu. Fol.) Dresden 855(56,) Höckner. Thlr.

Kretzschmar, Th. Fr., die Einheitlichkeit d. Unterrichts im Schulorganismus. M. bes. Berücksicht. d. preuß. Schulgesetzgebg. dargest. E. Vademecum f. jeden Schulleiter. gr. 8. (VII, 182 S.) Berlin 895. Dessau, Anhalt. Verlagsanstalt. n. 2. 50

Kretzschmar, Thdr., die Kinder des Waldes. Aus dem Engl. des Capit. Marryat für die Jugend bearb. Mit 4 Bildern in Farbendr. nach Aquarellen von C. Offterdinger. gr. 8. (III, 264 S.) Leipzig 878, Gebhardt's Verlag. geb.

Kretzschmar, W., siehe: Flora der Provinzen Preußen, Pommern rc.

Kretzschmar, W.

Kretzschmar: Die Fraglichkeit der Grenze zwischen Thier- u. Pflanzenleben. Pillau 1865.
Schul-/Univ.-Schrift

Kretzschmar, W., das deutsche Colonisirungs-Projekt an der Mosquito-Küste, unter Angabe des Hauptinhalts des betreff. preuß. Untersuchungsberichtes beleuchtet. gr. 8. (1¼ B. u. 1 Karte.) Königsberg 845, Theile.

Kretzschmar, W., über die Nothwendigkeit der lateinischen Nomenklatur im Unterricht der organischen Naturgeschichte. Pillau.
Schul-/Univ.-Schrift 1867

Kretzschmar, W., und H. Kummer, deutsches Schützenbuch, s. Kummer, H.

Kretzschmer, A., Ideen zu e. Theorie d. Musik. 4. (11¼ B. u. 12¼ lith. B. Fol.) Stralsund 833, Löffler.

Kretzschmer, A., s. Volkslieder, deutsche.

vgl. Kretzschmar, A.

Kretzschmer, Alb., Dornröschen. Nach Aquarellen. Berlin, Reubke. qu. Fol. (8 lith. Bl. in Farbendr.) n. 3 ℳ.

Kretzschmer, Andreas (Stettin), De successore ex pacto et providentia majorum ad facta ultimi defuncti licet ejus heres sit praestanda non obligato. Diss. jur. Präs. D. Daniel Nettelbladt. Halle (Hendel) 20. X. 1764. 54 S. (6.—) 19547
Widm. v.: I. M. Ph. Rehfeldt.

Kretzschmer, Aug., Deutsche Volkslieder mit ihren Originalweisen . . . nach handschriftl. Quellen herausg. und mit Anmerkungen versehen. Bd. 1. 2. = H. 1—10. Berlin 1838—40. 8. Fortsetzung durch A. W. von Zuccalmaglio (v. Waldbrühl). H. 11—18. Berlin 1840—41.

Kretzschmer, Eleonore, Gedichte. 8. (60 S.) Naumburg 902. E. Schöler. n. 1. —

Kretzschmer, Eleonore, kuriert. Dramatisches Lebensbild aus dem J. 2004 in 3 Akten (88 S.) 8. Naumburg 907. Leipzig, H. Haessel Verl. 2. —

Kretzschmer, Eleonore, Gustav Reitter. Charakterbild in 2 Aufzügen. (III, 35 S.) 8. Dresden 904. E. Pierson. n. 1. —

Humoristische Skizzen. Von Eleonore Kretzschmer. *Naumburg a. S.: E. Schöler 1903*. (41 S.) 8° [F.]

Kretzschmer, Jh. Karl, s. Kretschmer.

Kretzschmer, Joh. Karl, Anleitung zum Geschäftsbetriebe d. Oekonomie-Kommissarien, bei Regulirung d. gutsherrl. u. bäuerl. Verhältnisse, bei Gemeinheitstheilungen, Ablösungen d. Grund-Gerechtigkeiten, d. Dienste u. Abgaben, in Gefolge d. neuern agrarischen Gesetzgebung d. Preuß. Staats. M. 4 Kpfrt. u. Tabn. gr. 8. (40 B. incl. d. Tabn.) Berlin 828, Nicolai.

—— Entwurf zu e. Taxordnung d. ländl. Grundstücke f. d. oestl. Provinzen d. preuß. Monarchie. 4. (17½ B.) Danzig 838, (Gerhard.)

——, Friedrich Wilhelm III. Sein Leben, sein Wirken u. seine Zeit. Ein Erinnerungsb. f. d. preuß. Volk. 18 Lfgn. (Mit d. Bildn. d. Königs, gr. 4., als Prämie.) gr. 12. (56½ B., 72 Portr. u. 1 Facsim.) Danzig 840—42, Gerhard.

Kretzschmer, J. C., die Gründungs-Urkunde der Stadt Posen vom Jahre 1253; erläutert. gr. 8. (23 S.) Posen 853, Merzbach.

—— die Kulmische Handfeste, s. Handfeste.

Kretzschmer, J. C.: Die Kulmische Handfeste. Bei der 600jährigen Feier ihrer Ertheilung übers. u. erl. Marienwerder 1832.

—— einige Ideen üb. d. Einrichtung v. Musterwirthschaften f. kleine Ackernahrungen. gr. 8. (1½ B.) Marienwerder 834, (Baumann.)

— Concordanz d. Kgl. Preuß. agrarischen Gesetze unt. sich mit d. Allgem. Landrechte, d. ältern u. neuern Verordn., d. Entscheidungen d. Gerichtshöfe, u. d. Ansichten d. Rechtslehre. Ein prakt. Comment. gr. 8. (45 B. u. ½ B. Tab.) Danzig 830, Gerhard.

Kretzschmer, Joh. Carl, Concordanz d. k. preuß. agrar. Gesetze unt. sich mit d. Allgem. Landrechte, d. ältern u. neu. Verordnn., d. Entscheidungen d. Gerichtshöfe, u. d. Ansichten d. Rechtslehrer. Ein prakt. Commentar. 2., verb., mit den seit Herausgabe d. 1. Aufl. erschien. gesetzl. Bestimmn., so wie mit d. agrar. Gesetzen f. d. westl. Provinzen d. Monarchie, verm. Aufl. 2 Bde. (à 2 Hälften.) gr. 8. (64¼ B.) Danzig 840—43, Gerhard.

— Oeconomia forensis, od. Inbegriff derjen. Grundsätze u. Bestimmungen, welche d. Juristen von d. Landwirthschaft u. d. Oekonomen von d. Rechte zu wissen nöthig sind. Nach d. jetzigen Standpunkte d. landwirthschaftl. Gewerbes mit Berücksichtigung d. Preuß. Gesetzgeb. u. d. gem. Rechts bearb. 3 Bde. gr. 4. Berlin, Rücker. [1., 2. (119¼ B.) 833. 10 Thlr., 3. (49½ B.) 835. 4 Thlr.]

— vollständ. aber kurzgefaßtes Repertorium aller k. preuß. Landesgesetze. 3 Bde. (à 4 Hfte.) gr. 8. (171½ B.) Danzig 836, Gerhard. à Hft. * ⅔ Thlr. *

— Soldaten-, Kriegs- u. Lager-Leben. Blüthen d. Erinnerung aus d. Befreiungskriege; gesammelt. 2 Bdchn. 8. (34½ B. u. lith. Ttl.) Danzig 838, (Homann.) *
Vgl. Kretschmer.

Kretzschmer, Jul., de auctoribus A. Gellii grammaticis. Edit. II. Berlin 866. Calvary & Comp. gr. 8. (VI, 108 S.) 20 ngr.

Kretzschmer, J., De A. Gellii fontibus. Part. I. De auctoribus A. Gellii grammaticis. Diss. 1860. VI, 108 S. 2.—

Kretschmer, Konrad: Die Entdeckung Amerika's in ihrer Bedeutung für die Geschichte des Weltbildes. Mit einem Atlas von 40 Tafeln in Farbendruck. Festschrift der Gesellschaft für Erdkunde zu Berlin zur vierhundertjährigen Feier der Entdeckung Amerika's. Text Atlas. Berlin 1892. 2 Bde. XXIII, 471 S.; 40 Tf. 4° u. Fol.

Kretzschmer, L., Feldbeschäftigungslehre. Mit 1 Steintaf. in gr. Fol. gr. 8. Münch. 828. Fleischmann. 1 ℛ

— Lehre von permanenten Befestigungen u. von deren Angriff u. Vertheidigung. Mit 2 Steindr. gr. 8. Münch. 831. (Finsterlin). 1 ℛ 18 ℊ

— s. Mittheilungen, militärische.

Kretzschmer, Peter

Kretzschmar, Pt., († d. 7. Nov. 1764.) kurze Anzeige d. neuen Ackerverbesserung. 8. Berl. 752.

Kretzschmer: Kurzer Auszug d. neuen Acker-Verbesserung od. deutlicher Unterricht ... wie durch das doppelfurchige Pflügen nicht allein die Aecker weit besser als bishero genutzet (etc.) ... werden könne(n). Berl. 1750. 104 S.
(Sml. *Ober-Fläche*).

— kurzer Auszug aus d. neuen Ackerverbesserung, oder Unterricht, wie durch d. doppelfurchige Pflügen d. Aecker besser benutzt werden. 8. Berl. 751. Haude u. Sp. 3 ℊ

Kretschmar P.: Bedencken üb. die v. v. dem Born gegebene Nachricht v. einer neu erfundenen Acker-Bau-Maschine ... Berl. 1752. 24 S. P.

— prakt. Beweis, daß d. doppelfurchige Pflügen mit ordinärem Gespann u. Hofdienst verrichtet werden könne, u. seinen wahren Nutzen beim Ackerbau habe, wie auch eine Probe wohlgelungener Versuche bei Einführung neuer Getreidesorten u. derselben Vervielfältigung auf dem k. Vorwerk Schöneberg bei Berlin. 8. Berl. 756.

KRETZSCHMER, Peter: Entwurf, wie ein gewisses Holz, so in Sachsen, sowohl jetzt, als künftig besser zu nutzen sey. - Berlin 1744

KRETZSCHMER, Peter: Naturerfundene Holtz-Anlage als eine Frucht des neuerfundenen Ackerbau-Rätzels, d.i. Ein nach beygefügtem Kupfer-Stich gerichteter prospectivischer Entwurff und Anzeige: Wie auf einem cultivierten Acker ein Wald oder Busch von Ober- und Unter-Holtz von der besten Art des Italiänischen Holtzes ... also angeleget und herzugezogen werden könne. - Leipzig 1748 (?)

— etwas Neues für alle Liebhaber d. Stadt- u. Landwirthschaft. 8. Nürnb. 761.

— dreifaches Neujahrsgeschenke. 8. Berl. 759.

— ökonom. Praktika, worin d. deutl. Auflösung des Ackerbaurätsels 2c. enthalten ist. Mit Kpf. 8. Lpz. 749. (Jena 754. Frommann). 8 ℊ

Kretzschmer P.: Oeconomische Practica, in welcher eine deutliche Anweisung, wie der Ackerbau ... besser, als bishero geschehen, zu nutzen sey, u. zugleich Holzungen angeleget werden können. Neue verb. Aufl. Leipz. 1754. 223 S. 1 Tvl.

— Unterricht, wie d. Kornertrag beim Ackerbau wieder zu erhöhen u. herzustellen sey. 8. Berl. 759.

KRETZSCHMER, Peter: Ökonomische Vorschläge, wie das Holz zu vermehren, Obstbäume zu pflanzen, Maulbeerplantagen anzulegen, Sperlinge und Maulwürfe zu vertilgen ... nebst einem Anhange von Verbesserung grosser Herren Küchen und Tafeln. Mit einer Vorrede Georg Heinrich Zinken's vom Projectmachen. - Halle 1744. 98 S. - 2. verm. Aufl. Leipzig 1746. 12 Bog.

Kretzschmer, Wilhelm [aus Glogau a. O.]: Über den Richard Cantillon zugeschriebenen Essai sur la nature du commerce en général mit besonderer Berücksichtigung der Lehren von Otto Effertz. Liestal 1899. 62 S. 8°.
Basel. Phil. Diss. 1898/99.

Kolibri 360 GmbH
Ferdinand-Jühlke-Straße 7
99095 Erfurt, Deutschland
produktsicherheit@kolibri360.de